Deepen Your Mind

推薦序

經過作者們多年的實踐經驗累積及長期以來的持續更新，本書終於和我們見面了。我有幸作為首批讀者，提前學習了這本雲端運算技術領域的經典大作。

這一次的版本修訂，增加了很多 Kubernetes 新特性介紹，幾乎每一章都有較多的內容補充和更新。本版的章節結構繼承了上一版的整體編排順序和風格，以方便讀者閱讀。在我看來，本書的內容非常全面：從概念和基礎入門到架構原理，從運行機制到開發原始程式，再從系統運行維護到應用實踐，都有全面、細緻的講解。本書圖文並茂、內容豐富、由淺入深，對基本原理闡述清晰，對系統架構分析透徹，對實踐經驗講解深刻，充分講解了 Kubernetes 的核心技術原理和實現，是學習 Kubernetes 技術的必備書籍，也是一本非常值得閱讀的書。

本書非常值得閱讀的原因還有以下幾點。

首先，本書作者都在雲端運算行業深耕十年以上，擁有大量豐富的最前線實踐經驗。書中的觀點和經驗，均是由本書作者在多年建設、維護大型應用系統的實踐過程中累積而成的，具有很高的操作性和普適性。透過學習書中的 Kubernetes 開發指南、叢集管理等內容，讀者不僅可以提高個人的開發技能，還可以解決在實踐過程中經常遇到的各種問題。

然後，本書透過大量的實例操作來幫助讀者深刻理解 Kubernetes 中的各種概念和技能。例如，書中介紹了使用 Java 存取 Kubernetes API 的例子，讀者在結合自己的實際應用需求對其稍做調整和設定修改後，就可以將這些方法用於正在開發的項目中，達到事半功倍的效果。這對有一定 Java 基礎的專業人士快速學習 Kubernetes 的各種細節和實踐操作十分有利，能夠幫助開發者節省大量的時間。

再次，為了讓初學者快速入門，本書在技術語言中穿插了大量的圖表和應用場景範例，以案例、流程、圖示等多種方式幫助讀者加深理解。隨著企業數位化轉型的深入，為雲端而生的雲端原生架構和思想已被大量企業所接受。容器雲、微服務、DevOps、Serverless 已成為企業實踐雲端原生的關鍵技術，而 Kubernetes 作為容器雲的核心基礎和事實標準，已成為當今網際網路企業和傳統 IT 企業的雲端基礎設施要素，例如中國移動、Google、VMware、華為、阿里巴巴、騰訊、京東等。Kubernetes 站在了容器新技術變革的浪潮之巔，將具有不可估量的發展前景和商業價值。

無論您是技術經理、架構師、以技術為主的售前工作人員、網紅講師、開發人員、運行維護人員，還是對容器技術有興趣的讀者，本書都能為您提供很好的幫助，讓您受益匪淺！

張春

中國移動資訊技術中心研發創新中心（平台能力共用中心）副總經理

前言

✤ 為什麼寫作本書

從 2016 年至今，短短幾年，Kubernetes 已從一個新生事物發展成為一個影響全球 IT 技術的基礎設施平台，成功推動了雲端原生應用、微服務架構、Service Mesh、Serverless 等熱門技術的普及和實作，一躍成為雲端原生應用的全球級基礎平台。現在，Kubernetes 已經成為軟體基礎設施領域中耀眼的明星項目，在 GitHub 上已有超過兩萬名開放原始碼志願者參與此專案，成為開放原始碼歷史上發展速度超快的專案之一。

在這幾年裡：

- Kubernetes 背後的重要開放原始碼公司 RedHat 被 IBM 大手筆收購，使 RedHat Kubernetes 架構的先進 PaaS 平台 ——OpenShift 成為 IBM 在雲端運算基礎設施中的重要籌碼；
- Kubernetes 的兩位核心創始人 Joe Beda 和 Craig McLuckie 所創立的提供 Kubernetes 諮詢和技術支援的初創公司 Heptio 也被虛擬化領域的巨頭 VMware 收購，VMware 決定全力擁抱 Kubernetes，而且計畫直接以 Kubernetes 為底層核心重新打造全新版的 vSphere；
- Oracle 收購了丹麥的一家初創公司 Wercker，然後開發了 Click2Kube，這是面向 Oracle 裸金屬雲端（Oracle Bare Metal Cloud）的一鍵式 Kubernetes 叢集安裝工具；
- 世界 500 大中的一些大型企業也決定以 Kubernetes 為基礎重構內部 IT 平台架構，巨量資料系統的一些使用者也在努力將其生產系統從龐大的巨量資料專有技術堆疊中剝離出來靠近 Kubernetes。

Google 憑藉幾十年大規模容器應用的豐富經驗，首次投入大量人力、財力來開放原始碼並主導了 Kubernetes 這個重要的開放原始碼專案。可以預測，Kubernetes 的影響力可能超過數十年，所以，我們每個 IT 人都有理由重視這門新技術。當年，通訊和媒體解決方案領域的資深專家團一起分工協作、並行研究，並廢寢忘食地合力撰寫，才促成了這部巨著的出版。當然，這部巨著也對 Kubernetes 的普及和推廣產生了巨大的推動作用。

✤ 本書目標讀者

本書目標讀者範圍很廣，甚至某些大專院校也採用了本書作為參考教材。考慮到 Kubernetes 的技術定位，我們強烈建議這些人群購買和閱讀本書：資深 IT 從業者、研發部門主管、架構師（語言不限）、研發工程師（經驗不限）、運行維護工程師（經驗不限）、軟體 QA 和測試工程師（兩年以上經驗）、以技術為主的售前工作人員（兩年以上經驗）。

建議在本機上安裝合適的虛擬軟體，部署 Kubernetes 環境並動手實踐本書的大部分範例，甚至可以直接在公有雲上部署或者使用現有的 Kubernetes 環境，從而降低入門複雜度。

✤ 本書概要

這些年，Kubernetes 高速發展，先後發佈了十幾個大版本，每個版本都帶來了大量的新特性，能夠處理的應用場景也越來越豐富。

本書遵循從入門到精通的學習路線，涵蓋了入門、安裝指南、實踐指南、核心原理、開發指南、網路與儲存、運行維護指南、新特性演進等內容，內容翔實、圖文並茂，幾乎囊括了 Kubernetes 當前主流版本的各方面。

第 1 章首先從一個簡單的實例開始，讓讀者透過動手實踐來感受 Kubernetes 的強大能力；然後講解 Kubernetes 的概念、術語。考慮到 Kubernetes 的概念、術語繁多，所以特別從它們的用途及相互關係入手來講解，以期初學者能快捷、全面、準確、深刻地理解這部分內容。

第 2 章圍繞 Kubernetes 的安裝和設定展開講解。如果要在生產級應用中部署 Kubernetes，則建議讀者將本章內容全部實戰一遍；如果不是，則可以選擇部分內容實戰，比較重要的是 Kubernetes 的命令列部分，對這部分越熟練，後面進行研發或運行維護就越輕鬆。

第 3 ～ 4 章對於大部分讀者來説，都是很關鍵的內容，也是學會 Kubernetes 應用建模的關鍵章節。第 3 章全面、深入地講解了 Pod 的各方面，其中非常有挑戰性的是 Pod 排程這部分內容，它也是生產實踐中相當實用的知識和技能。第 4 章圍繞 Service 展開深入講解，涉及相關的服務發現、DNS 及 Ingress 等高級特性。

第 5 章對 Kubernetes 的運行機制和原理進行全面、深入的講解，透過對 API Server、Controller、Scheduler、kubelet、kube-proxy 等幾個核心處理程式的作用、原理、實現方式等進行深入講解，可以讓讀者加深對 Kubernetes 的認知，所以建議讀者全面閱讀本章內容。

第 6 章專門講解 Kubernetes 安全方面的內容，因為內容比較複雜，所以涉及的基礎知識也較多，建議讀者選擇性閱讀和動手實踐本章內容。

第 7 章講解 Kubernetes 相對複雜的內容之一——網路部分，涉及的知識面相對較廣，包括 Kubernetes 網路模型、Docker 網路基礎、Service 虛擬網路、CNI 網路模型、開放原始碼容器網路方案、Kubernetes 網路策略及 IPv4、IPv6 雙堆疊協定等內容，學習曲線和理解曲線都較陡。建議讀者多花時間鑽研，因為網路也屬於容器領域裡很重要的基礎知識。

第 8 章講解 Kubernetes 儲存方面的內容，動態儲存裝置管理實戰部分的內容對於 Kubernetes 企業應用落地很有價值，建議讀者動手實踐完成這部分內容。

第 9 章是為程式設計師特別準備的，該章以 Java（未來會增加 Go 語言）為例舉例說明如何透過程式設計方式呼叫 Kubernetes 的 API，這也是開發基於 Kubernetes 的 PaaS 管理平台的重要基礎技能之一。

第 10 ～ 12 章偏重於講解 Kubernetes 運行維護方面的技能和知識，包括 Windows 上的 Kubernetes 部署、安裝等內容，建議需要在生產環境中部署 Kubernetes 的讀者全面閱讀並動手實踐這幾章的內容。

目錄

01 Kubernetes 入門

02 Kubernetes 安裝設定指南

03 深入掌握 Pod

04　深入掌握 Service

05 核心元件的執行機制

06　深入分析叢集安全機制

07 網路原理

08 儲存原理和應用

09 Kubernetes 開發指南

10 Kubernetes 運行維護管理

11 Trouble Shooting 指南

12 Kubernetes 開發中的新功能

A Kubernetes 核心服務設定詳解

Kubernetes 入門

1.1 了解 Kubernetes

Kubernetes 是什麼？

首先，Kubernetes 是 Google 十幾年來大規模容器技術應用的重要成果，是 Google 嚴格保密十幾年的秘密武器──Borg 的一個開放原始碼版本。Borg 是 Google 內部使用的久負盛名的大規模叢集管理系統，以容器技術為基礎來實現資源管理的自動化，以及跨多個資料中心的資源使用率的最大化。十幾年以來，Google 一直透過 Borg 管理著數量龐大的應用程式叢集。正是由於站在 Borg 這個前輩的肩膀上，汲取了 Borg 的經驗與教訓，所以 Kubernetes 一經開放原始碼就一鳴驚人，並迅速稱霸容器領域。Kubernetes 也是一個全新的以容器技術為基礎的分散式架構領先方案，是容器雲的優秀平台選型方案，已成為新一代的以容器技術為基礎的 PaaS 平台的重要底層框架，也是雲端原生技術生態圈的核心，服務網格（Service Mesh）、無伺服器架構（Serverless）等新一代分散式架構框架及技術紛紛以 Kubernetes 為基礎實現，這些都奠定了 Kubernetes 在基礎架構領域的王者地位。

其次，如果我們的系統設計遵循了 Kubernetes 的設計思想，那麼傳統系統架構中那些和業務沒有多大關係的底層程式或功能模組，就都可以立刻從我們的視線中消失，我們不必再費心於負載平衡器的選型和部署實施問題，不必再考慮引入或自己開發一個複雜的服務治理框架，不必再頭疼於服務監控和故障處理模組的開發。總之，使用 Kubernetes 提供的解決方案，我們不僅節省了不少於 30% 的開發成本，還可以將精力更加集中於業務本身，而且由於 Kubernetes 提供了強大的自動化機制，所以系統後期的運行維護難度和運行維護成本大幅度降低。

然後，Kubernetes 是一個開放的開發平台。與 J2EE 不同，它不侷限於任何一種語言，沒有限定任何程式設計介面，所以不論是用 Java、Go、C++ 還是用 Python 編寫的服務，都可以被映射為 Kubernetes 的 Service（服務），並透過標準的 TCP 通訊協定進行互動。此外，Kubernetes 平台對現有的程式設計語言、程式設計框架、中介軟體沒有任何侵入性，因此現有的系統也很容易改造升級並遷移到 Kubernetes 平台上。

最後，Kubernetes 是一個完備的分散式系統支撐平台。Kubernetes 具有完備的叢集管理能力，包括多層次的安全防護和存取控制機制、多租戶應用支撐能力、透明的服務註冊和服務發現機制、內建的智慧負載平衡器、強大的故障發現和自我修復能力、服務輪流升級和線上擴充能力、可擴充的資源自動排程機制，以及多粒度的資源配額管理能力。同時，Kubernetes 提供了完整的管理工具，這些工具涵蓋了包括開發、部署測試、運行維護監控在內的各個環節。因此，Kubernetes 是一個全新的以容器技術為基礎的分散式架構解決方案，並且是一個整合式的完備的分散式系統開發和支撐平台。

在正式開始本章的 Hello World 之旅之前，我們首先要了解 Kubernetes 的一些基本知識，這樣才能理解 Kubernetes 提供的解決方案。

在 Kubernetes 中，Service 是分散式叢集架構的核心。一個 Service 物件擁有如下關鍵特徵。

- 擁有唯一指定的名稱（比如 mysql-server）。
- 擁有一個虛擬 IP 位址（ClusterIP 位址）和通訊埠編號。
- 能夠提供某種遠端服務能力。
- 能夠將用戶端對服務的存取請求轉發到一組容器應用上。

Service 的服務處理程序通常以 Socket 通訊方式為基礎對外提供服務，比如 Redis、Memcached、MySQL、Web Server，或者是實現了某個具體業務的特定 TCP Server 處理程序。雖然一個 Service 通常由多個相關的服務處理程序提供服務，每個服務處理程序都有一個獨立的 Endpoint（IP+Port）存取點，但 Kubernetes 能夠讓我們透過 Service（ClusterIP+Service Port）連接指定的服務。有了 Kubernetes 內建的透明負載平衡和故障恢復機制，不管後端有多少個具體的服務處理程序，也不管某個服務處理程序是否由於發生故障而被重新部署到其他機器，都不會影響對服務的正常呼叫。更重要的是，這個 Service 本身一旦建立就不再變化，這意味著我們再也不用為 Kubernetes 叢集中應用服務處理程序 IP 位址變來變去的問題頭疼了。

容器提供了強大的隔離功能，所以我們有必要把為 Service 提供服務的這組處理程序放入容器中進行隔離。為此，Kubernetes 設計了 Pod 物件，將每個服務處理程序都包裝到相應的 Pod 中，使其成為在 Pod 中執行的一個容器（Container）。為了建立 Service 和 Pod 間的連結關係，Kubernetes 首先給每個 Pod 都貼上一個標籤（Label），比如給執行 MySQL 的 Pod 貼上 name=mysql 標籤，給執行 PHP 的 Pod 貼上 name=php 標籤，然後給相應的 Service 定義標籤選擇器（Label Selector），例如，MySQL Service 的標籤選擇器的選擇條件為 name=mysql，意為該 Service 要作用於所有包含 name=mysql 標籤的 Pod。這樣一來，就巧妙解決了 Service 與 Pod 的連結問題。

這裡先簡單介紹 Pod 的概念。首先，Pod 執行在一個被稱為節點（Node）的環境中，這個節點既可以是物理機，也可以是私有雲或者公有雲中的一個虛擬機器，在一個節點上能夠執行多個 Pod；其次，在每個 Pod 中都執行著一個特殊的被稱為 Pause 的容器，其他容器則為業務容器，這些業務容器共用 Pause 容器的網路堆疊和 Volume 掛載卷冊，因此它們之間的通訊和資料交換更為高效，在設計時我們可以充分利用這一特性將一組密切相關的服務處理程序放入同一個 Pod 中；最後，需要注意的是，並不是每個 Pod 和它裡面執行的容器都能被映射到一個 Service 上，只有提供服務（無論是對內還是對外）的那組 Pod 才會被映射為一個服務。

在叢集管理方面，Kubernetes 將叢集中的機器劃分為一個 Master 和一些 Node。在 Master 上執行著叢集管理相關的一些處理程序：kube-apiserver、kube-controller-manager 和 kube-scheduler，這些處理程序實現了整個叢集的資源管理、Pod 排程、彈性伸縮、安全控制、系統監控和除錯等管理功能，並且都是自動完成的。Node 作為叢集中的工作節點，其上執行著真正的應用程式。在 Node 上，Kubernetes 管理的最小執行單元是 Pod。在 Node 上執行著 Kubernetes 的 kubelet、kube-proxy 服務處理程序，這些服務處理程序負責 Pod 的建立、啟動、監控、重新啟動、銷毀，以及實現軟體模式的負載平衡器。

這裡講一講傳統的 IT 系統中服務擴充和服務升級這兩個難題，以及 Kubernetes 所提供的全新解決思路。服務的擴充包括資源設定（選擇哪個節點進行擴充）、實例部署和啟動等環節。在一個複雜的業務系統中，這兩個難題基本上要靠人工一步步操作才能得以解決，費時費力又難以保證實施品質。

在 Kubernetes 叢集中，只需為需要擴充的 Service 連結的 Pod 建立一個 Deployment 物件，服務擴充以至服務升級等令人頭疼的問題就都迎刃而解了。在一個 Deployment 定義檔案中包括以下 3 個關鍵資訊。

- 目標 Pod 的定義。
- 目標 Pod 需要執行的副本數量（Replicas）。
- 要監控的目標 Pod 的標籤。

在建立好 Deployment 之後，Kubernetes 會根據這一定義建立符合要求的 Pod，並且透過在 Deployment 中定義的 Label 篩選出對應的 Pod 實例並即時監控其狀態和數量。如果實例數量少於定義的副本數量，則會根據在 Deployment 物件中定義的 Pod 範本建立一個新的 Pod，然後將此 Pod 排程到合適的 Node 上啟動執行，直到 Pod 實例的數量達到預定目標。這個過程完全是自動化的，無須人工干預。有了 Deployment，服務擴充就變成一個純粹的簡單數字遊戲了，只需修改 Deployment 中的副本數量即可。後續的服務升級也將透過修改 Deployment 來自動完成。

1.2　為什麼要用 Kubernetes

使用 Kubernetes 的理由很多，最重要的理由是，IT 行業從來都是由新技術驅動的。Kubernetes 是軟體領域近幾年來最具創新的容器技術，涵蓋了架構、研發、部署、運行維護等全系列軟體開發流程，不僅對網際網路公司的產品產生了極大影響，也對傳統行業的 IT 技術產生了越來越強的衝擊。以 Kubernetes 為基礎的新一代容器架構已成為網際網路產品及大規模系統的必選方案。2020 年 3 月，虛擬化技術巨頭 VMware 發佈了使用 Kubernetes 重新打造的全新 vSphere 7，向全球宣告了其擁抱 Kubernetes 的決心，堪稱虛擬化技術十年來最大的一次演進。vSphere 7 透過底層重構，使得使用者能夠以 ESXi 管理 VM 虛擬機器的方式來運用 Kubernetes 的能力。毫無疑問，VMware 的這一舉動將對 IT 行業帶來重大影響，也宣告了以 Kubernetes 為核心的容器技術取代、融合虛擬機器技術的時代正在加速到來。

如今，數百家廠商和技術社區共同建構了非常強大的雲端原生生態，市面上幾乎所有提供雲基礎設施的公司都以原生形式將 Kubernetes 作為底層平台，可以預見，會有大量的新系統選擇 Kubernetes，不論這些新系統是執行在企業的本機伺服器上，還是被託管到公有雲上。阿里雲容器服務 Kubernetes 版 ACK（Alibaba Cloud Container Service for Kubernetes）是全球首批透過 Kubernetes 一致性認證的服務平台。據公開資料，截至 2020 年，在阿里雲的 ACK 上，已經執行著上萬個使用者的 Kubernetes 叢集。而騰訊自研的 TKEx 容器平台的底層也使用了 Kubernetes 原生技術，服務於騰訊的各種業務系統，包括騰訊會議、騰訊課堂、QQ 及騰訊看點等，目前這些業務已執行的 Kubernetes 叢集規模達到幾百萬 CPU 核心數。百度雲容器引擎（Cloud Container Engine）也採用 Kubernetes 作為容器叢集管理系統，於 2019 年年底也獲得了雲端原生計算基金會的官方認證，而在更早的 2018 年，百度的深度學習平台 PaddlePaddle 也宣佈支援 Kubernetes，並在當年成為 Kubernetes 官方唯一支援的深度學習框架。華為早在 Kubernetes 剛開放原始碼時就以社區創始成員及白金會員的身份加入其中，華為雲的容器引擎（CCE）也以 Kubernetes 為基礎實現，同時補齊了完整的應用程式開發、交付與運行維護流程，為客戶提供完整的整合式雲端上應用生命週期管理方案。

使用 Kubernetes 會收穫哪些好處呢？

首先，可以「輕裝上陣」地開發複雜系統。以前需要很多人（其中不乏技術達人）一起分工協作才能設計、實現和運行維護的分散式系統，在採用 Kubernetes 解決方案之後，只需一個精悍的小團隊就能輕鬆應對。在這個團隊裡，只需一名架構師負責系統中服務元件的架構設計，幾名開發工程師負責業務程式的開發，一名系統兼運行維護工程師負責 Kubernetes 的部署和運行維護，因為 Kubernetes 已經幫我們做了很多。

其次，可以全面擁抱以微服務架構為核心思想的新一代容器技術的領先架構，包括基礎的微服務架構，以及增強的微服務架構（如服務網格、無伺服器架構等）。微服務架構的核心是將一個巨大的單體應用分解為很多小的相互連接的微服務，一個微服務可能由多個實例副本支撐，副本的數量可以隨著系統的負荷變化進行調整。微服務架構使得每個服務都可以獨立開發、升級和擴充，因此系統具備很高的穩定性和快速迭代能力，開發者也可以自由選擇開發技術。Google、亞馬遜、eBay、Netflix 等大型網際網路公司都採用了微服務架構，Google 更是將微服務架構的基礎設施直接打包到 Kubernetes 解決方案中，讓我們可以直接應用微服務架構解決複雜業務系統的架構問題。

再次，可以隨時隨地將系統整體「搬遷」到公有雲上。Kubernetes 最初的設計目標就是讓使用者的應用執行在 Google 自家的公有雲 GCE 中，華為雲（CCE）、阿里雲（ACK）和騰訊雲（TKE）全部支援 Kubernetes 叢集，未來會有更多的公有雲及私有雲支援 Kubernetes。除了公有雲，私有雲也大量採用 Kubernetes 架構。在私有雲與公有雲融合的混合雲領域，Kubernetes 也大顯身手。在 Kubernetes 和容器技術誕生之前，要實現多雲端和混合雲是很困難的，應用程式開發商需要針對每個雲端服務商進行訂製化開發，導致遷移雲端服務商時從基礎架構到應用程式層面都需要做出相應的改動和調配。有了 Kubernetes 之後，使用者本地的私有雲（資料中心）可以與雲端服務商的 Kubernetes 叢集保持一致的介面，這樣應用程式在大部分情況下就不需要與具體的雲端服務商直接綁定了。

然後，Kubernetes 內建的服務彈性擴充機制可以讓我們輕鬆應對突發流量。在服務高峰期，我們可以選擇在公有雲中快速擴充某些 Service 的實例副本以提升系統的輸送量，這樣不僅節省了公司的硬體投入，還大大改善了使用者體驗。

最後，Kubernetes 系統架構超強的橫向擴充能力可以讓我們的競爭力大大提升。對於網際網路公司來説，使用者規模等價於資產，因此橫向擴充能力是衡量網際網路業務系統競爭力的關鍵指標。我們利用 Kubernetes 提供的工具，不用修改程式，就能將一個 Kubernetes 叢集從只包含幾個 Node 的小叢集平滑擴充到擁有上百個 Node 的大叢集，甚至可以線上完成叢集擴充。只要微服務架構設計得合理，能夠在多個雲端環境中進行彈性伸縮，系統就能夠承受大量使用者併發存取帶來的巨大壓力。

1.3 從一個簡單的例子開始

考慮到 Kubernetes 提供的 PHP+Redis 留言板的 Hello World 例子對於絕大多數新手來説比較複雜，難以順利上手和實踐，在此將其替換成一個簡單得多的 Java Web 應用的例子，可以讓新手快速上手和實踐。

該應用是一個執行在 Tomcat 裡的 Web App，結構比較簡單，如圖 1.1 所示，JSP 頁面透過 JDBC 直接存取 MySQL 資料庫並展示資料。這裡出於演示和簡化的目的，只要程式正確連接資料庫，就會自動完成對應的 Table 建立與初始化資料的準備工作。所以，當我們透過瀏覽器存取此應用時，就會顯示一個表格頁面，其中包含來自資料庫的內容。

此應用需要啟動兩個容器：Web App 容器和 MySQL 容器，並且 Web App 容器需要存取 MySQL 容器。如果僅使用 Docker 啟動這兩個容器，則需要透過 Docker Network 或者通訊埠映射的方式實現容器間的網路互訪。

本例介紹在 Kubernetes 系統中是如何實現的。

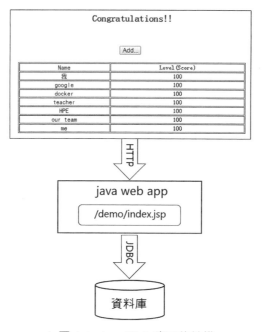

▲ 圖 1.1 Java Web 應用的結構

1.3.1 環境準備

這裡先安裝 Kubernetes 和下載相關鏡像,本書建議採用 VirtualBox 或者 VMware Workstation 在本機中虛擬一個 64 位元的 CentOS 7 虛擬機器作為學習環境。虛擬機器採用 NAT 的網路模式以便連接外網,然後使用 kubeadm 快速安裝一個 Kubernetes 叢集(安裝步驟詳見 2.2 節的說明),之後就可以在這個 Kubernetes 叢集中進行練習了。

1.3.2 啟動 MySQL 服務

首先,為 MySQL 服務建立一個 Deployment 定義檔案 mysql-deploy.yaml,下面舉出了該檔案的完整內容和說明:

```
apiVersion: apps/v1    # API 版本
kind: Deployment       # 副本控制器 Deployment
metadata:
  labels:              # 標籤
```

```
    app: mysql
  name: mysql  # 物件名稱，全域唯一
spec:
  replicas: 1  # 預期的副本數量
  selector:
    matchLabels:
      app: mysql
  template:    # Pod 範本
    metadata:
      labels:
        app: mysql
    spec:
      containers:  # 定義容器
      - image: mysql:5.7
        name: mysql
        ports:
        - containerPort: 3306        # 容器應用監聽的通訊埠編號
        env:                         # 注入容器內的環境變數
        - name: MYSQL_ROOT_PASSWORD
          value: "123456"
```

以上 YAML 定義檔案中的 kind 屬性用來表示此資源物件的類型，比如
這裡的屬性值表示這是一個 Deployment；spec 部分是 Deployment 的相
關屬性定義，比如 spec.selector 是 Deployment 的 Pod 選擇器，符合條
件的 Pod 實例受到該 Deployment 的管理，確保在當前叢集中始終有且
僅有 replicas 個 Pod 實例在執行（這裡設置 replicas=1，表示只能執行
一個 MySQL Pod 實例）。當在叢集中執行的 Pod 數量少於 replicas 時，
Deployment 控制器會根據在 spec.template 部分定義的 Pod 範本生成一個
新的 Pod 實例，spec.template.metadata.labels 指定了該 Pod 的標籤，labels
必須符合之前的 spec.selector。

建立好 mysql-deploy.yaml 檔案後，為了將它發佈到 Kubernetes 叢集中，
我們在 Master 上執行如下命令：

```
# kubectl apply -f mysql-deploy.yaml
deployment.apps/mysql created
```

接下來，執行 kubectl 命令查看剛剛建立的 Deployment：

```
# kubectl get deploy
NAME    READY   UP-TO-DATE   AVAILABLE   AGE
mysql   1/1     1            1           4m13s
```

查看 Pod 的建立情況時，可以執行下面的命令：

```
# kubectl get pods
NAME                       READY     STATUS      RESTARTS     AGE
mysql-85f4b4cdf4-k97wh     1/1       Running     0            65s
```

可以看到一個名稱為 mysql-85f4b4cdf4-k97wh 的 Pod 實例，這是 Kubernetes 根據 mysql 這個 Deployment 的定義自動建立的 Pod。由於 Pod 的排程和建立需要花費一定的時間，比如需要確定排程到哪個節點上，而且下載 Pod 所需的容器鏡像也需要一段時間，所以一開始 Pod 的狀態為 Pending。在 Pod 成功建立啟動完成後，其狀態最終會更新為 Running。

我們可以在 Kubernetes 節點的伺服器上透過 docker ps 指令查看正在執行的容器，發現提供 MySQL 服務的 Pod 容器已建立且正常執行，並且 MySQL Pod 對應的容器多建立了一個 Pause 容器，該容器就是 Pod 的根容器。

```
# docker ps | grep mysql
72ca992535b4 mysql
"docker-entrypoint.sh"   12 minutes ago      Up 12 minutes
k8s_mysql.86dc506e_mysql-c95jc_default_511d6705-5051-11e6-a9d8-
000c29ed42c1_9f89d0b4
76c1790aad27          k8s.gcr.io/pause:3.2      "/pause"              12
minutes ago      Up 12 minutes             k8s_POD.16b20365_mysql-c95jc_
default_511d6705-5051-11e6-a9d8-000c29ed42c1_28520aba
```

最後，建立一個與之連結的 Kubernetes Service——MySQL 的定義檔案（檔案名稱為 mysql-svc.yaml），完整的內容和說明如下：

```
apiVersion: v1
kind: Service                    # 表示是 Kubernetes Service
metadata:
  name: mysql                    # Service 的全域唯一名稱
spec:
  ports:
    - port: 3306                 # Service 提供服務的通訊埠編號
    selector:                    # Service 對應的 Pod 擁有這裡定義的標籤
      app: mysql
```

其中，metadata.name 是 Service 的服務名稱（ServiceName）；spec.ports 屬性定義了 Service 的虛通訊埠；spec.selector 確定了哪些 Pod 副本（實例）

對應本服務。類似地，我們透過 kubectl create 命令建立 Service 物件：

```
# kubectl create -f mysql-svc.yaml
service "mysql" created
```

執行 kubectl get 命令，查看剛剛建立的 Service 物件：

```
# kubectl get svc mysql
NAME          CLUSTER-IP       EXTERNAL-IP      PORT(S)       AGE
mysql         10.245.161.22    <none>           3306/TCP      48s
```

可以發現，MySQL 服務被分配了一個值為 10.245.161.22 的 ClusterIP 位址（在不同環境中分配的 IP 位址可能不同）。隨後，在 Kubernetes 叢集中新建立的其他 Pod 就可以透過 Service 的 ClusterIP+ 通訊埠編號 3306 來連接和存取它了。

通常，ClusterIP 位址是在 Service 建立後由 Kubernetes 系統自動分配的，其他 Pod 無法預先知道某個 Service 的 ClusterIP 位址，因此需要一個服務發現機制來找到這個服務。為此，Kubernetes 最初巧妙地使用了 Linux 環境變數（Environment Variable）來解決這個問題。根據 Service 的唯一名稱，容器可以從環境變數中獲取 Service 對應的 ClusterIP 位址和通訊埠編號，從而發起 TCP/IP 連接請求。

1.3.3 啟動 Tomcat 應用

前面定義和啟動了 MySQL 服務，接下來採用同樣的步驟完成 Tomcat 應用的啟動。首先，建立對應的 RC 檔案 myweb-deploy.yaml，內容如下：

```
apiVersion: apps/v1
kind: Deployment
metadata:
  labels:
    app: myweb
  name: myweb
spec:
  replicas: 2
  selector:
    matchLabels:
      app: myweb
  template:
    metadata:
      labels:
```

```
        app: myweb
  spec:
    containers:
    - image: kubeguide/tomcat-app:v1
      name: myweb
      ports:
      - containerPort: 8080
      env:
      - name: MYSQL_SERVICE_HOST
        value: 10.245.161.22
```

注意：在 Tomcat 容器內，應用將使用環境變數 MYSQL_SERVICE_HOST 的值連接 MySQL 服務，但這裡為什麼沒有註冊該環境變數呢？這是因為 Kubernetes 會自動將已存在的 Service 物件以環境變數的形式展現在新生成的 Pod 中。其更安全、可靠的方法是使用服務的名稱 mysql，這就要求叢集內的 DNS 服務（kube-dns）正常執行。運行下面的命令，完成 Deployment 的建立和驗證工作：

```
# kubectl apply -f myweb-deploy.yaml
deployment.apps/myweb created

# kubectl get pods
NAME                       READY   STATUS    RESTARTS   AGE
mysql-85f4b4cdf4-k97wh     1/1     Running   0          23m
myweb-6557d8b869-gdc7g     1/1     Running   0          2m56s
myweb-6557d8b869-w5wwx     1/1     Running   0          2m56s
```

最後，建立對應的 Service。以下是完整的 YAML 定義檔案（myweb-svc. yaml）：

```
apiVersion: v1
kind: Service
metadata:
  name: myweb
spec:
  type: NodePort
  ports:
    - port: 8080
      nodePort: 30001
  selector:
    app: myweb
```

"type：NodePort" 和 "nodePort：30001" 表示此 Service 開啟了 NodePort 格式的外網存取模式。比如，在 Kubernetes 叢集外，用戶端的瀏覽器可以

透過 30001 通訊埠存取 myweb（對應 8080 的虛通訊埠）。執行 kubectl create 命令進行建立：

```
# kubectl create -f myweb-svc.yaml
service/myweb created
```

執行 kubectl get 命令，查看已建立的 Service：

```
# kubectl get svc
NAME         TYPE        CLUSTER-IP       EXTERNAL-IP    PORT(S)           AGE
kubernetes   ClusterIP   10.245.0.1       <none>         443/TCP           174m
mysql        ClusterIP   10.245.161.22    <none>         3306/TCP          18m
myweb        NodePort    10.245.46.175    <none>         8080:30001/TCP    2m35s
```

至此，我們的第 1 個 Kubernetes 例子便架設完成了，下一節將驗證結果。

1.3.4　透過瀏覽器存取網頁

經過上面的流程，我們終於成功實現了 Kubernetes 上第 1 個例子的部署、架設工作。現在一起來見證成果吧！在你的筆記型電腦上打開瀏覽器，輸入 "http:// 虛擬機器 IP:30001/demo/"。

比如虛擬機器 IP 為 192.168.18.131（可以透過 ip a 命令進行查詢），在瀏覽器裡輸入位址 http:// 192.168.18.131:30001/demo/ 後，可以看到如圖 1.2 所示的網頁介面。

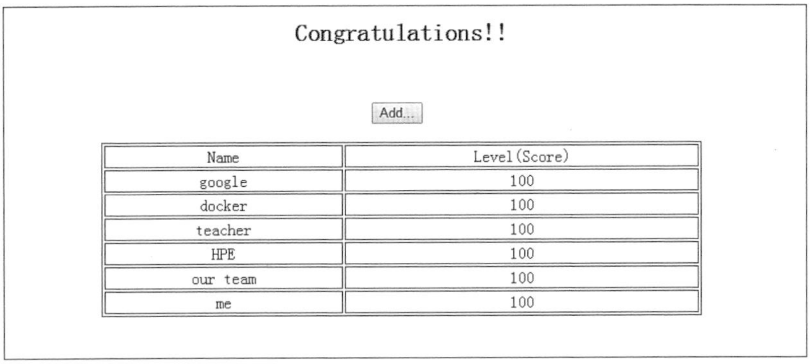

▲ 圖 1.2　透過瀏覽器存取 Tomcat 應用

如果無法打開這個網頁介面，那麼可能的原因包括：①因為防火牆的設置無法存取 30001 通訊埠；②因為透過代理伺服器上網，所以瀏覽器錯把虛擬機器的 IP 位址當作遠端位址；等等。可以在虛擬機器上直接執行 curl 192.168.18.131:30001 來驗證能否存取此通訊埠，如果還是不能存取，就肯定不是機器的問題了。

接下來嘗試按一下 "Add…" 按鈕增加一筆記錄並提交，如圖 1.3 所示，提交以後，資料就被寫入 MySQL 資料庫了。

至此，我們就完成了在 Kubernetes 上部署一個 Web App 和資料庫的例子。可以看到，相對於傳統的分散式應用部署方式，在 Kubernetes 之上僅透過一些很容易理解的設定檔和簡單命令就能完成對整個叢集的部署。

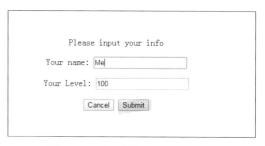

▲ 圖 1.3 在留言板網頁增加新的留言

1.4 節將對 Kubernetes 中的資源物件進行全面講解，讀者可以繼續研究本節例子裡的一些拓展內容，比如：研究 Deployment、Service 等設定檔的格式；熟悉 kubectl 的子命令；手工停止某個 Service 對應的容器處理程序，看看會發生什麼；修改 Deployment 檔案，改變副本數量並重新發佈，觀察結果。

1.4 Kubernetes 的基本概念和術語

考慮到 Kubernetes 相關的概念和術語非常多，它們之間的關係也比較複雜，本節將由淺入深地講解 Kubernetes 的一些基本概念和術語，對它們更詳細的原理和應用說明參見後續章節的內容。

1.4.1 資源物件概述

Kubernetes 中的基本概念和術語大多是圍繞資源物件（Resource Object）來說的，而資源物件在整體上可分為以下兩類。

（1）某種資源的物件，例如節點（Node）、Pod、服務（Service）、儲存卷
　　冊（Volume）。

（2）與資源物件相關的事物與動作，例如：標籤（Label）、注解
　　（Annotation）、命名空間（Namespace）、部署（Deployment）、HPA、
　　PVC。

資源物件一般包括幾個通用屬性：版本、類別（Kind）、名稱、標籤、注
解，如下所述。

（1）在版本資訊裡包括了此物件所屬的資源組，一些資源物件的屬性會隨
　　著版本的升級而變化，在定義資源物件時要特別注意這一點。

（2）類別屬性用於定義資源物件的類型。

（3）資源物件的名稱（Name）、標籤、注解這三個屬性屬於資源物件的中
　　繼資料（metadata）。

- 資源物件的名稱要唯一。

- 資源物件的標籤是很重要的資料，也是 Kubernetes 的一大設計特
  性，比如透過標籤來表示資源物件的特徵、類別，以及透過標籤篩
  選不同的資源物件並實現物件之間的連結、控制或協作功能。

- 注解可被理解為一種特殊的標籤，不過更多地是與程式掛鉤，通常
  用於實現資源物件屬性的自訂擴充。

我們可以採用 YAML 或 JSON 格式宣告（定義或建立）一個 Kubernetes
資源物件，每個資源物件都有自己的特定結構定義（可以視為資料庫中一
個特定的表），並且統一保存在 etcd 這種非關聯式資料庫中，以實現最快
的讀寫速度。此外，所有資源物件都可以透過 Kubernetes 提供的 kubectl
工具（或者 API 程式設計呼叫）執行增、刪、改、查等操作。

一些資源物件有自己的生命週期及相應的狀態，比如 Pod，我們透過
kubectl 用戶端工具建立一個 Pod 並將其提交到系統中後，它就處於等待
排程的狀態，排程成功後為 Pending 狀態，等待容器鏡像下載和啟動、啟
動成功後為 Running 狀態，正常停止後為 Succeeded 狀態，非正常停止後
為 Failed 狀態。同樣，PV 也是具有明確生命週期的資源物件。對於這類

資源物件，我們還需要了解其生命週期的細節及狀態變更的原因，這有助於我們快速排除故障。

另外，我們在學習時需要注意與該資源物件相關的其他資源物件或者事務，把握它們之間的關係，同時思考為什麼會有這種資源物件產生，哪些是核心的資源物件，哪些是週邊的資源物件。由於 Kubernetes 的快速發展，新的資源物件不斷出現，一些舊的資源物件也被遺棄，這也是我們要與時俱進的原因。

為了更好地理解和學習 Kubernetes 的基本概念和術語，特別是數量許多的資源物件，這裡按照功能或用途對其進行分類，將其分為叢集類、應用類、儲存類及安全類這四大類，在接下來的小節中一一講解。

1.4.2 叢集類

叢集（Cluster）表示一個由 Master 和 Node 組成的 Kubernetes 叢集。

1. Master

Master 指的是叢集的控制節點。在每個 Kubernetes 叢集中都需要有一個或一組被稱為 Master 的節點，來負責整個叢集的管理和控制。Master 通常佔據一個獨立的伺服器（在高可用部署中建議至少使用 3 台伺服器），是整個叢集的「大腦」，如果它發生當機或者不可用，那麼對叢集內容器應用的管理都將無法實施。

在 Master 上執行著以下關鍵處理程序。

- Kubernetes API Server（kube-apiserver）：提供 HTTP RESTful API 介面的主要服務，是 Kubernetes 裡對所有資源進行增、刪、改、查等操作的唯一入口，也是叢集控制的入口處理程序。
- Kubernetes Controller Manager（kube-controller-manager）：Kubernetes 裡所有資源物件的自動化控制中心，可以將其理解為資源物件的「大總管」。
- Kubernetes Scheduler（kube-scheduler）：負責資源排程（Pod 排程）的處理程序，相當於公共汽車公司的排程室。

另外，在 Master 上通常還需要部署 etcd 服務。

2. Node

Kubernetes 叢集中除 Mater 外的其他伺服器被稱為 Node，Node 在較早的版本中也被稱為 Minion。與 Master 一樣，Node 可以是一台物理主機，也可以是一台虛擬機器。Node 是 Kubernetes 叢集中的工作負載節點，每個 Node 都會被 Master 分配一些工作負載（Docker 容器），當某個 Node 當機時，其上的工作負載會被 Master 自動轉移到其他 Node 上。在每個 Node 上都執行著以下關鍵處理程序。

- kubelet：負責 Pod 對應容器的建立、啟停等任務，同時與 Master 密切協作，實現叢集管理的基本功能。
- kube-proxy：實現 Kubernetes Service 的通訊與負載平衡機制的服務。
- 容器執行時期（如 Docker）：負責本機的容器建立和管理。

Node 可以在執行期間動態增加到 Kubernetes 叢集中，前提是在這個 Node 上已正確安裝、設定和啟動了上述關鍵處理程序。在預設情況下，kubelet 會向 Master 註冊自己，這也是 Kubernetes 推薦的 Node 管理方式。一旦 Node 被納入叢集管理範圍，kubelet 處理程序就會定時向 Master 彙報自身的情報，例如作業系統、主機 CPU 和記憶體使用情況，以及當前有哪些 Pod 在執行等，這樣 Master 就可以獲知每個 Node 的資源使用情況，並實現高效均衡的資源排程策略。而某個 Node 在超過指定時間不上報資訊時，會被 Master 判定為「失聯」，該 Node 的狀態就被標記為不可用（Not Ready），Master 隨後會觸發「工作負載大轉移」的自動流程。

我們可以執行以下命令查看在叢集中有多少個 Node：

```
# kubectl get nodes
NAME            STATUS      ROLES      AGE      VERSION
k8s-node-1      Ready       <none>     350d     v1.14.0
```

然後透過 kubectl describe node <node_name> 命令查看某個 Node 的詳細資訊：

```
$ kubectl describe node k8s-node-1
```

在以上命令的執行結果中會展示目標 Node 的如下關鍵資訊。

- Node 的基本資訊：名稱、標籤、建立時間等。
- Node 當前的執行狀態：Node 啟動後會做一系列自檢工作，比如磁碟空間是否不足（DiskPressure）、記憶體是否不足（MemoryPressure）、網路是否正常（NetworkUnavailable）、PID 資源是否充足（PIDPressure）。在一切正常時才設置 Node 為 Ready 狀態（Ready=True），表示 Node 處於健康狀態，Master 就可以在其上排程新的任務了（如啟動 Pod）。
- Node 的主機位址與主機名稱。
- Node 上的資源數量：描述 Node 可用的系統資源，包括 CPU、記憶體數量、最大可排程 Pod 數量等。
- Node 可分配的資源量：描述 Node 當前可用於分配的資源量。
- 主機系統資訊：包括主機 ID、系統 UUID、Linux Kernel 版本編號、作業系統類型與版本、Docker 版本編號、kubelet 與 kube-proxy 的版本編號等。
- 當前執行的 Pod 列表概要資訊。
- 已分配的資源使用概要資訊，例如資源申請的最小、最大允許使用量占系統總量的百分比。
- Node 相關的 Event 資訊。

如果一個 Node 存在問題，比如存在安全隱憂、硬體資源不足要升級或者計畫淘汰，我們就可以給這個 Node 打一種特殊的標籤——污點（Taint），避免新的容器被排程到該 Node 上。而如果某些 Pod 可以（短期）容忍（Toleration）某種污點的存在，則可以繼續將其排程到該 Node 上。Taint 與 Toleration 這兩個術語屬於 Kubernetes 排程相關的重要術語和概念，在後續章節中會詳細講解。

在叢集類裡還有一個重要的基礎概念——命名空間，它在很多情況下用於實現多租戶的資源隔離，典型的一種思路就是給每個租戶都分配一個命名空間。命名空間屬於 Kubernetes 叢集範圍的資源物件，在一個叢集裡可以建立多個命名空間，每個命名空間都是相互獨立的存在，屬於不同命名空

間的資源物件從邏輯上相互隔離。在每個 Kubernetes 叢集安裝完成且正常
執行之後，Master 會自動建立兩個命名空間，一個是預設的（default）、一
個是系統級的（kube-system）。使用者建立的資源物件如果沒有指定命名
空間，則被預設存放在 default 命名空間中；而系統相關的資源物件如網路
元件、DNS 元件、監控類元件等，都被安裝在 kube-system 命名空間中。
我們可以透過命名空間將叢集內部的資源物件「分配」到不同的命名空間
中，形成邏輯上分組的不同項目、小組或使用者群組，便於不同的分組在
共用使用整個叢集的資源的同時能被分別管理。當給每個租戶都建立一個
命名空間來實現多租戶的資源隔離時，還能結合 Kubernetes 的資源配額管
理，限定不同租戶能佔用的資源，例如 CPU 使用量、記憶體使用量等。

命名空間的定義很簡單，如下所示的 YAML 檔案定義了名為 development
的命名空間：

```
apiVersion: v1
kind: Namespace
metadata:
  name: development
```

一旦建立了命名空間，我們在建立資源物件時就可以指定這個資源物件屬
於哪個命名空間。比如在下面的例子中定義了一個名為 busybox 的 Pod，
並將其放入 development 這個命名空間中：

```
apiVersion: v1
kind: Pod
metadata:
  name: busybox
  namespace: development
spec:
  containers:
  - image: busybox
    command:
      - sleep
      - "3600"
    name: busybox
```

此時使用 kubectl get 命令查看，將無法顯示：

```
$ kubectl get pods
NAME        READY       STATUS      RESTARTS      AGE
```

這是因為如果不加參數，則 kubectl get 命令將僅顯示屬於 default 命名空間的資源物件。

可以在 kubectl get 命令中加入 --namespace 參數來操作某個命名空間中的物件：

```
# kubectl get pods --namespace=development
NAME          READY      STATUS       RESTARTS     AGE
busybox       1/1        Running      0            1m
```

1.4.3 應用類

Kubernetes 中屬於應用類的概念和相應的資源物件類型最多，所以應用類也是我們要重點學習的一類。

1. Service 與 Pod

應用類相關的資源物件主要是圍繞 Service（服務）和 Pod 這兩個核心物件展開的。

一般說來，Service 指的是無狀態服務，通常由多個程式副本提供服務，在特殊情況下也可以是有狀態的單實例服務，比如 MySQL 這種資料儲存類的服務。與我們常規理解的服務不同，Kubernetes 裡的 Service 具有一個全域唯一的虛擬 ClusterIP 位址，Service 一旦被建立，Kubernetes 就會自動為它分配一個可用的 ClusterIP 位址，而且在 Service 的整個生命週期中，它的 ClusterIP 位址都不會改變，用戶端可以透過這個虛擬 IP 位址＋服務的通訊埠直接存取該服務，再透過部署 Kubernetes 叢集的 DNS 服務，就可以實現 Service Name（域名）到 ClusterIP 位址的 DNS 映射功能，我們只要使用服務的名稱（DNS 名稱）即可完成到目標服務的存取請求。「服務發現」這個傳統架構中的棘手問題在這裡首次得以完美解決，同時，憑藉 ClusterIP 位址的獨特設計，Kubernetes 進一步實現了 Service 的透明負載平衡和故障自動恢復的高級特性。

透過分析、辨識並建模系統中的所有服務為微服務──Kubernetes Service，我們的系統最終由多個提供不同業務能力而又彼此獨立的微服務單元組成，服務之間透過 TCP/IP 進行通訊，從而形成強大又靈活的彈性網格，擁有強大的分散式能力、彈性擴充能力、容錯能力，程式架構也變得簡單和直觀許多，如圖 1.4 所示。

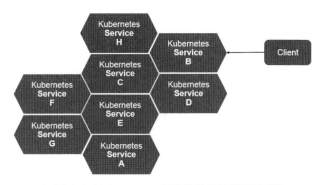

▲ 圖 1.4 Kubernetes 提供的微服務網格架構

接下來說說與 Service 密切相關的核心資源物件──Pod。

Pod 是 Kubernetes 中最重要的基本概念之一，如圖 1.5 所示是 Pod 的組成示意圖，我們看到每個 Pod 都有一個特殊的被稱為「根容器」的 Pause 容器。Pause 容器對應的鏡像屬於 Kubernetes 平台的一部分，除了 Pause 容器，每個 Pod 都還包含一個或多個緊密相關的使用者業務容器。

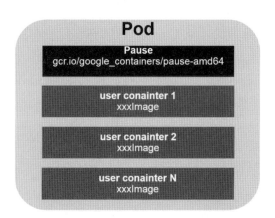

▲ 圖 1.5 Pod 的組成示意圖

為什麼 Kubernetes 會設計出一個全新的 Pod 概念並且 Pod 有這樣特殊的組成結構？原因如下。

■ 為多處理程序之間的協作提供一個抽象模型，使用 Pod 作為基本的排

程、複製等管理工作的最小單位，讓多個應用處理程序能一起有效地
排程和伸縮。

- Pod 裡的多個業務容器共用 Pause 容器的 IP，共用 Pause 容器掛接的
  Volume，這樣既簡化了密切連結的業務容器之間的通訊問題，也極佳
  地解決了它們之間的檔案共用問題。

Kubernetes 為每個 Pod 都分配了唯一的 IP 位址，稱之為 Pod IP，一個 Pod
裡的多個容器共用 Pod IP 位址。Kubernetes 要求底層網路支援叢集內任意
兩個 Pod 之間的 TCP/IP 直接通訊，這通常採用虛擬二層網路技術實現，
例如 Flannel、Open vSwitch 等，因此我們需要牢記一點：在 Kubernetes
裡，一個 Pod 裡的容器與另外主機上的 Pod 容器能夠直接通訊。

Pod 其實有兩種類型：普通的 Pod 及靜態 Pod（Static Pod）。後者比較
特殊，它並沒被存放在 Kubernetes 的 etcd 中，而是被存放在某個具體的
Node 上的一個具體檔案中，並且只能在此 Node 上啟動、執行。而普通
的 Pod 一旦被建立，就會被放入 etcd 中儲存，隨後被 Kubernetes Master
排程到某個具體的 Node 上並綁定（Binding），該 Pod 被對應的 Node 上
的 kubelet 處理程序實例化成一組相關的 Docker 容器並啟動。在預設情況
下，當 Pod 裡的某個容器停止時，Kubernetes 會自動檢測到這個問題並且
重新啟動這個 Pod（重新啟動 Pod 裡的所有容器），如果 Pod 所在的 Node
當機，就會將這個 Node 上的所有 Pod 都重新排程到其他節點上。Pod、
容器與 Node 的關係如圖 1.6 所示。

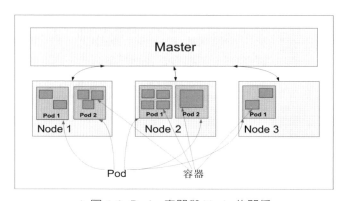

▲ 圖 1.6 Pod、容器與 Node 的關係

下面是我們在之前的 Hello World 例子裡用到的 myweb 這個 Pod 的資源定義檔案：

```
apiVersion: v1
kind: Pod
metadata:
  name: myweb
  labels:
    name: myweb
spec:
  containers:
  - name: myweb
    image: kubeguide/tomcat-app:v1
    ports:
    - containerPort: 8080
```

在以上定義中，kind 屬性的值為 Pod，表示這是一個 Pod 類型的資源物件；metadata 裡的 name 屬性為 Pod 的名稱，在 metadata 裡還能定義資源物件的標籤，這裡宣告 myweb 擁有一個 name=myweb 標籤。在 Pod 裡所包含的容器組的定義則在 spec 部分中宣告，這裡定義了一個名為 myweb 且對應的鏡像為 kubeguide/tomcat-app:v1 的容器，並在 8080 通訊埠（containerPort）啟動容器處理程序。Pod 的 IP 加上這裡的容器通訊埠（containerPort）組成了一個新的概念——Endpoint，代表此 Pod 裡的一個服務處理程序的對外通信位址。一個 Pod 也存在具有多個 Endpoint 的情況，比如當我們把 Tomcat 定義為一個 Pod 時，可以對外暴露管理通訊埠與服務通訊埠這兩個 Endpoint。

我們所熟悉的 Docker Volume 在 Kubernetes 裡也有對應的概念——Pod Volume，Pod Volume 是被定義在 Pod 上，然後被各個容器掛載到自己的檔案系統中的。Volume 簡單來說就是被掛載到 Pod 裡的檔案目錄。

這裡順便提一下 Kubernetes 的 Event 概念。Event 是一個事件的記錄，記錄了事件的最早產生時間、最後重現時間、重複次數、發起者、類型，以及導致此事件的原因等許多資訊。Event 通常會被連結到某個具體的資源物件上，是排除故障的重要參考資訊。之前我們看到在 Node 的描述資訊中包括 Event，而 Pod 同樣有 Event 記錄，當我們發現某個 Pod 遲遲無法建立時，可以用 kubectl describe pod xxxx 來查看它的描述資訊，以定位問題的成因。比如下面這個 Event 記錄資訊就表示 Pod 裡的一個容器被探針檢測為失敗一次：

```
Events:
  FirstSeen LastSeen  Count  From       SubobjectPath       Type    Reason  Message
  --------- --------  -----  ----       -------------       --------  ------  -------
  10h       12m       32 {kubelet k8s-node-1} spec.containers{kube2sky} Warning
Unhealthy Liveness probe failed: Get http://172.17.1.2:8080/healthz: net/
http: request canceled (Client.Timeout exceeded while awaiting headers)
```

如圖 1.7 所示舉出了 Pod 及 Pod 週邊物件的示意圖，後面的部分還會說明這張圖裡的物件和概念。

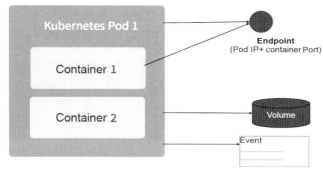

▲ 圖 1.7 Pod 及週邊物件

在繼續說明 Service 與 Pod 的關係之前，我們需要先學習理解 Kubernetes 中重要的一個機制──標籤比對機制。

2. Label 與標籤選擇器

Label（標籤）是 Kubernetes 系統中的另一個核心概念，相當於我們熟悉的「標籤」。一個 Label 是一個 key=value 的鍵值對，其中的 key 與 value 由使用者自己指定。Label 可以被附加到各種資源物件上，例如 Node、Pod、Service、Deployment 等，一個資源物件可以定義任意數量的 Label，同一個 Label 也可以被增加到任意數量的資源物件上。Label 通常在資源物件定義時確定，也可以在物件建立後動態增加或者刪除。我們可以透過給指定的資源物件捆綁一個或多個不同的 Label 來實現多維度的資源分組管理功能，以便靈活、方便地進行資源設定、排程、設定、部署等管理工作，例如，部署不同版本的應用到不同的環境中，以及監控、分析應用（日誌記錄、監控、告警）等。一些常用的 Label 範例如下。

- 版本標籤：release : stable 和 release : canary。
- 環境標籤：environment : dev、environment : qa 和 environment : production。
- 架構標籤：tier : frontend、tier : backend 和 tier : middleware。
- 分區標籤：partition : customerA 和 partition : customerB。
- 品質管控標籤：track : daily 和 track : weekly。

給某個資源物件定義一個 Label，就相當於給它打了一個標籤，隨後可以透過 Label Selector（標籤選擇器）查詢和篩選擁有某些 Label 的資源物件，Kubernetes 透過這種方式實現了類似 SQL 的簡單又通用的物件查詢機制。Label Selector 可以被類比為 SQL 敘述中的 where 查詢準則，例如，"name=redis-slave" 這個 Label Selector 作用於 Pod 時，可以被類比為 "select * from pod where pod's name = 'redis-slave'" 這樣的敘述。當前有兩種 Label Selector 運算式：以等式為基礎的（Equality-based）Selector 運算式和以集合為基礎的（Set-based）Selector 運算式。

以等式為基礎的 Selector 運算式採用等式類運算式比對標籤，下面是一些具體的例子。

- name = redis-slave：比對所有具有 name=redis-slave 標籤的資源物件。
- env != production：比對所有不具有 env=production 標籤的資源物件，比如 "env=test" 就是滿足此條件的標籤之一。

以集合為基礎的 Selector 運算式則使用集合操作類運算式比對標籤，下面是一些具體的例子。

- name in（redis-master, redis-slave）：比對所有具有 name=redis-master 標籤或者 name= redis-slave 標籤的資源物件。
- name not in（php-frontend）：比對所有不具有 name=php-frontend 標籤的資源物件。

可以透過多個 Label Selector 運算式的組合來實現複雜的條件選擇，多個運算式之間用 " ' " 進行分隔即可，幾個條件之間是 "AND" 的關係，即同時滿足多個條件，比如下面的例子：

```
name=redis-slave,env!=production
name notin (php-frontend),env!=production
```

在前面的留言板例子中只使用了一個 "name=XXX" 的 Label Selector。看一個更複雜的例子：假設為 Pod 定義了 3 個 Label：release、env 和 role，不同的 Pod 定義了不同的 Label 值，如圖 1.8 所示，如果設置 "role=frontend" 的 Label Selector，則會選取到 Node 1 和 Node 2 上的 Pod；如果設置 "release=beta" 的 Label Selector，則會選取到 Node 2 和 Node 3 上的 Pod，如圖 1.9 所示。

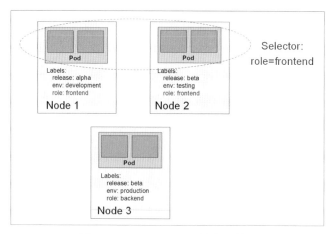

▲ 圖 1.8 Label Selector 的作用範圍 1

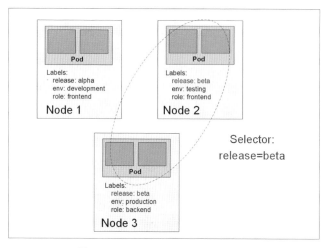

▲ 圖 1.9 Label Selector 的作用範圍 2

總之，使用 Label 可以給物件建立多組標籤，Label 和 Label Selector 共同組成了 Kubernetes 系統中核心的應用模型，可對被管理物件進行精細的分組管理，同時實現了整個叢集的高可用性。

Label 也是 Pod 的重要屬性之一，其重要性僅次於 Pod 的通訊埠，我們幾乎見不到沒有 Label 的 Pod。以 myweb Pod 為例，下面給它設定了 app=myweb 標籤：

```
apiVersion: v1
kind: Pod
metadata:
  name: myweb
  labels:
    app: myweb
```

對應的 Service myweb 就是透過下面的標籤選擇器與 myweb Pod 發生連結的：

```
spec:
  selector:
    app: myweb
```

所以我們看到，Service 很重要的一個屬性就是標籤選擇器，如果我們不小心把標籤選擇器寫錯了，就會出現指鹿為馬的鬧劇。如果恰好符合到了另一種 Pod 實例，而且對應的容器通訊埠恰好正確，服務可以正常連接，則很難排除問題，特別是在有許多 Service 的複雜系統中。

3. Pod 與 Deployment

前面提到，大部分 Service 都是無狀態的服務，可以由多個 Pod 副本實例提供服務。通常情況下，每個 Service 對應的 Pod 服務實例數量都是固定的，如果一個一個地手工建立 Pod 實例，就太麻煩了，最好是用範本的思路，即提供一個 Pod 範本（Template），然後由程式根據我們指定的範本自動建立指定數量的 Pod 實例。這就是 Deployment 這個資源物件所要完成的事情了。

先看看之前例子中的 Deployment 案例（省略部分內容）：

```
apiVersion: apps/v1
kind: Deployment
```

```
spec:
  replicas: 2
  selector:
    matchLabels:
      app: myweb
  template:
    metadata:
      labels:
        app: myweb
    spec:
```

這裡有幾個很重要的屬性。

- replicas：Pod 的副本數量。
- selector：目標 Pod 的標籤選擇器。
- template：用於自動建立新 Pod 副本的範本。

只有一個 Pod 副本實例時，我們是否也需要 Deployment 來自動建立 Pod 呢？在大多數情況下，這個答案是「需要」。這是因為 Deployment 除自動建立 Pod 副本外，還有一個很重要的特性：自動控制。舉個例子，如果 Pod 所在的節點發生當機事件，Kubernetes 就會第一時間觀察到這個故障，並自動建立一個新的 Pod 物件，將其排程到其他合適的節點上，Kubernetes 會即時監控叢集中目標 Pod 的副本數量，並且盡力與 Deployment 中宣告的 replicas 數量保持一致。

下面建立一個名為 tomcat-deployment.yaml 的 Deployment 描述檔案，內容如下：

```
apiVersion: apps/v1
kind: Deployment
metadata:
  name: tomcat-deploy
spec:
  replicas: 1
  selector:
    matchLabels:
      tier: frontend
    matchExpressions:
      - {key: tier, operator: In, values: [frontend]}
  template:
```

```
    metadata:
      labels:
        app: app-demo
        tier: frontend
    spec:
      containers:
      - name: tomcat-demo
        image: tomcat
        imagePullPolicy: IfNotPresent
        ports:
        - containerPort: 8080
```

執行以下命令建立 Deployment 物件：

```
# kubectl create -f tomcat-deployment.yaml
deployment "tomcat-deploy" created
```

執行以下命令查看 Deployment 的資訊：

```
# kubectl get deployments
NAME            DESIRED   CURRENT   UP-TO-DATE   AVAILABLE   AGE
tomcat-deploy   1         1         1            1           4m
```

對以上輸出中各欄位的含義解釋如下。

- DESIRED：Pod 副本數量的期望值，即在 Deployment 裡定義的 replicas。
- CURRENT：當前 replicas 的值，實際上是 Deployment 建立的 ReplicaSet 物件裡的 replicas 值，這個值不斷增加，直到達到 DESIRED 為止，表示整個部署過程完成。
- UP-TO-DATE：最新版本的 Pod 的副本數量，用於指示在輪流升級的過程中，有多少個 Pod 副本已經成功升級。
- AVAILABLE：當前叢集中可用的 Pod 副本數量，即叢集中當前存活的 Pod 數量。

Deployment 資源物件其實還與 ReplicaSet 資源物件密切相關，Kubernetes 內部會根據 Deployment 物件自動建立相連結的 ReplicaSet 物件，透過以下命令，我們可以看到它的命名與 Deployment 的名稱有對應關係：

```
# kubectl get replicaset
NAME                       DESIRED   CURRENT   AGE
tomcat-deploy-1640611518   1         1         1m
```

不僅如此，我們發現 Pod 的命名也是以 Deployment 對應的 ReplicaSet 物件的名稱為首碼的，這種命名很清晰地表示了一個 ReplicaSet 物件建立了哪些 Pod，對於 Pod 輪流升級（Pod Rolling update）這種複雜的操作過程來說，很容易排除錯誤：

```
# kubectl get pods
NAME                            READY      STATUS     RESTARTS     AGE
tomcat-deploy-1640611518-zhrsc  1/1        Running    0            3m
```

關於 Deployment 就先說到這裡，最後複習一下它的典型使用場景。

- 建立一個 Deployment 物件來完成相應 Pod 副本數量的建立。
- 檢查 Deployment 的狀態來看部署動作是否完成（Pod 副本數量是否達到預期的值）。
- 更新 Deployment 以建立新的 Pod（比如鏡像升級），如果當前 Deployment 不穩定，則導回到一個早先的 Deployment 版本。
- 擴充 Deployment 以應對高負載。

圖 1.10 顯示了 Pod、Deployment 與 Service 的邏輯關係。

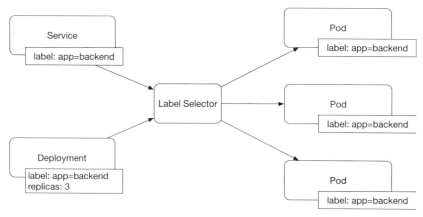

▲ 圖 1.10 Pod、Deployment 與 Service 的邏輯關係

從圖 1.10 中可以看到，Kubernetes 的 Service 定義了一個服務的存取入口位址，前端的應用（Pod）透過這個入口位址存取其背後的一組由 Pod 副本組成的叢集實例。Service 與其後端 Pod 複本集群之間則是透過 Label

Selector 實現無縫對接的，Deployment 實際上用於保證 Service 的服務能力和服務品質始終符合預期標準。

4. Service 的 ClusterIP 位址

既然每個 Pod 都會被分配一個單獨的 IP 位址，而且每個 Pod 都提供了一個獨立的 Endpoint（Pod IP+containerPort）以被用戶端存取，那麼現在多個 Pod 副本組成了一個叢集來提供服務，用戶端如何存取它們呢？傳統的做法是部署一個負載平衡器（軟體或硬體），為這組 Pod 開啟一個對外的服務通訊埠如 8000 通訊埠，並且將這些 Pod 的 Endpoint 列表加入 8000 通訊埠的轉發列表中，用戶端就可以透過負載平衡器的對外 IP 位址 +8000 通訊埠來存取此服務了。Kubernetes 也是類似的做法，Kubernetes 內部在每個 Node 上都執行了一套全域的虛擬負載平衡器，自動注入並自動即時更新叢集中所有 Service 的路由表，透過 iptables 或者 IPVS 機制，把對 Service 的請求轉發到其後端對應的某個 Pod 實例上，並在內部實現服務的負載平衡與階段保持機制。不僅如此，Kubernetes 還採用了一種很巧妙又影響深遠的設計——ClusterIP 位址。我們知道，Pod 的 Endpoint 位址會隨著 Pod 的銷毀和重新建立而發生改變，因為新 Pod 的 IP 位址與之前舊 Pod 的不同。Service 一旦被建立，Kubernetes 就會自動為它分配一個全域唯一的虛擬 IP 位址——ClusterIP 位址，而且在 Service 的整個生命週期內，其 ClusterIP 位址不會發生改變，這樣一來，每個服務就變成了具備唯一 IP 位址的通訊節點，遠端服務之間的通訊問題就變成了基礎的 TCP 網路通訊問題。

任何分散式系統都會包括「服務發現」這個基礎問題，大部分分散式系統都透過提供特定的 API 來實現服務發現功能，但這樣做會導致平台的侵入性較強，也增加了開發、測試的難度。Kubernetes 則採用了直觀樸素的思路輕鬆解決了這個棘手的問題：只要用 Service 的 Name 與 ClusterIP 位址做一個 DNS 域名映射即可。比如我們定義一個 MySQL Service，Service 的名稱是 mydbserver，Service 的通訊埠是 3306，則在程式中直接透過 mydbserver:3306 即可存取此服務，不再需要任何 API 來獲取服務的 IP 位址和通訊埠資訊。

之所以說 ClusterIP 位址是一種虛擬 IP 位址，原因有以下幾點。

- ClusterIP 位 址 僅 僅 作 用 於 Kubernetes Service 這 個 物 件， 並 由 Kubernetes 管理和分配 IP 位址（來源於 ClusterIP 位址集區），與 Node 和 Master 所在的物理網路完全無關。
- 因為沒有一個「實體網路物件」來回應，所以 ClusterIP 位址無法被 Ping 通。 ClusterIP 位址只能與 Service Port 組成一個具體的服務存取 端點，單獨的 ClusterIP 不具備 TCP/IP 通訊的基礎。
- ClusterIP 屬於 Kubernetes 叢集這個封閉的空間，叢集外的節點要存取 這個通訊連接埠，則需要做一些額外的工作。

下面是名為 tomcat-service.yaml 的 Service 定義檔案，內容如下：

```
apiVersion: v1
kind: Service
metadata:
  name: tomcat-service
spec:
  ports:
  - port: 8080
  selector:
    tier: frontend
```

以上程式定義了一個名為 tomcat-service 的 Service，它的服務通訊埠為 8080，擁有 tier = frontend 標籤的所有 Pod 實例都屬於它，執行下面的命 令進行建立：

```
#kubectl create -f tomcat-service.yaml
service "tomcat-service" created
```

我們之前在 tomcat-deployment.yaml 裡定義的 Tomcat 的 Pod 剛好擁有這 個標籤，所以剛才建立的 tomcat-service 已經對應了一個 Pod 實例，執行 下面的命令可以查看 tomcat- service 的 Endpoint 列表，其中 172.17.1.3 是 Pod 的 IP 位址，8080 通訊埠是 Container 暴露的通訊埠：

```
# kubectl get endpoints
NAME              ENDPOINTS            AGE
kubernetes        192.168.18.131:6443  15d
tomcat-service    172.17.1.3:8080      1m
```

你可能有疑問：「說好的 Service 的 ClusterIP 位址呢？怎麼沒有看到？」
執行下面的命令即可看到 tomcat-service 被分配的 ClusterIP 位址及更多的
資訊：

```
# kubectl get svc tomcat-service -o yaml
apiVersion: v1
kind: Service
spec:
  clusterIP: 10.245.85.70
  ports:
  - port: 8080
    protocol: TCP
    targetPort: 8080
  selector:
    tier: frontend
  sessionAffinity: None
  type: ClusterIP
status:
  loadBalancer: {}
```

在 spec.ports 的定義中，targetPort 屬性用來確定提供該服務的容器所暴露
（Expose）的通訊埠編號，即具體的業務處理程序在容器內的 targetPort
上提供 TCP/IP 連線；port 屬性則定義了 Service 的通訊埠。前面定義
Tomcat 服務時並沒有指定 targetPort，所以 targetPort 預設與 port 相同。
除了正常的 Service，還有一種特殊的 Service——Headless Service，只
要在 Service 的定義中設置了 clusterIP: None，就定義了一個 Headless
Service，它與普通 Service 的關鍵區別在於它沒有 ClusterIP 位址，如果解
析 Headless Service 的 DNS 域名，則返回的是該 Service 對應的全部 Pod
的 Endpoint 清單，這意味著用戶端是直接與後端的 Pod 建立 TCP/IP 連
接進行通訊的，沒有透過虛擬 ClusterIP 位址進行轉發，因此通訊性能最
高，等於「原生網路通訊」。

接下來看看 Service 的多通訊埠問題。很多服務都存在多個通訊埠，通常
一個通訊埠提供業務服務，另一個通訊埠提供管理服務，比如 Mycat、
Codis 等常見中介軟體。Kubernetes Service 支援多個 Endpoint，在存在多
個 Endpoint 的情況下，要求每個 Endpoint 都定義一個名稱進行區分。下
面是 Tomcat 多通訊埠的 Service 定義樣例：

```
apiVersion: v1
kind: Service
metadata:
  name: tomcat-service
spec:
  ports:
  - port: 8080
    name: service-port
  - port: 8005
    name: shutdown-port
  selector:
    tier: frontend
```

5. Service 的外網存取問題

前面提到，服務的 ClusterIP 位址在 Kubernetes 叢集內才能被存取，那麼如何讓叢集外的應用存取我們的服務呢？這也是一個相對複雜的問題。要弄明白這個問題的解決思路和解決方法，我們需要先弄明白 Kubernetes 的三種 IP，這三種 IP 分別如下。

■ Node IP：Node 的 IP 位址。
■ Pod IP：Pod 的 IP 位址。
■ Service IP：Service 的 IP 位址。

首先，Node IP 是 Kubernetes 叢集中每個節點的物理網路卡的 IP 位址，是一個真實存在的物理網路，所有屬於這個網路的伺服器都能透過這個網路直接通訊，不管其中是否有部分節點不屬於這個 Kubernetes 叢集。這也表示 Kubernetes 叢集之外的節點存取 Kubernetes 叢集內的某個節點或者 TCP/IP 服務時，都必須透過 Node IP 通訊。

其次，Pod IP 是每個 Pod 的 IP 位址，在使用 Docker 作為容器支援引擎的情況下，它是 Docker Engine 根據 docker0 橋接器的 IP 位址段進行分配的，通常是一個虛擬二層網路。前面說過，Kubernetes 要求位於不同 Node 上的 Pod 都能夠彼此直接通訊，所以 Kubernetes 中一個 Pod 裡的容器存取另外一個 Pod 裡的容器時，就是透過 Pod IP 所在的虛擬二層網路進行通訊的，而真實的 TCP/IP 流量是透過 Node IP 所在的物理網路卡流出的。

在 Kubernetes 叢集內，Service 的 ClusterIP 位址屬於叢集內的位址，無法在叢集外直接使用這個位址。為了解決這個問題，Kubernetes 首先引入了 NodePort 這個概念，NodePort 也是解決叢集外的應用存取叢集內服務的直接、有效的常見做法。

以 tomcat-service 為例，在 Service 的定義裡做如下擴充即可（見程式中的粗體部分）：

```
apiVersion: v1
kind: Service
metadata:
  name: tomcat-service
spec:
  type: NodePort
  ports:
  - port: 8080
    nodePort: 31002
  selector:
    tier: frontend
```

其中，nodePort:31002 這個屬性工作表示手動指定 tomcat-service 的 NodePort 為 31002，否則 Kubernetes 會自動為其分配一個可用的通訊埠。接下來在瀏覽器裡存取 http://<nodePort IP>:31002/，就可以看到 Tomcat 的歡迎介面了，如圖 1.11 所示。

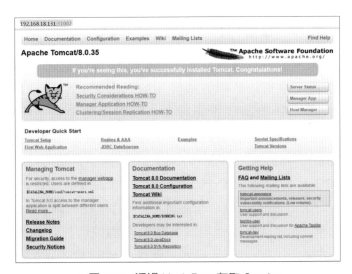

▲ 圖 1.11　透過 NodePort 存取 Service

NodePort 的實現方式是，在 Kubernetes 叢集的每個 Node 上都為需要外部
存取的 Service 開啟一個對應的 TCP 監聽通訊埠，外部系統只要用任意一
個 Node 的 IP 位址 +NodePort 通訊埠編號即可存取此服務，在任意 Node
上執行 netstat 命令，就可以看到有 NodePort 通訊埠被監聽：

```
# netstat -tlp | grep 31002
tcp6  0  0 [::]:31002          [::]:*              LISTEN          1125/kube-proxy
```

但 NodePort 還沒有完全解決外部存取 Service 的所有問題，比如負載平
衡問題。假如在我們的叢集中有 10 個 Node，則此時最好有一個負載平衡
器，外部的請求只需存取此負載平衡器的 IP 位址，由負載平衡器負責轉
發流量到後面某個 Node 的 NodePort 上，如圖 1.12 所示。

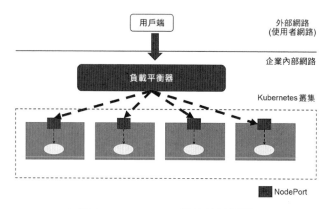

▲ 圖 1.12 NodePort 與負載平衡器

圖 1.12 中的負載平衡器元件獨立於 Kubernetes 叢集之外，通常是一個硬
體的負載平衡器，也有以軟體方式實現的，例如 HAProxy 或者 Nginx。
對於每個 Service，我們通常需要設定一個對應的負載平衡器實例來轉
發流量到後端的 Node 上，這的確增加了工作量及出錯的概率。於是
Kubernetes 提供了自動化的解決方案，如果我們的叢集執行在 Google
的公有雲 GCE 上，那麼只要把 Service 的 "type=NodePort" 改為 "type=
LoadBalancer"，Kubernetes 就會自動建立一個對應的負載平衡器實例並返
回它的 IP 位址供外部用戶端使用。其他公有雲提供商只要實現了支援此
特性的驅動，則也可以達到以上目的。此外，也有 MetalLB 這樣的面向私
有叢集的 Kubernetes 負載平衡方案。

NodePort 的確功能強大且通用性強，但也存在一個問題，即每個 Service
都需要在 Node 上獨佔一個通訊埠，而通訊埠又是有限的物理資源，那能
不能讓多個 Service 共用一個對外通訊埠呢？這就是後來增加的 Ingress
資源物件所要解決的問題。在一定程度上，我們可以把 Ingress 的實現
機制理解為以 Nginx 為基礎的支援虛擬主機的 HTTP 代理。下面是一個
Ingress 的實例：

```
kind: Ingress
metadata:
  name: name-virtual-host-ingress
spec:
  rules:
  - host: foo.bar.com
    http:
      paths:
      - backend:
          serviceName: service1
          servicePort: 80
  - host: bar.foo.com
    http:
      paths:
      - backend:
          serviceName: service2
          servicePort: 80
```

在以上 Ingress 的定義中，到虛擬域名 foo.bar.com 請求的流量會被路由
到 service1，到 bar.foo.com 請求的流量會被路由到 service2。透過上面
的例子，我們也可以看出，Ingress 其實只能將多個 HTTP（HTTPS）的
Service「聚合」，透過虛擬域名或者 URL Path 的特徵進行路由轉發功能。
考慮到常見的微服務都採用了 HTTP REST 協定，所以 Ingress 這種聚合多
個 Service 並將其暴露到外網的做法還是很有效的。

6. 有狀態的應用叢集

我們知道，Deployment 物件是用來實現無狀態服務的多副本自動控制功
能的，那麼有狀態的服務，比如 ZooKeeper 叢集、MySQL 高可用叢集（3
節點叢集）、Kafka 叢集等是怎麼實現自動部署和管理的呢？這個問題就
複雜多了，這些一開始是依賴 StatefulSet 解決的，但後來發現對於一些複

雜的有狀態的叢集應用來說，StatefulSet 還是不夠通用和強大，所以後面又出現了 Kubernetes Operator。

我們先說說 StatefulSet。StatefulSet 之前曾用過 PetSet 這個名稱，很多人都知道，在 IT 世界裡，有狀態的應用被類比為寵物（Pet），無狀態的應用則被類比為牛羊，每個寵物在主人那裡都是「唯一的存在」，寵物生病了，我們是要花很多錢去治療的，需要我們用心照料，而無差別的牛羊則沒有這個待遇。複習下來，在有狀態叢集中一般有如下特殊共通性。

- 每個節點都有固定的身份 ID，透過這個 ID，叢集中的成員可以相互發現並通訊。
- 叢集的規模是比較固定的，叢集規模不能隨意變動。
- 叢集中的每個節點都是有狀態的，通常會持久化資料到永久儲存中，每個節點在重新啟動後都需要使用原有的持久化資料。
- 叢集中成員節點的啟動順序（以及關閉順序）通常也是確定的。
- 如果磁碟損壞，則叢集裡的某個節點無法正常執行，叢集功能受損。

如果透過 Deployment 控制 Pod 副本數量來實現以上有狀態的叢集，我們就會發現上述很多特性大部分難以滿足，比如 Deployment 建立的 Pod 因為 Pod 的名稱是隨機產生的，我們事先無法為每個 Pod 都確定唯一不變的 ID，不同 Pod 的啟動順序也無法保證，所以在叢集中的某個成員節點當機後，不能在其他節點上隨意啟動一個新的 Pod 實例。另外，為了能夠在其他節點上恢復某個失敗的節點，這種叢集中的 Pod 需要掛接某種共用儲存，為了解決有狀態叢集這種複雜的特殊應用的建模，Kubernetes 引入了專門的資源物件——StatefulSet。StatefulSet 從本質上來說，可被看作 Deployment/RC 的一個特殊變種，它有如下特性。

- StatefulSet 裡的每個 Pod 都有穩定、唯一的網路標識，可以用來發現叢集內的其他成員。假設 StatefulSet 的名稱為 kafka，那麼第 1 個 Pod 叫 kafka-0，第 2 個叫 kafka-1，依此類推。
- StatefulSet 控制的 Pod 副本的啟停順序是受控的，操作第 n 個 Pod 時，前 n-1 個 Pod 已經是執行且準備好的狀態。

■ StatefulSet 裡的 Pod 採用穩定的持久化儲存卷冊，透過 PV 或 PVC 來
  實現，刪除 Pod 時預設不會刪除與 StatefulSet 相關的儲存卷冊（為了
  保證資料安全）。

StatefulSet 除了要與 PV 卷冊捆綁使用，以儲存 Pod 的狀態資料，還要
與 Headless Service 配合使用，即在每個 StatefulSet 定義中都要宣告它屬
於哪個 Headless Service。StatefulSet 在 Headless Service 的基礎上又為
StatefulSet 控制的每個 Pod 實例都建立了一個 DNS 域名，這個域名的格
式如下：

```
$(podname).$(headless service name)
```

比如一個 3 節點的 Kafka 的 StatefulSet 叢集對應的 Headless Service 的名
稱為 kafka，StatefulSet 的名稱為 kafka，則 StatefulSet 裡 3 個 Pod 的 DNS
名稱分別為 kafka-0.kafka、kafka-1.kafka、kafka-2.kafka，這些 DNS 名稱
可以直接在叢集的設定檔中固定下來。

StatefulSet 的建模能力有限，面對複雜的有狀態叢集時顯得力不從心，所
以就有了後來的 Kubernetes Operator 框架和許多的 Operator 實現了。需
要注意的是，Kubernetes Operator 框架並不是面向普通使用者的，而是面
向 Kubernetes 平台開發者的。平台開發者借助 Operator 框架提供的 API，
可以更方便地開發一個類似 StatefulSet 的控制器。在這個控制器裡，開發
者透過編碼方式實現對目標叢集的自訂操控，包括叢集部署、故障發現及
叢集調整等方面都可以實現有針對性的操控，從而實現更好的自動部署和
智慧運行維護功能。從發展趨勢來看，未來主流的有狀態叢集基本都會以
Operator 方式部署到 Kubernetes 叢集中。

7. 批次處理應用

除了無狀態服務、有狀態叢集、常見的第三種應用，還有批次處理應用。
批次處理應用的特點是一個或多個處理程序處理一組資料（圖型、檔案、
視訊等），在這組資料都處理完成後，批次處理任務自動結束。為了支援
這類應用，Kubernetes 引入了新的資源物件——Job，下面是一個計算圓周
率的經典例子：

```
apiVersion: batch/v1
kind: Job
metadata:
  name: pi
spec:
  template:
    spec:
      containers:
      - name: pi
        image: perl
        command: ["perl",  "-Mbignum=bpi", "-wle", "print bpi(100)"]
      restartPolicy: Never
  parallelism: 1
  completions: 5
```

Jobs 控制器提供了兩個控制併發數的參數：completions 和 parallelism，completions 表示需要執行任務數的總數，parallelism 表示併發執行的個數，例如設置 parallelism 為 1，則會依次執行任務，在前面的任務執行後再執行後面的任務。Job 所控制的 Pod 副本是短暫執行的，可以將其視為一組容器，其中的每個容器都僅執行一次。當 Job 控制的所有 Pod 副本都執行結束時，對應的 Job 也就結束了。Job 在實現方式上與 Deployment 等副本控制器不同，Job 生成的 Pod 副本是不能自動重新啟動的，對應 Pod 副本的 restartPolicy 都被設置為 Never，因此，當對應的 Pod 副本都執行完成時，相應的 Job 也就完成了控制使命。後來，Kubernetes 增加了 CronJob，可以週期性地執行某個任務。

8. 應用的設定問題

透過前面的學習，我們初步理解了三種應用建模的資源物件，複習如下。

- 無狀態服務的建模：Deployment。
- 有狀態叢集的建模：StatefulSet。
- 批次處理應用的建模：Job。

在進行應用建模時，應該如何解決應用需要在不同的環境中修改設定的問題呢？這就包括 ConfigMap 和 Secret 兩個物件。

ConfigMap 顧名思義，就是保存設定項（key=value）的一個 Map，如果你只是把它理解為程式設計語言中的一個 Map，那就大錯特錯了。
ConfigMap 是分散式系統中「設定中心」的獨特實現之一。我們知道，幾乎所有應用都需要一個靜態的設定檔來提供啟動參數，當這個應用是一個分散式應用，有多個副本部署在不同的機器上時，設定檔的分發就成為一個讓人頭疼的問題，所以很多分散式系統都有一個設定中心元件，來解決這個問題。但設定中心通常會引入新的 API，從而導致應用的耦合和侵入。Kubernetes 則採用了一種簡單的方案來規避這個問題，如圖 1.13 所示，具體做法如下。

- 使用者將設定檔的內容保存到 ConfigMap 中，檔案名稱可作為 key，value 就是整個檔案的內容，多個設定檔都可被放入同一個 ConfigMap。

- 在建模使用者應用時，在 Pod 裡將 ConfigMap 定義為特殊的 Volume 進行掛載。在 Pod 被排程到某個具體 Node 上時，ConfigMap 裡的設定檔會被自動還原到本地目錄下，然後映射到 Pod 裡指定的設定目錄下，這樣使用者的程式就可以無感知地讀取設定了。

- 在 ConfigMap 的內容發生修改後，Kubernetes 會自動重新獲取 Config Map 的內容，並在目標節點上更新對應的檔案。

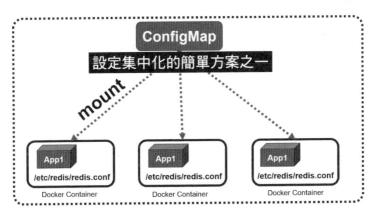

▲ 圖 1.13 ConfigMap 設定集中化的一種簡單方案

接下來說說 Secret。Secret 也用於解決應用設定的問題，不過它解決的是對敏感資訊的設定問題，比如資料庫的使用者名稱和密碼、應用的數位憑證、Token、SSH 金鑰及其他需要保密的敏感設定。對於這類敏感資訊，我們可以建立一個 Secret 物件，然後被 Pod 引用。Secret 中的資料要求以 BASE64 編碼格式存放。注意，BASE64 編碼並不是加密的，在 Kubernetes 1.7 版本以後，Secret 中的資料才可以以加密的形式進行保存，更加安全。

9. 應用的運行維護問題

本節最後說說與應用的自動運行維護相關的幾個重要物件。

首先就是 HPA（Horizontal Pod Autoscaler），如果我們用 Deployment 來控制 Pod 的副本數量，則可以透過手工執行 kubectl scale 命令來實現 Pod 擴充或縮減。如果僅僅到此為止，則顯然不符合 Google 對 Kubernetes 的定位目標——自動化、智慧化。在 Google 看來，分散式系統要能夠根據當前負載的變化自動觸發水平擴充或縮減，因為這一過程可能是頻繁發生、不可預料的，所以採用手動控制的方式是不現實的，因此就有了後來的 HPA 這個高級功能。我們可以將 HPA 理解為 Pod 橫向自動擴充，即自動控制 Pod 數量的增加或減少。透過追蹤分析指定 Deployment 控制的所有目標 Pod 的負載變化情況，來確定是否需要有針對性地調整目標 Pod 的副本數量，這是 HPA 的實現原理。Kubernetes 內建了以 Pod 為基礎的 CPU 使用率進行自動容量調整的機制，應用程式開發者也可以自訂度量指標如每秒請求數，來實現自訂的 HPA 功能。下面是一個 HPA 定義的例子：

```
apiVersion: autoscaling/v1
kind: HorizontalPodAutoscaler
metadata:
  name: php-apache
  namespace: default
spec:
  maxReplicas: 10
  minReplicas: 1
  scaleTargetRef:
    kind: Deployment
    name: php-apache
  targetCPUUtilizationPercentage: 90
```

根據上面的定義，我們可以知道這個 HPA 控制的目標物件是一個名為 php-apache 的 Deployment 裡的 Pod 副本，當這些 Pod 副本的 CPU 使用率的值超過 90% 時，會觸發自動動態擴充，限定 Pod 的副本數量為 1 ～ 10。HPA 很強大也比較複雜，我們在後續章節中會繼續深入學習。

接下來就是 VPA（Vertical Pod Autoscaler），即垂直 Pod 自動容量調整，它根據容器資源使用率自動推測並設置 Pod 合理的 CPU 和記憶體的需求指標，從而更加精確地排程 Pod，實現整體上節省叢集資源的目標，因為無須人為操作，因此也進一步提升了運行維護自動化的水準。VPA 目前屬於比較新的特性，也不能與 HPA 共同操控同一組目標 Pod，它們未來應該會深入融合，建議讀者關注其發展狀況。

1.4.4 儲存類

儲存類的資源物件主要包括 Volume、Persistent Volume、PVC 和 Storage Class。

首先看看基礎的儲存類資源物件──Volume（儲存卷冊）。

Volume 是 Pod 中能夠被多個容器存取的共用目錄。Kubernetes 中的 Volume 概念、用途和目的與 Docker 中的 Volume 比較類似，但二者不能等價。首先，Kubernetes 中的 Volume 被定義在 Pod 上，被一個 Pod 裡的多個容器掛載到具體的檔案目錄下；其次，Kubernetes 中的 Volume 與 Pod 的生命週期相同，但與容器的生命週期不相關，當容器終止或者重新啟動時，Volume 中的資料也不會遺失；最後，Kubernetes 支援多種類型的 Volume，例如 GlusterFS、Ceph 等分散式檔案系統。

Volume 的使用也比較簡單，在大多數情況下，我們先在 Pod 上宣告一個 Volume，然後在容器裡引用該 Volume 並將其掛載（Mount）到容器裡的某個目錄下。舉例來說，若我們要給之前的 Tomcat Pod 增加一個名為 datavol 的 Volume，並將其掛載到容器的 /mydata-data 目錄下，則只對 Pod 的定義檔案做如下修正即可（程式中的粗體部分）：

```
template:
  metadata:
    labels:
      app: app-demo
```

```
      tier: frontend
  spec:
    volumes:
      - name: datavol
        emptyDir: {}
    containers:
    - name: tomcat-demo
      image: tomcat
      volumeMounts:
        - mountPath: /mydata-data
          name: datavol
      imagePullPolicy: IfNotPresent
```

Kubernetes 提供了非常豐富的 Volume 類型供容器使用，例如臨時目錄、宿主機目錄、共用儲存等，下面對其中一些常見的類型進行說明。

1. emptyDir

一個 emptyDir 是在 Pod 分配到 Node 時建立的。從它的名稱就可以看出，它的初始內容為空，並且無須指定宿主機上對應的目錄檔案，因為這是 Kubernetes 自動分配的一個目錄，當 Pod 從 Node 上移除時，emptyDir 中的資料也被永久移除。emptyDir 的一些用途如下。

- 臨時空間，例如用於某些應用程式執行時期所需的臨時目錄，且無須永久保留。
- 長時間任務執行過程中使用的臨時目錄。
- 一個容器需要從另一個容器中獲取資料的目錄（多容器共用目錄）。

在預設情況下，emptyDir 使用的是節點的儲存媒體，例如磁碟或者網路儲存。還可以使用 emptyDir.medium 屬性，把這個屬性設置為 "Memory"，就可以使用更快的以記憶體為基礎的後端儲存了。需要注意的是，這種情況下的 emptyDir 使用的記憶體會被計入容器的記憶體消耗，將受到資源限制和配額機制的管理。

2. hostPath

hostPath 為在 Pod 上掛載宿主機上的檔案或目錄，通常可以用於以下幾方面。

- 在容器應用程式生成的記錄檔需要永久保存時，可以使用宿主機的高速檔案系統對其進行儲存。
- 需要存取宿主機上 Docker 引擎內部資料結構的容器應用時，可以透過定義 hostPath 為宿主機 /var/lib/docker 目錄，使容器內部的應用可以直接存取 Docker 的檔案系統。

在使用這種類型的 Volume 時，需要注意以下幾點。

- 在不同的 Node 上具有相同設定的 Pod，可能會因為宿主機上的目錄和檔案不同，而導致對 Volume 上目錄和檔案的存取結果不一致。
- 如果使用了資源配額管理，則 Kubernetes 無法將 hostPath 在宿主機上使用的資源納入管理。

在下面的例子中使用了宿主機的 /data 目錄定義了一個 hostPath 類型的 Volume：

```
volumes:
- name: "persistent-storage"
  hostPath:
    path: "/data"
```

3. 公有雲 Volume

公有雲提供的 Volume 類型包括 Google 公有雲提供的 GCEPersistentDisk、亞馬遜公有雲提供的 AWS Elastic Block Store（EBS Volume）等。當我們的 Kubernetes 叢集執行在公有雲上或者使用公有雲廠商提供的 Kubernetes 叢集時，就可以使用這類 Volume。

4. 其他類型的 Volume

- iscsi：將 iSCSI 存放裝置上的目錄掛載到 Pod 中。
- nfs：將 NFS Server 上的目錄掛載到 Pod 中。
- glusterfs：將開放原始碼 GlusterFS 網路檔案系統的目錄掛載到 Pod 中。
- rbd：將 Ceph 區塊裝置共用儲存（Rados Block Device）掛載到 Pod 中。
- gitRepo：透過掛載一個空目錄，並從 Git 軟體倉庫複製（clone）一個 git repository 以供 Pod 使用。

- configmap：將設定資料掛載為容器內的檔案。
- secret：將 Secret 資料掛載為容器內的檔案。

5. 動態儲存裝置管理

Volume 屬於靜態管理的儲存，即我們需要事先定義每個 Volume，然後將其掛載到 Pod 中去用，這種方式存在很多弊端，典型的弊端如下。

- 設定參數繁瑣，存在大量手工操作，違背了 Kubernetes 自動化的追求目標。
- 預先定義的靜態 Volume 可能不符合目標應用的需求，比如容量問題、性能問題。

所以 Kubernetes 後面就發展了儲存動態化的新機制，來實現儲存的自動化管理。相關的核心物件（概念）有三個：Persistent Volume（簡稱 PV）、StorageClass、PVC。

PV 表示由系統動態建立（dynamically provisioned）的一個儲存卷冊，可以被理解成 Kubernetes 叢集中某個網路儲存對應的一區塊儲存，它與 Volume 類似，但 PV 並不是被定義在 Pod 上的，而是獨立於 Pod 之外定義的。PV 目前支援的類型主要有 gcePersistentDisk、AWSElasticBlockStore、AzureFile、AzureDisk、FC（Fibre Channel）、NFS、iSCSI、RBD（Rados Block Device）、CephFS、Cinder、GlusterFS、VsphereVolume、Quobyte Volumes、VMware Photon、Portworx Volumes、ScaleIO Volumes、HostPath、Local 等。

我們知道，Kubernetes 支援的儲存系統有多種，那麼系統怎麼知道從哪個儲存系統中建立什麼規格的 PV 儲存卷冊呢？這就包括 StorageClass 與 PVC。StorageClass 用來描述和定義某種儲存系統的特徵，下面舉出一個具體的例子：

```
apiVersion: storage.k8s.io/v1
kind: StorageClass
metadata:
  name: standard
provisioner: kubernetes.io/aws-ebs
```

```
parameters:
  type: gp2
reclaimPolicy: Retain
allowVolumeExpansion: true
mountOptions:
  - debug
volumeBindingMode: Immediate
```

從上面的例子可以看出，StorageClass 有幾個關鍵屬性：provisioner、parameters 和 reclaimPolicy，系統在動態建立 PV 時會用到這幾個參數。簡單地說，provisioner 代表了建立 PV 的第三方儲存外掛程式，parameters 是建立 PV 時的必要參數，reclaimPolicy 則表示了 PV 回收策略，回收策略包括刪除或者保留。需要注意的是，StorageClass 的名稱會在 PVC（PV Claim）中出現，下面就是一個典型的 PVC 定義：

```
apiVersion: v1
kind: PersistentVolumeClaim
metadata:
  name: claim1
spec:
  accessModes:
    - ReadWriteOnce
  storageClassName: standard
  resources:
    requests:
      storage: 30Gi
```

PVC 正如其名，表示應用希望申請的 PV 規格，其中重要的屬性包括 accessModes（儲存存取模式）、storageClassName（用哪種 StorageClass 來實現動態建立）及 resources（儲存的具體規格）。

有了以 StorageClass 與 PVC 為基礎的動態 PV 管理機制，我們就很容易管理和使用 Volume 了，只要在 Pod 裡引用 PVC 即可達到目的，如下面的例子所示：

```
spec:
    containers:
    - name: myapp
      image: tomcat:8.5.38-jre8
      volumeMounts:
```

```
        - name: tomcatedata
          mountPath : "/data"
    volumes:
      - name: tomcatedata
        persistentVolumeClaim:
          claimName: claim1
```

除了動態建立 PV，PV 動態擴充、快照及複製的能力也是 Kubernetes 社區正在積極研發的高級特性。

1.4.5 安全類

安全始終是 Kubernetes 發展過程中的一個關鍵領域。

從本質上來説，Kubernetes 可被看作一個多使用者共用資源的資源管理系統，這裡的資源主要是各種 Kubernetes 裡的各類資源物件，比如 Pod、Service、Deployment 等。只有透過認證的使用者才能透過 Kubernetes 的 API Server 查詢、建立及維護相應的資源物件，理解這一點很關鍵。

Kubernetes 裡的使用者有兩類：我們開發的執行在 Pod 裡的應用；普通使用者，如典型的 kubectl 命令列工具，基本上由指定的運行維護人員（叢集管理員）使用。在更多的情況下，我們開發的 Pod 應用需要透過 API Server 查詢、建立及管理其他相關資源物件，所以這類使用者才是 Kubernetes 的關鍵使用者。為此，Kubernetes 設計了 Service Account 這個特殊的資源物件，代表 Pod 應用的帳號，為 Pod 提供必要的身份認證。在此基礎上，Kubernetes 進一步實現和完善了以角色為基礎的存取控制許可權系統──RBAC（Role-Based Access Control）。

在預設情況下，Kubernetes 在每個命名空間中都會建立一個預設的名稱為 default 的 Service Account，因此 Service Account 是不能全域使用的，只能被它所在命名空間中的 Pod 使用。透過以下命令可以查看叢集中的所有 Service Account：

```
kubectl get sa --all-namespaces
NAMESPACE      NAME         SECRETS    AGE
default        default      1          32d
kube-system    default      1          32d
```

Service Account 是透過 Secret 來保存對應的使用者（應用）身份憑證的，這些憑證資訊有 CA 根證書資料（ca.crt）和簽名後的 Token 資訊（Token）。在 Token 資訊中就包括了對應的 Service Account 的名稱，因此 API Server 透過接收到的 Token 資訊就能確定 Service Account 的身份。在預設情況下，使用者建立一個 Pod 時，Pod 會綁定對應命名空間中的 default 這個 Service Account 作為其「公民身份證」。當 Pod 裡的容器被建立時，Kubernetes 會把對應的 Secret 物件中的身份資訊（ca.crt、Token 等）持久化保存到容器裡固定位置的本地檔案中，因此當容器裡的使用者處理程序透過 Kubernetes 提供的用戶端 API 去存取 API Server 時，這些 API 會自動讀取這些身份資訊檔案，並將其附加到 HTTPS 請求中傳遞給 API Server 以完成身份認證邏輯。在身份認證透過以後，就有關「存取授權」的問題，這就是 RBAC 要解決的問題了。

首先我們要學習的是 Role 這個資源物件，包括 Role 與 ClusterRole 兩種類型的角色。角色定義了一組特定許可權的規則，比如可以操作某類資源物件。侷限於某個命名空間的角色由 Role 物件定義，作用於整個 Kubernetes 叢集範圍內的角色則透過 ClusterRole 物件定義。下面是 Role 的一個例子，表示在命名空間 default 中定義一個 Role 物件，用於授予對 Pod 資源的讀取存取權限，綁定到該 Role 的使用者則具有對 Pod 資源的 get、watch 和 list 許可權：

```
kind: Role
apiVersion: rbac.authorization.k8s.io/v1
metadata:
  namespace: default
  name: pod-reader
rules:
- apiGroups: [""] # 空字串 "" 表示使用 core API group
  resources: ["pods"]
  verbs: ["get", "watch", "list"]
```

接下來就是如何將 Role 與具體使用者綁定（使用者授權）的問題了。我們可以透過 RoleBinding 與 ClusterRoleBinding 來解決這個問題。下面是一個具體的例子，在命名空間 default 中將 "pod-reader" 角色授予使用者

"Caden"，結合對應的 Role 的定義，表示這一授權將允許使用者 "Caden"
從命名空間 default 中讀取 pod。

```
kind: RoleBinding
apiVersion: rbac.authorization.k8s.io/v1
metadata:
  name: read-pods
  namespace: default
subjects:
- kind: User
  name: Caden
 apiGroup: rbac.authorization.k8s.io
roleRef:
  kind: Role
  name: pod-reader
  apiGroup: rbac.authorization.k8s.io
```

在 RoleBinding 中使用 subjects（目標主體）來表示要授權的物件，這是
因為我們可以授權三類目標帳號：Group（使用者群組）、User（某個具體
使用者）和 Service Account（Pod 應用所使用的帳號）。

在安全領域，除了以上針對 API Server 存取安全相關的資源物件，還
有一種特殊的資源物件——NetworkPolicy（網路策略），它是網路安全
相關的資源物件，用於解決使用者應用之間的網路隔離和授權問題。
NetworkPolicy 是一種關於 Pod 間相互通訊，以及 Pod 與其他網路端點間
相互通訊的安全規則設定。

NetworkPolicy 資源使用標籤選擇 Pod，並定義選定 Pod 所允許的通訊規
則。在預設情況下，Pod 間及 Pod 與其他網路端點間的存取是沒有限制
的，這假設了 Kubernetes 叢集被一個廠商（公司 / 租戶）獨佔，其中部署
的應用都是相互可信的，無須相互防範。但是，如果存在多個廠商共同使
用一個 Kubernetes 叢集的情況，則特別是在公有雲環境中，不同廠商的應
用要相互隔離以增加安全性，這就可以透過 NetworkPolicy 來實現了。

Kubernetes 安裝設定指南

2.1 系統要求

Kubernetes 系統由一組可執行程式組成，使用者可以透過 Kubernetes 在 GitHub 的專案網站下載編譯好的二進位檔案或鏡像檔案，或者下載原始程式並自行將其編譯為二進位檔案。

安裝 Kubernetes 對軟體和硬體的系統要求如表 2.1 所示。

表 2.1　安裝 Kubernetes 對軟體和硬體的系統要求

軟硬體	最低配備	推薦配備
主機資源	叢集規模為 1 ～ 5 個節點時，要求如下。 • Master：至少 1 core CPU 和 2 GB 記憶體。 • Node：至少 1 core CPU 和 1 GB 記憶體。 隨著叢集規模的增大，應相應增加主機的設定。 大規模叢集的硬體規格可以參考 Kubernetes 官網舉出的建議	Master：4 core CPU 和 16GB 記憶體。 Node：根據需要執行的容器數量進行設定
Linux 作業系統	各種 Linux 發行版本，包括 Red Hat Linux、CentOS、Fedora、Ubuntu、Debian 等，Kernel 版本要求在 3.10 及以上	CentOS 7.8
etcd	v3 版本及以上 下載和安裝說明見 etcd 官網的說明	v3
Docker	Kubernetes 支援的 Docker 版本包括 1.13.1、17.03、17.06、17.09、18.06 和 18.09，推薦使用 19.03 版本。 下載和安裝說明見 Docker 官網的說明	19.03

Kubernetes 需要容器執行時期（Container Runtime Interface，CRI）的支

援,目前官方支援的容器執行時期包括:Docker、Containerd、CRI-O 和 frakti 等。容器執行時期的原理詳見 5.4.5 節的說明。本節以 Docker 作為容器執行環境,推薦的版本為 Docker CE 19.03。

宿主機作業系統以 CentOS 7 為例,使用 Systemd 系統完成對 Kubernetes 服務的設定。其他 Linux 發行版本的服務設定請參考相關的系統管理手冊。為了便於管理,常見的做法是將 Kubernetes 服務程式設定為 Linux 系統開機自啟動的服務。

需要注意的是,CentOS 7 預設啟動了防火牆服務(firewalld.service),而 Kubernetes 的 Master 與工作 Node 之間會有大量的網路通訊。安全的做法是在防火牆上設定各元件需要相互通訊的通訊埠編號,具體要設定的通訊埠編號如表 2.2 所示。

表 2.2 具體要設定的通訊埠編號

元件	預設通訊埠編號
API Server	8080(HTTP 非安全通訊埠編號) 6443(HTTPS 安全通訊埠編號)
Controller Manager	10252
Scheduler	10251
kubelet	10250 10255(唯讀通訊埠編號)
etcd	2379(供用戶端存取) 2380(供 etcd 叢集內部節點之間存取)
叢集 DNS 服務	53(UDP) 53(TCP)

其他元件可能還需要開通某些通訊埠編號,例如 CNI 網路外掛程式 calico 需要 179 通訊埠編號;鏡像倉庫需要 5000 通訊埠編號等,需要根據系統要求一個一個在防火牆服務上設定網路策略。

在安全的網路環境中,可以簡單地關閉防火牆服務:

```
# systemctl disable firewalld
# systemctl stop firewalld
```

另外，建議在主機上禁用 SELinux（修改檔案 /etc/sysconfig/selinux，將 SELINUX =enforcing 修改為 SELINUX=disabled），讓容器可以讀取主機檔案系統。隨著 Kubernetes 對 SELinux 支援的增強，可以逐步啟用 SELinux 機制，並透過 Kubernetes 設置容器的安全機制。

2.2 使用 kubeadm 工具快速安裝 Kubernetes 叢集

Kubernetes 從 1.4 版本開始引入了命令列工具 kubeadm，致力於簡化叢集的安裝過程，到 Kubernetes 1.13 版本時，kubeadm 工具達到 GA 階段。本節講解以 kubeadm 為基礎的安裝過程，作業系統以 CentOS 7 為例。

2.2.1 安裝 kubeadm

對 kubeadm 工具的安裝在 CentOS 作業系統上可以透過 yum 工具一鍵完成。

首先設定 yum 來源，官方 yum 來源設定檔 /etc/yum.repos.d/kubernetes.repo 的內容如下：

```
[kubernetes]
name=Kubernetes Repository
name=Kubernetes
baseurl=https://packages.cloud.google.com/yum/repos/kubernetes-el7-
\$basearch
enabled=1
gpgcheck=1
repo_gpgcheck=1
gpgkey=https://packages.cloud.google.com/yum/doc/yum-key.gpg https://
packages.cloud.google.com/yum/doc/rpm-package-key.gpg
exclude=kubelet kubeadm kubectl
```

然後執行 yum install 命令安裝 kubeadm、kubelet 和 kubectl：

```
# yum install -y kubelet kubeadm kubectl --disableexcludes=kubernetes
```

kubeadm 將使用 kubelet 服務以容器方式部署和啟動 Kubernetes 的主要服務，所以需要先啟動 kubelet 服務。執行 systemctl start 命令啟動 kubelet

服務，並設置為開機自啟動：

```
# systemctl start kubelet
# systemctl enable kubelet
```

kubeadm 還需要關閉 Linux 的 swap 系統交換區，這可以透過 swapoff -a
命令實現：

```
# swapoff -a
```

2.2.2 修改 kubeadm 的預設設定

kubeadm 的初始化控制平面（init）命令和加入節點（join）命令均可以透
過指定的設定檔修改預設參數的值。kubeadm 將設定檔以 ConfigMap 形式
保存到叢集中，便於後續的查詢和升級工作。kubeadm config 子命令提供
了對這組功能的支援。

- kubeadm config print init-defaults：輸出 kubeadm init 命令預設參數的
  內容。
- kubeadm config print join-defaults：輸出 kubeadm join 命令預設參數的
  內容。
- kubeadm config migrate：在新舊版本之間進行設定轉換。
- kubeadm config images list：列出所需的鏡像列表。
- kubeadm config images pull：拉取鏡像到本地。

例如，執行 kubeadm config print init-defaults 命令，可以獲得預設的初始
化參數檔案：

```
# kubeadm config print init-defaults > init.default.yaml
```

對生成的檔案進行編輯，可以隨選生成合適的設定。例如，若需要自訂鏡
像的倉庫位址、需要安裝的 Kubernetes 版本編號及 Pod 的 IP 位址範圍，
則可以將預設設定修改如下：

```
apiVersion: kubeadm.k8s.io/v1beta2
kind: ClusterConfiguration
......
imageRepository: docker.io/dustise
kubernetesVersion: v1.19.0
```

```
networking:
  podSubnet: "192.168.0.0/16"
......
```

將上面的內容保存為 init-config.yaml 備用。

2.2.3 下載 Kubernetes 的相關鏡像

為了加快 kubeadm 建立叢集的過程，可以預先將所需鏡像下載完成。可以透過 kubeadm config images list 命令查看鏡像列表，例如：

```
# kubeadm config images list
k8s.gcr.io/kube-apiserver:v1.19.0
k8s.gcr.io/kube-controller-manager:v1.19.0
k8s.gcr.io/kube-scheduler:v1.19.0
k8s.gcr.io/kube-proxy:v1.19.0
k8s.gcr.io/pause:3.2
k8s.gcr.io/etcd:3.4.13-0
k8s.gcr.io/coredns:1.7.0
```

如果無法存取 k8s.gcr.io，則可以使用離你較近鏡像託管網站進行下載，例如 https://1nj0zren.mirror.aliyuncs.com，這可以透過修改 Docker 服務的設定檔（預設為 /etc/docker/daemon.json）進行設置，例如：

```
{
    "registry-mirrors": [
        "https://1nj0zren.mirror.aliyuncs.com"
    ],
    ......
}
```

然後，使用 kubeadm config images pull 命令或者 docker pull 命令下載上述鏡像，例如：

```
# kubeadm config images pull --config=init-config.yaml
```

在鏡像下載完成之後，就可以進行安裝了。

2.2.4 執行 kubeadm init 命令安裝 Master 節點

至此，準備工作已經就緒，執行 kubeadm init 命令即可一鍵安裝 Kubernetes 的 Master 節點，也稱之為 Kubernetes 控制平面（Control Plane）。

在開始之前需要注意：kubeadm 的安裝過程不包括網路外掛程式（CNI）的初始化，因此 kubeadm 初步安裝完成的叢集不具備網路功能，任何 Pod（包括附帶的 CoreDNS）都無法正常執行。而網路外掛程式的安裝往往對 kubeadm init 命令的參數有一定要求。例如，安裝 Calico 外掛程式時需要指定 --pod-network-cidr=192.168.0.0/16。關於安裝 CNI 網路外掛程式的更多內容，可參考官方文件的説明。

kubeadm init 命令在執行具體的安裝操作之前，會執行一系列被稱為 pre-flight checks 的系統預檢查，以確保主機環境符合安裝要求，如果檢查失敗就直接終止，不再進行 init 操作。使用者可以透過 kubeadm init phase preflight 命令執行預檢查操作，確保系統就緒後再執行 init 操作。如果不希望執行預檢查，則也可以為 kubeadm init 命令增加 --ignore- preflight-errors 參數進行關閉。如表 2.3 所示是 kubeadm 檢查的系統組態，對不符合要求的檢查項以 warning 或 error 等級的資訊舉出提示。

表 2.3 kubeadm 檢查的系統組態

不符合要求的條件	錯誤級別
如果待安裝的 Kubernetes 版本（--kubernetes-version）比 kubeadm CLI 工具版本至少高一個次要版本（minor version）	warning
在 Linux 上執行時期，Linux 的核心版本未達到最低要求	error
在 Linux 上執行時期，Linux 未設置 cgroups 子系統	error
在使用 Docker 時，如果 Docker 服務不存在，或被禁用，或未處於活動狀態	warning/ error
在使用 Docker 時，如果 Docker 端點不存在或不起作用	error
在使用 Docker 時，如果 Docker 版本不在經過驗證的 Docker 版本列表中	warning
在使用其他 CRI 引擎時，如果 crictl socket 無回應	error
如果使用者不是 root 使用者	error
如果電腦主機名稱不是有效的 DNS 子域格式	error
如果無法透過網路尋找存取主機名稱	warning
如果 kubelet 版本低於 kubeadm 支援的最低 kubelet 版本（當前次要版本編號 -1）	error
如果 kubelet 版本比所需的控制平面版本至少高一個次要版本編號	error

不符合要求的條件	錯誤級別
如果 kubelet 服務不存在或被禁用	warning
如果 firewalld 服務處於活動狀態	warning
如果 API Server 使用 10250/10251/10252 通訊埠編號或已被其他處理程序佔用	error
如果 /etc/kubernetes/manifest 目錄已經存在並且不為空	error
如果 /proc/sys/net/bridge/bridge-nf-call-iptables 檔案不存在或值不為 1	error
如果使用 ipv6 位址,並且 /proc/sys/net/bridge/bridge-nf-call-ip6tables 檔案不存在或值不為 1	error
如果啟用了系統交換區,即 swap=on	error
如果系統中不存在或找不到 conntrack、ip、iptables、mount、nsenter 命令	error
如果系統中不存在或找不到 ebtables、ethtool、socat、tc、touch、crictl 命令	warning
如果 API Server、Controller Manager 和 Scheduler 的額外參數中包含一些無效的內容	warning
如果到 API Server URL(https://API.AdvertiseAddress:API.BindPort)的連接透過代理伺服器	warning
如果到服務(Service)網路的連接透過代理進行(僅檢查第一個位址)	warning
如果到 Pod 子網的連接透過代理進行(僅檢查第 1 個位址)	warning
在使用外部 etcd 時,如果 etcd 版本低於最低要求版本	error
在使用外部 etcd 時,如果指定了 etcd 證書或金鑰,但未提供	error
在沒有外部 etcd(因此將安裝本地 etcd)時,如果通訊埠編號 2379 已被其他處理程序佔用	error
在沒有外部 etcd(因此將安裝本地 etcd)時,如果 etcd.DataDir 資料夾已經存在並且不為空	error
授權方式為 ABAC 時,如果 abac_policy.json 檔案不存在	error
授權方式為 WebHook 時,如果 webhook_authz.conf 檔案不存在	error

另外,Kubernetes 預設設置 cgroup 驅動(cgroupdriver)為 "systemd",而 Docker 服務的 cgroup 驅動預設值為 "cgroupfs",建議將其修改為 "systemd",與 Kubernetes 保持一致。這可以透過修改 Docker 服務的設定檔(預設為 /etc/docker/daemon.json)進行設置:

```
{
    "exec-opts": ["native.cgroupdriver=systemd"]
```

```
    ......
}
```

準備工作就緒之後，就可以執行 kubeadm init 命令，使用之前建立的設定
檔一鍵安裝 Master 節點（控制平面）了：

```
# kubeadm init --config=init-config.yaml
```

一切正常的話，控制台將輸出如下內容：

```
W1027 15:29:18.930022   18680 configset.go:348] WARNING: kubeadm cannot
validate component configs for API groups [kubelet.config.k8s.io kubeproxy.
config.k8s.io]
[init] Using Kubernetes version: v1.19.0
[preflight] Running pre-flight checks
[preflight] Pulling images required for setting up a Kubernetes cluster
[preflight] This might take a minute or two, depending on the speed of your
internet connection
[preflight] You can also perform this action in beforehand using 'kubeadm
config images pull'
[certs] Using certificateDir folder "/etc/kubernetes/pki"
[certs] Generating "ca" certificate and key
[certs] Generating "apiserver" certificate and key
[certs] apiserver serving cert is signed for DNS names [k8s kubernetes
kubernetes.default kubernetes.default.svc kubernetes.default.svc.cluster.
local] and IPs [10.96.0.1 192.168.18.10]
[certs] Generating "apiserver-kubelet-client" certificate and key
[certs] Generating "front-proxy-ca" certificate and key
[certs] Generating "front-proxy-client" certificate and key
[certs] Generating "etcd/ca" certificate and key
[certs] Generating "etcd/server" certificate and key
[certs] etcd/server serving cert is signed for DNS names [k8s localhost]
and IPs [192.168.18.10 127.0.0.1 ::1]
[certs] Generating "etcd/peer" certificate and key
[certs] etcd/peer serving cert is signed for DNS names [k8s localhost] and
IPs [192.168.18.10 127.0.0.1 ::1]
[certs] Generating "etcd/healthcheck-client" certificate and key
[certs] Generating "apiserver-etcd-client" certificate and key
[certs] Generating "sa" key and public key
[kubeconfig] Using kubeconfig folder "/etc/kubernetes"
[kubeconfig] Writing "admin.conf" kubeconfig file
[kubeconfig] Writing "kubelet.conf" kubeconfig file
[kubeconfig] Writing "controller-manager.conf" kubeconfig file
[kubeconfig] Writing "scheduler.conf" kubeconfig file
[kubelet-start] Writing kubelet environment file with flags to file "/var/
```

```
lib/kubelet/kubeadm-flags.env"
[kubelet-start] Writing kubelet configuration to file "/var/lib/kubelet/
config.yaml"
[kubelet-start] Starting the kubelet
[control-plane] Using manifest folder "/etc/kubernetes/manifests"
[control-plane] Creating static Pod manifest for "kube-apiserver"
[control-plane] Creating static Pod manifest for "kube-controller-manager"
[control-plane] Creating static Pod manifest for "kube-scheduler"
[etcd] Creating static Pod manifest for local etcd in "/etc/kubernetes/
manifests"
[wait-control-plane] Waiting for the kubelet to boot up the control plane
as static Pods from directory "/etc/kubernetes/manifests". This can take up
to 4m0s
[apiclient] All control plane components are healthy after 14.502409 seconds
[upload-config] Storing the configuration used in ConfigMap "kubeadm-config"
in the "kube-system" Namespace
[kubelet] Creating a ConfigMap "kubelet-config-1.19" in namespace kube-
system with the configuration for the kubelets in the cluster
[upload-certs] Skipping phase. Please see --upload-certs
[mark-control-plane] Marking the node k8s as control-plane by adding the
label "node-role.kubernetes.io/master=''"
[mark-control-plane] Marking the node k8s as control-plane by adding the
taints [node-role.kubernetes.io/master:NoSchedule]
[bootstrap-token] Using token: 2m54ly.s8g4lv2urk0dcuvi
[bootstrap-token] Configuring bootstrap tokens, cluster-info ConfigMap,
RBAC Roles
[bootstrap-token] configured RBAC rules to allow Node Bootstrap tokens to
get nodes
[bootstrap-token] configured RBAC rules to allow Node Bootstrap tokens to
post CSRs in order for nodes to get long term certificate credentials
[bootstrap-token] configured RBAC rules to allow the csrapprover controller
automatically approve CSRs from a Node Bootstrap Token
[bootstrap-token] configured RBAC rules to allow certificate rotation for
all node client certificates in the cluster
[bootstrap-token] Creating the "cluster-info" ConfigMap in the "kube-public"
namespace
[kubelet-finalize] Updating "/etc/kubernetes/kubelet.conf" to point to a
rotatable kubelet client certificate and key
[addons] Applied essential addon: CoreDNS
[addons] Applied essential addon: kube-proxy
```

Your Kubernetes control-plane has initialized successfully!

To start using your cluster, you need to run the following as a regular

```
user:

  mkdir -p $HOME/.kube
  sudo cp -i /etc/kubernetes/admin.conf $HOME/.kube/config
  sudo chown $(id -u):$(id -g) $HOME/.kube/config

You should now deploy a pod network to the cluster.
Run "kubectl apply -f [podnetwork].yaml" with one of the options listed at:
  https://kubernetes.io/docs/concepts/cluster-administration/addons/

Then you can join any number of worker nodes by running the following on
each as root:

kubeadm join 192.168.18.10:6443 --token 2m54ly.s8g4lv2urk0dcuvi \
    --discovery-token-ca-cert-hash sha256:159400c88042d63dc7188db587c81efd1
282d4bb16f00d316120ebcd278a333f
```

看到 "Your Kubernetes control-plane has initialized successfully!" 的提示，就説明 Master 節點（控制平面）已經安裝成功了。

接下來就可以透過 kubectl 命令列工具存取叢集進行操作了。由於 kubeadm 預設使用 CA 證書，所以需要為 kubectl 設定證書才能存取 Master。

按照安裝成功的提示，非 root 使用者可以將 admin.conf 設定檔複製到 HOME 目錄的 .kube 子目錄下，命令如下：

```
$ mkdir -p $HOME/.kube
$ sudo cp -i /etc/kubernetes/admin.conf $HOME/.kube/config
$ sudo chown $(id -u):$(id -g) $HOME/.kube/config
```

如果使用者是 root，則也可以透過設置環境變數 KUBECONFIG 完成 kubectl 的設定：

```
# export KUBECONFIG=/etc/kubernetes/admin.conf
```

然後就可以使用 kubectl 命令列工具對 Kubernetes 叢集進行存取和操作了。

例如查看命名空間 kube-system 中的 ConfigMap 列表：

```
# kubectl -n kube-system get configmap
NAME                         DATA   AGE
coredns                      1      3m42s
```

```
extension-apiserver-authentication    6    3m45s
kube-proxy                            2    3m42s
kubeadm-config                        2    3m44s
kubelet-config-1.19                   1    3m43s
```

到此，Kubernetes 的 Master 節點已經可以工作了，但在叢集內還是沒有可用的 Worker Node，並缺乏容器網路的設定。

接下來安裝 Worker Node，需要用到 kubeadm init 命令執行完成後的最後幾行提示資訊，其中包含將節點加入叢集的命令（kubeadm join）和所需的 Token。

2.2.5 將新的 Node 加入叢集

對於新節點的增加，系統準備和安裝 Master 節點的過程是一致的，在待安裝的各個 Node 主機上進行下面的安裝過程。

（1）安裝 kubeadm 和 kubelet（在 Node 上無須安裝 kubectl）：

```
# yum install kubelet kubeadm --disableexcludes=kubernetes
```

執行 systemctl start 命令啟動 kubelet 服務，並設置為開機自啟動：

```
# systemctl start kubelet
# systemctl enable kubelet
```

（2）使用 kubeadm join 命令加入叢集，可以從安裝 Master 節點的成功提示內容中複製完整的命令，例如：

```
# kubeadm join 192.168.18.10:6443 --token 2m54ly.s8g4lv2urk0dcuvi \
    --discovery-token-ca-cert-hash sha256:159400c88042d63dc7188db587c81efd1
282d4bb16f00d316120ebcd278a333f
```

如果需要調整其他設定，則也可以透過自訂設定檔的方式進行操作，透過 kubeadm config print join-defaults 命令獲取預設設定的內容，再進行修改，例如：

```
# kubeadm config print join-defaults > join.config.yaml
```

修改設定檔 join.config.yaml 的內容如下：

```
apiVersion: kubeadm.k8s.io/v1beta2
kind: JoinConfiguration
```

```
discovery:
  bootstrapToken:
    apiServerEndpoint: 192.168.18.10:6443
    token: 2m54ly.s8g4lv2urk0dcuvi
    unsafeSkipCAVerification: true
  tlsBootstrapToken: 2m54ly.s8g4lv2urk0dcuvi
```

其 中，apiServerEndpoint 的 值 為 Master 服 務 的 URL 位 址，token 和 tlsBootstrapToken 的值來自使用 kubeadm init 安裝 Master 時的最後一行提示資訊。

執行 kubeadm join 命令，將本 Node 加入叢集：

```
# kubeadm join --config=join.config.yaml
[preflight] Running pre-flight checks
[preflight] Reading configuration from the cluster...
[preflight] FYI: You can look at this config file with 'kubectl -n kube-
system get cm kubeadm-config -oyaml'
[kubelet-start] Writing kubelet configuration to file "/var/lib/kubelet/
config.yaml"
[kubelet-start] Writing kubelet environment file with flags to file "/var/
lib/kubelet/kubeadm-flags.env"
[kubelet-start] Starting the kubelet
[kubelet-start] Waiting for the kubelet to perform the TLS Bootstrap...

This node has joined the cluster:
* Certificate signing request was sent to apiserver and a response was
received.
* The Kubelet was informed of the new secure connection details.

Run 'kubectl get nodes' on the control-plane to see this node join the
cluster.
```

成功將 Node 加入叢集後，可以透過 kubectl get nodes 命令確認新的 Node 已加入：

```
# kubectl get nodes
NAME      STATUS     ROLES     AGE     VERSION
k8s       NotReady   master    67m     v1.19.0
k8s-2     NotReady   <none>    2m9s    v1.19.0
```

另外，在初始安裝的 Master 節點上也啟動了 kubelet 和 kube-proxy，在預設情況下並不參與工作負載的排程。如果希望 Master 節點也作為 Node 角色，則可以執行下面的命令（刪除 Node 的 Label"node-role.kubernetes.io/master"），讓 Master 節點也成為一個 Node：

```
# kubectl taint nodes --all node-role.kubernetes.io/master-
node/k8s untainted

# kubectl get nodes
NAME      STATUS     ROLES     AGE     VERSION
k8s       NotReady   <none>    67m     v1.19.0
k8s-2     NotReady   <none>    2m9s    v1.19.0
```

2.2.6 安裝 CNI 網路外掛程式

執行 kubeadm init 和 join 命令後，Kubernetes 提示各節點均為 NotReady 狀態，這是因為還沒有安裝 CNI 網路外掛程式：

```
# kubectl get nodes
NAME      STATUS     ROLES     AGE     VERSION
k8s       NotReady   <none>    67m     v1.19.0
k8s-2     NotReady   <none>    2m9s    v1.19.0
```

對於 CNI 網路外掛程式，可以有許多選擇。例如選擇 Calico CNI 外掛程式，執行下面的命令即可一鍵完成安裝：

```
# kubectl apply -f "https://docs.projectcalico.org/manifests/calico.yaml"
configmap/calico-config created
customresourcedefinition.apiextensions.k8s.io/bgpconfigurations.crd.
projectcalico.org created
customresourcedefinition.apiextensions.k8s.io/bgppeers.crd.projectcalico.
org created
customresourcedefinition.apiextensions.k8s.io/blockaffinities.crd.
projectcalico.org created
customresourcedefinition.apiextensions.k8s.io/clusterinformations.crd.
projectcalico.org created
customresourcedefinition.apiextensions.k8s.io/felixconfigurations.crd.
projectcalico.org created
customresourcedefinition.apiextensions.k8s.io/globalnetworkpolicies.crd.
projectcalico.org created
customresourcedefinition.apiextensions.k8s.io/globalnetworksets.crd.
projectcalico.org created
customresourcedefinition.apiextensions.k8s.io/hostendpoints.crd.
projectcalico.org created
customresourcedefinition.apiextensions.k8s.io/ipamblocks.crd.projectcalico.
org created
```

```
customresourcedefinition.apiextensions.k8s.io/ipamconfigs.crd.
projectcalico.org created
customresourcedefinition.apiextensions.k8s.io/ipamhandles.crd.
projectcalico.org created
customresourcedefinition.apiextensions.k8s.io/ippools.crd.projectcalico.org
created
customresourcedefinition.apiextensions.k8s.io/
kubecontrollersconfigurations.crd.projectcalico.org created
customresourcedefinition.apiextensions.k8s.io/networkpolicies.crd.
projectcalico.org created
customresourcedefinition.apiextensions.k8s.io/networksets.crd.
projectcalico.org created
clusterrole.rbac.authorization.k8s.io/calico-kube-controllers created
clusterrolebinding.rbac.authorization.k8s.io/calico-kube-controllers created
clusterrole.rbac.authorization.k8s.io/calico-node created
clusterrolebinding.rbac.authorization.k8s.io/calico-node created
daemonset.apps/calico-node created
serviceaccount/calico-node created
deployment.apps/calico-kube-controllers created
serviceaccount/calico-kube-controllers created
poddisruptionbudget.policy/calico-kube-controllers created
```

在 CNI 網路外掛程式成功執行之後，再次查看 Node，其狀態會更新為 Ready：

```
# kubectl get nodes
NAME      STATUS    ROLES     AGE     VERSION
k8s       Ready     <none>    69m     v1.19.0
k8s-2     Ready     <none>    4m      v1.19.0
```

2.2.7 驗證 Kubernetes 叢集是否工作正常

執行查看 Pod 的命令，驗證 Kubernetes 叢集服務的 Pod 是否建立成功且正常執行：

```
# kubectl get pods --all-namespaces
NAMESPACE     NAME                             READY   STATUS    RESTARTS   AGE
kube-system   coredns-f9fd979d6-mbmm4          1/1     Running   2          22m
kube-system   coredns-f9fd979d6-tcvh2          1/1     Running   2          22m
kube-system   etcd-k8s                         1/1     Running   3          22m
kube-system   kube-apiserver-k8s               1/1     Running   3          22m
kube-system   kube-controller-manager-k8s      1/1     Running   5          22m
kube-system   kube-proxy-b2k8k                 1/1     Running   3          22m
```

```
kube-system   kube-proxy-ctd7r            1/1   Running   0   17m
kube-system   kube-scheduler-k8s          1/1   Running   4   22m
kube-system   calico-node-7wtjn           2/2   Running   0   17m
kube-system   calico-node-hnj65           2/2   Running   6   22m
```

如果發現有狀態錯誤的 Pod，則可以執行 kubectl --namespace=kube-system describe pod <pod_name> 命令查看錯誤原因，常見的錯誤原因是鏡像沒有下載完成。

至此，透過 kubeadm 工具就實現了 Kubernetes 叢集的快速架設。

如果安裝失敗，則可以執行 kubeadm reset 命令將主機恢復原狀，重新執行 kubeadm init 命令再次進行安裝。

2.3 以二進位檔案方式安裝 Kubernetes 安全高可用叢集

透過 kubeadm 能夠快速部署一個 Kubernetes 叢集，但是如果需要精細調整 Kubernetes 各元件服務的參數及安全設置、高可用模式等，管理員就可以使用 Kubernetes 二進位檔案進行部署。

本節以 Kubernetes 1.19 版本為基礎，以二進位檔案方式對如何設定、部署一個啟用了安全機制、3 節點高可用的 Kubernetes 叢集進行說明。對於測試環境，可以適當進行簡化，將某些元件部署為單點。

2.3.1 Master 高可用部署架構

在 Kubernetes 系統中，Master 節點扮演著總控中心的角色，透過不斷與各個工作節點（Node）通訊來維護整個叢集的健康工作狀態，叢集中各資源物件的狀態則被保存在 etcd 資料庫中。如果 Master 不能正常執行，各 Node 就會處於不可管理狀態，使用者就無法管理在各 Node 上執行的 Pod，其重要性不言而喻。同時，如果 Master 以不安全方式提供服務（例如透過 HTTP 的 8080 通訊埠編號），則任何能夠存取 Master 的用戶端都可以透過 API 操作叢集中的資料，可能導致對資料的非法存取或篡改。

在正式環境中應確保 Master 的高可用,並啟用安全存取機制,至少包括以下幾方面。

- Master 的 kube-apiserver、kube-controller-mansger 和 kube-scheduler 服務至少以 3 個節點的多實例方式部署。
- Master 啟用以 CA 認證為基礎的 HTTPS 安全機制。
- etcd 至少以 3 個節點的叢集模式部署。
- etcd 叢集啟用以 CA 認證為基礎的 HTTPS 安全機制。
- Master 啟用 RBAC 授權模式(詳見 6.2 節的説明)。

Master 的高可用部署架構如圖 2.1 所示。

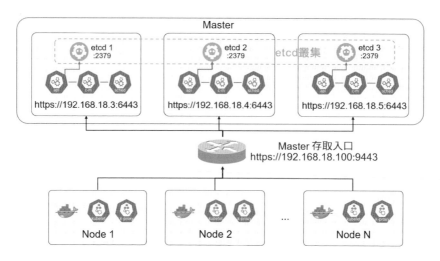

▲ 圖 2.1 Master 的高可用部署架構

在 Master 的 3 個節點之前,應透過一個負載平衡器提供對用戶端的唯一存取入口位址,負載平衡器可以選擇硬體或者軟體進行架設。軟體負載平衡器可以選擇的方案較多,本文以 HAProxy 搭配 Keepalived 為例進行説明。主流硬體負載平衡器有 F5、A10 等,需要額外採購,其負載平衡設定規則與軟體負載平衡器的設定類似,本文不再贅述。

本例中 3 台主機的 IP 位址分別為 192.168.18.3、192.168.18.4、192.168.18.5,負載平衡器使用的 VIP 為 192.168.18.100。

下面分別對 etcd、負載平衡器、Master、Node 等元件如何進行高可用部署、關鍵設定、CA 證書設定等進行詳細說明。

2.3.2 建立 CA 根證書

為 etcd 和 Kubernetes 服務啟用以 CA 認證為基礎的安全機制，需要 CA 證書進行設定。如果組織能夠提供統一的 CA 認證中心，則直接使用組織頒發的 CA 證書即可。如果沒有統一的 CA 認證中心，則可以透過頒發自簽名的 CA 證書來完成安全設定。

etcd 和 Kubernetes 在製作 CA 證書時，均需要以 CA 根證書為基礎，本文以為 Kubernetes 和 etcd 使用同一套 CA 根證書為例，對 CA 證書的製作進行說明。

CA 證書的製作可以使用 openssl、easyrsa、cfssl 等工具完成，本文以 openssl 為例進行說明。下面是建立 CA 根證書的命令，包括私密金鑰檔案 ca.key 和證書檔案 ca.crt：

```
# openssl genrsa -out ca.key 2048
# openssl req -x509 -new -nodes -key ca.key -subj "/CN=192.168.18.3" -days
36500 -out ca.crt
```

主要參數如下。

- -subj："/CN" 的值為 Master 主機名稱或 IP 位址。
- -days：設置證書的有效期。

將生成的 ca.key 和 ca.crt 檔案保存在 /etc/kubernetes/pki 目錄下。

2.3.3 部署安全的 etcd 高可用叢集

etcd 作為 Kubernetes 叢集的主要資料庫，在安裝 Kubernetes 各服務之前需要首先安裝和啟動。

1. 下載 etcd 二進位檔案，設定 systemd 服務

從 GitHub 官網下載 etcd 二進位檔案，例如 etcd-v3.4.13-linux-amd64.tar.gz，如圖 2.2 所示。

▲ 圖 2.2 下載介面

解壓縮後得到 etcd 和 etcdctl 檔案，將它們複製到 /usr/bin 目錄下。

然後將其部署為一個 systemd 的服務，建立 systemd 服務設定檔 /usr/lib/ systemd/ system/etcd.service，內容範例如下：

```
[Unit]
Description=etcd key-value store
Documentation=https://github.com/etcd-io/etcd
After=network.target

[Service]
EnvironmentFile=/etc/etcd/etcd.conf
ExecStart=/usr/bin/etcd
Restart=always

[Install]
WantedBy=multi-user.target
```

其中，EnvironmentFile 指定設定檔的全路徑，例如 /etc/etcd/etcd.conf，其中的參數以環境變數的格式進行設定。

接下來先對 etcd 需要的 CA 證書設定進行說明。對於設定檔 /etc/etcd/etcd. conf 中的完整設定參數，將在建立完 CA 證書後統一說明。

2. 建立 etcd 的 CA 證書

先建立一個 x509 v3 設定檔 etcd_ssl.cnf，其中 subjectAltName 參數（alt_ names）包括所有 etcd 主機的 IP 位址，例如：

```
[ req ]
req_extensions = v3_req
```

```
distinguished_name = req_distinguished_name

[ req_distinguished_name ]

[ v3_req ]
basicConstraints = CA:FALSE
keyUsage = nonRepudiation, digitalSignature, keyEncipherment
subjectAltName = @alt_names

[ alt_names ]
IP.1 = 192.168.18.3
IP.2 = 192.168.18.4
IP.3 = 192.168.18.5
```

然後使用 openssl 命令建立 etcd 的服務端 CA 證書，包括 etcd_server.key
和 etcd_server.crt 檔案，將其保存到 /etc/etcd/pki 目錄下：

```
# openssl genrsa -out etcd_server.key 2048
# openssl req -new -key etcd_server.key -config etcd_ssl.cnf -subj "/
CN=etcd-server" -out etcd_server.csr
# openssl x509 -req -in etcd_server.csr -CA /etc/kubernetes/pki/ca.crt
-CAkey /etc/kubernetes/pki/ca.key -CAcreateserial -days 36500 -extensions
v3_req -extfile etcd_ssl.cnf -out etcd_server.crt
```

再建立用戶端使用的 CA 證書，包括 etcd_client.key 和 etcd_client.crt 檔
案，也將其保存到 /etc/etcd/pki 目錄下，後續供 kube-apiserver 連接 etcd
時使用：

```
# openssl genrsa -out etcd_client.key 2048
# openssl req -new -key etcd_client.key -config etcd_ssl.cnf -subj "/
CN=eetcd-client" -out etcd_client.csr
# openssl x509 -req -in etcd_client.csr -CA /etc/kubernetes/pki/ca.crt
-CAkey /etc/kubernetes/pki/ca.key -CAcreateserial -days 36500 -extensions
v3_req -extfile etcd_ssl.cnf -out etcd_client.crt
```

3. etcd 參數設定說明

接下來對 3 個 etcd 節點進行設定。etcd 節點的設定方式包括啟動參數、環
境變數、設定檔等，本例使用環境變數方式將其設定到 /etc/etcd/etcd.conf
檔案中，供 systemd 服務讀取。

3 個 etcd 節點將被部署在 192.168.18.3、192.168.18.4 和 192.168.18.5 3 台
主機上，設定檔 /etc/etcd/etcd.conf 的內容範例如下：

2.3 以二進位檔案方式安裝 Kubernetes 安全高可用叢集

```
# 節點 1 的設定
ETCD_NAME=etcd1
ETCD_DATA_DIR=/etc/etcd/data

ETCD_CERT_FILE=/etc/etcd/pki/etcd_server.crt
ETCD_KEY_FILE=/etc/etcd/pki/etcd_server.key
ETCD_TRUSTED_CA_FILE=/etc/kubernetes/pki/ca.crt
ETCD_CLIENT_CERT_AUTH=true
ETCD_LISTEN_CLIENT_URLS=https://192.168.18.3:2379
ETCD_ADVERTISE_CLIENT_URLS=https://192.168.18.3:2379

ETCD_PEER_CERT_FILE=/etc/etcd/pki/etcd_server.crt
ETCD_PEER_KEY_FILE=/etc/etcd/pki/etcd_server.key
ETCD_PEER_TRUSTED_CA_FILE=/etc/kubernetes/pki/ca.crt
ETCD_LISTEN_PEER_URLS=https://192.168.18.3:2380
ETCD_INITIAL_ADVERTISE_PEER_URLS=https://192.168.18.3:2380

ETCD_INITIAL_CLUSTER_TOKEN=etcd-cluster
ETCD_INITIAL_CLUSTER="etcd1=https://192.168.18.3:2380,etcd2=https://192.168
.18.4:2380,etcd3=https://192.168.18.5:2380"
ETCD_INITIAL_CLUSTER_STATE=new

# 節點 2 的設定
ETCD_NAME=etcd2
ETCD_DATA_DIR=/etc/etcd/data

ETCD_CERT_FILE=/etc/etcd/pki/etcd_server.crt
ETCD_KEY_FILE=/etc/etcd/pki/etcd_server.key
ETCD_TRUSTED_CA_FILE=/etc/kubernetes/pki/ca.crt
ETCD_CLIENT_CERT_AUTH=true
ETCD_LISTEN_CLIENT_URLS=https://192.168.18.4:2379
ETCD_ADVERTISE_CLIENT_URLS=https://192.168.18.4:2379

ETCD_PEER_CERT_FILE=/etc/etcd/pki/etcd_server.crt
ETCD_PEER_KEY_FILE=/etc/etcd/pki/etcd_server.key
ETCD_PEER_TRUSTED_CA_FILE=/etc/kubernetes/pki/ca.crt
ETCD_LISTEN_PEER_URLS=https://192.168.18.4:2380
ETCD_INITIAL_ADVERTISE_PEER_URLS=https://192.168.18.4:2380

ETCD_INITIAL_CLUSTER_TOKEN=etcd-cluster
ETCD_INITIAL_CLUSTER="etcd1=https://192.168.18.3:2380,etcd2=https://192.168
.18.4:2380,etcd3=https://192.168.18.5:2380"
ETCD_INITIAL_CLUSTER_STATE=new
```

```
# 節點 3 的設定
ETCD_NAME=etcd3
ETCD_DATA_DIR=/etc/etcd/data

ETCD_CERT_FILE=/etc/etcd/pki/etcd_server.crt
ETCD_KEY_FILE=/etc/etcd/pki/etcd_server.key
ETCD_TRUSTED_CA_FILE=/etc/kubernetes/pki/ca.crt
ETCD_CLIENT_CERT_AUTH=true
ETCD_LISTEN_CLIENT_URLS=https://192.168.18.5:2379
ETCD_ADVERTISE_CLIENT_URLS=https://192.168.18.5:2379

ETCD_PEER_CERT_FILE=/etc/etcd/pki/etcd_server.crt
ETCD_PEER_KEY_FILE=/etc/etcd/pki/etcd_server.key
ETCD_PEER_TRUSTED_CA_FILE=/etc/kubernetes/pki/ca.crt
ETCD_LISTEN_PEER_URLS=https://192.168.18.5:2380
ETCD_INITIAL_ADVERTISE_PEER_URLS=https://192.168.18.5:2380

ETCD_INITIAL_CLUSTER_TOKEN=etcd-cluster
ETCD_INITIAL_CLUSTER="etcd1=https://192.168.18.3:2380,etcd2=https://192.168
.18.4:2380,etcd3=https://192.168.18.5:2380"
ETCD_INITIAL_CLUSTER_STATE=new
```

主要設定參數包括為用戶端和叢集其他節點設定的各監聽 URL 位址（均為 HTTPS URL 位址），並設定相應的 CA 證書參數。

etcd 服務相關的參數如下。

- ETCD_NAME：etcd 節點名稱，每個節點都應不同，例如 etcd1、etcd2、etcd3。
- ETCD_DATA_DIR：etcd 資料儲存目錄，例如 /etc/etcd/data/etcd1。
- ETCD_LISTEN_CLIENT_URLS 和 ETCD_ADVERTISE_CLIENT_URLS：為用戶端提供的服務監聽 URL 位址，例如 https://192.168.18.3:2379。
- ETCD_LISTEN_PEER_URLS 和 ETCD_INITIAL_ADVERTISE_PEER_URLS：為本叢集其他節點提供的服務監聽 URL 位址，例如 https://192.168.18.3:2380。
- ETCD_INITIAL_CLUSTER_TOKEN：叢集名稱，例如 etcd-cluster。
- ETCD_INITIAL_CLUSTER：叢集各節點的 endpoint 列表，例如 "etcd1=https://192. 168.18.3:2380,etcd2=https://192.168.18.4:2380,etcd3=https://192.168.18.5:2380"。

- ETCD_INITIAL_CLUSTER_STATE：初始叢集狀態，新建叢集時設置為 "new"，叢集已存在時設置為 "existing"。

CA 證書相關的設定參數如下。

- ETCD_CERT_FILE：etcd 服務端 CA 證書 -crt 檔案全路徑，例如 /etc/etcd/pki/etcd_ server.crt。
- ETCD_KEY_FILE：etcd 服務端 CA 證書 -key 檔案全路徑，例如 /etc/etcd/pki/etcd_ server.key。
- ETCD_TRUSTED_CA_FILE：CA 根 證 書 檔 案 全 路 徑， 例 如 /etc/kubernetes/pki/ca.crt。
- ETCD_CLIENT_CERT_AUTH：是否啟用用戶端證書認證。
- ETCD_PEER_CERT_FILE：叢集各節點相互認證使用的 CA 證書 -crt 檔案全路徑，例如 /etc/etcd/pki/etcd_server.crt。
- ETCD_PEER_KEY_FILE：叢集各節點相互認證使用的 CA 證書 -key 檔案全路徑，例如 /etc/etcd/pki/etcd_server.key。
- ETCD_PEER_TRUSTED_CA_FILE：CA 根 證 書 檔 案 全 路 徑， 例 如 /etc/kubernetes/ pki/ca.crt。

4. 啟動 etcd 叢集

以 systemd 為基礎的設定，在 3 台主機上分別啟動 etcd 服務，並設置為開機自啟動：

```
# systemctl restart etcd && systemctl enable etcd
```

然後用 etcdctl 用戶端命令列工具攜帶用戶端 CA 證書，執行 etcdctl endpoint health 命令存取 etcd 叢集，驗證叢集狀態是否正常，命令如下：

```
# etcdctl --cacert=/etc/kubernetes/pki/ca.crt --cert=/etc/etcd/pki/etcd_
client.crt --key=/etc/etcd/pki/etcd_client.key --endpoints=https://192.16
8.18.3:2379,https://192.168.18.4:2379,https://192.168.18.5:2379 endpoint
health
https://192.168.18.3:2379 is healthy: successfully committed proposal: took
= 8.622771ms
https://192.168.18.4:2379 is healthy: successfully committed proposal: took
= 7.589738ms
https://192.168.18.5:2379 is healthy: successfully committed proposal: took
= 8.210234ms
```

結果顯示各節點狀態均為 "healthy"，說明叢集正常執行。

至此，一個啟用了 HTTPS 的 3 節點 etcd 叢集就部署完成了，更多的設定參數請參考 etcd 官方文件的說明。

2.3.4 部署安全的 Kubernetes Master 高可用叢集

1. 下載 Kubernetes 服務的二進位檔案

首先，從 Kubernetes 的官方 GitHub 程式庫頁面下載各元件的二進位檔案，在 Releases 頁面找到需要下載的版本編號，按一下 CHANGELOG 連結，跳躍到已編譯好的 Server 端二進位（Server Binaries）檔案的下載頁面進行下載，如圖 2.3 和圖 2.4 所示。

▲ 圖 2.3 GitHub 上 Kubernetes 的下載頁面一

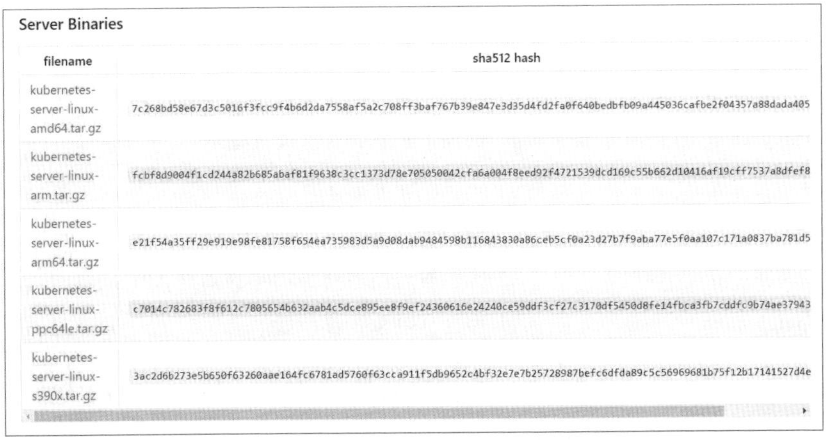

▲ 圖 2.4 GitHub 上 Kubernetes 的下載頁面二

在壓縮檔 kubernetes.tar.gz 內包含了 Kubernetes 的全部服務二進位檔案和容器鏡像檔案，也可以分別下載 Server Binaries 和 Node Binaries 二進位檔案。在 Server Binaries 中包含不同系統架構的服務端可執行檔，例如 kubernetes-server-linux-amd64.tar.gz 檔案包含了 x86 架構下 Kubernetes 需要執行的全部服務程式檔案；Node Binaries 則包含了不同系統架構、不同作業系統的 Node 需要執行的服務程式檔案，包括 Linux 版和 Windows 版等。

主要的服務程式二進位檔案清單如表 2.4 所示。

表 2.4 主要的服務程式二進位檔案清單

檔 案 名	說 明
kube-apiserver	kube-apiserver 主程式
kube-apiserver.docker_tag	kube-apiserver docker 鏡像的 tag
kube-apiserver.tar	kube-apiserver docker 鏡像檔案
kube-controller-manager	kube-controller-manager 主程式
kube-controller-manager.docker_tag	kube-controller-manager docker 鏡像的 tag
kube-controller-manager.tar	kube-controller-manager docker 鏡像檔案
kube-scheduler	kube-scheduler 主程式
kube-scheduler.docker_tag	kube-scheduler docker 鏡像的 tag
kube-scheduler.tar	kube-scheduler docker 鏡像檔案
kubelet	kubelet 主程式
kube-proxy	kube-proxy 主程式
kube-proxy.docker_tag	kube-proxy docker 鏡像的 tag
kube-proxy.tar	kube-proxy docker 鏡像檔案
kubectl	用戶端命令列工具
kubeadm	Kubernetes 叢集安裝的命令列工具
apiextensions-apiserver	提供實現自訂資源物件的擴充 API Server
kube-aggregator	聚合 API Server 程式

在 Kubernetes 的 Master 節點上需要部署的服務包括 etcd、kube-apiserver、kube-controller-manager 和 kube-scheduler。

在工作節點（Worker Node）上需要部署的服務包括 docker、kubelet 和 kube-proxy。

將 Kubernetes 的二進位可執行檔複製到 /usr/bin 目錄下，然後在 /usr/lib/systemd/ system 目錄下為各服務建立 systemd 服務設定檔（完整的 systemd 系統知識請參考 Linux 的相關手冊），這樣就完成了軟體的安裝。

下面對每個服務的設定進行詳細說明。

2. 部署 kube-apiserver 服務

（1）設置 kube-apiserver 服務需要的 CA 相關證書。準備 master_ssl.cnf 檔案用於生成 x509 v3 版本的證書，範例如下：

```
[req]
req_extensions = v3_req
distinguished_name = req_distinguished_name
[req_distinguished_name]

[ v3_req ]
basicConstraints = CA:FALSE
keyUsage = nonRepudiation, digitalSignature, keyEncipherment
subjectAltName = @alt_names

[alt_names]
DNS.1 = kubernetes
DNS.2 = kubernetes.default
DNS.3 = kubernetes.default.svc
DNS.4 = kubernetes.default.svc.cluster.local
DNS.5 = k8s-1
DNS.6 = k8s-2
DNS.7 = k8s-3
IP.1 = 169.169.0.1
IP.2 = 192.168.18.3
IP.3 = 192.168.18.4
IP.4 = 192.168.18.5
IP.5 = 192.168.18.100
```

在該檔案中主要需要在 subjectAltName 欄位（[alt_names]）設置 Master 服務的全部域名和 IP 位址，包括：

■ DNS 主機名稱，例如 k8s-1、k8s-2、k8s-3 等；

- Master Service 虛擬服務名稱，例如 kubernetes.default 等；
- IP 位址，包括各 kube-apiserver 所在主機的 IP 位址和負載平衡器的 IP 位址，例如 192.168.18.3、192.168.18.4、192.168.18.5 和 192.168.18.100；
- Master Service 虛擬服務的 ClusterIP 位址，例如 169.169.0.1。

然後使用 openssl 命令建立 kube-apiserver 的服務端 CA 證書，包括 apiserver.key 和 apiserver.crt 檔案，將其保存到 /etc/kubernetes/pki 目錄下：

```
# openssl genrsa -out apiserver.key 2048
# openssl req -new -key apiserver.key -config master_ssl.cnf -subj "/
CN=192.168.18.3" -out apiserver.csr
# openssl x509 -req -in apiserver.csr -CA ca.crt -CAkey ca.key
-CAcreateserial -days 36500 -extensions v3_req -extfile master_ssl.cnf -out
apiserver.crt
```

（2）為 kube-apiserver 服務建立 systemd 服務設定檔 /usr/lib/systemd/system/kube- apiserver.service，內容如下：

```
[Unit]
Description=Kubernetes API Server
Documentation=https://github.com/kubernetes/kubernetes

[Service]
EnvironmentFile=/etc/kubernetes/apiserver
ExecStart=/usr/bin/kube-apiserver $KUBE_API_ARGS
Restart=always

[Install]
WantedBy=multi-user.target
```

（3）設定檔 /etc/kubernetes/apiserver 的內容透過環境變數 KUBE_API_ARGS 設置 kube-apiserver 的全部啟動參數，包含 CA 安全設定的啟動參數範例如下：

```
KUBE_API_ARGS="--insecure-port=0 \
--secure-port=6443 \
--tls-cert-file=/etc/kubernetes/pki/apiserver.crt \
--tls-private-key-file=/etc/kubernetes/pki/apiserver.key \
--client-ca-file=/etc/kubernetes/pki/ca.crt \
--apiserver-count=3 --endpoint-reconciler-type=master-count \
--etcd-servers=https://192.168.18.3:2379,https://192.168.18.4:2379,htt
ps://192.168.18.5:2379 \
```

```
--etcd-cafile=/etc/kubernetes/pki/ca.crt \
--etcd-certfile=/etc/etcd/pki/etcd_client.crt \
--etcd-keyfile=/etc/etcd/pki/etcd_client.key \
--service-cluster-ip-range=169.169.0.0/16 \
--service-node-port-range=30000-32767 \
--allow-privileged=true \
--logtostderr=false --log-dir=/var/log/kubernetes --v=0"
```

對主要參數說明如下。

- --secure-port：HTTPS 通訊埠編號，預設值為 6443。
- --insecure-port：HTTP 通訊埠編號，預設值為 8080，設置為 0 表示關閉 HTTP 存取。
- --tls-cert-file：服務端 CA 證書檔案全路徑，例如 /etc/kubernetes/pki/apiserver.crt。
- --tls-private-key-file：服務端 CA 私密金鑰檔案全路徑，例如 /etc/kubernetes/pki/apiserver. key。
- --client-ca-file：CA 根證書全路徑，例如 /etc/kubernetes/pki/ca.crt。
- --apiserver-count：API Server 實例數量，例如 3，需要同時設置參數 --endpoint-reconciler- type=master-count。
- --etcd-servers：連接 etcd 的 URL 列表，這裡使用 HTTPS，例如 https://192.168.18.3: 2379、https://192.168.18.4:2379 和 https://192.168.18.5:2379。
- --etcd-cafile：etcd 使用的 CA 根證書檔案全路徑，例如 /etc/kubernetes/pki/ca.crt。
- --etcd-certfile：etcd 用戶端 CA 證書檔案全路徑，例如 /etc/etcd/pki/etcd_client.crt。
- --etcd-keyfile：etcd 用戶端私密金鑰檔案全路徑，例如 /etc/etcd/pki/etcd_client.key。
- --service-cluster-ip-range：Service 虛擬 IP 位址範圍，以 CIDR 格式表示，例如 169.169.0.0/16，該 IP 範圍不能與物理機的 IP 位址有重合。
- --service-node-port-range：Service 可使用的物理機通訊埠編號範圍，預設值為 30000 ～ 32767。

- --allow-privileged：是否允許容器以特權模式執行，預設值為 true。
- --logtostderr： 是 否 將 日 誌 輸 出 到 stderr， 預 設 值 為 true， 當 使 用 systemd 系統時，日誌將被輸出到 journald 子系統。設置為 false 表示 不輸出到 stderr，可以輸出到記錄檔。
- --log-dir：日誌的輸出目錄，例如 /var/log/kubernetes。
- --v：日誌等級。

（4）在設定檔準備完畢後，在 3 台主機上分別啟動 kube-apiserver 服務，並設置為開機自啟動：

```
# systemctl start kube-apiserver && systemctl enable kube-apiserver
```

3. 建立用戶端 CA 證書

kube-controller-manager、kube-scheduler、kubelet 和 kube-proxy 服務作為用戶端連接 kube-apiserver 服務，需要為它們建立用戶端 CA 證書進行存取。這裡以對這幾個服務統一建立一個證書作為範例。

（1）透過 openssl 工具建立 CA 證書和私密金鑰檔案，命令如下：

```
$ openssl genrsa -out client.key 2048
$ openssl req -new -key client.key -subj "/CN=admin" -out client.csr
$ openssl x509 -req -in client.csr -CA ca.crt -CAkey ca.key -CAcreateserial
-out client.crt -days 36500
```

其中，-subj 參數中 "/CN" 的名稱可以被設置為 "admin"，用於標識連接 kube-apiserver 的用戶端使用者的名稱。

（2）將生成的 client.key 和 client.crt 檔案保存在 /etc/kubernetes/pki 目錄下。

4. 建立用戶端連接 kube-apiserver 服務所需的 kubeconfig 設定檔

本 節 為 kube-controller-manager、kube-scheduler、kubelet 和 kube-proxy 服務統一建立一個 kubeconfig 檔案作為連接 kube-apiserver 服務的設定檔，後續也作為 kubectl 命令列工具連接 kube-apiserver 服務的設定檔。

在 Kubeconfig 檔案中主要設置存取 kube-apiserver 的 URL 位址及所需 CA 證書等的相關參數，範例如下：

```
apiVersion: v1
kind: Config
clusters:
- name: default
  cluster:
    server: https://192.168.18.100:9443
    certificate-authority: /etc/kubernetes/pki/ca.crt
users:
- name: admin
  user:
    client-certificate: /etc/kubernetes/pki/client.crt
    client-key: /etc/kubernetes/pki/client.key
contexts:
- context:
    cluster: default
    user: admin
  name: default
current-context: default
```

其中的關鍵設定參數如下。

- server URL 位址：設定為負載平衡器（HAProxy）使用的 VIP 位址
  （如 192.168.18.100）和 HAProxy 監聽的通訊埠編號（如 9443）。
- client-certificate：設定為用戶端證書檔案（client.crt）全路徑。
- client-key：設定為用戶端私密金鑰檔案（client.key）全路徑。
- certificate-authority：設定為 CA 根證書（ca.crt）全路徑。
- users 中的 user name 和 context 中的 user：連接 API Server 的使用者名
  稱，設置為與用戶端證書中的 "/CN" 名稱保持一致，例如 "admin"。

將 kubeconfig 檔案保存到 /etc/kubernetes 目錄下。

5. 部署 kube-controller-manager 服務

（1）為 kube-controller-manager 服務建立 systemd 服務設定檔 /usr/lib/
systemd/system/ kube-controller-manager.service，內容如下：

```
[Unit]
Description=Kubernetes Controller Manager
Documentation=https://github.com/kubernetes/kubernetes

[Service]
EnvironmentFile=/etc/kubernetes/controller-manager
```

```
ExecStart=/usr/bin/kube-controller-manager $KUBE_CONTROLLER_MANAGER_ARGS
Restart=always

[Install]
WantedBy=multi-user.target
```

（2）設定檔 /etc/kubernetes/controller-manager 的內容為透過環境變數 KUBE_ CONTROLLER_MANAGER_ARGS 設置的 kube-controller-manager 的全部啟動參數，包含 CA 安全設定的啟動參數範例如下：

```
KUBE_CONTROLLER_MANAGER_ARGS="--kubeconfig=/etc/kubernetes/kubeconfig \
--leader-elect=true \
--service-cluster-ip-range=169.169.0.0/16 \
--service-account-private-key-file=/etc/kubernetes/pki/apiserver.key \
--root-ca-file=/etc/kubernetes/pki/ca.crt \
--log-dir=/var/log/kubernetes --logtostderr=false --v=0"
```

對主要參數說明如下。

- --kubeconfig：與 API Server 連接的相關設定。
- --leader-elect：啟用選舉機制，在 3 個節點的環境中應被設置為 true。
- --service-account-private-key-file：為 ServiceAccount 自動頒發 token 使用的私密金鑰檔案全路徑，例如 /etc/kubernetes/pki/apiserver.key。
- --root-ca-file：CA 根證書全路徑，例如 /etc/kubernetes/pki/ca.crt。
- --service-cluster-ip-range：Service 虛擬 IP 位址範圍，以 CIDR 格式表示，例如 169.169.0.0/16，與 kube-apiserver 服務中的設定保持一致。

（3）設定檔準備完畢後，在 3 台主機上分別啟動 kube-controller-manager 服務，並設置為開機自啟動：

```
# systemctl start kube-controller-manager && systemctl enable kube-
controller-manager
```

6. 部署 kube-scheduler 服務

（1）為 kube-scheduler 服務建立 systemd 服務設定檔 /usr/lib/systemd/system/kube- scheduler.service，內容如下：

```
[Unit]
Description=Kubernetes Scheduler
Documentation=https://github.com/kubernetes/kubernetes
```

```
[Service]
EnvironmentFile=/etc/kubernetes/scheduler
ExecStart=/usr/bin/kube-scheduler $KUBE_SCHEDULER_ARGS
Restart=always

[Install]
WantedBy=multi-user.target
```

（2）設定檔 /etc/kubernetes/scheduler 的內容為透過環境變數 KUBE_SCHEDULER_ARGS 設置的 kube-scheduler 的全部啟動參數，範例如下：

```
KUBE_SCHEDULER_ARGS="--kubeconfig=/etc/kubernetes/kubeconfig \
--leader-elect=true \
--logtostderr=false --log-dir=/var/log/kubernetes --v=0"
```

對主要參數說明如下。

- --kubeconfig：與 API Server 連接的相關設定。
- --leader-elect：啟用選舉機制，在 3 個節點的環境中應被設置為 true。

（3）在設定檔準備完畢後，在 3 台主機上分別啟動 kube-scheduler 服務，並設置為開機自啟動：

```
# systemctl start kube-scheduler && systemctl enable kube-scheduler
```

透過 systemctl status <service_name> 驗證服務的啟動狀態，狀態為 running 並且沒有顯示出錯日誌表示啟動成功，例如：

```
# systemctl status kube-apiserver
● kube-apiserver.service - Kubernetes API Server
   Loaded: loaded (/usr/lib/systemd/system/kube-apiserver.service; disabled;
vendor preset: disabled)
   Active: active (running) since Fri 2020-11-13 08:10:13 CST; 13s ago
     Docs: https://github.com/kubernetes/kubernetes
 Main PID: 7891 (kube-apiserver)
    Tasks: 8
   Memory: 383.3M
   CGroup: /system.slice/kube-apiserver.service
           └─7891 /usr/bin/kube-apiserver --insecure-port=0 --secure-
port=6443 --tls-cert-file=/etc/kubernetes/pki/apiserver.crt...

Nov 13 08:10:13 k8s-1 systemd[1]: Started Kubernetes API Server.
Nov 13 08:10:15 k8s-1 kube-apiserver[7891]: Flag --insecure-port has been
```

```
deprecated, This flag will be removed in a future version.
Hint: Some lines were ellipsized, use -l to show in full.
```

7. 使用 HAProxy 和 keepalived 部署高可用負載平衡器

接下來，在 3 個 kube-apiserver 服務的前端部署 HAProxy 和 keepalived，使用 VIP 192.168.18.100 作為 Master 的唯一入口位址，供用戶端存取。

將 HAProxy 和 keepalived 均部署為至少有兩個實例的高可用架構，以避免單點故障。下面以在 192.168.18.3 和 192.168.18.4 兩台伺服器上部署為例進行說明。HAProxy 負責將用戶端請求轉發到後端的 3 個 kube-apiserver 實例上，keepalived 負責維護 VIP 192.168.18.100 的高可用。HAProxy 和 keepalived 的部署架構如圖 2.5 所示。

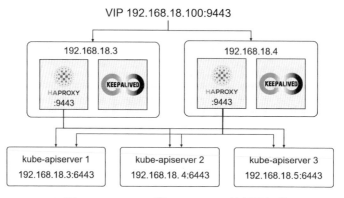

▲ 圖 2.5 HAProxy 和 keepalived 的部署架構

接下來對部署 HAProxy 和 keepalived 元件進行說明。

1）部署兩個 HAProxy 實例

準備 HAProxy 的設定檔 haproxy.cfg，內容範例如下：

```
global
    log         127.0.0.1 local2
    chroot      /var/lib/haproxy
    pidfile     /var/run/haproxy.pid
    maxconn     4096
    user        haproxy
    group       haproxy
    daemon
    stats socket /var/lib/haproxy/stats
```

```
defaults
    mode                http
    log                 global
    option              httplog
    option              dontlognull
    option              http-server-close
    option              forwardfor    except 127.0.0.0/8
    option              redispatch
    retries             3
    timeout http-request    10s
    timeout queue           1m
    timeout connect         10s
    timeout client          1m
    timeout server          1m
    timeout http-keep-alive 10s
    timeout check           10s
    maxconn             3000

frontend  kube-apiserver
    mode                tcp
    bind                *:9443
    option              tcplog
    default_backend     kube-apiserver

listen stats
    mode                http
    bind                *:8888
    stats auth          admin:password
    stats refresh       5s
    stats realm         HAProxy\ Statistics
    stats uri           /stats
    log                 127.0.0.1 local3 err

backend kube-apiserver
    mode        tcp
    balance     roundrobin
    server  k8s-master1 192.168.18.3:6443 check
    server  k8s-master2 192.168.18.4:6443 check
    server  k8s-master3 192.168.18.5:6443 check
```

對主要參數說明如下。

■ frontend：HAProxy 的監聽協定和通訊埠編號，使用 TCP，通訊埠編號為 9443。

- backend：後端 3 個 kube-apiserver 的位址，以 IP:Port 方式表示，例如 192.168.18.3:6443、192.168.18.4:6443 和 192.168.18.5:6443；mode 欄位用於設置協定，此處為 tcp；balance 欄位用於設置負載平衡策略，例如 roundrobin 為輪詢模式。
- listen stats：狀態監控的服務設定，其中，bind 用於設置監聽通訊埠編號為 8888；stats auth 用於設定存取帳號；stats uri 用於設定存取 URL 路徑，例如 /stats。

下面以 Docker 容器方式執行 HAProxy 且鏡像使用 haproxytech/haproxy-debian 為例進行說明。

在兩台伺服器 192.168.18.3 和 192.168.18.4 上啟動 HAProxy，將設定檔 haproxy.cfg 掛載到容器的 /usr/local/etc/haproxy 目錄下，啟動命令如下：

```
docker run -d --name k8s-haproxy \
  --net=host \
  --restart=always \
  -v ${PWD}/haproxy.cfg:/usr/local/etc/haproxy/haproxy.cfg:ro \
  haproxytech/haproxy-debian:2.3
```

在一切正常的情況下，透過瀏覽器存取 http://192.168.18.3:8888/stats 位址即可存取 HAProxy 的管理頁面，登入後查看到的主頁介面如圖 2.6 所示。

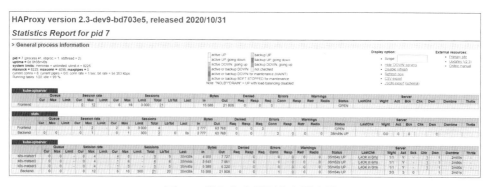

▲ 圖 2.6 登入後查看到的主頁介面

這裡主要關注最後一個表格，其內容為 haproxy.cfg 設定檔中 backend 設定的 3 個 kube-apiserver 位址，它們的狀態均為 "UP"，表示與 3 個 kube-apiserver 服務成功建立連接，說明 HAProxy 工作正常。

2）部署兩個 keepalived 實例

Keepalived 用 於 維 護 VIP 位 址 的 高 可 用，同 樣 在 192.168.18.3 和 192.168.18.4 兩台伺服器上進行部署。主要需要設定 keepalived 監控 HAProxy 的執行狀態，當某個 HAProxy 實例不可用時，自動將 VIP 位址 切換到另一台主機上。下面對 keepalived 的設定和啟動進行説明。

在第 1 台伺服器 192.168.18.3 上建立設定檔 keepalived.conf，內容如下：

```
! Configuration File for keepalived

global_defs {
    router_id LVS_1
}

vrrp_script checkhaproxy
{
    script "/usr/bin/check-haproxy.sh"
    interval 2
    weight -30
}

vrrp_instance VI_1 {
    state MASTER
    interface ens33
    virtual_router_id 51
    priority 100
    advert_int 1

    virtual_ipaddress {
        192.168.18.100/24 dev ens33
    }

    authentication {
        auth_type PASS
        auth_pass password
    }

    track_script {
        checkhaproxy
    }
}
```

主要參數在 vrrp_instance 段中進行設置，説明如下。

- vrrp_instance VI_1：設置 keepalived 虛擬路由器 VRRP 的名稱。
- state：設置為 "MASTER"，將其他 keepalived 均設置為 "BACKUP"。
- interface：待設置 VIP 位址的網路卡名稱。
- virtual_router_id：例如 51。
- priority：優先順序，例如 100。
- virtual_ipaddress：VIP 位址，例如 192.168.18.100/24。
- authentication：存取 keepalived 服務的鑒權資訊。
- track_script：HAProxy 健康檢查指令稿。

Keepalived 需要持續監控 HAProxy 的執行狀態，在某個 HAProxy 實例執行不正常時，自動切換到執行正常的 HAProxy 實例上。需要建立一個 HAProxy 健康檢查指令稿，定期執行該指令稿進行監控，例如新建指令稿 check-haproxy.sh 並將其保存到 /usr/bin 目錄下，內容範例如下：

```
#!/bin/bash

count=`netstat -apn | grep 9443 | wc -l`

if [ $count -gt 0 ]; then
    exit 0
else
    exit 1
fi
```

若檢查成功，則應返回 0；若檢查失敗，則返回非 0 值。Keepalived 根據上面的設定，會每隔 2s 檢查一次 HAProxy 的執行狀態。例如，如果在 192.168.18.3 上檢查失敗，keepalived 就會將 VIP 位址切換到正常執行 HAProxy 的 192.168.18.4 伺服器上，保證 VIP 192.168.18.100 位址的高可用。

在第 2 台伺服器 192.168.18.4 上建立設定檔 keepalived.conf，內容範例如下：

```
! Configuration File for keepalived

global_defs {
   router_id LVS_2
}
```

```
vrrp_script checkhaproxy
{
    script "/usr/bin/check-haproxy.sh"
    interval 2
    weight -30
}

vrrp_instance VI_1 {

    state BACKUP
    interface ens33
    virtual_router_id 51
    priority 100
    advert_int 1

    virtual_ipaddress {
        192.168.18.100/24 dev ens33
    }

    authentication {
        auth_type PASS
        auth_pass password
    }

    track_script {
        checkhaproxy
    }
}
```

這裡與第 1 個 keepalived 設定的主要差異如下。

- vrrp_instance 中 的 state 被 設 置 為 "BACKUP"，這 是 因 為 在 整 個
  keepalived 叢集中只能有一個被設置為 "MASTER"。如果 keepalived
  叢 集 不 止 2 個 實 例，那 麼 除 了 MASTER，其 他 都 應 被 設 置 為
  "BACKUP"。
- vrrp_instance 的值 "VI_1" 需要與 MASTER 的設定相同，表示它們屬
  於同一個虛擬路由器組（VRRP），當 MASTER 不可用時，同組的其他
  BACKUP 實例會自動選舉出一個新的 MASTER。
- HAProxy 健康檢查指令稿 check-haproxy.sh 與第 1 個 keepalived 的相
  同。

下面以 Docker 容器方式執行 Keepalived 且鏡像使用 osixia/keepalived
為例進行說明。在兩台伺服器 192.168.18.3 和 192.168.18.4 上啟動
Keepalived，將設定檔 keepalived.conf 掛載到容器的 /container/service/
keepalived/assets 目錄下，啟動命令如下：

```
docker run -d --name k8s-keepalived \
  --restart=always \
  --net=host \
  --cap-add=NET_ADMIN --cap-add=NET_BROADCAST --cap-add=NET_RAW \
  -v ${PWD}/keepalived.conf:/container/service/keepalived/assets/keepalived.
conf \
  -v ${PWD}/check-haproxy.sh:/usr/bin/check-haproxy.sh \
  osixia/keepalived:2.0.20 --copy-service
```

在執行正常的情況下，keepalived 會在伺服器 192.168.18.3 的網路卡 ens33
上設置 192.168.18.100 的 IP 位址，同樣在伺服器 192.168.18.3 上執行的
HAProxy 將在該 IP 位址上監聽 9443 通訊埠編號，對需要存取 Kubernetes
Master 的用戶端提供負載平衡器的入口位址，即 192.168.18.100:9443。

透過 ip addr 命令查看伺服器 192.168.18.3 的 IP 位址資訊，可以看到在
ens33 網路卡上新增了 192.168.18.100 位址：

```
# ip addr
1: lo: <LOOPBACK,UP,LOWER_UP> mtu 65536 qdisc noqueue state UNKNOWN group
default qlen 1000
    link/loopback 00:00:00:00:00:00 brd 00:00:00:00:00:00
    inet 127.0.0.1/8 scope host lo
      valid_lft forever preferred_lft forever
    inet6 ::1/128 scope host
      valid_lft forever preferred_lft forever
2: ens33: <BROADCAST,MULTICAST,UP,LOWER_UP> mtu 1500 qdisc pfifo_fast state
UP group default qlen 1000
    link/ether 00:0c:29:85:94:bd brd ff:ff:ff:ff:ff:ff
    inet 192.168.18.3/24 brd 192.168.18.255 scope global ens33
      valid_lft forever preferred_lft forever
    inet 192.168.18.100/24 scope global secondary ens33
      valid_lft forever preferred_lft forever
    inet6 fe80::20c:29ff:fe85:94bd/64 scope link
      valid_lft forever preferred_lft forever
......
```

使用 curl 命令即可驗證透過 HAProxy 的 192.168.18.100:9443 位址是否可以存取到 kube-apiserver 服務：

```
# curl -v -k https://192.168.18.100:9443
* About to connect() to 192.168.18.100 port 9443 (#0)
*   Trying 192.168.18.100...
* Connected to 192.168.18.100 (192.168.18.100) port 9443 (#0)
* Initializing NSS with certpath: sql:/etc/pki/nssdb
* skipping SSL peer certificate verification
* NSS: client certificate not found (nickname not specified)
* SSL connection using TLS_ECDHE_RSA_WITH_AES_256_GCM_SHA384
* Server certificate:
*       subject: CN=192.168.18.3
*       start date: Nov 11 07:15:01 2020 GMT
*       expire date: Oct 18 07:15:01 2120 GMT
*       common name: 192.168.18.3
*       issuer: CN=192.168.18.3
> GET / HTTP/1.1
> User-Agent: curl/7.29.0
> Host: 192.168.18.100:9443
> Accept: */*
>
< HTTP/1.1 401 Unauthorized
< Cache-Control: no-cache, private
< Content-Type: application/json
< Date: Sat, 14 Nov 2020 16:01:51 GMT
< Content-Length: 165
<
{
  "kind": "Status",
  "apiVersion": "v1",
  "metadata": {

  },
  "status": "Failure",
  "message": "Unauthorized",
  "reason": "Unauthorized",
  "code": 401
* Connection #0 to host 192.168.18.100 left intact
}
```

可以看到 TCP/IP 連接建立成功，得到回應碼為 401 的應答，說明透過 VIP 位址 192.168.18.100 成功存取到了後端的 kube-apiserver 服務。至此，Master 上所需的 3 個服務就全部啟動完成了。接下來就可以部署 Node 的服務了。

2.3.5 部署 Node 的服務

在 Node 上 需 要 部 署 Docker、kubelet、kube-proxy，在 成 功 加 入 Kubernetes 叢集後，還需要部署 CNI 網路外掛程式、DNS 外掛程式等管理元件。Docker 的安裝和啟動詳見 Docker 官網的説明文件。本節主要對如何部署 kubelet 和 kube-proxy 進行説明。CNI 網路外掛程式的安裝部署詳見 7.7 節的説明，DNS 外掛程式的安裝部署詳見 4.3 節的説明。

本 節 以 將 192.168.18.3、192.168.18.4 和 192.168.18.5 三 台 主 機 部 署 為 Node 為例進行説明，由於這三台主機都是 Master 節點，所以最終部署結果為一個包含三個 Node 節點的 Kubernetes 叢集。

1. 部署 kubelet 服務

（1）為 kubelet 服 務 建 立 systemd 服 務 設 定 檔 /usr/lib/systemd/system/ kubelet.service，內容如下：

```
[Unit]
Description=Kubernetes Kubelet Server
Documentation=https://github.com/kubernetes/kubernetes
After=docker.target

[Service]
EnvironmentFile=/etc/kubernetes/kubelet
ExecStart=/usr/bin/kubelet $KUBELET_ARGS
Restart=always

[Install]
WantedBy=multi-user.target
```

（2）設定檔 /etc/kubernetes/kubelet 的內容為透過環境變數 KUBELET_ ARGS 設置的 kubelet 的全部啟動參數，範例如下：

```
KUBELET_ARGS="--kubeconfig=/etc/kubernetes/kubeconfig --config=/etc/
kubernetes/kubelet.config \
--hostname-override=192.168.18.3 \
--network-plugin=cni \
--logtostderr=false --log-dir=/var/log/kubernetes --v=0"
```

對主要參數説明如下。

- --kubeconfig：設置與 API Server 連接的相關設定，可以與 kube-controller-manager 使用的 kubeconfig 檔案相同。需要將相關用戶端證書檔案從 Master 主機複製到 Node 主機的 /etc/kubernetes/pki 目錄下，例如 ca.crt、client.key、client.crt 檔案。

- --config：kubelet 設定檔，從 Kubernetes 1.10 版本開始引入，設置可以讓多個 Node 共用的設定參數，例如 address、port、cgroupDriver、clusterDNS、clusterDomain 等。關於 kubelet.config 檔案中可以設置的參數內容和詳細説明，請參見官方文件的説明。

- --hostname-override：設置本 Node 在叢集中的名稱，預設值為主機名稱，應將各 Node 設置為本機 IP 或域名。

- --network-plugin：網路外掛程式類型，建議使用 CNI 網路外掛程式。

設定檔 kubelet.config 的內容範例如下：

```
kind: KubeletConfiguration
apiVersion: kubelet.config.k8s.io/v1beta1
address: 0.0.0.0
port: 10250
cgroupDriver: cgroupfs
clusterDNS: ["169.169.0.100"]
clusterDomain: cluster.local
authentication:
  anonymous:
    enabled: true
```

在本例中設置的 kubelet 參數如下。

- address：服務監聽 IP 位址。
- port：服務監聽通訊埠編號，預設值為 10250。
- cgroupDriver：設置為 cgroupDriver 驅動，預設值為 cgroupfs，可選項包括 systemd。
- clusterDNS：叢集 DNS 服務的 IP 位址，例如 169.169.0.100。
- clusterDomain：服務 DNS 域名尾碼，例如 cluster.local。
- authentication：設置是否允許匿名存取或者是否使用 webhook 進行鑒權。

（3）在設定檔準備完畢後，在各 Node 主機上啟動 kubelet 服務並設置為開機自啟動：

```
# systemctl start kubelet && systemctl enable kubelet
```

2. 部署 kube-proxy 服務

（1）為 kube-proxy 服務建立 systemd 服務設定檔 /usr/lib/systemd/system/kube-proxy. service，內容如下：

```
[Unit]
Description=Kubernetes Kube-Proxy Server
Documentation=https://github.com/kubernetes/kubernetes
After=network.target

[Service]
EnvironmentFile=/etc/kubernetes/proxy
ExecStart=/usr/bin/kube-proxy $KUBE_PROXY_ARGS
Restart=always

[Install]
WantedBy=multi-user.target
```

（2）設定檔 /etc/kubernetes/proxy 的內容為透過環境變數 KUBE_PROXY_ARGS 設置的 kube-proxy 的全部啟動參數，範例如下：

```
KUBE_PROXY_ARGS="--kubeconfig=/etc/kubernetes/kubeconfig \
--hostname-override=192.168.18.3 \
--proxy-mode=iptables \
--logtostderr=false --log-dir=/var/log/kubernetes --v=0"
```

對主要參數說明如下。

- --kubeconfig：設置與 API Server 連接的相關設定，可以與 kubelet 使用的 kubeconfig 檔案相同。相關用戶端 CA 證書使用部署 kubelet 服務時從 Master 主機複製到 Node 主機的 /etc/kubernetes/pki 目錄下的檔案，包括 ca.crt、client.key 和 client.crt。
- --hostname-override：設置本 Node 在叢集中的名稱，預設值為主機名稱，各 Node 應被設置為本機 IP 或域名。
- --proxy-mode：代理模式，包括 iptables、ipvs、kernelspace（Windows 節點使用）等。

（3）在設定檔準備完畢後，在各 Node 主機上啟動 kube-proxy 服務，並設置為開機自啟動：

```
# systemctl start kube-proxy && systemctl enable kube-proxy
```

3. 在 Master 上透過 kubectl 驗證 Node 資訊

在各個 Node 的 kubelet 和 kube-proxy 服務正常啟動之後，會將本 Node 自動註冊到 Master 上，然後就可以到 Master 主機上透過 kubectl 查詢自動註冊到 Kubernetes 叢集的 Node 的資訊了。

由於 Master 開啟了 HTTPS 認證，所以 kubectl 也需要使用用戶端 CA 證書連接 Master，可以直接使用 kube-controller-manager 的 kubeconfig 檔案，命令如下：

```
# kubectl --kubeconfig=/etc/kubernetes/kubeconfig get nodes
NAME            STATUS     ROLES      AGE      VERSION
192.168.18.3    NotReady   <none>     4m12s    v1.19.0
192.168.18.4    NotReady   <none>     4m12s    v1.19.0
192.168.18.5    NotReady   <none>     4m12s    v1.19.0
```

我們可以看到各 Node 的狀態為 "NotReady"，這是因為還沒有部署 CNI 網路外掛程式，無法設置容器網路。

類似於透過 kubeadm 建立 Kubernetes 叢集，例如選擇 Calico CNI 外掛程式執行下面的命令一鍵完成 CNI 網路外掛程式的部署：

```
# kubectl apply -f "https://docs.projectcalico.org/manifests/calico.yaml"
```

在 CNI 網路外掛程式成功執行之後，Node 的狀態會更新為 "Ready"：

```
# kubectl --kubeconfig=/etc/kubernetes/kubeconfig get nodes
NAME            STATUS     ROLES      AGE      VERSION
192.168.18.3    Ready      <none>     6m12s    v1.19.0
192.168.18.4    Ready      <none>     6m12s    v1.19.0
192.168.18.5    Ready      <none>     6m12s    v1.19.0
```

為了使 Kubernetes 叢集正常執行，我們還需要部署 DNS 服務，建議使用 CoreDNS 進行部署，請參見 4.3 節的說明。

至此，一個有三個 Master 節點的高可用 Kubernetes 叢集就部署完成了，接下來使用者就可以建立 Pod、Deployment、Service 等資源物件來部署、管理容器應用和微服務了。

本節對 Kubernetes 各服務啟動處理程序的關鍵設定參數進行了簡要説明，實際上 Kubernetes 的每個服務都提供了許多可設定的參數。這些參數包括安全性、性能最佳化及功能擴充等各方面。全面理解和掌握這些參數的含義和設定，對 Kubernetes 的生產部署及日常運行維護都有很大幫助。對各服務設定參數的詳細説明參見附錄 A。

2.3.6 kube-apiserver 以 token 為基礎的認證機制

Kubernetes 除了提供了以 CA 證書為基礎的認證方式，也提供了以 HTTP Token 為基礎的簡單認證方式。各用戶端元件與 API Server 之間的通訊方式仍然採用 HTTPS，但不採用 CA 數位憑證。這種認證機制與 CA 證書相比，安全性很低，在生產環境不建議使用。

採用以 HTTP Token 為基礎的簡單認證方式時，API Server 對外暴露 HTTPS 通訊埠，用戶端攜帶 Token 來完成認證過程。需要説明的是，kubectl 命令列工具比較特殊，它同時支援 CA 證書和簡單認證兩種方式與 API Server 通訊，其他用戶端元件只能設定以 CA 證書為基礎的認證方式或者非安全方式與 API Server 通訊。

以 Token 認證為基礎的設定過程如下。

（1）建立包括使用者名稱、密碼和 UID 的檔案 token_auth_file，將其放置在合適的目錄下，例如 /etc/kuberntes 目錄。需要注意的是，這是一個純文字檔案，使用者名稱、密碼都是明文。

```
$ cat /etc/kubernetes/token_auth_file
admin,admin,1
system,system,2
```

（2）設置 kube-apiserver 的啟動參數 "--token-auth-file"，使用上述檔案提供安全認證，然後重新啟動 API Server 服務。

```
--secure-port=6443
--token-auth-file=/etc/kubernetes/token_auth_file
```

（3）用 curl 用戶端工具透過 token 存取 API Server：

```
$ curl -k --header "Authorization:Bearer admin" https://192.168.18.3:6443/
version
{
  "major": "1",
  "minor": "19",
  "gitVersion": "v1.19.0",
  "gitCommit": "e19964183377d0ec2052d1f1fa930c4d7575bd50",
  "gitTreeState": "clean",
  "buildDate": "2020-08-26T14:23:04Z",
  "goVersion": "go1.15",
  "compiler": "gc",
  "platform": "linux/amd64"
}
```

2.4 使用私有鏡像倉庫的相關設定

在 Kubernetes 叢集中，容器應用都是以鏡像啟動為基礎的，在私有雲環境中建議架設私有鏡像倉庫對鏡像進行統一管理，在公有雲環境中可以直接使用雲端服務商提供的鏡像倉庫。

私有鏡像倉庫有兩種選擇。

（1）Docker 提供的 Registry 鏡像倉庫，詳細說明請參考官網的說明。

（2）Harbor 鏡像倉庫，詳細說明請參考官網的說明或者 Harbor 專案維護者及貢獻者編寫的《比 Docker 再高階一步：使用 Harbor 完成 Helm Chart 容器及鏡像雲端原生管理》一書。

此外，Kubernetes 對於建立 Pod 需要使用一個名為 "pause" 的鏡像，tag 名為 "k8s.gcr.io/pause:3.2"，預設從鏡像倉庫 k8s.gcr.io 下載，在私有雲環境中可以將其上傳到私有鏡像倉庫，並修改 kubelet 的啟動參數 --pod-infra-container-image，將其設置為使用鏡像倉庫的鏡像名稱，例如：

```
--pod-infra-container-image=<my-private-registry>/pause:3.2
```

2.5 Kubernetes 的版本升級

本節講解 Kubernetes 的版本升級方面的內容。

2.5.1 二進位檔案升級

在進行 Kubernetes 的版本升級之前，需要考慮不中斷正在執行的業務容器的灰度升級方案。常見的做法是：先更新 Master 上 Kubernetes 服務的版本，再一個一個或批次更新叢集中的 Node 上 Kubernetes 服務的版本。更新 Node 的 Kubernetes 服務的步驟通常包括：先隔離一個或多個 Node 的業務流量，等待這些 Node 上執行的 Pod 將當前任務全部執行完成後，停掉業務應用（Pod），再更新這些 Node 上的 kubelet 和 kube-proxy 版本，更新完成後重新啟動業務應用（Pod），並將業務流量匯入新啟動的這些 Node 上，再隔離剩餘的 Node，逐步完成 Node 的版本升級，最終完成整個叢集的 Kubernetes 版本升級。

同時，應該考慮高版本的 Master 對低版本的 Node 的相容性問題。高版本的 Master 通常可以管理低版本的 Node，但版本差異不應過大，以免某些功能或 API 版本被棄用後，低版本的 Node 無法執行。

- 透過官網獲取最新版本的二進位套件 kubernetes.tar.gz，解壓後提取服務的二進位檔案。
- 更新 Master 的 kube-apiserver、kube-controller-manager、kube-scheduler 服務的二進位檔案和相關設定（在需要修改時更新）並重新啟動服務。
- 一個一個或批次隔離 Node，等待其上執行的全部容器工作完成後停掉 Pod，更新 kubelet、kube-proxy 服務檔案和相關設定（在需要修改時更新），然後重新啟動這兩個服務。

2.5.2 使用 kubeadm 進行叢集升級

kubeadm 提供了 upgrade 命令用於對 kubeadm 安裝的 Kubernetes 叢集進行升級。這一功能提供了從 1.10 到 1.11、從 1.11 到 1.12、從 1.12 到 1.13 及從 1.13 到 1.14 升級的能力，本節以從 1.13 到 1.14 升級為例進行說明。

升級之前需要注意：

■ 雖然 kubeadm 的升級不會觸及工作負載，但還是要在升級之前做好備份；

■ 升級過程中可能會因為 Pod 的變化而造成容器重新啟動。

繼續以 CentOS 7 環境為例，首先需要升級的是 kubeadm：

```
# yum install -y kubeadm-1.14.0 --disableexcludes=kubernetes
```

查看 kubeadm 的版本：

```
# kubeadm version
kubeadm version: &version.Info{Major:"1", Minor:"14", GitVersion:"v1.14.0",
GitCommit:"641856db18352033a0d96dbc99153fa3b27298e5", GitTreeState:"clean",
BuildDate:"2019-03-25T15:51:21Z", GoVersion:"go1.12.1", Compiler:"gc",
Platform:"linux/amd64"}
```

接下來查看 kubeadm 的升級計畫：

```
# kubeadm upgrade plan
```

會出現預備升級的內容描述：

```
[preflight] Running pre-flight checks.
[upgrade] Making sure the cluster is healthy:
[upgrade/config] Making sure the configuration is correct:
[upgrade/config] Reading configuration from the cluster...
[upgrade/config] FYI: You can look at this config file with 'kubectl -n
kube-system get cm kubeadm-config -oyaml'
[upgrade] Fetching available versions to upgrade to
[upgrade/versions] Cluster version: v1.13.2
[upgrade/versions] kubeadm version: v1.14.0

Awesome, you're up-to-date! Enjoy!
```

按照任務指引進行升級：

```
# kubeadm upgrade apply 1.14.0
[preflight] Running pre-flight checks.
[upgrade] Making sure the cluster is healthy:
[upgrade/config] Making sure the configuration is correct:
[upgrade/config] Reading configuration from the cluster...
[upgrade/config] FYI: You can look at this config file with 'kubectl -n
kube-system get cm kubeadm-config -o yaml'
[upgrade/version] You have chosen to change the cluster version to "v1.14.0"
[upgrade/versions] Cluster version: v1.13.2
[upgrade/versions] kubeadm version: v1.14.0
```

```
[upgrade/confirm] Are you sure you want to proceed with the upgrade? [y/N]:
```

輸入 "y"，確認後開始升級。

執行完成之後，再次查詢版本：

```
# kubectl version
Client Version: version.Info{Major:"1", Minor:"13", GitVersion:"v1.13.2",
GitCommit:"cff46ab41ff0bb44d8584413b598ad8360ec1def", GitTreeState:"clean",
BuildDate:"2019-01-10T23:35:51Z", GoVersion:"go1.11.4", Compiler:"gc",
Platform:"linux/amd64"}
Server Version: version.Info{Major:"1", Minor:"14", GitVersion:"v1.14.0",
GitCommit:"641856db18352033a0d96dbc99153fa3b27298e5", GitTreeState:"clean",
BuildDate:"2019-03-25T15:45:25Z", GoVersion:"go1.12.1", Compiler:"gc",
Platform:"linux/amd64"}
```

可以看到，雖然 kubectl 還是 1.13.2，服務端的控制平面已經升級到了
1.14.0，但是查看 Node 版本，會發現 Node 版本還是落後的：

```
# kubectl get nodes
NAME            STATUS   ROLES    AGE   VERSION
node-kubeadm-1  Ready    master   15m   v1.13.2
node-kubeadm-2  Ready    <none>   13m   v1.13.2
```

然後可以對節點設定進行升級：

```
# kubeadm upgrade node config --kubelet-version 1.14.0
```

接下來，直接下載新版本的 kubectl 二進位檔案，用其覆蓋舊版本的檔案
來完成 kubectl 的升級，這樣就完成了叢集的整體升級：

```
# kubectl get nodes
NAME            STATUS   ROLES    AGE   VERSION
node-kubeadm-1  Ready    master   25m   v1.14.0
node-kubeadm-2  Ready    <none>   22m   v1.14.0
```

2.6 CRI（容器執行時期介面）詳解

歸根結底，Kubernetes Node（kubelet）的主要功能就是啟動和停止容器的
元件，我們稱之為容器執行時期（Container Runtime），其中最知名的就
是 Docker 了。為了更具擴充性，Kubernetes 從 1.5 版本開始就加入了容器
執行時期外掛程式 API，即 Container Runtime Interface，簡稱 CRI。

2.6.1 CRI 概述

每個容器執行時期都有特點，因此不少使用者希望 Kubernetes 能夠支援更多的容器執行時期。Kubernetes 從 1.5 版本開始引入了 CRI 介面規範，透過外掛程式介面模式，Kubernetes 無須重新編譯就可以使用更多的容器執行時期。CRI 包含 Protocol Buffers、gRPC API、執行函數庫支援及開發中的標準規範和工具。Docker 的 CRI 實現在 Kubernetes 1.6 中被更新為 Beta 版本，並在 kubelet 啟動時預設啟動。

可替代的容器執行時期支援是 Kubernetes 中的新概念。在 Kubernetes 1.3 發佈時，rktnetes 專案同時發佈，讓 rkt 容器引擎成為除 Docker 外的又一選擇。然而，不管是 Docker 還是 rkt，都用到了 kubelet 的內部介面，同 kubelet 原始程式糾纏不清。這種程度的整合需要對 kubelet 的內部機制有非常深入的了解，還會給社區帶來管理壓力，這就給新生代容器執行時期造成了難以跨越的整合門檻。CRI 介面規範嘗試用定義清晰的抽象層清除這一門檻，讓開發者能夠專注於容器執行時期本身。

2.6.2 CRI 的主要元件

kubelet 使用 gRPC 框架透過 UNIX Socket 與容器執行時期（或 CRI 代理）進行通訊。在這個過程中 kubelet 是用戶端，CRI 代理（shim）是服務端，如圖 2.7 所示。

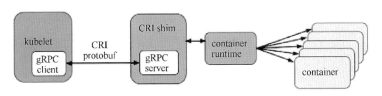

▲ 圖 2.7 CRI 的主要元件

Protocol Buffers API 包含兩個 gRPC 服務：ImageService 和 RuntimeService。

- ImageService 提供了從倉庫中拉取鏡像、查看和移除鏡像的功能。
- RuntimeService 負責 Pod 和容器的生命週期管理，以及與容器的互動（exec/attach/port-forward）。rkt 和 Docker 這樣的容器執行時期可以使用一個 Socket 同時提供兩個服務，在 kubelet 中可以用 --container-runtime-endpoint 和 --image-service-endpoint 參數設置這個 Socket。

2.6.3 Pod 和容器的生命週期管理

Pod 由一組應用容器組成，其中包含共有的環境和資源約束。在 CRI 裡，這個環境被稱為 PodSandbox。Kubernetes 有意為容器執行時期留下一些發揮空間，它們可以根據自己的內部實現來解釋 PodSandbox。對於 Hypervisor 類的執行時期，PodSandbox 會具體化為一個虛擬機器。其他例如 Docker，會是一個 Linux 命名空間。在 v1alpha1 API 中，kubelet 會建立 Pod 等級的 cgroup 傳遞給容器執行時期，並以此執行所有處理程序來滿足 PodSandbox 對 Pod 的資源保證。

在啟動 Pod 之前，kubelet 呼叫 RuntimeService.RunPodSandbox 來建立環境。這一過程包括為 Pod 設置網路資源（分配 IP 等操作）。PodSandbox 被啟動之後，就可以獨立地建立、啟動、停止和刪除不同的容器了。kubelet 會在停止和刪除 PodSandbox 之前首先停止和刪除其中的容器。

kubelet 的職責在於透過 RPC 管理容器的生命週期，實現容器生命週期的鉤子、存活和健康監測，以及執行 Pod 的重新啟動策略等。

RuntimeService 服務包括對 Sandbox 和 Container 操作的方法，下面的虛擬程式碼展示了主要的 RPC 方法：

```
service RuntimeService {
    // 沙箱操作
    rpc RunPodSandbox(RunPodSandboxRequest) returns (RunPodSandboxResponse)
{}
    rpc StopPodSandbox(StopPodSandboxRequest) returns
(StopPodSandboxResponse) {}
    rpc RemovePodSandbox(RemovePodSandboxRequest) returns
(RemovePodSandboxResponse) {}
    rpc PodSandboxStatus(PodSandboxStatusRequest) returns
(PodSandboxStatusResponse) {}
    rpc ListPodSandbox(ListPodSandboxRequest) returns
(ListPodSandboxResponse) {}
    // 容器操作
    rpc CreateContainer(CreateContainerRequest) returns
```

```
(CreateContainerResponse) {}
    rpc StartContainer(StartContainerRequest) returns
(StartContainerResponse) {}
    rpc StopContainer(StopContainerRequest) returns (StopContainerResponse)
{}
    rpc RemoveContainer(RemoveContainerRequest) returns
(RemoveContainerResponse) {}
    rpc ListContainers(ListContainersRequest) returns
(ListContainersResponse) {}
    rpc ContainerStatus(ContainerStatusRequest) returns
(ContainerStatusResponse) {}
    ......
}
```

2.6.4 面向容器等級的設計思路

眾所皆知，Kubernetes 的最小排程單元是 Pod，它曾經可能採用的一個 CRI 設計就是重複使用 Pod 物件，使得容器執行時期可以自行實現控制邏輯和狀態轉換，這樣一來，就能極大地簡化 API，讓 CRI 能夠更廣泛地適用於多種容器執行時期。但是經過深入討論之後，Kubernetes 放棄了這一想法。

首先，kubelet 有很多 Pod 等級的功能和機制（例如 crash-loop backoff 機制），如果交給容器執行時期去實現，則會造成很重的負擔；然後，Pod 標準還在快速演進。很多新功能（如初始化容器）都是由 kubelet 完成管理的，無須交給容器執行時期實現。

CRI 選擇了在容器等級進行實現，使得容器執行時期能夠共用這些通用特性，以獲得更快的開發速度。這並不意味著設計哲學的改變──kubelet 要負責、保證容器應用的實際狀態和宣告狀態的一致性。

Kubernetes 提供給使用者了與 Pod 及其中的容器進行互動的功能（kubectl exec/attach/port- forward）。kubelet 目前提供了兩種方式來支援這些功能：①呼叫容器的本地方法；②使用 Node 上的工具（例如 nsenter 及 socat）。

因為多數工具都假設 Pod 用 Linux namespace 做了隔離，因此使用 Node 上的工具並不是一種容易移植的方案。在 CRI 中顯式定義了這些呼叫方法，讓容器執行時期進行具體實現。下面的虛擬程式碼顯示了 Exec、Attach、PortForward 這幾個呼叫需要實現的 RuntimeService 方法：

```
service RuntimeService {
    ......
    // ExecSync 在容器中同步執行一個命令
    rpc ExecSync(ExecSyncRequest) returns (ExecSyncResponse) {}
    // Exec 在容器中執行命令
    rpc Exec(ExecRequest) returns (ExecResponse) {}
    // Attach 附著在容器上
    rpc Attach(AttachRequest) returns (AttachResponse) {}
    // PortForward 從 Pod 沙箱中進行通訊埠轉發
    rpc PortForward(PortForwardRequest) returns (PortForwardResponse) {}
    ......
}
```

目前還有一個潛在的問題是，kubelet 處理所有的請求連接，使其有成為 Node 通訊瓶頸的可能。在設計 CRI 時，要讓容器執行時期能夠跳過中間過程。容器執行時期可以啟動一個單獨的流式服務來處理請求（還能對 Pod 的資源使用情況進行記錄），並將服務位址返回給 kubelet。這樣 kubelet 就能回饋資訊給 API Server，使之可以直接連接到容器執行時期提供的服務，並連接到用戶端。

2.6.5 嘗試使用新的 Docker-CRI 來建立容器

要嘗試新的 kubelet-CRI-Docker 整合，只需為 kubelet 啟動參數加上 --enable-cri=true 開關來啟動 CRI。這個選項從 Kubernetes 1.6 開始已經作為 kubelet 的預設選項了。如果不希望使用 CRI，則可以設置 --enable-cri=false 來關閉這個功能。

查看 kubelet 的日誌，可以看到啟用 CRI 和建立 gRPC Server 的日誌：

```
I0603 15:08:28.953332    3442 container_manager_linux.go:250] Creating
Container Manager object based on Node Config: {RuntimeCgroupsName:
SystemCgroupsName: KubeletCgroupsName: ContainerRuntime:docker
CgroupsPerQOS:true CgroupRoot:/ CgroupDriver:cgroupfs
ProtectKernelDefaults:false EnableCRI:true NodeAllocatableConfig:{KubeRe
servedCgroupName: SystemReservedCgroupName: EnforceNodeAllocatable:map[po
ds:{}] KubeReserved:map[] SystemReserved:map[] HardEvictionThresholds:[{Sig
nal:memory.available Operator:LessThan Value:{Quantity:100Mi Percentage:0}
```

```
GracePeriod:0s MinReclaim:<nil>}]] ExperimentalQOSReserved:map[]}
......
I0603 15:08:29.060283    3442 kubelet.go:573] Starting the GRPC server for
the docker CRI shim.
```

建立一個 Deployment：

```
$ kubectl run nginx --image=nginx
deployment "nginx " created
```

查看 Pod 的詳細資訊，可以看到將會建立沙箱（Sandbox）的 Event：

```
$ kubectl describe pod nginx
......
Events:
...From                  Type    Reason              Message
...-----------------     -----   -------------       ------------------------
...default-scheduler     Normal  Scheduled           Successfully assigned
nginx to k8s-node-1
...kubelet, k8s-node-1   Normal  SandboxReceived     Pod sandbox received, it
will be created.
......
```

這表示 kubelet 使用了 CRI 介面來建立容器。

2.6.6 CRI 的進展

目前已經有多款開放原始碼 CRI 專案可用於 Kubernetes：Docker、CRI-O、Containerd、frakti（以 Hypervisor 為基礎的容器執行時期），各 CRI 執行時期的安裝手冊可參考官網的說明。

2.7 kubectl 命令列工具用法詳解

kubectl 作為用戶端 CLI 工具，可以讓使用者透過命令列對 Kubernetes 叢集進行操作。本節對 kubectl 的子命令和用法進行詳細說明。

2.7.1 kubectl 用法概述

kubectl 命令列的語法如下：

```
$ kubectl [command] [TYPE] [NAME] [flags]
```

其中，command、TYPE、NAME、flags 的含義如下。

（1）command：子命令，用於操作資源物件，例如 create、get、describe、delete 等。

（2）TYPE：資源物件的類型，區分大小寫，能以單數、複數或者簡寫形式表示。例如以下 3 種 TYPE 是等價的。

```
$ kubectl get pod pod1
$ kubectl get pods pod1
$ kubectl get po pod1
```

（3）NAME：資源物件的名稱，區分大小寫。如果不指定名稱，系統則將返回屬於 TYPE 的全部物件的清單，例如執行 kubectl get pods 命令後將返回所有 Pod 的列表。

在一個命令列中也可以同時對多個資源物件進行操作，以多個 TYPE 和 NAME 的組合表示，範例如下。

■ 獲取多個相同類型資源的資訊，以 TYPE1 name1 name2 name<#> 格式表示：

```
$ kubectl get pod example-pod1 example-pod2
```

■ 獲取多種不同類型物件的資訊，以 TYPE1/name1 TYPE1/name2 TYPE2/name3 TYPE<#>/name<#> 格式表示：

```
$ kubectl get pod/example-pod1 replicationcontroller/example-rc1
```

■ 同時應用多個 YAML 檔案，以多個 -f file 參數表示：

```
$ kubectl get pod -f pod1.yaml -f pod2.yaml
$ kubectl create -f pod1.yaml -f rc1.yaml -f service1.yaml
```

（4）flags：kubectl 子命令的可選參數，例如使用 -s 或 --server 設置 API Server 的 URL 位址，而不使用預設值。

2.7.2 kubectl 子命令詳解

kubectl 的子命令非常豐富，涵蓋了對 Kubernetes 叢集的主要操作，包括資源物件的建立、刪除、查看、修改、設定、執行等。詳細的子命令如表 2.5 所示。

表 2.5 kubectl 子命令詳解

子命令	語法	說明
alpha	kubectl alpha SUBCOMMAND [flags]	顯示 Alpha 版特性的可用命令，例如 debug 命令
annotate	kubectl annotate (-f FILENAME | TYPE NAME | TYPE/NAME) KEY_1=VAL_1 ... KEY_N=VAL_N [--overwrite] [--all] [--resource- version=version] [flags]	增加或更新資源物件的 annotation 資訊
api-versions	kubectl api-versions [flags]	列出當前系統支援的 API 版本清單，格式為 "group/version"
apply	kubectl apply -f FILENAME [flags]	從設定檔或 stdin 中對資源物件進行設定更新
attach	kubectl attach POD -c CONTAINER [flags]	附著到一個正在執行的容器上
auth	kubectl auth [flags] [options]	檢測 RBAC 許可權設置
autoscale	kubectl autoscale (-f FILENAME | TYPE NAME | TYPE/NAME) [--min=MINPODS] --max=MAXPODS [--cpu-percent=CPU] [flags]	對 Deployment、ReplicaSet 或 ReplicationController 進行水平自動擴充和縮減的設置
certificate	kubectl certificate SUBCOMMAND [options]	修改 certificate 資源
cluster-info	kubectl cluster-info [flags]	顯示叢集 Master 和內建服務的資訊
completion	kubectl completion SHELL [flags]	輸出 Shell 命令的執行結果碼（bash 或 zsh）
config	kubectl config SUBCOMMAND [flags]	修改 kubeconfig 檔案
convert	kubectl convert –f FILENAME [flags]	轉換設定檔為不同的 API 版本，檔案類型可以為 yaml 或 json
cordon	kubectl cordon NODE [flags]	將 Node 標記為 unschedulable，即「隔離」出叢集排程範圍
cp	kubectl cp <file-spec-src> <file-spec-dest> [options]	從容器中複製檔案 / 目錄到主機或者將主機檔案 / 目錄複寫到容器中
create	kubectl create –f FILENAME [flags]	從設定檔或 stdin 中建立資源物件

子命令	語法	說明
delete	kubectl delete (-f FILENAME | TYPE [NAME | /NAME | -l label | --all]) [flags]	根據設定檔、stdin、資源名稱或 label selector 刪除資源物件
describe	kubectl describe (-f FILENAME | TYPE [NAME_PREFIX | /NAME | -l label]) [flags]	描述一個或多個資源物件的詳細資訊
diff	kubectl diff -f FILENAME [options]	查看設定檔與當前系統中正在執行的資源物件的差異
drain	kubectl drain NODE [flags]	首先將 Node 設置為 unschedulable，然後刪除在該 Node 上執行的所有 Pod，但不會刪除不由 API Server 管理的 Pod
edit	kubectl edit (-f FILENAME | TYPE NAME | TYPE/NAME) [flags]	編輯資源物件的屬性，線上更新
exec	kubectl exec POD [-c CONTAINER] [-i] [-t] [flags] [-- COMMAND [args...]]	運行一個容器中的命令
explain	kubectl explain [--include-extended-apis=true] [--recursive=false] [flags]	對資源物件屬性的詳細說明
expose	kubectl expose (-f FILENAME | TYPE NAME | TYPE/NAME) [--port=port] [--protocol=TCP|UDP] [--target-port=number-or-name] [--name=name] [----external-ip=external-ip-of-service] [--type=type] [flags]	將已經存在的一個 RC、Service、Deployment 或 Pod 暴露為一個新的 Service
get	kubectl get (-f FILENAME | TYPE [NAME | /NAME | -l label]) [--watch] [--sort-by=FIELD] [[-o | --output]=OUTPUT_FORMAT] [flags]	顯示一個或多個資源物件的概要資訊
kustomize	kubectl kustomize <dir> [flags] [options]	列出以 kustomization.yaml 設定檔生成為基礎的 API 資源物件，參數必須是包含 kustomization.yaml 的目錄名稱或者一個 Git 軟體倉庫的 URL 位址

子命令	語法	說明
label	kubectl label (-f FILENAME | TYPE NAME | TYPE/NAME) KEY_1=VAL_1 ... KEY_N=VAL_N [--overwrite] [--all] [--resource-version=version] [flags]	設置或更新資源物件的 labels
logs	kubectl logs POD [-c CONTAINER] [--follow] [flags]	在螢幕上列印一個容器的日誌
options	kubectl options	顯示作用於所有子命令的公共參數
patch	kubectl patch (-f FILENAME | TYPE NAME | TYPE/NAME) --patch PATCH [flags] kubectl patch (-f FILENAME | TYPE NAME | TYPE/NAME) --patch PATCH [flags]	以 merge 形式對資源物件的部分欄位的值進行修改
plugin	kubectl plugin [flags] [options]	在 kubectl 命令行使用使用者自訂的外掛程式
port-forward	kubectl port-forward POD [LOCAL_PORT:]REMOTE_PORT [...[LOCAL_PORT_N:]REMOTE_PORT_N] [flags]	將本機的某個通訊埠編號映射到 Pod 的通訊埠編號，通常用於測試
proxy	kubectl proxy [--port=PORT] [--www=static-dir] [--www-prefix=prefix] [--api-prefix=prefix] [flags]	將本機某個通訊埠編號映射到 API Server
replace	kubectl replace -f FILENAME [flags]	從設定檔或 stdin 替換資源物件
rollout	kubectl rollout SUBCOMMAND [flags]	管理資源部署，可管理的資源類型包括 deployments、daemonsets 和 statefulsets
run	kubectl run NAME --image=image [--env="key=value"] [--port=port] [--replicas=replicas] [--dry-run=bool] [--overrides=inline-json] [flags]	以一個鏡像為基礎在 Kubernetes 叢集中啟動一個 Deployment
scale	kubectl scale (-f FILENAME | TYPE NAME | TYPE/NAME) --replicas=COUNT [--resource-version=version] [--current-replicas=count] [flags]	擴充、縮減一個 Deployment、ReplicaSet、RC 或 Job 中 Pod 的數量

子命令	語法	說明
set	kubectl set SUBCOMMAND [flags]	設置資源物件的某個特定資訊，目前僅支援修改容器的鏡像
taint	kubectl taint NODE NAME KEY_1=VAL_1:TAINT_EFFECT_1 ... KEY_N=VAL_N:TAINT_EFFECT_N [flags]	設置 Node 的 taint 資訊，用於將特定的 Pod 排程到特定的 Node 的操作，為 Alpha 版本的功能
top	kubectl top node kubectl top pod	查看 Node 或 Pod 的資源使用情況，需要在叢集中執行 Metrics Server
uncordon	kubectl uncordon NODE [flags]	將 Node 設置為 schedulable
version	kubectl version [--client] [flags]	列印系統的版本資訊
wait	kubectl wait ([-f FILENAME]	resource.group/resource.name	resource.group [(-l label | --all)]) [--for=delete|--for condition=available] [options]	[實驗性] 等待一個或多個資源上的特定條件

2.7.3 kubectl 可操作的資源物件詳解

kubectl 可操作的資源物件列表如表 2.6 所示，可以透過 kubectl api-resources 命令進行查看。

表 2.6 kubectl 可操作的資源物件類型及其縮寫

資源物件類型	縮寫	所屬 API 組	是否受限於命名空間	類型（Kind）
bindings			TRUE	Binding
componentstatuses	cs		FALSE	ComponentStatus
configmaps	cm		TRUE	ConfigMap
endpoints	ep		TRUE	Endpoints
events	ev		TRUE	Event
limitranges	limits		TRUE	LimitRange
namespaces	ns		FALSE	Namespace
nodes	no		FALSE	Node

資源物件類型	縮寫	所屬 API 組	是否受限於命名空間	類型（Kind）
persistentvolumeclaims	pvc		TRUE	PersistentVolumeClaim
persistentvolumes	pv		FALSE	PersistentVolume
pods	po		TRUE	Pod
podtemplates			TRUE	PodTemplate
replicationcontrollers	rc		TRUE	ReplicationController
resourcequotas	quota		TRUE	ResourceQuota
secrets			TRUE	Secret
serviceaccounts	sa		TRUE	ServiceAccount
services	svc		TRUE	Service
mutatingwebhookconfigurations		admissionregistration.k8s.io	FALSE	MutatingWebhookConfiguration
validatingwebhookconfigurations		admissionregistration.k8s.io	FALSE	ValidatingWebhookConfiguration
customresourcedefinitions	crd,crds	apiextensions.k8s.io	FALSE	CustomResourceDefinition
apiservices		apiregistration.k8s.io	FALSE	APIService
controllerrevisions		apps	TRUE	ControllerRevision
daemonsets	ds	apps	TRUE	DaemonSet
deployments	deploy	apps	TRUE	Deployment
replicasets	rs	apps	TRUE	ReplicaSet
statefulsets	sts	apps	TRUE	StatefulSet
tokenreviews		authentication.k8s.io	FALSE	TokenReview
localsubjectaccessreviews		authorization.k8s.io	TRUE	LocalSubjectAccessReview
selfsubjectaccessreviews		authorization.k8s.io	FALSE	SelfSubjectAccessReview
selfsubjectrulesreviews		authorization.k8s.io	FALSE	SelfSubjectRulesReview
subjectaccessreviews		authorization.k8s.io	FALSE	SubjectAccessReview
horizontalpodautoscalers	hpa	autoscaling	TRUE	HorizontalPodAutoscaler
cronjobs	cj	batch	TRUE	CronJob
jobs		batch	TRUE	Job
certificatesigningrequests	csr	certificates.k8s.io	FALSE	CertificateSigningRequest
leases		coordination.k8s.io	TRUE	Lease

資源物件類型	縮寫	所屬 API 組	是否受限於命名空間	類型（Kind）
endpointslices		discovery.k8s.io	TRUE	EndpointSlice
flowschemas		flowcontrol.apiserver.k8s.io	FALSE	FlowSchema
prioritylevelconfigurations		flowcontrol.apiserver.k8s.io	FALSE	PriorityLevelConfiguration
ingressclasses		networking.k8s.io	FALSE	IngressClass
ingresses	ing	networking.k8s.io	TRUE	Ingress
networkpolicies	netpol	networking.k8s.io	TRUE	NetworkPolicy
runtimeclasses		node.k8s.io	FALSE	RuntimeClass
poddisruptionbudgets	pdb	policy	TRUE	PodDisruptionBudget
podsecuritypolicies	psp	policy	FALSE	PodSecurityPolicy
clusterrolebindings		rbac.authorization.k8s.io	FALSE	ClusterRoleBinding
clusterroles		rbac.authorization.k8s.io	FALSE	ClusterRole
rolebindings		rbac.authorization.k8s.io	TRUE	RoleBinding
roles		rbac.authorization.k8s.io	TRUE	Role
priorityclasses	pc	scheduling.k8s.io	FALSE	PriorityClass
csidrivers		storage.k8s.io	FALSE	CSIDriver
csinodes		storage.k8s.io	FALSE	CSINode
storageclasses	sc	storage.k8s.io	FALSE	StorageClass
volumeattachments		storage.k8s.io	FALSE	VolumeAttachment

2.7.4 kubectl 的公共參數說明

kubectl 的公共參數如表 2.7 所示。

表 2.7 kubectl 的公共參數

參數名稱和取值範例	說　　明
--add-dir-header=false	設置為 true 時，表示將原始程式所在目錄的名稱輸出到日誌
--alsologtostderr=false	設置為 true 時，表示將日誌同時輸出到檔案和 stderr
--as=''	設置本次操作的使用者名稱（Username）
--as-group=[]	設置本次操作的使用者群組名稱，重複多次時可以設置多個組名

參數名稱和取值範例	說　明
--cache-dir='/root/.kube/cache'	快取目錄，預設值為 '/root/.kube/cache'
--certificate-authority=''	用於 CA 授權的 cert 檔案路徑
--client-certificate=''	用於 TLS 的用戶端證書檔案路徑
--client-key=''	用於 TLS 的用戶端 key 檔案路徑
--cluster=''	設置要使用的 kubeconfig 中的 cluster 名稱
--context=''	設置要使用的 kubeconfig 中的 context 名稱
--insecure-skip-tls-verify=false	設置為 true 表示跳過 TLS 安全驗證模式，將使得 HTTPS 連接不安全
--kubeconfig=''	kubeconfig 設定檔路徑，在設定檔中包括 Master 的位址資訊及必要的認證資訊
--log-backtrace-at=:0	記錄日誌每到「file: 行號」時列印一次 stack trace
--log-dir=''	記錄檔路徑
--log-file=''	設置記錄檔的名稱
--log-file-max-size=1800	設置記錄檔的最大體積，單位為 MB，設置為 0 表示無限制，預設值為 1800MB
--log-flush-frequency=5s	設置 flush 記錄檔的時間間隔
--logtostderr=true	設置為 true 表示將日誌輸出到 stderr，不輸出到記錄檔
--match-server-version=false	設置為 true 表示用戶端版本編號需要與服務端一致
-n, --namespace=''	設置本次操作資源所在命名空間的名稱
--password=''	設置 API Server 的 basic authentication 的密碼
--profile='none'	設置需要擷取的性能設定名稱，可選項包括 none、cpu、heap、goroutine、threadcreate、block、mutex，預設值為 'none'
--profile-output='profile.pprof'	設置性能分析檔案的名稱
--request-timeout='0'	設置請求處理逾時時間，例如 1s、2m、3h，設置為 0 表示無逾時時間
-s, --server=''	設置 API Server 的 URL 位址，預設值為 localhost:8080
--skip-headers=false	設置為 true 時，表示在日誌資訊中不顯示 header prefix 資訊，預設值為 false
--skip-log-headers=false	設置為 true 時，表示在日誌資訊中不顯示 header 資訊，預設值為 false

參數名稱和取值範例	說　明
--stderrthreshold=2	將該 threshold 等級之上的日誌輸出到 stderr，預設值為 2
--tls-server-name=""	設置服務端證書驗證時的伺服器名稱，在未指定時使用本機主機名稱
--token=""	設置存取 API Server 的安全 Token
--user=""	指定使用者名稱（應在 kubeconfig 設定檔中設置過）
--username=""	設置 API Server 的 basic authentication 的使用者名稱
--v=0	glog 日誌等級
--vmodule=	glog 以模組為基礎的詳細日誌等級
--warnings-as-errors=false	將 Warning 視為 Error，以非 0 的退出碼直接退出

每個子命令（如 create、delete、get 等）還有其特定的命令列參數，可以透過 $ kubectl [command] --help 命令進行查看。

2.7.5 kubectl 格式化輸出

kubectl 命令可以對結果進行多種格式化顯示，輸出的格式透過 -o 參數指定：

```
$ kubectl [command] [TYPE] [NAME] -o=<output_format>
```

根據不同子命令的輸出結果，可選的輸出格式如表 2.8 所示。

表 2.8 kubectl 命令的可選輸出格式列表

輸出格式	說明
-o custom-columns=<spec>	根據自訂列名進行輸出，以逗點分隔
-o custom-columns-file=<filename>	設置自訂列名的設定檔名稱
-o json	以 JSON 格式顯示結果
-o jsonpath=<template>	輸出 jsonpath 運算式定義的欄位資訊
-o jsonpath-file=<filename>	輸出 jsonpath 運算式定義的欄位資訊，來源於檔案
-o name	僅輸出資源物件的名稱
-o wide	輸出額外資訊。對於 Pod，將輸出 Pod 所在的 Node 名稱
-o yaml	以 YAML 格式顯示結果

常用的輸出格式範例如下。

（1）顯示 Pod 的更多資訊，例如 Node IP 等：

```
$ kubectl get pod <pod-name> -o wide
```

（2）以 YAML 格式顯示 Pod 的詳細資訊：

```
$ kubectl get pod <pod-name> -o yaml
```

（3）以自訂列名顯示 Pod 的資訊：

```
$ kubectl get pod <pod-name> -o custom-columns=NAME:.metadata.name,RSRC:.
metadata.resourceVersion
```

（4）基於自訂列名設定檔進行輸出：

```
$ kubectl get pods <pod-name> -o=custom-columns-file=template.txt
```

template.txt 檔案的內容如下：

```
NAME                      RSRC
metadata.name             metadata.resourceVersion
```

輸出結果為如下：

```
NAME            RSRC
pod-name        52305
```

（5）關閉服務端列名。在預設情況下，Kubernetes 服務端會將資源物件的某些特定資訊顯示為列，這可以透過設置 --server-print=false 參數進行關閉，例如：

```
kubectl get pods <pod-name> --server-print=false
```

輸出結果：

```
NAME          AGE
pod-name      1m
```

（6）將輸出結果按某個欄位排序。可以透過 --sort-by 參數以 jsonpath 運算式進行指定：

```
$ kubectl [command] [TYPE] [NAME] --sort-by=<jsonpath_exp>
```

例如，按照資源物件的名稱進行排序：

```
$ kubectl get pods --sort-by=.metadata.name
```

2.7.6 kubectl 常用操作範例

本節對一些常用的 kubectl 操作範例進行說明。

1. kubectl apply（以檔案或 stdin 部署或更新一個或多個資源）

以 example-service.yaml 中為基礎的定義建立一個 Service 資源：

```
kubectl apply -f example-service.yaml
```

使用 example-controller.yaml 中的定義建立一個 Replication Controller 資源：

```
kubectl apply -f example-controller.yaml
```

使用 <directory> 目錄下所有 .yaml、.yml 和 .json 檔案中的定義進行建立：

```
kubectl apply -f <directory>
```

2. kubectl get（列出一個或多個資源物件的資訊）

以文字格式列出所有 Pod：

```
kubectl get pods
```

以文字格式列出所有 Pod，包含附加資訊（如 Node IP）：

```
kubectl get pods -o wide
```

以文字格式列出指定名稱的 RC：

```
kubectl get replicationcontroller <rc-name>
```

以文字格式列出所有 RC 和 Service：

```
kubectl get rc,services
```

以文字格式列出所有 Daemonset，包括未初始化的 Daemonset：

```
kubectl get ds --include-uninitialized
```

列出在節點 server01 上執行的所有 Pod（僅顯示 namespace 為 default 的）：

```
kubectl get pods --field-selector=spec.nodeName=server01
```

3. kubectl describe（顯示一個或多個資源的詳細資訊）

顯示名稱為 <node-name> 的節點的詳細資訊：

```
kubectl describe nodes <node-name>
```

顯示名稱為 <pod-name> 的 Pod 的詳細資訊：

```
kubectl describe pods/<pod-name>
```

顯示名稱為 <rc-name> 的 RC 控制器管理的所有 Pod 的詳細資訊：

```
kubectl describe pods <rc-name>
```

描述所有 Pod 的詳細資訊：

```
kubectl describe pods
```

對 kubectl get 和 kubectl describe 命令説明如下。

- kubectl get 命令常用於查看同一資源類型的一個或多個資源物件，可以使用 -o 或 --output 參數自訂輸出格式，還可以透過 -w 或 --watch 參數開啟對資源物件更新的監控。
- kubectl describe 命令更偏重於描述指定資源的各方面詳細資訊，透過對 API Server 的多個 API 呼叫來建構結果視圖。例如透過 kubectl describe node 命令不僅會返回節點資訊，還會返回在其上執行的 Pod 的摘要、節點事件等資訊。

4. kubectl delete

該命令可以使用檔案、stdin 的輸入刪除指定的資源物件，還可以透過標籤選擇器、名稱、資源選擇器等條件來限定待刪除的資源範圍。

使用在 pod.yaml 檔案中指定的類型和名稱刪除 Pod：

```
kubectl delete -f pod.yaml
```

刪除所有帶有 '<label-key>=<label-value>' 標籤的 Pod 和 Service：

```
kubectl delete pods,services -l <label-key>=<label-value>
```

刪除所有 Pod，包括未初始化的 Pod：

```
kubectl delete pods -all
```

5. kubectl exec（在 Pod 的容器中執行命令）

在名稱為 <pod-name> 的 Pod 的第 1 個容器中執行 date 命令並列印輸出結果：

```
kubectl exec <pod-name> -- date
```

在指定的容器中執行 date 命令並列印輸出結果：

```
kubectl exec <pod-name> -c <container-name> -- date
```

在 Pod 的第 1 個容器中執行 /bin/bash 命令進入互動式 TTY 終端介面：

```
kubectl exec -ti <pod-name> -- /bin/bash
```

6. kubectl logs（列印 Pod 中容器的日誌）

```
kubectl logs <pod-name>
```

顯示 Pod 中名稱為 <container-name> 的容器輸出到 stdout 的日誌：

```
kubectl logs <pod-name> -c <container-name>
```

持續監控顯示 Pod 中的第 1 個容器輸出到 stdout 的日誌，類似於 tail -f 命令的功能：

```
kubectl logs -f <pod-name>
```

7. 線上編輯執行中的資源物件

可以使用 kubectl edit 命令編輯執行中的資源物件，例如使用下面的命令編輯執行中的一個 Deployment：

```
$ kubectl edit deploy nginx
```

在命令執行之後，會透過 YAML 格式展示該物件的文字格式定義，使用者可以對程式進行編輯和保存，從而完成對線上資源的直接修改。

8. 將 Pod 的通訊埠編號映射到宿主機

將 Pod 的 80 通訊埠映射到宿主機的 8888 通訊埠，用戶端即可透過 http://<NodeIP>:8888 存取容器服務了：

```
# kubectl port-forward --address 0.0.0.0 \
pod/nginx-6ddbbc47fb-sfdcv 8888:80
```

9. 在容器和 Node 之間複製檔案

把 Pod（預設為第 1 個容器）中的 /etc/fstab 檔案複製到宿主機的 /tmp 目錄下：

```
# kubectl cp nginx-6ddbbc47fb-sfdcv:etc/fstab /tmp/fstab
```

10. 設置資源物件的標籤

為名為 "default" 的命名空間設置 "testing=true" 標籤：

```
# kubectl label namespaces default testing=true
```

11. 建立和使用命令列外掛程式

為了擴充 kubectl 的功能，Kubernetes 從 1.8 版本開始引入外掛程式機制，在 1.14 版本時達到穩定版。

使用者自訂外掛程式的可執行檔名需要以 "kubectl-" 開頭，複製到 $PATH 中的某個目錄（如 /usr/local/bin）下，然後就可以透過 kubectl <plugin-name> 執行自訂外掛程式了。

例如，透過 Shell 指令稿實現一個名為 hello 的外掛程式，其功能為在螢幕上輸出字串 "hello world"。建立名為 "kubectl-hello" 的 Shell 指令檔，內容如下：

```
#!/bin/sh
echo "hello world"
```

為該指令稿增加可執行許可權：

```
chmod a+x ./kubectl-hello
```

複製 kubectl-hello 檔案到 /usr/local/bin/ 目錄下，就完成了安裝外掛程式的工作：

```
cp ./kubectl-hello /usr/local/bin
```

然後在 kubectl 命令後帶上外掛程式名稱就能使用該外掛程式了：

```
# kubectl hello
hello world
```

卸載外掛程式也很簡單，只需要刪除外掛程式檔案即可：

```
rm /usr/local/bin/kubectl-hello
```

透過外掛程式機制，可以將某些複雜的 kubectl 命令簡化為執行外掛程式的方式。例如想建立一個命令來查看當前上下文環境（context）中的使用者名稱，則可以透過 kubectl config view 命令進行查看。為此，可以建立一個名為 "kubectl-whoami" 的 Shell 指令稿，內容如下：

```
#!/bin/bash
kubectl config view --template='{{ range .contexts }}{{ if eq .name
"'$(kubectl config current-context)'" }}Current user: {{ printf "%s\n"
.context.user }}{{ end }}{{ end }}'
```

為該指令稿增加可執行許可權，並複製到 /usr/local/bin/ 目錄下完成外掛程式的安裝：

```
chmod +x ./kubectl-whoami
cp ./kubectl-whoami /usr/local/bin
```

執行 kubectl whoami 命令，就能透過外掛程式功能查看上下文環境中的使用者名稱了：

```
# kubectl whoami
Current user: plugins-user
```

另外，使用 kubectl plugin list 命令可以查看當前系統中已安裝的外掛程式列表：

```
# kubectl plugin list
The following kubectl-compatible plugins are available:

/usr/local/bin/kubectl-hello
/usr/local/bin/kubectl-foo
/usr/local/bin/kubectl-bar
```

深入掌握 Pod

接下來，讓我們深入探索 Pod 的應用、設定、排程、升級及容量調整，開始 Kubernetes 容器編排之旅。

本章將對 Kubernetes 如何發佈與管理容器應用進行詳細說明和範例，主要包括 Pod 和容器的使用、應用設定管理、Pod 的控制和排程管理、Pod 的升級和導回，以及 Pod 的容量調整機制等內容。

3.1 Pod 定義詳解

YAML 格式的 Pod 定義檔案的完整內容如下：

```
apiVersion: v1
kind: Pod
metadata:
  name: string
  namespace: string
  labels:
    - name: string
  annotations:
    - name: string
spec:
  containers:
  - name: string
    image: string
    imagePullPolicy: [Always | Never | IfNotPresent]
    command: [string]
    args: [string]
    workingDir: string
    volumeMounts:
    - name: string
      mountPath: string
```

```
      readOnly: boolean
    ports:
    - name: string
      containerPort: int
      hostPort: int
      protocol: string
    env:
    - name: string
      value: string
    resources:
      limits:
        cpu: string
        memory: string
      requests:
        cpu: string
        memory: string
    livenessProbe:
      exec:
        command: [string]
      httpGet:
        path: string
        port: number
        host: string
        scheme: string
        httpHeaders:
        - name: string
          value: string
      tcpSocket:
        port: number
      initialDelaySeconds: 0
      timeoutSeconds: 0
      periodSeconds: 0
      successThreshold: 0
      failureThreshold: 0
    securityContext:
      privileged: false
  restartPolicy: [Always | Never | OnFailure]
  nodeSelector: object
  imagePullSecrets:
  - name: string
  hostNetwork: false
  volumes:
  - name: string
    emptyDir: {}
    hostPath:
```

```
    path: string
  secret:
    secretName: string
    items:
    - key: string
      path: string
  configMap:
    name: string
    items:
    - key: string
      path: string
```

對其中各屬性的詳細說明如表 3.1 所示。

表 3.1　對 Pod 定義檔案範本中各屬性的詳細說明

屬性名稱	取值類型	是否必選	取值說明
version	String	Required	版本編號，例如 v1
kind	String	Required	Pod
metadata	Object	Required	中繼資料
metadata.name	String	Required	Pod 的名稱，命名規範需符合 RFC 1035 規範
metadata.namespace	String	Required	Pod 所屬的命名空間，預設值為 default
metadata.labels[]	List		自訂標籤列表
metadata.annotation[]	List		自訂注解列表
Spec	Object	Required	Pod 中容器的詳細定義
spec.containers[]	List	Required	Pod 中的容器列表
spec.containers[].name	String	Required	容器的名稱，需符合 RFC 1035 規範
spec.containers[].image	String	Required	容器的鏡像名稱
spec.containers[].imagePullPolicy	String		鏡像拉取策略，可選值包括：Always、Never、IfNotPresent，預設值為 Always。（1）Always：表示每次都嘗試重新拉取鏡像。（2）IfNotPresent：表示如果本地有該鏡像，則使用本地的鏡像，本地不存在時拉取鏡像。（3）Never：表示僅使用本地鏡像。

屬性名稱	取值類型	是否必選	取值說明
			另外，如果包含如下設置，系統則將預設設置 imagePullPolicy=Always，如下所述： （1）不設置 imagePullPolicy，也未指定鏡像的 tag； （2）不設置 imagePullPolicy，鏡像 tag 為 latest； （3）啟用了名為 AlwaysPullImages 的存取控制器（Admission Controller）
spec.containers[].command[]	List		容器的啟動命令列表，如果不指定，則使用鏡像打包時使用的啟動命令
spec.containers[].args[]	List		容器的啟動命令參數列表
spec.containers[].workingDir	String		容器的工作目錄
spec.containers[].volumeMounts[]	List		掛載到容器內部的儲存卷冊設定
spec.containers[].volumeMounts[].name	String		引用 Pod 定義的共用儲存卷冊的名稱，需使用 volumes[] 部分定義的共用儲存卷冊名稱
spec.containers[].volumeMounts[].mountPath	String		儲存卷冊在容器內掛載的絕對路徑，應少於 512 個字元
spec.containers[].volumeMounts[].readOnly	Boolean		是否為唯讀模式，預設為讀寫模式
spec.containers[].ports[]	List		容器需要暴露的通訊埠編號清單
spec.containers[].ports[].name	String		通訊埠的名稱
spec.containers[].ports[].containerPort	Int		容器需要監聽的通訊埠編號
spec.containers[].ports[].hostPort	Int		容器所在主機需要監聽的通訊埠編號，預設與 containerPort 相同。設置 hostPort 時，同一台宿主機將無法啟動該容器的第 2 份副本

屬性名稱	取值類型	是否必選	取值說明
spec.containers[].ports[].protocol	String		通訊埠協定，支援 TCP 和 UDP，預設值為 TCP
spec.containers[].env[]	List		容器執行前需設置的環境變數清單
spec.containers[].env[].name	String		環境變數的名稱
spec.containers[].env[].value	String		環境變數的值
spec.containers[].resources	Object		資源限制和資源請求的設置
spec.containers[].resources.limits	Object		資源限制的設置
spec.containers[].resources.limits.cpu	String		CPU 限制，單位為 core 數，將用於 docker run --cpu-shares 參數
spec.containers[].resources.limits.memory	String		記憶體限制，單位可以為 MiB、GiB 等，將用於 docker run --memory 參數
spec.containers[].resources.requests	Object		資源限制的設置
spec.containers[].resources.requests.cpu	String		CPU 請求，單位為 core 數，容器啟動的初始可用數量
spec.containers[].resources.requests.memory	String		記憶體請求，單位可以為 MiB、GiB 等，容器啟動的初始可用數量
spec.volumes[]	List		在該 Pod 上定義的共用儲存卷冊列表
spec.volumes[].name	String		共用儲存卷冊的名稱，在一個 Pod 中每個儲存卷冊定義一個名稱，應符合 RFC 1035 規範。容器定義部分的 containers[].volumeMounts[].name 將引用該共用儲存卷冊的名稱。Volume 的類型包括：emptyDir、hostPath、gcePersistentDisk、awsElasticBlockStore、gitRepo、secret、nfs、iscsi、glusterfs、persistentVolumeClaim、rbd、

屬性名稱	取值類型	是否必選	取值說明
			flexVolume、cinder、cephfs、flocker、downwardAPI、fc、azureFile、configMap、vsphereVolume，可以定義多個 Volume，每個 Volume 的 name 保持唯一。 本節講解 emptyDir、hostPath、secret、configMap 這 4 種 Volume，其他類型 Volume 的設置方式詳見第 8 章的說明
spec.volumes[].emptyDir	Object		類型為 emptyDir 的儲存卷冊，表示與 Pod 同生命週期的一個臨時目錄，其值為一個空物件：emptyDir: {}
spec.volumes[].hostPath	Object		類型為 hostPath 的儲存卷冊，表示 Pod 容器掛載的宿主機目錄，透過 volumes[].hostPath.path 指定
spec.volumes[].hostPath.path	String		Pod 容器掛載的宿主機目錄
spec.volumes[].secret	Object		類型為 secret 的儲存卷冊，表示掛載叢集預先定義的 secret 物件到容器內部
spec.volumes[].configMap	Object		類型為 configMap 的儲存卷冊，表示掛載叢集預先定義的 configMap 物件到容器內部
spec.volumes[].livenessProbe	Object		對 Pod 內各容器健康檢查的設置，當探測無回應幾次之後，系統將自動重新啟動該容器。可以設置的方法包括：exec、httpGet 和 tcpSocket。對一個容器僅需設置一種健康檢查方法
spec.volumes[].livenessProbe.exec	Object		對 Pod 內各容器健康檢查的設置，exec 方式
spec.volumes[].livenessProbe.exec.command[]	String		exec 方式需要指定的命令或者指令稿
spec.volumes[].livenessProbe.httpGet	Object		對 Pod 內各容器健康檢查的設置，HTTPGet 方式。需指定 path、port

屬性名稱	取值類型	是否必選	取值說明
spec.volumes[].livenessProbe.tcpSocket	Object		對 Pod 內各容器健康檢查的設置，tcpSocket 方式
spec.volumes[].livenessProbe.initialDelaySeconds	Number		容器啟動完成後首次探測的時間，單位為 s
spec.volumes[].livenessProbe.timeoutSeconds	Number		對容器健康檢查的探測等待回應的逾時時間設置，單位為 s，預設值為 1s。若超過該逾時時間設置，則將認為該容器不健康，會重新啟動該容器
spec.volumes[].livenessProbe.periodSeconds	Number		對容器健康檢查的定期探測時間設置，單位為 s，預設 10s 探測一次
spec.restartPolicy	String		Pod 的重新啟動策略，可選值為 Always、OnFailure，預設值為 Always。（1）Always：Pod 一旦終止執行，則無論容器是如何終止的，kubelet 都將重新啟動它。（2）OnFailure：只有 Pod 以非零退出碼終止時，kubelet 才會重新啟動該容器。如果容器正常結束（退出碼為 0），則 kubelet 將不會重新啟動它。（3）Never：Pod 終止後，kubelet 將退出碼報告給 Master，不會再重新啟動該 Pod
spec.nodeSelector	Object		設置 Node 的 Label，以 key:value 格式指定，Pod 將被排程到具有這些 Label 的 Node 上
spec.imagePullSecrets	Object		pull 鏡像時使用的 Secret 名稱，以 name:secretkey 格式指定
spec.hostNetwork	Boolean		是否使用主機網路模式，預設值為 false。設置為 true 表示容器使用宿主機網路，不再使用 Docker 橋接器，該 Pod 將無法在同一台宿主機上啟動第 2 個副本

3.2 Pod 的基本用法

在對 Pod 的用法進行說明之前，有必要先對 Docker 容器中應用的執行要求進行說明。

在使用 Docker 時，可以使用 docker run 命令建立並啟動一個容器。而在 Kubernetes 系統中對長時間執行容器的要求是：其主程式需要一直在前臺執行。如果我們建立的 Docker 鏡像的啟動命令是後台執行程式，例如 Linux 指令稿：

```
nohup ./start.sh &
```

則在 kubelet 建立包含這個容器的 Pod 之後執行完該命令，即認為 Pod 執行結束，將立刻銷毀該 Pod。如果為該 Pod 定義了 ReplicationController，則系統會監控到該 Pod 已經終止，之後根據 RC 定義中 Pod 的 replicas 副本數量生成一個新的 Pod。一旦建立新的 Pod，就在執行完啟動命令後陷入無限迴圈的過程中。這就是 Kubernetes 需要我們自己建立 Docker 鏡像並以一個前臺命令作為啟動命令的原因。

對於無法改造為前臺執行的應用，也可以使用開放原始碼工具 Supervisor 輔助進行前臺執行的功能。Supervisor 提供了一種可以同時啟動多個後台應用，並保持 Supervisor 自身在前臺執行的機制，可以滿足 Kubernetes 對容器的啟動要求。關於 Supervisor 的安裝和使用，請參考官網的文件說明。

接下來講解 Pod 對容器的封裝和應用。

Pod 可以由 1 個或多個容器組合而成。在上一節 Guestbook 的例子中，名為 frontend 的 Pod 只由一個容器組成：

```
apiVersion: v1
kind: Pod
metadata:
  name: frontend
  labels:
    name: frontend
spec:
```

```
containers:
- name: frontend
  image: kubeguide/guestbook-php-frontend
  env:
  - name: GET_HOSTS_FROM
    value: env
  ports:
  - containerPort: 80
```

這個 frontend Pod 在成功啟動之後，將啟動 1 個 Docker 容器。

另一種場景是，當 frontend 和 redis 兩個容器應用為緊耦合的關係，並組合成一個整體對外提供服務時，應將這兩個容器打包為一個 Pod，如圖 3.1 所示。

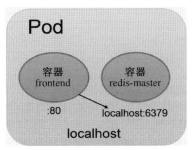

▲ 圖 3.1　包含兩個容器的 Pod

設定檔 frontend-localredis-pod.yaml 的內容如下：

```
apiVersion: v1
kind: Pod
metadata:
  name: redis-php
  labels:
    name: redis-php
spec:
  containers:
  - name: frontend
    image: kubeguide/guestbook-php-frontend:localredis
    ports:
    - containerPort: 80
  - name: redis
    image: kubeguide/redis-master
    ports:
    - containerPort: 6379
```

屬於同一個 Pod 的多個容器應用之間相互存取時僅需透過 localhost 就可以通訊，使得這一組容器被「綁定」在一個環境中。

在 Docker 容 器 kubeguide/guestbook-php-frontend:localredis 的 PHP 網頁中，直接透過 URL 位址 "localhost:6379" 對同屬於一個 Pod 的 redis-master 進行存取。guestbook.php 的內容如下：

```php
<?
set_include_path('.:/usr/local/lib/php');
error_reporting(E_ALL);
ini_set('display_errors', 1);
require 'Predis/Autoloader.php';
Predis\Autoloader::register();

if (isset($_GET['cmd']) === true) {
  $host = 'localhost';
  if (getenv('REDIS_HOST') && strlen(getenv('REDIS_HOST')) > 0 ) {
    $host = getenv('REDIS_HOST');
  }
  header('Content-Type: application/json');
  if ($_GET['cmd'] == 'set') {
    $client = new Predis\Client([
      'scheme' => 'tcp',
      'host'   => $host,
      'port'   => 6379,
    ]);

    $client->set($_GET['key'], $_GET['value']);
    print('{"message": "Updated"}');
  } else {
    $host = 'localhost';
    if (getenv('REDIS_HOST') && strlen(getenv('REDIS_HOST')) > 0 ) {
      $host = getenv('REDIS_HOST');
    }
    $client = new Predis\Client([
      'scheme' => 'tcp',
      'host'   => $host,
      'port'   => 6379,
    ]);

    $value = $client->get($_GET['key']);
    print('{"data": "' . $value . '"}');
  }
```

```
} else {
  phpinfo();
} ?>
```

執行 kubectl create 命令建立該 Pod：

```
$ kubectl create -f frontend-localredis-pod.yaml
pod "redis-php" created
```

查看已經建立的 Pod：

```
# kubectl get pods
NAME          READY     STATUS      RESTARTS    AGE
redis-php     2/2       Running     0           10m
```

可以看到 READY 資訊為 2/2，表示 Pod 中的兩個容器都成功執行了。

查看這個 Pod 的詳細資訊，可以看到兩個容器的定義及建立的過程
（Event 事件資訊）：

```
# kubectl describe pod redis-php
Name:           redis-php
Namespace:      default
Node:           k8s/192.168.18.3
Start Time:     Thu, 28 Jul 2020 12:28:21 +0800
Labels:         name=redis-php
Status:         Running
IP:             172.17.1.4
Controllers:    <none>
Containers:
  frontend:
    Container ID:           docker://ccc8616f8df1fb19abbd0ab189a36e6f66
28b78ba7b97b1077d86e7fc224ee08
    Image:                  kubeguide/guestbook-php-frontend:localredis
    Image ID:               docker://sha256:d014f67384a11186e135b95a7ed
0d794674f7ce258f0dce47267c3052a0d0fa9
    Port:                   80/TCP
    State:                  Running
      Started:              Thu, 28 Jul 2020 12:28:22 +0800
    Ready:                  True
    Restart Count:          0
    Environment Variables:  <none>
  redis:
    Container ID:           docker://c0b19362097cda6dd5b8ed7d8eaaaf43ae
eb969ee023ef255604bde089808075
```

```
   Image:                           kubeguide/redis-master
   Image ID:                 docker://sha256:405a0b586f7ebeb545ec65be0e9
14311159d1baedccd3a93e9d3e3b249ec5cbd
   Port:                     6379/TCP
   State:                    Running
     Started:                Thu, 28 Jul 2020 12:28:23 +0800
   Ready:                    True
   Restart Count:            0
   Environment Variables:    <none>
Conditions:
  Type          Status
  Initialized   True
  Ready         True
  PodScheduled  True
Volumes:
  default-token-97j21:
    Type:       Secret (a volume populated by a Secret)
    SecretName: default-token-97j21
QoS Tier:       BestEffort
Events:
  FirstSeen  LastSeen   Count  From   SubobjectPath   Type   Reason   Message
  ---------  --------   -----  ----   -------------   -----  ------   -------
  18m        18m        1      {default-scheduler }        Normal
Scheduled    Successfully assigned redis-php to k8s-node-1
  18m        18m        1      {kubelet k8s-node-1}        spec.
containers{frontend}      Normal       Pulled          Container
image "kubeguide/guestbook-php-frontend:localredis" already present on
machine
  18m        18m        1      {kubelet k8s-node-1}        spec.
containers{frontend}      Normal       Created         Created
container with docker id ccc8616f8df1
  18m        18m        1      {kubelet k8s-node-1}        spec.
containers{frontend}      Normal       Started         Started
container with docker id ccc8616f8df1
  18m        18m        1      {kubelet k8s-node-1}        spec.
containers{redis}         Normal       Pulled          Container
image "kubeguide/redis-master" already present on machine
  18m        18m        1      {kubelet k8s-node-1}        spec.
containers{redis}         Normal       Created         Created
container with docker id c0b19362097c
  18m        18m        1      {kubelet k8s-node-1}        spec.
containers{redis}         Normal       Started         Started
container with docker id c0b19362097c
```

3.3 靜態 Pod

靜態 Pod 是由 kubelet 進行管理的僅存在於特定 Node 上的 Pod。它們不能透過 API Server 進行管理，無法與 ReplicationController、Deployment 或者 DaemonSet 進行連結，並且 kubelet 無法對它們進行健康檢查。靜態 Pod 總是由 kubelet 建立的，並且總在 kubelet 所在的 Node 上執行。

建立靜態 Pod 有兩種方式：設定檔方式和 HTTP 方式。

1. 設定檔方式

首先，需要設置 kubelet 的啟動參數 "--pod-manifest-path"（或者在 kubelet 設定檔中設置 staticPodPath，這也是新版本推薦的設置方式，--pod-manifest-path 參數將被逐漸棄用），指定 kubelet 需要監控的設定檔所在的目錄，kubelet 會定期掃描該目錄，並根據該目錄下的 .yaml 或 .json 檔案進行建立操作。

假設設定目錄為 /etc/kubelet.d/，設定啟動參數為 --pod-manifest-path=/etc/kubelet.d/，然後重新啟動 kubelet 服務。

在 /etc/kubelet.d 目錄下放入 static-web.yaml 檔案，內容如下：

```
apiVersion: v1
kind: Pod
metadata:
  name: static-web
  labels:
    name: static-web
spec:
  containers:
  - name: static-web
    image: nginx
    ports:
    - name: web
      containerPort: 80
```

等待一會兒，查看本機中已經啟動的容器：

```
# docker ps
CONTAINER ID    IMAGE    COMMAND    CREATED    STATUS    PORTS    NAMES
```

```
2292ea231ab1    nginx    "nginx -g 'daemon off"    1 minute ago    1m    k8s_
static-web.68ee0075_static-web-k8s-node-1_default_78c7efddebf191c949cbb7aa2
2a927c8_401b96d0
```

可以看到一個 Nginx 容器已經被 kubelet 成功建立了出來。

到 Master 上查看 Pod 列表,可以看到這個 static pod:

```
# kubectl get pods
NAME                READY      STATUS       RESTARTS    AGE
static-web-node1    1/1        Running      0           5m
```

由於靜態 Pod 無法透過 API Server 直接管理,所以在 Master 上嘗試刪除這個 Pod 時,會使其變成 Pending 狀態,且不會被刪除。

```
# kubectl delete pod static-web-node1
pod "static-web-node1" deleted

# kubectl get pods
NAME                READY      STATUS       RESTARTS    AGE
static-web-node1    0/1        Pending      0           1s
```

刪除該 Pod 的操作只能是到其所在 Node 上將其定義檔案 static-web.yaml 從 /etc/kubelet.d 目錄下刪除。

```
# rm /etc/kubelet.d/static-web.yaml
# docker ps
// 無容器執行
```

2. HTTP 方式

透過設置 kubelet 的啟動參數 "--manifest-url",kubelet 將會定期從該 URL 位址下載 Pod 的定義檔案,並以 .yaml 或 .json 檔案的格式進行解析,然後建立 Pod。其實現方式與設定檔方式是一致的。

3.4 Pod 容器共用 Volume

同一個 Pod 中的多個容器能夠共用 Pod 等級的儲存卷冊 Volume。Volume 可以被定義為各種類型,多個容器各自進行掛載操作,將一個 Volume 掛載為容器內部需要的目錄,如圖 3.2 所示。

▲ 圖 3.2　Pod 中多個容器共用 Volume

在下面的例子中，在 Pod 內包含兩個容器：tomcat 和 busybox，在 Pod 等級設置 Volume"app-logs"，用於 tomcat 容器在其中寫入記錄檔，busybox 容器從中讀取記錄檔。

設定檔 pod-volume-applogs.yaml 的內容如下：

```
apiVersion: v1
kind: Pod
metadata:
  name: volume-pod
spec:
  containers:
  - name: tomcat
    image: tomcat
    ports:
    - containerPort: 8080
    volumeMounts:
    - name: app-logs
      mountPath: /usr/local/tomcat/logs
  - name: busybox
    image: busybox
    command: ["sh", "-c", "tail -f /logs/catalina*.log"]
    volumeMounts:
    - name: app-logs
      mountPath: /logs
  volumes:
  - name: app-logs
    emptyDir: {}
```

這裡設置的 Volume 名稱為 app-logs，類型為 emptyDir（也可以設置為其他類型，詳見第 1 章對 Volume 概念的說明），掛載到 tomcat 容器內

的 /usr/local/tomcat/logs 目錄下，同時掛載到 logreader 容器內的 /logs 目錄下。tomcat 容器在啟動後會向 /usr/local/tomcat/logs 目錄寫入檔案，logreader 容器就可以讀取其中的檔案了。

logreader 容器的啟動命令為 tail -f /logs/catalina*.log，我們可以透過 kubectl logs 命令查看 logreader 容器的輸出內容：

```
# kubectl logs volume-pod -c busybox
......
29-Jul-2020 12:55:59.626 INFO [localhost-startStop-1] org.apache.catalina.
startup.HostConfig.deployDirectory Deploying web application directory /
usr/local/tomcat/webapps/manager
29-Jul-2020 12:55:59.722 INFO [localhost-startStop-1] org.apache.catalina.
startup.HostConfig.deployDirectory Deployment of web application directory
/usr/local/tomcat/webapps/manager has finished in 96 ms
29-Jul-2020 12:55:59.740 INFO [main] org.apache.coyote.AbstractProtocol.
start Starting ProtocolHandler ["http-apr-8080"]
29-Jul-2020 12:55:59.794 INFO [main] org.apache.coyote.AbstractProtocol.
start Starting ProtocolHandler ["ajp-apr-8009"]
29-Jul-2020 12:56:00.604 INFO [main] org.apache.catalina.startup.Catalina.
start Server startup in 4052 ms
```

這個檔案為 tomcat 生成的記錄檔 /usr/local/tomcat/logs/catalina.<date>.log 的內容。登入 tomcat 容器進行查看：

```
# kubectl exec -ti volume-pod -c tomcat -- ls /usr/local/tomcat/logs
catalina.2020-07-29.log      localhost_access_log.2020-07-29.txt
host-manager.2020-07-29.log  manager.2020-07-29.log

# kubectl exec -ti volume-pod -c tomcat -- tail /usr/local/tomcat/logs/
catalina.2020-07-29.log
......
29-Jul-2020 12:55:59.722 INFO [localhost-startStop-1] org.apache.catalina.
startup.HostConfig.deployDirectory Deployment of web application directory
/usr/local/tomcat/webapps/manager has finished in 96 ms
29-Jul-2020 12:55:59.740 INFO [main] org.apache.coyote.AbstractProtocol.
start Starting ProtocolHandler ["http-apr-8080"]
29-Jul-2020 12:55:59.794 INFO [main] org.apache.coyote.AbstractProtocol.
start Starting ProtocolHandler ["ajp-apr-8009"]
29-Jul-2020 12:56:00.604 INFO [main] org.apache.catalina.startup.Catalina.
start Server startup in 4052 ms
```

3.5 Pod 的設定管理

應用部署的一個最佳實踐是將應用所需的設定資訊與程式分離，這樣可以使應用程式被更好地重複使用，透過不同的設定也能實現更靈活的功能。將應用打包為容器鏡像後，可以透過環境變數或者外掛檔案的方式在建立容器時進行設定注入，但在大規模容器叢集的環境中，對多個容器進行不同的設定將變得非常複雜。Kubernetes 從 1.2 版本開始提供了一種統一的應用設定管理方案——ConfigMap。本節對 ConfigMap 的概念和用法進行詳細講解。

3.5.1 ConfigMap 概述

ConfigMap 供容器使用的典型用法如下。

（1）生成容器內的環境變數。
（2）設置容器啟動命令的啟動參數（需設置為環境變數）。
（3）以 Volume 的形式掛載為容器內部的檔案或目錄。

ConfigMap 以一個或多個 key:value 的形式保存在 Kubernetes 系統中供應用使用，既可以用於表示一個變數的值（例如 apploglevel=info），也可以用於表示一個完整設定檔的內容（例如 server.xml=<?xml...>...）。

我們可以透過 YAML 檔案或者直接使用 kubectl create configmap 命令列的方式來建立 ConfigMap。

3.5.2 建立 ConfigMap 資源物件

1. 透過 YAML 檔案方式建立

在下面的例子 cm-appvars.yaml 中展示了將幾個應用所需的變數定義為 ConfigMap 的用法：

cm-appvars.yaml
```
apiVersion: v1
kind: ConfigMap
metadata:
```

```
    name: cm-appvars
data:
    apploglevel: info
    appdatadir: /var/data
```

執行 kubectl create 命令建立該 ConfigMap：

```
$kubectl create -f cm-appvars.yaml
configmap "cm-appvars" created
```

查看建立好的 ConfigMap：

```
# kubectl get configmap
NAME            DATA       AGE
cm-appvars      2          3s

# kubectl describe configmap cm-appvars
Name:           cm-appvars
Namespace:      default
Labels:         <none>
Annotations:    <none>

Data
====
appdatadir:     9 bytes
apploglevel:    4 bytes

# kubectl get configmap cm-appvars -o yaml
apiVersion: v1
data:
  appdatadir: /var/data
  apploglevel: info
kind: ConfigMap
metadata:
  creationTimestamp: 2020-07-28T19:57:16Z
  name: cm-appvars
  namespace: default
  resourceVersion: "78709"
  selfLink: /api/v1/namespaces/default/configmaps/cm-appvars
  uid: 7bb2e9c0-54fd-11e6-9dcd-000c29dc2102
```

在下面的例子中展示了將兩個設定檔 server.xml 和 logging. properties 定義為 ConfigMap 的用法，設置 key 為設定檔的別名，value 則是設定檔的全部文字內容：

cm-appconfigfiles.yaml

```
apiVersion: v1
kind: ConfigMap
metadata:
  name: cm-appconfigfiles
data:
  key-serverxml: |
    <?xml version='1.0' encoding='utf-8'?>
    <Server port="8005" shutdown="SHUTDOWN">
      <Listener className="org.apache.catalina.startup.
VersionLoggerListener" />
      <Listener className="org.apache.catalina.core.AprLifecycleListener"
SSLEngine="on" />
      <Listener className=
"org.apache.catalina.core.JreMemoryLeakPreventionListener" />
      <Listener className=
"org.apache.catalina.mbeans.GlobalResourcesLifecycleListener" />
      <Listener className=
"org.apache.catalina.core.ThreadLocalLeakPreventionListener" />
      <GlobalNamingResources>
        <Resource name="UserDatabase" auth="Container"
                  type="org.apache.catalina.UserDatabase"
                  description="User database that can be updated and saved"
                  factory="org.apache.catalina.users.
MemoryUserDatabaseFactory"
                  pathname="conf/tomcat-users.xml" />
      </GlobalNamingResources>

      <Service name="Catalina">
        <Connector port="8080" protocol="HTTP/1.1"
                   connectionTimeout="20000"
                   redirectPort="8443" />
        <Connector port="8009" protocol="AJP/1.3" redirectPort="8443" />
        <Engine name="Catalina" defaultHost="localhost">
          <Realm className="org.apache.catalina.realm.LockOutRealm">
            <Realm className="org.apache.catalina.realm.UserDatabaseRealm"
                   resourceName="UserDatabase"/>
          </Realm>
          <Host name="localhost"  appBase="webapps"
                unpackWARs="true" autoDeploy="true">
            <Valve className="org.apache.catalina.valves.AccessLogValve"
directory="logs"
                   prefix="localhost_access_log" suffix=".txt"
                   pattern="%h %l %u %t &quot;%r&quot; %s %b" />
```

```
            </Host>
          </Engine>
        </Service>
      </Server>
  key-loggingproperties: "handlers
      =1catalina.org.apache.juli.FileHandler, 2localhost.org.apache.juli.
FileHandler,
      3manager.org.apache.juli.FileHandler, 4host-manager.org.apache.juli.
FileHandler,
      java.util.logging.ConsoleHandler\r\n\r\n.handlers= 1catalina.org.apache.
juli.FileHandler,
      java.util.logging.ConsoleHandler\r\n\r\n1catalina.org.apache.juli.
FileHandler.level
      = FINE\r\n1catalina.org.apache.juli.FileHandler.directory
      = ${catalina.base}/logs\r\n1catalina.org.apache.juli.FileHandler.prefix
      = catalina.\r\n\r\n2localhost.org.apache.juli.FileHandler.level
      = FINE\r\n2localhost.org.apache.juli.FileHandler.directory
      = ${catalina.base}/logs\r\n2localhost.org.apache.juli.FileHandler.prefix
      = localhost.\r\n\r\n3manager.org.apache.juli.FileHandler.level
      = FINE\r\n3manager.org.apache.juli.FileHandler.directory
      = ${catalina.base}/logs\r\n3manager.org.apache.juli.FileHandler.prefix
      = manager.\r\n\r\n4host-manager.org.apache.juli.FileHandler.level
      = FINE\r\n4host-manager.org.apache.juli.FileHandler.directory
      = ${catalina.base}/logs\r\n4host-manager.org.apache.juli.FileHandler.
prefix = host-manager.\r\n\r\njava.util.logging.ConsoleHandler.level
      = FINE\r\ njava.util.logging.ConsoleHandler.formatter
      = java.util.logging.SimpleFormatter\r\n\r\n\r\norg.apache.catalina.
core. ContainerBase.[Catalina].[localhost].level
      = INFO\r\norg.apache.catalina.core.ContainerBase.[Catalina].[localhost].
handlers
      = 2localhost.org.apache.juli.FileHandler\r\n\r\norg.apache.catalina.
core. ContainerBase.[Catalina].[localhost].[/manager].level
      = INFO\r\norg.apache.catalina.core.ContainerBase.[Catalina].[localhost].
[/manager].handlers
      = 3manager.org.apache.juli.FileHandler\r\n\r\norg.apache.catalina.core.
ContainerBase.[Catalina].[localhost].[/host-manager].level
      = INFO\r\norg.apache.catalina.core.ContainerBase.[Catalina].[localhost].
[/host-manager].handlers
      = 4host-manager.org.apache.juli.FileHandler\r\n\r\n"
```

執行 kubectl create 命令建立該 ConfigMap：

```
$kubectl create -f cm-appconfigfiles.yaml
configmap "cm-appconfigfiles" created
```

查看建立好的 ConfigMap：

```
# kubectl get configmap cm-appconfigfiles
NAME                  DATA      AGE
cm-appconfigfiles     2         14s

# kubectl describe configmap cm-appconfigfiles
Name:          cm-appconfigfiles
Namespace:     default
Labels:        <none>
Annotations:   <none>

Data
====
key-loggingproperties:     1809 bytes
key-serverxml:             1686 bytes
```

查看已建立的 ConfigMap 的詳細內容，可以看到兩個設定檔的全文：

```
# kubectl get configmap cm-appconfigfiles -o yaml
apiVersion: v1
data:
  key-loggingproperties: "handlers = 1catalina.org.apache.juli.FileHandler,
2localhost.org.apache.juli.FileHandler,
    3manager.org.apache.juli.FileHandler, 4host-manager.org.apache.juli.
FileHandler,
    java.util.logging.ConsoleHandler\r\n\r\n.handlers = 1catalina.org.
apache. juli.FileHandler,
    java.util.logging.ConsoleHandler\r\n\r\n1catalina.org.apache.juli.
FileHandler.level
    = FINE\r\n1catalina.org.apache.juli.FileHandler.directory
    = ${catalina.base}/logs\r\n1catalina.org.apache.juli.FileHandler.prefix
    = catalina.\r\n\r\n2localhost.org.apache.juli.FileHandler.level
    = FINE\r\n2localhost.org.apache.juli.FileHandler.directory
    = ${catalina.base}/logs\r\n2localhost.org.apache.juli.FileHandler.prefix
    = localhost.\r\n\r\n3manager.org.apache.juli.FileHandler.level
    = FINE\r\n3manager.org.apache.juli.FileHandler.directory
    = ${catalina.base}/logs\r\n3manager.org.apache.juli.FileHandler.prefix
    = manager.\r\n\r\n4host-manager.org.apache.juli.FileHandler.level
    = FINE\r\n4host-manager.org.apache.juli.FileHandler.directory
    = ${catalina.base}/logs\r\n4host-manager.org.apache.juli.FileHandler.
prefix =
    host-manager.\r\n\r\njava.util.logging.ConsoleHandler.level = FINE\r\
njava. util.logging.ConsoleHandler.formatter
    = java.util.logging.SimpleFormatter\r\n\r\n\r\norg.apache.catalina.
```

```
core. ContainerBase.[Catalina].[localhost].level
    = INFO\r\norg.apache.catalina.core.ContainerBase.[Catalina].[localhost].
handlers
    = 2localhost.org.apache.juli.FileHandler\r\n\r\norg.apache.catalina.
core. ContainerBase.[Catalina].[localhost].[/manager].level
    = INFO\r\norg.apache.catalina.core.ContainerBase.[Catalina].[localhost].
[/manager].handlers
    = 3manager.org.apache.juli.FileHandler\r\n\r\norg.apache.catalina.core.
ContainerBase.[Catalina].[localhost].[/host-manager].level
    = INFO\r\norg.apache.catalina.core.ContainerBase.[Catalina].[localhost].
[/host-manager].handlers
    = 4host-manager.org.apache.juli.FileHandler\r\n\r\n"
  key-serverxml: |
    <?xml version='1.0' encoding='utf-8'?>
    <Server port="8005" shutdown="SHUTDOWN">
      <Listener className="org.apache.catalina.startup.
VersionLoggerListener" />
      <Listener className="org.apache.catalina.core.AprLifecycleListener"
SSLEngine="on" />
      <Listener className="org.apache.catalina.core. JreMemoryLeakPreventio
nListener" />
      <Listener className="org.apache.catalina.mbeans. GlobalResourcesLifec
ycleListener" />
      <Listener className="org.apache.catalina.core. ThreadLocalLeakPrevent
ionListener" />
      <GlobalNamingResources>
        <Resource name="UserDatabase" auth="Container"
                  type="org.apache.catalina.UserDatabase"
                  description="User database that can be updated and saved"
                  factory="org.apache.catalina.users.
MemoryUserDatabaseFactory"
                  pathname="conf/tomcat-users.xml" />
      </GlobalNamingResources>

      <Service name="Catalina">
        <Connector port="8080" protocol="HTTP/1.1"
                   connectionTimeout="20000"
                   redirectPort="8443" />
        <Connector port="8009" protocol="AJP/1.3" redirectPort="8443" />
        <Engine name="Catalina" defaultHost="localhost">
          <Realm className="org.apache.catalina.realm.LockOutRealm">
            <Realm className="org.apache.catalina.realm.UserDatabaseRealm"
                   resourceName="UserDatabase"/>
          </Realm>
```

```
        <Host name="localhost"  appBase="webapps"
            unpackWARs="true" autoDeploy="true">
        <Valve className="org.apache.catalina.valves.AccessLogValve"
directory="logs"
                prefix="localhost_access_log" suffix=".txt"
                pattern="%h %l %u %t &quot;%r&quot; %s %b" />

        </Host>
      </Engine>
    </Service>
  </Server>
kind: ConfigMap
metadata:
  creationTimestamp: 2020-07-29T00:52:18Z
  name: cm-appconfigfiles
  namespace: default
  resourceVersion: "85054"
  selfLink: /api/v1/namespaces/default/configmaps/cm-appconfigfiles
  uid: b30d5019-5526-11e6-9dcd-000c29dc2102
```

2. 透過 kubectl 命令列方式建立

不使用 YAML 檔案，直接透過 kubectl create configmap 也可以建立 ConfigMap，可以使用參數 --from-file 或 --from-literal 指定內容，並且可以在一行命令中指定多個參數。

（1）透過 --from-file 參數從檔案中進行建立，可以指定 key 的名稱，也可以在一個命令列中建立包含多個 key 的 ConfigMap，語法如下：

```
# kubectl create configmap NAME --from-file=[key=]source --from-file=[key=]
source
```

（2）透過 --from-file 參數在目錄下進行建立，該目錄下的每個設定檔名都被設置為 key，檔案的內容被設置為 value，語法如下：

```
# kubectl create configmap NAME --from-file=config-files-dir
```

（3）使用 --from-literal 時會從文字中進行建立，直接將指定的 key#= value# 建立為 ConfigMap 的內容，語法如下：

```
# kubectl create configmap NAME --from-literal=key1=value1 --from-literal=
key2=value2
```

下面對這幾種用法舉例說明。

例如，在目前的目錄下含有設定檔 server.xml，可以建立一個包含該檔案內容的 ConfigMap：

```
# kubectl create configmap cm-server.xml --from-file=server.xml
configmap "cm-server.xml" created

# kubectl describe configmap cm-server.xml
Name:           cm-server.xml
Namespace:      default
Labels:         <none>
Annotations:    <none>

Data
====
server.xml:     6458 bytes
```

假設在 configfiles 目錄下包含兩個設定檔 server.xml 和 logging.properties，建立一個包含這兩個檔案內容的 ConfigMap：

```
# kubectl create configmap cm-appconf --from-file=configfiles
configmap "cm-appconf" created

# kubectl describe configmap cm-appconf
Name:           cm-appconf
Namespace:      default
Labels:         <none>
Annotations:    <none>

Data
====
logging.properties:    3354 bytes
server.xml:            6458 bytes
```

使用 --from-literal 參數進行建立的範例如下：

```
# kubectl create configmap cm-appenv --from-literal=loglevel=info --from-
literal=appdatadir=/var/data
configmap "cm-appenv" created

# kubectl  describe configmap cm-appenv
Name:           cm-appenv
Namespace:      default
Labels:         <none>
Annotations:    <none>
```

```
Data
====
appdatadir:      9 bytes
loglevel:        4 bytes
```

容器應用對 ConfigMap 的使用有以下兩種方法。

（1）透過環境變數獲取 ConfigMap 中的內容。

（2）透過 Volume 掛載的方式將 ConfigMap 中的內容掛載為容器內部的檔
     案或目錄。

3.5.3 在 Pod 中使用 ConfigMap

1. 透過環境變數方式使用 ConfigMap

以前面建立的 ConfigMap"cm-appvars" 為例：

```
apiVersion: v1
kind: ConfigMap
metadata:
  name: cm-appvars
data:
  apploglevel: info
  appdatadir: /var/data
```

在 Pod "cm-test-pod" 的定義中，將 ConfigMap "cm-appvars" 中的內容以環
境變數（APPLOGLEVEL 和 APPDATADIR）方式設置為容器內部的環境
變數，容器的啟動命令將顯示這兩個環境變數的值（"env | grep APP"）：

```
apiVersion: v1
kind: Pod
metadata:
  name: cm-test-pod
spec:
  containers:
  - name: cm-test
    image: busybox
    command: [ "/bin/sh", "-c", "env | grep APP" ]
    env:
    - name: APPLOGLEVEL          # 定義環境變數的名稱
      valueFrom:                 # key"apploglevel" 對應的值
        configMapKeyRef:
          name: cm-appvars       # 環境變數的值取自 cm-appvars：
```

```
        key: apploglevel       # key 為 apploglevel
  - name: APPDATADIR           # 定義環境變數的名稱
    valueFrom:                 # key"appdatadir" 對應的值
      configMapKeyRef:
        name: cm-appvars       # 環境變數的值取自 cm-appvars
        key: appdatadir        # key 為 appdatadir
  restartPolicy: Never
```

執行 kubectl create -f 命令建立該 Pod，由於是測試 Pod，所以該 Pod 在執行完啟動命令後將會退出，並且不會被系統自動重新啟動（restartPolicy=Never）：

```
# kubectl create -f cm-test-pod.yaml
pod "cm-test-pod" created
```

執行 kubectl get pods --show-all 命令查看已經停止的 Pod：

```
# kubectl get pods --show-all
NAME              READY      STATUS       RESTARTS    AGE
cm-test-pod       0/1        Completed    0           8s
```

查看該 Pod 的日誌，可以看到啟動命令 env | grep APP 的執行結果如下：

```
# kubectl logs cm-test-pod
APPDATADIR=/var/data
APPLOGLEVEL=info
```

這説明容器內部的環境變數使用 ConfigMap cm-appvars 中的值進行了正確設置。

Kubernetes 從 1.6 版本開始引入了一個新的欄位 envFrom，實現了在 Pod 環境中將 ConfigMap（也可用於 Secret 資源物件）中所有定義的 key=value 自動生成為環境變數：

```
apiVersion: v1
kind: Pod
metadata:
  name: cm-test-pod
spec:
  containers:
  - name: cm-test
    image: busybox
    command: [ "/bin/sh", "-c", "env" ]
```

```
    envFrom:
    - configMapRef:
        name: cm-appvars          # 根據 cm-appvars 中的 key=value 自動生成環境變數
  restartPolicy: Never
```

透過這個定義，在容器內部將會生成如下環境變數：

```
apploglevel=info
appdatadir=/var/data
```

需要說明的是，環境變數的名稱受 POSIX 命名規範（[a-zA-Z_]
[a-zA-Z0-9_]*）約束，不能以數字開頭。如果包含非法字元，則系統將跳
過該筆環境變數的建立，並記錄一個 Event 來提示環境變數無法生成，但
並不阻止 Pod 的啟動。

2. 透過 volumeMount 使用 ConfigMap

在如下所示的 cm-appconfigfiles.yaml 例子中包含兩個設定檔的定義：
server.xml 和 logging.properties。

cm-appconfigfiles.yaml

```
apiVersion: v1
kind: ConfigMap
metadata:
  name: cm-appconfigfiles
data:
  key-serverxml: |
    <?xml version='1.0' encoding='utf-8'?>
    <Server port="8005" shutdown="SHUTDOWN">
      <Listener className="org.apache.catalina.startup.
VersionLoggerListener" />
      <Listener className="org.apache.catalina.core.AprLifecycleListener"
SSLEngine="on" />
      <Listener className="org.apache.catalina.core. JreMemoryLeakPreventio
nListener" />
      <Listener className="org.apache.catalina.mbeans. GlobalResourcesLifec
ycleListener" />
      <Listener className="org.apache.catalina.core. ThreadLocalLeakPrevent
ionListener" />
      <GlobalNamingResources>
        <Resource name="UserDatabase" auth="Container"
                type="org.apache.catalina.UserDatabase"
                description="User database that can be updated and saved"
```

```
                    factory="org.apache.catalina.users.
MemoryUserDatabaseFactory"
                    pathname="conf/tomcat-users.xml" />
      </GlobalNamingResources>

      <Service name="Catalina">
        <Connector port="8080" protocol="HTTP/1.1"
                    connectionTimeout="20000"
                    redirectPort="8443" />
        <Connector port="8009" protocol="AJP/1.3" redirectPort="8443" />
        <Engine name="Catalina" defaultHost="localhost">
          <Realm className="org.apache.catalina.realm.LockOutRealm">
            <Realm className="org.apache.catalina.realm.UserDatabaseRealm"
                    resourceName="UserDatabase"/>
          </Realm>
          <Host name="localhost"  appBase="webapps"
                unpackWARs="true" autoDeploy="true">
            <Valve className="org.apache.catalina.valves.AccessLogValve"
directory="logs"
                    prefix="localhost_access_log" suffix=".txt"
                    pattern="%h %l %u %t &quot;%r&quot; %s %b" />

          </Host>
        </Engine>
      </Service>
    </Server>
  key-loggingproperties: "handlers
    = 1catalina.org.apache.juli.FileHandler, 2localhost.org.apache.juli.
FileHandler,
    3manager.org.apache.juli.FileHandler, 4host-manager.org.apache.juli.
FileHandler,
    java.util.logging.ConsoleHandler\r\n\r\n.handlers = 1catalina.org.
apache.juli.FileHandler,
    java.util.logging.ConsoleHandler\r\n\r\n1catalina.org.apache.juli.
FileHandler.level
    = FINE\r\n1catalina.org.apache.juli.FileHandler.directory = ${catalina.
base}/logs\r\n1catalina.org.apache.juli.FileHandler.prefix
    = catalina.\r\n\r\n2localhost.org.apache.juli.FileHandler.level = FINE\
r\n2localhost.org.apache.juli.FileHandler.directory
    = ${catalina.base}/logs\r\n2localhost.org.apache.juli.FileHandler.prefix
= localhost.\r\n\r\n3manager.org.apache.juli.FileHandler.level
    = FINE\r\n3manager.org.apache.juli.FileHandler.directory = ${catalina.
base}/logs\r\n3manager.org.apache.juli.FileHandler.prefix
    = manager.\r\n\r\n4host-manager.org.apache.juli.FileHandler.level =
```

```
FINE\r\n4host-manager.org.apache.juli.FileHandler.directory
    = ${catalina.base}/logs\r\n4host-manager.org.apache.juli.FileHandler.
prefix =
    host-manager.\r\n\r\njava.util.logging.ConsoleHandler.level = FINE\r\
njava.util.logging.ConsoleHandler.formatter
    = java.util.logging.SimpleFormatter\r\n\r\n\r\norg.apache.catalina.
core.ContainerBase.[Catalina].[localhost].level
    = INFO\r\norg.apache.catalina.core.ContainerBase.[Catalina].[localhost].
handlers
    = 2localhost.org.apache.juli.FileHandler\r\n\r\norg.apache.catalina.
core.ContainerBase.[Catalina].[localhost].[/manager].level
    = INFO\r\norg.apache.catalina.core.ContainerBase.[Catalina].[localhost].
[/manager].handlers
    = 3manager.org.apache.juli.FileHandler\r\n\r\norg.apache.catalina.core.
ContainerBase.[Catalina].[localhost].[/host-manager].level
    = INFO\r\norg.apache.catalina.core.ContainerBase.[Catalina].[localhost].
[/host-manager].handlers
    = 4host-manager.org.apache.juli.FileHandler\r\n\r\n"
```

在 Pod "cm-test-app" 的定義中，將 ConfigMap "cm-appconfigfiles" 中的內容以檔案的形式掛載到容器內部的 /configfiles 目錄下。Pod 設定檔 cm-test-app.yaml 的內容如下：

```
apiVersion: v1
kind: Pod
metadata:
  name: cm-test-app
spec:
  containers:
  - name: cm-test-app
    image: kubeguide/tomcat-app:v1
    ports:
    - containerPort: 8080
    volumeMounts:
    - name: serverxml              # 引用 Volume 的名稱
      mountPath: /configfiles      # 掛載到容器內的目錄
  volumes:
  - name: serverxml                # 定義 Volume 的名稱
    configMap:
      name: cm-appconfigfiles      # 使用 ConfigMap"cm-appconfigfiles"
      items:
      - key: key-serverxml         # key=key-serverxml
        path: server.xml           # value 將 server.xml 檔案名稱進行掛載
      - key: key-loggingproperties # key=key-loggingproperties
```

```
      path: logging.properties     # value 將 logging.properties 檔案名稱進行
                                    # 掛載
```

建立該 Pod：

```
# kubectl create -f cm-test-app.yaml
pod "cm-test-app" created
```

登入容器，查看到在 /configfiles 目錄下存在 server.xml 和 logging.
properties 檔案，它們的內容就是 ConfigMap "cm-appconfigfiles" 中兩個
key 定義的內容：

```
# kubectl exec -ti cm-test-app -- bash
root@cm-test-app:/# cat /configfiles/server.xml
<?xml version='1.0' encoding='utf-8'?>
<Server port="8005" shutdown="SHUTDOWN">
......

root@cm-test-app:/# cat /configfiles/logging.properties
handlers = 1catalina.org.apache.juli.AsyncFileHandler, 2localhost.org.
apache.juli.AsyncFileHandler, 3manager.org.apache.juli.AsyncFileHandler,
4host-manager.org.apache.juli.AsyncFileHandler, java.util.logging.
ConsoleHandler
......
```

如果在引用 ConfigMap 時不指定 items，則使用 volumeMount 方式在容器
內的目錄下為每個 item 都生成一個檔案名稱為 key 的檔案。

Pod 設定檔 cm-test-app.yaml 的內容如下：

```
apiVersion: v1
kind: Pod
metadata:
  name: cm-test-app
spec:
  containers:
  - name: cm-test-app
    image: kubeguide/tomcat-app:v1
    imagePullPolicy: Never
    ports:
    - containerPort: 8080
    volumeMounts:
    - name: serverxml          # 引用 Volume 的名稱
      mountPath: /configfiles  # 掛載到容器內的目錄
```

```
  volumes:
  - name: serverxml              # 定義 Volume 的名稱
    configMap:
      name: cm-appconfigfiles    # 使用 ConfigMap "cm-appconfigfiles"
```

建立該 Pod：

```
# kubectl create -f cm-test-app.yaml
pod "cm-test-app" created
```

登入容器，查看到在 /configfiles 目錄下存在 key-loggingproperties 和 key-serverxml 檔案，檔案的名稱來自在 ConfigMap cm-appconfigfiles 中定義的兩個 key 的名稱，檔案的內容則為 value 的內容：

```
# ls /configfiles
key-loggingproperties   key-serverxml
```

3.5.4 使用 ConfigMap 的限制條件

使用 ConfigMap 的限制條件如下。

- ConfigMap 必須在 Pod 之前建立，Pod 才能引用它。
- 如果 Pod 使用 envFrom 以 ConfigMap 為基礎定義環境變數，則無效的環境變數名稱（例如名稱以數字開頭）將被忽略，並在事件中被記錄為 InvalidVariableNames。
- ConfigMap 受命名空間限制，只有處於相同命名空間中的 Pod 才可以引用它。
- ConfigMap 無法用於靜態 Pod。

3.6 在容器內獲取 Pod 資訊（Downward API）

我們知道，Pod 的邏輯概念在容器之上，Kubernetes 在成功建立 Pod 之後，會為 Pod 和容器設置一些額外的資訊，例如 Pod 等級的 Pod 名稱、Pod IP、Node IP、Label、Annotation、容器等級的資源限制等。在很多應用場景中，這些資訊對容器內的應用來說都很有用，例如使用 Pod 名稱作為日誌記錄的一個欄位用於標識日誌來源。為了在容器內獲取 Pod 等級的這些資訊，Kubernetes 提供了 Downward API 機制來將 Pod 和容器的某些中繼資料資訊注入容器環境內，供容器應用方便地使用。

Downward API 可以透過以下兩種方式將 Pod 和容器的中繼資料資訊注入容器內部。

（1）環境變數：將 Pod 或 Container 資訊設置為容器內的環境變數。

（2）Volume 掛載：將 Pod 或 Container 資訊以檔案的形式掛載到容器內部。

下面透過幾個例子對 Downward API 的用法進行說明。

3.6.1 環境變數方式

透過環境變數的方式可以將 Pod 資訊或 Container 資訊注入容器執行環境中，下面透過兩個例子進行說明。

1）將 Pod 資訊設置為容器內的環境變數

下面的例子透過 Downward API 將 Pod 的 IP、名稱和所在命名空間注入容器的環境變數中，Pod 的 YAML 檔案內容如下：

```
# dapi-envars-pod.yaml
apiVersion: v1
kind: Pod
metadata:
  name: dapi-envars-fieldref
spec:
  containers:
    - name: test-container
      image: busybox
      command: [ "sh", "-c"]
      args:
      - while true; do
          echo -en '\n';
          printenv MY_NODE_NAME MY_POD_NAME MY_POD_NAMESPACE;
          printenv MY_POD_IP MY_POD_SERVICE_ACCOUNT;
          sleep 10;
        done;
      env:
        - name: MY_NODE_NAME
          valueFrom:
```

```
        fieldRef:
          fieldPath: spec.nodeName
  - name: MY_POD_NAME
    valueFrom:
      fieldRef:
        fieldPath: metadata.name
  - name: MY_POD_NAMESPACE
    valueFrom:
      fieldRef:
        fieldPath: metadata.namespace
  - name: MY_POD_IP
    valueFrom:
      fieldRef:
        fieldPath: status.podIP
  - name: MY_POD_SERVICE_ACCOUNT
    valueFrom:
      fieldRef:
        fieldPath: spec.serviceAccountName
restartPolicy: Never
```

注意，環境變數不直接設置 value，而是設置 valueFrom 對 Pod 的中繼資料進行引用。

在本例中透過對 Downward API 的設置使用了以下 Pod 的中繼資料資訊設置環境變數。

- spec.nodeName：Pod 所在 Node 的名稱。
- metadata.name：Pod 名稱。
- metadata.namespace：Pod 所在命名空間的名稱。
- status.podIP：Pod 的 IP 位址。
- spec.serviceAccountName：Pod 使用的 ServiceAccount 名稱。

執行 kubectl create 命令建立這個 Pod：

```
# kubectl create -f dapi-envars-pod.yaml
pod/dapi-envars-fieldref created
```

查看 Pod 的日誌，可以看到容器啟動命令將環境變數的值列印出來：

```
# kubectl logs dapi-envars-fieldref

192.168.18.3
```

```
dapi-envars-fieldref
default
10.0.95.21
default
......
```

我們從日誌中可以看到 Pod 的 Node IP、Pod 名稱、命名空間名稱、Pod
IP、ServiceAccount 名稱等資訊都被正確設置到了容器的環境變數中。

也可以透過 kubectl exec 命令登入容器查看環境變數的設置：

```
# kubectl exec -ti dapi-envars-fieldref -- sh
/ # printenv | grep MY
MY_POD_SERVICE_ACCOUNT=default
MY_POD_NAMESPACE=default
MY_POD_IP=10.0.95.16
MY_NODE_NAME=192.168.18.3
MY_POD_NAME=dapi-envars-fieldref
```

2）將 Container 資訊設置為容器內的環境變數

下面的例子透過 Downward API 將 Container 的資源請求和資源限制資訊
設置為容器內的環境變數，Pod 的 YAML 檔案內容如下：

```
# dapi-envars-container.yaml
apiVersion: v1
kind: Pod
metadata:
  name: dapi-envars-resourcefieldref
spec:
  containers:
    - name: test-container
      image: busybox
      imagePullPolicy: Never
      command: [ "sh", "-c"]
      args:
      - while true; do
          echo -en '\n';
          printenv MY_CPU_REQUEST MY_CPU_LIMIT;
          printenv MY_MEM_REQUEST MY_MEM_LIMIT;
          sleep 10;
        done;
      args:
      - while true; do
```

```
            echo -en '\n';
            printenv MY_CPU_REQUEST MY_CPU_LIMIT;
            printenv MY_MEM_REQUEST MY_MEM_LIMIT;
            sleep 3600;
        done;
      resources:
        requests:
          memory: "32Mi"
          cpu: "125m"
        limits:
          memory: "64Mi"
          cpu: "250m"
      env:
        - name: MY_CPU_REQUEST
          valueFrom:
            resourceFieldRef:
              containerName: test-container
              resource: requests.cpu
        - name: MY_CPU_LIMIT
          valueFrom:
            resourceFieldRef:
              containerName: test-container
              resource: limits.cpu
        - name: MY_MEM_REQUEST
          valueFrom:
            resourceFieldRef:
              containerName: test-container
              resource: requests.memory
        - name: MY_MEM_LIMIT
          valueFrom:
            resourceFieldRef:
              containerName: test-container
              resource: limits.memory
  restartPolicy: Never
```

在本例中透過 Downward API 將以下 Container 的資源限制資訊設置為環境變數。

- requests.cpu：容器的 CPU 請求值。
- limits.cpu：容器的 CPU 限制值。
- requests.memory：容器的記憶體請求值。
- limits.memory：容器的記憶體限制值。

執行 kubectl create 命令建立 Pod：

```
# kubectl create -f dapi-envars-container.yaml
pod/dapi-envars-resourcefieldref created
```

查看 Pod 的日誌：

```
# kubectl logs dapi-envars-resourcefieldref

1
1
33554432
67108864
```

我們從日誌中可以看到 Container 的 requests.cpu、limits.cpu、requests.memory、limits.memory 等資訊都被正確保存到了容器內的環境變數中。

3.6.2 Volume 掛載方式

透過 Volume 掛載方式可以將 Pod 資訊或 Container 資訊掛載為容器內的檔案，下面透過兩個例子進行説明。

1）將 Pod 資訊掛載為容器內的檔案
下面的例子透過 Downward API 將 Pod 的 Label、Annotation 資訊透過 Volume 掛載為容器中的檔案：

```
# dapi-volume.yaml
apiVersion: v1
kind: Pod
metadata:
  name: kubernetes-downwardapi-volume-example
  labels:
    zone: us-est-coast
    cluster: test-cluster1
    rack: rack-22
  annotations:
    build: two
    builder: john-doe
spec:
  containers:
    - name: client-container
      image: busybox
      command: ["sh", "-c"]
```

```
        args:
        - while true; do
            if [[ -e /etc/podinfo/labels ]]; then
              echo -en '\n\n'; cat /etc/podinfo/labels; fi;
            if [[ -e /etc/podinfo/annotations ]]; then
              echo -en '\n\n'; cat /etc/podinfo/annotations; fi;
            sleep 5;
          done;
        volumeMounts:
          - name: podinfo
            mountPath: /etc/podinfo
  volumes:
    - name: podinfo
      downwardAPI:
        items:
          - path: "labels"
            fieldRef:
              fieldPath: metadata.labels
          - path: "annotations"
            fieldRef:
              fieldPath: metadata.annotations
```

在 Pod 的 volumes 欄位中使用 Downward API 的方法：透過 fieldRef 欄位
設置需要引用 Pod 的中繼資料資訊，將其設置到 volume 的 items 中。在
本例中使用了以下 Pod 中繼資料資訊。

- metadata.labels：Pod 的 Label 列表。
- metadata.annotations：Pod 的 Annotation 列表。

然後，透過容器等級 volumeMounts 的設置，系統會以 volume 中各 item
為基礎的 path 名稱生成檔案。根據上面的設置，系統將在容器內的 /etc/
podinfo 目錄下生成 labels 和 annotations 兩個檔案，在 labels 檔案中將
包含 Pod 的全部 Label 清單，在 annotations 檔案中將包含 Pod 的全部
Annotation 清單。

執行 kubectl create 命令建立 Pod：

```
# kubectl create -f dapi-volume.yaml
pod/kubernetes-downwardapi-volume-example created
```

查看 Pod 的日誌，可以看到容器啟動命令將掛載檔案的內容列印出來：

3.6 在容器內獲取 Pod 資訊（Downward API）

```
# kubectl logs logs kubernetes-downwardapi-volume-example

cluster="test-cluster1"
rack="rack-22"
zone="us-est-coast"

build="two"
builder="john-doe"
kubernetes.io/config.seen="2020-07-08T16:02:33.185457099+08:00"
kubernetes.io/config.source="api"
......
```

進入容器，查看掛載的檔案：

```
# kubectl exec -ti kubernetes-downwardapi-volume-example -- sh
/ # ls -l /etc/podinfo/
total 0
lrwxrwxrwx    1 root     root     18 Jul  8 08:02 annotations -> ..data/
annotations
lrwxrwxrwx    1 root     root     13 Jul  8 08:02 labels -> ..data/labels
```

查看檔案 labels 的內容：

```
# cat /etc/podinfo/labels
cluster="test-cluster1"
rack="rack-22"
```

2）將 Container 資訊掛載為容器內的檔案

下面的例子透過 Downward API 將 Container 的資源限制資訊透過 Volume 掛載為容器中的檔案：

```
# dapi-volume-resources.yaml
apiVersion: v1
kind: Pod
metadata:
  name: kubernetes-downwardapi-volume-example-2
spec:
  containers:
    - name: client-container
      image: busybox
      command: ["sh", "-c"]
      args:
      - while true; do
          echo -en '\n';
          if [[ -e /etc/podinfo/cpu_limit ]]; then
```

```
        echo -en '\n'; cat /etc/podinfo/cpu_limit; fi;
      if [[ -e /etc/podinfo/cpu_request ]]; then
        echo -en '\n'; cat /etc/podinfo/cpu_request; fi;
      if [[ -e /etc/podinfo/mem_limit ]]; then
        echo -en '\n'; cat /etc/podinfo/mem_limit; fi;
      if [[ -e /etc/podinfo/mem_request ]]; then
        echo -en '\n'; cat /etc/podinfo/mem_request; fi;
      sleep 5;
    done;
  resources:
    requests:
      memory: "32Mi"
      cpu: "125m"
    limits:
      memory: "64Mi"
      cpu: "250m"
  volumeMounts:
    - name: podinfo
      mountPath: /etc/podinfo
volumes:
  - name: podinfo
    downwardAPI:
      items:
        - path: "cpu_limit"
          resourceFieldRef:
            containerName: client-container
            resource: limits.cpu
            divisor: 1m
        - path: "cpu_request"
          resourceFieldRef:
            containerName: client-container
            resource: requests.cpu
            divisor: 1m
        - path: "mem_limit"
          resourceFieldRef:
            containerName: client-container
            resource: limits.memory
            divisor: 1Mi
        - path: "mem_request"
          resourceFieldRef:
            containerName: client-container
            resource: requests.memory
            divisor: 1Mi
```

在本例中透過 Downward API 設置將以下 Container 的資源限制資訊設置到 Volume 中。

- requests.cpu：容器的 CPU 請求值。
- limits.cpu：容器的 CPU 限制值。
- requests.memory：容器的記憶體請求值。
- limits.memory：容器的記憶體限制值。

執行 kubectl create 命令建立 Pod：

```
# kubectl create -f dapi-volume-resources.yaml
pod/kubernetes-downwardapi-volume-example-2 created
```

查看 Pod 的日誌，可以看到容器啟動命令將掛載檔案的內容列印出來：

```
# kubectl logs kubernetes-downwardapi-volume-example-2

250
125
64
32
```

進入容器，查看掛載的檔案：

```
# kubectl exec -ti kubernetes-downwardapi-volume-example-2 -- sh
/ # ls -l /etc/podinfo/
total 0
lrwxrwxrwx  1 root  root  16 Jul  8 08:22 cpu_limit -> ..data/cpu_limit
lrwxrwxrwx  1 root  root  18 Jul  8 08:22 cpu_request -> ..data/cpu_request
lrwxrwxrwx  1 root  root  16 Jul  8 08:22 mem_limit -> ..data/mem_limit
lrwxrwxrwx  1 root  root  18 Jul  8 08:22 mem_request -> ..data/mem_request
```

查看檔案 cpu_limit 的內容：

```
# cat /etc/podinfo/cpu_limit
250
```

3.6.3 Downward API 支援設置的 Pod 和 Container 資訊

Downward API 支援設置的 Pod 和 Container 資訊如下。

1）可以透過 fieldRef 設置的中繼資料如下。

- metadata.name：Pod 名稱。

- metadata.namespace：Pod 所在的命名空間名稱。
- metadata.uid：Pod 的 UID，從 Kubernetes 1.8.0-alpha.2 版本開始支援。
- metadata.labels['<KEY>']：Pod 某個 Label 的值，透過 <KEY> 進行引用，從 Kubernetes 1.9 版本開始支援。
- metadata.annotations['<KEY>']：Pod 某 個 Annotation 的 值， 透 過 <KEY> 進行引用，從 Kubernetes 1.9 版本開始支援。

2）可以透過 resourceFieldRef 設置的資料如下。
- Container 等級的 CPU Limit。
- Container 等級的 CPU Request。
- Container 等級的 Memory Limit。
- Container 等級的 Memory Request。
- Container 等 級 的 臨 時 儲 存 空 間（ephemeral-storage）Limit， 從 Kubernetes 1.8.0-beta.0 版本開始支援。
- Container 等 級 的 臨 時 儲 存 空 間（ephemeral-storage）Request， 從 Kubernetes 1.8.0-beta.0 版本開始支援。

3）對以下資訊透過 fieldRef 欄位進行設置。
- metadata.labels：Pod 的 Label 列表，每個 Label 都以 key 為檔案名稱，value 為檔案內容，每個 Label 各占一行。
- metadata.annotation：Pod 的 Annotation 列表，每個 Annotation 都以 key 為檔案名稱，value 為檔案內容，每個 Annotation 各占一行。

4）以下 Pod 的中繼資料資訊可以被設置為容器內的環境變數。
- status.podIP：Pod 的 IP 位址。
- spec.serviceAccountName：Pod 使用的 ServiceAccount 名稱。
- spec.nodeName：Pod 所在 Node 的名稱，從 Kubernetes 1.4.0-alpha.3 版本開始支援。
- status.hostIP：Pod 所 在 Node 的 IP 位 址， 從 Kubernetes 1.7.0-alpha.1 版本開始支援。

Downward API 在 volume subPath 中的應用

有時，容器內掛載目錄的子路徑（volumeMounts.subPath）也需要使用
Pod 或 Container 的中繼資料資訊，Kubernetes 從 1.11 版本開始支援透過
Downward API 對子路徑的名稱進行設置，引入了一個新的 subPathExpr
欄位，到 1.17 版本達到 Stable 階段。使用者可以將 Pod 或 Container 資訊
先使用 Downward API 設置到環境變數上，再透過 subPathExpr 將其設置
為 subPath 的名稱。

透過 Kubernetes 提供的 Downward API 機制，只需經過一些簡單設定，容
器內的應用就可以直接使用 Pod 和容器的某些中繼資料資訊了。

3.7 Pod 生命週期和重新啟動策略

Pod 在整個生命週期中被系統定義為各種狀態，熟悉 Pod 的各種狀態對於
理解如何設置 Pod 的排程策略、重新啟動策略是很有必要的。

Pod 的狀態如表 3.2 所示。

表 3.2 Pod 的狀態

狀態值	描述
Pending	API Server 已經建立該 Pod，但在 Pod 內還有一個或多個容器的鏡像沒有建立，包括正在下載鏡像的過程
Running	Pod 內所有容器均已建立，且至少有一個容器處於執行狀態、正在啟動狀態或正在重新啟動狀態
Succeeded	Pod 內所有容器均成功執行後退出，且不會再重新啟動
Failed	Pod 內所有容器均已退出，但至少有一個容器為退出失敗狀態
Unknown	由於某種原因無法獲取該 Pod 的狀態，可能由於網路通訊不暢導致

Pod 的重新啟動策略（RestartPolicy）應用於 Pod 內的所有容器，並且僅
在 Pod 所處的 Node 上由 kubelet 進行判斷和重新啟動操作。當某個容器
異常退出或者健康檢查（詳見下節）失敗時，kubelet 將根據 RestartPolicy
的設置進行相應的操作。

Pod 的重新啟動策略包括 Always、OnFailure 和 Never，預設值為 Always。

- Always：當容器失效時，由 kubelet 自動重新啟動該容器。
- OnFailure：當容器終止執行且退出碼不為 0 時，由 kubelet 自動重新啟動該容器。
- Never：不論容器執行狀態如何，kubelet 都不會重新啟動該容器。

kubelet 重新啟動失效容器的時間間隔以 sync-frequency 乘以 $2n$ 來計算，例如 1、2、4、8 倍等，最長延遲時間 5min，並且在成功重新啟動後的 10min 後重置該時間。

Pod 的重新啟動策略與控制方式息息相關，當前可用於管理 Pod 的控制器包括 ReplicationController、Job、DaemonSet，還可以透過 kubelet 管理（靜態 Pod）。每種控制器對 Pod 的重新啟動策略要求如下。

- RC 和 DaemonSet：必須設置為 Always，需要保證該容器持續執行。
- Job：OnFailure 或 Never，確保容器執行完成後不再重新啟動。
- kubelet：在 Pod 失效時自動重新啟動它，不論將 RestartPolicy 設置為什麼值，也不會對 Pod 進行健康檢查。

結合 Pod 的狀態和重新啟動策略，表 3.3 列出一些常見的狀態轉換場景。

表 3.3 一些常見的狀態轉換場景

Pod 包含的容器數	Pod 當前的狀態	發生事件	Pod 的結果狀態		
			RestartPolicy=Always	RestartPolicy=OnFailure	RestartPolicy=Never
包含 1 個容器	Running	容器退出成功	Running	Succeeded	Succeeded
包含 1 個容器	Running	容器退出失敗	Running	Running	Failed
包含兩個容器	Running	1 個容器退出失敗	Running	Running	Running
包含兩個容器	Running	容器被 OOM「殺掉」	Running	Running	Failed

3.8 Pod 健康檢查和服務可用性檢查

Kubernetes 對 Pod 的健康狀態可以透過三類探針來檢查：LivenessProbe、ReadinessProbe 及 StartupProbe，其中最主要的探針為 LivenessProbe 與 ReadinessProbe，kubelet 會定期執行這兩類探針來診斷容器的健康狀況。

（1）LivenessProbe 探針：用於判斷容器是否存活（Running 狀態），如果 LivenessProbe 探針探測到容器不健康，則 kubelet 將「殺掉」該容器，並根據容器的重新啟動策略做相應的處理。如果一個容器不包含 LivenessProbe 探針，那麼 kubelet 認為該容器的 LivenessProbe 探針返回的值永遠是 Success。

（2）ReadinessProbe 探針：用於判斷容器服務是否可用（Ready 狀態），達到 Ready 狀態的 Pod 才可以接收請求。對於被 Service 管理的 Pod，Service 與 Pod Endpoint 的連結關係也將基於 Pod 是否 Ready 進行設置。如果在執行過程中 Ready 狀態變為 False，則系統自動將其從 Service 的後端 Endpoint 列表中隔離出去，後續再把恢復到 Ready 狀態的 Pod 加回後端 Endpoint 列表。這樣就能保證用戶端在存取 Service 時不會被轉發到服務不可用的 Pod 實例上。需要注意的是，ReadinessProbe 也是定期觸發執行的，存在於 Pod 的整個生命週期中。

（3）StartupProbe 探針：某些應用會遇到啟動比較慢的情況，例如應用程式啟動時需要與遠端伺服器建立網路連接，或者遇到網路存取較慢等情況時，會造成容器啟動緩慢，此時 ReadinessProbe 就不適用了，因為這屬於「有且僅有一次」的超長延遲時間，可以透過 StartupProbe 探針解決該問題。

以上探針均可設定以下三種實現方式。

（1）ExecAction：在容器內部執行一個命令，如果該命令的傳回碼為 0，則表示容器健康。

在下面的例子中，透過執行 cat /tmp/health 命令來判斷一個容器執行是否正常。在該 Pod 執行後，將在建立 /tmp/health 檔案 10s 後刪除該檔案，而

LivenessProbe 健康檢查的初始探測時間（initialDelaySeconds）為 15s，探測結果是 Fail，將導致 kubelet「殺掉」該容器並重新啟動它：

```
apiVersion: v1
kind: Pod
metadata:
  labels:
    test: liveness
  name: liveness-exec
spec:
  containers:
  - name: liveness
    image: gcr.io/google_containers/busybox
    args:
    - /bin/sh
    - -c
    - echo ok > /tmp/health; sleep 10; rm -rf /tmp/health; sleep 600
    livenessProbe:
      exec:
        command:
        - cat
        - /tmp/health
      initialDelaySeconds: 15
      timeoutSeconds: 1
```

（2）TCPSocketAction：透過容器的 IP 位址和通訊埠編號執行 TCP 檢查，如果能夠建立 TCP 連接，則表示容器健康。

在下面的例子中，透過與容器內的 localhost:80 建立 TCP 連接進行健康檢查：

```
apiVersion: v1
kind: Pod
metadata:
  name: pod-with-healthcheck
spec:
  containers:
  - name: nginx
    image: nginx
    ports:
    - containerPort: 80
    livenessProbe:
      tcpSocket:
        port: 80
```

```
initialDelaySeconds: 30
timeoutSeconds: 1
```

（3）HTTPGetAction：透過容器的 IP 位址、通訊埠編號及路徑呼叫 HTTP Get 方法，如果回應的狀態碼大於等於 200 且小於 400，則認為容器健康。

在下面的例子中，kubelet 定時發送 HTTP 請求到 localhost:80/_status/ healthz 來進行容器應用的健康檢查：

```
apiVersion: v1
kind: Pod
metadata:
  name: pod-with-healthcheck
spec:
  containers:
  - name: nginx
    image: nginx
    ports:
    - containerPort: 80
    livenessProbe:
      httpGet:
        path: /_status/healthz
        port: 80
      initialDelaySeconds: 30
      timeoutSeconds: 1
```

對於每種探測方式，都需要設置 initialDelaySeconds 和 timeoutSeconds 兩個參數，它們的含義分別如下。

■ initialDelaySeconds：啟動容器後進行首次健康檢查的等待時間，單位為 s。

■ timeoutSeconds：健康檢查發送請求後等待回應的逾時時間，單位為 s。當逾時發生時，kubelet 會認為容器已經無法提供服務，將會重新啟動該容器。

如下程式片段是 StartupProbe 探針的一個參考設定，可以看到，這個 Pod 可以有長達 30×10=300s 的超長啟動時間：

```
startupProbe:
  httpGet:
    path: /healthz
    port: liveness-port
```

```
failureThreshold: 30
periodSeconds: 10
```

Kubernetes 的 Pod 可用性探針機制可能無法滿足某些複雜應用對容器內服務可用狀態的判斷，所以 Kubernetes 從 1.11 版本開始，引入了 Pod Ready++ 特性對 Readiness 探測機制進行擴充，在 1.14 版本時達到 GA 穩定版本，稱其為 Pod Readiness Gates。Pod Readiness Gates 給予了 Pod 之外的元件控制某個 Pod 就緒的能力，透過 Pod Readiness Gates 機制，使用者可以設置自訂的 Pod 可用性探測方式來告訴 Kubernetes 某個 Pod 是否可用，具體使用方式是使用者提供一個外部的控制器（Controller）來設置相應 Pod 的可用性狀態。

Pod 的 Readiness Gates 在 Pod 定義中的 ReadinessGate 欄位進行設置。下面的例子設置了一個類型為 www.example.com/feature-1 的新 Readiness Gate：

```
Kind: Pod
......
spec:
  readinessGates:
    - conditionType: "www.example.com/feature-1"
status:
  conditions:
    - type: Ready  # Kubernetes 系統內建的名為 Ready 的 Condition
      status: "True"
      lastProbeTime: null
      lastTransitionTime: 2020-01-01T00:00:00Z
    - type: "www.example.com/feature-1"    # 使用者自訂 Condition
      status: "False"
      lastProbeTime: null
      lastTransitionTime: 2020-03-01T00:00:00Z
  containerStatuses:
    - containerID: docker://abcd...
      ready: true
......
```

新增的自訂 Condition 的狀態（status）將由使用者自訂的外部控制器設置，預設值為 False。Kubernetes 將在判斷全部 readinessGates 條件都為 True 時，才設置 Pod 為服務可用狀態（Ready 為 True）。

3.9 玩轉 Pod 排程

在 Kubernetes 平台上，我們很少會直接建立一個 Pod，在大多數情況下會透過 RC、Deployment、DaemonSet、Job 等控制器完成對一組 Pod 副本的建立、排程及全生命週期的自動控制任務。

在最早的 Kubernetes 版本裡是沒有這麼多 Pod 副本控制器的，只有一個 Pod 副本控制器 RC（Replication Controller），這個控制器是這樣設計實現的：RC 獨立於所控制的 Pod，並透過 Label 標籤這個鬆散耦合連結關係控制目標 Pod 實例的建立和銷毀，隨著 Kubernetes 的發展，RC 也出現了新的繼任者——Deployment，用於更加自動地完成 Pod 副本的部署、版本更新、導回等功能。

嚴謹地説，RC 的繼任者其實並不是 Deployment，而是 ReplicaSet，因為 ReplicaSet 進一步增強了 RC 標籤選擇器的靈活性。之前 RC 的標籤選擇器只能選擇一個標籤，而 ReplicaSet 擁有集合式的標籤選擇器，可以選擇多個 Pod 標籤，如下所示：

```
selector:
   matchLabels:
     tier: frontend
   matchExpressions:
     - {key: tier, operator: In, values: [frontend]}
```

與 RC 不同，ReplicaSet 被設計成能控制多個不同標籤的 Pod 副本。比如，應用 MyApp 目前發佈了 v1 與 v2 兩個版本，使用者希望 MyApp 的 Pod 副本數保持為 3 個，可以同時包含 v1 和 v2 版本的 Pod，就可以用 ReplicaSet 來實現這種控制，寫法如下：

```
selector:
   matchLabels:
     version: v2
   matchExpressions:
     - {key: version, operator: In, values: [v1,v2]}
```

其實，Kubernetes 的輪流升級就是巧妙運用 ReplicaSet 的這個特性來實現的，同時，Deployment 也是透過 ReplicaSet 來實現 Pod 副本自動控制功能的。我們不應該直接使用底層的 ReplicaSet 來控制 Pod 副本，而應該透過管理 ReplicaSet 的 Deployment 物件來控制副本，這是來自官方的建議。

在大多數情況下，我們希望 Deployment 建立的 Pod 副本被成功排程到叢集中的任何一個可用節點，而不關心具體會排程到哪個節點。但是，在真實的生產環境中的確也存在一種需求：希望某種 Pod 的副本全部在指定的一個或者一些節點上執行，比如希望將 MySQL 資料庫排程到一個具有 SSD 磁碟的目標節點上，此時 Pod 範本中的 NodeSelector 屬性就開始發揮作用了，上述 MySQL 定向排程案例的實現方式可分為以下兩步。

（1）把具有 SSD 磁碟的 Node 都打上自訂標籤 disk=ssd。
（2）在 Pod 範本中設定 NodeSelector 的值為 "disk: ssd"。

如此一來，Kubernetes 在排程 Pod 副本的時候，就會先按照 Node 的標籤過濾出合適的目標節點，然後選擇一個最佳節點進行排程。

上述邏輯看起來既簡單又完美，但在真實的生產環境中可能面臨以下令人尷尬的問題。

（1）如果 NodeSelector 選擇的 Label 不存在或者不符合條件，比如這些目標節點此時當機或者資源不足，該怎麼辦？

（2）如果要選擇多種合適的目標節點，比如 SSD 磁碟的節點或者超高速硬碟的節點，該怎麼辦？ Kubernetes 引入了 NodeAffinity（節點親和性設置）來解決該需求。

在真實的生產環境中還會有如下所述的特殊需求。

（1）不同 Pod 之間的親和性（Affinity）。比如 MySQL 資料庫與 Redis 中介軟體不能被排程到同一個目標節點上，或者兩種不同的 Pod 必須被排程到同一個 Node 上，以實現本地檔案共用或本地網路通訊等特殊需求，這就是 PodAffinity 要解決的問題。

（2）有狀態叢集的排程。對於 ZooKeeper、Elasticsearch、MongoDB、Kafka 等有狀態叢集，雖然叢集中的每個 Worker 節點看起來都是相同的，但每個 Worker 節點都必須有明確的、不變的唯一 ID（主機名稱或 IP

位址），這些節點的啟動和停止次序通常有嚴格的順序。此外，由於叢集需要持久化保存狀態資料，所以叢集中的 Worker 節點對應的 Pod 不管在哪個 Node 上恢復，都需要掛載原來的 Volume，因此這些 Pod 還需要捆綁具體的 PV。針對這種複雜的需求，Kubernetes 提供了 StatefulSet 這種特殊的副本控制器來解決問題，在 Kubernetes 1.9 版本發佈後，StatefulSet 才可用於正式生產環境中。

（3）在每個 Node 上排程並且僅僅建立一個 Pod 副本。這種排程通常用於系統監控相關的 Pod，比如主機上的日誌擷取、主機性能擷取等處理程序需要被部署到叢集中的每個節點，並且只能部署一個副本，這就是 DaemonSet 這種特殊 Pod 副本控制器所解決的問題。

（4）對於批次處理作業，需要建立多個 Pod 副本來協作工作，當這些 Pod 副本都完成自己的任務時，整個批次處理作業就結束了。這種 Pod 執行且僅執行一次的特殊排程，用常規的 RC 或者 Deployment 都無法解決，所以 Kubernetes 引入了新的 Pod 排程控制器 Job 來解決問題，並繼續延伸了定時作業的排程控制器 CronJob。

與單獨的 Pod 實例不同，由 RC、ReplicaSet、Deployment、DaemonSet 等控制器建立的 Pod 副本實例都是歸屬於這些控制器的，這就產生了一個問題：控制器被刪除後，歸屬於控制器的 Pod 副本該何去何從？在 Kubernetes 1.9 之前，在 RC 等物件被刪除後，它們所建立的 Pod 副本都不會被刪除；在 Kubernetes 1.9 以後，這些 Pod 副本會被一併刪除。如果不希望這樣做，則可以透過 kubectl 命令的 --cascade=false 參數來取消這一預設特性：

```
kubectl delete replicaset my-repset --cascade=false
```

接下來深入理解和實踐這些 Pod 排程控制器的各種功能和特性。

3.9.1 Deployment 或 RC：全自動排程

Deployment 或 RC 的主要功能之一就是自動部署一個容器應用的多份副本，以及持續監控副本的數量，在叢集內始終維持使用者指定的副本數量。

下面是一個 Deployment 設定的例子，使用這個設定檔可以建立一個
ReplicaSet，這個 ReplicaSet 會建立 3 個 Nginx 應用的 Pod：

nginx-deployment.yaml
```
apiVersion: apps/v1
kind: Deployment
metadata:
  name: nginx-deployment
spec:
  selector:
    matchLabels:
      app: nginx
  replicas: 3
  template:
    metadata:
      labels:
        app: nginx
    spec:
      containers:
      - name: nginx
        image: nginx:1.7.9
        ports:
        - containerPort: 80
```

執行 kubectl create 命令建立這個 Deployment：

```
# kubectl create -f nginx-deployment.yaml
deployment "nginx-deployment" created
```

查看 Deployment 的狀態：

```
# kubectl get deployments
NAME               DESIRED   CURRENT   UP-TO-DATE   AVAILABLE   AGE
nginx-deployment   3         3         3            3           18s
```

該狀態說明 Deployment 已建立好所有 3 個副本，並且所有副本都是最新
的可用的。

透過執行 kubectl get rs 和 kubectl get pods 可以查看已建立的 ReplicaSet
（RS）和 Pod 的資訊。

```
# kubectl get rs
NAME                          DESIRED   CURRENT   READY   AGE
nginx-deployment-4087004473   3         3         3       53s
```

```
# kubectl get pods
NAME                                  READY      STATUS       RESTARTS     AGE
nginx-deployment-4087004473-9jqqs     1/1        Running      0            1m
nginx-deployment-4087004473-cq0cf     1/1        Running      0            1m
nginx-deployment-4087004473-vxn56     1/1        Running      0            1m
```

從排程策略上來説，這 3 個 Nginx Pod 由系統全自動完成排程。它們各自最終執行在哪個節點上，完全由 Master 的 Scheduler 經過一系列演算法計算得出，使用者無法干預排程過程和結果。

除了使用系統自動排程演算法完成一組 Pod 的部署，Kubernetes 也提供了多種豐富的排程策略，使用者只需在 Pod 的定義中使用 NodeSelector、NodeAffinity、PodAffinity、Pod 驅逐等更加細粒度的排程策略設置，就能完成對 Pod 的精準排程。下面對這些策略進行説明。

3.9.2 NodeSelector：定向排程

Kubernetes Master 上的 Scheduler 服務（kube-scheduler 處理程序）負責實現 Pod 的排程，整個排程過程透過執行一系列複雜的演算法，最終為每個 Pod 都計算出一個最佳的目標節點，這一過程是自動完成的，通常我們無法知道 Pod 最終會被排程到哪個節點上。在實際情況下，也可能需要將 Pod 排程到指定的一些 Node 上，可以透過 Node 的標籤（Label）和 Pod 的 nodeSelector 屬性相符合，來達到上述目的。

（1）首先透過 kubectl label 命令給目標 Node 打上一些標籤：

```
kubectl label nodes <node-name> <label-key>=<label-value>
```

這裡為 k8s-node-1 節點打上一個 zone=north 標籤，表示它是「北方」的一個節點：

```
$ kubectl label nodes k8s-node-1 zone=north
NAME            LABELS                                           STATUS
k8s-node-1      kubernetes.io/hostname=k8s-node-1,zone=north     Ready
```

上述命令列操作也可以透過修改資源定義檔案的方式，並執行 kubectl replace -f xxx.yaml 命令來完成。

（2）然後，在 Pod 的定義中加上 nodeSelector 的設置，以 redis-master-controller.yaml 為例：

```
apiVersion: v1
kind: ReplicationController
metadata:
  name: redis-master
  labels:
    name: redis-master
spec:
  replicas: 1
  selector:
    name: redis-master
  template:
    metadata:
      labels:
        name: redis-master
    spec:
      containers:
      - name: master
        image: kubeguide/redis-master
        ports:
        - containerPort: 6379
        nodeSelector:
          zone: north
```

執行 kubectl create -f 命令建立 Pod，scheduler 就會將該 Pod 排程到擁有 "zone=north" 標籤的 Node 上。

使用 kubectl get pods -o wide 命令可以驗證 Pod 所在的 Node：

```
# kubectl get pods -o wide
NAME                 READY   STATUS    RESTARTS   AGE   NODE
redis-master-f0rqj   1/1     Running   0          19s   k8s-node-1
```

如果我們給多個 Node 都定義了相同的標籤（例如 zone=north），則 scheduler 會根據排程演算法從這組 Node 中挑選一個可用的 Node 進行 Pod 排程。

透過以 Node 標籤為基礎的排程方式，我們可以把叢集中具有不同特點的 Node 都貼上不同的標籤，例如 "role=frontend"、"role=backend"、"role=database" 等標籤，在部署應用時就可以根據應用的需求設置 NodeSelector 來進行指定 Node 範圍的排程。

需要注意的是，如果我們指定了 Pod 的 nodeSelector 條件，且在叢集中不存在包含相應標籤的 Node，則即使在叢集中還有其他可供使用的 Node，這個 Pod 也無法被成功排程。

除了使用者可以自行給 Node 增加標籤，Kubernetes 也會給 Node 預先定義一些標籤，包括：

- kubernetes.io/hostname；
- beta.kubernetes.io/os（從 1.14 版本開始更新為穩定版，到 1.18 版本刪除）；
- beta.kubernetes.io/arch（從 1.14 版本開始更新為穩定版，到 1.18 版本刪除）；
- kubernetes.io/os（從 1.14 版本開始啟用）；
- kubernetes.io/arch（從 1.14 版本開始啟用）。

使用者也可以使用這些系統標籤進行 Pod 的定向排程。

NodeSelector 透過標籤的方式，簡單實現了限制 Pod 所在節點的方法。親和性排程機制則極大擴充了 Pod 的排程能力，主要的增強功能如下。

- 更具表達力（不僅僅是「符合全部」的簡單情況）。
- 可以使用軟限制、優先採用等限制方式，代替之前的硬限制，這樣排程器在無法滿足優先需求的情況下，會退而求其次，繼續執行該 Pod。
- 可以依據節點上正在執行的其他 Pod 的標籤來進行限制，而非節點本身的標籤。這樣就可以定義一種規則來描述 Pod 之間的親和或互斥關係。

親和性排程功能包括節點親和性（NodeAffinity）和 Pod 親和性（PodAffinity）兩個維度的設置。節點親和性與 NodeSelector 類似，增強了上述前兩點優勢；Pod 的親和與互斥限制則透過 Pod 標籤而非節點標籤來實現，也就是上面第 4 點內容所陳述的方式，同時具有前兩點提到的優點。

NodeSelector 將會繼續被使用，隨著節點親和性越來越能夠表現nodeSelector 的功能，最終 NodeSelector 會被廢棄。

3.9.3 NodeAffinity：Node 親和性排程

NodeAffinity 意為 Node 親和性的排程策略，是用於替換 NodeSelector 的全新排程策略。目前有兩種節點親和性表達。

- RequiredDuringSchedulingIgnoredDuringExecution：必須滿足指定的規則才可以排程 Pod 到 Node 上（功能與 nodeSelector 很像，但是使用的是不同的語法），相當於硬限制。
- PreferredDuringSchedulingIgnoredDuringExecution：強調優先滿足指定規則，排程器會嘗試排程 Pod 到 Node 上，但並不強求，相當於軟限制。多個優先順序規則還可以設置權重（weight）值，以定義執行的先後順序。

IgnoredDuringExecution 的意思是：如果一個 Pod 所在的節點在 Pod 執行期間標籤發生了變更，不再符合該 Pod 的節點親和性需求，則系統將忽略 Node 上 Label 的變化，該 Pod 能繼續在該節點上執行。

下面的例子設置了 NodeAffinity 排程的如下規則。

- requiredDuringSchedulingIgnoredDuringExecution：要求只執行在 amd64 的節點上（beta.kubernetes.io/arch In amd64）。
- preferredDuringSchedulingIgnoredDuringExecution：要求儘量執行在磁碟類型為 ssd（disk-type In ssd）的節點上。

程式如下：

```
apiVersion: v1
kind: Pod
metadata:
  name: with-node-affinity
spec:
  affinity:
    nodeAffinity:
      requiredDuringSchedulingIgnoredDuringExecution:
        nodeSelectorTerms:
        - matchExpressions:
          - key: beta.kubernetes.io/arch
            operator: In
            values:
```

```
        - amd64
  preferredDuringSchedulingIgnoredDuringExecution:
  - weight: 1
    preference:
      matchExpressions:
      - key: disk-type
        operator: In
        values:
        - ssd
containers:
- name: with-node-affinity
  image: gcr.io/google_containers/pause:2.0
```

從上面的設定中可以看到 In 操作符，NodeAffinity 語法支援的操作符包括 In、NotIn、Exists、DoesNotExist、Gt、Lt。雖然沒有節點排斥功能，但是用 NotIn 和 DoesNotExist 就可以實現排斥的功能了。

NodeAffinity 規則設置的注意事項如下。

■ 如果同時定義了 nodeSelector 和 nodeAffinity，那麼必須兩個條件都得到滿足，Pod 才能最終執行在指定的 Node 上。

■ 如果 nodeAffinity 指定了多個 nodeSelectorTerms，那麼其中一個能符合成功即可。

■ 如果在 nodeSelectorTerms 中有多個 matchExpressions，則一個節點必須滿足所有 matchExpressions 才能執行該 Pod。

3.9.4 PodAffinity：Pod 親和與互斥排程策略

在實際的生產環境中有一類特殊的 Pod 排程需求：存在某些相互依賴、頻繁呼叫的 Pod，它們需要被盡可能地部署在同一個 Node 節點、機架、機房、網段或者區域（Zone）內，這就是 Pod 之間的親和性；反之，出於避免競爭或者容錯的需求，我們也可能使某些 Pod 盡可能地遠離某些特定的 Pod，這就是 Pod 之間的反親和性或者互斥性。

Pod 間的親和性與反親和性排程策略從 Kubernetes 1.4 版本開始引入。簡單地說，就是相連結的兩種或多種 Pod 是否可以在同一個拓撲域中共存或者互斥，前者被稱為 Pod Affinity，後者被稱為 Pod Anti Affinity。那麼，什麼是拓撲域，如何理解這個新概念呢？一個拓撲域由一些 Node 節點組成，這些 Node 節點通常有相同的地理空間座標，比如在同一個機架、機房或地區，我們一般用 region 表示機架、機房等的拓撲區域，用 Zone 表示地區這樣跨度更大的拓撲區域。在極端情況下，我們也可以認為一個 Node 就是一個拓撲區域。為此，Kubernetes 內建了如下一些常用的預設拓撲域：

- kubernetes.io/hostname；
- topology.kubernetes.io/region；
- topology.kubernetes.io/zone。

需要注意的是，以上拓撲域是由 Kubernetes 自己維護的，在 Node 節點初始化時，controller-manager 會為 Node 打上許多標籤，比如 kubernetes.io/hostname 這個標籤的值就會被設置為 Node 節點的 hostname。另外，公有雲廠商提供的 Kubernetes 服務或者使用 cloud-controller-manager 建立的叢集，還會給 Node 打上 topology.kubernetes.io/region 和 topology.kubernetes.io/zone 標籤，以確定各個節點所屬的拓撲域。

Pod 親和與互斥的排程具體做法，就是透過在 Pod 的定義上增加 topologyKey 屬性，來宣告對應的目標拓撲區域內幾種相連結的 Pod 要「在一起或不在一起」。與節點親和相同，Pod 親和與互斥的條件設置也是 requiredDuringSchedulingIgnoredDuringExecution 和 preferredDuringSchedulingIgnoredDuringExecution。Pod 的親和性被定義於 PodSpec 的 affinity 欄位的 podAffinity 子欄位中；Pod 間的互斥性則被定義於同一層次的 podAntiAffinity 子欄位中。

下面透過實例來説明 Pod 間的親和性和互斥性策略設置。

1. 參照目標 Pod

首先，建立一個名為 pod-flag 的 Pod，帶有標籤 security=S1 和 app=nginx，後面的例子將使用 pod-flag 作為 Pod 親和與互斥的目標 Pod：

```
apiVersion: v1
kind: Pod
```

```
metadata:
  name: pod-flag
  labels:
    security: "S1"
    app: "nginx"
spec:
  containers:
  - name: nginx
    image: nginx
```

2. Pod 的親和性排程

下面建立第 2 個 Pod 來説明 Pod 的親和性排程，這裡定義的親和標籤是 "security=S1"，對應上面的 Pod "pod-flag"，topologyKey 的值被設置為 "kubernetes.io/hostname"：

```
apiVersion: v1
kind: Pod
metadata:
  name: pod-affinity
spec:
  affinity:
    podAffinity:
      requiredDuringSchedulingIgnoredDuringExecution:
      - labelSelector:
          matchExpressions:
          - key: security
            operator: In
            values:
            - S1
        topologyKey: kubernetes.io/hostname
  containers:
  - name: with-pod-affinity
    image: gcr.io/google_containers/pause:2.0
```

建立 Pod 之後，使用 kubectl get pods -o wide 命令可以看到，這兩個 Pod 在同一個 Node 上執行。

有興趣的讀者還可以測試一下，在建立這個 Pod 之前，刪掉這個節點的 "kubernetes.io/ hostname" 標籤，重複上面的建立步驟，將會發現 Pod 一直 處於 Pending 狀態，這是因為找不到滿足條件的 Node 了。

3. Pod 的互斥性排程

建立第 3 個 Pod，我們希望它不與目標 Pod 執行在同一個 Node 上：

```
apiVersion: v1
kind: Pod
metadata:
  name: anti-affinity
spec:
  affinity:
    podAffinity:
      requiredDuringSchedulingIgnoredDuringExecution:
      - labelSelector:
          matchExpressions:
          - key: security
            operator: In
            values:
            - S1
        topologyKey: topology.kubernetes.io/zone
    podAntiAffinity:
      requiredDuringSchedulingIgnoredDuringExecution:
      - labelSelector:
          matchExpressions:
          - key: app
            operator: In
            values:
            - nginx
        topologyKey: kubernetes.io/hostname
  containers:
  - name: anti-affinity
    image: gcr.io/google_containers/pause:2.0
```

這裡要求這個新 Pod 與 security=S1 的 Pod 為同一個 zone，但是不與 app=nginx 的 Pod 為同一個 Node。建立 Pod 之後，同樣用 kubectl get pods -o wide 來查看，會看到新的 Pod 被排程到了同一 Zone 內的不同 Node 上。

與節點親和性類似，Pod 親和性的操作符也包括 In、NotIn、Exists、DoesNotExist、Gt、Lt。

原則上，topologyKey 可以使用任意合法的標籤 Key 給予值，但是出於性能和安全方面的考慮，對 topologyKey 有如下限制。

- 在 Pod 親和性和 RequiredDuringScheduling 的 Pod 互斥性的定義中，不允許使用空的 topologyKey。

- 如果 Admission controller 包含了 LimitPodHardAntiAffinityTopology，那麼針對 Required DuringScheduling 的 Pod 互斥性定義就被限制為 kubernetes.io/hostname，要使用自訂的 topologyKey，就要改寫或禁用該控制器。

- 在 PreferredDuringScheduling 類型的 Pod 互斥性定義中，空的 topologyKey 會被解釋為 kubernetes.io/hostname、failure-domain.beta. kubernetes.io/zone 及 failure-domain.beta. kubernetes.io/region 的組合。

- 如果不是上述情況，就可以採用任意合法的 topologyKey 了。

PodAffinity 規則設置的注意事項如下。

- 除了設置 Label Selector 和 topologyKey，使用者還可以指定 Namespace 列表進行限制，同樣，使用 Label Selector 對 Namespace 進行選擇。Namespace 的定義和 Label Selector 及 topologyKey 同級。省略 Namespace 的設置，表示使用定義了 affinity/anti- affinity 的 Pod 所在的命名空間。如果 Namespace 被設置為空值（""），則表示所有命名空間。

- 在所有連結 requiredDuringSchedulingIgnoredDuringExecution 的 match Expressions 全都滿足之後，系統才能將 Pod 排程到某個 Node 上。

關於 Pod 親和性和互斥性排程的更多資訊可以參考其設計文件的說明。

3.9.5 Taints 和 Tolerations（污點和容忍）

前面介紹的 NodeAffinity 節點親和性，是在 Pod 上定義的一種屬性，使得 Pod 能夠被排程到某些 Node 上執行（優先選擇或強制要求）。Taint 則正好相反，它讓 Node 拒絕 Pod 的執行。簡單地說，被標記為 Taint 的節點就是存在問題的節點，比如磁碟要滿、資源不足、存在安全隱憂要進行升級維護，希望新的 Pod 不會被排程過來，但被標記為 Taint 的節點並非故障節點，仍是有效的工作節點，所以仍需將某些 Pod 排程到這些節點上時，可以透過使用 Toleration 屬性來實現。

在預設情況下，在 Node 上設置一個或多個 Taint 之後，除非 Pod 明確宣告能夠容忍這些污點，否則無法在這些 Node 上執行。可以用 kubectl taint 命令為 Node 設置 Taint 資訊：

```
$ kubectl taint nodes node1 key=value:NoSchedule
```

這個設置為 node1 加上了一個 Taint。該 Taint 的鍵為 key，值為 value，Taint 的效果是 NoSchedule。這意味著除非 Pod 明確宣告可以容忍這個 Taint，否則不會被排程到 node1 上。

然後，需要在 Pod 上宣告 Toleration。下面的兩個 Toleration 都被設置為可以容忍（Tolerate）具有該 Taint 的 Node，使得 Pod 能夠被排程到 node1 上：

```
tolerations:
- key: "key"
  operator: "Equal"
  value: "value"
  effect: "NoSchedule"
```

或

```
tolerations:
- key: "key"
  operator: "Exists"
  effect: "NoSchedule"
```

Pod 的 Toleration 宣告中的 key 和 effect 需要與 Taint 的設置保持一致，並且滿足以下條件之一。

■ operator 的值是 Exists（無須指定 value）。
■ operator 的值是 Equal 並且 value 相等。

如果不指定 operator，則預設值為 Equal。

另外，有如下兩個特例。

■ 空的 key 配合 Exists 操作符能夠符合所有鍵和值。
■ 空的 effect 符合所有 effect。

在上面的例子中，effect 的取值為 NoSchedule，還可以取值為 PreferNo

Schedule，這個值的意思是優先，也可以算作 NoSchedule 的軟限制版本——一個 Pod 如果沒有宣告容忍這個 Taint，則系統會儘量避免把這個 Pod 排程到這一節點上，但不是強制的。後面還會介紹另一個 effect "NoExecute"。

系統允許在同一個 Node 上設置多個 Taint，也可以在 Pod 上設置多個 Toleration。Kubernetes 排程器處理多個 Taint 和 Toleration 的邏輯順序為：首先列出節點中所有的 Taint，然後忽略 Pod 的 Toleration 能夠符合的部分，剩下的沒被忽略的 Taint 就是對 Pod 的效果了。下面是幾種特殊情況。

- 如果在剩餘的 Taint 中存在 effect=NoSchedule，則排程器不會把該 Pod 排程到這一節點上。
- 如果在剩餘的 Taint 中沒有 NoSchedule 效果，但是有 PreferNoSchedule 效果，則排程器會嘗試不把這個 Pod 指派給這個節點。
- 如果在剩餘的 Taint 中有 NoExecute 效果，並且這個 Pod 已經在該節點上執行，則會被驅逐；如果沒有在該節點上執行，則也不會再被排程到該節點上。

例如，我們這樣對一個節點進行 Taint 設置：

```
$ kubectl taint nodes node1 key1=value1:NoSchedule
$ kubectl taint nodes node1 key1=value1:NoExecute
$ kubectl taint nodes node1 key2=value2:NoSchedule
```

然後在 Pod 上設置兩個 Toleration：

```
tolerations:
- key: "key1"
  operator: "Equal"
  value: "value1"
  effect: "NoSchedule"
- key: "key1"
  operator: "Equal"
  value: "value1"
  effect: "NoExecute"
```

這樣的結果是該 Pod 無法被排程到 node1 上，這是因為第 3 個 Taint 沒有符合的 Toleration。但是如果該 Pod 已經在 node1 上執行了，那麼在執行時期設置第 3 個 Taint，它還能繼續在 node1 上執行，這是因為 Pod 可以容忍前兩個 Taint。

一般來說，如果給 Node 加上 effect=NoExecute 的 Taint，那麼在該 Node 上正在執行的所有無對應 Toleration 的 Pod 都會被立刻驅逐，而具有相應 Toleration 的 Pod 永遠不會被驅逐。不過，系統允許給具有 NoExecute 效果的 Toleration 加入一個可選的 tolerationSeconds 欄位，這個設置表示 Pod 可以在 Taint 增加到 Node 之後還能在這個 Node 上執行多久（單位為 s）：

```
tolerations:
- key: "key1"
  operator: "Equal"
  value: "value1"
  effect: "NoExecute"
  tolerationSeconds: 3600
```

上述定義的意思是，如果 Pod 正在執行，所在節點都被加入一個符合的 Taint，則這個 Pod 會持續在這個節點上存活 3600s 後被逐出。如果在這個寬限期內 Taint 被移除，則不會觸發驅逐事件。

Taint 和 Toleration 是一種處理節點並且讓 Pod 進行規避或者驅逐 Pod 的彈性處理方式，下面列舉一些常見的用例。

1. 獨佔節點

如果想要拿出一部分節點專門給一些特定應用使用，則可以為節點增加這樣的 Taint：

```
$ kubectl taint nodes nodename dedicated=groupName:NoSchedule
```

然後給這些應用的 Pod 加入對應的 Toleration。這樣，帶有合適 Toleration 的 Pod 就會被允許同使用其他節點一樣使用有 Taint 的節點。

透過自訂 Admission Controller 也可以實現這一目標。如果希望讓這些應用獨佔一批節點，並且確保它們只能使用這些節點，則還可以給這些 Taint 節點加入類似的標籤 dedicated=groupName，然後 Admission Controller 需要加入節點親和性設置，要求 Pod 只會被排程到具有這一標籤的節點上。

2. 具有特殊硬體裝置的節點

在叢集裡可能有一小部分節點安裝了特殊的硬體裝置（如 GPU 晶片），使用者自然會希望把不需要佔用這類硬體的 Pod 排除在外，以確保對這類硬體有需求的 Pod 能夠被順利排程到這些節點上。

可以用下面的命令為節點設置 Taint：

```
$ kubectl taint nodes nodename special=true:NoSchedule
$ kubectl taint nodes nodename special=true:PreferNoSchedule
```

然後在 Pod 中利用對應的 Toleration 來確保特定的 Pod 能夠使用特定的硬體。

和上面獨佔節點的範例類似，使用 Admission Controller 來完成這一任務會更方便。例如，Admission Controller 使用 Pod 的一些特徵來判斷這些 Pod，如果可以使用這些硬體，就增加 Toleration 來完成這一工作。要確保需要使用特殊硬體的 Pod 只被排程到安裝這些硬體的節點上，則還需要一些額外的工作，比如將這些特殊資源使用 opaque-int-resource 的方式對自訂資源進行量化，然後在 PodSpec 中進行請求；也可以使用標籤的方式來標注這些安裝有特別硬體的節點，然後在 Pod 中定義節點親和性來實現這個目標。

3. 定義 Pod 驅逐行為，以應對節點故障

前面提到的 NoExecute 這個 Taint 效果對節點上正在執行的 Pod 有以下影響。

■ 沒有設置 Toleration 的 Pod 會被立刻驅逐。

■ 設定了對應 Toleration 的 Pod，如果沒有為 tolerationSeconds 給予值，則會一直留在這一節點中。

■ 設定了對應 Toleration 的 Pod 且指定了 tolerationSeconds 值，則會在指定的時間後驅逐。注意，在節點發生故障的情況下，系統將會以限速（rate-limiting）模式逐步給 Node 設置 Taint，這樣就能避免在一些特定情況下（比如 Master 暫時失聯）有大量的 Pod 被驅逐。

注意，Kubernetes 會自動給 Pod 增加下面幾種 Toleration：

■ key 為 node.kubernetes.io/not-ready，並設定 tolerationSeconds=300；

■ key 為 node.kubernetes.io/unreachable，並設定 tolerationSeconds=300。

以上增加的這種自動機制保證了在某些節點發生一些臨時性問題時，Pod 預設能夠繼續停留在當前節點執行 5min 等待節點恢復，而非立即被驅逐，從而避免系統的異常波動。

另外，Kubernetes 從 1.6 版本開始引入兩個與 Taint 相關的新特性：TaintNodesByCondition 及 TaintBasedEvictions，用來改善異常情況下的 Pod 排程與驅逐問題，比如在節點記憶體吃緊、節點磁碟空間已滿、節點失聯等情況下，是否自動驅逐某些 Pod 或者暫時保留這些 Pod 等待節點恢復正常。這個過程的完整邏輯基本如下。

（1）不斷地檢查所有 Node 狀態，設置對應的 Condition。

（2）不斷地根據 Node Condition 設置對應的 Taint。

（3）不斷地根據 Taint 驅逐 Node 上的 Pod。

其中，檢查 Node 的狀態並設置 Node 的 Taint 就是 TaintNodesByCondition 特性，即在 Node 滿足某些特定的條件時，自動為 Node 節點增加 Taint。目前主要有以下幾種條件。

■ node.kubernetes.io/not-ready：節點未就緒。對應 NodeCondition Ready 為 False 的情況。

■ node.kubernetes.io/unreachable：節點不可觸達。對應 NodeCondition Ready 為 Unknown 的情況。

■ node.kubernetes.io/out-of-disk：節點磁碟空間已滿。

■ node.kubernetes.io/network-unavailable：節點網路不可用。

■ node.kubernetes.io/unschedulable：節點不可排程。

■ node.cloudprovider.kubernetes.io/uninitialized：如果 kubelet 是由「外部」雲端服務商啟動的，則該污點用來標識某個節點當前為不可用狀態。在雲端控制器（cloud- controller-manager）初始化這個節點以後，kubelet 會將此污點移除。

自 Kubernetes 1.13 開 始， 上 述 兩 個 特 性 被 預 設 啟 用。
TaintNodesByCondition 這 個 特 性 只 會 為 節 點 增 加 NoSchedule 效 果 的
污 點，TaintBasedEviction 則 為 節 點 增 加 NoExecute 效 果 的 污 點。 在
TaintBasedEvictions 特性被開啟之後，kubelet 會在有資源壓力時對相應的
Node 節點自動加上對應的 NoExecute 效果的 Taint，例如 node.kubernetes.
io/memory- pressure、node.kubernetes.io/disk-pressure。 如 果 Pod 沒 有 設
置對應的 Toleration，則這部分 Pod 將被驅逐，以確保節點不會崩潰。

3.9.6 Pod Priority Preemption：Pod 優先順序排程

對於執行各種負載（如 Service、Job）的中等規模或者大規模的叢集來
說，出於各種原因，我們需要盡可能提高叢集的資源使用率。而提高資源
使用率的常規做法是採用優先順序方案，即不同類型的負載對應不同的優
先順序，同時允許叢集中的所有負載所需的資源總量超過叢集可提供的資
源，在這種情況下，當發生資源不足的情況時，系統可以選擇釋放一些不
重要的負載（優先順序最低的），確保最重要的負載能夠獲取足夠的資源
穩定執行。

在 Kubernetes 1.8 版本之前，當叢集的可用資源不足時，在使用者提交新
的 Pod 建立請求後，該 Pod 會一直處於 Pending 狀態，即使這個 Pod 是一
個很重要（很有身份）的 Pod，也只能被動等待其他 Pod 被刪除並釋放資
源，才能有機會被排程成功。Kubernetes 1.8 版本引入了以 Pod 優先順序
先佔（Pod Priority Preemption）為基礎的排程策略，此時 Kubernetes 會嘗
試釋放目標節點上低優先順序的 Pod，以騰出空間（資源）安置高優先順
序的 Pod，這種排程方式被稱為「先佔式排程」。在 Kubernetes 1.11 版本
中，該特性升級為 Beta 版本，預設開啟，在後續的 Kubernetes 1.14 版本
中正式 Release。如何宣告一個負載相對其他負載更重要？我們可以透過
以下幾個維度來定義：Priority：優先順序；QoS：服務品質等級；系統定
義的其他度量指標。

優先順序先佔排程策略的核心行為分別是驅逐（Eviction）與先佔
（Preemption），這兩種行為的使用場景不同，效果相同。Eviction 是

kubelet 處理程序的行為，即當一個 Node 資源不足（under resource pressure）時，該節點上的 kubelet 處理程序會執行驅逐動作，此時 kubelet 會綜合考慮 Pod 的優先順序、資源申請量與實際使用量等資訊來計算哪些 Pod 需要被驅逐；當同樣優先順序的 Pod 需要被驅逐時，實際使用的資源量超過申請量最大倍數的高耗能 Pod 會被首先驅逐。對於 QoS 等級為 "Best Effort" 的 Pod 來說，由於沒有定義資源申請（CPU/ Memory Request），所以它們實際使用的資源可能非常大。Preemption 則是 Scheduler 執行的行為，當一個新的 Pod 因為資源無法滿足而不能被排程時，Scheduler 可能（有權決定）選擇驅逐部分低優先順序的 Pod 實例來滿足此 Pod 的排程目標，這就是 Preemption 機制。

需要注意的是，Scheduler 可能會驅逐 Node A 上的一個 Pod 以滿足 Node B 上的一個新 Pod 的排程任務。比如下面的這個例子：

一個低優先順序的 Pod A 在 Node A（屬於機架 R）上執行，此時有一個高優先順序的 Pod B 等待排程，目標節點是同屬機架 R 的 Node B，其中一個或全部都定義了 anti-affinity 規則，不允許在同一個機架上執行，此時 Scheduler 只好「丟車保帥」，驅逐低優先順序的 Pod A 以滿足高優先順序的 Pod B 的排程需求。

Pod 優先順序排程範例如下。

首先，由叢集管理員建立 PriorityClass，PriorityClass 不屬於任何命名空間：

```
apiVersion: scheduling.k8s.io/v1beta1
kind: PriorityClass
metadata:
  name: high-priority
value: 1000000
globalDefault: false
description: "This priority class should be used for XYZ service pods only."
```

上述 YAML 檔案定義了一個名為 high-priority 的優先順序類別，優先順序為 100000，數字越大，優先順序越高，超過一億的數字被系統保留，用於指派給系統元件。

我們可以在任意 Pod 上引用上述 Pod 優先順序類別：

```
apiVersion: v1
kind: Pod
metadata:
  name: nginx
  labels:
    env: test
spec:
  containers:
  - name: nginx
    image: nginx
    imagePullPolicy: IfNotPresent
  priorityClassName: high-priority
```

如果發生了需要先佔的排程，高優先順序 Pod 就可能先佔節點 N，並將其低優先順序 Pod 驅逐出節點 N，高優先順序 Pod 的 status 資訊中的 nominatedNodeName 欄位會記錄目標節點 N 的名稱。需要注意，高優先順序 Pod 仍然無法保證最終被排程到節點 N 上，在節點 N 上低優先順序 Pod 被驅逐的過程中，如果有新的節點滿足高優先順序 Pod 的需求，就會把它排程到新的 Node 上。而如果在等待低優先順序的 Pod 退出的過程中，又出現了優先順序更高的 Pod，排程器就會排程這個更高優先順序的 Pod 到節點 N 上，並重新排程之前等待的高優先順序 Pod。

優先順序先佔的排程方式可能會導致排程陷入「無窮迴圈」狀態。當 Kubernetes 叢集設定了多個排程器（Scheduler）時，這一行為可能就會發生，比如下面這個例子：

Scheduler A 為了排程一個（批）Pod，特地驅逐了一些 Pod，因此在叢集中有了空餘的空間可以用來排程，此時 Scheduler B 恰好搶在 Scheduler A 之前排程了一個新的 Pod，消耗了相應的資源，因此，當 Scheduler A 清理完資源後正式發起 Pod 的排程時，卻發現資源不足，被目標節點的 kubelet 處理程序拒絕了排程請求！這種情況的確無解，因此最好的做法是讓多個 Scheduler 相互協作來共同實現一個目標。

高優先順序 Pod 先佔節點並驅逐低優先順序的 Pod，這個問題對於普通的服務型的 Pod 來說問題不大，但對於執行批次處理任務的 Pod 來説就可能是個災難，當一個高優先順序的批次處理任務的 Pod 建立後，正在執行批次處理任務的某個低優先順序的 Pod 可能因為資源不足而被驅逐，從而導致對應的批次處理任務被擱置。為了避免這個問題發生，PriorityClass 增加了一個新的屬性──preemptionPolicy，當它的值為 preemptionLowerPriorty（預設）時，就執行先佔功能，當它的值被設置為 Never 時，就預設不先佔資源，而是靜靜地排隊，等待自己的排程機會。

最後要指出一點：使用優先順序先佔的排程策略可能會導致某些 Pod 永遠無法被成功排程。因此優先順序排程不但增加了系統的複雜性，還可能帶來額外不穩定的因素。因此，一旦發生資源緊張的局面，首先要考慮的是叢集擴充，如果無法擴充，則再考慮有監管的優先順序排程特性，比如結合以命名空間為基礎的資源配額限制來約束任意優先順序先佔行為。

3.9.7 DaemonSet：在每個 Node 上都排程一個 Pod

DaemonSet 是 Kubernetes 1.2 版本新增的一種資源物件，用於管理在叢集中的每個 Node 上僅執行一份 Pod 的副本實例，如圖 3.3 所示。

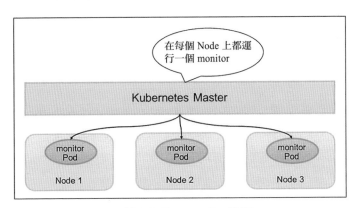

▲ 圖 3.3 DaemonSet 範例

這種用法適合有這種需求的應用。

- 在每個 Node 上都執行一個 GlusterFS 儲存或者 Ceph 儲存的 Daemon 處理程序。
- 在每個 Node 上都執行一個日誌擷取程式，例如 Fluentd 或者 Logstach。

■ 在每個 Node 上都執行一個性能監控程序，擷取該 Node 的執行性能資料，例如 Prometheus Node Exporter、collectd、New Relic agent 或者 Ganglia gmond 等。

DaemonSet 的 Pod 排程策略與 RC 類似，除了使用系統內建的演算法在每個 Node 上進行排程，也可以在 Pod 的定義中使用 NodeSelector 或 NodeAffinity 來指定滿足條件的 Node 範圍進行排程。

下面的例子定義了為在每個 Node 上都啟動一個 fluentd 容器，設定檔 fluentd-ds.yaml 的內容如下，其中掛載了物理機的兩個目錄 "/var/log" 和 "/var/lib/docker/containers"：

```
apiVersion: apps/v1
kind: DaemonSet
metadata:
  name: fluentd-cloud-logging
  namespace: kube-system
  labels:
    k8s-app: fluentd-cloud-logging
spec:
  selector:
    matchLabels:
      name: fluentd-elasticsearch
  template:
    metadata:
      namespace: kube-system
      labels:
        k8s-app: fluentd-cloud-logging
    spec:
      containers:
      - name: fluentd-cloud-logging
        image: gcr.io/google_containers/fluentd-elasticsearch:1.17
        resources:
          limits:
            cpu: 100m
            memory: 200Mi
        env:
        - name: FLUENTD_ARGS
          value: -q
        volumeMounts:
        - name: varlog
          mountPath: /var/log
```

```
        readOnly: false
    - name: containers
      mountPath: /var/lib/docker/containers
        readOnly: false
  volumes:
  - name: containers
    hostPath:
      path: /var/lib/docker/containers
  - name: varlog
    hostPath:
      path: /var/log
```

使用 kubectl create 命令建立該 DaemonSet：

```
# kubectl create -f fluentd-ds.yaml
daemonset "fluentd-cloud-logging" created
```

查看建立好的 DaemonSet 和 Pod，可以看到在每個 Node 上都建立了一個 Pod：

```
# kubectl get daemonset --namespace=kube-system
NAME                    DESIRED   CURRENT   NODE-SELECTOR   AGE
fluentd-cloud-logging   2         2         <none>          3s

# kubectl get pods --namespace=kube-system
NAME                          READY   STATUS    RESTARTS   AGE
fluentd-cloud-logging-7tw9z   1/1     Running   0          1h
fluentd-cloud-logging-aqdn1   1/1     Running   0          1h
```

DaemonSet 排程不同於普通的 Pod 排程，所以沒有用預設的 Kubernetes Scheduler 進行排程，而是透過專有的 DaemonSet Controller 進行排程。但是隨著 Kubernetes 版本的改進和排程特性不斷豐富，產生了一些難以解決的矛盾，最主要的兩個矛盾如下。

■ 普通的 Pod 是在 Pending 狀態觸發排程並被實例化的，DaemonSet Controller 並不是在這個狀態排程 Pod 的，這種不一致容易誤導和迷惑使用者。

■ Pod 優先順序排程是被 Kubernetes Scheduler 執行的，而 DaemonSet Controller 並沒有考慮到 Pod 優先順序排程的問題，也產生了不一致的結果。

從 Kubernetes 1.18 開 始，DaemonSet 的 排 程 預 設 切 換 到 Kubernetes Scheduler 進行，從而一勞永逸地解決了以上問題及未來可能的新問題。因為預設切換到了 Kubernetes Scheduler 統一排程 Pod，因此 DaemonSet 也能正確處理 Taints 和 Tolerations 的問題。

3.9.8 Job：批次處理排程

Kubernetes 從 1.2 版本開始支援批次處理類型的應用，我們可以透過 Kubernetes Job 資源物件來定義並啟動一個批次處理任務。批次處理任務通常並行（或者串列）啟動多個計算處理程序去處理一批工作項（Work item），處理完成後，整個批次處理任務結束。按照批次處理任務實現方式的不同，批次處理任務可以分為如圖 3.4 所示的幾種模式。

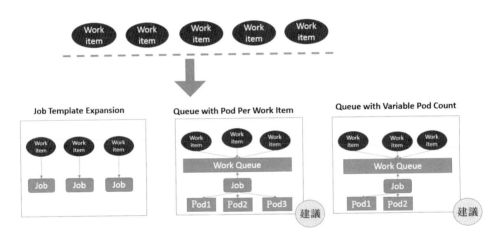

▲ 圖 3.4 批次處理任務的幾種模式

- Job Template Expansion 模式：一個 Job 物件對應一個待處理的 Work item，有幾個 Work item 就產生幾個獨立的 Job，通常適合 Work item 數量少、每個 Work item 要處理的資料量比較大的場景，比如有一個 100GB 的檔案作為一個 Work item，總共有 10 個檔案需要處理。
- Queue with Pod Per Work Item 模式：採用一個任務佇列存放 Work item，一個 Job 物件作為消費者去完成這些 Work item，在這種模式下，Job 會啟動 N 個 Pod，每個 Pod 都對應一個 Work item。

■ Queue with Variable Pod Count 模式：也是採用一個任務佇列存放 Work item，一個 Job 物件作為消費者去完成這些 Work item，但與上面的模式不同，Job 啟動的 Pod 數量是可變的。

還有一種被稱為 Single Job with Static Work Assignment 的模式，也是一個 Job 產生多個 Pod，但它採用程式靜態方式分配任務項，而非採用佇列模式進行動態分配。

如表 3.4 所示是這幾種模式的一個對比。

表 3.4　批次處理任務的模式對比

模式名稱	是否是一個 Job	Pod 的數量少於 Workitem	使用者程式是否要做相應的修改	Kubernetes 是否支援
Job Template Expansion	/	/	是	是
Queue with Pod Per Work Item	是	/	有時候需要	是
Queue with Variable Pod Count	是	/	/	是
Single Job with Static Work Assignment	是	/	是	/

考慮到批次處理的並行問題，Kubernetes 將 Job 分以下三種類型。

（1）Non-parallel Jobs：通常一個 Job 只啟動一個 Pod，除非 Pod 異常，才會重新啟動該 Pod，一旦此 Pod 正常結束，Job 將結束。

（2）Parallel Jobs with a fixed completion count：並行 Job 會啟動多個 Pod，此時需要設定 Job 的 .spec.completions 參數為一個正數，當正常結束的 Pod 數量達至此參數設定的值後，Job 結束。此外，Job 的 .spec.parallelism 參數用來控制並行度，即同時啟動幾個 Job 來處理 Work item。

（3）Parallel Jobs with a work queue：任務佇列方式的並行 Job 需要一個獨立的 Queue，Work item 都在一個 Queue 中存放，不能設置 Job 的 .spec.completions 參數，此時 Job 有以下特性。

■ 每個 Pod 都能獨立判斷和決定是否還有任務項需要處理。
■ 如果某個 Pod 正常結束，則 Job 不會再啟動新的 Pod。

- 如果一個 Pod 成功結束，則此時應該不存在其他 Pod 還在工作的情況，它們應該都處於即將結束、退出的狀態。
- 如果所有 Pod 都結束了，且至少有一個 Pod 成功結束，則整個 Job 成功結束。

下面分別講解常見的三種批次處理模式在 Kubernetes 中的應用範例。

首先是 Job Template Expansion 模式，由於在這種模式下每個 Work item 都對應一個 Job 實例，所以這種模式首先定義一個 Job 範本，範本裡的主要參數是 Work item 的標識，因為每個 Job 都處理不同的 Work item。如下所示的 Job 範本（檔案名稱為 job.yaml.txt）中的 $ITEM 可以作為任務項的標識：

```
apiVersion: batch/v1
kind: Job
metadata:
  name: process-item-$ITEM
  labels:
    jobgroup: jobexample
spec:
  template:
    metadata:
      name: jobexample
      labels:
        jobgroup: jobexample
    spec:
      containers:
      - name: c
        image: busybox
        command: ["sh", "-c", "echo Processing item $ITEM && sleep 5"]
      restartPolicy: Never
```

透過下面的操作，生成了 3 個對應的 Job 定義檔案並建立 Job：

```
# for i in apple banana cherry
> do
>   cat job.yaml.txt | sed "s/\$ITEM/$i/" > ./jobs/job-$i.yaml
> done
# ls jobs
job-apple.yaml  job-banana.yaml  job-cherry.yaml
# kubectl create -f jobs
```

```
job "process-item-apple" created
job "process-item-banana" created
job "process-item-cherry" created
```

觀察 Job 的執行情況：

```
# kubectl get jobs -l jobgroup=jobexample
NAME                 DESIRED    SUCCESSFUL    AGE
process-item-apple   1          1             4m
process-item-banana  1          1             4m
process-item-cherry  1          1             4m
```

然後，我們看看 Queue with Pod Per Work Item 模式，在這種模式下需要一個任務佇列存放 Work item，比如 RabbitMQ，用戶端程式先把要處理的任務變成 Work item 放入任務佇列，然後編寫 Worker 程式、打包鏡像並定義成為 Job 中的 Work Pod。Worker 程式的實現邏輯是從任務佇列中拉取一個 Work item 並處理，在處理完成後結束處理程序。並行度為 2 的 Demo 示意圖如圖 3.5 所示。

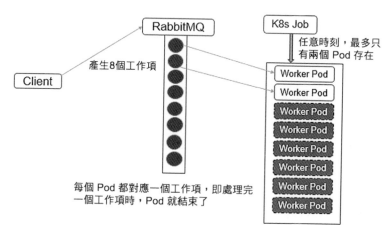

▲ 圖 3.5 並行度為 2 的 Demo 示意圖

最後，我們看看 Queue with Variable Pod Count 模式，如圖 3.6 所示。由於這種模式下，Worker 程式需要知道佇列中是否還有等待處理的 Work item，如果有就取出來處理，否則就認為所有工作完成並結束處理程序，所以任務佇列通常要採用 Redis 或者資料庫來實現。

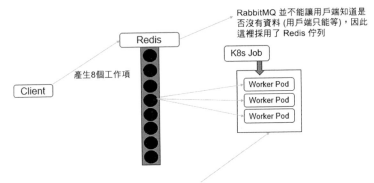

▲ 圖 3.6 Queue with Variable Pod Count 模式示意圖

3.9.9 Cronjob：定時任務

Kubernetes 從 1.5 版本開始增加了一種新類型的 Job，即類似 Linux Cron 的定時任務 Cron Job，下面看看如何定義和使用這種類型的 Job。

首先，確保 Kubernetes 的版本為 1.8 及以上。

其次，需要掌握 Cron Job 的定時運算式，它基本上照搬了 Linux Cron 的運算式，格式如下：

```
Minutes Hours DayofMonth Month DayofWeek
```

其中每個域都可出現的字元如下。

- Minutes：可出現 ","、"-"、"*"、"/" 這 4 個字元，有效範圍為 0 ～ 59 的整數。
- Hours：可出現 ","、"-"、"*"、"/" 這 4 個字元，有效範圍為 0 ～ 23 的整數。
- DayofMonth：可出現 ","、"-"、"*"、"/"、"?"、"L"、"W"、"C" 這 8 個字元，有效範圍為 1 ～ 31 的整數。
- Month：可出現 ","、"-"、"*"、"/" 這 4 個字元，有效範圍為 1 ～ 12 的整數或 JAN ～ DEC。
- DayofWeek：可出現 ","、"-"、"*"、"/"、"?"、"L"、"C"、"#" 這 8 個字元，有效範圍為 1 ～ 7 的整數或 SUN ～ SAT。1 表示星期天，2 表示星期一，依此類推。

運算式中的特殊字元 "*" 與 "/" 的含義如下。

- *：表示符合該域的任意值，假如在 Minutes 域使用 "*"，則表示每分鐘都會觸發事件。
- /：表示從起始時間開始觸發，然後每隔固定時間觸發一次，例如在 Minutes 域設置為 5/20，則意味著第 1 次觸發在第 5min 時，接下來每 20min 觸發一次，將在第 25min、第 45min 等時刻分別觸發。

比如，我們要每隔 1min 執行一次任務，則 Cron 運算式如下：

```
*/1 * * * *
```

掌握這些基本知識後，就可以編寫一個 Cron Job 的設定檔了：

cron.yaml
```
apiVersion: batch/v1
kind: CronJob
metadata:
  name: hello
spec:
  schedule: "*/1 * * * *"
  jobTemplate:
    spec:
      template:
        spec:
          containers:
          - name: hello
            image: busybox
            args:
            - /bin/sh
            - -c
            - date; echo Hello from the Kubernetes cluster
          restartPolicy: OnFailure
```

該例子定義了一個名為 hello 的 Cron Job，任務每隔 1min 執行一次，執行的鏡像是 busybox，執行的命令是 Shell 指令稿，指令稿執行時期會在控制台輸出當前時間和字串 "Hello from the Kubernetes cluster"。

接下來執行 kubectl create 命令完成建立：

```
# kubectl create -f cron.yaml
cronjob "hello" created
```

然後每隔 1min 執行 kubectl get cronjob hello 查看任務狀態，發現的確每分鐘排程了一次：

```
# kubectl get cronjob hello
NAME       SCHEDULE      SUSPEND      ACTIVE      LAST-SCHEDULE
hello      */1 * * * *   False        0           Thu, 29 Jun 2020 11:32:00 -0700
......
# kubectl get cronjob hello
NAME       SCHEDULE      SUSPEND      ACTIVE      LAST-SCHEDULE
hello      */1 * * * *   False        0           Thu, 29 Jun 2020 11:33:00 -0700
......
# kubectl get cronjob hello
NAME       SCHEDULE      SUSPEND      ACTIVE      LAST-SCHEDULE
hello      */1 * * * *   False        0           Thu, 29 Jun 2020 11:34:00 -0700
```

還可以透過尋找 Cron Job 對應的容器，驗證每隔 1min 產生一個容器的事實：

```
# docker ps -a | grep busybox
83f7b86728ea       busybox@sha256:be3c11fdba7cfe299214e46edc642e09514dbb9b
befcd0d3836c05a1e0cd0642
"/bin/sh -c 'date; ec"    About a minute ago    Exited (0) About a minute ago
k8s_hello_hello-1498795860-qqwb4_default_207586cf-5d4a-11e7-86c1-
000c2997487d_0
36aa3b991980       busybox@sha256:be3c11fdba7cfe299214e46edc642e09514dbb9b
befcd0d3836c05a1e0cd0642
"/bin/sh -c 'date; ec"    2 minutes ago         Exited (0) 2 minutes ago
                          k8s_hello_hello-1498795800-g92vx_default_
fca21ec0-5d49-11e7-86c1-000c2997487d_0
3d762ae35172       busybox@sha256:be3c11fdba7cfe299214e46edc642e09514dbb9b
befcd0d3836c05a1e0cd0642
"/bin/sh -c 'date; ec"    3 minutes ago         Exited (0) 3 minutes ago
                          k8s_hello_hello-1498795740-3qxmd_default_
d8c75d07-5d49-11e7-86c1-000c2997487d_0
8ee5eefa8cd3       busybox@sha256:be3c11fdba7cfe299214e46edc642e09514dbb9b
befcd0d3836c05a1e0cd0642
"/bin/sh -c 'date; ec"    4 minutes ago         Exited (0) 4 minutes ago
                          k8s_hello_hello-1498795680-mgb7h_default_
b4f7aec5-5d49-11e7-86c1-000c2997487d_0
```

查看任意一個容器的日誌，結果如下：

```
# docker logs 83f7b86728ea
Thu Jun 29 18:33:07 UTC 2020
Hello from the Kubernetes cluster
```

執行下面的命令，可以更直觀地了解 Cron Job 定期觸發任務執行的歷史和現狀：

```
# kubectl get jobs --watch
NAME                DESIRED     SUCCESSFUL      AGE
hello-1498761060    1           1               31m
hello-1498761120    1           1               30m
hello-1498761180    1           1               29m
hello-1498761240    1           1               28m
hello-1498761300    1           1               27m
hello-1498761360    1           1               26m
hello-1498761420    1           1               25m
```

其中 SUCCESSFUL 列為 1 的每一行都是一個排程成功的 Job，以第 1 行的 "hello- 1498761060" 的 Job 為例，它對應的 Pod 可以透過下面的方式得到：

```
# kubectl get pods --show-all | grep hello-1498761060
hello-1498761060-shpwx   0/1     Completed   0           39m
```

查看該 Pod 的日誌：

```
# kubectl logs hello-1498761060-shpwx
Thu Jun 29 18:31:07 UTC 2020
Hello from the Kubernetes cluster
```

最後，不需要某個 Cron Job 時，可以透過下面的命令刪除它：

```
# kubectl delete cronjob hello
cronjob "hello" deleted
```

在 Kubernetes 1.9 版本後，kubectl 命令增加了別名 cj 來表示 cronjob，同時 kubectl set image/env 命令也可以作用在 CronJob 物件上。

3.9.10 自訂排程器

如果 Kubernetes 排程器的許多特性還無法滿足我們的獨特排程需求，則還可以用自己開發的排程器進行排程。從 1.6 版本開始，Kubernetes 的多排程器特性也進入了快速發展階段。

一般情況下，每個新 Pod 都會由預設的排程器進行排程。但是如果在 Pod 中提供了自訂的排程器名稱，那麼預設的排程器會忽略該 Pod，轉由指定的排程器完成 Pod 的排程。

在下面的例子中為 Pod 指定了一個名為 my-scheduler 的自訂排程器：

```
apiVersion: v1
kind: Pod
metadata:
  name: nginx
  labels:
    app: nginx
spec:
  schedulerName: my-scheduler
  containers:
  - name: nginx
    image: nginx
```

如果自訂的排程器還未在系統中部署，則預設的排程器會忽略這個 Pod，這個 Pod 將會永遠處於 Pending 狀態。

下面看看如何建立一個自訂的排程器。

我們可以用任意語言實現簡單或複雜的自訂排程器。下面的簡單例子使用了 Bash 指令稿進行實現，排程策略為隨機選擇一個 Node（注意，這個排程器需要透過 kubectl proxy 來執行）：

```
#!/bin/bash
SERVER='localhost:8001'
while true;
do
    for PODNAME in $(kubectl --server $SERVER get pods -o json | jq
'.items[] | select(.spec.schedulerName == "my-scheduler") | select(.spec.
nodeName == null) | .metadata.name' | tr -d '"');
    do
        NODES=($(kubectl --server $SERVER get nodes -o json | jq '.items[].
metadata.name' | tr -d '"'))
        NUMNODES=${#NODES[@]}
        CHOSEN=${NODES[$[ $RANDOM % $NUMNODES ]]}
        curl --header "Content-Type:application/json" --request POST --data
'{"apiVersion":"v1", "kind": "Binding", "metadata": {"name": "'$PODNAME'"},
"target": {"apiVersion": "v1", "kind": "Node", "name":"'$CHOSEN'"}}'
http://$SERVER/api/v1/namespaces/default/pods/$PODNAME/binding/
        echo "Assigned $PODNAME to $CHOSEN"
    done
    sleep 1
done
```

一旦這個自訂排程器成功啟動,前面的 Pod 就會被正確排程到某個 Node
上。

3.9.11 Pod 災難恢復排程

我們可以將 Pod 的各種常規排程策略認為是將整個叢集視為一個整體,然
後進行「打散或聚合」的排程。當我們的叢集是為了災難恢復而建設的跨
區域的多中心(多個 Zone)叢集,即叢集中的節點位於不同區域的機房
時,比如北京、上海、廣州、武漢,要求每個中心的應用相互災難恢復備
份,又能同時提供服務,此時最好的排程策略就是將需要災難恢復的應用
均勻排程到各個中心,當某個中心出現問題時,又自動排程到其他中心均
勻分佈,排程效果如圖 3.7 所示,不管每個中心的 Node 節點數量如何。

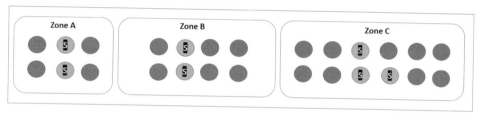

▲ 圖 3.7 Pod 的多中心均勻分佈排程效果圖

用普通的以 Node 標籤為基礎選擇的排程方式也可以實現上述效果,比
如為每個 Zone 都建立一個 Deployment,Pod 的副本總數除以 Zone 的數
量就是每個分區的 Pod 副本數量。但這樣做有個問題:如果某個 Zone 失
效,那麼這個 Zone 的 Pod 就無法遷移到其他 Zone。

另外,topology.kubernetes.io/zone 就是 Kubernetes 預設支援的重要拓撲域
之一,那是否可以用 Pod 的親和性排程來解決這個問題呢?不能,因為
Pod 的親和性排程用於解決相連結的 Pod 的排程問題,不能保證被依賴的
Pod 被均勻排程到多個 Zone。

為了滿足這種災難恢復場景下的特殊排程需求,在 Kubernetes 1.16 版本
中首次引入 Even Pod Spreading 特性,用於透過 topologyKey 屬性辨識
Zone,並透過設置新的參數 topologySpreadConstraints 來將 Pod 均勻排程
到不同的 Zone。舉個例子,假如我們的叢集被劃分為多個 Zone,我們有

一個應用（對應的 Pod 標籤為 app=foo）需要在每個 Zone 均勻排程以實現災難恢復，則可以定義 YAML 檔案如下：

```
spec:
  topologySpreadConstraints:
  - maxSkew: 1
    whenUnsatisfiable: DoNotSchedule
    topologyKey: topology.kubernetes.io/zone
    selector:
      matchLabels:
        app: foo
```

在以上 YAML 定義中，關鍵的參數是 maxSkew。maxSkew 用於指定 Pod 在各個 Zone 上排程時能容忍的最大不均衡數：值越大，表示能接受的不均衡排程越大；值越小，表示各個 Zone 的 Pod 數量分佈越均勻。

為 了 理 解 maxSkew， 我 們 需 要 先 理 解 skew 參 數 的 計 算 公 式： skew[topo]=count[topo] - min(count[topo])，即每個拓撲區域的 skew 值都為該區域包括的目標 Pod 數量與整個拓撲區域最少 Pod 數量的差，而 maxSkew 就是最大的 skew 值。假如在上面的例子中有 3 個拓撲區域，分別為 Zone A、Zone B 及 Zone C，有 3 個目標 Pod 需要排程到這些拓撲區域，那麼前兩個毫無疑問會被排程到 Zone A 和 Zone B，排程效果如圖 3.8 所示。

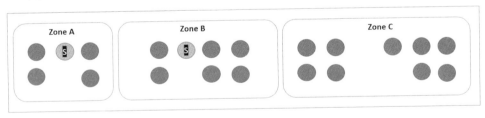

▲ 圖 3.8 Even Pod Spreading 排程效果

那麼，第 3 個 Pod 會被排程到哪裡呢？我們可以手動計算每個 Zone 的 skew，首先計算出 min(count[topo]) 是 0，對應 Zone C，於是 Zone A 的 skew=1-0=1，Zone B 的 skew=1-0=1，Zone C 的 skew=0-0=0，於是第 3 個 Pod 應該被放在 Zone C，此時 min(count[topo]) 的值就變成了 1，而實際的 maxSkew 的值為 0，符合預期設置。如果我們把 maxSkew 設置為 2，

則在這種情況下，第 3 個 Pod 被放在 Zone A 或 Zone B 都是符合要求的。

有了新的 Even Pod Spreading 排程特性的加持，再加上之前就已成熟的 Pod 親和性排程，Kubernetes 就可以完美實現特定應用的災難恢復部署目標了。具體做法也很簡單：將一個應用中需要部署在一起的幾個 Pod 用親和性排程宣告捆綁，然後選擇其中一個 Pod，加持 Even Pod Spreading 排程規則即可。最終的部署效果圖如圖 3.9 所示。

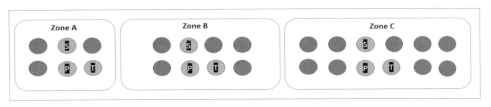

▲ 圖 3.9 應用災難恢復部署效果圖

3.10 Init Container（初始化容器）

在很多應用場景中，應用在啟動之前都需要進行如下初始化操作。

- 等待其他連結元件正確執行（例如資料庫或某個後台服務）。
- 以環境變數或設定範本為基礎生成設定檔。
- 從遠端資料庫獲取本地所需設定，或者將自身註冊到某個中央資料庫中。
- 下載相關依賴套件，或者對系統進行一些預設定操作。

Kubernetes 1.3 版本引入了一個 Alpha 版本的新特性 init container（初始化容器，在 Kubernetes 1.5 版本時被更新為 Beta 版本），用於在啟動應用容器（app container）之前啟動一個或多個初始化容器，完成應用容器所需的預置條件，如圖 3.10 所示。init container 與應用容器在本質上是一樣的，但它們是僅執行一次就結束的任務，並且必須在成功執行完成後，系統才能繼續執行下一個容器。根據 Pod 的重新啟動策略（RestartPolicy），當 init container 執行失敗而且設置了 RestartPolicy=Never 時，Pod 將會啟動失敗；而設置 RestartPolicy=Always 時，Pod 將會被系統自動重新啟動。

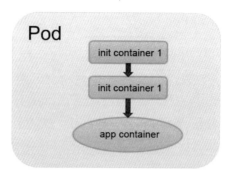

▲ 圖 3.10 init container 示意圖

下面以 Nginx 應用為例，在啟動 Nginx 之前，透過初始化容器 busybox 為 Nginx 建立一個 index.html 主頁檔案。這裡為 init container 和 Nginx 設置了一個共用的 Volume，以供 Nginx 存取 init container 設置的 index.html 檔案：

nginx-init-containers.yaml
```
apiVersion: v1
kind: Pod
metadata:
  name: nginx
  annotations:
spec:
  initContainers:
  - name: install
    image: busybox
    command:
    - wget
    - "-O"
    - "/work-dir/index.html"
    - http://kubernetes.io
    volumeMounts:
    - name: workdir
      mountPath: "/work-dir"
  containers:
  - name: nginx
    image: nginx
    ports:
    - containerPort: 80
    volumeMounts:
    - name: workdir
      mountPath: /usr/share/nginx/html
```

```
   dnsPolicy: Default
 volumes:
 - name: workdir
   emptyDir: {}
```

建立這個 Pod：

```
# kubectl create -f nginx-init-containers.yaml
pod "nginx" created
```

在執行 init container 的過程中查看 Pod 的狀態，可見 init 過程還未完成：

```
# kubectl get pods
NAME       READY      STATUS       RESTARTS    AGE
nginx      0/1        Init:0/1     0           1m
```

在 init container 成功執行完成後，系統繼續啟動 Nginx 容器，再次查看 Pod 的狀態：

```
# kubectl get pods
NAME       READY      STATUS       RESTARTS    AGE
nginx      1/1        Running      0           7s
```

查看 Pod 的事件，可以看到系統首先建立並執行 init container 容器（名為 install），成功後繼續建立和執行 Nginx 容器：

```
# kubectl describe pod nginx
Name:          nginx
Namespace:     default
......
Events:
  FirstSeen     LastSeen        Count   From
SubobjectPath                   Type            Reason          Message
  ---------     --------        -----   ----            -------         -----------
--              --------        ------  -------         -------
  3s            3s              1       default-scheduler
Normal          Scheduled       Successfully assigned init-demo to k8s-
node-1
  3s            3s              1       kubelet, k8s-node-1     spec.
initContainers{install}         Normal          Pulled          Container image
"busybox" already present on machine
  3s            3s              1       kubelet, k8s-node-1     spec.
initContainers{install}         Normal          Created         Created
container with id 93d98cbc0251c60d43c2d8d0a6a9bb65f432344fe6f04561c4a940b7
9bcff74a
```

```
    3s              3s              1           kubelet, k8s-node-1      spec.
initContainers{install}      Normal          Started           Started
container with id 93d98cbc0251c60d43c2d8d0a6a9bb65f432344fe6f04561c4a940b7
9bcff74a
    2s              2s              1           kubelet, k8s-node-1      spec.
containers{nginx}            Normal          Pulled            Container image
"nginx" already present on machine
    2s              2s              1           kubelet, k8s-node-1      spec.
containers{nginx}            Normal          Created           Created
container with id a388bbb9f1fe247cf42e61449328ab20f7c54a7c271590548d3d8610
a28a6048
    1s              1s              1           kubelet, k8s-node-1      spec.
containers{nginx}            Normal          Started           Started
container with id a388bbb9f1fe247cf42e61449328ab20f7c54a7c271590548d3d8610
a28a6048
```

啟動成功後，登入進 Nginx 容器，可以看到 /usr/share/nginx/html 目錄下
的 index.html 檔案為 init container 所生成，其內容如下：

```
<html id="home" lang="en" class="">

<head>
......
<title>Kubernetes | Production-Grade Container Orchestration</title>
......
"url": "http://kubernetes.io/"}</script>
</head>

<body>
......
```

init container 與應用容器的區別如下。

（1）init container 的執行方式與應用容器不同，它們必須先於應用容器執
行完成，當設置了多個 init container 時，將按順序一個一個執行，並且只
有前一個 init container 執行成功後才能執行後一個 init container。在所有
init container 都成功執行後，Kubernetes 才會初始化 Pod 的各種資訊，並
開始建立和執行應用容器。

（2）在 init container 的定義中也可以設置資源限制、Volume 的使用和安
全性原則，等等。但資源限制的設置與應用容器略有不同。

- 如果多個 init container 都定義了資源請求 / 資源限制，則取最大的值作為所有 init container 的資源請求值 / 資源限制值。
- Pod 的有效（effective）資源請求值 / 資源限制值取以下二者中的較大值：①所有應用容器的資源請求值 / 資源限制值之和；② init container 的有效資源請求值 / 資源限制值。
- 排程演算法將以 Pod 為基礎的有效資源請求值 / 資源限制值進行計算，也就是說 init container 可以為初始化操作預留系統資源，即使後續應用容器無須使用這些資源。
- Pod 的有效 QoS 等級適用於 init container 和應用容器。
- 資源配額和限制將根據 Pod 的有效資源請求值 / 資源限制值計算生效。
- Pod 等級的 cgroup 將以 Pod 為基礎的有效資源請求 / 限制，與排程機制一致。

（3）init container 不能設置 readinessProbe 探針，因為必須在它們成功執行後才能繼續執行在 Pod 中定義的普通容器。

在 Pod 重新啟動時，init container 將會重新執行，常見的 Pod 重新啟動場景如下。

- init container 的鏡像被更新時，init container 將會重新執行，導致 Pod 重新啟動。僅更新應用容器的鏡像只會使得應用容器被重新啟動。
- Pod 的 infrastructure 容器更新時，Pod 將會重新啟動。
- 若 Pod 中的所有應用容器都終止了，並且 RestartPolicy=Always，則 Pod 會重新啟動。

3.11 Pod 的升級和導回

下面說說 Pod 的升級和導回問題。

當叢集中的某個服務需要升級時，我們需要停止目前與該服務相關的所有 Pod，然後下載新版本鏡像並建立新的 Pod。如果叢集規模比較大，則這個工作變成了一個挑戰，而且先全部停止然後逐步升級的方式會導致較長時間的服務不可用。Kubernetes 提供了輪流升級功能來解決上述問題。

如果 Pod 是透過 Deployment 建立的，則使用者可以在執行時期修改 Deployment 的 Pod 定義（spec.template）或鏡像名稱，並應用到 Deployment 物件上，系統即可完成 Deployment 的 rollout 動作，rollout 可被視為 Deployment 的自動更新或者自動部署動作。如果在更新過程中發生了錯誤，則還可以透過導回操作恢復 Pod 的版本。

3.11.1 Deployment 的升級

以 Deployment nginx 為例：

nginx-deployment.yaml
```
apiVersion: apps/v1
kind: Deployment
metadata:
  name: nginx-deployment
spec:
  selector:
    matchLabels:
      app: nginx
  replicas: 3
  template:
    metadata:
      labels:
        app: nginx
    spec:
      containers:
      - name: nginx
        image: nginx:1.7.9
        ports:
        - containerPort: 80
```

已執行的 Pod 副本數量有 3 個：

```
# kubectl get pods
NAME                                  READY     STATUS      RESTARTS      AGE
nginx-deployment-4087004473-9jqqs     1/1       Running     0             1m
nginx-deployment-4087004473-cq0cf     1/1       Running     0             1m
nginx-deployment-4087004473-vxn56     1/1       Running     0             1m
```

現在 Pod 鏡像需要被更新為 Nginx:1.9.1，我們可以透過 kubectl set image 命令為 Deployment 設置新的鏡像名稱：

```
$ kubectl set image deployment/nginx-deployment nginx=nginx:1.9.1
deployment "nginx-deployment" image updated
```

另一種更新的方法是使用 kubectl edit 命令修改 Deployment 的設定，將 spec.template.spec.containers[0].image 從 Nginx:1.7.9 更改為 Nginx:1.9.1：

```
$ kubectl edit deployment/nginx-deployment
deployment "nginx-deployment" edited
```

鏡像名稱（或 Pod 定義）一旦發生了修改，則將觸發系統完成 Deployment 所有執行 Pod 的輪流升級操作。可以使用 kubectl rollout status 命令查看 Deployment 的更新過程：

```
$ kubectl rollout status deployment/nginx-deployment
Waiting for rollout to finish: 2 out of 3 new replicas have been updated...
Waiting for rollout to finish: 2 out of 3 new replicas have been updated...
Waiting for rollout to finish: 2 out of 3 new replicas have been updated...
Waiting for rollout to finish: 2 out of 3 new replicas have been updated...
Waiting for rollout to finish: 2 old replicas are pending termination...
Waiting for rollout to finish: 1 old replicas are pending termination...
Waiting for rollout to finish: 1 old replicas are pending termination...
Waiting for rollout to finish: 1 old replicas are pending termination...
Waiting for rollout to finish: 2 of 3 updated replicas are available...
deployment "nginx-deployment" successfully rolled out
```

查看當前執行的 Pod，名稱已經更新了：

```
$ kubectl get pods
NAME                                   READY   STATUS    RESTARTS   AGE
nginx-deployment-3599678771-01h26      1/1     Running   0          2m
nginx-deployment-3599678771-57thr      1/1     Running   0          2m
nginx-deployment-3599678771-s8p21      1/1     Running   0          2m
```

查看 Pod 使用的鏡像，已經更新為 Nginx:1.9.1 了：

```
# kubectl describe pod/nginx-deployment-3599678771-s8p21
Name:           nginx-deployment-3599678771-s8p21
......
   Image:                 nginx:1.9.1
......
```

那麼，Deployment 是如何完成 Pod 更新的呢？

我們可以使用 kubectl describe deployments/nginx-deployment 命令仔細

觀察 Deployment 的更新過程。初始建立 Deployment 時，系統建立了一個 ReplicaSet（nginx-deployment-4087004473），並按使用者的需求建立了 3 個 Pod 副本。更新 Deployment 時，系統建立了一個新的 ReplicaSet（nginx-deployment-3599678771），並將其副本數量擴充到 1，然後將舊的 ReplicaSet 縮減為 2。之後，系統繼續按照相同的更新策略對新舊兩個 ReplicaSet 進行一個一個調整。最後，新的 ReplicaSet 執行了 3 個新版本的 Pod 副本，舊的 ReplicaSet 副本數量則縮減為 0，如圖 3.11 所示。

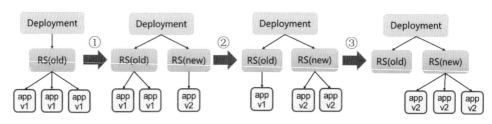

▲ 圖 3.11 Pod 的輪流升級示意圖

下面列出 Deployment nginx-deployment 的詳細事件資訊：

```
$ kubectl describe deployments/nginx-deployment
Name:        nginx-deployment
Namespace:   default
......
Replicas:    3 updated | 3 total | 3 available | 0 unavailable
StrategyType:   RollingUpdate
MinReadySeconds: 0
RollingUpdateStrategy: 1 max unavailable, 1 max surge
Conditions:
  Type      Status Reason
  ----      ------ ------
  Available    True MinimumReplicasAvailable
OldReplicaSets: <none>
NewReplicaSet:nginx-deployment-3599678771 (3/3 replicas created)
Events:
  FirstSeen LastSeen  Count  From    SubObjectPath Type    Reason    Message
  -------- --------  -----  ----    ------------- ------  ------    -------
  55m     55m     1 {deployment-controller }         Normal
ScalingReplicaSet  Scaled up replica set nginx-deployment-4087004473 to 3
  4m   4m   1 {deployment-controller }        Normal   ScalingReplicaSet
Scaled up replica set nginx-deployment-3599678771 to 1
  4m   4m   1 {deployment-controller }        Normal   ScalingReplicaSet
```

```
Scaled down replica set nginx-deployment-4087004473 to 2
   4m   4m   1 {deployment-controller }      Normal   ScalingReplicaSet
Scaled up replica set nginx-deployment-3599678771 to 2
   4m   4m   1 {deployment-controller }      Normal   ScalingReplicaSet
Scaled down replica set nginx-deployment-4087004473 to 1
   4m   4m   1 {deployment-controller }      Normal   ScalingReplicaSet
Scaled up replica set nginx-deployment-3599678771 to 3
   4m   4m   1 {deployment-controller }      Normal   ScalingReplicaSet
Scaled down replica set nginx-deployment-4087004473 to 0
```

執行 kubectl get rs 命令，查看兩個 ReplicaSet 的最終狀態：

```
$ kubectl get rs
NAME                          DESIRED   CURRENT   READY   AGE
nginx-deployment-3599678771   3         3         3       1m
nginx-deployment-4087004473   0         0         0       52m
```

在整個升級過程中，系統會保證至少有兩個 Pod 可用，並且最多同時執行 4 個 Pod，這是 Deployment 透過複雜的演算法完成的。Deployment 需要確保在整個更新過程中只有一定數量的 Pod 可能處於不可用狀態。在預設情況下，Deployment 確保可用的 Pod 總數量至少為所需的副本數量（DESIRED）減 1，也就是最多 1 個不可用（maxUnavailable=1）。Deployment 還需要確保在整個更新過程中 Pod 的總數量不會超過所需的副本數量太多。在預設情況下，Deployment 確保 Pod 的總數量最多比所需的 Pod 數量多 1 個，也就是最多 1 個浪湧值（maxSurge=1）。Kubernetes 從 1.6 版本開始，maxUnavailable 和 maxSurge 的預設值將從 1、1 更新為所需副本數量的 25%、25%。

這樣，在升級過程中，Deployment 就能夠保證服務不中斷，並且副本數量始終維持為使用者指定的數量（DESIRED）。

在 Deployment 的定義中，可以透過 spec.strategy 指定 Pod 更新的策略，目前支援兩種策略：Recreate（重建）和 RollingUpdate（捲動更新），預設值為 RollingUpdate。在前面的例子中使用的就是 RollingUpdate 策略。

■ Recreate：設置 spec.strategy.type=Recreate，表示 Deployment 在更新 Pod 時，會先「殺掉」所有正在執行的 Pod，然後建立新的 Pod。

- RollingUpdate：設置 spec.strategy.type=RollingUpdate，表示 Deployment
  會以捲動更新的方式來一個一個更新 Pod。同時，可以透過設置 spec.
  strategy.rollingUpdate 下的兩個參數（maxUnavailable 和 maxSurge）來
  控制捲動更新的過程。

對捲動更新時兩個主要參數的說明如下。

- spec.strategy.rollingUpdate.maxUnavailable： 用 於 指 定 Deployment
  在更新過程中不可用狀態的 Pod 數量的上限。該 maxUnavailable 的
  數值可以是絕對值（例如 5）或 Pod 期望的副本數量的百分比（例
  如 10%），如果被設置為百分比，那麼系統會先以向下取整的方式
  計算出絕對值（整數）。而當另一個參數 maxSurge 被設置為 0 時，
  maxUnavailable 則 必 須 被 設 置 為 絕 對 數 值 大 於 0（ 從 Kubernetes
  1.6 開始，maxUnavailable 的預設值從 1 改為 25%）。舉例來說，當
  maxUnavailable 被設置為 30% 時，舊的 ReplicaSet 可以在捲動更新開
  始時立即將副本數量縮小到所需副本總數量的 70%。一旦新的 Pod 建
  立並準備好，舊的 ReplicaSet 就會進一步縮減，新的 ReplicaSet 又繼續
  擴充，整個過程中系統在任意時刻都可以確保可用狀態的 Pod 總數量
  至少占 Pod 期望副本總數量的 70%。

- spec.strategy.rollingUpdate.maxSurge： 用 於 指 定 在 Deployment 更 新
  Pod 的過程中 Pod 總數量超過 Pod 期望副本數量部分的最大值。該
  maxSurge 的數值可以是絕對值（例如 5）或 Pod 期望副本數量的百分
  比（例如 10%）。如果設置為百分比，那麼系統會先按照向上取整的方
  式計算出絕對數值（整數）。從 Kubernetes 1.6 開始，maxSurge 的預設
  值從 1 改為 25%。舉例來說，當 maxSurge 的值被設置為 30% 時，新
  的 ReplicaSet 可以在捲動更新開始時立即進行副本數量擴充，只需保
  證新舊 ReplicaSet 的 Pod 副本數量之和不超過期望副本數量的 130% 即
  可。一旦舊的 Pod 被「殺掉」，新的 ReplicaSet 就會進一步擴充。在整
  個過程中系統在任意時刻都能確保新舊 ReplicaSet 的 Pod 副本總數量
  之和不超過所需副本數量的 130%。

這裡需要注意多重更新（Rollover）的情況。如果 Deployment 的上一次更新正在進行，此時使用者再次發起 Deployment 的更新操作，那麼 Deployment 會為每一次更新都建立一個 ReplicaSet，而每次在新的 ReplicaSet 建立成功後，會一個一個增加 Pod 副本數量，同時將之前正在擴充的 ReplicaSet 停止擴充（更新），並將其加入舊版本 ReplicaSet 列表中，然後開始縮減至 0 的操作。

例如，假設我們建立一個 Deployment，這個 Deployment 開始建立 5 個 Nginx:1.7.9 的 Pod 副本，在這個建立 Pod 動作尚未完成時，我們又將 Deployment 進行更新，在副本數量不變的情況下將 Pod 範本中的鏡像修改為 Nginx:1.9.1，又假設此時 Deployment 已經建立了 3 個 Nginx:1.7.9 的 Pod 副本，則 Deployment 會立即「殺掉」已建立的 3 個 Nginx:1.7.9 Pod，並開始建立 Nginx:1.9.1 Pod。Deployment 不會在等待 Nginx:1.7.9 的 Pod 建立到 5 個之後再進行更新操作。

還需要注意更新 Deployment 的標籤選擇器（Label Selector）的情況。通常來說，不鼓勵更新 Deployment 的標籤選擇器，因為這樣會導致 Deployment 選擇的 Pod 列表發生變化，也可能與其他控制器發生衝突。如果一定要更新標籤選擇器，那麼請務必謹慎，確保不會出現其他問題。關於 Deployment 標籤選擇器的更新的注意事項如下。

（1）增加選擇器標籤時，必須同步修改 Deployment 設定的 Pod 的標籤，為 Pod 增加新的標籤，否則 Deployment 的更新會報驗證錯誤而失敗：

```
deployments "nginx-deployment" was not valid:
* spec.template.metadata.labels: Invalid value: {"app":"nginx"}: `selector`
does not match template `labels`
```

增加標籤選擇器是無法向後相容的，這意味著新的標籤選擇器不會比對和使用舊選擇器建立的 ReplicaSets 和 Pod，因此增加選擇器將會導致所有舊版本的 ReplicaSets 和由舊 ReplicaSets 建立的 Pod 處於孤立狀態（不會被系統自動刪除，也不受新的 ReplicaSet 控制）。

為標籤選擇器和 Pod 範本增加新的標籤（使用 kubectl edit deployment 命令）後，效果如下：

```
$ kubectl get rs
NAME                           DESIRED   CURRENT   READY   AGE
nginx-deployment-3661742516    3         3         3       2s
nginx-deployment-3599678771    3         3         3       1m
nginx-deployment-4087004473    0         0         0       52m
```

可以看到新 ReplicaSet（nginx-deployment-3661742516）建立的 3 個新
Pod：

```
$ kubectl get pods
NAME                               READY   STATUS    RESTARTS   AGE
nginx-deployment-3599678771-01h26  1/1     Running   0          2m
nginx-deployment-3599678771-57thr  1/1     Running   0          2m
nginx-deployment-3599678771-s8p21  1/1     Running   0          2m
nginx-deployment-3661742516-46djm  1/1     Running   0          52s
nginx-deployment-3661742516-kws84  1/1     Running   0          52s
nginx-deployment-3661742516-wq30s  1/1     Running   0          52s
```

（2）更新標籤選擇器，即更改選擇器中標籤的鍵或者值，也會產生與增加
選擇器標籤類似的效果。

（3）刪除標籤選擇器，即從 Deployment 的標籤選擇器中刪除一個或者多
個標籤，該 Deployment 的 ReplicaSet 和 Pod 不會受到任何影響。但需要
注意的是，被刪除的標籤仍會存在於現有的 Pod 和 ReplicaSets 上。

Deployment 會自動建立並控制對應的 ReplicaSet，給它們增加一個名為
pod-template-hash 的標籤。切記，這個標籤是不能被手動修改的。

在什麼情況下會觸發 Deployment 的 rollout 行為呢？只有 Pod 範本定
義部分（Deployment 的 .spec.template）的屬性發生改變時才會觸發
Deployment 的 rollout 行為，對於其他的比如修改 Pod 的副本數量（spec.
replicas）的值，則不會觸發 rollout 行為。

對於用 RC（Replication Controller）來控制 Pod 的輪流升級，Kubernetes
之前提供了對應的 kubectl rolling-update 命令來實現類似的功能。該命
令透過建立一個新 RC，然後自動控制舊 RC 中的 Pod 副本數量逐漸減少
到 0，新 RC 中的 Pod 副本數量從 0 逐步增加到目標值，來完成 Pod 的升
級。此命令在 kuberntes 的 1.17 版本中被標記為 DEPRECATED，在 1.18
中不再提供支援。

3.11.2 Deployment 的導回

如果在 Deployment 升級過程中出現意外，比如寫錯新鏡像的名稱、新鏡像還沒被放入鏡像倉庫裡、新鏡像的設定檔發生不相容性改變、新鏡像的啟動參數不對，以及因可能更複雜的依賴關係而導致升級失敗等，就需要回退到之前的舊版本，這時就可以用到 Deployment 的導回功能了。

假設在更新 Deployment 鏡像時，將容器鏡像名稱誤設置成 Nginx:1.91（一個不存在的鏡像）：

```
$ kubectl set image deployment/nginx-deployment nginx=nginx:1.91
deployment "nginx-deployment" image updated
```

則這時 Deployment 的部署過程會卡住：

```
$ kubectl rollout status deployments nginx-deployment
Waiting for rollout to finish: 1 out of 3 new replicas have been updated...
```

所以需要執行 Ctrl C 命令來終止這個查看命令。

查 看 ReplicaSet， 可 以 看 到 新 建 的 ReplicaSet（nginx-deployment-3660254150）：

```
$ kubectl get rs
NAME                            DESIRED   CURRENT   READY   AGE
nginx-deployment-3646295028     3         3         3       53s
nginx-deployment-3660254150     1         1         0       40s
nginx-deployment-4234284026     0         0         0       1m
```

再查看建立的 Pod，會發現新的 ReplicaSet 建立的 1 個 Pod 被卡在鏡像拉取過程中。

```
$ kubectl get pods
NAME                               READY   STATUS             RESTARTS   AGE
nginx-deployment-3646295028-d5r6r  1/1     Running            0          1m
nginx-deployment-3646295028-jw22d  1/1     Running            0          59s
nginx-deployment-3646295028-tw6x7  1/1     Running            0          1m
nginx-deployment-3660254150-9kj51  0/1     ImagePullBackOff   0          49s
```

為了解決上面這個問題，我們需要導回到之前穩定版本的 Deployment。首先，用 kubectl rollout history 命令檢查這個 Deployment 部署的歷史記錄：

```
$ kubectl rollout history deployment/nginx-deployment
deployments "nginx-deployment"
REVISION    CHANGE-CAUSE
1           kubectl create --filename=nginx-deployment.yaml --record=true
2           kubectl set image deployment/nginx-deployment nginx=nginx:1.9.1
3           kubectl set image deployment/nginx-deployment nginx=nginx:1.91
```

我們將 Deployment 導回到之前的版本時，只有 Deployment 的 Pod 範本部分會被修改，在預設情況下，所有 Deployment 的發佈歷史記錄都被保留在系統中（可以設定歷史記錄數量），以便於我們隨時進行導回操作。注意，在建立 Deployment 時使用 --record 參數，就可以在 CHANGE-CAUSE 列看到每個版本使用的命令了。

如果需要查看特定版本的詳細資訊，則可以加上 --revision=<N> 參數：

```
$ kubectl rollout history deployment/nginx-deployment --revision=3
deployments "nginx-deployment" with revision #3
Pod Template:
  Labels:        app=nginx
        pod-template-hash=3660254150
  Annotations:   kubernetes.io/change-cause=kubectl set image deployment/
nginx-deployment nginx=nginx:1.91
  Containers:
   nginx:
    Image:          nginx:1.91
    Port:           80/TCP
    Environment:    <none>
    Mounts:         <none>
  Volumes:          <none>
```

現在我們決定撤銷本次發佈並導回到上一個部署版本：

```
$ kubectl rollout undo deployment/nginx-deployment
deployment "nginx-deployment" rolled back
```

當然，也可以使用 --to-revision 參數指定導回到的部署版本編號：

```
$ kubectl rollout undo deployment/nginx-deployment --to-revision=2
deployment "nginx-deployment" rolled back
```

這樣，該 Deployment 就導回到之前的穩定版本了，可以從 Deployment 的事件資訊中查看到導回到版本 2 的操作過程：

```
$ kubectl describe deployment/nginx-deployment
```

```
Name:                    nginx-deployment
......
OldReplicaSets: <none>
NewReplicaSet:  nginx-deployment-3646295028 (3/3 replicas created)
Events:
  FirstSeen     LastSeen      Count     From
SubObjectPath   Type          Reason          Message
  ---------     --------      -----     ----           -----------
--  --------      ------            -------
  4m            4m            1         deployment-controller
Normal          ScalingReplicaSet  Scaled up replica set nginx-
deployment-4234284026 to 3
  4m            4m            1         deployment-controller
Normal          ScalingReplicaSet  Scaled up replica set nginx-
deployment-3646295028 to 1
  4m            4m            1         deployment-controller
Normal          ScalingReplicaSet  Scaled down replica set nginx-
deployment-4234284026 to 2
  4m            4m            1         deployment-controller
Normal          ScalingReplicaSet  Scaled up replica set nginx-
deployment-3646295028 to 2
  4m            4m            1         deployment-controller
Normal          ScalingReplicaSet  Scaled down replica set nginx-
deployment-4234284026 to 1
  4m            4m            1         deployment-controller
Normal          ScalingReplicaSet  Scaled up replica set nginx-
deployment-3646295028 to 3
  4m            4m            1         deployment-controller
Normal          ScalingReplicaSet  Scaled down replica set nginx-
deployment-4234284026 to 0
  4m            4m            1         deployment-controller
Normal          ScalingReplicaSet  Scaled up replica set nginx-
deployment-3660254150 to 1
  36s           36s           1         deployment-controller
Normal          DeploymentRollback  Rolled back deployment "nginx-
deployment" to revision 2
  36s           36s           1         deployment-controller
Normal          ScalingReplicaSet  Scaled down replica set nginx-
deployment-3660254150 to 0
```

3.11.3 暫停和恢復 Deployment 的部署操作

對於一次複雜的 Deployment 設定修改,為了避免頻繁觸發 Deployment
的更新操作,可以先暫停 Deployment 的更新操作,然後進行設定修改,

再恢復 Deployment，一次性觸發完整的更新操作，就可以避免不必要的
Deployment 更新操作了。

以之前建立的 Nginx 為例：

```
$ kubectl get deployments
NAME                DESIRED   CURRENT   UP-TO-DATE   AVAILABLE   AGE
nginx-deployment    3         3         0            3           32s

$ kubectl get rs
NAME                          DESIRED   CURRENT   READY   AGE
nginx-deployment-4234284026   3         3         3       7s
```

透過 kubectl rollout pause 命令暫停 Deployment 的更新操作：

```
$ kubectl rollout pause deployment/nginx-deployment
deployment "nginx-deployment" paused
```

然後修改 Deployment 的鏡像資訊：

```
$ kubectl set image deploy/nginx-deployment nginx=nginx:1.9.1
deployment "nginx-deployment" image updated
```

查看 Deployment 的歷史記錄，發現並沒有觸發新的 Deployment 部署操
作：

```
$ kubectl rollout history deploy/nginx-deployment
deployments "nginx-deployment"
REVISION        CHANGE-CAUSE
1               kubectl create --filename=nginx-deployment.yaml
--record=true
```

在暫停 Deployment 部署之後，可以根據需要進行任意次數的設定更新。
例如，再次更新容器的資源限制：

```
$ kubectl set resources deployment nginx-deployment -c=nginx
--limits=cpu=200m,memory=512Mi
deployment "nginx-deployment" resource requirements updated
```

最後，恢復這個 Deployment 的部署操作：

```
$ kubectl rollout resume deploy nginx-deployment
deployment "nginx-deployment" resumed
```

可以看到一個新的 ReplicaSet 被建立出來了：

```
$ kubectl get rs
```

```
NAME                           DESIRED    CURRENT    READY    AGE
nginx-deployment-3133440882    3          3          3        6s
nginx-deployment-4234284026    0          0          0        49s
```

查看 Deployment 的事件資訊，可以看到 Deployment 完成了更新：

```
# kubectl describe deployment/nginx-deployment
Name:                    nginx-deployment
......
Events:
  FirstSeen     LastSeen      Count    From
SubObjectPath   Type          Reason                  Message
---------       --------      -----    ----                        -----------
--  --------        ------             -------
  1m            1m            1        deployment-controller
Normal          ScalingReplicaSet     Scaled up replica set nginx-
deployment-4234284026 to 3
  28s           28s           1        deployment-controller
Normal          ScalingReplicaSet     Scaled up replica set nginx-
deployment-3133440882 to 1
  27s           27s           1        deployment-controller
Normal          ScalingReplicaSet     Scaled down replica set nginx-
deployment-4234284026 to 2
  27s           27s           1        deployment-controller
Normal          ScalingReplicaSet     Scaled up replica set nginx-
deployment-3133440882 to 2
  26s           26s           1        deployment-controller
Normal          ScalingReplicaSet     Scaled down replica set nginx-
deployment-4234284026 to 1
  25s           25s           1        deployment-controller
Normal          ScalingReplicaSet     Scaled up replica set nginx-
deployment-3133440882 to 3
  23s           23s           1        deployment-controller
Normal          ScalingReplicaSet     Scaled down replica set nginx-
deployment-4234284026 to 0
```

注意，在恢復暫停的 Deployment 之前，無法導回該 Deployment。

3.11.4 其他管理物件的更新策略

Kubernetes 從 1.6 版本開始，對 DaemonSet 和 StatefulSet 的更新策略也引入類似於 Deployment 的輪流升級，透過不同的策略自動完成應用的版本升級。

1. DaemonSet 的更新策略

目前 DaemonSet 的升級策略（updateStrategy）包括兩種：OnDelete 和 RollingUpdate，預設值為 RollingUpdate。

（1）OnDelete：與 1.5 及之前版本的 Kubernetes 保持一致。當使用 OnDelete 作為升級策略時，在建立好新的 DaemonSet 設定之後，新的 Pod 並不會被自動建立，直到使用者手動刪除舊版本的 Pod，才觸發新建操作，即只有手工刪除了 DaemonSet 建立的 Pod 副本，新的 Pod 副本才會被建立出來。如果不設置 updateStrategy 的值，則在 Kubernetes 1.6 之後的版本中會被作為 updateStrategy 的預設設置。

（2）RollingUpdate：從 Kubernetes 1.6 版本開始引入。當使用 RollingUpdate 作為升級策略對 DaemonSet 進行更新時，舊版本的 Pod 將被自動「殺掉」，然後自動建立新版本的 DaemonSet Pod。整個過程與普通 Deployment 的輪流升級一樣是可控的。不過有兩點不同於普通 Pod 的輪流升級：一是目前 Kubernetes 還不支援查看和管理 DaemonSet 的更新歷史記錄；二是 DaemonSet 的導回（Rollback）並不能如同 Deployment 一樣直接透過 kubectl rollback 命令來實現，必須透過再次提交舊版本設定的方式實現。

下面是 DaemonSet 採用 RollingUpdate 升級策略的 YAML 定義：

```
apiVersion: apps/v1
kind: DaemonSet
metadata:
  name: goldpinger
spec:
  updateStrategy:
    type: RollingUpdate
```

2. StatefulSet 的更新策略

Kubernetes 從 1.6 版本開始，針對 StatefulSet 的更新策略逐漸向 Deployment 和 DaemonSet 的更新策略看齊；1.7 版本之後，StatefulSet 又增加了 updateStrategy 欄位給予使用者更強的 StatefulSet 升級控制能力，並實現了 RollingUpdate、OnDelete 和 Partitioned 這幾種策略，以保證

StatefulSet 中各 Pod 有序地、一個一個地更新，並且能夠保留更新歷史，也能導回到某個歷史版本。如果使用者未設置 updateStrategy 欄位，則系統預設使用 RollingUpdate 策略。

當 updateStrategy 的值被設置為 RollingUpdate 時，StatefulSet Controller 會刪除並建立 StatefulSet 相關的每個 Pod 物件，其處理順序與 StatefulSet 終止 Pod 的順序一致，即從序號最大的 Pod 開始重建，每次更新一個 Pod。注意，如果 StatefulSet 的 Pod Management Policy 被設置為 OrderedReady，則可能在更新過程中發生一些意外，從而導致 StatefulSet 陷入崩潰狀態，此時需要使用者手動修復。

當 updateStrategy 的值被設置為 OnDelete 時，StatefulSet Controller 並不會自動更新 StatefulSet 中的 Pod 實例，而是需要使用者手動刪除這些 Pod 並觸發 StatefulSet Controller 建立新的 Pod 實例來彌補，因此這其實是一種手動升級模式。

updateStrategy 也支援特殊的分區升級策略（Partitioned），在這種模式下，使用者指定一個序號，StatefulSet 中序號大於等於此序號的 Pod 實例會全部被升級，小於此序號的 Pod 實例則保留舊版本不變，即使這些 Pod 被刪除、重建，也仍然保持原來的舊版本。這種分區升級策略通常用於按計劃分步驟的系統升級過程中。

3.12 Pod 的容量調整

在實際生產系統中，我們經常會遇到某個服務需要擴充的場景，也可能會遇到由於資源緊張或者工作負載降低而需要減少服務實例數量的場景。此時可以利用 Deployment/RC 的 Scale 機制來完成這些工作。

Kubernetes 對 Pod 的容量調整操作提供了手動和自動兩種模式，手動模式透過執行 kubectl scale 命令或透過 RESTful API 對一個 Deployment/RC 進行 Pod 副本數量的設置，即可一鍵完成。自動模式則需要使用者根據某個性能指標或者自訂業務指標，並指定 Pod 副本數量的範圍，系統將自動在這個範圍內根據性能指標的變化進行調整。

3.12.1 手動容量調整機制

以 Deployment nginx 為例：

nginx-deployment.yaml
```
apiVersion: apps/v1
kind: Deployment
metadata:
  name: nginx-deployment
spec:
  selector:
    matchLabels:
      app: nginx
  replicas: 3
  selector:
    matchLabels:
        app: nginx
  template:
    metadata:
      labels:
        app: nginx
    spec:
      containers:
      - name: nginx
        image: nginx:1.7.9
        ports:
        - containerPort: 80
```

已執行的 Pod 副本數量為 3 個：

```
$ kubectl get pods
NAME                                READY    STATUS     RESTARTS    AGE
nginx-deployment-3973253433-scz37   1/1      Running    0           5s
nginx-deployment-3973253433-x8fsq   1/1      Running    0           5s
nginx-deployment-3973253433-x9z8z   1/1      Running    0           5s
```

透過 kubectl scale 命令可以將 Pod 副本數量從初始的 3 個更新為 5 個：

```
$ kubectl scale deployment nginx-deployment --replicas 5
deployment "nginx-deployment" scaled
$ kubectl get pods
NAME                                READY    STATUS     RESTARTS    AGE
nginx-deployment-3973253433-3gt27   1/1      Running    0           4s
nginx-deployment-3973253433-7jls2   1/1      Running    0           4s
nginx-deployment-3973253433-scz37   1/1      Running    0           4m
```

```
nginx-deployment-3973253433-x8fsq   1/1        Running   0        4m
nginx-deployment-3973253433-x9z8z   1/1        Running   0        4m
```

將 --replicas 的值設置為比當前 Pod 副本數量更小的數字,系統將會「殺掉」一些執行中的 Pod,以實現應用叢集縮減:

```
$ kubectl scale deployment nginx-deployment --replicas=1
deployment "nginx-deployment" scaled

$ kubectl get pods
NAME                                READY      STATUS    RESTARTS AGE
nginx-deployment-3973253433-x9z8z   1/1        Running   0        6m
```

3.12.2 自動容量調整機制

Kubernetes 從 1.1 版 本 開 始, 新 增 了 名 為 Horizontal Pod Autoscaler（HPA）的控制器,用於實現以 CPU 使用率為基礎進行自動 Pod 容量調整的功能。HPA 控制器以 Master 為基礎的 kube-controller-manager 服務啟動參數 --horizontal-pod-autoscaler-sync-period 定義的探測週期（預設值為 15s）,週期性地監測目標 Pod 的資源性能指標,並與 HPA 資源物件中的容量調整條件進行對比,在滿足條件時對 Pod 副本數量進行調整。

Kubernetes 在早期版本中,只能以 Pod 為基礎的 CPU 使用率進行自動容量調整操作,關於 CPU 使用率的資料最早來源於 Heapster 元件,從 1.11 版本開始,Kubernetes 正式棄用 Heapster 並全面轉向以 Metrics Server 為基礎完成資料獲取。Metrics Server 將擷取到的 Pod 性能指標資料透過聚 合 API（Aggregated API） 如 metrics.k8s.io、custom.metrics.k8s.io 和 external.metrics.k8s.io 提供給 HPA 控制器進行查詢。關於聚合 API 和 API 聚合器（API Aggregator）的概念詳見 9.4.2 節的說明。另外,Kubernetes 從 1.6 版本開始,引入了以應用自訂性能指標為基礎的 HPA 機制,並在 1.9 版本之後逐步成熟。

本節對 Kubernetes 的 HPA 的原理和實踐進行詳細說明。

1. HPA 的工作原理

Kubernetes 中的某個 Metrics Server 持續擷取所有 Pod 副本的指標資料。

HPA 控制器透過 Metrics Server 的 API 獲取這些資料，以使用者定義為基礎的容量調整規則進行計算，得到目標 Pod 的副本數量。當目標 Pod 副本數量與當前副本數量不同時，HPA 控制器就向 Pod 的副本控制器（Deployment、RC 或 ReplicaSet）發起 scale 操作，調整 Pod 的副本數量，完成容量調整操作。圖 3.12 展示了 HPA 系統中的關鍵元件和工作流程。

接下來首先對 HPA 能夠管理的指標類型、容量調整演算法、HPA 物件的設定進行詳細說明，然後透過一個完整的範例對如何架設和使用以自訂指標為基礎的 HPA 系統進行說明。

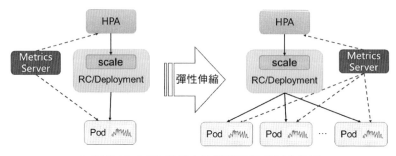

▲ 圖 3.12 HPA 系統中的關鍵元件和工作流程

2. 指標的類型

Master 的 kube-controller-manager 服務持續監測目標 Pod 的某種性能指標，以計算是否需要調整副本數量。目前 Kubernetes 支援的指標類型如下。

- Pod 資源使用率：Pod 等級的性能指標，通常是一個比率值，例如 CPU 使用率。
- Pod 自訂指標：Pod 等級的性能指標，通常是一個數值，例如接收的請求數量。
- Object 自訂指標或外部自訂指標：通常是一個數值，需要容器應用以某種方式提供，例如透過 HTTP URL "/metrics" 提供，或者使用外部服務提供的指標擷取 URL。

Kubernetes HPA 當前有以下兩個版本。

- autoscaling/v1 版本僅支援以 CPU 使用率指標為基礎的自動容量調整。
- autoscaling/v2 版本則支援以記憶體使用率指標、自訂指標及外部指標為基礎的自動容量調整，並且進一步擴充以支援多指標縮放能力，當定義了多個指標時，HPA 會跟據每個指標進行計算，其中縮放幅度最大的指標會被採納。

3. 容量調整演算法詳解

Autoscaler 控制器從聚合 API 獲取到 Pod 性能指標資料之後，以下面的演算法為基礎計算出目標 Pod 副本數量，與當前執行的 Pod 副本數量進行對比，決定是否需要進行容量調整操作：

```
desiredReplicas = ceil[currentReplicas * ( currentMetricValue /
desiredMetricValue )]
```

即當前副本數 ×（當前指標值 / 期望的指標值），將結果向上取整。

以 CPU 請求數量為例，如果使用者設置的期望指標值為 100m，當前實際使用的指標值為 200m，則計算得到期望的 Pod 副本數量應為兩個（200/100=2）。如果當前實際使用的指標值為 50m，計算結果為 0.5，則向上取整，值為 1，得到目標 Pod 副本數量應為 1 個。

當計算結果與 1 非常接近時，可以設置一個容忍度讓系統不做容量調整操作。容忍度透過 kube-controller-manager 服務的啟動參數 --horizontal-pod-autoscaler-tolerance 進行設置，預設值為 0.1（即 10%），表示以上述演算法為基礎得到的結果在 [-10%,+10%] 區間內，即 [0.9,1.1] 區間，控制器都不會進行容量調整操作。

也可以將期望指標值（desiredMetricValue）設置為指標的平均數值型別，例如 targetAverageValue 或 targetAverageUtilization，此時當前指標值（currentMetricValue）的演算法為所有 Pod 副本當前指標值的總和除以 Pod 副本數量得到的平均值。

此外，存在幾種 Pod 異常的情況，如下所述。

- Pod 正在被刪除（設置了刪除時間戳記）：將不會計入目標 Pod 副本數量。
- Pod 的當前指標值無法獲得：本次探測不會將這個 Pod 納入目標 Pod 副本數量，後續的探測會被重新納入計算範圍。
- 如果指標類型是 CPU 使用率，則對於正在啟動但是還未達到 Ready 狀態的 Pod，也暫時不會納入目標副本數量範圍。可以透過 kube-controller-manager 服務的啟動參數 --horizontal-pod-autoscaler-initial-readiness-delay 設置首次探測 Pod 是否 Ready 的延遲時間時間，預設值為 30s。另一個啟動參數 --horizontal-pod-autoscaler-cpu- initialization-period 設置首次擷取 Pod 的 CPU 使用率的延遲時間。

在計算「當前指標值 / 期望的指標值」（currentMetricValue / desiredMetricValue）時將不會包括上述這些異常 Pod。

當存在缺失指標的 Pod 時，系統將更保守地重新計算平均值。系統會假設這些 Pod 在需要縮減（Scale Down）時消耗了期望指標值的 100%，在需要擴充（Scale Up）時消耗了期望指標值的 0%，這樣可以抑制潛在的容量調整操作。

此外，如果存在未達到 Ready 狀態的 Pod，並且系統原本會在不考慮缺失指標或 NotReady 的 Pod 情況下進行擴充，則系統仍然會保守地假設這些 Pod 消耗期望指標值的 0%，從而進一步抑制擴充操作。

如果在 HorizontalPodAutoscaler 中設置了多個指標，系統就會對每個指標都執行上面的演算法，在全部結果中以期望副本數量的最大值為最終結果。如果這些指標中的任意一個都無法被轉換為期望的副本數量（例如無法獲取指標的值），系統就會跳過容量調整操作。

使用 HPA 特性時，可能因為指標動態的變化造成 Pod 副本數量頻繁變動，這也被稱為「抖動」。抖動會影響到業務系統的穩定性，Kubernetes 1.12 之前的版本提供了一些系統參數來緩解這個問題，不過這些參數難以理解和設置。Kubernetes 1.12 版本增加了全新的參數 horizontal-pod-autoscaler-downscale-stabilization（kube-controller-manager 的參數）來解決這個問題，它表示 HPA 容量調整過程中的冷卻時間，即從上次縮減執行結束後，最少需要經過多長時間才可以再次執行縮減動作。當前的預設時間是 5min，此設定可以讓系統更為平滑地進行縮減操作，從而消除短時間內指標值快速波動產生的影響。對該參數的調整需要根據當前生產環境的實際情況進行並觀察結果，若時間過短，則仍然可能抖動強烈，若時間過長，則可能導致 HPA 失效。

最後，在 HPA 控制器執行容量調整操作之前，系統會記錄容量調整建議資訊（Scale Recommendation）。控制器會在操作時間視窗（時間範圍可以設定）中考慮所有的建議資訊，並從中選擇得分最高的建議。

4. HorizontalPodAutoscaler 設定詳解

Kubernetes 將 HorizontalPodAutoscaler 資源物件提供給使用者來定義容量調整的規則，HorizontalPodAutoscaler 資源物件處於 Kubernetes 的 API 組 "autoscaling" 中。下面對 HorizontalPodAutoscaler 的設定和用法進行說明。

（1）以 autoscaling/v1 版本為基礎的 HorizontalPodAutoscaler 設定：

```
apiVersion: autoscaling/v1
kind: HorizontalPodAutoscaler
metadata:
  name: php-apache
spec:
  scaleTargetRef:
    apiVersion: apps/v1
    kind: Deployment
    name: php-apache
  minReplicas: 1
  maxReplicas: 10
  targetCPUUtilizationPercentage: 50
```

主要參數如下。

- scaleTargetRef：目標作用物件，可以是 Deployment、ReplicationController 或 ReplicaSet。
- targetCPUUtilizationPercentage：期望每個 Pod 的 CPU 使用率都為

50%，該使用率以 Pod 為基礎設置的 CPU Request 值進行計算，例如該值為 200m，那麼系統將維持 Pod 的實際 CPU 使用值為 100m。

- minReplicas 和 maxReplicas：Pod 副本數量的最小值和最大值，系統將在這個範圍內進行自動容量調整操作，並維持每個 Pod 的 CPU 使用率為 50%。

為了使用 autoscaling/v1 版本的 HorizontalPodAutoscaler，需要預先安裝 Metrics Server，用於擷取 Pod 的 CPU 使用率。關於 Metrics Server 的說明請參考 9.4 節的介紹，本節主要對以自訂指標為基礎進行自動容量調整的設置進行說明。

（2）以 autoscaling/v2beta2 版本為基礎的 HorizontalPodAutoscaler 設定：

```
apiVersion: autoscaling/v2beta2
kind: HorizontalPodAutoscaler
metadata:
  name: php-apache
spec:
  scaleTargetRef:
    apiVersion: apps/v1
    kind: Deployment
    name: php-apache
  minReplicas: 1
  maxReplicas: 10
  metrics:
  - type: Resource
    resource:
      name: cpu
      target:
        type: Utilization
        averageUtilization: 50
```

主要參數如下。

- scaleTargetRef：目標作用物件，可以是 Deployment、ReplicationController 或 ReplicaSet。
- minReplicas 和 maxReplicas：Pod 副本數量的最小值和最大值，系統將在這個範圍內進行自動容量調整操作，並維持每個 Pod 的 CPU 使用率為 50%。

- metrics：目標指標值。在 metrics 中透過參數 type 定義指標的類型；透過參數 target 定義相應的指標目標值，系統將在指標資料達到目標值時（考慮容忍度的區間，見前面演算法部分的說明）觸發容量調整操作。

可以將 metrics 中的 type（指標類型）設置為以下四種，如下所述。

- Resource：指的是當前伸縮物件下 Pod 的 CPU 和 Memory 指標，只支援 Utilization 和 AverageValue 類型的目標值。對於 CPU 使用率，在 target 參數中設置 averageUtilization 定義目標平均 CPU 使用率。對於記憶體資源，在 target 參數中設置 AverageValue 定義目標平均記憶體使用值。
- Pods：指的是伸縮物件 Pod 的指標，資料需要由第三方的 Adapter 提供，只允許 AverageValue 類型的目標值。
- Object：Kubernetes 內建物件的指標，資料需要由第三方 Adapter 提供，只支援 Value 和 AverageValue 類型的目標值。
- External：指的是 Kubernetes 外部的指標，資料同樣需要由第三方 Adapter 提供，只支援 Value 和 AverageValue 類型的目標值。

其中，AverageValue 是根據 Pod 副本數量計算的平均值指標。Resource 類型的指標來自 Metrics Server 自身，即從它所提供的 aggregated APIs 的 metrics.k8s.io 介面獲取資料，Pod 類型和 Object 類型都屬於自訂指標類型，從 Metrics Server 的 custom.metrics.k8s.io 介面獲取資料，但需要配套 Metrics Server 的第三方 Adapter 來提供資料，這些資料一般都屬於 Kubernetes 叢集自身的參數。而 External 屬於外部指標，基本與 Kuberntes 無關，例如使用者使用了公有雲端服務商提供的訊息服務或外部負載平衡器，希望以這些外部服務為基礎的性能指標（如訊息服務的佇列長度、負載平衡器的 QPS）對自己部署在 Kubernetes 中的服務進行自動容量調整操作，External 指標從 Metrics Server 的 external.metrics.k8s.io 介面獲取資料。

而具體的指標資料可以透過 API "custom.metrics.k8s.io" 進行查詢，要求預先啟動自訂 Metrics Server 服務。

下面是一個類型為 Pods 的 Metrics 範例：

```
metrics:
- type: Pods
  pods:
    metric:
      name: packets-per-second
    target:
      type: AverageValue
      averageValue: 1k
```

其中，設置 Pod 的指標名為 packets-per-second，在目標指標平均值為 1000 時觸發容量調整操作。

下面是幾個類型為 Object 的 Metrics 範例。

【例 1】設置指標的名稱為 requests-per-second，其值來源於 Ingress "main-route"，將目標值（value）設置為 2000，即在 Ingress 的每秒請求數量達到 2000 個時觸發容量調整操作：

```
metrics:
- type: Object
  object:
    metric:
      name: requests-per-second
    describedObject:
      apiVersion: extensions/v1beta1
      kind: Ingress
      name: main-route
    target:
      type: Value
      value: 2k
```

【例 2】設置指標的名稱為 http_requests，並且該資源物件具有標籤 verb=GET，在指標平均值達到 500 時觸發容量調整操作：

```
metrics:
- type: Object
  object:
    metric:
      name: 'http_requests'
      selector: 'verb=GET'
    target:
```

```
    type: AverageValue
    averageValue: 500
```

我們在使用 autoscaling/v2beta1 版本時，還可以在同一個 Horizontal PodAutoscaler 資源物件中定義多個類型的指標，系統將針對每種類型的指標都計算 Pod 副本的目標數量，以最大值為準進行容量調整操作。下面是一個具體的範例：

```
apiVersion: autoscaling/v2beta1
kind: HorizontalPodAutoscaler
metadata:
  name: php-apache
  namespace: default
spec:
  scaleTargetRef:
    apiVersion: apps/v1
    kind: Deployment
    name: php-apache
  minReplicas: 1
  maxReplicas: 10
  metrics:
  - type: Resource
    resource:
      name: cpu
      target:
        type: AverageUtilization
        averageUtilization: 50
  - type: Pods
    pods:
      metric:
        name: packets-per-second
      targetAverageValue: 1k
  - type: Object
    object:
      metric:
        name: requests-per-second
      describedObject:
        apiVersion: extensions/v1beta1
        kind: Ingress
        name: main-route
      target:
        kind: Value
        value: 10k
```

下面是一個類型為 External 的 Metrics 範例（例 3）。

【例 3】設置指標的名稱為 queue_messages_ready，具有 queue=worker_tasks 標籤，在目標指標平均值為 30 時觸發自動容量調整操作：

```
- type: External
  external:
    metric:
      name: queue_messages_ready
      selector: "queue=worker_tasks"
    target:
      type: AverageValue
      averageValue: 30
```

在使用外部服務的指標時，要安裝、部署能夠對接到 Kubernetes HPA 模型的監控系統，並且完全了解監控系統擷取這些指標的機制，後續的自動容量調整操作才能完成。

Kubernetes 推薦儘量使用類型為 Object 的 HPA 設定方式，這可以透過使用 Operator 模式，將外部指標透過 CRD（自訂資源）定義為 API 資源物件來實現。

5. 以自訂指標為基礎的 HPA 實踐

下面透過一個完整的範例，對如何架設和使用以自訂指標為基礎的 HPA 系統進行說明。

以自訂指標為基礎進行自動容量調整時，需要預先部署自訂 Metrics Server，目前可以使用基於 Prometheus、Microsoft Azure、Datadog Cluster 等系統的 Adapter 實現自訂 Metrics Server，未來還將提供以 Google Stackdriver 為基礎的實現自訂 Metrics Server。本節以 Prometheus 監控系統為基礎對 HPA 的基礎元件部署和 HPA 設定進行詳細說明。

以 Prometheus 為基礎的 HPA 架構如圖 3.13 所示。

關鍵元件包括如下。

- Prometheus：定期擷取各 Pod 的性能指標資料。
- Custom Metrics Server：自訂 Metrics Server，用 Prometheus Adapter

進行具體實現。它從 Prometheus 服務擷取性能指標資料，透過 Kubernetes 的 Metrics Aggregation 層將自訂指標 API 註冊到 Master 的 API Server 中，以 /apis/custom.metrics.k8s.io 路徑提供指標資料。

■ HPA Controller：Kubernetes 的 HPA 控制器，以使用者定義為基礎的 HorizontalPodAutoscaler 進行自動容量調整操作。

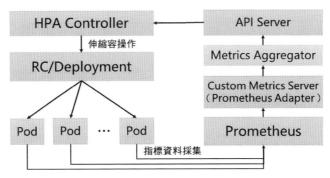

▲ 圖 3.13 以 Prometheus 為基礎的 HPA 架構

接下來對整個系統的部署過程進行說明。

（1）在 Master 的 API Server 中啟動 Aggregation 層，透過設置 kube-apiserver 服務的下列啟動參數進行啟動。

■ --requestheader-client-ca-file=/etc/kubernetes/ssl_keys/ca.crt：用戶端 CA 證書。

■ --requestheader-allowed-names=：允許存取的用戶端 common names 列表，透過 header 中由 --requestheader- username-headers 參數指定的欄位獲取。用戶端 common names 的名稱需要在 client-ca-file 中進行設定，將其設置為空值時，表示任意用戶端都可以存取。

■ --requestheader-extra-headers-prefix=X-Remote-Extra-：請求標頭中需要檢查的首碼名稱。

■ --requestheader-group-headers=X-Remote-Group：請求標頭中需要檢查的組名稱。

■ --requestheader-username-headers=X-Remote-User：請求標頭中需要檢查的使用者名稱。

- --proxy-client-cert-file=/etc/kubernetes/ssl_keys/kubelet_client.crt：在請求期間驗證 Aggregator 的用戶端 CA 證書。
- --proxy-client-key-file=/etc/kubernetes/ssl_keys/kubelet_client.key：在請求期間驗證 Aggregator 的用戶端私密金鑰。

設定 kube-controller-manager 服務中 HPA 的相關啟動參數（可選設定）如下。

- --horizontal-pod-autoscaler-sync-period=10s：HPA 控制器同步 Pod 副本數量的時間間隔，預設值為 15s。
- --horizontal-pod-autoscaler-downscale-stabilization=1m0s：執行縮減操作的等待時長，預設值為 5min。
- --horizontal-pod-autoscaler-initial-readiness-delay=30s：等待 Pod 達到 Ready 狀態的時延，預設值為 30min。
- --horizontal-pod-autoscaler-tolerance=0.1：容量調整計算結果的容忍度，預設值為 0.1，表示 [-10%,+10%]。

（2）部署 Prometheus，這裡使用 Operator 模式進行部署。

首先，使用下面的 YAML 檔案部署 prometheus-operator：

```
apiVersion: apps/v1
kind: Deployment
metadata:
  labels:
    k8s-app: prometheus-operator
  name: prometheus-operator
spec:
  replicas: 1
  selector:
    matchLabels:
      k8s-app: prometheus-operator
  template:
    metadata:
      labels:
        k8s-app: prometheus-operator
    spec:
      containers:
      - image: quay.io/coreos/prometheus-operator:v0.17.0
```

```
            imagePullPolicy: IfNotPresent
            name: prometheus-operator
            ports:
            - containerPort: 8080
              name: http
            resources:
              limits:
                cpu: 200m
                memory: 100Mi
              requests:
                cpu: 100m
                memory: 50Mi
```

這個 prometheus-operator 會自動建立名為 monitoring.coreos.com 的 CRD 資源。

然後，透過 Operator 的設定部署 Prometheus 服務：

```
---
apiVersion: monitoring.coreos.com/v1
kind: Prometheus
metadata:
  name: prometheus
  labels:
    app: prometheus
    prometheus: prometheus
spec:
  replicas: 1
  baseImage: prom/prometheus
  version: v2.8.0
  serviceMonitorSelector:
    matchLabels:
      service-monitor: function
  resources:
    requests:
      memory: 300Mi

---
apiVersion: v1
kind: Service
metadata:
  name: prometheus
  labels:
    app: prometheus
```

```
    prometheus: prometheus
spec:
  selector:
    prometheus: prometheus
  ports:
  - name: http
    port: 9090
```

確認 Prometheus Operator 和 Prometheus 服務正常執行：

```
# kubectl get pods
NAME                                    READY   STATUS    RESTARTS   AGE
prometheus-operator-7c976597bc-xzdf5    1/1     Running   0          51m
prometheus-prometheus-0                 2/2     Running   0          42m
```

（3）部署自訂 Metrics Server，這裡以 Prometheus Adapter 的實現進行部署，這裡將它們部署在一個新的命名空間 custom-metrics 中。下面的 YAML 檔案主要包含 Namespace、ConfigMap、Deployment、Service 和自訂 API 資源 custom.metrics.k8s.io/ v1beta1。

Namespace 的定義如下：

```
kind: Namespace
apiVersion: v1
metadata:
  name: custom-metrics
```

ConfigMap 的定義如下：

```
apiVersion: v1
kind: ConfigMap
metadata:
  name: adapter-config
  namespace: custom-metrics
data:
  config.yaml: |
    rules:
    - seriesQuery: '{__name__=~"^container_.*",container_
name!="POD",namespace!="",pod_name!=""}'
      seriesFilters: []
      resources:
        overrides:
          namespace:
            resource: namespace
```

```
            pod_name:
              resource: pod
        name:
          matches: ^container_(.*)_seconds_total$
          as: ""
        metricsQuery: sum(rate(<<.Series>>{<<.LabelMatchers>>,container_
name!="POD"}[1m])) by (<<.GroupBy>>)
      - seriesQuery: '{__name__=~"^container_.*",container_
name!="POD",namespace!="",pod_name!=""}'
        seriesFilters:
        - isNot: ^container_.*_seconds_total$
        resources:
          overrides:
            namespace:
              resource: namespace
            pod_name:
              resource: pod
        name:
          matches: ^container_(.*)_total$
          as: ""
        metricsQuery: sum(rate(<<.Series>>{<<.LabelMatchers>>,container_
name!="POD"}[1m])) by (<<.GroupBy>>)
      - seriesQuery: '{__name__=~"^container_.*",container_
name!="POD",namespace!="",pod_name!=""}'
        seriesFilters:
        - isNot: ^container_.*_total$
        resources:
          overrides:
            namespace:
              resource: namespace
            pod_name:
              resource: pod
        name:
          matches: ^container_(.*)$
          as: ""
        metricsQuery: sum(<<.Series>>{<<.LabelMatchers>>,container_
name!="POD"}) by (<<.GroupBy>>)
      - seriesQuery: '{namespace!="",__name__!~"^container_.*"}'
        seriesFilters:
        - isNot: .*_total$
        resources:
          template: <<.Resource>>
        name:
          matches: ""
```

```
      as: ""
    metricsQuery: sum(<<.Series>>{<<.LabelMatchers>>}) by (<<.GroupBy>>)
  - seriesQuery: '{namespace!="",__name__!~"^container_.*"}'
    seriesFilters:
    - isNot: .*_seconds_total
    resources:
      template: <<.Resource>>
    name:
      matches: ^(.*)_total$
      as: ""
    metricsQuery: sum(rate(<<.Series>>{<<.LabelMatchers>>}[1m])) by (<<.GroupBy>>)
  - seriesQuery: '{namespace!="",__name__!~"^container_.*"}'
    seriesFilters: []
    resources:
      template: <<.Resource>>
    name:
      matches: ^(.*)_seconds_total$
      as: ""
    metricsQuery: sum(rate(<<.Series>>{<<.LabelMatchers>>}[1m])) by (<<.GroupBy>>)
  resourceRules:
    cpu:
      containerQuery: sum(rate(container_cpu_usage_seconds_total{<<.LabelMatchers>>}[1m])) by (<<.GroupBy>>)
      nodeQuery: sum(rate(container_cpu_usage_seconds_total{<<.LabelMatchers>>, id='/'}[1m])) by (<<.GroupBy>>)
      resources:
        overrides:
          instance:
            resource: node
          namespace:
            resource: namespace
          pod_name:
            resource: pod
      containerLabel: container_name
    memory:
      containerQuery: sum(container_memory_working_set_bytes{<<.LabelMatchers>>}) by (<<.GroupBy>>)
      nodeQuery: sum(container_memory_working_set_bytes{<<.LabelMatchers>>,id='/'}) by (<<.GroupBy>>)
      resources:
        overrides:
          instance:
```

```
            resource: node
        namespace:
            resource: namespace
        pod_name:
            resource: pod
    containerLabel: container_name
  window: 1m
# 以上設定為針對應用自訂指標的計算邏輯
```

Deployment 的定義如下：

```
apiVersion: apps/v1
kind: Deployment
metadata:
  name: custom-metrics-server
  namespace: custom-metrics
  labels:
    app: custom-metrics-server
spec:
  replicas: 1
  selector:
    matchLabels:
      app: custom-metrics-server
  template:
    metadata:
      name: custom-metrics-server
      labels:
        app: custom-metrics-server
    spec:
      containers:
      - name: custom-metrics-server
        image: directxman12/k8s-prometheus-adapter-amd64
        imagePullPolicy: IfNotPresent
        args:
        - --prometheus-url=http://prometheus.default.svc:9090/
        - --metrics-relist-interval=30s
        - --v=10
        - --config=/etc/adapter/config.yaml
        - --logtostderr=true
        ports:
        - containerPort: 443
        securityContext:
          runAsUser: 0
        volumeMounts:
        - mountPath: /etc/adapter/
```

```
        name: config
        readOnly: true
    volumes:
    - name: config
      configMap:
        name: adapter-config
```

參數 --prometheus-url 用於設置之前建立的 Prometheus 服務在 Kubernetes 中的 DNS 域名格式位址，例如 prometheus.default.svc
參數 --metrics-relist-interval 用於設置更新指標快取的頻率，應將其設置為大於或等於 Prometheus 的指標擷取頻率

Service 的定義如下：

```
apiVersion: v1
kind: Service
metadata:
  name: custom-metrics-server
  namespace: custom-metrics
spec:
  ports:
  - port: 443
    targetPort: 443
  selector:
    app: custom-metrics-server
```

APIService 的定義如下：

```
apiVersion: apiregistration.k8s.io/v1beta1
kind: APIService
metadata:
  name: v1beta1.custom.metrics.k8s.io
spec:
  service:
    name: custom-metrics-server
    namespace: custom-metrics
  group: custom.metrics.k8s.io
  version: v1beta1
  insecureSkipTLSVerify: true
  groupPriorityMinimum: 100
  versionPriority: 100
```

透過 kubectl 建立完成後，確認 custom-metrics-server 容器正常執行：

```
# kubectl -n custom-metrics get pods
NAME                                       READY   STATUS    RESTARTS   AGE
custom-metrics-server-594dd7c4db-z622f     1/1     Running   0          1m
```

（4）部署應用程式，它會在 HTTP URL "/metrics" 路徑提供名為 http_
requests_total 的指標值：

```
---
apiVersion: apps/v1
kind: Deployment
metadata:
  name: sample-app
  labels:
    app: sample-app
spec:
  replicas: 1
  selector:
    matchLabels:
      app: sample-app
  template:
    metadata:
      labels:
        app: sample-app
    spec:
      containers:
      - image: luxas/autoscale-demo:v0.1.2
        imagePullPolicy: IfNotPresent
        name: metrics-provider
        ports:
        - name: http
          containerPort: 8080

---
apiVersion: v1
kind: Service
metadata:
  name: sample-app
  labels:
    app: sample-app
spec:
  ports:
  - name: http
    port: 80
    targetPort: 8080
  selector:
    app: sample-app
```

部署成功之後，可以在應用的 URL "/metrics" 中查看指標 http_requests_

total 的值：

```
# kubectl get service sample-app
NAME         TYPE         CLUSTER-IP       EXTERNAL-IP    PORT(S)    AGE
sample-app   ClusterIP    169.169.43.252   <none>         80/TCP     86m

# curl 169.169.43.252/metrics
# HELP http_requests_total The amount of requests served by the server in
total
# TYPE http_requests_total counter
http_requests_total 1
```

（5）建立一個 Prometheus 的 ServiceMonitor 物件，用於監控應用程式提供的指標：

```
apiVersion: monitoring.coreos.com/v1
kind: ServiceMonitor
metadata:
  name: sample-app
  labels:
    service-monitor: function
spec:
  selector:
    matchLabels:
      app: sample-app
  endpoints:
  - port: http
```

關鍵設定參數如下。

- Selector：設置為 Pod 的 Label "app: sample-app"。
- Endpoints：設置為在 Service 中定義的通訊埠名稱 "http"。

（6）建立一個 HorizontalPodAutoscaler 物件，用於為 HPA 控制器提供使用者期望的自動容量調整設定：

```
apiVersion: autoscaling/v2beta2
kind: HorizontalPodAutoscaler
metadata:
  name: sample-app
spec:
  scaleTargetRef:
    apiVersion: apps/v1
    kind: Deployment
```

```
    name: sample-app
minReplicas: 1
maxReplicas: 10
metrics:
- type: Pods
  pods:
    metric:
      name: http_requests
    target:
      type: AverageValue
      averageValue: 500m
```

關鍵設定參數如下。

- scaleTargetRef：設置 HPA 的作用物件為之前部署的 Deployment "sample-app"。

- type=Pods：設置指標類型為 Pods，表示從 Pod 中獲取指標資料。

- metric.name=http_requests：將指標的名稱設置為 "http_requests"，是自訂 Metrics Server 將應用程式提供的指標 "http_requests_total" 經過計算轉換成的一個新比率值，即 sum(rate(http_requests_total{namespace="xx",pod="xx"}[1m])) by pod，指過去 1min 內全部 Pod 指標 http_requests_total 總和的每秒平均值。

- target：將指標 http_requests 的目標值設置為 500m，類型為 AverageValue，表示以全部 Pod 副本資料為基礎計算平均值。目標 Pod 的副本數量將使用公式 "http_requests 當前值 /500m" 進行計算。

- minReplicas 和 maxReplicas：將容量調整區間設置為 1 ～ 10（單位是 Pod 副本）。

此時可以透過查看自訂 Metrics Server 提供的 URL "custom.metrics.k8s.io/v1beta1" 查看 Pod 的指標是否已被成功擷取，並透過聚合 API 進行查詢：

```
# kubectl get --raw "/apis/custom.metrics.k8s.io/v1beta1/namespaces/
default/pods/*/http_requests?selector=app%3Dsample-app"
```
{"kind":"MetricValueList","apiVersion":"custom.metrics.k8s.io/v1beta1","metadata":{"selfLink":"/apis/custom.metrics.k8s.io/v1beta1/namespaces/default/pods/%2A/http_requests"},"items":[{"describedObject":{"kind":"Pod","namespace":"default","name":"sample-app-579f977995-jz98h","apiVersion":"/v1"},"metricName":"http_requests","timestamp":"2020-03-16T17:54:38Z","value":"33m"}]}

從結果中可以看到正確的 value 值，說明自訂 Metrics Server 工作正常。

查看 HorizontalPodAutoscaler 的詳細資訊，可以看到其成功從自訂 Metrics Server 處獲取了應用的指標資料，可以進行容量調整操作：

```
# kubectl describe hpa.v2beta2.autoscaling sample-app
Name:                    sample-app
Namespace:               default
Labels:                  <none>
Annotations:             <none>
CreationTimestamp:       Sun, 17 Mar 2020 01:05:33 +0800
Reference:               Deployment/sample-app
Metrics:                 ( current / target )
  "http_requests" on pods:  33m / 500m
Min replicas:            1
Max replicas:            10
Deployment pods:         1 current / 1 desired
Conditions:
  Type           Status  Reason           Message
  ----           ------  ------           -------
  AbleToScale    True    ReadyForNewScale recommended size matches
current size
  ScalingActive  True    ValidMetricFound the HPA was able to
successfully calculate a replica count from pods metric http_requests
  ScalingLimited False   DesiredWithinRange the desired count is within
the acceptable range
```

（7）對應用的服務位址發起 HTTP 存取請求，驗證 HPA 自動擴充機制。例如，可以使用如下指令稿對應用進行壓力測試：

```
# for i in {1..100000}; do wget -q -O- 169.169.43.252 > /dev/null; done
```

一段時間之後，觀察 HorizontalPodAutoscaler 和 Pod 數量的變化，可以看到自動擴充的過程：

```
# kubectl describe hpa.v2beta2.autoscaling sample-app
Name:                    sample-app
Namespace:               default
Labels:                  <none>
Annotations:             <none>
CreationTimestamp:       Sun, 17 Mar 2020 02:01:30 +0800
Reference:               Deployment/sample-app
Metrics:                 ( current / target )
  "http_requests" on pods:  4296m / 500m
```

```
Min replicas:                  1
Max replicas:                  10
```
Deployment pods: 10 current / 10 desired
```
Conditions:
  Type            Status  Reason               Message
  ----            ------  ------               -------
  AbleToScale     True    ScaleDownStabilized  recent recommendations were
higher than current one, applying the highest recent recommendation
  ScalingActive   True    ValidMetricFound      the HPA was able to
successfully calculate a replica count from pods metric http_requests
  ScalingLimited  True    TooManyReplicas       the desired replica count is
more than the maximum replica count
```
Events:
Type   Reason   Age   From   Message
```
  ----        ------                ----   ----                         -------
```
  Normal   SuccessfulRescale   67s   horizontal-pod-autoscaler   New size:
4; reason: pods metric http_requests above target
  Normal   SuccessfulRescale   56s   horizontal-pod-autoscaler   New size:
8; reason: pods metric http_requests above target
  Normal   SuccessfulRescale   45s   horizontal-pod-autoscaler   New size:
10; reason: pods metric http_requests above target

發現 Pod 數量擴充到了 10 個（被 maxReplicas 參數限制的最大值）：

```
# kubectl get pods -l app=sample-app
NAME                              READY   STATUS    RESTARTS   AGE
sample-app-579f977995-dtgcw       1/1     Running   0          32s
sample-app-579f977995-hn5bd       1/1     Running   0          70s
sample-app-579f977995-jz98h       1/1     Running   0          75s
sample-app-579f977995-kllhq       1/1     Running   0          90s
sample-app-579f977995-p5d44       1/1     Running   0          85s
sample-app-579f977995-q6rxb       1/1     Running   0          70s
sample-app-579f977995-rhn5d       1/1     Running   0          70s
sample-app-579f977995-tjc8q       1/1     Running   0          86s
sample-app-579f977995-tzthf       1/1     Running   0          70s
sample-app-579f977995-wswcx       1/1     Running   0          32s
```

停止存取應用服務，等待一段時間後，觀察 HorizontalPodAutoscaler 和
Pod 數量的變化，可以看到縮減操作：

```
# kubectl describe hpa.v2beta2.autoscaling sample-app
Name:            sample-app
Namespace:       default
Labels:          <none>
```

```
Annotations:                    <none>
CreationTimestamp:              Sun, 17 Mar 2020 02:01:30 +0800
Reference:                      Deployment/sample-app
Metrics:                        ( current / target )
  "http_requests" on pods:      33m / 500m
Min replicas:                   1
Max replicas:                   10
Deployment pods:                1 current / 1 desired
Conditions:
  Type            Status   Reason              Message
  ----            ------   ------              -------
  AbleToScale     True     ReadyForNewScale    recommended size matches
current size
  ScalingActive   True     ValidMetricFound    the HPA was able to
successfully calculate a replica count from pods metric http_requests
  ScalingLimited  False    DesiredWithinRange  the desired count is within
the acceptable range
Events:
  Type       Reason              Age      From
Message
  ----       ------              ----     ----                              ---
----
  Normal     SuccessfulRescale 6m48s     horizontal-pod-autoscaler New size: 4;
reason: pods metric http_requests above target
  Normal     SuccessfulRescale  6m37s    horizontal-pod-autoscaler   New size:
8; reason: pods metric http_requests above   target
  Normal     SuccessfulRescale  6m26s    horizontal-pod-autoscaler   New size:
10; reason: pods metric http_requests above target
  Normal     SuccessfulRescale  47s      horizontal-pod-autoscaler   New size:
1; reason: All metrics below target
```

發現 Pod 的數量已經縮減到最小值 1：

```
# kubectl get pods -l app=sample-app
NAME                              READY   STATUS    RESTARTS   AGE
sample-app-579f977995-dtgcw       1/1     Running   0          10m
```

3.13 使用 StatefulSet 架設 MongoDB 叢集

本節以 MongoDB 為例，使用 StatefulSet 完成 MongoDB 叢集的建立，為
每個 MongoDB 實例在共用儲存（本例使用 GlusterFS）中都申請一片儲

存空間，以實現一個無單點故障、高可用、可動態擴充的 MongoDB 叢集。該部署架構如圖 3.14 所示。

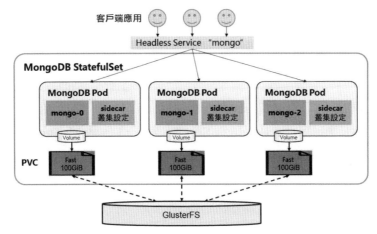

▲ 圖 3.14 使用 StatefulSet 部署 MongoDB 叢集的架構

3.13.1 前提條件

在建立 StatefulSet 之前，需要確保在 Kubernetes 叢集中管理員已經建立好共用儲存，並能夠與 StorageClass 對接，以實現動態儲存裝置供應的模式。本節的範例將使用 GlusterFS 作為共用儲存（GlusterFS 的部署方法參見 8.3 節的説明）。

3.13.2 部署 StatefulSet

為了完成 MongoDB 叢集的架設，需要部署以下三個資源物件。

- 一個 StorageClass：用於 StatefulSet 自動為各個應用 Pod 申請 PVC。
- 一個 Headless Service：用於設置 MongoDB 實例的域名。
- 一個 StatefulSet。

首先，建立一個 StorageClass 物件。storageclass-fast.yaml 檔案的內容如下：

```
apiVersion: storage.k8s.io/v1
kind: StorageClass
metadata:
```

```
   name: fast
provisioner: kubernetes.io/glusterfs
parameters:
  resturl: "http://<heketi-rest-url>"
```

執行 kubectl create 命令建立該 StorageClass：

```
# kubectl create -f storageclass-fast.yaml
storageclass/fast created
```

接下來，建立對應的 Headless Service。mongo-sidecar 作為 MongoDB 叢集的管理者，將使用此 Headless Service 來維護各個 MongoDB 實例之間的叢集關係，以及叢集規模變化時的自動更新。mongo-headless-service. yaml 檔案的內容如下：

```
apiVersion: v1
kind: Service
metadata:
  name: mongo
  labels:
    name: mongo
spec:
  ports:
  - port: 27017
    targetPort: 27017
  clusterIP: None
  selector:
    role: mongo
```

執行 kubectl create 命令建立該 Headless Service：

```
# kubectl create -f mongo-headless-service.yaml
service/mongo created
```

最後，建立 MongoDB StatefulSet。statefulset-mongo.yaml 檔案的內容如下：

```
apiVersion: apps/v1
kind: StatefulSet
metadata:
  name: mongo
spec:
  selector:
    matchLabels:
```

```
      role: mongo
serviceName: "mongo"
replicas: 3
template:
  metadata:
    labels:
      role: mongo
      environment: test
  spec:
    terminationGracePeriodSeconds: 10
    containers:
    - name: mongo
      image: mongo:3.4.4
      command:
      - mongod
      - "--replSet"
      - rs0
      - "--smallfiles"
      - "--noprealloc"
      ports:
      - containerPort: 27017
      volumeMounts:
      - name: mongo-persistent-storage
        mountPath: /data/db
    - name: mongo-sidecar
      image: cvallance/mongo-k8s-sidecar
      env:
      - name: MONGO_SIDECAR_POD_LABELS
        value: "role=mongo,environment=test"
      - name: KUBERNETES_MONGO_SERVICE_NAME
        value: "mongo"
volumeClaimTemplates:
- metadata:
    name: mongo-persistent-storage
    annotations:
      volume.beta.kubernetes.io/storage-class: "fast"
  spec:
    accessModes: [ "ReadWriteOnce" ]
    resources:
      requests:
        storage: 100Gi
```

對其中的主要設定説明如下。

（1）在該 StatefulSet 的定義中包括兩個容器：mongo 和 mongo-sidecar。
mongo 是主服務程式，mongo-sidecar 是將多個 mongo 實例進行叢集設置
的工具。mongo-sidecar 中的環境變數如下。

- MONGO_SIDECAR_POD_LABELS：設置為 mongo 容器的標籤，用於
  sidecar 查詢它所要管理的 MongoDB 叢集實例。
- KUBERNETES_MONGO_SERVICE_NAME：它的值為 mongo，表示
  sidecar 將使用 mongo 這個服務名稱來完成 MongoDB 叢集的設置。

（2）replicas=3 表示這個 MongoDB 叢集由 3 個 mongo 實例組成。

（3）volumeClaimTemplates 是 StatefulSet 最 重 要 的 儲 存 設 置。 在
annotations 段設置 volume.beta.kubernetes.io/storage-class="fast" 表示使用
名為 fast 的 StorageClass 自動為每個 mongo Pod 實例都分配後端儲存。
resources.requests.storage=100Gi 表示為每個 mongo 實例都分配 100GiB
的磁碟空間。

使用 kubectl create 命令建立這個 StatefulSet：

```
# kubectl create -f statefulset-mongo.yaml
statefulset.apps/mongo created
```

最終可以看到 StatefulSet 依次建立並啟動了 3 個 mongo Pod 實例，它們的
名字依次為 mongo-0、mongo-1、mongo-2：

```
# kubectl get pods -l role=mongo
NAME       READY   STATUS     RESTARTS   AGE
mongo-0    2/2     Running    0          4m
mongo-1    2/2     Running    0          3m
mongo-2    2/2     Running    0          2m
```

StatefulSet 會 用 volumeClaimTemplates 中 的 定 義 為 每 個 Pod 副 本 都
建立一個 PVC 實例，每個 PVC 實例的名稱都由 StatefulSet 定義中
volumeClaimTemplates 的名稱和 Pod 副本的名稱組合而成，查看系統中的
PVC 便可以驗證這一點：

```
# kubectl get pvc
NAME                              STATUS    VOLUME
CAPACITY   ACCESSMODES   STORAGECLASS     AGE
```

```
mongo-persistent-storage-mongo-0   Bound    pvc-7d963fef-42b3-11e7-b4ca-
000c291bc5fc   100Gi        RWO            fast    4m
mongo-persistent-storage-mongo-1   Bound    pvc-8953f856-42b3-11e7-b4ca-
000c291bc5fc   100Gi        RWO            fast    3m
mongo-persistent-storage-mongo-2   Bound    pvc-a0fdc059-42b3-11e7-b4ca-
000c291bc5fc   100Gi        RWO            fast    3m
```

下面是 mongo-0 這個 Pod 中的 Volume 設置，可以看到系統自動為其掛載了對應的 PVC：

```
# kubectl get pod mongo-0 -o yaml
apiVersion: v1
kind: Pod
metadata:
  name: mongo-0
......
  volumes:
  - name: mongo-persistent-storage
    persistentVolumeClaim:
      claimName: mongo-persistent-storage-mongo-0
......
```

至此，一個由 3 個實例組成的 MongoDB 叢集就建立完成了，其中的每個實例都擁有穩定的名稱（DNS 域名格式）和獨立的儲存空間。

3.13.3 查看 MongoDB 叢集的狀態

登入任意一個 mongo Pod，在 mongo 命令列介面用 rs.status() 命令查看 MongoDB 叢集的狀態，可以看到 mongo 叢集已透過 sidecar 完成了建立。在叢集中包含 3 個節點，每個節點的名稱都是 StatefulSet 設置的 DNS 域名格式的網路標識名稱：

- mongo-0.mongo.default.svc.cluster.local；
- mongo-1.mongo.default.svc.cluster.local；
- mongo-2.mongo.default.svc.cluster.local。

同時，可以看到 3 個 mongo 實例各自的角色（PRIMARY 或 SECONDARY）也都進行了正確的設置：

```
# kubectl exec -ti mongo-0 -- mongo
```

```
MongoDB shell version v3.4.4
connecting to: mongodb://127.0.0.1:27017
MongoDB server version: 3.4.4
Welcome to the MongoDB shell.
......
rs0:PRIMARY>
rs0:PRIMARY> rs.status()
{
    "set" : "rs0",
    "date" : ISODate("2020-05-27T08:13:07.598Z"),
    "myState" : 2,
    "term" : NumberLong(1),
    "syncingTo" : "mongo-0.mongo.default.svc.cluster.local:27017",
    "heartbeatIntervalMillis" : NumberLong(2000),
    "optimes" : {
        "lastCommittedOpTime" : {
            "ts" : Timestamp(1495872747, 1),
            "t" : NumberLong(1)
        },
        "appliedOpTime" : {
            "ts" : Timestamp(1495872747, 1),
            "t" : NumberLong(1)
        },
        "durableOpTime" : {
            "ts" : Timestamp(1495872747, 1),
            "t" : NumberLong(1)
        }
    },
    "members" : [
        {
            "_id" : 0,
            "name" : "mongo-0.mongo.default.svc.cluster.local:27017",
            "health" : 1,
            "state" : 1,
            "stateStr" : "PRIMARY",
            "uptime" : 260,
            "optime" : {
                "ts" : Timestamp(1495872747, 1),
                "t" : NumberLong(1)
            },
            "optimeDurable" : {
                "ts" : Timestamp(1495872747, 1),
                "t" : NumberLong(1)
            },
```

```
    "optimeDate" : ISODate("2020-05-27T08:12:27Z"),
    "optimeDurableDate" : ISODate("2020-05-27T08:12:27Z"),
    "lastHeartbeat" : ISODate("2020-05-27T08:13:05.777Z"),
    "lastHeartbeatRecv" : ISODate("2020-05-27T08:13:05.776Z"),
    "pingMs" : NumberLong(0),
    "electionTime" : Timestamp(1495872445, 1),
    "electionDate" : ISODate("2020-05-27T08:07:25Z"),
    "configVersion" : 9
},
{
    "_id" : 1,
    "name" : "mongo-1.mongo.default.svc.cluster.local:27017",
    "health" : 1,
    "state" : 2,
    "stateStr" : "SECONDARY",
    "uptime" : 291,
    "optime" : {
        "ts" : Timestamp(1495872747, 1),
        "t" : NumberLong(1)
    },
    "optimeDate" : ISODate("2020-05-27T08:12:27Z"),
    "syncingTo" : "mongo-0.mongo.default.svc.cluster.local: 27017",
    "configVersion" : 9,
    "self" : true
},
{
    "_id" : 2,
    "name" : "mongo-2.mongo.default.svc.cluster.local:27017",
    "health" : 1,
    "state" : 2,
    "stateStr" : "SECONDARY",
    "uptime" : 164,
    "optime" : {
        "ts" : Timestamp(1495872747, 1),
        "t" : NumberLong(1)
    },
    "optimeDurable" : {
        "ts" : Timestamp(1495872747, 1),
        "t" : NumberLong(1)
    },
    "optimeDate" : ISODate("2020-05-27T08:12:27Z"),
    "optimeDurableDate" : ISODate("2020-05-27T08:12:27Z"),
    "lastHeartbeat" : ISODate("2020-05-27T08:13:06.369Z"),
    "lastHeartbeatRecv" : ISODate("2020-05-27T08:13:06. 635Z"),
```

```
        "pingMs" : NumberLong(0),
        "syncingTo" : "mongo-0.mongo.default.svc.cluster.local:27017",
        "configVersion" : 9
      }
    ],
    "ok" : 1
}
```

對於需要存取這個 mongo 叢集的 Kubernetes 叢集內部的用戶端來説，可
以透過 Headless Service "mongo" 獲取後端的所有 Endpoints 清單，並組
合為資料庫連結串，例如 "mongodb:// mongo-0.mongo, mongo-1.mongo,
mongo-2.mongo:27017/dbname_?"。

3.13.4 StatefulSet 的常見應用場景

下面對 MongoDB 叢集常見的兩種場景進行操作，説明 StatefulSet 對有狀
態應用的自動化管理功能。

1. MongoDB 叢集的擴充

假設在系統執行過程中，3 個 mongo 實例不足以滿足業務的要求，這時就
需要對 mongo 叢集進行擴充。僅需要透過對 StatefulSet 進行 scale 操作，
就能實現在 mongo 叢集中自動增加新的 mongo 節點。

使用 kubectl scale 命令將 StatefulSet 設置為 4 個實例：

```
# kubectl scale --replicas=4 statefulset mongo
statefulset.apps/mongo scaled
```

等待一會兒，看到第 4 個實例 mongo-3 建立成功：

```
# kubectl get po -l role=mongo
NAME       READY    STATUS      RESTARTS     AGE
mongo-0    2/2      Running     0            1h
mongo-1    2/2      Running     0            2h
mongo-2    2/2      Running     0            2h
mongo-3    2/2      Running     0            1m
```

進入某個實例查看 mongo 叢集的狀態，可以看到第 4 個節點已經加入：

```
# kubectl exec -ti mongo-0 -- mongo
MongoDB shell version v3.4.4
connecting to: mongodb://127.0.0.1:27017
```

```
MongoDB server version: 3.4.4
Welcome to the MongoDB shell.
......
rs0:PRIMARY>
rs0:PRIMARY> rs.status()
{
......
    "members" : [
        {
            "_id" : 0,
            "name" : "mongo-0.mongo.default.svc.cluster.local:27017",
            "health" : 1,
            "state" : 1,
            "stateStr" : "PRIMARY",
......
        {
            "_id" : 4,
            "name" : "mongo-3.mongo.default.svc.cluster.local:27017",
            "health" : 1,
            "state" : 2,
            "stateStr" : "SECONDARY",
            "uptime" : 102,
            "optime" : {
                "ts" : Timestamp(1495880578, 1),
                "t" : NumberLong(4)
            },
            "optimeDurable" : {
                "ts" : Timestamp(1495880578, 1),
                "t" : NumberLong(4)
            },
            "optimeDate" : ISODate("2020-05-27T10:22:58Z"),
            "optimeDurableDate" : ISODate("2020-05-27T10:22:58Z"),
            "lastHeartbeat" : ISODate("2020-05-27T10:23:00.049Z"),
            "lastHeartbeatRecv" : ISODate("2020-05-27T10:23:00.049Z"),
            "pingMs" : NumberLong(0),
            "syncingTo" : "mongo-1.mongo.default.svc.cluster.local:27017",
            "configVersion" : 100097
        }
    ],
    "ok" : 1
}
```

同時，系統也為 mongo-3 分配了一個新的 PVC 用於保存資料，此處不再贅述，有興趣的讀者可自行查看系統為 mongo-3 綁定的 Volume 設置和後端 GlusterFS 共用儲存的資源設定情況。

2. 自動故障恢復（MongoDB 叢集的高可用）

假設在系統執行過程中，某個 mongo 實例或其所在主機發生故障，則 StatefulSet 將會自動重建該 mongo 實例，並保證其身份（ID）和使用的資料（PVC）不變。

以 mongo-0 實例發生故障為例，StatefulSet 將會自動重建 mongo-0 實例，並為其掛載之前分配的 PVC "mongo-persistent-storage-mongo-0"。"mongo-0" 服務在重新開機後，原資料庫中的資料不會遺失，可繼續使用。

```
# kubectl get po -l role=mongo
NAME        READY    STATUS             RESTARTS    AGE
mongo-0     0/2      ContainerCreating  0           2h
mongo-1     2/2      Running            0           2h
mongo-2     2/2      Running            0           3s

# kubectl get pod mongo-0 -o yaml
apiVersion: v1
kind: Pod
metadata:
  name: mongo-0
......
  volumes:
  - name: mongo-persistent-storage
    persistentVolumeClaim:
      claimName: mongo-persistent-storage-mongo-0
......
```

進入某個實例查看 mongo 叢集的狀態，mongo-0 發生故障前在叢集中的角色為 PRIMARY，在其脫離叢集後，mongo 叢集會自動選出一個 SECONDARY 節點提升為 PRIMARY 節點（本例中為 mongo-2）。重新啟動後的 mongo-0 則會成為一個新的 SECONDARY 節點：

```
# kubectl exec -ti mongo-0 -- mongo
......
```

```
rs0:PRIMARY> rs.status()
{
......
    "members" : [
        {
            "_id" : 1,
            "name" : "mongo-1.mongo.default.svc.cluster.local:27017",
            "health" : 1,
            "state" : 2,
            "stateStr" : "SECONDARY",
......
        {
            "_id" : 2,
            "name" : "mongo-2.mongo.default.svc.cluster.local:27017",
            "health" : 1,
            "state" : 1,
            "stateStr" : "PRIMARY",
            "uptime" : 6871,
......
        {
            "_id" : 3,
            "name" : "mongo-0.mongo.default.svc.cluster.local:27017",
            "health" : 1,
            "state" : 2,
            "stateStr" : "SECONDARY",
            "uptime" : 6806,
......
```

從上面的例子中可以看出，Kubernetes 使用 StatefulSet 來架設有狀態的
應用叢集（MongoDB、MySQL 等），同部署無狀態的應用一樣簡便。
Kubernetes 能夠保證 StatefulSet 中各應用實例在建立和執行的過程中，都
具有固定的身份標識和獨立的後端儲存；還支援在執行時期對叢集規模進
行擴充、確保叢集的高可用等非常重要的功能。

3.13 使用 StatefulSet 架設 MongoDB 叢集

深入掌握 Service

Service 是 Kubernetes 實現微服務架構的核心概念，透過建立 Service，可以為一組具有相同功能的容器應用提供一個統一的入口位址，並且將請求負載分發到後端的各個容器應用上。本章對 Service 的概念和應用進行詳細說明，包括：Service 的定義、概念和原理；DNS 服務架設和設定指南；Node 的本地 DNS 快取；Pod 的 DNS 域名相關特性、Ingress7 層路由機制等。

4.1 Service 定義詳解

Service 用於為一組提供服務的 Pod 抽象一個穩定的網路造訪網址，是 Kubernetes 實現微服務的核心概念。透過 Service 的定義設置的造訪網址是 DNS 域名格式的服務名稱，對於用戶端應用來説，網路存取方式並沒有改變（DNS 域名的作用等價於主機名稱、網際網路域名或 IP 位址）。Service 還提供了負載平衡器功能，將用戶端請求負載分發到後端提供具體服務的各個 Pod 上。

Service 的 YAML 格式的定義檔案的完整內容如下：

```
apiVersion: v1          // Required
kind: Service           // Required
metadata:               // Required
  name: string          // Required
  namespace: string     // Required
  labels:
    - name: string
  annotations:
    - name: string
```

```
spec:                       // Required
  selector: []              // Required
  type: string              // Required
  clusterIP: string
  sessionAffinity: string
  ports:
  - name: string
    protocol: string
    port: int
    targetPort: int
    nodePort: int
  status:
    loadBalancer:
      ingress:
        ip: string
        hostname: string
```

對各屬性的說明如表 4.1 所示。

表 4.1　對 Service 的定義檔案範本的各屬性的說明

屬性名稱	取值類型	是否必選	取值說明
version	string	Required	v1
kind	string	Required	Service
metadata	object	Required	中繼資料
metadata.name	string	Required	Service 名稱，需符合 RFC 1035 規範
metadata.namespace	string	Required	命名空間，不指定系統時將使用名為 default 的命名空間
metadata.labels[]	list		自訂標籤屬性清單
metadata.annotation[]	list		自訂注解屬性清單
spec	object	Required	詳細描述
spec.selector[]	list	Required	Label Selector 設定，將選擇具有指定 Label 標籤的 Pod 作為管理範圍
spec.type	string	Required	Service 的類型，指定 Service 的存取方式，預設值為 ClusterIP。 （1）ClusterIP：虛擬服務 IP 位址，該位址用於 Kubernetes 叢集內部的 Pod 存取，在 Node 上 kube-proxy 透過設置的 iptables 規則進行轉發。

屬性名稱	取值類型	是否必選	取值說明
			（2）NodePort：使用宿主機的通訊埠，使能夠存取各 Node 的外部用戶端透過 Node 的 IP 位址和通訊埠編號就能存取服務。 （3）LoadBalancer：使用外接負載平衡器完成到服務的負載分發，需要在 spec.status.loadBalancer 欄位指定外部負載平衡器的 IP 位址，同時定義 nodePort 和 clusterIP，用於公有雲環境
spec.clusterIP	string		虛擬服務的 IP 位址，當 type=ClusterIP 時，如果不指定，則系統進行自動分配，也可以手工指定；當 type=LoadBalancer 時，需要指定
spec.sessionAffinity	string		是否支援 Session，可選值為 ClientIP，預設值為 None。 ClientIP：表示將同一個用戶端（根據用戶端的 IP 位址決定）的存取請求都轉發到同一個後端 Pod
spec.ports[]	list		Service 通訊埠列表
spec.ports[].name	string		通訊埠名稱
spec.ports[].protocol	string		通訊埠協定，支援 TCP 和 UDP，預設值為 TCP
spec.ports[].port	int		服務監聽的通訊埠編號
spec.ports[].targetPort	int		需要轉發到後端 Pod 的通訊埠編號
spec.ports[].nodePort	int		當 spec.type=NodePort 時，指定映射到宿主機的通訊埠編號
Status	object		當 spec.type=LoadBalancer 時，設置外部負載平衡器的位址，用於公有雲環境
status.loadBalancer	object		外部負載平衡器
status.loadBalancer.ingress	object		外部負載平衡器
status.loadBalancer.ingress.ip	string		外部負載平衡器的 IP 位址
status.loadBalancer.ingress.hostname	string		外部負載平衡器的主機名稱

4.2 Service 的概念和原理

Service 主要用於提供網路服務，透過 Service 的定義，能夠為用戶端應用提供穩定的造訪網址（域名或 IP 位址）和負載平衡功能，以及遮罩後端 Endpoint 的變化，是 Kubernetes 實現微服務的核心資源。本節對 Service 的概念、負載平衡機制、多通訊埠編號、外部服務、暴露到叢集外、支援的網路通訊協定、服務發現機制、Headless Service、端點分片和服務拓撲等內容進行詳細說明。

4.2.1 Service 的概念

在應用 Service 概念之前，我們先看看如何存取一個多副本的應用容器組提供的服務。

如下所示為一個提供 Web 服務的 Pod 集合，由兩個 Tomcat 容器副本組成，每個容器提供的服務通訊埠編號都為 8080：

```yaml
# webapp-deployment.yaml
apiVersion: apps/v1
kind: Deployment
metadata:
  name: webapp
spec:
  replicas: 2
  selector:
    matchLabels:
      app: webapp
  template:
    metadata:
      labels:
        app: webapp
    spec:
      containers:
      - name: webapp
        image: kubeguide/tomcat-app:v1
        ports:
        - containerPort: 8080
```

建立該 Deployment：

```
# kubectl create -f webapp-deployment.yaml
deployment.apps/webapp created
```

查看每個 Pod 的 IP 位址：

```
# kubectl get pods -l app=webapp -o wide
NAME                         READY    STATUS     RESTARTS    AGE     IP
NODE              NOMINATED NODE    READINESS GATES
webapp-57f7bc8dbb-cvjcl      1/1      Running    0           32s     10.0.95.22
192.168.18.3     <none>            <none>
webapp-57f7bc8dbb-nc7t4      1/1      Running    0           32s     10.0.95.23
192.168.18.3     <none>            <none>
```

用戶端應用可以直接透過這兩個 Pod 的 IP 位址和通訊埠編號 8080 存取 Web 服務：

```
# curl 10.0.95.22:8080
<!DOCTYPE html PUBLIC "-//W3C//DTD HTML 4.01 Transitional//EN" "http://www.
w3.org/TR/html4/loose.dtd">
<html>
<head>
<meta http-equiv="Content-Type" content="text/html; charset=utf-8">
......
# curl 10.0.95.23:8080
<!DOCTYPE html PUBLIC "-//W3C//DTD HTML 4.01 Transitional//EN" "http://www.
w3.org/TR/html4/loose.dtd">
<html>
<head>
<meta http-equiv="Content-Type" content="text/html; charset=utf-8">
......
```

但是，提供服務的容器應用通常是分散式的，透過多個 Pod 副本共同提供服務。而 Pod 副本的數量可能在執行過程中動態改變（例如執行了水平容量調整），另外，單一 Pod 的 IP 位址也可能發生了變化（例如發生了故障恢復）。

對於用戶端應用來說，要實現動態感知服務後端實例的變化，以及將請求發送到多個後端實例的負載平衡機制，都會大大增加用戶端系統實現的複雜度。Kubernetes 的 Service 就是用於解決這些問題的核心元件。透過 Service 的定義，可以對用戶端應用遮罩後端 Pod 實例數量及 Pod IP 位址的變化，透過負載平衡策略實現請求到後端 Pod 實例的轉發，為用戶端應用提供一個穩定的服務存取入口位址。Service 實現的是微服務架構中的幾個核心功能：全自動的服務註冊、服務發現、服務負載平衡等。

以前面建立的 webapp 應用為例，為了讓用戶端應用存取到兩個 Tomcat Pod 實例，需要建立一個 Service 來提供服務。Kubernetes 提供了一種快速的方法，即透過 kubectl expose 命令來建立 Service：

```
# kubectl expose deployment webapp
service/webapp exposed
```

查看新建立的 Service，可以看到系統為它分配了一個虛擬 IP 位址（ClusterIP 位址），Service 的通訊埠編號則從 Pod 中的 containerPort 複製而來：

```
# kubectl get svc
NAME           TYPE         CLUSTER-IP       EXTERNAL-IP      PORT(S)      AGE
webapp         ClusterIP    169.169.140.242  <none>          8080/TCP     14s
```

接下來就可以透過 Service 的 IP 位址和 Service 的通訊埠編號存取該 Service 了：

```
# curl 169.169.140.242:8080
<!DOCTYPE html PUBLIC "-//W3C//DTD HTML 4.01 Transitional//EN" "http://www.
w3.org/TR/html4/loose.dtd">
<html>
<head>
<meta http-equiv="Content-Type" content="text/html; charset=utf-8">
......
```

用戶端應用對 Service 位址 169.169.140.242:8080 的存取被自動負載分發到了後端兩個 Pod 之一：10.0.95.22:8080 或 10.0.95.23:8080。

除了使用 kubectl expose 命令建立 Service，更便於管理的方式是透過 YAML 檔案來建立 Service，程式如下：

```
# webapp-service.yaml
apiVersion: v1
kind: Service
metadata:
  name: webapp
spec:
```

```
  ports:
  - protocol: TCP
    port: 8080
    targetPort: 8080
  selector:
    app: webapp
```

Service 定義中的關鍵字段是 ports 和 selector。

本例中的 ports 定義部分指定了 Service 本身的通訊埠編號為 8080，targetPort 則用來指定後端 Pod 的容器通訊埠編號，selector 定義部分設置的是後端 Pod 所擁有的 label：app=webapp。

建立該 Service 並查看系統為其分配的 ClusterIP 位址：

```
# kubectl create -f webapp-service.yaml
Service/webapp created

# kubectl get svc
NAME        TYPE       CLUSTER-IP       EXTERNAL-IP   PORT(S)    AGE
webapp      ClusterIP  169.169.140.229  <none>        8080/TCP   5s
```

透過 Service 的 IP 位址和 Service 的通訊埠編號進行存取：

```
# curl 169.169.140.229:8080
<!DOCTYPE html PUBLIC "-//W3C//DTD HTML 4.01 Transitional//EN" "http://www.
w3.org/TR/html4/loose.dtd">
<html>
<head>
<meta http-equiv="Content-Type" content="text/html; charset=utf-8">
......
```

在提供服務的 Pod 複本集執行過程中，如果 Pod 列表發生了變化，則 Kubernetes 的 Service 控制器會持續監控後端 Pod 列表的變化，即時更新 Service 對應的後端 Pod 列表。

一個 Service 對應的「後端」由 Pod 的 IP 和容器通訊埠編號組成，即一個完整的 "IP:Port" 造訪網址，這在 Kubernetes 系統中叫作 Endpoint。透過查看 Service 的詳細資訊，可以看到其後端 Endpoint 列表：

```
# kubectl describe svc webapp
Name:           webapp
Namespace:      default
```

```
Labels:              <none>
Annotations:         <none>
Selector:            app=webapp
Type:                ClusterIP
IP:                  169.169.140.229
Port:                <unset>  8080/TCP
TargetPort:          8080/TCP
Endpoints:           10.0.95.22:8080,10.0.95.23:8080
Session Affinity:    None
Events:              <none>
```

實際上，Kubernetes 自動建立了與 Service 連結的 Endpoint 資源物件，這可以透過查詢 Endpoint 物件進行查看：

```
# kubectl get endpoints
NAME            ENDPOINTS                            AGE
webapp          10.0.95.22:8080,10.0.95.23:8080      23m
```

Service 不僅具有標準網路通訊協定的 IP 位址，還以 DNS 域名的形式存在。Service 的域名表示方法為 <servicename>.<namespace>.svc.<clusterdomain>，servicename 為服務的名稱，namespace 為其所在 namespace 的名稱，clusterdomain 為 Kubernetes 叢集設置的域名尾碼。服務名稱的命名規則遵循 RFC 1123 規範，對服務名稱的 DNS 解析機制詳見 4.3 節對 DNS 服務的詳細說明。

在用戶端存取 Service 的位址時，Kubernetes 自動完成了將用戶端請求轉發到後端多個 Endpoint 的負載分發工作，接下來對 Service 的負載平衡機制進行詳細說明。

4.2.2 Service 的負載平衡機制

當一個 Service 物件在 Kubernetes 叢集中被定義出來時，叢集內的用戶端應用就可以透過服務 IP 存取到具體的 Pod 容器提供的服務了。從服務 IP 到後端 Pod 的負載平衡機制，則是由每個 Node 上的 kube-proxy 負責實現的。本節對 kube-proxy 的代理模式、階段保持機制和以拓撲感知為基礎的服務路由機制（EndpointSlices）進行說明。

1. kube-proxy 的代理模式

目前 kube-proxy 提供了以下代理模式（透過啟動參數 --proxy-mode 設置）。

- userspace 模式：使用者空間模式，由 kube-proxy 完成代理的實現，效率最低，不再推薦使用。

- iptables 模式：kube-proxy 透過設置 Linux Kernel 的 iptables 規則，實現從 Service 到後端 Endpoint 清單的負載分發規則，效率很高。但是，如果某個後端 Endpoint 在轉發時不可用，此次用戶端請求就會得到失敗的回應，相對於 userspace 模式來説更不可靠。此時應該透過為 Pod 設置 readinessprobe（服務可用性健康檢查）來保證只有達到 ready 狀態的 Endpoint 才會被設置為 Service 的後端 Endpoint。

- ipvs 模式：在 Kubernetes 1.11 版本中達到 Stable 階段，kube-proxy 透過設置 Linux Kernel 的 netlink 介面設置 IPVS 規則，轉發效率和支援的吞吐量都是最高的。ipvs 模式要求 Linux Kernel 啟用 IPVS 模組，如果作業系統未啟用 IPVS 核心模組，kube-proxy 則會自動切換至 iptables 模式。同時，ipvs 模式支援更多的負載平衡策略，如下所述。
    - rr：round-robin，輪詢。
    - lc：least connection，最小連接數。
    - dh：destination hashing，目的位址雜湊。
    - sh：source hashing，來源位址雜湊。
    - sed：shortest expected delay，最短期望延遲時間。
    - nq：never queue，永不排隊。

- kernelspace 模式：Windows Server 上的代理模式。

2. 階段保持機制

Service 支援透過設置 sessionAffinity 實現以用戶端 IP 為基礎的階段保持機制，即首次將某個用戶端來源 IP 發起的請求轉發到後端的某個 Pod 上，之後從相同的用戶端 IP 發起的請求都將被轉發到相同的後端 Pod 上，設定參數為 service.spec.sessionAffinity，例如：

```
apiVersion: v1
kind: Service
metadata:
  name: webapp
spec:
  sessionAffinity: ClientIP
  ports:
  - protocol: TCP
    port: 8080
    targetPort: 8080
  selector:
    app: webapp
```

同時，使用者可以設置階段保持的最長時間，在此時間之後重置用戶端來源 IP 的保持規則，設定參數為 service.spec.sessionAffinityConfig.clientIP. timeoutSeconds。例如下面的服務將階段持續時間設置為 10800s（3h）：

```
# webapp-service.yaml
apiVersion: v1
kind: Service
metadata:
  name: webapp
spec:
  sessionAffinity: ClientIP
  sessionAffinityConfig:
    clientIP:
      timeoutSeconds: 10800
  ports:
  - protocol: TCP
    port: 8080
    targetPort: 8080
  selector:
    app: webapp
```

透過 Service 的負載平衡機制，Kubernetes 實現了一種分散式應用的統一入口，免去了用戶端應用獲知後端服務實例清單和變化的複雜度。

4.2.3 Service 的多通訊埠設置

一個容器應用可以提供多個通訊埠的服務，在 Service 的定義中也可以相應地設置多個通訊埠編號。

在下面的例子中，Service 設置了兩個通訊埠編號來分別提供不同的服務，如 web 服務和 management 服務（下面為每個通訊埠編號都進行了命名，以便區分）：

```
apiVersion: v1
kind: Service
metadata:
  name: webapp
spec:
  ports:
  - port: 8080
    targetPort: 8080
    name: web
  - port: 8005
    targetPort: 8005
    name: management
  selector:
    app: webapp
```

另一個例子是同一個通訊埠編號使用的協定不同，如 TCP 和 UDP，也需要設置為多個通訊埠編號來提供不同的服務：

```
apiVersion: v1
kind: Service
metadata:
  name: kube-dns
  namespace: kube-system
  labels:
    k8s-app: kube-dns
    kubernetes.io/cluster-service: "true"
    kubernetes.io/name: "KubeDNS"
spec:
  selector:
    k8s-app: kube-dns
  clusterIP: 169.169.0.100
  ports:
  - name: dns
    port: 53
    protocol: UDP
  - name: dns-tcp
    port: 53
    protocol: TCP
```

4.2.4 將外部服務定義為 Service

普通的 Service 透過 Label Selector 對後端 Endpoint 列表進行了一次抽象，如果後端的 Endpoint 不是由 Pod 複本集提供的，則 Service 還可以抽象定義任意其他服務，將一個 Kubernetes 叢集外部的已知服務定義為 Kubernetes 內的一個 Service，供叢集內的其他應用存取，常見的應用場景包括：

- 已部署的一個叢集外服務，例如資料庫服務、快取服務等；
- 其他 Kubernetes 叢集的某個服務；
- 遷移過程中對某個服務進行 Kubernetes 內的服務名稱存取機制的驗證。

對於這種應用場景，使用者在建立 Service 資源物件時不設置 Label Selector（後端 Pod 也不存在），同時再定義一個與 Service 連結的 Endpoint 資源物件，在 Endpoint 中設置外部服務的 IP 位址和通訊埠編號，例如：

```
---
apiVersion: v1
kind: Service
metadata:
  name: my-service
spec:
  ports:
  - protocol: TCP
    port: 80
    targetPort: 80

---
apiVersion: v1
kind: Endpoints
metadata:
  name: my-service
subsets:
- addresses:
  - IP: 1.2.3.4
  ports:
  - port: 80
```

如圖 4.1 所示，存取沒有標籤選擇器的 Service 和帶有標籤選擇器的

Service 一樣，請求將被路由到由使用者自訂的後端 Endpoint 上。

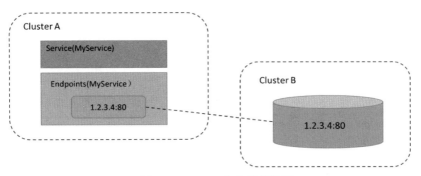

▲ 圖 4.1 Service 指向外部服務

4.2.5 將 Service 暴露到叢集外部

Kubernetes 為 Service 建立的 ClusterIP 位址是對後端 Pod 列表的一層抽象，對於叢集外部來說並沒有意義，但有許多 Service 是需要對叢集外部提供服務的，Kubernetes 提供了多種機制將 Service 暴露出去，供叢集外部的用戶端存取。這可以透過 Service 資源物件的類型欄位 "type" 進行設置。

目前 Service 的類型如下。

- ClusterIP：Kubernetes 預設會自動設置 Service 的虛擬 IP 位址，僅可被叢集內部的用戶端應用存取。當然，使用者也可手工指定一個 ClusterIP 位址，不過需要確保該 IP 在 Kubernetes 叢集設置的 ClusterIP 位址範圍內（透過 kube-apiserver 服務的啟動參數 --service-cluster-ip-range 設置），並且沒有被其他 Service 使用。
- NodePort：將 Service 的通訊埠編號映射到每個 Node 的一個通訊埠編號上，這樣叢集中的任意 Node 都可以作為 Service 的存取入口位址，即 NodeIP:NodePort。
- LoadBalancer：將 Service 映射到一個已存在的負載平衡器的 IP 位址上，通常在公有雲環境中使用。
- ExternalName：將 Service 映射為一個外部域名位址，透過 externalName 欄位進行設置。

接下來對以上幾種對外暴露服務的類型進行說明。

1. NodePort 類型

下面的例子設置 Service 的類型為 NodePort，並且設置具體的 nodePort 通訊埠編號為 8081：

```
apiVersion: v1
kind: Service
metadata:
  name: webapp
spec:
  type: NodePort
  ports:
  - port: 8080
    targetPort: 8080
    nodePort: 8081
  selector:
    app: webapp
```

建立這個 Service：

```
# kubectl create -f webapp-svc-nodeport.yaml
service/webapp created
```

然後就可以透過任意一個 Node 的 IP 位址和 NodePort 8081 通訊埠編號存取服務了：

```
# curl 192.168.18.3:8081
<!DOCTYPE html>
<html lang="en">
    <head>
        <meta charset="UTF-8" />
        <title>Apache Tomcat/8.0.35</title>
......
```

在預設情況下，Node 的 kube-proxy 會在全部網路卡（0.0.0.0）上綁定 NodePort 通訊埠編號。

在很多資料中心環境中，一台主機會設定多片網卡，作用各不相同（例如存在業務網路卡和管理網路卡等）。從 Kubernetes 1.10 版本開始，kube-proxy 可以透過設置特定的 IP 位址將 NodePort 綁定到特定的網路卡上，而無須綁定在全部網路卡上，其設置方式為設定啟動參數 "--nodeport-addresses"，指定需要綁定的網路卡 IP 位址，多個位址之間使用逗點分隔。例如僅在 10.0.0.0 和 192.168.18.0 對應的網路卡上綁定 NodePort 通訊埠編號，對其他 IP 位址對應的網路卡不會進行綁定，設定如下：

```
--nodeport-addresses=10.0.0.0/8,192.168.18.0/24
```

另外，如果使用者在 Service 定義中不設置具體的 nodePort 通訊埠編號，則 Kubernetes 會自動分配一個 NodePort 範圍內的可用通訊埠編號。

2. LoadBalancer 類型

通常在公有雲環境中設置 Service 的類型為 "LoadBalancer"，可以將 Service 映射到公有雲提供的某個負載平衡器的 IP 位址上，用戶端透過負載平衡器的 IP 和 Service 的通訊埠編號就可以存取到具體的服務，無須再透過 kube-proxy 提供的負載平衡機制進行流量轉發。公有雲提供的 LoadBalancer 可以直接將流量轉發到後端 Pod 上，而負載分發機制依賴於公有雲端服務商的具體實現。

下面的例子設置 Service 的類型為 LoadBalancer：

```
apiVersion: v1
kind: Service
metadata:
  name: my-service
spec:
  type: LoadBalancer
  selector:
    app: MyApp
  ports:
  - protocol: TCP
    port: 80
    targetPort: 9376
  clusterIP: 10.0.171.239
```

在服務建立成功之後，雲端服務商會在 Service 的定義中補充 LoadBalancer 的 IP 位址（status 欄位）：

```
status:
  loadBalancer:
    ingress:
    - ip: 192.0.2.127
```

3. ExternalName 類型

ExternalName 類型的服務用於將叢集外的服務定義為 Kubernetes 的叢集的 Service，並且透過 externalName 欄位指定外部服務的位址，可以使用域名或 IP 格式。叢集內的用戶端應用透過存取這個 Service 就能存取外部服務了。這種類型的 Service 沒有後端 Pod，所以無須設置 Label Selector。例如：

```
apiVersion: v1
kind: Service
metadata:
  name: my-service
  namespace: prod
spec:
  type: ExternalName
  externalName: my.database.example.com
```

在本例中設置的服務名為 my-service，所在 namespace 為 prod，用戶端存取服務位址 my-service.prod.svc.cluster.local 時，系統將自動指向外部域名 my.database.example.com。

我們還可以透過 Ingress 將服務暴露到叢集外部，關於 Ingress，詳見 4.6 節的說明。

4.2.6 Service 支援的網路通訊協定

目前 Service 支援的網路通訊協定如下。

- TCP：Service 的預設網路通訊協定，可用於所有類型的 Service。
- UDP：可用於大多數類型的 Service，LoadBalancer 類型取決於雲端服務商對 UDP 的支援。
- HTTP：取決於雲端服務商是否支援 HTTP 和實現機制。
- PROXY：取決於雲端服務商是否支援 PROXY 和實現機制。
- SCTP：從 Kubernetes 1.12 版本引入，到 1.19 版本時達到 Beta 階段，預設啟用，如需關閉該特性，則需要設置 kube-apiserver 的啟動參數 --feature-gates=SCTPSupport= false 進行關閉。

Kubernetes 從 1.17 版本開始，可以為 Service 和 Endpoint 資源物件設置一個新的欄位 "AppProtocol"，用於標識後端服務在某個通訊埠編號上提供的應用層協定類型，例如 HTTP、HTTPS、SSL、DNS 等，該特性在 Kubernetes 1.19 版本時達到 Beta 階段，計畫於 Kubernetes 1.20 版本時達到 GA 階段。要使用 AppProtocol，需要設置 kube-apiserver 的啟動參數 --feature-gates=ServiceAppProtocol=true 進行開啟，然後在 Service 或 Endpoint 的定義中設置 AppProtocol 欄位指定應用層協定的類型，例如：

```
apiVersion: v1
kind: Service
metadata:
  name: webapp
spec:
  ports:
  - port: 8080
    targetPort: 8080
    appProtocol: HTTP
  selector:
    app: webapp
```

4.2.7 Kubernetes 的服務發現機制

服務發現機制指用戶端應用在一個 Kubernetes 叢集中如何獲知後端服務的造訪網址。Kubernetes 提供了兩種機制供用戶端應用以固定的方式獲取後端服務的造訪網址：環境變數方式和 DNS 方式。

1. 環境變數方式

在一個 Pod 執行起來的時候，系統會自動為其容器執行環境注入所有叢集中有效 Service 的資訊。Service 的相關資訊包括服務 IP、服務通訊埠編號、各通訊埠編號相關的協定等，透過 {SVCNAME}_SERVICE_HOST 和 {SVCNAME}_SERVICE_PORT 格式進行設置。其中，SVCNAME 的命名規則為：將 Service 的 name 字串轉換為全大寫字母，將中橫線 "-" 替換為下畫線 "_"。

以 webapp 服務為例：

```
apiVersion: v1
```

```
kind: Service
metadata:
  name: webapp
spec:
  ports:
  - protocol: TCP
    port: 8080
    targetPort: 8080
  selector:
    app: webapp
```

在一個新建立的 Pod（用戶端應用）中，可以看到系統自動設置的環境變數如下：

```
WEBAPP_SERVICE_HOST=169.169.81.175
WEBAPP_SERVICE_PORT=8080
WEBAPP_PORT=tcp://169.169.81.175:8080
WEBAPP_PORT_8080_TCP=tcp://169.169.81.175:8080
WEBAPP_PORT_8080_TCP_PROTO=tcp
WEBAPP_PORT_8080_TCP_PORT=8080
WEBAPP_PORT_8080_TCP_ADDR=169.169.81.175
```

然後，用戶端應用就能夠根據 Service 相關環境變數的命名規則，從環境變數中獲取需要存取的目標服務的位址了，例如：

```
curl http://${WEBAPP_SERVICE_HOST}:${WEBAPP_SERVICE_PORT}
```

2. DNS 方式

Service 在 Kubernetes 系統中遵循 DNS 命名規範，Service 的 DNS 域名表示方法為 <servicename>.<namespace>.svc.<clusterdomain>，其中 servicename 為服務的名稱，namespace 為其所在 namespace 的名稱，clusterdomain 為 Kubernetes 叢集設置的域名尾碼（例如 cluster.local），服務名稱的命名規則遵循 RFC 1123 規範的要求。

對於用戶端應用來説，DNS 域名格式的 Service 名稱提供的是穩定、不變的造訪網址，可以大大簡化用戶端應用的設定，是 Kubernetes 叢集中推薦的使用方式。

當 Service 以 DNS 域名形式進行存取時，就需要在 Kubernetes 叢集中存在一個 DNS 伺服器來完成域名到 ClusterIP 位址的解析工作了，經過多年的發展，目前由 CoreDNS 作為 Kubernetes 叢集的預設 DNS 伺服器提供域名解析服務。詳細的 DNS 服務架設操作請參見 4.3 節的説明。

另外，Service 定義中的通訊埠編號如果設置了名稱（name），則該通訊埠編號也會擁有一個 DNS 域名，在 DNS 伺服器中以 SRV 記錄的格式保存：_<portname>._<protocol>.< servicename>. <namespace>.svc.<clusterdomain>，其值為通訊埠編號的數值。

以 webapp 服務為例，將其通訊埠編號命名為 "http"：

```
apiVersion: v1
kind: Service
metadata:
  name: webapp
spec:
  ports:
  - protocol: TCP
    port: 8080
    targetPort: 8080
    name: http
  selector:
    app: webapp
```

解析名為 "http" 通訊埠的 DNS SRV 記錄 "_http._tcp.webapp.default.svc.cluster.local"，可以查詢到其通訊埠編號的值為 8080：

```
# nslookup -q=srv _http._tcp.webapp.default.svc.cluster.local
Server:         169.169.0.100
Address:        169.169.0.100#53

_http._tcp.webapp.default.svc.cluster.local    service = 0 100 8080
webapp.default.svc.cluster.local.
```

4.2.8 Headless Service 的概念和應用

在某些應用場景中，用戶端應用不需要透過 Kubernetes 內建 Service 實現的負載平衡功能，或者需要自行完成對服務後端各實例的服務發現機制，或者需要自行實現負載平衡功能，此時可以透過建立一種特殊的名為 "Headless" 的服務來實現。

Headless Service 的概念是這種服務沒有入口造訪網址（無 ClusterIP 位址），kube-proxy 不會為其建立負載轉發規則，而服務名稱（DNS 域名）的解析機制取決於該 Headless Service 是否設置了 Label Selector。

1. Headless Service 設置了 Label Selector

如果 Headless Service 設置了 Label Selector，Kubernetes 則將根據 Label Selector 查詢後端 Pod 列表，自動建立 Endpoint 清單，將服務名稱（DNS 域名）的解析機制設置為：當用戶端存取該服務名稱時，得到的是全部 Endpoint 清單（而非一個確定的 IP 位址）。

以下面的 Headless Service 為例，其設置了 Label Selector：

```
# nginx-headless-service.yaml
apiVersion: v1
kind: Service
metadata:
  name: nginx
  labels:
    app: nginx
spec:
  ports:
  - port: 80
  clusterIP: None
  selector:
    app: nginx
```

建立該 Headless Service：

```
# kubectl create -f nginx-headless-service.yaml
service/nginx created
```

假設在叢集中已經執行了 3 個副本的 nginx deployment，查看它們的 Pod IP 位址：

```
# kubectl get pod -o wide
NAME                       READY    STATUS    RESTARTS    AGE    IP
NODE            NOMINATED NODE    READINESS GATES
nginx-558fc78868-fq6np     1/1      Running   0           90s    10.0.95.14
192.168.18.3    <none>            <none>
nginx-558fc78868-gtrvw     1/1      Running   0           90s    10.0.95.12
192.168.18.3    <none>            <none>
nginx-558fc78868-vpp4t     1/1      Running   0           90s    10.0.95.13
```

```
192.168.18.3    <none>          <none>
```

查看該 Headless Service 的詳細資訊，可以看到後端 Endpoint 列表：

```
# kubectl describe svc nginx
Name:            nginx
Namespace:       default
Labels:          app=nginx
Annotations:     <none>
Selector:        app=nginx
Type:            ClusterIP
IP:              None
Port:            <unset>  80/TCP
TargetPort:      80/TCP
Endpoints:       10.0.95.12:80,10.0.95.13:80,10.0.95.14:80
Session Affinity: None
Events:          <none>
```

用 nslookup 工具對 Headless Service 名稱嘗試域名解析，將會看到 DNS
系統返回的全部 Endpoint 的 IP 位址，例如：

```
# nslookup nginx.default.svc.cluster.local
Server:         169.169.0.100
Address:        169.169.0.100#53

Name:   nginx.default.svc.cluster.local
Address: 10.0.95.13
Name:   nginx.default.svc.cluster.local
Address: 10.0.95.12
Name:   nginx.default.svc.cluster.local
Address: 10.0.95.14
```

當用戶端透過 DNS 服務名稱 "nginx"（或其 FQDN 全限定域名
"nginx.<namespace>. svc.cluster.local"）和服務通訊埠編號存取該 Headless
服務（URL=nginx:80）時，將得到 Service 後端 Endpoint 列表 "10.0.95.12
:80,10.0.95.13:80,10.0.95.14:80"，然後由用戶端程式自行決定如何操作，例
如透過輪詢機制存取各個 Endpoint。

2. Headless Service 沒有設置 Label Selector

如果 Headless Service 沒有設置 Label Selector，則 Kubernetes 將不會自動
建立對應的 Endpoint 列表。DNS 系統會根據下列條件嘗試對該服務名稱

設置 DNS 記錄：

- 如果 Service 的類型為 ExternalName，則對服務名稱的存取將直接被 DNS 系統轉換為 Service 設置的外部名稱（externalName）；
- 如果系統中存在與 Service 名稱相同的 Endpoint 定義，則服務名稱 將被解析為 Endpoint 定義中的列表，適用於非 ExternalName 類型的 Service。

4.2.9 端點分片與服務拓撲

我們知道，Service 的後端是一組 Endpoint 列表，為用戶端應用提供了 極大的便利。但是隨著叢集規模的擴大及 Service 數量的增加，特別是 Service 後端 Endpoint 數量的增加，kube-proxy 需要維護的負載分發規 則（例如 iptables 規則或 ipvs 規則）的數量也會急劇增加，導致後續對 Service 後端 Endpoint 的增加、刪除等更新操作的成本急劇上升。舉例 來說，假設在 Kubernetes 叢集中有 10000 個 Endpoint 執行在大約 5000 個 Node 上，則對單一 Pod 的更新將需要總計約 5GB 的資料傳輸，這不 僅對叢集內的網路頻寬浪費巨大，而且對 Master 的衝擊非常大，會影響 Kubernetes 叢集的整體性能，在 Deployment 不斷進行輪流升級操作的情 況下尤為突出。

Kubernetes 從 1.16 版本開始引入端點分片（Endpoint Slices）機制，包 括一個新的 EndpointSlice 資源物件和一個新的 EndpointSlice 控制器，在 1.17 版本時達到 Beta 階段。EndpointSlice 透過對 Endpoint 進行分片管 理來實現降低 Master 和各 Node 之間的網路傳輸資料量及提高整體性能 的目標。對於 Deployment 的輪流升級，可以實現僅更新部分 Node 上的 Endpoint 資訊，Master 與 Node 之間的資料傳輸量可以減少 100 倍左右， 能夠大大提高管理效率。EndpointSlice 根據 Endpoint 所在 Node 的拓撲資 訊進行分片管理，範例如圖 4.2 所示。

Endpoint Slices 要實現的第 2 個目標是為以 Node 拓撲為基礎的服務路由 提供支援，這需要與服務拓撲（Service Topology）機制共同實現。

Endpoint Slices

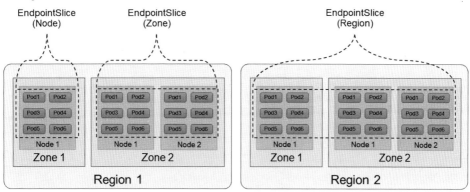

▲ 圖 4.2 透過 EndpointSlice 將 Endpoint 分片管理

1. 端點分片（Endpoint Slices）

我們先看看系統自動完成的 EndpointSlice 管理機制。從 Kubernetes 1.17 版本開始，EndpointSlice 機制預設是啟用的（在 1.16 版本中需要透過設置 kube-apiserver 和 kube-proxy 服務的啟動參數 --feature-gates="EndpointSlice=true" 進行啟用）。

另外，kube-proxy 預設仍然使用 Endpoint 物件，為了提高性能，可以設置 kube-proxy 啟動參數 --feature-gates="EndpointSliceProxying=true" 讓 kube-proxy 使用 EndpointSlice，這樣可以減少 kube-proxy 與 master 之間的網路通訊並提高性能。Kubernetes 從 1.19 版本開始預設開啟該特性。

以一個 3 副本的 webapp 服務為例，Pod 清單如下：

```
# kubectl get po -o wide
NAME                     READY    STATUS     RESTARTS     AGE       IP
NODE             NOMINATED NODE    READINESS GATES
webapp-778996c8c6-4zpvm  1/1      Running    0            6m33s     10.0.95.54
192.168.18.3     <none>            <none>
webapp-778996c8c6-67mbl  1/1      Running    0            4m31s     10.0.95.55
192.168.18.3     <none>            <none>
webapp-778996c8c6-xdkr2  1/1      Running    0            4m31s     10.0.95.56
192.168.18.3     <none>            <none>
```

服務和 Endpoint 的資訊如下：

```
# kubectl get svc webapp
```

```
NAME      TYPE        CLUSTER-IP      EXTERNAL-IP    PORT(S)    AGE
webapp    ClusterIP   169.169.1.155   <none>         8080/TCP   52m
# kubectl get endpoints webapp
NAME      ENDPOINTS                                             AGE
webapp    10.0.95.54:8080,10.0.95.55:8080,10.0.95.56:8080      52m
```

查看 EndpointSlice，可以看到系統自動建立了一個名稱首碼為 "webapp-"
的 EndpointSlice：

```
# kubectl get endpointslice
NAME            ADDRESSTYPE    PORTS    ENDPOINTS
AGE
kubernetes      IPv4           6443     192.168.18.3                          62d
webapp-rflv4    IPv4           8080     10.0.95.54,10.0.95.56,10.0.95.55   3m27s
```

查看其詳細資訊，可以看到 3 個 Endpoint 的 IP 位址和通訊埠編號資訊，
同時為 Endpoint 補充設置了 Topology 相關資訊：

```
# kubectl describe endpointslice webapp-rflv4
Name:          webapp-rflv4
Namespace:     default
Labels:        endpointslice.kubernetes.io/managed-by=endpointslice-
controller.k8s.io
               kubernetes.io/service-name=webapp
Annotations:   <none>
AddressType:   IPv4
Ports:
  Name      Port   Protocol
  ----      ----   --------
  <unset>   8080   TCP
Endpoints:
  - Addresses:  10.0.95.54
    Conditions:
      Ready:    true
    Hostname:   <unset>
    TargetRef:  Pod/webapp-778996c8c6-4zpvm
    Topology:   kubernetes.io/hostname=192.168.18.3
                topology.kubernetes.io/zone=north
  - Addresses:  10.0.95.56
    Conditions:
      Ready:    true
    Hostname:   <unset>
    TargetRef:  Pod/webapp-778996c8c6-xdkr2
    Topology:   kubernetes.io/hostname=192.168.18.3
```

```
                topology.kubernetes.io/zone=north
  - Addresses:   10.0.95.55
    Conditions:
      Ready:     true
    Hostname:    <unset>
    TargetRef:   Pod/webapp-778996c8c6-67mbl
    Topology:    kubernetes.io/hostname=192.168.18.3
                 topology.kubernetes.io/zone=north
Events:          <none>
```

預設情況下，在由 EndpointSlice 控制器建立的 EndpointSlice 中最多包含 100 個 Endpoint，如需修改，則可以透過 kube-controller-manager 服務的啟動參數 --max-endpoints- per-slice 設置，但上限不能超過 1000。

EndpointSlice 的關鍵資訊如下。

（1）連結的服務名稱：將 EndpointSlice 與 Service 的連結資訊設置為一個標籤 kubernetes.io/service-name=webapp，該標籤標明了服務名稱。

（2）網址類別型 AddressType：包括以下 3 種數值型別。

- IPv4：IPv4 格式的 IP 位址。
- IPv6：IPv6 格式的 IP 位址。
- FQDN：全限定域名。

（3）在 Endpoints 列表中列出的每個 Endpoint 的資訊。

- Addresses：Endpoint 的 IP 位址。
- Conditions：Endpoint 狀態資訊，作為 EndpointSlice 的查詢準則。
- Hostname：在 Endpoint 中設置的主機名稱 hostname。
- TargetRef：Endpoint 對應的 Pod 名稱。
- Topology：拓撲資訊，為以拓撲感知為基礎的服務路由提供資料。

目前 EndpointSlice 控制器自動設置的拓撲資訊如下。

- kubernetes.io/hostname：Endpoint 所在 Node 的名稱。
- topology.kubernetes.io/zone：Endpoint 所在的 Zone 資訊，使用 Node 標籤 topology. kubernetes.io/zone 的值，例如上例中的 Node 擁有 "topology.kubernetes.io/zone:north" 標籤。

- topology.kubernetes.io/region：Endpoint 所 在 的 Region 資 訊，使 用 Node 標籤 topology.kubernetes.io/region 的值。

在大規模叢集中，管理員應對不同地域或不同區域的 Node 設置相關的 topology 標籤，用於為 Node 設置拓撲資訊。

（4）EndpointSlice 的 管 理 控 制 器： 透 過 endpointslice.kubernetes.io/managed-by 標籤進行設置，用於存在多個管理控制器的應用場景中，例如某個 Service Mesh 管理工具也可以對 EndpointSlice 進行管理。為了支援多個管理工具對 EndpointSlice 同時進行管理並且互不干擾，可以透過 endpointslice.kubernetes.io/managed-by 標籤設置管理控制器的名稱，Kubernetes 內建的 EndpointSlice 控制器自動設置該標籤的值為 endpointslice-controller. k8s.io，其他管理控制器應設置唯一名稱用於標識。

下面對 EndpointSlice 的複製功能和資料分佈管理機制進行說明。

（1）EndpointSlice 複製（Mirroring）功能。應用程式有時可能會建立自訂的 Endpoint 資源，為了避免應用程式在建立 Endpoint 資源時再去建立 EndpointSlice 資源，Kubernetes 控制平面會自動完成將 Endpoint 資源複製為 EndpointSlice 資源的操作，從 Kubernetes 1.19 版本開始預設啟用。但在以下幾種情況下，不會執行自動複製操作。

- Endpoint 資源設置了 Label：endpointslice.kubernetes.io/skip-mirror=true。
- Endpoint 資源設置了 Annotation：control-plane.alpha.kubernetes.io/leader。
- Endpoint 資源對應的 Service 資源不存在。
- Endpoint 資源對應的 Service 資源設置了非空的 Selector。

一個 Endpoint 資源同時存在 IPv4 和 IPv6 網址類別型時，會被複製為多個 EndpointSlice 資源，每種網址類別型最多會被複製為 1000 個 EndpointSlice 資源。

（2）EndpointSlice 的資料分佈管理機制。如上例所示，我們可以看到每個 EndpointSlice 資源都包含一組作用於全部 Endpoint 的通訊埠編號（Ports）。如果 Service 定義中的通訊埠編號使用了字串名稱，則對於相同 name 的通訊埠編號，目標 Pod 的 targetPort 可能是不同的，結果是 EndpointSlice 資源將會不同。這與 Endpoint 資源設置子集（subset）的邏輯是相同的。

Kubernetes 控制平面對於 EndpointSlice 中資料的管理機制是盡可能填滿，但不會在多個 EndpointSlice 資料不均衡的情況下主動執行重新平衡（rebalance）操作，其背後的邏輯也很簡單，步驟如下。

（1）遍歷當前所有 EndpointSlice 資源，刪除其中不再需要的 Endpoint，更新已更改的符合 Endpoint。

（2）遍歷第 1 步中已更新的 EndpointSlice 資源，將需要增加的新 Endpoint 填充進去。

（3）如果還有新的待增加 Endpoint，則嘗試將其放入之前未更新的 EndpointSlice 中，或者嘗試建立新的 EndpointSlice 並增加。

重要的是，第 3 步優先考慮建立新的 EndpointSlice 而非更新原 Endpoint Slice。例如，如果要增加 10 個新的 Endpoint，則當前有兩個 EndpointSlice 各有 5 個剩餘空間可用於填充，系統也會建立一個新的 EndpointSlice 用來填充這 10 個新 Endpoint。換句話說，單一 EndpointSlice 的建立優於對多個 EndpointSlice 的更新。

以上主要是由於在每個節點上執行的 kube-proxy 都會持續監控 EndpointSlice 的變化，對 EndpointSlice 每次更新成本都很高，因為每次更新都需要 Master 將更新資料發送到每個 kube-proxy。上述管理機制旨在限制需要發送到每個節點的更新資料量，即使可能導致最終有許多 EndpointSlice 資源未能填滿。

實際上，這種不太理想的資料分佈情況應該是罕見的。Master 的 EndpointSlice 控制器處理的大多數更新所帶來的資料量都足夠小，使得對已存在（仍有空餘空間）EndpointSlice 的資料填充都沒有問題。如果實在無法填充，則無論如何都需要建立新的 EndpointSlice 資源。此外對 Deployment 執行輪流升級操作時，由於後端 Pod 清單和相關 Endpoint 清單全部會發生變化,所以也會很自然地對 EndpointSlice 資源的內容全部進行更新。

2. 服務拓撲(Service Topology)

服務拓撲機制從 Kubernetes 1.17 版本開始引入,目前為 Alpha 階段,目標是實現以 Node 拓撲為基礎的流量路由,例如將發送到某個服務的流量優先路由到與客戶端相同 Node 的 Endpoint 上,或者路由到與客戶端相同 Zone 的那些 Node 的 Endpoint 上。

在預設情況下,發送到一個 Service 的流量會被均勻轉發到每個後端 Endpoint,但無法根據更複雜的拓撲資訊設置複雜的路由策略。服務拓撲機制的引入就是為了實現以 Node 拓撲為基礎的服務路由,允許 Service 建立者根據來源 Node 和目標 Node 的標籤來定義流量路由策略。

透過對來源(source)Node 和目標(destination)Node 標籤的比對,使用者可以根據業務需求對 Node 進行分組,設置有意義的指標值來標識「較近」或者「較遠」的屬性。例如,對於公有雲環境來說,通常有區域(Zone 或 Region)的劃分,雲端平台傾向於把服務流量限制在同一個區域內,這通常是因為跨區域網路流量會收取額外的費用。另一個例子是把流量路由到由 DaemonSet 管理的當前 Node 的 Pod 上。又如希望把流量保持在相同機架內的 Node 上,以獲得更低的網路延遲時間。

服務拓撲機制需要透過設置 kube-apiserver 和 kube-proxy 服務的啟動參數 --feature-gates="ServiceTopology=true,EndpointSlice=true" 進 行 啟 用(需要同時啟用 EndpointSlice 功能),然後就可以在 Service 資源物件上透過定義 topologyKeys 欄位來控制到 Service 的流量路由了。

topologyKeys 欄位設置的是一組 Node 標籤清單,按順序比對 Node 完成流量的路由轉發,流量會被轉發到標籤符合成功的 Node 上。如果按第 1 個標籤找不到符合的 Node,就嘗試比對第 2 個標籤,依此類推。如果全部標籤都沒有符合的 Node,則請求將被拒絕,就像 Service 沒有後端 Endpoint 一樣。

將 topologyKeys 設定為 "*" 表示任意拓撲，它只能作為設定清單中的最後一個才有效。如果完全不設置 topologyKeys 欄位，或者將其值設置為空，就相當於沒有啟用服務拓撲功能。

對於需要使用服務拓撲機制的叢集，管理員需要為 Node 設置相應的拓撲標籤，包括 kubernetes.io/hostname、topology.kubernetes.io/zone 和 topology.kubernetes.io/region。

然後為 Service 設置 topologyKeys 的值，就可以實現如下流量路由策略。

- 設定為 ["kubernetes.io/hostname"]：流量只會被路由到相同 Node 的 Endpoint 上，如果 Node 的 Endpoint 不存在，則將請求丟棄。

- 設定為 ["kubernetes.io/hostname","topology.kubernetes.io/zone", "topology. kubernetes. io/region"]：流量優先被路由到相同 Node 的 Endpoint 上，如果 Node 沒有 Endpoint，流量則被路由到相同 zone 的 Endpoint 上；如果在 zone 中沒有 Endpoint，流量則被路由到相同 region 的 Endpoint 上。

- 設定為 ["topology.kubernetes.io/zone", "*"]：流量優先被路由到同 zone 的 Endpoint 上，如果在 zone 中沒有可用的 Endpoint，流量則被路由到任意可用的 Endpoint 上。

目前使用服務拓撲有以下幾個約束條件。

- 服務拓撲和 externalTrafficPolicy=Local 是不相容的，所以一個 Service 不能同時使用這兩種特性。在同一個 Kubernetes 叢集中，啟用服務拓撲的 Service 和設置 externalTrafficPolicy=Local 特性的 Service 是可以同時存在的。

- topologyKeys 目前可以設置的標籤只有 3 個：kubernetes.io/hostname、topology. kubernetes.io/zone 和 topology.kubernetes.io/region，未來會增加更多的標籤。

- topologyKeys 必須是有效的標籤格式，並且最多定義 16 個。

- 如需使用萬用字元 "*"，則它必須是最後一個值。

下面透過 Service 的 YAML 檔案對幾種常見的服務拓撲應用實例進行説明。

（1）只將流量路由到相同 Node 的 Endpoint 上，如果 Node 沒有可用的 Endpoint，則將請求丟棄：

```
apiVersion: v1
kind: Service
metadata:
  name: webapp
spec:
  selector:
    app: webapp
  ports:
  - port: 8080
  topologyKeys:
  - "kubernetes.io/hostname"
```

（2）優先將流量路由到相同 Node 的 Endpoint 上，如果 Node 沒有可用的 Endpoint，則將請求路由到任意可用的 Endpoint：

```
apiVersion: v1
kind: Service
metadata:
  name: webapp
spec:
  selector:
    app: webapp
  ports:
  - port: 8080
  topologyKeys:
  - "kubernetes.io/hostname"
  - "*"
```

（3）只將流量路由到相同 zone 或同 region 的 Endpoint 上，如果沒有可用的 Endpoint，則將請求丟棄：

```
apiVersion: v1
kind: Service
metadata:
  name: webapp
spec:
  selector:
    app: webapp
```

```
  ports:
  - port: 8080
  topologyKeys:
  - "topology.kubernetes.io/zone"
  - "topology.kubernetes.io/region"
```

（4）按同 Node、同 zone、同 region 的優先順序順序路由流量，如果
Node、zone、region 都沒有可用的 Endpoint，則將請求路由到叢集內任意
可用的 Endpoint 上：

```
apiVersion: v1
kind: Service
metadata:
  name: webapp
spec:
  selector:
    app: webapp
  ports:
  - port: 8080
  topologyKeys:
  - "kubernetes.io/hostname"
  - "topology.kubernetes.io/zone"
  - "topology.kubernetes.io/region"
  - "*"
```

4.3 DNS 服務架設和設定指南

作為服務發現機制的基本功能，在叢集內需要能夠透過服務名稱對服務
進行存取，這就需要一個叢集範圍內的 DNS 服務來完成從服務名稱到
ClusterIP 位址的解析。DNS 服務在 Kubernetes 的發展過程中經歷了 3 個
階段，接下來進行講解。

在 Kubernetes 1.2 版本時，DNS 服務是由 SkyDNS 提供的，它由 4 個容器
組成：kube2sky、skydns、etcd 和 healthz。kube2sky 容器監控 Kubernetes
中 Service 資源的變化，根據 Service 的名稱和 IP 位址資訊生成 DNS 記
錄，並將其保存到 etcd 中；skydns 容器從 etcd 中讀取 DNS 記錄，並為用
戶端容器應用提供 DNS 查詢服務；healthz 容器提供對 skydns 服務的健康
檢查功能。

圖 4.3 展現了 SkyDNS 的整體架構。

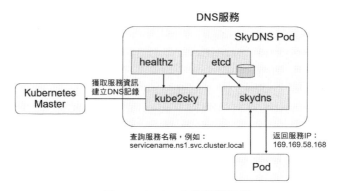

▲ 圖 4.3 SkyDNS 的整體架構

從 Kubernetes 1.4 版本開始，SkyDNS 元件便被 KubeDNS 替換，主要考慮的是 SkyDNS 元件之間通訊較多，整體性能不高。KubeDNS 由 3 個容器組成：kubedns、dnsmasq 和 sidecar，去掉了 SkyDNS 中的 etcd 儲存，將 DNS 記錄直接保存在記憶體中，以提高查詢性能。kubedns 容器監控 Kubernetes 中 Service 資源的變化，根據 Service 的名稱和 IP 位址生成 DNS 記錄，並將 DNS 記錄保存在記憶體中；dnsmasq 容器從 kubedns 中獲取 DNS 記錄，提供 DNS 快取，為用戶端容器應用提供 DNS 查詢服務；sidecar 提供對 kubedns 和 dnsmasq 服務的健康檢查功能。圖 4.4 展現了 KubeDNS 的整體架構。

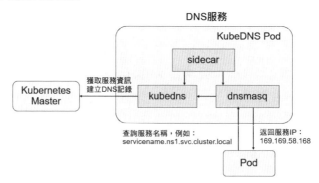

▲ 圖 4.4 KubeDNS 的整體架構

從 Kubernetes 1.11 版本開始，Kubernetes 叢集的 DNS 服務便由 CoreDNS 提供。CoreDNS 是 CNCF 基金會孵化的一個專案，是用 Go 語言實現的高性能、外掛程式、易擴充的 DNS 服務端，目前已畢業。CoreDNS 解決了 KubeDNS 的一些問題，例如 dnsmasq 的安全性漏洞、externalName 不能使用 stubDomains 進行設置，等等。CoreDNS 支援自訂 DNS 記錄及設定 upstream DNS Server，可以統一管理 Kubernetes 以服務為基礎的內部 DNS 和資料中心的物理 DNS。它沒有使用多個容器的架構，只用一個容器便實現了 KubeDNS 內 3 個容器的全部功能。圖 4.5 展現了 CoreDNS 的整體架構。

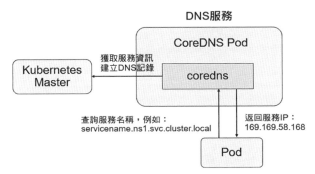

▲ 圖 4.5 CoreDNS 的整體架構

接下來以 CoreDNS 為例，說明 Kubernetes 叢集 DNS 服務的架設過程。

4.3.1 修改每個 Node 上 kubelet 的 DNS 啟動參數

修改每個 Node 上 kubelet 的啟動參數，在其中加上以下兩個參數。

- --cluster-dns=169.169.0.100：為 DNS 服務的 ClusterIP 位址。
- --cluster-domain=cluster.local：為在 DNS 服務中設置的域名。

然後重新啟動 kubelet 服務。

4.3.2 部署 CoreDNS 服務

部署 CoreDNS 服務時需要建立 3 個資源物件：1 個 ConfigMap、1 個 Deployment 和 1 個 Service。在啟用了 RBAC 的叢集中，還可以設置 ServiceAccount、ClusterRole、ClusterRoleBinding 對 CoreDNS 容器進行許可權設置。

ConfigMap"coredns" 主要設置 CoreDNS 的主設定檔 Corefile 的內容，其中可以定義各種域名的解析方式和使用的外掛程式，範例如下（Corefile 的詳細設定說明參見 4.3.4 節）：

```
apiVersion: v1
kind: ConfigMap
metadata:
  name: coredns
  namespace: kube-system
  labels:
      addonmanager.kubernetes.io/mode: EnsureExists
data:
  Corefile: |
    cluster.local {
        errors
        health {
          lameduck 5s
        }
        ready
        kubernetes cluster.local 169.169.0.0/16 {
          fallthrough in-addr.arpa ip6.arpa
        }
        prometheus :9153
        forward . /etc/resolv.conf
        cache 30
        loop
        reload
        loadbalance
    }
    . {
        cache 30
        loadbalance
        forward . /etc/resolv.conf
    }
```

Deployment"coredns" 主要設置 CoreDNS 容器應用的內容，其中，replicas 副本的數量通常應該根據叢集的規模和服務數量確定，如果單一 CoreDNS 處理程序不足以支撐整個叢集的 DNS 查詢，則可以透過水平擴充提高查詢能力。由於 DNS 服務是 Kubernetes 叢集的關鍵核心服務，所以建議為其 Deployment 設置自動容量調整控制器，自動管理其副本數量。

另外，對資源限制部分（CPU 限制和記憶體限制）的設置也應根據實際環境進行調整：

```
apiVersion: apps/v1
kind: Deployment
metadata:
  name: coredns
  namespace: kube-system
  labels:
    k8s-app: kube-dns
    kubernetes.io/name: "CoreDNS"
spec:
  replicas: 1
  strategy:
    type: RollingUpdate
    rollingUpdate:
      maxUnavailable: 1
  selector:
    matchLabels:
      k8s-app: kube-dns
  template:
    metadata:
      labels:
        k8s-app: kube-dns
    spec:
      priorityClassName: system-cluster-critical
      tolerations:
        - key: "CriticalAddonsOnly"
          operator: "Exists"
      nodeSelector:
        kubernetes.io/os: linux
      affinity:
        podAntiAffinity:
          preferredDuringSchedulingIgnoredDuringExecution:
          - weight: 100
            podAffinityTerm:
              labelSelector:
                matchExpressions:
                  - key: k8s-app
                    operator: In
                    values: ["kube-dns"]
              topologyKey: kubernetes.io/hostname
      containers:
      - name: coredns
```

```
image: coredns/coredns:1.7.0
imagePullPolicy: IfNotPresent
resources:
  limits:
    memory: 170Mi
  requests:
    cpu: 100m
    memory: 70Mi
args: [ "-conf", "/etc/coredns/Corefile" ]
volumeMounts:
- name: config-volume
  mountPath: /etc/coredns
  readOnly: true
ports:
- containerPort: 53
  name: dns
  protocol: UDP
- containerPort: 53
  name: dns-tcp
  protocol: TCP
- containerPort: 9153
  name: metrics
  protocol: TCP
securityContext:
  allowPrivilegeEscalation: false
  capabilities:
    add:
    - NET_BIND_SERVICE
    drop:
    - all
  readOnlyRootFilesystem: true
livenessProbe:
  httpGet:
    path: /health
    port: 8080
    scheme: HTTP
  initialDelaySeconds: 60
  timeoutSeconds: 5
  successThreshold: 1
  failureThreshold: 5
readinessProbe:
  httpGet:
    path: /ready
    port: 8181
```

```
        scheme: HTTP
    dnsPolicy: Default
    volumes:
      - name: config-volume
        configMap:
          name: coredns
          items:
          - key: Corefile
            path: Corefile
```

Service"kube-dns" 是 DNS 服務的設定，這個服務需要設置固定的 ClusterIP 位址，也需要將所有 Node 上的 kubelet 啟動參數 --cluster-dns 都設置為這個 ClusterIP 位址：

```
apiVersion: v1
kind: Service
metadata:
  name: kube-dns
  namespace: kube-system
  annotations:
    prometheus.io/port: "9153"
    prometheus.io/scrape: "true"
  labels:
    k8s-app: kube-dns
    kubernetes.io/cluster-service: "true"
    kubernetes.io/name: "CoreDNS"
spec:
  selector:
    k8s-app: kube-dns
  clusterIP: 169.169.0.100
  ports:
  - name: dns
    port: 53
    protocol: UDP
  - name: dns-tcp
    port: 53
    protocol: TCP
  - name: metrics
    port: 9153
    protocol: TCP
```

透過 kubectl create 命令完成 CoreDNS 服務的建立：

```
# kubectl create -f coredns.yaml
```

查看 Deployment、Pod 和 Service，確保容器成功啟動：

```
# kubectl get deployment --namespace=kube-system
NAME                        READY  UP-TO-DATE   AVAILABLE    AGE
coredns                     1/1    1            1            33h

# kubectl get pods --namespace=kube-system
NAME                        READY  STATUS   RESTARTS   AGE
coredns-85b4878f78-vcdnh    1/1    Running  2          33h

# kubectl get services --namespace=kube-system
NAME      TYPE        CLUSTER-IP      EXTERNAL-IP  PORT(S)                  AGE
kube-dns  ClusterIP   169.169.0.100   <none>       53/UDP,53/TCP,9153/TCP 33h
```

4.3.3 服務名稱的 DNS 解析

接下來使用一個帶有 nslookup 工具的 Pod 來驗證 DNS 服務能否正常執行：

busybox.yaml
```
apiVersion: v1
kind: Pod
metadata:
  name: busybox
  namespace: default
spec:
  containers:
  - name: busybox
    image: gcr.io/google_containers/busybox
    command:
      - sleep
      - "3600"
```

執行 kubectl create -f busybox.yaml 即可完成建立。

在該容器成功啟動後，透過 kubectl exec <container_id> -- nslookup 進行
測試：

```
# kubectl exec busybox -- nslookup redis-master
Server:    169.169.0.100
Address 1: 169.169.0.100

Name:      redis-master
Address 1: 169.169.8.10
```

可以看到，透過 DNS 伺服器 169.169.0.100 成功解析了 redis-master 服務的 IP 位址 169.169.8.10。

如果某個 Service 屬於不同的命名空間，那麼在進行 Service 尋找時，需要補充 Namespace 的名稱，將其組合成完整的域名。下面以尋找 kube-dns 服務為例，將其所在 Namespace"kube-system" 補充在服務名稱之後，用 "." 連接為 "kube-dns.kube-system"，即可查詢成功：

```
# kubectl exec busybox -- nslookup kube-dns.kube-system
Server:    169.169.0.100
Address 1: 169.169.0.100

Name:      kube-dns.kube-system
Address 1: 169.169.0.100
```

如果僅使用 "kube-dns" 進行尋找，則會失敗：

```
nslookup: can't resolve 'kube-dns'
```

4.3.4 CoreDNS 的設定說明

CoreDNS 的主要功能是透過外掛程式系統實現的。CoreDNS 實現了一種鏈式外掛程式結構，將 DNS 的邏輯抽象成了一個個外掛程式，能夠靈活組合使用。

常用的外掛程式如下。

- loadbalance：提供以 DNS 為基礎的負載平衡功能。
- loop：檢測在 DNS 解析過程中出現的簡單迴圈問題。
- cache：提供前端快取功能。
- health：對 Endpoint 進行健康檢查。
- kubernetes：從 Kubernetes 中讀取 zone 資料。
- etcd：從 etcd 中讀取 zone 資料，可用於自訂域名記錄。
- file：從 RFC1035 格式檔案中讀取 zone 資料。
- hosts：使用 /etc/hosts 檔案或者其他檔案讀取 zone 資料，可用於自訂域名記錄。
- auto：從磁碟中自動載入區域檔案。

- reload：定時自動重新載入 Corefile 設定檔的內容。
- forward：轉發域名查詢到上游 DNS 伺服器上。
- prometheus：為 Prometheus 系統提供擷取性能指標資料的 URL。
- pprof：在 URL 路徑 /debug/pprof 下提供執行時期的性能資料。
- log：對 DNS 查詢進行日誌記錄。
- errors：對錯誤資訊進行日誌記錄。

在下面的範例中為域名 "cluster.local" 設置了一系列外掛程式，包括
errors、health、ready、kubernetes、prometheus、forward、cache、loop、
reload 和 loadbalance，在進行域名解析時，這些外掛程式將以從上到下的
順序依次執行：

```
cluster.local {
    errors
    health {
      lameduck 5s
    }
    ready
    kubernetes cluster.local 169.169.0.0/16 {
      fallthrough in-addr.arpa ip6.arpa
    }
    prometheus :9153
    forward . /etc/resolv.conf
    cache 30
    loop
    reload
    loadbalance
}
```

另外，etcd 和 hosts 外掛程式都可以用於使用者自訂域名記錄。

下面是使用 etcd 外掛程式的設定範例，將以 ".com" 結尾的域名記錄設定
為從 etcd 中獲取，並將域名記錄保存在 /skydns 路徑下：

```
{
    etcd com {
        path /skydns
        endpoint http://192.168.18.3:2379
        upstream /etc/resolv.conf
    }
    cache 160 com
```

```
    loadbalance
    proxy . /etc/resolv.conf
}
```

如果使用者在 etcd 中插入一筆 "10.1.1.1 mycompany.com"DNS 記錄：

```
# ETCDCTL_API=3 etcdctl put "/skydns/com/mycompany" '{"host":"10.1.1.1",
"ttl":60}'
```

用戶端應用就能存取域名 "mycompany.com" 了：

```
# nslookup mycompany.com
nslookup mycompany.com
Server:        169.169.0.100
Address:       169.169.0.100#53

Name:   mycompany.com
Address: 10.1.1.1
```

forward 外掛程式用於設定上游 DNS 伺服器或其他 DNS 伺服器，當在 CoreDNS 中查詢不到域名時，會到其他 DNS 伺服器上進行查詢。在實際環境中，可以將 Kubernetes 叢集外部的 DNS 納入 CoreDNS，進行統一的 DNS 管理。

4.4 Node 本地 DNS 快取

由於在 Kubernetes 叢集中設定的 DNS 服務是一個名為 "kube-dns" 的 Service，所以容器應用都透過其 ClusterIP 位址（例如 169.169.0.100）去執行服務名稱的 DNS 域名解析。這對於大規模叢集可能引起以下兩個問題。

（1）叢集 DNS 服務壓力增大（這可以透過自動擴充緩解）。
（2）由於 DNS 服務的 IP 位址是 Service 的 ClusterIP 位址，所以會透過 kube-proxy 設置的 iptables 規則進行轉發，可能導致域名解析性能很差，原因是 Netfilter 在做 DNAT 轉換時可能會引起 conntrack 衝突，從而導致 DNS 查詢產生 5s 的延遲時間。

為了解決這兩個問題，Kubernetes 引入了 Node 本地 DNS 快取（NodeLocal DNSCache）來提高整個叢集的 DNS 域名解析的性能，這在 1.18 版本時達到 Stable 階段。使用 Node 本地 DNS 快取的好處如下。

- 在沒有本地 DNS 快取時，叢集 DNS 服務的 Pod 很可能在其他節點上，跨主機存取會增加網路延遲時間，使用 Node 本地 DNS 快取可顯著減少跨主機查詢的網路延遲時間。

- 跳過 iptables DNAT 和連接追蹤將有助於減少 conntrack 競爭，並避免 UDP DNS 記錄填滿 conntrack 表。

- 本地快取到叢集 DNS 服務的連線協定可以升級為 TCP。TCP conntrack 項目將在連接關閉時被刪除；預設使用 UDP 時，conntrack 項目只能等到逾時時間過後才被刪除，作業系統的預設逾時時間（nf_conntrack_udp_timeout）為 30s。

- 將 DNS 查詢從 UDP 升級為 TCP，將減少由於丟棄的 UDP 資料封包和 DNS 逾時而引起的尾部延遲（tail latency），UDP 逾時時間可能會長達 30s（3 次重試，每次 10s）。

- 提供 Node 等級 DNS 解析請求的度量（Metrics）和可見性（visibility）。

- 可以重新啟用負快取（Negative caching）功能，減少對叢集 DNS 服務的查詢數量。

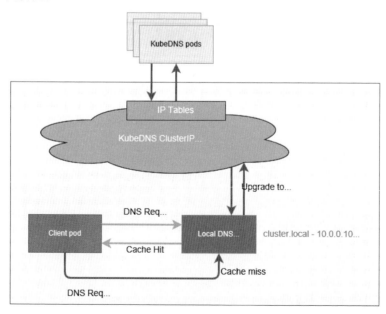

▲ 圖 4.6 Node 本地 DNS 快取的工作流程

Node 本地 DNS 快取（NodeLocal DNSCache）的工作流程如圖 4.6 所示，用戶端 Pod 首先會透過本地 DNS 快取進行域名解析，當快取中不存在域名時，會將請求轉發到叢集 DNS 服務進行解析。

下面對如何部署 Node 本地 DNS 快取工具進行説明。

設定檔 nodelocaldns.yaml 的內容如下，主要包括 ServiceAccount、Daemonset、ConfigMap 和 Service 幾個資源物件。

Service Account 的定義如下：

```
apiVersion: v1
kind: ServiceAccount
metadata:
  name: node-local-dns
  namespace: kube-system
  labels:
    kubernetes.io/cluster-service: "true"
    addonmanager.kubernetes.io/mode: Reconcile
```

Service 的定義如下：

```
apiVersion: v1
kind: Service
metadata:
  name: kube-dns-upstream
  namespace: kube-system
  labels:
    k8s-app: kube-dns
    kubernetes.io/cluster-service: "true"
    addonmanager.kubernetes.io/mode: Reconcile
    kubernetes.io/name: "KubeDNSUpstream"
spec:
  ports:
  - name: dns
    port: 53
    protocol: UDP
    targetPort: 53
  - name: dns-tcp
    port: 53
    protocol: TCP
    targetPort: 53
  selector:
    k8s-app: kube-dns
```

ConfigMap 的定義如下：

```
apiVersion: v1
kind: ConfigMap
metadata:
  name: node-local-dns
  namespace: kube-system
  labels:
    addonmanager.kubernetes.io/mode: Reconcile
data:
  Corefile: |
    cluster.local:53 {
        errors
        cache {
                success 9984 30
                denial 9984 5
        }
        reload
        loop
        bind 169.254.20.10
        forward . 169.169.0.100 {
                force_tcp
        }
        prometheus :9253
        health 169.254.20.10:8081
        }
    in-addr.arpa:53 {
        errors
        cache 30
        reload
        loop
        bind 169.254.20.10
        forward . 169.169.0.100 {
                force_tcp
        }
        prometheus :9253
        }
    ip6.arpa:53 {
        errors
        cache 30
        reload
        loop
        bind 169.254.20.10
        forward . 169.169.0.100 {
                force_tcp
```

```
        }
     prometheus :9253
        }
   .:53 {
     errors
     cache 30
     reload
     loop
     bind 169.254.20.10
     forward . 169.169.0.100 {
           force_tcp
     }
     prometheus :9253
        }
```

DaemonSet 的定義如下：

```
apiVersion: apps/v1
kind: DaemonSet
metadata:
  name: node-local-dns
  namespace: kube-system
  labels:
    k8s-app: node-local-dns
    kubernetes.io/cluster-service: "true"
    addonmanager.kubernetes.io/mode: Reconcile
spec:
  updateStrategy:
    rollingUpdate:
      maxUnavailable: 10%
  selector:
    matchLabels:
      k8s-app: node-local-dns
  template:
    metadata:
      labels:
        k8s-app: node-local-dns
      annotations:
        prometheus.io/port: "9253"
        prometheus.io/scrape: "true"
    spec:
      priorityClassName: system-node-critical
      serviceAccountName: node-local-dns
      hostNetwork: true
      dnsPolicy: Default  # Don't use cluster DNS.
```

```
      tolerations:
      - key: "CriticalAddonsOnly"
        operator: "Exists"
      - effect: "NoExecute"
        operator: "Exists"
      - effect: "NoSchedule"
        operator: "Exists"
      containers:
      - name: node-cache
        image: k8s.gcr.io/k8s-dns-node-cache:1.15.13
        resources:
          requests:
            cpu: 25m
            memory: 5Mi
        args: [ "-localip", "169.254.20.10", "-conf", "/etc/Corefile",
"-upstreamsvc", "kube-dns-upstream" ]
        securityContext:
          privileged: true
        ports:
        - containerPort: 53
          name: dns
          protocol: UDP
        - containerPort: 53
          name: dns-tcp
          protocol: TCP
        - containerPort: 9253
          name: metrics
          protocol: TCP
        livenessProbe:
          httpGet:
            host: 169.254.20.10
            path: /health
            port: 8081
          initialDelaySeconds: 60
          timeoutSeconds: 5
        volumeMounts:
        - mountPath: /run/xtables.lock
          name: xtables-lock
          readOnly: false
        - name: config-volume
          mountPath: /etc/coredns
        - name: kube-dns-config
          mountPath: /etc/kube-dns
      volumes:
```

```
      - name: xtables-lock
        hostPath:
          path: /run/xtables.lock
          type: FileOrCreate
      - name: kube-dns-config
        configMap:
          name: coredns
          optional: true
      - name: config-volume
        configMap:
          name: node-local-dns
          items:
            - key: Corefile
              path: Corefile.base
```

ConfigMap Corefile 的主要設定參數如下。

- bind 169.254.20.10：node-local-dns 需要綁定的本地 IP 位址，建議將其設置為 169.254.0.0/16 範圍，確保不與叢集內的其他 IP 衝突。

- forward . 169.169.0.100：在 node-local-dns 快取中不存在域名記錄時，將轉發到的上游 DNS 伺服器 IP 設置為 Kubernetes 叢集 DNS 服務（kube-dns）的 IP，例如 169.169.0.100。

- health 169.254.20.10:8081：健康檢查通訊埠編號設置，與 Daemonset 的 livenessProbe 一致，需要注意，node-local-dns 網路模式設置了 hostNetwork=true，這個通訊埠編號也會被直接綁定到宿主機上，需要確保不與宿主機的其他應用衝突。

Daemonset node-local-dns 的主要設定參數如下。

- args: ["-localip", "169.254.20.10", "-conf", "/etc/Corefile", "-upstreamsvc", "kube- dns-upstream"]：將 -localip 參數設置為 node-local-dns 綁定的本地 IP 位址，對其他參數無須修改。

- livenessProbe 中的健康檢查通訊埠編號與 ConfigMap 中的一致。

另外，如果 kube-proxy 代理模式（--proxy-mode）使用的是 ipvs 模式，則還需要修改 kubelet 的啟動參數 --cluster-dns 為 node-local-dns 綁定的本地 IP 位址 169.254.20.10。

透過 kubectl create 命令建立 node-local-dns 服務：

```
# kubectl create -f nodelocaldns.yaml
serviceaccount/node-local-dns created
service/kube-dns-upstream created
configmap/node-local-dns created
daemonset.apps/node-local-dns created
```

確認在每個 Node 上都執行了一個 node-local-dns Pod：

```
# kubectl -n kube-system get po -l k8s-app=node-local-dns
NAME                          READY    STATUS     RESTARTS    AGE
node-local-dns-mkljl          1/1      Running    0           3m28s
node-local-dns-2j9rx          1/1      Running    0           3m28s
node-local-dns- psjck         1/1      Running    0           3m28s
......
```

在用戶端 Pod 內對服務名稱的解析沒有變化，仍然可以直接透過服務名稱存取其他服務，例如：

```
# curl webapp.default:8080
<!DOCTYPE html PUBLIC "-//W3C//DTD HTML 4.01 Transitional//EN" "http://www.
w3.org/TR/html4/loose.dtd">
<html>
<head>
<meta http-equiv="Content-Type" content="text/html; charset=utf-8">
......
```

4.5 Pod 的 DNS 域名相關特性

Pod 作為叢集中提供具體服務的實體，也可以像 Service 一樣設置 DNS 域名。另外，系統為用戶端應用 Pod 需要使用的 DNS 策略提供了多種選擇。

4.5.1 Pod 的 DNS 域名

對 Pod 來說，Kubernetes 會為其設置一個 <pod-ip>.<namespace>.pod.<cluster-domain> 格式的 DNS 域名，其中 Pod IP 部分需要用 "-" 替換 "." 符號，例如下面 Pod 的 IP 位址為 10.0.95.63：

```
# kubectl get po -o wide
NAME                          READY    STATUS     RESTARTS    AGE      IP
```

```
NODE            NOMINATED NODE    READINESS GATES
Test-pod    1/1    Running    0         1m20s    10.0.95.63    192.168.18.3
<none>             <none>
```

系統為這個 Pod 設置的 DNS 域名為 10-0-95-63.default.pod.cluster.local，
用 nslookup 進行驗證，便可以成功解析該域名的 IP 位址為 10.0.95.63：

```
# nslookup 10-0-95-63.default.pod.cluster.local
Server:        169.169.0.100
Address:       169.169.0.100#53

Name:   10-0-95-63.default.pod.cluster.local
Address: 10.0.95.63
```

對於以 Deployment 或 Daemonset 類型建立的 Pod，Kubernetes 會為每
個 Pod 都以其 IP 位址和控制器名稱設置一個 DNS 域名，格式為 <pod-
ip>.<deployment/daemonset- name>.<namespace>.svc.<cluster-domain>，
其中 Pod IP 位址段字串需要用 "-" 替換 "." 符號，例如下面 Pod 的 IP 位址
為 10.0.95.48：

```
# kubectl get po -o wide
NAME                        READY    STATUS    RESTARTS    AGE    IP
NODE            NOMINATED NODE    READINESS GATES
demo-app-6c675f688-6j2zn    1/1    Running    0          7m49s    10.0.95.48
192.168.18.3    <none>             <none>
```

系統為這個 Pod 設置的 DNS 域名為 10-0-95-48.demo-app.default.svc.
cluster.local，用 nslookup 進行驗證，便可以成功解析該域名的 IP 位址為
10.0.95.48：

```
# nslookup 10-0-95-48.demo-app.default.svc.cluster.local
Server:        169.169.0.100
Address:       169.169.0.100#53

Name:   10-0-95-48.demo-app.default.svc.cluster.local
Address: 10.0.95.48
```

4.5.2 為 Pod 自訂 hostname 和 subdomain

在預設情況下，Pod 的名稱將被系統設置為容器環境內的主機名稱
（hostname），但透過副本控制器建立的 Pod 名稱會有一段隨機尾碼名稱，

無法固定，此時可以透過在 Pod yaml 設定中設置 hostname 欄位定義容器環境的主機名稱。同時，可以設置 subdomain 欄位定義容器環境的子域名。

透過下面的 Pod 定義，將會在 Pod 容器環境中設置主機名稱為 "webapp-1"，子域名為 "mysubdomain"：

```
apiVersion: v1
kind: Pod
metadata:
  name: webapp1
  labels:
    app: webapp1
spec:
  hostname: webapp-1
  subdomain: mysubdomain
  containers:
  - name: webapp1
    image: kubeguide/tomcat-app:v1
    ports:
    - containerPort: 8080
```

建立這個 Pod：

```
# kubectl create -f pod-hostname-subdomain.yaml
pod/webapp1 created
```

查看 Pod 的 IP 位址：

```
# kubectl get po -o wide
NAME          READY    STATUS          RESTARTS    AGE    IP            NODE
NOMINATED NODE    READINESS GATES
webapp1    1/1      Running      0          4s     10.0.95.51    192.168.18.3
<none>               <none>
```

在 Pod 建立成功之後，Kubernetes 系統為其設置的 DNS 域名（FQDN）為 "webapp-1. mysubdomain.default.svc.cluster.local"，可以透過登入 Pod"webapp1" 查看 /etc/hosts 檔案的記錄：

```
# kubectl exec -ti webapp1 -- bash
root@webapp-1:/usr/local/tomcat# cat /etc/hosts
# Kubernetes-managed hosts file.
127.0.0.1       localhost
::1     localhost ip6-localhost ip6-loopback
```

```
fe00::0 ip6-localnet
fe00::0 ip6-mcastprefix
fe00::1 ip6-allnodes
fe00::2 ip6-allrouters
10.0.95.51      webapp-1.mysubdomain.default.svc.cluster.local  webapp-1
```

為了使叢集內的其他應用能夠存取 Pod 的 DNS 域名，還需要部署一個 Headless Service，其服務名稱為 Pod 的子域名（subdomain），這樣系統就會在 DNS 伺服器中自動建立相應的 DNS 記錄。

Headless Service 的定義如下，名稱（name）被設置為 Pod 的子域名 "mysubdomain"：

```
apiVersion: v1
kind: Service
metadata:
  name: mysubdomain
spec:
  selector:
    app: webapp
  clusterIP: None
  ports:
  - port: 8080
```

建立該 Headless Service：

```
# kubectl create -f headless-service.yaml
service/mysubdomain created
```

查看該 Service 的詳情，可見其 Endpoint 為 Pod 的 IP：

```
# kubectl describe svc mysubdomain
Name:              mysubdomain
Namespace:         default
Labels:            <none>
Annotations:       <none>
Selector:          app=webapp1
Type:              ClusterIP
IP:                None
Port:              <unset>  8080/TCP
TargetPort:        8080/TCP
Endpoints:         10.0.95.51:8080
Session Affinity:  None
Events:            <none>
```

此時，其他應用就可以透過 Pod 的 DNS 域名 "webapp-1.mysubdomain.
default. svc.cluster. local" 存取 Pod 的服務了：

```
# curl webapp-1.mysubdomain.default.svc.cluster.local:8080
<!DOCTYPE html PUBLIC "-//W3C//DTD HTML 4.01 Transitional//EN" "http://www.
w3.org/TR/html4/loose.dtd">
<html>
<head>
<meta http-equiv="Content-Type" content="text/html; charset=utf-8">
```

4.5.3 Pod 的 DNS 策略

Kubernetes 可以在 Pod 等級透過 dnsPolicy 欄位設置 DNS 策略。目前支援
的 DNS 策略如下。

- Default：繼承 Pod 所在宿主機的域名解析設置。
- ClusterFirst：優先使用 Kubernetes 環境的 DNS 服務（如 CoreDNS 提供的域名解析服務），將無法解析的域名轉發到系統組態的上游 DNS 伺服器。
- ClusterFirstWithHostNet：適用於以 hostNetwork 模式執行的 Pod。
- None：忽略 Kubernetes 叢集的 DNS 設定，需要手工透過 dnsConfig 自訂 DNS 設定。這個選項在 Kubernetes 1.9 版本中開始引入，到 Kubernetes 1.10 版本時升級為 Beta，到 Kubernetes 1.14 版本時達到穩定版本。自訂 DNS 設定詳見下節的説明。

下面是一個使用了 hostNetwork 的 Pod，其 dnsPolicy 設置為 "ClusterFirst
WithHostNet"：

```
apiVersion: v1
kind: Pod
metadata:
  name: nginx
spec:
  containers:
  - name: nginx
    image: nginx
  hostNetwork: true
  dnsPolicy: ClusterFirstWithHostNet
```

4.5.4 Pod 中的自訂 DNS 設定

在預設情況下，系統會自動為 Pod 設定好域名伺服器等 DNS 參數，此外 Kubernetes 也提供在 Pod 定義中由使用者自訂 DNS 相關設定的方法。這可以透過在 Pod 定義中設置 dnsConfig 欄位進行 DNS 相關設定。該欄位是可選欄位，在 dnsPolicy 為任意策略時都可以設置，但是當 dnsPolicy="None" 時必須設置。該特性在 Kubernetes 的 1.9 版本中被提出，在 1.10 版本時達到 Beta 階段並被預設啟用，到 1.14 版本時達到 Stable 階段。

自訂 DNS 可以設置以下內容。

- nameservers：用於域名解析的 DNS 伺服器列表，最多可以設置 3 個。當 Pod 的 dnsPolicy="None" 時，該 nameserver 列表必須包含至少一個 IP 位址。設定的 nameserver 清單會與系統自動設置的 nameserver 進行合併和去重。
- searches：用於域名搜索的 DNS 域名尾碼，最多可以設置 6 個，也會與系統自動設置的 search 清單進行合併和去重。
- options：設定其他可選 DNS 參數，例如 ndots、timeout 等，以 name 或 name/value 對的形式表示，也會與系統自動設置的 option 清單進行合併和去重。

以下面的 dnsConfig 為例：

```
apiVersion: v1
kind: Pod
metadata:
  name: custom-dns
spec:
  containers:
  - name: custom-dns
    image: tomcat
    imagePullPolicy: IfNotPresent
    ports:
    - containerPort: 8080
  dnsPolicy: "None"
  dnsConfig:
```

```
    nameservers:
      - 8.8.8.8
    searches:
      - ns1.svc.cluster-domain.example
      - my.dns.search.suffix
    options:
      - name: ndots
        value: "2"
      - name: edns0
```

在 Pod 成功建立後，容器內 DNS 設定檔 /etc/resolv.conf 的內容將被系統設置如下：

```
nameserver 8.8.8.8
search ns1.svc.cluster.local my.dns.search.suffix
options ndots:2 edns0
```

在 IPv6 環境中，Pod 內 /etc/resolv.conf 檔案中 nameserver 的 IP 位址也會以 IPv6 格式進行表示，例如：

```
nameserver fd00:79:30::a
search default.svc.cluster-domain.example svc.cluster-domain.example
cluster-domain.example
options ndots:5
```

4.6 Ingress 7 層路由機制

根據前面對 Service 概念的說明，我們知道 Service 的表現形式為 IP 位址和通訊埠編號（ClusterIP:Port），即工作在 TCP/IP 層。而對於以 HTTP 為基礎的服務來說，不同的 URL 位址經常對應到不同的後端服務或者虛擬伺服器（Virtual Host），這些應用層的轉發機制僅透過 Kubernetes 的 Service 機制是無法實現的。Kubernetes 從 1.1 版本開始引入 Ingress 資源物件，用於將 Kubernetes 叢集外的用戶端請求路由到叢集內部的服務上，同時提供 7 層（HTTP 和 HTTPS）路由功能。Ingress 在 Kubernetes 1.19 版本時達到 v1 穩定版本。

Kubernetes 使用了一個 Ingress 策略定義和一個具體提供轉發服務的 Ingress Controller，兩者結合，實現了以靈活 Ingress 策略定義為基礎的服務路由功能。如果是對 Kubernetes 叢集外部的用戶端提供服務，那麼 Ingress Controller 實現的是類似於邊緣路由器（Edge Router）的功能。需要注意的是，Ingress 只能以 HTTP 和 HTTPS 提供服務，對於使用其他網路通訊協定的服務，可以透過設置 Service 的類型（type）為 NodePort 或 LoadBalancer 對叢集外部的用戶端提供服務。

使用 Ingress 進行服務路由時，Ingress Controller 以 Ingress 規則為基礎將用戶端請求直接轉發到 Service 對應的後端 Endpoint（Pod）上，這樣會跳過 kube-proxy 設置的路由轉發規則，以提高網路轉發效率。

圖 4.7 顯示了一個典型的 HTTP 層路由的例子。

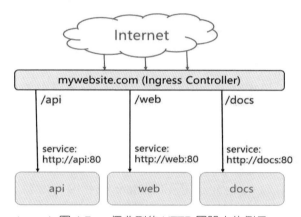

▲ 圖 4.7　一個典型的 HTTP 層路由的例子

其中：

- 對 http://mywebsite.com/api 的存取將被路由到後端名為 api 的 Service 上；
- 對 http://mywebsite.com/web 的存取將被路由到後端名為 web 的 Service 上；
- 對 http://mywebsite.com/docs 的存取將被路由到後端名為 docs 的 Service 上。

下面先透過一個完整的例子對 Ingress Controller 的部署、Ingress 策略的設定，以及用戶端如何透過 Ingress Controller 存取服務對 Ingress 的原理和應用進行説明，然後對 Ingress 資源的概念、策略設定、TLS 安全設置進行詳細説明。

4.6.1 一個完整的例子（Ingress Controller+Ingress 策略 + 用戶端存取）

1. 部署 Ingress Controller

Ingress Controller 需要實現以不同 HTTP URL 為基礎向後轉發的負載分發規則，並可以靈活設置 7 層負載分發策略。目前 Ingress Controller 已經有許多實現方案，包括 Nginx、HAProxy、Kong、Traefik、Skipper、Istio 等開放原始碼軟體的實現，以及公有雲 GCE、Azure、AWS 等提供的 Ingress 應用閘道，使用者可以參考官方網站根據業務需求選擇適合的 Ingress Controller。

在 Kubernetes 中，Ingress Controller 會持續監控 API Server 的 /ingress 介面（即使用者定義的到後端服務的轉發規則）的變化。當 /ingress 介面後端的服務資訊發生變化時，Ingress Controller 會自動更新其轉發規則。

本例以 Nginx 為基礎提供的 Ingress Controller 進行説明。Nginx Ingress Controller 可以以 Daemonset 或 Deployment 模式進行部署，通常可以考慮透過設置 nodeSelector 或親和性排程策略將其排程到固定的幾個 Node 上提供服務。

對於用戶端應用如何透過網路存取 Ingress Controller，本例中透過在容器等級設置 hostPort，將 80 和 443 通訊埠編號映射到宿主機上，這樣用戶端應用可以透過 URL 位址 "http://<NodeIP>:80" 或 "https://<NodeIP>:443" 存取 Ingress Controller。也可以設定 Pod 使用 hostNetwork 模式直接監聽宿主機網路卡的 IP 位址和通訊埠編號，或者使用 Service 的 NodePort 將通訊埠編號映射到宿主機上。

下面是 Nginx Ingress Controller 的 YAML 定義，其中將 Pod 建立在 namespace "nginx-ingress" 中，透過 nodeSelector"role=ingress-nginx-controller" 設置了排程的目標 Node，並設置了 hostPort 將通訊埠編號映射到宿主機上供叢

集外部的用戶端存取。該設定檔包含了 Namespace、ServiceAccount、RBAC、Secret、ConfigMap 和 Deployment 等資源物件的設定，範例如下。

Namespace 的定義如下：

```
# nginx-ingress-controller.yaml
---
apiVersion: v1
kind: Namespace
metadata:
  name: nginx-ingress
```

ServiceAccount 的定義如下：

```
apiVersion: v1
kind: ServiceAccount
metadata:
  name: nginx-ingress
  namespace: nginx-ingress
```

RBAC 相關資源的定義如下：

```
kind: ClusterRole
apiVersion: rbac.authorization.k8s.io/v1
metadata:
  name: nginx-ingress
rules:
- apiGroups:
  - ""
  resources:
  - services
  - endpoints
  verbs:
  - get
  - list
  - watch
- apiGroups:
  - ""
  resources:
  - secrets
  verbs:
  - get
  - list
  - watch
```

```
- apiGroups:
  - ""
  resources:
  - configmaps
  verbs:
  - get
  - list
  - watch
  - update
  - create
- apiGroups:
  - ""
  resources:
  - pods
  verbs:
  - list
  - watch
- apiGroups:
  - ""
  resources:
  - events
  verbs:
  - create
  - patch
  - list
- apiGroups:
  - extensions
  resources:
  - ingresses
  verbs:
  - list
  - watch
  - get
- apiGroups:
  - "extensions"
  resources:
  - ingresses/status
  verbs:
  - update
- apiGroups:
  - k8s.nginx.org
  resources:
  - virtualservers
  - virtualserverroutes
```

```
    - globalconfigurations
    - transportservers
    - policies
    verbs:
    - list
    - watch
    - get
- apiGroups:
    - k8s.nginx.org
    resources:
    - virtualservers/status
    - virtualserverroutes/status
    verbs:
    - update
---
kind: ClusterRoleBinding
apiVersion: rbac.authorization.k8s.io/v1
metadata:
  name: nginx-ingress
subjects:
- kind: ServiceAccount
  name: nginx-ingress
  namespace: nginx-ingress
roleRef:
  kind: ClusterRole
  name: nginx-ingress
  apiGroup: rbac.authorization.k8s.io
```

Secret 的定義如下：

```
apiVersion: v1
kind: Secret
metadata:
  name: default-server-secret
  namespace: nginx-ingress
type: Opaque
data:
  tls.crt: LS0tLS1CRUdJTiBDRRVJUSUZJQ0FURS0tLS0tCk1JSUN2akNDQWFZQ0NRREFPRPRjl0
THNhWFhEQU5CZ2txaGtpRzl3MEJBWNGQURBaE1SOHdIdUVVlEVlFRRERCCWk8KUjBsT1dFbFVhM0Op
sYzNORGIyNTBjbTlyZYkdWeU1CNFhEVEU0TURreE1qRTRNRE16TlZvWERUSXpNRGt4TVRFRNApNRE
16TlZzd0lURWZNQjHQTFVRUF3d1dUa2RVGxoSmptZHlaHlhWE56UTI5dWRRISnZiR3hhY2pDNQ0FTS
XdEUVlKKCktvWklodmNOQQVFFQkJRURUnZ0VQQURQ0FRb0NnZ0VCQUwwN2hIUEtFFWGRMdjNyaUM3M
QlBrMTNpwkt5eTlyQ08KR2xvZUXYyK2EzUDF0azIrS3YwVGF5aGRlbDBDRrcnNUcTZzZm8vwUWk1Y2V
hbkw4WGM3U1UlpyQkVRYm9EN2REbWs1Qgo4eDlzLS2xHWU5IWlg0Rm55UZ0VPaStlM2ptTFFFFFxRlBSY1
```

kzVnNPazFFeUZBL0JnWlJVbkNHZUtGeERSN0tQdGhyCmtqSXVuektURXUyaDU4Tlp0S21ScUJHd
DEwcTNRYzhZT3ExM2FnbmovUWRjc0ZYYTJnMjB1K1lYZDdoZ3krZksKWk4vVUkxQUQ0YzZyM1lm
a1ZWUmVHd1lxQVp1WXN2V0RKbW1GNWRwRwdEMzN011cDBPRUxVTExSakZJOTZXNXIwSAo1TmdPc25
NWFJNV1hYVlpiNWRxT3R0SmRtS3FhZ25TZ1JQQVpQN2MwQjFQU2FqYzZjNGZRVXpNQ0F3RUFBVE
FOCkJna3Foa2lHOXcwQkFRc0ZBQU9DQVFFQWpLb2tRdGRRPcEsrTzhibWVPc3lySmddJSXJycVFFY
2ZOUitjb0hZVUoKdGhyYnhITFZMZ3R3VBTWI5dm15VExPY2xxeC9aYzJPblEwMEJCLZl1Tb0swcitF
Z1U2UlVrRWtWcitTTFA3NTdUWgozZWI4dmdPdEduMS9ienM3bzNBaS9kclkrcUI5Q2k1S3lPc3F
HTG1US2xFaUtOYkycrR1ZyTWxjS0ZYQU80YTY3Cklnc1hzYktNbTQwVlU3cG9mcGltU1ZmaXFSdk
V5YmN3N0NYODF6cFErUyt1eHRYK2VBZ3V0NHh3VlI5VlI5d2IyVXVYKelhuZk9HbWhhWNThDdldIQnNKa
0kxNXhaa2VUWXdkSN0diaEFMSkZUUkk3dkhvQXprTWIzbjAxQyQyWjNyN3RXNQpJUDFmTlpIOFUv
OWxiUHNoT21FRFZkdjF5ZytVRVJxbStGSis2R0oxeFJGcCZnPT0KLS0tLS1FTkQgQ0VSVElGSUN
BVEUtLS0tLQo=

tls.key: LS0tLS1CRUdJTiBSU0EgUFJJVkFURSBLRVktLS0tLQpNSUlFcEFJQkFBS0NBUUVB
di91RWM4b1JkMHUvZXVJTHNFK1RYZUprckxxMMnNJNGFWaEMvYjVyYy99XMlRiNHEvClJOcktGMEd
YaVN1eE9ycXgrajlnamx4NXFXXGNuaenRKbXNFUkJ1Z1Z1B0ME9hVGtIekhvb3FWMmcwZGxxMlZkkT0
EKUTZMMTdlTlldQ29VOUZ4amRXdzZUUVVRJVUQ4R0JsRlNjSVOob1hFTkhkzbysysyR3VTTWk2Zk1wT
VM3YUhudzFtMApxWkdkvRWEzWFNyZEJ6eGc2clhkcUNUlUDlCMXl3VmRyYURiUzclaGQzdUdETDU4
cGszOVFqVUFQaHpxdmRoRoK1JWClZGNGJCaW9CbTVwelTlZTW1hWVhsMm0wTGdzeTZuUTRRdFFzdEd
NVWozcGJtdlFmazJBNnJljeGRFePpkZFZsdmwKMm82MjBsMllxcHFDZEtCR1RhCay90elFIVTlKcU
56cHpoOUJUTXdJREFRQUJBb0lCQVFDDZklHbXowOHhRVmorNwpLZnZJJUXQwQ0YzR2MxNld6eDR2N
ml4MMHg4Mm15d1kxUUNlL3BzE9E9LZlRxT1h1SENyUlp5TnUvZ21vUUQ4bUFOCmxOMjRZTWl0TWRJ
ODg5TEZoTkp3QU5OODJeTczckM5bzVvUDlkazavYzRIbjAzSkVYNzZQjgzQm9yR1FvFvYksKMjh
MNk0rdHUzUmFqNjd6Vmc2d2szaaEhrU0pXSzBwV1YrSjdrUkRWYmhDDYUZhNk5nMUZNRWxhThlozVD
hhUUtyQgpEUDNDDeEFTdjYxWTk5TEI4KzNXWVFIK3NYaTVGM01ppYVNBZ1BkQUk3WEh1dXFFFET1lvM
U5PL0JoSGt1aVg2Q1JtRtCnorNTZud2pZMy8yUytSRmNBc3JMcTniwMDJZZi9oY0IraVlDDNzVWYmcy
dVd6WTY3TWdOTGQ5VW9RRU93BDRkYrVm4KM0cyUnhybnBhBb0dCQVU4 0U3M0ZVlPU09huMVpQQQjdhTU
ZsY0k2RHR2S2ErTGZTTTFyY2pOZJlSEpZNnhhubmxxKdgpGenpGL2RiVVVTbWxzekEhY2x pSVVxZ3hTZk
lNM2hhUVRUcklKZENFNaHFsV01aV0xPb2I2I2NTNyZgo3aFlMSXM1ZUtka3o4o0aFRVdnpldm9TMHVVXc
m9CV2x2OVHlGanIrSWhKZnZUUc0hpOGdsU3FkbXgyScJhZUFVWUNXCndNdlQ4NmNLclNyNkQrZG8w
S05FZzFsL0FvR0FlMkFVDHVfbDNqLzBmRzgrV3hHc1RFV1JqclJNUzRSUjhRWWQKeXdpdFA50aDZ
xTGxKUTRCCWGxQU05rMXZLZLZLZTmtOUkxIb2pZT2pCQVViYjhibXNVU1BlV09NNENoaFJ4QnlBbmBrbR2eA
phYkJDRkfwY0IvbEg4d1R0aWVZVlN5T294YGt5OEp0oek90ajJhShS0FiZHd6NlNlArWDZDD0DhjZmxYV
Fo5MWpYL3RMCJF3TmRKS2tDZ1lCbyt0UzB5TzJ2SWFmK2UwSkNh5TGhzVDQ5cTN3Zis2QWVqQWGx2
WDJ1VnRYejN5QTZnbXXo5aCsKKcDN1K2JMRUxwb3B0WFhNdUFRR0xhUkcrYlNNcjR5dERRYbE5ZSnd
UeThXczNKY3dlSTdqZVp2b0ZpbmNvVlVVIMWphdmxxoTUVCRGYxSjltSDB5cDBwWUNaS2ROdHNvZE
ZtQktzVEtQMjJhTmtsVVhCS3gyYnZ6R6cCFE9PQotLS0tLUVORCBSU0EgUFJJVkFURSBLRVktLS0tL
Qo=

對 ConfigMap 的定義如下：

```
kind: ConfigMap
apiVersion: v1
metadata:
  name: nginx-config
  namespace: nginx-ingress
data:
```

對 Deployment 的定義如下：

```
apiVersion: apps/v1
kind: Deployment
metadata:
  name: nginx-ingress
  namespace: nginx-ingress
spec:
  replicas: 1
  selector:
    matchLabels:
      app: nginx-ingress
  template:
    metadata:
      labels:
        app: nginx-ingress
    spec:
      nodeSelector:
        role: ingress-nginx-controller
      serviceAccountName: nginx-ingress
      containers:
      - image: nginx/nginx-ingress:1.7.2
        imagePullPolicy: IfNotPresent
        name: nginx-ingress
        ports:
        - name: http
          containerPort: 80
          hostPort: 80
        - name: https
          containerPort: 443
          hostPort: 443
        securityContext:
          allowPrivilegeEscalation: true
          runAsUser: 101 #nginx
          capabilities:
            drop:
            - ALL
```

```
        add:
        - NET_BIND_SERVICE
      env:
      - name: POD_NAMESPACE
        valueFrom:
          fieldRef:
            fieldPath: metadata.namespace
      - name: POD_NAME
        valueFrom:
          fieldRef:
            fieldPath: metadata.name
      args:
        - -nginx-configmaps=$(POD_NAMESPACE)/nginx-config
        - -default-server-tls-secret=$(POD_NAMESPACE)/default-server-secret
```

透過 kubectl create 命令建立 nginx-ingress-controller：

```
# kubectl create -f nginx-ingress-daemonset.yaml
namespace/nginx-ingress created
serviceaccount/nginx-ingress created
clusterrole.rbac.authorization.k8s.io/nginx-ingress created
clusterrolebinding.rbac.authorization.k8s.io/nginx-ingress created
secret/default-server-secret created
configmap/nginx-config created
deployment.apps/nginx-ingress created
```

查看 nginx-ingress-controller 容器，確認其正常執行：

```
# kubectl --namespace=nginx-ingress get po -o wide
NAME                          READY   STATUS    RESTARTS   AGE     IP
NODE            NOMINATED NODE   READINESS GATES
nginx-ingress-666fcfd8c-7ljz6   1/1     Running   0          32m
10.0.95.10   192.168.18.3   <none>           <none>
```

用 curl 存取 Nginx Ingress Controller 所在宿主機的 80 通訊埠，驗證其服
務是否正常，在沒有設定後端服務時 Nginx 會返回 404 應答：

```
# curl http://192.168.18.3
<html>
<head><title>404 Not Found</title></head>
<body>
<center><h1>404 Not Found</h1></center>
<hr><center>nginx/1.19.0</center>
</body>
</html>
```

2. 建立 Ingress 策略

本例對域名 mywebsite.com 的存取設置 Ingress 策略，定義對其 /demo 路徑的存取轉發到後端 webapp Service 的規則：

```
# mywebsite-ingress.yaml
apiVersion: networking.k8s.io/v1
kind: Ingress
metadata:
  name: mywebsite-ingress
spec:
  rules:
  - host: mywebsite.com
    http:
      paths:
      - path: /demo
        pathType: ImplementationSpecific
        backend:
          service:
            name: webapp
            port:
              number: 8080
```

透過該 Ingress 定義設置的效果：用戶端對目標位址 http://mywebsite.com/demo 的存取將被轉發到叢集內的服務 "webapp" 上，完整的 URL 為 "http://webapp:8080/demo"。

在 Ingress 策略生效之前，需要先確保 webapp 服務正確執行。同時注意 Ingress 中對路徑的定義需要與後端 webapp 服務提供的存取路徑一致，否則將被轉發到一個不存在的路徑上，引發錯誤。這裡以第 1 章的 webapp 服務（使用 kubeguide/tomcat-app:v1 鏡像）為例，假設 myweb 服務已經部署完畢且正常執行，myweb 提供的 Web 服務的路徑也為 /demo。

建立上述 Ingress 資源物件：

```
# kubectl create -f mywebsite-ingress.yaml
ingress.networking.k8s.io/mywebsite-ingress created

# kubectl get ingress
NAME                 CLASS    HOSTS          ADDRESS   PORTS   AGE
mywebsite-ingress    <none>   mywebsite.com            80      46s
```

一旦 Ingress 資源成功建立，Ingress Controller 就會監控到其設定的路由策略，並更新到 Nginx 的設定檔中生效。以本例中的 Nginx Controller 為例，它將更新其設定檔的內容為在 Ingress 中設定的路由策略。

登入一個 nginx-ingress-controller Pod，在 /etc/nginx/conf.d 目錄下可以看到 Nginx Ingress Controller 自動生成的設定檔 default-mywebsite-ingress.conf，查看其內容，可以看到對 mywebsite.com/demo 的轉發規則的正確設定：

```
# configuration for default/mywebsite-ingress
upstream default-mywebsite-ingress-mywebsite.com-webapp-8080 {
    zone default-mywebsite-ingress-mywebsite.com-webapp-8080 256k;
    random two least_conn;
    server 10.0.95.8:8080 max_fails=1 fail_timeout=10s max_conns=0;
}


server {
    listen 80;
    server_tokens on;
    server_name mywebsite.com;
    location /demo {
        proxy_http_version 1.1;
        proxy_connect_timeout 60s;
        proxy_read_timeout 60s;
        proxy_send_timeout 60s;
        client_max_body_size 1m;
        proxy_set_header Host $host;
        proxy_set_header X-Real-IP $remote_addr;
        proxy_set_header X-Forwarded-For $proxy_add_x_forwarded_for;
        proxy_set_header X-Forwarded-Host $host;
        proxy_set_header X-Forwarded-Port $server_port;
        proxy_set_header X-Forwarded-Proto $scheme;
        proxy_buffering on;
        proxy_pass http://default-mywebsite-ingress-mywebsite.com-
webapp-8080;
    }
}
```

3. 用戶端透過 Ingress Controller 存取後端 webapp 服務

由於 Ingress Controller 容器透過 hostPort 將服務通訊埠編號 80 映射到了宿主機上，所以用戶端可以透過 Ingress Controller 所在的 Node 存取 mywebsite.com 提供的服務。

需要說明的是，用戶端只能透過域名 mywebsite.com 存取服務，這時要求用戶端或者 DNS 將 mywebsite.com 域名解析到 Node 的真實 IP 位址上。

透過 curl 存取 mywebsite.com 提供的服務（可以用 --resolve 參數模擬 DNS 解析，目標位址為域名；也可以用 -H 'Host:mywebsite.com' 參數設置在 HTTP 表頭中要存取的域名，目標位址為 IP 位址），可以正確存取到 myweb 服務 /demo/ 的頁面內容。

```
# curl --resolve mywebsite.com:80:192.168.18.3 http://mywebsite.com/demo/
```
或
```
# curl -H 'Host:mywebsite.com' http://192.168.18.3/demo/
<!DOCTYPE html PUBLIC "-//W3C//DTD HTML 4.01 Transitional//EN" "http://www.
w3.org/TR/html4/loose.dtd">
<html>
<head>
<meta http-equiv="Content-Type" content="text/html; charset=utf-8">
<title>HPE University Docker&Kubernetes Learning</title>
</head>
<body  align="center">

    <h2>Congratulations!!</h2>
    <br></br>
        <input type="button" value="Add..." onclick="location.href='input.
html'" >
            <br></br>
      <TABLE align="center"  border="1" width="600px">
   <TR>
     <TD>Name</TD>
     <TD>Level(Score)</TD>
   </TR>

  <TR>
     <TD>google</TD>
     <TD>100</TD>
   </TR>

  <TR>
     <TD>docker</TD>
     <TD>100</TD>
   </TR>

  <TR>
     <TD>teacher</TD>
     <TD>100</TD>
```

```
      </TR>

  <TR>
        <TD>HPE</TD>
        <TD>100</TD>
     </TR>

  <TR>
        <TD>our team</TD>
        <TD>100</TD>
     </TR>

  <TR>
        <TD>me</TD>
        <TD>100</TD>
     </TR>

     </TABLE>

</body>
</html>
```

如果需要使用瀏覽器進行存取，那麼需要先在本機上設置域名 mywebsite.
com 對應的 IP 位址，再到瀏覽器上進行存取。以 Windows 為例，修改
C:\Windows\System32\drivers\ etc\hosts 檔案，加入一行記錄：

```
192.168.18.3 mywebsite.com
```

然後在瀏覽器的網址列中輸入 "http://mywebsite.com/demo/"，就能夠存取
Ingress 提供的服務了，如圖 4.8 所示。

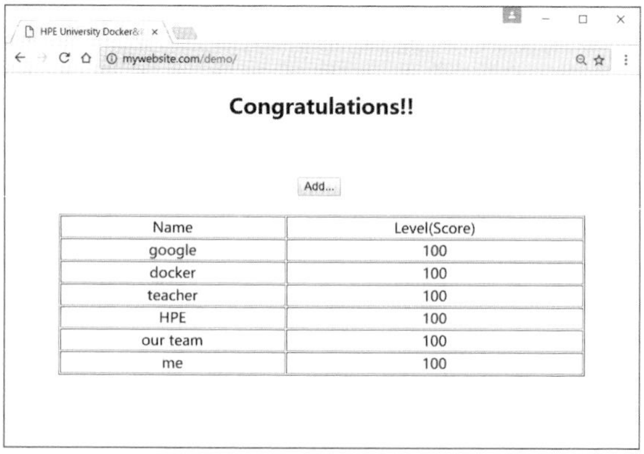

▲ 圖 4.8　透過瀏覽器存取 Ingress 服務

4.6.2 Ingress 資源物件詳解

一個 Ingress 資源物件的定義範例如下：

```
apiVersion: networking.k8s.io/v1
kind: Ingress
metadata:
  name: mywebsite-ingress
spec:
  rules:
  - host: mywebsite.com
    http:
      paths:
      - path: /demo
        pathType: ImplementationSpecific
        backend:
          service:
            name: webapp
            port:
              number: 8080
```

Ingress 資源主要用於定義路由轉發規則，可以包含多筆轉發規則的定義，透過 spec.rules 進行設置。下面對其中的關鍵設定進行說明。

1. 規則（rules）相關設置

- host（可選設定）：以域名為基礎的存取，用戶端請求將作用於指定域名的用戶端請求。
- http.paths：一組根據路徑進行轉發的規則設置，每個路徑都應設定相應的後端服務資訊（服務名稱和服務通訊埠編號）。只有用戶端請求中的 host 和 path 都符合之後，才會進行轉發。
- backend：目標後端服務，包括服務的名稱和通訊埠編號。

Ingress Controller 將根據每筆 rule 中 path 定義的 URL 路徑將用戶端請求轉發到 backend 定義的後端服務上。

如果一個請求同時被在 Ingress 中設置的多個 URL 路徑符合，則系統將以最長的符合路徑為優先。如果有兩條同等長度的符合路徑，則精確比對類型（Exact）優先於首碼符合類型（Prefix）。

2. 後端（Backend）設置

後端通常被設置為目標服務（Service），通常還應該為不符合任何路由規則（rule）的請求設置一個預設的後端，以返回 HTTP 404 回應碼來表示沒有符合的規則。

預設的後端服務可以由 Ingress Controller 提供，也可以在 Ingress 資源物件中設置。

另外，如果後端不是以 Kubernetes 的 Service 提供的，則也可以設置為提供服務的資源物件，在這種情況下使用 resource 欄位進行設置。

例如，下例中的 Ingress 設置的後端位址為透過 CRD"StorageBucket" 定義的某個服務，同時設置為預設的後端：

```yaml
apiVersion: networking.k8s.io/v1
kind: Ingress
metadata:
  name: ingress-resource-backend
spec:
  defaultBackend:
    resource:
      apiGroup: k8s.example.com
      kind: StorageBucket
      name: static-assets
  rules:
  - http:
      paths:
        - path: /icons
          pathType: ImplementationSpecific
          backend:
            resource:
              apiGroup: k8s.example.com
              kind: StorageBucket
              name: icon-assets
```

透過這個 Ingress 的定義，用戶端對路徑 /icons 的存取將會被路由轉發到後端名為 "icon-assets" 的 StorageBucket 服務上。不符合任何規則的請求則被路由轉發到預設的後端（defaultBackend）上。

3. 路徑類型（pathType）

對於每筆規則（rule）中的路徑（path），都必須設置一個相應的路徑類型，目前支援以下 3 種類型。

- ImplementationSpecific：系統預設，由 IngressClass 控制器提供具體實現。
- Exact：精確比對 URL 路徑，區分大小寫。
- Prefix：比對 URL 路徑的首碼，區分大小寫，路徑由 "/" 符號分隔為一個個元素，比對規則為一個一個元素進行首碼比對。如果路徑中的最後一個元素是請求路徑中最後一個元素的子字串，則不會判斷為符合，例如 /foo/bar 是路徑 /foo/bar/baz 的首碼，但不是路徑 /foo/barbaz 的首碼。

如表 4.2 所示是常見的路徑類型比對規則範例。

表 4.2　常見的路徑類型比對規則範例

路徑類型	在 Ingress 中設定的路徑（path）	請求路徑	是否符合
Prefix	/	(all paths)	是
Exact	/foo	/foo	是
Exact	/foo	/bar	否
Exact	/foo	/foo/	否
Exact	/foo/	/foo	否
Prefix	/foo	/foo, /foo/	是
Prefix	/foo/	/foo, /foo/	是
Prefix	/aaa/bb	/aaa/bbb	否
Prefix	/aaa/bbb	/aaa/bbb	是
Prefix	/aaa/bbb/	/aaa/bbb	是，忽略結尾的 "/"
Prefix	/aaa/bbb	/aaa/bbb/	是，符合結尾的 "/"
Prefix	/aaa/bbb	/aaa/bbb/ccc	是，符合子路徑
Prefix	/aaa/bbb	/aaa/bbbxyz	否，無符合首碼
Prefix	/, /aaa	/aaa/ccc	是，符合的是 /aaa 首碼

路徑類型	在 Ingress 中設定的路徑（path）	請求路徑	是否符合
Prefix	/, /aaa, /aaa/bbb	/aaa/bbb	是，符合的是 /aaa/bbb 首碼
Prefix	/, /aaa, /aaa/bbb	/ccc	是，符合了 "/"
Prefix	/aaa	/ccc	否
Exact+Prefix 混合	/foo (Prefix), /foo (Exact)	/foo	是，優先符合 Exact

在某些情況下，Ingress 中的多個路徑都會比對一個請求路徑。在這種情況下，將優先考慮最長的符合路徑。如果兩個符合的路徑仍然完全相同，則 Exact 類型的規則優先於 Prefix 類型的規則生效。

4. host 萬用字元設置

在規則（rule）中設置的 host 用於符合請求中的域名（虛擬主機名稱），設置為完整的字串表示精確比對，例如 "foo.bar.com"。Kubernetes 從 1.18 版本開始支援為 host 設置萬用字元 "*"，例如 "*.foo.com"。

精確比對要求 HTTP 請求標頭中 host 參數的值必須與 Ingress host 設置的值完全一致。

萬用字元比對要求 HTTP 請求標頭中 host 參數的值需要與 Ingress host 設置的值的尾碼一致，並且僅支援一層 DNS 符合。

如表 4.3 所示是常見的一些 host 萬用字元比對規則範例。

表 4.3 常見的一些 host 萬用字元比對規則範例

Ingress host 設定	請求標頭中的 host 值	是 否 符 合
*.foo.com	bar.foo.com	是
*.foo.com	baz.bar.foo.com	否，不是一層 DNS 符合
*.foo.com	foo.com	否，不是一層 DNS 符合

下例中的 Ingress 包含精確比對 host"foo.bar.com" 和萬用字元比對 host"*.foo.com" 兩筆規則：

```
apiVersion: networking.k8s.io/v1
kind: Ingress
```

```
metadata:
  name: ingress-wildcard-host
spec:
  rules:
  - host: "foo.bar.com"
    http:
      paths:
      - pathType: Prefix
        path: "/bar"
        backend:
          service:
            name: service1
            port:
              number: 80
  - host: "*.foo.com"
    http:
      paths:
      - pathType: Prefix
        path: "/foo"
        backend:
          service:
            name: service2
            port:
              number: 80
```

5. ingressClassName 和 IngressClass 資源物件

在一個 Kubernetes 叢集內，使用者可以部署多個不同類型的 Ingress Controller 同時提供服務，此時需要在 Ingress 資源上注明該策略由哪個 Controller 管理。Kubernetes 在 1.18 版本之前，可以在 Ingress 資源上設置一個名為 "kubernetes.io/ingress.class" 的 annotation 進行宣告。但 annotation 的定義沒有標準規範，Kubernetes 從 1.18 版本開始引入一個新的資源物件 IngressClass 對其進行規範定義。在 IngressClass 中除了可以設置 Ingress 的管理 Controller，還可以設定更加豐富的參數資訊（透過 parameters 欄位進行設置）。

例如下面的 IngressClass 定義了一個名為 "example.com/ingress-controller" 的 Controller 和一組參數：

```
apiVersion: networking.k8s.io/v1
kind: IngressClass
metadata:
```

```
  name: external-lb
spec:
  controller: example.com/ingress-controller
  parameters:
    apiGroup: k8s.example.com
    kind: IngressParameters
    name: external-lb
```

然後在 Ingress 資源物件的定義中透過 ingressClassName 欄位引用該 IngressClass，標明使用其中指定的 Ingress Controller 和相應的參數：

```
apiVersion: networking.k8s.io/v1
kind: Ingress
metadata:
  name: example-ingress
spec:
  ingressClassName: external-lb
  rules:
  - host: "*.example.com"
    http:
      paths:
      - path: /example
        pathType: Prefix
        backend:
          service:
            name: example-service
            port:
              number: 80
```

6. 叢集預設的 IngressClass

如果在一個叢集中有多個 IngressClass 資源，則還可以設置某個 IngressClass 為叢集範圍內預設的 IngressClass，透過設置一個 Annotation"ingressclass.kubernetes.io/is-default- class=true" 進行標明。這樣，如果某個 Ingress 資源沒有透過 ingressClassName 欄位指定需要使用的 IngressClass，則系統將自動為其設置預設的 IngressClass。

需要注意的是，如果在系統中存在多個預設的 IngressClass，則在建立 Ingress 資源時必須指定 ingressClassName，否則系統將無法判斷使用哪個預設的 IngressClass。管理員通常應確保在一個叢集中只有一個預設的 IngressClass。

7. 逐漸棄用舊版本的 Annotation"kubernetes.io/ingress.class"

隨著 IngressClass 資源物件的逐步成熟，Annotation"kubernetes.io/ingress.
class" 將被逐漸棄用。而對 IngressClass 資源物件的支援需要各個 Ingress
Controller 實現，使用者需要持續關注 Controller 的支援進度，才能明確
在新版本的 Ingress Controller 推出之後如何使用 IngressClass。

4.6.3 Ingress 策略設定詳解

為了實現靈活的路由轉發策略，Ingress 策略可以按多種方式進行設定，
下面對幾種常見的 Ingress 轉發策略進行說明。

1. 轉發到單一後端服務

以這種設置為基礎，用戶端發送到 Ingress Controller 的存取請求都將被轉
發到後端的唯一服務，在這種情況下，Ingress 無須定義任何 rule，只需設
置一個預設的後端服務（defaultBackend）。

透過如下所示的設置，對 Ingress Controller 的存取請求都將被轉發到
"myweb:8080" 這個服務：

```
# ingress-single-backend-service.yaml
apiVersion: networking.k8s.io/v1
kind: Ingress
metadata:
  name: test-ingress
spec:
  defaultBackend:
    service:
      name: webapp
      port:
        number: 8080
```

透過 kubectl create 命令建立該 Ingress：

```
# kubectl create -f ingress-single-backend-service.yaml
ingress.networking.k8s.io/test-ingress created
```

查看該 Ingress 的詳細資訊，可以看到系統為其設置了正確的後端目標位址：

```
# kubectl describe ingress test-ingress
Name:             test-ingress
```

```
Namespace:          default
Address:
Default backend:  webapp:8080     10.0.95.19:8080)
Rules:
  Host                          Path  Backends
  ----                          ----  --------
                                * *
%!(EXTRA string=webapp:8080     10.0.95.19:8080))Annotations:  <none>
Events:
......
```

2. 將同一域名的不同 URL 路徑轉發到不同的服務（Simple Fanout）

這種設定常用於一個網站透過不同的路徑提供不同的服務的場景，例如 /web 表示存取 Web 頁面，/api 表示存取 API 介面，對應到後端的兩個服務，只需在 Ingress 規則定義中設置將同一域名的不同 URL 路徑轉發到不同的後端服務，如圖 4.9 所示。

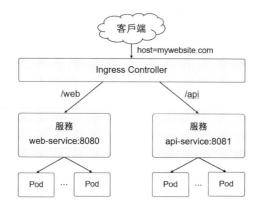

▲ 圖 4.9 將同一域名的不同 URL 路徑轉發到不同的後端服務

透過如下所示的設置，對 "mywebsite.com/web" 的存取請求將被轉發到 "web- service:80" 服務；對 "mywebsite.com/api" 的存取請求將被轉發到 "api-service:80" 服務：

```
# ingress-simple-fanout.yaml
apiVersion: networking.k8s.io/v1
kind: Ingress
metadata:
  name: simple-fanout-example
spec:
```

```
    rules:
    - host: mywebsite.com
      http:
        paths:
        - path: /web
          pathType: ImplementationSpecific
          backend:
            service:
              name: web-service
              port:
                number: 8080
        - path: /api
          pathType: ImplementationSpecific
          backend:
            service:
              name: api-service
              port:
                number: 8081
```

透過 kubectl create 命令建立該 Ingress：

```
# kubectl create -f ingress-simple-fanout.yaml
ingress.networking.k8s.io/simple-fanout-example created
```

查看該 Ingress 的詳細資訊，可以看到系統為不同 path 設置的轉發規則：

```
# kubectl describe ing simple-fanout-example
Name:             simple-fanout-example
Namespace:        default
Address:
Default backend:  default-http-backend:80 (10.0.9.3:80)
Rules:
  Host            Path  Backends
  ----            ----  --------
  mywebsite.com
                  /web   web-service:8080 (10.0.96.23:8080)
                  /api   api-service:8081 (10.0.97.101:8081)
Annotations:      <none>
Events:
......
```

3. 將不同的域名（虛擬主機名稱）轉發到不同的服務

這裡指以 host 域名為基礎的 Ingress 規則將用戶端發送到同一個 IP 位址的 HTTP 請求，根據不同的域名轉發到後端不同的服務，例如 foo.bar.com 域名由 service1 提供服務，bar.foo.com 域名由 service2 提供服務，如圖 4.10 所示。

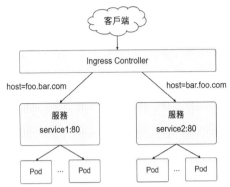

▲ 圖 4.10 將 HTTP 請求根據不同的域名（虛擬主機名稱）轉發到後端不同的服務

透過如下所示的設置，請求標頭中 host=foo.bar.com 的存取請求將被轉發到 "service1:80" 服務，請求標頭中 host=bar.foo.com 的存取請求將被轉發到 "service2:80" 服務：

```
apiVersion: networking.k8s.io/v1
kind: Ingress
metadata:
  name: name-virtual-host-ingress
spec:
  rules:
  - host: foo.bar.com
    http:
      paths:
      - pathType: Prefix
        path: "/"
        backend:
          service:
            name: service1
            port:
              number: 80
  - host: bar.foo.com
    http:
      paths:
      - pathType: Prefix
        path: "/"
        backend:
          service:
```

```
      name: service2
      port:
        number: 80
```

4. 不使用域名的轉發規則

如果在 Ingress 中不定義任何 host 域名，Ingress Controller 則將所有用戶端請求都轉發到後端服務。例如下面的設定為將 "\<ingress-controller-ip>/demo" 的存取請求轉發到 "webapp:8080/demo" 服務：

```
apiVersion: networking.k8s.io/v1
kind: Ingress
metadata:
  name: test-ingress
spec:
  rules:
  - http:
      paths:
      - path: /demo
        pathType: Prefix
        backend:
          service:
            name: webapp
            port:
              number: 8080
```

注意，是否支援不設置 host 的 Ingress 策略取決於 Ingress Controll 的實現。

4.6.4 Ingress 的 TLS 安全設置

Kubernetes 支援為 Ingress 設置 TLS 安全存取機制，透過為 Ingress 的 host（域名）設定包含 TLS 私密金鑰和證書的 Secret 進行支援。

Ingress 資源僅支援單一 TLS 通訊埠編號 443，並且假設在 Ingress 存取點（Ingress Controller）結束 TLS 安全機制，向後端服務轉發的流量將以明文形式發送。

如果 Ingress 中的 TLS 設定部分指定了不同的 host，那麼它們將根據透過 SNI TLS 擴充指定的虛擬主機名稱（這要求 Ingress Controller 支援 SNI）在同一通訊埠進行重複使用。

TLS Secret 中的檔案名稱必須為 "tls.crt" 和 "tls.key"，它們分別包含用於 TLS 的證書和私密金鑰，例如：

```
apiVersion: v1
kind: Secret
metadata:
  name: testsecret-tls
  namespace: default
data:
  tls.crt: base64 encoded cert
  tls.key: base64 encoded key
type: kubernetes.io/tls
```

然後，需要在 Ingress 資源物件中引用該 Secret，這將通知 Ingress Controller 使用 TLS 加密用戶端到負載平衡器的網路通道。使用者需要確保在 TLS 證書（tls.crt）中包含相應 host 的全限定域名（FQDN）被包含在其 CN（Common Name）設定中。

TLS 的功能特性依賴於 Ingress Controller 的具體實現，不同 Ingress Controller 的實現機制可能不同，使用者需要參考各個 Ingress Controller 的文件。

下面以 Nginx Ingress 為例，對 Ingress 的 TLS 設定進行説明，步驟如下。

（1）建立自簽名的金鑰和 SSL 證書檔案。

（2）將證書保存到 Kubernetes 的 Secret 資源物件中。

（3）在 Ingress 資源中引用該 Secret。

下面透過 OpenSSL 工具生成金鑰和證書檔案，將參數 -subj 中的 /CN 設置為 host 全限定域名（FQDN）"mywebsite.com"：

```
# openssl req -x509 -nodes -days 5000 -newkey rsa:2048 -keyout tls.key
-out tls.crt -subj "/CN=mywebsite.com"
Generating a RSA private key
...+++++
...................................+++++
writing new private key to 'tls.key'
-----
```

透過以上命令將生成 tls.key 和 tls.crt 兩個檔案。

然後根據 tls.key 和 tls.crt 檔案建立 secret 資源物件，有以下兩種方法。

方法一：使用 kubectl create secret tls 命令直接透過 tls.key 和 tls.crt 檔案建立 secret 物件。

```
# kubectl create secret tls mywebsite-ingress-secret --key tls.key --cert
tls.crt
secret/mywebsite-ingress-secret created
```

方法二：編輯 mywebsite-ingress-secret.yaml 檔案，將 tls.key 和 tls.crt 檔案的內容經過 BASE64 編碼的結果複製進去，使用 kubectl create 命令進行建立。

```
# mywebsite-ingress-secret.yaml
apiVersion: v1
kind: Secret
metadata:
  name: mywebsite-ingress-secret
type: kubernetes.io/tls
data:
```
```
  tls.crt: MIIDAzCCAeugAwIBAgIJALrTg9VLmFgdMA0GCSqGSIb3DQEBCwUAMBgxFjAUBg
NVBAMMDW15d2Vic2l0ZS5jb20wHhcNMTcwNDIzMTMwMjA1WhcNMZAxMjMxMTMwMjA1WjAYMRY
wFAYDVQQDDA1teXdlYnNpdGUuY29tMIIBIjANBgkqhkiG9w0BAQEFAAOCAQ8AMIIBCgKCAQEA
pL1y1rq1I3EQ5E0PjzW8Lc3heW4WYTykPOisDT9Zgyc+TLPGj/YF4QnAuoIUAUNtXPlmINKuD9
Fxzmh6q0oSBVb42BU0RzOTtvaCVOU+uoJ9MgJpd7Bao5higTZMyvj5a1M9iwb7k4xRAsuGCh/
jDO8fj6tgJW4WfzawO5w1pDd2fFDxYn34Ma1pg0xFebVaiqBu9FL0JbiEimsV9y7V+g6jjfGff
u2xl06X3svqAdfGhvS+uCTArAXiZgS279se1Xp834CG0MJeP7tamD44IfA2wkkmD+uCVjSEcN
FsveY5cJevjf0PSE9g5wohSXphd1sIGyjEy2APeIJBP8bQ+wIDAQABo1AwTjAdBgNVHQ4EFgQ
UjmpxpmdFPKWkr+A2XLF7oqro2GkwHwYDVR0jBBgwFoAUjmpxpmdFPKWkr+A2XLF7oqro2Gkw
DAYDVR0TBAUwAwEB/zANBgkqhkiG9w0BAQsFAAOCAQEAAVXPyfagP1AIov3kXRhI3WfyCOIN/sg
NSqKM3FuykboSBN6c1w4UhrpF71Hd4nt0myeyX/o69o2Oc9a9dIS2FEGKvfxZQ4sa99iI3qjoMA
uuf/Q9fDYIZ+k0YvY4pbcCqqOyICFBCMLlAct/aB0K1GBvC5k06vD4Rn2fOdVMkloW+Zf41cxVI
RZe/tQGnZoEhtM6FQADrv1+jM5gjIKRX3s2/Jcxy5g2XLPqtSpzYA0F7FJyuFJXEG+P9X466xPi
9ialUri66vkbUVT6uLXGhhunsu6bZ/qwsm2HzdPo4WRQ3z2VhgFzHEzHVVX+CEyZ8fJGoSi7nja
pHb08lRiztQ==
  tls.key: MIIEvQIBADANBgkqhkiG9w0BAQEFAASCBKcwggSjAgEAAoIBAQCkvXLWurUjcR
DkTQ+PNbwtzeF5bhZhPKQ86KwNP1mDJz5Ms8aP9gXhCcC6ghQBQ21c+WYg0q4P0XHOaHqrShIF
VvjYFTRHM5O29oJU5T66gn0yAml3sFqjmGKBNkzK+PlrUz2LBvuTjFECy4YKH+MM7x+Pq2Alb
hZ/NrA7nDWkN3Z8UPFiffgxrWmDTEV5tVqKoG70UvQluISKaxX3LtX6DqON8Z9+7bGXTpfey+o
B18aG9L64JMCsBeJmBLbv2x7VenzfgIbQwl4/u1qYPjgh8DbCSSYP64JWNIRw0Wy95jlwl6+N/
Q9IT2DnCiFJemF3WwgbKMTLYA94gkE/xtD7AgMBAAECggEAUftNePq1RgvwYgzPX29YVFsOiAV2
8bDh8sW/SWBrRU90O2uDtwSx7EmUNbyiA/bwJ8KdRlxR7uFGB3gLA876pNmhQLdcqspKC1UmiuU
CkIJ7lzWIEt4aXStqae8BzEiWpwhnqhYxgD3l2sQ50jQII9mkFTUtxbLBU1F95kxYjX2XmFTrrv
```

wroDLZEHCPcbY9hNUFhZaCdBBYKADmWo9eV/xZJ97ZAFpbpWyONrFjNwMjjqCmxMx3HwOI/tLbh
pvob6RT1UG1QUPlbB8aXR1FeSgt0NYhYwWKF7JSXcYBiyQubtd3T6RBtNjFk4b/zuEUhdFN1lKJ
LcsVDVQZgMsO4QKBgQDajXAq4hMKPH3CKdieAialj4rVAPyrAFYDMokW+7buZZAgZO1arRtqFWL
Ttp6hwHqwTySHFyiRsK2Ikfct1H16hRn6FXbiPrFDP8gpYveu31Cd1qqYUYI7xaodWUiLldrteu
n9sLr3YYR7kaXYRenWZFjZbbUkq3KJfoh+uArPwwKBgQDA95Y4xhcL0F5pE/TLEdj33WjRXMkXM
CHXGl3fTnBImoRf7jF9e5fRK/v4YIHaMCOn+6drwMv9KHFL0nvxPbgbECW1F2OfzmNgm6l7jkpc
sCQOVtuu1+4gK+B2geQYRA2LhBk+9MtGQFmwSPgwSg+VHUrm28qhzUmTCN1etdpeaQKBgGAFqHS
O44Kp1S8Lp6q0kzpGeN7hEiIngaLh/y1j5pmTceFptocSa2sOf186azPyF3WDMC9SU3a/Q18vko
RGSeMcu68O4y7AEK3VRiI4402nvAm9GTLXDPsp+3XtllwNuSSBznCxx1ONOuH3uf/tp7GUYR0Wg
HHeCfKy71GNluJ1AoGAKhHQXnBRdfHno2EGbX9mniNXRs3DyZpkxlCpRpYDRNDrKz7y6ziW0LOW
K4BezwLPwz/KMGPIFVlL2gv5mY6rJLtQfTqsLZsBb36AZL+Q1sRQGBA3tNa+w6TNOwj2gZPUoCY
cmu0jpB1DcHt4II8E9q18NviUJNJsx/GW0Z80DIECgYEAxzQBh/ckRvRaprN0v8w9GRq3wTYYD9
y15U+3ecEIZrr1g9bLOi/rktXy3vqL6kj6CFlpwwRVLj8R3u1QPy3MpJNXYR1Bua+/FVn2xKwyY
DuXaqs0vW3xLONVO7z44gAKmEQyDq2sir+vpayuY4psfXXK06uifz6ELfVyY6XZvRA=

```
# kubectl create -f mywebsite-ingress-secret.yaml
secret/mywebsite-ingress-secret created
```

如果需要設定 TLS 的 host 域名有多個，例如前面第 3 種 Ingress 策略設定方式，則 SSL 證書需要使用額外的一個 x509 v3 設定檔輔助完成，在 [alt_names] 段中完成多個 DNS 域名的設置。

首先編寫 openssl.cnf 檔案，內容如下：

```
[req]
req_extensions = v3_req
distinguished_name = req_distinguished_name
[req_distinguished_name]
[ v3_req ]
basicConstraints = CA:FALSE
keyUsage = nonRepudiation, digitalSignature, keyEncipherment
subjectAltName = @alt_names
[alt_names]
DNS.1 = mywebsite.com
DNS.2 = mywebsite2.com
```

接著使用 OpenSSL 工具完成金鑰和證書的建立。生成自簽名 CA 證書：

```
# openssl genrsa -out ca.key 2048
Generating RSA private key, 2048 bit long modulus (2 primes)
..................................+++++
.............+++++
e is 65537 (0x10001)
```

```
# openssl req -x509 -new -nodes -key ca.key -days 5000 -out ca.crt -subj
"/CN=mywebsite.com"
```

基於 openssl.cnf 和 CA 證書生成 Ingress TLS 證書：

```
# openssl genrsa -out ingress.key 2048
Generating RSA private key, 2048 bit long modulus (2 primes)
...............................+++++
.......+++++
e is 65537 (0x10001)

# openssl req -new -key ingress.key -out ingress.csr -subj "/CN=mywebsite.
com" -config openssl.cnf

# openssl x509 -req -in ingress.csr -CA ca.crt -CAkey ca.key
-CAcreateserial -out ingress.crt -days 5000 -extensions v3_req -extfile
openssl.cnf
Signature ok
subject=/CN=mywebsite.com
Getting CA Private Key
```

然後根據 ingress.key 和 ingress.crt 檔案建立 secret 資源物件，同樣可以透過 kubectl create secret tls 命令或 YAML 檔案生成。這裡透過命令列直接生成：

```
# kubectl create secret tls mywebsite-ingress-secret --key ingress.key
--cert ingress.crt
secret "mywebsite-ingress-secret" created
```

至此，Ingress 的 TLS 證書和金鑰就成功建立到 Secret 物件中了。

下面建立 Ingress 物件，在 tls 段引用剛剛建立好的 Secret 物件：

```
# mywebsite-ingress-tls.yaml
apiVersion: networking.k8s.io/v1
kind: Ingress
metadata:
  name: mywebsite-ingress-tls
spec:
  tls:
  - hosts:
    - mywebsite.com
    secretName: mywebsite-ingress-secret
  rules:
```

```
  - host: mywebsite.com
    http:
      paths:
      - path: /demo
        pathType: Prefix
        backend:
          service:
            name: webapp
            port:
              number: 8080
```

透過 kubectl create 命令建立該 Ingress：

```
# kubectl create -f mywebsite-ingress-tls.yaml
ingress.networking.k8s.io/mywebsite-ingress-tls created
```

成功建立該 Ingress 資源之後，就可以透過 HTTPS 安全存取 Ingress 了。

以使用 curl 命令列工具為例，存取 Ingress Controller 的 URL "https://192.168.18.3/demo/"：

```
# curl -H 'Host:mywebsite.com' -k https://192.168.18.3/demo/
<!DOCTYPE html PUBLIC "-//W3C//DTD HTML 4.01 Transitional//EN" "http://www.
w3.org/TR/html4/loose.dtd">
<html>
......
    <h2>Congratulations!!</h2>
    <br></br>
        <input type="button" value="Add..." onclick="location.href='input.
html'" >
            <br></br>
      <TABLE align="center"  border="1" width="600px">
  <TR>
      <TD>Name</TD>
      <TD>Level(Score)</TD>
  </TR>

 <TR>
      <TD>google</TD>
      <TD>100</TD>
  </TR>
......
</html>
```

如果是透過瀏覽器存取的，則在瀏覽器的網址列輸入 "https://mywebsite.

com/demo/" 來存取 Ingress HTTPS 服務，瀏覽器會舉出警告資訊，如圖
4.11 所示。

▲ 圖 4.11 透過瀏覽器存取 Ingress HTTPS 服務的警告資訊

按一下「繼續前往 mywebsite.com（不安全）」標籤，存取後可看到
Ingress HTTPS 服務提供的頁面，如圖 4.12 所示。

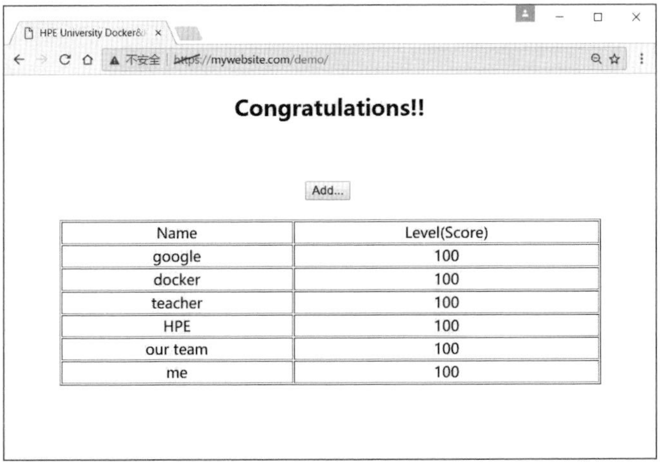

▲ 圖 4.12 使用瀏覽器存取 Ingress HTTPS 服務

4.6 Ingress 7 層路由機制

核心元件的執行機制

5.1 Kubernetes API Server 原理解析

整體來看，Kubernetes API Server 的核心功能是提供 Kubernetes 各類資源物件（如 Pod、RC、Service 等）的增、刪、改、查及 Watch 等 HTTP REST 介面，成為叢集內各個功能模組之間資料互動和通訊的中心樞紐，是整個系統的資料匯流排和資料中心。除此之外，它還是叢集管理的 API 入口，是資源配額控制的入口，提供了完備的叢集安全機制。

5.1.1 Kubernetes API Server 概述

Kubernetes API Server 透過一個名為 kube-apiserver 的處理程序提供服務，該處理程序執行在 Master 上。在預設情況下，kube-apiserver 處理程序在本機的 8080 通訊埠（對應參數 --insecure-port）提供 REST 服務。我們可以同時啟動 HTTPS 安全通訊埠（--secure-port=6443）來啟動安全機制，加強 REST API 存取的安全性。

我們通常透過命令列工具 kubectl 與 Kubernetes API Server 互動，它們之間的介面是 RESTful API。為了測試和學習 Kubernetes API Server 提供的介面，我們也可以使用 curl 命令列工具進行快速驗證。

比如，登入 Master 並執行下面的 curl 命令，得到以 JSON 方式返回的 Kubernetes API 的版本資訊：

```
# curl localhost:8080/api
{
  "kind": "APIVersions",
  "versions": [
```

```
    "v1"
  ],
  "serverAddressByClientCIDRs": [
    {
      "clientCIDR": "0.0.0.0/0",
      "serverAddress": "192.168.18.131:6443"
    }
  ]
}
```

可以執行下面的命令查看 Kubernetes API Server 目前支援的資源物件的種類：

```
# curl localhost:8080/api/v1
```

根據以上命令的輸出，我們可以執行下面的 curl 命令，分別返回叢集中的 Pod 列表、Service 列表、RC 列表等：

```
# curl localhost:8080/api/v1/pods
# curl localhost:8080/api/v1/services
# curl localhost:8080/api/v1/replicationcontrollers
```

如果只想對外暴露部分 REST 服務，則可以在 Master 或其他節點上執行 kubectl proxy 處理程序啟動一個內部代理來實現。

執行下面的命令，在 8001 通訊埠啟動代理，並且拒絕用戶端存取 RC 的 API：

```
# kubectl proxy  --reject-paths="^/api/v1/replicationcontrollers"
--port=8001 --v=2
Starting to serve on 127.0.0.1:8001
```

執行下面的命令進行驗證：

```
# curl localhost:8001/api/v1/replicationcontrollers
<h3>Unauthorized</h3>
```

kubectl proxy 具有很多特性，最實用的一個特性是提供簡單有效的安全機制，比如在採用白名單限制非法用戶端存取時，只需增加下面這個參數即可：

```
--accept-hosts="^localhost$,^127\\.0\\.0\\.1$,^\\[::1\\]$"
```

最後一種方式是透過程式設計方式呼叫 Kubernetes API Server。具體使用
場景又細分為以下兩種。

第 1 種使用場景：執行在 Pod 裡的使用者處理程序呼叫 Kubernetes API，
通常用來實現分散式叢集架設的目標。比如下面這段來自 Google 官方的
Elasticsearch 叢集例子中的程式，Pod 在啟動的過程中透過存取 Endpoints
的 API，找到屬於 elasticsearch-logging 這個 Service 的所有 Pod 副本的 IP
位址，用來建構叢集，如圖 5.1 所示。

▲ 圖 5.1 應用程式透過程式設計方式存取 API Server

在上述使用場景中，Pod 中的處理程序是如何知道 API Server 的造訪網址
的呢？答案很簡單：Kubernetes API Server 本身也是一個 Service，它的名
稱就是 kubernetes，並且它的 ClusterIP 位址是 ClusterIP 位址集區裡的第
1 個位址！另外，它所服務的通訊埠是 HTTPS 通訊埠 443，透過 kubectl
get service 命令可以確認這一點：

```
# kubectl get service
NAME            CLUSTER-IP          EXTERNAL-IP        PORT(S)         AGE
kubernetes      169.169.0.1         <none>             443/TCP         30d
```

第 2 種使用場景：開發以 Kubernetes 為基礎的管理平台。比如呼叫
Kubernetes API 來完成 Pod、Service、RC 等資源物件的圖形化建立和管
理介面，此時可以使用 Kubernetes 及各開放原始碼社區為開發人員提供

的各語言版本的 Client Library。後面會介紹透過程式設計方式存取 API Server 的一些細節技術。

由於 API Server 是 Kubernetes 叢集資料的唯一存取入口，因此安全性與高性能成為 API Server 設計和實現的兩大核心目標。透過採用 HTTPS 安全傳輸通道與 CA 簽名數位憑證強制雙向認證的方式，API Server 的安全性得以確保。此外，為了更細粒度地控制使用者或應用對 Kubernetes 資源物件的存取權限，Kubernetes 啟用了 RBAC 存取控制策略，之後會深入講解這一安全性原則。

API Server 的性能是決定 Kubernetes 叢集整體性能的關鍵因素，因此 Kubernetes 的設計者綜合運用以下方式來最大程度地保證 API Server 的性能。

（1）API Server 擁有大量高性能的底層程式。在 API Server 原始程式中使用程式碼協同（Coroutine）＋佇列（Queue）這種羽量級的高性能併發程式，使得單處理程序的 API Server 具備超強的多核處理能力，從而以很快的速度併發處理大量的請求。

（2）普通 List 介面結合非同步 Watch 介面，不但完美解決了 Kubernetes 中各種資源物件的高性能同步問題，也極大提升了 Kubernetes 叢集即時回應各種事件的靈敏度。

（3）採用了高性能的 etcd 資料庫而非傳統的關聯式資料庫，不僅解決了資料的可靠性問題，也極大提升了 API Server 資料存取層的性能。在常見的公有雲環境中，一個 3 節點的 etcd 叢集在輕負載環境中處理一個請求的時間可以少於 1ms，在重負載環境中可以每秒處理超過 30000 個請求。

正是由於採用了上述提升性能的方法，API Server 可以支撐很大規模的 Kubernetes 叢集。目前 Kubernetes 1.19 版本的叢集可支援的最大規模如下：

■ 最多支援 5000 個 Node；
■ 最多支援 150000 個 Pod；

■ 每個 Node 最多支援 100 個 Pod；

■ 最多支援 300000 個容器。

5.1.2 API Server 架構解析

API Server 架構從上到下可以分為以下幾層，如圖 5.2 所示。

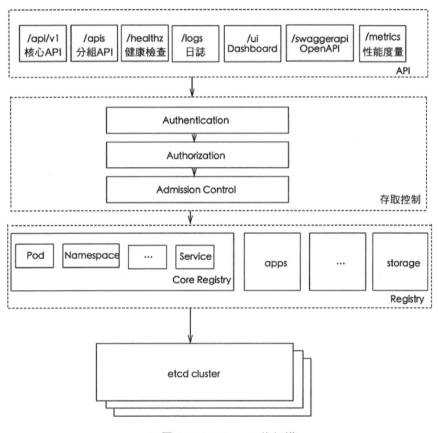

▲ 圖 5.2 API Server 的架構

（1）API 層：主要以 REST 方式提供各種 API 介面，除了有 Kubernetes 資源物件的 CRUD 和 Watch 等主要 API，還有健康檢查、UI、日誌、性能指標等運行維護監控相關的 API。Kubernetes 從 1.11 版本開始廢棄 Heapster 監控元件，轉而使用 Metrics Server 提供 Metrics API 介面，進一步完善了自身的監控能力。

（2）存取控制層：當用戶端存取 API 介面時，存取控制層負責對使用者身份鑑權，驗明使用者身份，核准使用者對 Kubernetes 資源物件的存取權限，然後根據設定的各種資源存取許可邏輯（Admission Control），判斷是否允許存取。

（3）登錄檔層：Kubernetes 把所有資源物件都保存在登錄檔（Registry）中，針對登錄檔中的各種資源物件都定義了資源物件的類型、如何建立資源物件、如何轉換資源的不同版本，以及如何將資源編碼和解碼為 JSON 或 ProtoBuf 格式進行儲存。

（4）etcd 資料庫：用於持久化儲存 Kubernetes 資源物件的 KV 資料庫。etcd 的 Watch API 介面對於 API Server 來說至關重要，因為透過這個介面，API Server 創新性地設計了 List-Watch 這種高性能的資源物件即時同步機制，使 Kubernetes 可以管理超大規模的叢集，及時回應和快速處理叢集中的各種事件。

從本質上看，API Server 與常見的 MIS 或 ERP 系統中的 DAO 模組類似，可以將主要處理邏輯視作對資料庫表的 CRUD 操作。這裡解讀 API Server 中資源物件的 List-Watch 機制。圖 5.3 以一個完整的 Pod 排程過程為例，對 API Server 的 List-Watch 機制進行說明。

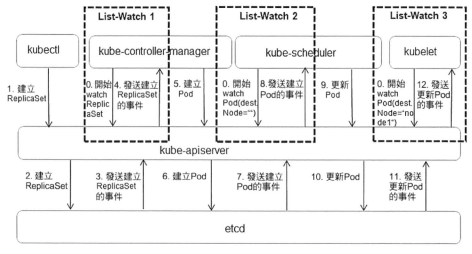

▲ 圖 5.3 Pod 排程過程中的 List-Watch 機制

首先，借助 etcd 提供的 Watch API 介面，API Server 可以監聽（Watch）在 etcd 上發生的資料操作事件，比如 Pod 建立事件、更新事件、刪除事件等，在這些事件發生後，etcd 會及時通知 API Server。圖 5.3 中 API Server 與 etcd 之間的互動箭頭表示了這個過程：當一個 ReplicaSet 物件被建立並保存到 etcd 中後（圖中的 2. Create RepliatSet 箭頭），etcd 會立即發送一個對應的 Create 事件給 API Server（圖中的 3. Send RepliatSet Create Event 箭頭），與其類似的 6、7、10、11 箭頭都針對 Pod 的建立、更新事件。

然後，為了讓 Kubernetes 中的其他元件在不存取底層 etcd 資料庫的情況下，也能及時獲取資源物件的變化事件，API Server 模仿 etcd 的 Watch API 介面提供了自己的 Watch 介面，這樣一來，這些元件就能近乎即時地獲取自己感興趣的任意資源物件的相關事件通知了。圖 5.3 中的 controller-manager、scheduler、kubelet 等元件與 API Server 之間的 3 個標記為 "List-Watch" 的虛線框表示了這個過程。同時，在監聽自己感興趣的資源時，用戶端可以增加過濾條件，以 List-Watch 3 為例，node1 節點上的 kubelet 處理程序只對自己節點上的 Pod 事件感興趣。

最後，Kubernetes List-Watch 用於實現資料同步的程式邏輯。用戶端首先呼叫 API Server 的 List 介面獲取相關資源物件的全量資料並將其快取到記憶體中，然後啟動對應資源物件的 Watch 程式碼協同，在接收到 Watch 事件後，再根據事件的類型（比如新增、修改或刪除）對記憶體中的全量資源物件列表做出相應的同步修改。從實現上來看，這是一種全量結合增量的、高性能的、近乎即時的資料同步方式。

在資源物件的增刪改操作中，最複雜的應該是「改（更新）」操作了，因為關鍵的一些資源物件都是有狀態的物件，例如 Pod、Deployment 等。很多時候，我們只需修改已有的某個資源物件的某些屬性，並保持其他屬性不變，對於這樣特殊又實用的更新操作，Kubernetes 最初是透過命令列實現的，並透過 kubectl apply 命令實現資源物件的更新操作，使用者無須提供完整的資源物件 YAML 檔案，只需將要修改的屬性寫入 YAML 檔案中提交命令即可，但這也帶來一些新的問題：

- 如果使用者希望透過程式設計方式提供與 kubectl apply 一樣的功能，則只能自己開發類似的程式或者只能呼叫 Go 語言的 kubectl apply 模組來實現；
- kubectl 命令列自己實現的這種 Patch 的程式隨著 Kubernetes 資源物件版本的不斷增加，變得越來越複雜，在相容性和程式維護方面變得越來越複雜。

因此，Kubernetes 從 1.14 版本開始引入 Server-side apply 特性，即在 API Server 中完整實現 kubectl apply 的能力，到 1.18 版本時更新到 Beta 階段，新版本將追蹤並管理所有新 Kubernetes 物件的欄位變更，確保使用者及時了解哪些資源在何時進行過更改。

接下來說說 API Server 中的另一處精彩設計。我們知道，對於不斷迭代更新的系統，物件的屬性一定是在不斷變化的，API 介面的版本也在不斷升級，此時就會面臨版本問題，即同一個物件不同版本之間的資料轉換問題及 API 介面版本的相容問題。後面這個問題解決起來比較容易，即定義不同的 API 版本編號（比如 v1alpha1、v1beta1）來加以區分，但前面的問題就有點麻煩了，比如資料物件經歷 v1alpha1、v1beta1、v1beta1、v1beta2 等變化後最終變成 v1 版本，此時該資料物件存在 5 個版本，如果這 5 個版本之間的資料兩兩直接轉換，就存在很多邏輯組合，變成一種典型的網狀網路，如圖 5.4 所示，為此我們不得不增加很多重複的轉換程式。

上述直接轉換的設計模式還會有另一個不可控的變數，即每增加一個新的物件版本，之前每個版本的物件就都需要增加一個到新版本物件的轉換邏輯。如此一來，對直接轉換的實現就更難了。於是，API Server 針對每種資源物件都引入了一個相對不變的 internal 版本，每個版本只要支援轉換為 internal 版本，就能夠與其他版本進行間接轉換。於是物件版本轉換的拓撲圖就簡化成了如圖 5.5 所示的星狀圖。

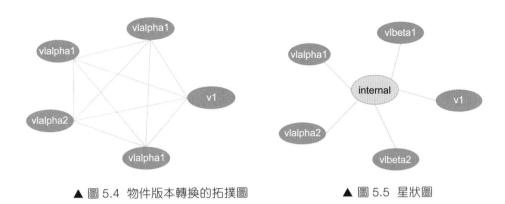

▲ 圖 5.4 物件版本轉換的拓撲圖 　　　　 ▲ 圖 5.5 星狀圖

本節最後簡單說說 Kubernetes 中的 CRD 在 API Server 中的設計和實現機制。根據 Kubernetes 的設計，每種官方內建的資源物件如 Node、Pod、Service 等的實現都包含以下主要功能。

（1）資源物件的中繼資料（Schema）的定義：可以將其理解為資料庫 Table 的定義，定義了對應資源物件的資料結構，官方內建資源物件的中繼資料定義是固化在原始程式中的。

（2）資源物件的驗證邏輯：確保使用者提交的資源物件的屬性的合法性。

（3）資源物件的 CRUD 操作程式：可以將其理解為資料庫表的 CRUD 程式，但比後者更難，因為 API Server 對資源物件的 CRUD 操作都會保存到 etcd 資料庫中，對處理性能的要求也更高，還要考慮版本相容性和版本轉換等複雜問題。

（4）資源物件相關的「自動控制器」（如 RC、Deployment 等資源物件背後的控制器）：這是很重要的一個功能。Kubernetes 是一個以自動化為核心目標的平台，使用者舉出期望的資源物件宣告，執行過程中由資源背後的「自動控制器」確保對應資源物件的數量、狀態、行為等始終符合使用者的預期。

類似地，每個自訂 CRD 的開發人員都需要實現上面的功能。為了降低程式設計難度與工作量，API Server 的設計者們做出了大量努力，使得直接編寫 YAML 定義檔案即可實現以上前 3 個功能。對於唯一需要程式設計的第 4 個功能，由於 API Server 提供了大量的基礎 API 函數庫，特別是好用的 List-Watch 的程式設計框架，所以 CRD 自動控制器的程式設計難度大大降低。

5.1.3 獨特的 Kubernetes Proxy API 介面

前面講到，Kubernetes API Server 最主要的 REST 介面是資源物件的增、刪、改、查介面，除此之外，它還提供了一類很特殊的 REST 介面──Kubernetes Proxy API 介面，這類介面的作用是代理 REST 請求，即 Kubernetes API Server 把收到的 REST 請求轉發到某個 Node 上的 kubelet 守護處理程序的 REST 通訊埠，由該 kubelet 處理程序負責回應。

首先説説 Kubernetes Proxy API 裡關於 Node 的相關介面。該介面的 REST 路徑為 /api/v1/nodes/{name}/proxy，其中 {name} 為節點的名稱或 IP 位址，包括以下幾個具體介面：

```
/api/v1/nodes/{name}/proxy/pods      # 列出指定節點內所有 Pod 的資訊
/api/v1/nodes/{name}/proxy/stats     # 列出指定節點內物理資源的統計資訊
/api/v1/nodes/{name}/proxy/spec      # 列出指定節點的概要資訊
```

例如，當前 Node 的名稱為 k8s-node-1，用以下命令即可獲取在該節點上執行的所有 Pod：

```
# curl localhost:8080/api/v1/nodes/k8s-node-1/proxy/pods
```

需要説明的是，這裡獲取的 Pod 的資訊資料來自 Node 而非 etcd 資料庫，所以兩者可能在某些時間點有所偏差。此外，如果 kubelet 處理程序在啟動時包含 --enable-debugging- handlers=true 參數，那麼 Kubernetes Proxy API 還會增加下面的介面：

```
/api/v1/nodes/{name}/proxy/run          # 在節點上執行某個容器
/api/v1/nodes/{name}/proxy/exec         # 在節點上的某個容器中執行某個命令
/api/v1/nodes/{name}/proxy/attach       # 在節點上 attach 某個容器
/api/v1/nodes/{name}/proxy/portForward  # 實現節點上的 Pod 通訊埠轉發
/api/v1/nodes/{name}/proxy/logs         # 列出節點的各類日誌資訊，例如 tallylog、
                                        # lastlog、wtmp、ppp/、rhsm/、audit/、
                                        # tuned/ 和 anaconda/ 等
/api/v1/nodes/{name}/proxy/metrics      # 列出和該節點相關的 Metrics 資訊
/api/v1/nodes/{name}/proxy/runningpods  # 列出在該節點上執行的 Pod 資訊
```

```
/api/v1/nodes/{name}/proxy/debug/pprof    # 列出節點上當前 Web 服務的狀態
                                          # 包括 CPU 佔用情況和記憶體使用情況等
```

接下來說說 Kubernetes Proxy API 裡關於 Pod 的相關介面，透過這些介面，我們可以存取 Pod 裡某個容器提供的服務（如 Tomcat 在 8080 通訊埠的服務）：

```
/api/v1/namespaces/{namespace}/pods/{name}/proxy           # 存取 Pod
/api/v1/namespaces/{namespace}/pods/{name}/proxy/{path:*}  # 存取 Pod 服務的
                                                           # URL 路徑
```

下面用第 1 章 Java Web 例子中的 Tomcat Pod 來說明上述 Proxy 介面的用法。

首先，得到 Pod 的名稱：

```
# kubectl get pods
NAME            READY    STATUS     RESTARTS    AGE
mysql-c95jc     1/1      Running    0           8d
myweb-g9pmm     1/1      Running    0           8d
```

然後，執行下面的命令，會輸出 Tomcat 的首頁，即相當於存取 http://localhost:8080/：

```
# curl http://localhost:8080/api/v1/namespaces/default/pods/myweb-g9pmm/proxy
```

我們也可以在瀏覽器中存取上面的位址，比如 Master 的 IP 位址是 192.168.18.131，我們在瀏覽器中輸入 http://<apiserver-ip>:<apiserver-port>/api/v1/namespaces/default/pods/ myweb-g9pmm/proxy，就能夠存取 Tomcat 的首頁了；而如果輸入 /api/v1/namespaces/default/ pods/myweb-g9pmm/proxy/demo，就能存取 Tomcat 中 Demo 應用的頁面了。

看到這裡，你可能明白 Pod 的 Proxy 介面的作用和意義了：在 Kubernetes 叢集之外存取某個 Pod 容器的服務（HTTP 服務）時，可以用 Proxy API 實現，這種場景多用於管理目的，比如逐一排除 Service 的 Pod 副本，檢查哪些 Pod 的服務存在異常。

最後說說 Service。Kubernetes Proxy API 也有 Service 的 Proxy 介面，其介面定義與 Pod 的介面定義基本一樣：/api/v1/namespaces/{namespace}/services/{name}/proxy。比如，若我們想存取 myweb 服務的 /demo 頁

面,則可以在瀏覽器中輸入 http://<apiserver-ip>:<apiserver- port>/api/v1/namespaces/default/services/myweb/proxy/demo/。

5.1.4 叢集功能模組之間的通訊

從圖 5.6 可以看出,Kubernetes API Server 作為叢集的核心,負責叢集各功能模組之間的通訊。叢集內的各個功能模組透過 API Server 將資訊存入 etcd 中,當需要獲取和操作這些資料時,則透過 API Server 提供的 REST 介面(用 GET、LIST 或 WATCH 方法)來實現,從而實現各模組之間的資訊互動。

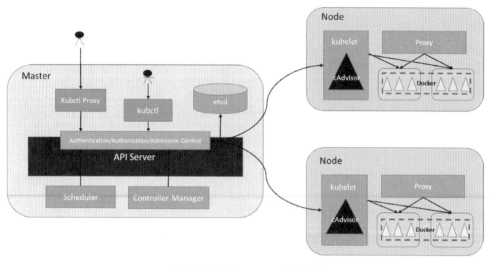

▲ 圖 5.6 Kubernetes 結構圖

常見的一個互動場景是 kubelet 處理程序與 API Server 的互動。每個 Node 上的 kubelet 每隔一個時間週期就會呼叫一次 API Server 的 REST 介面報告自身狀態,API Server 在接收到這些資訊後,會將節點狀態資訊更新到 etcd 中。此外,kubelet 也透過 API Server 的 Watch 介面監聽 Pod 資訊,如果監聽到新的 Pod 副本被排程綁定到本節點,則執行 Pod 對應的容器建立和啟動邏輯;如果監聽到 Pod 物件被刪除,則刪除本節點上相應的 Pod 容器;如果監聽到修改 Pod 的資訊,kubelet 就會相應地修改本節點的 Pod 容器。

另一個互動場景是 kube-controller-manager 處理程序與 API Server 的互動。kube-controller- manager 中的 Node Controller 模組透過 API Server 提供的 Watch 介面即時監控 Node 的資訊，並做相應的處理。

還有一個比較重要的互動場景是 kube-scheduler 與 API Server 的互動。Scheduler 在透過 API Server 的 Watch 介面監聽到新建 Pod 副本的資訊後，會檢索所有符合該 Pod 要求的 Node 列表，開始執行 Pod 排程邏輯，在排程成功後將 Pod 綁定到目標節點上。

為了緩解叢集各模組對 API Server 的存取壓力，各功能模組都採用了快取機制來快取資料。各功能模組定時從 API Server 上獲取指定的資源物件資訊（透過 List-Watch 方法），然後將這些資訊保存到本地快取中，功能模組在某些情況下不直接存取 API Server，而是透過存取快取資料來間接存取 API Server。

我們知道，在 Kubernetes 叢集中，Node 上的 kubelet 和 kube-proxy 元件都需要與 kube-apiserver 通訊。為增加傳輸安全性而採用 HTTPS 方式時，需要為每個 Node 元件都生成 kube-apiserver 用的 CA 簽發的用戶端證書，但規模較大時，這種用戶端證書的頒發需要大量的工作，同樣會增加叢集擴充的複雜度。為了簡化流程，Kubernetes 引入了 TLS Bootstraping 機制來自動頒發用戶端證書，為此增加了一種名為 Bootstrap Token 的特殊 Token，在 1.18 版本時 Bootstrap Token 成為正式穩定特性。

5.1.5 API Server 網路隔離的設計

Kubernetes 的一些功能特性也與公有雲提供商密切相關，例如負載平衡服務、彈性公網 IP、儲存服務等，具體實現都需要與 API Server 通訊，也屬於營運商內部重點保證的安全區域。此外，公有雲提供商提供 Kubernetes 服務時，考慮到安全問題，會要求以 API Server 為核心的 Master 節點的網路與承載客戶應用的 Node 節點的網路實現某種程度的「安全隔離」。為此，API Server 增加了 SSH 秘密頻道的相關程式，讓公有雲提供商可以透過這個 SSH 秘密頻道實現 API Server 相關的服務介面呼叫，但這也使得 API Server 變得臃腫，帶來了升級、部署及演進的額外負擔。之後，Kubernetes 社區舉出了全新的 API Server Network Proxy 特性的設計思路，這一特性於 Kubernetes 1.16 版本時進入 Alpha 階段，於 1.17 版本時達到 Beta 階段。

API Server Network Proxy 的核心設計思想是將 API Server 放置在一個獨立的網路中，與 Node 節點的網路相互隔離，然後增加獨立的 Network Proxy 處理程序來解決這兩個網路直接的連通性（Connectivity）問題，如圖 5.7 所示。

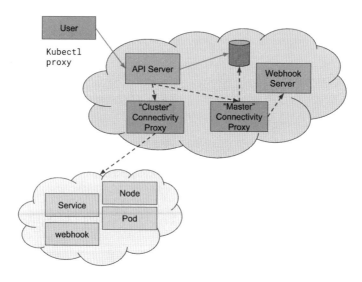

▲ 圖 5.7　API Server Network Proxy 的核心設計思想示意圖

當前 Beta 版本的具體實現方式是在 Master 節點的網路裡部署 Konnectivity Server，同時在 Node 節點的網路裡部署 Konnectivity Agent，兩者之間建立起安全連結，對通訊協定可以採用標準的 HTTP 或者 gRPC，此設計允許 Node 節點網路被劃分為多個獨立的分片，這些分片都透過 Konnectivity Server/Agent 建立的安全連結與 API Server 實現點對點的連通。

引入 API Server Network Proxy 機制以實現 Master 網路與 Node 網路的安全隔離的做法，具有以下優勢。

（1）Connectivity proxy（Konnectivity Server/ Agent）可以獨立擴充，不會影響到 API Server 的發展，叢集管理員可以部署適合自己的各種 Connectivity proxy 的實現，具有更好的自主性和靈活性。

（2）透過採用自訂的 Connectivity proxy，也可以實現 VPN 網路的穿透等高級網路代理特性，同時存取 API Server 的所有請求都可以方便地被 Connectivity proxy 記錄並稽核分析，這進一步提升了系統的安全性。

（3）這種網路代理分離的設計將 Master 網路與 Node 網路之間的連通性問題從 API Server 中剝離出來，提升了 API Server 程式的內聚性，降低了 API Server 的程式複雜性，也有利於進一步提升 API Server 的性能和穩定性。同時，Connectivity proxy 崩潰時也不影響 API Server 的正常執行，API Server 仍然可以正常提供其主要服務能力，即資源物件的 CRUD 服務。

5.2 Controller Manager 原理解析

一般來說，智慧系統和自動系統通常會透過一個「作業系統」不斷修正系統的工作狀態。在 Kubernetes 叢集中，每個 Controller 都是這樣的一個「作業系統」，它們透過 API Server 提供的（List-Watch）介面即時監控叢集中特定資源的狀態變化，當發生各種故障導致某資源物件的狀態變化時，Controller 會嘗試將其狀態調整為期望的狀態。比如當某個 Node 意外當機時，Node Controller 會及時發現此故障並執行自動化修復流程，確保叢集始終處於預期的工作狀態下。Controller Manager 是 Kubernetes 中各種作業系統的管理者，是叢集內部的管理控制中心，也是 Kubernetes 自動化功能的核心。

如圖 5.8 所示，Controller Manager 內部包含 Replication Controller、Node Controller、ResourceQuota Controller、Namespace Controller、ServiceAccount Controller、Token Controller、Service Controller、Endpoint Controller、Deployment Controller、Router Controller、Volume

Controller 等各種資源物件的控制器，每種 Controller 都負責一種特定資源的控制流程，而 Controller Manager 正是這些 Controller 的核心管理者。

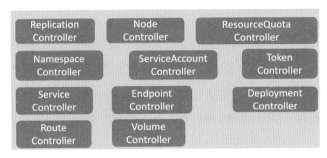

▲ 圖 5.8 Controller Manager 結構圖

由於 ServiceAccount Controller 與 Token Controller 是與安全相關的兩個控制器，並且與 Service Account、Token 密切相關，所以會在後續的章節中對它們進行分析。而 Router Controller 是公有雲廠商提供的進行節點容量調整時管理節點路由的控制器，比如 GoogleGCE 平台裡動態增加一個虛機節點作為 Node 節點時，相應的路由策略、防火牆規則等設定無須使用者手工設置，都能依靠 Router Controller 自動完成。

在 Kubernetes 叢集中與 Controller Manager 並重的另一個元件是 Kubernetes Scheduler，它的作用是將待排程的 Pod（包括透過 API Server 新建立的 Pod 及 RC 為補足副本而建立的 Pod 等）透過一些複雜的排程流程計算出最佳目標節點，將 Pod 綁定到目標節點上。本章最後會介紹 Kubernetes Scheduler 排程器的基本原理。

5.2.1 副本排程控制器

在 Kubernetes 中存在兩個功能相似的副本控制器：Replication Controller 及 Deployment Controller。

為了區分 Controller Manager 中的 Replication Controller（副本控制器）和資源物件 Replication Controller，我們將資源物件 Replication Controller 簡寫為 RC，而本節中的 Replication Controller 是指副本控制器，以便於後續分析。

Replication Controller 的核心作用是確保叢集中某個 RC 連結的 Pod 副本數量在任何時候都保持預設值。如果發現 Pod 的副本數量超過預設值，則 Replication Controller 會銷毀一些 Pod 副本；反之，Replication Controller 會自動建立新的 Pod 副本，直到符合條件的 Pod 副本數量達到預設值。需要注意：只有當 Pod 的重新啟動策略是 Always 時（RestartPolicy=Always），Replication Controller 才會管理該 Pod 的操作（例如建立、銷毀、重新啟動等）。在通常情況下，Pod 物件被成功建立後都不會消失，唯一的例外是 Pod 處於 succeeded 或 failed 狀態的時間過長（逾時參數由系統設定），此時該 Pod 會被系統自動回收，管理該 Pod 的副本控制器將在其他工作節點上重新建立、執行該 Pod 副本。

RC 中的 Pod 範本就像一個模具，模具製作出來的東西一旦離開模具，它們之間就再也沒關係了。同樣，一旦 Pod 被建立完畢，無論範本如何變化，甚至換成一個新的範本，也不會影響到已經建立的 Pod 了。此外，Pod 可以透過修改它的標籤來脫離 RC 的管控，該方法可以用於將 Pod 從叢集中遷移、資料修復等的偵錯。對於被遷移的 Pod 副本，RC 會自動建立一個新的副本替換被遷移的副本。

隨著 Kubernetes 的不斷升級，舊的 RC 已不能滿足需求，所以有了 Deployment。Deployment 可被視為 RC 的替代者，RC 及對應的 Replication Controller 已不再升級、維護，Deployment 及對應的 Deployment Controller 則不斷更新、升級新特性。Deployment Controller 在工作過程中實際上是在控制兩類相關的資源物件：Deployment 及 ReplicaSet。在我們建立 Deployment 資源物件之後，Deployment Controller 也默默建立了對應的 ReplicaSet，Deployment 的輪流升級也是 Deployment Controller 透過自動建立新的 ReplicaSet 來支援的。

下面複習 Deployment Controller 的作用，如下所述。

（1）確保在當前叢集中有且僅有 N 個 Pod 實例，N 是在 RC 中定義的 Pod 副本數量。

（2）透過調整 spec.replicas 屬性的值來實現系統擴充或者縮減。

（3）透過改變 Pod 範本（主要是鏡像版本）來實現系統的輪流升級。

最後複習 Deployment Controller 的典型使用場景，如下所述。

（1）重新排程（Rescheduling）。如前面所述，不管想執行 1 個副本還是
　　　1000 個副本，副本控制器都能確保指定數量的副本存在於叢集中，
　　　即使發生節點故障或 Pod 副本被終止執行等意外狀況。
（2）彈性伸縮（Scaling）。手動或者透過自動擴充代理修改副本控制器
　　　spec.replicas 屬性的值，非常容易實現增加或減少副本的數量。
（3）捲動更新（Rolling Updates）。副本控制器被設計成透過一個一個替
　　　換 Pod 來輔助服務的捲動更新。

5.2.2 Node Controller

kubelet 處理程序在啟動時透過 API Server 註冊自身節點資訊，並定時
向 API Server 彙報狀態資訊，API Server 在接收到這些資訊後，會將這
些資訊更新到 etcd 中。在 etcd 中儲存的節點資訊包括節點健康狀況、
節點資源、節點名稱、節點位址資訊、作業系統版本、Docker 版本、
kubelet 版本等。節點健康狀況包含就緒（True）、未就緒（False）、未知
（Unknown）三種。

Node Controller 透過 API Server 即時獲取 Node 的相關資訊，實現管理和
監控叢集中各個 Node 的相關控制功能，Node Controller 的核心工作流程
如圖 5.9 所示。

對流程中關鍵點的解釋如下。

（1）Controller Manager 在啟動時如果設置了 --cluster-cidr 參數，那麼為
每個沒有設置 Spec.PodCIDR 的 Node 都生成一個 CIDR 位址，並用該
CIDR 位址設置節點的 Spec.PodCIDR 屬性，這樣做的目的是防止不同節
點的 CIDR 位址發生衝突。

（2）一個一個讀取 Node 資訊，多次嘗試修改 nodeStatusMap 中的節點
狀態資訊，將該節點資訊和在 Node Controller 的 nodeStatusMap 中保存
的節點資訊做比較。如果判斷出沒有收到 kubelet 發送的節點資訊、第 1

次收到節點 kubelet 發送的節點資訊，或在該處理過程中節點狀態變成
非健康狀態，則在 nodeStatusMap 中保存該節點的狀態資訊，並用 Node
Controller 所在節點的系統時間作為探測時間和節點狀態變化時間。如
果判斷出在指定時間內收到新的節點資訊，且節點狀態發生變化，則在
nodeStatusMap 中保存該節點的狀態資訊，並用 Node Controller 所在節點
的系統時間作為探測時間和節點狀態變化時間。如果判斷出在指定時間內
收到新的節點資訊，但節點狀態沒發生變化，則在 nodeStatusMap 中保存
該節點的狀態資訊，並用 Node Controller 所在節點的系統時間作為探測時
間，將上次節點資訊中的節點狀態變化時間作為該節點的狀態變化時間。
如果判斷出在某段時間（gracePeriod）內沒有收到節點狀態資訊，則設置
節點狀態為「未知」，並且透過 API Server 保存節點狀態。

（3）一個一個讀取節點資訊，如果節點狀態變為非就緒狀態，則將節
點加入待刪除佇列，否則將節點從該佇列中刪除。如果節點狀態為非就
緒狀態，且系統指定了 Cloud Provider，則 Node Controller 呼叫 Cloud
Provider 查看節點，若發現節點故障，則刪除 etcd 中的節點資訊，並刪除
與該節點相關的 Pod 等資源的資訊。

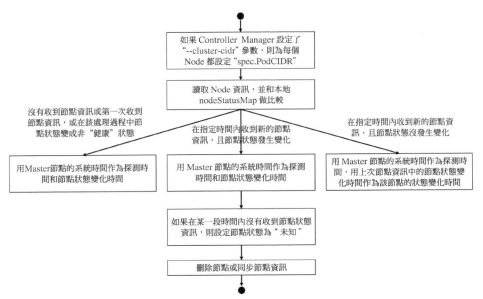

▲ 圖 5.9 Node Controller 的核心工作流程

5.2.3 ResourceQuota Controller

作為完備的企業級的容器叢集管理平台，Kubernetes 也提供了 ResourceQuota Controller（資源配額管理）這一高級功能，資源配額管理確保指定的資源物件在任何時候都不會超量佔用系統物理資源，避免由於某些業務處理程序在設計或實現上的缺陷導致整個系統執行紊亂甚至意外當機，對整個叢集的平穩執行和穩定性都有非常重要的作用。

目前 Kubernetes 支援如下三個層次的資源配額管理。

（1）容器等級，可以對 CPU 和 Memory 進行限制。

（2）Pod 等級，可以對一個 Pod 內所有容器的可用資源進行限制。

（3）Namespace 等級，為 Namespace（多租戶）等級的資源限制，包括：Pod 數量、Replication Controller 數量、Service 數量、ResourceQuota 數量、Secret 數量和可持有的 PV 數量。

Kubernetes 的配額管理是透過 Admission Control（存取控制）來控制的，Admission Control 當前提供了兩種方式的配額約束，分別是 LimitRanger 與 ResourceQuota，其中 LimitRanger 作用於 Pod 和 Container；ResourceQuota 則作用於 Namespace，限定一個 Namespace 裡各類資源的使用總額。

如圖 5.10 所示，如果在 Pod 定義中同時宣告了 LimitRanger，則使用者透過 API Server 請求建立或修改資源時，Admission Control 會計算當前配額的使用情況，如果不符合配額約束，則建立物件失敗。對於定義了 ResourceQuota 的 Namespace，ResourceQuota Controller 元件會定期統計和生成該 Namespace 下各類物件的資源使用總量，統計結果包括 Pod、Service、RC、Secret 和 Persistent Volume 等物件實例的個數，以及該 Namespace 下所有 Container 實例的資源使用量（目前包括 CPU 和記憶體），然後將這些統計結果寫入 etcd 的 resourceQuotaStatusStorage 目錄（resourceQuotas/status）下。寫入 resourceQuotaStatusStorage 的內容包含 Resource 名稱、配額值（ResourceQuota 物件中 spec.hard 域下包含的資源的值）、當前使用的值（ResourceQuota Controller 統計的值）。隨後這些統

計資訊被 Admission Control 使用，以確保相關 Namespace 下的資源配額
總量不會超過 ResourceQuota 中的限定值。

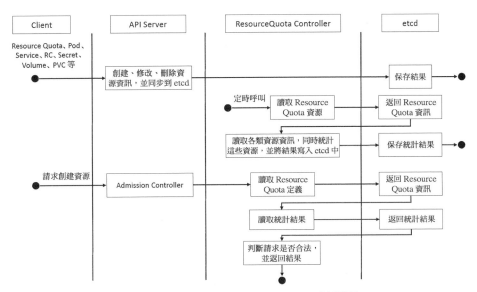

▲ 圖 5.10 ResourceQuota Controller 流程圖

5.2.4 Namespace Controller

使用者透過 API Server 可以建立新的 Namespace 並將其保存在 etcd
中，Namespace Controller 定時透過 API Server 讀取這些 Namespace 的
資訊。如果 Namespace 被 API 標識為優雅刪除（透過設置刪除期限實
現，即設置 DeletionTimestamp 屬性），則將該 NameSpace 的狀態設置
成 Terminating 並保存在 etcd 中。同時，Namespace Controller 刪除該
Namespace 下的 ServiceAccount、RC、Pod、Secret、PersistentVolume、
ListRange、ResourceQuota 和 Event 等資源物件。

在 Namespace 的狀態被設置成 Terminating 後，由 Admission Controller
的 NamespaceLifecycle 外掛程式來阻止為該 Namespace 建立新的資源。
同時，在 Namespace Controller 刪除該 Namespace 中的所有資源物件
後，Namespace Controller 會對該 Namespace 執行 finalize 操作，刪除
Namespace 的 spec.finalizers 域中的資訊。

如果 Namespace Controller 觀察到 Namespace 設置了刪除期限，同時 Namespace 的 spec.finalizers 域值是空的，那麼 Namespace Controller 將透過 API Server 刪除該 Namespace 資源。

5.2.5 Service Controller 與 Endpoints Controller

在講解 Endpoints Controller 之前，讓我們先看看 Service、Endpoints 與 Pod 的關係。如圖 5.11 所示，Endpoints 表示一個 Service 對應的所有 Pod 副本的造訪網址，Endpoints Controller 就是負責生成和維護所有 Endpoints 物件的控制器。

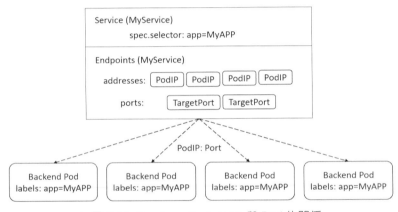

▲ 圖 5.11 Service、Endpoints 與 Pod 的關係

Endpoints Controller 負責監聽 Service 和對應的 Pod 副本的變化，如果監測到 Service 被刪除，則刪除和該 Service 名稱相同的 Endpoints 物件。如果監測到新的 Service 被建立或者修改，則根據該 Service 資訊獲得相關的 Pod 列表，然後建立或者更新 Service 對應的 Endpoints 物件。如果監測到 Pod 的事件，則更新它所對應的 Service 的 Endpoints 物件（增加、刪除或者修改對應的 Endpoint 項目）。

那麼，Endpoints 物件是在哪裡被使用的呢？答案是每個 Node 上的 kube-proxy 處理程序，kube-proxy 處理程序獲取每個 Service 的 Endpoints，實現了 Service 的負載平衡功能。在後續章節中會深入講解這部分內容。

接下來說說 Service Controller 的作用，它其實是 Kubernetes 叢集與外部的雲端平台之間的一個介面控制器。Service Controller 監聽 Service 的變化，如果該 Service 是一個 LoadBalancer 類型的 Service（externalLoadBalancers=true），則 Service Controller 確保該 Service 對應的 LoadBalancer 實例在外部的雲端平台上被相應地建立、刪除及更新路由轉發表（根據 Endpoints 的項目）。

5.3 Scheduler 原理解析

前面深入分析了 Controller Manager 及其所包含的各個元件的執行機制，本節將繼續對 Kubernetes 中負責 Pod 排程的重要功能模組——Kubernetes Scheduler 的工作原理和執行機制進行深入分析。

我們知道，Kubernetes Scheduler 是負責 Pod 排程的處理程序（元件），隨著 Kubernetes 功能的不斷增強和完善，Pod 排程也變得越來越複雜，Kubernetes Scheduler 內部的實現機制也在不斷最佳化，從最初的兩階段排程機制（Predicates & Priorities）發展到後來的升級版的排程框架（Scheduling Framework），以滿足越來越複雜的排程場景。

為什麼 Kubernetes 裡的 Pod 排程會如此複雜？這主要是因為 Kubernetes 要努力滿足各種類型應用的不同需求並且努力「讓大家和平共處」。Kubernetes 叢集裡的 Pod 有無狀態服務類、有狀態叢集類及批次處理類三大類，不同類型的 Pod 對資源佔用的需求不同，對節點故障引發的中斷／恢復及節點遷移方面的容忍度都不同，如果再考慮到業務方面不同服務的 Pod 的優先順序不同帶來的額外約束和限制，以及從租戶（使用者）的角度希望佔據更多的資源增加穩定性和叢集擁有者希望排程更多的 Pod 提升資源使用率兩者之間的矛盾，則當這些相互衝突的排程因素都被考慮到時，如何進行 Pod 排程就變成一個很棘手的問題了。

為什麼 Kubernetes Scheduler 的設計實現從一開始就比較複雜呢？我們知道，一開始，Scheduler 就被設計成兩階段排程機制，而到了 1.5 版本以後，新的 Scheduling Framework 變得更加複雜，其原因其實很簡單：排程這個事情無論讓機器怎麼安排，都不可能完全滿足每個使用者（應用）的需求。因此，讓使用者方便地根據自己的需求去做訂製和擴充，就變成一個很重要也很實用的特性了。升級後的 Scheduling Framework 在這方面也做得更好了。

5.3.1 Scheduler 的排程流程

Kubernetes Scheduler 在整個系統中承擔了「承上啟下」的重要功能，「承上」是指它負責接收 Controller Manager 建立的新 Pod，為其安排一個落腳的「家」——目標 Node；「啟下」是指安置工作完成後，目標 Node 上的 kubelet 服務處理程序接管後續工作，負責 Pod 生命週期中的「下半生」。

具體來説，Kubernetes Scheduler 的作用是將待排程的 Pod（API 新建立的 Pod、Controller Manager 為補足副本而建立的 Pod 等）按照特定的排程演算法和排程策略綁定（Binding）到叢集中某個合適的 Node 上，並將綁定資訊寫入 etcd 中。在整個排程過程中包括三個物件，分別是待排程 Pod 列表、可用 Node 清單及排程演算法和策略。簡單地説，就是透過排程演算法為待排程 Pod 清單中的每個 Pod 都從 Node 列表中選擇一個最適合的 Node。

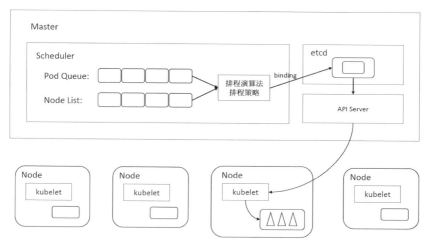

▲ 圖 5.12 Scheduler 流程圖

隨後，目標節點上的 kubelet 透過 API Server 監聽到 Kubernetes Scheduler 產生的 Pod 綁定事件，然後獲取對應的 Pod 清單，下載 Image 鏡像並啟動容器。完整的流程如圖 5.12 所示。

Scheduler 只跟 API Server 打交道，其輸入和輸入如下。

- 輸入：待排程的 Pod 和全部計算節點的資訊。
- 輸出：目標 Pod 要「安家」的最優節點（或者暫時不存在）。

Scheduler 在排程演算法方面的升級主要如下。

- v1.2 版本引入了 Scheduler Extender，支援外部擴充。
- v1.5 版本為排程器的優先順序演算法引入了 Map/Reduce 的計算模式。
- v1.15 版本實現了以 Scheduling Framework 為基礎的方式，開始支援元件化開發。
- v1.18 版本將所有策略（Predicates 與 Priorities）全部元件化，將預設的排程流程切換為 Scheduling Framework。
- v1.19 版本將先佔過程元件化，同時支援 Multi Scheduling Profile。

考慮到新的 Scheduling Framework 的程式和功能大部分來自之前舊的兩階段排程流程，所以這裡有必要先介紹一下舊版本的兩階段排程流程。舊版本的 Kubernetes Scheduler 的排程整體上包括兩個階段：過濾（Filtering）＋評分（Scoring），隨後就是綁定目標節點，完成排程。

（1）過濾階段：遍歷所有目標 Node，篩選出符合要求的候選節點。在此階段，Scheduler 會將不合適的所有 Node 節點全部過濾，只留下符合條件的候選節點。其具體方式是透過一系列特定的 Filter 對每個 Node 都進行篩選，篩選完成後通常會有多個候選節點供排程，從而進入評分階段；如果結果集為空，則表示當前還沒有符合條件的 Node 節點，Pod 會維持在 Pending 狀態。

（2）評分階段：在過濾階段的基礎上，採用優選策略（xxx Priorities）計算出每個候選節點的積分，積分最高者勝出，因為積分最高者表示最佳人選。挑選出最佳節點後，Scheduler 會把目標 Pod 安置到此節點上，排程完成。

在過濾階段中提到的 Predicates 是一系列篩檢程式，每種篩檢程式都實現一種節點特徵的檢測，比如磁碟（NoDiskConflict）、主機（PodFitsHost）、節點上的可用通訊埠（PodFitsPorts）、節點標籤（CheckNodeLabelPresence）、CPU 和記憶體資源（PodFitsResources）、服務親和性（CheckServiceAffinity）等。在評分階段提到的 Priorities 則用來對滿足條件的 Node 節點進行評分，常見的 Priorities 包含 LeastRequestedPriority（選出資源消耗最小的節點）、BalancedResourceAllocation（選出各項資源使用率最均衡的節點）及 CalculateNodeLabelPriority（優先選擇含有指定 Label 的節點）等。Predicates 與 Priorities 合在一起被稱為Kubernetes Scheduling Policies，需要特別注意。

5.3.2 Scheduler Framework

考慮到舊版本的 Kubernetes Scheduler 不足以支援更複雜和靈活的排程場景，因此在 Kubernetes 1.5 版本中出現一個新的排程機制──Scheduler Framework。從整個排程流程來看，新的 Scheduler Framework 是在舊流程的基礎上增加了一些擴充點（以排程 Stage 為基礎的擴充點），同時支援使用者以外掛程式的方式（Plugin）進行擴充。新的排程流程如圖 5.13所示。

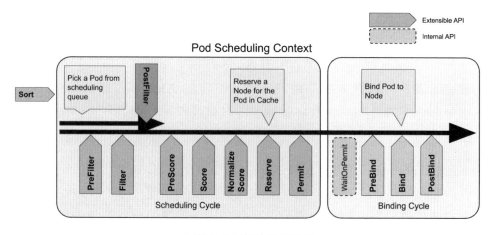

▲ 圖 5.13 新的排程流程

下面是對新流程中這些擴充點的説明。

- QueueSort：對排程佇列中待排程的 Pod 進行排序，一次只能啟用一個佇列排序外掛程式。
- PreFilter：在過濾之前前置處理或檢查 Pod 或叢集的資訊，可以將 Pod 標記為不可排程。
- Filter：相當於排程策略中的 Predicates，用於過濾不能執行 Pod 的節點。篩檢程式的呼叫順序是可設定的，如果沒有一個節點透過所有篩檢程式的篩選，Pod 則將被標記為不可排程。
- PreScore：是一個資訊擴充點，可用於預評分工作。
- Score：給完成過濾階段的節點評分，排程器會選擇得分最高的節點。
- Reserve：是一個資訊擴充點，當資源已被預留給 Pod 時，會通知外掛程式。這些外掛程式還實現了 Unreserve 介面，在 Reserve 期間或之後出現故障時呼叫。
- Permit：可以阻止或延遲 Pod 綁定。
- PreBind：在 Pod 綁定節點之前執行。
- Bind：將 Pod 與節點綁定。綁定外掛程式是按順序呼叫的，只要有一個外掛程式完成了綁定，其餘外掛程式就都會跳過。綁定外掛程式至少需要一個。
- PostBind：是一個資訊擴充點，在 Pod 綁定節點之後呼叫。

目前常用的外掛程式如下。

- PrioritySort：提供預設的以優先順序為基礎的排序。實現的擴充點為 QueueSort。
- ImageLocality：選擇已經存在 Pod 執行所需容器鏡像的節點。實現的擴充點為 Score。
- TaintToleration：實現污點和容忍。實現的擴充點為 Filter、Prescore、Score。
- NodeName：檢查 Pod 指定的節點名稱與當前節點是否符合。實現的擴充點為 Filter。

- NodePorts：檢查 Pod 請求的通訊埠在節點上是否可用。實現的擴充點為 PreFilter、Filter。

- NodeAffinity：實現節點選擇器和節點親和性。實現的擴充點為 Filter、Score。

- SelectorSpread：對於屬於 Services、ReplicaSets 和 StatefulSets 的 Pod，偏好跨多個節點部署。實現的擴充點為 PreScore、Score。

- PodTopologySpread：實現 Pod 拓撲分佈。實現的擴充點為 PreFilter、Filter、PreScore、Score。

- NodeResourcesFit：檢查節點是否擁有 Pod 請求的所有資源。實現的擴充點為 PreFilter、Filter。

- DefaultPreemption：提供預設的先佔機制。實現的擴充點為 PostFilter。

- NodeResourcesBalancedAllocation：在排程 Pod 時選擇資源使用更為均衡的節點。實現的擴充點為 Score。

- NodeResourcesLeastAllocated：選擇資源設定較少的節點，實現的擴充點為 Score。

- VolumeBinding：檢查節點是否有請求的卷冊，或是否可以綁定請求的卷冊。實現的擴充點為 PreFilter、Filter、Reserve、PreBind。

- InterPodAffinity：實現 Pod 間的親和性與反親和性。實現的擴充點為 PreFilter、Filter、PreScore、Score。

- DefaultBinder：提供預設的綁定機制。實現的擴充點為 Bind。

顯而易見，這種擴充方式遠遠超過之前 Scheduling Policies 的能力，隨後在 Kubernetes 1.18 版本中引入了全新的 Scheduler 設定特性 —— Scheduling Profiles，並在該版本中預設生效，隨之而來的舊版本排程機制中的 Scheduling Policies 則被逐步淘汰。

為了使用 Scheduling Profiles 對 Scheduler 進行自訂設定，我們可以編寫一個 Profiles 設定檔，並透過 --config 參數傳遞到 kube-scheduler 服務中。下面是一個具體的例子：

```
apiVersion: kubescheduler.config.k8s.io/v1beta1
kind: KubeSchedulerConfiguration
```

```
profiles:
  - schedulerName: default-scheduler
  - schedulerName: no-scoring-scheduler
    plugins:
      preScore:
        disabled:
        - name: '*'
      score:
        disabled:
        - name: '*'
```

從該例子中可以看到，對在排程的什麼階段開啟或關閉哪些外掛程式，我
們都可以靈活定義，外掛程式本身也更聚焦於自己所關注的特定階段，因
此更容易實現自訂外掛程式。

5.3.3 多排程器特性

Kubernetes 附帶一個預設排程器，從 1.2 版本開始引入自訂排程器的特
性，支援使用使用者實現的自訂排程器，多個自訂排程器可以與預設的
排程器同時執行，由 Pod 選擇是用預設的排程器排程還是用某個自訂排
程器排程。支援多排程器的特性到 1.6 版本時達到 Beta 階段，但該特性
的實現方式不夠令人滿意，因為使用者需要自己編譯、打包一個完整的
Scheduler 處理程序，以二進位或者容器的方式啟動和執行，這個過程繁
瑣並且實施起來相對困難。除此之外，多個排程器處理程序同時執行，還
會有資源競爭的風險和隱憂。所以 Kubernetes 一直在考慮另一種解決思
路，即透過一個 Scheduler 處理程序加上多個設定檔的方式來實現全新的
多排程器特性。而新設計的 Scheduling Profiles 滿足了這一需求，這就是
Multiple Scheduling Profiles 特性，我們只要針對不同的排程規則編寫不
同的 Profile 設定檔，並給它們起一個自訂 Scheduler 的名稱，然後把這個
設定檔傳遞給 Kubernetes Scheduler 載入、生效，Kubernetes Scheduler 就
立即實現了多排程器支援的「多重影分身」特效。再回頭看看 5.3.2 節的
Scheduling Profiles 設定檔，就能立刻明白了：

```
kind: KubeSchedulerConfiguration
profiles:
  - schedulerName: default-scheduler
```

```
- schedulerName: no-scoring-scheduler
  plugins:
    preScore:
      disabled:
```

在以上 KubeSchedulerConfiguration 設定宣告中，我們看到系統預設的 Scheduler 名為 default-scheduler，預設的 Scheduler 包括之前提到的常見的外掛程式擴充，在這個設定檔中新增了一個名為 no-scoring-scheduler 的自訂 Scheduler，我們在自訂 Scheduler 中可以根據自己的需求開啟或關閉指定的外掛程式。

5.4 kubelet 執行機制解析

在 Kubernetes 叢集中，在每個 Node（又稱 Minion）上都會啟動一個 kubelet 服務處理程序。該處理程序用於處理 Master 下發到本節點的任務，管理 Pod 及 Pod 中的容器。每個 kubelet 處理程序都會在 API Server 上註冊節點自身的資訊，定期向 Master 彙報節點資源的使用情況，並透過 cAdvisor 監控容器和節點資源。

5.4.1 節點管理

節點透過設置 kubelet 的啟動參數 "--register-node"，來決定是否向 API Server 註冊自己。如果該參數的值為 true，那麼 kubelet 將試著透過 API Server 註冊自己。在自註冊時，kubelet 啟動時還包含下列參數。

- --api-servers：API Server 的位置。
- --kubeconfig：kubeconfig 檔案，用於存取 API Server 的安全設定檔。
- --cloud-provider：雲端服務商（IaaS）位址，僅用於公有雲環境中。

一開始，每個 kubelet 處理程序都被授予建立和修改任何節點的許可權，後來這個安全性漏洞被修復。Kubernetes 限制了 kubelet 的許可權，僅允許它修改和建立其所在節點的許可權。如果在叢集執行過程中遇到叢集資源不足的情況，使用者就很容易透過增加機器及運用 kubelet 的自註冊模式來實現擴充。在某些情況下，Kubernetes 叢集中的某些 kubelet 沒有選擇自註冊模式，使用者需要自己去設定 Node 的資源資訊，同時告知 Node 上 kubelet API Server 的位置。叢集管理者能夠建立和修改節點資訊，如果其希望手動建立節點資訊，則透過設置 kubelet 的啟動參數 "--register-node=false" 即可完成。

kubelet 在啟動時透過 API Server 註冊節點資訊，並定時向 API Server 發送節點的新訊息，API Server 在接收到這些資訊後，會將其寫入 etcd 中。透過 kubelet 的啟動參數 --node-status- update-frequency 可設置 kubelet 每隔多長時間向 API Server 報告節點的狀態，預設為 10s。

5.4.2 Pod 管理

kubelet 透過以下方式獲取在自身 Node 上要執行的 Pod 清單。

（1）靜態 Pod 設定檔：kubelet 透過啟動參數 --config 指定目錄下的 Pod YAML 檔案（預設目錄為 /etc/kubernetes/manifests/），kubelet 會持續監控指定目錄下的檔案變化，以建立或刪除 Pod。這種類型的 Pod 沒有透過 kube-controller-manager 進行管理，被稱為「靜態 Pod」。另外，可以透過啟動參數 --file-check-frequency 設置檢查該目錄的時間間隔，預設為 20s。

（2）HTTP 端點（URL）：透過 --manifest-url 參數設置，透過 --http-check-frequency 設置檢查該 HTTP 端點資料的時間間隔，預設為 20s。

（3）API Server：kubelet 透過 API Server 監聽 etcd 目錄，同步 Pod 清單。

所有以非 API Server 方式建立的 Pod 都叫作 Static Pod。kubelet 將 Static Pod 的狀態彙報給 API Server，API Server 為該 Static Pod 建立一個 Mirror Pod 與其符合。Mirror Pod 的狀態將真實反映 Static Pod 的狀態。當 Static Pod 被刪除時，與之相對應的 Mirror Pod 也會被刪除。在本章中只討論透過 API Server 獲得 Pod 清單的方式。kubelet 透過 API Server Client 使用 Watch 加 List 的方式監聽 /registry/nodes/$ 當前節點的名稱和 /registry/pods 目錄，將獲取的資訊同步到本地快取中。

kubelet 監聽 etcd，所有針對 Pod 的操作都會被 kubelet 監聽。如果發現有新的綁定到本節點的 Pod，則按照 Pod 清單的要求建立該 Pod。

如果發現本地的 Pod 需要被修改，則 kubelet 會做出相應的修改，比如在刪除 Pod 中的某個容器時，會透過 Docker Client 刪除該容器。如果發現本地的 Pod 需要被刪除，則 kubelet 會刪除相應的 Pod，並透過 Docker Client 刪除 Pod 中的容器。

kubelet 讀取監聽到的資訊，如果是建立和修改 Pod 任務，則做如下處理。

（1）為該 Pod 建立一個資料目錄。

（2）從 API Server 中讀取該 Pod 清單。

（3）為該 Pod 掛載外部卷冊（External Volume）。

（4）下載 Pod 用到的 Secret。

（5）檢查已經執行在節點上的 Pod，如果該 Pod 沒有容器或 Pause 容器（kubernetes/ pause 鏡像建立的容器）沒有啟動，則先停止 Pod 裡所有容器的處理程序。如果在 Pod 中有需要刪除的容器，則刪除這些容器。

（6）用 kubernetes/pause 鏡像為每個 Pod 都建立一個容器。該 Pause 容器用於接管 Pod 中所有其他容器的網路。每建立一個新的 Pod，kubelet 都會先建立一個 Pause 容器，然後建立其他容器。kubernetes/pause 鏡像大概有 200KB，是個非常小的容器鏡像。

（7）為 Pod 中的每個容器都做如下處理。

- 為容器計算一個雜湊值，然後用容器的名稱去查詢對應 Docker 容器的雜湊值。若尋找到容器，且二者的雜湊值不同，則停止 Docker 中容器的處理程序，並停止與之連結的 Pause 容器的處理程序；若二者相同，則不做任何處理。
- 如果容器被終止，且容器沒有指定的 restartPolicy（重新啟動策略），則不做任何處理。
- 呼叫 Docker Client 下載容器鏡像，呼叫 Docker Client 執行容器。

5.4.3 容器健康檢查

Pod 透過兩類探針來檢查容器的健康狀態。一類是 LivenessProbe 探針，用於判斷容器是否健康並回饋給 kubelet，如果 LivenessProbe 探針探測到容器不健康，則 kubelet 將刪除該容器，並根據容器的重新啟動策略做相應的處理；如果一個容器不包含 LivenessProbe 探針，則 kubelet 會認為該容器的 LivenessProbe 探針返回的值永遠是 Success。另一類是 ReadinessProbe 探針，用於判斷容器是否啟動完成，且準備接收請求。如果 ReadinessProbe 探針檢測到容器啟動失敗，則 Pod 的狀態將被修改，Endpoint Controller 將從 Service 的 Endpoint 中刪除包含該容器所在 Pod 的 IP 位址的 Endpoint 項目。

kubelet 定期呼叫容器中的 LivenessProbe 探針來診斷容器的健康狀況。LivenessProbe 包含以下 3 種實現方式。

（1）ExecAction：在容器內部執行一個命令，如果該命令的退出狀態碼為 0，則表示容器健康。

（2）TCPSocketAction：透過容器的 IP 位址和通訊埠編號執行 TCP 檢查，如果通訊埠能被存取，則表示容器健康。

（3）HTTPGetAction：透過容器的 IP 位址和通訊埠編號及路徑呼叫 HTTP Get 方法，如果回應的狀態碼大於或等於 200 且小於或等於 400，則認為容器狀態健康。

LivenessProbe 探針被包含在 Pod 定義的 spec.containers.{ 某個容器 } 中。下面的範例展示了兩種 Pod 中的容器健康檢查方式：HTTP 檢查和容器命令執行檢查。

（1）本範例實現了透過容器命令執行檢查：

```
livenessProbe:
  exec:
    command:
    - cat
    - /tmp/health
  initialDelaySeconds: 15
  timeoutSeconds: 1
```

kubelet 在容器中執行 "cat /tmp/health" 命令，如果該命令返回的值為 0，則表示容器處於健康狀態，否則表示容器處於不健康狀態。

（2）本範例實現了對容器的 HTTP 檢查：

```
livenessProbe:
  httpGet:
    path: /healthz
    port: 8080
  initialDelaySeconds: 15
  timeoutSeconds: 1
```

kubelet 發送一個 HTTP 請求到本地主機、通訊埠及指定的路徑，來檢查容器的健康狀況。

5.4.4 cAdvisor 資源監控

在 Kubernetes 叢集中，應用程式的執行情況可以在不同的等級監測到，這些等級包括容器、Pod、Service 和整個叢集。作為 Kubernetes 叢集的一部分，Kubernetes 希望提供給使用者詳細的各個等級的資源使用資訊，這將使使用者深入地了解應用的執行情況，並找到應用中可能的瓶頸。

cAdvisor 是一個開放原始碼的分析容器資源使用率和性能特性的代理工具，它是因為容器而產生的，因此自然支援 Docker 容器。在 Kubernetes 專案中，cAdvisor 被整合到 Kubernetes 程式中，kubelet 則透過 cAdvisor 獲取其所在節點及容器上的資料。cAdvisor 自動尋找其所在 Node 上的所有容器，自動擷取 CPU、記憶體、檔案系統和網路使用的統計資訊。在大部分 Kubernetes 叢集中，cAdvisor 都透過它所在 Node 的 4194 通訊埠暴露一個簡單的 UI。

如圖 5.14 所示是 cAdvisor 的一個截圖。kubelet 作為連接 Kubernetes Master 和各 Node 的橋樑，管理執行在 Node 上的 Pod 和容器。kubelet 將每個 Pod 都轉換成它的成員容器，同時從 cAdvisor 上獲取單獨的容器使用統計資訊，然後透過該 REST API 暴露這些聚合後的 Pod 資源使用的統計資訊。

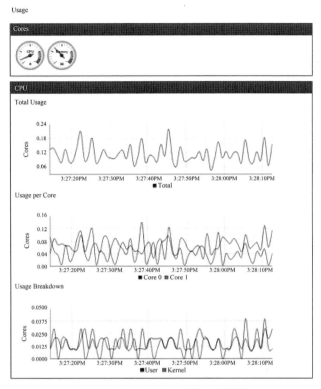

▲ 圖 5.14　cAdvisor 的一個截圖

cAdvisor 只能提供 2 ～ 3min 的監控資料，對性能資料也沒有持久化，因此在 Kubernetes 的早期版本中需要依靠 Heapster 來實現叢集範圍內全部容器性能指標的擷取和查詢功能。從 Kubernetes 1.8 版本開始，性能指標資料的查詢介面升級為標準的 Metrics API，後端服務則升級為全新的 Metrics Server。因此，cAdvisor 在 4194 通訊埠提供的 UI 和 API 服務從 Kubernetes 1.10 版本開始進入棄用流程，並於 1.12 版本時完全關閉。如果還希望使用 cAdvisor 的這個特性，則從 1.13 版本開始可以透過部署一個 DaemonSet 在每個 Node 上都啟動一個 cAdvisor 來提供 UI 和 API，請參考 cAdvisor 在 GitHub 上的説明。

在新的 Kubernetes 監控系統中，Metrics Server 用於提供 Core Metrics（核心指標），包括 Node 和 Pod 的 CPU 和記憶體使用資料。其他 Custom Metrics（自訂指標）則由第三方元件（如 Prometheus）擷取和儲存。

5.4.5 容器執行時期

kubelet 負責本節點上所有 Pod 的全生命週期管理，其中就包括相關容器的建立和銷毀這種基本操作。容器的建立和銷毀等操作的程式不屬於 Kubernetes 的程式範圍，比如目前流行的 Docker 容器引擎就屬於 Docker 公司的產品，所以 kubelet 需要透過某種處理程序間的呼叫方式如 gRPC 來實現與 Docker 容器引擎之間的呼叫控制功能。在說明其原理和工作機制之前，我們首先要理解一個重要的概念——Container Runtime（容器執行時期）。

「容器」這個概念是早於 Docker 出現的，容器技術最早來自 Linux，所以又被稱為 Linux Container。LXC 專案是一個 Linux 容器的工具集，也是真正意義上的一個 Container Runtime，它的作用就是將使用者的處理程序包裝成一個 Linux 容器並啟動執行。Docker 一開始時就使用了 LXC 專案程式作為 Container Runtime 來執行容器，但從 0.9 版本開始被 Docker 公司自研的新一代容器執行時期 Libcontainer 所取代，再後來，Libcontainer 的程式被改名為 runc，被 Docker 公司捐贈給了 OCI 組織，成為 OCI 容器執行時期規範的第 1 個標準參考實現。所以，LXC 與 runC 其實都可被看作開放原始碼的 Container Runtime，但它們都屬於低級別的容器執行時期（low-level container runtimes），因為它們不包括容器執行時期所依賴的鏡像操作功能，比如拉取鏡像，也沒有對外提遠端供程式設計介面以方便其他應用整合，所以又有了後來的高等級容器執行時期（high-level container runtimes），其中最知名的就是 Docker 公司開放原始碼的 containerd。containerd 被設計成嵌入一個更大的系統如 Kubernetes 中使用，而非直接由開發人員或終端使用者使用，containerd 底層驅動 runc 來實現底層的容器執行時期，對外則提供了鏡像拉取及以 gRPC 介面為基礎的容器 CRUD 封裝介面。發展至今，containerd 已經從 Docker 裡的一個內部元件，變成一個流行的、工業級的開放原始碼容器執行時期，已經支援容器鏡像的獲取和儲存、容器的執行和管理、儲存和網路等相關功能。在 containerd 和 runC 成為標準化容器服務的基石後，上層應用就可以直接建立在 containerd 和 runC 之上了。如果我們只希望用一個純粹的、穩定性更好、性能更優的容器執行時期，就可以直接使用 containerd 而無須再依賴 Docker 了。

除了 containerd，還有類似的其他一些高層容器執行時期也都在 runC 的基礎上發展而來，目前比較流行的有紅帽開放原始碼的 CRI-O、openEuler 社區開放原始碼的 iSula 等。這些 Container Runtime 還有另外一個共同特點，即都實現了 Kubernetes 提出的 CRI 介面規範（Container Runtime Interface），可以直接連線 Kubernetes 中。CRI 顧名思義，就是容器執行時期介面規範，這個規範也是 Kubernetes 順應容器技術標準化發展潮流的一個重要歷史產物，早在 Kubernetes 1.5 版本中就引入了 CRI 介面規範。如圖 5.15 所示，引入了 CRI 介面規範後，kubelet 就可以透過 CRI 外掛程式來實現容器的全生命週期控制了，不同廠商的 Container Runtime 只需實現對應的 CRI 外掛程式程式即可，Kubernetes 無須重新編譯就可以使用更多的容器執行時期。

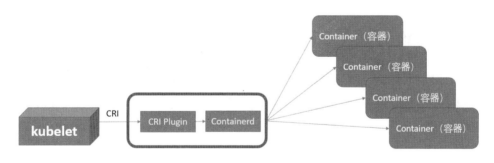

▲ 圖 5.15 CRI 介面規範示意圖

如圖 5.16 所示，CRI 介面規範主要定義了兩個 gRPC 介面服務：ImageService 和 RuntimeService。其中，ImageService 提供了從倉庫拉取鏡像、查看和移除鏡像的功能；RuntimeService 則負責實現 Pod 和容器的生命週期管理，以及與容器的互動（exec/attach/ port-forward）。我們知道，Pod 由一組應用容器組成，其中包含共有的環境和資源約束，這個環境在 CRI 裡被稱為 Pod Sandbox。Container Runtime 可以根據自己的內部實現來解釋和實現自己的 Pod Sandbox，比如對於 Hypervisor 這種容器執行時期引擎,會把 PodSandbox 具體實現為一個虛擬機器。所以,RuntimeService 服務介面除了提供了針對 Container 的相關操作,也提供了針對 Pod Sandbox 的相關操作以供 kubelet 呼叫。在啟動 Pod 之前,kubelet 呼叫 RuntimeService.RunPodSandbox 來建立 Pod 環境,這一過程也包括為 Pod 設置網路資源(分配 IP 等操作),Pod Sandbox 在被啟動之後,就可以獨立地建立、啟動、停止和刪除使用者業務相關的 Container 了,當 Pod 銷毀時,kubelet 會在停止和刪除 Pod Sandbox 之前首先停止和刪除其中的 Container。

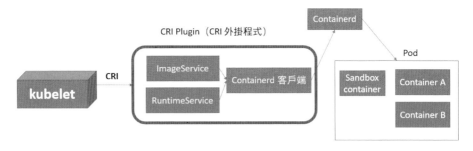

▲ 圖 5.16 CRI 介面規範的工作原理

本節最後說說容器執行時期相關的另外一個重要概念——RuntimeClass。

隨著 CRI 機制的成熟及第三方 Container Runtime 的不斷湧現,使用者有了新的需求:在一個 Kubernetes 叢集中設定並啟用多種 Container Runtime,不同類型的 Pod 可以選擇不同特性的 Container Runtime 來執行,以實現資源佔用或者性能、穩定性等方面的最佳化,這就是 RuntimeClass 出現的背景和動力。Kubernetes 從 1.12 版本開始引入 RuntimeClass,用於在啟動容器時選擇特定的容器執行時期,目前為 Beta 階段。以下面的 RuntimeClass 例子為例:

```
apiVersion: node.k8s.io/v1beta1
kind: RuntimeClass
metadata:
  name: myclass
handler: myconfiguration
scheduling: *Scheduling
overhead: *Overhead
```

其中，handler 參數是對應的 CRI 設定名稱，指定 Container Runtime 的
類型，一旦建立好 RuntimeClass 資源，我們就可以透過 Pod 中的 spec.
runtimeClassName 欄位與它進行連結了。當目標 Pod 被排程到某個具體的
kubelet 時，kubelet 就會透過 CRI 介面呼叫指定的 Container Runtime 來執
行該 Pod，如果指定的 RuntimeClass 不存在，無法執行相應的 Container
Runtime，那麼 Pod 會進入 Failed 狀態。

5.5 kube-proxy 執行機制解析

為了支援叢集的水平擴充和高可用性，Kubernetes 抽象出了 Service 的
概念。Service 是對一組 Pod 的抽象，它會根據存取策略（如負載平衡策
略）來存取這組 Pod。

Kubernetes 在建立服務時會為服務分配一個虛擬 IP 位址，用戶端透過
存取這個虛擬 IP 位址來存取服務，服務則負責將請求轉發到後端的 Pod
上。這其實就是一個反向代理，但與普通的反向代理有一些不同：它的 IP
位址是虛擬，若想從外面存取，則還需要一些技巧；它的部署和啟停是由
Kubernetes 統一自動管理的。

在很多情況下，Service 只是一個概念，而真正將 Service 的作用落實的是
它背後的 kube-proxy 服務處理程序。只有理解了 kube-proxy 的原理和機
制，我們才能真正理解 Service 的實現邏輯。

5.5.1 第一代 Proxy

我們知道，在 Kubernetes 叢集的每個 Node 上都會執行一個 kube-proxy 服
務處理程序，我們可以把這個處理程序看作 Service 的透明代理兼負載平
衡器，其核心功能是將到某個 Service 的存取請求轉發到後端的多個 Pod
實例上。

起初，kube-proxy 處理程序是一個真實的 TCP/UDP 代理，類似 HA
Proxy，負責轉發從 Service 到 Pod 的存取流量，這被稱為 userspace（使
用者空間代理）模式。如圖 5.17 所示，當某個用戶端 Pod 以 ClusterIP 位址

存取某個 Service 時，這個流量就被 Pod 所在 Node 的 iptables 轉發給 kube-proxy 處理程序，然後由 kube-proxy 建立造成後端 Pod 的 TCP/UDP 連接，再將請求轉發到某個後端 Pod 上，並在這個過程中實現負載平衡功能。

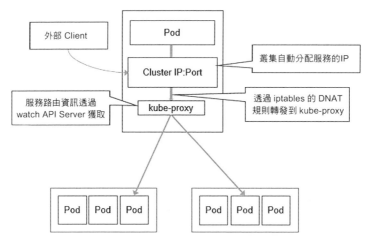

▲ 圖 5.17 Service 的負載平衡轉發規則

關於 ClusterIP 與 NodePort 的實現原理，以及 kube-proxy 與 API Server 的互動過程，圖 5.18 舉出了詳細的說明，由於這是已淘汰的 kube-proxy 的實現方式，所以不再贅述。

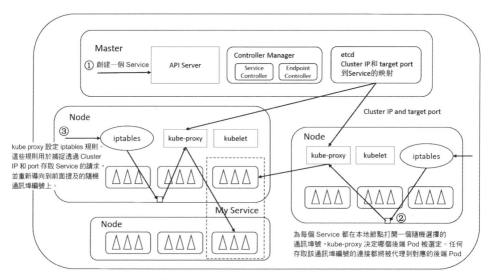

▲ 圖 5.18 kube-proxy 工作原理示意圖

此外，Service 的 ClusterIP 與 NodePort 等概念是 kube-proxy 服務透過 iptables 的 NAT 轉換實現的，kube-proxy 在執行過程中動態建立與 Service 相關的 iptables 規則，這些規則實現了將存取服務（ClusterIP 或 NodePort）的請求負載分發到後端 Pod 的功能。由於 iptables 機制針對的是本地的 kube-proxy 通訊埠，所以在每個 Node 上都要執行 kube-proxy 元件，這樣一來，在 Kubernetes 叢集內部，我們可以在任意 Node 上發起對 Service 的存取請求。綜上所述，由於 kube-proxy 的作用，用戶端在 Service 呼叫過程中無須關心後端有幾個 Pod，中間過程的通訊、負載平衡及故障恢復都是透明的。

5.5.2 第二代 Proxy

從 1.2 版本開始，Kubernetes 將 iptables 作為 kube-proxy 的預設模式，其工作原理如圖 5.19 所示，iptables 模式下的第二代 kube-proxy 處理程序不再造成資料層面的 Proxy 的作用，Client 向 Service 的請求流量透過 iptables 的 NAT 機制直接發送到目標 Pod，不經過 kube-proxy 處理程序的轉發，kube-proxy 處理程序只承擔了控制層面的功能，即透過 API Server 的 Watch 介面即時追蹤 Service 與 Endpoint 的變更資訊，並更新 Node 節點上相應的 iptables 規則。

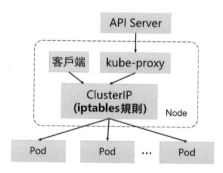

▲ 圖 5.19 第二代 Proxy 的工作原理示意圖

根據 Kubernetes 的網路模型，一個 Node 上的 Pod 與其他 Node 上的 Pod 應該能夠直接建立雙向的 TCP/IP 通訊通道，所以如果直接修改 iptables 規則，則也可以實現 kube-proxy 的功能，只不過後者更加高端，因為是全自動模式的。與第一代的 userspace 模式相比，iptables 模式完全工作在核心態，不用再經過使用者態的 kube-proxy 中轉，因而性能更強。

kube-proxy 針對 Service 和 Pod 建立的一些主要 iptables 規則如下。

- KUBE-CLUSTER-IP：在 masquerade-all=true 或 clusterCIDR 指定的情況下對 Service ClusterIP 位址進行偽裝，以解決資料封包欺騙問題。
- KUBE-EXTERNAL-IP：將資料封包偽裝成 Service 的外部 IP 位址。
- KUBE-LOAD-BALANCER、KUBE-LOAD-BALANCER-LOCAL： 偽裝 Load Balancer 類型的 Service 流量。
- KUBE-NODE-PORT-TCP、KUBE-NODE-PORT-LOCAL-TCP、KUBE-NODE-PORT- UDP、KUBE-NODE-PORT-LOCAL-UDP： 偽 裝 NodePort 類型的 Service 流量。

5.5.2 第三代 Proxy

第二代的 iptables 模式實現起來雖然簡單，性能也提升很多，但存在固有缺陷：在叢集中的 Service 和 Pod 大量增加以後，每個 Node 節點上 iptables 中的規則會急速膨脹，導致網路性能顯著下降，在某些極端情況下甚至會出現規則遺失的情況，並且這種故障難以重現與排除。於是 Kubernetes 從 1.8 版本開始引入第三代的 IPVS（IP Virtual Server）模式，如圖 5.20 所示。IPVS 在 Kubernetes 1.11 版本中升級為 GA 穩定版本。

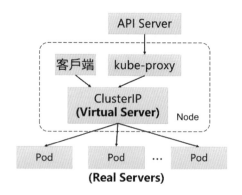

▲ 圖 5.20 第三代 Proxy 的工作原理示意圖

iptables 與 IPVS 雖然都是以 Netfilter 為基礎實現的，但因為定位不同，二者有著本質的差別：iptables 是為防火牆設計的；IPVS 專門用於高性能負載平衡，並使用更高效的資料結構（雜湊表），允許幾乎無限的規模擴張，因此被 kube-proxy 採納為第三代模式。

與 iptables 相比，IPVS 擁有以下明顯優勢：

- 為大型叢集提供了更好的可擴充性和性能；
- 支援比 iptables 更複雜的複製均衡演算法（最小負載、最少連接、加權等）；
- 支援伺服器健康檢查和連接重試等功能；
- 可以動態修改 ipset 的集合，即使 iptables 的規則正在使用這個集合。

由於 IPVS 無法提供封包過濾、airpin-masquerade tricks（位址偽裝）、SNAT 等功能，因此在某些場景（如 NodePort 的實現）下還要與 iptables 搭配使用。在 IPVS 模式下，kube-proxy 又做了重要的升級，即使用 iptables 的擴充 ipset，而非直接呼叫 iptables 來生成規則鏈。

iptables 規則鏈是一個線性資料結構，ipset 則引入了帶索引的資料結構，因此當規則很多時，也可以高效率地尋找和比對。我們可以將 ipset 簡單理解為一個 IP（段）的集合，這個集合的內容可以是 IP 位址、IP 網段、通訊埠等，iptables 可以直接增加規則對這個「可變的集合」進行操作，這樣做的好處在於大大減少了 iptables 規則的數量，從而減少了性能損耗。假設要禁止上萬個 IP 存取我們的伺服器，則用 iptables 的話，就需要一筆一筆地增加規則，會在 iptables 中生成大量的規則；但是用 ipset 的話，只需將相關的 IP 位址（網段）加入 ipset 集合中即可，這樣只需設置少量的 iptables 規則即可實現目標。

5.5 kube-proxy 執行機制解析

深入分析叢集安全機制

Kubernetes 透過一系列機制來實現叢集的安全控制，其中包括 API Server 的認證授權、存取控制機制及保護敏感資訊的 Secret 機制等。叢集的安全性必須考慮如下幾個目標。

- 保證容器與其所在宿主機的隔離。
- 限制容器給基礎設施或其他容器帶來的干擾。
- 最小許可權原則，即合理限制所有元件的許可權，確保元件只執行它被授權的行為，透過限制單一元件的能力來限制它的許可權範圍。
- 明確元件間邊界的劃分。
- 劃分普通使用者和管理員的角色。
- 在必要時允許將管理員許可權賦給普通使用者。
- 允許擁有 Secret 資料（Keys、Certs、Passwords）的應用在叢集中執行。

下面分別從 Authentication、Authorization、Admission Control、Secret 和 Service Account 等方面來說明叢集的安全機制。

6.1 API Server 認證管理

我們知道，Kubernetes 叢集中所有資源的存取和變更都是透過 Kubernetes API Server 的 REST API 實現的，所以叢集安全的關鍵點就在於如何辨識並認證用戶端身份（Authentication），以及隨後存取權限的授權（Authorization）這兩個關鍵問題，本節將講解認證管理的內容。

Kubernetes 叢集有兩種使用者帳號：第 1 種是叢集內部的 Service Account；第 2 種是外部的使用者帳號，可能是某個運行維護人員或外部應用的帳號。Kubernetes 並不支援常規的個人帳號，但擁有被 Kubernetes 叢集的 CA 證書簽名的有效證書，個人使用者就可被授權存取 Kubernetes 叢集了，在這種情況下，證書中 Subject（主題）裡的資訊被當作使用者名稱如 "/CN=bob"。因此，任一 Kubernetes API 的存取都屬於以下三種方式之一：

- 以證書方式存取的普通使用者或處理程序，包括運行維護人員及 kubectl、kubelets 等處理程序；
- 以 Service Account 方式存取的 Kubernetes 的內部服務處理程序；
- 以匿名方式存取的處理程序。

Kubernetes 叢集提供了以下使用者身份認證方式。

- HTTPS 證書認證：以 CA 根證書簽名為基礎的雙向數位憑證認證方式。
- HTTP Bearer Token 認證：透過一個 Bearer Token 辨識合法使用者。
- OpenID Connect Token 第三方認證：透過第三方 OIDC 協定進行認證。
- Webhook Token 認證：透過外部 Webhook 服務進行認證。
- Authenticating Proxy 認證：透過認證代理程式進行認證。

本節對這些認證方式的原理和使用方式進行詳細說明。

6.1.1 HTTPS 證書認證

這裡需要有一個 CA 證書，CA 是 PKI 系統中通訊雙方都信任的實體，被稱為可信第三方（Trusted Third Party，TTP）。CA 作為可信第三方的重要條件之一，就是其行為具有非否認性。作為第三方而非簡單的上級，就必須讓信任者有追究自己責任的能力。CA 透過證書證實他人的公開金鑰資訊，在證書上有 CA 的簽名。如果使用者因為信任證書而有了損失，證書就可以作為有效的證據用於追究 CA 的法律責任。CA 正是因為對責任的承諾，也被稱為可信第三方。在很多情況下，CA 與使用者都是相互獨立的實體，CA 作為服務提供方，有可能因為服務品質問題（例如發佈的公開金鑰資料有錯誤）而給使用者帶來損失。在證書中綁定了公開金鑰資料和相應私密金鑰擁有者的身份資訊，並帶有 CA 的數位簽章；在證書中也包含了 CA 的名稱，以便於依賴方找到 CA 的公開金鑰，驗證證書上的數位簽章。

CA 認證包括諸多安全術語，比如根證書、自簽章憑證、金鑰、私密金鑰、加密演算法及 HTTPS 等，本節主要講解 CA 認證的工作流程，以進一步理解 Kubernetes CA 認證的設定流程。

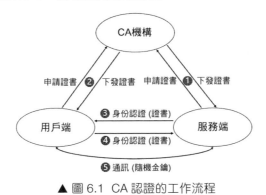

▲ 圖 6.1 CA 認證的工作流程

如圖 6.1 所示，CA 認證的工作流程如下。

（1）HTTPS 通訊雙方的服務端向 CA 機構申請證書，CA 機構是可信的第三方機構，它可以是一個公認的權威企業，也可以是企業自身。企業內部系統一般都用企業自身的認證系統。CA 機構下發根證書、服務端證書及私密金鑰給申請者。

（2）HTTPS 通訊雙方的用戶端向 CA 機構申請證書，CA 機構下發根證書、用戶端證書及私密金鑰給申請者。

（3）用戶端向服務端發起請求，服務端下發服務端證書給用戶端。用戶端在接收到服務端發來的證書後，會透過 CA 機構提供的 CA 根證書來驗證服務端發來的證書的合法性，以確定服務端的身份。

（4）用戶端發送用戶端證書給服務端，服務端在接收到用戶端發來的證書後，會透過 CA 機構提供的 CA 根證書來驗證用戶端發來的證書的合法性，以辨識用戶端的身份。

（5）用戶端透過隨機金鑰加密資訊，並發送加密後的資訊給服務端。在服務端和用戶端協商好加密方案後，用戶端會產生一個隨機的金鑰，用戶端透過協商好的加密方案加密該隨機金鑰，並發送該隨機金鑰到服務端。服務端接收這個金鑰後，雙方通訊的所有內容都透過該隨機金鑰加密。

上述是雙向 CA 認證協定的具體通訊流程，在這種情況下要求伺服器和使用者雙方都擁有證書。單向認證協定則不需要用戶端擁有 CA 證書，對於上面的步驟，只需將服務端驗證客戶證書的過程去掉，之後協商對稱密碼方案和對稱通話金鑰時，服務端發送給用戶端的密碼沒被加密即可。

6.1.2 HTTP Bearer Token 認證

為了驗證使用者的身份，需要用戶端向服務端提供一個可靠的身份資訊，稱之為 Token，這個 Token 被放在 HTTP Header 表頭裡，在 Token 裡有資訊來表示客戶身份。Token 通常是一個有一定長度的難以被篡改的字串，比如 31ada4fd-adec-460c-809a- 9e56ceb75269，我們用私密金鑰簽名一個字串後的資料也可被當作一個加密的 Token。在 Kubernetes 中，每個 Bearer Token 都對應一個使用者名稱，儲存在 API Server 能存取的一個檔案中（Static Token file）。用戶端發起 API 呼叫請求時，需要在 HTTP Header 裡放入此 Token，這樣一來，API Server 就能辨識合法使用者和非法使用者了。

要使用這種認證方式，就需要為 API Server 服務設置一個保存使用者資訊和 Token 的檔案，透過啟動參數 --token-auth-file=SOMEFILE 指定檔案路徑。該檔案為 CSV 文字檔格式，每行內容都由以下欄位組成：

```
token,user,uid[,groupnames]
```

對其中各欄位說明如下。

- token：必填，Token 字串。
- user：必填，使用者名稱。
- uid：必填，使用者 ID。
- groupnames：可選，使用者群組列表，如果有多個組，則必須使用雙引號。

Token 檔案範例如下：

```
31ada4fd-adec-460c-809a-9e56ceb75269,admin,1
a3974741-f7b6-4796-8d9f-907d8f94e37b,john,2,"group1,group2,group3"
```

透過 Service Account 認證方式存取 API Server，其實也採用了與 HTTP Bearer Token 相同的實現方式。我們知道，每個 Service Account 都對應一個 Secret 物件，在 Secret 物件中就有一個加密的 Token 欄位，這個 Token 欄位就是 Bearer Token。這個 Token 是用哪個私密金鑰加密的，要取決於 API Server 的啟動參數 --service-account-key-file 設置的檔案，如果沒有指定該參數，則會採用 API Server 自己的私密金鑰進行加密。為了方便 Pod 裡的使用者處理程序使用這個 Token 存取 API Server，Secret Token 裡的內容會被映射到 Pod 中固定路徑和名字的檔案中。另外，如果 API Server 設置了啟動參數 --service-account-lookup=true，API Server 就會驗證 Token 是否在 etcd 中存在，如果已從 etcd 中刪除，則將登出容器中 Token 的有效性。

6.1.3 OpenID Connect Token 第三方認證

Kubernetes 也支援使用 OpenID Connect 協定（簡稱 OIDC）進行身份認證。OIDC 協定是以 OAuth 2.0 協定為基礎的身份認證標準協定，在 OAuth 2.0 上建構了一個身份層，OIDC 的登入過程與 OAuth 相比，最主要的擴充就是提供了 ID Token，這是一個 JWT 格式的加密 Token。API Server 本身與 OIDC Server（即 Identity Provider）沒有太多互動，使用者（主要是 kubectl 使用者）透過 OIDC Server 得到一個合法的 ID Token，並作為命令列參數（或者 kubectl 的設定檔）傳遞給 API Server，API Server 則透過驗證該 Token 是否合法及是否有效來確定使用者的身份。雖然在 OIDC Server 中可以做到使用者的許可權管理，但 Kubernetes 並不使用 OIDC Server 的許可權管理，因為它有自己完整的 BRAC 許可權管理系統。

要使用 OIDC Token 認證方式，就需要為 API Server 設定以下啟動參數。

- --oidc-issuer-url：必填，設置允許 API Server 發現公共簽名金鑰的 URL，僅支援 HTTPS，通常應為 /.well-known/openid-configuration 路

徑的上一級 URL，例如 Google 提供的公共簽名金鑰 URL 為 "https://
accounts.google.com/.well-known/openid-configuration"，則將該參數的
值設置為 "https://accounts.google.com"。

- --oidc-client-id：必填，需要頒發 Token 的用戶端 ID，例如
  "kubernetes"。
- --oidc-username-claim：可選，用作使用者名稱的 JWT Claim 名稱，預
  設值為 "sub"。
- --oidc-username-prefix：可選，設置使用者名稱 Claim 的首碼，以防止
  與已存在的名稱（如以 system: 開頭的使用者名稱）產生衝突，例如
  "oidc:"。
- --oidc-groups-claim：可選，用作使用者群組的 JWT Claim 名稱，需要
  將其設置為字串陣列格式。
- --oidc-groups-prefix：可選，設置使用者群組 Claim 的首碼，以防止與
  已存在的名稱（如以 system: 開頭的組名稱）產生衝突，例如 "oidc:"。
- --oidc-required-claim：可選，設置 ID Token 中必需的 Claim 資訊，以
  key=value 的格式設置，重複該參數以設置多個 Claim。
- --oidc-ca-file：可選，將其設置為對 ID 提供商的 Web 證書進行簽名的
  CA 根證書全路徑，例如 /etc/kubernetes/ssl/kc-ca.pem。

需要說明的是，Kubernetes 本身不提供 OpenID Connect ID 服務，使用
者可以選擇使用網際網路 ID 提供商的服務，或者使用第三方系統，例如
dex、Keycloak、CloudFoundry UAA、OpenUnison 等。

為了與 Kubernetes 一起工作，ID 提供商必須滿足以下要求。

- 提供 OpenID Connect 發現機制。
- 以 TLS 協定為基礎執行，並且不存在已過時的密碼。
- 擁有經過權威 CA 中心簽發的證書。

4. Webhook Token 認證

Kubernetes 也支援透過外部 Webhook 認證伺服器，配合 HTTP Bearer
Token 來實現自訂的使用者身份認證功能。

其工作原理和流程：開啟並設定 API Server 的 Webhook Token Authentication 功能，API Server 在收到用戶端發起的一個需要認證的請求後，從 HTTP Header 中提取出 Token 資訊，然後將包含該 Token 的 TokenReview 資源以 HTTP POST 方式發送給遠端 Webhook 服務進行認證。然後，API Server 根據遠端 Webhook 服務返回的結果判斷是否認證成功。遠端 Webhook 服務返回的結果也需要是一個 TokenReview 資源物件，並且它的 apiVersion 需要與 API Server 發出請求的 apiVersion 保持一致，即同為 authentication.k8s.io/v1beta1 或 authentication.k8s.io/v1。

要使用 Webhook Token 認證方式，就需要為 API Server 設定以下啟動參數。

- --authentication-token-webhook-config-file：說明如何存取遠端 Webhook 服務的設定檔。
- --authentication-token-webhook-cache-ttl：快取 Webhook 服務返回的認證結果的時間，預設值為 2min。
- --authentication-token-webhook-version：發送給 Webhook 服務的 TokenReview 資源的 API 版本編號，API 組為 authentication.k8s.io，版本編號可以為 "v1beta1" 或 "v1"，預設版本編號為 "v1beta1"。

存取遠端 Webhook 服務的設定檔使用 kubeconfig 格式，其中 clusters 欄位設置遠端 Webhook 服務的資訊，users 欄位設置 API Server 的資訊，例如：

```
apiVersion: v1
kind: Config
clusters:            # 遠端認證服務
  - name: name-of-remote-authn-service
    cluster:
      certificate-authority: /path/to/ca.pem        # 驗證遠端認證服務的 CA 證書
      server: https://authn.example.com/authenticate # 遠端認證服務 URL，必須
                                                      # 使用 HTTPS
users:               # API Server 的資訊
  - name: name-of-api-server
    user:
      client-certificate: /path/to/cert.pem         # Webhook 外掛程式使用的用戶端
                                                     # CA 證書
```

```
        client-key: /path/to/key.pem   # Webhook 外掛程式使用的用戶端 CA 私密金鑰
current-context: webhook
contexts:
- context:
    cluster: name-of-remote-authn-service
    user: name-of-api-server
  name: webhook
```

API Server 在收到用戶端的認證請求之後，提取其 HTTP Header 中的 Token 之後，將會生成如下內容的 TokenReview 資源物件：

```
{
  "apiVersion": "authentication.k8s.io/v1beta1",
  "kind": "TokenReview",
  "spec": {
    "token": "014fbff9a07c...",
    "audiences": ["https://myserver.example.com", "https://myserver.
internal.example.com"]
  }
}
```

API Server 將這個 TokenReview 資源物件的 JSON 封包序列化後發送給遠端 Webhook 服務，認證結果也以 TokenReview 資源物件的格式返回給 API Server，結果透過 status 欄位進行宣告。

一個認證成功的應答 TokenReview 內容範例如下：

```
{
  "apiVersion": "authentication.k8s.io/v1beta1",
  "kind": "TokenReview",
  "status": {
    "authenticated": true,
    "user": {
      "username": "janedoe@example.com",
      "uid": "42",
      "groups": ["developers", "qa"],
      "extra": {
        "extrafield1": [
          "extravalue1",
          "extravalue2"
        ]
      }
    },
```

```
        "audiences": ["https://myserver.example.com"]
    }
}
```

一個認證失敗的應答 TokenReview 內容範例如下：

```
{
    "apiVersion": "authentication.k8s.io/v1beta1",
    "kind": "TokenReview",
    "status": {
        "authenticated": false,
        "error": "Credentials are expired"
    }
}
```

6.1.4 Authenticating Proxy（認證代理）

在這種方式下，將 API Server 設定為從 HTTP Header（例如 X-Remote-User 欄位）對使用者進行辨識。這需要與 Authenticating Proxy 程式一同工作，由 Authenticating Proxy 設置 HTTP Header 的值。

要使用這種認證方式，就需要為 API Server 設定以下啟動參數。

- --requestheader-username-headers： 必填，區分大小寫，在 HTTP Header 中用於設置使用者名稱的欄位名稱清單，API Server 將按順序檢查使用者身份。第 1 個設置了值的 Header 欄位將被用作使用者名稱。常用的欄位名為 "X-Remote-User"。

- --requestheader-group-headers： 在 Kubernetes 1.6 版本以上可設定，可選，區分大小寫。在 HTTP Header 中用於設置使用者群組的欄位名稱清單，API Server 將按順序驗證使用者的身份。常用的欄位名為 "X-Remote-Group"。

- --requestheader-extra-headers-prefix： 在 Kubernetes 1.6 版本以上可設定，可選，區分大小寫。Header 欄位的首碼用於確定使用者的其他資訊（通常由設定的授權外掛程式使用）。常用的欄位名為 "X-Remote-Extra-"。

如果在一個請求中包含以下 HTTP Header 欄位：

```
GET / HTTP/1.1
X-Remote-User: fido
X-Remote-Group: dogs
X-Remote-Group: dachshunds
X-Remote-Extra-Acme.com%2Fproject: some-project
X-Remote-Extra-Scopes: openid
X-Remote-Extra-Scopes: profile
```

則將生成如下使用者資訊：

```
name: fido
groups:
- dogs
- dachshunds
extra:
  acme.com/project:
  - some-project
  scopes:
  - openid
  - profile
```

為了驗證 Authenticating Proxy 程式的身份，Authenticating Proxy 程式需要把有效的用戶端 CA 證書先提供給 API Server，使得 API Server 可以向 CA 中心進行身份認證。只有在 API Server 驗證了該用戶端 CA 證書有效之後，才會驗證在 HTTP Header 中設置的使用者名稱。這需要為 API Server 透過以下啟動參數進行設定。

- --requestheader-client-ca-file：必填，Authenticating Proxy 程式的有效用戶端 CA 證書檔案全路徑。
- --requestheader-allowed-names：可選，通用名稱值（CN）列表，如果設置，則在用戶端 CA 證書中必須包含 CN 列表中的值；如果將其設置為空，則表示允許任何 CN。

6.2 API Server 授權管理

當用戶端發起 API Server 呼叫時，API Server 內部要先進行使用者認證，然後執行使用者授權流程，即透過授權策略（Authorization Policy）決定一個 API 呼叫是否合法。對合法使用者進行授權並隨後在使用者存取時進行鑒權，是許可權與安全系統中的重要一環。簡單地說，授權就是授予不同的使用者不同的存取權限。API Server 目前支援以下授權策略。

- AlwaysDeny：表示拒絕所有請求，僅用於測試。
- AlwaysAllow：允許接收所有請求，如果叢集不需要授權流程，則可以採用該策略。
- ABAC（Attribute-Based Access Control）：以屬性為基礎的存取控制，表示使用使用者設定的授權規則對使用者的請求進行比對和控制。
- RBAC：Role-Based Access Control，是以角色為基礎的存取控制。
- Webhook：透過呼叫外部的 REST 服務對使用者進行授權。
- Node：是一種對 kubelet 進行授權的特殊模式。

AlwaysDeny 因為缺乏實際意義，已於 Kubernetes 1.13 版本之後被廢棄。AlwaysAllow 基本不會被用於實際生產中。ABAC 是 Kubernetes 1.6 版本之前的預設授權模式，功能強大，但存在理解和設定複雜、修改後需要重新啟動 API Server 等硬傷，因此從 Kubernetes 1.6 版本開始，已被全新的 RBAC 授權模式替代。如果 RBAC 仍然不滿足某些特定需求，則使用者還可以自行編寫授權邏輯並透過 Webhook 方式註冊為 Kubernetes 的授權服務，以實現更加複雜的授權規則。

透過 API Server 的啟動參數 --authorization-mode 可設定多種授權策略，用逗點分隔即可。在通常情況下，我們會設置授權策略為 Node,RBAC，API Server 在收到請求後，會讀取該請求中的資料，生成一個存取策略物件，API Server 會將這個存取策略物件和設定的授權模式逐筆進行比對，第一個被滿足或拒絕的授權策略決定了該請求的授權結果，如果比對的結果是禁止存取，則 API Server 會終止 API 呼叫流程，並返回用戶端的錯誤呼叫碼。

Node 授權策略用於對 kubelet 發出的請求進行存取控制，與使用者的應用授權無關，屬於 Kubernetes 自身安全的增強功能。簡單來説，就是限制每個 Node 只存取它自身執行的 Pod 及相關的 Service、Endpoints 等資訊；也只能受限於修改自身 Node 的一些資訊，比如 Label；也不能操作其他 Node 上的資源。而之前用 RBAC 這種通用許可權模型其實並不能滿足 Node 這種特殊的安全要求，所以將其剝離出來定義為新的 Node 授權策略。

6.2.1 ABAC 授權模式詳解

在 API Server 啟用 ABAC 模式時，叢集管理員需要指定授權策略檔案的路徑和名稱（--authorization-policy-file=SOME_FILENAME），授權策略檔案裡的每一行都以一個 Map 類型的 JSON 物件進行設置，它被稱為「存取策略物件」。在授權策略檔案中，叢集管理員需要設置存取策略物件中的 apiVersion、kind、spec 屬性來確定具體的授權策略，其中，apiVersion 的當前版本為 abac.authorization.kubernetes.io/v1beta1；kind 被設置為 Policy；spec 指詳細的策略設置，包括主體屬性、資源屬性、非資源屬性這三個欄位。

（1）對主體屬性說明如下。

- user（使用者名稱）：字串類型，該字串類型的使用者名稱來源於 Token 檔案（--token-auth-file 參數設置的檔案）或基本認證檔案中使用者名稱段的值。
- group（使用者群組）：在被設置為 "system:authenticated" 時，表示符合所有已認證請求；在被設置為 "system:unauthenticated" 時，表示符合所有未認證請求。

（2）對資源屬性說明如下。

- apiGroup（API 組）：字串類型，表示符合哪些 API Group，例如 extensions 或 *（表示符合所有 API Group）。
- namespace（命名空間）：字串類型，表示該策略允許存取某個 Namespace 的資源，例如 kube-system 或 *（表示符合所有 Namespace）。
- resource（資源）：字串類型，表示要比對的 API 資源物件，例如 pods 或 *（表示符合所有資源物件）。

（3）對非資源屬性說明如下。

■ nonResourcePath（非資源物件類路徑）：非資源物件類的 URL 路徑，
  例如 /version 或 /apis，* 表示符合所有非資源物件類的請求路徑，也可
  以將其設置為子路徑，/foo/* 表示符合所有 /foo 路徑下的所有子路徑。

■ readonly（唯讀標識）：布林類型，當它的值為 true 時，表示僅允許
  GET 請求透過。

下面對 ABAC 授權演算法、使用 kubectl 時的授權機制、常見的 ABAC 授
權範例及如何對 Service Account 進行授權進行說明。

1. ABAC 授權演算法

API Server 進行 ABAC 授權的演算法為：在 API Server 收到請求之後，
首先辨識出請求攜帶的策略物件的屬性，然後根據在策略檔案中定義的策
略對這些屬性進行逐筆比對，以判定是否允許授權。如果有至少一筆符合
成功，這個請求就透過了授權（不過還是可能在後續的其他授權驗證中失
敗）。常見的策略設定如下。

■ 要允許所有認證使用者做某件事，則可以寫一個策略，將 group 屬性設
  置為 system: authenticated。

■ 要允許所有未認證使用者做某件事，則可以把策略的 group 屬性設置為
  system: unauthenticated。

■ 要允許一個使用者做任何事，則將策略的 apiGroup、namespace、
  resource 和 nonResourcePath 屬性設置為 "*" 即可。

2. 使用 kubectl 時的授權機制

kubectl 使用 API Server 的 /api 和 /apis 端點來獲取版本資訊。要驗
證 kubectl create/ update 命令發送給伺服器的物件，kubectl 則需要向
OpenAPI 查詢，對應的 URL 路徑為 /openapi/v2。

使用 ABAC 授權模式時，以下特殊資源必須顯式地透過 nonResourcePath
屬性設置。

■ API 版本協商過程中的 /api、/api/*、/apis 和 /apis/*。

- 透過 kubectl version 命令從伺服器中獲取版本時的 /version。
- create/update 操作過程中的 /swaggerapi/*。

使用 kubectl 操作時，如果需要查看發送到 API Server 的 HTTP 請求，則可以將日誌等級設置為 8，例如：

```
# kubectl --v=8 version
```

3. 常見的 ABAC 授權範例

下面透過幾個授權策略檔案（JSON 格式）範例說明 ABAC 的存取控制用法。

（1）允許使用者 alice 對所有資源做任意操作：

```
{"apiVersion": "abac.authorization.kubernetes.io/v1beta1", "kind": "Policy",
"spec": {"user": "alice", "namespace": "*", "resource": "*", "apiGroup":
"*"}}
```

（2）kubelet 可以讀取任意 Pod：

```
{"apiVersion": "abac.authorization.kubernetes.io/v1beta1", "kind": "Policy",
"spec": {"user": "`", "namespace": "*", "resource": "pods", "readonly":
true}}
```

（3）kubelet 可以讀寫 Event 物件：

```
{"apiVersion": "abac.authorization.kubernetes.io/v1beta1", "kind": "Policy",
"spec": {"user": "kubelet", "namespace": "*", "resource": "events"}}
```

（4）使用者 bob 只能讀取 projectCaribou 中的 Pod：

```
{"apiVersion": "abac.authorization.kubernetes.io/v1beta1", "kind": "Policy",
"spec": {"user": "bob", "namespace": "projectCaribou", "resource": "pods",
"readonly": true}}
```

（5）任意使用者都可以對非資源類路徑進行唯讀請求：

```
{"apiVersion": "abac.authorization.kubernetes.io/v1beta1", "kind":
"Policy", "spec": {"group": "system:authenticated", "readonly": true,
"nonResourcePath": "*"}}
{"apiVersion": "abac.authorization.kubernetes.io/v1beta1", "kind":
"Policy", "spec": {"group": "system:unauthenticated", "readonly": true,
"nonResourcePath": "*"}}
```

如果增加了新的 ABAC 策略，則需要重新啟動 API Server 以使其生效。

4. 對 Service Account 進行授權

Service Account 會自動生成一個 ABAC 使用者名稱（username），使用者名稱按照以下命名規則生成：

```
system:serviceaccount:<namespace>:<serviceaccountname>
```

建立新的命名空間時，會產生一個如下名稱的 Service Account：

```
system:serviceaccount:<namespace>:default
```

如果希望 kube-system 命名空間中的 Service Account"default" 具有全部許可權，就需要在策略檔案中加入如下內容：

```
{"apiVersion":"abac.authorization.kubernetes.io/v1beta1","kind":"Policy","spec":{"user":"system:serviceaccount:kube-system:default","namespace":"*","resource":"*","apiGroup":"*"}}
```

6.2.2 Webhook 授權模式詳解

Webhook 定義了一個 HTTP 回呼介面，實現 Webhook 的應用會在指定事件發生時向一個 URL 位址發送（POST）通知資訊。啟用 Webhook 授權模式後，Kubernetes 會呼叫外部 REST 服務對使用者存取資源進行授權。

Webhook 模式用參數 --authorization-webhook-config-file=SOME_FILENAME 來設置遠端授權服務的資訊。

設定檔使用的是 kubeconfig 檔案的格式，檔案裡 users 一節的內容設置的是 API Server 的資訊。相對於遠端授權服務來說，API Server 是用戶端，也就是使用者；clusters 一節的內容設置的是遠端授權伺服器的資訊。下面是一個使用 HTTPS 用戶端認證的設定範例：

```
apiVersion: v1
kind: Config
clusters:            # 遠端授權服務
  - name: name-of-remote-authz-service
    cluster:
      certificate-authority: /path/to/ca.pem      # 驗證遠端授權服務的 CA 證書
      server: https://authz.example.com/authorize   # 遠端授權服務 URL，必須
                                                     # 使用 HTTPS
users:               # API Server 的資訊
  - name: name-of-api-server
```

```
    user:
      client-certificate: /path/to/cert.pem  # Webhook 外掛程式使用的用戶端
                                              # CA 證書
      client-key: /path/to/key.pem  # Webhook 外掛程式使用的用戶端 CA 私密金鑰
current-context: webhook
contexts:
- context:
    cluster: name-of-remote-authz-service
    user: name-of-api-server
  name: webhook
```

在授權開始時，API Server 會生成一個 API 版本為 "authorization.k8s.io/v1beta1" 的 SubjectAccessReview 資源物件，用於描述操作資訊，在進行 JSON 序列化之後以 HTTP POST 方式發送給遠端 Webhook 授權服務。在 SubjectAccessReview 資源物件中包含使用者嘗試存取資源的請求動作的描述，以及需要存取的資源資訊。

SubjectAccessReview 資源物件和其他 API 物件一樣，遵循同樣的版本相容性規則，在實現時要注意 apiVersion 欄位的版本，以實現正確的反序列化操作。另外，API Server 必須啟用 authorization.k8s.io/v1beta1 API 擴充（--runtime-config=authorization.k8s.io/v1beta1= true）。

下面是一個希望獲取 Pod 列表的請求封包範例：

```
{
  "apiVersion": "authorization.k8s.io/v1beta1",
  "kind": "SubjectAccessReview",
  "spec": {
    "resourceAttributes": {
      "namespace": "kittensandponies",
      "verb": "get",
      "group": "unicorn.example.org",
      "resource": "pods"
    },
    "user": "jane",
    "group": [
      "group1",
      "group2"
    ]
  }
}
```

遠端 Webhook 授權服務需要填充 SubjectAccessReview 資源物件的 status 欄位，返回允許存取或者不允許存取的結果。應答封包中的 spec 欄位是無效的，也可以省略。

一個返回「允許存取」（allowed=true）的應答封包範例如下：

```
{
  "apiVersion": "authorization.k8s.io/v1beta1",
  "kind": "SubjectAccessReview",
  "status": {
    "allowed": true
  }
}
```

返回「不允許存取」的應答有兩種方法。

（1）僅返回「不允許存取」（allowed=false），但設定的其他授權者仍有機會對請求進行授權，這也是多數情況下的通用做法，範例如下：

```
{
  "apiVersion": "authorization.k8s.io/v1beta1",
  "kind": "SubjectAccessReview",
  "status": {
    "allowed": false,
    "reason": "user does not have read access to the namespace"
  }
}
```

（2）返回「不允許存取」（allowed=false），同時立刻拒絕其他授權者再對請求進行授權（denied=true），這要求 Webhook 服務了解叢集的詳細設定以能夠做出準確的授權判斷，範例如下：

```
{
  "apiVersion": "authorization.k8s.io/v1beta1",
  "kind": "SubjectAccessReview",
  "status": {
    "allowed": false,
    "denied": true,
    "reason": "user does not have read access to the namespace"
  }
}
```

除了對資源物件的存取進行授權，還可以對非資源物件的請求路徑進行授權。

非資源的請求路徑包括 /api、/apis、/metrics、/logs、/debug、/healthz、/livez、/openapi/v2、/readyz 和 /version。用戶端需要存取 /api、/api/*、/apis、/apis/* 和 /version 等路徑，用於發現服務端提供的 API 資源列表和版本資訊，通常應授權為「允許存取」。對於其他非資源的存取一般可以禁止，以限制用戶端對 API Server 進行不必要的存取。

查詢 /debug 的請求封包範例如下：

```
{
  "apiVersion": "authorization.k8s.io/v1beta1",
  "kind": "SubjectAccessReview",
  "spec": {
    "nonResourceAttributes": {
      "path": "/debug",
      "verb": "get"
    },
    "user": "jane",
    "group": [
      "group1",
      "group2"
    ]
  }
}
```

6.2.3 RBAC 授權模式詳解

RBAC（Role-Based Access Control，以角色為基礎的存取模式控制）從 Kubernetes 1.5 版本開始引入，在 1.6 版本時升級為 Beta 版本，在 1.8 版本時升級為 GA 穩定版本。作為 kubeadm 安裝方式的預設選項，足見其重要性。

相對於其他存取控制方式，RBAC 授權具有如下優勢。

■ 對叢集中的資源和非資源許可權均有完整的覆蓋。
■ RBAC 的許可權設定透過幾個 API 物件即可完成，同其他 API 物件一樣，可以用 kubectl 或 API 進行操作。
■ 可以在執行時期進行調整，無須重新啟動 API Server。

要使用 RBAC 授權模式，首先需要在 kube-apiserver 服務的啟動參數 authorization-mode（ 授 權 模 式 ） 的 清 單 中 加 上 RBAC， 例 如 --authorization-mode=...,RBAC。

本節對 RBAC 的原理和應用進行詳細說明。

1. RBAC 的 API 資源物件說明

在 RBAC 管 理 系 統 中，Kubernetes 引 入 了 4 個 資 源 物 件：Role、ClusterRole、RoleBinding 和 ClusterRoleBinding。同其他 API 資源物件一樣，使用者可以使用 kubectl 或者 API 呼叫等方式操作這些資源物件。

1）角色（Role）和叢集角色（ClusterRole）

一個角色就是一組許可權的集合，在 Role 中設置的許可權都是許可（Permissive）形式的，不可以設置拒絕（Deny）形式的規則。Role 設置的許可權將會侷限於命名空間（namespace）範圍內，如果需要在叢集等級設置許可權，就需要使用 ClusterRole 了。

角色（`Role`）範例

下面是一個 Role 定義範例，該角色具有在命名空間 default 中讀取（get、watch、list）Pod 資源物件資訊的許可權：

```
apiVersion: rbac.authorization.k8s.io/v1
kind: Role
metadata:
  namespace: default
  name: pod-reader
rules:
- apiGroups: [""]    # "" 空字串，表示 Core API Group
  resources: ["pods"]
  verbs: ["get", "watch", "list"]
```

Role 資源物件的主要設定參數都在 rules 欄位中進行設置，如下所述。

- resources：需要操作的資源物件類型列表，例如 "pods"、"deployments"、"jobs" 等。

- apiGroups：資源物件 API 組列表，例如 ""（Core）、"extensions"、"apps"、"batch" 等。

- verbs：設置允許對資源物件操作的方法列表，例如 "get"、"watch"、"list"、"delete"、"replace"、"patch" 等。

叢集角色（**ClusterRole**）範例

叢集角色除了具有和角色一致的命名空間內資源的管理能力，因其叢集等
級的範圍，還可以用於以下授權應用場景中。

- 對叢集範圍內資源的授權，例如 Node。
- 對非資源型的授權，例如 /healthz。
- 對包含全部 namespace 資源的授權，例如 pods（用於 kubectl get pods --all-namespaces 這樣的操作授權）。
- 對某個命名空間中多種許可權的一次性授權。

下面是一個 ClusterRole 定義範例，該叢集角色有權存取一個或所有
namespace 的 secrets（根據其被 RoleBinding 還是 ClusterRoleBinding 綁
定而定）的許可權：

```
apiVersion: rbac.authorization.k8s.io/v1
kind: ClusterRole
metadata:
  # ClusterRole 不受限於命名空間，所以無須設置 Namespace
  name: secret-reader
rules:
- apiGroups: [""]
  resources: ["secrets"]
  verbs: ["get", "watch", "list"]
```

2）角色綁定（RoleBinding）和叢集角色綁定（ClusterRoleBinding）
角色綁定或叢集角色綁定用來把一個角色綁定到一個目標主體上，綁
定目標可以是 User（使用者）、Group（組）或者 Service Account。
RoleBinding 用於某個命名空間中的授權，ClusterRoleBinding 用於叢集範
圍內的授權。

角色綁定（**RoleBinding**）範例

RoleBinding 可以與屬於相同命名空間的 Role 或者某個叢集等級的
ClusterRole 綁定，完成對某個主體的授權。

下面是與相同命名空間中的 Role 進行綁定的範例，透過這個綁定操作，
就完成了以下授權規則：允許使用者 jane 讀取命名空間 default 的 Pod 資
源物件資訊：

```
apiVersion: rbac.authorization.k8s.io/v1
kind: RoleBinding
metadata:
  name: read-pods
  namespace: default
subjects:
- kind: User
  name: jane
  apiGroup: rbac.authorization.k8s.io
roleRef:
  kind: Role
  name: pod-reader
  apiGroup: rbac.authorization.k8s.io
```

RoleBinding 也可以引用 ClusterRole，對目標主體在其所在命名空間授予在 ClusterRole 中定義的許可權。一種常見的用法是叢集管理員預先定義好一組 ClusterRole（許可權設置），然後在多個命名空間中重複使用這些 ClusterRole。

例如，在下面的例子中為使用者 "dave" 授權一個 ClusterRole"secret-reader"，雖然 secret-reader 是一個叢集角色，但因為 RoleBinding 的作用範圍為命名空間 development，所以使用者 dave 只能讀取命名空間 development 中的 secret 資源物件，而不能讀取其他命名空間中的 secret 資源物件：

```
apiVersion: rbac.authorization.k8s.io/v1
kind: RoleBinding
metadata:
  name: read-secrets
  namespace: development # 許可權僅在該命名空間中起作用
subjects:
- kind: User
  name: dave
  apiGroup: rbac.authorization.k8s.io
roleRef:
  kind: ClusterRole
  name: secret-reader
  apiGroup: rbac.authorization.k8s.io
```

圖 6.2 展示了上述對 Pod 的 get、watch、list 操作進行授權的 Role 和 Role Binding 的邏輯關係。

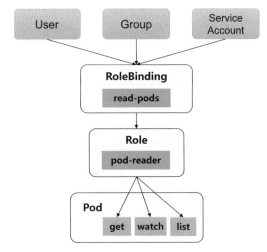

▲ 圖 6.2 Role 和 RoleBinding 的邏輯關係

叢集角色綁定（**ClusterRoleBinding**）範例

ClusterRoleBinding 用於進行叢集等級或者對所有命名空間都生效的授權。下面的例子允許 manager 組的使用者讀取任意命名空間中的 secret 資源物件：

```
apiVersion: rbac.authorization.k8s.io/v1
kind: ClusterRoleBinding
metadata:
  name: read-secrets-global
subjects:
- kind: Group
  name: manager
  apiGroup: rbac.authorization.k8s.io
roleRef:
  kind: ClusterRole
  name: secret-reader
  apiGroup: rbac.authorization.k8s.io
```

注意，在叢集角色綁定（ClusterRoleBinding）中引用的角色只能是叢集等級的角色（ClusterRole），而不能是命名空間等級的 Role。

一旦透過建立 RoleBinding 或 ClusterRoleBinding 與某個 Role 或 ClusterRole 完成了綁定，使用者就無法修改與之綁定的 Role 或 ClusterRole 了。只有刪除了 RoleBinding 或 ClusterRoleBinding，才能修改 Role 或 ClusterRole。

Kubernetes 限制 roleRef 欄位中的內容不可更改，主要有以下兩個原因。

- 從邏輯上來説，與一個新的 Role 進行綁定實際上是一次全新的授權操作。透過刪除或重建的方式更改綁定的 Role，可以確保給主體授予新角色的許可權（而非在不驗證所有現有主體的情況下去修改 roleRef）。
- 使 roleRef 不變，可以授予某個使用者對現有綁定物件（Binding object）的更新（update）許可權，以便其管理授權主體（subject），同時禁止更改角色中的許可權設置。

2. RBAC 對資源的引用方式

在 Kubernetes 系統中，大多數資源物件都可以用其名稱字串來表達，例如 pods、services、deployments 等，在 RBAC 的許可權設置中引用的就是資源物件的字串名稱。

某些 Kubernetes API 還包含下級子資源（subresource），例如 Pod 日誌（log）。Pod 日誌的 API Endpoint 是 GET/ api/v1/namespaces/{namespace}/pods/{name}/log。對於這種資源，在 RBAC 許可權設置中引用的格式是「主資源名稱 / 子資源名稱」，中間以 "/" 分隔，對於 Pod 的 log 這個例子來説，需要將其設定為 pods/log。

Role 中的 resources 可以引用多個資源物件，以陣列的形式表示。

例如，下面的 RBAC 規則設置的是對資源 pods 和 pods/log 授予 get 和 list 許可權：

```
kind: Role
apiVersion: rbac.authorization.k8s.io/v1
metadata:
  namespace: default
  name: pod-and-pod-logs-reader
rules:
- apiGroups: [""]
  resources: ["pods", "pods/log"]
  verbs: ["get", "list"]
```

僅設置資源物件的名稱，作用範圍將是此類物件的所有實例。如果希望只授權某種資源物件中的特定實例，則還可以透過資源物件的實例名稱（ResourceName）進行設置。在指定 ResourceName 後，使用 get、delete、update 和 patch 的請求就會被限制在這個資源實例範圍內。例如，下面的設置讓一個主體只能對名為 "my-configmap" 的 ConfigMap 資源物件進行 get 和 update 操作，而不能操作其他 ConfigMap 資源物件：

```
kind: Role
apiVersion: rbac.authorization.k8s.io/v1
metadata:
  namespace: default
  name: configmap-updater
rules:
- apiGroups: [""]
  resources: ["configmap"]
  resourceNames: ["my-configmap"]
  verbs: ["update", "get"]
```

可想而知，resourceName 這種用法對 list、watch、create 或 deletecollection 操作是無效的，這是因為必須要透過 URL 進行鑒權，而資源名稱在 list、watch、create 或 deletecollection 請求中只是請求 Body 資料的一部分。

3. 聚合 ClusterRole

Kubernetes 支援將多個 ClusterRole 聚合成一個新的 ClusterRole，這在希望將多個 ClusterRole 的授權規則（例如由 CRD 或 Aggregated API Server 提供的資源授權規則）進行合併使用時，可以簡化管理員的手工設定工作，完成對系統預設 ClusterRole 的擴充。

在聚合 ClusterRole 的定義中，透過 aggregationRule 欄位設置需要包含的 ClusterRole，使用 Label Selector 的形式進行設置，邏輯為包含具有指定標籤的 ClusterRole。Kubernetes Master 中的 Controller 會根據 Label Selector 持續監控系統中的 ClusterRole，將選中的多個 ClusterRole 的規則進行合併，形成一個完整的授權規則清單（在 rules 欄位中表現）。

下面是一個聚合 ClusterRole 範例，其 Label Selector 設置的條件為包含標籤 rbac.example. com/aggregate-to-monitoring=true 的全部 ClusterRole。

```
apiVersion: rbac.authorization.k8s.io/v1
kind: ClusterRole
metadata:
```

```
  name: monitoring
aggregationRule:
  clusterRoleSelectors:
  - matchLabels:
      rbac.example.com/aggregate-to-monitoring: "true"
rules: []  # 系統自動填充、合併的結果
```

如果使用者建立了一個包含上述標籤的 ClusterRole，則系統會自動為聚合 ClusterRole 設置其 rules。例如建立一個查看 services、endpoints、pods 的 ClusterRole：

```
apiVersion: rbac.authorization.k8s.io/v1
kind: ClusterRole
metadata:
  name: monitoring-endpoints
  labels:
    rbac.example.com/aggregate-to-monitoring: "true"
rules:
- apiGroups: [""]
  resources: ["services", "endpoints", "pods"]
  verbs: ["get", "list", "watch"]
```

查看之前建立的聚合 ClusterRole，將看到系統自動為其設置的 rules：

```
apiVersion: rbac.authorization.k8s.io/v1
kind: ClusterRole
aggregationRule:
  clusterRoleSelectors:
  - matchLabels:
      rbac.example.com/aggregate-to-monitoring: "true"
metadata:
......
rules:
- apiGroups:
  - ""
  resources:
  - services
  - endpoints
  - pods
  verbs:
  - get
  - list
  - watch
```

下面再看看如何使用聚合規則對系統預設的 ClusterRole 進行擴充。

Kubernetes 系統內建了許多 ClusterRole，包括 admin、edit、view 等（完整列表和說明參見下文中的說明），其中的某些 ClusterRole 本身就是聚合類型的（透過 aggregationRule 設置了需要聚合的 ClusterRole 的 Label），例如名為 "edit" 的 ClusterRole 設置的聚合規則如下：

```
aggregationRule:
  clusterRoleSelectors:
  - matchLabels:
      rbac.authorization.k8s.io/aggregate-to-admin: "true"
```

名為 "view" 的 ClusterRole 則包含標籤 rbac.authorization.k8s.io/aggregate-to-edit=true，說明 edit 中的規則都將被設置到 admin 的規則中：

```
# kubectl get clusterrole view -o yaml
apiVersion: rbac.authorization.k8s.io/v1
kind: ClusterRole
metadata:
  labels:
    kubernetes.io/bootstrapping: rbac-defaults
    rbac.authorization.k8s.io/aggregate-to-edit: "true"
......
```

而名為 "view" 的 ClusterRole 本身也是聚合類型的，其聚合規則為包含標籤 rbac. authorization.k8s.io/aggregate-to-view=true：

```
aggregationRule:
  clusterRoleSelectors:
  - matchLabels:
      rbac.authorization.k8s.io/aggregate-to-view: "true"
```

假設使用者希望為其自訂資源物件 crontabs 設置唯讀許可權，並加入系統內建的名為 "view" 的 ClusterRole 中，則以 view 為基礎設置的聚合規則，使用者只需新建一個 ClusterRole，並設置其標籤為 "rbac.authorization.k8s.io/aggregate-to-view=true"，即可將相關授權規則增加到 view 的許可權列表中：

```
kind: ClusterRole
apiVersion: rbac.authorization.k8s.io/v1
metadata:
```

```
  name: aggregate-cron-tabs-view
  labels:
    rbac.authorization.k8s.io/aggregate-to-view: "true"
rules:
- apiGroups: ["stable.example.com"]
  resources: ["crontabs"]
  verbs: ["get", "list", "watch"]
```

4. 常見的授權規則範例

下面對常見的角色（Role）和角色綁定（RoleBinding）內容進行範例說
明，在本範例中僅展示關鍵 rules 設定的授權規則內容，省略資源物件本
身的中繼資料內容。

（1）允許讀取 Pod 資源物件（屬於 Core API Group）的資訊：

```
rules:
- apiGroups: [""]
  resources: ["pods"]
  verbs: ["get", "list", "watch"]
```

（2）允許讀寫 extensions 和 apps 兩個 API Group 中 deployment 資源物件
的資訊：

```
rules:
- apiGroups: ["extensions", "apps"]
  resources: ["deployments"]
  verbs: ["get", "list", "watch", "create", "update", "patch", "delete"]
```

（3）允許讀取 Pod 資源物件的資訊，並允許讀寫 batch 和 extensions 兩個
API Group 中 Job 資源物件的資訊：

```
rules:
- apiGroups: [""]
  resources: ["pods"]
  verbs: ["get", "list", "watch"]
- apiGroups: ["batch", "extensions"]
  resources: ["jobs"]
  verbs: ["get", "list", "watch", "create", "update", "patch", "delete"]
```

（4）允許讀取名為 "my-config" 的 ConfigMap 資源物件的資訊（必須綁定
到一個 RoleBinding 來限制一個命名空間中的特定 ConfigMap 實例）：

```
rules:
```

```
- apiGroups: [""]
  resources: ["configmaps"]
  resourceNames: ["my-config"]
  verbs: ["get"]
```

（5）讀取 Node 資源物件（屬於 Core API Group）的資訊，由於 Node 是叢集等級的資源物件，所以必須存在於 ClusterRole 中，並使用 ClusterRoleBinding 進行綁定：

```
rules:
- apiGroups: [""]
  resources: ["nodes"]
  verbs: ["get", "list", "watch"]
```

（6）允許對非資源類型的 /healthz 端點（Endpoint）及其所有子路徑進行 GET 和 POST 操作（必須使用 ClusterRole 和 ClusterRoleBinding）：

```
rules:
- nonResourceURLs: ["/healthz", "/healthz/*"]
  verbs: ["get", "post"]
```

5. 授權目標主體（Subject）命名規範

在 RBAC 系統中，透過角色綁定（RoleBinding 或 ClusterRoleBinding）的定義，將在角色（Role 或 ClusterRole）中設置的授權規則與某個目標主體（Subject）綁定。授權的目標主體可以是使用者（User）、使用者群組（Group）和 ServiceAccount 三者之一。

使用者名稱由字串進行標識，例如人名（alice）、Email 位址（bob@example.com）、使用者 ID（1001）等，通常應該在用戶端 CA 證書中進行設置。需要注意的是，Kubernetes 內建了一組系統等級的使用者 / 使用者群組，以 "system:" 開頭，使用者自訂的名稱不應該使用這個首碼。

使用者群組與使用者名稱類似，由字串進行標識，通常也應該在用戶端 CA 證書中進行設置，並且要求不以 "system:" 為首碼。

ServiceAccount 在 Kubernetes 系統中的使用者名稱會被設置成以 "system:serviceaccount:" 為首碼的名稱，其所屬的組名稱會被設置成以 "system:serviceaccounts:" 為首碼的名稱。

6. 常見的角色綁定範例

下面對常見的角色綁定（RoleBinding）和叢集角色綁定（ClusterRole Binding）進行範例說明，在本範例中僅展示關鍵 subject 的授權目標的主體設置，省略資源物件本身的中繼資料及需要引用的授權規則（Role 或 ClusterRole）的內容。

（1）為使用者 alice@example.com 授權：

```
subjects:
- kind: User
  name: "alice@example.com"
  apiGroup: rbac.authorization.k8s.io
```

（2）為 frontend-admins 組授權：

```
subjects:
- kind: Group
  name: "frontend-admins"
  apiGroup: rbac.authorization.k8s.io
```

（3）為 kube-system 命名空間中的預設 Service Account 授權：

```
subjects:
- kind: ServiceAccount
  name: default
  namespace: kube-system
```

（4）為 qa 命名空間中的所有 Service Account 授權：

```
subjects:
- kind: Group
  name: system:serviceaccounts:qa
  apiGroup: rbac.authorization.k8s.io
```

（5）為所有命名空間中的所有 Service Account 授權：

```
subjects:
- kind: Group
  name: system:serviceaccounts
  apiGroup: rbac.authorization.k8s.io
```

（6）為所有已認證使用者授權：

```
subjects:
- kind: Group
```

```
name: system:authenticated
apiGroup: rbac.authorization.k8s.io
```

（7）為所有未認證使用者授權：

```
subjects:
- kind: Group
  name: system:unauthenticated
  apiGroup: rbac.authorization.k8s.io
```

（8）為全部使用者授權：

```
subjects:
- kind: Group
  name: system:authenticated
  apiGroup: rbac.authorization.k8s.io
- kind: Group
  name: system:unauthenticated
  apiGroup: rbac.authorization.k8s.io
```

7. Kubernetes 系統預設的授權規則（ClusterRole 和 ClusterRoleBinding）

API Server 會建立一組系統預設的 ClusterRole 和 ClusterRoleBinding 物件，其中很多都是以 "system:" 為首碼的，以表示這些資源被 Kubernetes master 直接管理，對這些物件的改動可能會造成叢集故障。例如 system:node 這個 ClusterRole 為 kubelet 設置了對 Node 的操作許可權，如果這個 ClusterRole 被改動，kubelet 就可能無法正常執行。

所有系統預設的 ClusterRole 和 ClusterRoleBinding 都會用標籤 kubernetes. io/bootstrapping= rbac-defaults 進行標記。

授權規則的自動恢復（Auto-reconciliation）功能從 Kubernetes 1.6 版本開始引入。每次叢集啟動時，API Server 都會更新預設的叢集角色的缺失許可權，也會更新在預設的角色綁定中缺失的主體，這樣就防止了一些破壞性的修改，也保證了在叢集升級的情況下相關內容能夠及時更新。如果不希望使用這一功能，則可以為一個預設的叢集角色或者叢集角色綁定設置 annotation"rbac.authorization.kubernetes.io/autoupdate=false"。該自動恢復功能在啟用 RBAC 授權模式後自動開啟。

下面對系統提供的預設授權規則（ClusterRole 和 ClusterRoleBinding）進行說明。

1）API 發現（API Discovery）相關的 ClusterRole

預設的叢集角色綁定（ClusterRoleBinding）為已認證使用者（authenticated）和未認證使用者（unauthenticated）都授予了讀取系統 API 資訊的許可權，系統預設存取這些 API 安全。

如果不希望匿名使用者存取 API，則可以透過 kube-apiserver 服務的啟動參數設置 --anonymous-auth=false。

該預設叢集角色（ClusterRole）的名稱為 "system:discovery"，可以透過 kubectl get 命令查看其允許存取的各個 API 路徑的授權策略：

```
# kubectl get clusterrole system:discovery -o yaml
apiVersion: rbac.authorization.k8s.io/v1
kind: ClusterRole
metadata:
  annotations:
    rbac.authorization.kubernetes.io/autoupdate: "true"
  labels:
    kubernetes.io/bootstrapping: rbac-defaults
  name: system:discovery
rules:
- nonResourceURLs:
  - /api
  - /api/*
  - /apis
  - /apis/*
  - /healthz
  - /livez
  - /openapi
  - /openapi/*
  - /readyz
  - /version
  - /version/
  verbs:
  - get
```

API 發現相關的系統預設 ClusterRole 如表 6.1 所示。

表 6.1 API 發現相關的預設 ClusterRole

預設 ClusterRole	預設 ClusterRoleBinding	描　述
system:basic-user	system:authenticated	讓使用者能夠讀取自身的資訊（在 Kubernetes 1.14 版本之前還綁定了 system:unauthenticated 組）
system:discovery	system:authenticated	對 API 發現 Endpoint 的唯讀存取，用於 API 等級的發現和協商（在 Kubernetes 1.14 版本之前還綁定了 system:unauthenticated 組）
system:public-info-viewer	system:authenticated 和 system:unauthenticated 組	允許讀取叢集的非敏感資訊（從 Kubernetes 1.14 版本開始引入）

2）面向使用者（User-facing）的 ClusterRole

有些系統的預設角色不是以 "system:" 為首碼的，這部分角色是面向使用者設置的。其中包含超級使用者角色（cluster-admin）、叢集等級授權的角色（cluster-status），以及面向命名空間授權的角色（admin、edit、view）。

面向使用者的 ClusterRole 允許管理員使用聚合 ClusterRole（Aggretated ClusterRole）機制將多個 ClusterRole 進行組合，通常用於將使用者自訂 CRD 資源物件的授權補充到系統預設的 ClusterRole 中進行擴充。對聚合 ClusterRole 的詳細說明請參考前文的說明。

面向使用者的系統預設 ClusterRole 如表 6.2 所示。

表 6.2 面向使用者的預設 ClusterRole

預設 ClusterRole	預設 ClusterRoleBinding	描　述
cluster-admin	system:masters 組	讓超級使用者可以對任何資源執行任何操作。 如果被叢集等級的 ClusterRoleBinding 使用，則允許操作叢集所有命名空間中的任何資源。 如果被命名空間等級的 RoleBinding 使用，則允許操作綁定的命名空間中的全部資源，也包括命名空間本身

預設 ClusterRole	預設 ClusterRoleBinding	描　述
admin	None	管理員等級的存取權限，應限制在一個命名空間中被 RoleBinding 使用，允許對命名空間中的大多數資源進行讀寫入操作，也允許建立 Role 和 RoleBinding。該許可權設置不允許操作命名空間本身，也不能對資源配額（Resource Quota）進行修改
edit	None	允許對一個命名空間中的大多數資源進行讀寫入操作，不允許查看或修改 Role 和 RoleBinding 資源。它允許存取 Secret 資源，以及允許使用該命名空間中的任意 ServiceAccount 執行 Pod，所以可以用於在命名空間中獲得 API 等級的存取權限
view	None	允許對一個命名空間中的大多數資源進行只讀取操作，不允許查看或修改 Role 和 RoleBinding 資源。不允許存取 Secret 資源，以免透過 ServiceAccount 中的 token 獲取額外的 API 等級的存取權限（這是一種許可權提升的場景）

3）核心元件（Core Component）的 ClusterRole

核心系統元件的預設 ClusterRole 如表 6.3 所示。

表 6.3　核心系統元件的預設 ClusterRole

預設 ClusterRole	預設 ClusterRoleBinding	描　述
system:kube-scheduler	system:kube-scheduler 使用者	允許存取 kube-scheduler 元件所需的資源
system:volume-scheduler	system:kube-scheduler 使用者	允許存取 kube-scheduler 元件需要存取的 Volume 資源
system:kube-controller-manager	system:kube-controller-manager 使用者	允許存取 kube-controller-manager 元件所需的資源。各個控制器（Controller）所需的許可權參見表 6.5
system:node	None	允許存取 kubelet 元件所需的資源，包括對所有 Secret 資源的讀取許可權，以及對所有 Pod Status 物件的可寫存取權限。

預設 ClusterRole	預設 ClusterRoleBinding	描　述
		該角色用於 Kubernetes 1.8 之前版本升級的相容性設置。在新版本中應使用 Node authorizer 和 NodeRestriction 存取控制器，並且應以排程到其上執行的 Pod 為基礎對 kubelet 授予 API 存取權限
system:node-proxier	system:kube-proxy 使用者	允許存取 kube-proxy 所需的資源

4）其他元件的 ClusterRole

其他元件的預設 ClusterRole 如表 6.4 所示。

表 6.4　其他元件角色

預設 ClusterRole	預設 ClusterRoleBinding	描　述
system:auth-delegator	None	允許對授權和認證進行託管，通常用於附加的 API Server，以實現統一的授權和認證流程
system:heapster	None	[已棄用] Heapster 元件的角色
system:kube-aggregator	None	kube-aggregator 所需的許可權
system:kube-dns	kube-system namespace 中名為 "kube-dns" 的 Service Account	kube-dns 所需的許可權
system:kubelet-api-admin	None	允許對 kubelet API 的完全存取
system:node-bootstrapper	None	允許存取 kubelet TLS 初始化（bootstrapping）過程中所需的資源
system:node-problem-detector	None	node-problem-detector 元件所需的資源
system:persistent-volume-provisioner	None	允許存取大多數動態儲存裝置卷冊提供者（Provisioner）所需的資源

5）系統內建控制器（Controller）的 ClusterRole

在 Kubernetes Master 核心元件 Controller Manager 中執行了管理各種資源的控制器（Controller）。如果 kube-controller-manager 服務設置了啟動參

數 --use-service-account- credentials，kube-controller-manager 服務就會為
每一個 Controller 都設置一個單獨的 ServiceAccount。相關的 ClusterRole
已在系統中預設設置完成，這些 ClusterRole 的名稱以 "system:controller:"
為首碼。如果 kube-controller-manager 服務沒有設置啟動參數 --use-
service-account-credentials，就會使用它自身的證書執行所有 Controller，
這就要求管理員對 kube-controller-manager 證書進行全部 Controller 所需
規則的授權。

系統內建控制器（Controller）的預設 ClusterRole 如表 6.5 所示。

表 6.5 系統內建控制器（Controller）的預設 ClusterRole

需要指定的角色
system:controller:attachdetach-controller
system:controller:certificate-controller
system:controller:clusterrole-aggregation-controller
system:controller:cronjob-controller
system:controller:daemon-set-controller
system:controller:deployment-controller
system:controller:disruption-controller
system:controller:endpoint-controller
system:controller:expand-controller
system:controller:generic-garbage-collector
system:controller:horizontal-pod-autoscaler
system:controller:job-controller
system:controller:namespace-controller
system:controller:node-controller
system:controller:persistent-volume-binder
system:controller:pod-garbage-collector
system:controller:pv-protection-controller
system:controller:pvc-protection-controller
system:controller:replicaset-controller
system:controller:replication-controller
system:controller:resourcequota-controller
system:controller:root-ca-cert-publisher
system:controller:route-controller

需要指定的角色
system:controller:service-account-controller
system:controller:service-controller
system:controller:statefulset-controller
system:controller:ttl-controller

8. 預防許可權提升和授權初始化

RBAC API 防止使用者透過編輯 Role 或者 RoleBinding 獲得許可權的提升。這一限制是在 API 等級生效的，因此即使沒有啟用 RBAC，也仍然有效。

1）建立或更新 Role 或 ClusterRole 的限制

使用者要對角色（Role 或 ClusterRole）進行建立或更新操作，需要滿足下列至少一個條件：

（1）使用者已擁有 Role 中包含的所有權限，且與該角色的生效範圍一致（如果是叢集角色，則是叢集範圍；如果是普通角色，則可能是同一個命名空間或者整個叢集）。

（2）使用者被顯式授予針對 Role 或 ClusterRole 資源的提權（Escalate）操作許可權。

例如，使用者 user-1 沒有列出叢集中所有 Secret 資源的許可權，就不能建立具有這一許可權的叢集角色。要讓一個使用者能夠建立或更新角色，則需要：

（1）為其授予一個允許建立或更新 Role 或 ClusterRole 資源物件的角色。

（2）為其授予允許建立或更新角色的許可權，有隱式和顯式兩種方法。

- 隱式：為使用者授予這些許可權。使用者如果嘗試使用尚未被授予的許可權來建立或修改 Role 或 ClusterRole，則該 API 請求將被禁止。
- 顯式：為使用者顯式授予 rbac.authorization.k8s.io API Group 中的 Role 或 ClusterRole 的提權（Escalate）操作許可權。

2）建立或更新 RoleBinding 或 ClusterRoleBinding 的限制

僅當我們已經擁有被引用的角色（Role 或 ClusterRole）中包含的所

有權限（與角色綁定的作用域相同）或已被授權對被引用的角色執行綁定（bind）操作時，才能建立或更新角色綁定（RoleBinding 或 ClusterRoleBinding）。例如，如果使用者 user-1 沒有列出叢集中所有 Secret 資源的許可權，就無法為一個具有這樣許可權的角色建立 ClusterRoleBinding。要使使用者能夠建立或更新角色綁定，則需要進行以下操作。

（1）為其授予一個允許建立和更新 RoleBinding 或 ClusterRoleBinding 的角色。

（2）為其授予綁定特定角色的許可權，有隱式或顯式兩種方法。

■ 隱式：授予其該角色中的所有權限。

■ 顯式：授予在特定角色或叢集角色中執行綁定（bind）操作的許可權。

例如，透過下面的 ClusterRole 和 RoleBinding 設置，將允許使用者 user-1 為其他使用者在 user-1-namespace 命名空間中授予 admin、edit 及 view 角色的許可權：

```yaml
apiVersion: rbac.authorization.k8s.io/v1
kind: ClusterRole
metadata:
  name: role-grantor
rules:
- apiGroups: ["rbac.authorization.k8s.io"]
  resources: ["rolebindings"]
  verbs: ["create"]
- apiGroups: ["rbac.authorization.k8s.io"]
  resources: ["clusterroles"]
  verbs: ["bind"]
  resourceNames: ["admin","edit","view"]
---
apiVersion: rbac.authorization.k8s.io/v1
kind: RoleBinding
metadata:
  name: role-grantor-binding
  namespace: user-1-namespace
roleRef:
  apiGroup: rbac.authorization.k8s.io
  kind: ClusterRole
```

```
  name: role-grantor
subjects:
- apiGroup: rbac.authorization.k8s.io
  kind: User
  name: user-1
```

在系統初始化過程中啟用第 1 個角色和角色綁定時，必須讓初始使用者具備其尚未被授予的許可權。要進行初始的角色和角色綁定設置，有以下兩種辦法。

（1）使用屬於 system:masters 組的證書，這個組預設具有 cluster-admin 這個超級使用者的許可權。

（2）如果 API Server 以 --insecure-port 參數執行，則用戶端透過這個非安全通訊埠進行介面呼叫，透過這個非安全通訊埠的存取沒有認證鑒權的限制。

9. 使用 kubectl 命令列工具管理 RBAC

除了使用 YAML 檔案建立 RBAC 角色和角色綁定資源物件，也可以使用 kubectl 命令列工具管理 RBAC 相關資源，下面透過範例進行說明。

1）建立 Role：kubectl create role
在 Namespace 範圍內設置授權規則，範例如下。

（1）建立名為 "pod-reader" 的 Role，允許對 Pod 進行 get、watch、list 操作：

```
kubectl create role pod-reader --verb=get --verb=list --verb=watch
--resource=pods
```

（2）建立名為 "pod-reader" 的 Role，允許對特定名稱（resourceNames）的 Pod 進行 get 操作：

```
kubectl create role pod-reader --verb=get --resource=pods --resource-
name=readablepod --resource-name=anotherpod
```

（3）建立名為 "foo" 的 Role，允許對 API Group"apps" 中的 replicaset 進行 get、watch、list 操作：

```
kubectl create role foo --verb=get,list,watch --resource=replicasets.apps
```

（4）建立名為 "foo" 的 Role，允許對 Pod 及其子資源 "status" 進行 get、watch、list 操作：

```
kubectl create role foo --verb=get,list,watch --resource=pods,pods/status
```

（5）建立名為 "my-component-lease-holder" 的 Role，允許對特定名稱（resourceNames）的 lease 資源進行 get、list、watch、update 操作：

```
kubectl create role my-component-lease-holder --verb=get,list,watch,update
--resource=lease --resource-name=my-component
```

2）建立 ClusterRole：kubectl create clusterrole
在叢集範圍內設置授權規則，範例如下。

（1）建立名為 "pod-reader" 的 ClusterRole，允許對所有命名空間中的 Pod 進行 get、watch、list 操作：

```
kubectl create clusterrole pod-reader --verb=get,list,watch --resource=pods
```

（2）建立名為 "pod-reader" 的 ClusterRole，允許對特定名稱（resource Names）的 Pod 進行 get 操作：

```
kubectl create clusterrole pod-reader --verb=get --resource=pods --resource-
name=readablepod --resource-name=anotherpod
```

（3）建立名為 "foo" 的 ClusterRole，允許對 API Group"apps" 中的 replicaset 進行 get、watch、list 操作：

```
kubectl create clusterrole foo --verb=get,list,watch --resource=replicasets.
apps
```

（4）建立名為 "foo" 的 ClusterRole，允許對 Pod 及其子資源 "status" 進行 get、watch、list 操作：

```
kubectl create clusterrole foo --verb=get,list,watch --resource=pods,pods/
status
```

（5）建立名為 "foo" 的 ClusterRole，允許對非資源類型的 URL 進行 get 操作：

```
kubectl create clusterrole "foo" --verb=get --non-resource-url=/logs/*
```

（6）建立名為 "monitoring" 的 ClusterRole，透過 aggregationRule 設置其聚合規則：

```
kubectl create clusterrole monitoring --aggregation-rule="rbac.example.com/
aggregate-to-monitoring=true"
```

3）建立 RoleBinding：kubectl create rolebinding

在特定的命名空間中進行授權（為 Subject 綁定 Role），範例如下。

（1）在命名空間 acme 中為使用者 "bob" 授權 ClusterRole"admin"：

```
kubectl create rolebinding bob-admin-binding --clusterrole=admin --user=bob
--namespace=acme
```

（2）在命名空間 acme 中為 ServiceAccount"myapp" 授權 ClusterRole"view"：

```
kubectl create rolebinding myapp-view-binding --clusterrole=view
--serviceaccount=acme:myapp --namespace=acme
```

（3）在命名空間 acme 中為命名空間 myappnamespace 中的 ServiceAccount
"myapp" 授權 ClusterRole"view"：

```
kubectl create rolebinding myappnamespace-myapp-view-binding
--clusterrole=view --serviceaccount=myappnamespace:myapp --namespace=acme
```

4）建立 ClusterRoleBinding：kubectl create clusterrolebinding

在叢集範圍內進行授權（為 Subject 綁定 ClusterRole），範例如下。

（1）在叢集範圍內為使用者 root 授權 ClusterRole"cluster-admin"：

```
kubectl create clusterrolebinding root-cluster-admin-binding
--clusterrole=cluster-admin --user=root
```

（2）在叢集範圍內為使用者 "system:kube-proxy" 授權 ClusterRole
"system:node-proxier"：

```
kubectl create clusterrolebinding kube-proxy-binding
--clusterrole=system:node-proxier --user=system:kube-proxy
```

（3）在叢集範圍內為命名空間 acme 中的 ServiceAccount"myapp" 授權
ClusterRole"view"：

```
kubectl create clusterrolebinding myapp-view-binding --clusterrole=view
--serviceaccount=acme:myapp
```

5）kubectl auth reconcile

基於 YAML 檔案建立或更新 rbac.authorization.k8s.io/v1 版本的 RBAC 相

關 API 資源物件。如有必要，系統則將建立缺失的資源物件，並為設置了命名空間的資源建立缺失的命名空間資源。

已存在的 Role 將更新為包含輸入物件中的全部許可權，並且移除多餘的許可權（需要設置 --remove-extra-permissions 參數）。

已存在的 RoleBinding 將更新為包含輸入物件中的全部主體（Subject），並且移除多餘的主體（需要設置 --remove-extra-subjects 參數）。

範例如下。

（1）測試運行 RBAC 規則，顯示將要執行的更改：

```
kubectl auth reconcile -f my-rbac-rules.yaml --dry-run=client
```

（2）應用輸入設定中的內容，保留任何額外許可權（Role）和任何額外主體（Binding）：

```
kubectl auth reconcile -f my-rbac-rules.yaml
```

（3）應用輸入設定中的內容，刪除任何額外許可權和任何額外主體：

```
kubectl auth reconcile -f my-rbac-rules.yaml --remove-extra-subjects
--remove-extra-permissions
```

此外，可以透過 kubectl --help 命令在說明資訊中查看使用說明。

10. 對 ServiceAccount 的授權管理

預設的 RBAC 策略為控制平面元件、節點和控制器授予有限範圍的許可權，但是不會為命名空間 kube-system 之外的 ServiceAccount 授予任何許可權（除了所有已認證使用者都具有的 Discovery 許可權）。這使得管理員可以為特定的 ServiceAccount 授予所需的許可權。細粒度的許可權管理能夠提供更高的安全性，但也會提高管理成本。粗放的授權方式可能會給 ServiceAccount 提供不必要的許可權，但更易於管理。

按照從最安全到最不安全的順序，授權的方法如下。

1）為應用專屬的 ServiceAccount 賦權（最佳實踐）
這個應用需要在 Pod 的定義中指定一個 serviceAccountName，並為其建立 ServiceAccount（可以透過 API、YAML 檔案、kubectl create serviceaccount

命令等方式建立）。例如為 my-namespace 中的 ServiceAccount "my-sa" 授予
唯讀許可權：

```
kubectl create rolebinding my-sa-view \
  --clusterrole=view \
  --serviceaccount=my-namespace:my-sa \
  --namespace=my-namespace
```

2）為一個命名空間中名為 default 的 ServiceAccount 授權

如果一個應用沒有指定 serviceAccountName，系統則將為其設置名為
"default" 的 ServiceAccount。需要注意的是，授予 ServiceAccount"default"
的許可權會讓所有沒有指定 serviceAccountName 的 Pod 都具有這些許可
權。

例如，在 my-namespace 命名空間中為 ServiceAccount"default" 授予唯讀
許可權：

```
kubectl create rolebinding default-view \
  --clusterrole=view \
  --serviceaccount=my-namespace:default \
  --namespace=my-namespace
```

另外，許多 Kubernetes 系統元件都在 kube-system 命名空間中使用預設
的 ServiceAccount 執行。要讓這些管理元件擁有超級使用者許可權，則
可以把叢集等級的 cluster-admin 許可權指定 kube-system 命名空間中名為
default 的 ServiceAccount。注意，這一操作意味著 kube-system 命名空間
中的應用預設都有超級使用者的許可權：

```
kubectl create clusterrolebinding add-on-cluster-admin \
  --clusterrole=cluster-admin \
  --serviceaccount=kube-system:default
```

3）為命名空間中的所有 ServiceAccount 都授予同一個許可權

如果希望一個命名空間中的所有應用程式都具有一個角色，那麼無論它們
使用什麼 ServiceAccount，都可以為這一命名空間中的 ServiceAccount 組
進行授權。

例如，為 my-namespace 命名空間中的所有 ServiceAccount 都指定唯讀許
可權：

```
kubectl create rolebinding serviceaccounts-view \
  --clusterrole=view \
  --group=system:serviceaccounts:my-namespace \
  --namespace=my-namespace
```

4）為叢集範圍內的所有 ServiceAccount 都授予一個有限的許可權（不推薦）
如果不想為每個命名空間都管理授權，則可以把一個叢集等級的角色授權
給所有 ServiceAccount。例如，為所有命名空間中的所有 ServiceAccount
都授予唯讀許可權：

```
$ kubectl create clusterrolebinding serviceaccounts-view \
  --clusterrole=view \
  --group=system:serviceaccounts
```

5）為所有 ServiceAccount 都授予超級使用者許可權（強烈不推薦）
如果使用者可以完全不關心許可權，則可以把超級使用者許可權分配給
每個 ServiceAccount。注意，這讓所有應用都具有叢集超級使用者的許可
權，同時為能夠讀取 Secret 或建立 Pod 許可權的使用者也授予叢集超級使
用者的許可權：

```
$ kubectl create clusterrolebinding serviceaccounts-cluster-admin \
  --clusterrole=cluster-admin \
  --group=system:serviceaccounts
```

11. 從 ABAC 更新為 RBAC 的建議

在 Kubernetes 1.6 版本之前通常使用的是寬鬆的 ABAC 策略，包含為所有
ServiceAccount 授予完全的 API 存取權限。

預設的 RBAC 策略為控制平面元件、節點和控制器授予有限範圍的許可
權，但是不會為命名空間 kube-system 之外的 ServiceAccount 授予任何許
可權。

這樣一來，儘管更加安全，卻可能會對某些希望自動獲得 API 許可權的現
有工作負載造成影響，以下是管理過渡的兩種方法。

1）並行認證
RBAC 和 ABAC 同時執行，並包含已使用的 ABAC 策略檔案，將 kube-
apiserver 的啟動參數設置如下：

```
--authorization-mode=RBAC,ABAC --authorization-policy-file=mypolicy.jsonl
```

先由 RBAC 嘗試對請求進行鑑權，如果結果是拒絕存取，系統就繼續使用 ABAC 授權機制，這意味著請求只需要滿足 RBAC 或 ABAC 之一即可工作。

當 kube-apiserver 服務對 RBAC 模組設置的日誌等級為 5 或更高（--vmodule=rbac*=5 或 --v=5）時，就可以在 API Server 的日誌中看到 RBAC 的拒絕行為（首碼為 RBAC）。可以利用這一資訊來確定需要為哪些使用者、使用者群組或 ServiceAccount 授予哪些許可權。

等到叢集管理員按照 RBAC 的方式對相關元件進行了授權，並且在日誌中不再出現 RBAC 的拒絕資訊時，就可以移除 ABAC 認證方式了。

2）粗放管理
可以使用 RBAC 的角色綁定，複製一個粗放的 ABAC 策略。

警告：下面的策略讓叢集中的所有 ServiceAccount 都具備了叢集管理員許可權，所有容器執行的應用都會自動接收 ServiceAccount 的認證，能夠對任意 API 執行任意操作，包括查看 Secret 和修改授權。它不是一個推薦的過渡策略。

```
kubectl create clusterrolebinding permissive-binding \
  --clusterrole=cluster-admin \
  --user=admin \
  --user=kubelet \
  --group=system:serviceaccounts
```

過渡到使用 RBAC 授權模式之後，管理員應該調整叢集的存取控制策略，以確保它們滿足資訊安全的相關需求。

6.2.4 Node 授權模式詳解

Node 授權模式針對的 Subject 是 Node，不是 user 或者應用的 Service Account，是專門對 kubelet 發起的 API 請求進行授權的管理模式。

Node 授權者（node authorizer）允許 kubelet 發起 API 操作的資源物件如下。

（1）讀取操作：Service、Endpoint、Node、Pod、Secret、ConfigMap、PVC，以及綁定到 Node 的與 Pod 相關的持久卷冊。

（2）寫入操作：

- Node 和 Node Status（啟用 NodeRestriction 存取控制器，以限制 kubelet 只能修改自己節點的資訊）；
- Pod 和 Pod Status（啟用 NodeRestriction 存取控制器，以限制 kubelet 只能修改綁定到本節點的 Pod 資訊）；
- Event。

（3）授權相關操作：

- 以 TLS 啟動引導過程中使用的 certificationsigningrequest 資源物件為基礎的讀寫入操作；
- 在代理鑒權或授權檢查過程中建立 tokenreview 和 subjectaccessreview 資源物件。

為了開啟 Node 授權模式，需要為 kube-apiserver 設置啟動參數 --authorization-mode= Node。為了限制 kubelet 可寫入的 API 資源物件，需要為 kube-apiserver 服務啟用 NodeRestriction 存取控制外掛程式：--enable-admission-plugins=...,NodeRestriction。

為了獲取 Node 授權者的授權，kubelet 需要使用一個證書，以標識它在 system:nodes 組內，使用者名稱為 system:node:<nodeName>，並且該組名稱和使用者名稱的格式需要與 kubelet TLS 啟動過程中為 kubelet 建立的標識比對。

在將來的版本中，Node 授權者可能會增加或刪除許可權，以確保 kubelet 具有正確操作所需的最小許可權集。總之，Node 授權模式正在一步步地收緊叢集中每個 Node 的許可權，這也是 Kubernetes 進一步提升叢集安全性的一個重要改進措施。

6.3 Admission Control

突破了之前所説的認證和鑒權兩道關卡之後，用戶端的呼叫請求就能夠得到 API Server 的真正回應了嗎？答案是：不能！這個請求還要透過 Admission Control（存取控制）所控制的一個存取控制鏈的層層考驗，才能獲得成功的回應。Kubernetes 官方標準的「關卡」有 30 多個，還允許使用者自訂擴充。

Admission Control 配備了一個存取控制器的外掛程式列表，發送給 API Server 的任何請求都需要透過清單中每個存取控制器的檢查，檢查不透過，API Server 就會拒絕此呼叫請求。此外，存取控制器外掛程式能夠修改請求參數以完成一些自動化任務，比如 ServiceAccount 這個控制器外掛程式。當前可設定的存取控制器外掛程式如下。

- AlwaysAdmit：已棄用，允許所有請求。

- AlwaysPullImages：在啟動容器之前總是嘗試重新下載鏡像。這對於多租戶共用一個叢集的場景非常有用，系統在啟動容器之前可以保證總是使用租戶的金鑰去下載鏡像。如果不設置這個控制器，則在 Node 上下載的鏡像的安全性將被削弱，只要知道該鏡像的名稱，任何人便都可以使用它們了。

- AlwaysDeny：已棄用，禁止所有請求，用於測試。

- DefaultStorageClass：會關注 PersistentVolumeClaim 資源物件的建立，如果其中沒有包含任何針對特定 Storage class 的請求，則為其指派指定的 Storage class。在這種情況下，使用者無須在 PVC 中設置任何特定的 Storage class 就能完成 PVC 的建立了。如果沒有設置預設的 Storage class，該控制器就不會進行任何操作；如果設置了超過一個的預設 Storage class，該控制器就會拒絕所有 PVC 物件的建立申請，並返回錯誤資訊。管理員必須檢查 StorageClass 物件的設定，確保只有一個預設值。該控制器僅關注 PVC 的建立過程，對更新過程無效。

- DefaultTolerationSeconds：針對沒有設置容忍 node.kubernetes.io/not-

ready:NoExecute 或 者 node.alpha.kubernetes.io/unreachable:NoExecute
的 Pod，設置 5min 的預設容忍時間。

■ DenyExecOnPrivileged：已棄用，攔截所有想在 Privileged Container 上
執行命令的請求。如果叢集支援 Privileged Container，又希望限制使用
者在這些 Privileged Container 上執行命令，那麼強烈推薦使用它。其
功能已被合併到 DenyEscalatingExec 中。

■ DenyEscalatingExec：攔截所有 exec 和 attach 到具有特權的 Pod 上的
請求。如果叢集支援執行有 escalated privilege 許可權的容器，又希望
限制使用者在這些容器內執行命令，那麼強烈推薦使用它。

■ EventRateLimit：Alpha 版本，用於應對事件密集情況下對 API Server
造成的洪水攻擊。

■ ExtendedResourceToleration：如果運行維護人員要建立帶有特定資源
（例如 GPU、FPGA 等）的獨立節點，則可能會對節點進行 Taint 處理
來進行特別設定。該控制器能夠自動為申請這些特別資源的 Pod 加入
Toleration 定義，無須人工干預。

■ ImagePolicyWebhook：Alpha 版 本，該 外 掛 程 式 將 允 許 後 端
的 一 個 Webhook 程 式 來 完 成 admission controller 的 功 能。
ImagePolicyWebhook 需要使用一個設定檔（透過 kube-apiserver 的啟動
參數 --admission-control-config-file 設置）定義後端 Webhook 的參數。

■ Initializers：Alpha 版本，用於為動態存取控制提供支援，透過修改待
建立資源的中繼資料來完成對該資源的修改。

■ LimitPodHardAntiAffinityTopology：該外掛程式啟用了 Pod 的反親和
性排程策略設置，在設置親和性策略參數 requiredDuringSchedulingReq
uiredDuringExecution 時要求將 topologyKey 的值設置為 "kubernetes.io/
hostname"，否則 Pod 會被拒絕建立。

■ LimitRanger：該外掛程式會監控進入的請求，確保請求的內容符合
在 Namespace 中定義的 LimitRange 物件裡的資源限制。如果要在
Kubernetes 叢集中使用 LimitRange 物件，則必須啟用該外掛程式才能

實施這一限制。LimitRanger 還能用於為沒有設置資源請求的 Pod 自動設置預設的資源請求，會為 default 命名空間中的所有 Pod 都設置 0.1CPU 的資源請求。

- MutatingAdmissionWebhook：Beta 版本，會變更符合要求的請求的內容，Webhook 以串列的方式循序執行。

- NamespaceAutoProvision：該外掛程式會檢測所有進入的具備命名空間的資源請求，如果其中引用的命名空間不存在，就會自動建立命名空間。

- NamespaceExists：該外掛程式會檢測所有進入的具備命名空間的資源請求，如果其中引用的命名空間不存在，就會拒絕這一建立過程。

- NamespaceLifecycle：如果嘗試在一個不存在的命名空間中建立資源物件，則該建立請求將被拒絕。刪除一個命名空間時，系統將刪除該命名空間中的所有物件，包括 Pod、Service 等，並阻止刪除 default、kube-system 和 kube-public 這三個命名空間。

- NodeRestriction：該外掛程式會限制 kubelet 對 Node 和 Pod 的修改。為了實現這一限制，kubelet 必須使用 system:nodes 組中使用者名稱為 system:node:<nodeName> 的 Token 來執行。符合條件的 kubelet 只能修改自己的 Node 物件，也只能修改分配到各自 Node 上的 Pod 物件。在 Kubernetes 1.11 以後的版本中，kubelet 無法修改或者更新自身 Node 的 taint 屬性。在 Kubernetes 1.13 以後，該外掛程式還會阻止 kubelet 刪除自己的 Node 資源，並限制對有 kubernetes.io/ 或 k8s.io/ 首碼的標籤的修改。

- OwnerReferencesPermissionEnforcement：在該外掛程式啟用後，一個使用者要想修改物件的 metadata.ownerReferences，就必須具備 delete 許可權。該外掛程式還會保護物件的 metadata.ownerReferences[x].blockOwnerDeletion 欄位，使用者只有在對 finalizers 子資源擁有 update 許可權時才能進行修改。

- PersistentVolumeLabel：已棄用。該外掛程式自動根據雲端供應商（例如 GCE 或 AWS）的定義，為 PersistentVolume 物件加入 region 或 zone 標籤，以此來確保 PersistentVolume 和 Pod 同處一個區域。如果外掛程式不為 PV 自動設置標籤，則需要使用者手動保證 Pod 和其載入卷冊的相對位置。該外掛程式正在被 Cloud controller manager 替換，從 Kubernetes 1.11 版本開始預設被禁止。

■ PodNodeSelector：該外掛程式會讀取命名空間的 annotation 欄位及全域設定，來對一個命名空間中物件的節點選擇器設置預設值或限制其取值。

■ PersistentVolumeClaimResize：該外掛程式實現了對 PersistentVolume Claim 發起的 resize 請求的額外驗證。

■ PodPreset：該外掛程式會使用 PodSelector 選擇 Pod，為符合條件的 Pod 進行注入。

■ PodSecurityPolicy：在建立或修改 Pod 時決定是否根據 Pod 的 security context 和可用的 PodSecurityPolicy 對 Pod 的安全性原則進行控制。

■ PodTolerationRestriction：該外掛程式首先會在 Pod 和其命名空間的 Toleration 中進行衝突檢測，如果其中存在衝突，則拒絕該 Pod 的建立。它會把命名空間和 Pod 的 Toleration 合併，然後將合併的結果與命名空間中的白名單進行比較，如果合併的結果不在白名單內，則拒絕建立。如果不存在命名空間等級的預設 Toleration 和白名單，則會採用叢集等級的預設 Toleration 和白名單。

■ Priority：該外掛程式使用 priorityClassName 欄位來確定優先順序，如果沒有找到對應的 Priority Class，該 Pod 就會被拒絕。

■ ResourceQuota：用於資源配額管理，作用於命名空間。該外掛程式攔截所有請求，以確保命名空間中的資源配額使用不會超過標準。推薦在 Admission Control 參數列表中將該外掛程式排在最後一個，以免可能被其他外掛程式拒絕的 Pod 被過早分配資源。在 10.4 節將詳細介紹 ResourceQuota 的原理和用法。

■ SecurityContextDeny：該外掛程式將 Pod 中定義的 SecurityContext 選項

全部失效。SecurityContext 在 Container 中定義了作業系統等級的安全設定（uid、gid、capabilities、SELinux 等）。在未設置 PodSecurity Policy 的叢集中建議啟用該外掛程式，以禁用容器設置的非安全存取權限。

- ServiceAccount：該外掛程式讓 ServiceAccount 實現了自動化，如果想使用 ServiceAccount 物件，那麼強烈推薦使用它。

- StorageObjectInUseProtection：該外掛程式會在新建立的 PVC 或 PV 中加入 kubernetes. io/pvc-protection 或 kubernetes.io/pv-protection 的 finalizer。如果想刪除 PVC 或者 PV，則直到所有 finalizer 的工作都完成，刪除動作才會執行。

- ValidatingAdmissionWebhook：在 Kubernetes 1.8 版本中為 Alpha 版本，在 Kubernetes 1.9 版本中為 Beta 版本。該外掛程式會針對符合其選擇要求的請求呼叫驗證 Webhook。目標 Webhook 會以並行方式執行；如果其中任何一個 Webhook 拒絕了該請求，該請求就會失敗。

在 API Server 上設置參數即可訂製我們需要的存取控制鏈，如果啟用了多種存取控制選項，則建議這樣設置：在 Kubernetes 1.9 及之前的版本中使用的參數是 --admission-control，其中的內容是順序相關的；在 Kubernetes 1.10 及之後的版本中使用的參數是 --enable-admission-plugins，並且與順序無關。

對 Kubernetes 1.10 及以上版本設置如下：

```
--enable-admission-plugins=NamespaceLifecycle,LimitRanger,ServiceAccount,D
efaultStorageClass,DefaultTolerationSeconds,MutatingAdmissionWebhook,Valid
atingAdmissionWebhook,ResourceQuota
```

除了靜態編譯的 Admission 外掛程式，也可以透過 Webhook 方式對接外部的 Admission Webhook 服務，實現與 Admission 外掛程式一樣的功能。但 Webhook 方式更加靈活，能夠在 API Server 執行時期修改和設定動態更新控制策略。Admission Webhook 的實現方式是常見的 HTTP 回呼，該回呼方法首先接收一個 Admission 請求參數，然後對此參數做出修改或者存取控制判斷的邏輯，前一種類型的 Webhook 被稱為 Mutating Admission Webhook，後一種被稱為 Validating Admission Webhook。如果需要修改

Admission 請求參數，則可以用 Mutating Admission Webhook 進行修改，並把它設定到存取控制鏈的靠前位置。

使用 Admission Webhook 實現存取控制的方式還有一個明顯優勢，即我們可以靈活指定存取哪些版本的資源物件需要透過 Admission Webhook 進行判斷。比如下面這段設定表示 my-webhook.example.com 這個 Webhook 只針對 apps/v1 及 apps/v1beta1 版本下的 Deployments 與 Replicasets 資源物件的 CREATE 與 UPDATE 操作進行控制。

```
apiVersion: admissionregistration.k8s.io/v1
kind: ValidatingWebhookConfiguration
......
webhooks:
- name: my-webhook.example.com
  rules:
  - operations: ["CREATE", "UPDATE"]
    apiGroups: ["apps"]
    apiVersions: ["v1", "v1beta1"]
    resources: ["deployments", "replicasets"]
    scope: "Namespaced"
```

不過，相對於 Admission Control 外掛程式來說，使用 Admission Webhook 要複雜得多，除了需要開發一個 Admission Webhook Server 實現 HTTP 回呼的邏輯，還需要建立一個對應的 ValidatingWebhookConfiguration 設定檔，如果 Admission Webhook 需要與 API Server 進行認證，則還需要建立對應的 AdmissionConfiguration 設定檔。

6.4 Service Account

Service Account 也是一種帳號，但它並不是給 Kubernetes 叢集的使用者（系統管理員、運行維護人員、租戶使用者等）用的，而是給執行在 Pod 裡的處理程序用的，它為 Pod 裡的處理程序提供了必要的身份證明。

在繼續學習之前，請回顧 6.1 節 API Server 認證的內容。

在正常情況下，為了確保 Kubernetes 叢集的安全，API Server 都會對用戶端進行身份認證，認證失敗的用戶端無法進行 API 呼叫。此外，在

Pod 中存取 Kubernetes API Server 服務時，是以 Service 方式存取名為 Kubernetes 的這個服務的，而 Kubernetes 服務又只在 HTTPS 安全通訊埠 443 上提供，那麼如何進行身份認證呢？這的確是個謎，因為 Kubernetes 的官方文件並沒有清楚說明這個問題。

透過查看官方原始程式，我們發現這是在用一種類似 HTTP Token 的新認證方式——Service Account Auth，Pod 中的用戶端呼叫 Kubernetes API 時，在 HTTP Header 中傳遞了一個 Token 字串，這類似於之前提到的 HTTP Token 認證方式，但有以下幾個不同之處。

- 這個 Token 的內容來自 Pod 裡指定路徑下的一個檔案（/run/secrets/ kubernetes. io/serviceaccount/token），該 Token 是動態生成的，確切地說，是由 Kubernetes Controller 處理程序用 API Server 的私密金鑰（--service-account-private-key-file 指定的私密金鑰）簽名生成的一個 JWT Secret。

- 在官方提供的用戶端 REST 框架程式裡，透過 HTTPS 方式與 API Server 建立連接後，會用 Pod 裡指定路徑下的一個 CA 證書（/run/ secrets/kubernetes.io/serviceaccount/ ca.crt）驗證 API Server 發來的證書，驗證是否為 CA 證書簽名的合法證書。

- API Server 在收到這個 Token 以後，會採用自己的私密金鑰（實際上是使用 service-account- key-file 參數指定的私密金鑰，如果沒有設置此參數，則預設採用 tls-private-key-file 指定的參數，即自己的私密金鑰）對 Token 進行合法性驗證。

明白了認證原理，我們接下來繼續分析在上面的認證過程中所包括的 Pod 中的以下三個檔案。

- /run/secrets/kubernetes.io/serviceaccount/token。
- /run/secrets/kubernetes.io/serviceaccount/ca.crt。
- /run/secrets/kubernetes.io/serviceaccount/namespace（用戶端採用這裡指定的 namespace 作為參數呼叫 Kubernetes API）。

這三個檔案由於參與到 Pod 處理程序與 API Server 認證的過程中，造成了類似 secret（私密證書）的作用，所以被稱為 Kubernetes Secret 物件。
Secret 從屬於 Service Account 資源物件，屬於 Service Account 的一部
分，在一個 Service Account 物件裡面可以包括多個不同的 Secret 物件，
分別用於不同目的的認證活動。

下面透過執行一些命令來加深我們對 Service Account 與 Secret 的直觀認
識。

首先，查看系統中的 Service Account 物件，看到有一個名為 default 的
Service Account 物件，包含一個名為 default-token-77oyg 的 Secret，這個
Secret 同時是 Mountable secrets，表示它是需要被掛載到 Pod 上的：

```
# kubectl describe serviceaccounts
Name:    default
Namespace: default
Labels:   <none>
Image pull secrets:   <none>
Mountable secrets:    default-token-77oyg
Tokens:               default-token-77oyg
```

接下來看看 default-token-77oyg 都有什麼內容：

```
# kubectl describe secrets default-token-77oyg
Name:    default-token-77oyg
Namespace: default
Labels:<none>
Annotations:   kubernetes.io/service-account.name=default
        kubernetes.io/service-account.uid=3e5b99c0-432c-11e6-b45c-
000c29dc2102

Type:   kubernetes.io/service-account-token

Data
====
```
```
token:   eyJhbGciOiJSUzI1NiIsInR5cCI6IkpXVCJ9.eyJpc3MiOiJrdWJlcm5ldGV
zL3NlcnZpY2VhY2NvdW50Iiwia3ViZXJuZXRlcy5pby9zZXJ2aWNlYWNjb3VudC9uYW1l
c3BhY2UiOiJkZWZhdWx0Iiwia3ViZXJuZXRlcy5pby9zZXJ2aWNlYWNjb3VudC9zZWNyZ
XQubmFtZSI6ImRlZmF1bHQtdG9rZW4tNzdveWciLCJrdWJlcm5ldGVzLmlvL3NlcnZpY2V
hY2NvdW50L3NlcnZpY2UtYWNjb3VudC51aWQiIjoiZGVmYXVsdCIsImt1YmVybmV0ZXMua
W8vc2VydmljZWFjY291bnQvc2VydmljZS1hY2NvdW50LnVpZCI6IjNlNWI5OWMwLTQzMmM
tMTFlNi1iNDVjLTAwMGMyOWRjMjEwMiIsInN1YiI6InN5c3RlbTpzZXJ2aWNlYWNjb3Vud
DpkZWZhdWx0Om9lZmF1bHQifQ.MFsBrYmTLMB55X3UGfO_pADP6FSsQgHb0SxGJtTsJnY-
```

```
ze2vFc8QdO7bVdmQfFbnkHgLWht1KIpR_EyvJTRP538uovgcA_QGN9yIMEdqIfQC2wfnLFuk10a
8OdSH4uzayBb50yI7gJWXWbXn6u0wAGMneiTKtCvzGfR4q-p19Jjh5qNPiUdJ0NhjsJJSAc1hdN
K40XtOgMHdNNyPEmPgk6Ow2cM7DRb6ifiSOs05cTeLYv1TpIBMvcQy4sYedCEL2cJ20BwcSo4-
1Dev9rdxr5OdtgCvo6OxbPF7RcWwjjgUMLYO3YCi07WmQNdmxWHJkwvBtkWZhzdvuFCpHeWANA
ca.crt:   1115 bytes
namespace:  7 bytes
```

從上面的輸出資訊中可以看到，default-token-77oyg 包含三個資料項目，分別是 token、ca.crt、namespace。聯想到 Mountable secrets 的標記，以及之前看到的 Pod 中的三個檔案的檔案名稱，我們恍然大悟：在每個命名空間中都有一個名為 default 的預設 Service Account 物件，在這個 Service Account 裡面有一個名為 Tokens 的可以作為 Volume 被掛載到 Pod 裡的 Secret，Pod 啟動時，這個 Secret 會自動被掛載到 Pod 的指定目錄下，用來協助完成 Pod 中的處理程序存取 API Server 時的身份鑒權。

如圖 6.3 所示，一個 Service Account 可以包括多個 Secret 物件。

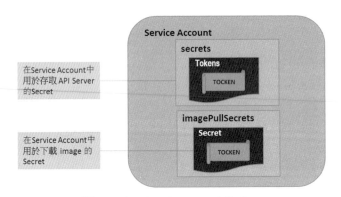

▲ 圖 6.3 Service Account 中的 Secret

其中，名為 Tokens 的 Secret 用於存取 API Server 的 Secret，也被稱為 Service Account Secret；名為 imagePullSecrets 的 Secret 用於下載容器鏡像時的認證，鏡像倉庫通常執行在 Insecure 模式下，所以這個 Secret 為空；使用者自訂的其他 Secret 用於使用者的處理程序中。

如果一個 Pod 在定義時沒有指定 spec.serviceAccountName 屬性，則系統會自動將其給予值為 default，即大家都使用同一個命名空間中的預設 Service Account。如果某個 Pod 需要使用非 default 的 Service Account，則需要在定義時指定：

```
apiVersion: v1
kind: Pod
metadata:
  name: mypod
spec:
  containers:
    - name: mycontainter
      image: nginx:v1
  serviceAccountName: myserviceaccount
```

Kubernetes 之所以要建立兩套獨立的帳號系統，原因如下。

- User 帳號是給人用的，Service Account 是給 Pod 裡的處理程序用的，面向的物件不同。
- User 帳號是全域性的，Service Account 則屬於某個具體的命名空間。
- 通常來說，User 帳號是與後端的使用者資料庫同步的，建立一個新使用者時通常要走一套複雜的業務流程才能實現，Service Account 的建立則需要極羽量級的實現方式，叢集管理員可以很容易地為某些特定任務建立一個 Service Account。
- 對於這兩種不同的帳號，其稽核要求通常不同。
- 對一個複雜的系統來說，多個元件通常擁有各種帳號的設定資訊，Service Account 是在命名空間等級隔離的，可以針對元件進行一對一的定義，同時具備很好的「便攜性」。

接下來深入分析 Service Account 與 Secret 相關的一些執行機制。

Service Account 的正常執行離不開以下控制器：Service Account Controller、Token Controller、Admission Controller。

Service Account Controller 的工作相對簡單，它會監聽 Service Account 和 Namespace 這兩種資源物件的事件，如果在一個 Namespace 中沒有預設的 Service Account，那麼它會為該 Namespace 建立一個預設的 Service Account 物件，這就是在每個 Namespace 下都有一個名為 default 的 Service Account 的原因。

Token Controller 也監聽 Service Account 的事件，如果發現在新建的 Service Account 裡沒有對應的 Service Account Secret，則會用 API Server 私密金鑰（--service-account-private- key-file 指定的檔案）建立一個 Token，並用該 Token、API Server 的 CA 證書等三個資訊產生一個新的 Secret 物件，然後放入剛才的 Service Account 中。如果監聽到的事件是 Service Account 刪除事件，則自動刪除與該 Service Account 相關的所有 Secret。此外，Token Controller 物件也會同時監聽 Secret 的建立和刪除事件，確保與對應的 Service Account 的連結關係正確。

接下來就是 Admission Controller 的重要作用了，當我們在 API Server 的存取控制鏈中啟用了 Service Account 類型的存取控制器時（這也是預設的設置），即在 kube-apiserver 啟動參數中包括下面的內容時：

```
--admission_control=ServiceAccount
```

則針對 Pod 新增或修改的請求，Admission Controller 會驗證 Pod 裡的 Service Account 是否合法，並做出如下控制操作：

- 如果 spec.serviceAccount 域沒有被設置，則 Kubernetes 預設為其指定名稱為 default 的 Service accout。
- 如果 Pod 的 spec.serviceAccount 域指定了不存在的 Service Account，則該 Pod 操作會被拒絕。
- 如果在 Pod 中沒有指定 ImagePullSecrets，那麼這個 spec.serviceAccount 域指定的 Service Account 的 ImagePullSecrets 會被加入該 Pod 中。
- 給 Pod 增加一個特殊的 volumeSource ，在該 Volume 中包含 Service Account Secret 中的 Token。
- 給 Pod 裡的每個容器都增加對應的 VolumeSource，將包含 Secret 的 Volume 掛載到 Pod 中所有容器的指定目錄下（/var/run/secrets/kubernetes.io/ serviceaccount）。

在 Kubernetes 1.6 版本以後，我們可以禁止自動建立 Service Account 對應的 Secret 了，在 Service Account 的 YAML 檔案中增加 automountService

AccountToken: false 屬性即可，同時可以在某個 Pod 的 YAML 檔案中增加此屬性，以實現同樣的效果。

在 6.1 節提到 Kubernetes 中使用者的鑒權可採用以 OAuth 2.0 為基礎的 ODIC 來實現，即由外部的 OIDC Server（Identity Provider）提供 Jwt 格式的加密 Token，而 Service Account Token 是由 Kubernetes 自身生成的符合 Jwt 格式的加密 Token，因此 Kubernetes 也可以被視為具備了 ODIC Server 身份認證功能的服務。所以我們也可以把 Kubernetes 作為一個 ODIC Server，與外部其他第三方的 ODIC Server 組成聯邦，實現相互認證。這樣一來，Kubernetes 也可能憑藉完整的 BRAC 使用者許可權機制，成為整個企業內部使用者鑒權和授權的基礎服務設施了。因此，Kubernetes 從 1.18 版本開始便增加了一個名為 Service Account Issuer Discovery 的新特性（目前為 Alpha 階段），允許 Kubernetes 叢集作為一個 ODIC Server 發佈出去，與外部的第三方可信系統組成聯邦，第三方可信系統可以呼叫 Kubernetes 驗證 Service Account Token 的合法性。

6.5 Secret 私密證書

6.4 節提到了 Secret 物件，Secret 的主要作用是保管私密資料，比如密碼、OAuth Tokens、SSH Keys 等資訊。將這些私密資訊放在 Secret 物件中比直接放在 Pod 或 Docker Image 中更安全，也更便於使用和分發。

下面的例子用於建立一個 Secret：

```
secrets.yaml：
apiVersion: v1
kind: Secret
metadata:
  name: mysecret
type: Opaque
data:
  password: dmFsdWUtMg0K
  username: dmFsdWUtMQ0K

# kubectl create -f secrets.yaml
```

在上面的例子中，data 域各子域的值必須為 BASE64 編碼值，其中 password 域和 username 域 BASE64 編碼前的值分別為 value-1 和 value-2。

一旦 Secret 被建立，就可以透過下面三種方式使用它。

（1）建立 Pod 時，透過為 Pod 指定 Service Account 來自動使用該 Secret。

（2）透過掛載該 Secret 到 Pod 來使用它。

（3）在 Docker 鏡像下載時使用，透過指定 Pod 的 spec.imagePullSecrets 來使用它。

第 1 種使用方式主要用在 API Server 鑑權方面，之前提到過。

下面的例子展示了第 2 種使用方式，即將一個 Secret 透過掛載的方式增加到 Pod 的 Volume 中：

```
apiVersion: v1
kind: Pod
metadata:
  name: mypod
  namespace: myns
spec:
  containers:
  - name: mycontainer
    image: redis
    volumeMounts:
    - name: foo
      mountPath: "/etc/foo"
      readOnly: true
  volumes:
  - name: foo
    secret:
      secretName: mysecret
```

其結果如圖 6.4 所示。

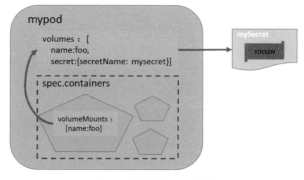

▲ 圖 6.4　掛載 Secret 到 Pod

第 3 種使用方式的應用流程如下。

（1）執行 login 命令，登入私有 Registry：

```
# docker login localhost:5000
```

輸入使用者名稱和密碼，如果是第 1 次登入系統，則會建立新使用者，相關資訊被會寫入 ~/.dockercfg 檔案中。

（2）用 BASE64 編碼 dockercfg 的內容：

```
# cat ~/.dockercfg | base64
```

（3）將上一步命令的輸出結果作為 Secret 的 data.dockercfg 域的內容，由此來建立一個 Secret：

image-pull-secret.yaml：
```
apiVersion: v1
kind: Secret
metadata:
  name: myregistrykey
data:
  .dockercfg: eyAiaHR0cHM6Ly9pbmRleC5kb2NrZXIuaW8vdjEvIjogeyAiYXV0aCI6ICJhbUZuUZyWlhCaGGMzTjNNM0prTVVRJSyIsICJlbWFpbCI6ICJqZG9lQGV4YW1wbGUuY29tIiB9IH0K
type: kubernetes.io/dockercfg
```

```
# kubectl create -f image-pull-secret.yaml
```

（4）在建立 Pod 時引用該 Secret：

pods.yaml：
```
apiVersion: v1
kind: Pod
metadata:
  name: mypod2
spec:
  containers:
    - name: foo
      image: janedoe/awesomeapp:v1
  imagePullSecrets:
    - name: myregistrykey
```

```
$ kubectl create -f pods.yaml
```

其結果如圖 6.5 所示。

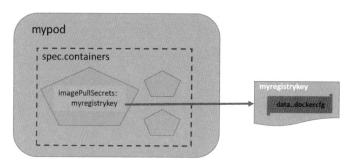

▲ 圖 6.5 imagePullSecret 引用 Secret

每個單獨的 Secret 大小都不能超過 1MB，Kubernetes 不鼓勵建立大的
Secret，因為如果使用大的 Secret，則將大量佔用 API Server 和 kubelet 的
記憶體。當然，建立許多小的 Secret 也能耗盡 API Server 和 kubelet 的記
憶體。

在使用 Mount 方式掛載 Secret 時，Secret 的 data 各個域的 Key 值將被設
置為目錄中的檔案名稱，Value 值被 BASE64 編碼後儲存在相應的檔案
中。在前面的例子中建立的 Secret，被掛載到一個叫作 mycontainer 的容
器中，在該容器中可透過相應的查詢命令查看所生成的檔案和檔案中的內
容，程式如下：

```
$ ls /etc/foo/
username
password
$ cat /etc/foo/username
value-1
$ cat /etc/foo/password
value-2
```

透過上面的例子可以得出如下結論：我們可以透過 Secret 保管其他系統
的敏感資訊（比如資料庫的使用者名稱和密碼），並以 Mount 的方式將
Secret 掛載到 Container 中，然後透過存取目錄中檔案的方式獲取該敏感
資訊。當 Pod 被 API Server 建立時，API Server 不會驗證該 Pod 引用的
Secret 是否存在。一旦這個 Pod 被排程，則 kubelet 將試著獲取 Secret 的
值。如果 Secret 不存在或暫時無法連接到 API Server，則 kubelet 將按一
定的時間間隔定期重試獲取該 Secret，並發送一個 Event 來解釋 Pod 沒

有啟動的原因。一旦 Secret 被 Pod 獲取，則 kubelet 將建立並掛載包含 Secret 的 Volume。只有所有 Volume 都掛載成功，Pod 中的 Container 才會被啟動。在 kubelet 啟動 Pod 中的 Container 後，Container 中與 Secret 相關的 Volume 將不會被改變，即使 Secret 本身被修改。為了使用更新後的 Secret，必須刪除舊 Pod，並重新建立一個新 Pod。

當 Secret 透過 Volume 方式被使用時，對 Secret 資料的任何修改都會引發 Volume 的同步更新，如果在一個業務系統中有大量 Secret 資料以 Volume 方式被使用，則可能帶來性能問題。另外，Secret 資料也可能被意外修改從而導致系統出現問題，為此，kubernetes 1.19 版本預設開啟了 ImmutableEphemeralVolumes 新特性，我們可以透過設置 Secret 的 immutable 屬性為 true 建立一個不可變的 Secret 物件。

6.6 Pod 安全性原則

為了更精細地控制 Pod 啟動或更新時的安全管理，Kubernetes 從 1.5 版本開始引入 PodSecurityPolicy 資源物件對 Pod 安全性原則進行管理，到 1.18 版本時達到 Beta 階段。透過對 PodSecurityPolicy 的設置，管理員可以控制 Pod 的執行條件，以及可以使用系統的哪些功能。PodSecurityPolicy 是叢集範圍內的資源物件，不屬於命名空間範圍。

6.6.1 PodSecurityPolicy 的工作機制

若需要啟用 PodSecurityPolicy 機制，則首先需要設置 kube-apiserver 服務的啟動參數 --enable-admission-plugins 來開啟 PodSecurityPolicy 存取控制器：

```
--enable-admission-plugins=…,PodSecurityPolicy
```

注意，在開啟 PodSecurityPolicy 存取控制器後，系統中還沒有任何 PodSecurityPolicy 策略設定時，Kubernetes 預設不允許建立任何 Pod，需要管理員建立適合的 PodSecurityPolicy 策略和相應的 RBAC 授權策略，Pod 才能建立成功。

例如，嘗試建立如下 Pod：

```
apiVersion: v1
kind: Pod
metadata:
  name: nginx
spec:
  containers:
  - name: nginx
    image: nginx
```

使用 kubectl 命令建立時，系統將提示「禁止建立」的顯示出錯資訊：

```
# kubectl create -f pod.yaml
Error from server (Forbidden): error when creating "pod.yaml": pods "nginx"
is forbidden: no providers available to validate pod request
```

接下來建立一個 PodSecurityPolicy 資源物件，其設定檔 psp-non-privileged.
yaml 的內容如下：

```
apiVersion: policy/v1beta1
kind: PodSecurityPolicy
metadata:
  name: psp-non-privileged
spec:
  privileged: false   # 禁止以特權模式執行
  seLinux:
    rule: RunAsAny
  supplementalGroups:
    rule: RunAsAny
  runAsUser:
    rule: RunAsAny
  fsGroup:
    rule: RunAsAny
  volumes:
  - '*'
```

使用 kubectl create 命令建立該 PodSecurityPolicy：

```
# kubectl create -f psp-non-privileged.yaml
podsecuritypolicy.policy/psp-non-privileged created
```

查看 PodSecurityPolicy：

```
# kubectl get psp psp-non-privileged
NAME                   PRIV    CAPS    SELINUX    RUNASUSER    FSGROUP
SUPGROUP    READONLYROOTFS    VOLUMES
```

```
psp-non-privileged   false         RunAsAny   RunAsAny   RunAsAny
RunAsAny   false            *
```

再次建立 Pod 就能成功：

```
# kubectl create -f pod.yaml
pod/nginx created
```

上 面 的 PodSecurityPolicy"psp-non-privileged" 設 置 了 privileged: false，
表示禁止 Pod 或者容器以特權模式執行。設置了特權模式 Pod 的設定檔
pod-priv.yaml 的內容如下：

```
apiVersion: v1
kind: Pod
metadata:
  name: nginx
spec:
  containers:
  - name: nginx
    image: nginx
    securityContext:
      privileged: true
```

建立 Pod 時，系統將提示「禁止特權模式」的顯示出錯資訊：

```
# kubectl create -f pod-priv.yaml
Error from server (Forbidden): error when creating "pod-priv.yaml": pods
"nginx" is forbidden: unable to validate against any pod security policy:
[spec.containers[0].securityContext.privileged: Invalid value: true:
Privileged containers are not allowed]
```

6.6.2 PodSecurityPolicy 設定詳解

PodSecurityPolicy 資源物件透過許多欄位來控制 Pod 執行時期安全性原則
的各方面。這裡對這些欄位及其作用按功能分組說明如下。

1. 特權模式

privileged：是否允許容器以特權模式執行。

2. 宿主機命名空間（namespace）相關

（1）hostPID：是否允許容器共用宿主機的處理程序 ID 命名空間（PID
Namespace）。

（2）hostIPC：是否允許容器共用宿主機的 IPC 命名空間（IPC Namespace）。

（3）hostNetwork：是否允許 Pod 使用宿主機的網路命名空間（Network Namespace），使用 hostNetwork 的 Pod 將可以存取宿主機的各個網路卡。

（4）hostPorts：是否允許 Pod 使用宿主機的通訊埠編號，可以透過 hostPortRange 欄位設置允許使用的通訊埠編號範圍，以 [min, max] 設置最小通訊埠編號和最大端口號。

3. 儲存卷冊（Volume）和檔案系統相關

（1）Volumes：允許 Pod 使用的儲存卷冊 Volume 類型，設置為 "*" 表示允許使用任意 Volume 類型，建議至少允許 Pod 使用的 Volume 類型有 configMap、downwardAPI、emptyDir、persistentVolumeClaim（PVC）、secret 和 projected。

注意，PodSecurityPolicy 並不會對 PVC 引用的 PersistentVolume（PV）進行限制，hostPath 類型的 PV 也不支援唯讀存取模式，所以管理員應該僅允許授權使用者建立 PV。

（2）FSGroup：設置允許存取某些 Volume 的 Group ID 範圍，規則（rule 欄位）可被設置為 MustRunAs、MayRunAs 或 RunAsAny。

- MustRunAs：需要設置 Group ID 的範圍，例如 1 ～ 65535，要求 Pod 或 Container 的 securityContext.fsGroup 設置的值必須屬於該 Group ID 的範圍，如未設置，則系統將自動設置 securityContext.fsGroup 的值為 Group ID 範圍的最小值。
- MayRunAs：需要設置 Group ID 的範圍，例如 1 ～ 65535，要求 Pod 或 Container 的 securityContext.fsGroup 設置的值必須屬於該 Group ID 的範圍，如未設置，則系統將不會自動設置預設值。
- RunAsAny：不限制 Group ID 的範圍，Pod 或 Container 的 security Context.fsGroup 可被設置為任意 Group ID。

（3）AllowedHostPaths：允許 Pod 使用宿主機的 hostPath 路徑名稱，可以透過 pathPrefix 欄位設置路徑的首碼，並設置是否僅允許以唯讀模式掛載，範例如下：

```
apiVersion: policy/v1beta1
kind: PodSecurityPolicy
metadata:
  name: allow-hostpath-volumes
spec:
......
  volumes:
    - hostPath
  allowedHostPaths:
    - pathPrefix: "/foo"
      readOnly: true   # 僅允許唯讀模式掛載
```

結果為允許 Pod 存取宿主機上以 "/foo" 為首碼的路徑，包括 "/foo"、"/foo/"、"/foo/bar" 等，但不能存取 "/fool"、"/etc/foo" 等路徑，也不允許透過 "/foo/../" 運算式存取 /foo 的上層目錄。

（4）ReadOnlyRootFilesystem：要求容器執行的根檔案系統（root filesystem）必須是唯讀的。

4. FlexVolume 驅動相關

allowedFlexVolumes 用於對類型為 flexVolume 的儲存卷冊設置允許使用的驅動類型，空值表示沒有限制。在下例中設置了允許使用 lvm 和 cifs 驅動：

```
apiVersion: policy/v1beta1
kind: PodSecurityPolicy
metadata:
  name: allow-flex-volumes
spec:
......
  volumes:
    - flexVolume
  allowedFlexVolumes:
    - driver: example/lvm
    - driver: example/cifs
```

5. 使用者和組相關設定

（1）RunAsUser：設置執行容器的使用者 ID（User ID）範圍，規則欄位（rule）的值可被設置為 MustRunAs、MustRunAsNonRoot 或 RunAsAny。

- MustRunAs：需要設置 User ID 的範圍，要求 Pod 或 Container 的 securityContext. runAsUser 設置的值必須屬於該 User ID 的範圍，如未設置，則系統將自動設置 securityContext.runAsUser 的值為 User ID 範圍的最小值。

- MustRunAsNonRoot：必須以非 root 使用者執行容器，要求在 Pod 或 Container 的 securityContext.runAsUser 中設置一個非 0 的使用者 ID，或在鏡像的 USER 欄位設置了使用者 ID。如果 Pod 既未設置 runAsNonRoot，也未設置 runAsUser，則系統將自動設置 runAsNonRoot=true，預設要求在鏡像中必須設置非 0 的 USER。在該策略生效時，建議同時設置 allowPrivilegeEscalation=false，以免不必要的許可權提升行為。

- RunAsAny：不限制 User ID 的範圍，Pod 或 Container 的 security Context .runAsUser 可被設置為任意 User ID。

（2）RunAsGroup：設置執行容器的使用者群組 Group ID 範圍，可以將規則欄位（rule）的值設置為 MustRunAs、MustRunAsNonRoot 或 RunAs Any。

- MustRunAs：需要設置 Group ID 的範圍，要求 Pod 或 Container 的 securityContext. runAsGroup 設置的值必須屬於該 Group ID 的範圍，如未設置，則系統將自動設置 securityContext.runAsGroup 的值為 Group ID 範圍內的最小值。

- MayRunAs：不強制要求 Pod 或 Container 設置 securityContext. runAsGroup，如果設置了 Group ID 的範圍，則仍然要求 Pod 或 Container 的 securityContext. runAsGroup 設置的值必須屬於該 Group ID 的範圍，如未設置，則系統將不會自動設置預設值。

- RunAsAny：不限制 Group ID 的範圍，Pod 或 Container 的 security Context.runAsGroup 可被設置為任意 Group ID。

（3）SupplementalGroups：設置執行容器的使用者允許屬於的額外 Group ID 範圍，規則欄位（rule）的值可被設置為 MustRunAs、MayRunAs 或 RunAsAny。

- MustRunAs：需要設置 Supplemental Group ID 的範圍，要求 Pod 或 Container 的 securityContext. supplementalGroups 設置的值必須屬於該 Supplemental Group ID 的範圍，如未設置，則系統將自動設置 securityContext.supplementalGroups 的值為 Supplemental Group ID 範圍內的最小值。

- MayRunAs：不強制要求 Pod 或 Container 設置 securityContext. supplementalGroups，即使設置了 Supplemental Group ID 的範圍，也仍然要求 Pod 或 Container 的 securityContext.supplementalGroups 設置的值必須屬於該 Supplemental Group ID 的範圍，如未設置，則系統將不會自動設置預設值。

- RunAsAny：不限制 Supplemental Group ID 的範圍，Pod 或 Container 的 securityContext.supplementalGroups 可被設置為任意 Supplemental Group ID。

6. 提升許可權（Privilege Escalation）相關設定

提升許可權欄位用於控制是否允許容器內的處理程序提升許可權。提升許可權設定直接影響對容器處理程序的 "no_new_privs" 標示位元的設置，如果設置了該標示位元，則將阻止透過 setuid 程式修改處理程序 User ID 的行為，並阻止檔案啟用額外的功能（例如阻止執行 ping 命令）。通常在設置了以非 root 使用者執行（MustRunAsNonRoot）時設置是否允許提升許可權。

（1）AllowPrivilegeEscalation：該欄位用於表示是否允許容器 securityContext 設置 allowPrivilegeEscalation 為 true，預設值為 true。當該欄位被設置為 false 時，容器內的子處理程序將無法提升許可權。

（2）DefaultAllowPrivilegeEscalation：設置 AllowPrivilegeEscalation 欄位的預設值，在無預設值設置的情況下，系統將允許提升許可權。當該欄位被設置為 disallow 時，仍可以透過設置 AllowPrivilegeEscalation 來指定是否允許提升許可權。

7. Linux 能力相關設定

Linux 能力（Capabilities）提供了與傳統超級使用者連結許可權的細粒度管理機制。下面是 Linux 能力欄位可以設置的內容，以不帶 "CAP_" 的名稱進行表示，可以設置多個能力。

（1）AllowedCapabilities：設置容器可以使用的 Linux 能力列表，設置為 "*" 表示允許使用 Linux 的所有能力（如 NET_ADMIN、SYS_TIME 等）。

（2）RequiredDropCapabilities：設置必須從容器中刪除的 Linux 能力列表。這些能力將從預設列表中刪除，並且不得再進行增加。透過該欄位設置的需刪除的能力列表不能被設置在 AllowedCapabilities 和 DefaultAddCapabilities 欄位中。

（3）DefaultAddCapabilities：設置預設為容器增加的 Linux 能力列表，例如 SYS_TIME 等。Docker 會為容器提供一組預設的允許使用的能力列表，包括 SETPCAP、MKNOD、AUDIT_WRITE、CHOWN 等。

8. SELinux 相關設定

透過 seLinux 欄位設置 SELinux 參數，規則欄位（rule）的值可被設置為 MustRunAs 或 RunAsAny。

- MustRunAs：要求 Pod 或 Container 設置 securityContext.seLinuxOptions，系統將對 Pod 或 Container 的 securityContext.seLinuxOptions 值進行驗證。
- RunAsAny：不驗證 Pod 或 Container 的 securityContext.seLinuxOptions 的設置。

9. 其他 Linux 安全相關設定

（1）AllowedProcMountTypes：設置允許的 ProcMountTypes 類型列表，可以設置 allowedProcMountTypes 或 DefaultProcMount。

（2）AppArmor：設置對容器可執行程式的存取控制許可權。

（3）Seccomp：設置允許容器使用的系統呼叫（System Calls）的 profile，可以透過設置 PodSecurityPolicy 的 Annotation 進行控制，在 Kubernetes

中目前是 Alpha 階段。可以設置的 Annotation 如下。

- seccomp.security.alpha.kubernetes.io/defaultProfileName：設置作用於容器的預設 Seccomp Profile 名稱，可以設置的值包括 unconfined（不使用 Seccomp）、runtime/default（使用預設的容器執行時期 Profile）、docker/default（使用 Docker 預設的 Seccomp Profile，從 Kubernetes 1.11 版本開始棄用，改用 runtime/default）、localhost/<path>（使用 Node 的 <seccomp_root>/<path> 目錄下的 Profile 檔案）、<seccomp_root> 由 kubelet 啟動參數 --seccomp-profile-root 進行指定）。
- seccomp.security.alpha.kubernetes.io/allowedProfileNames：設置允許的 Pod Seccomp Profile 名稱，多個值以逗點分隔，設置為 "*" 表示允許所有 Profile。

（4）Sysctl：設置允許調整的核心參數，預設情況下全部安全的 sysctl 都被允許。可以設置的欄位如下。

- forbiddenSysctls：禁止的 sysctl 列表，設置為 "*" 表示禁止全部 sysctl。
- allowedUnsafeSysctls：設置允許的不安全 sysctl 列表（預設禁用），不應該在 forbiddenSysctls 中設置。

例如下面設置了允許的不安全的以 "kernel.msg" 開頭的核心參數，並且禁止 kernel. shm_rmid_forced：

```
apiVersion: policy/v1beta1
kind: PodSecurityPolicy
metadata:
  name: sysctl-psp
spec:
  allowedUnsafeSysctls:
  - kernel.msg*
  forbiddenSysctls:
  - kernel.shm_rmid_forced
  ......
```

6.6.3 PodSecurityPolicy 策略範例

下面是幾種常用的 PodSecurityPolicy 安全性原則設定範例。

（1）特權策略：

```
apiVersion: policy/v1beta1
kind: PodSecurityPolicy
metadata:
  name: privileged
  annotations:
    seccomp.security.alpha.kubernetes.io/allowedProfileNames: '*'
spec:
  privileged: true
  allowPrivilegeEscalation: true
  allowedCapabilities:
  - '*'
  volumes:
  - '*'
  hostNetwork: true
  hostPorts:
  - min: 0
    max: 65535
  hostIPC: true
  hostPID: true
  runAsUser:
    rule: 'RunAsAny'
  seLinux:
    rule: 'RunAsAny'
  supplementalGroups:
    rule: 'RunAsAny'
  fsGroup:
    rule: 'RunAsAny'
```

在這種 Pod 安全性原則下，系統將允許建立任意安全設置的 Pod，幾乎等於沒有開啟 PodSecurityPolicy。

（2）受限策略：

```
apiVersion: policy/v1beta1
kind: PodSecurityPolicy
metadata:
  name: restricted
  annotations:
    seccomp.security.alpha.kubernetes.io/allowedProfileNames: 'docker/
default'
    apparmor.security.beta.kubernetes.io/allowedProfileNames: 'runtime/
default'
```

```
    seccomp.security.alpha.kubernetes.io/defaultProfileName:  'docker/
default'
    apparmor.security.beta.kubernetes.io/defaultProfileName:  'runtime/
default'
spec:
  privileged: false
  allowPrivilegeEscalation: false
  requiredDropCapabilities:
    - ALL
  volumes:
    - 'configMap'
    - 'emptyDir'
    - 'projected'
    - 'secret'
    - 'downwardAPI'
    - 'persistentVolumeClaim'
  hostNetwork: false
  hostIPC: false
  hostPID: false
  runAsUser:
    rule: 'MustRunAsNonRoot'
  seLinux:
     rule: 'RunAsAny'
  supplementalGroups:
    rule: 'MustRunAs'
    ranges:
      - min: 1
        max: 65535
  fsGroup:
    rule: 'MustRunAs'
    ranges:
      - min: 1
        max: 65535
  readOnlyRootFilesystem: false
```

經過這個 PodSecurityPolicy 的限制,系統將要求:Pod 或容器的執行使用者必須為非特權使用者;禁止容器內處理程序提升許可權;不允許使用宿主機網路、hostPort 等資源;限制可以使用的 Volume 類型,等等。

(3)基準線(baseline)策略:

```
apiVersion: policy/v1beta1
kind: PodSecurityPolicy
metadata:
```

```
  name: baseline
  annotations:
    apparmor.security.beta.kubernetes.io/allowedProfileNames: 'runtime/
default'
    apparmor.security.beta.kubernetes.io/defaultProfileName: 'runtime/
default'
    seccomp.security.alpha.kubernetes.io/allowedProfileNames: 'docker/
default,runtime/default,unconfined'
    seccomp.security.alpha.kubernetes.io/defaultProfileName: 'unconfined'
spec:
  privileged: false
  allowedCapabilities:
    - 'CHOWN'
    - 'DAC_OVERRIDE'
    - 'FSETID'
    - 'FOWNER'
    - 'MKNOD'
    - 'NET_RAW'
    - 'SETGID'
    - 'SETUID'
    - 'SETFCAP'
    - 'SETPCAP'
    - 'NET_BIND_SERVICE'
    - 'SYS_CHROOT'
    - 'KILL'
    - 'AUDIT_WRITE'
  volumes:
    - 'configMap'
    - 'emptyDir'
    - 'projected'
    - 'secret'
    - 'downwardAPI'
    - 'persistentVolumeClaim'
    - 'awsElasticBlockStore'
    - 'azureDisk'
    - 'azureFile'
    - 'cephFS'
    - 'cinder'
    - 'csi'
    - 'fc'
    - 'flexVolume'
    - 'flocker'
    - 'gcePersistentDisk'
    - 'gitRepo'
```

```
      - 'glusterfs'
      - 'iscsi'
      - 'nfs'
      - 'photonPersistentDisk'
      - 'portworxVolume'
      - 'quobyte'
      - 'rbd'
      - 'scaleIO'
      - 'storageos'
      - 'vsphereVolume'
  hostNetwork: false
  hostIPC: false
  hostPID: false
  readOnlyRootFilesystem: false
  runAsUser:
    rule: 'RunAsAny'
  seLinux:
    rule: 'RunAsAny'
  supplementalGroups:
    rule: 'RunAsAny'
  fsGroup:
    rule: 'RunAsAny'
```

該 PodSecurityPolicy 設置了容器常用的 Linux 能力、允許使用的 Volume 類型等,可作為基準線(baseline)設定。

6.6.4 PodSecurityPolicy 的 RBAC 授權

Kubernetes 建議使用 RBAC 授權機制來設置針對 Pod 安全性原則 PodSecurityPolicy 的授權,實現方式是透過建立 Role(或 ClusterRole)和 RoleBinding(或 ClusterRoleBinding)對使用 PodSecurityPolicy 進行授權。

下面是一個 ClusterRole 範例,授權的目標資源物件為 "podsecuritypolicies",動詞為 "use",並透過 resourceNames 設置允許使用的 PodSecurityPolicy 列表:

```
apiVersion: rbac.authorization.k8s.io/v1
kind: ClusterRole
metadata:
  name: <role name>
```

```
rules:
- apiGroups: ['policy']
  resources: ['podsecuritypolicies']
  verbs:      ['use']
  resourceNames:
  - <list of policies to authorize>  # 允許使用的 PodSecurityPolicy 列表
```

然後建立一個 ClusterRoleBinding 將 ServiceAccount 或使用者和 Cluster
Role 綁定：

```
apiVersion: rbac.authorization.k8s.io/v1
kind: ClusterRoleBinding
metadata:
  name: <binding name>
roleRef:
  kind: ClusterRole
  name: <role name>  # 之前建立的 ClusterRole 名稱
  apiGroup: rbac.authorization.k8s.io
subjects:
# 對某個 Namespace 中的 ServiceAccount 進行授權
- kind: ServiceAccount
  name: <authorized service account name>  # ServiceAccount 的名稱
  namespace: <authorized pod namespace>    # Namespace 名稱
# 對使用者進行授權 ( 不推薦 )
- kind: User
  apiGroup: rbac.authorization.k8s.io
  name: <authorized user name>  # 使用者名稱
```

也可以建立 RoleBinding 對相同命名空間中的 Pod 進行授權，通常可以對
組（Group）進行設置，例如：

```
apiVersion: rbac.authorization.k8s.io/v1
kind: RoleBinding
metadata:
  name: <binding name>
  namespace: <binding namespace>  # 該 RoleBinding 所在的 Namespace 名稱
roleRef:
  kind: Role
  name: <role name>
  apiGroup: rbac.authorization.k8s.io
subjects:
# 授權該命名空間中的全部 ServiceAccount
- kind: Group
  apiGroup: rbac.authorization.k8s.io
```

```
  name: system:serviceaccounts
# 授權該命名空間中的全部使用者
- kind: Group
  apiGroup: rbac.authorization.k8s.io
  name: system:authenticated
```

下面透過一個完整的範例對如何透過設置 RBAC 許可權管理 ServiceAccount 使用 PodSecurityPolicy 策略進行說明。前提條件是 Kubernetes 叢集開啟 PodSecurityPolicy Admission Controller 和 RBAC 授權模式，並且 kubectl 使用具有叢集管理員角色的 kubeconfig 進行操作。

下面的範例都將在名為 "psp-example" 的命名空間中進行操作：

```
# kubectl create namespace psp-example
namespace/psp-example created
```

在命名空間 psp-example 中建立一個 ServiceAccount"fake-user"：

```
# kubectl create serviceaccount -n psp-example fake-user
serviceaccount/fake-user created
```

為 ServiceAccount"fake-user" 授權 ClusterRole"edit"，使其有許可權建立 Pod（注意，這是命名空間範圍的 edit 許可權，無叢集管理員許可權）：

```
# kubectl create rolebinding -n psp-example fake-editor --clusterrole=edit
--serviceaccount=psp-example:fake-user
rolebinding.rbac.authorization.k8s.io/fake-editor created
```

接下來建立一個有一定限制（禁止特權模式）的 PodSecurityPolicy 策略：

```
# psp-restricted.yaml
apiVersion: policy/v1beta1
kind: PodSecurityPolicy
metadata:
  name: restricted
spec:
  privileged: false   # 禁止以特權模式執行
  seLinux:
    rule: RunAsAny
  supplementalGroups:
    rule: RunAsAny
  runAsUser:
    rule: RunAsAny
  fsGroup:
    rule: RunAsAny
```

```
volumes:
- '*'
```

透過 kubectl create 命令建立這個 PodSecurityPolicy 策略：

```
# kubectl create -f psp-restricted.yaml
podsecuritypolicy.policy/restricted created
```

然後嘗試用 ServiceAccount"fake-user" 身份建立一個 Pod，可以在 kubectl 命令中使用 --as 參數設置使用的身份，例如：

```
kubectl --as=system:serviceaccount:psp-example:fake-user
```

Pod 的 YAML 設定如下：

```
# pod.yaml
apiVersion: v1
kind: Pod
metadata:
  name: nginx
spec:
  containers:
  - name: nginx
    image: nginx
```

使用 kubectl create 命令建立這個 Pod 時，系統將提示「無法驗證 pod security policy」的錯誤資訊，建立 Pod 失敗：

```
# kubectl --as=system:serviceaccount:psp-example:fake-user -n psp-example
create -f pod.yaml
Error from server (Forbidden): error when creating "pod.yaml": pods "nginx"
is forbidden: unable to validate against any pod security policy: []
```

這是因為系統還沒有對 ServiceAccount"fake-user" 授權使用 PodSecurity Policy，可以使用 kubectl auth can-i use 命令進行驗證，結果為 no 說明沒有許可權：

```
# kubectl auth can-i use podsecuritypolicy/restricted
--as=system:serviceaccount:psp-example:fake-user -n psp-example
Warning: resource 'podsecuritypolicies' is not namespace scoped in group
'policy'
no
```

接下來透過一個 Role 和 RoleBinding 進行授權，psp-restricted-rbac.yaml 設定檔的內容如下：

```
# psp-restricted-rbac.yaml
---
kind: Role
apiVersion: rbac.authorization.k8s.io/v1
metadata:
  name: psp:unprivileged
  namespace: psp-example
rules:
- apiGroups:
  - policy
  resources:
  - podsecuritypolicies
  resourceNames:
  - restricted      # PodSecurityPolicy 名稱
  verbs:
  - use


---
kind: RoleBinding
apiVersion: rbac.authorization.k8s.io/v1
metadata:
  name: fake-user:psp:unprivileged
  namespace: psp-example
roleRef:
  apiGroup: rbac.authorization.k8s.io
  kind: Role
  name: psp:unprivileged
subjects:
- kind: ServiceAccount
  name: fake-user
  namespace: psp-example
```

在 Role 的定義中，設置的是對 PodSecurityPolicy"restricted" 的 use 操作。

在 RoleBinding 的定義中，將 ServiceAccount"fake-user" 與 Role 進行綁定，完成對其允許使用 PodSecurityPolicy 的授權。

使用 kubectl create 命令建立：

```
# kubectl create -f psp-restricted-rbac.yaml
role.rbac.authorization.k8s.io/psp:unprivileged created
rolebinding.rbac.authorization.k8s.io/fake-user:psp:unprivileged created
```

再次使用 kubectl auth can-i use 命令進行驗證，結果為 yes，説明授權成功：

```
# kubectl auth can-i use podsecuritypolicy/restricted
--as=system:serviceaccount:psp-example:fake-user -n psp-example
Warning: resource 'podsecuritypolicies' is not namespace scoped in group
'policy'
yes
```

再次建立 Pod 即可成功：

```
# kubectl --as=system:serviceaccount:psp-example:fake-user -n psp-example
create -f pod.yaml
pod/nginx created
```

查看 Pod 的 YAML 設定，可以看到系統為其在 Annotation 中設置使用的
PodSecurityPolicy 為 "restricted"：

```
# kubectl --as=system:serviceaccount:psp-example:fake-user -n psp-example
get pod nginx -o yaml
apiVersion: v1
kind: Pod
metadata:
  annotations:
    kubernetes.io/psp: restricted
......
```

雖然 RBAC 授權是成功的，但是由於 PodSecurityPolicy 設置了禁止特權
模式，所以嘗試建立使用特權模式的容器仍會被系統禁止：

```
apiVersion: v1
kind: Pod
metadata:
  name: nginx
spec:
  containers:
  - name: nginx
    image: nginx
    securityContext:
      privileged: true
```

建立 Pod 時，系統將提示「禁止特權模式」的顯示出錯資訊：

```
# kubectl create -f pod-priv.yaml
Error from server (Forbidden): error when creating "pod-priv.yaml": pods
"nginx" is forbidden: unable to validate against any pod security policy:
[spec.containers[0].securityContext.privileged: Invalid value: true:
Privileged containers are not allowed]
```

透過上面的範例，我們可以了解 Kubernetes 是如何透過 RBAC 對 PodSecurityPolicy 的使用進行許可權管理的。

6.6.5 Pod 安全設置（Security Context）詳解

Kubernetes 可以為 Pod 設置應用程式執行所需的許可權或者存取控制等安全設置，包括多種 Linux Kernel 安全相關的系統參數，這些安全設置被稱為 Security Context，在 Pod 或 Container 等級透過 securityContext 欄位進行設置（如果在 Pod 和 Container 等級都設置了相同的安全欄位，則容器將使用 Container 等級的設置）。

管理員設置的叢集範圍的 PodSecurityPolicy 策略會對 Pod 的 Security Context 安全設置進行驗證，對於不滿足 PodSecurityPolicy 策略的 Pod，系統將禁止建立。

Pod 的 Security Context 安全性原則包括但不限於以下內容（將來可能會擴充）。

- 存取控制相關：User ID 和 Group ID 為基礎進行控制，例如 runAsUser、runAsGroup、runAsNonRoot、Supplementary Group 等。
- seLinuxOptions：SELinux 相關設置。
- 特權模式（privileged）：是否以特權模式執行。
- Linux 能力（capabilities）相關：設置應用程式允許使用的 Linux 能力。
- AppArmor：設置對應用程式存取進行許可權控制的 profile。
- Seccomp：設置允許容器使用的系統呼叫（System Calls）的 profile。
- allowPrivilegeEscalation：是否允許提升許可權。
- readOnlyRootFilesystem：根檔案系統是否為唯讀屬性。

下面透過幾個例子對 Pod 的 Security Context 安全設置進行説明。

1. Pod 等級的 Security Context 安全設置，作用於該 Pod 內的全部容器

YAML 檔案的範例如下：

```
# security-context-demo-1.yaml
```

```
apiVersion: v1
kind: Pod
metadata:
  name: security-context-demo-1
spec:
  securityContext:
    runAsUser: 1000
    runAsGroup: 3000
    fsGroup: 2000
  volumes:
  - name: sec-ctx-vol
    emptyDir: {}
  containers:
  - name: sec-ctx-demo
    image: busybox
    command: [ "sh", "-c", "sleep 1h" ]
    volumeMounts:
    - name: sec-ctx-vol
      mountPath: /data/demo
    securityContext:
      allowPrivilegeEscalation: false
```

在 spec.securityContext 中設置了如下參數。

- runAsUser=1000：所有容器都將以 User ID 1000 執行程式，所有新生成檔案的 User ID 也被設置為 1000。
- runAsGroup=3000：所有容器都將以 Group ID 3000 執行程式，所有新生成檔案的 Group ID 也被設置為 3000。
- fsGroup=2000：掛載的卷冊 "/data/demo" 及其中建立的檔案都將屬於 Group ID 2000。

使用 kubectl create 命令建立 Pod：

```
# kubectl create -f security-context-demo-1.yaml
pod/security-context-demo-1 created
```

進入容器環境，查看到執行處理程序的使用者 ID 為 1000：

```
# kubectl exec -ti security-context-demo-1 -- sh
/ $
/ $ ps
PID   USER     TIME  COMMAND
    1 1000      0:00 sleep 1h
```

```
     6 1000        0:00 sh
    11 1000        0:00 ps
```

查看 Volume 掛載到容器內的 /data/demo 目錄許可權，其 Group ID 為 2000（fsGroup 欄位設置）：

```
/ $ ls -l /data
total 0
drwxrwsrwx    2 root        2000              6 Jul 10 03:58 demo
```

在 該 目 錄 下 建 立 一 個 新 檔 案，可 見 檔 案 owner 的 User ID 為 1000（runAsUser 欄位設置），Group ID 為 2000（fsGroup 欄位設置）：

```
/ $ cd /data/demo
/data/demo $ touch hello
/data/demo $ ls -l
total 0
-rw-r--r--    1 1000        2000              0 Jul 10 04:15 hello
```

查看使用者 ID 資訊，可見其 Group ID 為 3000（runAsGroup 欄位設置）：

```
/ $ id
uid=1000 gid=3000 groups=2000
```

如果未設置 runAsGroup 欄位，則 gid 將被系統設置為 0，即 root 組，這表示透過 User ID 1000 執行的處理程序可與同組（god=0）的其他處理程序通訊。

2. Pod 的 Volume 許可權修改策略

如果 Pod 設置了 securityContext.fsGroup，則在 kubelet 進行掛載 Volume 到容器內的操作時，系統會對掛載目錄及其子目錄和全部檔案檢查許可權並設置 Group ID，這對於子目錄和檔案數量非常多的 Volume 來說非常耗時，會導致 Pod 啟動很長時間。為了減少修改目錄和檔案許可權的時間，Kubernetes 從 1.18 版本開始引入 fsGroupChangePolicy 機制，用於管理是否需要對 Volume 的使用者許可權進行驗證，以加快 Pod 的啟動速度，目前該特性為 Alpha 階段。

該特性透過 securityContext.fsGroupChangePolicy 欄位進行設置，可以設置的值如下。

- OnRootMismatch：當根目錄的許可權（Permission 和 Ownership）與預期許可權不同時，僅修改根目錄的許可權，這將有助於減少修改所有子目錄和檔案許可權的時間。
- Always：始終進行修改。

如需啟用該特性，則需要在 kube-apiserver、kube-controller-manager 和 kubelet 的啟動參數中開啟 --feature-gates="ConfigurableFSGroupPolicy=true"。設定範例如下：

```
apiVersion: v1
kind: Pod
metadata:
  name: demo
spec:
  securityContext:
    runAsUser: 1000
    runAsGroup: 3000
    fsGroup: 2000
    fsGroupChangePolicy: "OnRootMismatch"
  containers:
  - name: demo
......
```

注意，該特性對 Secret、ConfigMap、emptyDir 這幾種類型的 Volume 不起作用。

3. Container 等級的安全設置，作用於特定的容器

如果在 Pod 等級也設置了相同的 securityContext，則容器將使用 Container 等級的設置，本例中在 Pod 和 Container 等級都設置了 runAsUser：

```
# security-context-demo-2.yaml
apiVersion: v1
kind: Pod
metadata:
  name: security-context-demo-2
spec:
  securityContext:
    runAsUser: 1000
  containers:
  - name: sec-ctx-demo-2
    image: busybox
```

```
      command: [ "sh", "-c", "sleep 1h" ]
      securityContext:
        runAsUser: 2000
        allowPrivilegeEscalation: false
```

使用 kubectl create 命令建立 Pod：

```
# kubectl create -f security-context-demo-2.yaml
pod/security-context-demo-2 created
```

進入容器環境，查看到執行處理程序的使用者 ID 為 2000：

```
# kubectl exec -ti security-context-demo-2 -- sh
/ $
/ $ ps
PID   USER     TIME  COMMAND
    1 2000      0:00 sleep 1h
    6 2000      0:00 sh
   11 2000      0:00 ps
```

4. 為 Container 設置可用的 Linux 能力（Capabilities）

本例為容器設置允許使用的 Linux 能力包括 NET_ADMIN 和 SYS_TIME。

我們先看一個沒有增加這些能力的容器環境的預設能力設置：

```
# security-context-demo-3.yaml
apiVersion: v1
kind: Pod
metadata:
  name: security-context-demo-3
spec:
  containers:
  - name: sec-ctx-3
    image: busybox
    command: [ "sh", "-c", "sleep 1h" ]
```

使用 kubectl create 命令建立 Pod：

```
# kubectl create -f security-context-demo-3.yaml
pod/security-context-demo-3 created
```

進入容器環境，查看 1 號處理程序的 Capabilities 資訊：

```
# kubectl exec -ti security-context-demo-3 -- sh
/ # cd /proc/1
/proc/1 # cat status
Name:   sleep
```

```
Umask:  0022
State:  S (sleeping)
Tgid:   1
Ngid:   0
Pid:    1
PPid:   0
TracerPid:      0
Uid:    0       0       0       0
Gid:    0       0       0       0
FDSize: 64
Groups: 10
NStgid: 1
NSpid:  1
NSpgid: 1
NSsid:  1
VmPeak:     1296 kB
VmSize:     1296 kB
VmLck:         0 kB
VmPin:         0 kB
VmHWM:         4 kB
VmRSS:         4 kB
RssAnon:       4 kB
RssFile:       0 kB
RssShmem:      0 kB
VmData:       36 kB
VmStk:       132 kB
VmExe:       888 kB
VmLib:         4 kB
VmPTE:        28 kB
VmSwap:        0 kB
HugetlbPages:  0 kB
CoreDumping:   0
Threads:       1
SigQ:   2/7086
SigPnd: 0000000000000000
ShdPnd: 0000000000000000
SigBlk: 0000000000000000
SigIgn: 0000000000000004
SigCgt: 0000000000000000
CapInh: 00000000a80425fb
CapPrm: 00000000a80425fb
CapEff: 00000000a80425fb
CapBnd: 00000000a80425fb
CapAmb: 0000000000000000
```

```
NoNewPrivs:       0
Seccomp:          0
Speculation_Store_Bypass:       thread vulnerable
Cpus_allowed:    00000000,00000000,00000000,0000000f
Cpus_allowed_list:       0-3
Mems_allowed:    00000000,00000000,00000000,00000000,00000000,00000000,00000
000,00000000,00000000,00000000,00000000,00000000,00000000,00000000,00000000
,00000000,00000000,00000000,00000000,00000000,00000000,00000000,00000000,00
000000,00000000,00000000,00000000,00000000,00000000,00000000,00000000,00000
001
Mems_allowed_list:        0
voluntary_ctxt_switches:      46
nonvoluntary_ctxt_switches:    7
```

Linux 能力相關參數的命名以 Cap 開頭，例如 CapInh、CapPrm、CapEff
等。

接下來為容器設置允許使用的 Linux 能力增加兩個：CAP_NET_ADMIN
和 CAP_SYS_TIME，透過 securityContext.capabilities 欄位進行設置，
YAML 檔案的內容如下：

```
# security-context-demo-4.yaml
apiVersion: v1
kind: Pod
metadata:
  name: security-context-demo-4
spec:
  containers:
  - name: sec-ctx-4
    image: busybox
    command: [ "sh", "-c", "sleep 1h" ]
    securityContext:
      capabilities:
        add: ["NET_ADMIN", "SYS_TIME"]
```

使用 kubectl create 命令建立 Pod：

```
# kubectl create -f security-context-demo-4.yaml
pod/security-context-demo-4 created
```

進入容器環境，查看 1 號處理程序的 Capabilities 資訊：

```
# kubectl exec -ti security-context-demo-4 -- sh
/ # cd /proc/1
/proc/1 # cat status
```

```
Name:    sleep
......
CapInh: 00000000aa0435fb
CapPrm: 00000000aa0435fb
CapEff: 00000000aa0435fb
CapBnd: 00000000aa0435fb
......
```

對比沒有設置這兩個能力的設定：CapPrm: 00000000a80425fb，可以看到系統在 Linux Capabilities 的第 12 位元增加了 CAP_NET_ADMIN，在第 25 位元增加了 CAP_SYS_TIME 這兩個 Linux 能力。對比如下：

```
                      25              12            0
增加前：CapPrm: 00000000a80425fb：10101000000001000010010111111011
增加後：CapBnd: 00000000aa0435fb：10101010000001000011010111111011
```

需要注意的是，Linux Capabilities 的命名都以 CAP_ 開頭，但是在 Kubernetes 的 securityContext.capabilities 中設置時需要刪除 CAP_ 首碼，例如上例中設置的值為 NET_ADMIN 和 SYS_TIME，對應 Linux 中的 CAP_NET_ADMIN 和 CAP_SYS_TIME。

5. 為 Pod 或 Container 設置 SELinux 標籤

Security Context 還可以透過 seLinuxOptions 欄位為 Pod 或 Container 設置 SELinux 標籤 level="s0:c123,c456"，例如：

```
......
securityContext:
  seLinuxOptions:
    level: "s0:c123,c456"
```

securityContext.seLinuxOptions 可以設置的 SELinux 標籤包括：level、role、type、user。

注意，要使 seLinuxOptions 設置的 SELinux 標籤生效，需要宿主機 Linux 作業系統開啟 SELinux 安全功能。

透過為 Pod 或容器進行應用程式執行所需的許可權或者存取控制等安全設置，管理員就能夠對容器應用處理程序的安全管理進行更加精細的控制，同時配合叢集範圍的 PodSecurityPolicy 策略設置，使整個 Kubernetes 叢集中的服務執行更加安全。

網路原理

關於 Kubernetes 網路，我們通常有如下問題需要回答。

- Kubernetes 的網路模型是什麼？
- Docker 背後的網路基礎是什麼？
- Docker 自身的網路模型和侷限是什麼？
- Kubernetes 的網路元件之間是怎麼通訊的？
- 外部如何存取 Kubernetes 叢集？
- 有哪些開放原始碼元件支援 Kubernetes 的網路模型？

本章分別回答這些問題，並透過一個具體的實驗將這些相關的基礎知識串聯成一個整體。

7.1 Kubernetes 網路模型

Kubernetes 網路模型設計的一個基礎原則是：每個 Pod 都擁有一個獨立的 IP 位址，並假定所有 Pod 都在一個可以直接連通的、扁平的網路空間中。所以不管它們是否執行在同一個 Node（宿主機）中，都要求它們可以直接透過對方的 IP 進行存取。設計這個原則的原因是，使用者不需要額外考慮如何建立 Pod 之間的連接，也不需要考慮如何將容器通訊埠映射到主機通訊埠等問題。

實際上，在 Kubernetes 世界裡，IP 是以 Pod 為單位進行分配的。一個 Pod 內部的所有容器共用一個網路堆疊（相當於一個網路命名空間，它們的 IP 位址、網路裝置、設定等都是共用的）。按照這個網路原則抽象出來的為每個 Pod 都設置一個 IP 位址的模型也被稱作 IP-per-Pod 模型。

由於 Kubernetes 的網路模型假設 Pod 之間存取時使用的是對方 Pod 的實際位址，所以一個 Pod 內部的應用程式看到的自己的 IP 位址和通訊埠與叢集內其他 Pod 看到的一樣。它們都是 Pod 實際分配的 IP 位址。將 IP 位址和通訊埠在 Pod 內部和外部都保持一致，也就不需要使用 NAT 進行位址轉換了。Kubernetes 的網路之所以這麼設計，主要原因就是可以相容過去的應用。當然，我們使用 Linux 命令 ip addr show 也能看到這些位址，與程式看到的沒有什麼區別。所以這種 IP-per-Pod 的方案極佳地利用了現有的各種域名解析和發現機制。

為每個 Pod 都設置一個 IP 位址的模型還有另外一層含義，那就是同一個 Pod 內的不同容器會共用同一個網路命名空間，也就是同一個 Linux 網路通訊協定堆疊。這就意味著同一個 Pod 內的容器可以透過 localhost 連接對方的通訊埠。這種關係和同一個 VM 內的處理程序之間的關係是一樣的，看起來 Pod 內容器之間的隔離性減小了，而且 Pod 內不同容器之間的通訊埠是共用的，就沒有所謂的私有通訊埠的概念了。如果你的應用必須使用一些特定的通訊埠範圍，那麼你也可以為這些應用單獨建立一些 Pod。反之，對那些沒有特殊需要的應用，由於 Pod 內的容器是共用部分資源的，所以可以透過共用資源相互通訊，這顯然更加容易和高效。針對這些應用，雖然損失了可接受範圍內的部分隔離性，卻也是值得的。

IP-per-Pod 模式和 Docker 原生的透過動態通訊埠映射方式實現的多節點存取模式有什麼區別呢？主要區別是後者的動態通訊埠映射會引入通訊埠管理的複雜性，而且存取者看到的 IP 位址和通訊埠與服務提供者實際綁定的不同（因為 NAT 的緣故，它們都被映射成新的位址或通訊埠），這也會引起應用設定的複雜化。同時，標準的 DNS 等名字解析服務也不適用了，甚至服務註冊和發現機制都將迎來挑戰，因為在通訊埠映射情況下，服務自身很難知道自己對外暴露的真實服務 IP 和通訊埠，外部應用也無法透過服務所在容器的私有 IP 位址和通訊埠來存取服務。

總的來說，IP-per-Pod 模型是一個簡單的相容性較好的模型。從該模型的網路的通訊埠分配、域名解析、服務發現、負載平衡、應用設定和遷移等角度來看，Pod 都能夠被看作一台獨立的虛擬機器或物理機。

按照這個網路抽象原則，Kubernetes 對網路有什麼前提和要求呢？

Kubernetes 對叢集網路有如下基本要求。

（1）所有 Pod 都可以在不用 NAT 的方式下同別的 Pod 通訊。

（2）在所有節點上執行的代理程式（例如 kubelet 或作業系統守護處理程序）都可以在不用 NAT 的方式下同所有 Pod 通訊，反之亦然。

（3）以 hostnetwork 模式執行的 Pod 都可以在不用 NAT 的方式下同別的 Pod 通訊。

這些基本要求意味著並不是兩台機器都執行 Docker，Kubernetes 就可以工作了。具體的叢集網路實現必須滿足上述要求，原生的 Docker 網路目前還不能極佳地滿足這些要求。

實際上，這些對網路模型的要求並沒有降低整個網路系統的複雜度。如果你的程式原來在 VM 上執行，而那些 VM 擁有獨立 IP，並且它們之間可以直接透明地通訊，那麼 Kubernetes 的網路模型就和 VM 使用的網路模型一樣。所以，使用這種模型可以很容易地將已有的應用程式從 VM 或者物理機遷移到容器上。

當然，Google 設計 Kubernetes 的一個主要執行基礎就是其公有雲 GCE，GCE 預設支援這些網路要求。另外，常見的其他公有雲端服務商如亞馬遜 AWS、微軟 Azure 等公有雲環境也支援這些網路要求。

由於部署私有雲的場景非常普遍，所以在私有雲中執行 Kubernetes+ Docker 叢集前，需要自己架設符合 Kubernetes 要求的網路環境。有很多開放原始碼元件可以幫助我們打通跨主機容器之間的網路，實現滿足 Kubernetes 要求的網路模型。當然，每種方案都有適合的場景，使用者應根據自己的實際需要進行選擇。在後續章節中會對常見的開放原始碼方案進行介紹。

Kubernetes 的網路依賴於 Docker，Docker 的網路又離不開 Linux 作業系

統核心特性的支援,所以我們有必要先深入了解 Docker 背後的網路原理和基礎知識。接下來一起深入學習必要的 Linux 網路知識。

7.2 Docker 網路基礎

Docker 技術依賴於近年來 Linux 核心虛擬化技術的發展,所以 Docker 對 Linux 核心有很強的依賴。這裡將 Docker 使用到的與 Linux 網路有關的主要技術進行簡單介紹,這些技術有網路命名空間(Network Namespace)、Veth 裝置對、橋接器、ipatables 和路由。

7.2.1 網路命名空間

為了支援網路通訊協定堆疊的多個實例,Linux 在網路堆疊中引入了網路命名空間,這些獨立的協定堆疊被隔離到不同的命名空間中。處於不同命名空間中的網路堆疊是完全隔離的,彼此之間無法通訊。透過對網路資源的隔離,就能在一個宿主機上虛擬多個不同的網路環境。Docker 正是利用了網路的命名空間特性,實現了不同容器之間的網路隔離。

在 Linux 的網路命名空間中可以有自己獨立的路由表及獨立的 iptables 設置來提供封包轉發、NAT 及 IP 封包過濾等功能。

為了隔離出獨立的協定堆疊,需要納入命名空間的元素有處理程序、通訊端、網路裝置等。處理程序建立的通訊端必須屬於某個命名空間,通訊端的操作也必須在命名空間中進行。同樣,網路裝置必須屬於某個命名空間。因為網路裝置屬於公共資源,所以可以透過修改屬性實現在命名空間之間移動。當然,是否允許移動與裝置的特徵有關。

讓我們深入 Linux 作業系統內部,看看它是如何實現網路命名空間的,這也對理解後面的概念有幫助。

1. 網路命名空間的實現

Linux 的網路通訊協定堆疊是十分複雜的,為了支援獨立的協定堆疊,相關的這些全域變數都必須被修改為協定堆疊私有。最好的辦法就是讓這些全域變數成為一個 Net Namespace 變數的成員，然後為協定堆疊的函式呼叫加入一個 Namespace 參數。這就是 Linux 實現網路命名空間的核心。

同時，為了保證對已經開發的應用程式及核心程式的相容性，核心程式隱式地使用了命名空間中的變數。程式如果沒有對命名空間有特殊需求，就不需要編寫額外的程式，網路命名空間對應用程式而言是透明的。

在建立新的網路命名空間，並將某個處理程序連結到這個網路命名空間後，就出現了類似於如圖 7.1 所示的核心資料結構，所有網路堆疊變數都被放入了網路命名空間的資料結構中。這個網路命名空間是其處理程序組私有的，和其他處理程序組不衝突。

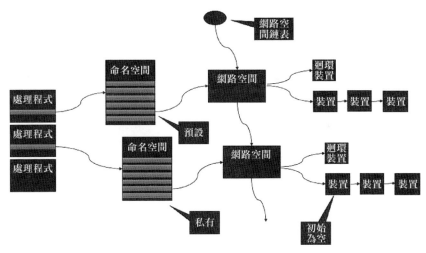

▲ 圖 7.1 命名空間的核心資料結構

在新生成的私有命名空間中只有回環裝置（名為 "lo" 且是停止狀態），其他裝置預設都不存在，如果我們需要，則要一一手工建立。Docker 容器中的各類網路堆疊裝置都是 Docker Daemon 在啟動時自動建立和設定的。

所有網路裝置（物理的或虛擬介面、橋等在核心裡都叫作 Net Device）都只能屬於一個命名空間。當然，物理裝置（連接實際硬體的裝置）通常只能連結到 root 這個命名空間中。虛擬網路裝置（虛擬乙太網介面或者虛擬網路卡）則可以被建立並連結到一個給定的命名空間中，而且可以在這些命名空間之間移動。

前面提到，由於網路命名空間代表的是一個獨立的協定堆疊，所以它們之間是相互隔離的，彼此無法通訊，在協定堆疊內部都看不到對方。那麼有沒有辦法打破這種限制，讓處於不同命名空間中的網路相互通訊，甚至與外部的網路進行通訊呢？答案是「有，應用 Veth 裝置對即可」。Veth 裝置對的一個重要作用就是打通了相互看不到的協定堆疊之間的門檻，它就像一條管子，一端連著這個網路命名空間的協定堆疊，一端連著另一個網路命名空間的協定堆疊。所以如果想在兩個命名空間之間通訊，就必須有一個 Veth 裝置對。後面會介紹如何操作 Veth 裝置對來打通不同命名空間之間的網路。

2. 對網路命名空間的操作

下面列舉對網路命名空間的一些操作。我們可以使用 Linux iproute2 系列設定工具中的 IP 命令來操作網路命名空間。注意，這個命令需要由 root 使用者執行。

建立一個命名空間：

```
ip netns add <name>
```

在命名空間中執行命令：

```
ip netns exec <name> <command>
```

也可以先透過 bash 命令進入內部的 Shell 介面，然後執行各種命令：

```
ip netns exec <name> bash
```

退出到外面的命名空間時，請輸入 "exit"。

3. 網路命名空間操作中的實用技巧

操作網路命名空間時的一些實用技巧如下。

我們可以在不同的網路命名空間之間轉移裝置，例如下面會提到的 Veth 裝置對的轉移。因為一個裝置只能屬於一個命名空間，所以轉移後在這個命名空間中就看不到這個裝置了。具體哪些裝置能被轉移到不同的命名空間中呢？在裝置裡面有一個重要的屬性：NETIF_F_ETNS_LOCAL，如果這個屬性為 on，就不能被轉移到其他命名空間中了。Veth 裝置屬於可以

轉移的裝置，而很多其他裝置如 lo 裝置、vxlan 裝置、ppp 裝置、bridge
裝置等都是不可以轉移的。將無法轉移的裝置移動到別的命名空間時，會
得到參數無效的錯誤訊息：

```
# ip link set br0 netns ns1
RTNETLINK answers: Invalid argument
```

如何知道這些裝置是否可以轉移呢？可以使用 ethtool 工具查看：

```
# ethtool -k br0
netns-local: on [fixed]
```

netns-local 的值是 on，說明不可以轉移，否則可以轉移。

7.2.2 Veth 裝置對

引入 Veth 裝置對是為了在不同的網路命名空間之間通訊，利用它可以直
接將兩個網路命名空間連接起來。由於要連接兩個網路命名空間，所以
Veth 裝置都是成對出現的，很像一對乙太網路卡，並且中間有一根直連
的網線。既然是一對網路卡，那麼我們將其中一端稱為另一端的 peer。在
Veth 裝置的一端發送資料時，它會將資料直接發送到另一端，並觸發另一
端的接收操作。

整個 Veth 的實現非常簡單，有興趣的讀者可以參考原始程式碼 "drivers/
net/veth.c" 中的實現。如圖 7.2 所示是 Veth 裝置對示意圖。

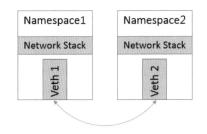

▲ 圖 7.2 Veth 裝置對示意圖

1. 對 Veth 裝置對的操作命令

接下來看看如何建立 Veth 裝置對，如何將其連接到不同的命名空間中，
並設置其位址，讓它們通訊。

建立 Veth 裝置對：

```
ip link add veth0 type veth peer name veth1
```

建立後，可以查看 Veth 裝置對的資訊。使用 ip link show 命令查看所有網路介面：

```
# ip link show
1: lo: <LOOPBACK,UP,LOWER_UP> mtu 65536 qdisc noqueue state UNKNOWN mode
DEFAULT
    Link/loopback: 00:00:00:00:00:00 brd 00:00:00:00:00:00
2: eno16777736: <BROADCAST,MULTICAST,UP,LOWER_UP> mtu 1500 qdisc pfifo_fast
state UP mode DEFAULT qlen 1000
    link/ether 00:0c:29:cf:1a:2e brd ff:ff:ff:ff:ff:ff
3: docker0: <NO-CARRIER,BROADCAST,MULTICAST,UP> mtu 1500 qdisc noqueue state
UP mode DEFAULT
link/ether 56:84:7a:fe:97:99 brd ff:ff:ff:ff:ff:ff
19: veth1: <BROADCAST,MULTICAST> mtu 1500 qdisc noop state DOWN mode DEFAULT
qlen 1000
link/ether 7e:4a:ae:41:a3:65 brd ff:ff:ff:ff:ff:ff
20: veth0: <BROADCAST,MULTICAST> mtu 1500 qdisc noop state DOWN mode DEFAULT
qlen 1000
link/ether ea:da:85:a3:75:8a brd ff:ff:ff:ff:ff:ff
```

可以看到有兩個裝置生成了，一個是 veth0，它的 peer 是 veth1。

現在這兩個裝置都在自己的命名空間中，那怎麼能行呢？好了，如果將 Veth 看作有兩個頭的網線，那麼我們將另一個頭甩給另一個命名空間：

```
ip link set veth1 netns netns1
```

這時可在外面這個命名空間中看兩個裝置的情況：

```
# ip link show
1: lo: <LOOPBACK,UP,LOWER_UP> mtu 65536 qdisc noqueue state UNKNOWN mode
DEFAULT
    Link/loopback: 00:00:00:00:00:00 brd 00:00:00:00:00:00
2: eno16777736: <BROADCAST,MULTICAST,UP,LOWER_UP> mtu 1500 qdisc pfifo_fast
state UP mode DEFAULT qlen 1000
    link/ether 00:0c:29:cf:1a:2e brd ff:ff:ff:ff:ff:ff
3: docker0: <NO-CARRIER,BROADCAST,MULTICAST,UP> mtu 1500 qdisc noqueue state
UP mode DEFAULT
link/ether 56:84:7a:fe:97:99 brd ff:ff:ff:ff:ff:ff
20: veth0: <BROADCAST,MULTICAST> mtu 1500 qdisc noop state DOWN mode DEFAULT
qlen 1000
link/ether ea:da:85:a3:75:8a brd ff:ff:ff:ff:ff:ff
```

只剩一個 veth0 裝置了，已經看不到另一個裝置了，另一個裝置已被轉移到另一個網路命名空間中了。

在 netns1 網路命名空間中可以看到 veth1 裝置，這符合預期：

```
# ip netns exec netns1 ip link show
1: lo: <LOOPBACK,UP,LOWER_UP> mtu 65536 qdisc noqueue state UNKNOWN mode
DEFAULT
    Link/loopback: 00:00:00:00:00:00 brd 00:00:00:00:00:00
19: veth1: <BROADCAST,MULTICAST> mtu 1500 qdisc noop state DOWN mode DEFAULT
qlen 1000
link/ether 7e:4a:ae:41:a3:65 brd ff:ff:ff:ff:ff:ff
```

現在看到的結果是，兩個不同的命名空間各自有一個 Veth 的「網線頭」，各顯示為一個 Device（在 Docker 的實現裡面，它除了將 Veth 放入容器內，還將它的名字改成了 eth0，簡直以假亂真，你以為它是一個本地網路卡嗎）。

現在可以通訊了嗎？不行，因為它們還沒有任何位址，我們現在給它們分配 IP 位址：

```
ip netns exec netns1 ip addr add 10.1.1.1/24 dev veth1
ip addr add 10.1.1.2/24 dev veth0
```

再啟動它們：

```
ip netns exec netns1 ip link set dev veth1 up
ip link set dev veth0 up
```

現在兩個網路命名空間就可以相互通訊了：

```
# ping 10.1.1.1
PING 10.1.1.1 (10.1.1.1) 56(84) bytes of data.
64 bytes from 10.1.1.1: icmp_seq=1 ttl=64 time=0.035 ms
64 bytes from 10.1.1.1: icmp_seq=2 ttl=64 time=0.096 ms
^C
--- 10.1.1.1 ping statistics ---
2 packets transmitted, 2 received, 0% packet loss, time 1001ms
rtt min/avg/max/mdev = 0.035/0.065/0.096/0.031 ms

# ip netns exec netns1 ping 10.1.1.2
PING 10.1.1.2 (10.1.1.2) 56(84) bytes of data.
64 bytes from 10.1.1.2: icmp_seq=1 ttl=64 time=0.045 ms
64 bytes from 10.1.1.2: icmp_seq=2 ttl=64 time=0.105 ms
```

```
^C
--- 10.1.1.2 ping statistics ---
2 packets transmitted, 2 received, 0% packet loss, time 1000ms
rtt min/avg/max/mdev = 0.045/0.075/0.105/0.030 ms
```

至此，我們就能夠理解 Veth 裝置對的原理和用法了。在 Docker 內部，Veth 裝置對也是連通容器與宿主機的主要網路裝置，離開它是不行的。

2. Veth裝置對如何查看對端

我們在操作 Veth 裝置對時有一些實用技巧，如下所示。

一旦將 Veth 裝置對的對端放入另一個命名空間中，在原命名空間中就看不到它了。那麼我們怎麼知道這個 Veth 裝置的對端在哪裡呢，也就是說它到底連接到哪個命名空間中了呢？可以使用 ethtool 工具來查看（當網路命名空間特別多時，這可不是一件很容易的事情）。

首先，在命名空間 netns1 中查詢 Veth 裝置對端介面在裝置清單中的序號：

```
# ip netns exec netns1 ethtool -S veth1
NIC statistics:
     peer_ifindex: 5
```

得知另一端的周邊設備的序號是 5，我們再到命名空間 netns2 中查看序號 5 代表什麼裝置：

```
# ip netns exec netns2 ip link | grep 5        <-- 我們只關注序號為 5 的裝置
veth0
```

好，我們現在就找到序號為 5 的裝置了，它是 veth0，它的另一端自然就是命名空間 netns1 中的 veth1 了，因為它們互為 peer。

7.2.3 橋接器

Linux 可以支援多個不同的網路，它們之間能夠相互通訊，如何將這些網路連接起來並實現各網路中主機的相互通訊呢？可以用橋接器。橋接器是一個二層的虛擬網路裝置，把若干個網路介面「連接」起來，以使得網路介面之間的封包能夠相互轉發。橋接器能夠解析收發的封包，讀取目標

MAC 位址的資訊，將其與自己記錄的 MAC 表結合，來決策封包的轉發目標網路介面。為了實現這些功能，橋接器會學習來源 MAC 位址（二層橋接器轉發的依據就是 MAC 位址）。在轉發封包時，橋接器只需向特定的網路通訊埠進行轉發，來避免不必要的網路互動。如果它遇到一個自己從未學習到的位址，就無法知道這個封包應該向哪個網路介面轉發，將封包廣播給所有的網路介面（封包來源的網路介面除外）。

在實際的網路中，網路拓撲不可能永久不變。裝置如果被移動到另一個通訊埠上，卻沒有發送任何資料，橋接器裝置就無法感知這個變化，橋接器還是向原來的通訊埠轉發資料封包，在這種情況下資料會遺失。所以橋接器還要對學習到的 MAC 位址表加上逾時時間（預設為 5min）。如果橋接器收到了對應通訊埠 MAC 位址回發的封包，則重置逾時時間，否則過了逾時時間，就認為裝置已經不在那個通訊埠上了，它會重新廣播發送。

在 Linux 的內部網路堆疊裡實現的橋接器裝置，作用和上面的描述相同。Linux 主機過去一般只有一個網路卡，現在多網路卡的機器越來越多，而且有很多虛擬裝置存在，所以 Linux 橋接器提供了在這些裝置之間相互轉發資料的二層裝置。

Linux 核心支援網路通訊埠的橋接（目前只支援乙太網介面）。但是與單純的交換機不同，交換機只是一個二層裝置，對於接收到的封包，要麼轉發，要麼丟棄。執行著 Linux 核心的機器本身就是一台主機，有可能是網路封包的目的地，其收到的封包除了轉發和丟棄，還可能被送到網路通訊協定堆疊的上層（網路層），從而被自己（這台主機本身的協定堆疊）消化，所以我們既可以把橋接器看作一個二層裝置，也可以把它看作一個三層裝置。

1. Linux 橋接器的實現

Linux 核心是透過一個虛擬橋接器裝置（Net Device）來實現橋接的。這個虛擬裝置可以綁定若干個乙太網周邊設備，從而將它們橋接起來。如圖 7.3 所示，這種 Net Device 橋接器和普通的裝置不同，最明顯的一個特性是它還可以有一個 IP 位址。

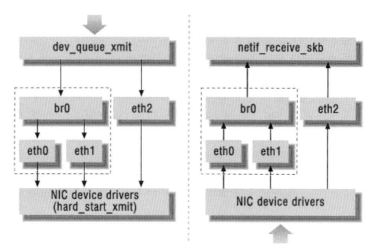

▲ 圖 7.3　橋接器的位置

如圖 7.3 所示，橋接器裝置 br0 綁定了 eth0 和 eth1。對於網路通訊協定堆疊的上層來說，只看得到 br0 就行。因為橋接是在資料連結層實現的，上層不需要關心橋接的細節，所以協定堆疊上層需要發送的封包被送到 br0，橋接器裝置的處理程式判斷封包應該被轉發到 eth0 還是 eth1，或者兩者應該皆轉發；反過來，從 eth0 或從 eth1 接收到的封包被提交給橋接器的處理程式，在這裡會判斷封包應該被轉發、丟棄還是被提交到協定堆疊上層。

而有時 eth0、eth1 也可能會作為封包的來源位址或目的位址，直接參與封包的發送與接收，從而繞過橋接器。

2. 橋接器的常用操作命令

Docker 自動完成了對橋接器的建立和維護。為了進一步理解橋接器，下面舉幾個常用的橋接器操作例子，對橋接器進行手工操作：

新增一個橋接器裝置：

```
#brctl addbr xxxxx
```

之後可以為橋接器增加網路通訊埠，在 Linux 中，一個網路通訊埠其實就是一個物理網路卡。將物理網路卡和橋接器連接起來：

```
#brctl addif xxxxx ethx
```

橋接器的物理網路卡作為一個網路通訊埠,由於在鏈路層工作,就不再需要 IP 位址了,這樣上面的 IP 位址自然失效:

```
#ifconfig ethx 0.0.0.0
```

給橋接器設定一個 IP 位址:

```
#ifconfig brxxx xxx.xxx.xxx.xxx
```

這樣橋接器就有了一個 IP 位址,而連接到上面的網路卡就是一個純鏈路層裝置了。

7.2.4 iptables 和 Netfilter

我們知道,Linux 網路通訊協定堆疊非常高效,同時比較複雜。如果我們希望在資料的處理。過程中對關心的資料進行一些操作,則該怎麼做呢?Linux 提供了一套機制來為使用者實現自訂的資料封包處理。

在 Linux 網路通訊協定堆疊中有一組回呼函數掛接點,透過這些掛接點掛接的鉤子函數可以在 Linux 網路堆疊處理資料封包的過程中對資料封包進行一些操作,例如過濾、修改、丟棄等。該掛接點技術就叫作 Netfilter 和 iptables。

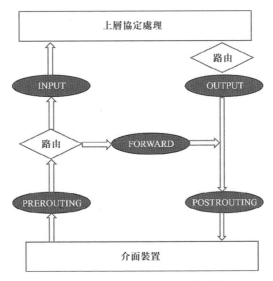

▲ 圖 7.4 Netfilter 可以掛接的規則點

Netfilter 負責在核心中執行各種掛接的規則，執行在核心模式中；而 iptables 是在使用者模式下執行的處理程序，負責協助和維護核心中 Netfilter 的各種規則表。二者相互配合來實現整個 Linux 網路通訊協定堆疊中靈活的資料封包處理機制。

Netfilter 可以掛接的規則點有 5 個，如圖 7.4 中的深色橢圓所示。

1. 規則表 Table

這些掛接點能掛接的規則也分不同的類型（也就是規則表 Table），我們可以在不同類型的 Table 中加入我們的規則。目前主要支援的 Table 類型有：RAW、MANGLE、NAT 和 FILTER。這 4 個 Table（規則鏈）的優先順序是 RAW 最高，FILTER 最低。

在實際應用中，不同的掛接點所需的規則類型通常不同。例如，在 Input 的掛接點上明顯不需要 FILTER 過濾規則，因為根據目標位址已經選擇好本機的上層協定堆疊了，所以無須再掛接 FILTER 過濾規則。目前 Linux 系統支援的不同掛接點能掛接的規則類型如圖 7.5 所示。

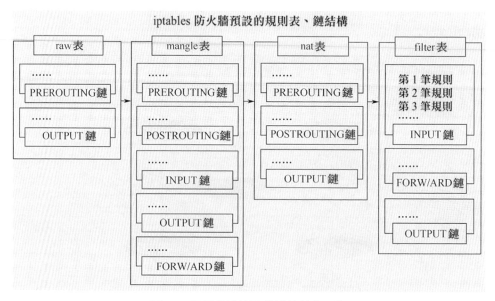

▲ 圖 7.5 不同的掛接點能掛接的規則類型

當 Linux 協定堆疊的資料處理執行到掛接點時，它會依次呼叫掛接點上所有的掛鉤函數，直到資料封包的處理結果是明確地接受或者拒絕。

2. 處理規則

每個規則的特性都分為以下幾部分。

- 表類型（準備幹什麼事情）。
- 什麼掛接點（什麼時候起作用）。
- 比對的參數是什麼（針對什麼樣的資料封包）。
- 符合後有什麼動作（符合後具體的操作是什麼）。

前面已經介紹了表類型和掛接點，接下來看看比對的參數和符合後的動作。

（1）比對的參數。比對的參數用於對資料封包或者 TCP 資料連接的狀態進行比對。當有多個條件存在時，它們一起發揮作用，達到只針對某部分數據進行修改的目的。常見的比對參數如下。

- 流入、流出的網路介面。
- 來源、目的位址。
- 協定類型。
- 來源、目的通訊埠。

（2）符合後的動作。一旦有資料符合，就會執行相應的動作。動作類型既可以是標準的預先定義的幾個動作，也可以是自訂的模組註冊動作，或者是一個新的規則鏈，以更好地組織一組動作。

3. iptables 命令

iptables 命令用於協助使用者維護各種規則。我們在使用 Kubernetes、Docker 的過程中，通常都會去查看相關的 Netfilter 設定。這裡只介紹如何查看規則表，詳細的介紹請參照 Linux 的 iptables 說明文件。查看系統中已有規則的方法如下。

- iptables-save：按照命令的方式列印 iptables 的內容。
- iptables-vnL：以另一種格式顯示 Netfilter 表的內容。

7.2.5 路由

Linux 系統包含一個完整的路由功能。當 IP 層在處理資料發送或者轉發時，會使用路由表來決定發往哪裡。在通常情況下，如果主機與目的主機直接相連，那麼主機可以直接發送 IP 封包到目的主機，這個過程比較簡單。例如，透過點對點的連結或網路共用，如果主機與目的主機沒有直接相連，那麼主機會將 IP 封包發送給預設的路由器，然後由路由器來決定往哪裡發送 IP 封包。

路由功能由 IP 層維護的一張路由表來實現。當主機收到資料封包時，它用此表來決策接下來應該做什麼操作。當從網路側接收到資料封包時，IP 層首先會檢查封包的 IP 位址是否與主機自身的位址相同。如果資料封包中的 IP 位址是主機自身的位址，那麼封包將被發送到傳輸層相應的協定中。如果封包中的 IP 位址不是主機自身的位址，並且主機設定了路由功能，那麼封包將被轉發，否則封包將被丟棄。

路由表中的資料一般是以項目形式存在的。一個典型的路由表項目通常包含以下主要的項目。

（1）目的 IP 位址：此欄位表示目標的 IP 位址。這個 IP 位址可以是某主機的位址，也可以是一個網路位址。如果這個項目包含的是一個主機位址，那麼它的主機 ID 將被標記為非零；如果這個項目包含的是一個網路位址，那麼它的主機 ID 將被標記為零。

（2）下一個路由器的 IP 位址：這裡採用「下一個」的説法，是因為下一個路由器並不總是最終的目的路由器，它很可能是一個中間路由器。項目舉出的下一個路由器的位址用來轉發在相應介面接收到的 IP 資料封包。

（3）標示：這個欄位提供了另一組重要資訊，例如，目的 IP 位址是一個主機位址還是一個網路位址。此外，從標示中可以得知下一個路由器是一個真實路由器還是一個直接相連的介面。

（4）網路介面規範：為一些資料封包的網路介面規範，該規範將與封包一起被轉發。

在透過路由表轉發時，如果任何項目的第 1 個欄位完全符合目的 IP 位址（主機）或部分符合項目的 IP 位址（網路），那麼它將指示下一個路由器的 IP 位址。這是一個重要的資訊，因為這些資訊直接告訴主機（具備路由功能的）資料封包應該被轉發到哪個路由器。而項目中的所有其他欄位將提供更多的輔助資訊來為路由轉發做決定。

如果沒有找到一個完全符合的 IP，就接著搜索相符合的網路 ID。如果找到，那麼該資料封包會被轉發到指定的路由器上。可以看出，網路上的所有主機都透過這個路由表中的單一（這個）項目進行管理。

如果上述兩個條件都不符合，那麼該資料封包將被轉發到一個預設的路由器上。

如果上述步驟都失敗，預設的路由器也不存在，那麼該資料封包最終無法被轉發。任何無法投遞的資料封包都將產生一個 ICMP 主機不可達或 ICMP 網路不可達的錯誤，並將此錯誤返回給生成此資料封包的應用程式。

1. 路由表的建立

Linux 的路由表至少包括兩個表（當啟用策略路由時，還會有其他表）：一個是 LOCAL，另一個是 MAIN。在 LOCAL 表中會包含所有本地裝置位址。LOCAL 路由表是在設定網路裝置位址時自動建立的。LOCAL 表用於供 Linux 協定堆疊辨識本地位址，以及進行本地各個不同網路介面之間的資料轉發。

可以透過下面的命令查看 LOCAL 表的內容：

```
# ip route show table local type local
10.1.1.0 dev flannel0  proto kernel  scope host  src 10.1.1.0
127.0.0.0/8 dev lo  proto kernel  scope host  src 127.0.0.1
127.0.0.1 dev lo  proto kernel  scope host  src 127.0.0.1
172.17.42.1 dev docker  proto kernel  scope host  src 172.17.42.1
192.168.1.128 dev eno16777736  proto kernel  scope host  src 192.168.1.128
```

MAIN 表用於各類網路 IP 位址的轉發。它的建立既可以使用靜態設定生成，也可以使用動態路由發現協定生成。動態路由發現協定一般使用多點傳輸功能來透過反射式路由發現資料，動態地交換和獲取網路的路由資訊，並更新到路由表中。

Linux 下支援路由發現協定的開放原始碼軟體有許多，常用的有 Quagga、Zebra 等。7.8 節會介紹如何使用 Quagga 動態容器路由發現的機制來實現 Kubernetes 的網路組網。

2. 路由表的查看

我們可以使用 ip route list 命令查看當前路由表：

```
# ip route list
192.168.6.0/24 dev eno16777736  proto kernel  scope link  src 192.168.6.140
metric 1
```

在上面的例子程式中只有一個子網的路由，來源位址是 192.168.6.140（本機），目標位址在 192.168.6.0/24 網段的資料封包都將透過 eno16777736 介面發送出去。

也可以透過 netstat -rn 命令查看路由表：

```
# netstat -rn
Kernel IP routing table
Destination     Gateway         Genmask         Flags  MSS Window  irtt Iface
0.0.0.0         192.168.6.2     0.0.0.0         UG     0 0         0 eth0
192.168.6.0     0.0.0.0         255.255.255.0   U      0 0         0 eth0
```

在顯示的資訊中，如果標示（Flag）是 U（代表 Up），則說明該路由是有效的；如果標示是 G（代表 Gateway），則說明這個網路介面連接的是閘道;如果標示是 H（代表 Host），則說明目的地是主機而非網路域，等等。

7.3 Docker 的網路實現

標準的 Docker 支援以下 4 類網路模式。

- host 模式：使用 --net=host 指定。
- container 模式：使用 --net=container:NAME_or_ID 指定。
- none 模式：使用 --net=none 指定。

■ bridge 模式：使用 --net=bridge 指定，為預設設置。

在 Kubernetes 管理模式下通常只會使用 bridge 模式，所以本節只介紹
Docker 在 bridge 模式下是如何支援網路的。

在 bridge 模式下，Docker Daemon 首次啟動時會建立一個虛擬橋接器，預
設的名稱是 docker0，然後按照 RFC 1918 的模型在私有網路空間中給這
個橋接器分配一個子網。針對由 Docker 建立的每一個容器，都會建立一
個虛擬乙太網裝置（Veth 裝置對），其中一端連結到橋接器上，另一端使
用 Linux 的網路命名空間技術映射到容器內的 eth0 裝置，然後在橋接器的
位址段內給 eth0 介面分配一個 IP 位址。

如圖 7.6 所示就是 Docker 的預設橋接網路模型。

其中 ip1 是橋接器的 IP 位址，Docker Daemon 會
在幾個備選位址段裡給它選一個位址，通常是以
172 開頭的一個位址，這個位址和主機的 IP 位址
是不重疊的。ip2 是 Docker 在啟動容器時在這個位
址段選擇的一個沒有使用的 IP 位址，它被分配給
容器，相應的 MAC 位址也根據這個 IP 位址，在
02:42:ac:11:00:00 和 02:42:ac:11:ff:ff 的範圍內生
成，這樣做可以確保不會有 ARP 衝突。

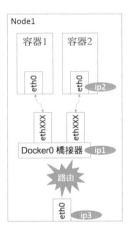

▲ 圖 7.6 Docker 的預
設橋接網路模型

啟動後，Docker 還將 Veth 裝置對的名稱映射到
eth0 網路介面。ip3 就是主機的網路卡位址。

在一般情況下，ip1、ip2 和 ip3 是不同的 IP 段，所以在預設不做任何特殊
設定的情況下，在外部是看不到 ip1 和 ip2 的。

這樣做的結果就是，在同一台機器內的容器之間可以相互通訊，不同主機
上的容器不能相互通訊，實際上它們甚至有可能在相同的網路位址範圍內
（不同主機上的 docker0 的位址段可能是一樣的）。

為了讓它們跨節點相互通訊，就必須在主機的位址上分配通訊埠，然後透
過這個通訊埠將網路流量路由或代理到目標容器上。這樣做顯然意味著一

定要在容器之間小心謹慎地協調好通訊埠的分配情況，或者使用動態通訊埠的分配技術。在不同應用之間協調好通訊埠分配情況是十分困難的事情，特別是叢集水平擴充時。而動態通訊埠分配也會大大增加複雜度，例如：每個應用程式都只能將通訊埠看作一個符號（因為是動態分配的，所以無法提前設置）。而且 API Server 要在分配完後，將動態通訊埠插入設定的合適位置，服務也必須能相互找到對方等。這些都是 Docker 的網路模型在跨主機存取時面臨的問題。

7.3.1 查看 Docker 啟動後的系統情況

我們已經知道，Docker 網路在 bridge 模式下 Docker Daemon 啟動時建立 docker0 橋接器，並在橋接器使用的網段為容器分配 IP。接下來讓我們看看實際操作。

在剛剛啟動 Docker Daemon 並且還沒有啟動任何容器時，網路通訊協定堆疊的設定如下：

```
# systemctl start docker
# ip addr
1: lo: <LOOPBACK,UP,LOWER_UP> mtu 65536 qdisc noqueue state UNKNOWN
    link/loopback 00:00:00:00:00:00 brd 00:00:00:00:00:00
    inet 127.0.0.1/8 scope host lo
       valid_lft forever preferred_lft forever
    inet6 ::1/128 scope host
       valid_lft forever preferred_lft forever
2: eno16777736: <BROADCAST,MULTICAST,UP,LOWER_UP> mtu 1500 qdisc pfifo_fast
state UP qlen 1000
    link/ether 00:0c:29:14:3d:80 brd ff:ff:ff:ff:ff:ff
    inet 192.168.1.133/24 brd 192.168.1.255 scope global eno16777736
       valid_lft forever preferred_lft forever
    inet6 fe80::20c:29ff:fe14:3d80/64 scope link
       valid_lft forever preferred_lft forever
3: docker0: <NO-CARRIER,BROADCAST,MULTICAST,UP> mtu 1500 qdisc noqueue state
DOWN
    link/ether 02:42:6e:af:0e:c3 brd ff:ff:ff:ff:ff:ff
    inet 172.17.42.1/24 scope global docker0
       valid_lft forever preferred_lft forever

# iptables-save
# Generated by iptables-save v1.4.21 on Thu Sep 24 17:11:04 2020
```

```
*nat
:PREROUTING ACCEPT [7:878]
:INPUT ACCEPT [7:878]
:OUTPUT ACCEPT [3:536]
:POSTROUTING ACCEPT [3:536]
:DOCKER - [0:0]
-A PREROUTING -m addrtype --dst-type LOCAL -j DOCKER
-A OUTPUT ! -d 127.0.0.0/8 -m addrtype --dst-type LOCAL -j DOCKER
-A POSTROUTING -s 172.17.0.0/16 ! -o docker0 -j MASQUERADE
COMMIT
# Completed on Thu Sep 24 17:11:04 2020
# Generated by iptables-save v1.4.21 on Thu Sep 24 17:11:04 2020
*filter
:INPUT ACCEPT [133:11362]
:FORWARD ACCEPT [0:0]
:OUTPUT ACCEPT [37:5000]
:DOCKER - [0:0]
-A FORWARD -o docker0 -j DOCKER
-A FORWARD -o docker0 -m conntrack --ctstate RELATED,ESTABLISHED -j ACCEPT
-A FORWARD -i docker0 ! -o docker0 -j ACCEPT
-A FORWARD -i docker0 -o docker0 -j ACCEPT
COMMIT
# Completed on Thu Sep 24 17:11:04 2020
```

可以看到，Docker 建立了 docker0 橋接器，並增加了 iptables 規則。
docker0 橋接器和 iptables 規則都處於 root 命名空間中。透過解讀這些規
則，我們發現，在還沒有啟動任何容器時，如果啟動了 Docker Daemon，
那麼它已經做好了通訊準備。對這些規則的說明如下。

（1）在 NAT 表中有 3 筆記錄，在前兩筆符合生效後，都會繼續執行
DOCKER 鏈，而此時 DOCKER 鏈為空，所以前兩筆只是做了一個框架，
並沒有實際效果。

（2）NAT 表第 3 筆的含義是，若本地發出的資料封包不是發往
docker0 的，而是發往主機之外的裝置的，則都需要進行動態位址修改
（MASQUERADE），將來源位址從容器的位址（172 段）修改為宿主機網
路卡的 IP 位址，之後就可以發送給外面的網路了。

（3）在 FILTER 表中，第 1 筆也是一個框架，因為後續的 DOCKER 鏈是
空的。

（4）在 FILTER 表中，第 3 筆的含義是，docker0 發出的封包，如果需要轉發到非 docker0 本地 IP 位址的裝置，則是允許的。這樣，docker0 裝置的封包就可以根據路由規則中轉到宿主機的網路卡裝置，從而存取外面的網路了。

（5）在 FILTER 表中，第 4 筆的含義是，docker0 的封包還可以被中轉給 docker0 本身，即連接在 docker0 橋接器上的不同容器之間的通訊也是允許的。

（6）在 FILTER 表中，第 2 筆的含義是，如果接收到的資料封包屬於以前已經建立好的連接，那麼允許直接透過。這樣，接收到的資料封包自然又走回 docker0，並中轉到相應的容器。

除了這些 Netfilter 的設置，Linux 的 ip_forward 功能也被 Docker Daemon 打開了：

```
# cat /proc/sys/net/ipv4/ip_forward
1
```

另外，我們可以看到剛剛啟動 Docker 後的 Route 表，它和啟動前沒有什麼不同：

```
# ip route
default via 192.168.1.2 dev eno16777736  proto static  metric 100
172.17.0.0/16 dev docker  proto kernel  scope link  src 172.17.42.1
192.168.1.0/24 dev eno16777736  proto kernel  scope link  src 192.168.1.132
192.168.1.0/24 dev eno16777736  proto kernel  scope link  src 192.168.1.132
metric 100
```

7.3.2 查看容器啟動後的網路設定（容器無通訊埠映射）

剛才查看了 Docker 服務啟動後的網路設定。現在啟動一個 Registry 容器（不使用任何通訊埠鏡像參數），看一下網路堆疊部分相關的變化：

```
docker run --name register -d registry
# ip addr
1: lo: <LOOPBACK,UP,LOWER_UP> mtu 65536 qdisc noqueue state UNKNOWN
    link/loopback 00:00:00:00:00:00 brd 00:00:00:00:00:00
    inet 127.0.0.1/8 scope host lo
       valid_lft forever preferred_lft forever
```

```
        inet6 ::1/128 scope host
            valid_lft forever preferred_lft forever
2: eno16777736: <BROADCAST,MULTICAST,UP,LOWER_UP> mtu 1500 qdisc pfifo_fast
state UP qlen 1000
        link/ether 00:0c:29:c8:12:5f brd ff:ff:ff:ff:ff:ff
        inet 192.168.1.132/24 brd 192.168.1.255 scope global eno16777736
            valid_lft forever preferred_lft forever
        inet6 fe80::20c:29ff:fec8:125f/64 scope link
            valid_lft forever preferred_lft forever
3: docker0: <NO-CARRIER,BROADCAST,MULTICAST,UP> mtu 1500 qdisc noqueue state
DOWN
        link/ether 02:42:72:79:b8:88 brd ff:ff:ff:ff:ff:ff
        inet 172.17.42.1/24 scope global docker0
            valid_lft forever preferred_lft forever
        inet6 fe80::42:7aff:fe79:b888/64 scope link
            valid_lft forever preferred_lft forever
13: veth2dc8bbd: <BROADCAST,MULTICAST,UP,LOWER_UP> mtu 1500 qdisc noqueue
master docker0 state UP
        link/ether be:d9:19:42:46:18 brd ff:ff:ff:ff:ff:ff
        inet6 fe80::bcd9:19ff:fe42:4618/64 scope link
            valid_lft forever preferred_lft forever


# iptables-save
# Generated by iptables-save v1.4.21 on Thu Sep 24 18:21:04 2020
*nat
:PREROUTING ACCEPT [14:1730]
:INPUT ACCEPT [14:1730]
:OUTPUT ACCEPT [59:4918]
:POSTROUTING ACCEPT [59:4918]
:DOCKER - [0:0]
-A PREROUTING -m addrtype --dst-type LOCAL -j DOCKER
-A OUTPUT ! -d 127.0.0.0/8 -m addrtype --dst-type LOCAL -j DOCKER
-A POSTROUTING -s 172.17.0.0/16 ! -o docker0 -j MASQUERADE
COMMIT
# Completed on Thu Sep 24 18:21:04 2020
# Generated by iptables-save v1.4.21 on Thu Sep 24 18:21:04 2020
*filter
:INPUT ACCEPT [2383:211572]
:FORWARD ACCEPT [0:0]
:OUTPUT ACCEPT [2004:242872]
:DOCKER - [0:0]
-A FORWARD -o docker0 -j DOCKER
-A FORWARD -o docker0 -m conntrack --ctstate RELATED,ESTABLISHED -j ACCEPT
-A FORWARD -i docker0 ! -o docker0 -j ACCEPT
```

```
-A FORWARD -i docker0 -o docker0 -j ACCEPT
COMMIT
# Completed on Thu Sep 24 18:21:04 2020

# ip route
default via 192.168.1.2 dev eno16777736  proto static  metric 100
172.17.0.0/16 dev docker  proto kernel  scope link  src 172.17.42.1
192.168.1.0/24 dev eno16777736  proto kernel  scope link  src 192.168.1.132
192.168.1.0/24 dev eno16777736  proto kernel  scope link  src 192.168.1.132
metric 100
```

可以看到如下情況。

（1）宿主機器上的 Netfilter 和路由表都沒有變化，説明在不進行通訊埠映射時，Docker 的預設網路是沒有特殊處理的。相關的 NAT 和 FILTER 這兩個 Netfilter 鏈還是空的。

（2）宿主機上的 Veth 裝置對已經建立，並連接到容器內。

我們再次進入剛剛啟動的容器內，看看網路堆疊是什麼情況。容器內部的 IP 位址和路由如下：

```
# docker exec -ti 24981a750a1a bash
[root@24981a750a1a /]# ip route
default via 172.17.42.1 dev eth0
172.17.0.0/16 dev eth0  proto kernel  scope link  src 172.17.0.10
[root@24981a750a1a /]# ip addr
1: lo: <LOOPBACK,UP,LOWER_UP> mtu 65536 qdisc noqueue state UNKNOWN
    link/loopback 00:00:00:00:00:00 brd 00:00:00:00:00:00
    inet 127.0.0.1/8 scope host lo
      valid_lft forever preferred_lft forever
    inet6 ::1/128 scope host
      valid_lft forever preferred_lft forever
22: eth0: <BROADCAST,MULTICAST,UP,LOWER_UP> mtu 1500 qdisc noqueue state UP
    link/ether 02:42:ac:11:00:0a brd ff:ff:ff:ff:ff:ff
    inet 172.17.0.10/16 scope global eth0
      valid_lft forever preferred_lft forever
    inet6 fe80::42:acff:fe11:a/64 scope link
      valid_lft forever preferred_lft forever
```

可以看到，預設停止的回環裝置 lo 已被啟動，外面宿主機連接進來的 Veth 裝置也被命名成了 eth0，並且已經設定了位址 172.17.0.10。

路由資訊表包含一條到 docker0 的子網路由和一條到 docker0 的預設路由。

7.3.3 查看容器啟動後的網路設定（容器有通訊埠映射）

下面用帶通訊埠映射的命令啟動 registry：

```
docker run --name register -d -p 1180:5000 registry
```

在啟動後查看 iptables 的變化：

```
# iptables-save
# Generated by iptables-save v1.4.21 on Thu Sep 24 18:45:13 2020
*nat
:PREROUTING ACCEPT [2:236]
:INPUT ACCEPT [0:0]
:OUTPUT ACCEPT [0:0]
:POSTROUTING ACCEPT [0:0]
:DOCKER - [0:0]
-A PREROUTING -m addrtype --dst-type LOCAL -j DOCKER
-A OUTPUT ! -d 127.0.0.0/8 -m addrtype --dst-type LOCAL -j DOCKER
-A POSTROUTING -s 172.17.0.0/16 ! -o docker0 -j MASQUERADE
-A POSTROUTING -s 172.17.0.19/32 -d 172.17.0.19/32 -p tcp -m tcp --dport
5000 -j MASQUERADE
-A DOCKER ! -i docker0 -p tcp -m tcp --dport 1180 -j DNAT --to-destination
172.17.0.19:5000
COMMIT
# Completed on Thu Sep 24 18:45:13 2020
# Generated by iptables-save v1.4.21 on Thu Sep 24 18:45:13 2020
*filter
:INPUT ACCEPT [54:4464]
:FORWARD ACCEPT [0:0]
:OUTPUT ACCEPT [41:5576]
:DOCKER - [0:0]
-A FORWARD -o docker0 -j DOCKER
-A FORWARD -o docker0 -m conntrack --ctstate RELATED,ESTABLISHED -j ACCEPT
-A FORWARD -i docker0 ! -o docker0 -j ACCEPT
-A FORWARD -i docker0 -o docker0 -j ACCEPT
-A DOCKER -d 172.17.0.19/32 ! -i docker0 -o docker0 -p tcp -m tcp --dport
5000 -j ACCEPT
COMMIT
# Completed on Thu Sep 24 18:45:13 2020
```

從新增的規則可以看出，Docker 服務在 NAT 和 FILTER 兩個表內增加的兩個 DOCKER 子鏈都是給通訊埠映射用的。在本例中，我們需要把外面

宿主機的 1180 通訊埠映射到容器的 5000 通訊埠。透過前面的分析，我們
知道，無論是宿主機接收到的還是宿主機本地協定堆疊發出的，目標位址
是本地 IP 位址的封包都會經過 NAT 表中的 DOCKER 子鏈。Docker 為每
一個通訊埠映射都在這個鏈上增加了到實際容器目標位址和目標通訊埠的
轉換。

經過這個 DNAT 的規則修改後的 IP 封包，會重新經過路由模組的判斷進
行轉發。由於目標位址和通訊埠已經是容器的位址和通訊埠，所以資料自
然被轉發到 docker0 上，從而被轉發到對應的容器內部。

當然在轉發時，也需要在 DOCKER 子鏈中增加一筆規則，如果目標通訊
埠和位址是指定容器的資料，則允許透過。

在 Docker 按照通訊埠映射的方式啟動容器時，主要的不同就是上述
iptables 部分。而容器內部的路由和網路裝置，都和不做通訊埠映射時一
樣，沒有任何變化。

7.3.4 Docker 的網路局限性

我們從 Docker 對 Linux 網路通訊協定堆疊的操作可以看到，Docker 一開
始沒有考慮到多主機互聯的網路解決方案。

Docker 一直以來的理念都是「簡單為美」，幾乎所有嘗試 Docker 的人都
被它用法簡單、功能強大的特性所吸引，這也是 Docker 迅速走紅的一個
原因。

我們都知道，虛擬化技術中最為複雜的部分就是虛擬化網路技術，即使
是單純的物理網路部分，也是一個門檻很高的技能領域，通常只被少數
網路工程師所掌握，所以掌握結合了物理網路的虛擬網路技術很難。在
Docker 之前，所有接觸過 OpenStack 的人都對其網路問題諱莫如深，
Docker 明智地避開這個「雷區」，讓其他專業人員去用現有的虛擬化網路
技術解決 Docker 主機的互聯問題，以免讓使用者覺得 Docker 太難，從而
放棄學習和使用 Docker。

Docker 成名以後，重新開始重視網路解決方案，收購了一家 Docker 網路解決方案公司──Socketplane，原因在於這家公司的產品廣受好評，但有趣的是，Socketplane 的方案就是以 Open vSwitch 為核心的，其還為 Open vSwitch 提供了 Docker 鏡像，以方便部署程式。之後，Docker 開啟了一個宏偉的虛擬化網路解決方案──Libnetwork，如圖 7.7 所示是其概念圖。這個概念圖沒有了 IP，也沒有了路由，已經顛覆了我們的網路常識，對於不怎麼懂網路的大多數人來說，它的確很有誘惑力。它未來是否會對虛擬化網路的模型產生深遠衝擊，我們還不知道，但它僅僅是 Docker 官方當前的一次嘗試。

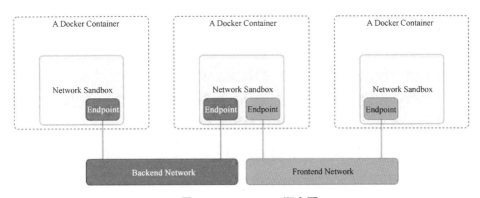

▲ 圖 7.7 Libnetwork 概念圖

針對目前 Docker 的網路實現，Docker 使用的 Libnetwork 元件只是將 Docker 平台中的網路子系統模組化為一個獨立函數庫的簡單嘗試，離成熟和完善還有一段距離。

7.4 Kubernetes 的網路實現

在實際的業務場景中，業務元件之間的關係十分複雜，特別是隨著微服務理念逐步深入人心，應用部署的粒度更加細小和靈活。為了支援業務應用元件的通訊，Kubernetes 網路的設計主要致力於解決以下問題。

（1）容器到容器之間的直接通訊。

（2）抽象的 Pod 到 Pod 之間的通訊。

（3）Pod 到 Service 之間的通訊。

（4）叢集內部與外部元件之間的通訊。

其中第 3 筆、第 4 筆在之前的章節裡都有所講解，本節對更為基礎的第 1 筆與第 2 筆進行深入分析和講解。

7.4.1 容器到容器的通訊

同一個 Pod 內的容器（Pod 內的容器是不會跨宿主機的）共用同一個網路命名空間，共用同一個 Linux 協定堆疊。所以對於網路的各類操作，就和它們在同一台機器上一樣，它們甚至可以用 localhost 位址存取彼此的通訊埠。

這麼做的結果是簡單、安全和高效，也能減少將已存在的程式從物理機或者虛擬機器中移植到容器下執行的難度。其實，在容器技術出來之前，大家早就累積了如何在一台機器上執行一組應用程式的經驗，例如，如何讓通訊埠不衝突，以及如何讓用戶端發現它們等。

我們來看一下 Kubernetes 是如何利用 Docker 的網路模型的。

如圖 7.8 中的陰影部分所示，在 Node 上執行著一個 Pod 實例。在我們的例子中，容器就是圖 7.8 中的容器 1 和容器 2。容器 1 和容器 2 共用一個網路的命名空間，共用一個命名空間的結果就是它們好像在一台機器上執行，它們打開的通訊埠不會有衝突，可以直接使用 Linux 的本地 IPC 進行通訊（例如訊息佇列或者管道）。其實，這和傳統的一組普通程式執行的環境是完全一樣的，傳統程式不需要針對網路做特別的修改就可以移植，它們之間的相互存取只需使用

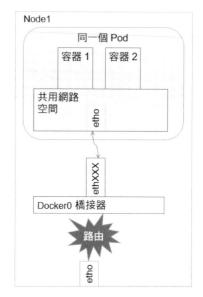

▲ 圖 7.8 Kubernetes 的 Pod 網路模型

localhost 就可以。例如，如果容器 2 執行的是 MySQL，那麼容器 1 使用 localhost:3306 就能直接存取這個執行在容器 2 上的 MySQL 了。

7.4.2 Pod 之間的通訊

我們看了同一個 Pod 內容器之間的通訊情況，再看看 Pod 之間的通訊情況。

每一個 Pod 都有一個真實的全域 IP 位址，同一個 Node 內的不同 Pod 之間可以直接採用對方 Pod 的 IP 位址通訊，而且不需要採用其他發現機制，例如 DNS、Consul 或者 etcd。

Pod 容器既有可能在同一個 Node 上執行，也有可能在不同的 Node 上執行，所以通訊也分為兩類：同一個 Node 上 Pod 之間的通訊和不同 Node 上 Pod 之間的通訊。

1. 同一個 Node 上 Pod 之間的通訊

同一個 Node 上兩個 Pod 之間的關係如圖 7.9 所示。

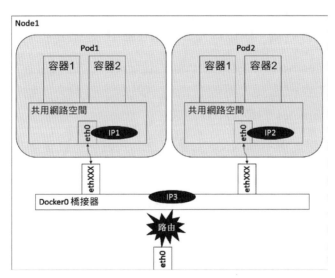

▲ 圖 7.9 同一個 Node 上兩個 Pod 之間的關係

可以看出，Pod1 和 Pod2 都是透過 Veth 連接到同一個 docker0 橋接器的，它們的 IP 位址 IP1、IP2 都是從 docker0 的網段上動態獲取的，和橋接器本身的 IP3 屬於同一個網段。

另外，在 Pod1、Pod2 的 Linux 協定堆疊上，預設路由都是 docker0 的位址，也就是説所有非本地位址的網路資料，都會被預設發送到 docker0 橋接器上，由 docker0 橋接器直接中轉。

綜上所述，由於它們都連結在同一個 docker0 橋接器上，位址段相同，所以它們之間是能直接通訊的。

2. 不同 Node 上 Pod 之間的通訊

Pod 的位址是與 docker0 在同一個網段的，我們知道 docker0 網段與宿主機網路卡是兩個完全不同的 IP 網段，並且不同 Node 之間的通訊只能透過宿主機的物理網路卡進行，因此要想實現不同 Node 上 Pod 容器之間的通訊，就必須想辦法透過主機的這個 IP 位址進行定址和通訊。

另一方面，這些動態分配且藏在 docker0 後的「私有」IP 位址也是可以找到的。Kubernetes 會記錄所有正在執行的 Pod 的 IP 分配資訊，並將這些資訊保存在 etcd 中（作為 Service 的 Endpoint）。這些私有 IP 資訊對於 Pod 到 Pod 的通訊也是十分重要的，因為我們的網路模型要求 Pod 到 Pod 使用私有 IP 進行通訊。所以首先要知道這些 IP 是什麼。

之前提到，Kubernetes 的網路對 Pod 的位址是平面的和直達的，所以這些 Pod 的 IP 規劃也很重要，不能有衝突。只要沒有衝突，我們就可以想辦法在整個 Kubernetes 的叢集中找到它。

綜上所述，要想支援不同 Node 上 Pod 之間的通訊，就要滿足兩個條件：

（1）在整個 Kubernetes 叢集中對 Pod 的 IP 分配進行規劃，不能有衝突；
（2）找到一種辦法，將 Pod 的 IP 和所在 Node 的 IP 連結起來，透過這個連結讓 Pod 可以相互存取。

根據條件 1 的要求，我們需要在部署 Kubernetes 時對 docker0 的 IP 位址進行規劃，保證每個 Node 上的 docker0 位址都沒有衝突。我們可以在規劃後手工設定到每個 Node 上，或者做一個分配規則，由安裝的程式自己去分配佔用。例如，Kubernetes 的網路增強開放原始碼軟體 Flannel 就能夠管理資源池的分配。

根據條件 2 的要求，Pod 中的資料在發出時，需要有一個機制能夠知道對方 Pod 的 IP 位址掛在哪個具體的 Node 上。也就是説，先要找到 Node 對應宿主機的 IP 位址，將資料發送到這個宿主機的網路卡，然後在宿主機上將相應的資料轉發到具體的 docker0 上。一旦資料到達宿主機 Node，那個 Node 內部的 docker0 便知道如何將資料發送到 Pod 了。如圖 7.10 所示，IP1 對應的是 Pod1，IP2 對應的是 Pod2，Pod1 在存取 Pod2 時，首先要將資料從來源 Node 的 eth0 發送出去，找到並到達 Node2 的 eth0，即先是從 IP3 到 IP4 的傳送，之後才是從 IP4 到 IP2 的傳送。

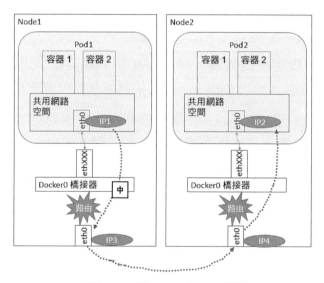

▲ 圖 7.10 跨 Node 的 Pod 通訊

在 Google 的 GCE 環境中，Pod 的 IP 管理（類似 docker0）、分配及它們之間的路由打通都是由 GCE 完成的。Kubernetes 作為主要在 GCE 上面執行的框架，它的設計是假設底層已經具備這些條件，所以它分配完位址並將位址記錄下來就完成了自己的工作。在實際的 GCE 環境中，GCE 的網路元件會讀取這些資訊，實現具體的網路打通工作。

而在實際生產環境中，因為安全、費用、符合規範等種種原因，Kubernetes 的客戶不可能全部使用 Google 的 GCE 環境，所以在實際的私有雲環境中，除了需要部署 Kubernetes 和 Docker，還需要額外的網路設定，甚至透過一些軟體來實現 Kubernetes 對網路的要求。做到這些後，Pod 和 Pod 之間才能無差別地進行透明通訊。

為了達到這個目的，開放原始碼界有不少應用增強了 Kubernetes、Docker 的網路，在後續章節中會介紹幾個常用的元件及其組網原理。

7.5 Pod 和 Service 網路實戰

Docker 給我們帶來了不同的網路模式，Kubernetes 也以一種不同的方式來解決這些網路模式的挑戰，但有些難以理解，特別是對於剛開始接觸 Kubernetes 網路的開發者來說。前面講解了 Kubernetes、Docker 理論，本節將透過一個完整的實驗，從部署一個 Pod 開始，一步一步地部署 Kubernetes 的元件，剖析 Kubernetes 在網路層是如何實現及工作的。

這裡使用虛擬機器完成實驗。如果要部署在物理機器上或者雲端服務商的環境中，則相關的網路模型很可能稍微不同。不過從網路角度來看，Kubernetes 的機制是類似且一致的。

我們的實驗環境如圖 7.11 所示。

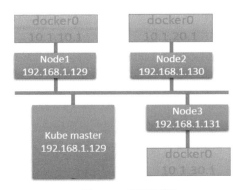

▲ 圖 7.11　實驗環境

Kubernetes 的網路模型要求每個 Node 上的容器都可以相互存取。

預設的 Docker 網路模型提供了一個 IP 位址段是 172.17.0.0/16 的 docker0 橋接器。每個容器都會在這個子網內獲得 IP 位址，並且將 docker0 橋接器

的 IP 位址（172.17.42.1）作為其預設閘道器。需要注意的是，Docker 宿
主機外面的網路不需要知道任何關於這個 172.17.0.0/16 的資訊或者知道如
何連接到其內部，因為 Docker 的宿主機針對容器發出的資料，在物理網
路卡位址後面都做了 IP 偽裝 MASQUERADE（隱含 NAT）。也就是説，
在網路上看到的任何容器資料流程都來源於該 Docker 節點的物理 IP 位
址。這裡所説的網路都指連接這些主機的物理網路。這個模型便於使用，
但是並不完美，需要依賴通訊埠映射的機制。

在 Kubernetes 的網路模型中，每台主機上的 docker0 橋接器都是可以被路
由到的。也就是説，在部署了一個 Pod 時，在同一個叢集中，各主機都
可以存取其他主機上的 Pod IP，並不需要在主機上做通訊埠映射。綜上所
述，我們可以在網路層將 Kubernetes 的節點看作一個路由器。如果將實驗
環境改畫成一個網路圖，那麼它看起來如圖 7.12 所示。

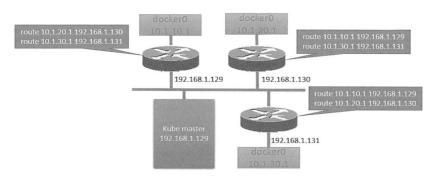

▲ 圖 7.12　實驗環境網路圖

為了支援 Kubernetes 網路模型，我們採取了直接路由的方式來實現，在每
個 Node 上都設定相應的靜態路由項，例如在 192.168.1.129 這個 Node 上
設定了兩個路由項：

```
#route add -net 10.1.20.0 netmask 255.255.255.0 gw 192.168.1.130
#route add -net 10.1.30.0 netmask 255.255.255.0 gw 192.168.1.131
```

這意味著，每一個新部署的容器都將使用這個 Node（docker0 的橋接器
IP）作為它的預設閘道器。而這些 Node（類似路由器）都有其他 docker0
的路由資訊，這樣它們就能夠相互連通了。

接下來透過一些實際案例，看看 Kubernetes 在不同的場景下其網路部分到底做了什麼。

7.5.1 部署一個 RC/Pod

部署的 RC/Pod 描述檔案如下（frontend-controller.yaml）：

```
apiVersion: v1
kind: ReplicationController
metadata:
  name: frontend
  labels:
    name: frontend
spec:
  replicas: 1
  selector:
    name: frontend
  template:
    metadata:
      labels:
        name: frontend
    spec:
      containers:
      - name: php-redis
        image: kubeguide/guestbook-php-frontend
        env:
        - name: GET_HOSTS_FROM
          value: env
        ports:
        - containerPort: 80
          hostPort: 80
```

為了便於觀察，這裡假定在一個空的 Kubernetes 叢集上執行，提前清理了所有 Replication Controller、Pod 和其他 Service：

```
# kubectl get rc
CONTROLLER    CONTAINER(S)    IMAGE(S)    SELECTOR    REPLICAS
#
# kubectl get services
NAME            LABELS                                      SELECTOR    IP(S)
PORT(S)
kubernetes    component=apiserver,provider=kubernetes  <none>      20.1.0.1
443/TCP
```

```
#
# kubectl get pods
NAME      READY    STATUS    RESTARTS    AGE
```

讓我們檢查一下此時某個 Node 上的網路介面都有哪些。Node1 的狀態如下：

```
# ifconfig
docker0: flags=4099<UP,BROADCAST,RUNNING,MULTICAST>  mtu 1500
        inet 10.1.10.1  netmask 255.255.255.0  broadcast 10.1.10.255
        inet6 fe80::5484:7aff:fefe:9799  prefixlen 64  scopeid 0x20<link>
        ether 56:84:7a:fe:97:99  txqueuelen 0  (Ethernet)
        RX packets 373245  bytes 170175373 (162.2 MiB)
        RX errors 0  dropped 0  overruns 0  frame 0
        TX packets 353569  bytes 353948005 (337.5 MiB)
        TX errors 0  dropped 0 overruns 0  carrier 0  collisions 0

eno16777736: flags=4163<UP,BROADCAST,RUNNING,MULTICAST>  mtu 1500
        inet 192.168.1.129  netmask 255.255.255.0  broadcast 192.168.1.255
        inet6 fe80::20c:29ff:fe47:6e2c  prefixlen 64  scopeid 0x20<link>
        ether 00:0c:29:47:6e:2c  txqueuelen 1000  (Ethernet)
        RX packets 326552  bytes 286033393 (272.7 MiB)
        RX errors 0  dropped 0  overruns 0  frame 0
        TX packets 219520  bytes 31014871 (29.5 MiB)
        TX errors 0  dropped 0 overruns 0  carrier 0  collisions 0

lo: flags=73<UP,LOOPBACK,RUNNING>  mtu 65536
        inet 127.0.0.1  netmask 255.0.0.0
        inet6 ::1  prefixlen 128  scopeid 0x10<host>
        loop  txqueuelen 0  (Local Loopback)
        RX packets 24095  bytes 2133648 (2.0 MiB)
        RX errors 0  dropped 0  overruns 0  frame 0
        TX packets 24095  bytes 2133648 (2.0 MiB)
        TX errors 0  dropped 0 overruns 0  carrier 0  collisions 0
```

可以看出，有一個 docker0 橋接器和一個本地位址的網路通訊埠。現在部署一下我們在前面準備的 RC/Pod 設定檔，看看會發生什麼：

```
# kubectl create -f frontend-controller.yaml
replicationcontrollers/frontend created
#
# kubectl get pods
NAME            READY    STATUS    RESTARTS   AGE    NODE
frontend-4o11g  1/1      Running   0          11s    192.168.1.130
```

可以看到一些有趣的事情。Kubernetes 為這個 Pod 找了一個主機 192.168.1.130（Node2）來執行它。另外，這個 Pod 獲得了 Node2 的 docker0 橋接器上的一個 IP 位址。我們登入 Node2 查看正在執行的容器：

```
# docker ps
CONTAINER ID       IMAGE          COMMAND         CREATED       STATUS        PORTS
NAMES
37b193a4c633       kubeguide/example-guestbook-php-redis      "/bin/sh -c /
run.sh"  32 seconds ago      Up 26 seconds        k8s_php-redis.6ad3289e_
frontend-n9n1m_ development_813e2dd9-8149-11e5-823b-000c2921ba71_af6dd859
6d1b99cff4ae       k8s.gcr.io/pause:latest       "/pause"      35 seconds ago
Up 28 seconds        0.0.0.0:80->80/tcp  k8s_POD.855eeb3d_frontend-4t52y_
development_ 813e3870-8149-11e5-823b-000c2921ba71_2b66f05e
```

在 Node2 上現在執行了兩個容器，在我們的 RC/Pod 定義檔案中僅僅包含一個，那麼這第 2 個是從哪裡來的呢？第 2 個看起來執行的是一個叫作 k8s.gcr.io/pause:latest 的鏡像，而且這個容器已經有通訊埠映射到它上面了，為什麼這樣呢？讓我們深入容器內部去看一下具體原因。使用 Docker 的 inspect 命令來查看容器的詳細資訊，特別要關注容器的網路模型：

```
# docker inspect 6d1b99cff4ae | grep NetworkMode
        "NetworkMode": "bridge",
# docker inspect 37b193a4c633 | grep NetworkMode
        "NetworkMode": "container:6d1b99cff4ae537689ce87d7528f4ba9dbb40ae
711ecc0a5b3f7c39ff5e5e495",
```

有趣的結果是，在查看完每個容器的網路模型後，我們都可以看到這樣的設定：我們檢查的第 1 個容器是執行了 k8s.gcr.io/pause:latest 鏡像的容器，它使用了 Docker 預設的網路模型 bridge；而我們檢查的第 2 個容器，也就是在 RC/Pod 中定義執行的 php-redis 容器，使用了非預設的網路設定和映射容器的模型，指定了映射目標容器為 k8s.gcr.io/pause:latest。

一起來仔細思考這個過程，為什麼 Kubernetes 要這麼做呢？

首先，一個 Pod 內的所有容器都需要共用同一個 IP 位址，這就意味著一定要使用網路的容器映射模式。然而，為什麼不能只啟動 1 個容器，而將第 2 個容器連結到第 1 個容器呢？我們認為 Kubernetes 是從兩方面來考慮這個問題的：首先，如果在 Pod 內有多個容器，則可能很難連接這些容器；其次，後面的容器還要依賴第 1 個被連結的容器，如果第 2 個容器連結到第 1 個容器，且第 1 個容器死掉的話，那麼第 2 個容器也將死掉。啟動一個基礎容器，然後將 Pod 內的所有容器都連接到它上面會更容易一些。因為我們只需為基礎的 k8s.gcr.io/pause 容器執行通訊埠映射規則，這也簡化了通訊埠映射的過程。所以我們啟動 Pod 後的網路模型類似於圖 7.13。

在這種情況下，實際 Pod 的 IP 資料流程的網路目標都是這個 k8s.gcr.io/pause 容器。

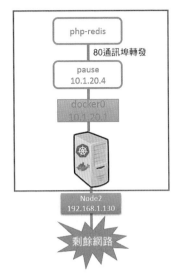

▲ 圖 7.13 啟動 Pod 後的網路模型

圖 7.13 有點兒取巧地顯示了是 k8s.gcr.io/pause 容器將通訊埠 80 的流量轉發給了相關容器。而 Pause 容器只是看起來轉發了網路流量，但它並沒有真的這麼做。實際上，應用容器直接監聽了這些通訊埠，和 k8s.gcr.io/pause 容器共用同一個網路堆疊。這就是為什麼實際容器的通訊埠映射在 Pod 內都顯示到 k8s.gcr.io/pause 容器上了。我們可以透過 docker port 命令來檢驗一下：

```
# docker ps
CONTAINER ID          IMAGE
37b193a4c633          kubeguide/example-guestbook-php-redis
6d1b99cff4ae          k8s.gcr.io/pause:latest
#
# docker port 6d1b99cff4ae
80/tcp -> 0.0.0.0:80
```

綜上所述，k8s.gcr.io/pause 容器實際上只是負責接管這個 Pod 的 Endpoint，並沒有做更多的事情。那麼 Node 呢？它需要將資料流程傳給 k8s.gcr.io/pause 容器嗎？我們來檢查一下 iptables 的規則，看看有什麼發現：

```
# iptables-save
# Generated by iptables-save v1.4.21 on Thu Sep 24 17:15:01 2020
*nat
:PREROUTING ACCEPT [0:0]
:INPUT ACCEPT [0:0]
:OUTPUT ACCEPT [0:0]
:POSTROUTING ACCEPT [0:0]
:DOCKER - [0:0]
:KUBE-NODEPORT-CONTAINER - [0:0]
:KUBE-NODEPORT-HOST - [0:0]
:KUBE-PORTALS-CONTAINER - [0:0]
:KUBE-PORTALS-HOST - [0:0]
-A PREROUTING -m comment --comment "handle ClusterIPs; NOTE: this must be
before the NodePort rules" -j KUBE-PORTALS-CONTAINER
-A PREROUTING -m addrtype --dst-type LOCAL -j DOCKER
-A PREROUTING -m addrtype --dst-type LOCAL -m comment --comment "handle
service NodePorts; NOTE: this must be the last rule in the chain" -j KUBE-
NODEPORT-CONTAINER
-A OUTPUT -m comment --comment "handle ClusterIPs; NOTE: this must be before
the NodePort rules" -j KUBE-PORTALS-HOST
-A OUTPUT ! -d 127.0.0.0/8 -m addrtype --dst-type LOCAL -j DOCKER
-A OUTPUT -m addrtype --dst-type LOCAL -m comment --comment "handle service
NodePorts; NOTE: this must be the last rule in the chain
-A POSTROUTING -s 10.1.20.0/24 ! -o docker0 -j MASQUERADE
-A KUBE-PORTALS-CONTAINER -d 20.1.0.1/32 -p tcp -m comment --comment
"default/kubernetes:" -m tcp --dport 443 -j REDIRECT --to-ports 60339
-A KUBE-PORTALS-HOST -d 20.1.0.1/32 -p tcp -m comment --comment "default/
kubernetes:" -m tcp --dport 443 -j DNAT --to-destination 192.168.1.131:60339
COMMIT
# Completed on Thu Sep 24 17:15:01 2020
# Generated by iptables-save v1.4.21 on Thu Sep 24 17:15:01 2020
*filter
:INPUT ACCEPT [1131:377745]
:FORWARD ACCEPT [0:0]
:OUTPUT ACCEPT [1246:209888]
:DOCKER - [0:0]
-A FORWARD -o docker0 -j DOCKER
-A FORWARD -o docker0 -m conntrack --ctstate RELATED,ESTABLISHED -j ACCEPT
-A FORWARD -i docker0 ! -o docker0 -j ACCEPT
-A FORWARD -i docker0 -o docker0 -j ACCEPT
-A DOCKER -d 172.17.0.19/32 ! -i docker0 -o docker0 -p tcp -m tcp --dport
5000 -j ACCEPT
COMMIT
# Completed on Thu Sep 24 17:15:01 2020
```

上面的這些規則並沒有被應用到我們剛剛定義的 Pod 上。當然，
Kubernetes 會給每一個 Kubernetes 節點都提供一些預設的服務，上面的規
則就是 Kubernetes 預設的服務所需的。關鍵是，我們沒有看到任何 IP 偽
裝的規則，並且沒有任何指向 Pod 10.1.20.4 內的通訊埠映射。

7.5.2 發佈一個服務

我們已經了解了 Kubernetes 如何處理基本的元素即 Pod 的連接問題，接
下來看一下它是如何處理 Service 的。Service 允許我們在多個 Pod 之間
抽象一些服務，而且服務可以透過提供同一個 Service 的多個 Pod 之間的
負載平衡機制來支援水平擴充。我們再次將環境初始化，刪除剛剛建立的
RC 或 Pod 來確保叢集是空的：

```
# kubectl stop rc frontend
replicationcontroller/frontend
#
# kubectl get rc
CONTROLLER    CONTAINER(S)    IMAGE(S)    SELECTOR    REPLICAS
#
# kubectl get services
NAME          LABELS                                        SELECTOR    IP(S)      PORT(S)
kubernetes    component=apiserver,provider=kubernetes <none> 20.1.0.1   443/TCP
#
# kubectl get pods
NAME          READY      STATUS      RESTARTS    AGE
```

然後準備一個名為 frontend 的 Service 設定檔：

```
apiVersion: v1
kind: Service
metadata:
  name: frontend
  labels:
    name: frontend
spec:
  ports:
  - port: 80
  selector:
    name: frontend
```

接著在 Kubernetes 叢集中定義這個服務：

```
# kubectl create -f frontend-service.yaml
services/frontend
# kubectl get services
NAME        LABELS                              SELECTOR              IP(S)         PORT(S)
frontend    name=frontend                       name=frontend         20.1.244.75   80/TCP
kubernetes  component=apiserver,provider=kubernetes   <none>  20.1.0.1
443/TCP
```

在服務正確建立後，可以看到 Kubernetes 叢集已經為這個服務分配了一個
虛擬 IP 位址 20.1.244.75，這個 IP 位址是在 Kubernetes 的 Portal Network
中分配的。而這個 Portal Network 的位址範圍是我們在 Kubmaster 上啟動
API 服務處理程序時，使用 --service-cluster-ip- range=xx 命令列參數指定
的：

```
# cat /etc/kubernetes/apiserver
......
# Address range to use for services
KUBE_SERVICE_ADDRESSES="--service-cluster-ip-range=20.1.0.0/16"
......
```

這個 IP 段可以是任何段，只要不和 docker0 或者物理網路的子網衝突就可
以。選擇任意其他網段的原因是，這個網段將不會在物理網路和 docker0
網路上進行路由。這個 Portal Network 針對的是每一個 Node 都有局部的
特殊性，實際上它存在的意義是讓容器的流量都指向預設閘道器（也就是
docker0 橋接器）。在繼續實驗前先登入 Node1，看一下在我們定義服務後
發生了什麼變化。首先檢查一下 iptables 或 Netfilter 的規則：

```
# iptables-save
......
-A KUBE-PORTALS-CONTAINER -d 20.1.244.75/32 -p tcp -m comment --comment
"default/ frontend:" -m tcp --dport 80 -j REDIRECT --to-ports 3376
-A KUBE-PORTALS-HOST -d 20.1.244.75/32 -p tcp -m comment --comment "default/
kubernetes:" -m tcp --dport 80 -j DNAT --to-destination 192.168.1.131:3376
......
```

第 1 行是掛在 PREROUTING 鏈上的通訊埠重定向規則，所有進入的流量
如果滿足 20.1.244.75:80，則都會被重定向到通訊埠 33761。第 2 行是掛
在 OUTPUT 鏈上的目標位址 NAT，做了和上述第 1 行規則類似的工作，
但針對的是當前主機生成的外出流量。所有主機生成的流量都需要使用這

個 DNAT 規則來處理。簡而言之,這兩個規則使用了不同的方式做了類似的事情,就是將所有從節點生成的發送給 20.1.244.75:80 的流量重定向到本地的 33761 通訊埠。

至此,目標為 Service IP 位址和通訊埠的任何流量都將被重定向到本地的 33761 通訊埠。這個通訊埠連到哪裡去了呢?這就到了 kube-proxy 發揮作用的地方了。這個 kube-proxy 服務給每一個新建立的服務都連結了一個隨機的通訊埠編號,並且監聽那個特定的通訊埠,為服務建立了相關的負載平衡物件。在我們的實驗中,隨機生成的通訊埠剛好是 33761。透過監控 Node1 上 Kubernetes-Service 的日誌,在建立服務時可以看到下面的記錄:

```
2612 proxier.go:413] Opened iptables from-containers portal for service
"default/ frontend:" on TCP 20.1.244.75:80
2612 proxier.go:424] Opened iptables from-host portal for service "default/
frontend:" on TCP 20.1.244.75:80
```

可以知道,所有流量都被匯入 kube-proxy 中了。我們現在需要它完成一些負載平衡工作,建立 Replication Controller 並觀察結果。下面是 Replication Controller 的設定檔:

```
apiVersion: v1
kind: ReplicationController
metadata:
  name: frontend
  labels:
    name: frontend
spec:
  replicas: 3
  selector:
    name: frontend
  template:
    metadata:
      labels:
        name: frontend
    spec:
      containers:
      - name: php-redis
        image: kubeguide/example-guestbook-php-redis
        env:
```

```
    - name: GET_HOSTS_FROM
      value: env
   ports:
   - containerPort: 80
```

在叢集發佈以上設定檔後，等待並觀察，確保所有 Pod 都執行起來了：

```
# kubectl create -f frontend-controller.yaml
replicationcontrollers/frontend created
#
# kubectl get pods -o wide
NAME             READY    STATUS     RESTARTS     AGE      NODE
frontend-64t8q   1/1      Running    0            5s       192.168.1.130
frontend-dzqve   1/1      Running    0            5s       192.168.1.131
frontend-x5dwy   1/1      Running    0            5s       192.168.1.129
```

現在所有的 Pod 都執行起來了，Service 將會把用戶端的請求負載分發到包含 name=frontend 標籤的所有 Pod 上。現在的實驗環境如圖 7.14 所示。

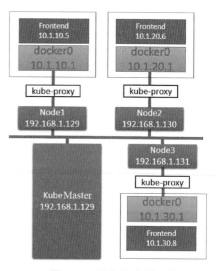

Kubernetes 的 kube-proxy 看起來只是一個夾層，但實際上它只是在 Node 上執行的一個服務。上述重定向規則的結果就是針對目標位址為服務 IP 的流量，將 Kubernetes 的 kube-proxy 變成了一個中間的夾層。

為了查看具體的重定向動作，我們會使用 tcpdump 進行網路封包截取操作。

▲ 圖 7.14 現在的實驗環境

首先，安裝 tcpdump：

```
yum -y install tcpdump
```

安裝完成後，登入 Node1，執行 tcpdump 命令：

```
tcpdump -nn -q -i eno16777736 port 80
```

需要捕捉物理伺服器乙太網介面的資料封包，Node1 機器上的乙太網介面名稱是 eno16777736。

再打開第 1 個視窗執行第 2 個 tcpdump 程式，不過我們需要一些額外的資訊去執行它，即掛接在 docker0 橋上的虛擬網路卡 Veth 的名稱。我們看到只有一個 frontend 容器在 Node1 主機上執行，所以可以使用簡單的 ip addr 命令來查看唯一的 Veth 網路介面：

```
# ip addr
1: lo: <LOOPBACK,UP,LOWER_UP> mtu 65536 qdisc noqueue state UNKNOWN
    link/loopback 00:00:00:00:00:00 brd 00:00:00:00:00:00
    inet 127.0.0.1/8 scope host lo
       valid_lft forever preferred_lft forever
    inet6 ::1/128 scope host
       valid_lft forever preferred_lft forever
2: eno16777736: <BROADCAST,MULTICAST,UP,LOWER_UP> mtu 1500 qdisc pfifo_fast
state UP qlen 1000
    link/ether 00:0c:29:47:6e:2c brd ff:ff:ff:ff:ff:ff
    inet 192.168.1.129/24 brd 192.168.1.255 scope global eno16777736
       valid_lft forever preferred_lft forever
    inet6 fe80::20c:29ff:fe47:6e2c/64 scope link
       valid_lft forever preferred_lft forever
3: docker0: <NO-CARRIER,BROADCAST,MULTICAST,UP> mtu 1500 qdisc noqueue state
DOWN
    link/ether 56:84:7a:fe:97:99 brd ff:ff:ff:ff:ff:ff
    inet 10.1.10.1/24 brd 10.1.10.255 scope global docker0
       valid_lft forever preferred_lft forever
    inet6 fe80::5484:7aff:fefe:9799/64 scope link
       valid_lft forever preferred_lft forever
12: veth0558bfa: <BROADCAST,MULTICAST,UP,LOWER_UP> mtu 1500 qdisc noqueue
master docker0 state UP
    link/ether 86:82:e5:c8:5a:9a brd ff:ff:ff:ff:ff:ff
    inet6 fe80::8482:e5ff:fec8:5a9a/64 scope link
       valid_lft forever preferred_lft forever
```

複製這個介面的名字，在第 2 個視窗中執行 tcpdump 命令：

```
tcpdump -nn -q -i veth0558bfa host 20.1.244.75
```

同時執行這兩個命令，並且將視窗並排放置，以便同時看到兩個視窗的輸出：

```
# tcpdump -nn -q -i eno16777736 port 80
tcpdump: verbose output suppressed, use -v or -vv for full protocol decode
listening on eno16777736, link-type EN10MB (Ethernet), capture size 65535
bytes
```

```
# tcpdump -nn -q -i veth0558bfa host 20.1.244.75
tcpdump: verbose output suppressed, use -v or -vv for full protocol decode
listening on veth0558bfa, link-type EN10MB (Ethernet), capture size 65535
bytes
```

好了，我們已經在同時捕捉兩個介面的網路封包了。這時再啟動第 3 個視窗，執行 docker exec 命令連接到我們的 frontend 容器內部（可以先執行 docker ps 命令獲得這個容器的 ID）：

```
# docker ps
CONTAINER ID      IMAGE                                        ......
268ccdfb9524      kubeguide/example-guestbook-php-redis         ......
6a519772b27e      k8s.gcr.io/pause:latest                       ......
```

進入執行的容器內部：

```
#docker exec -it 268ccdfb9524 bash
# docker exec -it 268ccdfb9524 bash
root@frontend-x5dwy:/#
```

一旦進入執行的容器內部，我們就可以透過 Pod 的 IP 位址來存取服務了。使用 curl 來嘗試存取服務：

```
curl 20.1.244.75
```

在使用 curl 存取服務時，將在封包截取的兩個視窗內看到：

```
20:19:45.208948 IP 192.168.1.129.57452 > 10.1.30.8.8080: tcp 0
20:19:45.209005 IP 10.1.30.8.8080 > 192.168.1.129.57452: tcp 0
20:19:45.209013 IP 192.168.1.129.57452 > 10.1.30.8.8080: tcp 0
20:19:45.209066 IP 10.1.30.8.8080 > 192.168.1.129.57452: tcp 0

20:19:45.209227 IP 10.1.10.5.35225 > 20.1.244.75.80: tcp 0
20:19:45.209234 IP 20.1.244.75.80 > 10.1.10.5.35225: tcp 0
20:19:45.209280 IP 10.1.10.5.35225 > 20.1.244.75.80: tcp 0
20:19:45.209336 IP 20.1.244.75.80 > 10.1.10.5.35225: tcp 0
```

這些資訊說明了什麼問題呢？讓我們在網路圖上用實線標出第 1 個視窗中網路封包截取資訊的含義（物理網路卡上的網路流量），並用虛線標出第 2 個視窗中網路封包截取資訊的含義（docker0 橋接器上的網路流量），如圖 7.15 所示。

注意，在圖 7.15 中，虛線繞過了 Node3 的 kube-proxy，這麼做是因為

Node3 上的 kube-proxy 沒有參與這次網路互動。換句話說，Node1 的 kube-proxy 服務直接和負載平衡到的 Pod 進行網路互動。

在查看第 2 個捕捉封包的視窗時，我們能夠站在容器的角度看這些流量。首先，容器嘗試使用 20.1.244.75:80 打開 TCP 的 Socket 連接。同時，我們可以看到從服務位址 20.1.244.75 返回的資料。從容器的角度來看，整個互動過程都是在服務之間進行的。但是在查看一個捕捉封包的視窗時（上面的視窗），我們可

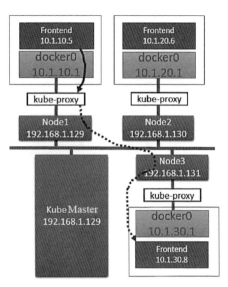

▲ 圖 7.15 資料流動情況 1

以看到物理機之間的資料互動，可以看到一個 TCP 連接從 Node1 的物理位址（192.168.1.129）發出，直接連接到執行 Pod 的主機 Node3 上（192.168.1.131）。總而言之，Kubernetes 的 kube-proxy 作為一個全功能的代理伺服器管理了兩個獨立的 TCP 連接：一個是從容器到 kube-proxy；另一個是從 kube-proxy 到負載平衡的目標 Pod。

如果清理一下捕捉的記錄，再次執行 curl，則還可以看到網路流量被負載平衡轉發到另一個節點 Node2 上了：

```
20:19:45.208948 IP 192.168.1.129.57485 > 10.1.20.6.8080: tcp 0
20:19:45.209005 IP 10.1.20.6.8080 > 192.168.1.129.57485: tcp 0
20:19:45.209013 IP 192.168.1.129.57485 > 10.1.20.6.8080: tcp 0
20:19:45.209066 IP 10.1.20.6.8080 > 192.168.1.129.57485: tcp 0

20:19:45.209227 IP 10.1.10.5.38026 > 20.1.244.75.80: tcp 0
20:19:45.209234 IP 20.1.244.75.80 > 10.1.10.5.38026: tcp 0
20:19:45.209280 IP 10.1.10.5.38026> 20.1.244.75.80: tcp 0
20:19:45.209336 IP 20.1.244.75.80 > 10.1.10.5.38026: tcp 0
```

這一次，Kubernetes 的 Proxy 將選擇執行在 Node2（10.1.20.1）上的 Pod 作為目標位址。資料流動情況如圖 7.16 所示。

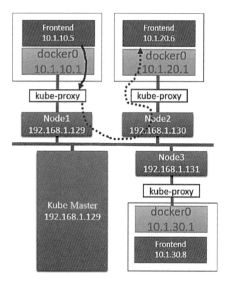

▲ 圖 7.16 資料流動情況 2

到這裡，你肯定已經知道另一個可能的負載平衡的路由結果了。

7.6 CNI 網路模型

隨著容器技術在企業生產系統中的逐步實踐，使用者對容器雲的網路特性
要求也越來越高。跨主機容器間的網路互通已經成為基本要求，更高的要
求包括容器固定 IP 位址、一個容器多個 IP 位址、多個子網隔離、ACL 控
制策略、與 SDN 整合等。目前主流的容器網路模型主要有 Docker 公司提
出的 Container Network Model（CNM）和 CoreOS 公司提出的 Container
Network Interface（CNI）。

7.6.1 CNM 網路模型簡介

CNM 模型現已被 Cisco Contiv、Kuryr、Open Virtual Networking（OVN）、
Project Calico、VMware、Weave 和 Plumgrid 等 專 案 所 採 納。 另 外，
Weave、Project Calico、Kuryr 和 Plumgrid 等專案也為 CNM 提供了網路
外掛程式的具體實現。

CNM 模型主要透過 Network Sandbox、Endpoint 和 Network 這 3 個元件進行實現，如圖 7.17 所示。

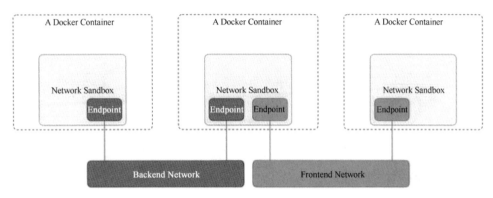

▲ 圖 7.17 CNM 模型示意圖

- Network Sandbox：容器內部的網路堆疊，包括網路介面、路由表、DNS 等設定的管理。Sandbox 可透過 Linux 網路命名空間、FreeBSD Jail 等機制進行實現。一個 Sandbox 可以包含多個 Endpoint。
- Endpoint：用於將容器內的 Sandbox 與外部網路相連的網路介面。可以使用 Veth 裝置對、Open vSwitch 的內部 port 等技術進行實現。一個 Endpoint 僅能加入一個 Network。
- Network：可以直接互連的 Endpoint 的集合。可以透過 Linux 橋接器、VLAN 等技術進行實現。一個 Network 包含多個 Endpoint。

7.6.2 CNI 網路模型詳解

CNI是由 CoreOS 公司提出的另一種容器網路規範，現在已經被 Kubernetes、rkt、Apache Mesos、Cloud Foundry 和 Kurma 等專案採納。另外，Contiv Networking、Project Calico、Weave、SR-IOV、Cilium、Infoblox、Multus、Romana、Plumgrid 和 Midokura 等專案也為 CNI 提供了網路外掛程式的具體實現。圖 7.18 描述了容器執行環境與各種網路外掛程式透過 CNI 進行連接的模型。

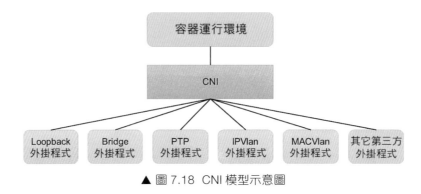

▲ 圖 7.18 CNI 模型示意圖

CNI 定義了容器執行環境與網路外掛程式之間的簡單介面規範，透過一個 JSON Schema 定義 CNI 外掛程式提供的輸入和輸出參數。一個容器可以透過綁定多個網路外掛程式加入多個網路中。

本節將對 CNI 規範、CNI 外掛程式、網路設定、IPAM 等概念和設定進行詳細説明。

1. CNI 規範概述

CNI 提供了一種應用容器的外掛程式化網路解決方案，定義對容器網路進行操作和設定的規範，透過外掛程式的形式對 CNI 介面進行實現。CNI 是由 rkt Networking Proposal 發展而來的，嘗試提供一種普適的容器網路解決方案。CNI 僅關注在建立容器時分配網路資源與在銷毀容器時刪除網路資源，這使得 CNI 規範非常輕巧、易於實現，獲得了廣泛的支援。

在 CNI 模型中只包括兩個概念：容器和網路。

- 容器：是擁有獨立 Linux 網路命名空間的環境，例如使用 Docker 或 rkt 建立的容器。關鍵之處是容器需要擁有自己的 Linux 網路命名空間，這是加入網路的必要條件。
- 網路：表示可以互連的一組實體，這些實體擁有各自獨立、唯一的 IP 位址，可以是容器、物理機或者其他網路裝置（比如路由器）等。可以將容器增加到一個或多個網路中，也可以從一個或多個網路中刪除。

對容器網路的設置和操作都透過外掛程式（Plugin）進行具體實現，CNI 外掛程式包括兩種類型：CNI Plugin 和 IPAM（IP Address Management）

Plugin。CNI Plugin 負責為容器設定網路資源，IPAM Plugin 負責對容器的 IP 位址進行分配和管理。IPAM Plugin 作為 CNI Plugin 的一部分，與 CNI Plugin 一起工作。

2. 容器執行時期與 CNI 外掛程式的關係和工作機制

將容器增加到網路中或者刪除某個網路是由容器執行時期（runtime）和 CNI 外掛程式完成的，容器執行時期與 CNI 外掛程式之間的關係和工作機制通常遵循下面的原則。

- 容器執行時期必須在呼叫任意外掛程式前為容器建立一個新的網路命名空間。

- 容器執行時期必須確定此容器所歸屬的網路（一個或多個），以及每個網路必須執行哪個外掛程式。

- 網路設定為 JSON 格式，便於在檔案中儲存。網路設定包括必填欄位，例如 name 和 type，以及外掛程式（類型）特有的欄位。網路設定允許在呼叫時更改欄位的值。為此，必須在可選欄位 args 中包含需要變更的資訊。

- 容器執行時期必須按照先後順序為每個網路執行外掛程式將容器增加到每個網路中。

- 容器生命週期結束後，容器執行時期必須以反向順序（相對於增加容器執行順序）執行外掛程式，以使容器與網路斷開連接。

- 容器執行時期一定不能為同一個容器的呼叫執行並行（parallel）操作，但可以為多個不同容器的呼叫執行平行作業。

- 容器執行時期必須對容器的 ADD 和 DEL 操作設置順序，以使得 ADD 操作最終跟隨相應的 DEL 操作。DEL 操作後面可能會有其他 DEL 操作，但外掛程式應自由處理多個 DEL 操作（即多個 DEL 操作應該是冪等的）。

- 容器必須由 ContainerID 進行唯一標識。儲存狀態的外掛程式應使用聯合主鍵（network name、CNI_CONTAINERID、CNI_IFNAME）進行儲存。

- 容器執行時期不得為同一個實例（由聯合主鍵 network name、CNI_
  CONTAINERID、CNI_IFNAME 進行標識）呼叫兩次 ADD 操作（無相
  應的 DEL 操作）。對同一個容器（ContainerID），僅在每次 ADD 操作
  都使用不同的網路介面名稱時，才可以多次增加到特定的網路中。
- 除非明確標記為可選設定，CNI 結構中的欄位（例如 Network
  Configuration 和 CNI Plugin Result）都是必填欄位。

3. CNI Plugin 詳解

CNI Plugin 必須是一個可執行程式，由容器管理系統（如 Kubernetes）呼
叫。

CNI Plugin 負責將網路介面（network interface）插入容器網路名稱空
間（例如 Veth 裝置對的一端），並在主機上進行任意必要的更改（例如將
Veth 裝置對的另一端連接到橋接器），然後呼叫適當的 IPAM 外掛程式，
將 IP 位址分配給網路介面，並設置正確的路由規則。

CNI Plugin 需要支援的操作包括 ADD（增加）、DELETE（刪除）、
CHECK（檢查）和 VERSION（版本查詢）。這些操作的具體實現均由
CNI Plugin 可執行程式完成。

（1）ADD：將容器增加到某個網路中，主要過程為在 Container Runtime
建立容器時，先建立好容器內的網路命名空間，然後呼叫 CNI 外掛程式
為該 netns 完成容器網路的設定。ADD 操作的參數如下。

- Container ID：容器 ID，為容器的唯一標識。
- Network namespace path：容器的網路命名空間路徑，例如 /proc/[pid]/
  ns/net。
- Network configuration：網路設定 JSON 文件，用於描述容器待加入的
  網路。
- Extra arguments：其他參數，提供了另一種以每個容器為基礎的 CNI
  外掛程式簡單設定機制。
- Name of the interface inside the container：容器內的虛擬網路卡名稱。

ADD 操作的結果資訊包含以下參數。

- Interfaces list：網路介面清單，根據 Plugin 的實現，可能包括 Sandbox Interface 名稱、主機 Interface 名稱、每個 Interface 的位址等資訊。
- IP configuration assigned to each interface：分配給每個網路介面的 IPv4 或 IPv6 位址、閘道位址和路由資訊。
- DNS information：DNS 相關資訊，包括域名伺服器（name server）、域名資訊（domain）、搜索尾碼（search domains）、DNS 選項（options）。

（2）DEL：在容器銷毀時將容器從某個網路中刪除。DEL 操作的參數如下。

- Container ID：容器 ID。
- Network namespace path：容器的網路命名空間路徑，例如 /proc/[pid]/ns/net。
- Network configuration：網路設定 JSON 文件，用於描述容器待加入的網路。
- Extra arguments：其他參數。
- Name of the interface inside the container：容器內的網路卡名稱。

執行 DEL 操作時需要注意如下事項。

- 所有參數都必須與執行 ADD 操作時相同。
- DEL 操作應該釋放容器（ContainerID）佔用的所有網路資源。
- 如果前一個操作是 ADD，則應在網路外掛程式的設定檔 JSON 中補充 prevResult 欄位，以標明前一個操作的結果（容器執行時期可能會快取 ADD 的結果）。
- 如果沒有提供 CNI_NETNS 或 prevResult，則 CNI Plugin 應該盡可能釋放容器相關的所有網路資源（例如釋放透過 IPAM 分配的 IP 位址），並返回成功。
- 如果容器執行時期對 ADD 結果進行了快取，則在執行 DEL 操作後必須刪除之前的快取內容。
- CNI Plugin 在執行 DEL 操作後通常應返回成功，即使在某些資源缺失的情況下。例如,當容器的網路命名空間不存在時,IPAM 外掛程式也應該對執行 IP 位址釋放返回成功。

(3)CHECK:檢查容器網路是否正確設置,其結果為空(表示成功)或錯誤資訊(表示失敗)。CHECK 操作的參數如下。

- Container ID:容器 ID。
- Network namespace path:容器的網路命名空間路徑,例如 /proc/[pid]/ns/net。
- Network configuration:網路設定 JSON 文件,用於描述容器待加入的網路,必須透過 prevResult 欄位將其設置為前一個 ADD 操作的結果。
- Extra arguments:其他參數。
- Name of the interface inside the container:容器內的網路卡名稱。

執行 CHECK 操作時需要注意如下事項。

- 必須設置 prevResult 欄位,標明需要檢查的網路介面和網路位址。
- 外掛程式必須允許外掛程式鏈中靠後的外掛程式對網路資源進行修改,例如修改路由規則。
- 如果 prevResult 中的某個資源(如網路介面、網路位址、路由)不存在或者處於非法狀態,則外掛程式應該返回錯誤。
- 如果未在 Result 中追蹤的其他資源(例如防火牆規則、流量整形(traffic shaping)、IP 保留等)不存在或者處於非法狀態,則外掛程式應該返回錯誤。
- 如果外掛程式得知容器不可達,則應該返回錯誤。
- 外掛程式應該在執行 ADD 操作後立刻執行 CHECK 操作。
- 外掛程式應該在執行其他代理外掛程式(例如 IPAM)後立刻執行 CHECK 操作,並將錯誤的結果返回給呼叫者。
- 容器執行時期不得在呼叫 ADD 操作前呼叫 CHECK 操作,也不得在呼叫 DEL 操作後再呼叫 CHECK 操作。
- 如果在網路設定中明確設置了 "disableCheck",則容器執行時期不得呼叫 CHECK 操作。

- 容器執行時期應在呼叫 ADD 操作後，在網路設定中補充 prevResult 資訊。
- 容器執行時期可以選擇在一個外掛程式鏈中某一個外掛程式返回錯誤時停止執行 CHECK 操作。
- 容器執行時期可以在成功執行 ADD 操作後立刻執行 CHECK 操作。
- 容器執行時期可以假設一次失敗的 CHECK 操作意味著容器永遠處於錯誤設定狀態。

（4）VERSION：查詢網路外掛程式支援的 CNI 規範版本編號，無參數，傳回值為網路外掛程式支援的 CNI 規範版本編號。例如：

```
{
  "cniVersion": "0.4.0", // the version of the CNI spec in use for this
output
  "supportedVersions": [ "0.1.0", "0.2.0", "0.3.0", "0.3.1", "0.4.0" ] //
the list of CNI spec versions that this plugin supports
}
```

容器執行時期必須使用 CNI Plugin 網路設定參數中的 type 欄位標識的檔案名稱在環境變數 CNI_PATH 設定的路徑下尋找名稱相同的可執行檔。一旦找到，容器執行時期就將呼叫該可執行程式，並傳入以下環境變數設置的網路設定參數，供該外掛程式完成容器網路資源和參數的設置。

需要傳入的環境變數參數如下。

- CNI_COMMAND：操作方法，包括 ADD、DEL、CHECK 和 VERSION。
- CNI_CONTAINERID：容器 ID。
- CNI_NETNS：容器的網路命名空間路徑，例如 /proc/[pid]/ns/net。
- CNI_IFNAME：待設置的網路介面名稱。
- CNI_ARGS：其他參數，為 key=value 格式，多個參數之間用分號分隔，例如 "FOO=BAR; ABC=123"。
- CNI_PATH：可執行檔的尋找路徑，可以設置多個。

網路設定參數由一個 JSON 封包組成，以標準輸入（stdin）的方式傳遞給可執行程式。

下面對 CNI Plugin 操作的傳回結果進行說明。

首先，成功操作的傳回碼應設置為 0，在失敗的情況下設置為非 0，並返回如下 JSON 格式的錯誤資訊到標準輸出（stdout）中：

```
{
  "cniVersion": "0.4.0",
  "code": <numeric-error-code>,
  "msg": <short-error-message>,
  "details": <long-error-message> (optional)
}
```

CNI 規範設計傳回碼 0 ~ 99 為系統保留，100 及以上的傳回碼可由外掛程式的具體實現隨選任意使用。另外，標準錯誤輸出（stderr）也可以用於非結構化的輸出內容，例如詳細的日誌資訊。

對於 ADD 操作來說，成功的結果應以如下格式的 JSON 封包發送到標準輸出：

```
{
  "cniVersion": "0.4.0",
  "interfaces": [                          (IPAM 外掛程式無此欄位)
      {
          "name": "<name>",               (網路介面名稱)
          "mac": "<MAC address>",         (需要 MAC 位址時設置)
          "sandbox": "<netns path or hypervisor identifier>"
(容器或 Hypervisor 設置的網路命名空間路徑，使用主機網路時忽略)
      }
  ],
  "ips": [
      {
          "version": "<4-or-6>",                      (IPv4 或 IPv6)
          "address": "<ip-and-prefix-in-CIDR>",       (IP 位址)
          "gateway": "<ip-address-of-the-gateway>",   (閘道位址，可選)
          "interface": <numeric index into 'interfaces' list>(網路介面序號)
      },
      ......
  ],
  "routes": [                                          (路由資訊，可選)
      {
          "dst": "<ip-and-prefix-in-cidr>",
          "gw": "<ip-of-next-hop>"                    (下一跳 IP 位址，可選)
      },
```

```
    ......
  ],
  "dns": {                                           (DNS 資訊,可選)
    "nameservers": <list-of-nameservers>             (域名伺服器列表,可選)
    "domain": <name-of-local-domain>                 (域名,可選)
    "search": <list-of-additional-search-domains>    (搜索尾碼列表,可選)
    "options": <list-of-options>                     (DNS 選項,可選)
  }
}
```

其中,ips 和 dns 段落的內容應與 IPAM 外掛程式的傳回結果完全一致,並補充 interface 欄位為網路介面的序號（這是因為 IPAM 外掛程式不關心網路介面的資訊）。

對各欄位資訊説明如下。

- cniVersion:CNI 規範的版本編號,CNI Plugin 可以支援多個版本。
- interfaces:CNI Plugin 建立的網路介面（network interface）資訊,如果設置了環境變數 CNI_IFNAME,則應使用 CNI_IFNAME 指定的網路介面名稱。網路介面的資訊如下。
  - mac:網路介面的 MAC 位址,對於不關心二層位址的容器來説,可以不設置。
  - sandbox:對於容器環境,應返回容器的網路命名空間路徑,例如 / proc/[pid]/ns/ net;對於 Hypervisor 或虛擬機器環境,應返回虛擬沙箱的唯一 ID。
- ips:IP 位址資訊,包括網址類別型是否是 IPv4 或 IPv6、IP 位址、閘道位址、網路介面序號等資訊。
- routes:路由資訊。
- dns:DNS 相關資訊,包括域名伺服器、本地域名、搜索尾碼、DNS 選項等。

4. CNI 網路設定詳解

CNI 網路設定（Network Configuration）以 JSON 格式進行描述。這個設定可以以檔案的形式保存在磁碟上,或者由容器執行時期自動生成。

目前，CNI 規範的網路設定參數包括如下幾個。

- cniVersion（string）：CNI 版本編號。
- name（string）：網路名稱，應在一個 Node 或一個管理域內唯一。
- type（string）：CNI Plugin 可執行檔的名稱。
- args（dictionary）：其他參數，可選。
- ipMasq（boolean）：是否設置 IP Masquerade（需外掛程式支援），適用於主機可作為閘道的環境中。
- ipam：IP 位址管理的相關設定。
  - type（string）：IPAM 可執行的檔案名稱。
- dns：DNS 服務的相關設定。
  - nameservers（list of strings）：域名伺服器列表，可以使用 IPv4 或 IPv6 位址。
  - domain（string）：本地域名，用於短主機名稱查詢。
  - search（list of strings）：按優先順序排序的域名搜索尾碼列表。
  - options（list of strings）：傳遞給域名解析器的選項清單。

下面看幾個網路設定範例。

（1）bridge 類型，IP 位址管理（IPAM）使用 host-local 外掛程式進行設置：

```
{
  "cniVersion": "0.4.0",
  "name": "dbnet",
  "type": "bridge",
  "bridge": "cni0",
  "ipam": {
    "type": "host-local",
    "subnet": "10.1.0.0/16",
    "gateway": "10.1.0.1"
  },
  "dns": {
    "nameservers": [ "10.1.0.1" ]
  }
}
```

（2）ovs 類型，IP 位址管理（IPAM）使用 dhcp 外掛程式進行設置：

```
{
  "cniVersion": "0.4.0",
  "name": "pci",
  "type": "ovs",
  "bridge": "ovs0",
  "vxlanID": 42,
  "ipam": {
    "type": "dhcp",
    "routes": [ { "dst": "10.3.0.0/16" }, { "dst": "10.4.0.0/16" } ]
  },
  "args": {
    "labels" : {
        "appVersion" : "1.0"
    }
  }
}
```

（3）macvlan 類型，IP 位址管理（IPAM）使用 dhcp 外掛程式進行設置：

```
{
  "cniVersion": "0.4.0",
  "name": "wan",
  "type": "macvlan",
  "ipam": {
    "type": "dhcp",
    "routes": [ { "dst": "10.0.0.0/8", "gw": "10.0.0.1" } ]
  },
  "dns": {
    "nameservers": [ "10.0.0.1" ]
  }
}
```

5. CNI 網路設定清單

CNI 網路設定清單（Network Configuration List）透過將多個網路設定按
順序設定，為容器提供連接到多個網路的機制。每個 CNI Plugin 執行後的
結果將作為下一個外掛程式的輸入資訊。網路設定清單也以 JSON 格式進
行描述，內容由多個網路設定組成，主要包括以下欄位。

- cniVersion（string）：CNI 的版本編號。
- name（string）：網路名稱，應在一個 Node 或一個管理域內唯一。

- disableCheck（string）：可設置為 "true" 或 "false"，設置為 "true" 表示容器執行時期不得呼叫 CHECK 操作，可用於在某些外掛程式可能返回虛假錯誤的情況下跳過檢查。
- plugins（list）：一組網路設定清單，每個網路設定的內容請見上節的說明。

下面是由兩個網路設定組成的網路設定清單範例，第 1 個為 bridge，第 2 個為 tuning：

```
{
  "cniVersion": "0.4.0",
  "name": "dbnet",
  "plugins": [
    {
      "type": "bridge",
      "bridge": "cni0",
      "args": {
        "labels" : {
            "appVersion" : "1.0"
        }
      },
      "ipam": {
        "type": "host-local",
        "subnet": "10.1.0.0/16",
        "gateway": "10.1.0.1"
      },
      "dns": {
        "nameservers": [ "10.1.0.1" ]
      }
    },
    {
      "type": "tuning",
      "sysctl": {
        "net.core.somaxconn": "500"
      }
    }
  ]
}
```

容器執行時期將按先後順序依次呼叫各 CNI Plugin 的二進位檔案並執行。

如果某個外掛程式執行失敗，容器執行時期就必須停止後續的執行，返回錯誤資訊給呼叫者。對於 ADD 操作的失敗情況，容器執行時期應反向執行全部外掛程式的 DEL 操作，即使某些外掛程式從未執行過 ADD 操作。

下面看看容器執行時期在執行 ADD、CHECK、DEL 操作時，CNI 網路設定內容的變化。

（1）容器執行時期在執行 ADD 操作時，將按以下過程逐步完成。

呼叫 bridge 外掛程式，以如下設定進行 ADD 操作：

```
{
  "cniVersion": "0.4.0",
  "name": "dbnet",
  "type": "bridge",
  "bridge": "cni0",
  "args": {
    "labels" : {
        "appVersion" : "1.0"
    }
  },
  "ipam": {
    "type": "host-local",
    "subnet": "10.1.0.0/16",
    "gateway": "10.1.0.1"
  },
  "dns": {
    "nameservers": [ "10.1.0.1" ]
  }
}
```

呼叫 tuning 外掛程式，以如下設定進行 ADD 操作，其中，將上一步 bridge 外掛程式的執行結果設置在 prevResult 欄位中：

```
{
  "cniVersion": "0.4.0",
  "name": "dbnet",
  "type": "tuning",
  "sysctl": {
    "net.core.somaxconn": "500"
  },
  "prevResult": {
    "ips": [
        {
```

```
        "version": "4",
        "address": "10.0.0.5/32",
        "interface": 2
      }
    ],
    "interfaces": [
      {
        "name": "cni0",
        "mac": "00:11:22:33:44:55"
      },
      {
        "name": "veth3243",
        "mac": "55:44:33:22:11:11"
      },
      {
        "name": "eth0",
        "mac": "99:88:77:66:55:44",
        "sandbox": "/var/run/netns/blue"
      }
    ],
    "dns": {
      "nameservers": [ "10.1.0.1" ]
    }
  }
}
```

（2）容器執行時期在執行 CHECK操作時，將按以下過程逐步完成。

呼叫 bridge 外掛程式，以如下設定進行 CHECK 操作，其中，將 bridge 外掛程式執行 ADD 的結果設置在 prevResult 欄位中：

```
{
  "cniVersion": "0.4.0",
  "name": "dbnet",
  "type": "bridge",
  "bridge": "cni0",
  "args": {
    "labels" : {
        "appVersion" : "1.0"
    }
  },
  "ipam": {
    "type": "host-local",
    // ipam specific
```

```json
      "subnet": "10.1.0.0/16",
      "gateway": "10.1.0.1"
    },
    "dns": {
      "nameservers": [ "10.1.0.1" ]
    },
    "prevResult": {
      "ips": [
          {
            "version": "4",
            "address": "10.0.0.5/32",
            "interface": 2
          }
      ],
      "interfaces": [
          {
              "name": "cni0",
              "mac": "00:11:22:33:44:55"
          },
          {
              "name": "veth3243",
              "mac": "55:44:33:22:11:11"
          },
          {
              "name": "eth0",
              "mac": "99:88:77:66:55:44",
              "sandbox": "/var/run/netns/blue"
          }
      ],
      "dns": {
        "nameservers": [ "10.1.0.1" ]
      }
    }
  }
}
```

呼叫 tuning 外掛程式，以如下設定進行 ADD 操作，其中，將 bridge 外掛程式執行 ADD 的結果設置在 prevResult 欄位中：

```json
{
  "cniVersion": "0.4.0",
  "name": "dbnet",
  "type": "tuning",
  "sysctl": {
    "net.core.somaxconn": "500"
```

```
    },
    "prevResult": {
      "ips": [
          {
            "version": "4",
            "address": "10.0.0.5/32",
            "interface": 2
          }
      ],
      "interfaces": [
          {
              "name": "cni0",
              "mac": "00:11:22:33:44:55"
          },
          {
              "name": "veth3243",
              "mac": "55:44:33:22:11:11"
          },
          {
              "name": "eth0",
              "mac": "99:88:77:66:55:44",
              "sandbox": "/var/run/netns/blue"
          }
      ],
      "dns": {
        "nameservers": [ "10.1.0.1" ]
      }
    }
}
```

（3）容器執行時期在執行 DEL 操作時，將以 ADD 的反向過程逐步完成，
如下所述。

呼叫 tuning 外掛程式，以如下設定進行 DEL 操作，其中，將 tuning 外掛
程式執行 ADD 的結果設置在 prevResult 欄位中：

```
{
  "cniVersion": "0.4.0",
  "name": "dbnet",
  "type": "tuning",
  "sysctl": {
    "net.core.somaxconn": "500"
  },
```

```
      "prevResult": {
        "ips": [
            {
              "version": "4",
              "address": "10.0.0.5/32",
              "interface": 2
            }
        ],
        "interfaces": [
            {
                "name": "cni0",
                "mac": "00:11:22:33:44:55"
            },
            {
                "name": "veth3243",
                "mac": "55:44:33:22:11:11"
            },
            {
                "name": "eth0",
                "mac": "99:88:77:66:55:44",
                "sandbox": "/var/run/netns/blue"
            }
        ],
        "dns": {
          "nameservers": [ "10.1.0.1" ]
        }
      }
}
```

呼叫 bridge 外掛程式，以如下設定進行 ADD 操作，其中，將 bridge 外掛
程式執行 ADD 的結果設置在 prevResult 欄位中：

```
{
  "cniVersion": "0.4.0",
  "name": "dbnet",
  "type": "bridge",
  "bridge": "cni0",
  "args": {
    "labels" : {
        "appVersion" : "1.0"
    }
  },
  "ipam": {
    "type": "host-local",
```

```
    // ipam specific
    "subnet": "10.1.0.0/16",
    "gateway": "10.1.0.1"
  },
  "dns": {
    "nameservers": [ "10.1.0.1" ]
  },
  "prevResult": {
    "ips": [
        {
          "version": "4",
          "address": "10.0.0.5/32",
          "interface": 2
        }
    ],
    "interfaces": [
        {
          "name": "cni0",
          "mac": "00:11:22:33:44:55"
        },
        {
          "name": "veth3243",
          "mac": "55:44:33:22:11:11"
        },
        {
          "name": "eth0",
          "mac": "99:88:77:66:55:44",
          "sandbox": "/var/run/netns/blue"
        }
    ],
    "dns": {
      "nameservers": [ "10.1.0.1" ]
    }
  }
}
```

6. IP 位址分配和 IPAM Plugin 詳解

為了減輕 CNI Plugin 在 IP 位址管理方面的負擔，CNI 規範設置了一個
獨立的外掛程式 IPAM Plugin 來專門管理容器的 IP 位址。CNI Plugin 應
負責在執行時期呼叫 IPAM Plugin 完成容器 IP 位址的管理操作。IPAM
Plugin 負責為容器分配 IP 位址、閘道、路由和 DNS，並負責將 IP 位址操

作結果返回給主 CNI Plugin，典型實現包括 host-local 外掛程式和 dhcp 外掛程式。

與 CNI Plugin 類似，IPAM Plugin 也以在 CNI_PATH 路徑中可執行程式的形式完成具體操作。IPAM 可執行程式也處理傳遞給 CNI 外掛程式的環境變數和透過標準輸入傳入的網路設定參數。

IPAM Plugin 操作的傳回碼在成功時應被設置為 0，在失敗時應被設置為非 0。

IPAM Plugin 在 ADD 操作成功時，應完成容器 IP 位址的分配，並返回以下 JSON 格式的封包到標準輸出中：

```
{
  "cniVersion": "0.4.0",
  "ips": [
    {
        "version": "<4-or-6>",                            (IPv4 或 IPv6)
        "address": "<ip-and-prefix-in-CIDR>",             (IP 位址 )
        "gateway": "<ip-address-of-the-gateway>"          ( 閘道位址，可選 )
    },
    ......
  ],
  "routes": [                                             ( 路由資訊，可選 )
    {
        "dst": "<ip-and-prefix-in-cidr>",
        "gw": "<ip-of-next-hop>"                          ( 下一跳 IP 位址，可選 )
    },
    ......
  ],
  "dns": {                                               (DNS 資訊，可選 )
    "nameservers": <list-of-nameservers>                 ( 域名伺服器列表，可選 )
    "domain": <name-of-local-domain>                     ( 域名，可選 )
    "search": <list-of-additional-search-domains>        ( 搜索尾碼列表，可選 )
    "options": <list-of-options>                         (DNS 選項，可選 )
  }
}
```

在以上程式中主要包括 ips、routes 和 dns 等內容，與 CNI Plugin 執行 ADD 操作的結果不同的是，它不包括 interfaces 資訊，因為 IPAM Plugin 不關心網路介面資訊。

- ips：IP 位址資訊，包括網址類別型是否是 IPv4 或 IPv6、IP 位址、閘道位址、網路介面序號等資訊。
- routes：路由資訊。
- dns：DNS 相關資訊，包括域名伺服器、本地域名、搜索尾碼、DNS 選項等。

7. 錯誤傳回碼說明

CNI 規範系統保留的錯誤傳回碼範圍為 1 ～ 99，目前已規範的錯誤傳回碼如表 7.1 所示。

表 7.1 CNI 已規範的錯誤傳回碼

傳回碼	說　　明
1	CNI 版本不符合
2	在網路設定中存在不支援的欄位，詳細資訊應在 msg 中以 key/value 對進行標識
3	容器不存在或處於未知狀態，該錯誤表示容器執行時期不需要執行清理操作（如 DEL 操作）
4	必需的環境變數的值無效，例如 CNI_COMMAND、CNI_CONTAINERID 等，在錯誤描述（msg）中標注環境變數的名稱
5	I/O 錯誤，例如無法從 stdin 中讀取網路設定資訊
6	無法對內容解碼，例如無法將網路設定資訊反序列化，或者解析版本資訊失敗
7	無效的網路設定，對某些參數驗證失敗時返回
11	稍後重試，如果外掛程式檢測到應該清理一些臨時狀態，則可以用該傳回碼通知容器執行時期稍後重試

7.6.3 在 Kubernetes 中使用網路外掛程式

Kubernetes 目前支援兩種網路外掛程式的實現。

- CNI 外掛程式：根據 CNI 規範實現其介面，以與外掛程式提供者進行對接。
- kubenet 外掛程式：使用 bridge 和 host-local CNI 外掛程式實現一個基本的 cbr0。

為了在 Kubernetes 叢集中使用網路外掛程式，需要在 kubelet 服務的啟動參數上設置下面兩個參數。

■ --network-plugin-dir：kubelet 啟動時掃描網路外掛程式的目錄。

■ --network-plugin：網路外掛程式名稱，對於 CNI 外掛程式，將其設置為 cni 即可，無須關注 --network-plugin-dir 的路徑。對於 kubenet 外掛程式，將其設置為 kubenet 即可，目前僅實現了一個簡單的 cbr0 Linux 橋接器。

在設置 --network-plugin="cni" 時，kubelet 還需設置下面兩個參數。

■ --cni-conf-dir：CNI 外掛程式的設定檔目錄，預設為 /etc/cni/net.d。該目錄下設定檔的內容需要符合 CNI 規範。

■ --cni-bin-dir：CNI 外掛程式的可執行檔目錄，預設為 /opt/cni/bin。

目前已有多個開放原始碼專案支援以 CNI 網路外掛程式的形式部署到 Kubernetes 叢集中，進行 Pod 的網路設置和網路策略的設置，包括 Calico、Weave、Contiv、Cilium、Infoblox、Multus、Flannel、Romana 等。關於 CNI 規範和第三方外掛程式的更多資訊，請參考 CNI 在 GitHub 專案倉庫中的說明。

7.7 開放原始碼容器網路方案

Kubernetes 的網路模型假定了所有 Pod 都在一個可以直接連通的扁平網路空間中。這在 GCE 裡面是現成的網路模型，Kubernetes 假定這個網路已經存在。而在私有雲裡架設 Kubernetes 叢集，就不能假定這種網路已經存在了。我們需要自己實現這個網路假設，將跨主機容器網路部署完成，再執行容器應用。

目前已經有多個開放原始碼元件支援容器網路模型。本節介紹幾種使用不同技術實現的網路元件及其安裝設定方法，包括 Flannel、Open vSwitch、直接路由和 Calico。

7.7.1 Flannel 外掛程式的原理和部署範例

Flannel 之所以可以架設 Kubernetes 依賴的底層網路，是因為它能實現以下兩點。

（1）它能協助 Kubernetes，給每一個 Node 上的 Docker 容器都分配互不衝突的 IP 位址。

（2）它能在這些 IP 位址之間建立一個覆蓋網路（Overlay Network），透過這個覆蓋網路，將資料封包原封不動地傳遞到目標容器內。

現在透過圖 7.19 看看 Flannel 是如何實現這兩點的。

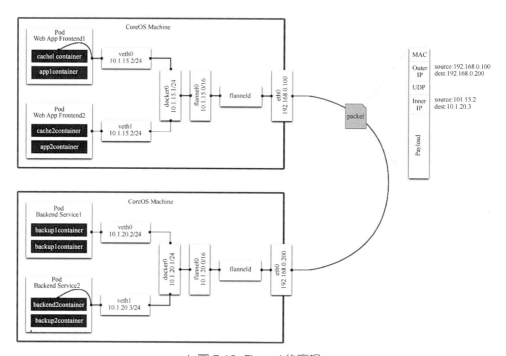

▲ 圖 7.19 Flannel 的實現

可以看到，Flannel 首先建立了一個名為 flannel0 的橋接器，而且這個橋接器的一端連接 docker0 橋接器，另一端連接一個叫作 flanneld 的服務處理程序。

flanneld 處理程序並不簡單，它上連 etcd，利用 etcd 來管理可分配的 IP 位址段資源，同時監控 etcd 中每個 Pod 的實際位址，並在記憶體中建立了一個 Pod 節點路由表;它下連 docker0 和物理網路,使用記憶體中的 Pod 節點路由表,將 docker0 發給它的資料封包包裝起來,利用物理網路的連接將資料封包投遞到目標 flanneld 上,從而完成 Pod 到 Pod 之間的直接位址通訊。

Flannel 之間底層通訊協定的可選技術包括 UDP、VxLan、AWS VPC 等多種方式。透過來源 flanneld 封包、目標 flanneld 解開封包,docker0 最終收到的就是原始資料,對容器應用來説是透明的,應感覺不到中間 Flannel 的存在。

我們看一下 Flannel 是如何做到為不同 Node 上的 Pod 分配的 IP 不產生衝突的。其實想到 Flannel 使用了集中的 etcd 儲存就很容易理解了。它每次分配的位址段都在同一個公共區域獲取,這樣大家自然能夠相互協調,不產生衝突了。而且在 Flannel 分配好位址段後,後面的事情是由 Docker 完成的,Flannel 透過修改 Docker 的啟動參數將分配給它的位址段傳遞進去:

```
--bip=172.17.18.1/24
```

透過這些操作,Flannel 就控制了每個 Node 上的 docker0 位址段的位址,也就確保了所有 Pod 的 IP 位址都在同一個水平網路中且不產生衝突了。

Flannel 完美地實現了對 Kubernetes 網路的支援,但是它引入了多個網路元件,在網路通訊時需要轉到 flannel0 網路介面,再轉到使用者態的 flanneld 程式,到對端後還需要走這個過程的反過程,所以也會引入一些網路的時延損耗。

另外,Flannel 模型預設採用了 UDP 作為底層傳輸協定,UDP 本身是非可靠協定,雖然兩端的 TCP 實現了可靠傳輸,但在大流量、高併發的應用場景下還需要反覆測試,確保沒有問題。

Flannel 的安裝和設定如下。

1)安裝 etcd
由於 Flannel 使用 etcd 作為資料庫,所以需要預先安裝好 etcd,此處不再贅述。

2）安裝 Flannel

需要在每個 Node 上都安裝 Flannel。首先到 Flannel 的 GitHub 官網下載軟體套件，檔案名稱如 flannel-<version>-linux-amd64.tar.gz，解壓縮後將二進位檔案 flanneld 和 mk-docker- opts.sh 複製到 /usr/bin（或其他 PATH 環境變數中的目錄）下，即可完成 Flannel 的安裝。

3）設定 Flannel

此處以使用 systemd 系統為例對 flanneld 服務進行設定。編輯服務設定檔 /usr/lib/systemd/system/flanneld.service：

```
[Unit]
Description=flanneld overlay address etcd agent
After=network.target
Before=docker.service

[Service]
Type=notify
EnvironmentFile=/etc/sysconfig/flanneld
ExecStart=/usr/bin/flanneld -etcd-endpoints=${FLANNEL_ETCD} $FLANNEL_OPTIONS

[Install]
RequiredBy=docker.service
WantedBy=multi-user.target
```

編輯設定檔 /etc/sysconfig/flannel，設置 etcd 的 URL 位址：

```
# flanneld configuration options

# etcd url location.  Point this to the server where etcd runs
FLANNEL_ETCD="http://192.168.18.3:2379"

# etcd config key.  This is the configuration key that flannel queries
# For address range assignment
FLANNEL_ETCD_KEY="/coreos.com/network"
```

在啟動 flanneld 服務前，需要在 etcd 中增加一筆網路設定記錄，該設定用於 flanneld 分配給每個 Docker 的虛擬 IP 位址段：

```
# etcdctl set /coreos.com/network/config '{ "Network": "10.1.0.0/16" }'
```

由於 Flannel 將覆蓋 docker0 橋接器，所以如果 Docker 服務已啟動，則需要停止 Docker 服務。

4）啟動 flanneld 服務

```
# systemctl restart flanneld
```

5）設置 docker0 橋接器的 IP 位址

```
# mk-docker-opts.sh -i
# source /run/flannel/subnet.env
# ifconfig docker0 ${FLANNEL_SUBNET}
```

完成後確認網路介面 docker0 的 IP 位址屬於 flannel0 的子網：

```
# ip addr
flannel0: flags=4305<UP,POINTOPOINT,RUNNING,NOARP,MULTICAST>  mtu 1472
        inet 10.1.10.0  netmask 255.255.0.0  destination 10.1.10.0
docker0: flags=4163<UP,BROADCAST,RUNNING,MULTICAST>  mtu 1500
        inet 10.1.10.1  netmask 255.255.255.0  broadcast 10.1.10.255
```

6）重新開機 Docker 服務

```
# systemctl restart docker
```

至此就完成了 Flannel 覆蓋網路的設置。

使用 ping 命令驗證各 Node 上 docker0 之間的相互存取。例如在 Node1
（docker0 IP=10.1.10.1） 機 器 上 ping Node2 的 docker0（docker0's IP=
10.1.30.1），透過 Flannel 能夠成功連接其他物理機的 Docker 網路：

```
$ ping 10.1.30.1
PING 10.1.30.1 (10.1.30.1) 56(84) bytes of data.
64 bytes from 10.1.30.1: icmp_seq=1 ttl=62 time=1.15 ms
64 bytes from 10.1.30.1: icmp_seq=2 ttl=62 time=1.16 ms
64 bytes from 10.1.30.1: icmp_seq=3 ttl=62 time=1.57 ms
```

我們也可以在 etcd 中查看 Flannel 設置的 flannel0 位址與物理機 IP 位址的
對應規則：

```
# etcdctl ls /coreos.com/network/subnets
/coreos.com/network/subnets/10.1.10.0-24
/coreos.com/network/subnets/10.1.20.0-24
/coreos.com/network/subnets/10.1.30.0-24

# etcdctl get /coreos.com/network/subnets/10.1.10.0-24
{"PublicIP": "192.168.1.129"}
# etcdctl get /coreos.com/network/subnets/10.1.20.0-24
```

```
{"PublicIP": "192.168.1.130"}
# etcdctl get /coreos.com/network/subnets/10.1.30.0-24
{"PublicIP": "192.168.1.131"}
```

本例使用二進位方式部署 Flannel，它也能以 DaemonSet 的形式部署，有興趣的讀者可以參考 Flannel 官網的說明。

7.7.2 Open vSwitch 外掛程式的原理和部署範例

在了解了 Flannel 後，我們再看看 Open vSwitch 是怎麼解決上述兩個問題的。

Open vSwitch 是一個開放原始碼的虛擬交換機軟體，有點兒像 Linux 中的 bridge，但是功能要複雜得多。Open vSwitch 的橋接器可以直接建立多種通訊通道（隧道），例如 Open vSwitch with GRE/VxLAN。這些通道的建立可以很容易地透過 OVS 的設定命令實現。在 Kubernetes、Docker 場景下，我們主要是建立 L3 到 L3 的隧道。舉個例子來看看 Open vSwitch with GRE/VxLAN 的網路架構，如圖 7.20 所示。

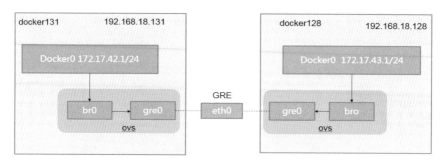

▲ 圖 7.20 Open vSwitch with GRE/VxLAN 的網路架構

首先，為了避免 Docker 建立的 docker0 位址產生衝突（因為 Docker Daemon 啟動且給 docker0 選擇子網位址時只有幾個備選列表，很容易產生衝突），我們可以將 docker0 橋接器刪除，手動建立一個 Linux 橋接器，然後手動給這個橋接器設定 IP 位址範圍。

其次，建立 Open vSwitch 的 ovs 橋接器，使用 ovs-vsctl 命令給 ovs 橋接器增加 gre 通訊埠，在增加 gre 通訊埠時要將目標連接的 NodeIP 位址設置為對端的 IP 位址。對每一個對端 IP 位址都需要這麼操作（對於大型叢集網路，這可是個體力活，要做自動化指令稿來完成）。

最後，將 ovs 橋接器作為網路介面，加入 Docker 橋接器上（docker0 或者自己手工建立的新橋接器）。

重新啟動 ovs 橋接器和 Docker 橋接器，並增加一個 Docker 的位址段到 Docker 橋接器的路由規則項，就可以將兩個容器的網路連接起來了。

當容器內的應用存取另一個容器的位址時，資料封包會透過容器內的預設路由發送給 docker0 橋接器。ovs 橋接器是作為 docker0 橋接器的通訊埠存在的，它會將資料發送給 ovs 橋接器。ovs 網路已經透過設定建立了與其他 ovs 橋接器連接的 GRE/VxLAN 隧道，自然能將資料送達對端的 Node，並送往 docker0 及 Pod。透過新增的路由項，Node 本身的應用資料也被路由到 docker0 橋接器上，和剛才的通訊過程一樣，也可以存取其他 Node 上的 Pod。

OVS 的優勢是，作為開放原始碼的虛擬交換機軟體，相對成熟和穩定，而且支援各類網路隧道協定，透過了 OpenStack 等專案的考驗。在前面介紹 Flannel 時可知，Flannel 除了支援建立覆蓋網路，保證 Pod 到 Pod 的無縫通訊，還和 Kubernetes、Docker 架構系統緊密結合。Flannel 能夠感知 Kubernetes 的 Service，動態維護自己的路由表，還透過 etcd 來協助 Docker 對整個 Kubernetes 叢集中 docker0 的子網位址分配。而我們在使用 OVS 時，很多事情就需要手工完成了。無論是 OVS 還是 Flannel，透過覆蓋網路提供的 Pod 到 Pod 的通訊都會引入一些額外的通訊負擔，如果是對網路依賴特別重的應用，則需要評估對業務的影響。

Open vSwitch 的安裝和設定過程如下。以兩個 Node 為例，目標網路拓撲如圖 7.21 所示。需要先確保節點 192.168.18.128 的 Docker0 採用了 172.17.43.0/24 網段，而 192.168.18.131 的 Docker0 採用了 172.17.42.0/24 網段，對應的參數為 docker daemon 的啟動參數 --bip 設置的值。

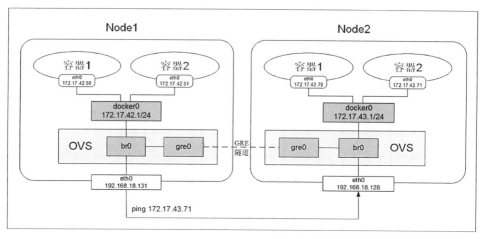

▲ 圖 7.21 目標網路拓撲

1）在兩個 Node 上安裝 ovs

使用 yum install 命令在兩個 Node 上安裝 ovs：

```
# yum install openvswitch-2.4.0-1.x86_64.rpm
```

禁用 selinux，設定後重新啟動 Linux：

```
# vi /etc/selinux/config
SELINUX=disabled
```

查看 Open vSwitch 的服務狀態，應該啟動 ovsdb-server 與 ovs-vswitchd 兩個處理程序：

```
# service openvswitch status
ovsdb-server is running with pid 2429
ovs-vswitchd is running with pid 2439
```

查看 Open vSwitch 的相關日誌，確認沒有異常：

```
# more /var/log/messages |grep openv
Nov  2 03:12:52 docker128 openvswitch: Starting ovsdb-server [  OK  ]
Nov  2 03:12:52 docker128 openvswitch: Configuring Open vSwitch system IDs
[  OK  ]
Nov  2 03:12:52 docker128 kernel: openvswitch: Open vSwitch switching
datapath
Nov  2 03:12:52 docker128 openvswitch: Inserting openvswitch module [  OK  ]
```

注意，上述操作需要在兩個節點機器上分別執行完成。

2）建立橋接器和 GRE 隧道

在每個 Node 上都建立 ovs 的橋接器 br0，然後在橋接器上建立一個 GRE 隧道連接對端橋接器，最後把 ovs 橋接器 br0 作為一個通訊埠連接到 docker0 這個 Linux 橋接器上（可以認為是交換機互聯），這樣一來，兩個節點機器上的 docker0 網段就能互通了。

下面以節點機器 192.168.18.131 為例，具體的操作流程如下。

（1）建立 ovs 橋接器：

```
# ovs-vsctl add-br br0
```

（2）建立 GRE 隧道連接對端，remote_ip 為對端 eth0 的網路卡位址：

```
# ovs-vsctl add-port br0 gre1 -- set interface gre1 type=gre option:remote_
ip=192.168.18.128
```

（3）增加 br0 到本地 docker0，使得容器流量透過 OVS 流經 tunnel：

```
# brctl addif docker0 br0
```

（4）啟動 br0 與 docker0 橋接器：

```
# ip link set dev br0 up
# ip link set dev docker0 up
```

（5）增加路由規則。由於 192.168.18.128 與 192.168.18.131 的 docker0 網段分別為 172.17.43.0/24 與 172.17.42.0/24，這兩個網段的路由都需要經過本機的 docker0 橋接器路由，其中一個 24 網段是透過 OVS 的 GRE 隧道到達對端的，因此需要在每個 Node 上都增加透過 docker0 橋接器轉發的 172.17.0.0/16 網段的路由規則：

```
# ip route add 172.17.0.0/16 dev docker0
```

（6）清空 Docker 附帶的 iptables 規則及 Linux 的規則，後者存在拒絕 icmp 封包透過防火牆的規則：

```
# iptables -t nat -F; iptables -F
```

在 192.168.18.131 上完成上述步驟後，在 192.168.18.128 節點執行同樣的操作，注意，GRE 隧道裡的 IP 位址要改為對端節點（192.168.18.131）的 IP 位址。

設定完成後，192.168.18.131 的 IP 位址、docker0 的 IP 位址及路由等重要資訊顯示如下：

```
# ip addr
1: lo: <LOOPBACK,UP,LOWER_UP> mtu 65536 qdisc noqueue state UNKNOWN
    link/loopback 00:00:00:00:00:00 brd 00:00:00:00:00:00
    inet 127.0.0.1/8 scope host lo
       valid_lft forever preferred_lft forever
2: eth0: <BROADCAST,MULTICAST,UP,LOWER_UP> mtu 1500 qdisc pfifo_fast state
UP qlen 1000
    link/ether 00:0c:29:55:5e:c3 brd ff:ff:ff:ff:ff:ff
    inet 192.168.18.131/24 brd 192.168.18.255 scope global dynamic eth0
       valid_lft 1369sec preferred_lft 1369sec
3: ovs-system: <BROADCAST,MULTICAST> mtu 1500 qdisc noop state DOWN
    link/ether a6:15:c3:25:cf:33 brd ff:ff:ff:ff:ff:ff
4: br0: <BROADCAST,MULTICAST,UP,LOWER_UP> mtu 1500 qdisc noqueue master
docker0 state UNKNOWN
    link/ether 92:8d:d0:a4:ca:45 brd ff:ff:ff:ff:ff:ff
5: docker0: <BROADCAST,MULTICAST,UP,LOWER_UP> mtu 1500 qdisc noqueue state UP
    link/ether 02:42:44:8d:62:11 brd ff:ff:ff:ff:ff:ff
    inet 172.17.42.1/24 scope global docker0
       valid_lft forever preferred_lft forever
```

同樣，192.168.18.128 節點的重要資訊顯示如下：

```
# ip addr
1: lo: <LOOPBACK,UP,LOWER_UP> mtu 65536 qdisc noqueue state UNKNOWN
    link/loopback 00:00:00:00:00:00 brd 00:00:00:00:00:00
    inet 127.0.0.1/8 scope host lo
       valid_lft forever preferred_lft forever
2: eth0: <BROADCAST,MULTICAST,UP,LOWER_UP> mtu 1500 qdisc pfifo_fast state
UP qlen 1000
    link/ether 00:0c:29:e8:02:c7 brd ff:ff:ff:ff:ff:ff
    inet 192.168.18.128/24 brd 192.168.18.255 scope global dynamic eth0
       valid_lft 1356sec preferred_lft 1356sec
3: ovs-system: <BROADCAST,MULTICAST> mtu 1500 qdisc noop state DOWN
    link/ether fa:6c:89:a2:f2:01 brd ff:ff:ff:ff:ff:ff
4: br0: <BROADCAST,MULTICAST,UP,LOWER_UP> mtu 1500 qdisc noqueue master
docker0 state UNKNOWN
    link/ether ba:89:14:e0:7f:43 brd ff:ff:ff:ff:ff:ff
5: docker0: <BROADCAST,MULTICAST,UP,LOWER_UP> mtu 1500 qdisc noqueue state UP
    link/ether 02:42:63:a8:14:d5 brd ff:ff:ff:ff:ff:ff
    inet 172.17.43.1/24 scope global docker0
       valid_lft forever preferred_lft forever
```

3）兩個 Node 上容器之間的互通測試

首先，在 192.168.18.128 節點上 ping 192.168.18.131 上的 docker0 位址 172.17.42.1，驗證網路的互通性：

```
# ping 172.17.42.1
PING 172.17.42.1 (172.17.42.1) 56(84) bytes of data.
64 bytes from 172.17.42.1: icmp_seq=1 ttl=64 time=1.57 ms
64 bytes from 172.17.42.1: icmp_seq=2 ttl=64 time=0.966 ms
64 bytes from 172.17.42.1: icmp_seq=3 ttl=64 time=1.01 ms
64 bytes from 172.17.42.1: icmp_seq=4 ttl=64 time=1.00 ms
64 bytes from 172.17.42.1: icmp_seq=5 ttl=64 time=1.22 ms
64 bytes from 172.17.42.1: icmp_seq=6 ttl=64 time=0.996 ms
```

下面透過 tshark 封包截取工具來分析流量走向。首先，在 192.168.18.128 節點監聽在 br0 上是否有 GRE 封包，執行下面的命令，我們發現在 br0 上並沒有 GRE 封包：

```
# tshark -i  br0 -R ip proto GRE
tshark: -R without -2 is deprecated. For single-pass filtering use -Y.
Running as user "root" and group "root". This could be dangerous.
Capturing on 'br0'
^C
```

在 eth0 上封包截取，則發現了 GRE 封裝的 ping 封包通過，說明 GRE 是在物理網路上完成的封包過程：

```
# tshark -i  eth0 -R ip proto GRE
tshark: -R without -2 is deprecated. For single-pass filtering use -Y.
Running as user "root" and group "root". This could be dangerous.
Capturing on 'eth0'
  1   0.000000  172.17.43.1 -> 172.17.42.1  ICMP 136 Echo (ping) request
id=0x0970, seq=180/46080, ttl=64
  2   0.000892  172.17.42.1 -> 172.17.43.1  ICMP 136 Echo (ping) reply
id=0x0970, seq=180/46080, ttl=64 (request in 1)
2   3   1.002014  172.17.43.1 -> 172.17.42.1  ICMP 136 Echo (ping) request
id=0x0970, seq=181/46336, ttl=64
  4   1.002916  172.17.42.1 -> 172.17.43.1  ICMP 136 Echo (ping) reply
id=0x0970, seq=181/46336, ttl=64 (request in 3)
4   5   2.004101  172.17.43.1 -> 172.17.42.1  ICMP 136 Echo (ping) request
id=0x0970, seq=182/46592, ttl=64
```

至此，以 OVS 為基礎的網路架設成功，由於 GRE 是點對點的隧道通訊方式,所以如果有多個 Node,則需要建立 $N×(N\text{-}1)$ 條 GRE 隧道,即所有 Node 組成一個網狀網路,實現了全網互通。

7.7.3 直接路由的原理和部署範例

我們知道,docker0 橋接器上的 IP 位址在 Node 網路上是看不到的。從一個 Node 到一個 Node 內的 docker0 是不通的,因為它不知道某個 IP 位址在哪裡。如果能夠讓這些機器知道對端 docker0 位址在哪裡,就可以讓這些 docker0 相互通訊了。這樣,在所有 Node 上執行的 Pod 就都可以相互通訊了。

我們可以透過部署 MultiLayer Switch(MLS)實現這一點,在 MLS 中設定每個 docker0 子網位址到 Node 位址的路由項,透過 MLS 將 docker0 的 IP 定址定向到對應的 Node 上。

另外,我們可以將這些 docker0 和 Node 的符合關係設定在 Linux 作業系統的路由項中,這樣通訊發起的 Node 就能夠根據這些路由資訊直接找到目標 Pod 所在的 Node,將資料傳輸過去了,如圖 7.22 所示。

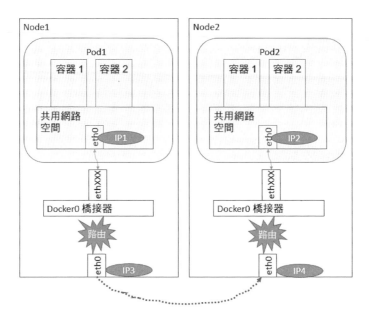

▲ 圖 7.22 直接路由 Pod 到 Pod 通訊

我們在每個 Node 的路由表中增加對方所有 docker0 的路由項。

例如，Pod1 所在 docker0 橋接器的 IP 子網是 10.1.10.0，Node 的位址為 192.168.1.128；而 Pod2 所在 docker0 橋接器的 IP 子網是 10.1.20.0，Node 的位址是 192.168.1.129。

在 Node1 上用 route add 命令增加一筆到 Node2 上 docker0 的靜態路由規則：

```
# route add -net 10.1.20.0 netmask 255.255.255.0 gw 192.168.1.129
```

同樣，在 Node2 上增加一筆到 Node1 上 docker0 的靜態路由規則：

```
# route add -net 10.1.10.0 netmask 255.255.255.0 gw 192.168.1.128
```

在 Node1 上透過 ping 命令驗證到 Node2 上 docker0 的網路連通性。這裡 10.1.20.1 為 Node2 上 docker0 橋接器自身的 IP 位址：

```
$ ping 10.1.20.1
PING 10.1.20.1 (10.1.20.1) 56(84) bytes of data.
64 bytes from 10.1.20.1: icmp_seq=1 ttl=62 time=1.15 ms
64 bytes from 10.1.20.1: icmp_seq=2 ttl=62 time=1.16 ms
64 bytes from 10.1.20.1: icmp_seq=3 ttl=62 time=1.57 ms
......
```

可以看到，路由轉發規則生效，Node1 可以直接存取 Node2 上的 docker0 橋接器，進一步就可以存取屬於 docker0 網段的容器應用了。

在大規模叢集中，在每個 Node 上都需要設定到其他 docker0/Node 的路由項，這會帶來很大的工作量；並且在新增機器時，對所有 Node 都需要修改設定；在重新啟動機器時，如果 docker0 的位址有變化，則也需要修改所有 Node 的設定，這顯然是非常複雜的。

為了管理這些動態變化的 docker0 位址，動態地讓其他 Node 都感知到它，還可以使用動態路由發現協定來同步這些變化。在執行動態路由發現協定代理的 Node 時，會將本機 LOCAL 路由表的 IP 位址透過多點傳輸協定發佈出去，同時監聽其他 Node 的多點傳輸封包。透過這樣的資訊交換，Node 上的路由規則就都能夠相互學習了。當然，路由發現協定本身還是很複雜的，感興趣的話，可以查閱相關規範。在實現這些動態路由發現協定的開放原始碼軟體中,常用的有 Quagga、Zebra 等。下面簡單介紹直接路由的操作過程。

首先,手工分配 Docker bridge 的位址,保證它們在不同的網段是不重疊的。建議最好不用 Docker Daemon 自動建立的 docker0(因為我們不需要它的自動管理功能),而是單獨建立一個 bridge,給它設定規劃好的 IP 位址,然後使用 --bridge=XX 來指定橋接器。

然後,在每個節點上都執行 Quagga。

完成這些操作後,我們很快就能得到一個 Pod 和 Pod 直接相互存取的環境了。由於路由發現能夠被網路上的所有裝置接收,所以如果網路上的路由器也能打開 RIP 協定選項,則能夠學習到這些路由資訊。透過這些路由器,我們甚至可以在非 Node 上使用 Pod 的 IP 位址直接存取 Node 上的 Pod 了。

除了在每台伺服器上安裝 Quagga 軟體並啟動,還可以使用 Quagga 容器執行(例如 index.alauda.cn/georce/router)。在每個 Node 上下載該 Docker 鏡像:

```
$ docker pull index.alauda.cn/georce/router
```

在執行 Quagga 容器前,需要確保每個 Node 上 docker0 橋接器的子網位址不能重疊,也不能與物理機所在的網路重疊,這需要網路系統管理員的仔細規劃。

下面以 3 個 Node 為例,每個 Node 的 docker0 橋接器的位址如下(前提是 Node 物理機的 IP 位址不是 10.1.X.X 位址段):

```
Node 1:# ifconfig docker0 10.1.10.1/24
Node 2:# ifconfig docker0 10.1.20.1/24
Node 3:# ifconfig docker0 10.1.30.1/24
```

在每個 Node 上啟動 Quagga 容器。需要說明的是,Quagga 需要以 --privileged 特權模式執行,並且指定 --net=host,表示直接使用物理機的網路:

```
$ docker run -itd --name=router --privileged --net=host index.alauda.cn/
georce/router
```

啟動成功後，各 Node 上的 Quagga 會相互學習來完成到其他機器的 docker0 路由規則的增加。

一段時間後，在 Node1 上使用 route -n 命令來查看路由表，可以看到 Quagga 自動增加了兩筆到 Node2 和到 Node3 上 docker0 的路由規則：

```
# route -n
Kernel IP routing table
Destination     Gateway          Genmask        Flags  Metric Ref   Use Iface
0.0.0.0         192.168.1.128  0.0.0.0          UG     0      0     0 eth0
10.1.10.0       0.0.0.0          255.255.255.0  U      0      0     0 docker0
10.1.20.0       192.168.1.129  255.255.255.0  UG     20     0     0 eth0
10.1.30.0       192.168.1.130  255.255.255.0  UG     20     0     0 eth0
```

在 Node2 上查看路由表，可以看到自動增加了兩筆到 Node1 和 Node3 上 docker0 的路由規則：

```
# route -n
Kernel IP routing table
Destination     Gateway          Genmask         Flags Metric Ref   Use Iface
0.0.0.0         192.168.1.129  0.0.0.0           UG    0      0     0 eth0
10.1.20.0       0.0.0.0          255.255.255.0   U     0      0     0 docker0
10.1.10.0       192.168.1.128  255.255.255.0   UG    20     0     0 eth0
10.1.30.0       192.168.1.130  255.255.255.0   UG    20     0     0 eth0
```

至此，所有 Node 上的 docker0 就都可以互聯互通了。

當然，聰明的你還會有新的疑問：這樣做的話，由於每個 Pod 的位址都會被路由發現協定廣播出去，會不會存在路由表過大的情況？實際上，路由表通常都會有快取記憶體，尋找速度會很快，不會對性能產生太大的影響。當然，如果你的叢集容量在數千個 Node 以上，則仍然需要測試和評估路由表的效率問題。

7.7.4　Calico 外掛程式的原理和部署範例

本節以 Calico 為例講解 Kubernetes 中 CNI 外掛程式的原理和應用。

1. Calico 簡介

Calico 是一個以 BGP 為基礎的純三層的網路方案，與 OpenStack、Kubernetes、AWS、GCE 等雲端平台都能夠良好地整合。Calico 在每個計算節點都利用 Linux Kernel 實現了一個高效的 vRouter 來負責資料轉發。每個 vRouter 都透過 BGP1 協定把在本節點上執行的容器的路由資訊向整個 Calico 網路廣播,並自動設置到達其他節點的路由轉發規則。Calico 保證所有容器之間的資料流程量都是透過 IP 路由的方式完成互聯互通的。Calico 節點組網時可以直接利用資料中心的網路結構(L2 或者 L3),不需要額外的 NAT、隧道或者 Overlay Network,沒有額外的封包解封包,能夠節約 CPU 運算,提高網路效率,如圖 7.23 所示。

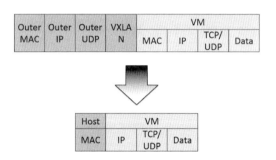

▲ 圖 7.23 Calico 不使用額外的封包解封包

Calico 在小規模叢集中可以直接互聯,在大規模叢集中可以透過額外的 BGP route reflector 來完成,如圖 7.24 所示。

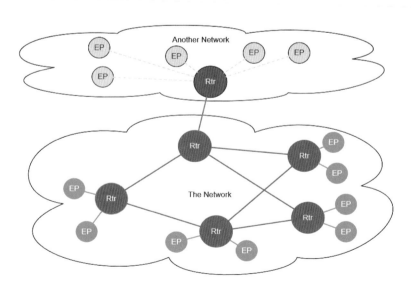

▲ 圖 7.24 透過 BGP route reflector 連接大規模網路

此外，Calico 以 iptables 為基礎還提供了豐富的網路策略，實現了 Kubernetes 的 Network Policy 策略，提供容器間網路可達性限制的功能。

Calico 的系統架構如圖 7.25 所示。

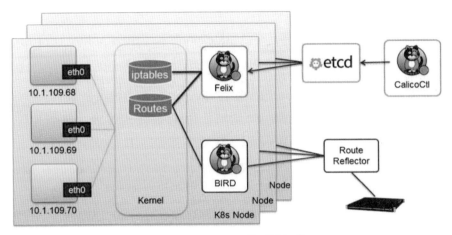

▲ 圖 7.25 Calico 的系統架構

Calico 的主要元件如下。

- Felix：Calico Agent，執行在每個 Node 上，負責為容器設置網路資源（IP 位址、路由規則、iptables 規則等），保證跨主機容器網路互通。
- etcd：Calico 使用的後端儲存。
- BGP Client：負責把 Felix 在各 Node 上設置的路由資訊透過 BGP 廣播到 Calico 網路。
- Route Reflector：透過一個或者多個 BGP Route Reflector 完成大規模叢集的分級路由分發。
- CalicoCtl：Calico 命令列管理工具。

2. 部署 Calico 應用

在 Kubernetes 中部署 Calico 的主要步驟如下。

（1）修改 Kubernetes 服務的啟動參數，並重新啟動服務。

- 設置 Master 上 kube-apiserver 服務的啟動參數：--allow-privileged=true（因為 calico-node 需要以特權模式執行在各 Node 上）。

- 設置各 Node 上 kubelet 服務的啟動參數：--network-plugin=cni（使用 CNI 網路外掛程式）。

本例中的 Kubernetes 叢集包括兩個 Node：k8s-node-1（IP 位址為 192.168.18.3）和 k8s-node-2（IP 位址為 192.168.18.4）。

（2）建立 Calico 服務，主要包括 calico-node 和 calico policy controller。需要建立的資源物件如下。

- 建立 ConfigMap calico-config，包含 Calico 所需的設定參數。
- 建立 Secret calico-etcd-secrets，用於使用 TLS 方式連接 etcd。
- 在每個 Node 上都執行 calico/node 容器，部署為 DaemonSet。
- 在每個 Node 上都安裝 Calico CNI 二進位檔案和網路設定參數（由 install-cni 容器完成）。
- 部署一個名為 calico/kube-policy-controller 的 Deployment，以對接 Kubernetes 叢集中為 Pod 設置的 Network Policy。

從 Calico 官網下載 Calico 的 YAML 檔案 calico.yaml，該設定檔包括啟動 Calico 所需的全部資源物件的定義，下面對它們一個一個進行說明。

（1）Calico 所需的設定及 CNI 網路設定，以 ConfigMap 物件進行建立：

```
kind: ConfigMap
apiVersion: v1
metadata:
  name: calico-config
  namespace: kube-system
data:
  typha_service_name: "none"

  calico_backend: "bird"

  veth_mtu: "1440"

  cni_network_config: |-
    {
      "name": "k8s-pod-network",
      "cniVersion": "0.3.1",
      "plugins": [
```

```
  {
    "type": "calico",
    "log_level": "info",
    "datastore_type": "kubernetes",
    "nodename": "__KUBERNETES_NODE_NAME__",
    "mtu": __CNI_MTU__,
    "ipam": {
        "type": "calico-ipam"
    },
    "policy": {
        "type": "k8s"
    },
    "kubernetes": {
        "kubeconfig": "__KUBECONFIG_FILEPATH__"
    }
  },
  {
    "type": "portmap",
    "snat": true,
    "capabilities": {"portMappings": true}
  },
  {
    "type": "bandwidth",
    "capabilities": {"bandwidth": true}
  }
 ]
}
```

對主要參數說明如下。

- typha_service_name：typha 服務用於大規模環境中，如需安裝，則請參考官網上 calico-typha.yaml 的設定。
- veth_mtu：網路介面的 MTU 值，需要根據不同的網路設置進行調整。
- calico_backend：Calico 的後端，預設為 bird。
- cni_network_config：符合 CNI 規範的網路設定，將在 /etc/cni/net.d 目錄下生成 CNI 網路設定檔。其中 type=calico 表示 kubelet 將從 /opt/cni/bin 目錄下搜索名為 calico 的可執行檔，並呼叫它來完成容器網路的設置。ipam 中的 type=calico-ipam 表示 kubelet 將在 /opt/cni/bin 目錄下搜索名為 calico-ipam 的可執行檔，用於管理容器的 IP 位址。

（2）calico-node，以 DaemonSet 的形式在每個 Node 上都執行一個 calico-node 容器：

```yaml
kind: DaemonSet
apiVersion: apps/v1
metadata:
  name: calico-node
  namespace: kube-system
  labels:
    k8s-app: calico-node
spec:
  selector:
    matchLabels:
      k8s-app: calico-node
  updateStrategy:
    type: RollingUpdate
    rollingUpdate:
      maxUnavailable: 1
  template:
    metadata:
      labels:
        k8s-app: calico-node
    spec:
      nodeSelector:
        kubernetes.io/os: linux
      hostNetwork: true
      tolerations:
        - effect: NoSchedule
          operator: Exists
        - key: CriticalAddonsOnly
          operator: Exists
        - effect: NoExecute
          operator: Exists
      serviceAccountName: calico-node
      terminationGracePeriodSeconds: 0
      priorityClassName: system-node-critical
      initContainers:
        - name: upgrade-ipam
          image: calico/cni:v3.15.1
          command: ["/opt/cni/bin/calico-ipam", "-upgrade"]
          env:
            - name: KUBERNETES_NODE_NAME
              valueFrom:
                fieldRef:
```

```
                fieldPath: spec.nodeName
        - name: CALICO_NETWORKING_BACKEND
          valueFrom:
            configMapKeyRef:
              name: calico-config
              key: calico_backend
      volumeMounts:
        - mountPath: /var/lib/cni/networks
          name: host-local-net-dir
        - mountPath: /host/opt/cni/bin
          name: cni-bin-dir
      securityContext:
        privileged: true
    - name: install-cni
      image: calico/cni:v3.15.1
      command: ["/install-cni.sh"]
      env:
        - name: CNI_CONF_NAME
          value: "10-calico.conflist"
        - name: CNI_NETWORK_CONFIG
          valueFrom:
            configMapKeyRef:
              name: calico-config
              key: cni_network_config
        - name: KUBERNETES_NODE_NAME
          valueFrom:
            fieldRef:
              fieldPath: spec.nodeName
        - name: CNI_MTU
          valueFrom:
            configMapKeyRef:
              name: calico-config
              key: veth_mtu
        - name: SLEEP
          value: "false"
      volumeMounts:
        - mountPath: /host/opt/cni/bin
          name: cni-bin-dir
        - mountPath: /host/etc/cni/net.d
          name: cni-net-dir
      securityContext:
        privileged: true
    - name: flexvol-driver
      image: calico/pod2daemon-flexvol:v3.15.1
```

```
      volumeMounts:
      - name: flexvol-driver-host
        mountPath: /host/driver
      securityContext:
        privileged: true
  containers:
    - name: calico-node
      image: calico/node:v3.15.1
      env:
        - name: DATASTORE_TYPE
          value: "kubernetes"
        - name: WAIT_FOR_DATASTORE
          value: "true"
        - name: NODENAME
          valueFrom:
            fieldRef:
              fieldPath: spec.nodeName
        - name: CALICO_NETWORKING_BACKEND
          valueFrom:
            configMapKeyRef:
              name: calico-config
              key: calico_backend
        - name: CLUSTER_TYPE
          value: "k8s,bgp"
        - name: IP
          value: "autodetect"
        - name: CALICO_IPV4POOL_IPIP
          value: "Always"
        - name: CALICO_IPV4POOL_VXLAN
          value: "Never"
        - name: FELIX_IPINIPMTU
          valueFrom:
            configMapKeyRef:
              name: calico-config
              key: veth_mtu
        - name: FELIX_VXLANMTU
          valueFrom:
            configMapKeyRef:
              name: calico-config
              key: veth_mtu
        - name: FELIX_WIREGUARDMTU
          valueFrom:
            configMapKeyRef:
              name: calico-config
```

```
        key: veth_mtu
    # 設置容器的 IP 位址段
    - name: CALICO_IPV4POOL_CIDR
      value: "10.1.0.0/16"
    # 設置網路卡名稱的正規表示法
    - name: IP_AUTODETECTION_METHOD
      value: "interface=ens.*"
    - name: CALICO_DISABLE_FILE_LOGGING
      value: "true"
    - name: FELIX_DEFAULTENDPOINTTOHOSTACTION
      value: "ACCEPT"
    - name: FELIX_IPV6SUPPORT
      value: "false"
    - name: FELIX_LOGSEVERITYSCREEN
      value: "info"
    - name: FELIX_HEALTHENABLED
      value: "true"
securityContext:
  privileged: true
resources:
  requests:
    cpu: 250m
livenessProbe:
  exec:
    command:
    - /bin/calico-node
    - -felix-live
    - -bird-live
  periodSeconds: 10
  initialDelaySeconds: 10
  failureThreshold: 6
readinessProbe:
  exec:
    command:
    - /bin/calico-node
    - -felix-ready
    - -bird-ready
  periodSeconds: 10
volumeMounts:
  - mountPath: /lib/modules
    name: lib-modules
    readOnly: true
  - mountPath: /run/xtables.lock
    name: xtables-lock
```

```
              readOnly: false
          - mountPath: /var/run/calico
            name: var-run-calico
            readOnly: false
          - mountPath: /var/lib/calico
            name: var-lib-calico
            readOnly: false
          - name: policysync
            mountPath: /var/run/nodeagent
      volumes:
        - name: lib-modules
          hostPath:
            path: /lib/modules
        - name: var-run-calico
          hostPath:
            path: /var/run/calico
        - name: var-lib-calico
          hostPath:
            path: /var/lib/calico
        - name: xtables-lock
          hostPath:
            path: /run/xtables.lock
            type: FileOrCreate
        - name: cni-bin-dir
          hostPath:
            path: /opt/cni/bin
        - name: cni-net-dir
          hostPath:
            path: /etc/cni/net.d
        - name: host-local-net-dir
          hostPath:
            path: /var/lib/cni/networks
        - name: policysync
          hostPath:
            type: DirectoryOrCreate
            path: /var/run/nodeagent
        - name: flexvol-driver-host
          hostPath:
            type: DirectoryOrCreate
            path: /usr/libexec/kubernetes/kubelet-plugins/volume/exec/
nodeagent~uds
```

在該 Pod 中，初始化容器 upgrade-ipam、install-cni、flexvol-driver 分別完成了一些初始化工作。主應用容器為 calico-node，用於管理 Pod 的網路設定,保證 Pod 的網路與各 Node 互聯互通。

calico-node 應用的主要參數如下。

- DATASTORE_TYPE：資料後端儲存，預設為 "kubernetes"，也可以使用 "etcd"。
- CALICO_IPV4POOL_CIDR：Calico IPAM 的 IP 位址集區，Pod 的 IP 位址將從該池中進行分配。
- CALICO_IPV4POOL_IPIP：是否啟用 IPIP 模式。啟用 IPIP 模式時，Calico 將在 Node 上建立一個名為 tun10 的虛擬隧道。
- IP_AUTODETECTION_METHOD：獲取 Node IP 位址的方式，預設使用第 1 個網路介面的 IP 位址，對於安裝了多片網卡的 Node，建議使用正規表示法選擇正確的網路卡，例如 "interface=ens.*" 表示選擇名稱以 ens 開頭的網路卡的 IP 位址。
- FELIX_IPV6SUPPORT：是否啟用 IPv6。
- FELIX_LOGSEVERITYSCREEN：日誌等級。

其中，IP Pool 可以使用兩種模式：BGP 或 IPIP。使用 IPIP 模式時，設置 CALICO_IPV4POOL_IPIP="always"；不使用 IPIP 模式時，設置 CALICO_IPV4POOL_IPIP= "off"，此時將使用 BGP 模式。

IPIP 是一種將各 Node 的路由之間做一個 tunnel，再把兩個網路連接起來的模式，如圖 7.26 所示。啟用 IPIP 模式時，Calico 將在各 Node 上建立一個名為 tun10 的虛擬網路介面。

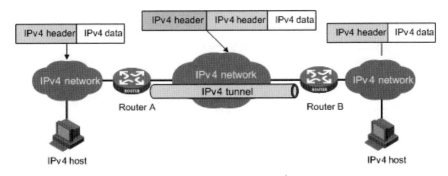

▲ 圖 7.26 IPIP 模式

BGP 模式則直接使用物理機作為虛擬路由器（vRouter），不再建立額外的
tunnel。

（3）calico-kube-controllers 應用，用於管理 Kubernetes 叢集中的網路策略
（Network Policy）：

```
apiVersion: apps/v1
kind: Deployment
metadata:
  name: calico-kube-controllers
  namespace: kube-system
  labels:
    k8s-app: calico-kube-controllers
spec:
  replicas: 1
  selector:
    matchLabels:
      k8s-app: calico-kube-controllers
  strategy:
    type: Recreate
  template:
    metadata:
      name: calico-kube-controllers
      namespace: kube-system
      labels:
        k8s-app: calico-kube-controllers
    spec:
      nodeSelector:
        kubernetes.io/os: linux
      tolerations:
        - key: CriticalAddonsOnly
          operator: Exists
        - key: node-role.kubernetes.io/master
          effect: NoSchedule
      serviceAccountName: calico-kube-controllers
      priorityClassName: system-cluster-critical
      containers:
        - name: calico-kube-controllers
          image: calico/kube-controllers:v3.15.1
          env:
            - name: ENABLED_CONTROLLERS
              value: node
            - name: DATASTORE_TYPE
```

```
      value: kubernetes
  readinessProbe:
    exec:
      command:
      - /usr/bin/check-status
      - -r
```

本節將省略為 calico-node 和 calico-kube-controllers 設定的 RBAC 規則，以及對 Calico 自訂資源物件 CRD 的說明，詳細設定請參考官方文件的說明。

修改好相應的參數後，建立 Calico 的各個資源物件：

 # kubectl create -f calico.yaml
```
configmap/calico-config created
daemonset.apps/calico-node created
deployment.apps/calico-kube-controllers created
```

確保 Calico 的各個服務正確執行：

```
# kubectl get pods --namespace=kube-system -o wide
NAME                    READY  STATUS   RESTARTS  AGE   IP            NODE
calico-node-pgwqr       2/2    Running  0         1m    192.168.18.4  k8s-node-2
calico-node-t3ntq       2/2    Running  0         1m    192.168.18.3  k8s-node-1
calico-kube-controllers-1838634297-cfddl  1/1  Running  0   2m
192.168.18.3   k8s-node-1
```

calico-node 在正常執行後，會根據 CNI 規範，在 /etc/cni/net.d/ 目錄下生成如下檔案和目錄，並在 /opt/cni/bin/ 目錄下安裝二進位檔案 calico 和 calico-ipam，供 kubelet 呼叫。

■ 10-calico.conflist：符合 CNI 規範的網路設定清單，其中 type=calico 表示該外掛程式的二進位檔案名為 calico。範例如下：

```
{
  "name": "k8s-pod-network",
  "cniVersion": "0.3.1",
  "plugins": [
    {
      "type": "calico",
      "log_level": "info",
      "datastore_type": "kubernetes",
      "nodename": "192.168.18.3",
```

```
        "mtu": 1440,
        "ipam": {
            "type": "calico-ipam"
        },
        "policy": {
            "type": "k8s"
        },
        "kubernetes": {
            "kubeconfig": "/etc/cni/net.d/calico-kubeconfig"
        }
    },
    {
        "type": "portmap",
        "snat": true,
        "capabilities": {"portMappings": true}
    },
    {
        "type": "bandwidth",
        "capabilities": {"bandwidth": true}
    }
  ]
}
```

- calico-kubeconfig：Calico 存取 Master 所需的 kubeconfig 檔案。範例如
  下：

```
apiVersion: v1
kind: Config
clusters:
- name: local
  cluster:
    server: https://[169.169.0.1]:443
    certificate-authority-data: LS0tLS1CRUdJTiBDRVJUSUZJQ0FURS0tLS0tCk1JSUR
JakNDQWdHZ0F3SUJBZ0lVVzVYYm55RUE8xVk5KbjZ4bXlrZWJvUXR3ZEhBd0RRWUpLb1pJaHZjTk
FRRUwKQlFBd056RVZNQk1HQTFVRUF3d01NVGt5TGpFMk9DNHhhPQzR6TUNBWERUSXdNRFFF6TURBN
E1UQXhhObG9ZRHpJeApNakF3TkRBMk1EZ3hNREUyV2ppBWE1SVXdFFd1lEVlFRRERBd3hPVEluTVRZ
NExxRTRRMak13Z2dFcU1BMEdDU3FHFHClNJYjNEUEVUVQVQUE0U1JGGd0F3Z2dFU0FvSUJDVEJUVWd
wam1VVkFFuVEhmOXBBVaTlqMC9sNW5vbnNML0ZQTkkUKcXFkNlNJNJNEFQL1h2VklFUXhBN1JCV29oVi
thTFZC2a2VrNzA5ZWdQSU84VmtmmRVDVJbk1tbzNOaHNYMmwzL3B3SwphTHRRGT0RaZHVvQThjUkNmmT
WNIUTZFVFA0SHRCV0V5eE9IbTBvSXJoJoeVdkKS29oRzJBbU9jKzNUVDFieEpWdjhCcnBVNDJUN6
djhFRFRlhYYURZxeE84aGszZlZURFRZWlRUN0NycZ3Zm1FZGhzbHNQZ2lUbWV3V3T1ZIQmV0V0czNvBo
KdlZENkF6M3ZOMGFHaHRpRwVpwvb3ZvdEc1MExKYYlRldkVOEWEYzTzFUSVZuN2tqNmVkaG1kOWpwoRT
lPNzl6aVNiaQphYThMeFZqcUZUbmZFIxUzRXTGpnRmpJDM2V0elpZTXY4K1dVbzA4Zk1jMDE5V3NHHZ
GljMmduUQ1pkODNUeFhVY2NDkF3RUFBYU5UMTUZFd0hRWURWQUjBPQkJZRUZQM01kOERLMlhyVWJJ
```

SDF3WU1JUktKWTJDcVZNQjhHQTFVZEl3UVkKTUJhQUZQM01kOERLMlhyVWJQSDF3WU1JUktKWTJ
DcVZNQThHQTFVZEV3RUIvd1FGTUFNQkFmOHdEUVlKS29aSQpodmNOQVFFTEJRQURnZ0VLQUJHZV
BYMkJFa3JpNHpQZUE3SHRxaHZodFdQSnozV252aC9wSGxYTW5pcDYzUXljCjhwUGJldHcyU0F2N
GY2cVBTNnRrbVNwMmY1NE16ZlVnaWhaVmdFVUZ0bWx1ejhLY0hBcWxaDamUreTRpdk5xMVcKYVVB
UWpsNEJwL3kySlIwR1hZcGdrT3psWFVsa1pYRlBrYnYnJncmRRcENnrb1ZBRmtwd2pITUQ0RzZMU0l
1cWk4RApJVzl6WEo4Z1BZS21yWjBBVjVVRWjhvRkxpSlV5emppY3RuWUcxVVJQNitxcmdqcCB6Yl
crQXdOVXdhQitEMmNyCm5BLzdkNXgyM01mb2lyZThGSmFDDEU3MUZSV055R1NpQ0ZMSksxcmIyR
nJuRTJCQW9WLyt5NWVJJN3BmQTRZcW8KCi95UnhmRHRpaURSczRwVGZFZmxqYnkrYnRhNHRLTTN1
b3BoT1hTRFNBbStIaVpdYGhnUQotLS0tLUVORCBDRVJUSUZJQ0FURS0tLS0tCg==
users:
- name: calico
  user:
    token: "eyJhbGciOiJSUzI1NiIsImtpZCI6InlIS3phUUFZT0NJb1U2NDdENjNFWWVkMQk
1oMHRKYVRkMG5BYTNmbkd6WjAifQ.eyJpc3MiOiJrdWJlcm5ldGVzL3NlcnZpY2VhY2NvdW50I
iwia3ViZXJuZXRlcy5pby9zZXJ2aWNlYWNjb3VudC9uYW1lc3BhY2UiOiJrdWJlLXN5c3RlbSI
sImt1YmVybmV0ZXMuaW8vc2VydmljZWFjY291bnQvc2VjcmV0Lm5hbWUiOiJjYWxpY28tbm9kZ
S10b2tlbi1tZ2pzeCIsImt1YmVybmV0ZXMuaW8vc2VydmljZWFjY291bnQvc2VydmljZS1hY2N
vdW50Lm5hbWUiOiJjYWxpY28tbm9kZSIsImt1YmVybmV0ZXMuaW8vc2VydmljZWFjY291bnQvc2
VydmljZS1hY2NvdW50LnVpZCI6ImNkZWUyY2Y4LTAzZmItNDZmNS1hZGNmLLTU2OWY3Yzk0Y2F
iMiIsInN1YiI6InN5c3RlbTpzZXJ2aWNlYWNjb3VudDprdWJlLXN5c3RlbTpjYWxpY28tbm9kZ
SJ9.E0V0SpzBZIigd15Nzn3Ul1yDu40ss2Ndqn-il8n-Ki7-693JH4CJNp8DC7IkEBoj2Ir1Vi
NKIlnv_P9nv1-yik3zsstNF6hjjolibi6ZlEwEpBUbnhZXhnESIZUy7z28UECAw5WmMACVBgrV
UEM-ec6m3kz3XwC_QrhVLv7HCrZq0ANTn_bJrpj9ry7uljShpPjhNwZlhz25WiL4lBKpI_2l1-
ce80Uvd6imrWXoyZesVtJ_PnKGyCjTy0YGrvb3j05ZPLgCAPtV4P6RAM2ZBKQ3irlOL8CkDtBjR
gzz1XWWe5tdz7vSmjStmZ9Q6MTISxlQJKCVXwegO8Y7DaRfgFb3qWmTEORU7Q"
contexts:
- name: calico-context
  context:
    cluster: local
    user: calico
current-context: calico-context

在 Calico 正確執行後，我們看看 Calico 在作業系統上設置的網路設定。
查看 k8s-node-1 伺服器的網路介面設置，可以看到一個新的名為 tunl0 的
介面，並設置了網路位址為 10.1.109.64/32：

```
# ip addr show
1: lo: <LOOPBACK,UP,LOWER_UP> mtu 65536 qdisc noqueue state UNKNOWN qlen 1
    link/loopback 00:00:00:00:00:00 brd 00:00:00:00:00:00
    inet 127.0.0.1/8 scope host lo
       valid_lft forever preferred_lft forever
    inet6 ::1/128 scope host
       valid_lft forever preferred_lft forever
```

```
2: ens33: <BROADCAST,MULTICAST,UP,LOWER_UP> mtu 1500 qdisc pfifo_fast state
UP qlen 1000
    link/ether 00:0c:29:1b:c5:fc brd ff:ff:ff:ff:ff:ff
    inet 192.168.18.3/24 brd 192.168.18.255 scope global ens33
      valid_lft forever preferred_lft forever
    inet6 fe80::20c:29ff:fe1b:c5fc/64 scope link
      valid_lft forever preferred_lft forever
3: docker0: <NO-CARRIER,BROADCAST,MULTICAST,UP> mtu 1500 qdisc noqueue state
DOWN
    link/ether 02:42:46:ad:a4:38 brd ff:ff:ff:ff:ff:ff
    inet 172.17.1.1/24 scope global docker0
      valid_lft forever preferred_lft forever
```
4: tun10@NONE: <NOARP,UP,LOWER_UP> mtu 1440 qdisc noqueue state UNKNOWN
qlen 1
    link/ipip 0.0.0.0 brd 0.0.0.0
    inet 10.1.109.64/32 scope global tun10
      valid_lft forever preferred_lft forever

查看 k8s-node-2 伺服器的網路介面設置,同樣可以看到一個新的名為
tun10 的介面,網路位址為 10.1.140.64/32:

```
1: lo: <LOOPBACK,UP,LOWER_UP> mtu 65536 qdisc noqueue state UNKNOWN qlen 1
    link/loopback 00:00:00:00:00:00 brd 00:00:00:00:00:00
    inet 127.0.0.1/8 scope host lo
      valid_lft forever preferred_lft forever
    inet6 ::1/128 scope host
      valid_lft forever preferred_lft forever
2: ens33: <BROADCAST,MULTICAST,UP,LOWER_UP> mtu 1500 qdisc pfifo_fast state
UP qlen 1000
    link/ether 00:0c:29:93:71:9e brd ff:ff:ff:ff:ff:ff
    inet 192.168.18.4/24 brd 192.168.18.255 scope global ens33
      valid_lft forever preferred_lft forever
    inet6 fe80::20c:29ff:fe93:719e/64 scope link
      valid_lft forever preferred_lft forever
3: docker0: <NO-CARRIER,BROADCAST,MULTICAST,UP> mtu 1500 qdisc noqueue state
DOWN
    link/ether 02:42:d9:08:8e:93 brd ff:ff:ff:ff:ff:ff
    inet 172.17.2.1/24 scope global docker0
      valid_lft forever preferred_lft forever
```
4: tun10@NONE: <NOARP,UP,LOWER_UP> mtu 1440 qdisc noqueue state UNKNOWN
qlen 1
    link/ipip 0.0.0.0 brd 0.0.0.0
    inet 10.1.140.64/32 scope global tun10
      valid_lft forever preferred_lft forever

這兩個子網都是從 calico-node 設置的 IP 位址集區（CALICO_IPV4POOL_ CIDR="10.1.0.0/16"）中進行分配的。

我們再看看 Calico 在兩台主機上設置的路由規則。首先，查看 k8s-node-1 伺服器的路由表，可以看到一筆到 k8s-node-2 的 Calico 容器網路 10.1.140.64 的路由轉發規則：

```
# ip route
default via 192.168.18.2 dev ens33
blackhole 10.1.109.64/26  proto bird
10.1.140.64/26 via 192.168.18.4 dev tunl0  proto bird onlink
172.17.1.0/24 dev docker0  proto kernel  scope link  src 172.17.1.1
192.168.18.0/24 dev ens33  proto kernel  scope link  src 192.168.18.3
metric 100
```

然後，查看 k8s-node-2 伺服器的路由表，可以看到一筆到 k8s-node-1 的 Calico 容器網路 10.1.109.64/26 的路由轉發規則：

```
# ip route
default via 192.168.18.2 dev ens33
blackhole 10.1.140.64/26  proto bird
10.1.109.64/26 via 192.168.18.3 dev tunl0  proto bird onlink
172.17.2.0/24 dev docker0  proto kernel  scope link  src 172.17.2.1
192.168.18.0/24 dev ens33  proto kernel  scope link  src 192.168.18.4
metric 100
```

這樣，透過 Calico 就完成了 Node 間的容器網路設置。在後續的 Pod 建立過程中，kubelet 將透過 CNI 介面呼叫 Calico 進行 Pod 網路設置，包括 IP 位址、路由規則、iptables 規則等。

如果設置 CALICO_IPV4POOL_IPIP="off"，即不使用 IPIP 模式，則 Calico 將不會建立 tunl0 網路介面，路由規則直接使用物理機網路卡作為路由器進行轉發。

查看 k8s-node-1 伺服器的路由表，可以看到一筆到 k8s-node-2 的私網 10.1.140.64 的路由轉發規則，將透過本機 ens33 網路卡進行轉發：

```
# ip route
default via 192.168.18.2 dev ens33
blackhole 10.1.109.64/26  proto bird
10.1.140.64/26 via 192.168.18.4 dev ens33  proto bird
```

```
172.17.1.0/24 dev docker0   proto kernel   scope link   src 172.17.1.1
192.168.18.0/24 dev ens33   proto kernel   scope link   src 192.168.18.3
metric 100
```

查看 k8s-node-2 伺服器的路由表，可以看到一筆到 k8s-node-1 的私網 10.1.109.64/26 的路由轉發規則，將透過本機 ens33 網路卡進行轉發：

```
# ip route
default via 192.168.18.2 dev ens33
blackhole 10.1.140.64/26  proto bird
10.1.109.64/26 via 192.168.18.3 dev ens33  proto bird
172.17.2.0/24 dev docker0   proto kernel   scope link   src 172.17.2.1
192.168.18.0/24 dev ens33   proto kernel   scope link   src 192.168.18.4
metric 100
```

3. 跨主機 Pod 網路連通性驗證

下面建立幾個 Pod，驗證 Calico 對它們的網路設置。以第 1 章的 mysql 和 myweb 為例，分別建立 1 個 Pod 和兩個 Pod：

```
# mysql-rc.yaml
apiVersion: v1
kind: ReplicationController
metadata:
  name: mysql
spec:
  replicas: 1
  selector:
    app: mysql
  template:
    metadata:
      labels:
        app: mysql
    spec:
      containers:
      - name: mysql
        image: mysql
        ports:
        - containerPort: 3306
        env:
        - name: MYSQL_ROOT_PASSWORD
          value: "123456"


# myweb-rc.yaml
```

```
apiVersion: v1
kind: ReplicationController
metadata:
  name: myweb
spec:
  replicas: 2
  selector:
    app: myweb
  template:
    metadata:
      labels:
        app: myweb
    spec:
      containers:
      - name: myweb
        image: kubeguide/tomcat-app:v1
        ports:
        - containerPort: 8080
        env:
        - name: MYSQL_SERVICE_HOST
          value: 'mysql'
        - name: MYSQL_SERVICE_PORT
          value: '3306'
```

 # kubectl create -f mysql-rc.yaml -f myweb-rc.yaml
```
replicationcontroller "mysql" created
replicationcontroller "myweb" created
```

查看各 Pod 的 IP 位址，可以看到是透過 Calico 設置的以 10.1 開頭的 IP
位址：

 # kubectl get pod -o wide

NAME	READY	STATUS	RESTARTS	AGE	IP	NODE
mysql-8cztq	1/1	Running	0	2m	**10.1.109.71**	**k8s-node-1**
myweb-h4lg3	1/1	Running	0	2m	**10.1.109.70**	**k8s-node-1**
myweb-s86sk	1/1	Running	0	2m	**10.1.140.66**	**k8s-node-2**

進入執行在 k8s-node-2 上的 Pod"myweb-s86sk"：
```
# kubectl exec -ti myweb-s86sk bash
```

在 容 器 內 存 取 執 行 在 k8s-node-1 上 的 Pod"mysql-8cztq" 的 IP 位 址
10.1.109.71：

```
root@myweb-s86sk:/usr/local/tomcat# ping 10.1.109.71
PING 10.1.109.71 (10.1.109.71): 56 data bytes
64 bytes from 10.1.109.71: icmp_seq=0 ttl=63 time=0.344 ms
64 bytes from 10.1.109.71: icmp_seq=1 ttl=63 time=0.213 ms
```

在容器內存取物理機 k8s-node-1 的 IP 位址 192.168.18.3：

```
root@myweb-s86sk:/usr/local/tomcat# ping 192.168.18.3
PING 192.168.18.3 (192.168.18.3): 56 data bytes
64 bytes from 192.168.18.3: icmp_seq=0 ttl=64 time=0.327 ms
64 bytes from 192.168.18.3: icmp_seq=1 ttl=64 time=0.182 ms
```

這說明跨主機容器之間、容器與宿主機之間的網路都能互聯互通了。

查看 k8s-node-2 物理機的網路介面和路由表，可以看到 Calico 為 Pod"myweb-s86sk" 新建了一個網路介面 cali439924adc43，並為其設置了一條路由規則：

```
# ip addr show
1: lo: <LOOPBACK,UP,LOWER_UP> mtu 65536 qdisc noqueue state UNKNOWN qlen 1
......
7: cali439924adc43@if3: <BROADCAST,MULTICAST,UP,LOWER_UP> mtu 1500 qdisc
noqueue state UP
    link/ether e2:e9:9a:55:52:92 brd ff:ff:ff:ff:ff:ff link-netnsid 0
    inet6 fe80::e0e9:9aff:fe55:5292/64 scope link
       valid_lft forever preferred_lft forever

# ip route
default via 192.168.18.2 dev ens33
blackhole 10.1.140.64/26  proto bird
10.1.109.64/26 via 192.168.18.3 dev tunl0  proto bird onlink
10.1.140.66 dev cali439924adc43  scope link
172.17.2.0/24 dev docker0  proto kernel  scope link  src 172.17.2.1
192.168.18.0/24 dev ens33  proto kernel  scope link  src 192.168.18.4
metric 100
```

另外，Calico 為該網路介面 cali439924adc43 設置了一系列 iptables 規則：

```
# iptables -L
......
Chain cali-from-wl-dispatch (2 references)
target     prot opt source               destination
cali-fw-cali439924adc43  all  -- anywhere             anywhere
[goto]  /* cali:27N3bvAtjtNgABL_ */
```

```
DROP       all  --  anywhere              anywhere             /*
cali:tL986QdUS4OiW3mC */ /* Unknown interface */

Chain cali-fw-cali439924adc43 (1 references)
target     prot opt source                destination
ACCEPT     all  --  anywhere              anywhere             /* cali:w_ft-
rPVu6fgqGmc */ ctstate RELATED,ESTABLISHED
DROP       all  --  anywhere              anywhere             /* cali:ATcF-
FBghYxNthE2 */ ctstate INVALID
MARK       all  --  anywhere              anywhere             /*
cali:5mvqaVXl8wQh6vS6 */ MARK and 0xfeffffff
MARK       all  --  anywhere              anywhere             /*
cali:nOAdEHYzt1IeVaqu */ /* Start of policies */ MARK and 0xfdffffff

Chain cali-to-wl-dispatch (1 references)
target     prot opt source                destination
cali-tw-cali439924adc43  all  --  anywhere          anywhere
[goto]   /* cali:WibRaHK-UmAeF88Y */

Chain cali-tw-cali439924adc43 (1 references)
target     prot opt source                destination
ACCEPT     all  --  anywhere              anywhere             /* cali:c21cc_
VY82hSFHuc */ ctstate RELATED,ESTABLISHED
DROP       all  --  anywhere              anywhere             /*
cali:6eNswYurPxc_1g2M */ ctstate INVALID
MARK       all  --  anywhere              anywhere             /*
cali:Y55YBsPr1TihN4NE */ MARK and 0xfeffffff
MARK       all  --  anywhere              anywhere             /*
cali:hfMD9kYf5exJluSH */ /* Start of policies */ MARK and 0xfdffffff
......
```

7.8 Kubernetes 的網路策略

為了實現細粒度的容器間網路存取隔離策略，Kubernetes 從 1.3 版本開始引入了 Network Policy 機制，到 1.8 版本升級為 networking.k8s.io/v1 穩定版本。Network Policy 的主要功能是對 Pod 或者 Namespace 之間的網路通訊進行限制和存取控制，設置方式為將目標物件的 Label 作為查詢準則，設置允許存取或禁止存取的用戶端 Pod 列表。目前查詢準則可以作用於 Pod 和 Namespace 等級。

為 了 使 用 Network Policy，Kubernetes 引 入 了 一 個 新 的 資 源 物 件 NetworkPolicy，供使用者設置 Pod 之間的網路存取策略。但這個資源物件設定的僅僅是策略規則，還需要一個策略控制器（Policy Controller）進行策略規則的具體實現。策略控制器由第三方網路元件提供，目前 Calico、Cilium、Kube-router、Romana、Weave Net 等開放原始碼專案均支援網路策略的實現。

Network Policy 的工作原理如圖 7.27 所示，策略控制器需要實現一個 API Listener，監聽使用者設置的 NetworkPolicy 定義，並將網路存取規則透過各 Node 的 Agent 進行實際設置（Agent 則需要透過 CNI 網路外掛程式實現）。

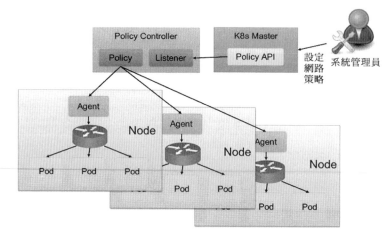

▲ 圖 7.27 Network Policy 的工作原理

7.8.1 網路策略設置說明

網路策略的設置主要用於對目標 Pod 的網路存取進行控制，在預設情況下對所有 Pod 都是允許存取的，在設置了指向 Pod 的 NetworkPolicy 網路策略後，到 Pod 的存取才會被限制。

下面透過一個例子對 NetworkPolicy 資源物件的使用進行説明：

```
apiVersion: networking.k8s.io/v1
kind: NetworkPolicy
metadata:
```

```
  name: test-network-policy
  namespace: default
spec:
  podSelector:
    matchLabels:
      role: db
  policyTypes:
  - Ingress
  - Egress
  ingress:
  - from:
    - ipBlock:
        cidr: 172.17.0.0/16
        except:
        - 172.17.1.0/24
    - namespaceSelector:
        matchLabels:
          project: myproject
    - podSelector:
        matchLabels:
          role: frontend
    ports:
    - protocol: TCP
      port: 6379
  egress:
  - to:
    - ipBlock:
        cidr: 10.0.0.0/24
    ports:
    - protocol: TCP
      port: 5978
```

對主要參數説明如下。

- podSelector：定義該網路策略作用的 Pod 範圍，本例的選擇條件為包含 role=db 標籤的 Pod。

- policyTypes：網路策略的類型，包括 ingress 和 egress 兩種，用於設置目標 Pod 的入站和出站的網路限制。如果未指定 policyTypes，則系統預設會設置 Ingress 類型；若設置了 egress 策略，則系統自動設置 Egress 類型。

- ingress：定義允許存取目標 Pod 的入站白名單規則，滿足 from 條件的用戶端才能存取 ports 定義的目標 Pod 通訊埠編號。
  - from：對符合條件的用戶端 Pod 進行網路放行，規則包括以用戶端 Pod 為基礎的 Label、以用戶端 Pod 所為基礎在命名空間的 Label 或者用戶端的 IP 範圍。
  - ports：允許存取的目標 Pod 監聽的通訊埠編號。
- egress：定義目標 Pod 允許存取的「出站」白名單規則，目標 Pod 僅允許存取滿足 to 條件的服務端 IP 範圍和 ports 定義的通訊埠編號。
  - to：允許存取的服務端資訊，可以以服務端 Pod 為基礎的 Label、以服務端 Pod 所在命名空間的 Label 為基礎或者服務端 IP 範圍。
  - ports：允許存取的服務端的通訊埠編號。

透過本例所示的 NetworkPolicy 設置，對不同命名空間中的目標 Pod 進行了網路存取，發現該網路策略作用於命名空間 default 中包含 role=db 標籤的全部 Pod。

Ingress 規則包括：

- 允許與目標 Pod 在同一個命名空間中的包含 role=frontend 標籤的用戶端 Pod 存取目標 Pod；
- 允許屬於包含 project=myproject 標籤的命名空間的用戶端 Pod 存取目標 Pod；
- 允許屬於 IP 位址範圍 172.17.0.0/16 的用戶端 Pod 存取目標 Pod，但不包括屬於 IP 位址範圍 172.17.1.0/24 的用戶端應用。

Egress 規則包括：允許目標 Pod 存取屬於 IP 位址範圍 10.0.0.0/24 並監聽 5978 通訊埠的服務。

7.8.2 Selector 功能說明

本節對 namespaceSelector 和 podSelector 選擇器的功能進行説明。

在 from 或 to 設定中，namespaceSelector 和 podSelector 可以單獨設置，也可以組合設定。ingress 的 from 段落和 egress 的 to 段落總共可以有 4 種

選擇器（Selector）的設置方式。

- podSelector：同一個命名空間選中的目標 Pod 應作為 ingress 來源或 egress 目標允許網路存取。
- namespaceSelector：目標命名空間中的全部 Pod 應作為 ingress 來源或 egress 目標允許網路存取。
- podSelector 和 namespaceSelector：在 from 或 to 設定中如果既設置了 namespaceSelector 又設置了 podSelector，則表示選中指定命名空間中的 Pod。這在 YAML 定義中需要進行準確設置。
- ipBlock：其設置的 IP 位址範圍應作為 ingress 來源或 egress 目標允許網路存取，通常應設置為叢集外部的 IP 位址。

下面透過兩個例子對 Selector 的作用進行說明。

【例 1】在 from 中同時設置 namespaceSelector 和 podSelector，該策略允許從擁有 user=alice 標籤的命名空間中擁有 role=client 標籤的 Pod 發起存取：

```
......
  ingress:
  - from:
    - namespaceSelector:
        matchLabels:
          user: alice
      podSelector:
        matchLabels:
          role: client
......
```

【例 2】在 from 中分別設置 namespaceSelector 和 podSelector，該策略既允許從有 user=alice 標籤的命名空間中的任意 Pod 發起存取，也允許從當前命名空間中有 role=client 標籤的 Pod 發起存取：

```
......
  ingress:
  - from:
    - namespaceSelector:
        matchLabels:
          user: alice
    - podSelector:
        matchLabels:
```

```
        role: client
......
```

叢集的 ingress 和 egress 機制通常需要重寫資料封包的來源 IP 或目標 IP
位址，如果發生了這種情況，則無法確定是在 NetworkPolicy 處理前還是
處理後發生的，並且重寫行為可能會根據網路外掛程式、雲端提供商、
Service 實現的不同而有所不同。

對於 ingress 策略，這意味著在某些情況下能以真實來源 IP 為基礎對入站
的資料封包進行過濾，而在其他情況下，NetworkPolicy 所作用的「來源
IP」可能是 LoadBalancer 的 IP 或 Pod 所在節點的 IP。

對於 egress 策略，這意味著從 Pod 到被重寫為叢集外部 IP 的服務 IP 的連
接（Connection）可能受到（也可能不受到）以 ipBlock 為基礎的策略的
約束。

7.8.3 為命名空間設定預設的網路策略

在一個命名空間沒有設置任何網路策略的情況下，對其中 Pod 的 ingress
和 egress 網路流量並不會有任何限制。在命名空間等級可以設置一些預設
的全域網路策略，以便管理員對整個命名空間進行統一的網路策略設置。

以下是一些常用的命名空間等級的預設網路策略。

（1）預設禁止 ingress 存取。該策略禁止任意用戶端存取該命名空間中的
任意 Pod，造成隔離存取的作用：

```
apiVersion: networking.k8s.io/v1
kind: NetworkPolicy
metadata:
  name: default-deny
spec:
  podSelector: {}
  policyTypes:
  - Ingress
```

（2）預設允許 ingress 存取。該策略允許任意用戶端存取該命名空間中的
任意 Pod：

```
apiVersion: networking.k8s.io/v1
kind: NetworkPolicy
metadata:
  name: allow-all
spec:
  podSelector: {}
  ingress:
  - {}
  policyTypes:
  - Ingress
```

（3）預設禁止 egress 存取。該策略禁止該命名空間中的所有 Pod 存取任意
外部服務：

```
apiVersion: networking.k8s.io/v1
kind: NetworkPolicy
metadata:
  name: default-deny
spec:
  podSelector: {}
  policyTypes:
  - Egress
```

（4）預設允許 egress 存取。該策略允許該命名空間中的所有 Pod 存取任意
外部服務：

```
apiVersion: networking.k8s.io/v1
kind: NetworkPolicy
metadata:
  name: allow-all
spec:
  podSelector: {}
  egress:
  - {}
  policyTypes:
  - Egress
```

（5）預設同時禁止 ingress 和 egress 存取。該策略禁止任意用戶端存取該
命名空間中的任意 Pod，同時禁止該命名空間中的所有 Pod 存取任意外部
服務：

```
apiVersion: networking.k8s.io/v1
kind: NetworkPolicy
metadata:
```

```
      name: default-deny
spec:
  podSelector: {}
  policyTypes:
  - Ingress
  - Egress
```

7.8.4 網路策略應用範例

下面以一個提供服務的 Nginx Pod 為例，為兩個用戶端 Pod 設置不同的網路存取權限：允許擁有 role=nginxclient 標籤的 Pod 存取 Nginx 容器，沒有這個標籤的用戶端容器會被禁止存取。

（1）建立目標 Pod，設置 app=nginx 標籤：

```
# nginx.yaml
apiVersion: v1
kind: Pod
metadata:
  name: nginx
  labels:
    app: nginx
spec:
  containers:
  - name: nginx
    image: nginx

# kubectl create -f nginx.yaml
pod/nginx created
```

（2）為目標 Nginx Pod 設置網路策略，建立 NetworkPolicy 的 YAML 檔案，內容如下：

```
# networkpolicy-allow-nginxclient.yaml
kind: NetworkPolicy
apiVersion: networking.k8s.io/v1
metadata:
  name: allow-nginxclient
spec:
  podSelector:
    matchLabels:
      app: nginx
  ingress:
```

```
      - from:
        - podSelector:
            matchLabels:
              role: nginxclient
        ports:
        - protocol: TCP
          port: 80
```

該網路策略的作用目標 Pod 應包含 app=nginx 標籤,透過 from 設置允許
存取的用戶端 Pod 包含 role=nginxclient 標籤,並設置允許用戶端存取的
通訊埠編號為 80。

建立該 NetworkPolicy 資源物件:

```
# kubectl create -f networkpolicy-allow-nginxclient.yaml
networkpolicy.networking.k8s.io/allow-nginxclient created
```

(3)建立兩個用戶端 Pod,一個包含 role=nginxclient 標籤,另一個無此標
籤。分別進入各 Pod,存取 Nginx 容器,驗證網路策略的效果:

```
# client1.yaml
apiVersion: v1
kind: Pod
metadata:
  name: client1
  labels:
    role: nginxclient
spec:
  containers:
  - name: client1
    image: busybox
    command: [ "sleep", "3600" ]
```

```
# client2.yaml
apiVersion: v1
kind: Pod
metadata:
  name: client2
spec:
  containers:
  - name: client2
    image: busybox
    command: [ "sleep", "3600" ]
```

```
# kubectl create -f client1.yaml -f client2.yaml
pod/client1 created
pod/client2 created
```

登入 Pod"client1"：

```
# kubectl exec -ti client1 -- sh
```

嘗試連接 Nginx 容器的 80 通訊埠：

```
/ # wget 10.1.109.69
Connecting to 10.1.109.69 (10.1.109.69:80)
index.html          100% |*******************************|   612    0:00:00 ETA
```

成功存取到 Nginx 的服務，說明 NetworkPolicy 生效。

登入 Pod"client2"：

```
# kubectl exec -ti client2 -- sh
```

嘗試連接 Nginx 容器的 80 通訊埠：

```
/ # wget --timeout=5 10.1.109.69
Connecting to 10.1.109.69 (10.1.109.69:80)
wget: download timed out
```

存取逾時，說明 NetworkPolicy 生效，對沒有 role=nginxclient 標籤的用戶端 Pod 拒絕存取。

說明：本例中的網路策略是以 Calico 為基礎提供的 calico-kube-controllers 實現的，calico- kube-controllers 持續監聽 Kubernetes 中 NetworkPolicy 的定義，與各 Pod 透過標籤進行連結，將允許存取或拒絕存取的策略通知到各 calico-node，最終 calico-node 完成對 Pod 間網路存取的設置，實現 Pod 間的網路隔離。有興趣的讀者可以嘗試使用其他 CNI 外掛程式的網路策略控制器來實現 NetworkPolicy 的功能。

7.8.5 NetworkPolicy 的發展

Kubernetes 從 1.12 版本開始引入了對 SCTP 的支援，到 1.19 版本時達到 Beta 階段，預設啟用，可以透過 kube-apiserver 的啟動參數 --feature-gates=SCTPSupport=false 進行關閉。啟用後，可以在 NetworkPolicy 資源

物件中設置 protocol 欄位的值為 SCTP，啟用對 SCTP 的網路隔離設置。需要說明的是，要求 CNI 外掛程式提供對 SCTP 的支援。

另外，在 Kubernetes 1.20 版本中，以下功能在網路策略（NetworkPolicy API）中仍然無法提供實現。如果需要這些功能，則可以選擇使用作業系統提供的功能元件如 SELinux、Open vSwitch、IPTables 等；或 7 層網路技術如 Ingress Controller、Service Mesh 等；或透過存取控制器（Admission Controller）等替代方案進行實現。

- 強制叢集內部的流量都經過一個公共閘道（最好使用 Service Mesh 或其他 Proxy）。
- TLS 相關功能（最好使用 Service Mesh 或其他 Proxy）。
- 特定於節點（Node）的網路策略（當前無法以 Kubernetes 資訊為基礎將網路策略設置在特定節點上）。
- 按名稱指定服務或命名空間（當前僅支援透過 Label 進行設置）。
- 建立或管理第三方提供實現的策略請求（Policy Request）。
- 適用於所有命名空間或 Pod 的預設策略。
- 高級策略查詢和可達性工具。
- 在單一策略宣告中指向目標通訊埠編號範圍的能力。
- 對網路安全事件進行日誌記錄的能力（例如連接被阻止或接受的事件）。
- 顯式設置拒絕策略的能力（當前僅支援設置預設的拒絕策略，僅可以增加「允許」的規則）。
- 阻止透過本地迴路（loopback）發起流量或從主機上發起流量的策略管理能力（當前 Pod 無法阻止從本機 Localhost 發起的存取，也不能阻止從其他同組節點發起的存取）。

Kubernetes 社區正在積極討論其中一些功能特性，有興趣的讀者可以持續關注社區的進展並參與討論。

7.9 Kubernetes 對 IPv4 和 IPv6 雙堆疊的支援

隨著 IPv6 的逐漸普及，物聯網、邊緣計算等行業大量使用 IPv6 部署各種裝置和邊緣裝置，在 Kubernetes 中執行的容器和服務也需要支援 IPv6。Kubernetes 從 1.16 版本開始引入對 IPv4 和 IPv6 雙堆疊的支援，當前為 Alpha 階段。

在 Kubernetes 叢集中啟用 IPv4 和 IPv6 雙堆疊可以提供以下功能。

- 為 Pod 分配一個 IPv4 位址和一個 IPv6 位址。
- 為 Service 分配一個 IPv4 位址或一個 IPv6 位址，只能使用一種網址類別型。
- Pod 可以同時透過 IPv4 位址和 IPv6 位址路由到叢集外部（egress）的網路（如 Internet）。

為了在 Kubernetes 叢集中使用 IPv4 和 IPv6 雙堆疊功能，需要滿足以下前提條件。

- 使用 Kubernetes 1.16 及以上版本。
- Kubernetes 叢集的基礎網路環境必須支援雙堆疊網路，即提供可路由的 IPv4 和 IPv6 網路介面。
- 支援雙堆疊的網路外掛程式，例如 Calico 或 Kubenet。

7.9.1 為 Kubernetes 叢集啟用 IPv4 和 IPv6 雙堆疊

為 Kubernetes 叢集啟用 IPv4 和 IPv6 雙堆疊功能前，首先需要在 kube-apiserver、kube-controller-manager、kubelet 和 kube-proxy 服務中設置啟動參數以開啟雙堆疊特性，並設置 Pod 的 IP CIDR 範圍（--cluster-cidr）和 Service 的 IP CIDR 範圍（--service-cluster-ip- range）。各服務的啟動參數設置如下。

（1）kube-apiserver 服務。

- --feature-gates="...,IPv6DualStack=true"：開啟 IPv6DualStack 特性開關。

■ --service-cluster-ip-range=<IPv4 CIDR>,<IPv6 CIDR>： 設 置 Service 的 IPv4 和 IPv6 CIDR 位址範圍，例如 --service-cluster-ip-range=169.169.0.0/16,3000::0/112。

（2）kube-controller-manager 服務。

■ --feature-gates="...,IPv6DualStack=true"：開啟 IPv6DualStack 特性開關。

■ --cluster-cidr=<IPv4 CIDR>,<IPv6 CIDR>： 設 置 Pod 的 IPv4 和 IPv6 CIDR 位址範圍，例如 --cluster-cidr=10.0.0.0/16,fa00::0/112。

■ --service-cluster-ip-range=<IPv4 CIDR>,<IPv6 CIDR>： 設 置 Service 的 IPv4 和 IPv6 CIDR 位址範圍，例如 --service-cluster-ip-range=169.169.0.0/16,3000::0/112。

■ --node-cidr-mask-size-ipv4：設置 IPv4 子網路遮罩，預設為 /24。

■ --node-cidr-mask-size-ipv6：設置 IPv6 子網路遮罩，預設為 /64。

（3）kubelet 服務。

■ --feature-gates="...,IPv6DualStack=true"：開啟 IPv6DualStack 特性開關。

（4）kube-proxy 服務。

■ --proxy-mode=ipvs：必須使用 ipvs 代理模式。

■ --feature-gates="...,IPv6DualStack=true"：開啟 IPv6DualStack 特性開關。

■ --cluster-cidr=<IPv4 CIDR>,<IPv6 CIDR>： 設 置 Pod 的 IPv4 和 IPv6 CIDR 位址範圍，例如 --cluster-cidr=10.0.0.0/16,fa00::0/112。

為了支援 Pod 的 IPv4 和 IPv6 雙堆疊網路，還需要在 Kubernetes 叢集中部署支援雙堆疊的網路元件（如 CNI 外掛程式），這裡以 Calico 為例進行説明。Calico 對 IPv4 和 IPv6 雙堆疊的支援包括以下設定。

（1）在 ConfigMap"calico-config" 中，CNI 網路設定 "cni_network_config" 的 ipam 段落增加了 assign_ipv4=true 和 assign_ipv6=true 的設定，例如（省略的內容詳見 7.7.4 節的説明）：

```
kind: ConfigMap
apiVersion: v1
metadata:
  name: calico-config
```

```
    namespace: kube-system
data:
  ......
  cni_network_config: |-
    {
      "name": "k8s-pod-network",
      "cniVersion": "0.3.1",
      "plugins": [
        {
          ......
          "ipam": {
              "type": "calico-ipam",
              "assign_ipv4": "true",
              "assign_ipv6": "true"
          },
          ......
      }
```

（2）在容器 calico-node 的環境變數中新增 IPv6 的相關設定，例如（省略的內容詳見 7.7.4 節的説明）：

```
kind: DaemonSet
apiVersion: apps/v1
metadata:
  name: calico-node
  namespace: kube-system
  labels:
    k8s-app: calico-node
spec:
  ......
  spec:
    ......
    containers:
      - name: calico-node
        image: calico/node:v3.15.1
        env:
          ......
          - name: IP
            value: "autodetect"
          - name: IP6
            value: "autodetect"

          - name: CALICO_IPV4POOL_CIDR
            value: "10.0.0.0/16"
```

```
        - name: CALICO_IPV6POOL_CIDR
          value: "fa00::0/112"

        - name: IP_AUTODETECTION_METHOD
          value: "interface=ens.*"
        - name: IP6_AUTODETECTION_METHOD
          value: "interface=ens.*"

        - name: FELIX_IPV6SUPPORT
          value: "true"
    ......
```

其 中，CALICO_IPV4POOL_CIDR 和 CALICO_IPV6POOL_CIDR 設 置
的 IP CIDR 位址範圍應與 Kubernetes 叢集中的設置相同（kube-controller-
manager 和 kube-proxy 服務 --cluster-cidr 參數的設置）。

透過 kubectl create 命令建立 Calico CNI 外掛程式後，確保 calico-node 執
行正常：

```
# kubectl -n kube-system get pod
NAME                                        READY   STATUS    RESTARTS   AGE
calico-kube-controllers-58b656d69f-5g6r2    1/1     Running   0          32m
calico-node-q47lh                           1/1     Running   0          29m
calico-node-5fca1                           1/1     Running   0          29m
calico-node-78bfa                           1/1     Running   0          29m
......
```

7.9.2 Pod 雙堆疊 IP 位址驗證

在啟用了 IPv4 和 IPv6 雙堆疊的 Kubernetes 叢集中，根據上述設定，建立
的每個 Pod 都會被 CNI 外掛程式設置一個 IPv4 位址和一個 IPv6 位址。

以下面的 Deployment 為例：

```
# webapp-deployment.yaml
apiVersion: apps/v1
kind: Deployment
metadata:
  name: webapp
spec:
  replicas: 2
  selector:
    matchLabels:
```

```
      app: webapp
  template:
    metadata:
      labels:
        app: webapp
    spec:
      containers:
      - name: webapp
        image: kubeguide/tomcat-app:v1
        ports:
        - containerPort: 8080
```

建立這個 Deployment：

```
# kubectl create -f webapp-deployment.yaml
deployment.apps/webapp created
```

查看 Pod 資訊（在 kubectl get 命令返回的結果中只能看到 IPv4 位址）：

```
# kubectl get pods -l app=webapp -o wide
NAME                           READY    STATUS     RESTARTS    AGE    IP
NODE            NOMINATED NODE   READINESS GATES
webapp-67cfbd687f-tth9v        1/1      Running    0           25m    10.0.95.5
192.168.18.3    <none>          <none>
webapp-67cfbd687f-w6ssb        1/1      Running    0           33m    10.0.95.3
192.168.18.3    <none>          <none>
```

登入容器，透過 ip 命令查看其 IP 位址，可以看到系統為其設置的 IPv4 和 IPv6 位址：

```
# kubectl exec -ti webapp-67cfbd687f-w6ssb -- bash
root@webapp-67cfbd687f-w6ssb:/usr/local/tomcat# ip a
1: lo: <LOOPBACK,UP,LOWER_UP> mtu 65536 qdisc noqueue state UNKNOWN group
default qlen 1000
    link/loopback 00:00:00:00:00:00 brd 00:00:00:00:00:00
    inet 127.0.0.1/8 scope host lo
      valid_lft forever preferred_lft forever
    inet6 ::1/128 scope host
      valid_lft forever preferred_lft forever
2: tunl0@NONE: <NOARP> mtu 1480 qdisc noop state DOWN group default qlen 1000
    link/ipip 0.0.0.0 brd 0.0.0.0
4: eth0@if27: <BROADCAST,MULTICAST,UP,LOWER_UP> mtu 1440 qdisc noqueue state
UP group default
    link/ether 76:9b:33:dd:da:b7 brd ff:ff:ff:ff:ff:ff
    inet 10.0.95.3/32 scope global eth0
```

```
        valid_lft forever preferred_lft forever
    inet6 fda3:eccf:c536:b27d:668b:ae7f:c66b:41c2/128 scope global
        valid_lft forever preferred_lft forever
    inet6 fe80::749b:33ff:fedd:dab7/64 scope link
        valid_lft forever preferred_lft forever
# kubectl exec -ti webapp-67cfbd687f-tth9v -- bash
root@webapp-67cfbd687f-tth9v:/usr/local/tomcat# ip a
1: lo: <LOOPBACK,UP,LOWER_UP> mtu 65536 qdisc noqueue state UNKNOWN group
default qlen 1000
    link/loopback 00:00:00:00:00:00 brd 00:00:00:00:00:00
    inet 127.0.0.1/8 scope host lo
        valid_lft forever preferred_lft forever
    inet6 ::1/128 scope host
        valid_lft forever preferred_lft forever
2: tunl0@NONE: <NOARP> mtu 1480 qdisc noop state DOWN group default qlen 1000
    link/ipip 0.0.0.0 brd 0.0.0.0
4: eth0@if29: <BROADCAST,MULTICAST,UP,LOWER_UP> mtu 1440 qdisc noqueue state
UP group default
    link/ether ae:06:0b:d2:a8:93 brd ff:ff:ff:ff:ff:ff
    inet 10.0.95.5/32 scope global eth0
        valid_lft forever preferred_lft forever
    inet6 fda3:eccf:c536:b27d:668b:ae7f:c66b:41c4/128 scope global
        valid_lft forever preferred_lft forever
    inet6 fe80::ac06:bff:fed2:a893/64 scope link
        valid_lft forever preferred_lft forever
```

另外，在 /etc/hosts 檔案中也進行了設置：

```
root@webapp-67cfbd687f-tth9v:/usr/local/tomcat# cat /etc/hosts
# Kubernetes-managed hosts file.
127.0.0.1       localhost
::1     localhost ip6-localhost ip6-loopback
fe00::0 ip6-localnet
fe00::0 ip6-mcastprefix
fe00::1 ip6-allnodes
fe00::2 ip6-allrouters
10.0.95.5       webapp-67cfbd687f-tth9v
fda3:eccf:c536:b27d:668b:ae7f:c66b:41c4 webapp-67cfbd687f-tth9v
```

下面對透過 IPv6 位址存取其他容器提供的 Web 服務進行驗證，例如
從 webapp-67cfbd687f-w6ssb 容器內存取 Pod webapp-67cfbd687f-tth9v
（IPv6 位址為 fda3:eccf:c536:b27d:668b:ae7f:c66b:41c4）在 8080 通訊埠編
號提供的 Web 服務，存取成功：

```
# kubectl exec -ti webapp-67cfbd687f-w6ssb -- bash
root@webapp-67cfbd687f-w6ssb:/usr/local/tomcat# curl [fda3:eccf:c536:b27d:6
68b:ae7f:c66b:41c4]:8080
<!DOCTYPE html>
<html lang="en">
    <head>
        <meta charset="UTF-8" />
        <title>Apache Tomcat/8.0.35</title>
        <link href="favicon.ico" rel="icon" type="image/x-icon" />
        <link href="favicon.ico" rel="shortcut icon" type="image/x-icon" />
        <link href="tomcat.css" rel="stylesheet" type="text/css" />
    </head>
......
```

7.9.3 Service 雙堆疊 IP 位址驗證

對於 Service 來說，一個 Service 只能設置 IPv4 或者 IPv6 一種 IP 網址類別型，這需要在 Service 的 YAML 定義中透過 ipFamily 欄位進行設置。該欄位是可選設定，如果不指定，則使用 kube-controller-manager 服務 --service-cluster-ip-range 參數設置的第 1 個 IP 位址的網址類別型。ipFamily 欄位可以設置的值為 "IPv4" 或 "IPv6"。

下面透過兩個不同 IP 網址類別型的 Service 進行説明。

1）具有 IPv4 位址的 Service
由於在前文中設定的 --service-cluster-ip-range 的第 1 個參數為 IPv4 位址範 圍（--service-cluster-ip-range=169.169.0.0/16,3000::0/112），所 以 下 面的例子在不指定 ipFamily 欄位的情況下，Kubernetes 將為該 Service 分配 IPv4 位址：

```
# svc-webapp-ipv4.yaml
apiVersion: v1
kind: Service
metadata:
  name: webapp
spec:
  ports:
    - port: 8080
  selector:
    app: webapp
```

建立這個 Service，可以看到它的 IP 位址為 IPv4 位址：

```
# kubectl create -f svc-webapp-ipv4.yaml
service/webapp created
# kubectl get svc
NAME       TYPE        CLUSTER-IP       EXTERNAL-IP    PORT(S)     AGE
webapp     ClusterIP   169.169.70.149   <none>         8080/TCP    3s
```

查看 Service 詳情，可以看到它的後端 Endpoint 的位址也為 IPv4 位址：

```
# kubectl describe svc webapp
Name:              webapp
Namespace:         default
Labels:            <none>
Annotations:       <none>
Selector:          app=webapp
Type:              ClusterIP
IP:                169.169.70.149
IPFamily:          IPv4
Port:              <unset>  8080/TCP
TargetPort:        8080/TCP
Endpoints:         10.0.95.3:8080,10.0.95.5:8080
Session Affinity:  None
Events:            <none>
```

透過 Service 的 IPv4 位址存取服務成功：

```
# curl 169.169.70.149:8080
<!DOCTYPE html>
<html lang="en">
    <head>
        <meta charset="UTF-8" />
        <title>Apache Tomcat/8.0.35</title>
        <link href="favicon.ico" rel="icon" type="image/x-icon" />
        <link href="favicon.ico" rel="shortcut icon" type="image/x-icon" />
        <link href="tomcat.css" rel="stylesheet" type="text/css" />
    </head>
......
```

2）具有 IPv6 位址的 Service

下面的例子指定 ipFamily=IPv6，系統將為這個 Service 分配一個 IPv6 位址：

```
# svc-webapp-ipv6.yaml
apiVersion: v1
kind: Service
metadata:
  name: webapp-ipv6
```

```
spec:
  ipFamily: IPv6
  ports:
    - port: 8080
  selector:
    app: webapp
```

建立這個 Service，可以看到它的 IP 位址為 IPv6 位址：

```
# kubectl create -f svc-webapp-ipv6.yaml
service/webapp-ipv6 created
# kubectl get svc
NAME          TYPE        CLUSTER-IP       EXTERNAL-IP   PORT(S)    AGE
webapp        ClusterIP   169.169.70.149   <none>        8080/TCP   3m
webapp-ipv6   ClusterIP   3000::76d1       <none>        8080/TCP   2s
```

查看 Service 詳情，可以看到它的後端 Endpoint 的位址也為 IPv6 位址：

```
# kubectl describe svc webapp-ipv6
Name:              webapp-ipv6
Namespace:         default
Labels:            <none>
Annotations:       <none>
Selector:          app=webapp
Type:              ClusterIP
IP:                3000::76d1
IPFamily:          IPv6
Port:              <unset>  8080/TCP
TargetPort:        8080/TCP
Endpoints:         [fda3:eccf:c536:b27d:668b:ae7f:c66b:41c2]:8080,[fda3:ec
cf:c536:b27d:668b:ae7f:c66b:41c4]:8080
Session Affinity:  None
Events:            <none>
```

透過 Service 的 IPv6 位址存取服務也是成功的：

```
# curl [3000::76d1]:8080
<!DOCTYPE html>
<html lang="en">
    <head>
        <meta charset="UTF-8" />
        <title>Apache Tomcat/8.0.35</title>
        <link href="favicon.ico" rel="icon" type="image/x-icon" />
        <link href="favicon.ico" rel="shortcut icon" type="image/x-icon" />
        <link href="tomcat.css" rel="stylesheet" type="text/css" />
    </head>
......
```

儲存原理和應用

8.1 Kubernetes 儲存機制概述

容器內部儲存的生命週期是短暫的，會隨著容器環境的銷毀而銷毀，具有不穩定性。如果多個容器希望共用同一份儲存，則僅僅依賴容器本身是很難實現的。在 Kubernetes 系統中，將對容器應用所需的儲存資源抽象為儲存卷冊（Volume）概念來解決這些問題。

Volume 是與 Pod 綁定的（獨立於容器）與 Pod 具有相同生命週期的資源物件。我們可以將 Volume 的內容理解為目錄或檔案，容器如需使用某個 Volume，則僅需設置 volumeMounts 將一個或多個 Volume 掛載為容器中的目錄或檔案，即可存取 Volume 中的資料。Volume 具體是什麼類型，以及由哪個系統提供，對容器應用來說是透明的。

Kubernetes 目前支援的 Volume 類型包括 Kubernetes 的內部資源物件類型、開放原始碼共用儲存類型、儲存廠商提供的硬體存放裝置和公有雲提供的儲存等。

將 Kubernetes 特定類型的資源物件映射為目錄或檔案，包括以下類型的資源物件。

- ConfigMap：應用設定。
- Secret：加密資料。
- DownwardAPI：Pod 或 Container 的中繼資料資訊。
- ServiceAccountToken：Service Account 中的 token 資料。
- Projected Volume：一種特殊的儲存卷冊類型，用於將一個或多個上述資源物件一次性掛載到容器內的同一個目錄下。

Kubernetes 管理的宿主機本機存放區類型如下。

- EmptyDir：臨時儲存。
- HostPath：宿主機目錄。

持久化儲存（PV）和網路共用儲存類型如下。

- CephFS：一種開放原始碼共用儲存系統。
- Cinder：一種開放原始碼共用儲存系統。
- CSI：容器儲存介面（由儲存提供商提供驅動程式和儲存管理程式）。
- FC（Fibre Channel）：光纖存放裝置。
- FlexVolume：一種以外掛程式驅動為基礎的儲存。
- Flocker：一種開放原始碼共用儲存系統。
- Glusterfs：一種開放原始碼共用儲存系統。
- iSCSI：iSCSI 存放裝置。
- Local：本地持久化儲存。
- NFS：網路檔案系統。
- PersistentVolumeClaim：簡稱 PVC，持久化儲存的申請空間。
- Portworx Volumes：Portworx 提供的儲存服務。
- Quobyte Volumes：Quobyte 提供的儲存服務。
- RBD（Ceph Block Device）：Ceph 區塊儲存。

儲存廠商提供的儲存卷冊類型如下。

- ScaleIO Volumes：DellEMC 的存放裝置。
- StorageOS：StorageOS 提供的儲存服務。
- VsphereVolume：VMWare 提供的儲存系統。

公有雲提供的儲存卷冊類型如下。

- AWSElasticBlockStore：AWS 公有雲提供的 Elastic Block Store。
- AzureDisk：Azure 公有雲提供的 Disk。
- AzureFile：Azure 公有雲提供的 File。
- GCEPersistentDisk：GCE 公有雲提供的 Persistent Disk。

8.1.1 將資源物件映射為儲存卷冊

在 Kubernetes 中有一些資源物件可以以儲存卷冊的形式掛載為容器內的目錄或檔案，目前包括 ConfigMap、Secret、Downward API、Service AccountToken、Projected Volume。下面對這幾種類型如何以儲存卷冊的形式使用進行說明。

1. ConfigMap

ConfigMap 主要保存應用程式所需的設定檔，並且透過 Volume 形式掛載到容器內的檔案系統中，供容器內的應用程式讀取。

例如，一個包含兩個設定檔的 ConfigMap 資源如下：

```
apiVersion: v1
kind: ConfigMap
metadata:
  name: cm-appconfigfiles
data:
  key-serverxml: |
    <?xml version='1.0' encoding='utf-8'?>
    ......
  key-loggingproperties: "handlers
    ......
    = 4host-manager.org.apache.juli.FileHandler\r\n\r\n"
```

在 Pod 的 YAML 設定中，可以將 ConfigMap 設置為一個 Volume，然後在容器中透過 volumeMounts 將 ConfigMap 類型的 Volume 掛載到 /configfiles 目錄下：

```
apiVersion: v1
kind: Pod
metadata:
  name: cm-test-app
spec:
  containers:
  - name: cm-test-app
    image: kubeguide/tomcat-app:v1
    ports:
    - containerPort: 8080
    volumeMounts:
    - name: serverxml          # 引用 Volume 的名稱
      mountPath: /configfiles   # 掛載到容器內的目錄下
```

```
volumes:
- name: serverxml                    # 定義 Volume 的名稱
  configMap:
    name: cm-appconfigfiles          # 使用 ConfigMap"cm-appconfigfiles"
    items:
    - key: key-serverxml             # key=key-serverxml
      path: server.xml               # 掛載為 server.xml 檔案
    - key: key-loggingproperties     # key=key-loggingproperties
      path: logging.properties       # 掛載為 logging.properties 檔案
```

在 Pod 成功建立之後,進入容器內查看,可以看到在 /configfiles 目錄下存在 server.xml 和 logging.properties 檔案:

```
# kubectl exec -ti cm-test-app -- bash
root@cm-test-app:/# cat /configfiles/server.xml
<?xml version='1.0' encoding='utf-8'?>
<Server port="8005" shutdown="SHUTDOWN">
......

root@cm-test-app:/# cat /configfiles/logging.properties
handlers = 1catalina.org.apache.juli.AsyncFileHandler, 2localhost.org.
apache.juli.AsyncFileHandler, 3manager.org.apache.juli.AsyncFileHandler,
4host-manager.org.apache.juli.AsyncFileHandler, java.util.logging.
ConsoleHandler
......
```

ConfigMap 中的設定內容如果是 UTF-8 編碼的字元,則將被系統認為是文字檔。如果是其他字元,則系統將以二進位資料格式進行保存(設置為 binaryData 欄位)。

關於 Pod 如何使用 ConfigMap 的詳細說明請參見 3.5 節的說明。

2. Secret

假設在 Kubernetes 中已經存在如下 Secret 資源:

```
apiVersion: v1
kind: Secret
metadata:
  name: mysecret
type: Opaque
data:
  password: dmFsdWUtMg0K
  username: dmFsdWUtMQ0K
```

與 ConfigMap 的用法類似，在 Pod 的 YAML 設定中可以將 Secret 設置為一個 Volume，然後在容器內透過 volumeMounts 將 Secret 類型的 Volume 掛載到 /etc/foo 目錄下：

```
apiVersion: v1
kind: Pod
metadata:
  name: mypod
spec:
  containers:
  - name: mycontainer
    image: redis
    volumeMounts:
    - name: foo
      mountPath: "/etc/foo"
  volumes:
  - name: foo
    secret:
      secretName: mysecret
```

關於 Secret 的詳細說明請參見 6.5 節。

3. Downward API

透過 Downward API 可以將 Pod 或 Container 的某些中繼資料資訊（例如 Pod 名稱、Pod IP、Node IP、Label、Annotation、容器資源限制等）以檔案的形式掛載到容器內，供容器內的應用使用。下面是一個將 Pod 的標籤透過 Downward API 掛載為容器內檔案的範例：

```
apiVersion: v1
kind: Pod
metadata:
  name: kubernetes-downwardapi-volume-example
  labels:
    zone: us-est-coast
    cluster: test-cluster1
    rack: rack-22
  annotations:
    build: two
    builder: john-doe
spec:
  containers:
    - name: client-container
```

```
    image: busybox
    command: ["sh", "-c"]
    args:
    - while true; do
        if [[ -e /etc/podinfo/labels ]]; then
          echo -en '\n\n'; cat /etc/podinfo/labels; fi;
        if [[ -e /etc/podinfo/annotations ]]; then
          echo -en '\n\n'; cat /etc/podinfo/annotations; fi;
        sleep 5;
      done;
    volumeMounts:
      - name: podinfo
        mountPath: /etc/podinfo
  volumes:
    - name: podinfo
      downwardAPI:
        items:
          - path: "labels"
            fieldRef:
              fieldPath: metadata.labels
          - path: "annotations"
            fieldRef:
              fieldPath: metadata.annotations
```

關於 Downward API 的更詳細說明請參見 3.6 節。

4. Projected Volume 和 Service Account Token

Projected Volume 是一種特殊的儲存卷冊類型,用於將一個或多個上述資源物件(ConfigMap、Secret、Downward API)一次性掛載到容器內的同一個目錄下。

從上面的幾個範例來看,如果 Pod 希望同時掛載 ConfigMap、Secret、Downward API,則需要設置多個不同類型的 Volume,再將每個 Volume 都掛載為容器內的目錄或檔案。如果應用程式希望將設定檔和金鑰檔案放在容器內的同一個目錄下,則透過多個 Volume 就無法實現了。為了支援這種需求,Kubernetes 引入了一種新的 Projected Volume 儲存卷冊類型,用於將多種設定類資料透過單一 Volume 掛載到容器內的單一目錄下。

Projected Volume 的一些常見應用場景如下。

- 透過 Pod 的標籤生成不同的設定檔，需要使用設定檔，以及使用者名稱和密碼，這時需要使用 3 種資源：ConfigMap、Secrets、Downward API。
- 在自動化運行維護應用中使用設定檔和帳號資訊時，需要使用 ConfigMap、Secrets。
- 在設定檔內使用 Pod 名稱（metadata.name）記錄日誌時，需要使用 ConfigMap、Downward API。
- 使用某個 Secret 對 Pod 所在命名空間（metadata.namespace）進行加密時，需要使用 Secret、Downward API。

Projected Volume 在 Pod 的 Volume 定義中類型為 projected，透過 sources 欄位設置一個或多個 ConfigMap、Secret、DownwardAPI、ServiceAccount Token 資源。各種類型的資源的設定內容與被單獨設置為 Volume 時基本一樣，但有兩個不同點。

- 對於 Secret 類型的 Volume，欄位名稱 "secretName" 在 projected.sources.secret 中被改為 "name"。
- Volume 的掛載模式 "defaultMode" 僅可以設置在 projected 等級，對於各子項，仍然可以設置各自的掛載模式，使用的欄位名為 "mode"。

此外，Kubernetes 從 1.11 版本開始引入對 ServiceAccountToken 的掛載支援，在 1.12 版本時達到 Beta 階段。ServiceAccountToken 通常用於容器內應用存取 API Server 鑒權的場景中。

下面是一個使用 Projected Volume 掛載 ConfigMap、Secret、Downward API 共 3 種資源的範例：

```
apiVersion: v1
kind: Pod
metadata:
  name: volume-test
spec:
  containers:
  - name: container-test
    image: busybox
    volumeMounts:
```

```
      - name: all-in-one
        mountPath: "/projected-volume"
        readOnly: true
  volumes:
  - name: all-in-one
    projected:
      sources:
      - secret:
          name: mysecret
          items:
            - key: username
              path: my-group/my-username
      - downwardAPI:
          items:
            - path: "labels"
              fieldRef:
                fieldPath: metadata.labels
            - path: "cpu_limit"
              resourceFieldRef:
                containerName: container-test
                resource: limits.cpu
      - configMap:
          name: myconfigmap
          items:
            - key: config
              path: my-group/my-config
```

下面是一個使用 Projected Volume 掛載兩個 Secret 資源，其中一個設置了
非預設掛載模式（mode）的範例：

```
apiVersion: v1
kind: Pod
metadata:
  name: volume-test
spec:
  containers:
  - name: container-test
    image: busybox
    volumeMounts:
    - name: all-in-one
      mountPath: "/projected-volume"
      readOnly: true
  volumes:
  - name: all-in-one
```

```
    projected:
      sources:
      - secret:
          name: mysecret
          items:
            - key: username
              path: my-group/my-username
      - secret:
          name: mysecret2
          items:
            - key: password
              path: my-group/my-password
              mode: 511
```

下面是一個使用 Projected Volume 掛載 ServiceAccountToken 的範例：

```
apiVersion: v1
kind: Pod
metadata:
  name: sa-token-test
spec:
  containers:
  - name: container-test
    image: busybox
    volumeMounts:
    - name: token-vol
      mountPath: "/service-account"
      readOnly: true
  volumes:
  - name: token-vol
    projected:
      sources:
      - serviceAccountToken:
          audience: api
          expirationSeconds: 3600
          path: token
```

對於 ServiceAccountToken 類型的 Volume，可以設置 Token 的 audience、expirationSeconds、path 等屬性資訊。

■ audience：預期受眾的名稱。Token 的接收者必須使用其中的 audience 識別字來標識自己，否則應該拒絕該 Token。該欄位是可選的，預設為 API Server 的識別字 "api"。

- expirationSeconds：Service Account Token 的過期時間，預設為 1h，至少為 10min（600s）。管理員可以透過 kube-apiserver 的啟動參數 --service-account-max-token- expiration 限制 Token 的最長有效時間。
- path：掛載目錄下的相對路徑。

關於 Service Account 概念和應用的詳細說明請參見 6.4 節。

8.1.2 Node 本機存放區卷冊

Kubernetes 管理的 Node 本機存放區卷冊（Volume）的類型如下。

- EmptyDir：與 Pod 同生命週期的 Node 臨時儲存。
- HostPath：Node 目錄。
- Local：以持久卷冊（PV）管理為基礎的 Node 目錄，詳見下節的說明。

下面對這幾種類型如何以儲存卷冊的形式使用進行說明。

1. EmptyDir

這種類型的 Volume 將在 Pod 被排程到 Node 時進行建立，在初始狀態下目錄中是空的，所以命名為「空目錄」（Empty Directory），它與 Pod 具有相同的生命週期，當 Pod 被銷毀時，Node 上相應的目錄也會被刪除。同一個 Pod 中的多個容器都可以掛載這種 Volume。

由於 EmptyDir 類型的儲存卷冊的臨時性特點，它通常可以用於以下應用場景中。

- 以磁碟為基礎進行合併排序操作時需要的暫存空間。
- 長時間計算任務的中間檢查點檔案。
- 為某個 Web 服務提供的預備網站內容檔案。

在預設情況下，kubelet 會在 Node 的工作目錄下為 Pod 建立 EmptyDir 目錄，這個目錄的儲存媒體可能是本地磁碟、SSD 磁碟或者網路存放裝置，取決於環境的設定。

另外，EmptyDir 可以透過 medium 欄位設置儲存媒體為 "Memory"，表示使用以記憶體為基礎的檔案系統（tmpfs、RAM-backed filesystem）。

雖然 tmpfs 的讀寫速度非常快，但與磁碟中的目錄不同，在主機重新啟動之後，tmpfs 的內容就會被清空。此外，寫入 tmpfs 的資料將被統計為容器的記憶體使用量，受到容器等級記憶體資源上限（Memory Resource Limit）的限制。

下面是使用 EmptyDir 類型的儲存卷冊的 Pod 的 YAML 設定範例，該類型的儲存卷冊的參數只有一對大括號 "{}"：

```
apiVersion: v1
kind: Pod
metadata:
  name: test-pod
spec:
  containers:
  - image: busybox
    name: test-container
    volumeMounts:
    - mountPath: /cache
      name: cache-volume
  volumes:
  - name: cache-volume
    emptyDir: {}
```

2. HostPath

HostPath 類型的儲存卷冊用於將 Node 檔案系統的目錄或檔案掛載到容器內部使用。對於大多數容器應用來説，都不需要使用宿主機的檔案系統。適合使用 HostPath 儲存卷冊的一些應用場景如下。

- 容器應用的關鍵資料需要被持久化到宿主機上。
- 需要使用 Docker 中的某些內部資料，可以將主機的 /var/lib/docker 目錄掛載到容器內。
- 監控系統，例如 cAdvisor 需要擷取宿主機 /sys 目錄下的內容。
- Pod 的啟動依賴於宿主機上的某個目錄或檔案就緒的場景。

HostPath 儲存卷冊的主要設定參數為 path，設置為宿主機的目錄或檔案路徑；還可以設置一個可選的參數 type，表示宿主機路徑的類型。目前支援的 type 設定參數和驗證規則如表 8.1 所示。

表 8.1 HostPath 的 type 設定參數和驗證規則

type 設定參數	校 驗 規 則
空	系統預設值，為向後相容的設置，意為系統在掛載 path 時不做任何驗證
DirectoryOrCreate	path 指定的路徑必須是目錄，如果不存在，則系統將自動建立該目錄，將許可權設置為 0755，與 kubelet 具有相同的 owner 和 group
Directory	path 指定的目錄必須存在，否則掛載失敗
FileOrCreate	path 指定的路徑必須是檔案，如果不存在，則系統將自動建立該檔案，將許可權設置為 0644，與 kubelet 具有相同的 owner 和 group
File	path 指定的檔案必須存在，否則掛載失敗
Socket	path 指定的 UNIX socket 必須存在，否則掛載失敗
CharDevice	path 指定的字元裝置（character device）必須存在，否則掛載失敗
BlockDevice	path 指定的區塊裝置（block device）必須存在，否則掛載失敗

由於 HostPath 使用的是宿主機的檔案系統，所以在使用時有以下注意事項。

- 對於具有相同 HostPath 設置的多個 Pod（例如透過 podTemplate 建立的）來說，可能會被 Master 排程到多個 Node 上執行，但如果多個 Node 上 HostPath 中的檔案內容（例如是設定檔）不同，則各 Pod 應用的執行可能出現不同的結果。

- 如果管理員設置了以儲存資源情況為基礎的排程策略，則 HostPath 目錄下的磁碟空間將無法計入 Node 的可用資源範圍內，可能出現與預期不同的排程結果。

- 如果是之前不存在的路徑，則由 kubelet 自動建立出來的目錄或檔案的 owner 將是 root，這意味著如果容器內的執行使用者（User）不是 root，則將無法對該目錄進行寫入操作，除非將容器設置為特權模式（Privileged），或者由管理員修改 HostPath 的許可權以使得非 root 使用者可寫入。

- HostPath 設置的宿主機目錄或檔案不會隨著 Pod 的銷毀而刪除，在 Pod 不再存在之後，需要由管理員手工刪除。

下面是使用 HostPath 類型的儲存卷冊的 Pod 的 YAML 設定範例，其中將宿主機的 /data 目錄掛載為容器內的 /host-data 目錄：

```
apiVersion: v1
kind: Pod
metadata:
  name: test-pod
spec:
  containers:
  - image: busybox
    name: test-container
    volumeMounts:
    - mountPath: /host-data
      name: test-volume
  volumes:
  - name: test-volume
    hostPath:
      path: /data              # 宿主機目錄
      type: Directory          # 可選，"Directory" 表示該目錄必須存在
```

對於 type 為 FileOrCreate 模式的情況，需要注意的是，如果掛載檔案有上層目錄，則系統不會自動建立上層目錄，當上層目錄不存在時，Pod 將啟動失敗。在這種情況下，可以將上層目錄也設置為一個 hostPath 類型的 Volume，並且設置 type 為 DirectoryOrCreate，確保目錄不存在時，系統會將該目錄自動建立出來。

下面是 FileOrCreate 的 Pod 範例，其中預先建立了檔案的上層目錄：

```
apiVersion: v1
kind: Pod
metadata:
  name: test-webserver
spec:
  containers:
  - name: test-webserver
    image: k8s.gcr.io/test-webserver:latest
    volumeMounts:
    - mountPath: /var/local/aaa
      name: mydir
    - mountPath: /var/local/aaa/1.txt
      name: myfile
  volumes:
```

```
- name: mydir
  hostPath:
    path: /var/local/aaa          # 檔案 1.txt 的上層目錄
    type: DirectoryOrCreate       # 確保該目錄存在
- name: myfile
  hostPath:
    path: /var/local/aaa/1.txt
    type: FileOrCreate            # 確保檔案存在
```

8.2 持久卷冊（Persistent Volume）詳解

在 Kubernetes 中，對儲存資源的管理方式與運算資源（CPU/ 記憶體）截然不同。為了能夠遮罩底層儲存實現的細節，讓使用者方便使用及管理員方便管理，Kubernetes 從 1.0 版本開始就引入了 Persistent Volume（PV）和 Persistent Volume Claim（PVC）兩個資源物件來實現儲存管理子系統。

PV（持久卷冊）是對儲存資源的抽象，將儲存定義為一種容器應用可以使用的資源。PV 由管理員建立和設定，它與儲存提供商的具體實現直接相關，例如 GlusterFS、iSCSI、RBD 或 GCE 或 AWS 公有雲提供的共用儲存，透過外掛程式的機制進行管理，供應用存取和使用。除了 EmptyDir 類型的儲存卷冊，PV 的生命週期獨立於使用它的 Pod。

PVC 則是使用者對儲存資源的一個申請。就像 Pod 消耗 Node 的資源一樣，PVC 消耗 PV 資源。PVC 可以申請儲存空間的大小（size）和存取模式（例如 ReadWriteOnce、ReadOnlyMany 或 ReadWriteMany）。

使用 PVC 申請的儲存空間可能仍然不滿足應用對存放裝置的各種需求。在很多情況下，應用程式對存放裝置的特性和性能都有不同的要求，包括讀寫速度、併發性能、資料容錯等要求，Kubernetes 從 1.4 版本開始引入了一個新的資源物件 StorageClass，用於標記儲存資源的特性和性能，根據 PVC 的需求動態供給合適的 PV 資源。到 Kubernetes 1.6 版本時，StorageClass 和儲存資源動態供應的機制得到完善，實現了儲存卷冊的隨選建立，在共用儲存的自動化管理處理程序中實現了重要的一步。

透過 StorageClass 的定義，管理員可以將儲存資源定義為某種類別
（Class），正如存放裝置對於自身的設定描述（Profile），例如快速儲存、
慢速儲存、有資料容錯、無數據容錯等。使用者根據 StorageClass 的描述
就可以直觀地得知各種儲存資源的特性，根據應用對儲存資源的需求去申
請儲存資源了。

Kubernetes 從 1.9 版本開始引入容器儲存介面 Container Storage Interface
（CSI）機制，目標是在 Kubernetes 和外部儲存系統之間建立一套標準的
儲存管理介面，具體的儲存驅動程式由儲存提供商在 Kubernetes 之外提
供，並透過該標準介面為容器提供儲存服務，類似於 CRI（容器執行時期
介面）和 CNI（容器網路介面），目的是將 Kubernetes 程式與儲存相關程
式解耦。

本節對 Kubernetes 的 PV、PVC、StorageClass、動態資源供應和 CSI 等共
用儲存的概念、原理和應用進行詳細説明。

8.2.1 PV 和 PVC 的工作原理

我們可以將 PV 看作可用的儲存資源，PVC 則是對儲存資源的需求。PV
和 PVC 的生命週期如圖 8.1 所示，其中包括資源供應（Provisioning）、資
源綁定（Binding）、資源使用（Using）、資源回收（Reclaiming）幾個階
段。

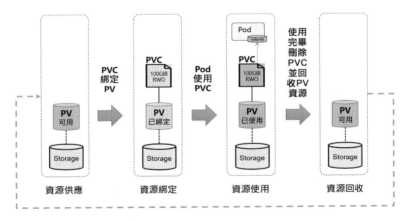

▲ 圖 8.1 PV 和 PVC 的生命週期

本節對 PV 和 PVC 生命週期中各階段的工作原理進行說明。

1. 資源供應

Kubernetes 支援兩種資源供應模式：靜態模式（Static）和動態模式（Dynamic），資源供應的結果就是將適合的 PV 與 PVC 成功綁定。

■ 靜態模式：叢集管理員預先建立許多 PV，在 PV 的定義中能夠表現儲存資源的特性。

■ 動態模式：叢集管理員無須預先建立 PV，而是透過 StorageClass 的設置對後端儲存資源進行描述，標記儲存的類型和特性。使用者透過建立 PVC 對儲存類型進行申請，系統將自動完成 PV 的建立及與 PVC 的綁定。如果 PVC 宣告的 Class 為空 ""，則說明 PVC 不使用動態模式。另外，Kubernetes 支援設置叢集範圍內預設的 StorageClass 設置，透過 kube-apiserver 開啟存取控制器 DefaultStorageClass，可以為使用者建立的 PVC 設置一個預設的儲存類別 StorageClass。

下面透過兩張圖分別對靜態資源供應模式和動態資源供應模式下，PV、PVC、StorageClass 及 Pod 使用 PVC 的原理進行說明。

圖 8.2 描述了靜態資源供應模式下，透過 PV 和 PVC 完成綁定並供 Pod 使用的原理。

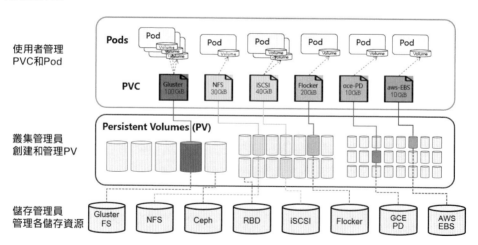

▲ 圖 8.2 靜態資源供應模式下的原理

圖 8.3 描述了動態資源供應模式下，透過 StorageClass 和 PVC 完成資源動態繫結（系統自動生成 PV），並供 Pod 使用的原理。

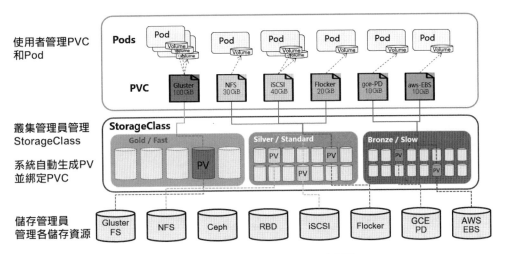

▲ 圖 8.3 動態資源供應模式下的原理

2. 資源綁定

在使用者定義好 PVC 之後，系統將根據 PVC 對儲存資源的請求（儲存空間和存取模式）在已存在的 PV 中選擇一個滿足 PVC 要求的 PV，一旦找到，就將該 PV 與使用者定義的 PVC 綁定，使用者的應用就可以使用這個 PVC 了。如果在系統中沒有滿足 PVC 要求的 PV，PVC 則會無限期處於 Pending 狀態，直到系統管理員建立了一個符合其要求的 PV。

PV 一旦與某個 PVC 上完成綁定，就會被這個 PVC 獨佔，不能再與其他 PVC 綁定了。PVC 與 PV 的綁定關係是一對一的，不會存在一對多的情況。如果 PVC 申請的儲存空間比 PV 擁有的空間少，則整個 PV 的空間都能為 PVC 所用，可能造成資源的浪費。

如果資源供應使用的是動態模式，則系統在為 PVC 找到合適的 StorageClass 後，將自動建立一個 PV 並完成與 PVC 的綁定。

3. 資源使用

Pod 需要使用儲存資源時，需要在 Volume 的定義中引用 PVC 類型的儲存卷冊，將 PVC 掛載到容器內的某個路徑下進行使用。Volume 的類型欄位為 "persistentVolumeClaim"，在後面的範例中再進行詳細舉例說明。

Pod 在掛載 PVC 後，就能使用儲存資源了。同一個 PVC 還可以被多個 Pod 同時掛載使用，在這種情況下，應用程式需要處理好多個處理程序存取同一個儲存的問題。

關於使用中的儲存物件（Storage Object in Use Protection）的保護機制的説明如下。

儲存資源（PV、PVC）相對於容器應用（Pod）是獨立管理的資源，可以單獨刪除。在做刪除操作的時候，系統會檢測儲存資源當前是否正在被使用，如果仍被使用，則對相關資源物件的刪除操作將被推遲，直到沒被使用才會執行刪除操作，這樣可以確保資源仍被使用的情況下不會被直接刪除而導致資料遺失。這個機制被稱為對使用中的儲存物件的保護機制（Storage Object in Use Protection）。

該保護機制適用於 PVC 和 PV 兩種資源，如下所述。

1）對 PVC 的刪除操作將等到使用它的 Pod 被刪除之後再執行
舉例來説，當使用者刪除一個正在被 Pod 使用的 PVC 時，PVC 物件不會被立刻刪除，查看 PVC 物件的狀態，可以看到其狀態為 "Terminating"，以及系統為其設置的 Finalizer 為 "kubernetes.io/pvc-protection"：

```
# kubectl describe pvc test-pvc
Name:          test-pvc
Namespace:     default
StorageClass:  example-hostpath
Status:        Terminating
Volume:
Labels:        <none>
Annotations:   volume.beta.kubernetes.io/storage-class=example-hostpath
               volume.beta.kubernetes.io/storage-provisioner=example.com/
hostpath
Finalizers:    [kubernetes.io/pvc-protection]
......
```

2）對 PV 的刪除操作將等到綁定它的 PVC 被刪除之後再執行

舉例來說，當使用者刪除一個仍被 PVC 綁定的 PV 時，PV 物件不會被立刻刪除，查看 PV 物件的狀態，可以看到其狀態為 "Terminating"，以及系統為其設置的 Finalizer 為 "kubernetes.io/pvc-protection"：

```
# kubectl describe pv test-pv
Name:            test-pv
Labels:          type=local
Annotations:     <none>
Finalizers:      [kubernetes.io/pv-protection]
StorageClass:    standard
Status:          Terminating
Claim:
Reclaim Policy:  Delete
Access Modes:    RWO
Capacity:        1Gi
Message:
Source:
    Type:        HostPath (bare host directory volume)
    Path:        /tmp/data
    HostPathType:
Events:          <none>
```

4. 資源回收（Reclaiming）

使用者在使用儲存資源完畢後，可以刪除 PVC。與該 PVC 綁定的 PV 將被標記為「已釋放」，但還不能立刻與其他 PVC 綁定。透過之前 PVC 寫入的資料可能還被留在存放裝置上，只有在清除這些資料之後，該 PV 才能再次使用。

管理員可以對 PV 設置資源回收策略（Reclaim Policy），可以設置 3 種回收策略：Retain、Delete 和 Recycle。

1）Retain（保留資料）

Retain 策略表示在刪除 PVC 之後，與之綁定的 PV 不會被刪除，僅被標記為已釋放（released）。PV 中的資料仍然存在，在清空之前不能被新的 PVC 使用，需要管理員手工清理之後才能繼續使用，清理步驟如下。

（1）刪除 PV 資源物件，此時與該 PV 連結的某些外部儲存提供商（例如 AWSElasticBlockStore、GCEPersistentDisk、AzureDisk、Cinder 等）的後端儲存資產（asset）中的資料仍然存在。

（2）手工清理 PV 後端儲存資產（asset）中的資料。

（3）手工刪除後端儲存資產。如果希望重用該儲存資產，則可以建立一個新的 PV 與之連結。

2）Delete（刪除資料）

Delete 策略表示自動刪除 PV 資源物件和相關後端儲存資產，並不是所有類型的儲存提供商都支援 Delete 策略，目前支援 Delete 策略的儲存提供商 包 括 AWSElasticBlockStore、GCEPersistentDisk、Azure Disk、Cinder 等。

透過動態供應機制建立的 PV 將繼承 StorageClass 的回收策略，預設為 Delete 策略。管理員應該以使用者為基礎的需求設置 StorageClass 的回收策略，或者在建立出 PV 後手工更新其回收策略。

3）Recycle（棄用）

目前只有 HostPort 和 NFS 類型的 Volume 支援 Recycle 策略，其實現機制為執行 rm -rf /thevolume/* 命令，刪除 Volume 目錄下的全部檔案，使得 PV 可以被新的 PVC 使用。

此外，管理員可以建立一個專門用於回收 HostPort 或 NFS 類型的 PV 資料的自訂 Pod 來實現資料清理工作，這個 Pod 的 YAML 設定檔所在的目錄需要透過 kube-controller- manager 服務的啟動參數 --pv-recycler-pod-template-filepath-hostpath 或 --pv-recycler-pod-template- filepath-nfs 進 行設置（還可以設置相應的 timeout 參數）。在這個目錄下建立一個 Pod 的 YAML 檔案，範例如下：

```
apiVersion: v1
kind: Pod
metadata:
  name: pv-recycler
  namespace: default
spec:
  restartPolicy: Never
  volumes:
  - name: vol
    hostPath:
```

```
      path: <some-path>
  containers:
  - name: pv-recycler
    image: busybox
    command: ["/bin/sh", "-c", "test -e /scrub && rm -rf /scrub/..?* /
scrub/.[!.]* /scrub/*  && test -z \"$(ls -A /scrub)\" || exit 1"]
    volumeMounts:
    - name: vol
      mountPath: /scrub
```

經過這個自訂 Pod 的設置，系統將透過建立這個 Pod 來完成 PV 的資料清理工作，完成 PV 的回收。

注意，Recycle 策略已被棄用，推薦以動態供應機制管理容器所需的儲存資源。

5. PVC 資源擴充

PVC 在首次建立成功之後，還應該能夠在使用過程中實現空間的擴充，對 PVC 擴充機制的支援到 Kubernetes 1.11 版本時達到 Beta 階段。

目前支援 PVC 擴充的儲存類型有 AWSElasticBlockStore、AzureFile、AzureDisk、Cinder、FlexVolume、GCEPersistentDisk、Glusterfs、Portworx Volumes、RBD 和 CSI 等。

如需擴充 PVC，則首先需要在 PVC 對應的 StorageClass 定義中設置 allowVolumeExpansion=true，例如：

```
apiVersion: storage.k8s.io/v1
kind: StorageClass
metadata:
  name: gluster-vol-default
provisioner: kubernetes.io/glusterfs
parameters:
  resturl: "http://192.168.10.100:8080"
  restuser: ""
  secretNamespace: ""
  secretName: ""
allowVolumeExpansion: true
```

對 PVC 進行擴充操作時，只需修改 PVC 的定義，將 resources.requests.

storage 設置為一個更大的值即可，例如透過以下設置，系統將會以 PVC 新設置為基礎的儲存空間觸發後端 PV 的擴充操作，而不會建立一個新的 PV 資源物件：

```
resources:
  requests:
    storage: 16Gi
```

此外，儲存資源擴充還會有以下幾種情況。

（1）CSI 類型儲存卷冊的擴充。對於 CSI 類型儲存卷冊的擴充，在 Kubernetes 1.16 版本時達到 Beta 階段，同樣要求 CSI 儲存驅動能夠支援擴充操作，請參考各儲存提供商的 CSI 驅動的文件說明。

（2）引用檔案系統（File System）儲存卷冊的擴充。對於引用檔案系統儲存卷冊的擴充，檔案系統的類型必須是 XFS、Ext3 或 Ext4，同時要求 Pod 使用 PVC 時設置的是可讀可寫（ReadWrite）模式。檔案系統的擴充只能在 Pod 啟動時完成，或者底層檔案系統在 Pod 執行過程中支援線上擴充。對於 FlexVolume 類型的儲存卷冊，在驅動程式支援 RequiresFSResize=true 參數設置的情況下才支援擴充。另外，FlexVolume 支援在 Pod 重新啟動時完成擴充操作。

（3）使用中的 PVC 線上擴充。Kubernetes 從 1.11 版本開始引入了對使用中的 PVC 進行線上擴充的支援，到 1.15 版本時達到 Beta 階段，以實現擴充 PVC 時無須重建 Pod。為了使用該功能，需要設置 kube-apiserver、kube-controller-manager、kubelet 服務的啟動參數 --feature-gates=ExpandInUsePersistentVolumes=true 來開啟該特性開關。PVC 線上擴充機制要求使用了 PVC 的 Pod 成功執行，對於沒被任何 Pod 使用的 PVC，不會有實際的擴充效果。FlexVolume 類型的儲存卷冊也可以在 Pod 使用時線上擴充，這需要底層儲存驅動提供支援。

（4）擴充失敗的恢復機制。如果擴充儲存資源失敗，則叢集管理員可以手工恢復 PVC 的狀態並且取消之前的擴充請求，否則系統將不斷嘗試擴充請求。執行恢復操作的步驟：設置與 PVC 綁定的 PV 資源的回收

策略為 "Retain"；刪除 PVC，此時 PV 的資料仍然存在；刪除 PV 中的 claimRef 定義，這樣新的 PVC 可以與之綁定，結果將使得 PV 的狀態為 "Available"；新建一個 PVC，設置比 PV 空間小的儲存空間申請，同時設置 volumeName 欄位為 PV 的名稱，結果將使得 PVC 與 PV 完成綁定；恢復 PVC 的原回收策略。

8.2.2 PV 詳解

PV 作為對儲存資源的定義，主要包括儲存能力、存取模式、儲存類型、回收策略、後端儲存類型等關鍵資訊的設置。

下面的範例宣告的 PV 具有如下屬性：5GiB 儲存空間，儲存卷冊模式為 Filesystem，存取模式為 ReadWriteOnce，儲存類型為 slow（要求在系統中已存在名稱為 "slow" 的 StorageClass），回收策略為 Recycle，並且後端儲存類型為 nfs（設置了 NFS Server 的 IP 位址和路徑），同時設置了掛載選項（mountOptions）。

```
apiVersion: v1
kind: PersistentVolume
metadata:
  name: pv1
spec:
  capacity:
    storage: 5Gi
  volumeMode: Filesystem
  accessModes:
    - ReadWriteOnce
  persistentVolumeReclaimPolicy: Recycle
  storageClassName: slow
  mountOptions:
    - hard
    - nfsvers=4.1
  nfs:
    path: /tmp
    server: 172.17.0.2
```

Kubernetes 支援的 PV 類型如下。

■ AWSElasticBlockStore：AWS 公有雲提供的 Elastic Block Store。

- AzureFile：Azure 公有雲提供的 File。
- AzureDisk：Azure 公有雲提供的 Disk。
- CephFS：一種開放原始碼共用儲存系統。
- Cinder：OpenStack 區塊儲存系統。
- FC（Fibre Channel）：光纖存放裝置。
- FlexVolume：一種外掛程式的儲存機制。
- Flocker：一種開放原始碼共用儲存系統。
- GCEPersistentDisk：GCE 公有雲提供的 Persistent Disk。
- Glusterfs：一種開放原始碼共用儲存系統。
- HostPath：宿主機目錄，僅用於單機測試。
- iSCSI：iSCSI 存放裝置。
- Local：本機存放區裝置，從 Kubernetes 1.7 版本開始引入，到 1.14 版本時達到穩定版本，目前可以透過指定區塊裝置（Block Device）提供 Local PV，或透過社區開發的 sig-storage-local-static-provisioner 外掛程式管理 Local PV 的生命週期。
- NFS：網路檔案系統。
- Portworx Volumes：Portworx 提供的儲存服務。
- Quobyte Volumes：Quobyte 提供的儲存服務。
- RBD（Ceph Block Device）：Ceph 區塊儲存。
- ScaleIO Volumes：DellEMC 的存放裝置。
- StorageOS：StorageOS 提供的儲存服務。
- VsphereVolume：VMWare 提供的儲存系統。

每種儲存類型都有各自的特點，在使用時需要根據它們各自的參數進行設置。

PV 資源物件需要設置的關鍵設定參數如下。

1. 儲存容量（Capacity）

描述儲存的容量，目前僅支援對儲存空間的設置（storage=xx），未來可能加入 IOPS、吞吐量等設置。

2. 儲存卷冊模式（Volume Modes）

Kubernetes 從 1.13 版本開始引入儲存卷冊類型的設置（volumeMode=xxx），到 1.18 版本時達到穩定階段。

可以設置的選項包括 Filesystem（檔案系統，預設值）和 Block（區塊裝置）。檔案系統模式的 PV 將以目錄（Directory）形式掛載到 Pod 內。如果模式為區塊裝置，但是裝置是空的，則 Kubernetes 會自動在區塊裝置上建立一個檔案系統。支援區塊裝置的儲存類型會以原生裝置（Raw Block Device）的形式掛載到容器內，並且不會建立任何檔案系統，適用於需要直接操作原生裝置（速度最快）的應用程式。

目前有以下 PV 類型支援原生區塊裝置類型：AWSElasticBlockStore、AzureDisk、FC（Fibre Channel）、GCEPersistentDisk、iSCSI、Local volume、OpenStack Cinder、RBD（Ceph Block Device）、VsphereVolume。

下面的範例使用了區塊裝置的 PV 定義：

```
apiVersion: v1
kind: PersistentVolume
metadata:
  name: block-pv
spec:
  capacity:
    storage: 10Gi
  accessModes:
    - ReadWriteOnce
  persistentVolumeReclaimPolicy: Retain
  volumeMode: Block
  fc:
    targetWWNs: ["50060e801049cfd1"]
    lun: 0
    readOnly: false
```

3. 存取模式（Access Modes）

PV 儲存卷冊在掛載到宿主機系統上時，可以設置不同的存取模式（Access Modes）。PV 支援哪些存取模式由儲存提供商提供支援，例如 NFS 可以支援多個用戶端同時讀寫（ReadWriteMany）模式，但一個特定的 NFS PV 也可以以唯讀（Read-only）模式匯出到伺服器上。

Kubernetes 支援的存取模式如下。

- ReadWriteOnce（RWO）：讀寫許可權，並且只能被單個 Node 掛載。
- ReadOnlyMany（ROX）：唯讀許可權，允許被多個 Node 掛載。
- ReadWriteMany（RWX）：讀寫許可權，允許被多個 Node 掛載。

某些 PV 可能支援多種存取模式，但 PV 在掛載時只能使用一種存取模式，多種存取模式不能同時生效。

表 8.2 描述了不同的儲存提供者支援的存取模式。

表 8.2　不同的儲存提供者支援的存取模式

Volume Plugin	ReadWriteOnce	ReadOnlyMany	ReadWriteMany
AWSElasticBlockStore		-	-
AzureFile			
AzureDisk		-	-
CephFS			
Cinder		-	-
FC			-
FlexVolume			視驅動而定
Flocker		-	-
GCEPersistentDisk			-
GlusterFS			
HostPath		-	-
iSCSI			-
Quobyte			
NFS			
RBD			-
VsphereVolume		-	-
PortworxVolume		-	
ScaleIO			-
StorageOS		-	-

4. 儲存類別（Class）

PV 可以設定其儲存的類別，透過 storageClassName 參數指定一個 StorageClass 資源物件的名稱。具有特定類別的 PV 只能與請求了該類別的 PVC 綁定。未設定類別的 PV 則只能與不請求任何類別的 PVC 綁定。

5. 回收策略（Reclaim Policy）

透過 PV 定義中的 persistentVolumeReclaimPolicy 欄位進行設置，可選項如下。

- Retain：保留資料，需要手工處理。
- Recycle：簡單清除檔案的操作（例如執行 rm -rf /thevolume/* 命令）。
- Delete：與 PV 相連的後端儲存完成 Volume 的刪除操作。

目前只有 NFS 和 HostPath 兩種類型的 PV 支援 Recycle 策略；AWSElastic BlockStore、GCEPersistentDisk、AzureDisk 和 Cinder 類型的 PV 支援 Delete 策略。

6. 掛載選項（Mount Options）

在將 PV 掛載到一個 Node 上時，根據後端儲存的特點，可能需要設置額外的掛載選項的參數，這個可以在 PV 定義中的 mountOptions 欄位進行設置。下面的例子為對一個類型為 gcePersistentDisk 的 PV 設置掛載選項的參數：

```
apiVersion: "v1"
kind: "PersistentVolume"
metadata:
  name: gce-disk-1
spec:
  capacity:
    storage: "10Gi"
  accessModes:
    - "ReadWriteOnce"
  mountOptions:
    - hard
    - nolock
    - nfsvers=3
  gcePersistentDisk:
    fsType: "ext4"
    pdName: "gce-disk-1"
```

目前，以下 PV 類型支援設置掛載選項：AWSElasticBlockStore、AzureDisk、AzureFile、CephFS、Cinder (OpenStack block storage)、GCEPersistentDisk、Glusterfs、NFS、Quobyte Volumes、RBD (Ceph Block Device)、StorageOS、VsphereVolume、iSCSI。

注意，Kubernetes 不會對掛載選項進行驗證，如果設置了錯誤的掛載選項，則掛載將會失敗。

7. 節點親和性（Node Affinity）

PV 可以設置節點親和性來限制只能透過某些 Node 存取 Volume，可以在 PV 定義的 nodeAffinity 欄位中進行設置。使用這些 Volume 的 Pod 將被排程到滿足條件的 Node 上。

公有雲提供的儲存卷冊（如 AWSElasticBlockStore、GCEPersistentDisk、AzureDisk 等）都由公有雲自動完成節點親和性設置，無須使用者手工設置。對於 Local 類型的 PV，需要手工設置，例如：

```
apiVersion: v1
kind: PersistentVolume
metadata:
  name: example-local-pv
spec:
  capacity:
    storage: 5Gi
  accessModes:
  - ReadWriteOnce
  persistentVolumeReclaimPolicy: Delete
  storageClassName: local-storage
  local:
    path: /mnt/disks/ssd1
  nodeAffinity:
    required:
      nodeSelectorTerms:
      - matchExpressions:
        - key: kubernetes.io/hostname
          operator: In
          values:
          - my-node
```

某個 PV 在生命週期中可能處於以下 4 個階段（Phase）之一。

- Available：可用狀態，還未與某個 PVC 綁定。
- Bound：已與某個 PVC 綁定。
- Released：與之綁定的 PVC 已被刪除，但未完成資源回收，不能被其他 PVC 使用。
- Failed：自動資源回收失敗。

在定義了 PV 資源之後，就需要透過定義 PVC 來使用 PV 資源了。

8.2.3 PVC 詳解

PVC 作為使用者對儲存資源的需求申請，主要包括儲存空間請求、存取模式、PV 選擇條件和儲存類別等資訊的設置。下例宣告的 PVC 具有如下屬性：申請 8GiB 儲存空間，存取模式為 ReadWriteOnce，PV 選擇條件為包含 release=stable 標籤並且包含條件為 environment In[dev] 的標籤，儲存類別為 "slow"（要求在系統中已存在名為 slow 的 StorageClass）。

```
apiVersion: v1
kind: PersistentVolumeClaim
metadata:
  name: myclaim
spec:
  accessModes:
    - ReadWriteOnce
  volumeMode: Filesystem
  resources:
    requests:
      storage: 8Gi
  storageClassName: slow
  selector:
    matchLabels:
      release: "stable"
    matchExpressions:
      - {key: environment, operator: In, values: [dev]}
```

對 PVC 的關鍵設定參數說明如下。

（1）資源請求（Resources）：描述對儲存資源的請求，透過 resources. requests.storage 欄位設置需要的儲存空間大小。

（2）存取模式（Access Modes）：PVC 也可以設置存取模式，用於描述使用者應用對儲存資源的存取權限。其三種存取模式的設置與 PV 的設置相同。

（3）儲存卷冊模式（Volume Modes）：PVC 也可以設置儲存卷冊模式，用於描述希望使用的 PV 儲存卷冊模式，包括檔案系統（Filesystem）和區塊裝置（Block）。PVC 設置的儲存卷冊模式應該與 PV 儲存卷冊模式相同，以實現綁定；如果不同，則可能出現不同的綁定結果。在各種組合模式下是否可以綁定的結果如表 8.3 所示。

表 8.3 PV 和 PVC 各種組合模式下是否可以綁定

PV 的儲存卷冊模式	PVC 的儲存卷冊模式	是否可以綁定
未設定	未設定	可以綁定
未設定	Block	無法綁定
未設定	Filesystem	可以綁定
Block	未設定	無法綁定
Block	Block	可以綁定
Block	Filesystem	無法綁定
Filesystem	Filesystem	可以綁定
Filesystem	Block	無法綁定
Filesystem	未設定	可以綁定

（4）PV 選擇條件（Selector）：透過 Label Selector 的設置，可使 PVC 對於系統中已存在的各種 PV 進行篩選。系統將根據標籤選出合適的 PV 與該 PVC 進行綁定。對選擇條件可以使用 matchLabels 和 matchExpressions 進行設置，如果兩個欄位都已設置，則 Selector 的邏輯將是兩組條件同時滿足才能完成符合。

（5）儲存類別（Class）：PVC 在定義時可以設定需要的後端儲存的類別（透過 storageClassName 欄位指定），以減少對後端儲存特性的詳細資訊的依賴。只有設置了該 Class 的 PV 才能被系統選出，並與該 PVC 進行綁定。PVC 也可以不設置 Class 需求，如果 storageClassName 欄

位的值被設置為空（storageClassName=""），則表示該 PVC 不要求特定
的 Class，系統將只選擇未設定 Class 的 PV 與之比對和綁定。PVC 也可
以完全不設置 storageClassName 欄位，此時將根據系統是否啟用了名為
DefaultStorageClass 的 admission controller 進行相應的操作。

- 啟用 DefaultStorageClass：要求叢集管理員已定義預設的
  StorageClass。如果在系統中不存在預設的 StorageClass，則等效於
  不啟用 DefaultStorageClass 的情況。如果存在預設的 StorageClass，
  則系統將自動為 PVC 建立一個 PV（使用預設 StorageClass 的後端儲
  存），並將它們進行綁定。叢集管理員設置預設 StorageClass 時，會
  在 StorageClass 的定義中加上一個 annotation"storageclass.kubernetes.
  io/ is-default-class=true"。如果管理員將多個 StorageClass 都定義為
  default，則由於不唯一，系統將無法建立 PVC。
- 未啟用 DefaultStorageClass：等效於 PVC 設置 storageClassName 的值
  為空（storageClassName=""），即只能選擇未設定 Class 的 PV 與之比
  對和綁定。

當 Selector 和 Class 都進行了設置時，系統將選擇兩個條件同時滿足的 PV
與之比對。

另外，如果 PVC 設置了 Selector，則系統無法使用動態供給模式為其分配
PV。

8.2.4 Pod 使用 PVC

在 PVC 建立成功之後，Pod 就可以以儲存卷冊（Volume）的方式使用
PVC 的儲存資源了。PVC 受限於命名空間，Pod 在使用 PVC 時必須與
PVC 處於同一個命名空間。

Kubernetes 為 Pod 掛載 PVC 的過程如下：系統在 Pod 所在的命名空間中
找到其設定的 PVC，然後找到 PVC 綁定的後端 PV，將 PV 儲存掛載到
Pod 所在 Node 的目錄下，最後將 Node 的目錄掛載到 Pod 的容器內。

在 Pod 中使用 PVC 時，需要在 YAML 設定中設置 PVC 類型的 Volume，

然後在容器中透過 volumeMounts.mountPath 設置容器內的掛載目錄，範例如下：

```
apiVersion: v1
kind: Pod
metadata:
  name: mypod
spec:
  containers:
    - name: myfrontend
      image: nginx
      volumeMounts:
      - mountPath: "/var/www/html"
        name: mypd
  volumes:
    - name: mypd
      persistentVolumeClaim:
        claimName: myclaim
```

如果儲存卷冊模式為區塊裝置（Block），則 PVC 的設定與預設模式（Filesystem）略有不同。下面對如何使用原生區塊裝置（Raw Block Device）進行說明。

假設使用原生區塊裝置的 PV 已建立，例如：

```
apiVersion: v1
kind: PersistentVolume
metadata:
  name: block-pv
spec:
  capacity:
    storage: 10Gi
  accessModes:
    - ReadWriteOnce
  volumeMode: Block
  persistentVolumeReclaimPolicy: Retain
  fc:
    targetWWNs: ["50060e801049cfd1"]
    lun: 0
    readOnly: false
```

PVC 的 YAML 設定範例如下：

```
apiVersion: v1
```

```
kind: PersistentVolumeClaim
metadata:
  name: block-pvc
spec:
  accessModes:
    - ReadWriteOnce
  volumeMode: Block
  resources:
    requests:
      storage: 10Gi
```

使用原生區塊裝置 PVC 的 Pod 定義如下。與檔案系統模式 PVC 的用法不同，容器不使用 volumeMounts 設置掛載目錄，而是透過 volumeDevices 欄位設置區塊裝置的路徑 devicePath：

```
apiVersion: v1
kind: Pod
metadata:
  name: pod-with-block-volume
spec:
  containers:
    - name: fc-container
      image: fedora:26
      command: ["/bin/sh", "-c"]
      args: [ "tail -f /dev/null" ]
      volumeDevices:
        - name: data
          devicePath: /dev/xvda
  volumes:
    - name: data
      persistentVolumeClaim:
        claimName: block-pvc
```

在某些應用場景中，同一個 Volume 可能會被多個 Pod 或者一個 Pod 中的多個容器共用，此時可能存在各應用程式需要使用不同子目錄的需求。這可以透過 Pod 的 volumeMounts 定義的 subPath 欄位進行設置。透過對 subPath 的設置，在容器中將以 subPath 設置的目錄而非在 Volume 中提供的預設根目錄作為根目錄使用。

下面的兩個容器共用同一個 PVC（及後端 PV），但是各自在 Volume 中可以存取的根目錄由 subPath 進行區分，mysql 容器使用 Volume 中的 mysql

子目錄作為根目錄，php 容器使用 Volume 中的 html 子目錄作為根目錄：

```
apiVersion: v1
kind: Pod
metadata:
  name: mysql
spec:
    containers:
    - name: mysql
      image: mysql
      env:
      - name: MYSQL_ROOT_PASSWORD
        value: "rootpasswd"
      volumeMounts:
      - mountPath: /var/lib/mysql
        name: site-data
        subPath: mysql
    - name: php
      image: php:7.0-apache
      volumeMounts:
      - mountPath: /var/www/html
        name: site-data
        subPath: html
    volumes:
    - name: site-data
      persistentVolumeClaim:
        claimName: site-data-pvc
```

注意，subPath 中的路徑名稱不能以 "/" 開頭，需要用相對路徑的形式。

在一些應用場景中，如果希望透過環境變數來設置 subPath 路徑，例如使用 Pod 名稱作為子目錄的名稱，則可以透過 subPathExpr 欄位提供支援。subPathExpr 欄位用於將 Downward API 的環境變數設置為儲存卷冊的子目錄，該特性在 Kubernetes 1.17 版本時達到穩定階段。

需要注意的是，subPathExpr 欄位和 subPath 欄位是互斥的，不能同時使用。

下面的例子透過 Downward API 將 Pod 名稱設置為環境變數 POD_NAME，然後在掛載儲存卷冊時設置 subPathExpr=$(POD_NAME) 子目錄：

```
apiVersion: v1
kind: Pod
metadata:
  name: pod1
spec:
  containers:
  - name: container1
    env:
    - name: POD_NAME
      valueFrom:
        fieldRef:
          apiVersion: v1
          fieldPath: metadata.name
    image: busybox
    command: [ "sh", "-c", "while [ true ]; do echo 'Hello'; sleep 10; done
| tee -a /logs/hello.txt" ]
    volumeMounts:
    - name: workdir1
      mountPath: /logs
      subPathExpr: $(POD_NAME)
  restartPolicy: Never
  volumes:
  - name: workdir1
    hostPath:
      path: /var/log/pods
```

關於 Downward API 的概念和應用請參考 3.6 節的說明。

8.2.5 StorageClass 詳解

StorageClass 作為對儲存資源的抽象定義，對使用者設置的 PVC 申請遮罩後端儲存的細節，一方面減少了使用者對於儲存資源細節的關注，另一方面減輕了管理員手工管理 PV 的工作，由系統自動完成 PV 的建立和綁定，實現動態的資源供應。以 StorageClass 為基礎的動態資源供應模式將逐步成為雲端平台的標準儲存管理模式。

StorageClass 資源物件的定義主要包括名稱、後端儲存的提供者（provisioner）、後端儲存的相關參數設定和回收策略。StorageClass 的名稱尤為重要，將在建立 PVC 時引用，管理員應該準確命名具有不同儲存特性的 StorageClass。

StorageClass 一旦被建立，則無法修改。如需更改，則只能刪除原 StorageClass 資源物件並重新建立。

下例定義了一個 StorageClass，名稱為 standard，provisioner 為 aws-ebs，type 為 gp2，回收策略為 Retain 等：

```
apiVersion: storage.k8s.io/v1
kind: StorageClass
metadata:
  name: standard
provisioner: kubernetes.io/aws-ebs
parameters:
  type: gp2
reclaimPolicy: Retain
allowVolumeExpansion: true
mountOptions:
  - debug
volumeBindingMode: Immediate
```

StorageClass 資源物件需要設置的關鍵設定參數如下。

1. 儲存提供者（Provisioner）

描述儲存資源的提供者，用於提供具體的 PV 資源，也可以將其看作後端儲存驅動。目前，Kubernetes 內建支援的 Provisioner 包括 AWSElasticBlockStore、AzureDisk、AzureFile、Cinder（OpenStack Block Storage）、Flocker、GCEPersistentDisk、GlusterFS、Portworx Volume、Quobyte Volumes、RBD（Ceph Block Device）、ScaleIO、StorageOS、VsphereVolume。

Kubernetes 內建支援的 Provisioner 的命名都以 "kubernetes.io/" 開頭，使用者也可以使用自訂的後端儲存提供者。為了符合 StorageClass 的用法，自訂 Provisioner 需要符合儲存卷冊的開發規範。外部儲存供應商的作者對程式、提供方式、執行方式、儲存外掛程式（包括 Flex）等具有完全的自由控制權。目前，在 Kubernetes 的 kubernetes-sigs/sig-storage-lib-external-provisioner 函數庫中維護外部 Provisioner 的程式實現，其他一些 Provisioner 也在 kubernetes-incubator/external-storage 函數庫中進行維護。

例如，對 NFS 類型，Kubernetes 沒有提供內部的 Provisioner，但可以使用外部的 Provisioner。也有許多第三方儲存提供商自行提供外部的 Provisioner。

2. 資源回收策略（Reclaim Policy）

透過動態資源供應模式建立的 PV 將繼承在 StorageClass 資源物件上設置的回收策略，設定欄位名稱為 "reclaimPolicy"，可以設置的選項包括 Delete（刪除）和 Retain（保留）。

如果 StorageClass 沒有指定 reclaimPolicy，則預設值為 Delete。

對於管理員手工建立的仍被 StorageClass 管理的 PV，將使用建立 PV 時設置的資源回收策略。

3. 是否允許儲存擴充（Allow Volume Expansion）

PV 可以被設定為允許擴充，當 StorageClass 資源物件的 allowVolume Expansion 欄位被設置為 true 時，將允許使用者透過編輯 PVC 的儲存空間自動完成 PV 的擴充，該特性在 Kubernetes 1.11 版本時達到 Beta 階段。

表 8.4 描述了支援儲存擴充的 Volume 類型和要求的 Kubernetes 最低版本。

表 8.4 支援儲存擴充的 Volume 類型和要求的 Kubernetes 最低版本

支援儲存擴充的 Volume 類型	Kubernetes 最低版本
gcePersistentDisk	1.11
awsElasticBlockStore	1.11
Cinder	1.11
glusterfs	1.11
rbd	1.11
Azure File	1.11
Azure Disk	1.11
Portworx	1.11
FlexVolume	1.13
CSI	1.14（Alpha）、1.16（Beta）

注意，該特性僅支援擴充儲存空間，不支援減少儲存空間。

4. 掛載選項（Mount Options）

透過 StorageClass 資源物件的 mountOptions 欄位，系統將為動態建立的 PV 設置掛載選項。並不是所有 PV 類型都支援掛載選項，如果 PV 不支援但 StorageClass 設置了該欄位，則 PV 將會建立失敗。另外，系統不會對掛載選項進行驗證，如果設置了錯誤的選項，則容器在掛載儲存時將直接失敗。

5. 儲存綁定模式（Volume Binding Mode）

StorageClass 資源物件的 volumeBindingMode 欄位設置用於控制何時將 PVC 與動態建立的 PV 綁定。目前支援的綁定模式包括 Immediate 和 WaitForFirstConsumer。

儲存綁定模式的預設值為 Immediate，表示當一個 PersistentVolumeClaim（PVC）建立出來時，就動態建立 PV 並進行 PVC 與 PV 的綁定操作。需要注意的是，對於拓撲受限（Topology-limited）或無法從全部 Node 存取的後端儲存，將在不了解 Pod 排程需求的情況下完成 PV 的綁定操作，這可能會導致某些 Pod 無法完成排程。

WaitForFirstConsumer 綁定模式表示 PVC 與 PV 的綁定操作延遲到第一個使用 PVC 的 Pod 建立出來時再進行。系統將根據 Pod 的排程需求，在 Pod 所在的 Node 上建立 PV，這些排程需求可以透過以下條件（不限於）進行設置：

- Pod 對資源的需求；
- Node Selector；
- Pod 親和性和反親和性設置；
- Taint 和 Toleration 設置。

目前支援 WaitForFirstConsumer 綁定模式的儲存卷冊包括：AWSElastic BlockStore、AzureDisk、GCEPersistentDisk。

另外，有些儲存外掛程式透過預先建立好的 PV 綁定支援 WaitForFirst

Consumer 模式，比如 AWSElasticBlockStore、AzureDisk、GCEPersistentDisk
和 Local。

在使用 WaitForFirstConsumer 模式的環境中，如果仍然希望以特定拓
撲資訊（Topology）為基礎進行 PV 綁定操作，則在 StorageClass 的
定義中還可以透過 allowedTopologies 欄位進行設置。下面的例子透
過 matchLabelExpressions 設置目標 Node 的標籤選擇條件（zone=us-
central1-a 或 us-central1-b），PV 將在滿足這些條件的 Node 上允許建立：

```
apiVersion: storage.k8s.io/v1
kind: StorageClass
metadata:
  name: standard
provisioner: kubernetes.io/gce-pd
parameters:
  type: pd-standard
volumeBindingMode: WaitForFirstConsumer
allowedTopologies:
- matchLabelExpressions:
  - key: failure-domain.beta.kubernetes.io/zone
    values:
    - us-central1-a
    - us-central1-b
```

6. 儲存參數（Parameters）

後端儲存資源提供者的參數設置，不同的 Provisioner 可能提供不同的參
數設置。某些參數可以不顯示設定，Provisioner 將使用其預設值。目前
StorageClass 資源物件支援設置的儲存參數最多為 512 個，全部 key 和
value 所占的空間不能超過 256KiB。

下面是一些常見儲存提供商（Provisioner）提供的 StorageClass 儲存參數
範例。

1）AWSElasticBlockStore 儲存卷冊

```
kind: StorageClass
apiVersion: storage.k8s.io/v1
metadata:
  name: slow
provisioner: kubernetes.io/aws-ebs
```

```
parameters:
  type: io1
  iopsPerGB: "10"
  fsType: ext4
```

可以設定的參數如下（詳細說明請參考 AWSElasticBlockStore 文件）。

- type：可選項為 io1、gp2、sc1、st1，預設值為 gp2。
- iopsPerGB：僅用於 io1 類型的 Volume，意為每秒每 GiB 的 I/O 運算元量。
- fsType：檔案系統類型，預設值為 ext4。
- encrypted：是否加密。
- kmsKeyId：加密時使用的 Amazon Resource Name。

2）GCEPersistentDisk 儲存卷冊

```
kind: StorageClass
apiVersion: storage.k8s.io/v1
metadata:
  name: slow
provisioner: kubernetes.io/gce-pd
parameters:
  type: pd-standard
  fstype: ext4
  replication-type: none
```

可以設定的參數如下（詳細說明請參考 GCEPersistentDisk 文件）。

- type：可選項為 pd-standard、pd-ssd，預設值為 pd-standard。
- fsType：檔案系統類型，預設值為 ext4。
- replication-type：複製類型，可選項為 none、regional-pd，預設值為 none。

3）GlusterFS 儲存卷冊

```
apiVersion: storage.k8s.io/v1
kind: StorageClass
metadata:
  name: slow
provisioner: kubernetes.io/glusterfs
parameters:
```

```
resturl: "http://127.0.0.1:8081"
clusterid: "630372ccdc720a92c681fb928f27b53f"
restauthenabled: "true"
restuser: "admin"
secretNamespace: "default"
secretName: "heketi-secret"
gidMin: "40000"
gidMax: "50000"
volumetype: "replicate:3"
```

可以設定的參數如下（詳細説明請參考 GlusterFS 和 Heketi 的文件）。

- resturl：Gluster REST 服務（Heketi）的 URL 位址，用於自動完成 GlusterFSvolume 的設置。

- restauthenabled：是否對 Gluster REST 服務啟用安全機制。

- restuser：存取 Gluster REST 服務的使用者名稱。

- restuserkey：存取 Gluster REST 服務的密碼。

- secretNamespace 和 secretName：保存存取 Gluster REST 服務密碼的 Secret 資源物件名稱。

- clusterid：GlusterFS 的 Cluster ID。

- gidMin 和 gidMax：StorageClass 的 GID 範圍，用於動態資源供應時為 PV 設置的 GID。

- volumetype：設置 GlusterFS 的內部 Volume 類型，例如 replicate:3（Replicate 類型，3 份副本）；disperse:4:2（Disperse 類型，資料 4 份，容錯兩份）；none（Distribute 類型）。

4）Local 儲存卷冊

```
apiVersion: storage.k8s.io/v1
kind: StorageClass
metadata:
  name: local-storage
provisioner: kubernetes.io/no-provisioner
volumeBindingMode: WaitForFirstConsumer
```

Local 類型的 PV 在 Kubernetes 1.14 版本時達到穩定階段，它不能以動態資源供應的模型進行建立，但仍可為其設置一個 StorageClass，以延遲到一個使用 PVC 的 Pod 建立出來再進行 PV 的建立和綁定，這可以透過設置參數 volumeBindingMode=WaitForFirstConsumer 進行控制。

其他 Provisioner 的 StorageClass 相關參數設置請參考它們各自的設定手冊。

7. 設置預設的 StorageClass

在 Kubernetes 中，管理員可以為有不同儲存需求的 PVC 建立相應的 StorageClass 來提供動態的儲存資源（PV）供應，同時在叢集等級設置一個預設的 StorageClass，為那些未指定 StorageClass 的 PVC 使用。當然，管理員要明確系統預設提供的 StorageClass 應滿足和符合 PVC 的資源需求，同時注意避免資源浪費。

要在叢集中啟用預設的 StorageClass，就需要在 kube-apiserver 服務存取控制器 --enable-admission-plugins 中開啟 DefaultStorageClass（從 Kubernetes 1.10 版本開始預設開啟）：

```
--enable-admission-plugins=...,DefaultStorageClass
```

然後，在 StorageClass 的定義中設置一個 annotation：

```
kind: StorageClass
apiVersion: storage.k8s.io/v1
metadata:
  name: gold
  annotations:
    storageclass.beta.kubernetes.io/is-default-class="true"
provisioner: kubernetes.io/gce-pd
parameters:
  type: pd-ssd
```

透過 kubectl create 命令建立成功後，查看 StorageClass 列表，可以看到名為 gold 的 StorageClass 被標記為 default：

```
# kubectl get sc
NAME           TYPE
gold (default)    kubernetes.io/gce-pd
```

後續在建立未指定 StorageClass 的 PVC 時，系統將自動為其設置叢集中的預設 StorageClass。

8.3 動態儲存裝置管理實戰：GlusterFS

本節以 GlusterFS 為例，從定義 StorageClass、建立 GlusterFS 和 Heketi 服務、使用者申請 PVC 到建立 Pod 使用儲存資源，對 StorageClass 和動態資源設定進行詳細說明，進一步剖析 Kubernetes 的儲存機制。

8.3.1 準備工作

為了能夠使用 GlusterFS，首先在計畫用於 GlusterFS 的各 Node 上安裝 GlusterFS 用戶端：

```
# yum install glusterfs glusterfs-fuse
```

GlusterFS 管理服務容器需要以特權模式執行，在 kube-apiserver 的啟動參數中增加：

```
--allow-privileged=true
```

給要部署 GlusterFS 管理服務的節點打上 storagenode=glusterfs 標籤，是為了將 GlusterFS 容器定向部署到安裝了 GlusterFS 的 Node 上：

```
# kubectl label node k8s-node-1 storagenode=glusterfs
# kubectl label node k8s-node-2 storagenode=glusterfs
# kubectl label node k8s-node-3 storagenode=glusterfs
```

8.3.2 建立 GlusterFS 管理服務容器叢集

GlusterFS 管理服務容器以 DaemonSet 的方式進行部署，確保在每個 Node 上都執行一個 GlusterFS 管理服務。glusterfs-daemonset.yaml 的內容如下：

```
apiVersion: apps/v1
kind: DaemonSet
metadata:
  name: glusterfs
  labels:
    glusterfs: daemonset
  annotations:
    description: GlusterFS DaemonSet
    tags: glusterfs
spec:
```

```
template:
  metadata:
    name: glusterfs
    labels:
      glusterfs-node: pod
  spec:
    nodeSelector:
      storagenode: glusterfs
    hostNetwork: true
    containers:
    - image: gluster/gluster-centos:latest
      name: glusterfs
      volumeMounts:
      - name: glusterfs-heketi
        mountPath: "/var/lib/heketi"
      - name: glusterfs-run
        mountPath: "/run"
      - name: glusterfs-lvm
        mountPath: "/run/lvm"
      - name: glusterfs-etc
        mountPath: "/etc/glusterfs"
      - name: glusterfs-logs
        mountPath: "/var/log/glusterfs"
      - name: glusterfs-config
        mountPath: "/var/lib/glusterd"
      - name: glusterfs-dev
        mountPath: "/dev"
      - name: glusterfs-misc
        mountPath: "/var/lib/misc/glusterfsd"
      - name: glusterfs-cgroup
        mountPath: "/sys/fs/cgroup"
        readOnly: true
      - name: glusterfs-ssl
        mountPath: "/etc/ssl"
        readOnly: true
      securityContext:
        capabilities: {}
        privileged: true
      readinessProbe:
        timeoutSeconds: 3
        initialDelaySeconds: 60
        exec:
          command:
          - "/bin/bash"
```

```
          - "-c"
          - systemctl status glusterd.service
      livenessProbe:
        timeoutSeconds: 3
        initialDelaySeconds: 60
        exec:
          command:
          - "/bin/bash"
          - "-c"
          - systemctl status glusterd.service
    volumes:
    - name: glusterfs-heketi
      hostPath:
        path: "/var/lib/heketi"
    - name: glusterfs-run
    - name: glusterfs-lvm
      hostPath:
        path: "/run/lvm"
    - name: glusterfs-etc
      hostPath:
        path: "/etc/glusterfs"
    - name: glusterfs-logs
      hostPath:
        path: "/var/log/glusterfs"
    - name: glusterfs-config
      hostPath:
        path: "/var/lib/glusterd"
    - name: glusterfs-dev
      hostPath:
        path: "/dev"
    - name: glusterfs-misc
      hostPath:
        path: "/var/lib/misc/glusterfsd"
    - name: glusterfs-cgroup
      hostPath:
        path: "/sys/fs/cgroup"
    - name: glusterfs-ssl
      hostPath:
        path: "/etc/ssl"

# kubectl create -f glusterfs-daemonset.yaml
daemonset.apps/glusterfs created

# kubectl get po
```

```
NAME              READY      STATUS      RESTARTS    AGE
glusterfs-k2src   1/1        Running     0           1m
glusterfs-q32z2   1/1        Running     0           1m
```

8.3.3 建立 Heketi 服務

Heketi 是一個提供 RESTful API 管理 GlusterFS 卷冊的框架，能夠在 OpenStack、Kubernetes、OpenShift 等雲端平台上實現動態儲存裝置資源供應，支援 GlusterFS 多叢集管理，便於管理員對 GlusterFS 進行操作。圖 8.4 簡單展示了 Heketi 的功能。

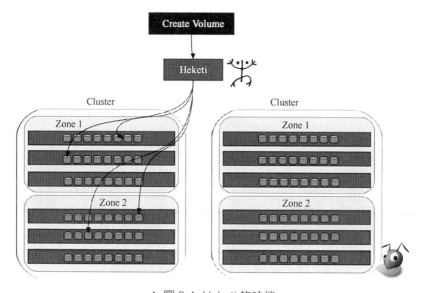

▲ 圖 8.4 Heketi 的功能

在部署 Heketi 服務之前，先建立 ServiceAccount 並完成 RBAC 授權：

```
# heketi-rbac.yaml
---
apiVersion: v1
kind: ServiceAccount
metadata:
  name: heketi-service-account

---
apiVersion: rbac.authorization.k8s.io/v1
kind: Role
```

```
metadata:
  name: heketi
rules:
- apiGroups:
  - ""
  resources:
  - endpoints
  - services
  - pods
  verbs:
  - get
  - list
  - watch
- apiGroups:
  - ""
  resources:
  - pods/exec
  verbs:
  - create

---
apiVersion: rbac.authorization.k8s.io/v1
kind: RoleBinding
metadata:
  name: heketi
roleRef:
  apiGroup: rbac.authorization.k8s.io
  kind: Role
  name: heketi
subjects:
- kind: ServiceAccount
  name: heketi-service-account
  namespace: default
```

```
# kubectl create -f heketi-rbac.yaml
serviceaccount/heketi-service-account created
role.rbac.authorization.k8s.io/heketi created
rolebinding.rbac.authorization.k8s.io/heketi created
```

部署 Heketi 服務：

heketi-deployment-svc.yaml
```
---
```

```yaml
apiVersion: apps/v1
kind: Deployment
metadata:
  name: heketi
  labels:
    glusterfs: heketi-deployment
    deploy-heketi: heketi-deployment
  annotations:
    description: Defines how to deploy Heketi
spec:
  replicas: 1
  selector:
    matchLabels:
      name: deploy-heketi
      glusterfs: heketi-pod
  template:
    metadata:
      name: deploy-heketi
      labels:
        name: deploy-heketi
        glusterfs: heketi-pod
    spec:
      serviceAccountName: heketi-service-account
      containers:
      - image: heketi/heketi
        name: deploy-heketi
        env:
        - name: HEKETI_EXECUTOR
          value: kubernetes
        - name: HEKETI_FSTAB
          value: "/var/lib/heketi/fstab"
        - name: HEKETI_SNAPSHOT_LIMIT
          value: '14'
        - name: HEKETI_KUBE_GLUSTER_DAEMONSET
          value: "y"
        ports:
        - containerPort: 8080
        volumeMounts:
        - name: db
          mountPath: "/var/lib/heketi"
        readinessProbe:
          timeoutSeconds: 3
          initialDelaySeconds: 3
          httpGet:
```

```
                path: "/hello"
                port: 8080
            livenessProbe:
              timeoutSeconds: 3
              initialDelaySeconds: 30
              httpGet:
                path: "/hello"
                port: 8080
      volumes:
      - name: db
        hostPath:
          path: "/heketi-data"

---
kind: Service
apiVersion: v1
metadata:
  name: heketi
  labels:
    glusterfs: heketi-service
    deploy-heketi: support
  annotations:
    description: Exposes Heketi Service
spec:
  selector:
    name: deploy-heketi
  ports:
  - name: deploy-heketi
    port: 8080
    targetPort: 8080
```

需要注意的是，Heketi 的 DB 資料需要持久化保存，建議使用 hostPath 或其他共用儲存進行保存：

```
# kubectl create -f heketi-deployment-svc.yaml
deployment.apps/heketi created
service/heketi created
```

8.3.4 透過 Heketi 管理 GlusterFS 叢集

在 Heketi 能夠管理 GlusterFS 叢集之前，首先要為其設置 GlusterFS 叢集的資訊。可以用一個 topology.json 設定檔來完成各個 GlusterFS 節點和裝置的定義。Heketi 要求在一個 GlusterFS 叢集中至少有 3 個節點。在 topology.json 設定檔 hostnames 欄位的 manage 上填寫主機名稱，在 storage 上填寫 IP 位址，devices 要求是未建立檔案系統的原生裝置（可以有多個硬碟），以供 Heketi 自動完成 PV（Physical Volume）、VG（Volume Group）和 LV（Logical Volume）的建立。topology.json 檔案的內容如下：

```json
{
  "clusters": [
    {
      "nodes": [
        {
          "node": {
            "hostnames": {
              "manage": [
                "k8s-node-1"
              ],
              "storage": [
                "192.168.18.3"
              ]
            },
            "zone": 1
          },
          "devices": [
            "/dev/sdb"
          ]
        },
        {
          "node": {
            "hostnames": {
              "manage": [
                "k8s-node-2"
              ],
              "storage": [
                "192.168.18.4"
              ]
            },
            "zone": 1
          },
          "devices": [
            "/dev/sdb"
          ]
```

```
      },
      {
        "node": {
          "hostnames": {
            "manage": [
              "k8s-node-3"
            ],
            "storage": [
              "192.168.18.5"
            ]
          },
          "zone": 1
        },
        "devices": [
          "/dev/sdb"
        ]
      }
    ]
  }
 ]
}
```

進入 Heketi 容器，使用命令列工具 heketi-cli 完成 GlusterFS 叢集的建立：

```
# export HEKETI_CLI_SERVER=http://localhost:8080
# heketi-cli topology load --json=topology.json
Creating cluster ... ID: f643da1cd64691c5705932a46a95d1d5
        Creating node k8s-node-1 ... ID: 883506b091a22bd13f10bc3d0fb51223
                Adding device /dev/sdb ... OK
        Creating node k8s-node-2 ... ID: e64b879689106f82a9c4ac910a865cc8
                Adding device /dev/sdb ... OK
        Creating node k8s-node-3 ... ID: b7783484180f6a592a30baebfb97d9be
                Adding device /dev/sdb ... OK
```

經過上述操作，Heketi 就完成了 GlusterFS 叢集的建立，結果是在 GlusterFS 叢集各個節點的 /dev/sdb 盤上成功建立了 PV 和 VG。

查看 Heketi 的 topology 資訊，可以看到 Node 和 Device 的詳細資訊，包括磁碟空間的大小和剩餘空間。此時，GlusterFS 的 Volume 和 Brick 還未建立：

```
# heketi-cli topology info
Cluster Id: f643da1cd64691c5705932a46a95d1d5
```

```
Volumes:

Nodes:

    Node Id: 883506b091a22bd13f10bc3d0fb51223
    State: online
    Cluster Id: f643da1cd64691c5705932a46a95d1d5
    Zone: 1
    Management Hostname: k8s-node-1
    Storage Hostname: 192.168.18.3
    Devices:
            Id:b474f14b0903ed03ec80d4a989f943f2    Name:/dev/sdb
State:online    Size (GiB):9    Used (GiB):0    Free (GiB):9
                Bricks:


    Node Id: b7783484180f6a592a30baebfb97d9be
    State: online
    Cluster Id: f643da1cd64691c5705932a46a95d1d5
    Zone: 1
    Management Hostname: k8s-node-3
    Storage Hostname: 192.168.18.5
    Devices:
            Id:fac3fa5ac1de3d5bde3aa68f6aa61285    Name:/dev/sdb
State:online    Size (GiB):9    Used (GiB):0    Free (GiB):9
                Bricks:


    Node Id: e64b879689106f82a9c4ac910a865cc8
    State: online
    Cluster Id: f643da1cd64691c5705932a46a95d1d5
    Zone: 1
    Management Hostname: k8s-node-2
    Storage Hostname: 192.168.18.4
    Devices:
            Id:05532e7db723953e8643b64b36aee1d1    Name:/dev/sdb
State:online    Size (GiB):9    Used (GiB):0    Free (GiB):9
                Bricks:
```

8.3.5 定義 StorageClass

準備工作已經就緒，叢集管理員現在可以在 Kubernetes 叢集中定義一個
StorageClass 了。storageclass-gluster-heketi.yaml 設定檔的內容如下：

```
apiVersion: storage.k8s.io/v1
kind: StorageClass
```

```
metadata:
  name: gluster-heketi
provisioner: kubernetes.io/glusterfs
parameters:
  resturl: "http://172.17.2.2:8080"
  restauthenabled: "false"
```

provisioner 參數必須被設置為 "kubernetes.io/glusterfs"。

resturl 的位址需要被設置為 API Server 所在主機可以存取到的 Heketi 服務位址，可以使用服務 ClusterIP+Port、PodIP+Port，或將服務映射到物理機，使用 NodeIP+NodePort。

建立該 StorageClass 資源物件：

```
# kubectl create -f storageclass-gluster-heketi.yaml
storageclass/gluster-heketi created
```

8.3.6　定義 PVC

現在，使用者可以定義一個 PVC 申請 Glusterfs 儲存空間了。下面是 PVC 的 YAML 定義，其中申請了 1GiB 空間的儲存資源，設置 StorageClass 為 "gluster-heketi"，同時未設置 Selector，表示使用動態資源供應模式：

```
pvc-gluster-heketi.yaml
apiVersion: v1
kind: PersistentVolumeClaim
metadata:
  name: pvc-gluster-heketi
spec:
  storageClassName: gluster-heketi
  accessModes:
    - ReadWriteOnce
  resources:
    requests:
      storage: 1Gi
```

```
# kubectl create -f pvc-gluster-heketi.yaml
persistentvolumeclaim/pvc-gluster-heketi created
```

PVC 的定義一旦生成，系統便將觸發 Heketi 進行相應的操作，主要為在 GlusterFS 叢集中建立 brick，再建立並啟動一個 Volume。可以在 Heketi

的日誌中查看整個過程：

```
......
[kubeexec] DEBUG 2020/04/26 00:51:30 /src/github.com/heketi/heketi/
executors/kubeexec/kubeexec.go:250: Host: k8s-node-1 Pod: glusterfs-ld7nh
Command: gluster --mode=script volume create vol_87b9314cb76bafacfb7e9cdc04
fcaf05 replica 3 192.168.18.3:/var/lib/heketi/mounts/vg_b474f14b0903ed03ec
80d4a989f943f2/brick_d08520c9ff7b9a0a9165f9815671f2cd/brick 192.168.18.5:/
var/lib/heketi/mounts/vg_fac3fa5ac1de3d5bde3aa68f6aa61285/brick_6818dce118b
8a54e9590199d44a3817b/brick 192.168.18.4:/var/lib/heketi/mounts/vg_05532e7d
b723953e8643b64b36aee1d1/brick_9ecb8f7fde1ae937011f04401e7c6c56/brick
Result: volume create: vol_87b9314cb76bafacfb7e9cdc04fcaf05: success: please
start the volume to access data
......
[kubeexec] DEBUG 2020/04/26 00:51:33 /src/github.com/heketi/heketi/
executors/kubeexec/kubeexec.go:250: Host: k8s-node-1 Pod: glusterfs-ld7nh
Command: gluster --mode=script volume start vol_87b9314cb76bafacfb7e9cdc04f
caf05
Result: volume start: vol_87b9314cb76bafacfb7e9cdc04fcaf05: success
......
```

查看 PVC 的詳情，確認其狀態為 Bound（已綁定）：

```
# kubectl get pvc
NAME                    STATUS    VOLUME
CAPACITY   ACCESSMODES   STORAGECLASS      AGE
pvc-gluster-heketi      Bound     pvc-783cf949-2a1a-11e7-8717-000c29eaed40
1Gi        RWX           gluster-heketi    6m
```

查看 PV，可以看到系統透過動態供應機制系統自動建立的 PV：

```
# kubectl get pv
NAME                                              CAPACITY   ACCESSMODES
RECLAIMPOLICY   STATUS   CLAIM                     STORAGECLASS
REASON    AGE
pvc-783cf949-2a1a-11e7-8717-000c29eaed40   1Gi        RWX          Delete
Bound      default/pvc-gluster-heketi   gluster-heketi        6m
```

查看該 PV 的詳細資訊，可以看到其容量、引用的 StorageClass 等資訊都
已正確設置，狀態也為 Bound，回收策略則為預設的 Delete。同時 Gluster
的 Endpoint 和 Path 也由 Heketi 自動完成了設置：

```
# kubectl describe pv pvc-783cf949-2a1a-11e7-8717-000c29eaed40
Name:          pvc-783cf949-2a1a-11e7-8717-000c29eaed40
Labels:        <none>
```

```
Annotations:        pv.beta.kubernetes.io/gid=2000
                    pv.kubernetes.io/bound-by-controller=yes
                    pv.kubernetes.io/provisioned-by=kubernetes.io/glusterfs
StorageClass:       gluster-heketi
Status:             Bound
Claim:              default/pvc-gluster-heketi
Reclaim Policy:     Delete
Access Modes:       RWX
Capacity:           1Gi
Message:
Source:
    Type:           Glusterfs (a Glusterfs mount on the host that shares a pod's
lifetime)
    EndpointsName:      glusterfs-dynamic-pvc-gluster-heketi
    Path:               vol_87b9314cb76bafacfb7e9cdc04fcaf05
    ReadOnly:           false
Events:                 <none>
```

至此，一個可供 Pod 使用的 PVC 就建立成功了。接下來 Pod 就能透過
Volume 的設置將這個 PVC 掛載到容器內部進行使用了。

8.3.7 Pod 使用 PVC 的儲存資源

下面是在 Pod 中使用 PVC 定義的儲存資源的設定，首先設置一個類型為
persistentVolumeClaim 的 Volume，然後將其透過 volumeMounts 設置掛載
到容器內的目錄路徑下，注意，Pod 需要與 PVC 屬於同一個命名空間：

pod-use-pvc.yaml
```yaml
apiVersion: v1
kind: Pod
metadata:
  name: pod-use-pvc
spec:
  containers:
  - name: pod-use-pvc
    image: busybox
    command:
    - sleep
    - "3600"
    volumeMounts:
    - name: gluster-volume
      mountPath: "/pv-data"
      readOnly: false
```

```
    volumes:
    - name: gluster-volume
      persistentVolumeClaim:
        claimName: pvc-gluster-heketi
```

```
# kubectl create -f pod-use-pvc.yaml
pod/pod-use-pvc created
```

進入容器 pod-use-pvc，在 /pv-data 目錄下建立一些檔案：

```
# kubectl exec -ti pod-use-pvc -- /bin/sh
/ # cd /pv-data
/ # touch a
/ # echo "hello" > b
```

可以驗證檔案 a 和 b 在 GlusterFS 叢集中正確生成。

至此，使用 Kubernetes 最新的動態儲存裝置供應模式，配合 StorageClass 和 Heketi 共同架設以 GlusterFS 為基礎的共用儲存就完成了。有興趣的讀者可以繼續嘗試 StorageClass 的其他設置，例如調整 GlusterFS 的 Volume 類型、修改 PV 的回收策略等。

在使用動態儲存裝置供應模式的情況下，可以解決靜態模式的下列問題。

（1）管理員需要預先準備大量的靜態 PV。

（2）系統為 PVC 選擇 PV 時可能存在 PV 空間比 PVC 申請空間大的情況，無法保證沒有資源浪費。

所以在 Kubernetes 中，建議使用者優先考慮使用 StorageClass 的動態儲存裝置供應模式進行儲存資源的申請、使用、回收等操作。

8.4 CSI 儲存機制詳解

Kubernetes 從 1.9 版本開始引入容器儲存介面 Container Storage Interface （CSI）機制，用於在 Kubernetes 和外部儲存系統之間建立一套標準的儲存管理介面，透過該介面為容器提供儲存服務。CSI 到 Kubernetes 1.10 版本時升級為 Beta 版本，到 Kubernetes 1.13 版本時升級為穩定版本，已逐漸成熟。

8.4.1 CSI 的設計背景

Kubernetes 透過 PV、PVC、StorageClass 已經提供了一種強大的以外掛程式為基礎的儲存管理機制，但是各種儲存外掛程式提供的儲存服務都是以一種被稱為 "in-tree"（樹內）的方式為基礎提供的，這要求儲存外掛程式的程式必須被放進 Kubernetes 的主幹程式庫中才能被 Kubernetes 呼叫，屬於緊耦合的開發模式。這種 "in-tree" 方式會帶來一些問題：

- 儲存外掛的程式需要與 Kubernetes 的程式放在同一程式庫中，並與 Kubernetes 的二進位檔案共同發佈；
- 儲存外掛程式的開發者必須遵循 Kubernetes 的程式開發規範；
- 儲存外掛程式的開發者必須遵循 Kubernetes 的發佈流程，包括增加對 Kubernetes 儲存系統的支援和錯誤修復；
- Kubernetes 社區需要對儲存外掛的程式進行維護，包括審核、測試等；
- 儲存外掛程式中的問題可能會影響 Kubernetes 元件的執行，並且很難排除問題；
- 儲存外掛程式與 Kubernetes 的核心元件（kubelet 和 kube-controller-manager）享有相同的系統特權許可權，可能存在可靠性和安全性問題；
- 儲存外掛程式與 Kubernetes 程式一樣被強制要求開放原始碼、公開。

Kubernetes 已有的 Flex Volume 外掛程式機制試圖透過為外部儲存暴露一個以可執行程式（exec）為基礎的 API 來解決這些問題。儘管它允許第三方儲存提供商在 Kubernetes 核心程式之外開發儲存驅動，但仍然有兩個問題沒有得到很好的解決：

- 部署第三方驅動的可執行檔仍然需要宿主機的 root 許可權，存在安全隱憂；
- 儲存外掛程式在執行 mount、attach 這些操作時，通常需要在宿主機上安裝一些第三方工具套件和依賴函數庫，使得部署過程更加複雜，例如部署 Ceph 時需要安裝 rbd 函數庫，部署 GlusterFS 時需要安裝 mount.glusterfs 函數庫，等等。

以以上這些問題和考慮為基礎，Kubernetes 逐步推出與容器對接的儲存介面標準，儲存提供方只需以標準介面為基礎進行儲存外掛程式的實現，就能使用 Kubernetes 的原生儲存機制為容器提供儲存服務了。這套標準被稱為 CSI（容器儲存介面）。在 CSI 成為 Kubernetes 的儲存供應標準之後，儲存提供方的程式就能與 Kubernetes 程式徹底解耦，部署也與 Kubernetes 核心元件分離。顯然，儲存外掛程式的開發由提供方自行維護，就能為 Kubernetes 使用者提供更多的儲存功能，也更加安全可靠。以 CSI 為基礎的儲存外掛程式機制也被稱為 "out-of-tree"（樹外）的服務提供方式，是未來 Kubernetes 第三方儲存外掛程式的標準方案。可以到 CSI 專案官網獲取更多資訊。

8.4.2 CSI 的核心元件和部署架構

圖 8.5 展示了 Kubernetes CSI 儲存外掛程式的核心元件和推薦的容器化部署架構。

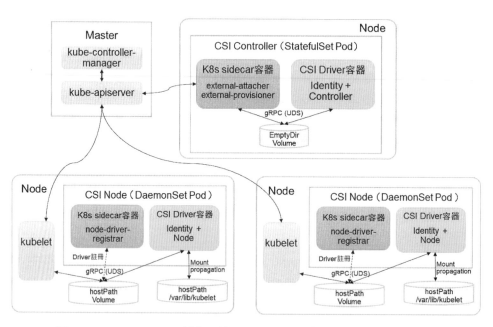

▲ 圖 8.5 Kubernetes CSI 儲存外掛程式的關鍵元件和推薦的容器化部署架構

其中主要包括兩類元件：CSI Controller 和 CSI Node。

1. CSI Controller

CSI Controller 的主要功能是提供儲存服務角度對儲存資源和儲存捲進行管理和操作。在 Kubernetes 中建議將其部署為單實例 Pod，可以使用 StatefulSet 或 Deployment 控制器進行部署，設置副本數量為 1，保證一種儲存外掛程式只執行一個控制器實例。

在這個 Pod 內部署兩個容器，分別提供以下功能。

（1）與 Master（kube-controller-manager）通訊的輔助 sidecar 容器。在 sidecar 容器內又可以包含 external-attacher 和 external-provisioner 兩個容器，它們的功能分別如下。

- external-attacher：監控 VolumeAttachment 資源物件的變更，觸發針對 CSI 端點的 ControllerPublish 和 ControllerUnpublish 操作。
- external-provisioner：監控 PersistentVolumeClaim 資源物件的變更，觸發針對 CSI 端點的 CreateVolume 和 DeleteVolume 操作。

另外，社區正在引入具備其他管理功能的 sidecar 工具，例如：external-snapshotter，用於管理儲存快照，目前為 Alpha 階段；external-resizer，用於管理儲存容量擴充，目前為 Beta 階段。

（2）CSI Driver 儲存驅動容器，由第三方儲存提供商提供，需要實現上述介面。

這兩個容器透過本地 Socket（Unix Domain Socket，UDS），並使用 gPRC 協定進行通訊。sidecar 容器透過 Socket 呼叫 CSI Driver 容器的 CSI 介面，CSI Driver 容器負責具體的儲存卷冊操作。

2. CSI Node

CSI Node 的主要功能是對主機（Node）上的 Volume 進行管理和操作。在 Kubernetes 中建議將其部署為 DaemonSet，在需要提供儲存資源的各個 Node 上都執行一個 Pod。

在這個 Pod 中部署以下兩個容器。

（1）與 kubelet 通訊的輔助 sidecar 容器 node-driver-registrar，主要功能是將儲存驅動註冊到 kubelet 中。

（2）CSI Driver 儲存驅動容器，由第三方儲存提供商提供，主要功能是接收 kubelet 的呼叫，需要實現一系列與 Node 相關的 CSI 介面，例如 NodePublishVolume 介面（用於將 Volume 掛載到容器內的目標路徑）、NodeUnpublishVolume 介面（用於從容器中卸載 Volume），等等。

node-driver-registrar 容器與 kubelet 透過 Node 主機一個 hostPath 目錄下的 unix socket 進行通訊。CSI Driver 容器與 kubelet 透過 Node 主機另一個 hostPath 目錄下的 unix socket 進行通訊，同時需要將 kubelet 的工作目錄（預設為 /var/lib/kubelet）掛載給 CSI Driver 容器，用於為 Pod 進行 Volume 的管理操作（包括 mount、umount 等）。

8.4.3 CSI 儲存外掛程式應用實戰

下面以 csi-hostpath 外掛程式為例，對如何部署 CSI 外掛程式、使用者如何使用 CSI 外掛程式提供的儲存資源進行詳細説明。

（1）設置 Kubernetes 服務啟動參數。為 kube-apiserver、kube-controller-manager 和 kubelet 服務的啟動參數增加如下內容：

```
--feature-gates=VolumeSnapshotDataSource=true,CSINodeInfo=true,CSIDriverReg
istry=true
```

這 3 個特性開關是 Kubernetes 從 1.12 版本開始引入的 Alpha 版本功能，CSINodeInfo 和 CSIDriverRegistry 需要手工建立其相應的 CRD 資源物件。

Kubernetes 1.10 版本所需的 CSIPersistentVolume 和 MountPropagation 特性開關已經預設啟用，KubeletPluginsWatcher 特性開關也在 Kubernetes 1.12 版本中預設啟用，無須在命令列參數中指定。

（2）建立 CSINodeInfo 和 CSIDriverRegistry CRD 資源物件。csidriver.yaml 的內容如下：

```
apiVersion: apiextensions.k8s.io/v1beta1
```

```
kind: CustomResourceDefinition
metadata:
  name: csidrivers.csi.storage.k8s.io
  labels:
    addonmanager.kubernetes.io/mode: Reconcile
spec:
  group: csi.storage.k8s.io
  names:
    kind: CSIDriver
    plural: csidrivers
  scope: Cluster
  validation:
    openAPIV3Schema:
      properties:
        spec:
          description: Specification of the CSI Driver.
          properties:
            attachRequired:
              description: Indicates this CSI volume driver requires an
attach operation,and that Kubernetes should call attach and wait for any
attach operationto complete before proceeding to mount.
              type: boolean
            podInfoOnMountVersion:
              description: Indicates this CSI volume driver requires
additional pod
                information (like podName, podUID, etc.) during mount
operations.
              type: string
  version: v1alpha1
```

csinodeinfo.yaml 的內容如下：

```
apiVersion: apiextensions.k8s.io/v1beta1
kind: CustomResourceDefinition
metadata:
  name: csinodeinfos.csi.storage.k8s.io
  labels:
    addonmanager.kubernetes.io/mode: Reconcile
spec:
  group: csi.storage.k8s.io
  names:
    kind: CSINodeInfo
    plural: csinodeinfos
  scope: Cluster
  validation:
```

```
openAPIV3Schema:
  properties:
    spec:
      description: Specification of CSINodeInfo
      properties:
        drivers:
          description: List of CSI drivers running on the node and their
specs.
          type: array
          items:
            properties:
              name:
                description: The CSI driver that this object refers to.
                type: string
              nodeID:
                description: The node from the driver point of view.
                type: string
              topologyKeys:
                description: List of keys supported by the driver.
                items:
                  type: string
                type: array
    status:
      description: Status of CSINodeInfo
      properties:
        drivers:
          description: List of CSI drivers running on the node and their
statuses.
          type: array
          items:
            properties:
              name:
                description: The CSI driver that this object refers to.
                type: string
              available:
                description: Whether the CSI driver is installed.
                type: boolean
              volumePluginMechanism:
                description: Indicates to external components the
required mechanism
                    to use for any in-tree plugins replaced by this driver.
                pattern: in-tree|csi
                type: string
  version: v1alpha1
```

使用 kubectl create 命令完成建立：

```
# kubectl create -f csidriver.yaml
customresourcedefinition.apiextensions.k8s.io/csidrivers.csi.storage.k8s.io
created
# kubectl create -f csinodeinfo.yaml
customresourcedefinition.apiextensions.k8s.io/csinodeinfos.csi.storage.k8s.
io created
```

（3）建立 csi-hostpath 儲存外掛程式相關元件，包括 csi-hostpath-attacher、csi-hostpath- provisioner 和 csi-hostpathplugin（其中包含 csi-node-driver-registrar 和 hostpathplugin）。其中為每個元件都設定了相應的 RBAC 許可權控制規則，對於安全存取 Kubernetes 資源物件非常重要。

csi-hostpath-attacher.yaml 的內容如下：

```
# RBAC 相關設定
---
apiVersion: v1
kind: ServiceAccount
metadata:
  name: csi-attacher
  namespace: default
---
kind: ClusterRole
apiVersion: rbac.authorization.k8s.io/v1
metadata:
  name: external-attacher-runner
rules:
  - apiGroups: [""]
    resources: ["persistentvolumes"]
    verbs: ["get", "list", "watch", "update"]
  - apiGroups: [""]
    resources: ["nodes"]
    verbs: ["get", "list", "watch"]
  - apiGroups: ["csi.storage.k8s.io"]
    resources: ["csinodeinfos"]
    verbs: ["get", "list", "watch"]
  - apiGroups: ["storage.k8s.io"]
    resources: ["volumeattachments"]
    verbs: ["get", "list", "watch", "update"]
---
kind: ClusterRoleBinding
apiVersion: rbac.authorization.k8s.io/v1
```

```
metadata:
  name: csi-attacher-role
subjects:
  - kind: ServiceAccount
    name: csi-attacher
    namespace: default
roleRef:
  kind: ClusterRole
  name: external-attacher-runner
  apiGroup: rbac.authorization.k8s.io
---
kind: Role
apiVersion: rbac.authorization.k8s.io/v1
metadata:
  namespace: default
  name: external-attacher-cfg
rules:
- apiGroups: [""]
  resources: ["configmaps"]
  verbs: ["get", "watch", "list", "delete", "update", "create"]
---
kind: RoleBinding
apiVersion: rbac.authorization.k8s.io/v1
metadata:
  name: csi-attacher-role-cfg
  namespace: default
subjects:
  - kind: ServiceAccount
    name: csi-attacher
    namespace: default
roleRef:
  kind: Role
  name: external-attacher-cfg
  apiGroup: rbac.authorization.k8s.io

# Service 和 StatefulSet 的定義
---
kind: Service
apiVersion: v1
metadata:
  name: csi-hostpath-attacher
  labels:
    app: csi-hostpath-attacher
spec:
```

```
    selector:
      app: csi-hostpath-attacher
    ports:
      - name: dummy
        port: 12345
---
kind: StatefulSet
apiVersion: apps/v1
metadata:
  name: csi-hostpath-attacher
spec:
  serviceName: "csi-hostpath-attacher"
  replicas: 1
  selector:
    matchLabels:
      app: csi-hostpath-attacher
  template:
    metadata:
      labels:
        app: csi-hostpath-attacher
    spec:
      serviceAccountName: csi-attacher
      containers:
        - name: csi-attacher
          image: quay.io/k8scsi/csi-attacher:v1.0.1
          imagePullPolicy: IfNotPresent
          args:
            - --v=5
            - --csi-address=$(ADDRESS)
          env:
            - name: ADDRESS
              value: /csi/csi.sock
          volumeMounts:
          - mountPath: /csi
            name: socket-dir
      volumes:
        - hostPath:
            path: /var/lib/kubelet/plugins/csi-hostpath
            type: DirectoryOrCreate
          name: socket-dir
```

csi-hostpath-provisioner.yaml 的內容如下:

RBAC 相關設定

```
---
apiVersion: v1
kind: ServiceAccount
metadata:
  name: csi-provisioner
  namespace: default
---
kind: ClusterRole
apiVersion: rbac.authorization.k8s.io/v1
metadata:
  name: external-provisioner-runner
rules:
  - apiGroups: [""]
    resources: ["secrets"]
    verbs: ["get", "list"]
  - apiGroups: [""]
    resources: ["persistentvolumes"]
    verbs: ["get", "list", "watch", "create", "delete"]
  - apiGroups: [""]
    resources: ["persistentvolumeclaims"]
    verbs: ["get", "list", "watch", "update"]
  - apiGroups: ["storage.k8s.io"]
    resources: ["storageclasses"]
    verbs: ["get", "list", "watch"]
  - apiGroups: [""]
    resources: ["events"]
    verbs: ["list", "watch", "create", "update", "patch"]
  - apiGroups: ["snapshot.storage.k8s.io"]
    resources: ["volumesnapshots"]
    verbs: ["get", "list"]
  - apiGroups: ["snapshot.storage.k8s.io"]
    resources: ["volumesnapshotcontents"]
    verbs: ["get", "list"]
  - apiGroups: ["csi.storage.k8s.io"]
    resources: ["csinodeinfos"]
    verbs: ["get", "list", "watch"]
  - apiGroups: [""]
    resources: ["nodes"]
    verbs: ["get", "list", "watch"]
---
kind: ClusterRoleBinding
apiVersion: rbac.authorization.k8s.io/v1
metadata:
  name: csi-provisioner-role
```

```
subjects:
  - kind: ServiceAccount
    name: csi-provisioner
    namespace: default
roleRef:
  kind: ClusterRole
  name: external-provisioner-runner
  apiGroup: rbac.authorization.k8s.io
---
kind: Role
apiVersion: rbac.authorization.k8s.io/v1
metadata:
  namespace: default
  name: external-provisioner-cfg
rules:
- apiGroups: [""]
  resources: ["endpoints"]
  verbs: ["get", "watch", "list", "delete", "update", "create"]
---
kind: RoleBinding
apiVersion: rbac.authorization.k8s.io/v1
metadata:
  name: csi-provisioner-role-cfg
  namespace: default
subjects:
  - kind: ServiceAccount
    name: csi-provisioner
    namespace: default
roleRef:
  kind: Role
  name: external-provisioner-cfg
  apiGroup: rbac.authorization.k8s.io

---
kind: Service
apiVersion: v1
metadata:
  name: csi-hostpath-provisioner
  labels:
    app: csi-hostpath-provisioner
spec:
  selector:
    app: csi-hostpath-provisioner
  ports:
```

```
      - name: dummy
        port: 12345
---
kind: StatefulSet
apiVersion: apps/v1
metadata:
  name: csi-hostpath-provisioner
spec:
  serviceName: "csi-hostpath-provisioner"
  replicas: 1
  selector:
    matchLabels:
      app: csi-hostpath-provisioner
  template:
    metadata:
      labels:
        app: csi-hostpath-provisioner
    spec:
      serviceAccountName: csi-provisioner
      containers:
        - name: csi-provisioner
          image: quay.io/k8scsi/csi-provisioner:v1.0.1
          imagePullPolicy: IfNotPresent
          args:
            - "--provisioner=csi-hostpath"
            - "--csi-address=$(ADDRESS)"
            - "--connection-timeout=15s"
          env:
            - name: ADDRESS
              value: /csi/csi.sock
          volumeMounts:
            - mountPath: /csi
              name: socket-dir
      volumes:
        - hostPath:
            path: /var/lib/kubelet/plugins/csi-hostpath
            type: DirectoryOrCreate
          name: socket-dir
```

csi-hostpathplugin.yaml 的內容如下：

```
# RBAC 相關設定
---
apiVersion: v1
kind: ServiceAccount
```

```
metadata:
  name: csi-node-sa
  namespace: default

---
kind: ClusterRole
apiVersion: rbac.authorization.k8s.io/v1
metadata:
  name: driver-registrar-runner
rules:
  - apiGroups: [""]
    resources: ["events"]
    verbs: ["get", "list", "watch", "create", "update", "patch"]

---
kind: ClusterRoleBinding
apiVersion: rbac.authorization.k8s.io/v1
metadata:
  name: csi-driver-registrar-role
subjects:
  - kind: ServiceAccount
    name: csi-node-sa
    namespace: default
roleRef:
  kind: ClusterRole
  name: driver-registrar-runner
  apiGroup: rbac.authorization.k8s.io

# DaemonSet 的定義
---
kind: DaemonSet
apiVersion: apps/v1
metadata:
  name: csi-hostpathplugin
spec:
  selector:
    matchLabels:
      app: csi-hostpathplugin
  template:
    metadata:
      labels:
        app: csi-hostpathplugin
    spec:
      serviceAccountName: csi-node-sa
```

```
hostNetwork: true
containers:
  - name: driver-registrar
    image: quay.io/k8scsi/csi-node-driver-registrar:v1.0.1
    imagePullPolicy: IfNotPresent
    args:
      - --v=5
      - --csi-address=/csi/csi.sock
      - --kubelet-registration-path=/var/lib/kubelet/plugins/csi-
hostpath/csi.sock
    env:
      - name: KUBE_NODE_NAME
        valueFrom:
          fieldRef:
            apiVersion: v1
            fieldPath: spec.nodeName
    volumeMounts:
    - mountPath: /csi
      name: socket-dir
    - mountPath: /registration
      name: registration-dir
  - name: hostpath
    image: quay.io/k8scsi/hostpathplugin:v1.0.1
    imagePullPolicy: IfNotPresent
    args:
      - "--v=5"
      - "--endpoint=$(CSI_ENDPOINT)"
      - "--nodeid=$(KUBE_NODE_NAME)"
    env:
      - name: CSI_ENDPOINT
        value: unix:///csi/csi.sock
      - name: KUBE_NODE_NAME
        valueFrom:
          fieldRef:
            apiVersion: v1
            fieldPath: spec.nodeName
    securityContext:
      privileged: true
    volumeMounts:
      - mountPath: /csi
        name: socket-dir
      - mountPath: /var/lib/kubelet/pods
        mountPropagation: Bidirectional
        name: mountpoint-dir
```

```
volumes:
  - hostPath:
      path: /var/lib/kubelet/plugins/csi-hostpath
      type: DirectoryOrCreate
    name: socket-dir
  - hostPath:
      path: /var/lib/kubelet/pods
      type: DirectoryOrCreate
    name: mountpoint-dir
  - hostPath:
      path: /var/lib/kubelet/plugins_registry
      type: Directory
    name: registration-dir
```

使用 kubectl create 命令完成建立：

 # kubectl create -f csi-hostpath-attacher.yaml
```
serviceaccount/csi-attacher created
clusterrole.rbac.authorization.k8s.io/external-attacher-runner created
clusterrolebinding.rbac.authorization.k8s.io/csi-attacher-role created
role.rbac.authorization.k8s.io/external-attacher-cfg created
rolebinding.rbac.authorization.k8s.io/csi-attacher-role-cfg created
service/csi-hostpath-attacher created
statefulset.apps/csi-hostpath-attacher created
```

 # kubectl create -f csi-hostpath-provisioner.yaml
```
serviceaccount/csi-provisioner created
clusterrole.rbac.authorization.k8s.io/external-provisioner-runner created
clusterrolebinding.rbac.authorization.k8s.io/csi-provisioner-role created
role.rbac.authorization.k8s.io/external-provisioner-cfg created
rolebinding.rbac.authorization.k8s.io/csi-provisioner-role-cfg created
service/csi-hostpath-provisioner created
statefulset.apps/csi-hostpath-provisioner created
```

 # kubectl create -f csi-hostpathplugin.yaml
```
serviceaccount/csi-node-sa created
clusterrole.rbac.authorization.k8s.io/driver-registrar-runner created
clusterrolebinding.rbac.authorization.k8s.io/csi-driver-registrar-role
created
daemonset.apps/csi-hostpathplugin created
```

確保 3 個 Pod 都正常執行：

```
# kubectl get pods
NAME                          READY   STATUS   RESTARTS   AGE
```

```
csi-hostpath-attacher-0      1/1    Running    0    4m41s
csi-hostpath-provisioner-0   1/1    Running    0    84s
csi-hostpathplugin-t6qzs     2/2    Running    0    39s
```

至此就完成了 CSI 儲存外掛程式的部署。

（4）應用容器使用 CSI 儲存。應用程式如果希望使用 CSI 儲存外掛程式提供的儲存服務，則仍然使用 Kubernetes 動態儲存裝置管理機制。首先透過建立 StorageClass 和 PVC 為應用容器準備儲存資源，然後容器就可以掛載 PVC 到容器內的目錄下進行使用了。

建立一個 StorageClass，provisioner 為 CSI 儲存外掛程式的類型，在本例中為 csi-hostpath：

```
# csi-storageclass.yaml
apiVersion: storage.k8s.io/v1
kind: StorageClass
metadata:
  name: csi-hostpath-sc
provisioner: csi-hostpath
reclaimPolicy: Delete
volumeBindingMode: Immediate

# kubectl create -f csi-storageclass.yaml
storageclass.storage.k8s.io/csi-hostpath-sc created
```

建立一個 PVC，引用剛剛建立的 StorageClass，申請儲存空間為 1GiB：

```
# csi-pvc.yaml
apiVersion: v1
kind: PersistentVolumeClaim
metadata:
  name: csi-pvc
spec:
  accessModes:
  - ReadWriteOnce
  resources:
    requests:
      storage: 1Gi
  storageClassName: csi-hostpath-sc

# kubectl create -f csi-pvc.yaml
persistentvolumeclaim/csi-pvc created
```

查看 PVC 和系統自動建立的 PV，狀態為 Bound，說明建立成功：

```
# kubectl get pvc
NAME        STATUS    VOLUME                                   CAPACITY
ACCESS MODES    STORAGECLASS      AGE
csi-pvc     Bound     pvc-f8923093-3e25-11e9-a5fa-000c29069202    1Gi      RWO
csi-hostpath-sc    40s

# kubectl get pv
NAME                                         CAPACITY    ACCESS MODES    RECLAIM
POLICY    STATUS    CLAIM                STORAGECLASS      REASON    AGE
pvc-f8923093-3e25-11e9-a5fa-000c29069202    1Gi          RWO              Delete
Bound     default/csi-pvc    csi-hostpath-sc            42s
```

最後，在應用容器的設定中使用該 PVC：

```
# csi-app.yaml
kind: Pod
apiVersion: v1
metadata:
  name: my-csi-app
spec:
  containers:
    - name: my-csi-app
      image: busybox
      imagePullPolicy: IfNotPresent
      command: [ "sleep", "1000000" ]
      volumeMounts:
      - mountPath: "/data"
        name: my-csi-volume
  volumes:
    - name: my-csi-volume
      persistentVolumeClaim:
        claimName: csi-pvc

# k create -f csi-app.yaml
pod/my-csi-app created

# kubectl get pods
NAME                     READY    STATUS     RESTARTS    AGE
my-csi-app               1/1      Running    0           40s
```

在 Pod 建立成功之後，應用容器中的 /data 目錄使用的就是 CSI 儲存外掛
程式提供的儲存。

我們透過 kubelet 的日誌可以查看到 Volume 掛載的詳細過程：

```
I0304 10:39:27.408018    29488 operation_generator.go:1196] Controller
attach succeeded for volume "pvc-f8923093-3e25-11e9-a5fa-000c29069202"
(UniqueName: "kubernetes.io/csi/csi-hostpath^f89c8e8e-3e25-11e9-
8d66-000c29069202") pod "my-csi-app" (UID: "b624c688-3e26-11e9-a5fa-
000c29069202") device path: "csi-43a8c0897d21520e942e9ceea0b1ddac36c8c462d7
26780bed5f50841f0b0871"
I0304 10:39:27.501816    29488 operation_generator.go:501] MountVolume.
WaitForAttach entering for volume "pvc-f8923093-3e25-11e9-a5fa-
000c29069202" (UniqueName: "kubernetes.io/csi/csi-hostpath^f89c8e8e-3e25-
11e9-8d66-000c29069202") pod "my-csi-app" (UID: "b624c688-3e26-11e9-a5fa-
000c29069202") DevicePath "csi-43a8c0897d21520e942e9ceea0b1ddac36c8c462d726
780bed5f50841f0b0871"
I0304 10:39:27.504542    29488 operation_generator.go:510] MountVolume.
WaitForAttach succeeded for volume "pvc-f8923093-3e25-11e9-a5fa-
000c29069202" (UniqueName: "kubernetes.io/csi/csi-hostpath^f89c8e8e-3e25-
11e9-8d66-000c29069202") pod "my-csi-app" (UID: "b624c688-3e26-11e9-a5fa-
000c29069202") DevicePath "csi-43a8c0897d21520e942e9ceea0b1ddac36c8c462d726
780bed5f50841f0b0871"
I0304 10:39:27.506867    29488 csi_attacher.go:360] kubernetes.io/csi:
attacher.MountDevice STAGE_UNSTAGE_VOLUME capability not set. Skipping
MountDevice...
I0304 10:39:27.506894    29488 operation_generator.go:531] MountVolume.
MountDevice succeeded for volume "pvc-f8923093-3e25-11e9-a5fa-
000c29069202" (UniqueName: "kubernetes.io/csi/csi-hostpath^f89c8e8e-3e25-
11e9-8d66-000c29069202") pod "my-csi-app" (UID: "b624c688-3e26-11e9-a5fa-
000c29069202") device mount path "/var/lib/kubelet/plugins/kubernetes.io/
csi/pv/pvc-f8923093-3e25-11e9-a5fa-000c29069202/globalmount"
```

8.4.4 CSI 儲存快照管理

Kubernetes 從 1.12 版本開始引入儲存卷冊快照（Volume Snapshots）功能，
到 1.17 版本時達到 Beta 階段。為此，Kubernetes 引入了 3 個主要的資源物
件 VolumeSnapshotContent、VolumeSnapshot 和 VolumeSnapshotClass 進 行
管理，它們均為 CRD 自訂資源物件。

- VolumeSnapshotContent：以某個 PV 為基礎建立的快照，類似於 PV 的
  「資源」概念。

- VolumeSnapshot：需要使用某個快照的申請，類似於 PVC 的「申請」
  概念。

■ VolumeSnapshotClass：設置快照的特性，遮罩 VolumeSnapshotContent 的細節，為 VolumeSnapshot 綁定提供動態管理，類似於 StorageClass 的「類型」概念。

為了提供對儲存快照的管理，還需在 Kubernetes 中部署快照控制器（Snapshot Controller），並且為 CSI 驅動部署一個 csi-snapshotter 輔助工具 sidecar。Snapshot Controller 持續監控 VolumeSnapshot 和 VolumeSnapshotContent 資源物件的建立，並且在動態供應模式下自動建立 VolumeSnapshotContent 資源物件。csi-snapshotter 輔助工具 sidecar 則持續監控 VolumeSnapshotContent 資源物件的建立，一旦出現新的 VolumeSnapshotContent 或者被刪除，就自動呼叫針對 CSI endpoint 的 CreateSnapshot 或 DeleteSnapshot 方法，完成快照的建立或刪除。

接下來對 VolumeSnapshotContent、VolumeSnapshot 和 VolumeSnapshotClass 的概念和應用進行說明。

1. VolumeSnapshot 和 VolumeSnapshotContent 的生命週期

VolumeSnapshot 和 VolumeSnapshotContent 的生命週期包括資源供應、資源綁定、對使用 PVC 的保護機制和資源刪除等各個階段。

（1）資源供應。與 PV 的資源供應模型類似，快照資源 VolumeSnapshotContent 也可以以靜態供應或動態供應兩種方式提供。

■ 靜態供應（Pre-provisioned）：叢集管理員預先建立好一組 VolumeSnapshotContent。

■ 動態供應（Dynamic）：以 VolumeSnapshotClass 類型為基礎，由系統在使用者建立 VolumeSnapshot 申請時自動建立 VolumeSnapshotContent。

（2）資源綁定。快照控制器（Snapshot Controller）負責將 VolumeSnapshot 與一個合適的 VolumeSnapshotContent 進行綁定，包括靜態供應和動態供應兩種情況。VolumeSnapshot 與 VolumeSnapshotContent 的綁定關係為一對一，不會存在一對多的綁定關係。

（3）對使用中 PVC 的保護機制。當儲存快照 VolumeSnapshot 正在被建立且還未完成時，相關的 PVC 將會被標記為「正被使用中」，如果使用者對 PVC 進行刪除操作，則系統將不會立即刪除 PVC 資源物件，以避免快照還未做完的資料遺失。對 PVC 的刪除操作將會延遲到 VolumeSnapshot 建立完成（狀態為 readyToUse）或者被終止（aborted）的情況下完成。

（4）資源刪除。對 VolumeSnapshot 發起刪除操作時，對與其綁定的後端 VolumeSnapshotContent 的刪除操作將以刪除策略（DeletionPolicy）為基礎的設置而定，可以設置的策略如下。

- Delete：自動刪除 VolumeSnapshotContent 資源物件和快照的內容。
- Retain：VolumeSnapshotContent 資源物件和快照的內容都將保留，需要手工清理。

2. VolumeSnapshot、VolumeSnapshotContent 和 VolumeSnapshotClass 範例

1）VolumeSnapshot（快照申請）範例

（1）申請動態儲存裝置快照的 VolumeSnapshot：

```
apiVersion: snapshot.storage.k8s.io/v1beta1
kind: VolumeSnapshot
metadata:
  name: new-snapshot-test
spec:
  volumeSnapshotClassName: csi-hostpath-snapclass
  source:
    persistentVolumeClaimName: pvc-test
```

主要設定參數如下。

- volumeSnapshotClassName：儲存快照類別的名稱，未指定時，系統將使用可用的預設類別進行提供。
- persistentVolumeClaimName：作為資料來源的 PVC 名稱。

（2）申請靜態儲存快照的 VolumeSnapshot：

```
apiVersion: snapshot.storage.k8s.io/v1beta1
kind: VolumeSnapshot
metadata:
  name: snapshot-test
```

```
spec:
  source:
    volumeSnapshotContentName: test-content
```

主要設定參數為 volumeSnapshotContentName，表示 VolumeSnapshotContent
名稱。

2）VolumeSnapshotContent（快照）範例
（1）在動態供應模式下，系統自動建立的 VolumeSnapshotContent 內容如
下：

```
apiVersion: snapshot.storage.k8s.io/v1beta1
kind: VolumeSnapshotContent
metadata:
  name: snapcontent-72d9a349-aacd-42d2-a240-d775650d2455
spec:
  deletionPolicy: Delete
  driver: hostpath.csi.k8s.io
  source:
    volumeHandle: ee0cfb94-f8d4-11e9-b2d8-0242ac110002
  volumeSnapshotClassName: csi-hostpath-snapclass
  volumeSnapshotRef:
    name: new-snapshot-test
    namespace: default
    uid: 72d9a349-aacd-42d2-a240-d775650d2455
```

volumeHandle 欄位的值是在後端儲存上建立並由 CSI 驅動在建立儲存卷
冊期間返回的 Volume 的唯一識別碼。在動態供應模式下需要該欄位，它
指定的是快照的來源 Volume 資訊。

（2）在靜態供應模式下需要使用者手工建立儲存快照 VolumeSnapshot
Content，例如：

```
apiVersion: snapshot.storage.k8s.io/v1beta1
kind: VolumeSnapshotContent
metadata:
  name: new-snapshot-content-test
spec:
  deletionPolicy: Delete
  driver: hostpath.csi.k8s.io
  source:
    snapshotHandle: 7bdd0de3-aaeb-11e8-9aae-0242ac110002
```

```
volumeSnapshotRef:
  name: new-snapshot-test
  namespace: default
```

主要設定參數如下。

- deletionPolicy：刪除策略。
- source.snapshotHandle：在後端儲存上建立的快照的唯一識別碼。
- volumeSnapshotRef：由系統為 VolumeSnapshot 完成綁定之後自動設置。

3）VolumeSnapshotClass（快照類別）範例
範例如下：

```
apiVersion: snapshot.storage.k8s.io/v1beta1
kind: VolumeSnapshotClass
metadata:
  name: csi-hostpath-snapclass
driver: hostpath.csi.k8s.io
deletionPolicy: Delete
parameters:
```

主要設定參數如下。

- driver：CSI 儲存外掛程式驅動的名稱。
- deletionPolicy：刪除策略，可以被設置為 Delete 或 Retain，將被系統設置為動態建立出的 VolumeSnapshotContent 資源的刪除策略。
- parameters：儲存外掛程式所需設定的參數，由 CSI 驅動提供具體的設定參數。

對於未設置 VolumeSnapshotClass 的 VolumeSnapshot（申請），管理員也可以像提供預設 StorageClass 一樣，在叢集中設置一個預設的 VolumeSnapshotClass，這透過在 VolumeSnapshotClass 資源物件中設置 snapshot.storage.kubernetes.io/is-default-class=true 的 annotation 進行標記，例如：

```
apiVersion: snapshot.storage.k8s.io/v1beta1
kind: VolumeSnapshotClass
metadata:
```

```
  name: csi-hostpath-snapclass
  annotations:
    snapshot.storage.kubernetes.io/is-default-class: "true"
driver: hostpath.csi.k8s.io
deletionPolicy: Delete
parameters:
```

3. 以儲存快照為基礎（Snapshot）建立新的 PVC 儲存卷冊

Kubernetes 對以儲存快照（Snapshot）為基礎建立儲存卷冊的支援到 1.17 版本時達到 Beta 階段。要啟用該特性，就需要在 kube-apiserver、kube-controller-manager 和 kubelet 服務的特性開關中進行啟用：--feature-gates=...,VolumeSnapshotDataSource。

然後，就可以以某個儲存快照為基礎建立一個新的 PVC 儲存卷冊了。下面是一個 PVC 定義的範例，其中透過 dataSource 欄位設置以名為 "new-snapshot-test" 的儲存快照為基礎進行建立：

```
apiVersion: v1
kind: PersistentVolumeClaim
metadata:
  name: restore-pvc
spec:
  storageClassName: csi-hostpath-sc
  dataSource:
    name: new-snapshot-test
    kind: VolumeSnapshot
    apiGroup: snapshot.storage.k8s.io
  accessModes:
    - ReadWriteOnce
  resources:
    requests:
      storage: 10Gi
```

4. PVC 儲存卷冊複製

CSI 類型的儲存還支援儲存的複製功能，可以以某個系統中已存在的 PVC 為基礎複製為一個新的 PVC，透過在 dataSource 欄位中設置來源 PVC 實現。

一個 PVC 的複製定義為已存在的一個儲存卷冊的副本，Pod 應用可以像使用標準儲存卷冊一樣使用該複製。唯一的區別是，系統在為複製 PVC 提供後端儲存資源時，不是新建一個 PV，而是複製一個與原 PVC 綁定 PV 完全一樣的 PV。

從 Kubernetes API 的角度來看，複製的實現只是增加了在建立新 PVC 時將現有 PVC 指定為資料來源的能力，並且要求原 PVC 必須已完成綁定並處於可用狀態（Available）。

在使用複製功能時，需要注意以下事項。

- 對複製的支援僅適用於 CSI 類型的儲存卷冊。
- 複製僅適用於動態供應模式。
- 複製功能取決於具體的 CSI 驅動的實現機制。
- 複製要求目標 PVC 和來源 PVC 處於相同的命名空間中。
- 複製僅支援在相同的 StorageClass 中完成：① 目標 Volume 與來源 Volume 具有相同的 StorageClass；② 可以使用預設的儲存類別（Default StorageClass），可以省略 storageClassName 欄位。
- 複製要求兩個儲存卷冊的儲存模式（VolumeMode）相同，同為檔案系統模式或區塊儲存模式。

下面是建立一個 PVC 複製的範例：

```
apiVersion: v1
kind: PersistentVolumeClaim
metadata:
    name: clone-of-pvc-1
    namespace: myns
spec:
  accessModes:
  - ReadWriteOnce
  storageClassName: cloning
  resources:
    requests:
      storage: 5Gi
  dataSource:
    kind: PersistentVolumeClaim
    name: pvc-1
```

關鍵設定參數如下。

- dataSource：設置來源 PVC 的名稱。
- resources.requests.storage：儲存空間需求，必須大於或等於來源 PVC 的空間。

複製成功後，新的名為 "clone-of-pvc-1" 的 PVC 將包含與來源 PVC "pvc-1" 完全相同的儲存內容，然後 Pod 就能像使用普通 PVC 一樣使用該複製 PVC 了。

另外，複製 PVC 與來源 PVC 並沒有直接的連結關係，使用者完全可以將其當作一個普通的 PVC，也可以對其再次進行複製、快照、刪除等操作。

8.4.5 CSI 的發展

CSI 正在逐漸成為 Kubernetes 中儲存卷冊的標準介面，越來越多的儲存提供商都提供了相應的實現和豐富的儲存管理功能。本節對 Kubernetes 已支援的 CSI 外掛程式提供商、CSI 對原生區塊裝置的支援、CSI 對臨時儲存卷冊的支援、in-tree 外掛程式的遷移等發展進行說明。

目前可用於生產環境的 CSI 外掛程式列表如表 8.5 所示。

表 8.5 目前可用於生產環境的 CSI 外掛程式列表

名稱	CSI 驅動名稱	狀態 / 版本編號
Alicloud Disk	diskplugin.csi.alibabacloud.com	v1.0
Alicloud NAS	nasplugin.csi.alibabacloud.com	v1.0
Alicloud OSS	ossplugin.csi.alibabacloud.com	v1.0
ArStor CSI	arstor.csi.huayun.io	v1.0
AWS Elastic Block Storage	ebs.csi.aws.com	v0.3、v1.0
AWS Elastic File System	efs.csi.aws.com	v0.3、v1.0
AWS FSx for Lustre	fsx.csi.aws.com	v0.3、v1.0
Azure disk	disk.csi.azure.com	v0.3、v1.0
Azure file	file.csi.azure.com	v0.3、v1.0
Bigtera VirtualStor（區塊裝置）	csi.block.bigtera.com	v0.3、v1.0.0、v1.1.0

名稱	CSI 驅動名稱	狀態 / 版本編號
Bigtera VirtualStor（檔案系統）	csi.fs.bigtera.com	v0.3、v1.0.0、v1.1.0
CephFS	cephfs.csi.ceph.com	v0.3、v1.0.0、v1.1.0、v1.2.0
Ceph RBD	rbd.csi.ceph.com	v0.3、v1.0.0、v1.1.0、v1.2.0
ChubaoFS	csi.chubaofs.com	v1.0.0
Cinder	cinder.csi.openstack.org	v0.3、v1.0、v1.1
cloudscale.ch	csi.cloudscale.ch	v1.0
Datatom-InfinityCSI	csi-infiblock-plugin	v0.3、v1.0.0、v1.1.0
Datatom-InfinityCSI（檔案系統）	csi-infifs-plugin	v0.3、v1.0.0、v1.1.0
Datera	dsp.csi.daterainc.io	v1.0
Dell EMC Isilon	csi-isilon.dellemc.com	v1.1
Dell EMC PowerMax	csi-powermax.dellemc.com	v1.1
Dell EMC PowerStore	csi-powerstore.dellemc.com	v1.1
Dell EMC Unity	csi-unity.dellemc.com	v1.1
Dell EMC VxFlexOS	csi-vxflexos.dellemc.com	v1.1
Dell EMC XtremIO	csi-xtremio.dellemc.com	v1.0
democratic-csi	org.democratic-csi.[X]	v1.0,v1.1,v1.2
Diamanti-CSI	dcx.csi.diamanti.com	v1.0
DigitalOcean Block Storage	dobs.csi.digitalocean.com	v0.3、v1.0
DriveScale	csi.drivescale.com	v1.0
Ember CSI	[x].ember-csi.io	v0.2、v0.3、v1.0
Excelero NVMesh	nvmesh-csi.excelero.com	v1.0、v1.1
GCE Persistent Disk	pd.csi.storage.gke.io	v0.3、v1.0
Google Cloud Filestore	com.google.csi.filestore	v0.3
Google Cloud Storage	gcs.csi.ofek.dev	v1.0
GlusterFS	org.gluster.glusterfs	v0.3、v1.0
Gluster VirtBlock	org.gluster.glustervirtblock	v0.3、v1.0
Hammerspace CSI	com.hammerspace.csi	v0.3、v1.0

名稱	CSI 驅動名稱	狀態 / 版本編號
Hedvig	io.hedvig.csi	v1.0
Hetzner Cloud Volumes CSI	csi.hetzner.cloud	v0.3、v1.0
Hitachi Vantara	com.hitachi.hspc.csi	v1.0
HPE	csi.hpe.com	v1.0、v1.1、v1.2
Huawei Storage CSI	csi.huawei.com	v1.0
HyperV CSI	eu.zetanova.csi.hyperv	v1.0、v1.1
IBM Block Storage	block.csi.ibm.com	v1.0、v1.1、v1.2
IBM Spectrum Scale	spectrumscale.csi.ibm.com	v1.0、v1.1
IBM Cloud Block Storage VPC CSI Driver	vpc.block.csi.ibm.io	v1.0
Infinidat	infinibox-csi-driver	v1.0、v1.1
Inspur InStorage CSI	csi-instorage	v1.0
Intel PMEM-CSI	pmem-csi.intel.com	v1.0
JuiceFS	csi.juicefs.com	v0.3、v1.0
kaDalu	org.kadalu.gluster	v0.3
Linode Block Storage	linodebs.csi.linode.com	v1.0
LINSTOR	io.drbd.linstor-csi	v1.1
Longhorn	driver.longhorn.io	v1.1
MacroSAN	csi-macrosan	v1.0
Manila	manila.csi.openstack.org	v1.1、v1.2
MapR	com.mapr.csi-kdf	v1.0
MooseFS	com.tuxera.csi.moosefs	v1.0
NetApp	csi.trident.netapp.io	v1.0、v1.1、v1.2
NexentaStor File Storage	nexentastor-csi-driver.nexenta.com	v1.0、v1.1、v1.2
NexentaStor Block Storage	nexentastor-block-csi-driver.nexenta.com	v1.0、v1.1、v1.2
Nutanix	com.nutanix.csi	v0.3、v1.0、v1.2
OpenEBS	cstor.csi.openebs.io	v1.0
OpenSDS	csi-opensdsplugin	v1.0

名稱	CSI 驅動名稱	狀態 / 版本編號
Open-E	com.open-e.joviandss.csi	v1.0
Portworx	pxd.openstorage.org	v0.3、v1.1
Pure Storage CSI	pure-csi	v1.0、v1.1、v1.2
QingCloud CSI	disk.csi.qingcloud.com	v1.1
QingStor CSI	csi-neonsan	v0.3
Quobyte	quobyte-csi	v0.2
ROBIN	robin	v0.3、v1.0
SandStone	csi-sandstone-plugin	v1.0
Sangfor-EDS	eds.csi.sangfor.com	v1.0
SeaweedFS	seaweedfs-csi-driver	v1.0
Secrets Store CSI Driver	secrets-store.csi.k8s.io	v0.0.10
SmartX	csi-smtx-plugin	v1.0
SPDK-CSI	csi.spdk.io	v1.1
StorageOS	storageos	v0.3、v1.0
Storidge	csi.cio.storidge.com	v0.3、v1.0
StorPool	csi-driver.storpool.com	v1.0
Tencent Cloud Block Storage	com.tencent.cloud.csi.cbs	v1.0
Tencent Cloud File Storage	com.tencent.cloud.csi.cfs	v1.0
Tencent Cloud Object Storage	com.tencent.cloud.csi.cosfs	v1.0
TopoLVM	topolvm.cybozu.com	v1.1
VAST Data	csi.vastdata.com	v1.0
XSKY-EBS	csi.block.xsky.com	v1.0
XSKY-EUS	csi.fs.xsky.com	v1.0
Vault	secrets.csi.kubevault.com	v1.0
vSphere	csi.vsphere.vmware.com	v2.0.0
WekaIO	csi.weka.io	v1.0
Yandex.Cloud	yandex.csi.flant.com	v1.2
YanRongYun	?	v1.0
Zadara-CSI	csi.zadara.com	v1.0、v1.1

實驗性的 CSI 外掛程式列表如表 8.6 所示。

表 8.6　實驗性的 CSI 外掛程式列表

名稱	狀態 / 版本編號	說明
Flexvolume	Sample	作為範例使用
HostPath	v1.2.0	僅供單節點測試
ImagePopulator	Prototype	臨時儲存卷冊驅動
In-memory Sample Mock Driver	v0.3.0	用於模擬 csi-sanity 的範例
NFS	Sample	作為範例使用
Synology NAS	v1.0.0	Synology NAS 非官方驅動
VFS Driver	Released	虛擬檔案系統驅動

各 CSI 儲存外掛程式都提供了容器鏡像，與 external-attacher、external-provisioner、node-driver-registrar 等 sidecar 輔助容器一起完成儲存外掛程式系統的部署，部署設定詳見官網中各外掛程式的連結。

1. CSI 對原生區塊裝置（Raw Block Volume）的支援

Kubernetes 對 CSI 類型儲存卷冊的原生區塊裝置（Raw Block Volume）的支援到 1.18 版本時達到穩定階段。

使用者仍然只需在 PV 和 PVC 資源物件中設置原生區塊裝置的儲存模式（volumeMode= Block）即可，無須關心後端儲存是否為 CSI 類型的外掛程式。

2. CSI 對臨時儲存卷冊（CSI Ephemeral Volume）的支援

Kubernetes 對 CSI 以臨時儲存卷冊形式為 Pod 提供儲存資源的支援到 1.16 版本時達到 Beta 階段。臨時儲存卷冊不再是持久化的，即不使用 PV 資源，就像 EmptyDir 一樣為 Pod 提供臨時儲存空間。目前僅有部分 CSI 驅動支援臨時儲存卷冊，例如 ArStor CSI、Cinder、democratic-csi、Google Cloud Storage、HPE、Intel PMEM-CSI、Secrets Store CSI Driver 等，請參考 CSI 驅動列表的說明來查看是否提供支援。

從概念上來說，CSI 臨時儲存卷冊類似於 ConfigMap、DownwardAPI、

Secret 等類型的儲存卷冊，其儲存在 Node 本地進行管理，隨著 Pod 的建立而一同建立。在通常情況下，CSI 臨時儲存卷冊的建立不容易失敗，否則會卡住 Pod 的啟動過程。這種類型的儲存卷冊不支援以儲存容量感知為基礎的排程策略，也不受 Pod 資源使用的限制，因為只能由儲存驅動自行管理如何使用資源，Kubernetes 無法再對儲存資源進行管理。

為了啟用這個特性，需要為 kube-apiserver、kube-controller-manager 和 kubelet 服務設置啟動參數 --feature-gates=CSIInlineVolume=true 進行開啟，該特性開關從 Kubernetes 1.16 版本開始預設啟用。

在下面的例子中使用了 inline.storage.kubernetes.io 驅動為 Pod 提供臨時儲存：

```
kind: Pod
apiVersion: v1
metadata:
  name: my-csi-app
spec:
  containers:
    - name: my-frontend
      image: busybox
      volumeMounts:
      - mountPath: "/data"
        name: my-csi-inline-vol
      command: [ "sleep", "1000000" ]
  volumes:
    - name: my-csi-inline-vol
      csi:
        driver: inline.storage.kubernetes.io
        volumeAttributes:
          foo: bar
```

其中，volumeAttributes 欄位指定 CSI 驅動提供的儲存卷冊資訊。csi 部分的設定由 CSI 驅動提供商進行具體設定，在資源物件層面沒有統一的標準定義，請參考各驅動提供商的文件進行設置。

另外，叢集管理員還可以使用 PodSecurityPolicy（參見 6.6 節的說明）設置允許啟用的 CSI 驅動列表，這可以在 Pod 的定義中透過 allowed CSIDrivers 欄位進行設置。

3. 通用臨時儲存卷冊（Generic Ephemeral Volume）和 CSI 儲存容 量追蹤特性

CSI 的臨時儲存卷冊（Ephemeral Volume）使用 CSI 驅動提供了一種儲存 擴充機制，但是為了實現類似於 EmptyDir 這種羽量級的本地臨時儲存， 必須修改 CSI 驅動程式。對於需要在某些節點上消耗大量資源的儲存卷 冊，或者僅在特定節點上可用的特殊儲存，透過修改 CSI 外掛程式無法實 現統一標準的設定機制，因此，Kubernetes 從 1.19 版本開始引入了兩個新 的功能特性，目前均為 Alpha 階段：

- 通用臨時卷冊（Generic Ephemeral Volume）；
- CSI 儲存容量追蹤（Storage Capacity Tracking）。

新特性可以實現與 EmptyDir 類似的功能，但更加靈活，其優勢包括：

- 儲存資源可以是本機存放區或者是網路儲存。
- 儲存卷冊的空間可以被設置為固定的大小，Pod 無法超限使用。
- 任何支援提供 PV 的 CSI 外掛程式均可使用臨時儲存卷冊，並且可以實 現 CSI 的 GetCapacity 呼叫（用於儲存容量追蹤）。
- 在儲存卷冊中可以有初始化的資料，由驅動提供。
- 支援對儲存卷冊的典型操作，例如快照、複製、擴充、儲存空間追蹤 等（假設驅動提供支援）。
- Kubernetes 的排程器（Scheduler）以設定為基礎即可選擇適合 Pod 儲 存需求的 Node，即不再需要透過自訂的擴充排程器或 Webhook 進行實 現。

這些新特性可以支援更多的應用場景，如下所述。

（1）例如 Memcached 使用持久性記憶體。最新版本的 Memcached 軟體增 加了對持久性記憶體的支援，以替代使用標準系統記憶體（DRAM）。部 署 Memcached 應用程式時，可以透過通用臨時卷冊的設定來申請一部分 PMEM 記憶體空間進行使用。PMEM 的 CSI 驅動程式由 Intel 提供了開放 原始碼實現（目前為 Alpha 階段）。

（2）將本地 LVM 儲存作為暫存空間。當應用程式需要保存的資料超過了系統記憶體 RAM 的大小，而 EmptyDir 又無法滿足儲存需求（例如性能）時，可以透過申請通用臨時卷冊來實現。一個開放原始碼的實現為 TopoLVM。

（3）對含有資料的儲存捲進行唯讀存取。有時，一個儲存卷冊或 PV 在建立出來時就包含資料檔案，例如：從一個儲存快照（Snapshot）中恢復的卷冊；一個新的複製卷冊；使用通用資料填充器（Generic Data Populators）生成的卷冊。這些儲存卷冊可以被掛載為唯讀存取模式。

要啟用通用臨時卷冊的特性，就需要設置 Kubernetes 各服務的啟動參數 --feaure-gates= GenericEphemeralVolume=true 進行啟用，目前為 Alpha 階段。

下面是一個使用通用臨時卷冊的 Pod 範例：

```
kind: Pod
apiVersion: v1
metadata:
  name: my-app
spec:
  containers:
    - name: my-frontend
      image: busybox
      volumeMounts:
      - mountPath: "/scratch"
        name: scratch-volume
      command: [ "sleep", "1000000" ]
  volumes:
    - name: scratch-volume
      ephemeral:
        volumeClaimTemplate:
          metadata:
            labels:
              type: my-frontend-volume
          spec:
            accessModes: [ "ReadWriteOnce" ]
            storageClassName: "scratch-storage-class"
            resources:
              requests:
                storage: 1Gi
```

其中，在 ephemeral 欄位下透過 volumeClaimTemplate 定義了 Pod 需要的 PVC 參數，可以設置的參數與一個標準的 PVC 資源物件相同，包括 Label、Annotation、儲存類別、資源需求等。

該 Pod 被建立時，系統將自動建立一個符合要求的 PVC 資源物件，與 Pod 處於相同的命名空間中，並且設置該 PVC 的 owner 為該 Pod，確保在 Pod 被刪除時，PVC 也會自動被刪除。PVC 的名稱則由 Pod 名稱和 Volume 名稱組合而成，以 "-" 符號連接。上例中由系統自動建立的 PVC 名稱將為 "my-app-scratch-volume"。當 PVC 被建立時，系統將會驅動後台 PV 的建立。如果設置了 StorageClass，系統將使用動態供應模式建立 PV，並自動與 PVC 進行綁定。

需要注意的是，使用者可以建立 Pod 時，預設也可以建立通用臨時卷冊，如果需要進行安全限制，則叢集管理員可以進行如下設置：

■ 禁用 GenericEphemeralVolume 特性；
■ 使用 PodSecurityPolicy 定義允許建立的 Volume 類型列表。

要啟用 CSI 儲存容量追蹤（Storage Capacity Tracking）特性，就需要設置 Kubernetes 各服務的啟動參數 --feaure-gates=CSIStorageCapacity=true 及 --runtime-config= storage.k8s. io/v1alpha1=true 進行啟用，目前為 Alpha 階段。對儲存容量追蹤的支援由 CSI 驅動提供，CSI 驅動應向 Kubernetes Master 報告儲存的使用情況，以便排程器（Scheduler）根據 Pod 的儲存需求進行合理排程。

透過在 CSIDriver 資源物件中設置 storageCapacity=true，可以標識 CSI 驅動能夠提供儲存的容量追蹤功能，並透過 CSIStorageCapacity 資源物件將儲存容量的使用情況回饋給 Kubernetes Master。在每個 CSIStorageCapacity 資源物件中都包含一個 StorageClass 的容量資訊，以及定義哪些 Node 可以存取該儲存資源。

一旦有了這些資訊，排程器就可以進行簡單的邏輯判斷，選擇擁有足夠儲存空間的 Node 對 Pod 進行排程了。對於 CSI 臨時儲存卷冊（Ephemeral

Volume），排程器不會考慮儲存容量的問題，這是以這樣為基礎的前提假設：臨時儲存僅被特殊的 CSI 驅動在某個 Node 本地使用，不會消耗太多資源。

對於通用臨時儲存卷冊和儲存容量追蹤的特性，Kubernetes 社區仍在進行大量的討論和設計，有興趣的讀者可以持續追蹤或參與 Storage SIG 特別興趣小組的討論。

4. 將 in-tree 外掛程式遷移到 CSI 驅動（CSI Volume Migration）

CSI 的後續工作還包括將 Kubernetes 內建的 in-tree 儲存卷冊外掛程式遷移為 CSI 驅動。Kubernetes 正在逐步開發 CSI Migration 機制，將正在使用的 in-tree 外掛程式重定向到外部 CSI 驅動，無須改變當前使用者設定的 StorageClass、PV、PVC 等資源。該機制從 Kubernetes 1.14 版本開始引入，到 1.17 版本時達到 Beta 階段，這需要各儲存提供商和 Kubernetes 社區共同開發和完善。

Kubernetes 開發指南

本章將引入 REST 的概念，詳細説明 Kubernetes API 的概念和使用方法，並舉例説明如何以 Jersey 和 Fabric8 框架為基礎存取 Kubernetes API，深入分析以這兩個框架為基礎存取 Kubernetes API 的優缺點，最後對 Kubernetes API 的擴充進行詳細説明。下面從 REST 開始説起。

9.1 REST 簡述

REST（Representational State Transfer，表述性狀態傳遞）是由 Roy Thomas Fielding 博士在他的論文 *Architectural Styles and the Design of Network-based Software Architectures* 中提出的一個術語。REST 本身只是為分散式超媒體系統設計的一種架構風格，而非標準。

以 Web 為基礎的架構實際上就是各種規範的集合，比如 HTTP 是一種規範，用戶端伺服器模式是另一種規範。每當我們在原有規範的基礎上增加新的規範時，就會形成新的架構。而 REST 正是這種架構，它結合了一系列規範，形成一種新的以 Web 為基礎的架構風格。

傳統的 Web 應用大多是 B/S 架構，包括如下規範。

（1）用戶端 - 伺服器：這種規範的提出，改善了使用者介面跨多個平台的可攜性，並且透過簡化伺服器元件，改善了系統的可伸縮性。最為關鍵的是透過分離使用者介面和資料儲存，使得不同的使用者終端共用相同的資料成為可能。

（2）無狀態性：無狀態性是在用戶端 - 伺服器規範的基礎上增加的又一層規範，它要求通訊必須在本質上是無狀態的，即從用戶端到伺服器的每個 request 都必須包含理解該 request 必需的所有資訊。這個規範改善了系統的可見性（無狀態性使得用戶端和伺服器端不必保存對方的詳細資訊，伺服器只需處理當前的 request，而不必了解所有 request 的歷史）、可靠性（無狀態性減少了伺服器從局部錯誤中恢復的任務量）、可伸縮性（無狀態性使得伺服器端可以很容易釋放資源，因為伺服器端不必在多個 request 中保存狀態）。同時，這種規範的缺點也是顯而易見的，不能將狀態資料保存在伺服器上，導致增加了在一系列 request 中發送重複資料的負擔，嚴重降低了效率。

（3）快取：為了改善無狀態性帶來的網路的低效性，用戶端快取規範出現。快取規範允許隱式或顯式地標記一個 response 中的資料，指定了用戶端快取 response 資料的功能，這樣就可以為以後的 request 共用快取的資料消除部分或全部互動，提高了網路效率。但是用戶端快取了資訊，所以用戶端資料與伺服器資料不一致的可能性增加，從而降低了可靠性。

B/S 架構的優點是部署非常方便，在使用者體驗方面卻不很理想。為了改善這種狀況，REST 規範出現。REST 規範在原有 B/S 架構的基礎上增加了三個新規範：統一介面、分層系統和隨選程式。

（1）統一介面：REST 架構風格的核心特徵就是強調元件之間有一個統一的介面，表現為在 REST 世界裡，網路上的所有事物都被抽象為資源，REST 透過通用的連結器介面對資源進行操作。這樣設計的好處是保證系統提供的服務都是解耦的，可極大簡化系統，改善系統的互動性和再使用性。

（2）分層系統：分層系統規則的加入提高了各種層次之間的獨立性，為整個系統的複雜性設置了邊界，透過封裝遺留的服務，使新的伺服器免受遺留用戶端的影響，也提高了系統的可伸縮性。

（3）隨選程式：REST 允許對用戶端的功能進行擴充。比如，透過下載並執行 applet 或指令稿形式的程式來擴充用戶端的功能。但這在改善系統可擴充性的同時降低了可見性，所以它只是 REST 的一個可選約束。

REST 架構是針對 Web 應用而設計的,其目的是降低開發的複雜度,提高系統的可伸縮性。REST 提出了如下設計準則。

(1)網路上的所有事物都被抽象為資源(Resource)。

(2)每個資源都對應唯一的資源識別字(Resource Identifier)。

(3)透過通用的連接器介面(Generic Connector Interface)對資源進行操作。

(4)對資源的各種操作都不會改變資源識別字。

(5)所有操作都是無狀態的(Stateless)。

REST 中的資源指的不是資料,而是資料和表現形式的組合,比如「最新存取的 10 位會員」和「最活躍的 10 位會員」在資料上可能有重疊或者完全相同,而它們由於表現形式不同,被歸為不同的資源,這也就是為什麼 REST 的全名是 Representational State Transfer。資源識別字就是 URI(Uniform Resource Identifier),不管是圖片、Word 還是視訊檔案,甚至只是一種虛擬服務,也不管是 XML、TXT 還是其他檔案格式,全部透過 URI 對資源進行唯一標識。

REST 是以 HTTP 為基礎的,任何對資源的操作行為都透過 HTTP 來實現。以往的 Web 開發大多數用的是 HTTP 中的 GET 和 POST 方法,很少使用其他方法,這實際上是因為對 HTTP 的片面理解造成的。HTTP 不僅僅是一個簡單的運載資料的協定,還是一個具有豐富內涵的網路軟體的協定,它不僅能對網際網路資源進行唯一定位,還能告訴我們如何對該資源進行操作。HTTP 把對一個資源的操作限制在 4 種方法(GET、POST、PUT 和 DELETE)中,這正是對資源 CRUD 操作的實現。由於資源和 URI 是一一對應的,在執行這些操作時 URI 沒有變化,和以往的 Web 開發有很大的區別,所以極大地簡化了 Web 開發,也使得 URI 可以被設計成能更直觀地反映資源的結構。這種 URI 的設計被稱作 RESTful 的 URI,為開發人員引入了一種新的思維方式:透過 URL 來設計系統結構。當然,這種設計方式對於一些特定情況也是不適用的,也就是說不是所有 URI 都適用於 RESTful。

REST 之所以可以提高系統的可伸縮性，就是因為它要求所有操作都是無狀態的。沒有了上下文（Context）的約束，做分散式和叢集時就更為簡單，也可以讓系統更為有效地利用緩衝集區（Pool），並且由於伺服器端不需要記錄用戶端的一系列存取，也就減少了伺服器端的性能損耗。

Kubernetes API 也符合 RESTful 規範，下面對其進行介紹。

9.2 Kubernetes API 詳解

本章詳細講解 Kubernetes API 方面的內容。

9.2.1 Kubernetes API 概述

Kubernetes API 是叢集系統中的重要組成部分，Kubernetes 中各種資源（物件）的資料都透過該 API 介面被提交到後端的持久化儲存（etcd）中，Kubernetes 叢集中的各部件之間透過該 API 介面實現解耦合，同時 Kubernetes 叢集中一個重要且便捷的管理工具 kubectl 也是透過存取該 API 介面實現其強大的管理功能的。Kubernetes API 中的資源物件都擁有通用的中繼資料，資源物件也可能存在嵌套現象，比如在一個 Pod 裡面嵌套多個 Container。建立一個 API 物件是指透過 API 呼叫建立一筆有意義的記錄，該記錄一旦被建立，Kubernetes 就將確保對應的資源物件會被自動建立並託管維護。

在 Kubernetes 系統中，在大多數情況下，API 定義和實現都符合標準的 HTTP REST 格式，比如透過標準的 HTTP 操作（POST、PUT、GET、DELETE）來完成對相關資源物件的查詢、建立、修改、刪除等操作。但同時，Kubernetes 也為某些非標準的 REST 行為實現了附加的 API 介面，例如 Watch 某個資源的變化、進入容器執行某個操作等。另外，某些 API 介面可能違背嚴格的 REST 模式，因為介面返回的不是單一的 JSON 物件，而是其他類型的資料，比如 JSON 物件串流或非結構化的文字日誌資料等。

Kubernetes 開發人員認為，任何成功的系統都會經歷一個不斷成長和不斷適應各種變更的過程，因此他們期望 Kubernetes API 是不斷變更和增長的，並在設計和開發時，有意識地相容已存在的客戶需求。通常，我們不希望將新的 API 資源和新的資源網域頻繁地加入系統中，資源或域的刪除需要一個嚴格的審核流程。

在 Kubernetes 1.13 及之前的版本中，Kubernetes API Server 服務提供了 Swagger 格式自動生成的 API 介面文件。Swagger UI 是一款 REST API 文件線上自動生成和功能測試軟體，透過設置 kube-apiserver 服務的啟動參數 --enable-swagger-ui=true 來啟用 Swagger UI 頁面，其造訪網址為 http://<master-ip>:<master-port>/swagger-ui/。假設 API Server 啟動了 192.168.18.3 伺服器上的 8080 通訊埠（非安全通訊埠），則可以透過存取 http://192.168.18.3: 8080/swagger-ui/ 來查看 API 列表。

Kubernetes 從 1.14 版本開始使用 OpenAPI 文件的格式生成 API 介面文件，並且不再提供 Swagger UI）。OpenAPI 文件規範始於 Swagger 規範，Swagger 2.0 也是 OpenAPI 文件規範的第 1 個標準版本（OpenAPI v2）。相對於 Swagger 1.2，Open API v2 版本對 REST 介面的定義更精確化，也更容易利用程式生成各種語言版本的介面原始程式。

Kubernetes 的 OpenAPI 造訪網址為 http://<master-ip>:<master-port>/openapi/v2，其內容為 JSON 格式的 API 說明文件，可以使用命令列工具 curl 進行查詢：

```
# curl -s http://192.168.18.3:8080/openapi/v2 | jq
{
  "swagger": "2.0",
  "info": {
    "title": "Kubernetes",
    "version": "v1.19.0"
  },
  "paths": {
    "/api/": {
      "get": {
        "description": "get available API versions",
        "consumes": [
```

```
              "application/json",
              "application/yaml",
              "application/vnd.kubernetes.protobuf"
            ],
            "produces": [
              "application/json",
              "application/yaml",
              "application/vnd.kubernetes.protobuf"
            ],
            "schemes": [
              "https"
            ],
            "tags": [
              "core"
            ],
            "operationId": "getCoreAPIVersions",
            "responses": {
              "200": {
                "description": "OK",
                "schema": {
                  "$ref": "#/definitions/io.k8s.apimachinery.pkg.apis.meta.
v1.APIVersions"
                }
              },
              "401": {
                "description": "Unauthorized"
              }
            }
          }
        },
        "/api/v1/": {
          "get": {
            "description": "get available resources",
            "consumes": [
              "application/json",
              "application/yaml",
              "application/vnd.kubernetes.protobuf"
            ],
            "produces": [
              "application/json",
              "application/yaml",
              "application/vnd.kubernetes.protobuf"
            ],
            "schemes": [
```

```
      "https"
    ],
    "tags": [
      "core_v1"
    ],
    "operationId": "getCoreV1APIResources",
    "responses": {
      "200": {
        "description": "OK",
        "schema": {
          "$ref": "#/definitions/io.k8s.apimachinery.pkg.apis.meta.
v1.APIResourceList"
        }
      },
      "401": {
        "description": "Unauthorized"
      }
    }
  }
},
"/api/v1/componentstatuses": {
......
```

整個 OpenAPI 文件非常大，以文字方式不易查看和檢索，可以透過其他 Swagger UI 工具使用瀏覽器查看，這樣更加直觀、方便，步驟如下。

首先將 OpenAPI 文件匯出為 JSON 檔案，名稱為 k8s-swagger.json：

```
curl http://<master-ip>:8080/openapi/v2 > k8s-swagger.json
```

接下來啟動一個 swaggerapi/swagger-ui 容器，匯入 k8s-swagger.json 檔案：

```
docker run \
    --rm \
    -p 80:8080 \
    -e SWAGGER_JSON=/k8s-swagger.json \
    -v $(pwd)/k8s-swagger.json:/k8s-swagger.json \
    swaggerapi/swagger-ui
```

然後就可以透過瀏覽器查看 Swagger UI 了，如圖 9.1 所示。

▲ 圖 9.1 查看效果

按一下某個 API 連結,即可查看該 API 的詳細資訊,包括請求和應答的
參數說明,也可以直接在頁面上進行測試。以建立 Pod 的 API 為例,其
REST API 的存取路徑為 "/api/v1/namespaces/{namespace}/pods",如圖
9.2 所示。

▲ 圖 9.2 建立 Pod 的 API

按一下連結展開,即可查看詳細的 API 介面說明,如圖 9.3 和 9.4 所示。

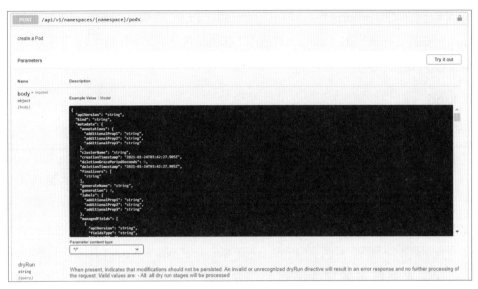

▲ 圖 9.3 API 介面說明——請求說明

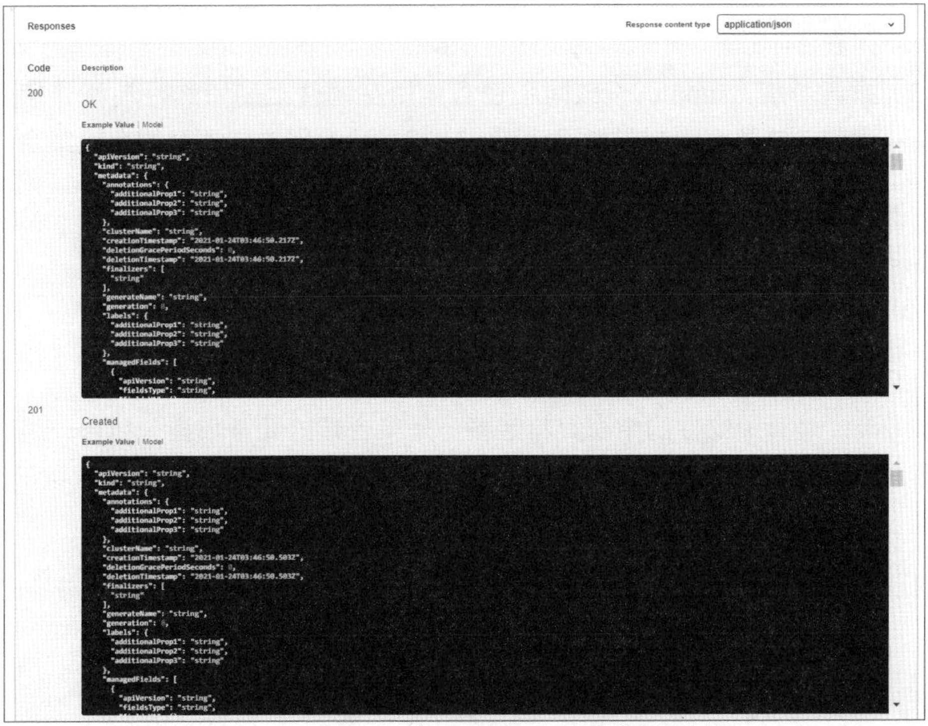

▲ 圖 9.4 API 介面說明——應答說明

可以看到，在 Kubernetes API 中，一個 API 的頂層（Top Level）元素由
kind、apiVersion、metadata、spec 和 status 這 5 部分組成，接下來分別對
這 5 部分進行説明。

1. kind

kind 表示物件有以下三大類別。

（1）物件（objects）：代表系統中的一個永久資源（實體），例如 Pod、
　　　RC、Service、Namespace 及 Node 等。透過操作這些資源的屬性，用
　　　戶端可以對該物件進行建立、修改、刪除和獲取操作。

（2）列表（list）：一個或多個資源類別的集合。所有清單都透過 items 域
　　　獲得物件陣列，例如 PodLists、ServiceLists、NodeLists。大部分被
　　　定義在系統中的物件都有一個返回所有資源集合的端點，以及零到
　　　多個返回所有資源集合的子集的端點。某些物件有可能是單例物件
　　　（singletons），例如當前使用者、系統預設使用者等，這些物件沒有
　　　列表。

（3）簡單類別（simple）：該類別包含作用在物件上的特殊行為和非持久
　　　實體。該類別限制了使用範圍，它有一個通用中繼資料的有限集合，
　　　例如 Binding、Status。

2. apiVersion

apiVersion 表示 API 的版本編號，當前版本預設只支援 v1。

3. metadata

metadata 是資源物件的中繼資料定義，是集合類的元素類型，包含一組由
不同名稱定義的屬性。在 Kubernetes 中，每個資源物件都必須包含以下 3
種 metadata。

（1）namespace：物件所屬的命名空間，如果不指定，系統則會將物件置
　　　於名為 default 的系統命名空間中。

（2）name：物件的名稱，在一個命名空間中名稱應具備唯一性。

（3）uid：系統為每個物件都生成的唯一 ID，符合 RFC 4122 規範的定義。

此外，每種物件都還應該包含以下幾個重要中繼資料。

（1）labels：使用者可定義的「標籤」，鍵和值都為字串的 map，是物件進行組織和分類的一種手段，通常用於標籤選擇器，用來比對目標物件。

（2）annotations：使用者可定義的「注解」，鍵和值都為字串的 map，被 Kubernetes 內部處理程序或者某些外部工具使用，用於儲存和獲取關於該物件的特定中繼資料。

（3）resourceVersion：用於辨識該資源內部版本編號的字串，在用於 Watch 操作時，可以避免在 GET 操作和下一次 Watch 操作之間造成資訊不一致，用戶端可以用它來判斷資源是否改變。該值應該被用戶端看作不透明，且不做任何修改就返回給服務端。用戶端不應該假定版本資訊具有跨命名空間、跨不同資源類別、跨不同伺服器的含義。

（4）creationTimestamp：系統記錄建立物件時的時間戳記，符合 RFC 3339 規範。

（5）deletionTimestamp：系統記錄刪除物件時的時間戳記，符合 RFC 3339 規範。

（6）selfLink：透過 API 存取資源自身的 URL，例如一個 Pod 的 link 可能是 "/api/v1/ namespaces/default/pods/frontend-o8bg4"。

4. spec

spec 是集合類的元素類型，使用者對需要管理的物件進行詳細描述的主體部分都在 spec 裡舉出，它會被 Kubernetes 持久化到 etcd 中保存，系統透過 spec 的描述來建立或更新物件，以達到使用者期望的物件執行狀態。spec 的內容既包括使用者提供的設定設置、預設值、屬性的初始化值，也包括在物件建立過程中由其他相關元件（例如 schedulers、auto-scalers）建立或修改的物件屬性，比如 Pod 的 Service IP 位址。如果 spec 被刪除，那麼該物件將被從系統中刪除。

5. status

status 用於記錄物件在系統中的當前狀態資訊，也是集合類元素類型。

status 在一個自動處理的處理程序中被持久化,可以在流轉的過程中生成。如果觀察到一個資源遺失了它的狀態,則該遺失的狀態可能被重新構造。以 Pod 為例,Pod 的 status 資訊主要包括 conditions、container Statuses、hostIP、phase、podIP、startTime 等,其中比較重要的兩個狀態屬性如下。

(1)phase:描述物件所處的生命週期階段,phase 的典型值是 Pending(建立中)、Running、Active(正在執行中)或 Terminated(已終結),這幾種狀態對於不同的物件可能有輕微的差別,此外,關於當前 phase 附加的詳細說明可能被包含在其他域中。

(2)condition:表示條件,由條件類型和狀態值組成,目前僅有一種條件類型:Ready,對應的狀態值可以為 True、False 或 Unknown。一個物件可以具備多種 condition,而 condition 的狀態值也可能不斷發生變化,condition 可能附帶一些資訊,例如最後的探測時間或最後的轉變時間。

9.2.2 Kubernetes API 版本的演進策略

為了在相容舊版本的同時不斷升級新的 API,Kubernetes 提供了多版本 API 的支援能力,每個版本的 API 都透過一個版本編號路徑首碼進行區分,例如 /api/v1beta3。在通常情況下,新舊幾個不同的 API 版本都能涵蓋所有的 Kubernetes 資源物件,在不同的版本之間,這些 API 介面存在一些細微差別。Kubernetes 開發團隊以 API 等級為基礎選擇版本而非以資源和域等級為基礎,是為了確保 API 能夠清晰、連續地描述一個系統資源和行為的視圖,能夠控制存取的整個過程和控制實驗性 API 的存取。

API 的版本編號通常用於描述 API 的成熟階段,例如:

- v1 表示 GA 穩定版本;
- v1beta3 表示 Beta 版本(預發佈版本);
- v1alpha1 表示 Alpha 版本(實驗性的版本)。

當某個 API 的實現達到一個新的 GA 穩定版本時(如 v2),舊的 GA 版本(如 v1)和 Beta 版本(例如 v2beta1)將逐漸被廢棄,Kubernetes 建議廢棄的時間如下。

- 對於舊的 GA 版本（如 v1），Kubernetes 建議廢棄的時間應不少於 12 個月或 3 個大版本 Release 的時間，選擇最長的時間。
- 對舊的 Beta 版本（如 v2beta1），Kubernetes 建議廢棄的時間應不少於 9 個月或 3 個大版本 Release 的時間，選擇最長的時間。
- 對舊的 Alpha 版本，則無須等待，可以直接廢棄。

完整的 API 更新和廢棄策略請參考官方網站的説明。

9.2.3 API Groups（API 組）

為了更容易擴充、升級和演進 API，Kubernetes 將 API 分組為多個邏輯集合，稱之為 API Groups，它們支援單獨啟用或禁用，在不同的 API Groups 中使用不同的版本，允許各組以不同的速度演進，例如 apps/v1、apps/v1beta2、apps/v1beta1 等。API Groups 以 REST URL 中的路徑進行定義並區別彼此，每個 API Group 群組都表現為一個以 /apis 為根路徑的 rest 路徑，不過核心群組 Core 有個專用的簡化路徑 /api/v1，當前支援以下兩類 API Groups。

（1）Core Groups（核心組），也可以稱之為 Legacy Groups。其作為 Kubernetes 核心的 API，在資源物件的定義中被表示為 "apiVersion: v1"，我們常用的資源物件大部分都在這個組裡，例如 Container、Pod、Replication Controller、Endpoint、Service、ConfigMap、Secret、Volume 等。

（2）具有分組資訊的 API，以 /apis/$GROUP_NAME/$VERSION URL 路徑進行標識，例如 apiVersion: batch/v1、apiVersion: extensions/v1beta1、apiVersion: apps/v1beta1 等。比如 /apis/apps/v1 在 apiversion 欄位中的格式為 "$GROUP_NAME/$VERSION"。下面是常見的一些分組説明。

- apps/v1：是 Kubernetes 中最常見的 API 組，其中包含許多核心物件，主要與使用者應用的發佈、部署有關，例如 Deployments，RollingUpdates 和 ReplicaSets。

- extensions/VERSION：擴充 API 組，例如 DaemonSets、ReplicaSet 和 Ingresses 都在此版本中有重大更改。
- batch/VERSION：包含與批次處理和類似作業的任務相關的物件，例如 Job，包括 v1 與 v1beta1 兩個版本。
- autoscaling/VERSION：包含與 HPA 相關的資源物件，目前有穩定的 v1 版本。
- certificates.k8s.io/VERSION：包含叢集證書操作相關的資源物件。
- rbac.authorization.k8s.io/v1：包含 RBAC 許可權相關的資源物件。
- policy/VERSION：包含 Pod 安全性相關的資源物件。

如果需要實現自訂的資源物件及相應的 API，則使用 CRD 進行擴充是最方便的。

例如，Pod 的 API 說明如圖 9.5 所示，由於 Pod 屬於核心資源物件，所以不存在某個擴充 API Group，頁面顯示為 Core，在 Pod 的定義中為 "apiVersion: v1"。

StatefulSet 則屬於名為 apps 的 API 組，版本編號為 v1，在 StatefulSet 的定義中為 "apiVersion: apps/v1"，如圖 9.6 所示。

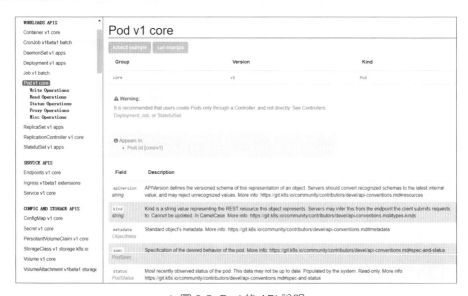

▲ 圖 9.5 Pod 的 API 說明

▲ 圖 9.6 StatefulSet 的 API 說明

如果要啟用或禁用特定的 API 組，則需要在 API Server 的啟動參數中設置 --runtime-config 進行宣告，例如，--runtime-config=batch/v2alpha1 表示啟用 API 組 batch/v2alpha1；也可以設置 --runtime-config=batch/v1=false 表示禁用 API 組 batch/v1。多個 API 組的設置以逗點分隔。在當前的 API Server 服務中，DaemonSets、Deployments、HorizontalPodAutoscalers、Ingress、Jobs 和 ReplicaSets 所屬的 API 組是預設啟用的。

9.2.4 API REST 的方法說明

API 資源使用 REST 模式，對資源物件的操作方法如下。

（1）GET /< 資源名稱的複數格式 >：獲得某一類型的資源列表，例如 GET /pods 返回一個 Pod 資源列表。

（2）POST /< 資源名稱的複數格式 >：建立一個資源，該資源來自使用者提供的 JSON 物件。

（3）GET /< 資源名稱複數格式 >/< 名稱 >：透過舉出的名稱獲得單一資源，例如 GET /pods/first 返回一個名為 first 的 Pod。

（4）DELETE /< 資源名稱複數格式 >/< 名稱 >：透過舉出的名稱刪除單一資源，在刪除選項（DeleteOptions）中可以指定優雅刪除（Grace Deletion）的時間（GracePeriodSeconds），該選項表示了從服務端接收到刪除請求到資源被刪除的時間間隔（單位為 s）。不同的類別（Kind）可能為優雅刪除時間（Grace Period）宣告預設值。使用者提交的優雅刪除時間將覆蓋該預設值，包括值為 0 的優雅刪除時間。

（5）PUT /< 資源名稱複數格式 >/< 名稱 >：透過舉出的資源名稱和用戶端提供的 JSON 物件來更新或建立資源。

（6）PATCH /< 資源名稱複數格式 >/< 名稱 >：選擇修改資源詳細指定的域。

對於 PATCH 操作，目前 Kubernetes API 透過相應的 HTTP 首部 "Content-Type" 對其進行辨識。

目前支援以下三種類型的 PATCH 操作。

（1）JSON Patch, Content-Type: application/json-patch+json。 在 RFC6902 的定義中，JSON Patch 是執行在資源物件上的一系列操作，例如 {"op": "add", "path": "/a/b/c", "value": ["foo", "bar"]}。詳情請查看 RFC6902 的說明。

（2）Merge Patch, Content-Type: application/merge-json-patch+json。 在 RFC7386 的定義中，Merge Patch 必須包含對一個資源物件的部分描述，這個資源物件的部分描述就是一個 JSON 物件。該 JSON 物件被提交到服務端，與服務端的當前物件合併，從而建立一個新的物件。詳情請查看 RFC73862 的說明。

（3）Strategic Merge Patch, Content-Type:application/strategic-merge-patch+json。Strategic Merge Patch 是一個訂製化的 Merge Patch 實現。接下來將詳細講解 Strategic Merge Patch。

在標準的 JSON Merge Patch 中，JSON 物件總被合併（Merge），但是資源物件中的列表域總被替換，使用者通常不希望如此。例如，我們透過下列定義建立一個 Pod 資源物件：

```
spec:
  containers:
    - name: nginx
      image: nginx-1.0
```

接著,我們希望增加一個容器到這個 Pod 中,程式和上傳的 JSON 物件如下:

```
PATCH /api/v1/namespaces/default/pods/pod-name
spec:
  containers:
    - name: log-tailer
      image: log-tailer-1.0
```

如果我們使用標準的 Merge Patch,則其中的整個容器列表將被單個 log-tailer 容器替換,然而我們的目的是使兩個容器列表合併。

為了解決這個問題,Strategic Merge Patch 增加中繼資料到 API 物件中,並透過這些新中繼資料來決定哪個列表被合併,哪個列表不被合併。當前這些中繼資料作為結構標籤,對於 API 物件自身來說是合法的。對於用戶端來說,這些中繼資料作為 Swagger annotations 也是合法的。在上述例子中向 containers 中增加了 patchStrategy 域,且它的值為 merge,透過增加 patchMergeKey,它的值為 name。也就是說,containers 中的列表將會被合併而非被替換,合併的依據為 name 域的值。

Kubernetes API 還增加了 Watch 的 API 介面,配合 List 介面(如 GET / pods)可以實現高效的資源同步、快取及即時檢測處理能力。

- GET /watch/< 資源名稱複數格式 >:隨著時間的變化,不斷接收一連串的 JSON 物件,這些 JSON 物件記錄了給定資源類別內所有資源物件的變化情況。

- GET /watch/< 資源名稱複數格式 >/<name>:隨著時間的變化,不斷接收一連串的 JSON 物件,這些 JSON 物件記錄了某個給定資源物件的變化情況。

需要注意的是,watch 介面返回的是一連串 JSON 物件,而非單一 JSON 物件。

如果叢集的規模很大,那麼某些資源物件的 List 介面(如 GET /pods)返回的資料集就很大,這對 Kubernetes API Server 及用戶端程式都造成很大的壓力,比如在叢集中有上千個 Pod 實例的情況下,每個 Pod 的 JSON 資料都會有 1 ～ 2KB,List 返回的結果會有 10 ～ 20MB!所以從 1.9 版本開始,Kubernetes 又提供了分段模式的 List 介面(Retrieving large results sets in chunks),其使用方法也很簡單,類似資料庫結果集遍歷,只增加了 limit 和 continue 兩個參數:

```
GET /api/v1/pods?limit=500&continue=ENCODED_CONTINUE_TOKEN
```

另外,Kubernetes 增加了 HTTP Redirect 與 HTTP Proxy 這兩種特殊的 API 介面,前者實現資源重定向存取,後者則實現 HTTP 請求的代理。

9.2.5 API Server 回應說明

API Server 在回應使用者請求時附帶一個狀態碼,該狀態碼符合 HTTP 規範。表 9.1 列出了 API Server 可能返回的狀態碼。

表 9.1　API Server 可能返回的狀態碼

狀態碼	編碼	描述
200	OK	表示請求完全成功
201	Created	表示建立類別的請求完全成功
204	NoContent	表示請求完全成功,同時 HTTP 回應不包含回應本體。在回應 OPTIONS 方法的 HTTP 請求時返回
307	TemporaryRedirect	表示請求資源的位址被改變,建議用戶端使用 Location 首部舉出的臨時 URL 來定位資源
400	BadRequest	表示請求是非法的,建議使用者不要重試,修改該請求
401	Unauthorized	表示請求能夠到達服務端,且服務端能夠理解使用者的請求,但是拒絕做更多的事情,因為用戶端必須提供認證資訊。如果用戶端提供了認證資訊,則返回該狀態碼,表示服務端指出所提供的認證資訊不合適或非法
403	Forbidden	表示請求能夠到達服務端,且服務端能夠理解使用者的請求,但是拒絕做更多的事情,因為該請求被設置成拒絕存取。建議使用者不要重試,修改該請求

狀態碼	編碼	描述
404	NotFound	表示所請求的資源不存在。建議使用者不要重試，修改該請求
405	MethodNotAllowed	表示在請求中帶有該資源不支援的方法。建議使用者不要重試，修改該請求
409	Conflict	表示用戶端嘗試建立的資源已經存在，或者由於衝突，請求的更新操作不能被完成
422	UnprocessableEntity	表示由於所提供的作為請求部分的資料非法，建立或修改操作不能被完成
429	TooManyRequests	表示超出了用戶端存取頻率的限制或者服務端接收到多於它能處理的請求。建議用戶端讀取相應的 Retry-After 首部，然後等待該首部指出的時間後再重試
500	InternalServerError	表示服務端能被請求存取到，但是不能理解使用者的請求；或者在服務端內產生非預期的一個錯誤，而且該錯誤無法被認知；或者服務端不能在一個合理的時間內完成處理（這可能是伺服器臨時負載過重造成的，或和其他伺服器通訊時的一個臨時通訊故障造成的）
503	ServiceUnavailable	表示被請求的服務無效。建議使用者不要重試，修改該請求
504	ServerTimeout	表示請求在給定的時間內無法完成。用戶端僅在為請求指定逾時（Timeout）參數時得到該回應

在呼叫 API 介面發生錯誤時，Kubernetes 將會返回一個狀態類別（Status Kind）。下面是兩種常見的錯誤場景。

（1）當一個操作不成功時（例如，當服務端返回一個非 2xx HTTP 狀態碼時）。

（2）當一個 HTTP DELETE 方法呼叫失敗時。

狀態物件被編碼成 JSON 格式，同時該 JSON 物件被作為請求的回應本體。該狀態物件包含人和機器使用的域，在這些域中包含來自 API 的關於失敗原因的詳細資訊。狀態物件中的資訊補充了對 HTTP 狀態碼的說明。例如：

```
$ curl -v -k -H "Authorization: Bearer WhCDvq4VPpYhrcfmF6ei7V9qlbqTubUc"
```

```
HTTPs://10.240.122.184:443/api/v1/namespaces/default/pods/grafana
> GET /api/v1/namespaces/default/pods/grafana HTTP/1.1
> User-Agent: curl/7.26.0
> Host: 10.240.122.184
> Accept: */*
> Authorization: Bearer WhCDvq4VPpYhrcfmF6ei7V9qlbqTubUc
>

< HTTP/1.1 404 Not Found
< Content-Type: application/json
< Date: Wed, 20 May 2020 18:10:42 GMT
< Content-Length: 232
<
{
  "kind": "Status",
  "apiVersion": "v1",
  "metadata": {},
  "status": "Failure",
  "message": "pods \"grafana \"not found",
  "reason": "NotFound",
  "details": {
    "name": "grafana",
    "kind": "pods"
  },
  "code": 404
}
```

其中：

- status 域包含兩個可能的值，即 Success 或 Failure。
- message 域包含對錯誤的描述資訊。
- reason 域包含對該操作失敗原因的描述資訊。
- details 可能包含和 reason 域相關的擴充資料。每個 reason 域都可以定義它的擴充的 details 域。該域是可選的，返回資料的格式是不確定的，不同的 reason 類型返回的 details 域的內容不一樣。

為了讓開發人員更方便地存取 Kubernetes 的 RESTful API，Kubernetes 社區推出了針對 Go、Python、Java、dotNet、JavaScript 等程式設計語言的用戶端函數庫，這些函數庫由特別興趣小組（SIG）API Machinary 維護。在 Java 用戶端框架中，Fabric8 Kubernetes Java client 於 2015 年推

出，雖然不是「官方」宣佈支援的 Java 用戶端框架，但它是除 Kubernetes Go client library 外非常流行的用戶端框架，也是非常強大的 Java 版本的 Kubernetes 用戶端框架，所以本書後面主要以它為例，舉出相關使用案例。

9.3 使用 Fabric8 存取 Kubernetes API

Fabric8 包含多款工具套件，Kubernetes Client 只是其中之一，本例程式包括的 Jar 套件如圖 9.7 所示，能以 Maven 方式獲取依賴套件。因為該工具套件已經對存取 Kubernetes API 用戶端做了較好的封裝，因此其存取碼比較簡單，其具體的存取過程會在後續章節中舉例說明。

dnsjava-2.1.7.jar	2015/8/31 14:23	Executable Jar File	301 KB
fabric8-utils-2.2.22.jar	2015/8/31 14:23	Executable Jar File	134 KB
jackson-annotations-2.6.0.jar	2015/8/31 16:27	Executable Jar File	46 KB
jackson-core-2.6.1.jar	2015/8/31 16:28	Executable Jar File	253 KB
jackson-databind-2.6.1.jar	2015/8/31 15:56	Executable Jar File	1,140 KB
jackson-dataformat-yaml-2.6.1.jar	2015/8/31 15:56	Executable Jar File	313 KB
jackson-module-jaxb-annotations-2.6.0.jar	2015/8/31 16:24	Executable Jar File	32 KB
json-20141113.jar	2015/8/31 14:23	Executable Jar File	64 KB
kubernetes-api-2.2.22.jar	2015/8/31 14:22	Executable Jar File	72 KB
kubernetes-client-1.3.8.jar	2015/8/31 15:37	Executable Jar File	2,262 KB
kubernetes-model-1.0.12.jar	2015/8/31 15:56	Executable Jar File	2,308 KB
log4j-api-2.3.jar	2015/8/31 16:18	Executable Jar File	133 KB
log4j-core-2.3.jar	2015/8/31 15:56	Executable Jar File	808 KB
log4j-slf4j-impl-2.3.jar	2015/8/31 15:56	Executable Jar File	23 KB
oauth-20100527.jar	2015/8/31 15:56	Executable Jar File	44 KB
openshift-client-1.3.2.jar	2015/8/31 14:23	Executable Jar File	24 KB
slf4j-api-1.7.12.jar	2015/8/31 15:56	Executable Jar File	32 KB
sundr-annotations-0.0.25.jar	2015/8/31 15:56	Executable Jar File	146 KB
validation-api-1.1.0.Final.jar	2015/8/31 14:23	Executable Jar File	63 KB

▲ 圖 9.7 本例程式包括的 Jar 套件

9.3.1 具體應用範例

首先，舉例說明對 API 資源的基本存取，也就是對資源的增、刪、改、查，以及替換資源的 status。其中會單獨對 Node 和 Pod 的特殊介面做舉例說明。表 9.2 列出了常見資源物件的基本介面。

表 9.2 常見資源物件的基本介面

資源類型	方法	URLPath	說明
NODES	GET	/api/v1/nodes	獲取 Node 列表
	POST	/api/v1/nodes	建立一個 Node 物件
	DELETE	/api/v1/nodes/{name}	刪除一個 Node 物件
	GET	/api/v1/nodes/{name}	獲取一個 Node 物件
NAMESPACES	GET	/api/v1/namespaces	獲取 Namespace 列表
	POST	/api/v1/namespaces	建立一個命名空間物件
	DELETE	/api/v1/namespaces/{name}	刪除一個命名空間物件
	GET	/api/v1/namespaces/{name}	獲取一個命名空間物件
	PATCH	/api/v1/namespaces/{name}	部分更新一個命名空間物件
	PUT	/api/v1/namespaces/{name}	替換一個命名空間物件
SERVICES	GET	/api/v1/services	獲取 Service 列表
	POST	/api/v1/services	建立一個 Service 物件
	GET	/api/v1/namespaces/{namespace}/services	獲取某個命名空間中的 Service 列表
SERVICES	POST	/api/v1/namespaces/{namespace}/services	在某個命名空間中建立列表
	DELETE	/api/v1/namespaces/{namespace}/services/{name}	刪除某個命名空間中的一個 Service 物件
	GET	/api/v1/namespaces/{namespace}/services/{name}	獲取某個命名空間中的一個 Service 物件
REPLICATION CONTROLLERS	GET	/api/v1/replicationcontrollers	獲取 RC 列表
	POST	/api/v1/replicationcontrollers	建立一個 RC 物件
	GET	/api/v1/namespaces/{namespace}/replicationcontrollers	獲取某個命名空間中的 RC 列表
	POST	/api/v1/namespaces/{namespace}/replicationcontrollers	在某個命名空間中建立一個 RC 物件
	DELETE	/api/v1/namespaces/{namespace}/replicationcontrollers/{name}	刪除某個命名空間中的 RC 物件

資源類型	方法	URLPath	說明
	GET	/api/v1/namespaces/{namespace}/replicationcontrollers/{name}	獲取某個命名空間中的 RC 物件
PODS	GET	/api/v1/pods	獲取一個 Pod 列表
	POST	/api/v1/pods	建立一個 Pod 物件
	GET	/api/v1/namespaces/{namespace}/pods	獲取某個命名空間中的 Pod 列表
	POST	/api/v1/namespaces/{namespace}/pods	在某個命名空間中建立一個 Pod 物件
	DELETE	/api/v1/namespaces/{namespace}/pods/{name}	刪除某個命名空間中的一個 Pod 物件
	GET	/api/v1/namespaces/{namespace}/pods/{name}	獲取某個命名空間中的一個 Pod 物件
BINDINGS	POST	/api/v1/bindings	建立一個 Binding 物件
	POST	/api/v1/namespaces/{namespace}/bindings	在某個命名空間中建立一個 Binding 物件
ENDPOINTS	GET	/api/v1/endpoints	獲取 Endpoint 列表
	POST	/api/v1/endpoints	建立一個 Endpoint 物件
	GET	/api/v1/namespaces/{namespace}/endpoints	獲取某個命名空間中的 Endpoint 物件列表
	POST	/api/v1/namespaces/{namespace}/endpoints	在某個命名空間中建立一個 Endpoint 物件
	DELETE	/api/v1/namespaces/{namespace}/endpoints/{name}	刪除某個命名空間中的 Endpoint 物件
	GET	/api/v1/namespaces/{namespace}/endpoints/{name}	獲取某個命名空間中的 Endpoint 物件
Service Account	POST	/api/v1/namespaces/{namespace}/serviceaccounts	在某個命名空間中建立一個 Serviceaccount 物件
	GET	/api/v1/namespaces/{namespace}/serviceaccounts/{name}	獲取某個命名空間中的一個 Serviceaccount 物件
	PUT	/api/v1/namespaces/{namespace}/serviceaccounts/{name}	替換某個命名空間中的一個 Serviceaccount 物件

資源類型	方法	URLPath	說明
SECRETS	GET	/api/v1/secrets	獲取 Secret 列表
	POST	/api/v1/secrets	建立一個 Secret 物件
	GET	/api/v1/namespaces/{namespace}/secrets	獲取某個命名空間中的 Secret 列表

表 9.2 中的 Service Endpoints 資源物件表示的是一個 Service 的所有 Pod 實例的造訪網址清單。在通常情況下，一個 Service 只有幾個 Pod 實例，所以它的 Endpoints 清單也不多，但是在某些大規模的系統中，一個 Service 對應幾十、幾百個 Pod 實例的情況下，它的 Endpoints 清單會變得很大，在這種情況下，當某個 Pod 實例出現變動時，Service 的整個 Endpoints 清單都會跟著變動，導致 Kubernetes Master 承受很大的負荷，因此後面增加了新的資源物件——EndpointSlices，可以從根本上解決這個問題。在預設情況下，Kubernetes 會自動分割 Service 的 Endpoints 列表並建立對應的 EndpointSlices，確保每個 EndpointSlices 最多只包含 100 個 Endpoints。

接下來舉例說明如何透過 API 介面建立資源物件，以 Fabric8 框架為基礎的程式如下：

```
private void testCreateNamespace() {
  Namespace ns = new Namespace();
  ns.setApiVersion(ApiVersion.V_1);
  ns.setKind("Namespace");
  ObjectMeta om = new ObjectMeta();
  om.setName("ns-fabric8");
  ns.setMetadata(om);

  _kube.namespaces().create(ns);

  LOG.info(_kube.namespaces().list().getItems().size());
}
```

由於 Fabric8 框架對 Kubernetes API 物件做了很好的封裝，對其中的大量物件都做了定義，所以使用者可以透過其提供的資源物件去定義 Kubernetes API 物件，例如上面例子中的命名空間物件。Fabric8 框架中的

kubernetes-model 工具套件用於 API 物件的封裝。在上面的例子中，透過 Fabric8 框架提供的類別建立了一個名為 ns-fabric8 的命名空間物件。

接下來會透過以 Jeysey 框架為基礎的程式建立兩個 Pod 資源物件。在兩個例子中，一個是在上面建立的命名空間 ns-sample 中建立 Pod 資源物件，另一個是為後續建立 "cluster service" 建立的 Pod 資源物件。由於以 Fabric8 框架為基礎建立 Pod 資源物件的方法很簡單，因此這裡不再用 Fabric8 框架對上述兩個例子做說明。透過以 Jersey 框架為基礎建立這兩個 Pod 資源物件的程式如下：

```
private void testCreatePod() {
    Params params = new Params();
    params.setResourceType(ResourceType.PODS);
    params.setJson(Utils.getJson("podInNs.json"));
    params.setNamespace("ns-sample");
    LOG.info("Result: " + _restfulClient.create(params));

    params.setJson(Utils.getJson("pod4ClusterService.json"));
    LOG.info("Result: " + _restfulClient.create(params));
}
```

其中，podInNs.json 和 pod4ClusterService.json 是對建立兩個 Pod 資源物件的定義。podInNs.json 的內容如下：

```
{
    "kind":"Pod",
    "apiVersion":"v1",
    "metadata":{
        "name":"pod-sample-in-namespace",
        "namespace": "ns-sample"
    },
    "spec":{
        "containers":[{
            "name":"mycontainer",
            "image":"kubeguide/redis-master"
        }]
    }
}
```

pod4ClusterService.json 的內容如下：

```
{
```

```
    "kind":"Pod",
    "apiVersion":"v1",
    "metadata":{
        "name":"pod-sample-4-cluster-service",
        "namespace": "ns-sample",
        "labels":{
            "k8s-cs": "kube-cluster-service",
            "k8s-test": "kube-cluster-test",
            "k8s-sample-app": "kube-service-sample",
            "kkk": "bbb"
        }
    },
    "spec":{
        "containers":[{
            "name":"mycontainer",
            "image":"kubeguide/redis-master"
        }]
    }
}
```

下面的例子程式用於獲取 Pod 資源列表，其中，第 1 部分程式用於獲取所有 Pod 資源物件，第 2、3 部分程式主要用於説明如何使用標籤選擇 Pod 資源物件，最後一部分程式用於舉例説明如何使用 field 選擇 Pod 資源物件。程式如下：

```
private void testGetPodList() {
    Params params = new Params();
    params.setResourceType(ResourceType.PODS);
    LOG.info("Result: " + _restfulClient.list(params));

    Map<String, String> labels = new HashMap<String, String>();
    labels.put("k8s-cs", "kube-cluster-service");
    labels.put("k8s-sample-app", "kube-service-sample");
    params.setLabels(labels);
    LOG.info("Result: " + _restfulClient.list(params));
    params.setLabels(null);

    Map<String, List<String>> inLabels = new HashMap<String,
List<String>>();
    List list = new ArrayList<String>();
    list.add("kube-cluster-service");
    list.add("kube-cluster");
    inLabels.put("k8s-cs", list);
```

```
    params.setInLabels(inLabels);
    LOG.info("Result: " + _restfulClient.list(params));
    params.setInLabels(null);

    Map<String, String> fields = new HashMap<String, String>();
    fields.put("metadata.name", "pod-sample-4-cluster-service");
    params.setNamespace("ns-sample");
    params.setFields(fields);
    LOG.info("Result: " + _restfulClient.list(params));
}
```

接下來的例子程式用於替換一個 Pod 物件，在透過 Kubernetes API 替換一個 Pod 資源物件時需要注意如下兩點。

（1）在替換該資源物件前，先從 API 中獲取該資源物件的 JSON 物件，然後在該 JSON 物件的基礎上修改需要替換的部分。

（2）在 Kubernetes API 提供的介面中，PUT 方法（replace）只支援替換容器的 image 部分。

程式如下：

```
private void testReplacePod() {
    Params params = new Params();
    params.setNamespace("ns-sample");
    params.setName("pod-sample-in-namespace");
    params.setJson(Utils.getJson("pod4Replace.json"));
    params.setResourceType(ResourceType.PODS);

    LOG.info("Result: " + _restfulClient.replace(params));
}
```

其中，pod4Replace.json 的內容如下：

```
{
  "kind": "Pod",
  "apiVersion": "v1",
  "metadata": {
    "name": "pod-sample-in-namespace",
    "namespace": "ns-sample",
    "selfLink": "/api/v1/namespaces/ns-sample/pods/pod-sample-in-namespace",
    "uid": "084ff63e-59d3-11e5-8035-000c2921ba71",
    "resourceVersion": "45450",
    "creationTimestamp": "2020-09-13T04:51:01Z"
```

```json
    },
    "spec": {
      "volumes": [
        {
          "name": "default-token-szoje",
          "secret": {
            "secretName": "default-token-szoje"
          }
        }
      ],
      "containers": [
        {
          "name": "mycontainer",
          "image": "centos",
          "resources": {},
          "volumeMounts": [
            {
              "name": "default-token-szoje",
              "readOnly": true,
              "mountPath": "/var/run/secrets/kubernetes.io/serviceaccount"
            }
          ],
          "terminationMessagePath": "/dev/termination-log",
          "imagePullPolicy": "IfNotPresent"
        }
      ],
      "restartPolicy": "Always",
      "dnsPolicy": "ClusterFirst",
      "serviceAccountName": "default",
      "serviceAccount": "default",
      "nodeName": "192.168.1.129"
    },
    "status": {
      "phase": "Running",
      "conditions": [
        {
          "type": "Ready",
          "status": "True"
        }
      ],
      "hostIP": "192.168.1.129",
      "podIP": "10.1.10.66",
      "startTime": "2020-09-11T15:17:28Z",
      "containerStatuses": [
```

```
    {
      "name": "mycontainer",
      "state": {
        "running": {
          "startedAt": "2020-09-11T15:17:30Z"
        }
      },
      "lastState": {},
      "ready": true,
      "restartCount": 0,
      "image": "kubeguide/redis-master",
      "imageID": "docker://5630952871a38cddffda9ec611f5978ab0933628fcd54c
d7d7677ce6b17de33f",
      "containerID": "docker://7bf0d454c367418348711556e667fd1ef6a04d715
3d 24bfcac2e2e06da634a9f"
    }
  ]
  }
}
```

接下來的兩個例子實現了在 9.2.4 節中提到的兩種 Merge 方式：Merge Patch 和 Strategic Merge Patch。

Merge Patch 的範例如下：

```
private void testUpdatePod1() {
    Params params = new Params();
    params.setNamespace("ns-sample");
    params.setName("pod-sample-in-namespace");
    params.setJson(Utils.getJson("pod4MergeJsonPatch.json"));
    params.setResourceType(ResourceType.PODS);

    LOG.info("Result: " + _restfulClient.updateWithMediaType(params,
"application/ merge-patch+json"));
}
```

其中，pod4MergeJsonPatch.json 的內容如下：

```
{
    "metadata":{
     "labels":{
        "k8s-cs": "kube-cluster-service",
        "k8s-test": "kube-cluster-test",
       "k8s-sa5555mple-app": "kube-service-sample",
       "kkk": "bbb4444"
```

```
        }
    }
}
```

Strategic Merge Patch 的範例如下：

```
private void testUpdatePod2() {
    Params params = new Params();
    params.setNamespace("ns-sample");
    params.setName("pod-sample-in-namespace");
    params.setJson(Utils.getJson("pod4StrategicMerge.json"));
    params.setResourceType(ResourceType.PODS);

    LOG.info("Result: " + _restfulClient.updateWithMediaType(params,
"application/strategic-merge-patch+json"));
}
```

其中，pod4StrategicMerge.json 的內容如下：

```
{
    "spec":{
      "containers":[{
        "name":"mycontainer",
        "image":"centos",
        "patchStrategy":"merge",
        "patchMergeKey":"name"
      }]
    }
}
```

接下來實現了修改 Pod 資源物件的狀態，程式如下：

```
private void testStatusPod() {
    Params params = new Params();
    params.setNamespace("ns-sample");
    params.setName("pod-sample-in-namespace");
    params.setSubPath("/status");
    params.setJson(Utils.getJson("pod4Status.json"));
    params.setResourceType(ResourceType.PODS);

    _restfulClient.replace(params);
}
```

其中，pod4Status.json 的內容如下：

```
{
```

```
"kind": "Pod",
"apiVersion": "v1",
"metadata": {
  "name": "pod-sample-in-namespace",
  "namespace": "ns-sample",
  "selfLink": "/api/v1/namespaces/ns-sample/pods/pod-sample-in-namespace",
  "uid": "ad1d803f-59ec-11e5-8035-000c2921ba71",
  "resourceVersion": "51640",
  "creationTimestamp": "2020-09-13T07:54:35Z"
},
"spec": {
  "volumes": [
    {
      "name": "default-token-szoje",
      "secret": {
        "secretName": "default-token-szoje"
      }
    }
  ],
  "containers": [
    {
      "name": "mycontainer",
      "image": "kubeguide/redis-master",
      "resources": {},
      "volumeMounts": [
        {
          "name": "default-token-szoje",
          "readOnly": true,
          "mountPath": "/var/run/secrets/kubernetes.io/serviceaccount"
        }
      ],
      "terminationMessagePath": "/dev/termination-log",
      "imagePullPolicy": "IfNotPresent"
    }
  ],
  "restartPolicy": "Always",
  "dnsPolicy": "ClusterFirst",
  "serviceAccountName": "default",
  "serviceAccount": "default",
  "nodeName": "192.168.1.129"
},
"status": {
  "phase": "Unknown",
  "conditions": [
```

```
      {
        "type": "Ready",
        "status": "false"
      }
    ],
    "hostIP": "192.168.1.129",
    "podIP": "10.1.10.79",
    "startTime": "2020-09-11T18:21:02Z",
    "containerStatuses": [
      {
        "name": "mycontainer",
        "state": {
          "running": {
            "startedAt": "2020-09-11T18:21:03Z"
          }
        },
        "lastState": {},
        "ready": true,
        "restartCount": 0,
        "image": "kubeguide/redis-master",
        "imageID": "docker://5630952871a38cddffda9ec611f5978ab0933628fcd54
cd 7d7677ce6b17de33f",
        "containerID": "docker://b0e2312643e9a4b59cf1ff5fb7a8468c5777180d5a
8ea5f2f0c9dfddcf3f4cd2"
      }
    ]
  }
}
```

接下來實現了查看 Pod 的 log 日誌功能，程式如下：

```
private void testLogPod() {
    Params params = new Params();
    params.setNamespace("ns-sample");
    params.setName("pod-sample-in-namespace");
    params.setSubPath("/log");
    params.setResourceType(ResourceType.PODS);

    _restfulClient.get(params);
}
```

下面透過 API 存取 Node 的多種介面，程式如下：

```
private void testPoxyNode() {
    Params params = new Params();
```

```
    params.setName("192.168.1.129");
    params.setSubPath("pods");
    params.setVisitProxy(true);
    params.setResourceType(ResourceType.NODES);
    _restfulClient.get(params);

    params = new Params();
    params.setName("192.168.1.129");
    params.setSubPath("stats");
    params.setVisitProxy(true);
    params.setResourceType(ResourceType.NODES);
    _restfulClient.get(params);

    params = new Params();
    params.setName("192.168.1.129");
    params.setSubPath("spec");
    params.setVisitProxy(true);
    params.setResourceType(ResourceType.NODES);
    _restfulClient.get(params);

    params = new Params();
    params.setName("192.168.1.129");
    params.setSubPath("run/ns-sample/pod/pod-sample-in-namespace");
    params.setVisitProxy(true);
    params.setResourceType(ResourceType.NODES);
    _restfulClient.get(params);

    params = new Params();
    params.setName("192.168.1.129");
    params.setSubPath("metrics");
    params.setVisitProxy(true);
    params.setResourceType(ResourceType.NODES);
    _restfulClient.get(params);
}
```

最後，舉例説明如何透過 API 刪除資源物件 pod，程式如下：

```
private void testDetetePod() {
    Params params = new Params();
    params.setNamespace("ns-sample");
    params.setName("pod-sample-in-namespace");
    params.setResourceType(ResourceType.PODS);
    LOG.info("Result: " + _restfulClient.delete(params));
}
```

下面以 Fabric8 為基礎實現對資源物件的監聽，程式如下：

```
private void testWatcher() {
    _kube.pods().watch(new io.fabric8.kubernetes.client.Watcher<Pod>() {
        @Override
        public void eventReceived(Action action, Pod pod) {
            System.out.println(action + ": " + pod);
        }

        @Override
        public void onClose(KubernetesClientException e) {
            System.out.println("Closed: " + e);
        }
    });
}
```

9.3.2 其他用戶端函數庫

目前 Kubernetes 官方支援的用戶端函數庫如表 9.3 所示。

表 9.3 目前 Kubernetes 官方支援的用戶端庫

開發語言	用戶端函數庫查詢目錄
Go	github.com/kubernetes/client-go/
Python	github.com/kubernetes-client/python/
Java	github.com/kubernetes-client/java/
dotNet	github.com/kubernetes-client/csharp
JavaScript	github.com/kubernetes-client/javascript

此外，Kubernetes 社區也在開發和維護以其他開發語言為基礎的用戶端函數庫，如表 9.4 所示。

表 9.4 以其他開發語言為基礎的用戶端庫

開發語言	用戶端函數庫查詢目錄
Clojure	github.com/yanatan16/clj-kubernetes-api
Go	github.com/ericchiang/k8s
Java（OSGi）	bitbucket.org/amdatulabs/amdatu-kubernetes
Java（Fabric8、OSGi）	github.com/fabric8io/kubernetes-client

開發語言	用戶端函數庫查詢目錄
Lisp	github.com/brendandburns/cl-k8s
Lisp	github.com/xh4/cube
Node.js（TypeScript）	github.com/Goyoo/node-k8s-client
Node.js	github.com/tenxcloud/node-kubernetes-client
Node.js	github.com/godaddy/kubernetes-client
Perl	metacpan.org/pod/Net::Kubernetes
PHP	github.com/maclof/kubernetes-client
PHP	github.com/allansun/kubernetes-php-client
Python	github.com/eldarion-gondor/pykube
Python	github.com/mnubo/kubernetes-py
Ruby	github.com/Ch00k/kuber
Ruby	github.com/abonas/kubeclient
Ruby	github.com/kontena/k8s-client
Rust	github.com/ynqa/kubernetes-rust
Scala	github.com/doriordan/skuber
dotNet	github.com/tonnyeremin/kubernetes_gen
DotNet（RestSharp）	github.com/masroorhasan/Kubernetes.DotNet
Elixir	github.com/obmarg/kazan
Haskell	github.com/soundcloud/haskell-kubernetes

9.4 Kubernetes API 的擴充

隨著 Kubernetes 的發展，使用者對 Kubernetes 的擴充性也提出了越來越高的要求。從 1.7 版本開始，Kubernetes 引入擴充 API 資源的能力，使得開發人員在不修改 Kubernetes 核心程式的前提下可以對 Kubernetes API 進行擴充，並仍然使用 Kubernetes 的語法對新增的 API 進行操作，這非常適用於在 Kubernetes 上透過其 API 實現其他功能（例如第三方性能指標擷取服務）或者測試實驗性新特性（例如外部設備驅動）。

在 Kubernetes 中，所有物件都被抽象定義為某種資源物件，同時系統會為其設置一個 API URL 入口（API Endpoint），對資源物件的操作（如新增、刪除、修改、查看等）都需要透過 Master 的核心元件 API Server 呼叫資源物件的 API 來完成。與 API Server 的互動可以透過 kubectl 命令列工具或存取其 RESTful API 進行。每個 API 都可以設置多個版本，在不同的 API URL 路徑下區分，例如 "/api/v1" 或 "/apis/extensions/v1beta1" 等。使用這種機制後，使用者可以很方便地定義這些 API 資源物件（YAML 設定），並將其提交給 Kubernetes（呼叫 RESTful API），來完成對容器應用的各種管理工作。

Kubernetes 系統內建的 Pod、RC、Service、ConfigMap、Volume 等資源物件已經能夠滿足常見的容器應用管理要求，但如果使用者希望將其自行開發的第三方系統納入 Kubernetes，並使用 Kubernetes 的 API 對其自訂的功能或設定進行管理，就需要對 API 進行擴充了。目前 Kubernetes 提供了以下兩種 API 擴充機制供使用者擴充 API。

（1）CRD：重複使用 Kubernetes 的 API Server，無須編寫額外的 API Server。使用者只需要定義 CRD，並且提供一個 CRD 控制器，就能透過 Kubernetes 的 API 管理自訂資源物件了，同時要求使用者的 CRD 物件符合 API Server 的管理規範。

（2）API 聚合：使用者需要編寫額外的 API Server，可以對資源進行更細粒度的控制（例如，如何在各 API 版本之間切換），要求使用者自行處理對多個 API 版本的支援。

本節主要對 CRD 和 API 聚合這兩種 API 擴充機制的概念和用法進行詳細說明。

9.4.1 使用 CRD 擴充 API 資源

CRD 是 Kubernetes 從 1.7 版本開始引入的特性，在 Kubernetes 早期版本中被稱為 TPR（ThirdPartyResources，第三方資源）。TPR 從 Kubernetes 1.8 版本開始停用，被 CRD 全面替換。

CRD 本身只是一段宣告，用於定義使用者自訂的資源物件。但僅有 CRD 的定義並沒有實際作用，使用者還需要提供管理 CRD 物件的 CRD 控制器（CRD Controller），才能實現對 CRD 物件的管理。CRD 控制器通常可以透過 Go 語言進行開發，需要遵循 Kubernetes 的控制器開發規範，基於用戶端函數庫 client-go 實現 Informer、ResourceEventHandler、Workqueue 等元件具體的功能處理邏輯，詳細的開發過程請參考官方範例和 client-go 函數庫的說明。

1. 建立 CRD 的定義

與其他資源物件一樣，對 CRD 的定義也使用 YAML 設定進行宣告。以 Istio 系統中的自訂資源 VirtualService 為例，設定檔 crd-virtualservice. yaml 的內容如下：

```yaml
apiVersion: apiextensions.k8s.io/v1beta1
kind: CustomResourceDefinition
metadata:
  name: virtualservices.networking.istio.io
  annotations:
    "helm.sh/hook": crd-install
  labels:
    app: istio-pilot
spec:
  group: networking.istio.io
  scope: Namespaced
  versions:
  - name: v1alpha3
    served: true
    storage: true
  names:
    kind: VirtualService
    listKind: VirtualServiceList
    singular: virtualservice
    plural: virtualservices
    categories:
    - istio-io
    - networking-istio-io
```

CRD 定義中的關鍵字段如下。

（1）group：設置 API 所屬的組，將其映射為 API URL 中 /apis/ 的下一級目錄，設置 networking.istio.io 生成的 API URL 路徑為 /apis/networking.istio.io。

（2）scope：該 API 的生效範圍，可選項為 Namespaced（由 Namespace 限定）和 Cluster（在叢集範圍全域生效，不侷限於任何命名空間），預設值為 Namespaced。

（3）versions：設置此 CRD 支援的版本，可以設置多個版本，用列表形式表示。目前還可以設置名為 version 的欄位，只能設置一個版本，在將來的 Kubernetes 版本中會被棄用，建議使用 versions 進行設置。如果該 CRD 支援多個版本，則每個版本都會在 API URL"/apis/networking.istio.io" 的下一級進行表現，例如 /apis/networking.istio.io/v1 或 /apis/networking.istio.io/v1alpha3 等。每個版本都可以設置下列參數。

- name：版本的名稱，例如 v1、v1alpha3 等。
- served：是否啟用，設置為 true 表示啟用。
- storage：是否進行儲存，只能有一個版本被設置為 true。

（4）names：CRD 的名稱，包括單數、複數、kind、所群組等名稱的定義，可以設置如下參數。

- kind：CRD 的資源類型名稱，要求以駝峰式命名規範進行命名（單字的首字母都大寫），例如 VirtualService。
- listKind：CRD 列表，預設設置為 <kind>List 格式，例如 VirtualServiceList。
- singular：單數形式的名稱，要求全部小寫，例如 virtualservice。
- plural：複數形式的名稱，要求全部小寫，例如 virtualservices。
- shortNames：縮寫形式的名稱，要求全部小寫，例如 vs。
- categories：CRD 所屬的資源組列表。例如，VirtualService 屬於 istio-io 組和 networking-istio-io 組，使用者透過查詢 istio-io 組和 networking-istio-io 組，也可以查詢到該 CRD 實例。

使用 kubectl create 命令完成 CRD 的建立：

```
# kubectl create -f crd-virtualservice.yaml
customresourcedefinition.apiextensions.k8s.io/virtualservices.networking.
istio.io created
```

在 CRD 建立成功後，由於本例的 scope 設置了命名空間限定，所以可以透過 API Endpoint"/apis/networking.istio.io/v1alpha3/namespaces/ <namespace> /virtualservices/" 管理該 CRD 資源。

使用者接下來就可以以該 CRD 為基礎的定義建立自訂資源物件了。

2. 以 CRD 為基礎的定義建立自訂資源物件

以 CRD 為基礎的定義，使用者可以像建立 Kubernetes 系統內建的資源物件（如 Pod）一樣建立 CRD 資源物件。在下面的例子中，virtualservice-helloworld.yaml 定義了一個類型為 VirtualService 的資源物件：

```
apiVersion: networking.istio.io/v1alpha3
kind: VirtualService
metadata:
  name: helloworld
spec:
  hosts:
  - "*"
  gateways:
  - helloworld-gateway
  http:
  - match:
    - uri:
        exact: /hello
    route:
    - destination:
        host: helloworld
        port:
          number: 5000
```

除了需要設置該 CRD 資源物件的名稱，還需要在 spec 段設置相應的參數。在 spec 中可以設置的欄位是由 CRD 開發者自訂的，需要根據 CRD 開發者提供的手冊進行設定。這些參數通常包含特定的業務含義，由 CRD 控制器進行處理。

使用 kubectl create 命令完成 CRD 資源物件的建立：

```
# kubectl create -f virtualservice-helloworld.yaml
virtualservice.networking.istio.io/helloworld created
```

然後，使用者就可以像操作 Kubernetes 內建的資源物件（如 Pod、RC、Service）一樣去操作 CRD 資源物件了，包括查看、更新、刪除和 watch 等操作。

查看 CRD 資源物件：

```
# kubectl get virtualservice
NAME          AGE
helloworld    1m
```

也可以透過 CRD 所屬的 categories 進行查詢：

```
# kubectl get istio-io
NAME          AGE
helloworld    1m
# kubectl get networking-istio-io
NAME          AGE
helloworld    1m
```

3. CRD 的高級特性

隨著 Kubernetes 的演進，CRD 也在逐步增加一些高級特性和功能，包括 subresources 子資源、驗證（Validation）機制、自訂查看 CRD 時需要顯示的列，以及 finalizer 預刪除鉤子。

1）CRD 的 subresources 子資源

Kubernetes 從 1.11 版本開始，在 CRD 的定義中引入了名為 subresources 的設定，可以設置的選項包括 status 和 scale 兩類。

- status：啟用 /status 路徑，其值來自 CRD 的 .status 欄位，要求 CRD 控制器能夠設置和更新這個欄位的值。
- scale：啟用 /scale 路徑，支援透過其他 Kubernetes 控制器（如 HorizontalPodAutoscaler 控制器）與 CRD 資源物件實例進行互動。使用者透過 kubectl scale 命令也能對該 CRD 資源物件進行擴充或縮減操作，要求 CRD 本身支援以多個副本的形式執行。

下面是一個設置了 subresources 的 CRD 範例：

```
apiVersion: apiextensions.k8s.io/v1beta1
kind: CustomResourceDefinition
metadata:
  name: crontabs.stable.example.com
spec:
  group: stable.example.com
  versions:
  - name: v1
    served: true
    storage: true
  scope: Namespaced
  names:
    plural: crontabs
    singular: crontab
    kind: CronTab
    shortNames:
    - ct
  subresources:
    status: {}
    scale:
      # 定義從 CRD 中繼資料中獲取使用者期望的副本數量的 JSON 路徑
      specReplicasPath: .spec.replicas
      # 定義從 CRD 中繼資料中獲取當前執行的副本數量的 JSON 路徑
      statusReplicasPath: .status.replicas
      # 定義從 CRD 中繼資料中獲取 Label Selector（標籤選擇器）的 JSON 路徑
      labelSelectorPath: .status.labelSelector
```

以該 CRD 為基礎的定義，建立一個自訂資源物件 my-crontab.yaml：

```
apiVersion: "stable.example.com/v1"
kind: CronTab
metadata:
  name: my-new-cron-object
spec:
  cronSpec: "* * * * */5"
  image: my-awesome-cron-image
  replicas: 3
```

之後就能透過 API Endpoint 查看該資源物件的狀態了：

```
/apis/stable.example.com/v1/namespaces/<namespace>/crontabs/status
```

並查看該資源物件的容量調整（scale）資訊：

```
/apis/stable.example.com/v1/namespaces/<namespace>/crontabs/scale
```

使用者還可以使用 kubectl scale 命令對 Pod 的副本數量進行調整,例如:

```
# kubectl scale --replicas=5 crontabs/my-new-cron-object
crontabs "my-new-cron-object" scaled
```

2)CRD 的驗證(Validation)機制

Kubernetes 從 1.8 版本開始引入了基於 OpenAPI v3 schema 或 validating admissionwebhook 的驗證機制,用於驗證使用者提交的 CRD 資源物件設定是否符合預先定義的驗證規則。該機制到 Kubernetes 1.13 版本時升級為 Beta 版本。要使用該功能,需要為 kube-apiserver 服務開啟 --feature-gates=CustomResourceValidation=true 特性開關。

下面的例子為 CRD 定義中的兩個欄位(cronSpec 和 replicas)設置了驗證規則:

```
apiVersion: apiextensions.k8s.io/v1beta1
kind: CustomResourceDefinition
metadata:
  name: crontabs.stable.example.com
spec:
  group: stable.example.com
  versions:
  - name: v1
    served: true
    storage: true
  version: v1
  scope: Namespaced
  names:
    plural: crontabs
    singular: crontab
    kind: CronTab
    shortNames:
    - ct
  validation:
    openAPIV3Schema:
      properties:
        spec:
          properties:
            cronSpec:
              type: string
```

```
           pattern: '^(\d+|\*)(/\d+)?(\s+(\d+|\*)(/\d+)?){4}$'
       replicas:
           type: integer
           minimum: 1
           maximum: 10
```

驗證規則如下。

- spec.cronSpec：必須為字串類型，並且滿足正規表示法的格式。
- spec.replicas：必須將其設置為 1 ～ 10 的整數。

對於不符合要求的 CRD 資源物件定義，系統將拒絕建立。

例如，下面的 my-crontab.yaml 範例違反了 CRD 中 validation 設置的驗證規則，即 cronSpec 沒有滿足正規表示法的格式，replicas 的值大於 10：

```
apiVersion: "stable.example.com/v1"
kind: CronTab
metadata:
  name: my-new-cron-object
spec:
  cronSpec: "* * * *"
  image: my-awesome-cron-image
  replicas: 15
```

建立時，系統將顯示 validation 失敗的錯誤資訊：

```
# kubectl create -f my-crontab.yaml
The CronTab "my-new-cron-object" is invalid: []: Invalid value: map[string]
interface {}{"apiVersion":"stable.example.com/v1", "kind":"CronTab",
"metadata":map[string]interface {}{"name":"my-new-cron-object",
"namespace":"default", "deletionTimestamp":interface {}(nil), "delet
ionGracePeriodSeconds":(*int64)(nil), "creationTimestamp":"2020-09-
05T05:20:07Z", "uid":"e14d79e7-91f9-11e7-a598-f0761cb232d1", "selfLink":"",
"clusterName":""}, "spec":map[string]interface {}{"cronSpec":"* * * *",
"image":"my-awesome-cron-image", "replicas":15}}:
validation failure list:
spec.cronSpec in body should match '^(\d+|\*)(/\d+)?(\s+(\d+|\*)(/\d+)?)
{4}$'
spec.replicas in body should be less than or equal to 10
```

3）自訂查看 CRD 時需要顯示的列

從 Kubernetes 1.11 版本開始，透過 kubectl get 命令能夠顯示哪些欄位由服務端（API Server）決定，還支援在 CRD 中設置需要在查看（get）時顯示的自訂列，在 spec.additionalPrinterColumns 欄位設置即可。

在下面的例子中設置了 3 個需要顯示的自訂列 Spec、Replicas 和 Age，並在 JSONPath 欄位設置了自訂列的資料來源：

```
apiVersion: apiextensions.k8s.io/v1beta1
kind: CustomResourceDefinition
metadata:
  name: crontabs.stable.example.com
spec:
  group: stable.example.com
  version: v1
  scope: Namespaced
  names:
    plural: crontabs
    singular: crontab
    kind: CronTab
    shortNames:
    - ct
  additionalPrinterColumns:
  - name: Spec
    type: string
    description: The cron spec defining the interval a CronJob is run
    JSONPath: .spec.cronSpec
  - name: Replicas
    type: integer
    description: The number of jobs launched by the CronJob
    JSONPath: .spec.replicas
  - name: Age
    type: date
    JSONPath: .metadata.creationTimestamp
```

執行 kubectl get 命令查看 CronTab 資源物件，會顯示出這 3 個自訂列：

```
# kubectl get crontab my-new-cron-object
NAME                      SPEC          REPLICAS    AGE
my-new-cron-object        * * * * *     1           7s
```

4）Finalizer（CRD 資源物件的預刪除鉤子方法）

Finalizer 設置的方法在刪除 CRD 資源物件時呼叫，以實現 CRD 資源物件的清理工作。

在下面的例子中為 CRD"CronTab" 設置了一個 finalizer（也可以設置多個），其值為 URL"finalizer.stable.example.com"：

```
apiVersion: "stable.example.com/v1"
kind: CronTab
metadata:
  finalizers:
  - finalizer.stable.example.com
```

在使用者發起刪除該資源物件的請求時，Kubernetes 不會直接刪除這個資源物件，而是在中繼資料部分設置時間戳記 "metadata.deletionTimestamp" 的值，將其標記為開始刪除該 CRD 物件。然後控制器開始執行 finalizer 定義的鉤子方法 "finalizer.stable.example.com" 進行清理工作。對於耗時較長的清理操作，還可以設置 metadata.deletionGracePeriodSeconds 逾時時間，在超過這個時間後由系統強制終止鉤子方法的執行。在控制器執行完鉤子方法後，控制器應負責刪除相應的 finalizer。當全部 finalizer 都觸發控制器執行鉤子方法並都被刪除之後，Kubernetes 才會最終刪除該 CRD 資源物件。

5）CRD 的多版本（Versioning）特性

Kubernetes 發展到 1.17 版本時，CRD 資源物件的多版本特性達到穩定階段。使用者在定義一個 CRD 時，需要在 spec.versions 欄位中列出支援的全部版本編號，例如在下面的例子中，CRD 支援 v1beta1、v1 兩個版本：

```
apiVersion: apiextensions.k8s.io/v1beta1
kind: CustomResourceDefinition
metadata:
  name: crontabs.example.com
spec:
  group: example.com
  versions:
  - name: v1beta1
    served: true
    storage: true
    schema:
      openAPIV3Schema:
        type: object
        properties:
          host:
            type: string
```

```
            port:
              type: string
    - name: v1
      served: true
      storage: false
      schema:
        openAPIV3Schema:
          type: object
          properties:
            host:
              type: string
            port:
              type: string
```

問題來了，在支援多個版本的 CRD 資源物件時，存在低版本的資源物件升級到高版本的轉換問題，所以 Kubernetes 同時實現了 Webhook Conversion for Custom Resources 特性，透過使用 Webhook 回呼介面來完成 CRD 資源物件多版本的轉換問題。具體做法：開發並部署一個 CRD 多版本物件轉換的 Webhook 服務；透過修改 spec 中的 conversion 部分來使用上述自訂轉換的 Webhook。

6）結構化的 CRD 物件

在 CRD 物件中，除了部分欄位（如 apiVersion、kind 和 metadata 等）會被 API Server 強制驗證，其他欄位都是使用者自訂的，並不會被 API Server 驗證，這就存在一些問題，比如某些資料被運行維護人員或其他不清楚此 CRD 格式的人設置為非法資料，仍然會被 API Server 接受並更新，導致應用失敗或異常。因此，Kubernetes 也為 CRD 物件增加了結構化定義和相關資料驗證的特性，這一特性是透過 OpenAPI v3.0 validation schema 實現的，即在 CRD 中增加了一個 schema 的定義。下面是一個完整的例子：

```
apiVersion: apiextensions.k8s.io/v1
kind: CustomResourceDefinition
metadata:
  name: crontabs.stable.example.com
spec:
  group: stable.example.com
  versions:
```

```
- name: v1
  served: true
  storage: true
  schema:
      type: object
      properties:
        spec:
          type: object
          properties:
            cronSpec:
              type: string
              pattern: '^(\d+|\*)(/\d+)?(\s+(\d+|\*)(/\d+)?){4}$'
            image:
              type: string
            replicas:
              type: integer
              minimum: 1
              maximum: 10
```

CRD 的 OpenAPI v3.0 validation schema 具有以下一些特性。

■ 可以給 CRD 中的某個欄位設置預設值，即 Defaulting 特性，此特性在 Kubernetes 1.17 時升級為 GA 版本。

■ 透過 validation schema 驗證的 CRD 物件的資料被寫入 etcd 裡持久保存，如果在 CRD 裡出現一個未知的欄位，即 schema 裡沒有宣告的欄位，則這個欄位會被「剪除」，這個特性被稱為 Field pruning。

透過增加 OpenAPI v3.0 validation schema，CRD 也能像普通的 Kubernetes 資源物件一樣，具備結構化資料儲存能力並且確保寫入 API Server 的資料都是合法的。如果 schema 方式還不足以驗證特殊的 CRD 資料結構，則還可以透過 Admission Webhooks 實現更為複雜的資料驗證規則。

4. 小結

CRD 極大擴充了 Kubernetes 的能力，使使用者像操作 Pod 一樣操作自訂的各種資源物件。CRD 已經在一些以 Kubernetes 為基礎的第三方開放原始碼專案中得到廣泛應用，包括 CSI 儲存外掛程式、Device Plugin（GPU 驅動程式）、Istio（Service Mesh 管理）等，已經逐漸成為擴充 Kubernetes 能力的標準。

9.4.2 使用 API 聚合機制擴充 API 資源

API 聚合機制是 Kubernetes 1.7 版本引入的特性，能夠將使用者擴充的 API 註冊到 kube-apiserver 上，仍然透過 API Server 的 HTTP URL 對新的 API 進行存取和操作。為了實現這個機制，Kubernetes 在 kube-apiserver 服務中引入了一個 API 聚合層（API Aggregation Layer），用於將擴充 API 的存取請求轉發到使用者提供的 API Server 上，由它完成對 API 請求的處理。

設計 API 聚合機制的主要目標如下。

- 增加 API 的擴充性：使得開發人員可以編寫自己的 API Server 來發佈其 API，而無須對 Kubernetes 核心程式進行任何修改。
- 無須等待 Kubernetes 核心團隊的繁雜審查：允許開發人員將其 API 作為單獨的 API Server 發佈，使叢集管理員不用對 Kubernetes 的核心程式進行修改就能使用新的 API，也就無須等待社區繁雜的審查了。
- 支援實驗性新特性 API 開發：可以在獨立的 API 聚合服務中開發新的 API，不影響系統現有的功能。
- 確保新的 API 遵循 Kubernetes 的規範：如果沒有 API 聚合機制，開發人員就可能被迫推出自己的設計，可能不遵循 Kubernetes 規範。

總的來說，API 聚合機制的目標是提供集中的 API 發現機制和安全的代理功能，將開發人員的新 API 動態地、無縫地註冊到 Kubernetes API Server 中進行測試和使用。

下面對 API 聚合機制的使用方式進行詳細說明。

1. 在 Master 的 API Server 中啟用 API 聚合功能

為了能夠將使用者自訂的 API 註冊到 Master 的 API Server 中，首先需要設定 kube-apiserver 服務的以下啟動參數來啟用 API 聚合功能。

- --requestheader-client-ca-file=/etc/kubernetes/ssl_keys/ca.crt：用戶端 CA 證書。
- --requestheader-allowed-names=：允許存取的用戶端 common names 列

表，透過 header 中 --requestheader-username-headers 參數指定的欄位獲取。用戶端 common names 的名稱需要在 client-ca-file 中進行設置，將其設置為空值時，表示任意用戶端都可存取。

- --requestheader-extra-headers-prefix=X-Remote-Extra-：請求標頭中需要檢查的首碼名稱。
- --requestheader-group-headers=X-Remote-Group：請求標頭中需要檢查的組名稱。
- --requestheader-username-headers=X-Remote-User：請求標頭中需要檢查的使用者名稱。
- --proxy-client-cert-file=/etc/kubernetes/ssl_keys/kubelet_client.crt：在請求期間驗證 Aggregator 的用戶端 CA 證書。
- --proxy-client-key-file=/etc/kubernetes/ssl_keys/kubelet_client.key：在請求期間驗證 Aggregator 的用戶端私密金鑰。

如果 kube-apiserver 所在的主機上沒有執行 kube-proxy，即無法透過服務的 ClusterIP 位址進行存取，那麼還需要設置以下啟動參數：

```
--enable-aggregator-routing=true
```

在設置完成後重新啟動 kube-apiserver 服務，就啟用 API 聚合功能了。

2. 註冊自訂 APIService 資源

在啟用了 API Server 的 API 聚合功能之後，使用者就能將自訂 API 資源註冊到 Kubernetes Master 的 API Server 中了。使用者只需設定一個 APIService 資源物件，就能進行註冊了。APIService 範例的 YAML 檔案如下：

```
apiVersion: apiregistration.k8s.io/v1beta1
kind: APIService
metadata:
  name: v1beta1.custom.metrics.k8s.io
spec:
  service:
    name: custom-metrics-server
    namespace: custom-metrics
  group: custom.metrics.k8s.io
```

```
version: v1beta1
insecureSkipTLSVerify: true
groupPriorityMinimum: 100
versionPriority: 100
```

在這個 APIService 中設置的 API 組名為 custom.metrics.k8s.io，版本編號為 v1beta1，這兩個欄位將作為 API 路徑的子目錄註冊到 API 路徑 /apis/下。註冊成功後，就能透過 Master API 路徑 /apis/custom.metrics.k8s.io/v1beta1 存取自訂的 API Server 了。

在 service 段透過 name 和 namespace 設置了後端的自訂 API Server，本例中的服務名為 custom-metrics-server，命名空間為 custom-metrics。

透過 kubectl create 命令將這個 APIService 定義發送給 Master，就完成了註冊操作。

之後，透過 Master API Server 對 /apis/custom.metrics.k8s.io/v1beta1 路徑的存取都會被 API 聚合層代理轉發到後端服務 custom-metrics-server.custom-metrics.svc 上了。

3. 實現和部署自訂 API Server

僅僅註冊 APIService 資源還是不夠的，使用者對 /apis/custom.metrics.k8s.io/v1beta1 路徑的存取實際上都被轉發給了 custom-metrics-server.custom-metrics.svc 服務。這個服務通常能以普通 Pod 的形式在 Kubernetes 叢集中執行。當然，這個服務需要由自訂 API 的開發者提供，並且需要遵循 Kubernetes 的開發規範，詳細的開發範例可以參考官方舉出的範例說明。

下面是部署自訂 API Server 的常規操作步驟。

(1) 確保 APIService API 已啟用，這需要透過 kube-apiserver 的啟動參數 --runtime-config 進行設置，預設是啟用的。

(2) 建議建立一個 RBAC 規則，允許增加 APIService 資源物件，因為 API 擴充對整個 Kubernetes 叢集都生效，所以不推薦在生產環境中對 API 擴充進行開發或測試。

(3) 建立一個新的命名空間用於執行擴充的 API Server。

(4) 建立一個 CA 證書用於對自訂 API Server 的 HTTPS 安全存取進行簽名。

(5) 建立服務端證書和密鑰用於自訂 API Server 的 HTTPS 安全存取。服務端證書應該由上面提及的 CA 證書進行簽名，也應該包含含有 DNS 域名格式的 CN 名稱。

(6) 在新的命名空間中使用服務端證書和密鑰建立 Kubernetes Secret 物件。

(7) 部署自訂 API Server 實例，通常可以以 Deployment 形式進行部署，並且將之前建立的 Secret 掛載到容器內部。該 Deployment 也應被部署在新的命名空間中。

(8) 確保自訂的 API Server 透過 Volume 載入了 Secret 中的證書，這將用於後續的 HTTPS 握手驗證。

(9) 在新的命名空間中建立一個 Service Account 物件。

(10) 建立一個 ClusterRole 用於對自訂 API 資源進行操作。

(11) 使用之前建立的 ServiceAccount 為剛剛建立的 ClusterRole 建立一個 ClusterRolebinding。

(12) 使用之前建立的 ServiceAccount 為系統 ClusterRole"system:auth-delegator" 建立一個 ClusterRolebinding，以使其可以將認證決策代理轉發給 Kubernetes 核心 API Server。

(13) 使用之前建立的 ServiceAccount 為系統 Role"extension-apiserver-authentication- reader" 建立一個 Rolebinding，以允許自訂 API Server 存取名為 "extension-apiserver- authentication" 的系統 ConfigMap。

(14) 建立 APIService 資源物件。

(15) 存取 APIService 提供的 API URL 路徑，驗證對資源的存取能否成功。

下面以部署 Metrics Server 為例，説明一個聚合 API 的實現方式。

隨著 API 聚合機制的出現，Heapster 也進入棄用階段，逐漸被 Metrics Server 替代。Metrics Server 透過聚合 API 提供 Pod 和 Node 的資源使用資料，供 HPA 控制器、VPA 控制器及 kubectl top 命令使用。Metrics Server 的原始程式可以在其 GitHub 程式庫中找到，在部署完成後，Metrics

Server 將透過 Kubernetes 核心 API Server 的 /apis/metrics.k8s.io/v1beta1 路徑提供 Pod 和 Node 的監控資料。

首先，部署 Metrics Server 實例，在下面的 YAML 設定中包含一個 ServiceAccount、一個 Deployment 和一個 Service 的定義：

```
---
apiVersion: v1
kind: ServiceAccount
metadata:
  name: metrics-server
  namespace: kube-system
---
apiVersion: extensions/v1beta1
kind: Deployment
metadata:
  name: metrics-server
  namespace: kube-system
  labels:
    k8s-app: metrics-server
spec:
  selector:
    matchLabels:
      k8s-app: metrics-server
  template:
    metadata:
      name: metrics-server
      labels:
        k8s-app: metrics-server
    spec:
      serviceAccountName: metrics-server
      containers:
      - name: metrics-server
        image: k8s.gcr.io/metrics-server-amd64:v0.3.1
        imagePullPolicy: IfNotPresent
        volumeMounts:
        - name: tmp-dir
          mountPath: /tmp
      volumes:
      - name: tmp-dir
        emptyDir: {}
---
apiVersion: v1
kind: Service
```

```
metadata:
  name: metrics-server
  namespace: kube-system
  labels:
    kubernetes.io/name: "Metrics-server"
spec:
  selector:
    k8s-app: metrics-server
  ports:
  - port: 443
    protocol: TCP
    targetPort: 443
```

然後，建立 Metrics Server 所需的 RBAC 許可權設定：

```
# 對存取 pods、nodes、nodes/stats 等資源物件進行授權
---
kind: ClusterRole
apiVersion: rbac.authorization.k8s.io/v1
metadata:
  name: system:aggregated-metrics-reader
  labels:
    rbac.authorization.k8s.io/aggregate-to-view: "true"
    rbac.authorization.k8s.io/aggregate-to-edit: "true"
    rbac.authorization.k8s.io/aggregate-to-admin: "true"
rules:
- apiGroups: ["metrics.k8s.io"]
  resources: ["pods"]
  verbs: ["get", "list", "watch"]
---
apiVersion: rbac.authorization.k8s.io/v1
kind: ClusterRole
metadata:
  name: system:metrics-server
rules:
- apiGroups:
  - ""
  resources:
  - pods
  - nodes
  - nodes/stats
  verbs:
  - get
  - list
  - watch
```

```
---
apiVersion: rbac.authorization.k8s.io/v1
kind: ClusterRoleBinding
metadata:
  name: system:metrics-server
roleRef:
  apiGroup: rbac.authorization.k8s.io
  kind: ClusterRole
  name: system:metrics-server
subjects:
- kind: ServiceAccount
  name: metrics-server
  namespace: kube-system
```

定義 ClusterRoleBinding，設置它為將認證請求轉發到 Metrics Server 上

```
---
apiVersion: rbac.authorization.k8s.io/v1beta1
kind: ClusterRoleBinding
metadata:
  name: metrics-server:system:auth-delegator
roleRef:
  apiGroup: rbac.authorization.k8s.io
  kind: ClusterRole
  name: system:auth-delegator
subjects:
- kind: ServiceAccount
  name: metrics-server
  namespace: kube-system
```

允許 Metrics Server 存取系統 ConfigMap"extension-apiserver-authentication"

```
---
apiVersion: rbac.authorization.k8s.io/v1beta1
kind: RoleBinding
metadata:
  name: metrics-server-auth-reader
  namespace: kube-system
roleRef:
  apiGroup: rbac.authorization.k8s.io
  kind: Role
  name: extension-apiserver-authentication-reader
subjects:
- kind: ServiceAccount
  name: metrics-server
  namespace: kube-system
```

最後，定義 APIService 資源，主要設置自訂 API 的組（group）、版本編號（version）及對應的服務（metrics-server.kube-system）：

```
apiVersion: apiregistration.k8s.io/v1beta1
kind: APIService
metadata:
  name: v1beta1.metrics.k8s.io
spec:
  service:
    name: metrics-server
    namespace: kube-system
  group: metrics.k8s.io
  version: v1beta1
  insecureSkipTLSVerify: true
  groupPriorityMinimum: 100
  versionPriority: 100
```

在所有資源都成功建立之後，在命名空間 kube-system 中會看到新建的 metrics-server Pod。

透過 Kubernetes Master API Server 的 URL"/apis/metrics.k8s.io/v1beta1" 就能查詢到 Metrics Server 提供的 Pod 和 Node 的性能資料了：

```
# curl http://192.168.18.3:8080/apis/metrics.k8s.io/v1beta1/nodes
{
  "kind": "NodeMetricsList",
  "apiVersion": "metrics.k8s.io/v1beta1",
  "metadata": {
    "selfLink": "/apis/metrics.k8s.io/v1beta1/nodes"
  },
  "items": [
    {
      "metadata": {
        "name": "k8s-node-1",
        "selfLink": "/apis/metrics.k8s.io/v1beta1/nodes/k8s-node-1",
        "creationTimestamp": "2020-03-19T00:08:41Z"
      },
      "timestamp": "2020-03-19T00:08:16Z",
      "window": "30s",
      "usage": {
        "cpu": "349414075n",
        "memory": "1182512Ki"
      }
```

```
      }
    ]
}

# curl http://192.168.18.3:8080/apis/metrics.k8s.io/v1beta1/pods
{
  "kind": "PodMetricsList",
  "apiVersion": "metrics.k8s.io/v1beta1",
  "metadata": {
    "selfLink": "/apis/metrics.k8s.io/v1beta1/pods"
  },
  "items": [
    {
      "metadata": {
        "name": "metrics-server-7cb798c45b-4dnmh",
        "namespace": "kube-system",
        "selfLink": "/apis/metrics.k8s.io/v1beta1/namespaces/kube-system/
pods/metrics-server-7cb798c45b-4dnmh",
        "creationTimestamp": "2020-03-19T00:13:45Z"
      },
      "timestamp": "2020-03-19T00:13:18Z",
      "window": "30s",
      "containers": [
        {
          "name": "metrics-server",
          "usage": {
            "cpu": "1640261n",
            "memory": "22240Ki"
          }
        }
      ]
    },
......
  ]
}
```

10

Kubernetes 運行維護管理

10.1 Node 管理

本節講解 Node 管理方面的內容。

10.1.1 Node 的隔離與恢復

在硬體升級、維護等情況下，我們需要將某些 Node 隔離，使其脫離 Kubernetes 叢集的排程範圍。Kubernetes 提供了一種機制，既可以將 Node 納入排程範圍，也可以將 Node 脫離排程範圍。我們可以使用 YAML 檔案或者 kubectl 命令進行調整，範例如下。

1. 使用 YAML 檔案

建立設定檔 unschedule_node.yaml，在 spec 部分指定 unschedulable 為 true：

```
apiVersion: v1
kind: Node
metadata:
  name: k8s-node-1
  labels:
    kubernetes.io/hostname: k8s-node-1
spec:
  unschedulable: true
```

執行 kubectl replace 命令，完成對 Node 狀態的修改：

```
$ kubectl replace -f unschedule_node.yaml
node/k8s-node-1 replaced
```

查看 Node 的狀態，可以觀察到其中增加了一項 SchedulingDisabled：

```
# kubectl get nodes
NAME            STATUS                          ROLES     AGE     VERSION
k8s-node-1      Ready,SchedulingDisabled        <none>    1h      v1.19.0
```

這樣，系統就不會將後續建立的 Pod 排程向該 Node 了。

如果需要將某個 Node 重新納入叢集排程範圍，則將 unschedulable 設置為 false，再次執行 kubectl replace 命令，就能恢復系統對該 Node 的排程了。

2. 使用 kubectl patch 命令

我們也可以直接執行 kubectl patch 命令實現 Node 隔離排程的效果，不使用設定檔：

```
$ kubectl patch node k8s-node-1 -p '{"spec":{"unschedulable":true}}'
node/k8s-node-1 patched

$ kubectl patch node k8s-node-1 -p '{"spec":{"unschedulable":false}}'
node/k8s-node-1 patched
```

3. 使用 kubectl cordon 和 uncordon 命令

另外，使用 kubectl 子命令 cordon 和 uncordon 也可以實現 Node 的隔離排程和恢復排程。例如，執行 kubectl cordon <node_name> 命令對某個 Node 進行隔離排程操作：

```
# kubectl cordon k8s-node-1
Node/k8s-node-1 cordoned

# kubectl get nodes
NAME            STATUS                          ROLES     AGE     VERSION
k8s-node-1      Ready,SchedulingDisabled        <none>    1h      v1.19.0
```

又如，執行 kubectl uncordon <node_name> 命令對某個 Node 進行恢復排程操作：

```
# kubectl uncordon k8s-node-1
Node/k8s-node-1 uncordoned

# kubectl get nodes
NAME            STATUS      ROLES      AGE     VERSION
k8s-node-1      Ready       <none>     1h      v1.19.0
```

需要注意的是，某個 Node 脫離排程範圍時，其上執行的 Pod 並不會自動停止，使用者需要對其手動停止。

10.1.2 Node 的擴充

在實際生產系統中經常會出現伺服器容量不足的情況，這時就需要購買新的伺服器，然後將應用系統進行水平擴充來完成對系統的擴充。

在 Kubernetes 叢集中，一個新 Node 的加入是非常簡單的。在新的 Node 上安裝 docker、kubelet 和 kube-proxy 服務，然後設定 kubelet 和 kube-proxy 服務的啟動參數，將 Master URL 指定為當前 Kubernetes 叢集 Master 的位址，最後啟動這些服務。透過 kubelet 服務預設的自動註冊機制，新的 Node 將自動加入現有的 Kubernetes 叢集中，如圖 10.1 所示。

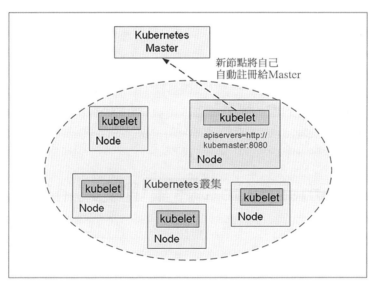

▲ 圖 10.1 新 Node 自動註冊並加入現有的 Kubernetes 叢集中

Kubernetes Master 在接受新 Node 的註冊之後，會自動將其納入當前叢集的排程範圍，之後建立容器時就可以對新的 Node 進行排程了。

透過這種機制，Kubernetes 實現了叢集中 Node 的擴充。

10.2 更新資源物件的 Label

Label（標籤）是使用者可靈活定義的物件屬性，對於正在執行的資源物件，我們隨時可以透過 kubectl label 命令進行增加、修改、刪除等操作，範例如下。

（1）給已建立的 Pod"redis-master-bobr0" 增加一個 Lable"role=backend"：

```
$ kubectl label pod redis-master-bobr0 role=backend
pod/redis-master-bobr0 labeled
```

（2）查看該 Pod 的 Label：

```
$ kubectl get pods -Lrole
NAME                    READY     STATUS      RESTARTS    AGE       ROLE
redis-master-bobr0      1/1       Running     0           3m        backend
```

（3）刪除一個 Label，只需在命令列最後指定 Label 的 key 名稱並與一個減號相連即可：

```
$ kubectl label pod redis-master-bobr0 role-
pod/redis-master-bobr0 labeled
```

（4）修改一個 Label 的值，需要加上 --overwrite 參數：

```
$ kubectl label pod redis-master-bobr0 role=master --overwrite
pod/redis-master-bobr0 labeled
```

10.3 Namespace：叢集環境共用與隔離

在一個組織內部，不同的工作群組可以在同一個 Kubernetes 叢集中工作，Kubernetes 透過 Namespace（命名空間）和 Context 的設置對不同的工作群組進行區分，使得它們既可以共用同一個 Kubernetes 叢集的服務，也可以互不干擾，如圖 10.2 所示。

假設在我們的組織中有兩個工作群組：開發組和生產運行維護組。開發組在 Kubernetes 叢集中需要不斷建立、修改及刪除各種 Pod、RC、Service 等資源物件，以便實現敏捷開發。生產運行維護組則需要透過嚴格的許可權設置來確保生產系統中的 Pod、RC、Service 處於正常執行狀態且不會被誤操作。

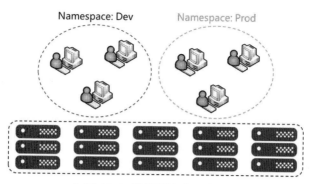

▲ 圖 10.2 叢集環境共用和隔離

10.3.1 建立 Namespace

為了在 Kubernetes 叢集中實現這兩個分組，首先需要建立兩個命名空間。

建立命名空間 1：

```
# namespace-development.yaml
apiVersion: v1
kind: Namespace
metadata:
  name: development
```

建立命名空間 2：

```
# namespace-production.yaml
apiVersion: v1
kind: Namespace
metadata:
  name: production
```

使用 kubectl create 命令完成命名空間的建立：

```
$ kubectl create -f namespace-development.yaml
namespaces/development created

$ kubectl create -f namespace-production.yaml
namespaces/production created
```

查看系統中的命名空間：

```
$ kubectl get namespaces
NAME              STATUS       AGE
default           Active       1d
```

```
development      Active     1m
production       Active     1m
```

10.3.2 定義 Context

接下來，需要為這兩個工作群組分別定義一個 Context，即執行環境。這個執行環境將屬於某個特定的命名空間。

透過 kubectl config set-context 命令定義 Context，並將 Context 置於之前建立的命名空間中：

```
$ kubectl config set-cluster kubernetes-cluster --server=https://192.168.1.
128:8080
Cluster "kubernetes-cluster" set.

$ kubectl config set-context ctx-dev --namespace=development
--cluster=kubernetes-cluster --user=dev
Context "ctx-dev" created.

$ kubectl config set-context ctx-prod --namespace=production
--cluster=kubernetes-cluster --user=prod
Context "ctx-prod" created.
```

透過 kubectl config view 命令查看已定義的 Context：

```
$ kubectl config view
apiVersion: v1
clusters:
- cluster:
    server: http://192.168.1.128:8080
  name: kubernetes-cluster
contexts:
- context:
    cluster: kubernetes-cluster
    namespace: development
    user: dev
  name: ctx-dev
- context:
    cluster: kubernetes-cluster
    namespace: production
    user: prod
  name: ctx-prod
current-context: ""
kind: Config
```

```
preferences: {}
users: null
```

透過 kubectl config 命令在 ${HOME}/.kube 目錄下生成了一個名為 "config" 的檔案,檔案的內容即 kubectl config view 命令顯示的內容。所以,也可以透過手工編輯該檔案的方式來設置 Context。

10.3.3 設置工作群組在特定 Context 中工作

我們可以透過 kubectl config use-context <context_name> 命令設置當前執行環境。透過下面的命令將把當前執行環境設置為 ctx-dev:

```
$ kubectl config use-context ctx-dev
Switched to context "ctx-dev".
```

執行這個命令後,當前執行環境被設置為開發組所需的環境。之後的所有操作都將在名為 development 的命名空間中完成。

現在,以 redis-slave RC 為例建立兩個 Pod:

redis-slave-controller.yaml
```
apiVersion: v1
kind: ReplicationController
metadata:
  name: redis-slave
  labels:
    name: redis-slave
spec:
  replicas: 2
  selector:
    name: redis-slave
  template:
    metadata:
      labels:
        name: redis-slave
    spec:
      containers:
      - name: slave
        image: kubeguide/guestbook-redis-slave
        ports:
        - containerPort: 6379

$ kubectl create -f  redis-slave-controller.yaml
```

```
replicationcontrollers/redis-slave created
```

查看建立好的 Pod：

```
$ kubectl get pods
NAME                    READY       STATUS       RESTARTS     AGE
redis-slave-0feq9       1/1         Running      0            6m
redis-slave-6i0g4       1/1         Running      0            6m
```

可以看到容器被正確建立並執行起來了。而且，由於當前執行環境是 ctx-dev，所以不會影響生產運行維護組的工作。

切換到生產運行維護組的執行環境中：

```
$ kubectl config use-context ctx-prod
Switched to context "ctx-prod".
```

查看 RC 和 Pod：

```
$ kubectl get rc
CONTROLLER    CONTAINER(S)    IMAGE(S)     SELECTOR     REPLICAS

$ kubectl get pods
NAME        READY       STATUS       RESTARTS      AGE
```

結果為空，說明看不到開發組建立的 RC 和 Pod 了。

現在也為生產運行維護組建立兩個 redis-slave 的 Pod：

```
$ kubectl create -f  redis-slave-controller.yaml
replicationcontrollers/redis-slave created
```

查看建立好的 Pod：

```
$ kubectl get pods
NAME                    READY      STATUS       RESTARTS     AGE
redis-slave-a4m7s       1/1        Running      0            12s
redis-slave-xyrkk       1/1        Running      0            12s
```

可以看到容器被正確建立並執行起來了，並且當前執行環境是 ctx-prod，也不會影響開發組的工作。

至此，我們為兩個工作群組分別設置了兩個執行環境，設置好當前執行環境時，各工作群組之間的工作將不會相互干擾，並且都能在同一個 Kubernetes 叢集中同時工作。

10.4 Kubernetes 資源管理

本節從運算資源管理（Compute Resources）、服務品質管制（QoS）、資源配額管理（LimitRange、ResourceQuota）等方面對 Kubernetes 叢集中的資源管理進行詳細說明，並結合實踐操作、常見問題分析和一個完整範例，對 Kubernetes 叢集資源管理相關的運行維護工作提供參考。

Kubernetes 叢集裡的節點提供的資源主要是運算資源，運算資源是可計量的能被申請、分配和使用的基礎資源，這使之區別於 API 資源（API Resources，例如 Pod 和 Services 等）。當前 Kubernetes 叢集中的運算資源主要包括 CPU、GPU 及 Memory，絕大多數常規應用是用不到 GPU 的，因此這裡重點介紹 CPU 與 Memory 的資源管理問題。在一般情況下，我們在定義 Pod 時並沒有限制 Pod 所佔用的 CPU 和記憶體數量，此時 Kubernetes 會認為該 Pod 所需的資源很少，可以將其排程到任何可用的節點上，這樣一來，當叢集中的運算資源不很充足時，比如叢集中的 Pod 負載突然加大，就會使某個節點的資源嚴重不足。為了避免系統掛掉，該節點（作業系統）會選擇「殺掉」某些使用者處理程序來釋放資源，避免作業系統崩潰，若作業系統崩潰，則每個 Pod 都可能成為犧牲品。因此，Kubernetes 需要有一套完備的資源配額限制及對應的 Pod 服務等級機制，來避免這種災難的發生。Kubernetes 舉出了如下解決思路。

（1）可以全面限制一個應用及其中的 Pod 所能佔用的資源配額。具體包括三種方式：

■ 定義每個 Pod 上資源配額相關的參數，比如 CPU/Memory Request/Limit；
■ 自動為每個沒有定義資源配額的 Pod 增加資源配額範本（LimitRange）；
■ 從總量上限制一個租戶（應用）所能使用的資源配額的 ResourceQuota。

（2）允許叢集的資源被超額分配，以提高叢集的資源使用率，同時允許使用者根據業務的優先順序，為不同的 Pod 定義相應的服務保證等級（QoS）。我們可以將 Qos 理解為「活命優先順序」，當系統資源不足時，低等級的 Pod 會被作業系統自動清理，以確保高等級的 Pod 穩定執行。

我們知道，一個程式所使用的 CPU 與 Memory 是一個動態的量，確切地
說，是一個範圍，跟它的負載密切相關：負載增加時，CPU 和 Memory
的使用量也會增加。因此最準確的說法是，某個處理程序的 CPU 使用量
為 0.1 個 CPU（Request）～ 1 個 CPU（Limit），記憶體佔用則為 500MB
（Reuqest）～ 1GB（Limit）。對應到 Kubernetes 的 Pod 容器上，就是如下
4 個參數。

- spec.container[].resources.requests.cpu：容器初始要求的 CPU 數量。
- spec.container[].resources.limits.cpu：容器所能使用的最大 CPU 數量。
- spec.container[].resources.requests.memory：容器初始要求的記憶體數量。
- spec.container[].resources.limits.memory：容器所能使用的最大記憶體數量。

其中，limits 對應資源量的上限，即最多允許使用這個上限的資源量。
由於 CPU 資源是可壓縮的，處理程序無論如何也不可能突破上限，因此
設置起來比較容易。對於 Memory 這種不可壓縮的資源來說，它的 Limit
設置是一個問題，如果設置得小了，則處理程序在業務繁忙期試圖請求
超過 Limit 限制的 Memory 時會被作業系統「殺掉」。因此，Memory 的
Request 與 Limit 的值需要結合處理程序的實際需求謹慎設置。如果不設
置 CPU 或 Memory 的 Limit 值，則會怎樣呢？在這種情況下，該 Pod 的
資源使用量有一個彈性範圍，我們不用絞盡腦汁去思考這兩個 Limit 的合
理值，但問題也來了，考慮下面的例子：

Pod A 的 Memory Request 被設置為 1GB，Node A 當時空閒的 Memory 為
1.2GB，符合 Pod A 的需求，因此 Pod A 被排程到 Node A 上。執行 3 天
後，Pod A 的存取請求大增，記憶體需要增加到 1.5GB，此時 Node A 的
剩餘記憶體只有 200MB，由於 Pod A 新增的記憶體已經超出系統資源範
圍，所以 Pod A 在這種情況下會被 Kubernetes「殺掉」。

沒有設置 Limit 的 Pod，或者只設置了 CPU Limit 或者 Memory Limit 兩者
之一的 Pod，看起來都是很有彈性的，但實際上，與 4 個參數都被設置了
的 Pod 相比，它們處於一種不穩定狀態，只是穩定一點而已。理解了這一
點，就很容易理解 Resource QoS 問題了。

如果我們有成百上千個不同的 Pod，那麼先手動設置每個 Pod 的這 4 個參數，再檢查並確保這些參數的設置，都是合理的。比如不能出現記憶體超過 2GB 或者 CPU 佔據兩個核心的 Pod。最後還得手工檢查不同租戶（命名空間）下的 Pod 資源使用量是否超過限額。為此，Kubernetes 提供了另外兩個相關物件：LimitRange 及 ResourceQuota，前者解決了沒有設置配額參數的 Pod 的預設資源配額問題，同時是 Pod 資源配額設置的合法性驗證參考；後者則約束租戶的資源總量配額問題。

10.4.1 運算資源管理

1. 詳解 Requests 和 Limits 參數

以 CPU 為例，圖 10.3 顯示了未設置 Limits 與設置了 Requests 和 Limits 的 CPU 使用率的區別。

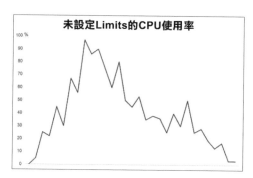
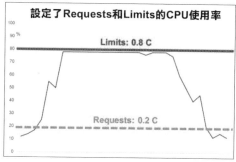

▲ 圖 10.3 未設置 Limits 與設置了 Requests 和 Limits 的 CPU 使用率的區別

儘管 Requests 和 Limits 只能被設置到容器上，但是設置了 Pod 等級的 Requests 和 Limits 能大大提高管理 Pod 的便利性和靈活性，因此在 Kubernetes 中提供了對 Pod 等級的 Requests 和 Limits 的設定。對於 CPU 和記憶體而言，Pod 的 Requests 或 Limits 指該 Pod 中所有容器的 Requests 或 Limits 的總和（對於 Pod 中沒有設置 Requests 或 Limits 的容器，該項的值被當作 0 或者按照叢集設定的預設值來計算）。下面對 CPU 和記憶體這兩種運算資源的特點進行說明。

1）CPU

CPU 的 Requests 和 Limits 是透過 CPU 數（cpus）來度量的。CPU 的資源值是絕對值，而非相對值，比如 0.1CPU 在單核或多核機器上是一樣的，都嚴格等於 0.1 CPU core。

2）Memory

記憶體的 Requests 和 Limits 計量單位是位元組數。使用整數或者定點整數加上國際單位制（International System of Units）來表示記憶體值。國際單位制包括十進位的 E、P、T、G、M、K、m，或二進位的 Ei、Pi、Ti、Gi、Mi、Ki。KiB 與 MiB 是以二進位表示的位元組單位，常見的 KB 與 MB 則是以十進位表示的位元組單位，比如：

- 1 KB（KiloByte）= 1000 Bytes = 8000 Bits；
- 1 KiB（KibiByte）= 2^{10} Bytes = 1024 Bytes = 8192 Bits。

因此，128974848、129e6、129M、123Mi 的記憶體設定是一樣的。

Kubernetes 的運算資源單位是大小寫敏感的，因為 m 可以表示千分之一單位（milli unit），而 M 可以表示十進位的 1000，二者的含義不同；同理，小寫的 k 不是一個合法的資源單位。

以某個 Pod 中的資源設定為例：

```
apiVersion: v1
kind: Pod
metadata:
  name: frontend
spec:
  containers:
  - name: db
    image: mysql
    resources:
      requests:
        memory: "64Mi"
        cpu: "250m"
      limits:
        memory: "128Mi"
        cpu: "500m"
  - name: wp
```

```
image: wordpress
resources:
  requests:
    memory: "64Mi"
    cpu: "250m"
  limits:
    memory: "128Mi"
    cpu: "500m"
```

如上所示，該 Pod 包含兩個容器，每個容器設定的 Requests 都是 0.25CPU 和 64MiB（2^{26} Bytes）記憶體，而設定的 Limits 都是 0.5CPU 和 128MiB（2^{27} Bytes）記憶體。

這個 Pod 的 Requests 和 Limits 等於 Pod 中所有容器對應設定的總和，所以 Pod 的 Requests 是 0.5CPU 和 128MiB（2^{27} Bytes）記憶體，Limits 是 1CPU 和 256MiB（2^{28} Bytes）記憶體。

2. 以 Requests 和 Limits 為基礎的 Pod 排程機制

當一個 Pod 建立成功時，Kubernetes 排程器（Scheduler）會為該 Pod 選擇一個節點來執行。對於每種運算資源（CPU 和 Memory）而言，每個節點都有一個能用於執行 Pod 的最大容量值。排程器在排程時，首先要確保排程後該節點上所有 Pod 的 CPU 和記憶體的 Requests 總和，不超過該節點能提供給 Pod 使用的 CPU 和 Memory 的最大容量值。

例如，某個節點上的 CPU 資源充足，而記憶體為 4GB，其中 3GB 可以執行 Pod，而某 Pod 的 Memory Requests 為 1GB、Limits 為 2GB，那麼在這個節點上最多可以執行 3 個這樣的 Pod。

這裡需要注意：可能某節點上的實際資源使用量非常低，但是已執行 Pod 設定的 Requests 值的總和非常高，再加上需要排程的 Pod 的 Requests 值，會超過該節點提供給 Pod 的資源容量上限，這時 Kubernetes 仍然不會將 Pod 排程到該節點上。如果 Kubernetes 將 Pod 排程到該節點上，之後該節點上執行的 Pod 又面臨服務峰值等情況，就可能導致 Pod 資源短缺。

接著上面的例子，假設該節點已經啟動 3 個 Pod 實例，而這 3 個 Pod 的實際記憶體使用都不足 500MB，那麼理論上該節點的可用記憶體應該大於

1.5GB。但是由於該節點的 Pod Requests 總和已經達到節點的可用記憶體上限，因此 Kubernetes 不會再將任何 Pod 實例排程到該節點上。

3. Requests 和 Limits 的背後機制

kubelet 在啟動 Pod 的某個容器時，會將容器的 Requests 和 Limits 值轉化為相應的容器啟動參數傳遞給容器執行器（Docker 或者 rkt）。

如果容器的執行環境是 Docker，那麼容器的 4 個參數傳遞給 Docker 的過程如下。

1）spec.container[].resources.requests.cpu

這個參數值會被轉化為 core 數（比如設定的 100m 會轉化為 0.1），然後乘以 1024，再將這個結果作為 --cpu-shares 參數的值傳遞給 docker run 命令。在 docker run 命令中，--cpu-share 參數是一個相對權重值（Relative Weight），這個相對權重值會決定 Docker 在資源競爭時分配給容器的資源比例。

這裡舉例說明 --cpu-shares 參數在 Docker 中的含義：比如將兩個容器的 CPU Requests 分別設置為 1 和 2，那麼容器在 docker run 啟動時對應的 --cpu-shares 參數值分別為 1024 和 2048，在主機 CPU 資源產生競爭時，Docker 會嘗試按照 1 2 的配比將 CPU 資源設定給這兩個容器使用。

這裡需要區分清楚的是：這個參數對於 Kubernetes 而言是絕對值，主要用於 Kubernetes 排程和管理，Kubernetes 同時會將這個參數的值傳遞給 docker run 的 --cpu-shares 參數。--cpu-shares 參數對於 Docker 而言是相對值，主要用於設置資源設定比例。

2）spec.container[].resources.limits.cpu

這個參數值會被轉化為 millicore 數（比如設定的 1 被轉化為 1000，而設定的 100m 被轉化為 100），將此值乘以 100000，再除以 1000，然後將結果值作為 --cpu-quota 參數的值傳遞給 docker run 命令。docker run 命令中的另一個參數 --cpu-period 預設被設置為 100000，表示 Docker 重新計量和分配 CPU 的使用時間間隔為 100000μs（100ms）。

Docker 的 --cpu-quota 參數和 --cpu-period 參數一起配合完成對容器 CPU 的使用限制：比如在 Kubernetes 中設定容器的 CPU Limits 為 0.1，那麼計算後 --cpu-quota 為 10000，而 --cpu-period 為 100000，這意味著 Docker 在 100ms 內最多給該容器分配 10ms×core 的運算資源用量，10/100=0.1 core 的結果與 Kubernetes 設定的意義是一致的。

注意：如果 kubelet 服務的啟動參數 --cpu-cfs-quota 被設置為 true，那麼 kubelet 會強制要求所有 Pod 都必須設定 CPU Limits（如果沒有設定 Pod，則叢集提供了預設設定也可以）。從 Kubernetes 1.2 版本開始，這個 --cpu-cfs-quota 啟動參數的預設值就是 true。

3）spec.container[].resources.requests.memory
這個參數值只提供給 Kubernetes 排程器作為排程和管理的依據，不會作為任何參數傳遞給 Docker。

4）spec.container[].resources.limits.memory
這個參數值會被轉化為單位為 Bytes 的整數，值作為 --memory 參數傳遞給 docker run 命令。

如果一個容器在執行過程中使用了超出了其記憶體 Limits 設定的記憶體限制值，那麼它可能會被「殺掉」；如果這個容器是一個可重新啟動的容器，那麼它在之後會被 kubelet 重新啟動。因此對容器的 Limits 設定需要進行準確測試和評估。

與記憶體 Limits 不同的是，CPU 在容器技術中屬於可壓縮資源，因此對 CPU 的 Limits 設定一般不會因為偶然超過標準使用而導致容器被系統「殺掉」。

4. 運算資源使用情況監控
Pod 的資源用量會作為 Pod 的狀態資訊一同上報給 Master。如果在叢集中設定了 Heapster 來監控叢集的性能資料，那麼還可以從 Heapster 中查看 Pod 的資源用量資訊。

5. 運算資源常見問題分析

（1）Pod 狀態為 Pending，錯誤資訊為 FailedScheduling。如果 Kubernetes 排程器在叢集中找不到合適的節點來執行 Pod，那麼這個 Pod 會一直處於未排程狀態，直到排程器找到合適的節點為止。每次排程器嘗試排程失敗時，Kubernetes 都會產生一個事件，我們可以透過下面這種方式來查看事件的資訊：

```
$ kubectl describe pod frontend | grep -A 3 Events
Events:
  FirstSeen LastSeen  Count From       Subobject   PathReason    Message
  36s    5s    6    {scheduler }    FailedScheduling  Failed for reason
PodExceedsFreeCPU and possibly others
```

在上面這個例子中，名為 frontend 的 Pod 由於節點的 CPU 資源不足而排程失敗（Pod ExceedsFreeCPU），同樣，如果記憶體不足，則也可能導致排程失敗（PodExceedsFreeMemory）。

如果一個或者多個 Pod 排程失敗且有這類錯誤，那麼可以嘗試以下幾種解決方法。

- 增加更多的節點到叢集中。
- 停止一些不必要的執行中的 Pod，釋放資源。
- 檢查 Pod 的設定，錯誤的設定可能導致該 Pod 永遠無法被排程執行。比如整個叢集中的所有節點都只有 1 CPU，而 Pod 設定的 CPU Requests 為 2，該 Pod 就不會被排程執行。

我們可以使用 kubectl describe nodes 命令來查看叢集中節點的運算資源容量和已使用量：

```
$ kubectl describe nodes k8s-node-1
Name:     k8s-node-1
......
Capacity:
 cpu:    1
 memory: 4016Mi
 pods:   40
Allocated resources (total requests):
 cpu:    910m
```

```
  memory:  2370Mi
  pods:    4
......
Pods:          (4 in total)
  Namespace      Name                 CPU(milliCPU)      Memory(bytes)
  frontend       webserver-ffj8j               500 (50% of total)
2097152000 (50% of total)
  kube-system    fluentd-cloud-logging-k8s-node-1   100 (10% of total)
209715200 (5% of total)
  kube-system    kube-dns-v8-qopgw             310 (31% of total)
178257920 (4% of total)
TotalResourceLimits:
  CPU(milliCPU):   910 (91% of total)
  Memory(bytes):   2485125120 (59% of total)
......
```

超過可用資源容量上限（Capacity）和已分配資源量（Allocated resources）差額的 Pod 無法執行在該 Node 上。在這個例子中，如果一個 Pod 的 Requests 超過 90 millicpus 或者 1646MiB 記憶體，就無法執行在這個節點上。

（2）容器被強行終止（Terminated）。如果容器使用的資源超過了它設定的 Limits，那麼該容器可能被強制終止。我們可以透過 kubectl describe pod 命令來確認容器是否因為這個原因被終止：

```
$ kubectl describe pod simmemleak-hra99
Name:                     simmemleak-hra99
Namespace:                default
Image(s):                 saadali/simmemleak
Node:                     192.168.18.3
Labels:                   name=simmemleak
Status:                   Running
Reason:
Message:
IP:                       172.17.1.3
Replication Controllers:  simmemleak (1/1 replicas created)
Containers:
  simmemleak:
    Image:  saadali/simmemleak
    Limits:
      cpu:                100m
      memory:             50Mi
```

```
   State:                     Running
     Started:                 Tue, 07 Jul 2020 12:54:41 -0700
   Last Termination State:    Terminated
     Exit Code:               1
     Started:                 Fri, 07 Jul 2020 12:54:30 -0700
     Finished:                Fri, 07 Jul 2020 12:54:33 -0700
   Ready:                     False
   Restart Count:             5
Conditions:
  Type         Status
  Ready        False
Events:
  FirstSeen                            LastSeen                         Count
  From                                 SubobjectPath                    Reason
  Message
   Tue, 07 Jul 2020 12:53:51 -0700   Tue, 07
Jul 2020 12:53:51 -0700   1     {scheduler }
scheduled    Successfully assigned simmemleak-hra99 to kubernetes-node-tf0f
   Tue, 07 Jul 2020 12:53:51 -0700   Tue, 07 Jul 2020 12:53:51 -0700   1
{kubelet kubernetes-node-tf0f}    implicitly required container POD    pulled
Pod container image "k8s.gcr.io/pause:3.2" already present on machine
   Tue, 07 Jul 2020 12:53:51 -0700   Tue, 07 Jul 2020 12:53:51 -0700
1       {kubelet kubernetes-node-tf0f}    implicitly required container POD
created      Created with docker id 6a41280f516d
   Tue, 07 Jul 2020 12:53:51 -0700   Tue, 07 Jul 2020 12:53:51 -0700
1       {kubelet kubernetes-node-tf0f}    implicitly required container POD
started      Started with docker id 6a41280f516d
   Tue, 07 Jul 2020 12:53:51 -0700   Tue, 07 Jul 2020 12:53:51 -0700
1       {kubelet kubernetes-node-tf0f}    spec.containers{simmemleak}
created      Created with docker id 87348f12526a
```

Restart Count: 5 說明這個名為 simmemleak 的容器被強制終止並重新啟動了 5 次。

我們可以在使用 kubectl get pod 命令時增加 -o go-template=... 格式的參數來讀取已終止容器之前的狀態資訊：

```
$ kubectl get pod -o go-template='{{range.status.containerStatuses}}
{{"Container Name: "}}{{.name}}{{"\r\nLastState: "}}{{.lastState}}{{end}}'
simmemleak-60xbc
Container Name: simmemleak
LastState: map[terminated:map[exitCode:137 reason:OOM Killed
startedAt:2020-07-07T20:58:43Z finishedAt:2020-07-07T20:58:43Z containerID:
docker://0e4095bba1feccdfe7ef9fb6ebffe972b4b14285d5acdec6f0d3ae8a22fad8b2]]
```

可以看到這個容器因為 reason:OOM Killed 而被強制終止，說明這個容器的記憶體超出了限制（Out of Memory）。

6. 對大記憶體頁（Huge Page）資源的支援

在電腦發展的早期階段，程式設計師是直接對記憶體物理位址程式設計的，需要自己管理記憶體，所以很容易由於記憶體位址錯誤導致作業系統崩潰，而且存在一些惡意程式對作業系統進行破壞。後來人們將硬體和軟體（作業系統）結合，推出虛擬位址和記憶體頁的概念，以及 CPU 的邏輯記憶體位址與實體記憶體（模組）位址的映射關係。

在現代作業系統中，記憶體是以 Page（頁，有時也可以稱之為 Block）為單位進行管理的，而不以位元組為單位，包括記憶體的分配和回收都以 Page 為基礎進行。典型的 Page 大小為 4KB，因此使用者處理程序申請 1MB 記憶體，就需要作業系統分配 256 個 Page，而 1GB 記憶體對應 26 萬多個 Page ！

為了實現快速記憶體定址，CPU 內部以硬體方式實現了一個高性能的記憶體位址映射的快取表——TLB（Translation Lookaside Buffer），用來保存邏輯記憶體位址與實體記憶體的對應關係。若目標位址的記憶體頁物理位址不在 TLB 的快取中或者 TLB 中的快取記錄失效，CPU 就需要切換到低速的以軟體方式實現的記憶體位址映射表進行記憶體定址，這將大大降低 CPU 的運算速度。針對快取項目有限的 TLB 快取表，提高 TLB 效率的最佳辦法就是將記憶體頁增加，這樣一來，一個處理程序所需的記憶體頁數量會相應地減少很多。如果把記憶體頁從預設的 4KB 改為 2MB，那麼 1GB 記憶體就只對應 512 個記憶體頁了，TLB 的快取命中率會大大增加。這是不是意味著我們可以任意指定記憶體頁的大小，比如 1314MB 的記憶體頁？答案是否定的，因為這是由 CPU 來決定的，比如常見的 Intel x86 處理器可以支援的大記憶體頁通常是 2MB，個別型號的高端處理器則支援 1GB 的大記憶體頁。

在 Linux 平台下，對於那些需要大量記憶體（1GB 以上記憶體）的程式來說，大記憶體頁的優勢是很明顯的，因為 Huge Page 大大提升了 TLB 的快取命中率,又因為 Linux 對 Huge Page 提供了更為簡單、便捷的操作介面,所以可以把它當作檔案進行讀寫入操作。Linux 使用 Huge Page 檔案系統 hugetlbfs 支援巨頁,這種方式更為靈活,我們可以設置 Huge Page 的大小,比如 1GB、2GB 甚至 2.5GB(前提是硬體和作業系統支援),然後設置有多少實體記憶體用於分配 Huge Page,這樣就設置了一些預先分配好的 Huge Page。可以將 hugetlbfs 檔案系統掛載到 /mnt/huge 目錄下,透過執行下面的指令完成設置:

```
# mkdir /mnt/huge
# mount -t hugetlbfs nodev /mnt/huge
```

在完成設置後,使用者處理程序就可以使用 mmap 映射 Huge Page 目的檔案來使用大記憶體頁了,Intel DPDK 便採用了這種做法。有測試證明,應用使用大記憶體頁比使用 4KB 的記憶體頁,性能提高了 10% ~ 15%。

我們可以將 Huge Page 理解為一種特殊的運算資源:擁有大記憶體頁的資源。而擁有 Huge Page 資源的 Node 也與擁有 GPU 資源的 Node 一樣,屬於一種新的可排程資源節點(Schedulable Resource Node),其上的 kubelet 處理程序需要報告自身的 Huge Page 相關的資源資訊到 Kubernetes Master,以供 Scheduler 排程器使用,將需要 Huge Page 資源的 Pod 排程到符合要求的目標節點上。在 Kubernetes 1.14 中,對 Linux Huge Page 的支援正式更新為 GA 穩定版本。

Huge Page 類似於 CPU 或者 Memory 資源,但不同於 CPU 或者 Memory,Huge Page 資源屬於不可超限使用的資源,也支援 ResourceQuota 實現配額限制。為此,Kubernetes 引入了一個新的資源類型 hugepages-<size>,來表示大記憶體頁這種特殊的資源,比如 hugepages-2Mi 表示 2MiB 規格的大記憶體頁資源。一個能提供 2MiB 規格 Huge Page 的 Node,會上報自己擁有 Hugepages-2Mi 的大記憶體頁資源屬性,供需要這種規格的大記憶體頁資源的 Pod 使用。

需要 Huge Page 資源的 Pod 只要舉出相關 Huge Page 的宣告,就可以被正確排程到符合的目標 Node 上了,如下所示:

```
apiVersion: v1
kind: Pod
metadata:
  generateName: hugepages-volume-
spec:
  containers:
  - image: fedora:latest
    command:
    - sleep
    - inf
    name: example
    volumeMounts:
    - mountPath: /hugepages
      name: hugepage
    resources:
      limits:
        hugepages-2Mi: 100Mi
        memory: 100Mi
      requests:
        memory: 100Mi
  volumes:
  - name: hugepage
    emptyDir:
      medium: HugePages
```

在上面的定義中有以下幾個關鍵點：

- Huge Page 需要被映射到 Pod 的檔案系統中；
- Huge Page 申請的 request 與 limit 必須相同，即申請固定大小的 Huge Page，不能是可變的；
- 在目前的版本中，Huge Page 屬於 Pod 等級的資源，未來計畫成為 Container 等級的資源，即實現更細粒度的資源管理；
- 儲存卷冊 emptyDir（掛載到容器內的 /hugepages 目錄）的後台是由 Huge Page 支援的，因此應用不能使用超過 request 宣告的記憶體大小。

如果需要更大的 Huge Page，則可以在 Pod 的 Voume 宣告中用 medium: HugePages-<size> 來表示，比如在下面這段程式中分別申請了 2Mi 與 1Gi 的 Huge Page：

```
volumes:
- name: hugepage-2mi
```

```
  emptyDir:
    medium: HugePages-2Mi
- name: hugepage-1gi
  emptyDir:
    medium: HugePages-1Gi
```

在 Kubernetes 未來的版本中計畫繼續實現下面的一些高級特性：

- 支援容器等級的 Huge Page 的隔離能力；
- 支援 NUMA 親和能力，以提升服務的品質；
- 支援 LimitRange 設定 Huge Page 資源限額。

10.4.2 資源設定範圍管理（LimitRange）

在預設情況下，Kubernetes 不會對 Pod 加上 CPU 和記憶體限制，這意味著 Kubernetes 系統中的任何 Pod 都可以使用其所在節點所有可用的 CPU 和記憶體。透過設定 Pod 的運算資源 Requests 和 Limits，我們可以限制 Pod 的資源使用，但對於 Kubernetes 叢集管理員而言，設定每一個 Pod 的 Requests 和 Limits 是很繁瑣的，而且很受限制。更多時候，我們需要對叢集內 Requests 和 Limits 的設定做一個全域限制。常見的設定場景如下。

- 叢集中的每個節點都有 2GB 記憶體，叢集管理員不希望任何 Pod 申請超過 2GB 的記憶體，因為在整個叢集中都沒有任何節點能滿足超過 2GB 記憶體的請求。如果某個 Pod 的記憶體設定超過 2GB，那麼該 Pod 將永遠無法被排程到任何節點上執行。為了防止這種情況的發生，叢集管理員希望能在系統管理功能中設置禁止 Pod 申請超過 2GB 記憶體。
- 叢集由同一個組織中的兩個團隊共用，分別執行生產環境和開發環境。生產環境最多可以使用 8GB 記憶體，而開發環境最多可以使用 512MB 記憶體。叢集管理員希望透過為這兩個環境建立不同的命名空間，並為每個命名空間都設置不同的限制來滿足這個需求。
- 使用者建立 Pod 時使用的資源可能會剛好比整個機器資源的上限稍小，而恰好剩下的資源大小非常尷尬，不足以執行其他任務，但整個叢集加起來又非常浪費。因此，叢集管理員希望將每個 Pod 都設置為必須至少使用叢集平均資源值（CPU 和記憶體）的 20%，這樣叢集就能夠提供更好的資源一致性排程，從而減少資源浪費。

針對這些需求，Kubernetes 提供了 LimitRange 機制對 Pod 和容器的 Requests 和 Limits 設定做進一步限制。在下面的範例中首先説明如何將 LimitsRange 應用到一個 Kubernetes 的命名空間中，然後説明 LimitRange 的幾種限制方式，比如最大及最小範圍、Requests 和 Limits 的預設值、Limits 與 Requests 的最大比例上限，等等。下面透過 LimitRange 的設置和應用對其進行説明。

1. 建立一個命名空間

建立一個名為 limit-example 的 Namespace：

```
$ kubectl create namespace limit-example
namespace "limit-example" created
```

2. 為命名空間設置 LimitRange

為命名空間 limit-example 建立一個簡單的 LimitRange。建立 limits.yaml 設定檔，內容如下：

```
apiVersion: v1
kind: LimitRange
metadata:
  name: mylimits
spec:
  limits:
  - max:
      cpu: "4"
      memory: 2Gi
    min:
      cpu: 200m
      memory: 6Mi
    maxLimitRequestRatio:
      cpu: 3
      memory: 2
    type: Pod
  - default:
      cpu: 300m
      memory: 200Mi
    defaultRequest:
```

```
      cpu: 200m
      memory: 100Mi
    max:
      cpu: "2"
      memory: 1Gi
    min:
      cpu: 100m
      memory: 3Mi
    maxLimitRequestRatio:
      cpu: 5
      memory: 4
    type: Container
```

建立該 LimitRange：

```
$ kubectl create -f limits.yaml --namespace=limit-example
limitrange "mylimits" created
```

查看 namespace limit-example 中的 LimitRange：

```
$ kubectl describe limits mylimits --namespace=limit-example
Name:    mylimits
Namespace: limit-example
Type          Resource      Min    Max    Default Request      Default Limit
Max Limit/Request Ratio
----          --------      ---    ---    ---------------      -----------
--            ----------------------
Pod           cpu           200m   4      -                    -                  3
Pod           memory        6Mi    2Gi    -                    -                  2
Container     cpu           100m   2      200m                 300m               5
Container     memory        3Mi    1Gi    100Mi                200Mi              4
```

下面解釋 LimitRange 中各項設定的意義和特點。

（1）不論是 CPU 還是記憶體，在 LimitRange 中，Pod 和 Container 都可以設置 Min、Max 和 Max Limit/Requests Ratio 參數。Container 還可以設置 Default Request 和 Default Limit 參數，而 Pod 不能設置 Default Request 和 Default Limit 參數。

（2）對 Pod 和 Container 的參數解釋如下。

■ Container 的 Min（上面的 100m 和 3Mi）是 Pod 中所有容器的 Requests 值下限；Container 的 Max（上面的 2 和 1Gi）是 Pod 中所有

容器的 Limits 值上限；Container 的 Default Request（上面的 200m 和 100Mi）是 Pod 中所有未指定 Requests 值的容器的預設 Requests 值；Container 的 Default Limit（上面的 300m 和 200Mi）是 Pod 中所有未指定 Limits 值的容器的預設 Limits 值。對於同一資源類型，這 4 個參數必須滿足以下關係：$Min \le Default\ Request \le Default\ Limit \le Max$。

- Pod 的 Min（上面的 200m 和 6Mi）是 Pod 中所有容器的 Requests 值的總和下限；Pod 的 Max（上面的 4 和 2Gi）是 Pod 中所有容器的 Limits 值的總和上限。容器未指定 Requests 值或者 Limits 值時，將使用 Container 的 Default Request 值或者 Default Limit 值。

- Container 的 Max Limit/Requests Ratio（上面的 5 和 4）限制了 Pod 中所有容器的 Limits 值與 Requests 值的比例上限；而 Pod 的 Max Limit/Requests Ratio（上面的 3 和 2）限制了 Pod 中所有容器的 Limits 值總和與 Requests 值總和的比例上限。

（3）如果設置了 Container 的 Max，那麼對於該類資源而言，整個叢集中的所有容器都必須設置 Limits，否則無法成功建立。Pod 內的容器未設定 Limits 時，將使用 Default Limit 的值（本例中的 300m CPU 和 200MiB 記憶體），如果也未設定 Default，則無法成功建立。

（4）如果設置了 Container 的 Min，那麼對於該類資源而言，整個叢集中的所有容器都必須設置 Requests。如果建立 Pod 的容器時未設定該類資源的 Requests，那麼在建立過程中會報驗證錯誤。Pod 裡容器的 Requests 在未設定時，可以使用預設值 defaultRequest（本例中的 200m CPU 和 100MiB 記憶體）；如果未設定而且沒有使用預設值 defaultRequest，那麼預設等於該容器的 Limits；如果容器的 Limits 也未定義，就會顯示出錯。

（5）對於任意一個 Pod 而言，該 Pod 中所有容器的 Requests 總和都必須大於或等於 6MiB，而且所有容器的 Limits 總和都必須小於或等於 1GiB；同樣，所有容器的 CPU Requests 總和都必須大於或等於 200m，而且所有容器的 CPU Limits 總和都必須小於或等於 2。

（6）Pod 裡任何容器的 Limits 與 Requests 的比例都不能超過 Container 的

Max Limit/Requests Ratio；Pod 裡所有容器的 Limits 總和與 Requests 總和的比例都不能超過 Pod 的 Max Limit/Requests Ratio。

3. 建立 Pod 時觸發 LimitRange 限制

最後，讓我們看看 LimitRange 生效時對容器的資源限制效果。

命名空間中的 LimitRange 只會在 Pod 建立或者更新時執行檢查。如果手動修改 LimitRange 為一個新的值，那麼這個新的值不會去檢查或限制之前已經在該命名空間中建立好的 Pod。

如果在建立 Pod 時設定的資源值（CPU 或者記憶體）超出了 LimitRange 的限制，那麼該建立過程會顯示出錯，在錯誤資訊中會說明詳細的錯誤原因。

下面透過建立一個單容器 Pod 來展示預設限制是如何被設定到 Pod 上的：

```
$ kubectl run nginx --image=nginx --replicas=1 --namespace=limit-example
deployment "nginx" created
```

查看已建立的 Pod：

```
$ kubectl get pods --namespace=limit-example
NAME                        READY       STATUS     RESTARTS    AGE
nginx-2040093540-s8vzu      1/1         Running    0           11s
```

查看該 Pod 的 resources 相關資訊：

```
$ kubectl get pods nginx-2040093540-s8vzu --namespace=limit-example -o yaml
| grep resources -C 8
  resourceVersion: "57"
  selfLink: /api/v1/namespaces/limit-example/pods/nginx-2040093540-ivimu
  uid: 67b20741-f53b-11e5-b066-64510658e388
spec:
  containers:
  - image: nginx
    imagePullPolicy: Always
    name: nginx
    resources:
      limits:
        cpu: 300m
        memory: 200Mi
      requests:
```

```
        cpu: 200m
        memory: 100Mi
    terminationMessagePath: /dev/termination-log
    volumeMounts:
```

由於該 Pod 未設定資源 Requests 和 Limits，所以使用了 namespace limit-example 中的預設 CPU 和記憶體定義的 Requests 和 Limits 值。

下面建立一個超出資源限制的 Pod（使用 3 CPU）：

invalid-pod.yaml：

```
apiVersion: v1
kind: Pod
metadata:
  name: invalid-pod
spec:
  containers:
  - name: kubernetes-serve-hostname
    image: gcr.io/google_containers/serve_hostname
    resources:
      limits:
        cpu: "3"
        memory: 100Mi
```

建立該 Pod，可以看到系統顯示出錯，並且提供的錯誤原因為超過資源限制：

```
$ kubectl create -f invalid-pod.yaml --namespace=limit-example
Error from server: error when creating "invalid-pod.yaml": Pod "invalid-pod"
is forbidden: [Maximum cpu usage per Pod is 2, but limit is 3., Maximum cpu
usage per Container is 2, but limit is 3.]
```

接下來的例子展示了 LimitRange 對 maxLimitRequestRatio 的限制過程：

limit-test-nginx.yaml：

```
apiVersion: v1
kind: Pod
metadata:
  name: limit-test-nginx
  labels:
    name: limit-test-nginx
spec:
  containers:
  - name: limit-test-nginx
```

```
    image: nginx
    resources:
      limits:
        cpu: "1"
        memory: 512Mi
      requests:
        cpu: "0.8"
        memory: 250Mi
```

由於 limit-test-nginx 這個 Pod 的全部記憶體 Limits 總和與 Requests 總和的比例為 512　250，大於在 LimitRange 中定義的 Pod 的最大比率 2（maxLimitRequestRatio.memory=2），因此建立失敗：

```
$ kubectl create -f limit-test-nginx.yaml --namespace=limit-example
Error from server: error when creating "limit-test-nginx.yaml": pods "limit-
test-nginx" is forbidden: [memory max limit to request ratio per Pod is 2,
but provided ratio is 2.048000.]
```

下面的例子為滿足 LimitRange 限制的 Pod：

valid-pod.yaml：
```
apiVersion: v1
kind: Pod
metadata:
  name: valid-pod
  labels:
    name: valid-pod
spec:
  containers:
  - name: kubernetes-serve-hostname
    image: gcr.io/google_containers/serve_hostname
    resources:
      limits:
        cpu: "1"
        memory: 512Mi
```

建立 Pod 將會成功：

```
$ kubectl create -f valid-pod.yaml --namespace=limit-example
pod "valid-pod" created
```

查看該 Pod 的資源資訊：

```
$ kubectl get pods valid-pod --namespace=limit-example -o yaml | grep -C 6
resources
```

```
    uid: 3b1bfd7a-f53c-11e5-b066-64510658e388
spec:
  containers:
  - image: gcr.io/google_containers/serve_hostname
    imagePullPolicy: Always
    name: kubernetes-serve-hostname
    resources:
      limits:
        cpu: "1"
        memory: 512Mi
      requests:
        cpu: "1"
        memory: 512Mi
```

可以看到該 Pod 設定了明確的 Limits 和 Requests，因此該 Pod 不會使用在 namespace limit-example 中定義的 default 和 defaultRequest。

需要注意的是，CPU Limits 強制設定這個選項在 Kubernetes 叢集中預設是開啟的；除非叢集管理員在部署 kubelet 服務時透過設置參數 --cpu-cfs-quota=false 來關閉該限制：

```
$ kubelet --help
......
--cpu-cfs-quota                                      Enable CPU CFS
quota enforcement for containers that specify CPU limits (default true)
......

$ kubelet --cpu-cfs-quota=false ......
```

如果叢集管理員希望對整個叢集中容器或者 Pod 設定的 Requests 和 Limits 做限制，就可以透過設定 Kubernetes 命名空間中的 LimitRange 來達到該目的。在 Kubernetes 叢集中，如果 Pod 沒有顯式定義 Limits 和 Requests，那麼 Kubernetes 系統會將該 Pod 所在的命名空間中定義的 LimitRange 的 default 和 defaultRequests 設定到該 Pod 上。

10.4.3 資源服務品質管制（Resource QoS）

本節對 Kubernetes 如何根據 Pod 的 Requests 和 Limits 設定來實現針對 Pod 的不同等級的資源服務品質控制（QoS）進行説明。

在 Kubernetes 的 QoS 系統中，需要保證高可靠性的 Pod 可以申請可靠資源，而一些非高可靠性的 Pod 可以申請可靠性較低或者不可靠的資源。在 10.4.1 節中講到了容器的資源設定分為 Requests 和 Limits，其中 Requests 是 Kubernetes 排程時能為容器提供的完全、可保證的資源量（最低保證），而 Limits 是系統允許容器執行時期可能使用的資源量的上限（最高上限）。Pod 等級的資源設定是透過計算 Pod 內所有容器的資源設定的總和得出來的。

Kubernetes 中 Pod 的 Requests 和 Limits 資源設定有如下特點。

（1）如果 Pod 設定的 Requests 值等於 Limits 值，那麼該 Pod 可以獲得的資源是完全可靠的。

（2）如果 Pod 的 Requests 值小於 Limits 值，那麼該 Pod 獲得的資源可分為兩部分：
- 完全可靠的資源，資源量的大小等於 Requests 值；
- 不可靠的資源，資源量最大等於 Limits 與 Requests 的差額，這份不可靠的資源能夠申請到多少，取決於當時主機上容器可用資源的餘量。

透過這種機制，Kubernetes 可以實現節點資源的超售（Over Subscription），比如在 CPU 完全充足的情況下，某機器共有 32GiB 記憶體可供容器使用，容器設定為 Requests 值 1GiB、Limits 值 2GiB，那麼在該機器上最多可以同時執行 32 個容器，每個容器最多可以使用 2GiB 記憶體，如果這些容器的尖峰記憶體使用量能錯開，那麼所有容器都可以正常執行。

超售機制能有效提高資源的使用率，也不會影響容器申請的完全可靠資源的可靠性。

1. Requests 和 Limits 對不同運算資源類型的限制機制
根據前面的內容可知，容器的資源設定滿足以下兩個條件：
- Requests ≤節點可用資源；
- Requests ≤ Limits。

Kubernetes 根據 Pod 設定的 Requests 值來排程 Pod，Pod 在成功排程之後會得到 Requests 值定義的資源來執行；如果 Pod 所在機器上的資源有空餘，則 Pod 可以申請更多的資源，最多不能超過 Limits 的值。下面看一下 Requests 和 Limits 針對不同運算資源類型的限制機制的差異。這種差異主要取決於運算資源類型是可壓縮資源還是不可壓縮資源。

1）可壓縮資源

■ Kubernetes 目前支援的可壓縮資源是 CPU。

■ Pod 可以得到 Requests 設定的 CPU 使用量，而能否使用超過 Requests 值的部分取決於系統的負載和排程。不過由於目前 Kubernetes 和 Docker 的 CPU 隔離機制都是在容器等級起作用的，所以 Pod 等級的資源設定並不能完全得到保證；Pod 等級的 cgroups 正在緊鑼密鼓地開發中，如果將來引入，就可以確保 Pod 等級的資源設定準確執行。

■ 空閒的 CPU 資源按照容器 Requests 值的比例分配。舉例說明：容器 A 的 CPU 設定為 Requests 1 Limits 10，容器 B 的 CPU 設定為 Request 2 Limits 8，A 和 B 同時執行在一個節點上，初始狀態下容器的可用 CPU 為 3cores，那麼 A 和 B 恰好得到在其 Requests 中定義的 CPU 用量，即 1CPU 和 2CPU。如果 A 和 B 都需要更多的 CPU 資源，而恰好此時系統的其他任務釋放了 1.5CPU，那麼這 1.5CPU 將按照 A 和 B 的 Requests 值的比例 1 2 分配給 A 和 B，即最終 A 可使用 1.5CPU，B 可使用 3CPU。

■ 如果 Pod 的 CPU 用量超過了在 Limits 10 中設定的 CPU 用量，那麼 cgroups 會對 Pod 中容器的 CPU 用量進行限流（Throttled）；如果 Pod 沒有設定 Limits 10，那麼 Pod 會嘗試先佔所有空閒的 CPU 資源（Kubernetes 從 1.2 版本開始預設開啟 --cpu-cfs-quota，因此在預設情況下必須設定 Limits）。

2）不可壓縮資源

■ Kubernetes 目前支援的不可壓縮資源是記憶體。

■ Pod 可以得到在 Requests 中設定的記憶體。如果 Pod 的記憶體用量小於它的 Requests 的設定,那麼這個 Pod 可以正常執行(除非出現作業系統等級記憶體不足等嚴重問題);如果 Pod 的記憶體用量超過了它的 Requests 設定,那麼這個 Pod 有可能被 Kubernetes「殺掉」:比如 Pod A 使用了超過 Requests 而不到 Limits 的記憶體量,此時同一機器上另一個 Pod B 之前只使用了遠少於自己的 Requests 值的記憶體,此時程式壓力增大,Pod B 向系統申請的總量不超過自己的 Requests 值的記憶體,那麼 Kubernetes 可能會直接「殺掉」Pod A;另外一種情況是 Pod A 使用了超過 Requests 而不到 Limits 的記憶體,此時 Kubernetes 將一個新的 Pod 排程到這台機器上,新的 Pod 需要使用記憶體,而只有 Pod A 使用了超過了自己的 Requests 值的記憶體,那麼 Kubernetes 也可能會「殺掉」Pod A 來釋放記憶體資源。

- 如果 Pod 的記憶體用量超過了它的 Limits 設置,那麼作業系統核心會「殺掉」Pod 所有容器的所有處理程序中記憶體使用量最多的一個,直到記憶體不超過 Limits 時為止。

2. 對排程策略的影響
- Kubernetes 的 kube-scheduler 透過計算 Pod 中所有容器的 Requests 的總和來決定對 Pod 的排程。
- 不管是 CPU 還是記憶體,Kubernetes 排程器和 kubelet 都會確保節點上所有 Pod 的 Requests 總和不會超過在該節點上可分配給容器使用的資源容量上限。

3. 服務品質等級(QoS Classes)
在一個超用(Over Committed,容器 Limits 總和大於系統容量上限)系統中,容器負載的波動可能導致作業系統的資源不足,最終導致部分容器被「殺掉」。在這種情況下,我們當然會希望優先「殺掉」那些不太重要的容器,那麼如何衡量重要程度呢? Kubernetes 將容器劃分成 3 個 QoS 等級:Guaranteed(完全可靠的)、Burstable(彈性波動、較可靠的)和 BestEffort(盡力而為、不太可靠的),這三種優先順序依次遞減,如圖 10.4 所示。

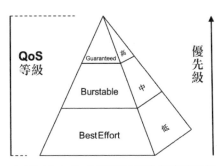

▲ 圖 10.4 QoS 等級和優先順序的關係

從理論上來說，QoS 等級應該作為一個單獨的參數來提供 API，並由使用者對 Pod 進行設定，這種設定應該與 Requests 和 Limits 無關。但在當前版本的 Kubernetes 設計中，為了簡化模式及避免引入太多的複雜性，QoS 等級直接由 Requests 和 Limits 定義。在 Kubernetes 中，容器的 QoS 等級等於容器所在 Pod 的 QoS 等級，而 Kubernetes 的資源設定定義了 Pod 的三種 QoS 等級，如下所述。

1）Guaranteed

如果 Pod 中的所有容器對所有資源類型都定義了 Limits 和 Requests，並且所有容器的 Limits 值都和 Requests 值相等（且都不為 0），那麼該 Pod 的 QoS 等級就是 Guaranteed。注意：在這種情況下，容器可以不定義 Requests，因為 Requests 值在未定義時預設等於 Limits。

在下面這兩個例子中定義的 Pod QoS 等級就是 Guaranteed。

【例 1】未定義 Requests 值，所以其預設等於 Limits 值：

```
containers:
    name: foo
        resources:
            limits:
                cpu: 10m
                memory: 1Gi
    name: bar
        resources:
            limits:
                cpu: 100m
                memory: 100Mi
```

【例 2】其中定義的 Requests 與 Limits 的值完全相同：

```
containers:
    name: foo
        resources:
            limits:
                cpu: 10m
                memory: 1Gi
            requests:
                cpu: 10m
                memory: 1Gi
    name: bar
        resources:
            limits:
                cpu: 100m
                memory: 100Mi
            requests:
                cpu: 10m
                memory: 1Gi
```

2）BestEffort

如果 Pod 中所有容器都未定義資源設定（Requests 和 Limits 都未定義），那麼該 Pod 的 QoS 等級就是 BestEffort。例如下面這個 Pod 定義：

```
containers:
    name: foo
        resources:
    name: bar
        resources:
```

3）Burstable

當一個 Pod 既不為 Guaranteed 等級，也不為 BestEffort 等級時，該 Pod 的 QoS 等級就是 Burstable。Burstable 等級的 Pod 包括兩種情況。第 1 種情況：Pod 中的一部分容器在一種或多種資源類型的資源設定中定義了 Requests 值和 Limits 值（都不為 0），且 Requests 值小於 Limits 值；第 2 種情況：Pod 中的一部分容器未定義資源設定（Requests 和 Limits 都未定義）。注意：在容器未定義 Limits 時，Limits 值預設等於節點資源容量的上限。

下面幾個例子中的 Pod 的 QoS 等級都是 Burstable。

（1）容器 foo 的 CPU Requests 不等於 Limits：

```
containers:
    name: foo
        resources:
            limits:
                cpu: 10m
                memory: 1Gi
            requests:
                cpu: 5m
                memory: 1Gi
    name: bar
        resources:
            limits:
                cpu: 10m
                memory: 1Gi
            requests:
                cpu: 10m
                memory: 1Gi
```

（2）容器 bar 未定義資源設定，而容器 foo 定義了資源設定：

```
containers:
    name: foo
        resources:
            limits:
                cpu: 10m
                memory: 1Gi
            requests:
                cpu: 10m
                memory: 1Gi
    name: bar
```

（3）容器 foo 未定義 CPU，而容器 bar 未定義記憶體：

```
containers:
    name: foo
        resources:
            limits:
                memory: 1Gi
    name: bar
        resources:
            limits:
                cpu: 100m
```

（4）容器 bar 未定義資源設定，而容器 foo 未定義 Limits 值：

```
containers:
    name: foo
        resources:
            requests:
                cpu: 10m
                memory: 1Gi
    name: bar
```

4）Kubernetes QoS 的工作特點

在 Pod 的 CPU Requests 無法得到滿足（比如節點的系統級任務佔用過多的 CPU 導致無法分配足夠的 CPU 給容器使用）時，容器得到的 CPU 會被壓縮限流。

由於記憶體是不可壓縮的資源，所以針對記憶體資源緊缺的情況，會按照以下邏輯處理。

（1）BestEffort Pod 的優先順序最低，在這類 Pod 中執行的處理程序會在系統記憶體緊缺時被第一優先「殺掉」。當然，從另一個角度來看，BestEffort Pod 由於沒有設置資源 Limits，所以在資源充足時，它們可以充分使用所有閒置資源。

（2）Burstable Pod 的優先順序置中，這類 Pod 在初始時會被分配較少的可靠資源，但可以隨選申請更多的資源。當然，如果整個系統記憶體緊缺，又沒有 BestEffort 容器可以被殺掉以釋放資源，那麼這類 Pod 中的處理程序可能被「殺掉」。

（3）Guaranteed Pod 的優先順序最高，而且一般情況下這類 Pod 只要不超過其資源 Limits 的限制就不會被「殺掉」。當然，如果整個系統記憶體緊缺，又沒有其他更低優先順序的容器可以被「殺掉」以釋放資源，那麼這類 Pod 中的處理程序也可能會被「殺掉」。

5）OOM 計分規則

OOM（Out Of Memory）計分規則包括如下內容。

- OOM 計分的計算方法：計算處理程序所使用的記憶體在系統中所占的百分比，取其中不含百分號的數值，再乘以 10，該結果是處理程序

OOM 的基礎分；將處理程序 OOM 基礎分的分值再加上這個處理程序的 OOM_SCORE_ADJ（分數調整）值，作為處理程序 OOM 的最終分值（除 root 啟動的處理程序外）。在系統發生 OOM 時，OOM Killer 會優先「殺掉」OOM 計分更高的處理程序。

- 處理程序的 OOM 計分的基本分數值範圍是 0 ～ 1000，如果 A 處理程序的調整值 OOM_SCORE_ADJ 減去 B 處理程序的調整值的結果大於 1000，那麼 A 處理程序的 OOM 計分最終值必然大於 B 處理程序，會優先「殺掉」A 處理程序。
- 不論調整 OOM_SCORE_ADJ 值為多少，任何處理程序的最終分值範圍也是 0 ～ 1000。

在 Kubernetes 中，不同 QoS 的 OOM 計分調整值如表 10.1 所示。

表 10.1 不同 QoS 的 OOM 計分調整值

QoS 等級	oom_score_adj
Guaranteed	-998
BestEffort	1000
Burstable	min(max(2, 1000 - (1000 * memoryRequestBytes) / machineMemoryCapacityBytes), 999)

對表中內容說明如下。

- BestEffort Pod 設置 OOM_SCORE_ADJ 調整值為 1000，因此 BestEffort Pod 中容器裡所有處理程序的 OOM 最終分肯定是 1000。
- Guaranteed Pod 設置 OOM_SCORE_ADJ 調整值為 -998，因此 Guaranteed Pod 中容器裡所有處理程序的 OOM 最終分一般是 0 或者 1（因為基礎分不可能是 1000）。
- 對 Burstable Pod 規則分情況說明：如果 Burstable Pod 的記憶體 Requests 超過系統可用記憶體的 99.8%，那麼這個 Pod 的 OOM_SCORE_ADJ 調整值固定為 2；否則，設置 OOM_SCORE_ADJ 調整值為 1000 － 10×(% of memory requested)；如果記憶體 Requests 為 0，那麼 OOM_SCORE_ADJ 調整值固定為 999。這樣的規則能確保 OOM_

SCORE_ADJ 調整值的範圍為 2 ～ 999，而 Burstable Pod 中所有處理程序的 OOM 最終分數範圍為 2 ～ 1000。Burstable Pod 處理程序的 OOM 最終分數始終大於 Guaranteed Pod 的處理程序得分，因此它們會被優先「殺掉」。如果一個 Burstable Pod 使用的記憶體比它的記憶體 Requests 少，那麼可以肯定的是，它的所有處理程序的 OOM 最終分數會小於 1000，此時能確保它的優先順序高於 BestEffort Pod。如果在一個 Burstable Pod 的某個容器中某個處理程序使用的記憶體比容器的 Requests 值高，那麼這個處理程序的 OOM 最終分數會是 1000，否則它的 OOM 最終分數會小於 1000。假設在下面的容器中有一個佔用記憶體非常大的處理程序，那麼當一個使用記憶體超過其 Requests 的 Burstable Pod 與另外一個使用記憶體少於其 Requests 的 Burstable Pod 發生記憶體競爭衝突時，前者的處理程序會被系統「殺掉」。如果在一個 Burstable Pod 內部有多個處理程序的多個容器發生記憶體競爭衝突，那麼此時 OOM 評分只能作為參考，不能保證完全按照資源設定的定義來執行 OOM Kill。

OOM 還有一些特殊的計分規則，如下所述。

- kubelet 處理程序和 Docker 處理程序的調整值 OOM_SCORE_ADJ 為 -998。
- 如果設定處理程序調整值 OOM_SCORE_ADJ 為 -999，那麼這類處理程序不會被 OOM Killer「殺掉」。

6）QoS 的演進

目前 Kubernetes 以 QoS 為基礎的超用機制日趨完善，但還有一些限制。

（1）不支援記憶體 Swap，當前的 QoS 策略都假定了主機不啟用記憶體 Swap，Kubernetes 從 1.8 版本開始預設關閉 Swap 特性，但如果主機啟用了 Swap 功能，上面的 QoS 策略就可能失效。舉例說明：如果兩個 Guaranteed Pod 都剛好達到了記憶體 Limits，那麼由於記憶體 Swap 機制，它們還可以繼續申請使用更多的記憶體。如果 Swap 空間不足，那麼最終這兩個 Pod 中的處理程序可能被「殺掉」。

（2）缺乏更豐富的 QoS 策略，當前的 QoS 策略都是以 Pod 為基礎的資源設定（Requests 和 Limits）來定義的，而資源設定本身又承擔著對 Pod 資源管理和限制的功能。兩種不同維度的功能使用同一個參數來設定，可能會導致某些複雜需求無法被滿足，比如當前 Kubernetes 無法支援彈性的、高優先順序的 Pod。自訂 QoS 優先順序能提供更大的靈活性，完美地實現各類需求，但同時會引入更高的複雜性，而且過於靈活的設置會給予使用者過高的許可權，對系統管理也提出了更大的挑戰。

10.4.4 資源配額管理（Resource Quotas）

如果一個 Kubernetes 叢集被多個使用者或者多個團隊共用，就需要考慮資源公平使用的問題，因為某個使用者可能會使用超過以公平原則為基礎分配給其的資源量。

Resource Quotas 就是解決這個問題的工具。透過 ResourceQuota 物件，我們可以定義資源配額，這個資源配額可以為每個命名空間都提供一個整體的資源使用限制：它可以限制命名空間中某種類型的物件的總數量上限，也可以設置命名空間中 Pod 可以使用的運算資源的總上限。

典型的資源配額使用方式如下。

- 不同的團隊工作在不同的命名空間中，目前這是非約束性的，在未來的版本中可能會透過 ACL（Access Control List，存取控制清單）來實現強制性約束。
- 叢集管理員為叢集中的每個命名空間都建立一個或者多個資源配額項。
- 當使用者在命名空間中使用資源（建立 Pod 或者 Service 等）時，Kubernetes 的配額系統會統計、監控和檢查資源用量，以確保使用的資源用量沒有超過資源配額的設定。
- 如果在建立或者更新應用時資源使用超出了某項資源配額的限制，那麼建立或者更新的請求會顯示出錯（HTTP 403 Forbidden），並舉出詳細的出錯原因說明。
- 如果命名空間中運算資源（CPU 和記憶體）的資源配額已啟用，那麼使用者必須為相應的資源類型設置 Requests 或 Limits，否則配額系統可能會直接拒絕 Pod 的建立。這裡可以使用 LimitRange 機制來為沒有設定資源的 Pod 提供預設的資源設定。

下面的例子展示了一個非常適合使用資源配額來做資源控制管理的場景。

- 叢集共有 32GB 記憶體和 16 CPU，兩個小組。A 小組使用 20GB 記憶體和 10 CPU，B 小組使用 10GB 記憶體和 2 CPU，剩下的 2GB 記憶體和 4 CPU 作為預留資源。
- 在名為 testing 的命名空間中限制使用 1 CPU 和 1GB 記憶體；在名為 production 的命名空間中，資源使用不受限制。

在使用資源配額時，需要注意以下兩點。

- 如果叢集中總的可用資源小於各命名空間中資源配額的總和，那麼可能會導致資源競爭。在發生資源競爭時，Kubernetes 系統會遵循先到先得的原則。
- 不管是資源競爭還是配額修改，都不會影響已建立的資源使用物件。

1. 在 Master 中開啟資源配額選型

資源配額可以透過在 kube-apiserver 的 --admission-control 參數值中增加 ResourceQuota 參數進行開啟。如果在某個命名空間的定義中存在 ResourceQuota，那麼對於該命名空間而言，資源配額就是開啟的。一個命名空間可以有多個 ResourceQuota 設定項。

1）運算資源配額（Compute Resource Quota）
資源配額可以限制一個命名空間中所有 Pod 的運算資源的總和。ResourceQuota 目前支援閒置的運算資源類型如表 10.2 所示。

表 10.2 ResourceQuota 目前支援限制的運算資源類型

資源名稱	說　明
Cpu	所有非終止狀態的 Pod，CPU Requests 的總和不能超過該值
limits.cpu	所有非終止狀態的 Pod，CPU Limits 的總和不能超過該值
limits.memory	所有非終止狀態的 Pod，記憶體 Limits 的總和不能超過該值

資源名稱	說　明
Memory	所有非終止狀態的 Pod，記憶體 Requests 的總和不能超過該值
requests.cpu	所有非終止狀態的 Pod，CPU Requests 的總和不能超過該值
requests.memory	所有非終止狀態的 Pod，記憶體 Requests 的總和不能超過該值

2）儲存資源配額（Volume Count Quota）

可以在給定的命名空間中限制所使用的儲存資源（Storage Resources）的總量，目前支援的儲存資源名稱如表 10.3 所示。

表 10.3　ResourceQuota 支援限制的運算資源類型

資源名稱	說　明
requests.storage	所有 PVC，儲存請求總量不能超過此值
persistentvolumeclaims	在該命名空間中能存在的持久卷冊的總數上限
\<storage-class-name\>.storageclass. storage.k8s.io/requests.storage	所有與 \<storage-class-name\> 相關的 PVC 請求的儲存總量都不能超過該值，例如 gold. storageclass.storage.k8s.io/requests.storage: 500Gi 表示類型為 gold 的 storageClass 對應的 PVC 的申請儲存總量最多可達 500Gi
\<storage-class-name\>.storageclass. storage.k8s.io/persistentvolumeclaims	所有與 \<storage-class-name\> 相關的 PVC 總數都不超過該值
ephemeral-storage、requests.ephemeral-storage、limits.ephemeral-storage	本地臨時儲存（ephemeral-storage）的總量限制

3）物件數量配額（Object Count Quota）

指定類型的物件數量可以被限制，例如，我們可以透過資源配額來限制在命名空間中建立的 Pod 的最大數量。這種設定可以防止某些使用者大量建立 Pod 而迅速耗盡整個叢集的 Pod IP 和運算資源。表 10.4 列出了 ResourceQuota 支援限制的物件類型。

表 10.4　ResourceQuota 支援限制的物件類型

資源名稱	說　明
Configmaps	在該命名空間中能存在的 ConfigMap 的總數上限
Pods	在該命名空間中能存在的非終止狀態 Pod 的總數上限。Pod 的終止狀態等價於 Pod 的 status.phase in (Failed, Succeeded) = true

資源名稱	說明
Replicationcontrollers	在該命名空間中能存在的 RC 的總數上限
Resourcequotas	在該命名空間中能存在的資源配額項的總數上限
Services	在該命名空間中能存在的 Service 的總數上限
services.loadbalancers	在該命名空間中能存在的負載平衡的總數上限
services.nodeports	在該命名空間中能存在的 NodePort 的總數上限
Secrets	在該命名空間中能存在的 Secret 的總數上限

具體表示如下。

- count/<resource>.<group>：用於非核心（core）組的資源，例如 count/deployments. apps、count/cronjobs.batch。
- count/<resource>：用於核心組的資源，例如 count/services、count/pods。

相同的語法也可用於自訂資源 CRD。例如，若要對 example.com API 組中 CRD 資源 widgets 物件的數量進行配額設置，則可以使用 count/widgets.example.com 表示。

2. 配額的作用域（Quota Scopes）

對每項資源配額都可以單獨設定一組作用域，設定了作用域的資源配額只會對符合其作用域的資源使用情況進行計量和限制，作用域範圍超出了資源配額的請求都會被報驗證錯誤。表 10.5 列出了 ResourceQuota 的 4 種作用域。

表 10.5 ResourceQuota 的 4 種作用域

作用域	說明
Terminating	符合所有 spec.activeDeadlineSeconds 不小於 0 的 Pod
NotTerminating	符合所有 spec.activeDeadlineSeconds 都是 nil 的 Pod
BestEffort	符合所有 QoS 都是 BestEffort 的 Pod，作用於 Pod
NotBestEffort	符合所有 QoS 都不是 BestEffort 的 Pod
PriorityClass	符合所有引用了指定優先順序類別的 Pod

其中，BestEffort 作用域可以限定資源配額來追蹤 Pod 資源的使用；而

Terminating、NotTerminating、NotBestEffort 和 PriorityClass 除了可以追蹤 Pod，還可以追蹤 CPU、limits.cpu、limits.memory、memory、requests.cpu、requests.memory 等資源的使用情況。

這裡特別提一下以 Pod 優先順序為基礎的資源配額（PriorityClass）特性，這是 Kubernetes 1.17 實現的新特性，也是比較實用的特性，設定範例說明如下。

（1）透過 Pod 的 priorityClassName 屬性將 Pod 劃分為不同的優先順序，比如 low、medium、high：

```
apiVersion: v1
kind: Pod
metadata:
  name: high-priority
spec:
  containers:
  - name: high-priority
    image: ubuntu
  priorityClassName: high
```

（2）在 ResourceQuota 中透過 scopeSelector 選擇比對的目標 Pod 的優先順序，指定相應的資源配額：

```
kind: ResourceQuota
metadata:
  name: pods-medium
spec:
  hard:
    cpu: "10"
    memory: 20Gi
    pods: "10"
  scopeSelector:
    matchExpressions:
    - operator : In
      scopeName: PriorityClass
        values: ["medium"]
```

透過 PriorityClass 的配額機制，我們就可以實現標準的以 Pod 優先順序為基礎的資源配額管控方式了，這種方式相對於隱式的 QoS 來說更為直觀、明確。

3. 在資源配額（ResourceQuota）中設置 Requests 和 Limits

在資源配額中也可以設置 Requests 和 Limits。如果在資源配額中指定了 requests.cpu 或 requests.memory，那麼它會強制要求每個容器都設定自己的 CPU Requests 或 CPU Limits（可使用 LimitRange 提供的預設值）。同理，如果在資源配額中指定了 limits.cpu 或 limits.memory，那麼它也會強制要求每個容器都設定自己的記憶體 Requests 或記憶體 Limits（可使用 LimitRange 提供的預設值）。

4. 資源配額的定義

下面透過幾個例子對資源配額進行設置和應用。

與 LimitRange 相似，ResourceQuota 也被設置在命名空間中。建立名為 myspace 的命名空間：

```
$ kubectl create namespace myspace
namespace "myspace" created
```

建立 ResourceQuota 設定檔 compute-resources.yaml，用於設置運算資源的配額：

```
apiVersion: v1
kind: ResourceQuota
metadata:
  name: compute-resources
spec:
  hard:
    pods: "4"
    requests.cpu: "1"
    requests.memory: 1Gi
    limits.cpu: "2"
    limits.memory: 2Gi
```

建立該項的資源配額：

```
$ kubectl create -f compute-resources.yaml --namespace=myspace
resourcequota "compute-resources" created
```

建立另一個名為 object-counts.yaml 的檔案，用於設置物件數量的配額：

```
apiVersion: v1
kind: ResourceQuota
```

```
metadata:
  name: object-counts
spec:
  hard:
    configmaps: "10"
    persistentvolumeclaims: "4"
    replicationcontrollers: "20"
    secrets: "10"
    services: "10"
    services.loadbalancers: "2"
```

建立該 ResourceQuota：

```
$ kubectl create -f object-counts.yaml --namespace=myspace
resourcequota "object-counts" created
```

查看各 ResourceQuota 的詳細資訊：

```
$ kubectl describe quota compute-resources --namespace=myspace
Name:                  compute-resources
Namespace:             myspace
Resource               Used Hard
--------               ---- ----
limits.cpu             0    2
limits.memory          0    2Gi
pods                   0    4
requests.cpu           0    1
requests.memory        0    1Gi

$ kubectl describe quota object-counts --namespace=myspace
Name:                  object-counts
Namespace:             myspace
Resource               Used   Hard
--------               ----   ----
configmaps             0      10
persistentvolumeclaims 0      4
replicationcontrollers 0      20
secrets                1      10
services               0      10
services.loadbalancers 0      2
```

5. 資源配額與叢集資源總量的關係

資源配額與叢集資源總量是完全獨立的。資源配額是透過絕對的單位來設定的，這也就意味著如果在叢集中新增加了節點，那麼資源配額不會自動更新，而該資源配額所對應的命名空間中的物件也不能自動增加資源上限。

在某些情況下，我們可能希望資源配額支援更複雜的策略，如下所述。

- 對於不同的租戶，按照某種比例劃分整個叢集的資源。
- 允許每個租戶按照需要來提高資源用量，但是有一個較寬容的限制，以防止意外的資源耗盡情況發生。
- 探測某個命名空間的需求，增加物理節點並擴大資源配額值。

這些策略可以這樣實現：手動編寫一個控制器，持續監控各命名空間中的資源使用情況，並隨選調整命名空間的資源配額數量。

資源配額將整個叢集中的資源總量做了一個靜態劃分，但它並沒有對叢集中的節點做任何限制：不同命名空間中的 Pod 仍然可以執行在同一個節點上。

10.4.5 ResourceQuota 和 LimitRange 實踐

根據前面對資源管理的介紹，這裡將透過一個完整的例子說明如何透過資源配額和資源設定範圍的配合來控制一個命名空間的資源使用。

叢集管理員根據叢集使用者的數量來調整叢集設定，以達到這個目的：能控制特定命名空間中的資源使用量，最終實現叢集的公平使用和成本控制。

需要實現的功能如下。

- 限制執行狀態的 Pod 的運算資源用量。
- 限制持久儲存卷冊的數量以控制對儲存的存取。
- 限制負載平衡器的數量以控制成本。
- 防止濫用網路通訊埠這類缺乏資源。
- 提供預設的運算資源 Requests 以便系統做出更最佳化的排程。

1. 建立命名空間

建立名為 quota-example 的命名空間，namespace.yaml 檔案的內容如下：

```
apiVersion: v1
kind: Namespace
metadata:
  name: quota-example

$ kubectl create -f namespace.yaml
namespace "quota-example" created
```

查看命名空間：

```
$ kubectl get namespaces
NAME             STATUS    AGE
default          Active    2m
kube-system      Active    2m
quota-example    Active    39s
```

2. 設置限定物件數量的資源配額

透過設置限定物件數量的資源配額，可以控制持久儲存卷冊、負載平衡器、NodePort 這些資源的數量。

建立名為 object-counts 的 ResourceQuota：

object-counts.yaml：
```
apiVersion: v1
kind: ResourceQuota
metadata:
  name: object-counts
spec:
  hard:
    persistentvolumeclaims: "2"
    services.loadbalancers: "2"
    services.nodeports: "0"

$ kubectl create -f object-counts.yaml --namespace=quota-example
resourcequota "object-counts" created
```

配額系統會檢測到資源項配額的建立，統計和限制該命名空間中的資源消耗。

查看該配額是否生效：

```
$ kubectl describe quota object-counts --namespace=quota-example
Name:               object-counts
Namespace:          quota-example
```

```
Resource                        Used  Hard
--------                        ----  ----
persistentvolumeclaims 0         2
services.loadbalancers 0         2
services.nodeports     0         0
```

至此，配額系統會自動阻止那些使資源用量超過資源配額限定值的請求。

3. 設置限定運算資源的資源配額

下面再建立一項限定運算資源的資源配額，以限制該命名空間中運算資源的使用總量。

建立名為 compute-resources 的 ResourceQuota：

```
apiVersion: v1
kind: ResourceQuota
metadata:
  name: compute-resources
spec:
  hard:
    pods: "4"
    requests.cpu: "1"
    requests.memory: 1Gi
    limits.cpu: "2"
    limits.memory: 2Gi

$ kubectl create -f compute-resources.yaml --namespace=quota-example
resourcequota "compute-resources" created
```

查看該配額是否生效：

```
$ kubectl describe quota compute-resources --namespace=quota-example
Name:                    compute-resources
Namespace:               quota-example
Resource                 Used Hard
--------                 ---- ----
limits.cpu               0    2
limits.memory            0    2Gi
pods                     0    4
requests.cpu             0    1
requests.memory          0    1Gi
```

配額系統會自動防止在該命名空間中同時擁有超過 4 個非「終止態」的 Pod。此外，由於該項資源配額限制了 CPU 和記憶體的 Limits 和 Requests

總量，因此會強制要求該命名空間中的所有容器都顯式定義 CPU 和記憶體的 Limits、Requests（可使用預設值，Requests 預設等於 Limits）。

4. 設定預設的 Requests 和 Limits

在命名空間已經設定了限定運算資源的資源配額的情況下，如果嘗試在該命名空間中建立一個不指定 Requests 和 Limits 的 Pod，那麼 Pod 的建立可能會失敗。下面是一個失敗的例子。

建立一個 Nginx 的 Deployment：

```
$ kubectl run nginx --image=nginx --replicas=1 --namespace=quota-example
deployment "nginx" created
```

查看建立的 Pod，會發現 Pod 沒有建立成功：

```
$ kubectl get pods --namespace=quota-example
```

再查看 Deployment 的詳細資訊：

```
$ kubectl describe deployment nginx --namespace=quota-example
Name:                   nginx
Namespace:              quota-example
CreationTimestamp:      Mon, 06 Jun 2020 16:11:37 -0400
Labels:                 run=nginx
Selector:               run=nginx
Replicas:               0 updated | 1 total | 0 available | 1 unavailable
StrategyType:           RollingUpdate
MinReadySeconds:        0
RollingUpdateStrategy:  1 max unavailable, 1 max surge
OldReplicaSets:         <none>
NewReplicaSet:          nginx-3137573019 (0/1 replicas created)
......
```

該 Deployment 會嘗試建立一個 Pod，但是失敗，查看其中 ReplicaSet 的詳細資訊：

```
$ kubectl describe rs nginx-3137573019 --namespace=quota-example
Name:           nginx-3137573019
Namespace:      quota-example
Image(s):       nginx
Selector:       pod-template-hash=3137573019,run=nginx
Labels:         pod-template-hash=3137573019
                run=nginx
```

```
Replicas:                0 current / 1 desired
Pods Status:             0 Running / 0 Waiting / 0 Succeeded / 0 Failed
No volumes.
Events:
  FirstSeen LastSeen  Count From            SubobjectPath Type  Reason  Message
  --------- --------  ----- ----            ------------- ----- -----   -------
  4m        7s        11    {replicaset-controller }                    Warning
```

**FailedCreate Error creating: pods "nginx-3137573019-" is forbidden:
Failed quota: compute-resources: must specify limits.cpu,limits.
memory,requests.cpu,requests. memory**

可以看到 Pod 建立失敗的原因：Master 拒絕這個 ReplicaSet 建立 Pod，因為在這個 Pod 中沒有指定 CPU 和記憶體的 Requests、Limits。

為了避免這種失敗，我們可以使用 LimitRange 為這個命名空間中的所有 Pod 都提供一個資源設定的預設值。下面的例子展示了如何為這個命名空間增加一個指定了預設資源設定的 LimitRange。

建立一個名為 limits 的 LimitRange：

limits.yaml：
```
apiVersion: v1
kind: LimitRange
metadata:
  name: limits
spec:
  limits:
  - default:
      cpu: 200m
      memory: 512Mi
    defaultRequest:
      cpu: 100m
      memory: 256Mi
    type: Container

$ kubectl create -f limits.yaml --namespace=quota-example
limitrange "limits" created

$ kubectl describe limits limits --namespace=quota-example
Name:           limits
Namespace:      quota-example
Type        Resource  Min  Max  Default Request   Default Limit   Max Limit/
Request Ratio
```

```
----       -------- --- --- ------------- ------------- -----------
------------
Container memory   -    -    256Mi         512Mi         -
Container cpu      -    -    100m          200m          -
```

在 LimitRange 建立成功後，若使用者在該命名空間中建立了未指定資源限制的 Pod，系統就會自動為該 Pod 設置預設的資源限制。

例如，每個新建的未指定資源限制的 Pod 都等價於使用下面的資源限制：

```
$ kubectl run nginx \
  --image=nginx \
  --replicas=1 \
  --requests=cpu=100m,memory=256Mi \
  --limits=cpu=200m,memory=512Mi \
  --namespace=quota-example
```

至此，我們已經為該命名空間設定好預設的運算資源了，我們的 ReplicaSet 應該能夠建立 Pod 了。查看一下，發現建立 Pod 成功：

```
$ kubectl get pods --namespace=quota-example
NAME                   READY     STATUS     RESTARTS    AGE
nginx-3137573019-fvrig 1/1       Running    0           6m
```

接下來可以隨時查看資源配額的使用情況：

```
$ kubectl describe quota --namespace=quota-example
Name:            compute-resources
Namespace:       quota-example
Resource         Used     Hard
--------         ----     ----
limits.cpu       200m     2
limits.memory    512Mi    2Gi
pods             1        4
requests.cpu     100m     1
requests.memory  256Mi    1Gi


Name:                  object-counts
Namespace:             quota-example
Resource               Used     Hard
--------               ----     ----
persistentvolumeclaims 0        2
services.loadbalancers 0        2
services.nodeports     0        0
```

可以看到，每個 Pod 在建立時都會消耗指定的資源量，而這些使用量都會
被 Kubernetes 準確追蹤、監控和管理。

5. 指定資源配額的作用域

假設我們並不想為某個命名空間設定預設的運算資源配額，而是希望限
定在命名空間中執行的 QoS 為 BestEffort 的 Pod 總數，例如讓叢集中的
部分資源執行 QoS 為非 BestEffort 的服務，並讓閒置的資源執行 QoS 為
BestEffort 的服務，即可避免叢集的所有資源僅被大量的 BestEffort Pod 耗
盡。這可以透過建立兩個資源配額來實現，如下所述。

建立一個名為 quota-scopes 的命名空間：

```
$ kubectl create namespace quota-scopes
namespace "quota-scopes" created
```

建立一個名為 best-effort 的 ResourceQuota，指定 Scope 為 BestEffort：

```
apiVersion: v1
kind: ResourceQuota
metadata:
  name: best-effort
spec:
  hard:
    pods: "10"
  scopes:
  - BestEffort
```

```
$ kubectl create -f best-effort.yaml --namespace=quota-scopes
resourcequota "best-effort" created
```

再建立一個名為 not-best-effort 的 ResourceQuota，指定 Scope 為 NotBest
Effort：

```
apiVersion: v1
kind: ResourceQuota
metadata:
  name: not-best-effort
spec:
  hard:
    pods: "4"
    requests.cpu: "1"
    requests.memory: 1Gi
```

```
      limits.cpu: "2"
      limits.memory: 2Gi
  scopes:
  - NotBestEffort

$ kubectl create -f not-best-effort.yaml --namespace=quota-scopes
resourcequota "not-best-effort" created
```

查看建立成功的 ResourceQuota：

```
$ kubectl describe quota --namespace=quota-scopes
Name:        best-effort
Namespace:   quota-scopes
Scopes:      BestEffort
 * Matches all pods that have best effort quality of service.
Resource     Used Hard
--------     ---- ----
pods         0    10


Name:              not-best-effort
Namespace:         quota-scopes
Scopes:            NotBestEffort
 * Matches all pods that do not have best effort quality of service.
Resource           Used  Hard
--------           ----  ----
limits.cpu         0     2
limits.memory      0     2Gi
pods               0     4
requests.cpu       0     1
requests.memory    0     1Gi
```

之後，沒有設定 Requests 的 Pod 將被名為 best-effort 的 ResourceQuota 限
制；而設定了 Requests 的 Pod 會被名為 not-best-effort 的 ResourceQuota
限制。

建立兩個 Deployment：

```
$ kubectl run best-effort-nginx --image=nginx --replicas=8
--namespace=quota-scopes
deployment "best-effort-nginx" created

$ kubectl run not-best-effort-nginx \
  --image=nginx \
  --replicas=2 \
```

```
  --requests=cpu=100m,memory=256Mi \
  --limits=cpu=200m,memory=512Mi \
  --namespace=quota-scopes
deployment "not-best-effort-nginx" created
```

名為 best-effort-nginx 的 Deployment 因為沒有設定 Requests 和 Limits，所以它的 QoS 等級為 BestEffort，因此它的建立過程由 best-effort 資源配額項來限制，而 not-best-effort 資源配額項不會對它進行限制。best-effort 資源配額項沒有限制 Requests 和 Limits，因此 best-effort-nginx Deployment 可以成功建立 8 個 Pod。

名為 not-best-effort-nginx 的 Deployment 因為設定了 Requests 和 Limits，且二者不相等，所以它的 QoS 等級為 Burstable，因此它的建立過程由 not-best-effort 資源配額項限制，而 best-effort 資源配額項不會對它進行限制。not-best-effort 資源配額項限制了 Pod 的 Requests 和 Limits 的總上限，not-best-effort-nginx Deployment 並沒有超過這個上限，所以可以成功建立兩個 Pod。

查看已經建立的 Pod，可以看到 10 個 Pod 都建立成功：

```
$ kubectl get pods --namespace=quota-scopes
NAME                                          READY    STATUS     RESTARTS    AGE
best-effort-nginx-3488455095-2qb41            1/1      Running    0           51s
best-effort-nginx-3488455095-3go7n            1/1      Running    0           51s
best-effort-nginx-3488455095-9o2xg            1/1      Running    0           51s
best-effort-nginx-3488455095-eyg40            1/1      Running    0           51s
best-effort-nginx-3488455095-gcs3v            1/1      Running    0           51s
best-effort-nginx-3488455095-rq8p1            1/1      Running    0           51s
best-effort-nginx-3488455095-udhhd            1/1      Running    0           51s
best-effort-nginx-3488455095-zmk12            1/1      Running    0           51s
not-best-effort-nginx-2204666826-7sl61        1/1      Running    0           23s
not-best-effort-nginx-2204666826-ke746        1/1      Running    0           23s
```

再查看兩個資源配額項的使用情況，可以看到 best-effort 資源配額項已經統計了在 best-effort-nginx Deployment 中建立的 8 個 Pod 的資源使用資訊，not-best-effort 資源配額項也已經統計了在 not-best-effort-nginx Deployment 中建立的兩個 Pod 的資源使用資訊：

```
$ kubectl describe quota --namespace=quota-scopes
```

```
Name:           best-effort
Namespace:      quota-scopes
Scopes:         BestEffort
 * Matches all pods that have best effort quality of service.
Resource        Used  Hard
--------        ----  ----
pods            8     10


Name:           not-best-effort
Namespace:      quota-scopes
Scopes:         NotBestEffort
 * Matches all pods that do not have best effort quality of service.
Resource        Used  Hard
--------        ----  ----
limits.cpu      400m  2
limits.memory   1Gi   2Gi
pods            2     4
requests.cpu    200m  1
requests.memory 512Mi 1Gi
```

透過這個例子可以發現：資源配額的作用域（Scopes）提供了一種將資源集合分割的機制，可以使叢集管理員更加方便地監控和限制不同類型的物件對各類資源的使用情況，同時為資源設定和限制提供更好的靈活性和便利性。

6. 資源管理小結

Kubernetes 中資源管理的基礎是容器和 Pod 的資源設定（Requests 和 Limits）。容器的資源設定指定了容器請求的資源和容器能使用的資源上限，Pod 的資源設定則是 Pod 中所有容器的資源設定總和上限。

透過資源配額機制，我們可以對命名空間中所有 Pod 使用資源的總量進行限制，也可以對這個命名空間中指定類型的物件的數量進行限制。使用作用域可以讓資源配額只對符合特定範圍的物件加以限制，因此作用域機制可以使資源配額的策略更加豐富、靈活。

如果需要對使用者的 Pod 或容器的資源設定做更多的限制，則可以使用資源設定範圍（LimitRange）來達到這個目的。LimitRange 可以有效限制 Pod 和容器的資源設定的最大、最小範圍,也可以限制 Pod 和容器的 Limits 與 Requests 的最大比例上限,LimitRange 還可以為 Pod 中的容器 提供預設的資源設定。

Kubernetes 以 Pod 為基礎的資源設定實現了資源服務品質(QoS)。不同 QoS 等級的 Pod 在系統中擁有不同的優先順序:高優先順序的 Pod 有更高 的可靠性,可以用於執行對可靠性要求較高的服務;低優先順序的 Pod 可 以實現叢集資源的超售,有效提高叢集資源使用率。

上面的多種機制共同組成了當前版本 Kubernetes 的資源管理系統。這個資 源管理系統可以滿足大部分資源管理需求。同時,Kubernetes 的資源管理 系統仍然在不停地發展和進化,對於目前無法滿足的更複雜、更個性化的 需求,我們可以繼續關注 Kubernetes 未來的發展和變化。

下面對運算資源以外的其他幾種資源的管理方式進行說明,包括 Pod 內多 個容器的共用處理程序命名空間、PID 資源管理、節點的 CPU 資源管理 策略和拓撲管理器。

10.4.6 Pod 中多個容器共用處理程序命名空間

在某些應用場景中,屬於同一個 Pod 的多個容器相互之間希望能夠存取其 他容器的處理程序,例如使用一個 debug 容器時,需要對業務應用容器內 的處理程序進行查錯,這對多個容器環境的處理程序命名空間(Process Namespace)的共用提出需求,該機制的支援從 Kubernetes 1.10 版本開始 引入,到 1.17 版本時達到 Stable 階段。

啟用處理程序命名空間共用機制很簡單,只需在 Pod 定義中設置 share ProcessNamespace=true 即可完成。我們透過下面這個例子看看一個 Pod 中兩個容器共用處理程序命名空間的效果,share-process-namespace.yaml 設定檔的內容如下:

```
# share-process-namespace.yaml
apiVersion: v1
kind: Pod
metadata:
```

```
    name: nginx
spec:
  shareProcessNamespace: true
  containers:
  - name: nginx
    image: nginx
  - name: shell
    image: busybox
    securityContext:
      capabilities:
        add:
        - SYS_PTRACE
    stdin: true
    tty: true
```

其中，主容器為一個 nginx 提供的服務，另一個容器為 busybox 提供的查
錯工具，被命名為 "shell"。在 shell 容器的 securityContext.capabilities 中
增加了 CAP_SYS_PTRACE 能力，用於提供處理程序追蹤操作能力。

使用 kubectl create 命令建立這個 Pod：

```
# kubectl create -f share-process-namespace.yaml
pod/nginx created
```

進入 shell 的容器環境中，使用 ps 命令可以查看到 nginx 和自身容器的全
部處理程序：

```
/ # ps ax
PID   USER     TIME  COMMAND
    1 root      0:00 /pause
    6 root      0:00 nginx: master process nginx -g daemon off;
   30 root      0:00 sh
   38 101       0:00 nginx: worker process
   44 root      0:00 sh
   50 root      0:00 ps ax
```

由於 shell 容器具備 CAP_SYS_PTRACE 能力，所以它還可以對其他處
理程序發送作業系統訊號，例如對 nginx 容器中的 6 號處理程序發出
SIGHUP 訊號用於重新啟動 nginx 程式：

```
/ # kill -SIGHUP 6
/ # ps ax
PID   USER     TIME  COMMAND
```

```
 1 root       0:00 /pause
 6 root       0:00 nginx: master process nginx -g daemon off;
30 root       0:00 sh
44 root       0:00 sh
51 101        0:00 nginx: worker process
52 root       0:00 ps ax
```

可以看到，nginx 的原 worker 處理程序（PID=38）重新啟動後啟動了一個新的 PID=51 的 worker 處理程序。

有兩個容器共用處理程序命名空間的 Pod 環境有以下特性。

- 各容器的處理程序 ID（PID）混合在一個環境中，都不再擁有處理程序號 PID=1 的啟動處理程序，1 號處理程序由 Pod 的 Pause 容器使用。對於某些必須以處理程序號 1 作為啟動程式 PID 的容器來說，將會無法啟動，例如以 systemd 作為啟動命令的容器。
- 處理程序資訊在多個容器間相互可見，這包括 /proc 目錄下的所有資訊，其中可能有包含密碼類敏感資訊的環境變數，只能透過 UNIX 檔案許可權進行存取控制，需要設置容器內的執行使用者或組。
- 一個容器的檔案系統存在於 /proc/$pid/root 目錄下，所以不同的容器也能存取其他容器的檔案系統的內容，這對於 debug 查錯來說非常有用，但也意味著沒有容器等級的安全隔離，只能透過 UNIX 檔案許可權進行存取控制，需要設置容器內的執行使用者或組。

例如，在 shell 容器內可以查看到 nginx 容器的設定檔的內容：

```
/ # more /proc/6/root/etc/nginx/nginx.conf

user  nginx;
worker_processes  1;

error_log  /var/log/nginx/error.log warn;
pid        /var/run/nginx.pid;


events {
    worker_connections  1024;
}
......
```

10.4.7 PID 資源管理

PID（處理程序 ID）在 Linux 系統中是最重要的一種基礎資源，作業系統會設置一台主機可以執行的最大處理程序數上限。雖然在通常情況下不太容易出現 PID 耗盡的情況，但為了避免存在缺陷的程式耗盡主機 PID 資源（進而導致守護處理程序如 kubelet 無法正常執行），Kubernetes 在 1.10 版本中開始引入對 Pod 等級的 PID 資源管理機制，用於限制單一 Pod 內可以建立的最大處理程序數量，並在 1.14 版本中引入 Node 等級的 PID 資源管理機制，確保 Node 的 PID 不會被所有 Pod 耗盡，以保護在 Node 上執行的守護處理程序（如 kubelet、容器執行時期程式等），該 PID 資源管理機制在 1.15 版本時達到 Beta 階段。

為了使用 Pod 等級的 PID 資源管理機制，我們首先需要在 kubelet 服務的啟動參數中開啟 SupportPodPidsLimit 特性開關（--feature-gates=SupportPodPidsLimit=true），然後透過啟動參數 --pod-max-pids 設置一個 Pod 中允許的最大 PID 數量（將其設置為 -1 表示繼承使用 Node 系統組態的 PID 數量）。

為了使用 Node 等級的 PID 資源管理，我們首先需要在 kubelet 服務的啟動參數中開啟 SupportNodePidsLimit 特性開關（--feature-gates=SupportNodePidsLimit=true），開啟該特性之後，系統會自動為守護處理程序預留一些 PID 資源，也會用於 kubelet 後續判斷是否需要驅逐 Pod 的計算邏輯中。

在一個 Node 上可分配的 PID 數量的演算法如下：

```
[Allocatable] = [Node Capacity] - [Kube-Reserved] - [System-Reserved] -
[Hard-Eviction-Threshold]
```

10.4.8 節點的 CPU 管理策略

kubelet 預設使用 CFS Quota 技術以 Pod 為基礎的 CPU Limit 對 Node 上 CPU 資源的使用進行限制和管理（CFS，Completely Fair Scheduler，即完全公平排程演算法）。當在一個 Node 上執行了很多 CPU 密集型 Pod 時，容器處理程序可能會被排程到不同的 CPU 核心上進行運算，這取決於排程時哪些 CPU 核心是可用的，Pod 使用的 CPU 資源是否達到了上限。許多應用對這種 CPU 的切換不敏感，無須特別的干預也可正常執行。

然而，有些應用的性能明顯受到 CPU 快取親和性及排程延遲的影響。針對這類應用，Kubernetes 提供了一個可選的 CPU 管理策略，來確定節點上 CPU 資源排程的優先順序，為 Pod 執行達到更好的性能提供支援。該特性從 Kubernetes 1.12 版本開始引入，目前為 Beta 階段。

CPU 管理策略透過 Node 上的 kubelet 啟動參數 --cpu-manager-policy 進行指定，目前支援兩種策略。

- none：使用預設的排程策略。
- static：允許為節點上具有特定資源特徵的 Pod 授予更高的 CPU 親和性和獨佔性。

CPU 管理器定期透過 CRI 介面將資源更新寫入容器中，以保證記憶體中的 CPU 分配與 cgroupfs 保持一致。同步頻率透過 kubelet 啟動參數 --cpu-manager-reconcile-period 進行設置，如果不指定，則預設與 --node-status-update-frequency 設置的值相同。

下面對這兩種策略的原理和範例進行說明。

1. None 策略

None 策略使用預設的 CPU 親和性方案，即作業系統預設的 CPU 排程策略。對於 QoS 等級為 Guaranteed 的 Pod，會強制使用 CFS Quota 機制對 CPU 資源進行限制。

2. Static 策略

Static 策略針對具有特定 CPU 資源需求的 Pod。對於 QoS 等級為 Guaranteed 的 Pod，如果其 Container 設置的 CPU Request 為大於等於 1 的整數，Kubernetes 就能允許容器綁定節點上的一個或多個 CPU 核心獨佔執行。這種獨佔是使用 cpuset cgroup 控制器來實現的。

注意：容器執行時期（Container Runtime）和 kubelet 等系統服務也可以執行在獨佔的 CPU 核心上，這種獨佔性是相對於其他 Pod 而言的；CPU

管理器不支援在執行時期下線和上線 CPU。此外，如果節點上的線上 CPU 集合發生了變化，則必須驅逐節點上的 Pod，並刪除 kubelet 根目錄中的狀態檔案 cpu_manager_state 來手動重置 CPU 管理器。

該策略管理一個共用 CPU 資源池，該資源池最初包含節點上的所有 CPU 資源。可用的獨佔性 CPU 資源數量等於節點的 CPU 總量減去透過 --kube-reserved 或 --system-reserved 參數設置保留給系統的 CPU 資源數量。

Kubernetes 從 1.17 版本開始，CPU 保留清單可以透過 kubelet 服務的 --reserved-cpus 參數顯式地設置。透過 --reserved-cpus 設置的 CPU 列表優先於使用 --kube-reserved 和 --system-reserved 參數設置的 CPU 保留值。

啟用 Static 策略時，要求使用 --kube-reserved 和（或）--system-reserved 或 --reserved-cpus 為 kubelet 保留一部分 CPU 資源，並且保留的 CPU 資源數量必須大於 0。這是因為如果系統保留 CPU 為 0，則共用池有變為空的可能，導致 kubelet 無法正常執行。

透過這些參數預留的 CPU 單位為整數，按物理核心 ID 昇冪從初始共用池中獲取。共用池是 QoS 等級為 BestEffort 和 Burstable 的 Pod 執行所需的 CPU 集合。QoS 等級為 Guaranteed 的 Pod 中的容器，如果宣告了非整數值的 CPU Request，則也將執行在共用池的 CPU 上，只有宣告了整數 CPU Request 的容器才會被分配獨佔的 CPU 資源。

當 QoS 等級為 Guaranteed 的 Pod 被排程到節點上時，如果容器的 CPU 資源需求設置符合靜態設定的要求，則所需的 CPU 核心會被從共用池中取出並放到容器的 cpuset 中，供容器獨佔使用。容器 cpuset 中的 CPU 核心數與 Pod 定義中指定的整數個 CPU limit 相等，無須再使用 CFS Quota 機制分配 CPU 資源。這種靜態設定機制增強了 CPU 的親和性，減少了 CPU 上下文切換的次數。

3. 節點 CPU 管理策略範例

下面是幾種不同 QoS 等級的容器使用 CPU 資源時的策略範例。

（1）BestEffort 類型。容器如果沒有設置 CPU Request 和 CPU Limit，則

將執行在共用 CPU 池中。例如：

```
spec:
  containers:
  - name: nginx
    image: nginx
```

（2）Burstable 類型。容器如果沒有設置 CPU 資源，或者其他資源（如記憶體）的 Request 不等於 Limit，則將執行在共用 CPU 池中。例如：

```
spec:
  containers:
  - name: nginx
    image: nginx
    resources:
      limits:
        memory: "200Mi"
      requests:
        memory: "100Mi"
```

或者

```
spec:
  containers:
  - name: nginx
    image: nginx
    resources:
      limits:
        memory: "200Mi"
        cpu: "2"
      requests:
        memory: "100Mi"
        cpu: "1"
```

（3）Guaranteed 類型。容器如果設置了 CPU 資源，並且設置 Request 等於 Limit 且為整數，則將執行在兩個獨佔的 CPU 核心上。例如：

```
spec:
  containers:
  - name: nginx
    image: nginx
    resources:
      limits:
        memory: "200Mi"
        cpu: "2"
      requests:
```

```
        memory: "200Mi"
        cpu: "2"
```

或者（若未顯式設置 Request，則系統將預設設置 Request=Limit）：

```
spec:
  containers:
  - name: nginx
    image: nginx
    resources:
      limits:
        memory: "200Mi"
        cpu: "2"
```

（4）Guaranteed 類型。若容器設置了 CPU 資源，並且設置 Request 等於 Limit 但設置為小數，則將執行在共用 CPU 池中。例如：

```
spec:
  containers:
  - name: nginx
    image: nginx
    resources:
      limits:
        memory: "200Mi"
        cpu: "1.5"
      requests:
        memory: "200Mi"
        cpu: "1.5"
```

總之，為了能讓容器獨佔 CPU 資源執行，需要滿足以下條件：

- 設置 kubelet 服務的啟動參數 --cpu-manager-policy=static；
- 容器的 CPU 資源需求 QoS 等級必須是 Guaranteed 等級，即 Request= Limit；
- 必須將容器的 CPU Limit 設置為大於等於 1 的整數。

10.4.9 拓撲管理器

在 Kubernetes 叢集中部署容器應用時，我們常常根據應用的資源需求設置資源設定策略，包括 CPU、GPU、記憶體、裝置等資源，但是對不同類型資源的管理是由單獨的元件進行的。隨著容器化技術的成熟，越來越多的應用系統利用 CPU、GPU、硬體加速等資源組合來支援對延遲要求更高的任務和高輸送量平行計算。為了獲得最佳性能，需要進行與 CPU 隔離、記憶體最佳化、本地裝置有關的最佳化。Kubernetes 從 1.16 版本開始引入拓撲管理器（Topology Manager）功能，旨在協調對多種資源進行最佳化的功能元件，為高性能計算應用的多種資源需求組合提供支援，目前為 Beta 階段。本節對拓撲管理器的工作原理和策略範例進行說明。

1. 拓撲管理器的工作原理

在引入拓撲管理器之前，Kubernetes 中的 CPU 和裝置管理員都需要獨立做出資源設定決策，這可能導致在多核系統上出現與期望不一致的資源設定結果（比如從不同的 NUMA 節點分配 CPU 和裝置，從而導致更長的計算延遲），使得對性能或延遲敏感的應用造成影響。

拓撲管理器是 kubelet 中的一個元件，起著資訊來源的作用，以便 kubelet 的其他元件做出與拓撲結構相對應的資源設定決定。拓撲管理器為資源管理元件提供了一個名為建議提供者（Hint Providers）的介面，以發送和接收拓撲（Topology）的相關資訊。

拓撲管理器管理著 Node 等級的一群組原則，從建議提供者處接收拓撲資訊，將其保存為表示可用 NUMA 節點和首選分配指示的位元遮罩（bitmask）。拓撲管理器對接收到的建議（Hint）執行一組操作，並根據策略對建議進行收斂計算以得到最優解。如果拓撲管理器保存了不符合預期的建議，則將該建議的優選欄位設置為 false。在當前策略中，首選的是最窄的優選遮罩。所選建議將被儲存為拓撲管理器的一部分。取決於所設定的策略，所選建議可用於決定節點是否接受或拒絕 Pod。之後，建議會被儲存在拓撲管理器中，供建議提供者進行資源設定決策時使用。

2. 啟用拓撲管理器

要啟用拓撲管理器特性，就需要在 Kubernetes 各個服務的特性開關中進行開啟：--feature-gates=...,TopologyManager=true，從 Kubernetes 1.18 版本開始預設啟用。

3. 拓撲管理器策略

拓撲管理器目前會對所有 QoS 類別的 Pod 執行對齊（Align）操作，並針對建議提供者提供的拓撲建議，對請求的資源進行對齊（Align）操作。

說明：為了將 Pod 定義中的 CPU 資源與其他請求資源對齊，需要啟用 CPU 管理器並且在節點上設定適當的 CPU 管理器策略（參考 10.4.8 節的說明）。

拓撲管理器支援 4 種分配策略，可以透過 kubelet 啟動參數 --topology-manager-policy 設置分配策略，包括：none（不執行任何拓撲對齊操作，預設值為 none）、best-effort、restricted 和 single-numa-node。下面對後三種分配策略進行說明。

（1）best-effort 分配策略。對於 QoS 等級為 Guaranteed 的 Pod 中的每個容器，kubelet 都將呼叫每個建議提供者以確定資源的可用性。以這些資訊為基礎，拓撲管理器將為各容器儲存首選 NUMA 節點親和性。如果親和性不是首選，則拓撲管理器將儲存該親和性，並且無論如何都將 Pod 排程到該節點上。之後建議提供者就可以在做出資源設定決策時使用此資訊了。

（2）restricted 分配策略。對於 QoS 等級為 Guaranteed 的 Pod 中的每個容器，與 best-effort 相同，即 kubelet 呼叫每個建議提供者以確定其資源可用性，以這些資訊為基礎，拓撲管理器將為各容器儲存首選 NUMA 節點親和性。如果親和性不是首選，則拓撲管理器將拒絕排程 Pod 到該節點上。這將導致 Pod 處於 Terminated 狀態，錯誤資訊為存取控制（admission）失敗。一旦 Pod 處於 Terminated 狀態，Kubernetes 排程器就將不再嘗試重新排程該 Pod。建議使用 ReplicaSet 或 Deployment 來重新部署 Pod。也可以透過實現外部控制器，以對存在 Topology Affinity 錯誤資訊的 Pod 進行重新部署。如果 Pod 被允許執行在某節點上，建議提供者就可以在做出資源設定決策時使用此資訊了。

（3）single-numa-node 分配策略。對於 QoS 等級為 Guaranteed 的 Pod 中的每個容器，kubelet 呼叫每個建議提供者以確定其資源可用性。以這些資訊為基礎，拓撲管理器確定是否可能實現單一 NUMA 節點的親和性。
如果可能，拓撲管理器將儲存此資訊，之後建議提供者就可以在做出資
源設定決策時使用此資訊了。如果不可能，拓撲管理器將拒絕 Pod 執行
於該節點上，這將導致 Pod 處於 Terminated 狀態，錯誤資訊為存取控制
（admission）失敗。一旦 Pod 處於 Terminated 狀態，Kubernetes 排程器則
將不會嘗試重新排程該 Pod。建議使用 ReplicaSet 或 Deployment 來重新
部署 Pod。也可以透過實現外部控制器，以對存在 Topology Affinity 錯誤
資訊的 Pod 進行重新部署。

4. Pod 與拓撲管理器策略的互動範例

考慮以下兩種不同 QoS 等級的容器設定。

1）對 BestEffort 和 Burstable 類型 Pod 的拓撲管理機制

BestEffort 類型的 Pod 定義，未設置 CPU Request 和 CPU Limit，例如：

```
spec:
  containers:
  - name: nginx
    image: nginx
```

Burstable 類型的 Pod 定義，設置的資源 Request 小於 Limit，例如：

```
spec:
  containers:
  - name: nginx
    image: nginx
    resources:
      limits:
        memory: "200Mi"
      requests:
        memory: "100Mi"
```

如果選擇的拓撲管理策略是 none 以外的任何其他策略（best-effort、
restricted 或 single-numa-node），則拓撲管理器都會評估這些 Pod 的定
義。拓撲管理器會詢問建議提供者獲取拓撲建議。如果策略為 static，則
CPU 管理器策略會返回預設的拓撲建議，因為以上 Pod 並沒有顯式地請
求 CPU 資源。

（2）對 Guaranteed 類型和未設置 CPU 資源 Pod 的拓撲管理機制

Guaranteed 類型的 Pod 定義，設置的資源 Request 等於 Limit，例如：

```
spec:
  containers:
  - name: nginx
    image: nginx
    resources:
      limits:
        memory: "200Mi"
        cpu: "2"
        example.com/device: "1"
      requests:
        memory: "200Mi"
        cpu: "2"
        example.com/device: "1"
```

或者

```
spec:
  containers:
  - name: nginx
    image: nginx
    resources:
      limits:
        memory: "200Mi"
        cpu: "300m"
        example.com/device: "1"
      requests:
        memory: "200Mi"
        cpu: "300m"
        example.com/device: "1"
```

BestEffort 類型的 Pod 定義，未設置 CPU 和記憶體資源，例如：

```
spec:
  containers:
  - name: nginx
    image: nginx
    resources:
      limits:
        example.com/deviceA: "1"
        example.com/deviceB: "1"
      requests:
        example.com/deviceA: "1"
        example.com/deviceB: "1"
```

拓撲管理器對上述幾個 Pod 的管理機制如下。

拓撲管理器將詢問建議提供者，即 CPU 管理器和裝置管理員，以獲取拓撲建議。

（1）對於 Guaranteed 類型的 CPU 請求數為整數的 Pod，在 CPU 管理策略為 "static" 時將返回與獨佔 CPU 請求有關的建議；而裝置管理員將返回有關所請求裝置的建議。

（2）對於 Guaranteed 類型的 CPU 請求可共用的 Pod，在 CPU 管理策略為 "static" 時將返回預設的拓撲建議，因為沒有排他性的 CPU 請求；裝置管理員則針對所請求的裝置返回有關建議。

在上述 Guaranteed Pod 情況下，CPU 管理策略為 none 時都會返回預設的拓撲建議。

（3）對於 BestEffort 類別的 Pod，由於沒有設置 CPU Request，CPU 管理策略為 static 時將返回預設建議，而裝置管理員將為每個請求的裝置都返回建議。

以此資訊為基礎，拓撲管理器將為 Pod 計算最佳建議並儲存該資訊，以供建議提供者在進行資源設定決策時使用。

5. 拓撲管理器當前的局限性

拓撲管理器在當前有以下局限性。

（1）拓撲管理器所能處理的最大 NUMA 節點數量為 8 個。如果 NUMA 節點數量超過 8 個，則嘗試列舉所有可能的 NUMA 親和性並為之生成建議時，可能會發生狀態爆炸（State Explosion）。

（2）排程器無法做到拓撲感知，因此可能會排程 Pod 到某個節點上，但由於拓撲管理器的原因導致 Pod 無法在該節點上執行。

（3）目前僅有裝置管理員（Device Manager）和 CPU 管理器（CPU Manager）兩個元件調配了拓撲管理器的 HintProvider 介面。這意味著 NUMA 對齊只能針對 CPU 管理器和裝置管理員所管理的資源進行實現。

記憶體（Memory）和巨頁（Hugepage）在拓撲管理器決定 NUMA 對齊時都還不會被考慮在內。

10.5 資源緊缺時的 Pod 驅逐機制

在 Kubernetes 叢集中，節點最重要的資源包括 CPU、記憶體和磁碟，其中，記憶體和磁碟資源屬於不可壓縮的資源，如果這類資源不足，則無法繼續申請新的資源。同時，節點中現存的處理程序，包括作業系統的處理程序、使用者處理程序（含 Pod 處理程序），隨時可能申請更多的記憶體或磁碟資源，所以在資源嚴重不足的情況下，作業系統會觸發 OOM Killer 的終極審核。

為了避免出現這種嚴重後果，Kubernetes 設計和實現了一套自動化的 Pod 驅逐機制，該機制會自動從資源緊張的節點上驅逐一定數量的 Pod，以保證在該節點上有充足的資源。具體做法是透過 kubelet 實現 Pod 的驅逐過程，而 kubelet 也不是隨機驅逐的，它有自己的一套驅逐機制，每個節點上的 kubelet 都會透過 cAdvisor 提供的資源使用指標來監控自身節點的資源使用量，並根據這些指標的變化做出相應的驅逐決定和操作。kubelet 持續監控主機的資源使用情況，儘量防止運算資源被耗盡，一旦出現資源緊缺的跡象，就會主動終止一個或多個 Pod 的執行，以回收緊缺的資源。當一個 Pod 被終止時，其中的容器會被全部停止，Pod 的狀態會被設置為 Failed。

10.5.1 驅逐時機

首先，在磁碟資源不足時會觸發 Pod 的驅逐行為。Kubernetes 包括兩種檔案系統：nodefs 和 imagefs。nodefs 是 kubelet 用於儲存卷冊系統、服務程式日誌等的檔案系統；imagefs 是容器執行時期使用的可選檔案系統，用於儲存容器鏡像和容器可寫層資料。cAdvisor 提供了這兩種檔案系統的相關統計指標，分別如下。

- available：表示該檔案系統中可用的磁碟空間。
- inodesFree：表示該檔案系統中可用的 inode 數量（索引節點數量）。

預設情況下，kubelet 檢測到下面的任意條件滿足時，就會觸發 Pod 的驅逐行為。

- nodefs.available<10%。
- nodefs.inodesFree<5%。
- imagefs.available<15%。
- imagefs.available<15%。

如果 nodefs 達到驅逐設定值，kubelet 就會刪除所有已失效的 Pod 及其容器實例對應的磁碟檔案。相應地，如果 imagefs 達到驅逐設定值，則 kubelet 會刪除所有未使用的容器鏡像。kubelet 不關注其他檔案系統，不支援所有其他類型的設定，例如保存在獨立檔案系統中的卷冊和日誌。

然後，當節點的記憶體不足時也會觸發 Pod 的驅逐行為。memory. available 代表當前節點的可用記憶體，預設情況下，memory. available<100Mi 時會觸發 Pod 的驅逐行為。驅逐 Pod 的過程：① kubelet 從 cAdvisor 中定期獲取相關的資源使用量指標資料，透過設定的設定值篩選出滿足驅逐條件的 Pod；② kubelet 對這些 Pod 進行排序，每次都選擇一個 Pod 進行驅逐。

最後，從 Kubernetes 1.9 版本開始，kubelet 在驅逐 Pod 的過程中不會參考 Pod 的 QoS 等級，只根據 Pod 的 nodefs 使用量進行排序，並選擇使用量最多的 Pod 進行驅逐。所以即使是 QoS 等級為 Guaranteed 的 Pod，在這個階段也有可能被驅逐（例如 nodefs 使用量最大）。

10.5.2 驅逐設定值

kubelet 可以定義驅逐設定值，一旦超出設定值，就會觸發 kubelet 的資源回收行為。

設定值的定義方式如下：

```
<eviction-signal> <operator> <quantity>
```

其中：①當前僅支援一個 operator（運算子）"<"（小於）；② quantity 需要符合 Kubernetes 的數量表達方式，也能以 % 結尾的百分比表示。

例如，如果一個節點有 10GiB 記憶體，我們希望在可用記憶體不足 1GiB 時進行驅逐 Pod 的操作，就可以這樣定義驅逐設定值：memory. available<10% 或者 memory.available<1GiB。

對驅逐設定值又可以透過軟設定值和硬設定值兩種方式進行設置，如下所述。

1. 驅逐軟設定值

驅逐軟設定值由一個驅逐設定值和一個管理員設定的寬限期共同定義。當系統資源消耗達到軟設定值時，在這一狀況的持續時間達到寬限期之前，kubelet 不會觸發驅逐動作。如果沒有定義寬限期，則 kubelet 會拒絕啟動。

另外，可以定義終止 Pod 的寬限期。如果定義了這一寬限期，那麼 kubelet 會使用 pod.Spec.TerminationGracePeriodSeconds 和最大寬限期這兩個值之間較小的數值進行寬限，如果沒有指定，則 kubelet 會立即「殺掉」Pod。

軟設定值的定義包括以下幾個參數。

- --eviction-soft：描述驅逐設定值（例如 memory.available<1.5GiB），如果滿足這一條件的持續時間超過寬限期，就會觸發對 Pod 的驅逐動作。
- --eviction-soft-grace-period：驅逐寬限期（例如 memory.available=1m30s），用於定義達到軟設定值之後持續時間超過多久才進行驅逐。
- --eviction-max-pod-grace-period：在達到軟設定值後，終止 Pod 的最大寬限時間（單位為 s）。

2. 驅逐硬設定值

硬設定值沒有寬限期，如果達到了硬設定值，則 kubelet 會立即「殺掉」Pod 並進行資源回收。

硬設定值的定義包括參數 --eviction-hard：驅逐硬設定值，一旦達到設定值，就會觸發對 Pod 的驅逐操作。

kubelet 的預設硬設定值定義如下：

```
--eviction-hard=memory.available<100Mi
```

kubelet 的 --housekeeping-interval 參數用於定義了一個時間間隔，kubelet 每隔一個這樣的時間間隔就會對驅逐設定值進行評估。

10.5.3 節點狀態

kubelet 會將一個或多個驅逐訊號與節點狀態對應起來。無論是觸發了硬設定值還是觸發了軟設定值，kubelet 都會認為當前節點的壓力太大，如表 10.6 所示為節點狀態與驅逐訊號的對應關係。

表 10.6 節點狀態與驅逐訊號的對應關係

節 點 狀 態	驅 逐 訊 號	描　　述
MemoryPressure	memory.available	節點的可用記憶體達到了驅逐設定值
DiskPressure	nodefs.available, nodefs.inodesFree, imagefs.available, imagefs.inodesFree	節點的 root 檔案系統或者鏡像檔案系統的可用空間達到了驅逐設定值

kubelet 會持續向 Master 報告節點狀態的更新過程，這一頻率由參數 --node-status- update- frequency 指定，預設為 10s。

10.5.4 節點狀態的振盪

如果一個節點狀態在軟設定值的上下振盪，但沒有超過寬限期，則會導致該節點的相應狀態在 True 和 False 之間不斷變換，可能對排程的決策過程產生負面影響。

要防止這種狀態出現，可以使用參數 --eviction-pressure-transition-period（在脫離壓力狀態前需要等待的時間，預設值為 5m0s）為 kubelet 設置脫離壓力狀態之前需要等待的時間。

這樣一來，kubelet 在把壓力狀態設置為 False 之前，會確認在檢測週期之內該節點沒有達到驅逐設定值。

10.5.5 回收 Node 等級的資源

如果達到了驅逐設定值，並且也過了寬限期，kubelet 就會回收超出限量的資源，直到驅逐訊號量回到設定值以內。

kubelet 在驅逐使用者 Pod 之前，會嘗試回收 Node 等級的資源。在觀測到磁碟壓力時，以伺服器是否為容器執行時期為基礎定義了獨立的 imagefs，會有不同的資源回收過程。

1. 有 Imagefs 時

（1）如果 nodefs 檔案系統達到了驅逐設定值，則 kubelet 會刪掉已停掉的 Pod 和容器來清理空間。

（2）如果 imagefs 檔案系統達到了驅逐設定值，則 kubelet 會刪掉所有無用的鏡像來清理空間。

2. 沒有 Imagefs 時

如果 nodefs 檔案系統達到了驅逐設定值，則 kubelet 會這樣清理空間：首先刪除已停掉的 Pod、容器；然後刪除所有無用的鏡像。

10.5.6 驅逐使用者的 Pod

kubelet 如果無法在節點上回收足夠的資源，就會開始驅逐使用者的 Pod。

kubelet 會按照下面的標準對 Pod 的驅逐行為進行判斷。

- Pod 要求的服務品質。
- Pod 對緊缺資源的消耗量（相對於資源請求 Request）。

接下來，kubelet 會按照下面的順序驅逐 Pod。

（1）BestEffort：緊缺資源消耗最多的 Pod 最先被驅逐。

（2）Burstable：根據相對請求來判斷，緊缺資源消耗最多的 Pod 最先被驅逐，如果沒有 Pod 超出它們的請求，則策略會瞄準緊缺資源消耗量最大的 Pod。

（3）Guaranteed：根據相對請求來判斷，緊缺資源消耗最多的 Pod 最先被驅逐，如果沒有 Pod 超出它們的請求，則策略會瞄準緊缺資源消耗量最大的 Pod。

Guaranteed Pod 永遠不會因為其他 Pod 的資源消費被驅逐。如果系統處理程序（例如 kubelet、docker、journald 等）消耗了超出 system-reserved 或者 kube-reserved 的資源，而在這一節點上只執行了 Guaranteed Pod，那麼為了保證節點的穩定性並降低異常消耗對其他 Guaranteed Pod 的影響，必須選擇一個 Guaranteed Pod 進行驅逐。

本地磁碟是一種 BestEffort 資源。如有必要，kubelet 會在 DiskPressure 的情況下，對 Pod 進行驅逐以回收磁碟資源。kubelet 會按照 QoS 進行評估。如果 kubelet 判定缺乏 inode 資源，就會透過驅逐最低 QoS 的 Pod 方式來回收 inodes。如果 kubelet 判定缺乏磁碟空間，就會在相同 QoS 的 Pod 中選擇消耗最多磁碟空間的 Pod 進行驅逐。下面針對有 Imagefs 和沒有 Imagefs 的兩種情況，說明 kubelet 在驅逐 Pod 時選擇 Pod 的排序演算法，然後按順序對 Pod 進行驅逐。

1. 有 Imagefs 的情況

如果 nodefs 觸發了驅逐，則 kubelet 會根據 nodefs 的使用情況（以 Pod 中所有容器的本地卷冊和日誌所占的空間進行計算）對 Pod 進行排序。

如果 imagefs 觸發了驅逐，則 kubelet 會根據 Pod 中所有容器消耗的可寫入層的使用空間進行排序。

2. 沒有 Imagefs 的情況

如果 nodefs 觸發了驅逐，則 kubelet 會對各個 Pod 中所有容器的整體磁碟消耗（以本地卷冊＋日誌＋所有容器的寫入層所占的空間進行計算）進行排序。

10.5.7 資源最少回收量

在某些場景下，驅逐 Pod 可能只回收了很少的資源，這就導致了 kubelet 反覆觸發驅逐設定值。另外，回收磁碟這樣的資源是需要消耗時間的。

要緩和這種狀況，kubelet 可以對每種資源都定義 minimum-reclaim。kubelet 一旦監測到了資源壓力，就會試著回收不少於 minimum-reclaim 的資源數量，使得資源消耗量回到期望的範圍。

例如，可以設定 --eviction-minimum-reclaim 如下：

```
--eviction-hard=memory.available<500Mi,nodefs.available<1Gi,imagefs.
available<100Gi
--eviction-minimum-reclaim="memory.available=0Mi,nodefs.
available=500Mi,imagefs.available=2Gi"`
```

這樣設定的效果如下。

- 當 memory.available 超過設定值並觸發了驅逐操作時，kubelet 會啟動資源回收，並保證 memory.available 至少有 500MiB。
- 當 nodefs.available 超過設定值並觸發了驅逐操作時，kubelet 會恢復 nodefs.available 到至少 1.5GiB。
- 當 imagefs.available 超過設定值並觸發了驅逐操作時，kubelet 會保證 imagefs. available 恢復到至少 102GiB。

在預設情況下，所有資源的 eviction-minimum-reclaim 都為 0。

10.5.8 節點資源緊缺情況下的系統行為

1. 排程器的行為

在節點資源緊缺的情況下，節點會向 Master 報告這一狀況。在 Master 上執行的排程器（Scheduler）以此為訊號，不再繼續向該節點排程新的 Pod。如表 10.7 所示為節點狀況與排程行為的對應關係。

表 10.7　節點狀況與排程行為的對應關係

節 點 狀 況	調 度 行 為
MemoryPressure	不再排程新的 BestEffort Pod 到這個節點
DiskPressure	不再向這一節點排程 Pod

2. Node 的 OOM 行為

如果節點在 kubelet 能夠回收記憶體之前遭遇了系統的 OOM（記憶體不

足），節點則依賴 oom_killer 的設置進行回應（OOM 評分系統詳見 10.4 節的説明）。

kubelet 根據 Pod 的 QoS 為每個容器都設置了一個 oom_score_adj 值，如表 10.8 所示。

表 10.8 kubelet 根據 Pod 的 QoS 為每個容器都設置了一個 oom_score_adj 值

QoS 等級	oom_score_adj
Guaranteed	-998
BestEffort	1000
Burstable	min(max(2, 1000 - (1000 * memoryRequestBytes) / machineMemoryCapacityBytes), 999)

如果 kubelet 無法在系統 OOM 之前回收足夠的記憶體，則 oom_killer 會根據記憶體使用比率來計算 oom_score，將得出的結果和 oom_score_adj 相加，得分最高的 Pod 首先被驅逐。

這個策略的思路是，QoS 最低且相對於排程的 Request 來説消耗最多記憶體的 Pod 會首先被驅逐，來確保記憶體的回收。

與 Pod 驅逐不同，如果一個 Pod 的容器被 OOM「殺掉」，則可能被 kubelet 根據 RestartPolicy 重新啟動。

3. 對 DaemonSet 類型的 Pod 驅逐的考慮

透過 DaemonSet 建立的 Pod 具有在節點上自動重新啟動的特性，因此我們不希望 kubelet 驅逐這種 Pod。然而 kubelet 目前並沒有能力分辨 DaemonSet 的 Pod，所以無法單獨為其制定驅逐策略，所以強烈建議不要在 DaemonSet 中建立 BestEffort 類型的 Pod，避免產生驅逐方面的問題。

10.5.9 可排程的資源和驅逐策略實踐

假設一個叢集的資源管理需求如下。

- 節點記憶體容量：10GiB。
- 保留 10% 的記憶體給系統守護處理程序（作業系統、kubelet 等）。

■ 在記憶體使用率達到 95% 時驅逐 Pod，以此降低系統壓力並防止系統 OOM。

為了滿足這些需求，kubelet 應該設置如下參數：

```
--eviction-hard=memory.available<500Mi
--system-reserved=memory=1.5Gi
```

在這個設定方式中隱式包含這樣一個設置：系統預留記憶體也包括資源驅逐設定值。

如果記憶體佔用超出這一設置，則要麼是 Pod 佔用了超過其 Request 的記憶體，要麼是系統使用了超過 500MiB 的記憶體。在這種設置下，節點一旦開始接近記憶體壓力，排程器就不會向該節點部署 Pod，並且假定這些 Pod 使用的資源數量少於其請求的資源數量。

10.5.10 現階段的問題

1. kubelet 無法及時觀測到記憶體壓力

kubelet 目前透過 cAdvisor 定時獲取記憶體使用狀況的統計情況。如果記憶體使用在這個時間段內發生了快速增長，且 kubelet 無法觀察到 MemoryPressure，則可能會觸發 OOMKiller。Kubernetes 正在嘗試將這一過程整合到 memcg 通知 API 中來減少這一延遲，而非讓核心首先發現這一情況。

對使用者來說，一個較為可靠的處理方式就是設置驅逐設定值大約為 75%，這樣就降低了發生 OOM 的概率，提高了驅逐標準，有助於叢集狀態的平衡。

2. kubelet 可能會錯誤地驅逐更多的 Pod

這也是狀態搜集存在時間差導致的。未來可能會透過隨選獲取根容器的統計資訊來減少計算偏差。

10.6 Pod Disruption Budget（主動驅逐保護）

在 Kubernetes 叢集執行過程中，許多管理操作都可能對 Pod 進行主動驅逐，「主動」一詞意味著這一操作可以安全地延遲一段時間，目前主要針對以下兩種場景。

- 節點維護或升級時（kubectl drain）。
- 對應用的自動縮減操作（autoscaling down）。

作為對比，由於節點不可用（Not Ready）導致的 Pod 驅逐就不能被稱為主動了，但是 Pod 的主動驅逐行為可能導致某個服務對應的 Pod 實例全部或大部分被「消滅」，從而引發業務中斷或業務 SLA 降級，而這是違背 Kubernetes 的設計初衷的。因此需要一種機制來避免我們希望保護的 Pod 被主動驅逐，這種機制的核心就是 PodDisruptionBudget。透過使用 PodDisruptionBudget，應用可以保證那些會主動移除 Pod 的叢集操作永遠不會在同一時間停掉太多 Pod（從而導致服務中斷或者服務降級等）。

PodDisruptionBudget 資源物件用於指定一個 Pod 集合在一段時間內存活的最小實例數量或者百分比。一個 PodDisruptionBudget 作用於一組被同一個控制器管理的 Pod，例如 DeploymentReplicaSet 或 RC。與通常的 Pod 刪除不同，驅逐 Pod 的控制器將使用 /eviction 介面對 Pod 進行驅逐，如果這一主動驅逐行為違反了 PodDisruptionBudget 的約定，就會被 API Server 拒絕。kubectl drain 操作將遵循 PodDisruptionBudget 的設定，如果在該節點上執行了屬於同一服務的多個 Pod，則為了保證最少存活數量，系統將確保每終止一個 Pod，就一定會在另一台健康的 Node 上啟動新的 Pod，再繼續終止下一個 Pod。需要注意的是，Disruption Controller 不能取代 Deployment、Statefulset 等具備副本控制能力的 Controller。PodDisruptionBudget 物件的保護作用僅僅針對主動驅逐場景，而非所有場景，比如針對下面這些場景，PodDisruptionBudget 機制完全無效。

- 後端節點物理機的硬體發生故障。
- 叢集管理員錯誤地刪除虛擬機器（實例）。

- 雲端提供商或管理程式發生故障，使虛擬機器消失。
- 核心恐慌（kernel panic）。
- 節點由於叢集網路磁碟分割而從叢集中消失。
- 由於節點資源不足而將容器逐出。

對 PodDisruptionBudget 的定義包括如下幾個關鍵參數。

- Label Selector：用於篩選被管理的 Pod。
- minAvailable：指定驅逐過程中需要保證的最少 Pod 數量。minAvailable 可以是一個數字，也可以是一個百分比，例如 100% 就表示不允許進行主動驅逐。
- maxUnavailable：要保證最大不可用的 Pod 數量或者比例。
- minAvailable 和 maxUnavailable 不能被同時定義。

除了 Pod 物件，PodDisruptionBudget 目前也支援了具備擴充能力的 CRD 物件，即這些 CRD 擁有 Scale 子物件資源並支援擴充功能。

PodDisruptionBudget 應用範例如下。

（1）建立一個 Deployment，設置 Pod 副本數量為 3：

```
# nginx-deployment.yaml
apiVersion: apps/v1
kind: Deployment
metadata:
  name: nginx
  labels:
    name: nginx
spec:
  replicas: 3
  selector:
    matchLabels:
      name: nginx
  template:
    metadata:
      labels:
        name: nginx
    spec:
      containers:
      - name: nginx
```

```
        image: nginx
        ports:
        - containerPort: 80
          protocol: TCP

# kubectl create -f nginx-deployment.yaml
deployment.apps/nginx created
```

建立後透過 kubectl get pods 命令查看 Pod 的建立情況：

```
# kubectl get pods
NAME                      READY    STATUS     RESTARTS    AGE
nginx-1968750913-0k01k    1/1      Running    0           13m
nginx-1968750913-1dpcn    1/1      Running    0           19m
nginx-1968750913-n326r    1/1      Running    0           13m
```

（2）接下來建立一個 PodDisruptionBudget 資源物件：

```
# pdb.yaml
apiVersion: policy/v1beta1
kind: PodDisruptionBudget
metadata:
  name: nginx
spec:
  minAvailable: 3
  selector:
    matchLabels:
      name: nginx

# kubectl create -f pdb.yaml
poddisruptionbudget.policy/nginx created
```

PodDisruptionBudget 使用的是和 Deployment 一樣的 Label Selector，並且設置存活 Pod 的數量不得少於 3 個。

（3）主動驅逐驗證。對 Pod 的主動驅逐操作將透過驅逐 API（/eviction）來完成。可以將這個 API 看作受策略控制的對 Pod 的 DELETE 操作。要實現一次主動驅逐（更準確的説法是建立一個 Eviction 資源），則需要 POST 一個 JSON 請求，以 eviction.json 檔案格式表示，例如希望驅逐名為 "nginx-1968750913-0k01k" 的 Pod，內容如下：

```
{
  "apiVersion": "policy/v1beta1",
```

```
    "kind": "Eviction",
    "metadata": {
        "name": "nginx-1968750913-0k01k",
        "namespace": "default"
    }
}
```

用 curl 命令執行驅逐操作：

```
$ curl -v -H 'Content-type: application/json' http://<k8s_master>/api/v1/
namespaces/default/pods/nginx-1968750913-0k01k/eviction -d @eviction.json
```

由於 PodDisruptionBudget 設置存活的 Pod 數量不能少於 3 個，因此驅逐操作會失敗，在返回的錯誤資訊中會包含如下內容：

```
{
    "kind": "Status",
    "apiVersion": "v1",
    "metadata": {

    },
    "status": "Failure",
    "message": "Cannot evict pod as it would violate the pod's disruption
budget.",
    "reason": "TooManyRequests",
    "details": {
        "causes": [
            {
                "reason": "DisruptionBudget",
                "message": "The disruption budget nginx needs 3 healthy pods and
has 3 currently"
            }
        ]
    },
    "code": 429
```

使用 kubectl get pods 命令查看 Pod 列表，會看到 Pod 的數量和名稱都沒有發生變化。

（4）刪除 PodDisruptionBudget 資源物件，再次驗證驅逐 Pod。用 kubectl delete pdb nginx 命令刪除 PodDisruptionBudget 資源物件：

```
# kubectl delete -f pdb.yaml
poddisruptionbudget.policy/nginx deleted
```

再次執行上文中的 curl 指令，會執行成功。

```
{
  "kind": "Status",
  "apiVersion": "v1",
  "metadata": {

  },
  "status": "Success",
  "code": 201
```

透過 kubectl get pods 命令查看 Pod 列表，會發現 Pod 的數量雖然沒有發生變化，但是指定的 Pod 已被刪除，取而代之的是一個新的 Pod。

```
# kubectl get pods
NAME                        READY   STATUS    RESTARTS   AGE
nginx-1968750913-1dpcn      1/1     Running   0          19m
nginx-1968750913-n326r      1/1     Running   0          13m
nginx-1968750913-sht8w      1/1     Running   0          10s
```

10.7 Kubernetes 叢集監控

Kubernetes 的早期版本依靠 Heapster 來實現完整的性能資料獲取和監控功能，Kubernetes 從 1.8 版本開始，性能資料開始以 Metrics API 方式提供標準化介面，並且從 1.10 版本開始將 Heapster 替換為 Metrics Server。在 Kubernetes 新的監控系統中，Metrics Server 用於提供核心指標（Core Metrics），包括 Node、Pod 的 CPU 和記憶體使用指標。對其他自訂指標（Custom Metrics）的監控則由 Prometheus 等元件來完成。

10.7.1 使用 Metrics Server 監控 Node 和 Pod 的 CPU 和記憶體使用資料

Metrics Server 在部署完成後，將透過 Kubernetes 核心 API Server 的 /apis/metrics.k8s.io/v1beta1 路徑提供 Node 和 Pod 的監控資料。Metrics Server 原始程式碼和部署設定可以在 Kubernete 官方 GitHub 程式庫中找到。

Metrics Server 提供的資料既可以用於以 CPU 和記憶體為基礎的自動水平容量調整（HPA）功能，也可以用於自動垂直容量調整（VPA）功能，

VPA 相關的內容請參考 12.3 節的説明。

Metrics Server 的 YAML 設定主要包括以下內容。

（1）Deployment 和 Service 的定義及相關 RBAC 策略：

```
---
apiVersion: apps/v1
kind: Deployment
metadata:
  name: metrics-server
  namespace: kube-system
  labels:
    k8s-app: metrics-server
spec:
  selector:
    matchLabels:
      k8s-app: metrics-server
  template:
    metadata:
      name: metrics-server
      labels:
        k8s-app: metrics-server
    spec:
      serviceAccountName: metrics-server
      volumes:
      - name: tmp-dir
        emptyDir: {}
      containers:
      - name: metrics-server
        image: k8s.gcr.io/metrics-server/metrics-server:v0.3.7
        imagePullPolicy: IfNotPresent
        args:
          - --cert-dir=/tmp
          - --secure-port=4443
          - --kubelet-insecure-tls
          - --kubelet-preferred-address-types=InternalIP
        ports:
        - name: main-port
          containerPort: 4443
          protocol: TCP
        securityContext:
          readOnlyRootFilesystem: true
          runAsNonRoot: true
          runAsUser: 1000
```

```
        volumeMounts:
        - name: tmp-dir
          mountPath: /tmp
      nodeSelector:
        kubernetes.io/os: linux
        kubernetes.io/arch: "amd64"
---
apiVersion: v1
kind: Service
metadata:
  name: metrics-server
  namespace: kube-system
  labels:
    kubernetes.io/name: "Metrics-server"
    kubernetes.io/cluster-service: "true"
spec:
  selector:
    k8s-app: metrics-server
  ports:
  - port: 443
    protocol: TCP
    targetPort: main-port

---
apiVersion: v1
kind: ServiceAccount
metadata:
  name: metrics-server
  namespace: kube-system
---
apiVersion: rbac.authorization.k8s.io/v1
kind: ClusterRole
metadata:
  name: system:metrics-server
rules:
- apiGroups:
  - ""
  resources:
  - pods
  - nodes
  - nodes/stats
  - namespaces
  - configmaps
  verbs:
```

```
    - get
    - list
    - watch
---
apiVersion: rbac.authorization.k8s.io/v1
kind: ClusterRoleBinding
metadata:
  name: system:metrics-server
roleRef:
  apiGroup: rbac.authorization.k8s.io
  kind: ClusterRole
  name: system:metrics-server
subjects:
- kind: ServiceAccount
  name: metrics-server
  namespace: kube-system
```

（2）APIService 資源及相關 RBAC 策略：

```
---
apiVersion: apiregistration.k8s.io/v1beta1
kind: APIService
metadata:
  name: v1beta1.metrics.k8s.io
spec:
  service:
    name: metrics-server
    namespace: kube-system
  group: metrics.k8s.io
  version: v1beta1
  insecureSkipTLSVerify: true
  groupPriorityMinimum: 100
  versionPriority: 100

---
apiVersion: rbac.authorization.k8s.io/v1
kind: ClusterRole
metadata:
  name: system:aggregated-metrics-reader
  labels:
    rbac.authorization.k8s.io/aggregate-to-view: "true"
    rbac.authorization.k8s.io/aggregate-to-edit: "true"
    rbac.authorization.k8s.io/aggregate-to-admin: "true"
rules:
- apiGroups: ["metrics.k8s.io"]
```

```
  resources: ["pods", "nodes"]
  verbs: ["get", "list", "watch"]
---
apiVersion: rbac.authorization.k8s.io/v1
kind: ClusterRoleBinding
metadata:
  name: metrics-server:system:auth-delegator
roleRef:
  apiGroup: rbac.authorization.k8s.io
  kind: ClusterRole
  name: system:auth-delegator
subjects:
- kind: ServiceAccount
  name: metrics-server
  namespace: kube-system
---
apiVersion: rbac.authorization.k8s.io/v1
kind: RoleBinding
metadata:
  name: metrics-server-auth-reader
  namespace: kube-system
roleRef:
  apiGroup: rbac.authorization.k8s.io
  kind: Role
  name: extension-apiserver-authentication-reader
subjects:
- kind: ServiceAccount
  name: metrics-server
  namespace: kube-system
```

透過 kubectl create 命令建立 metrics-server 服務：

```
# kubectl create -f metrics-server.yaml
clusterrole.rbac.authorization.k8s.io/system:aggregated-metrics-reader
created
clusterrolebinding.rbac.authorization.k8s.io/metrics-server:system:auth-
delegator created
rolebinding.rbac.authorization.k8s.io/metrics-server-auth-reader created
apiservice.apiregistration.k8s.io/v1beta1.metrics.k8s.io created
serviceaccount/metrics-server created
deployment.apps/metrics-server created
service/metrics-server created
clusterrolebinding.rbac.authorization.k8s.io/system:metrics-server created
```

確認 metrics-server 的 Pod 啟動成功：

```
# kubectl -n kube-system get pod -l k8s-app=metrics-server
NAME                                    READY   STATUS    RESTARTS   AGE
metrics-server-7cb798c45b-4dnmh         1/1     Running   0          5m
```

接下來就可以使用 kubectl top nodes 和 kubectl top pods 命令監控 Node 和 Pod 的 CPU、記憶體資源的使用情況了：

```
# kubectl top nodes
NAME         CPU(cores)   CPU%   MEMORY(bytes)   MEMORY%
k8s-node-1   319m         7%     1167Mi          67%


# kubectl top pods --all-namespaces
NAMESPACE     NAME                                        CPU(cores)
MEMORY(bytes)
kube-system   coredns-767997f5b5-sfz2w                    6m           36Mi
kube-system   metrics-server-7cb798c45b-4dnmh             3m           22Mi
......
```

10.7.2 Prometheus+Grafana 叢集性能監控平台架設

Prometheus 是由 SoundCloud 公司開發的開放原始碼監控系統，是繼 Kubernetes 之後 CNCF 第 2 個畢業的專案，在容器和微服務領域獲得了廣泛應用。Prometheus 的主要特點如下。

- 使用指標名稱及鍵值對標識的多維度資料模型。
- 採用靈活的查詢語言 PromQL。
- 不依賴分散式儲存，為自治的單節點服務。
- 使用 HTTP 完成對監控資料的拉取。
- 支援透過閘道推送時序資料。
- 支援多種圖形和 Dashboard 的展示，例如 Grafana。

Prometheus 生態系統由各種元件組成，用於功能的擴充。

- Prometheus Server：負責監控資料獲取和時序資料儲存，並提供資料查詢功能。
- 用戶端 SDK：對接 Prometheus 的開發套件。
- Push Gateway：推送資料的閘道元件。

- 第三方 Exporter：各種外部指標收集系統，其資料可以被 Prometheus 擷取。
- AlertManager：告警管理器。
- 其他輔助支援工具。

Prometheus 的核心元件 Prometheus Server 的主要功能包括：從 Kubernetes Master 中獲取需要監控的資源或服務資訊；從各種 Exporter 中抓取（Pull）指標資料，然後將指標資料保存在時序資料庫（TSDB）中；向其他系統提供 HTTP API 進行查詢；提供以 PromQL 語言為基礎的資料查詢；可以將告警資料推送（Push）給 AlertManager，等等。

Prometheus 的系統架構圖如圖 10.5 所示。

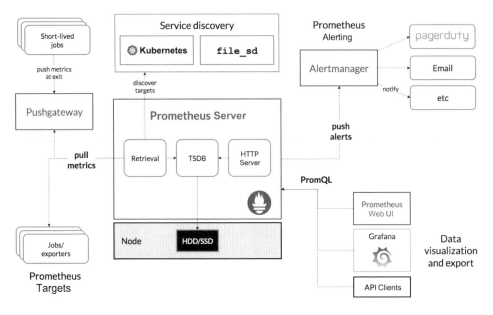

▲ 圖 10.5 Prometheus 的系統架構圖

我們可以直接以官方提供為基礎的鏡像部署 Prometheus，也可以透過 Operator 模式部署 Prometheus。本文以直接部署為例，Operator 模式的部署案例可以參考 3.12.2 節的範例。下面對如何部署 Prometheus、node_exporter、Grafana 服務進行說明。

1. 部署 Prometheus 服務

首先，建立一個 ConfigMap，用於保存 Prometheus 的主設定檔 prometheus. yml，設定需要監控的 Kubernetes 叢集的資源物件或服務（如 Master、Node、Pod、Service、Endpoint 等），更詳細的設定説明請參考 Prometheus 官網文件：

```
apiVersion: v1
kind: ConfigMap
metadata:
  name: prometheus-config
  namespace: kube-system
  labels:
    kubernetes.io/cluster-service: "true"
    addonmanager.kubernetes.io/mode: EnsureExists
data:
  prometheus.yml: |
    global:
      scrape_interval: 30s
    scrape_configs:
    - job_name: prometheus
      static_configs:
      - targets:
        - localhost:9090
    - job_name: kubernetes-apiservers
      kubernetes_sd_configs:
      - role: endpoints
      relabel_configs:
      - action: keep
        regex: default;kubernetes;https
        source_labels:
        - __meta_kubernetes_namespace
        - __meta_kubernetes_service_name
        - __meta_kubernetes_endpoint_port_name
      scheme: https
      tls_config:
        ca_file: /var/run/secrets/kubernetes.io/serviceaccount/ca.crt
        insecure_skip_verify: true
      bearer_token_file: /var/run/secrets/kubernetes.io/serviceaccount/token

    - job_name: kubernetes-nodes-kubelet
      kubernetes_sd_configs:
      - role: node
```

```
    relabel_configs:
    - action: labelmap
      regex: __meta_kubernetes_node_label_(.+)
    scheme: https
    tls_config:
      ca_file: /var/run/secrets/kubernetes.io/serviceaccount/ca.crt
      insecure_skip_verify: true
    bearer_token_file: /var/run/secrets/kubernetes.io/serviceaccount/token

  - job_name: kubernetes-nodes-cadvisor
    kubernetes_sd_configs:
    - role: node
    relabel_configs:
    - action: labelmap
      regex: __meta_kubernetes_node_label_(.+)
    - target_label: __metrics_path__
      replacement: /metrics/cadvisor
    scheme: https
    tls_config:
      ca_file: /var/run/secrets/kubernetes.io/serviceaccount/ca.crt
      insecure_skip_verify: true
    bearer_token_file: /var/run/secrets/kubernetes.io/serviceaccount/token

  - job_name: kubernetes-service-endpoints
    kubernetes_sd_configs:
    - role: endpoints
    relabel_configs:
    - action: keep
      regex: true
      source_labels:
      - __meta_kubernetes_service_annotation_prometheus_io_scrape
    - action: replace
      regex: (https?)
      source_labels:
      - __meta_kubernetes_service_annotation_prometheus_io_scheme
      target_label: __scheme__
    - action: replace
      regex: (.+)
      source_labels:
      - __meta_kubernetes_service_annotation_prometheus_io_path
      target_label: __metrics_path__
    - action: replace
      regex: ([^:]+)(?::\d+)?;(\d+)
      replacement: $1:$2
```

```
      source_labels:
      - __address__
      - __meta_kubernetes_service_annotation_prometheus_io_port
      target_label: __address__
    - action: labelmap
      regex: __meta_kubernetes_service_label_(.+)
    - action: replace
      source_labels:
      - __meta_kubernetes_namespace
      target_label: kubernetes_namespace
    - action: replace
      source_labels:
      - __meta_kubernetes_service_name
      target_label: kubernetes_name

- job_name: kubernetes-services
  kubernetes_sd_configs:
  - role: service
  metrics_path: /probe
  params:
    module:
    - http_2xx
  relabel_configs:
  - action: keep
    regex: true
    source_labels:
    - __meta_kubernetes_service_annotation_prometheus_io_probe
  - source_labels:
    - __address__
    target_label: __param_target
  - replacement: blackbox
    target_label: __address__
  - source_labels:
    - __param_target
    target_label: instance
  - action: labelmap
    regex: __meta_kubernetes_service_label_(.+)
  - source_labels:
    - __meta_kubernetes_namespace
    target_label: kubernetes_namespace
  - source_labels:
    - __meta_kubernetes_service_name
    target_label: kubernetes_name
```

```yaml
- job_name: kubernetes-pods
  kubernetes_sd_configs:
  - role: pod
  relabel_configs:
  - action: keep
    regex: true
    source_labels:
    - __meta_kubernetes_pod_annotation_prometheus_io_scrape
  - action: replace
    regex: (.+)
    source_labels:
    - __meta_kubernetes_pod_annotation_prometheus_io_path
    target_label: __metrics_path__
  - action: replace
    regex: ([^:]+)(?::\d+)?;(\d+)
    replacement: $1:$2
    source_labels:
    - __address__
    - __meta_kubernetes_pod_annotation_prometheus_io_port
    target_label: __address__
  - action: labelmap
    regex: __meta_kubernetes_pod_label_(.+)
  - action: replace
    source_labels:
    - __meta_kubernetes_namespace
    target_label: kubernetes_namespace
  - action: replace
    source_labels:
    - __meta_kubernetes_pod_name
    target_label: kubernetes_pod_name
......
```

接下來部署 Prometheus Deployment、Service 及相關 RBAC 策略：

```yaml
---
apiVersion: apps/v1
kind: Deployment
metadata:
  name: prometheus
  namespace: kube-system
  labels:
    k8s-app: prometheus
    kubernetes.io/cluster-service: "true"
    addonmanager.kubernetes.io/mode: Reconcile
```

```
    version: v2.19.2
spec:
  replicas: 1
  selector:
    matchLabels:
      k8s-app: prometheus
      version: v2.19.2
  template:
    metadata:
      labels:
        k8s-app: prometheus
        version: v2.19.2
      annotations:
        scheduler.alpha.kubernetes.io/critical-pod: ''
    spec:
      priorityClassName: system-cluster-critical
      serviceAccountName: prometheus
      initContainers:
      - name: "init-chown-data"
        image: "busybox:latest"
        imagePullPolicy: "IfNotPresent"
        command: ["chown", "-R", "65534:65534", "/data"]
        volumeMounts:
        - name: storage-volume
          mountPath: /data
          subPath: ""
      containers:
        - name: prometheus-server-configmap-reload
          image: "jimmidyson/configmap-reload:v0.3.0"
          imagePullPolicy: "IfNotPresent"
          args:
          - --volume-dir=/etc/config
          - --webhook-url=http://localhost:9090/-/reload
          volumeMounts:
          - name: config-volume
            mountPath: /etc/config
            readOnly: true
          resources:
            limits:
              cpu: 1
              memory: 256Mi
            requests:
              cpu: 100m
              memory: 50Mi
```

```yaml
    - name: prometheus-server
      image: "prom/prometheus:v2.19.2"
      imagePullPolicy: "IfNotPresent"
      args:
      - --config.file=/etc/config/prometheus.yml
      - --storage.tsdb.path=/data
      - --storage.tsdb.retention=7d
      - --web.console.libraries=/etc/prometheus/console_libraries
      - --web.console.templates=/etc/prometheus/consoles
      - --web.enable-lifecycle
      ports:
      - containerPort: 9090
      readinessProbe:
        httpGet:
          path: /-/ready
          port: 9090
        initialDelaySeconds: 30
        timeoutSeconds: 30
      livenessProbe:
        httpGet:
          path: /-/healthy
          port: 9090
        initialDelaySeconds: 30
        timeoutSeconds: 30
      resources:
        limits:
          cpu: 4
          memory: 8Gi
        requests:
          cpu: 0.1
          memory: 128Mi
      volumeMounts:
      - name: config-volume
        mountPath: /etc/config
      - name: storage-volume
        mountPath: /data
        subPath: ""
  terminationGracePeriodSeconds: 300
  volumes:
  - name: config-volume
    configMap:
      name: prometheus-config
  - name: storage-volume
    hostPath:
```

```
          path: /root/prometheus/data
          type: DirectoryOrCreate

---
kind: Service
apiVersion: v1
metadata:
  name: prometheus
  namespace: kube-system
  labels:
    kubernetes.io/name: "Prometheus"
    kubernetes.io/cluster-service: "true"
    addonmanager.kubernetes.io/mode: Reconcile
spec:
  type: NodePort
  ports:
    - name: http
      port: 9090
      nodePort: 9090
      protocol: TCP
      targetPort: 9090
  selector:
    k8s-app: prometheus

---
apiVersion: v1
kind: ServiceAccount
metadata:
  name: prometheus
  namespace: kube-system
  labels:
    kubernetes.io/cluster-service: "true"
    addonmanager.kubernetes.io/mode: Reconcile
---
apiVersion: rbac.authorization.k8s.io/v1beta1
kind: ClusterRole
metadata:
  name: prometheus
  labels:
    kubernetes.io/cluster-service: "true"
    addonmanager.kubernetes.io/mode: Reconcile
rules:
  - apiGroups:
    - ""
```

```
    resources:
    - nodes
    - nodes/metrics
    - services
    - endpoints
    - pods
    verbs:
    - get
    - list
    - watch
  - apiGroups:
    - ""
    resources:
    - configmaps
    verbs:
    - get
  - nonResourceURLs:
    - "/metrics"
    verbs:
    - get
---
apiVersion: rbac.authorization.k8s.io/v1beta1
kind: ClusterRoleBinding
metadata:
  name: prometheus
  labels:
    kubernetes.io/cluster-service: "true"
    addonmanager.kubernetes.io/mode: Reconcile
roleRef:
  apiGroup: rbac.authorization.k8s.io
  kind: ClusterRole
  name: prometheus
subjects:
- kind: ServiceAccount
  name: prometheus
  namespace: kube-system
```

Prometheus Deployment 的關鍵設定參數如下。

- --config.file：設定檔 prometheus.yml 的路徑。

- --storage.tsdb.path：資料儲存目錄，對其 Volume 建議使用高可用儲存。

- --storage.tsdb.retention：資料保存時長，根據資料保留時間需求進行設
  置。

透過 kubectl create 命令建立 Prometheus 服務：

```
# kubectl create -f prometheus.yaml
configmap/prometheus-config created
serviceaccount/prometheus created
clusterrole.rbac.authorization.k8s.io/prometheus created
clusterrolebinding.rbac.authorization.k8s.io/prometheus created
deployment.apps/prometheus created
service/prometheus created
```

確認 Prometheus Pod 執行成功：

```
# kubectl -n kube-system get pods -l k8s-app=prometheus
NAME                          READY    STATUS      RESTARTS    AGE
prometheus-5fbb5ddd4f-2wrxj   2/2      Running     0           3m32s
```

Prometheus 提供了一個簡單的 Web 頁面用於查看已擷取的監控資料，上面的 Service 定義了 NodePort 為 9090，我們可以透過存取 Node 的 9090 通訊埠存取這個頁面，如圖 10.6 所示。

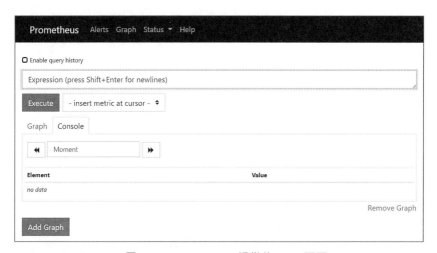

▲ 圖 10.6 Prometheus 提供的 Web 頁面

在 Prometheus 提供的 Web 頁面上，可以輸入 PromQL 查詢敘述對指標資料進行查詢，也可以選擇一個指標進行查看，例如選擇 container_network_receive_bytes_total 指標查看容器的網路接收位元組數，如圖 10.7 所示。

▲ 圖 10.7 在 Prometheus 頁面查看指標的值

按一下 Graph 標籤，可以查看該指標的時序圖，如圖 10.8 所示。另外，在 Status 選單下還可以查看當前執行狀態、設定內容（prometheus.yml）、其他規則等資訊。例如，在 Target 頁面可以看到 Prometheus 當前擷取的 Target 列表，如圖 10.9 所示。

▲ 圖 10.8 在 Prometheus 頁面查詢指標的時序圖

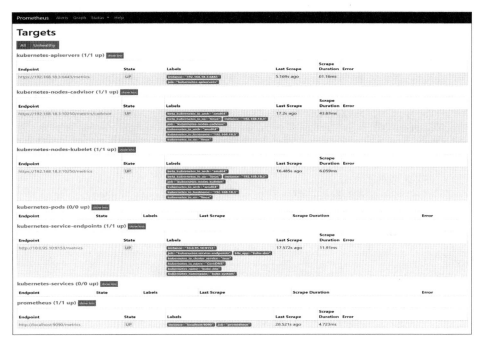

▲ 圖 10.9　Prometheus 當前擷取的 Target 列表

2. 部署 node_exporter 服務

Prometheus 支援對各種系統和服務部署各種 Exporter 進行指標資料的擷取。目前 Prometheus 支援多種開放原始碼軟體的 Exporter，包括資料庫、硬體系統、訊息系統、儲存系統、HTTP 伺服器、日誌服務等，可以從 Prometheus 官網獲取各種 Exporter 的資訊。

下面以官方維護的 node_exporter 為例進行部署。node_exporter 主要用於擷取主機相關的性能指標資料，其 YAML 檔案範例如下：

```
---
apiVersion: apps/v1
kind: DaemonSet
metadata:
  name: node-exporter
  namespace: kube-system
  labels:
    k8s-app: node-exporter
    kubernetes.io/cluster-service: "true"
    addonmanager.kubernetes.io/mode: Reconcile
```

```
      version: v1.0.1
spec:
  updateStrategy:
    type: OnDelete
  selector:
    matchLabels:
      k8s-app: node-exporter
      version: v1.0.1
  template:
    metadata:
      labels:
        k8s-app: node-exporter
        version: v1.0.1
      annotations:
        scheduler.alpha.kubernetes.io/critical-pod: ''
    spec:
      priorityClassName: system-node-critical
      containers:
        - name: prometheus-node-exporter
          image: "prom/node-exporter:v1.0.1"
          imagePullPolicy: "IfNotPresent"
          args:
            - --path.procfs=/host/proc
            - --path.sysfs=/host/sys
          ports:
            - name: metrics
              containerPort: 9100
              hostPort: 9100
          volumeMounts:
            - name: proc
              mountPath: /host/proc
              readOnly:  true
            - name: sys
              mountPath: /host/sys
              readOnly: true
          resources:
            limits:
              cpu: 1
              memory: 512Mi
            requests:
              cpu: 100m
              memory: 50Mi
      hostNetwork: true
      hostPID: true
```

```
      volumes:
        - name: proc
          hostPath:
            path: /proc
        - name: sys
          hostPath:
            path: /sys
```

\# node-exporter 將讀取宿主機上 /proc 和 /sys 目錄下的內容，獲取主機等級的性能指標資料

```
---
apiVersion: v1
kind: Service
metadata:
  name: node-exporter
  namespace: kube-system
  annotations:
    prometheus.io/scrape: "true"
  labels:
    kubernetes.io/cluster-service: "true"
    addonmanager.kubernetes.io/mode: Reconcile
    kubernetes.io/name: "NodeExporter"
spec:
  clusterIP: None
  ports:
    - name: metrics
      port: 9100
      protocol: TCP
      targetPort: 9100
  selector:
    k8s-app: node-exporter
```

透過 kubectl create 命令建立 Prometheus 服務：

```
# kubectl create -f node-exporter.yaml
daemonset.apps/node-exporter created
service/node-exporter created
```

在部署完成後，在每個 Node 上都執行了一個 node-exporter Pod：

```
# kubectl -n kube-system get pods -l k8s-app=node-exporter
NAME                          READY   STATUS    RESTARTS   AGE
node-exporter-2x4fq           1/1     Running   0          15m
node-exporter-saz2w           1/1     Running   0          15m
node-exporter-kr8wc           1/1     Running   0          15m
......
```

從 Prometheus 的 Web 頁面就可以查看 node-exporter 擷取的 Node 指標資料了，包括 CPU、記憶體、檔案系統、網路等資訊，透過以 node_ 開頭的指標名稱可以查詢，如圖 10.10 所示。

▲ 圖 10.10 node_exporter 提供的 Node 性能指標

擷取的指標來源於 arp、bcache、bonding、conntrack、cpu、diskstats 等擷取器（collector），預設的擷取器和可以額外設置的擷取器均可在 node-exporter 的 GitHub 官網進行查詢，如圖 10.11 所示。

Enabled by default

Name	Description	OS
arp	Exposes ARP statistics from `/proc/net/arp`.	Linux
bcache	Exposes bcache statistics from `/sys/fs/bcache/`.	Linux
bonding	Exposes the number of configured and active slaves of Linux bonding interfaces.	Linux
boottime	Exposes system boot time derived from the `kern.boottime` sysctl.	Darwin, Dragonfly, FreeBSD, NetBSD, OpenBSD, Solaris
conntrack	Shows conntrack statistics (does nothing if no `/proc/sys/net/netfilter/` present).	Linux
cpu	Exposes CPU statistics	Darwin, Dragonfly, FreeBSD, Linux, Solaris
cpufreq	Exposes CPU frequency statistics	Linux, Solaris
diskstats	Exposes disk I/O statistics.	Darwin, Linux, OpenBSD
edac	Exposes error detection and correction statistics.	Linux
entropy	Exposes available entropy.	Linux
exec	Exposes execution statistics.	Dragonfly, FreeBSD

▲ 圖 10.11 查詢介面

3. 部署 Grafana 服務

最後，部署 Grafana 用於展示專業的監控頁面，其 YAML 檔案如下：

```yaml
---
kind: Deployment
apiVersion: extensions/v1beta1
metadata:
  name: grafana
  namespace: kube-system
  labels:
    k8s-app: grafana
    kubernetes.io/cluster-service: "true"
    addonmanager.kubernetes.io/mode: Reconcile
spec:
  replicas: 1
  selector:
    matchLabels:
      k8s-app: grafana
  template:
    metadata:
      labels:
        k8s-app: grafana
      annotations:
        scheduler.alpha.kubernetes.io/critical-pod: ''
    spec:
      priorityClassName: system-cluster-critical
      tolerations:
      - key: node-role.kubernetes.io/master
        effect: NoSchedule
      - key: "CriticalAddonsOnly"
        operator: "Exists"
      containers:
      - name: grafana
        image: grafana/grafana:6.0.1
        imagePullPolicy: IfNotPresent
        resources:
          limits:
            cpu: 1
            memory: 1Gi
          requests:
            cpu: 100m
            memory: 100Mi
        env:
        - name: GF_AUTH_BASIC_ENABLED
```

```
              value: "false"
          - name: GF_AUTH_ANONYMOUS_ENABLED
              value: "true"
          - name: GF_AUTH_ANONYMOUS_ORG_ROLE
              value: Admin
          - name: GF_SERVER_ROOT_URL
              value: /api/v1/namespaces/kube-system/services/grafana/proxy/
          ports:
          - name: ui
              containerPort: 3000

---
apiVersion: v1
kind: Service
metadata:
  name: grafana
  namespace: kube-system
  labels:
    kubernetes.io/cluster-service: "true"
    addonmanager.kubernetes.io/mode: Reconcile
    kubernetes.io/name: "Grafana"
spec:
  ports:
    - port: 80
      protocol: TCP
      targetPort: ui
  selector:
    k8s-app: grafana
```

部署完成後，透過 Kubernetes Master 的 proxy 介面 URL 存取 Grafana 頁面，例如 http://192.168.18.3:8080/api/v1/namespaces/kube-system/services/grafana/proxy。

在 Grafana 的 設 置 頁 面 增 加 類 型 為 Prometheus 的 資 料 來 源，輸 入 Prometheus 服 務 的 URL（ 如 http://prometheus:9090） 進 行 保 存，如 圖 10.12 所示。

在 Grafana 的 Dashboard 控 制 台 中 匯 入 預 置 的 Dashboard 面 板，以 顯 示 各 種 監 控 圖 表。Grafana 官 網 提 供 了 許 多 針 對 Kubernetes 叢 集 監 控 的 Dashboard 面 板，可 以 下 載、匯 入 並 使 用。圖 10.13 顯 示 了 一 個 可

以監控 Kubernetes 叢集總的 CPU、記憶體、檔案系統、網路吞吐量的
Dashboard。

▲ 圖 10.12　Grafana 設定資料來源頁面

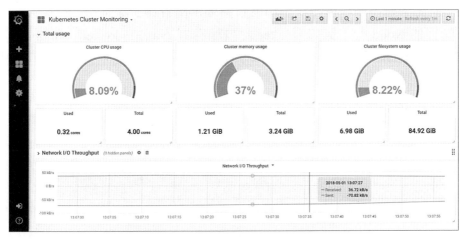

▲ 圖 10.13　Kubernetes 叢集監控頁面

至此，以 Prometheus+Grafana 為基礎的 Kubernetes 叢集監控系統就架設
完成了。

10.8 Kubernetes 叢集日誌管理

日誌對於業務分析和系統分析是非常重要的資料。在一個 Kubernetes 叢集中，大量容器應用執行在許多 Node 上，各容器和 Node 的系統元件都會生成許多記錄檔。但是容器具有不穩定性，在發生故障時可能被 Kubernetes 重新排程，Node 也可能由於故障無法使用，造成日誌遺失，這就要求管理員對容器和系統元件生成的日誌進行統一規劃和管理。

10.8.1 容器應用和系統元件輸出日誌的各種場景

容器應用和系統元件輸出日誌的場景如下。

1. 容器應用輸出日誌的場景

容器應用可以選擇將日誌輸出到不同的目標位置：

- 輸出到標準輸出和標準錯誤輸出；
- 輸出到某個記錄檔；
- 輸出到某個外部系統。

輸出到標準輸出和標準錯誤輸出的日誌通常由容器引擎接管，並保存在容器執行的 Node 上，例如 Docker 會被保存在 /var/lib/docker/containers 目錄下。在 Kubernetes 中，使用者可以透過 kubectl logs 命令查看容器輸出到 stdout 和 stderr 的日誌，例如：

```
# kubectl logs demo-app
starting application...
```

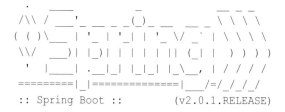

```
  .   ____          _            __ _ _
 /\\ / ___'_ __ _ _(_)_ __  __ _ \ \ \ \
( ( )\___ | '_ | '_| | '_ \/ _` | \ \ \ \
 \\/  ___)| |_)| | | | | || (_| |  ) ) ) )
  '  |____| .__|_| |_|_| |_\__, | / / / /
 =========|_|==============|___/=/_/_/_/
 :: Spring Boot ::        (v2.0.1.RELEASE)
```

```
01:35:45.517 Demo Project [main] INFO  com.demo.App - Starting App v1.0 on
demo-app with PID 6 (/apps/demo-project-1.0.jar started by apps in /apps)
```

```
01:35:45.521 Demo Project [main] INFO  com.demo.App - No active profile
set, falling back to default profiles: default
......
```

輸出到檔案中的日誌，其保存位置依賴於容器應用使用的儲存類型。如果未指定特別的儲存，則容器內應用程式生成的記錄檔由容器引擎（例如 Docker）進行管理（例如儲存為本地檔案），在容器退出時可能被刪除。需要將日誌持久化儲存時，容器可以選擇使用 Kubernetes 提供的某種儲存卷冊（Volume），例如 hostpath（保存在 Node 上）、nfs（保存在 NFS 伺服器上）、PVC（保存在某種網路共用儲存上）。保存在共用儲存卷冊中的日誌要求容器應用確保檔案名稱或子目錄名稱不衝突。

某些容器應用也可能將日誌直接輸出到某個外部系統中，例如透過一個訊息佇列（如 Kafka）轉發到一個後端日誌儲存中心。在這種情況下，外部系統的架設方式和應用程式如何將日誌輸出到外部系統，應由容器應用程式的運行維護人員負責，不應由 Kubernetes 負責。

2. 系統元件輸入日誌的場景

Kubernetes 的系統元件主要包括在 Master 上執行的管理元件（kube-apiserver、kube-controller-manager 和 kube-scheduler），以及在每個 Node 上執行的管理元件（kubelet 和 kube-proxy）。這些系統元件生成的日誌對於 Kubernetes 叢集的正常執行和故障排除都非常重要。

系統元件的日誌可以透過 --log-dir 參數保存到指定的目錄下（例如 /var/log），或者透過 --logtostderr 參數輸出到標準錯誤輸出中（stderr）。如果系統管理員將這些服務設定為 systemd 的系統服務，日誌則會被 journald 系統保存。

Kubernetes 從 1.19 版本開始，開始引入對結構化日誌的支援，使日誌格式統一，便於日誌中欄位的提取、保存和後續處理。結構化日誌以 JSON 格式保存。目前 kube-apiserver、kube-controller-manager、kube-scheduler 和 kubelet 這 4 個服務都支援透過啟動參數 --logging-format=json 設置 JSON 格式的日誌，需要注意的是，JSON 格式的日誌在啟用 systemd 的系統中將被保存到 journald 中，在未使用 systemd 的系統中將在 /var/log 目錄下生成 *.log 檔案，不能再透過 --log-dir 參數指定保存目錄。

例如，查看 kube-controller-manager 服務的 JSON 格式日誌：

```
# journalctl -b -u kube-controller-manager.service
......
Sep 16 11:26:12 k8s kube-controller-manager[1750]: {"ts":1600226772320.549,
"msg":"Sending events to api server.\n","v":0}
Sep 16 11:26:12 k8s kube-controller-manager[1750]: {"ts":1600226772320.624,
"msg":"Controller will reconcile labels.\n","v":0}
Sep 16 11:26:12 k8s kube-controller-manager[1750]: {"ts":1600226772320.6584
,"msg":"Started \"nodelifecycle\"\n","v":0}
Sep 16 11:26:12 k8s kube-controller-manager[1750]: {"ts":1600226772320.8958
,"msg":"Starting node controller\n","v":0}
Sep 16 11:26:12 k8s kube-controller-manager[1750]: {"ts":1600226772320.9216
,"msg":"Waiting for caches to sync for taint\n","v":0}
Sep 16 11:26:12 k8s kube-controller-manager[1750]: {"ts":1600226772322.55,"
msg":"Started \"attachdetach\"\n","v":0}
Sep 16 11:26:12 k8s kube-controller-manager[1750]: {"ts":1600226772322.565,
"msg":"Skipping \"ephemeral-volume\"\n","v":0}
......
```

其中一行 JSON 日誌的內容如下：

```
{
   "ts": 1600226772320.624,
   "msg": " Controller will reconcile labels.\n",
   "v": 0
}
```

Kubernetes 應用程式在生成 JSON 格式日誌時，可以設置的欄位如下。

- ts：UNIX 格式的浮點數類型的時間戳記（必填項）。
- v：日誌等級，預設為 0（必填項）。
- msg：日誌資訊（必填項）。
- err：錯誤資訊，字串類型（可選項）。

不同的元件也可能輸出其他附加欄位，例如：

```
{
   "ts": 1580306777.04728,
   "v": 4,
   "msg": "Pod status updated",
```

```
  "pod":{
    "name": "nginx-1",
    "namespace": "default"
  },
  "status": "ready"
}
```

或

```
{
  "ts": 1580306777.04728,
  "v": 4,
  "msg": "Request finished",
  "request":{
    "Method": "GET",
    "Timeout": 30
  }
}
```

3. 稽核日誌

Kubernetes 的稽核日誌可透過 kube-apiserver 服務的 --audit-log-* 相關參數進行設置，關於稽核日誌的詳細說明請參考 10.9 節的說明。

對於以上各種日誌輸出的情況，管理員應該對日誌進行以下管理。

（1）對於輸出到主機（Node）上的日誌，管理員可以考慮在每個 Node 上都啟動一個日誌擷取工具，將日誌擷取後整理到統一日誌中心，以供日誌查詢和分析，具體做法如下。

- 對於容器輸出到 stdout 和 stderr 的日誌：管理員應該設定容器引擎（例如 Docker）對日誌的輪轉（rotate）策略，以免檔案無限增長，將主機磁碟空間耗盡。
- 對於系統元件輸出到主機目錄上（如 /var/log）的日誌，管理員應該設定各系統元件日誌的輪轉（rotate）策略，以免檔案無限增長等將主機磁碟空間耗盡。
- 對於容器應用使用 hostpath 輸出到 Node 上的日誌：管理員應合理分配主機目錄，在滿足容器應用程式儲存空間需求的同時，可以考慮使用擷取工具將日誌擷取並整理到統一的日誌中心，並定時清理 Node 的磁碟空間。

（2）對於輸出到容器內的日誌，容器應用可以將日誌直接輸出到容器環境內的某個目錄下，這可以減輕應用程式在共用儲存中管理不同檔案名稱或子目錄的複雜度。在這種情況下，管理員可以為應用容器提供一個日誌擷取的 sidecar 容器，對容器的日誌進行擷取，並將其整理到某個日誌中心，供業務運行維護人員查詢和分析。

在 Kubernetes 生態中，推薦採用 Fluentd+Elasticsearch+Kibana 完成對系統元件和容器日誌的擷取、整理和查詢的統一管理機制。下面對系統的部署和應用進行説明。

10.8.2 Fluentd+Elasticsearch+Kibana 日誌系統部署

在本節的範例中，我們先對 Node 上的各種日誌進行擷取和整理。Fluentd+ Elasticsearch+Kibana 系統的邏輯關係架構如圖 10.14 所示。

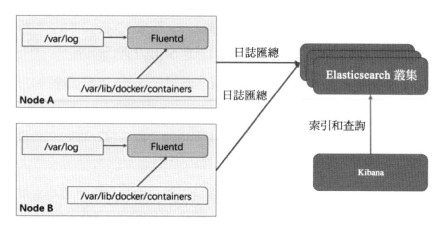

▲ 圖 10.14 Fluentd+Elasticsearch+Kibana 系統的邏輯關係架構

這裡假設將 Kubernetes 系統元件的日誌輸出到 /var/log 目錄下，容器輸出到 stdout 和 stderr 的日誌由 Docker Server 保存在 /var/lib/docker/containers 目錄下。我們透過在每個 Node 上都部署一個 Fluentd 容器來擷取本節點在這兩個目錄下的記錄檔，然後將其整理到 Elasticsearch 函數庫中保存，使用者透過 Kibana 提供的 Web 頁面查詢日誌。

部署過程主要包括 3 個元件：Elasticsearch、Fluentd 和 Kibana。

1. 部署 Elasticsearch 服務

Elasticsearch 的 Deployment 和 Service 定義如下：

```
# elasticsearch.yaml
---
apiVersion: apps/v1
kind: Deployment
metadata:
  name: elasticsearch
  namespace: kube-system
  labels:
    k8s-app: elasticsearch
    version: v7.5.1
    addonmanager.kubernetes.io/mode: Reconcile
spec:
  replicas: 1
  selector:
    matchLabels:
      k8s-app: elasticsearch
      version: v7.5.1
  template:
    metadata:
      labels:
        k8s-app: elasticsearch
        version: v7.5.1
    spec:
      initContainers:
      - name: elasticsearch-init
        image: busybox
        imagePullPolicy: IfNotPresent
        command: ["/bin/sysctl", "-w", "vm.max_map_count=262144"]
        securityContext:
          privileged: true
      containers:
      - name: elasticsearch
        image: elasticsearch:7.5.1
        imagePullPolicy: IfNotPresent
        env:
        - name: namespace
          valueFrom:
            fieldRef:
              apiVersion: v1
              fieldPath: metadata.namespace
        - name: node.name
```

```
        valueFrom:
          fieldRef:
            apiVersion: v1
            fieldPath: metadata.name
      - name: cluster.name
        value: elasticsearch
      - name: discovery.type
        value: single-node
      - name: NUMBER_OF_MASTERS
        value: "1"
      - name: xpack.security.enabled
        value: "false"
      - name: network.host
        value: 0.0.0.0
      - name: network.publish_host
        valueFrom:
          fieldRef:
            apiVersion: v1
            fieldPath: status.podIP
      resources:
        limits:
          cpu: 2
          memory: 4Gi
        requests:
          cpu: 100m
          memory: 1Gi
      ports:
      - containerPort: 9200
        name: db
        protocol: TCP
      - containerPort: 9300
        name: transport
        protocol: TCP
      livenessProbe:
        tcpSocket:
          port: transport
        initialDelaySeconds: 5
        timeoutSeconds: 10
      readinessProbe:
        tcpSocket:
          port: transport
        initialDelaySeconds: 5
        timeoutSeconds: 10
      volumeMounts:
```

```
          - name: elasticsearch
            mountPath: /usr/share/elasticsearch/data
        volumes:
        - name: elasticsearch
          hostPath:
            path: /root/es/elasticsearch-data

---
apiVersion: v1
kind: Service
metadata:
  name: elasticsearch
  namespace: kube-system
  labels:
    k8s-app: elasticsearch
    kubernetes.io/cluster-service: "true"
    addonmanager.kubernetes.io/mode: Reconcile
    kubernetes.io/name: "Elasticsearch"
spec:
  selector:
    k8s-app: elasticsearch
    version: v7.5.1
  ports:
  - port: 9200
    protocol: TCP
    targetPort: db
```

關鍵設定説明如下。

- 需要透過一個初始化容器設置系統參數 vm.max_map_count=262144，這是 Elasticsearch 的需求。如果在 Node 的作業系統上已設置過，則無須透過初始化容器進行設置。

- 資料儲存目錄：在本例中使用 hostpath 將資料保存在 Node 上，我們應根據實際需求選擇合適的儲存類型，例如某種高可用的共用儲存。

- 資源限制應根據實際情況進行調整，如果設置得太小，則可能會導致 OOM Kill。

- 將 discovery.type 設置為 single-node 意為單節點模式，Elasticsearch 也可以被部署為高可用叢集模式，包括 master、client、data 等節點，詳細的部署設定請參考 Elasticsearch 官方文件的説明。

這裡透過 kubectl create 命令完成部署，並確認 Pod 執行成功：

```
# kubectl create -f elasticsearch.yaml
deployment.apps/elasticsearch created
service/elasticsearch created

# kubectl -n kube-system get pod -l k8s-app=elasticsearch
NAME                            READY   STATUS    RESTARTS   AGE
elasticsearch-6bf77845b5-t4qdx  1/1     Running   0          61s
```

可以透過存取 Elasticsearch 服務的 URL 驗證 Elasticsearch 是否正常執行：

```
# kubectl -n kube-system get svc -l k8s-app=elasticsearch
NAME            TYPE        CLUSTER-IP       EXTERNAL-IP   PORT(S)    AGE
elasticsearch   ClusterIP   169.169.106.57   <none>        9200/TCP   3m14s

# curl 169.169.106.57:9200
{
  "name" : "elasticsearch-7bcddf55f-72zbg",
  "cluster_name" : "elasticsearch",
  "cluster_uuid" : "-0BSISDZT62cStfZyIb1tQ",
  "version" : {
    "number" : "7.5.1",
    "build_flavor" : "default",
    "build_type" : "docker",
    "build_hash" : "3ae9ac9a93c95bd0cdc054951cf95d88e1e18d96",
    "build_date" : "2020-12-16T22:57:37.835892Z",
    "build_snapshot" : false,
    "lucene_version" : "8.3.0",
    "minimum_wire_compatibility_version" : "6.8.0",
    "minimum_index_compatibility_version" : "6.0.0-beta1"
  },
  "tagline" : "You Know, for Search"
}
```

2. 在每個 Node 上都部署 Fluentd

Fluentd 以 DaemonSet 模式在每個 Node 上都啟動一個 Pod 進行日誌擷取，對各種日誌擷取和連接 Elasticsearch 服務的具體設定使用 ConfigMap 進行設置。Fluentd 的 YAML 定義如下：

```
# fluentd.yaml
---
apiVersion: apps/v1
kind: DaemonSet
```

```
metadata:
  name: fluentd
  namespace: kube-system
  labels:
    k8s-app: fluentd
spec:
  selector:
    matchLabels:
      k8s-app: fluentd
  template:
    metadata:
      labels:
        k8s-app: fluentd
    spec:
      containers:
      - name: fluentd
        image: fluent/fluentd:v1.9.2-1.0
        imagePullPolicy: IfNotPresent
        resources:
          limits:
            memory: 500Mi
          requests:
            cpu: 100m
            memory: 200Mi
        volumeMounts:
        - name: varlog
          mountPath: /var/log
        - name: varlibdockercontainers
          mountPath: /var/lib/docker/containers
          readOnly: true
        - name: config-volume
          mountPath: /etc/fluent/config.d
      volumes:
      - name: varlog
        hostPath:
          path: /var/log
      - name: varlibdockercontainers
        hostPath:
          path: /var/lib/docker/containers
      - name: config-volume
        configMap:
          name: fluentd-config
```

```
---
kind: ConfigMap
apiVersion: v1
metadata:
  name: fluentd-config
  namespace: kube-system
  labels:
    addonmanager.kubernetes.io/mode: Reconcile
data:
  fluentd.conf : |-
    # container stdout and stderr log
    <source>
      @id fluentd-containers.log
      @type tail
      path /var/log/containers/*.log
      pos_file /var/log/es-containers.log.pos
      tag raw.container.*
      read_from_head true
      <parse>
        @type multi_format
        <pattern>
          format json
          time_key time
          time_format %Y-%m-%dT%H:%M:%S.%NZ
        </pattern>
        <pattern>
          format /^(?<time>.+) (?<stream>stdout|stderr) [^ ]* (?<log>.*)$/
          time_format %Y-%m-%dT%H:%M:%S.%N%:z
        </pattern>
      </parse>
    </source>

    # kube-apiserver log
    <source>
      @id kube-apiserver.log
      @type tail
      format multiline
      multiline_flush_interval 5s
      format_firstline /^\w\d{4}/
      format1 /^(?<severity>\w)(?<time>\d{4} [^\s]*)\s+(?<pid>\d+)\
  s+(?<source>[^ \]]+)\] (?<message>.*)/
      time_format %m%d %H:%M:%S.%N
      path /var/log/kubernetes/kube-apiserver.WARNING
      pos_file /var/log/kubernetes/es-kube-apiserver.log.pos
```

```
  tag kube-apiserver.cl
</source>

# other k8s log
# ......

<match **>
  @type elasticsearch
  @log_level info
  type_name _doc
  include_tag_key true
  hosts elasticsearch:9200
  logstash_format true
  logstash_prefix es
</match>
```

關鍵設定説明如下。

- 將宿主機 Node 的 /var/log 和 /var/lib/docker/containers 目錄掛載到 fluentd 容器中，用於讀取容器輸出到 stdout 和 stderr 的日誌，以及 Kubernetes 元件的日誌。

- 在以上範例中擷取了 kube-apiserver 服務的 WARNING 日誌，其他元件的設定省略。

- 資源限制應根據實際情況進行調整，避免 Fluentd 佔用太多資源。

- hosts elasticsearch:9200：設置 Elasticsearch 服務的造訪網址，此處使用了 Service 名稱，由於 Fluentd 與 Elasticsearch 處於同一個命名空間中，所以此處省略了命名空間的名稱。

- logstash_prefix es：Fluentd 在 Elasticsearch 中建立索引（Index）的首碼。

透過 kubectl create 命令建立 Fluentd 容器：

```
# kubectl create -f fluentd.yaml
daemonset.apps/fluentd created
configmap/fluentd-config created
```

確保 Fluentd 在每個 Node 上都正確執行：

```
# kubectl -n kube-system get daemonset -l k8s-app=fluentd
NAME      DESIRED   CURRENT   READY   UP-TO-DATE   AVAILABLE   NODE SELECTOR
```

```
AGE
fluentd    3           3           3           3           3           <none>
2m26s


# kubectl -n kube-system get pods -l k8s-app=fluentd
NAME            READY   STATUS    RESTARTS   AGE
fluentd-mqpr2   1/1     Running   0          3m29s
fluentd-7tw9z   1/1     Running   0          3m29s
fluentd-aqdn1   1/1     Running   0          3m29s
```

查看 Fluentd 的容器日誌，會看到連接到 Elasticsearch 服務的記錄，以及
後續擷取各種記錄檔內容的記錄：

```
# kubectl -n kube-system logs fluentd-cloud-logging-7tw9z
......
2020-07-31 06:45:13 +0000 [info]: starting fluentd-1.9.2 pid=1 ruby="2.7.0"
2020-07-31 06:45:13 +0000 [info]: spawn command to main:  cmdline=["/usr/
local/bin/ruby", "-Eascii-8bit:ascii-8bit", "/usr/local/bundle/bin/fluentd",
"--under-supervisor"]
2020-07-31 06:45:13 +0000 [info]: adding match in @FLUENT_LOG
pattern="fluent.*" type="stdout"
2020-07-31 06:45:14 +0000 [info]: adding match pattern="**"
type="elasticsearch"
2020-07-31 06:45:14 +0000 [info]: adding source type="tail"
2020-07-31 06:45:14 +0000 [info]: adding source type="tail"
2020-07-31 06:45:14 +0000 [info]: #0 starting fluentd worker pid=11 ppid=1
worker=0
2020-07-31 06:45:14 +0000 [info]: #0 [kube-apiserver.log] following tail of
/var/log/kubernetes/kube-apiserver.WARNING
2020-07-31 06:45:14 +0000 [info]: #0 [fluentd-containers.log] following
tail of /var/log/containers/calico-kube-controllers-58b656d69f-5g6r2_kube-
system_calico-kube-controllers-b6f0c32598c74ae8c61145e18090332630bdd2c0d6f4
f97218bf71bfd7503cb3.log
2020-07-31 06:45:14 +0000 [info]: #0 [fluentd-containers.log] following tail
of /var/log/containers/coredns-85b4878f78-9lc64_kube-system_coredns-4def4e2
b010549d351abb4671c3a876470614badbf2052d0de5550b008461613.log
2020-07-31 06:45:14 +0000 [info]: #0 [fluentd-containers.log] following
tail of /var/log/containers/calico-node-q47lh_kube-system_calico-node-0dfea
131d4c24b4e88db5dbb82014eaec92659f4641cf3065c9968b8b78f30ae.log
......
```

此時透過 Elasticsearch 服務的 API，即可看到已經建立的索引（Index）
資訊：

```
# curl "169.169.106.57:9200/_cat/indices?v"
health status index                    uuid                     pri rep docs.
count docs.deleted store.size pri.store.size
green  open    es-2020.07.31          6orvuzgxRy-vpiySV7DJRQ   1   0
251             0          1mb               1mb
```

至此已經執行了 Elasticsearch 和 Fluentd，資料的擷取、整理和保存工作
已經完成，接下來部署 Kibana 服務提供日誌查詢的 Web 服務。

3. 部署 Kibana 服務

Kibana 服務的 Deployment 和 Service 定義如下：

```
# kibana.yaml
---
apiVersion: apps/v1
kind: Deployment
metadata:
  name: kibana
  namespace: kube-system
  labels:
    k8s-app: kibana
    addonmanager.kubernetes.io/mode: Reconcile
spec:
  replicas: 1
  selector:
    matchLabels:
      k8s-app: kibana
  template:
    metadata:
      labels:
        k8s-app: kibana
    spec:
      containers:
      - name: kibana
        image: kibana:7.5.1
        imagePullPolicy: IfNotPresent
        resources:
          limits:
            cpu: 1
          requests:
            cpu: 100m
        env:
        - name: ELASTICSEARCH_HOSTS
```

```
            value: http://elasticsearch:9200
        - name: SERVER_NAME
          value: kibana
        - name: SERVER_BASEPATH
          value: /api/v1/namespaces/kube-system/services/kibana/proxy
        - name: SERVER_REWRITEBASEPATH
          value: "false"
        ports:
        - containerPort: 5601
          name: ui
          protocol: TCP

---
apiVersion: v1
kind: Service
metadata:
  name: kibana
  namespace: kube-system
  labels:
    k8s-app: kibana
    kubernetes.io/cluster-service: "true"
    addonmanager.kubernetes.io/mode: Reconcile
    kubernetes.io/name: "Kibana"
spec:
  selector:
    k8s-app: kibana
  ports:
  - port: 5601
    protocol: TCP
    targetPort: ui
```

關鍵設定説明如下。

- ELASTICSEARCH_HOSTS：設置 Elasticsearch 服務的造訪網址，此處使用服務名稱。

- SERVER_BASEPATH：設置 Kibana 服務透過 API Server 代理的存取路徑。

透過 kubectl create 命令部署 Kibana 服務：

```
# kubectl create -f kibana.yaml
deployment.apps/kibana created
service/kibana created
```

確保 Kibana 成功執行：

```
# kubectl -n kube-system get pods -l k8s-app=kibana
NAME                       READY   STATUS    RESTARTS   AGE
kibana-5d65f45bd-prnqj     1/1     Running   0          14m
```

透過 kubectl cluster-info 命令查看 Kibana 服務的存取 URL 位址：

```
# kubectl cluster-info
......
Kibana is running at http://192.168.18.3:8080/api/v1/proxy/namespaces/kube-
system/services/kibana
```

在瀏覽器中輸入 URL 即可打開 Kibana 頁面。

在 Elasticsearch 索引管理頁面可以看到當前 Elasticsearch 函數庫中的索引清單和狀態，如圖 10.15 所示。

▲ 圖 10.15 索引清單和狀態

在 Kibana Index Patterns 頁面建立 index pattern"es-*"，如圖 10.16 所示。

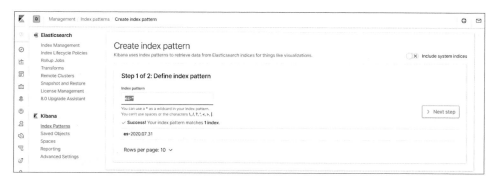

▲ 圖 10.16 建立 index pattern

▲ 圖 10.16 建立 index pattern（續）

成功建立 index pattern 之後，就可以在 Discover 頁面查詢日誌記錄了，預設顯示過去 15min 的日誌清單，如圖 10.17 所示。

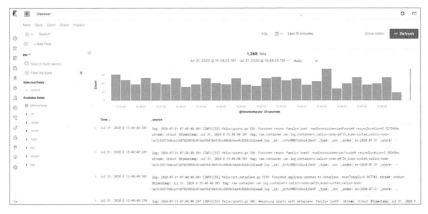

▲ 圖 10.17 Kibana 查詢日誌頁面

在搜索欄中輸入 "error"，可以搜索出包含該關鍵字的日誌記錄，如圖
10.18 所示。

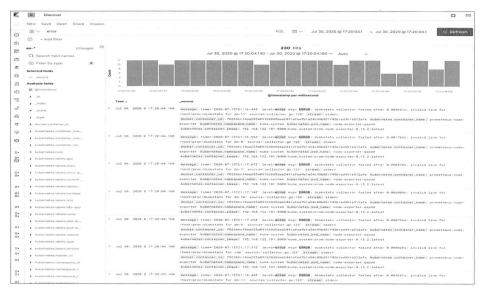

▲ 圖 10.18 Kibana 日誌關鍵字的搜尋網頁面

至此，Kubernetes 叢集範圍內的統一日誌管理系統就架設完成了。

10.8.3 部署日誌擷取 sidecar 工具擷取容器日誌

對於容器應用輸出到容器目錄下的日誌，可以為業務應用容器設定一個日
誌擷取 sidecar 容器，對業務容器生成的日誌進行擷取並整理到某個日誌
中心，供業務運行維護人員查詢和分析，這通常用於業務日誌的擷取和整
理。後端的日誌儲存可以使用 Elasticsearch，也可以使用其他類型的資料
庫（如 MongoDB），或者透過訊息佇列進行轉發（如 Kafka），需要根據
業務應用的具體需求進行合理選擇。

日誌擷取 sidecar 工具也有多種選擇，常見的開放原始碼軟體包括
Fluentd、Filebeat、Flume 等，在下例中使用 Fluentd 進行說明。

為業務應用容器設定日誌擷取 sidecar 時，需要在 Pod 中定義兩個容器，
然後建立一個共用的 Volume 供業務應用容器生成記錄檔，並供日誌擷取

sidecar 讀取記錄檔。例如：

```
apiVersion: v1
kind: Pod
metadata:
  name: webapp
spec:
  containers:
  - name: webapp
    image: kubeguide/tomcat-app:v1
    ports:
    - containerPort: 8080
    volumeMounts:
    - name: app-logs
      mountPath: /usr/local/tomcat/logs
  # log collector sidecar
  - name: fluentd
    image: fluent/fluentd:v1.9.2-1.0
    volumeMounts:
    - name: app-logs
      mountPath: /app-logs
    - name: config-volume
      mountPath: /etc/fluent/config.d
  volumes:
  - name: app-logs
    emptyDir: {}
  - name: config-volume
    configMap:
      name: fluentd-config
```

在這個 Pod 中建立了一個類型為 emptyDir 的 Volume，掛載到 webapp 容器的 /usr/local/tomcat/logs 目錄下，也掛載到 fluentd 容器中的 /app-logs 目錄下。Volume 的類型不限於 emptyDir，需要根據業務需求合理選擇。

在 Pod 建立成功之後，webapp 容器會在 /usr/local/tomcat/logs 目錄下持續生成記錄檔，fluentd 容器作為 sidecar 持續擷取應用程式的記錄檔，並將其保存到後端的日誌庫中。需要注意的是，webapp 容器應負責記錄檔的清理工作，以免耗盡磁碟空間。

10.9 Kubernetes 的稽核機制

Kubernetes 為了加強對叢集操作的安全監管，從 1.4 版本開始引入稽核機制，主要表現為稽核日誌（Audit Log）。稽核日誌按照時間順序記錄了與安全相關的各種事件，這些事件有助於系統管理員快速、集中了解發生了什麼事情、作用於什麼物件、在什麼時間發生、誰（從哪兒）觸發的、在哪兒觀察到的、活動的後續處理行為是怎樣的，等等。

下面是兩筆 Pod 操作的稽核日誌範例。

第 1 筆：

```
2020-03-21T03:57:09.106841886-04:00 AUDIT: id="c939d2a7-1c37-4ef1-b2f7-
4ba9b1e43b53" ip="127.0.0.1" method="GET" user="admin" groups="\"syste
m:masters\",\"system:authenticated\"" as="<self>" asgroups="<lookup>"
namespace="default" uri="/api/v1/namespaces/default/pods"
```

第 2 筆：

```
2020-03-21T03:57:09.108403639-04:00 AUDIT: id="c939d2a7-1c37-4ef1-b2f7-
4ba9b1e43b53" response="200"
```

API Server 把用戶端的請求（Request）的處理流程視為一個「鏈條」，這個鏈條上的每個「節點」就是一個狀態（Stage），從開始到結束的所有 Request Stage 如下。

- RequestReceived：在 Audit Handler 收到請求後生成的狀態。
- ResponseStarted：回應 Header 已經發送但 Body 還沒有發送的狀態，僅對長期執行的請求（Long-running Requests）有效，例如 Watch。
- ResponseComplete：Body 已經發送完成。
- Panic：嚴重錯誤（Panic）發生時的狀態。

Kubernets 從 1.7 版本開始引入高級稽核特性（AdvancedAuditing），可以自訂稽核策略（選擇記錄哪些事件）和稽核後端儲存（日誌和 Webhook）等，開啟方法為增加 kube-apiserver 的啟動參數 --feature-gates=Advanced Auditing=true。注意：在開啟 AdvancedAuditing 後，日誌的格式有一些修改，例如新增了上述 Stage 資訊；從 Kubernets 1.8 版本開始，該參數預設為 true。

如圖 10.19 所示，kube-apiserver 在收到一個請求後（如建立 Pod 的請求），會根據 Audit Policy（稽核策略）對此請求做出相應的處理。

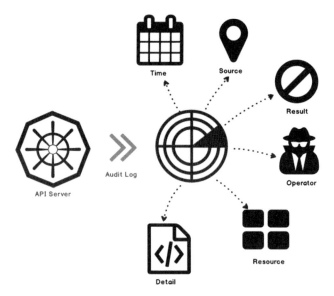

▲ 圖 10.19　基於稽核策略記錄稽核日誌

我們可以將 Audit Policy 視作一組規則，這組規則定義了有哪些事件及資料需要記錄（稽核）。當一個事件被處理時，規則清單會依次嘗試比對該事件，第 1 個比對的規則會決定稽核日誌的等級（Audit Level），目前定義的幾種等級如下（按等級從低到高排列）。

- None：不生成稽核日誌。
- Metadata：只記錄 Request 請求的中繼資料如 requesting user、timestamp、resource、verb 等，但不記錄請求及回應的具體內容。
- Request：記錄 Request 請求的中繼資料及請求的具體內容。
- RequestResponse：記錄事件的中繼資料，以及請求與應答的具體內容。

None 以上的等級會生成相應的稽核日誌並將稽核日誌輸出到後端，當前的後端實現如下。

（1）Log backend：以本地記錄檔記錄保存，為 JSON 日誌格式，我們需要對 API Server 的啟動命令設置下列參數。

- --audit-log-path：指定記錄檔的保存路徑。
- --audit-log-maxage：設定稽核記錄檔保留的最大天數。
- --audit-log-maxbackup：設定稽核記錄檔最多保留多少個。
- --audit-log-maxsize：設定稽核記錄檔的單一大小，單位為 MB，預設為 100MB。

稽核記錄檔以 audit-log-maxsize 設置的大小為單位，在寫滿後，kube-apiserver 將以時間戳記重新命名原文件，然後繼續寫入 audit-log-path 指定的稽核記錄檔；audit-log-maxbackup 和 audit-log-maxage 參數則用於 kube-apiserver 自動刪除舊的稽核記錄檔。

（2）Webhook backend：回呼外部介面進行通知，稽核日誌以 JSON 格式發送（POST 方式）給 Webhook Server，支援 batch 和 blocking 這兩種通知模式，相關設定參數如下。

- --audit-webhook-config-file：指定 Webhook backend 的設定檔。
- --audit-webhook-mode：確定採用哪種模式回呼通知。
- --audit-webhook-initial-backoff：指定回呼失敗後第 1 次重試的等待時間，後續重試等待時間則呈指數級遞增。

Webhook backend 的設定檔採用了 kubeconfig 格式，主要內容包括遠端稽核服務的位址和相關鑒權參數，設定範例如下：

```
clusters:
  - name: name-of-remote-audit-service
    cluster:
      certificate-authority: /path/to/ca.pem      # 遠端稽核服務的 CA 證書
      server: https://audit.example.com/audit     # 遠端稽核服務 URL，必須是
HTTPS
                                                   # API Server 的 Webhook 設定
users:
  - name: name-of-api-server
    user:
      client-certificate: /path/to/cert.pem    # Webhook 外掛程式使用的證書檔案
      client-key: /path/to/key.pem             # 與證書符合的私密金鑰檔案
current-context: webhook
contexts:
- context:
```

```
    cluster: name-of-remote-audit-service
    user: name-of-api-sever
  name: webhook
```

--audit-webhook-mode 則包括以下選項。

- batch：批次模式，快取事件並以非同步批次方式通知，是預設的工作模式。
- blocking：阻塞模式，事件按順序一個一個處理，這種模式會阻塞 API Server 的回應，可能導致性能問題。
- blocking-strict：與阻塞模式類似，不同的是當一個 Request 在 RequestReceived 階段發生稽核失敗時，整個 Request 請求會被認為失敗。

（3）Batching Dynamic backend：一種動態設定的 Webhook backend，是透過 AuditSink API 動態設定的，在 Kubernetes 1.13 版本中引入。

需要注意的是，開啟稽核功能會增加 API Server 的記憶體消耗量，因為此時需要額外的記憶體來儲存每個請求的稽核上下文資料，而增加的記憶體量與稽核功能的設定有關，比如更詳細的稽核日誌所需的記憶體更多。我們可以透過 kube-apiserver 中的 --audit-policy-file 參數指定一個 Audit Policy 檔案名稱來開啟 API Server 的稽核功能。如下 Audit Policy 檔案可作參考：

```
apiVersion: audit.k8s.io/v1
kind: Policy
# 對於 RequestReceived 狀態的請求不做稽核日誌記錄
omitStages:
  - "RequestReceived"
rules:
  # 記錄對 Pod 請求的稽核日誌，輸出等級為 RequestResponse
  - level: RequestResponse
    resources:
    - group: ""    # 核心 API 組
      resources: ["pods"]
  # 記錄對 pods/log 與 pods/status 請求的稽核日誌，輸出等級為 Metadata
  - level: Metadata
    resources:
    - group: ""
```

```
        resources: ["pods/log", "pods/status"]
# 記錄對核心 API 與擴充 API 的所有請求，輸出等級為 Request
- level: Request
  resources:
  - group: "" # 核心 API 組
  - group: "extensions" # 組名稱，不要指定版本編號
```

對於稽核日誌的擷取和儲存，一種常見做法是，將稽核日誌以本地記錄檔方式保存，然後使用日誌擷取工具（例如 Fluentd）擷取該日誌並儲存到 Elasticsearch 中，用 Kibana 等 UI 介面對其進行展示和查詢。另一種常見做法是用 Logstash 擷取 Webhook 後端的稽核事件，透過 Logstash 將來自不同使用者的事件保存為檔案或者將資料發送到後端儲存（例如 Elasticsearch）。

10.10 使用 Web UI（Dashboard）管理叢集

Kubernetes 的 Web UI 網頁管理工具是 kubernetes-dashboard，可提供部署應用、資源物件管理、容器日誌查詢、系統監控等常用的叢集管理功能。為了在頁面上顯示系統資源的使用情況，需要部署 Metrics Server，部署方式詳見 10.7.1 節的說明。

我們可以使用官方 GitHub 倉庫提供的 YAML 檔案一鍵部署 kubernetes-dashboard。該設定檔的內容如下，其中包含 kubernetes-dashboard 所需的 RBAC、Deployment 和 Service 等資源的定義：

```
apiVersion: v1
kind: Namespace
metadata:
  name: kubernetes-dashboard

---
apiVersion: v1
kind: ServiceAccount
metadata:
  labels:
    k8s-app: kubernetes-dashboard
  name: kubernetes-dashboard
```

```
    namespace: kubernetes-dashboard

---
kind: Service
apiVersion: v1
metadata:
  labels:
    k8s-app: kubernetes-dashboard
  name: kubernetes-dashboard
  namespace: kubernetes-dashboard
spec:
  ports:
    - port: 443
      targetPort: 8443
  selector:
    k8s-app: kubernetes-dashboard

---
apiVersion: v1
kind: Secret
metadata:
  labels:
    k8s-app: kubernetes-dashboard
  name: kubernetes-dashboard-certs
  namespace: kubernetes-dashboard
type: Opaque

---
apiVersion: v1
kind: Secret
metadata:
  labels:
    k8s-app: kubernetes-dashboard
  name: kubernetes-dashboard-csrf
  namespace: kubernetes-dashboard
type: Opaque
data:
  csrf: ""

---
apiVersion: v1
kind: Secret
metadata:
  labels:
```

```yaml
      k8s-app: kubernetes-dashboard
    name: kubernetes-dashboard-key-holder
    namespace: kubernetes-dashboard
type: Opaque

---
kind: ConfigMap
apiVersion: v1
metadata:
  labels:
    k8s-app: kubernetes-dashboard
  name: kubernetes-dashboard-settings
  namespace: kubernetes-dashboard

---
kind: Role
apiVersion: rbac.authorization.k8s.io/v1
metadata:
  labels:
    k8s-app: kubernetes-dashboard
  name: kubernetes-dashboard
  namespace: kubernetes-dashboard
rules:
  - apiGroups: [""]
    resources: ["secrets"]
    resourceNames: ["kubernetes-dashboard-key-holder", "kubernetes-
dashboard-certs", "kubernetes-dashboard-csrf"]
    verbs: ["get", "update", "delete"]
  - apiGroups: [""]
    resources: ["configmaps"]
    resourceNames: ["kubernetes-dashboard-settings"]
    verbs: ["get", "update"]
  - apiGroups: [""]
    resources: ["services"]
    resourceNames: ["heapster", "dashboard-metrics-scraper"]
    verbs: ["proxy"]
  - apiGroups: [""]
    resources: ["services/proxy"]
    resourceNames: ["heapster", "http:heapster:", "https:heapster:",
"dashboard-metrics-scraper", "http:dashboard-metrics-scraper"]
    verbs: ["get"]

---
kind: ClusterRole
```

```
apiVersion: rbac.authorization.k8s.io/v1
metadata:
  labels:
    k8s-app: kubernetes-dashboard
  name: kubernetes-dashboard
rules:
  # Allow Metrics Scraper to get metrics from the Metrics server
  - apiGroups: ["metrics.k8s.io"]
    resources: ["pods", "nodes"]
    verbs: ["get", "list", "watch"]

---
apiVersion: rbac.authorization.k8s.io/v1
kind: RoleBinding
metadata:
  labels:
    k8s-app: kubernetes-dashboard
  name: kubernetes-dashboard
  namespace: kubernetes-dashboard
roleRef:
  apiGroup: rbac.authorization.k8s.io
  kind: Role
  name: kubernetes-dashboard
subjects:
  - kind: ServiceAccount
    name: kubernetes-dashboard
    namespace: kubernetes-dashboard

---
apiVersion: rbac.authorization.k8s.io/v1
kind: ClusterRoleBinding
metadata:
  name: kubernetes-dashboard
roleRef:
  apiGroup: rbac.authorization.k8s.io
  kind: ClusterRole
  name: kubernetes-dashboard
subjects:
  - kind: ServiceAccount
    name: kubernetes-dashboard
    namespace: kubernetes-dashboard

---
kind: Deployment
```

```
apiVersion: apps/v1
metadata:
  labels:
    k8s-app: kubernetes-dashboard
  name: kubernetes-dashboard
  namespace: kubernetes-dashboard
spec:
  replicas: 1
  revisionHistoryLimit: 10
  selector:
    matchLabels:
      k8s-app: kubernetes-dashboard
  template:
    metadata:
      labels:
        k8s-app: kubernetes-dashboard
    spec:
      containers:
        - name: kubernetes-dashboard
          image: kubernetesui/dashboard:v2.0.5
          imagePullPolicy: Always
          ports:
            - containerPort: 8443
              protocol: TCP
          args:
            - --auto-generate-certificates
            - --namespace=kubernetes-dashboard
          volumeMounts:
            - name: kubernetes-dashboard-certs
              mountPath: /certs
            - mountPath: /tmp
              name: tmp-volume
          livenessProbe:
            httpGet:
              scheme: HTTPS
              path: /
              port: 8443
            initialDelaySeconds: 30
            timeoutSeconds: 30
          securityContext:
            allowPrivilegeEscalation: false
            readOnlyRootFilesystem: true
            runAsUser: 1001
            runAsGroup: 2001
```

```
      volumes:
        - name: kubernetes-dashboard-certs
          secret:
            secretName: kubernetes-dashboard-certs
        - name: tmp-volume
          emptyDir: {}
      serviceAccountName: kubernetes-dashboard
      nodeSelector:
        "kubernetes.io/os": linux
      tolerations:
        - key: node-role.kubernetes.io/master
          effect: NoSchedule

---
kind: Service
apiVersion: v1
metadata:
  labels:
    k8s-app: dashboard-metrics-scraper
  name: dashboard-metrics-scraper
  namespace: kubernetes-dashboard
spec:
  ports:
    - port: 8000
      targetPort: 8000
  selector:
    k8s-app: dashboard-metrics-scraper

---
kind: Deployment
apiVersion: apps/v1
metadata:
  labels:
    k8s-app: dashboard-metrics-scraper
  name: dashboard-metrics-scraper
  namespace: kubernetes-dashboard
spec:
  replicas: 1
  revisionHistoryLimit: 10
  selector:
    matchLabels:
      k8s-app: dashboard-metrics-scraper
  template:
    metadata:
```

```
      labels:
        k8s-app: dashboard-metrics-scraper
      annotations:
        seccomp.security.alpha.kubernetes.io/pod: 'runtime/default'
    spec:
      containers:
        - name: dashboard-metrics-scraper
          image: kubernetesui/metrics-scraper:v1.0.6
          ports:
            - containerPort: 8000
              protocol: TCP
          livenessProbe:
            httpGet:
              scheme: HTTP
              path: /
              port: 8000
            initialDelaySeconds: 30
            timeoutSeconds: 30
          volumeMounts:
          - mountPath: /tmp
            name: tmp-volume
          securityContext:
            allowPrivilegeEscalation: false
            readOnlyRootFilesystem: true
            runAsUser: 1001
            runAsGroup: 2001
      serviceAccountName: kubernetes-dashboard
      nodeSelector:
        "kubernetes.io/os": linux
      tolerations:
        - key: node-role.kubernetes.io/master
          effect: NoSchedule
      volumes:
        - name: tmp-volume
          emptyDir: {}
```

使用 kubectl create 命令進行部署：

```
# kubectl create -f kubernetes-dashboard.yaml
namespace/kubernetes-dashboard created
serviceaccount/kubernetes-dashboard created
service/kubernetes-dashboard created
secret/kubernetes-dashboard-certs created
secret/kubernetes-dashboard-csrf created
secret/kubernetes-dashboard-key-holder created
```

```
configmap/kubernetes-dashboard-settings created
role.rbac.authorization.k8s.io/kubernetes-dashboard created
clusterrole.rbac.authorization.k8s.io/kubernetes-dashboard created
rolebinding.rbac.authorization.k8s.io/kubernetes-dashboard created
clusterrolebinding.rbac.authorization.k8s.io/kubernetes-dashboard created
deployment.apps/kubernetes-dashboard created
service/dashboard-metrics-scraper created
deployment.apps/dashboard-metrics-scraper created
```

有多種方法存取 kubernetes-dashboard，例如設置 Service 的 Nodeport，或者透過 kubectl proxy 命令使用 API Server 代理存取，造訪網址為 http://localhost:8001/api/v1/namespaces/ kubernetes-dashboard/services/https:kubernetes-dashboard:/proxy/。

首次存取 Kubernetes Dashboard 頁面時需要登入，如圖 10.20 所示。

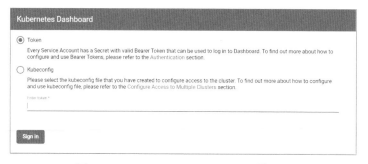

▲ 圖 10.20　Kubernetes Dashboard 登入頁面

管理員需要為不同的使用者建立帳號，並授之合適的 RBAC 許可權。下面以建立一個具有叢集管理員許可權的使用者 admin-user 為例進行說明。

首先，建立一個 ServiceAccount：

```
# cat <<EOF | kubectl apply -f -
apiVersion: v1
kind: ServiceAccount
metadata:
  name: admin-user
  namespace: kubernetes-dashboard
EOF
serviceaccount/admin-user created
```

然後，為使用者 admin-user 授予 cluster-admin 的叢集管理員許可權：

```
# cat <<EOF | kubectl apply -f -
apiVersion: rbac.authorization.k8s.io/v1
kind: ClusterRoleBinding
metadata:
  name: admin-user
roleRef:
  apiGroup: rbac.authorization.k8s.io
  kind: ClusterRole
  name: cluster-admin
subjects:
- kind: ServiceAccount
  name: admin-user
  namespace: kubernetes-dashboard
EOF
clusterrolebinding.rbac.authorization.k8s.io/admin-user created
```

接著，透過 kubectl 命令獲取其 token：

```
# kubectl -n kubernetes-dashboard describe secret $(kubectl -n kubernetes-
dashboard get secret | grep admin-user | awk '{print $1}')
Name:         admin-user-token-8gbgn
Namespace:    kubernetes-dashboard
Labels:       <none>
Annotations:  kubernetes.io/service-account.name: admin-user
              kubernetes.io/service-account.uid: 5943f1bc-7015-489c-a870-
053536301edc

Type:  kubernetes.io/service-account-token

Data
====
```

token: **eyJhbGciOiJSUzI1NiIsImtpZCI6IiJ9.eyJpc3MiOiJrdWJlcm5ldGVzL3Nl
cnZpY2VhY2NvdW50Iiwia3ViZXJuZXRlcy5pby9zZXJ2aWNlYWNjb3VudC9uYW1lc3BhY2UiO
iJrdWJlcm5ldGVzLWRhc2hib2FyZCIsImt1YmVybmV0ZXMuaW8vc2VydmljZWFjY291bnQvc2
VjcmV0Lm5hbWUiOiJhZG1pbi11c2VyLXRva2VuLThnYmduIiwia3ViZXJuZXRlcy5pby9zZXJ
2aWNlYWNjb3VudC9zZXJ2aWNlLWFjY291bnQubmFtZSI6ImFkbWluLXVzZXIiLCJrdWJlcm5l
dGVzLmlvL3NlcnZpY2VhY2NvdW50L3NlcnZpY2UtYWNjb3VudC51aWQiOiI1OTQzZjFiYy03M
DE1LTQ4OWMtYTg3MC0wNTM1MzYzMDFlZGMiLCJzdWIiOiJzeXN0ZW06c2VydmljZWFjY291bn
Q6a3ViZXJuZXRlcy1kYXNoYm9hcmQ6YWRtaW4tdXNlciJ9.REUM5W_SWrtiQhpN4iXbO4aXE-
LR4ZXi5R11XyfAEE2QVwAmnj8b0-EYU77HSINlbffBLJYZHSQJy-oUQGvc7EXRGSjPHLvHJmg
wVHgTjGz3z3xgpChU_7BWU8MfATdLfUTA3pQkRaD6XgS7n2Mq4AKb_HmSRt6RpzbZqibmP_UO
sFqdbgb3UiUzkuhdj4yZNkZzIu1kXXwN5lmQjZxMvOLawvl2SNUZOYYA--GBfiNsMYU8bkU-
96a1dvHyNYTwyuxXY34btxmgxu4rJ35ZFBBIra9oUQevcQaNqy5nmM1aI_mX6dalQkWYz-
iV2DgVVmQjiifTr81dKqdVUkda2w**
```
ca.crt:    1099 bytes
namespace: 20 bytes
```

最後，將上面的 token 輸入登入頁面，即可登入 Dashboard 查看
Kubernetes 叢集的概覽資訊。概覽頁面預設顯示命名空間 default 中的資
源，可以透過上方的下拉清單選擇不同的命名空間進行查看，也可以查詢
所有命名空間的資源，如圖 10.21 所示。

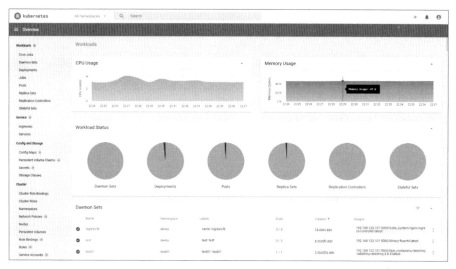

▲ 圖 10.21　Kubernetes Dashboard 概覽頁面

在概覽頁面上會顯示工作負載（Workload）總的 CPU 和記憶體資源使用
資料，以及各種資源物件的列表，例如 Daemonset、Deployment、Pod、
Statefulset、Service 等。

透過按一下左側的選單項，可以過濾 Workloads、Service、Config and
Storage、Cluster、CRD 等各類資源物件的列表和詳細資訊。例如查看
Service 清單，頁面如圖 10.22 所示。

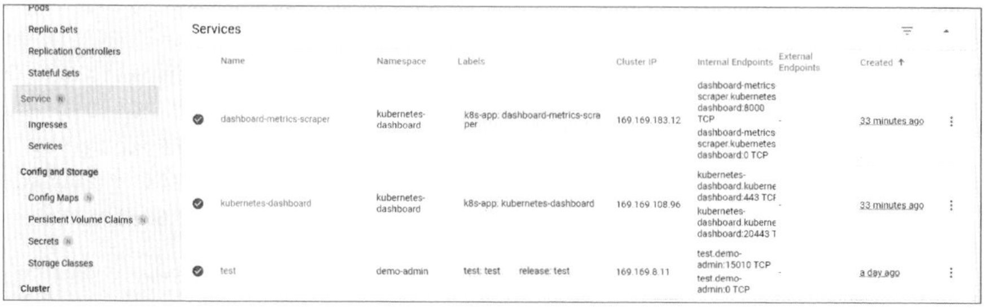

▲ 圖 10.22　Service 清單頁面

在 Pod 列表中，可以查看 Pod 的 CPU 和記憶體資源使用資料，如圖 10.23 所示。

▲ 圖 10.23　Pod 清單頁面

按一下某個 Pod 右側的選單項，可以查看容器日誌、進入控制台、編輯或 刪除，如圖 10.24 所示。

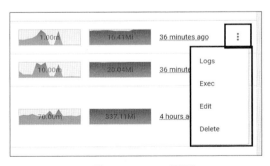

▲ 圖 10.24　Pod 選單

例如查看容器日誌，介面如圖 10.25 所示。

按一下頁面右上角的 "+" 按鈕，將跳躍到新建資源的頁面。在這個頁面 可以輸入 YAML/JSON 文字、選擇本地檔案或者使用範本來建立某種 Kubernetes 資源物件，如圖 10.26 所示。

▲ 圖 10.25 查看容器日誌的頁面

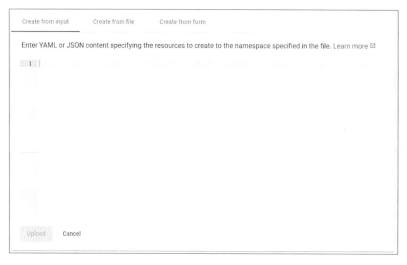

▲ 圖 10.26 建立 Kubernetes 資源的頁面

Create from input	Create from file	**Create from form**

An 'app' label with this value will be added to the Deployment and Service that get deployed. Learn more ☒

App name *

Application name is required.

Enter the URL of a public image on any registry, or a private image hosted on Docker Hub or Google Container Registry. Learn more ☒

Container image *

Container image is required.

Number of pods *

1

A Deployment will be created to maintain the desired number of pods across your cluster. Learn more ☒

Service *

None

Optionally, an internal or external Service can be defined to map an incoming Port to a target Port seen by the container. Learn more ☒

Deploy   Cancel   Show advanced options

▲ 圖 10.26 建立 Kubernetes 資源的頁面（續圖）

10.11 Helm：Kubernetes 應用套件管理工具

隨著容器技術和微服務架構逐漸被企業接受，在 Kubernetes 上已經能便捷地部署簡單的應用了。但對於複雜的應用或者中介軟體系統，在 Kubernetes 上進行容器化部署並非易事，通常需要研究 Docker 鏡像的執行需求、環境變數等內容，為容器設定依賴的儲存、網路等資源，並設計和編寫 Deployment、ConfigMap、Service、Volume、Ingress 等 YAML 檔案，再將其依次提交給 Kubernetes 部署。總之，微服務架構和容器化給複雜應用的部署和管理都帶來了很大的挑戰。

Helm 由 Deis 公司（已被微軟收購）發起，用於對需要在 Kubernetes 上部署的複雜應用進行定義、安裝和更新，是 CNCF 基金會的畢業專案，由 Helm 社區維護。Helm 將 Kubernetes 的資源如 Deployment、Service、ConfigMap、Ingress 等，打包到一個 Chart（圖表）中，而 Chart 被保存到 Chart 倉庫，由 Chart 倉庫儲存、分發和共用。Helm 支援應用 Chart 的版本管理，簡化了 Kubernetes 應用部署的應用定義、打包、部署、更新、刪除和導回等操作。

簡單來説，Helm 透過將各種 Kubernetes 資源打包，類似於 Linux 的 apt-get 或 yum 工具，來完成複雜軟體的安裝和部署，並且支援部署實例的版本管理等，大大簡化了在 Kubernetes 上部署和管理應用的複雜度。

10.11.1 Helm 的整體架構

Helm 的整體架構如圖 10.27 所示。

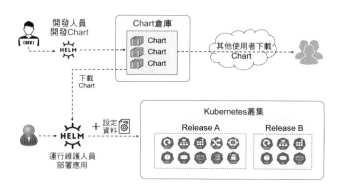

▲ 圖 10.27　Helm 的整體架構

Helm 主要包括以下元件。

- Chart：Helm 軟體套件，包含一個應用所需資源物件的 YAML 檔案，通常以 .tgz 壓縮檔形式提供，也可以是資料夾形式。
- Repository（倉庫）：用於存放和共用 Chart 的倉庫。
- Config（設定資料）：部署時設置到 Chart 中的設定資料。
- Release：以 Chart 和 Config 為基礎部署到 Kubernetes 叢集中執行的一個實例。一個 Chart 可以被部署多次，每次的 Release 都不相同。

以 Helm 為基礎的工作流程如下。

（1）開發人員將開發好的 Chart 上傳到 Chart 倉庫。
（2）運行維護人員以 Chart 為基礎的定義，設置必要的設定資料（Config），使用 Helm 命令列工具將應用一鍵部署到 Kubernetes 叢集中，以 Release 概念管理後續的更新、導回等。
（3）Chart 倉庫中的 Chart 可以用於共用和分發。

10.11.2 Helm 版本說明

Helm 目前有 v2 和 v3 兩個版本，v3 版本在 v2 版本的基礎上大大簡化，安全性增強。

在 v2 版本中，Helm 依賴 Tiller 元件，其系統架構如圖 10.28 所示。Tiller 元件用於接收 Helm 用戶端發出的指令，與 Kubernetes API Server 互動，完成資源物件的部署和管理。但是 Tiller 元件的預設作用範圍是整個叢集，對於多租戶在不同命名空間中部署應用的場景，許可權管理更加複雜。

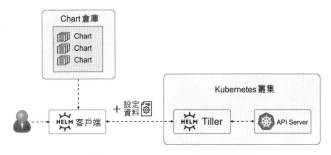

▲ 圖 10.28 Helm v2 的系統架構

從 v3 版本開始，Helm 不再使用 Tiller 元件，而是將與 Kubernetes API Server 互動的功能整合到 Helm 用戶端程式中，這樣一來，每個 Helm v3 用戶端都能獨立設置許可權管理，更符合多租戶環境的要求。管理員只需為 Helm v3 用戶端設置正確的 RBAC 許可權，租戶就能使用各自獨立的 Helm 用戶端管理應用了。

此外，Helm 的版本是以 Kubernetes 為基礎的特定版本編譯和發佈的，不推薦將 Helm 用於比編譯時的 Kubernetes 版本更高的版本，因為 Helm 並沒有做出向前相容的保證。

如表 10.9 所示是 Helm 版本支援的 Kubernetes 版本列表。

表 10.9 Helm 版本支援的 Kubernetes 版本列表

Helm 版本	支援的 Kubernetes 版本	Helm 版本	支援的 Kubernetes 版本
3.4.x	1.19.x ～ 1.16.x	2.10.x	1.10.x ～ 1.9.x
3.3.x	1.18.x ～ 1.15.x	2.9.x	1.10.x ～ 1.9.x
3.2.x	1.18.x ～ 1.15.x	2.8.x	1.9.x ～ 1.8.x
3.1.x	1.17.x ～ 1.14.x	2.7.x	1.8.x ～ 1.7.x
3.0.x	1.16.x ～ 1.13.x	2.6.x	1.7.x ～ 1.6.x
2.16.x	1.16.x ～ 1.15.x	2.5.x	1.6.x ～ 1.5.x

Helm 版本	支援的 Kubernetes 版本	Helm 版本	支援的 Kubernetes 版本
2.15.x	1.15.x ～ 1.14.x	2.4.x	1.6.x ～ 1.5.x
2.14.x	1.14.x ～ 1.13.x	2.3.x	1.5.x ～ 1.4.x
2.13.x	1.13.x ～ 1.12.x	2.2.x	1.5.x ～ 1.4.x
2.12.x	1.12.x ～ 1.11.x	2.1.x	1.5.x ～ 1.4.x
2.11.x	1.11.x ～ 1.10.x	2.0.x	1.4.x ～ 1.3.x

10.11.3 Helm 的安裝

安裝 Helm 的前提條件包括：①Kubernetes 叢集已就緒；②設定了正確許可權的 kubeconfig，在 Helm 與 API Server 通訊時使用；③本地 kubectl 用戶端工具已就緒。

Helm 的安裝方式有多種選擇，例如使用二進位檔案安裝、使用指令稿安裝、使用套件管理器安裝，等等。

（1）使用二進位檔案安裝。從 Helm 官方 GitHub 程式庫下載合適的版本，例如 helm-v3.4.1-linux-amd64.tar.gz，解壓縮後得到二進位檔案 helm，將其複製到合適的 $PATH 路徑下，例如 /usr/bin，即可完成 Helm 的安裝。

（2）使用指令稿安裝。Helm 提供了一個安裝指令稿來一鍵安裝 Helm 到系統中，命令如下：

```
$ curl https://raw.githubusercontent.com/helm/helm/master/scripts/get-helm-3
| bash
```

（3）使用套件管理器安裝。Helm 社區為不同的作業系統開發了套件管理器來安裝 Helm。

■ 對 macOS 使用 Homebrew 工具安裝 Helm：

```
brew install helm
```

■ 對 Windows 使用 Chocolatey 工具安裝 Helm：

```
choco install kubernetes-helm
```

■ 對 Debian/Ubuntu 使用 Apt 工具安裝 Helm：

```
curl https://baltocdn.com/helm/signing.asc | sudo apt-key add -
sudo apt-get install apt-transport-https --yes
echo "deb https://baltocdn.com/helm/stable/debian/ all main" | sudo tee /
etc/apt/sources.list.d/helm-stable-debian.list
sudo apt-get update
sudo apt-get install helm
```

在 Helm 安裝完成之後,就可以使用 Helm 命令管理 Chart、倉庫、部署和
應用了。

10.11.4 Helm 的使用

本節介紹 Helm 的常見用法,包括 Chart 倉庫的使用、部署應用、更新或
導回 Release 應用、卸載 Release、建立自訂 Chart 等。

1. Chart 倉庫的使用

安裝好 Helm 之後,通常需要增加一個 Chart 倉庫,一種常見的選擇是增
加 Helm 官方的穩定版 Chart 倉庫:

```
# helm repo add stable https://charts.helm.sh/stable
"stable" has been added to your repositories
```

增加完成後,可以使用 helm search 命令查詢可部署的 Chart 列表:

```
# helm search repo stable
NAME                              CHART VERSION   APP VERSION
DESCRIPTION
stable/acs-engine-autoscaler      2.2.2           2.1.1
DEPRECATED Scales worker nodes within agent pools
stable/aerospike                  0.3.5           v4.5.0.5
DEPRECATED A Helm chart for Aerospike in Kubern...
stable/airflow                    7.13.3          1.10.12
DEPRECATED - please use: https://github.com/air...
stable/ambassador                 5.3.2           0.86.1
DEPRECATED A Helm chart for Datawire Ambassador
stable/anchore-engine             1.7.0           0.7.3
Anchore container analysis and policy evaluatio...
......
```

helm search repo 命令用於搜索已加入本地 Helm 用戶端的倉庫(透過
helm repo add 命令增加),只搜索本地資料,無須連接網路。

我們還可以使用 helm search hub 命令搜索由 Artifact Hub 提供的來自不同
倉庫的大量 Chart 列表：

```
# helm search hub
URL                                        CHART VERSION
APP VERSION              DESCRIPTION
https://hub.helm.sh/charts/gabibbo97/389ds      0.1.0
fedora-32                389 Directory Server
https://hub.helm.sh/charts/aad-pod-identity/aad...  2.1.0
1.7.0                    Deploy components for aad-pod-identity
https://hub.helm.sh/charts/arhatdev/abbot        0.1.0
latest                   Network Manager Living at Edge
https://hub.helm.sh/charts/restorecommerce/acce...  0.1.2
0.1.6                    A Helm chart for restorecommerce access-
control...
https://hub.helm.sh/charts/ckotzbauer/access-ma...  0.4.1
0.4.1                    Kubernetes-Operator to simplify RBAC
configurat...
......
```

在沒有過濾的情況下，透過 helm search 命令會顯示所有可用的 Chart，
也可以加上查詢關鍵字參數來過濾需要查詢的 Chart 清單，例如查詢包含
"mysql" 關鍵字的 Chart 列表：

```
# helm search hub mysql
URL                                            CHART VERSION    APP
VERSION      DESCRIPTION
https://hub.helm.sh/charts/bitnami/mysql          8.0.0
8.0.22        Chart to create a Highly available MySQL cluster
https://hub.helm.sh/charts/t3n/mysql              0.1.0
8.0.22        Fast, reliable, scalable, and easy to use open-...
https://hub.helm.sh/charts/choerodon/mysql        0.1.4
0.1.4         mysql for Choerodon
https://hub.helm.sh/charts/softonic/mysql-backup  2.1.4
0.2.0         Take mysql backups from any mysql instance to A...
......
```

對倉庫的操作說明

Helm v3 不再提供預設的 Chart 倉庫，使用者需要透過 helm repo 命令來增
加、查詢、刪除 Chart 倉庫。

可以用 helm repo list 命令查看已經增加的 Chart 倉庫列表，例如：

```
# helm repo list
NAME      URL
stable    https://charts.helm.sh/stable
```

使用 helm repo add 命令增加新的 Chart 倉庫，例如：

```
# helm repo add dev https://example.com/dev-charts
```

由於 Chart 倉庫的內容更新頻繁，所以在部署應用之前，都應該執行 helm repo update 命令來確保本地倉庫的資料最新，例如：

```
# helm repo update
Hang tight while we grab the latest from your chart repositories...
...Successfully got an update from the "stable" chart repository
Update Complete.  Happy Helming!
```

最後，可以使用 helm repo remove 命令從本地刪除一個倉庫，例如：

```
# helm repo remove stable
"stable" has been removed from your repositories
```

2. helm install：部署應用

在查詢到需要的 Chart 之後，就可以使用 helm install 命令部署應用了，最少需要指定兩個命令列參數：Release 名稱（由使用者設置）和 Chart 名稱。

例如部署一個 Release 名稱為 "mariadb-1" 的 MariaDB 應用，程式如下：

```
# helm install mariadb-1 stable/mariadb
WARNING: This chart is deprecated
NAME: mariadb-1
LAST DEPLOYED: Mon Dec  7 15:58:12 2020
NAMESPACE: default
STATUS: deployed
REVISION: 1
NOTES:
This Helm chart is deprecated

Given the `stable` deprecation timeline (https://github.com/helm/
charts#deprecation-timeline), the Bitnami maintained Helm chart is now
located at bitnami/charts (https://github.com/bitnami/charts/).

The Bitnami repository is already included in the Hubs and we will continue
providing the same cadence of updates, support, etc that we've been keeping
```

here these years. Installation instructions are very similar, just adding
the _bitnami_ repo and using it during the installation (`bitnami/<chart>`
instead of `stable/<chart>`)

```bash
$ helm repo add bitnami https://charts.bitnami.com/bitnami
$ helm install my-release bitnami/<chart>          # Helm 3
$ helm install --name my-release bitnami/<chart>    # Helm 2
```

To update an exisiting _stable_ deployment with a chart hosted in the
bitnami repository you can execute

```bash
$ helm repo add bitnami https://charts.bitnami.com/bitnami
$ helm upgrade my-release bitnami/<chart>
```

Issues and PRs related to the chart itself will be redirected to `bitnami/
charts` GitHub repository. In the same way, we'll be happy to answer
questions related to this migration process in this issue (https://github.
com/helm/charts/issues/20969) created as a common place for discussion.

Please be patient while the chart is being deployed

Tip:

  Watch the deployment status using the command: kubectl get pods -w
--namespace default -l release=mariadb-1

Services:

  echo Master: mariadb-1.default.svc.cluster.local:3306
  echo Slave: mariadb-1-slave.default.svc.cluster.local:3306

Administrator credentials:

  Username: root
  Password : $(kubectl get secret --namespace default mariadb-1 -o
jsonpath="{.data.mariadb-root-password}" | base64 --decode)

To connect to your database:

  1. Run a pod that you can use as a client:

      kubectl run mariadb-1-client --rm --tty -i --restart='Never' --image

```
docker.io/bitnami/mariadb:10.3.22-debian-10-r27 --namespace default
--command -- bash

  2. To connect to master service (read/write):

    mysql -h mariadb-1.default.svc.cluster.local -uroot -p my_database

  3. To connect to slave service (read-only):

    mysql -h mariadb-1-slave.default.svc.cluster.local -uroot -p my_
database

To upgrade this helm chart:

  1. Obtain the password as described on the 'Administrator credentials'
section and set the 'rootUser.password' parameter as shown below:

    ROOT_PASSWORD=$(kubectl get secret --namespace default mariadb-1 -o
jsonpath="{.data.mariadb-root-password}" | base64 --decode)
    helm upgrade mariadb-1 stable/mariadb --set rootUser.password=$ROOT_
PASSWORD
```

helm install 命令會顯示該應用本次部署的 Release 狀態及與應用相關的提示資訊，例如 Release 名稱為 "mariadb-1"（如果想讓 Helm 生成 Release 名稱，則可以不指定名稱，並加上 --generate-name 參數）。

在安裝過程中，Helm 用戶端會列印資源的建立過程、發佈狀態及需要額外處理的設定步驟等有用資訊。

從上面的輸出可以看到，透過本次部署，在 Kubernetes 叢集中建立了名為 "mariadb-1" 和 "mariadb-1-slave" 的兩個 Service，並且舉出了服務造訪網址 mariadb-1.default.svc.cluster. local:3306 和 mariadb-1-slave.default.svc.cluster.local:3306。

我們可以透過 kubectl 命令查詢在 Kubernetes 叢集中部署的資源物件：

```
# kubectl get all
NAME                    READY    STATUS     RESTARTS    AGE
pod/mariadb-1-master-0  1/1      Running    0           4m8s
pod/mariadb-1-slave-0   1/1      Running    0           4m8s

NAME                    TYPE     CLUSTER-IP    EXTERNAL-IP  PORT(S)   AGE
```

```
......
service/mariadb-1          ClusterIP    169.169.93.24    <none>         3306/
TCP    4m9s
service/mariadb-1-slave    ClusterIP    169.169.20.44    <none>         3306/
TCP    4m9s

NAME                                  READY    AGE
statefulset.apps/mariadb-1-master     1/1      4m8s
statefulset.apps/mariadb-1-slave      1/1      4m8s
```

至此，一個 MariaDB 應用就部署完成了。

使用 helm list 命令可以查詢部署的 Release 列表：

```
# helm list
NAME             NAMESPACE        REVISION        UPDATED
STATUS           CHART            APP VERSION
mariadb-1        default          1               2020-12-07 15:58:12.78168822
+0800 CST   deployed             mariadb-7.3.14  10.3.22
```

helm install 命令不會等待所有資源都執行成功後才退出。在部署過程中，
下載鏡像通常需要花費較多時間，為了追蹤 Release 的部署狀態，可以使
用 helm status 命令進行查看，例如：

```
# helm status mariadb-1
NAME: mariadb-1
LAST DEPLOYED: Mon Dec  7 15:58:12 2020
NAMESPACE: default
STATUS: deployed
REVISION: 1
NOTES:
This Helm chart is deprecated

......

Services:

  echo Master: mariadb-1.default.svc.cluster.local:3306
  echo Slave:  mariadb-1-slave.default.svc.cluster.local:3306

Administrator credentials:

  Username: root
  Password : $(kubectl get secret --namespace default mariadb-1 -o
jsonpath="{.data.mariadb-root-password}" | base64 --decode)
```

```
To connect to your database:

  1. Run a pod that you can use as a client:

     kubectl run mariadb-1-client --rm --tty -i --restart='Never' --image
docker.io/bitnami/mariadb:10.3.22-debian-10-r27 --namespace default
--command -- bash

  2. To connect to master service (read/write):

     mysql -h mariadb-1.default.svc.cluster.local -uroot -p my_database

  3. To connect to slave service (read-only):

     mysql -h mariadb-1-slave.default.svc.cluster.local -uroot -p my_
database

To upgrade this helm chart:

  1. Obtain the password as described on the 'Administrator credentials'
section and set the 'rootUser.password' parameter as shown below:

     ROOT_PASSWORD=$(kubectl get secret --namespace default mariadb-1 -o
jsonpath="{.data.mariadb-root-password}" | base64 --decode)
     helm upgrade mariadb-1 stable/mariadb --set rootUser.password=$ROOT_
PASSWORD
```

上面的輸出資訊顯示了 Release 當前最新的狀態資訊。

在部署之前自訂 Chart 的設定資料

前面的安裝過程使用的是 Chart 的預設設定資料。在實際情況下通常都需
要根據環境資訊先修改預設設定，再部署應用。

透過 helm show values 命令可以查看 Chart 的可設定項，例如查看
MariaDB 的可設定項：

```
# helm show values stable/mariadb
## Global Docker image parameters
## Please, note that this will override the image parameters, including
dependencies, configured to use the global value
## Current available global Docker image parameters: imageRegistry and
imagePullSecrets
##
# global:
```

```
#    imageRegistry: myRegistryName
#    imagePullSecrets:
#      - myRegistryKeySecretName
#    storageClass: myStorageClass

## Use an alternate scheduler, e.g. "stork".
##
# schedulerName:

## Bitnami MariaDB image
##
image:
  registry: docker.io
  repository: bitnami/mariadb
  tag: 10.3.22-debian-10-r27
  ## Specify a imagePullPolicy
  ## Defaults to 'Always' if image tag is 'latest', else set to
'IfNotPresent'
  ##
  pullPolicy: IfNotPresent
......
```

使用者可以編寫一個 YAML 設定檔來覆蓋這些內容，然後在安裝時引用
這個設定檔。例如：

```
# echo '{mariadbUser: user0, mariadbDatabase: user0db}' > config.yaml
```

該設定表示建立一個名為 "user0" 的 MariaDB 預設使用者，並授權該使
用者最新建立的名為 "user0db" 的資料庫的存取權限，對其他設定則使用
Chart 中的預設值。

然後透過 helm install 命令，使用 -f 參數引用該設定檔進行部署：

```
# helm install -f config.yaml mariadb-1 stable/mariadb
```

在部署應用時有兩種方法傳遞設定資料。

- --values 或者 -f：使用 YAML 檔案進行參數設定，可以設置多個檔案，
  最後一個優先。對多個檔案中重複的 value 會進行覆蓋操作，不同的
  value 疊加生效。上面的例子使用的就是這種方式。
- --set：在命令列中直接設置參數的值。

如果同時使用兩個參數，則 --set 會以高優先順序合併到 --values 中。對於透過 --set 設置的值，可以用 helm get values <release-name> 命令在指定的 Release 資訊中查詢到。另外，--set 指定的值會被 helm upgrade 執行時期 --reset-values 指定的值清空。

關於 --set 格式和限制的說明

--set 可以使用 0 個或多個名稱 / 值對，最簡單的方式是 --set name=value，對應的 YAML 檔案中的語法如下：

```
name: value
```

多個值使用逗點分隔，例如 --set a=b,c=d，對應的 YAML 設定如下：

```
a: b
c: d
```

還可以用於表達具有多層級結構的變數，例如 --set outer.inner=value，對應的 YAML 設定如下：

```
outer:
  inner: value
```

大括號 {} 可以用來表示列表類型的資料，例如 --set name={a,b,c} 會被翻譯如下：

```
name:
  - a
  - b
  - c
```

Helm 從 2.5.0 版本開始，允許使用陣列索引語法存取清單項，例如 --set servers[0].port=80 會被翻譯如下：

```
servers:
  - port: 80
```

透過這種方式可以設置多個值，例如 --set servers[0].port=80,servers[0].host=example 會被翻譯如下：

```
servers:
  - port: 80
    host: example
```

有時在 --set 的值裡會存在一些特殊字元（例如逗點、雙引號等），對其可以使用反斜線 "\" 符號進行逸出，例如 --set name=value1\, value2 會被翻譯如下：

```
name: "value1,value2"
```

類似地，我們可以對點符號 "." 進行逸出，這樣 Chart 使用 toYaml 方法解析 Label、Annotation 或者 Node Selector 時就很方便了，例如：--set nodeSelector."kubernetes\.io/role"=master 會被翻譯如下：

```
nodeSelector:
  kubernetes.io/role: master
```

儘管如此，--set 語法的表達能力依然無法與 YAML 語言相提並論，尤其是在處理深層巢狀型別的資料結構時。建議 Chart 的設計者在設計 values.yaml 檔案格式時考慮 --set 的用法。

Chart 的更多部署方法

使用 helm install 命令時，可以透過多種安裝來源以 Chart 為基礎部署應用。

- Chart 倉庫，如前文所述。
- 本地的 Chart 壓縮檔，例如 helm install foo foo-0.1.1.tgz。
- 解壓縮的 Chart 目錄，例如 helm install foo path/to/foo。
- 一個完整的 URL，例如 helm install foo https://example.com/charts/foo-1.2.3.tgz。

3. helm upgrade 和 helm rollback：應用的更新或導回

當一個 Chart 有新版本發佈或者需要修改已部署 Release 的設定時，可以使用 helm upgrade 命令完成應用的更新。

helm upgrade 命令會利用使用者提供的更新資訊來對 Release 進行更新。因為 Kubernetes Chart 可能會很大且很複雜，所以 Helm 會嘗試執行最小影響範圍的增量更新，只更新相對於上一個 Release 發生改變的部分。

例如更新預設的使用者名稱，建立 user1.yaml 設定檔，內容如下：

```
mariadbUser: user1
```

使用 helm upgrade 命令更新當前已部署的 Release"mariadb-1"：

```
# helm upgrade -f user1.yaml mariadb-1 stable/mariadb
WARNING: This chart is deprecated
Release "mariadb-1" has been upgraded. Happy Helming!
NAME: mariadb-1
LAST DEPLOYED: Mon Dec  7 17:21:32 2020
NAMESPACE: default
STATUS: deployed
REVISION: 2
NOTES:
This Helm chart is deprecated
......
```

使用 helm get values 命令可以查看到，以使用者提供為基礎的 user1.yaml 的新設定內容已被更新到了 Release 中：

```
# helm get values mariadb-1
USER-SUPPLIED VALUES:
mariadbUser: user1
```

用 helm list 命令查看 Release 的資訊，會發現 Revision 被更新為 2：

```
# helm list
NAME                NAMESPACE        REVISION        UPDATED
STATUS              CHART            APP VERSION
mariadb-1           default          2               2020-12-07
17:21:32.805760064 +0800 CST deployed         mariadb-7.3.14   10.3.22
```

當然，也可以使用 kubectl 命令查看 Statefulset、Pod 等資源的變化情況。

如果更新後的 Release 未按預期執行，則可以使用 helm rollback [RELEASE] 命令對 Release 進行導回，例如：

```
# helm rollback mariadb-1 1
Rollback was a success! Happy Helming!
```

以上命令將把名為 "mariadb-1" 的 Release 導回到第 1 個版本。

需要說明的是，Release 的修訂（Revision）號是持續增加的，每次進行安裝、升級或者導回，修訂號都會增加 1，第 1 個版本編號始終是 1。

用 helm list 命令查看 Release 的資訊，會發現 Revision 被更新為 3：

```
# helm list
NAME              NAMESPACE       REVISION         UPDATED
STATUS            CHART           APP VERSION
mariadb-1         default         3                2020-12-07
17:31:03.186513753 +0800 CST deployed         mariadb-7.3.14  10.3.22
```

另外，使用 helm history [RELEASE] 命令可以查看 Release 的修訂歷史記錄，例如：

```
# helm history mariadb-1
REVISION        UPDATED                             STATUS          CHART
APP VERSION     DESCRIPTION
1               Mon Dec  7 15:58:12 2020            superseded
mariadb-7.3.14  10.3.22             Install complete
2               Mon Dec  7 17:21:32 2020            superseded
mariadb-7.3.14  10.3.22             Upgrade complete
3               Mon Dec  7 17:31:03 2020            deployed
mariadb-7.3.14  10.3.22             Rollback to 1
```

安裝 / 升級 / 導回命令的常用參數

在執行 helm install/upgrade/rollback 命令時，有些很有用的參數可幫助我們控制這幾個操作的行為。注意，以下不是完整的命令列參數列表，可以使用 helm <command> --help 命令查看對全部參數的說明。

- --timeout：等待 Kubernetes 命令完成的（Golang 持續）時間，預設值為 5m0s。
- --wait：在將 Release 標記為成功之前，需要等待一些條件達成。例如，所有 Pod 的狀態都為 Ready；PVC 完成綁定；Deployment 的最小 Pod 數量（Desired- maxUnavailable）的狀態為 Ready；Service 的 IP 位址設置成功（如果是 LoadBalancer 類型，則 Ingress 設置成功），等等。等待時間與 --timeout 參數設置的時間一樣。逾時後該 Release 的狀態會被標記為 FAILED。注意：當 Deployment 的 replicas 被設置為 1，且捲動更新策略的 maxUnavailable 不為 0 時，--wait 才會在有最小數量的 Pod 達到 Ready 狀態後返回 Ready 狀態。
- --no-hooks：跳過該命令的執行鉤子（Hook）。

■ --recreate-pods：會導致所有 Pod 的重建（屬於 Deployment 的 Pod 除外），僅對 upgrade 和 rollback 命令可用。該參數在 Helm v3 中已被棄用。

4. helm uninstall：卸載一個 Release

需要卸載某個 Release 時，可以使用 helm uninstall 命令。例如使用該命令從叢集中刪除名為 "mariadb-1" 的 Release：

```
# helm uninstall mariadb-1
release "mariadb-1" uninstalled
```

再次使用 helm list 命令查看 Release 列表，可以看到名為 "mariadb-1" 的 Release 已被卸載：

```
# helm list
NAME     NAMESPACE      REVISION      UPDATED STATUS   CHART    APP VERSION
```

在 Helm v2 版本中刪除 Release 後會保留刪除記錄，在 Helm v3 版本中會同時刪除歷史記錄。如果希望保留刪除記錄，則可以加上 --keep-history 參數，例如：

```
# helm uninstall mariadb-1 --keep-history
release "mariadb-1" uninstalled
```

使用 helm list --uninstalled 命令可以查看使用 --keep-history 保留的卸載記錄，例如：

```
# helm list --uninstalled
NAME            NAMESPACE         REVISION         UPDATED
STATUS          CHART             APP VERSION
mariadb-1       default           1                2020-12-07
22:49:29.210572225 +0800 CST uninstalled     mariadb-7.3.14  10.3.22
```

注意，由於 Release 的狀態是已刪除，所以不能再導回已卸載的 Release 到某個版本了。

5. 自訂應用 Chart

使用者可以以 Helm Chart 範本為基礎開發自己的應用 Chart，這可以透過 helm create 命令快速建立一個 Chart 範本，例如：

```
# helm create deis-workflow
Creating deis-workflow
```

helm create 命令用於在目前的目錄下建立名為 "deis-workflow" 的子目錄，其中的檔案和目錄結構如下：

```
# tree ./deis-workflow
./deis-workflow
├── charts
├── Chart.yaml
├── templates
│   ├── deployment.yaml
│   ├── _helpers.tpl
│   ├── hpa.yaml
│   ├── ingress.yaml
│   ├── NOTES.txt
│   ├── serviceaccount.yaml
│   ├── service.yaml
│   └── tests
│       └── test-connection.yaml
└── values.yaml
```

然後就可以以這個範本為基礎編輯其中的 YAML 設定了。

編輯之後，可以用 helm lint 命令驗證 Chart 中的各檔案格式是否正確，例如：

```
# helm lint deis-workflow
==> Linting deis-workflow
[INFO] Chart.yaml: icon is recommended

1 chart(s) linted, 0 chart(s) failed
```

在 Chart 準備好之後，使用 helm package 命令將其打包為一個 .tgz 檔案，例如：

```
# helm package deis-workflow
Successfully packaged chart and saved it to: /deis-workflow-0.1.0.tgz
```

然後就可以以該 Chart 為基礎的本地 .tgz 檔案用 helm install 命令部署應用了，例如：

```
# helm install deis-workflow-1 deis-workflow-0.1.0.tgz
NAME: deis-workflow-1
LAST DEPLOYED: Mon Dec  7 23:13:13 2020
NAMESPACE: default
STATUS: deployed
REVISION: 1
```

```
NOTES:
1. Get the application URL by running these commands:
  export POD_NAME=$(kubectl get pods --namespace default -l "app.kubernetes.
io/name=deis-workflow,app.kubernetes.io/instance=deis-workflow-1" -o
jsonpath="{.items[0].metadata.name}")
  export CONTAINER_PORT=$(kubectl get pod --namespace default $POD_NAME -o
jsonpath="{.spec.containers[0].ports[0].containerPort}")
  echo "Visit http://127.0.0.1:8080 to use your application"
  kubectl --namespace default port-forward $POD_NAME 8080:$CONTAINER_PORT
```

使用者可以將打包好的 Chart 上傳到 Chart 倉庫中保存，供後續分發和部署使用。如何上傳，依賴於 Chart 倉庫提供的服務，需要查看 Chart 倉庫的文件來了解如何上傳。

10.11.5　Chart 說明

Helm 使用的套件格式被稱為 Chart。Chart 就是一個描述所有 Kubernetes 資源的檔案集合。一個 Chart 用於部署一個完整的應用，例如資料庫、快取、Web 服務等。本節對 Chart 的目錄結構、主要檔案和關鍵設定資訊進行說明。

1. Chart 目錄結構

Chart 是包含一系列檔案的集合，目錄名稱就是 Chart 名稱（不包含版本資訊），例如一個 WordPress 的 Chart 會被儲存在名為 "wordpress" 的目錄下。

對該目錄下檔案結構和各檔案的說明如下：

```
wordpress/
  Chart.yaml              # 包含了 Chart 資訊的 YAML 檔案
  LICENSE                 # 可選：包含 Chart 許可證的文字檔
  README.md               # 可選：README 檔案
  values.yaml             # Chart 預設的設定值
  values.schema.json      # 可選：JSON 結構的 values.yaml 檔案
  charts/                 # 包含 Chart 依賴的其他 Chart
  crds/                   # 自訂資源的定義
  templates/              # 範本目錄，與 values.yaml 組合為完整的資源物件設定檔
  templates/NOTES.txt     # 可選：包含簡要使用說明的文字檔
```

Helm 保留了 charts/、crds/、templates/ 目錄和上面列舉的檔案名稱。

2. Chart.yaml 檔案說明

Chart.yaml 檔案（首字母大寫）是 Chart 必需的主要設定檔，包含的關鍵
字段和說明如下：

```
apiVersion: Chart 的 API 版本編號（必需）
name: Chart 名稱（必需）
version: 應用的版本編號（必需）
kubeVersion: 相容的 Kubernetes 版本編號範圍（可選）
description: 應用描述（可選）
type: Chart 類型（可選）
keywords:
  - 關於應用的一組關鍵字（可選）
home: 應用 home 頁面的 URL 位址（可選）
sources:
  - 應用原始程式的 URL 位址清單（可選）
dependencies: # 依賴的一組其他 Chart 資訊（可選）
  - name: Chart 名稱（nginx）
    version: Chart 版本（"1.2.3"）
    repository: 倉庫 URL（https://example.com/charts）或別名（"@repo-name"）
    condition:（可選）YAML 格式，用於啟用或禁用 Chart（例如 subchart1.enabled）
    tags: #（可選）
      - 用於啟用或禁用一組 Chart 的 tag
    import-values: #（可選）
      - ImportValue：將在子 Chart 中設置的變數和值匯入父 Chart 中
    alias:（可選）在 Chart 中使用的別名。需要多次增加相同的 Chart 時會很有用
maintainers: #（可選）
  - name: 維護者的名稱（每個維護者都需要）
    email: 維護者的電子郵件（每個維護者都可選）
    url: 維護者 URL 位址（每個維護者都可選）
icon: 用作 icon 的 SVG 或 PNG 圖片的 URL 位址（可選）
appVersion: 包含的應用版本（可選）
deprecated: 設置該 Chart 是否已被棄用（可選，布林值）
annotations:
  example: annotation 列表（可選）
```

其他欄位將忽略。對其中每個欄位的詳細說明請參考官方文件的說明。

10.11.6 架設私有 Chart 倉庫

Helm 的官方 Chart 倉庫在網際網路上由社區維護。同時 Helm 也很容易架
設並執行自己的私有 Chart 倉庫。本節對如何架設和管理 Chart 倉庫進行
說明。

Chart 倉庫是一個包含一個 index.yaml 檔案和已經打好包的 Chart 檔案的 HTTP 伺服器。Chart 倉庫可以是任何提供 YAML 和 Tar 檔案並回應 GET 請求的 HTTP 伺服器，在架設私有 Chart 倉庫時有很多選擇，例如可以使用公有雲端服務 Google Cloud Storage（GCS）、Amazon S3、GitHub，或者架設自己的 Web 伺服器。

1. Chart 倉庫的結構

Chart 倉庫由 Chart 套件和包含了倉庫中所有 Chart 索引的特殊檔案 index. yaml 組成。例如一個 Chart 倉庫的版面設定可能如下：

```
# tree charts/
charts/
├── alpine-0.1.2.tgz
├── alpine-0.1.2.tgz.prov
└── index.yaml
```

在 index.yaml 檔案中包含了 Alpine 這個 Chart 的資訊，並提供了 Chart 套件的下載網址：http://<server-url>/charts/alpine-0.1.2.tgz。

index.yaml 檔案不用必須與 Chart 套件放在同一個伺服器上，但放在一起最方便。

2. index.yaml 檔案說明

index.yaml 檔案是 YAML 格式的檔案，主要包括 Chart 套件的中繼資料資訊，包括 Chart 中 Chart.yaml 檔案的內容。一個合法的 Chart 倉庫必須有一個 index.yaml 檔案，包含 Chart 倉庫中每一個 Chart 的資訊。

helm repo index 命令會以包含 Chart 套件為基礎的本地目錄生成該 index. yaml 檔案。

index.yaml 檔案的內容範例如下：

```
apiVersion: v1
entries:
  alpine:
    - created: 2020-10-06T16:23:20.499814565-06:00
      description: Deploy a basic Alpine Linux pod
      digest: 99c76e403d752c84ead610644d4b1c2f2b453a74b921f422b9dcb8a7c8b559cd
      home: https://helm.sh/helm
```

```
      name: alpine
      sources:
      - https://github.com/helm/helm
      urls:
      - https://technosophos.github.io/tscharts/alpine-0.2.0.tgz
      version: 0.2.0
    - created: 2020-10-06T16:23:20.499543808-06:00
      description: Deploy a basic Alpine Linux pod
      digest: 515c58e5f79d8b2913a10cb400ebb6fa9c77fe813287afbacf1a0b897cd78727
      home: https://helm.sh/helm
      name: alpine
      sources:
      - https://github.com/helm/helm
      urls:
      - https://technosophos.github.io/tscharts/alpine-0.1.0.tgz
      version: 0.1.0
  nginx:
    - created: 2020-10-06T16:23:20.499543808-06:00
      description: Create a basic nginx HTTP server
      digest: aaff4545f79d8b2913a10cb400ebb6fa9c77fe813287afbacf1a0b897cdffffff
      home: https://helm.sh/helm
      name: nginx
      sources:
      - https://github.com/helm/charts
      urls:
      - https://technosophos.github.io/tscharts/nginx-1.1.0.tgz
      version: 1.1.0
generated: 2020-10-06T16:23:20.499029981-06:00
```

3. 使用普通的 Web 服務架設 Chart 倉庫

下面使用 Apache 架設一個私有 Chart 倉庫，並將自訂的 Chart 保存到倉庫中。首先，對 Apache 設置如下：

- 使用 /var/web/charts 目錄存放 Chart 套件和 index.yaml 檔案；
- 使用 http://<server-ip>/charts URL 位址提供服務；
- 確保對 index.yaml 檔案無須認證即可存取。

然後，將開發、打包好的 Chart 類別檔案（例如 mymariadb-0.1.1.tgz）複製到 Apache 的 /var/web/charts 目錄下。

接著，使用 helm repo index 命令建立索引檔案，程式如下，Helm 將根據 /var/web/repo 目錄下的 Chart 內容建立 index.yaml 索引檔案：

```
# helm repo index /var/web/charts --url http://127.0.0.1/charts
```

注意：後續每次在倉庫中增加或更新 Chart 時，都必須使用 helm repo index 命令重新生成 index.yaml 檔案。另外，該命令提供了 --merge 參數向現有 index.yaml 檔案中增量增加新的 Chart 資訊（而非全部重新生成），這對於使用遠端倉庫很有用。

最後，啟動 Web Server。一個私有 Chart 倉庫就架設完成了。

準備好分享自建 Chart 倉庫時，只需將倉庫的 URL 位址告訴其他人，其他人就可以透過 helm repo add [NAME] [URL] 命令將倉庫增加到其 Helm 用戶端，查詢 Chart 列表並部署應用了，例如：

```
# helm repo add local-repo http://<server-ip>/charts
```

透過 helm install 命令部署 mymariadb 應用，例如：

```
# helm install mariaadb local-repo/mymariadb
```

Trouble Shooting 指南

本章將對 Kubernetes 叢集中常見問題的排除方法進行說明。

為了追蹤和發現在 Kubernetes 叢集中執行的容器應用出現的問題,我們常用如下查錯方法。

(1)查看 Kubernetes 物件的當前執行時期資訊,特別是與物件連結的 Event 事件。這些事件記錄了相關主題、發生時間、最近發生時間、發生次數及事件原因等,對排除故障非常有價值。此外,透過查看物件的執行時期資料,我們還可以發現參數錯誤、連結錯誤、狀態異常等明顯問題。由於在 Kubernetes 中多種物件相互連結,因此這一步可能會包括多個相關物件的排除問題。

(2)對於服務、容器方面的問題,可能需要深入容器內部進行故障診斷,此時可以透過查看容器的執行日誌來定位具體問題。

(3)對於某些複雜問題,例如 Pod 排程這種全域性的問題,可能需要結合叢集中每個節點上的 Kubernetes 服務日誌來排除。比如搜集 Master 上的 kube-apiserver、kube-schedule、kube-controler-manager 服務日誌,以及各個 Node 上的 kubelet、kube-proxy 服務日誌,透過綜合判斷各種資訊,就能找到問題的成因並解決問題。

11.1 查看系統 Event

在 Kubernetes 叢集中建立 Pod 後,我們可以透過 kubectl get pods 命令查看 Pod 列表,但透過該命令顯示的資訊有限。Kubernetes 提供了 kubectl

describe pod 命令來查看一個 Pod 的詳細資訊，例如：

```
$ kubectl describe pod redis-master-bobr0
Name:                          Redis-master-bobr0
Namespace:                     default
Image(s):                      kubeguide/Redis-master
Node:                          k8s-node-1/192.168.18.3
Labels:                        name=Redis-master,role=master
Status:                        Running
Reason:
Message:
IP:                            172.17.0.58
Replication Controllers:       Redis-master (1/1 replicas created)
Containers:
  master:
    Image:         kubeguide/Redis-master
    Limits:
      cpu:                     250m
      memory:                  64Mi
    State:                     Running
      Started:                 Fri, 21 Aug 2020 14:45:37 +0800
    Ready:                     True
    Restart Count:             0
Conditions:
  Type           Status
  Ready          True
Events:
  FirstSeen                         LastSeen              Count    From
SubobjectPath         Reason                  Message
  Fri, 21 Aug 2020 14:45:36 +0800        Fri, 21 Aug 2020 14:45:36 +0800
1      {kubelet k8s-node-1}    implicitly required container POD    pulled
Pod container image "myregistry:5000/google_containers/pause:latest" already
present on machine
  Fri, 21 Aug 2020 14:45:37 +0800        Fri, 21 Aug 2020 14:45:37 +0800
1      {kubelet k8s-node-1}    implicitly required container POD    created
Created with docker id a4aa97813908
  Fri, 21 Aug 2020 14:45:37 +0800        Fri, 21 Aug 2020 14:45:37 +0800
1      {kubelet k8s-node-1}    implicitly required container POD    started
Started with docker id a4aa97813908
  Fri, 21 Aug 2020 14:45:37 +0800        Fri, 21 Aug 2020 14:45:37 +0800 1
{kubelet k8s-node-1}    spec.containers{master}                  created
Created with docker id 1e746245f768
  Fri, 21 Aug 2020 14:45:37 +0800        Fri, 21 Aug 2020 14:45:37 +0800 1
{kubelet k8s-node-1}    spec.containers{master}                  started
```

```
Started with docker id 1e746245f768
  Fri, 21 Aug 2020 14:45:37 +0800        Fri, 21 Aug 2020 14:45:37 +0800
1      {scheduler }                                    scheduled
Successfully assigned Redis-master-bobr0 to k8s-node-1
```

透過 kubectl describe pod 命令，可以顯示 Pod 建立時的設定定義、狀態等資訊，還可以顯示與該 Pod 相關的最近的 Event（事件），事件資訊對於查錯非常有用。如果某個 Pod 一直處於 Pending 狀態，我們就可以透過 kubectl describe 命令了解具體原因。例如，從 Event 事件中獲知 Pod 失敗的原因可能有以下幾種。

- 沒有可用的 Node 以供排程。
- 開啟了資源配額管理，但在當前排程的目標節點上資源不足。
- 鏡像下載失敗。

透過 kubectl describe 命令，我們還可以查看其他 Kubernetes 物件，包括 Node、RC、Service、Namespace、Secrets 等，對每種物件都會顯示相關的其他資訊。

例如，查看一個服務的詳細資訊：

```
$ kubectl describe service redis-master
Name:                Redis-master
Namespace:           default
Labels:              name=Redis-master
Selector:            name=Redis-master
Type:                ClusterIP
IP:                  169.169.208.57
Port:                <unnamed>        6379/TCP
Endpoints:           172.17.0.58:6379
Session Affinity:    None
No events.
```

如果要查看的物件屬於某個特定的命名空間，就需要加上 --namespace=<namespace> 進行查詢。例如：

```
$ kubectl get service kube-dns --namespace=kube-system
```

11.2 查看容器日誌

在需要排除容器內部應用程式生成的日誌時，我們可以使用 kubectl logs <pod_name> 命令：

```
$ kubectl logs redis-master-bobr0
[1] 21 Aug 06:45:37.781 * Redis 2.8.19 (00000000/0) 64 bit, stand alone
mode, port 6379, pid 1 ready to start.
[1] 21 Aug 06:45:37.781 # Server started, Redis version 2.8.19
[1] 21 Aug 06:45:37.781 # WARNING overcommit_memory is set to 0! Background
save may fail under low memory condition. To fix this issue add 'vm.
overcommit_memory = 1' to /etc/sysctl.conf and then reboot or run the
command 'sysctl vm.overcommit_memory=1' for this to take effect.
[1] 21 Aug 06:45:37.782 # WARNING you have Transparent Huge Pages (THP)
support enabled in your kernel. This will create latency and memory usage
issues with Redis. To fix this issue run the command 'echo never > /sys/
kernel/mm/transparent_hugepage/ enabled' as root, and add it to your /
etc/ rc.local in order to retain the setting after a reboot. Redis must be
restarted after THP is disabled.
[1] 21 Aug 06:45:37.782 # WARNING: The TCP backlog setting of 511 cannot be
enforced because /proc/sys/net/core/somaxconn is set to the lower value of
128.
```

如果在某個 Pod 中包含多個容器，就需要透過 -c 參數指定容器的名稱來查看，例如：

```
kubectl logs <pod_name> -c <container_name>
```

其效果與在 Pod 的宿主機上執行 docker logs <container_id> 一樣。

容器中應用程式生成的日誌與容器的生命週期是一致的，所以在容器被銷毀之後，容器內部的檔案也會被丟棄，包括日誌等。如果需要保留容器內應用程式生成的日誌，則可以使用掛載的 Volume 將容器內應用程式生成的日誌保存到宿主機上，還可以透過一些工具如 Fluentd、Elasticsearch 等對日誌進行擷取。

11.3 查看 Kubernetes 服務日誌

如果在 Linux 系統上安裝 Kubernetes，並且使用 systemd 系統管理 Kubernetes 服務，那麼 systemd 的 journal 系統會接管服務程式的輸出日誌。在這種環境中，可以透過使用 systemd status 或 journalctl 工具來查看系統服務的日誌。

例如，使用 systemctl status 命令查看 kube-controller-manager 服務的日誌：

```
# systemctl status kube-controller-manager -l
kube-controller-manager.service - Kubernetes Controller Manager
   Loaded: loaded (/usr/lib/systemd/system/kube-controller-manager.service;
enabled)
   Active: active (running) since Fri 2020-08-21 18:36:29 CST; 5min ago
     Docs: https://github.com/GoogleCloudPlatform/kubernetes
 Main PID: 20339 (kube-controller)
   CGroup: /system.slice/kube-controller-manager.service
           └─20339 /usr/bin/kube-controller-manager --logtostderr=false
--v=4 --master=http://kubernetes-master:8080 --log_dir=/var/log/kubernetes

Aug 21 18:36:29 kubernetes-master systemd[1]: Starting Kubernetes Controller
Manager...
Aug 21 18:36:29 kubernetes-master systemd[1]: Started Kubernetes Controller
Manager.
```

使用 journalctl 命令查看：

```
# journalctl -u kube-controller-manager
-- Logs begin at Mon 2020-08-17 16:43:22 CST, end at Fri 2020-08-21 18:36:29
CST. --
Aug 17 16:44:14 kubernetes-master systemd[1]: Starting Kubernetes Controller
Manager...
Aug 17 16:44:14 kubernetes-master systemd[1]: Started Kubernetes Controller
Manager.
```

如果不使用 systemd 系統接管 Kubernetes 服務的標準輸出，則也可以透過日誌相關的啟動參數來指定日誌的存放目錄。

■ --logtostderr=false：不輸出到 stderr。

■ --log-dir=/var/log/kubernetes：日誌的存放目錄。

■ --alsologtostderr=false：將其設置為 true 時，表示將日誌同時輸出到檔案和 stderr。

■ --v=0：glog 的日誌等級。

■ --vmodule=gfs*=2,test*=4：glog 以模組為基礎的詳細日誌等級。

在 --log_dir 設置的目錄下可以查看各服務處理程序生成的記錄檔，記錄檔的數量和大小依賴於日誌等級的設置。例如，kube-controller-manager 可能生成的幾個記錄檔如下：

■ kube-controller-manager.ERROR；

■ kube-controller-manager.INFO；

■ kube-controller-manager.WARNING；

■ kube-controller-manager.kubernetes-master.unknownuser.log. ERROR.20200930- 173939.9847；

■ kube-controller-manager.kubernetes-master.unknownuser.log. INFO.20200930- 173939.9847；

■ kube-controller-manager.kubernetes-master.unknownuser.log. WARNING.20200930- 173939.9847。

在大多數情況下，我們從 WARNING 和 ERROR 等級的日誌中就能找到問題的成因，但有時還需要排除 INFO 等級的日誌甚至 DEBUG 等級的詳細日誌。此外，etcd 服務也屬於 Kubernetes 叢集的重要組成部分，所以不能忽略它的日誌。

如果某個 Kubernetes 物件存在問題，則可以用這個物件的名字作為關鍵字搜索 Kubernetes 的日誌來發現和解決問題。在大多數情況下，我們遇到的主要是與 Pod 物件相關的問題，比如無法建立 Pod、Pod 啟動後就停止或者 Pod 副本無法增加，等等。此時，可以先確定 Pod 在哪個節點上，然後登入這個節點，從 kubelet 的日誌中查詢該 Pod 的完整日誌，然後進行問題排除。對於與 Pod 擴充相關或者與 RC 相關的問題，則很可能在 kube-controller-manager 及 kube-scheduler 的日誌中找出問題的關鍵點。

另外，kube-proxy 經常被我們忽視，因為即使它意外停止，Pod 的狀態也是正常的，但會導致某些服務存取異常。這些錯誤通常與每個節點上的 kube-proxy 服務有著密切的關係。遇到這些問題時，首先要排除 kube-proxy 服務的日誌，同時排除防火牆服務，要特別留意在防火牆中是否有人為增加的可疑規則。

11.4 常見問題

本節對 Kubernetes 系統中的一些常見問題及解決方法進行說明。

11.4.1 由於無法下載 pause 鏡像導致 Pod 一直處於 Pending 狀態

以 redis-master 為例，使用如下設定檔 redis-master-controller.yaml 建立 RC 和 Pod：

```
apiVersion: v1
kind: ReplicationController
metadata:
  name: redis-master
  labels:
    name: redis-master
spec:
  replicas: 1
  selector:
    name: redis-master
  template:
    metadata:
      labels:
        name: redis-master
    spec:
      containers:
      - name: master
        image: kubeguide/redis-master
        ports:
        - containerPort: 6379
```

執行 kubectl create -f redis-master-controller.yaml 成功，但在查看 Pod
時，發現其總是無法處於執行狀態。透過 kubectl get pods 命令可以看到：

```
$ kubectl get pods
NAME                       READY     STATUS                        RESTARTS    AGE
redis-master-6yy7o         0/1       Image: kubeguide/redis-master is ready,
container is creating      0         5m
```

進一步使用 kubectl describe pod redis-master-6yy7o 命令查看該 Pod 的詳
細資訊：

```
$ kubectl describe pod redis-master-6yy7o
Name:                      redis-master-6yy7o
Namespace:                 default
Image(s):                  kubeguide/redis-master
Node:                      127.0.0.1/127.0.0.1
Labels:                    name=redis-master
Status:                    Pending
Reason:
Message:
IP:
Replication Controllers:   redis-master (1/1 replicas created)
Containers:
  master:
    Image:                 kubeguide/redis-master
    State:                 Waiting
      Reason:              Image: kubeguide/redis-master is ready, container
is creating
    Ready:                 False
    Restart Count:         0
Conditions:
  Type           Status
  Ready          False
Events:
  FirstSeen            LastSeen              Count     From
SubobjectPath    Reason      Message
  Thu, 24 Sep 2020 19:19:25 +0800      Thu, 24 Sep 2020 19:25:58 +0800 3
{kubelet 127.0.0.1}             failedSync Error syncing pod, skipping: image
pull failed for k8s.gcr.io/pause:3.2, this may be because there are no
credentials on this request.  details: (API error (500): invalid registry
endpoint https://gcr.io/v0/: unable to ping registry endpoint https://gcr.
io/v0/v2 ping attempt failed with error: Get https://gcr.io/v2/: dial tcp
173.194.196.82:443: connection refused v1 ping attempt failed with error:
Get https://gcr.io/v1/_ping: dial tcp 173.194.79.82:443: connection refused.
```

```
If this private registry supports only HTTP or HTTPS with an unknown CA
certificate, please add `--insecure-registry gcr.io` to the daemon's
arguments. In the case of HTTPS, if you have access to the registry's CA
certificate, no need for the flag; simply place the CA certificate at /etc/
docker/certs.d/gcr.io/ca.crt)
  Thu, 24 Sep 2020 19:19:25 +0800    Thu, 24 Sep 2020 19:25:58 +0800
3      {kubelet 127.0.0.1}    implicitly required container POD   failed
Failed to pull image "k8s.gcr.io/pause:3.2": image pull failed for k8s.
gcr.io/pause:3.2, this may be because there are no credentials on this
request.  details: (API error (500): invalid registry endpoint https://gcr.
io/v0/: unable to ping registry endpoint https://gcr.io/v0/v2 ping attempt
failed with error: Get https://gcr.io/v2/: dial tcp 173.194.196.82:443:
connection refused v1 ping attempt failed with error: Get https://gcr.io/
v1/_ping: dial tcp 173.194.79.82: 443: connection refused. If this private
registry supports only HTTP or HTTPS with an unknown CA certificate, please
add `--insecure-registry gcr.io` to the daemon's arguments. In the case of
HTTPS, if you have access to the registry's CA certificate, no need for the
flag; simply place the CA certificate at /etc/docker/certs.d/gcr.io/ca.crt
```

可以看到，該 Pod 為 Pending 狀態。從 Message 部分顯示的資訊可以看出，其原因説明是 image pull failed for k8s.gcr.io/pause:3.2，即系統在建立 Pod 時無法從 gcr.io 下載 pause 鏡像，導致建立 Pod 失敗。

解決方法如下。

（1）如果伺服器可以存取 Internet，並且不希望使用 HTTPS 的安全機制來存取 gcr.io，則可以在 Docker Daemon 的啟動參數中加上 --insecure-registry gcr.io，來表示可以匿名下載。

（2）如果 Kubernetes 叢集在內網環境中無法存取 gcr.io 網站，則可以先透過一台能夠存取 gcr.io 的機器下載 pause 鏡像，將 pause 鏡像匯出後，再匯入內網的 Docker 私有鏡像倉庫，並在 kubelet 的啟動參數中加上 --pod_infra_container_image，設定如下：

```
--pod_infra_container_image=<docker_registry_ip>:<port>/pause:3.2
```

之後重新建立 redis-master 即可正確啟動 Pod。

注意，除了 pause 鏡像，其他 Docker 鏡像也可能存在無法下載的情況，與上述情況類似，很可能也是網路設定使得鏡像無法下載，解決方法同上。

11.4.2 Pod 建立成功，但 RESTARTS 數量持續增加

建立一個 RC 之後，透過 kubectl get pods 命令查看 Pod，發現如下情況：

```
......
$ kubectl get pods
NAME            READY     STATUS       RESTARTS    AGE
zk-bg-ri3ru     0/1       Running      3           37s
......
$ kubectl get pods
NAME            READY     STATUS       RESTARTS    AGE
zk-bg-ri3ru     0/1       Running      5           1m
......
$ kubectl get pods
NAME            READY     STATUS         RESTARTS    AGE
zk-bg-ri3ru     0/1       ExitCode:0     6           1m
......
$ kubectl get pods
NAME            READY     STATUS       RESTARTS    AGE
zk-bg-ri3ru     0/1       Running      7           1m
```

可以看到 Pod 已經建立成功，但 Pod 一會兒是 Running 狀態，一會兒是 ExitCode:0 狀態，在 READY 列中始終無法變成 1/1，而且 RESTARTS （重新啟動的數量）的數量不斷增加。這通常是因為容器的啟動命令不能保持在前臺執行。

本例中 Docker 鏡像的啟動命令如下：

```
zkServer.sh start-background
```

在 Kubernetes 中根據 RC 定義建立 Pod，之後啟動容器。在容器的啟動命令執行完成時，認為該容器的執行已經結束，並且成功結束（ExitCode=0）。根據 Pod 的預設重新啟動策略定義（RestartPolicy=Always），RC 將啟動這個容器。

新的容器在執行啟動命令後仍然會成功結束，之後 RC 會再次重新啟動該容器，如此往復。其解決方法為將 Docker 鏡像的啟動命令設置為一個前臺執行的命令，例如：

```
zkServer.sh start-foreground
```

11.4.3 透過服務名稱無法存取服務

在 Kubernetes 叢集中應儘量使用服務名稱存取正在執行的微服務，但有時會存取失敗。由於服務包括服務名稱的 DNS 域名解析、kube-proxy 元件的負載分發、後端 Pod 清單的狀態等，所以可透過以下幾方面排除問題。

1. 查看 Service 的後端 Endpoint 是否正常

可以透過 kubectl get endpoints <service_name> 命令查看某個服務的後端 Endpoint 清單，如果列表為空，則可能因為：

- Service 的 Label Selector 與 Pod 的 Label 不符合；
- 後端 Pod 一直沒有達到 Ready 狀態（透過 kubectl get pods 進一步查看 Pod 的狀態）；
- Service 的 targetPort 通訊埠編號與 Pod 的 containerPort 不一致等。

2. 查看 Service 的名稱能否被正確解析為 ClusterIP 位址

可以透過在用戶端容器中 ping <service_name>.<namespace>.svc 進行檢查，如果能夠得到 Service 的 ClusterIP 位址，則說明 DNS 服務能夠正確解析 Service 的名稱；如果不能得到 Service 的 ClusterIP 位址，則可能是因為 Kubernetes 叢集的 DNS 服務工作異常。

3. 查看 kube-proxy 的轉發規則是否正確

我們可以將 kube-proxy 服務設置為 IPVS 或 iptables 負載分發模式。

對於 IPVS 負載分發模式，可以透過 ipvsadm 工具查看 Node 上的 IPVS 規則，查看是否正確設置 Service ClusterIP 位址的相關規則。

對於 iptables 負載分發模式，可以透過查看 Node 上的 iptables 規則，查看是否正確設置 Service ClusterIP 位址的相關規則。

11.5 尋求幫助

如果透過系統日誌和容器日誌都無法找到問題的成因，則可以追蹤原始程式進行分析，或者透過一些線上途徑尋求幫助。下面列出了可給予相應幫助的常用網站或社區。

■ Kubernetes 官方網站。

■ Kubernetes 官方討論區，可以查看 Kubernetes 的最新動態並參與討論，如圖 11.1 所示。

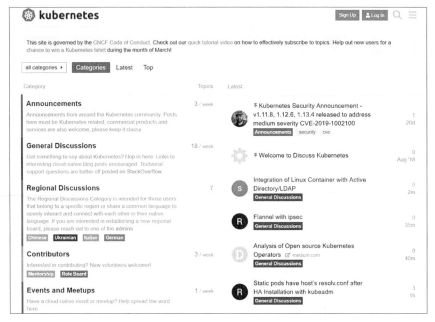

▲ 圖 11.1 Kubernetes 官方討論區截圖

■ Kubernetes GitHub 軟體倉庫問題列表，可以在這裡搜索曾經出現過的問題，也可以提問，如圖 11.2 所示。

Kubernetes 開發中的新功能

本章對 Kubernetes 開發中的一些新功能進行介紹，包括對 Windows 容器的支援、對 GPU 的支援、Pod 的垂直容量調整，並講解 Kubernetes 的演進路線（Roadmap）和開發模式。

12.1 對 Windows 容器的支援

Kubernetes 從 1.5 版本開始就引入了管理以 Windows Server 2016 作業系統為基礎的 Windows 容器的功能。隨著 Windows Server version 1709 版本的發佈，Kubernetes 1.9 版本對 Windows 容器的支援提升為 Beta 版本。在 Windows Server 2019 版本發佈之後，Kubernetes 1.14 版本對 Windows 容器的支援提升為 GA 穩定版本，使得 Linux 應用和 Windows 應用在 Kubernetes 中統一混合編排成為可能，進一步遮罩了作業系統的差異，提高了應用管理效率。

隨著 Windows Server 版本的快速更新，目前 Kubernetes 唯一支援的版本是 Windows Server 2019，可參考官方文件完成作業系統的安裝和設定。本節對如何在 Windows Server 2019 上安裝 Docker、部署 Kubernetes Node、部署服務等操作步驟和發展趨勢進行詳細説明。

將一台 Windows Server 伺服器部署為 Kubernetes Node，需要的元件包括 Docker、Node 元件（kubelet 和 kube-proxy）和 CNI 網路外掛程式。本例以 Flannel CNI 外掛程式部署容器 Overlay 網路，要求在 Linux Kubernetes 叢集中已經部署好 Flannel 元件。注意：Windows Server 僅能作為 Node 加入 Kubernetes 叢集中，叢集的 Master 仍需在 Linux 環境中執行。

12.1.1 在 Windows Server 上安裝 Docker

這裡推薦使用 Docker EE 18.09 及以上版本，透過如下 Powershell 指令稿完成安裝：

```
# 從 PowerShell 函數庫安裝 DockerMsftProvider 管理模組：
Install-Module -Name DockerMsftProvider -Repository PSGallery-Force
# 安裝最新版本的 Docker：

Install-Package -Name docker -ProviderName DockerMsftProvider
# 重新啟動 Wmdows Server 作業系統：
Restart-Computer -Force
```

12.1.2 在 Windows Server 上部署 Kubernetes Node 元件

在 Windows Server 上部署的 Kubernetes Node 元件包括 kubelet 和 kube-proxy，本節對其安裝部署、設定修改、CNI 外掛程式部署進行說明。

1）下載和安裝 Kubernetes Node 所需的服務

從 Kubernetes 的版本發佈頁面下載 Windows Node 相關檔案 kubernetes-node-windows-amd64.tar.gz（在壓縮檔內包含 kubelet.exe、kube-proxy.exe、kubectl.exe 和 kubeadm.exe），如圖 12.1 所示。

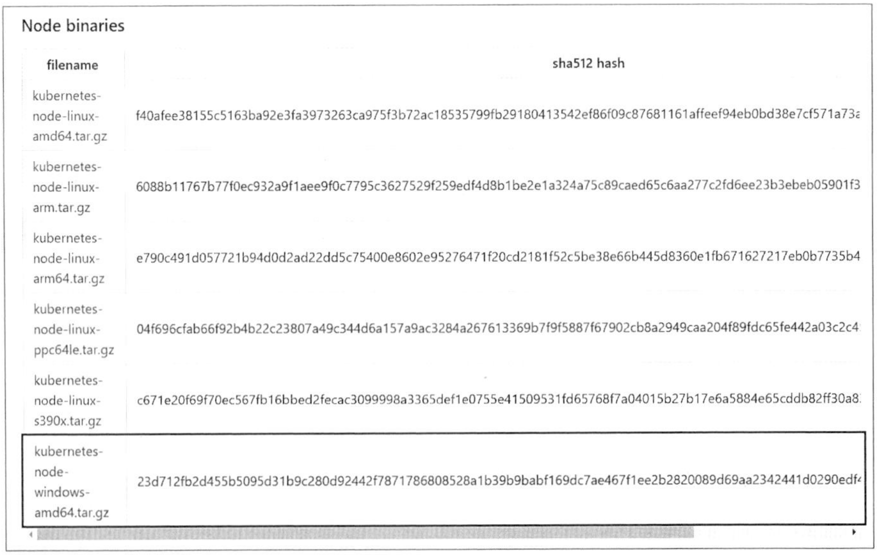
Node binaries

filename	sha512 hash
kubernetes-node-linux-amd64.tar.gz	f40afee38155c5163ba92e3fa3973263ca975f3b72ac18535799fb29180413542ef86f09c87681161affeef94eb0bd38e7cf571a73
kubernetes-node-linux-arm.tar.gz	6088b11767b77f0ec932a9f1aee9f0c7795c3627529f259edf4d8b1be2e1a324a75c89caed65c6aa277c2fd6ee23b3ebeb05901f3
kubernetes-node-linux-arm64.tar.gz	e790c491d057721b94d0d2ad22dd5c75400e8602e95276471f20cd2181f52c5be38e66b445d8360e1fb671627217eb0b7735b4
kubernetes-node-linux-ppc64le.tar.gz	04f696cfab66f92b4b22c23807a49c344d6a157a9ac3284a267613369b7f9f5887f67902cb8a2949caa204f89fdc65fe442a03c2c4
kubernetes-node-linux-s390x.tar.gz	c671e20f69f70ec567fb16bbed2fecac3099998a3365def1e0755e41509531fd65768f7a04015b27b17e6a5884e65cddb82ff30a8
kubernetes-node-windows-amd64.tar.gz	23d712fb2d455b5095d31b9c280d92442f7871786808528a1b39b9babf169dc7ae467f1ee2b2820089d69aa2342441d0290edf

▲ 圖 12.1 Kubernetes Windows Node 二進位檔案下載頁面

將 kubernetes-node-windows-amd64.tar.gz 的內容解壓縮到 c:\k 目錄下，主要需要 kubelet.exe、kube-proxy.exe、kubectl.exe，即可完成 Node 元件的安裝。

2）下載 pause 鏡像

從 Kubernetes 1.14 版本開始，微軟提供了執行 Pod 所需的 pause 鏡像 mcr.microsoft.com/ k8s/core/pause:1.2.0，我們透過 docker pull 命令將其下載到 Windows Server 上：

```
C:\> docker pull mcr.microsoft.com/k8s/core/pause:1.2.0
C:\> docker images
REPOSITORY                        TAG            IMAGE ID
CREATED              SIZE
mcr.microsoft.com/k8s/core/pause   1.2.0          a74290a8271a
12 months ago        253MB
```

3）從 Linux Node 上複製 kubeconfig 設定檔和用戶端 CA 證書

將 kubeconfig 檔案從已存在的 Linux Node 複製到 Windows Node 的 C:\k 目錄下，並將檔案名稱改為 config。將用戶端 CA 證書 client.crt、client.key、ca.crt 複製到相應的目錄下，例如 C:/k/ssl_keys/。

config 的內容範例如下：

```
C:\> type C:\k\config
apiVersion: v1
kind: Config
users:
- name: client
  user:
    client-certificate: C:/k/ssl_keys/client.crt
    client-key: C:/k/ssl_keys/client.key
clusters:
- name: default
  cluster:
    certificate-authority: C:/k/ssl_keys/ca.crt
    server: https://192.168.18.3:6443
contexts:
- context:
    cluster: default
    user: client
  name: default
current-context: default
```

使用 kubectl.exe config 命令驗證能否正常存取 Master，例如：

```
[Environment]::SetEnvironmentVariable("KUBECONFIG", "C:\k\config", [Environ
mentVariableTarget]::User)
PS C:\k> .\kubectl.exe config view
apiVersion: v1
clusters: null
contexts: null
current-context: ""
kind: Config
preferences: {}
users: null
```

4）下載 Windows Node 所需的指令稿和設定檔

從官方 GitHub 程式庫下載 Windows Node 所需的指令稿和設定檔，如圖 12.2 所示。

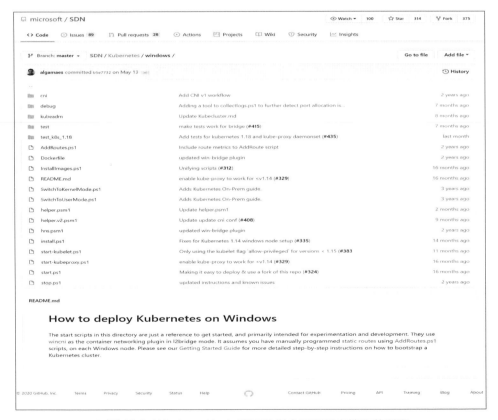

▲ 圖 12.2 Windows Node 所需的指令稿和設定檔下載頁面

下載後，將全部檔案都複製到 C:\k 目錄下。

5）下載 CNI 相關的指令稿和設定檔

這裡以 Flannel 為例進行 CNI 網路設定，從 GitHub 下載相關檔案，如圖 12.3 所示。

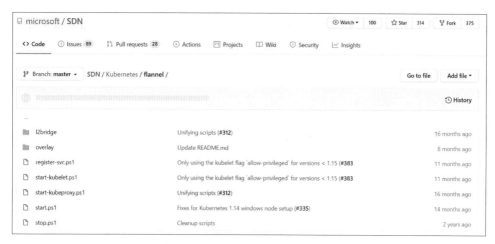

▲ 圖 12.3 Flannel 指令稿和設定檔下載頁面

下載後，將全部檔案都複製到 C:\k 目錄下，覆蓋名稱相同的其他檔案。

6）修改 Powershell 指令稿中的設定參數

下面對 Powershell 指令稿中需要修改的關鍵參數進行說明。

（1）start.ps1 指令稿。修改以下啟動參數的值，也可以在執行 start.ps1 時透過命令列參數指定：

```
Param(
    [parameter(Mandatory = $true)] $ManagementIP,
    [ValidateSet("l2bridge", "overlay",IgnoreCase = $true)]
[parameter(Mandatory = $false)] $NetworkMode="l2bridge",
    [parameter(Mandatory = $false)] $ClusterCIDR="10.244.0.0/16",
    [parameter(Mandatory = $false)] $KubeDnsServiceIP="169.169.0.100",
    [parameter(Mandatory = $false)] $ServiceCIDR="169.169.0.0/16",
    [parameter(Mandatory = $false)] $InterfaceName="Ethernet",
    [parameter(Mandatory = $false)] $LogDir = "C:\k\logs",
    [parameter(Mandatory = $false)] $KubeletFeatureGates = ""
)
```

參數說明如下。

- clusterCIDR：Flannel 容器網路的 IP 位址範圍設置，與 Master 設置保持一致。
- KubeDnsServiceIP：使用 Kubernetes 叢集 DNS 服務的 ClusterIP 位址，例如 169.169.0.100。
- serviceCIDR：使用 Master 設置的叢集 Service 的 ClusterIP 位址範圍，例如 169.169.0.0/16。
- InterfaceName：Windows 主機的網路卡名稱，例如 Ethernet。
- LogDir：日誌目錄，例如 C:\k\logs。
- KubeletFeatureGates：kubelet 的 feature gates 可選參數設置。

（2）透過環境變數設置 Node 名稱。在指令稿中會將環境變數 NODE_NAME 的值作為 Node 名稱，建議將其設置為 Windows Server 的 IP 位址：

```
[Environment]::SetEnvironmentVariable("NODE_NAME", "192.168.18.9")
```

（3）helper.psm1 指令稿。helper.psm1 指令稿為 start-kubelet.ps1（啟動 kubelet 的指令稿）使用的輔助指令稿，其中透過許多函數進行了系統設置，關鍵的修改點如下。

- 將 --hostname-override 的值設置為 Windows Server 的 IP 位址，例如：

```
function Kubelet-Options()
{
    Param (
        [parameter(Mandatory = $false)] [String] $KubeDnsService
IP='169.169.0.100',
        [parameter(Mandatory = $false)] [String] $LogDir = 'C:\k\logs'
    )

    $kubeletOptions = @(
        "--hostname-override=192.168.18.9"
        '--v=6'
        '--pod-infra-container-image=mcr.microsoft.com/k8s/core/pause:1.2.0'
        '--resolv-conf=""'
        '--enable-debugging-handlers'
......
```

■ 在 Update-CNIConfig 函數內設置 Nameservers（DNS 伺服器）的 IP 位
  址，例如 169.169.0.100：

```
function
Update-CNIConfig
{
    Param(
        $CNIConfig,
        $clusterCIDR,
        $KubeDnsServiceIP,
        $serviceCIDR,
        $InterfaceName,
        $NetworkName,
        [ValidateSet("l2bridge", "overlay",IgnoreCase = $true)]
[parameter(Mandatory = $true)] $NetworkMode
    )
    if ($NetworkMode -eq "l2bridge")
    {
        $jsonSampleConfig = '{
            "cniVersion": "0.2.0",
            "name": "<NetworkMode>",
            "type": "flannel",
            "delegate": {
                "type": "win-bridge",
                "dns" : {
                    "Nameservers" : [ "169.169.0.100" ],
                    "Search": [ "svc.cluster.local" ]
                },
                "policies" : [
                    {
                        "Name" : "EndpointPolicy", "Value" : { "Type" :
"OutBoundNAT", "ExceptionList": [ "<ClusterCIDR>", "<ServerCIDR>",
"<MgmtSubnet>" ] }
                    },
                    {
                        "Name" : "EndpointPolicy", "Value" : { "Type" : "ROUTE",
"DestinationPrefix": "<ServerCIDR>", "NeedEncap" : true }
                    },
                    {
                        "Name" : "EndpointPolicy", "Value" : { "Type" : "ROUTE",
"DestinationPrefix": "<MgmtIP>/32", "NeedEncap" : true }
                    }
                ]
            }
```

```
            }'
......
```

- 在 Update-NetConfig 函數內設置 Flannel 容器網路 IP 位址集區，例如 10.244.0.0/16：

```
function
Update-NetConfig
{
    Param(
        $NetConfig,
        $clusterCIDR,
        $NetworkName,
        [ValidateSet("l2bridge", "overlay",IgnoreCase = $true)]
[parameter(Mandatory = $true)] $NetworkMode
    )
    $jsonSampleConfig = '{
        "Network": "10.244.0.0/16",
        "Backend": {
          "name": "cbr0",
          "type": "host-gw"
        }
      }
      '
......
```

（4）register-svc.ps1 指 令 稿。register-svc.ps1 指 令 稿 透 過 nssm.exe 將 flanneld.exe、kubelet.exe 和 kube-proxy.exe 註 冊 為 Windows Server 的 系 統服務，關鍵的修改點如下：

```
Param(
    [parameter(Mandatory = $true)] $ManagementIP,
    [ValidateSet("l2bridge", "overlay",IgnoreCase = $true)]
$NetworkMode="l2bridge",
    [parameter(Mandatory = $false)] $ClusterCIDR="10.244.0.0/16",
    [parameter(Mandatory = $false)] $KubeDnsServiceIP="169.169.0.100",
    [parameter(Mandatory = $false)] $LogDir="C:\k\logs",
    [parameter(Mandatory = $false)] $KubeletSvc="kubelet",
    [parameter(Mandatory = $false)] $KubeProxySvc="kube-proxy",
    [parameter(Mandatory = $false)] $FlanneldSvc="flanneld"
)
......
```

```
$Hostname=192.168.18.9
......
```

參數說明如下。

- clusterCIDR：Flannel 容器網路 IP 位址範圍設置，與 Master 設置保持
  一致。
- KubeDnsServiceIP：使用 Kubernetes 叢集 DNS 服務的 ClusterIP 位址，
  例如 169.169.0.100。
- LogDir：日誌目錄，例如 C:\k\logs。
- Hostname：Node 名稱，建議將其設置為 Windows Server 的 IP 位址。

（5）start-kubeproxy.ps1 指 令 稿。 將 --hostname-override 的 值 設 置 為
Windows Server 的 IP 位址，例如：

```
......
    c:\k\kube-proxy.exe --v=4 --proxy-mode=kernelspace --hostname-
override=192.168.18.9 ......
......
```

7）啟動 Node

在設定修改完畢後執行 start.ps1 指令稿，啟動 Windows Node（加入
Kubernetes 叢集）：

```
cd C:\k
.\start.ps1 -ManagementIP "192.168.18.9"
```

將啟動參數 -ManagementIP 的值設置為 Windows Node 的主機 IP 位址。

該指令稿的啟動過程如下。

（1）啟動 flanneld，設置 CNI 網路，如圖 12.4 所示。

▲ 圖 12.4 啟動 flanneld，設置 CNI 網路

（2）打開一個新的 powershell 視窗來啟動 kubelet，如圖 12.5 所示。

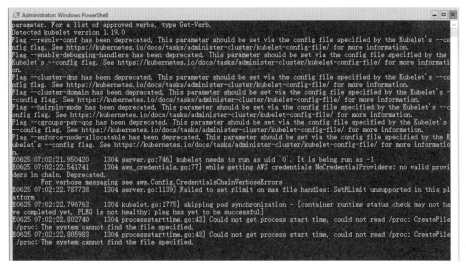

▲ 圖 12.5 kubelet 的開機記錄

（3）打開一個新的 powershell 視窗來啟動 kube-proxy，如圖 12.6 所示。

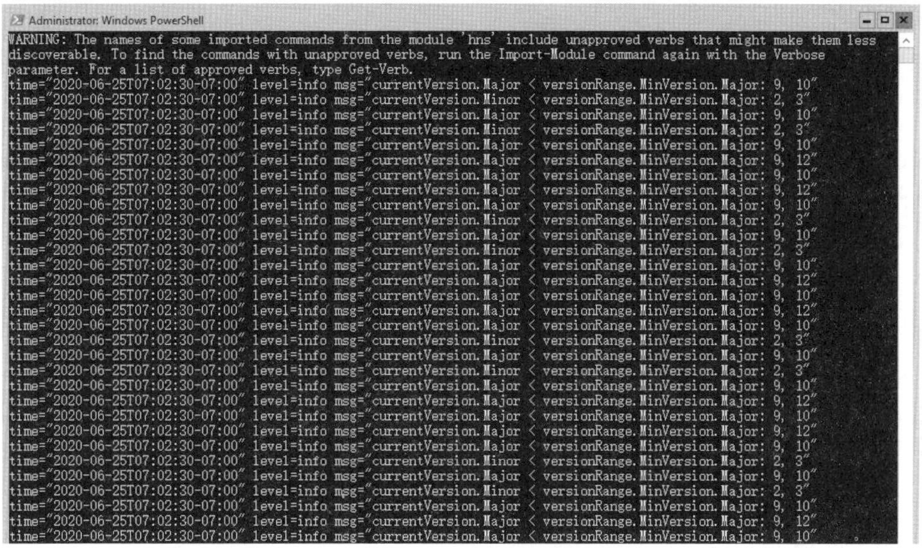

▲ 圖 12.6 kube-proxy 的開機記錄

（4）在服務啟動成功之後，在 Master 上查看新加入的 Windows Node：

```
# kubectl get nodes
NAME            STATUS      ROLES      AGE     VERSION
192.168.18.9    Ready       <none>     22h     v1.19.0
```

查看這個 Node 的 Label，可以看到其包含 "kubernetes.io/os=windows" 的標籤，與 Linux Node 進行區分（Linux Node 的標籤為 "kubernetes.io/os=linux"）：

```
# kubectl get node 192.168.18.9 --show-labels
NAME            STATUS      ROLES      AGE      VERSION     LABELS
192.168.18.9    Ready       <none>     22h      v1.19.0     beta.kubernetes.
io/arch=amd64,beta.kubernetes.io/os=windows,kubernetes.io/
arch=amd64,kubernetes.io/hostname=192.168.18.9,kubernetes.io/
os=windows,node.kubernetes.io/windows-build=10.0.17763
```

12.1.3 在 Windows Server 上部署容器應用和服務

在 Windows Node 啟動成功且狀態為 Ready 之後，就可以像在 Linux Node 上部署容器應用一樣，在 Windows Node 上部署 Windows 容器應用了。

1）部署 win-server 容器應用和服務

以下為 win-server 服務範例，包括一個 Deployment 和一個 Service 的定義。

其中容器鏡像的版本需要與 Windows Server 2019 的版本符合，例如 mcr. microsoft.com/ windows/servercore:1809-amd64，版本資訊詳見 Docker Hub 官網的說明。

在 Deployment 的設定中需要設置 nodeSelector 為 "kubernetes.io/os: windows"，以將 Windows 容器排程到 Windows Node 上。另外設置 Service 為 NodePort 類型，驗證能否透過 Windows Server 主機 IP 位址和 NodePort 通訊埠編號存取服務。

win-server.yaml 設定檔的內容如下：

```
---
apiVersion: apps/v1
kind: Deployment
metadata:
  labels:
    app: win-webserver
  name: win-webserver
spec:
  replicas: 1
  selector:
    matchLabels:
      app: win-webserver
  template:
    metadata:
      labels:
        app: win-webserver
      name: win-webserver
    spec:
      containers:
      - name: windowswebserver
        image: mcr.microsoft.com/windows/servercore:1809-amd64
        command:
        - powershell.exe
        - -command
        - "<#code used from https://gist.github.com/wagnerandrade/5424431#>
; $$listener = New-Object System.Net.HttpListener; $$listener.Prefixes.
```

```
Add('http://*:80/') ; $$listener.Start() ; $$callerCounts = @{} ; Write-
Host('Listening at http://*:80/') ; while ($$listener.IsListening) {
;$$context = $$listener.GetContext() ;$$requestUrl = $$context.Request.
Url ;$$clientIP = $$context.Request.RemoteEndPoint.Address ;$$response =
$$context.Response ;Write-Host '' ;Write-Host('> {0}' -f $$requestUrl) ;
;$$count = 1 ;$$k=$$callerCounts.Get_Item($$clientIP) ;if ($$k -ne $$null)
{ $$count += $$k } ;$$callerCounts.Set_Item($$clientIP, $$count) ;$$header='
<html><body><H1>Windows Container Web Server</H1>' ;$$callerCountsString=''
;$$callerCounts.Keys | % { $$callerCountsString+='<p>IP {0} callerCount
{1} ' -f $$_,$$callerCounts.Item($$_) } ;$$footer='</body></html>'
;$$content='{0}{1}{2}' -f $$header,$$callerCountsString,$$foot
er ;Write-Output $$content ;$$buffer = [System.Text.Encoding]::UTF8.
GetBytes($$content) ;$$response.ContentLength64 = $$buffer.Length
;$$response.OutputStream.Write($$buffer, 0, $$buffer.Length) ;$$response.
Close() ;$$responseStatus = $$response.StatusCode ;Write-Host('< {0}' -f
$$responseStatus)  } ; "
        ports:
        - name: "demo"
          protocol: TCP
          containerPort: 80
      nodeSelector:
        kubernetes.io/os: windows


---
apiVersion: v1
kind: Service
metadata:
  name: win-webserver
  labels:
    app: win-webserver
spec:
  type: NodePort
  ports:
  - port: 80
    targetPort: 80
    nodePort: 40001
  selector:
    app: win-webserver
```

透過 kubectl create 命令完成部署：

```
# kubectl create -f win-server.yml
deployment.apps/win-webserver created
service/win-webserver created
```

在 Pod 建立成功後，查看 Pod 的狀態：

```
# kubectl get po -o wide
NAME                           READY   STATUS    RESTARTS   AGE   IP
NODE            NOMINATED NODE   READINESS GATES
win-webserver-56795b6746-bmxbq  1/1    Running   0          15s
10.244.1.8   192.168.18.9   <none>           <none>
```

查看 Service 的資訊：

```
# kubectl get svc win-webserver
NAME            TYPE       CLUSTER-IP       EXTERNAL-IP   PORT(S)
AGE
win-webserver   NodePort   169.169.160.145  <none>        80:40001/TCP
42s
```

2）在 Linux 環境中存取 Windows 容器服務

（1）在 Linux 容器內存取 Windows 容器服務，透過 Windows Pod IP 存取成功：

```
# curl 10.244.1.8:80
<html><body><H1>Windows Container Web Server</H1><p>IP 10.244.0.11
callerCount 1 <p>IP 192.168.18.3 callerCount 1 </body></html>
```

（2）在 Linux 容器內存取 Windows 容器服務，透過 Windows 容器 Service IP 存取成功：

```
# curl 169.169.160.145:80
<html><body><H1>Windows Container Web Server</H1><p>IP 10.244.0.11
callerCount 2 <p>IP 192.168.18.3 callerCount 1 </body></html>
```

（3）在 Linux 容器內存取 Windows 容器服務，透過 Windows Server 的 IP 和 NodePort 存取成功：

```
# curl 192.168.18.9:40001
<html><body><H1>Windows Container Web Server</H1><p>IP 192.168.18.9
callerCount 1 <p>IP 10.244.0.11 callerCount 2 <p>IP 192.168.18.3 callerCount
1 </body></html>
```

3）在 Windows Server 主機上存取 Windows 容器服務

（1）在 Windows Server 主機上存取 Windows 容器服務，透過 Windows Pod IP 存取成功：

```
PS C:\> curl -UseBasicParsing 10.244.1.8:80
```

```
StatusCode          : 200
StatusDescription : OK
Content             : {60, 104, 116, 109...}
RawContent          : HTTP/1.1 200 OK
                      Content-Length: 192
                      Date: Thu, 25 Jun 2020 14:34:32 GMT
                      Server: Microsoft-HTTPAPI/2.0

                      <html><body><H1>Windows Container Web Server</H1><p>IP
192.168.18.9 callerCount 1 <p>IP 10.2...
Headers             : {[Content-Length, 192], [Date, Thu, 25 Jun 2020 14:34:32
GMT], [Server, Microsoft-HTTPAPI/2.0]}
RawContentLength    : 192
```

（2）在 Windows Server 主機上存取 Windows 容器服務，透過 Windows 容器 Service IP 存取成功：

```
PS C:\> curl -UseBasicParsing 169.169.160.145:80

StatusCode          : 200
StatusDescription : OK
Content             : {60, 104, 116, 109...}
RawContent          : HTTP/1.1 200 OK
                      Content-Length: 192
                      Date: Thu, 25 Jun 2020 14:36:55 GMT
                      Server: Microsoft-HTTPAPI/2.0

                      <html><body><H1>Windows Container Web Server</H1><p>IP
192.168.18.9 callerCount 2 <p>IP 10.2...
Headers             : {[Content-Length, 192], [Date, Thu, 25 Jun 2020 14:36:55
GMT], [Server, Microsoft-HTTPAPI/2.0]}
RawContentLength    : 192
```

（3）在 Windows Server 主機上存取 Windows 容器服務，透過 Windows Server 的 IP 和 NodePort 無法存取（這是 Windows 網路模型的一個限制）：

```
PS C:\> curl -UseBasicParsing 192.168.18.9:40001
Unable to connect to the remote server
    + CategoryInfo          : InvalidOperation: (System.Net.
HttpWebRequest:HttpWebRequest) [Invoke-WebRequest], WebException
    + FullyQualifiedErrorId : WebCmdletWebResponseException, Microsoft.
PowerShell.Commands.InvokeWebRequestCommand
```

4）在 Windows 容器內存取 Linux 容器服務（範例中 Web 服務已部署）

（1）在 Windows 容器內存取 Linux 容器服務，透過 Linux Pod IP 存取成功：

```
PS C:\> curl -UseBasicParsing 10.244.0.18:8080

StatusCode        : 200
StatusDescription :
Content           : <!DOCTYPE html PUBLIC "-//W3C//DTD HTML 4.01
Transitional//EN"
                    "http://www.w3.org/TR/html4/loose.dtd">
                    <html>
                    <head>
                        <meta content="text/html; charset=utf-8"
                    http-equiv="Content-Type">
                        <ti...
RawContent        : HTTP/1.1 200
                    Content-Language: en-US
                    Accept-Ranges: bytes
                    Content-Length: 1544
                    Content-Type: text/html;charset=UTF-8
                    Date: Thu, 25 Jun 2020 15:25:56 GMT
                    Last-Modified: Sat, 09 May 2020 17:30:51...
Forms             :
Headers           : {[Content-Language, en-US], [Accept-Ranges, bytes],
[Content-Length,
                    1544], [Content-Type, text/html;charset=UTF-8]...}
Images            : {}
InputFields       : {}
Links             : {}
ParsedHtml        :
RawContentLength  : 1544
```

（2）在 Windows 容器內存取 Linux 容器服務，透過 Linux 服務 IP 存取成功：

```
PS C:\> curl -UseBasicParsing 169.169.70.235:8080

StatusCode        : 200
StatusDescription :
Content           : <!DOCTYPE html PUBLIC "-//W3C//DTD HTML 4.01
Transitional//EN"
                    "http://www.w3.org/TR/html4/loose.dtd">
                    <html>
                    <head>
```

```
                          <meta content="text/html; charset=utf-8"
                      http-equiv="Content-Type">
                          <ti...
RawContent            : HTTP/1.1 200
                      Content-Language: en-US
                      Accept-Ranges: bytes
                      Content-Length: 1544
                      Content-Type: text/html;charset=UTF-8
                      Date: Thu, 25 Jun 2020 15:25:56 GMT
                      Last-Modified: Sat, 09 May 2020 17:40:51...
Forms                 :
Headers               : {[Content-Language, en-US], [Accept-Ranges, bytes],
[Content-Length,
                      1544], [Content-Type, text/html;charset=UTF-8]...}
Images                : {}
InputFields           : {}
Links                 : {}
ParsedHtml            :
RawContentLength      : 1544
```

（3）在 Windows 容器內存取 Linux 容器服務，透過 Linux 服務名稱存取
成功：

```
PS C:\> curl -UseBasicParsing linux-app:8080

StatusCode            : 200
StatusDescription     :
Content               : <!DOCTYPE html PUBLIC "-//W3C//DTD HTML 4.01
Transitional//EN"
                      "http://www.w3.org/TR/html4/loose.dtd">
                      <html>
                      <head>
                          <meta content="text/html; charset=utf-8"
                      http-equiv="Content-Type">
                          <ti...
RawContent            : HTTP/1.1 200
                      Content-Language: en-US
                      Accept-Ranges: bytes
                      Content-Length: 1544
                      Content-Type: text/html;charset=UTF-8
                      Date: Thu, 25 Jun 2020 15:25:56 GMT
                      Last-Modified: Sat, 09 May 2020 17:50:51...
Forms                 :
Headers               : {[Content-Language, en-US], [Accept-Ranges, bytes],
```

```
[Content-Length,
                1544], [Content-Type, text/html;charset=UTF-8]...}
Images            : {}
InputFields       : {}
Links             : {}
ParsedHtml        :
RawContentLength  : 1544
```

12.1.4 Kubernetes 支援的 Windows 容器特性、限制和 發展趨勢

本節從 Kubernetes 管理功能、容器執行時期、持久化儲存、網路、已知的功能限制和計畫增強的功能幾個方面，對 Kubernetes 支援的 Windows 容器特性、限制和發展趨勢進行說明。

1）Kubernetes 管理功能

（1）Pod：

■ 支援一個 Pod 內的多個容器設置處理程序隔離和 Volume 共用；

■ 支援顯示 Pod 詳細狀態資訊；

■ 支援 Liveness 和 Readiness 健康檢查機制；

■ 支援 postStart 和 preStop 命令設置；

■ 支援 ConfigMap、Secret 以環境變數或 Volume 設置到容器內；

■ 支援 EmptyDir 類型的 Volume 儲存卷冊；

■ 支援掛載主機上的具名管線（named pipe）；

■ 支援資源限制的設置；

■ 支援在 Pod 或容器等級設定 GMSA（以組管理為基礎的 AD 服務帳戶），支援以 AD 為基礎的身份驗證，從 Kubernetes 1.14 版本開始引入，在 1.18 版本時達到 Stable 階段。需要預先設定 CRD "GMSA CredentialSpec"、設定 GMSA Webhook、將 Windows Node 設定到 AD 中、建立 GMSA 證書規約、為 GMSA 帳戶設置正確的 RBAC 策略等，然後在 Pod 或 Container 等級設置 securityContext.windowsOptions. gmsaCredentialSpecName 為 GMSACredentialSpec 名稱，這樣就可以為 Pod 或容器設置正確的 AD 身份了。

（2）支援的控制器類型包括 ReplicaSet、ReplicationController、Deployments、StatefulSets、DaemonSet、Job 和 CronJob。

（3）服務：

■ 支援 ClusterIP、NodePort、LoadBalancer 等服務類型；

■ 支援 Headless 服務；

■ 支援服務外部名稱 ExternalName。

（4）其他：

■ 支援 Pod 和容器等級的性能指標；

■ 支援自動水平容量調整 HPA；

■ 支援 kubectl exec 登入容器；

■ 支援 Resource Quota 資源配額設置；

■ 支援 Preemption 排程策略。

2）容器執行時期

（1）Docker EE 版本：從 Kubernetes 1.14 版本開始支援 Docker EE 18.09 及以上版本。

（2）CRI-ContainerD：從 Kubernetes 1.18 開始增加在 Windows 上執行 ContainerD 的支援，目前為 Alpha 階段。

3）持久化儲存

（1）內建支援的持久化儲存類型包括 awsElasticBlockStore、azureDisk、azureFile、gcePersistentDisk、vsphereVolume。

（2）FlexVolume 外掛程式：FlexVolume 外掛程式以二進位可執行檔提供，需要將其部署在 Windows 主機上，支援的外掛程式類型包括 SMB 和 iSCSI。

（3）CSI 外掛程式：CSI 外掛程式需要以特權模式執行，在 Windows 上透過 csi-proxy 進行代理，需要預先將 csi-proxy 二進位檔案部署在 Windows 主機上。

4）網路

Windows 容器透過 CNI 外掛程式設置網路。在 Windows 上，容器網路與虛擬機器網路相似,每個容器都將被設置一個虛擬網路卡(Virtual Network Adapter, vNIC),並連接至一個 Hyper-V 虛擬交換機(vSwitch)。Windows 透過 HNS(Host Networking Service)服務和 HCS(Host Compute Service)服務完成容器的虛擬網路卡 vNIC 設置和網路連通性設置。

目前 Windows 支援 5 種網路驅動或網路模式:L2bridge、L2tunnel、Overlay、Transparent 和 NAT,對各種模式的詳細説明參見官方文件。

另外,Flannel CNI 外掛程式的 VXLAN 模式支援目前為 Alpha 階段。

目前支援的 Pod、Service、Node 之間的網路存取方式如下:

- Pod → Pod (IP)
- Pod → Pod (Name)
- Pod → Service (ClusterIP)
- Pod → Service (PQDN, 不包含 "." 的相對域名)
- Pod → Service (FQDN)
- Pod → External (IP)
- Pod → External (DNS)
- Node → Pod
- Pod → Node

目前支援的 IPAM 選項包括 Host-local、HNS IPAM、Azure-vnet-ipam。

5)已知的功能限制

(1)控制平面:Windows Server 僅能作為 Node 加入 Kubernetes 叢集中,叢集的 Master 仍需在 Linux 環境中執行。

(2)運算資源管理:

- Windows 沒有類似於 Linux cgroups 的管理功能;
- Windows 容器鏡像的版本需要與宿主機的作業系統版本符合,未來計畫以 Hyper-V 隔離機制為基礎實現向後版本相容。

(3)暫不支援的特性:

- TerminationGracePeriod;

- 單檔案映射，將在 CRI-ContainerD 中實現；
- Termination message，將在 CRI-ContainerD 中實現；
- 特權模式；
- 巨頁（HugePage）；
- 節點問題檢測器（node problem detector）；
- 部分共用命名空間的特性。

（4）儲存資源管理：

- 儲存卷冊僅支援以目錄形式掛載到容器中，不支援以檔案形式掛載；
- 不支援唯讀檔案系統；
- 不支援 user-mask、permissions 等 Linux 檔案系統設置；
- 不支援 subpath 掛載；
- 不支援區塊裝置；
- 不支援掛載記憶體為儲存媒體；
- 不支援以 NFS 為基礎的儲存卷冊。

（5）網路資源管理：Windows 網路與 Linux 網路在許多方面都不同，關於 Windows 容器網路的概念，可以參考官網的説明。由於 Windows 網路技術的特點，以下 Kubernetes 容器網路特性暫不支援：

- hostnetwork 模式；
- 從 Windows Server 宿主機透過 NodePort 存取服務；
- 未來的版本支援從 Windows Server 宿主機存取服務的虛擬 ClusterIP 位址；
- kube-proxy 對 overlay 網路的支援目前為 Alpha 階段，要求在 Windows Server 2019 上安裝 KB4482887；
- 本地流量策略和 DSR 模式；
- l2bridge、l2tunnel 和 overlay 幾種網路模式不支援 IPv6；
- win-overlay、win-bridge 和 Azure-CNI 幾種網路外掛程式不支援 ICMP 協定出站 Outbound 存取。

Kubernetes 從 1.15 版本開始，支援透過 kubectl port-forward 命令實現服務通訊埠轉發功能。

Flannel CNI 外掛程式的限制包括：

- 無法實現 Node 到 Pod 網路通訊；
- 限制使用 VNI 通訊埠編號 4096 和 UDP 通訊埠編號 4789，將在未來的版本中解決。

DNS 域名解析的限制包括：

- ClusterFirstWithHostNet 設置；
- 可用查詢 DNS 尾碼僅有一個，即 namespace.svc.cluster.local；
- 在 Windows 上有多個 DNS 域名解析器，推薦使用 Resolve-DNSName。

安全相關的限制包括：

- 不支援 RunAsUser，未來考慮增加 RunAsUsername 設置；
- 不支援 Linux 上的 SELinux、AppArmor、Seccomp、Capabilities 等設置。

另外，還包括一些 API 的限制。

6）計畫增強的功能

- 透過 kubeadm 完成 Windows Node 的部署，目前為持續更新階段。
- 支援以 Hyper-V 虛擬化技術為基礎在 1 個 Pod 中包含多個容器（目前在 1 個 Pod 中只能包含 1 個容器）。
- 支援 Service Accounts 中的組管理，目前為 Beta 階段。
- 支援更多的 CNI 外掛程式。
- 支援更多的儲存外掛程式。

12.2 對 GPU 的支援

隨著人工智慧和機器學習的迅速發展，以 GPU 為基礎的巨量資料運算越來越普及。在 Kubernetes 的發展規劃中，GPU 資源有著非常重要的地位。使用者應該能夠為其工作任務請求 GPU 資源，就像請求 CPU 或記憶體一樣，而 Kubernetes 將負責排程容器到具有 GPU 資源的節點上。

目前 Kubernetes 對 NVIDIA 和 AMD 兩個廠商的 GPU 進行了實驗性的支援。Kubernetes 對 NVIDIA GPU 的支援是從 1.6 版本開始的，對 AMD GPU 的支援是從 1.9 版本開始的，到 1.10 版本時達到 Beta 階段，並且仍在快速發展。

Kubernetes 從 1.8 版本開始，引入了 Device Plugin（裝置外掛程式）模型，為裝置提供商提供了一種以外掛程式為基礎的、無須修改 kubelet 核心程式的外部設備啟用方式，裝置提供商只需在計算節點上以 DaemonSet 方式啟動一個裝置外掛程式容器供 kubelet 呼叫，即可使用外部設備。目前支援的裝置類型包括 GPU、高性能 NIC 卡、FPGA、InfiniBand 等，關於裝置外掛程式的說明詳見官方文件。

下面對如何在 Kubernetes 中使用 GPU 資源進行說明。

12.2.1 環境準備

（1）在 Kubernetes 的 1.8 和 1.9 版本中需要在每個工作節點上都為 kubelet 服務開啟 --feature-gates="DevicePlugins=true" 特性開關。該特性開關從 Kubernetes 1.10 版本開始預設啟用，無須手動設置。

（2）在每個工作節點上都安裝 NVIDIA GPU 或 AMD GPU 驅動程式，如下所述。

使用 NVIDIA GPU 的系統要求包括：

- NVIDIA 驅動程式的版本為 384.81 及以上；
- nvidia-docker 的版本為 2.0 及以上；
- kubelet 設定的容器執行時期（Container Runtime）必須為 Docker；
- Docker 設定的預設執行時期（Default Runtime）必須為 nvidia-container-runtime，而不能用 runc；
- Kubernetes 版本為 1.11 及以上。

Docker 使用 NVIDIA 執行時期的設定範例（通常設定檔為 /etc/docker/daemon.json）如下：

```
{
    "default-runtime": "nvidia",
    "runtimes": {
        "nvidia": {
            "path": "/usr/bin/nvidia-container-runtime",
            "runtimeArgs": []
        }
    }
}
```

NVIDIA 裝置驅動的部署 YAML 檔案可以從 NVIDIA 的 GitHub 程式庫獲取，範例如下：

```
apiVersion: apps/v1
kind: DaemonSet
metadata:
  name: nvidia-device-plugin-daemonset
  namespace: kube-system
spec:
  template:
    metadata:
      annotations:
        scheduler.alpha.kubernetes.io/critical-pod: ""
      labels:
        name: nvidia-device-plugin-ds
    spec:
      tolerations:
      - key: CriticalAddonsOnly
        operator: Exists
      - key: nvidia.com/gpu
        operator: Exists
        effect: NoSchedule
      containers:
      - image: nvidia/k8s-device-plugin:1.11
        name: nvidia-device-plugin-ctr
        securityContext:
          allowPrivilegeEscalation: false
          capabilities:
            drop: ["ALL"]
        volumeMounts:
          - name: device-plugin
            mountPath: /var/lib/kubelet/device-plugins
      volumes:
        - name: device-plugin
```

```
        hostPath:
          path: /var/lib/kubelet/device-plugins
```

使用 AMD GPU 的系統要求包括：

■ 伺服器支援 ROCm（Radeon Open Computing platform）；

■ ROCm kernel 驅動程式或 AMD GPU Linux 驅動程式為最新版本；

■ Kubernetes 的版本為 1.10 及以上。

AMD 裝置驅動的部署 YAML 檔案可以從 AMD 的 GitHub 程式庫中獲取，範例如下：

```
apiVersion: apps/v1
kind: DaemonSet
metadata:
  name: amdgpu-device-plugin-daemonset
  namespace: kube-system
spec:
  template:
    metadata:
      annotations:
        scheduler.alpha.kubernetes.io/critical-pod: ""
      labels:
        name: amdgpu-dp-ds
    spec:
      tolerations:
      - key: CriticalAddonsOnly
        operator: Exists
      containers:
      - image: rocm/k8s-device-plugin
        name: amdgpu-dp-cntr
        securityContext:
          allowPrivilegeEscalation: false
          capabilities:
            drop: ["ALL"]
        volumeMounts:
          - name: dp
            mountPath: /var/lib/kubelet/device-plugins
          - name: sys
            mountPath: /sys
      volumes:
        - name: dp
          hostPath:
```

```
        path: /var/lib/kubelet/device-plugins
  - name: sys
    hostPath:
      path: /sys
```

完成上述設定後,容器應用就能使用 GPU 資源了。

12.2.2 在容器中使用 GPU 資源

GPU 資源在 Kubernetes 中的名稱為 nvidia.com/gpu(NVIDIA 類型)或 amd.com/gpu(AMD 類型),可以對容器進行 GPU 資源請求的設置。

在下面的例子中為容器申請 1 個 GPU 資源:

```
apiVersion: v1
kind: Pod
metadata:
  name: cuda-vector-add
spec:
  restartPolicy: OnFailure
  containers:
    - name: cuda-vector-add
      image: "k8s.gcr.io/cuda-vector-add:v0.1"
      resources:
        limits:
          nvidia.com/gpu: 1 # requesting 1 GPU
```

目前對 GPU 資源的使用設定有如下限制:

- GPU 資源請求只能在 limits 欄位進行設置,系統將預設設置 requests 欄位的值等於 limits 欄位的值,不支援只設置 requests 而不設置 limits;
- 在多個容器之間或者在多個 Pod 之間不能共用 GPU 資源,也不能像 CPU 一樣超量使用(Overcommitting);
- 每個容器只能請求整數個(1 個或多個)GPU 資源,不能請求 1 個 GPU 的部分資源。

如果在叢集中執行著不同類型的 GPU,則 Kubernetes 支援透過使用 Node Label(節點標籤)和 Node Selector(節點選擇器)將 Pod 排程到合適的 GPU 所屬的節點。

1. 為 Node 設置合適的 Label 標籤

對於 NVIDIA 類型的 GPU，可以使用 kubectl label 命令為 Node 設置不同的標籤：

```
# kubectl label nodes <node-with-k80> accelerator=nvidia-tesla-k80
# kubectl label nodes <node-with-p100> accelerator=nvidia-tesla-p100
```

對於 AMD 類型的 GPU，可以使用 AMD 開發的 Node Labeller 工具自動為 Node 設置合適的標籤。Node Labeller 以 DaemonSet 的方式部署，可以 AMD 的 GitHub 程式庫下載 YAML 檔案。在 Node Labeller 的啟動參數中可以設置不同的標籤以表示不同的 GPU 資訊。目前支援的標籤如下。

（1）Device ID，啟動參數為 -device-id。

（2）VRAM Size，啟動參數為 -vram。

（3）Number of SIMD，啟動參數為 -simd-count。

（4）Number of Compute Unit，啟動參數為 -cu-count。

（5）Firmware and Feature Versions，啟動參數為 -firmware。

（6）GPU Family, in two letters acronym，啟動參數為 -family，family 類型以兩個字母縮寫表示，完整的啟動參數為 family.SI、family.CI 等。其中，SI 的全稱為 Southern Islands；CI 的全稱為 Sea Islands；KV 的全稱為 Kaveri；VI 的全稱為 Volcanic Islands；CZ 的全稱為 Carrizo；AI 的全稱為 Arctic Islands；RV 的全稱為 Raven。

透過 Node Labeller 工具自動為 Node 設置標籤的範例如下：

```
$ kubectl describe node cluster-node-23
Name:            cluster-node-23
Labels:          beta.amd.com/gpu.cu-count.64=1
                 beta.amd.com/gpu.device-id.6860=1
                 beta.amd.com/gpu.family.AI=1
                 beta.amd.com/gpu.simd-count.256=1
                 beta.amd.com/gpu.vram.16G=1
                 beta.kubernetes.io/arch=amd64
                 beta.kubernetes.io/os=linux
                 kubernetes.io/hostname=cluster-node-23
Annotations:     kubeadm.alpha.kubernetes.io/cri-socket: /var/run/
dockershim.sock
                   node.alpha.kubernetes.io/ttl: 0
                 ......
```

2. 設置 Node Selector 指定排程 Pod 到目標 Node 上

以 NVIDIA GPU 為例：

```
apiVersion: v1
kind: Pod
metadata:
  name: cuda-vector-add
spec:
  restartPolicy: OnFailure
  containers:
    - name: cuda-vector-add
      image: "k8s.gcr.io/cuda-vector-add:v0.1"
      resources:
        limits:
          nvidia.com/gpu: 1
  nodeSelector:
    accelerator: nvidia-tesla-p100
```

上面的設定可確保將 Pod 排程到含有 accelerator=nvidia-tesla-k80 標籤的節點上執行。

12.2.3　發展趨勢

發展趨勢如下。

- GPU 和其他裝置將像 CPU 那樣成為 Kubernetes 系統的原生運算資源類型，以 Device Plugin 的方式供 kubelet 呼叫。
- 目前的 API 限制較多，Kubernetes 未來會有功能更豐富的 API，能支援以可擴充的形式進行 GPU 等硬體加速器資源的供給、排程和使用。
- Kubernetes 將能自動確保使用 GPU 的應用程式達到最佳性能。

12.3　Pod 的垂直容量調整

除了 HPA（Pod 水平擴充功能），Kubernetes 仍在繼續開發一些新的互補的 Pod 自動容量調整功能，將其統一放在 Kubernetes Autoscaler 的 GitHub 程式庫進行維護。目前有以下幾個正在開發的專案。

- ClusterAutoScaler：主要用於公有雲上的 Kubernetes 叢集，目前已經覆

蓋常見的公有雲，包括 GCP、AWS、Azure、阿里雲、華為雲等，其核心功能是自動擴充 Kubernetes 叢集的節點，以應對叢集資源不足或者節點故障等情況。

- Vertical Pod Autoscaler：簡稱 VPA，目前仍在快速演進，主要與 HPA 互補，提供 Pod 垂直容量調整的能力，這也是本節講解的主要內容。
- Addon Resizer：是 VPA 的簡化版，可方便我們體驗 VPA 的新特性。

12.3.1 VPA 詳解

若更深入地理解 VPA，則可以從 HPA 開始。為了實施 HPA，我們需要提前做很多準備工作，包括：

- 執行、觀測並正確設定目標 Pod 的資源請求，包括 CPU 和記憶體的初始值，滿負荷情況下單一 Pod 的 CPU 和記憶體上限值；
- 測試 Pod 的副本數量與請求負載之間的關係，用來設定 HPA 情況下 Pod 的合理副本數的範圍；
- 觀察 HPA 的實際效果，並繼續調整相關參數。

如果要實施 HPA 並發揮它的真正效果，則首先需要大量的設定和運行維護管理工作；此外，在現實情況下，我們手動設置一個 Pod 資源配額基本靠猜，導致叢集資源的無謂浪費。那麼，有沒有一種工具或手段，可以自動化並且精確完成該工作呢？如果能實現，整個叢集的資源使用率就可以得到更好的提升，這就是 VPA 的目的所在。下面是 VPA 要實現的目標：

- 透過自動設定 Pod 的資源請求（CPU/Memory Request &Limit）來降低運行維護的複雜度和人工成本；
- 在努力提高叢集資源使用率的同時避免出現容器資源不足的風險，例如出現記憶體不足或 CPU 饑餓。

簡單來說，VPA 主要是想辦法找出目標 Pod 在執行期間所需的最少資源，並且將目標 Pod 的資源請求改為它所建議的數值，這樣一來，容器既不會有資源不足的風險，又最大程度地提升了資源使用率。其設計思路也不難理解，如下所述。

（1）VPA 會透過 Metrics Server 獲取目標 Pod 執行期間的即時資源度量指標，主要是 CPU 和記憶體使用指標。

（2）將這些資料彙聚處理後存放在 History Storage 元件中。

（3）History Storage 元件中的歷史資料與 Metrics Server 裡的即時資料會一起被 VPA 的 Recommender 元件使用。Recommender 元件會結合推薦模型 Recommendation model 推導出目標 Pod 資源請求的合理建議值。目前實現的推薦模型比較簡單：假設記憶體和 CPU 使用率是獨立的隨機變數，其分佈等於在過去 N 天中觀察到的分佈（推薦 $N=8$，以捕捉每週峰值）。未來更先進的模型可能會嘗試檢測趨勢、週期性及其他與時間相關的模式。

（4）一旦 Recommender 計算出目標 Pod 的新推薦值，若這個推薦值與 Pod 當前實際設定的資源請求明顯不同，VPA Updater 元件就可以決定更新 Pod。Pod 的更新有以下兩種方式。

■ 透過 Pod 驅逐（Pod Eviction），讓 Pod 控制器如 Deployment、ReplicaSet 等來決定如何銷毀目標 Pod 並重建 Pod 副本。

■ 原地更新 Pod 實例（In-place updates），目標 Pod 並不銷毀，而是直接修改目標 Pod 的資源設定資料並立即生效。這也是 VPA 的一個亮點特性。

為了追蹤目標 Pod 並實施垂直伸縮功能，VPA 定義了一個全新的 CRD"VerticalPodAutoscaler"，它的定義包括一個比對目標 Pod 的選擇器、運算資源的資源策略（Resources policy）、Pod 的更新策略（Update policy）等。下面舉出一個範例：

```
apiVersion: autoscaling.k8s.io/v1
kind: VerticalPodAutoscaler
metadata:
  name: vpa-recommender
spec:
  targetRef:
    apiVersion: "apps/v1"
    kind:       Deployment
    name:       frontend
  updatePolicy:
```

```
    updateMode: "Auto"
  resourcePolicy:
    containerPolicies:
    - containerName: my-opt-sidecar
      mode: "Off"
```

這裡對其中的關鍵資訊解釋如下。

（1）targetRef：用於比對目標 Pod 的選擇器。這裡選擇名為 frontend 的 Deployment 控制的 Pod。

（2）ResourcePolicy：用於指定資源計算的策略，如果這一欄位被省略，則將會為在 targetRef 中指定的控制器生成的所有 Pod 的容器進行資源測算，並根據 UpdatePolicy 的定義進行更新。

- ContainerName：容器名稱，如果為 "*"，則對所有沒有設置資源策略的容器都生效。
- Mode：為 Auto 時，表示為指定的容器啟用 VPA；為 Off 時，表示關閉指定的容器的 VPA。
- MinAllowed：最小允許的資源值。
- MaxAllowed：最大允許的資源值。

（3）UpdatePolicy：用於指定監控資源需求時的操作策略，有以下幾個選項。

- UpdateMode：預設值為 Auto。
- Off：僅監控資源狀況並提出建議，不進行自動修改。
- Initial：在建立 Pod 時為 Pod 指派資源。
- Recreate：在建立 Pod 時為 Pod 指派資源，並可以在 Pod 的生命週期中透過刪除、重建 Pod，將其資源數量更新為 Pod 申請的數量。
- Auto：目前相當於 Recreate。

如果我們不放心 VPA 自動修改 Pod 的資源設定資訊，則可以將 UpdateMode 設置為 Off，這時可以透過命令列得到 VPA 舉出的建議值。VPA 還有一個重要的元件——VPA Admission Controller，它會攔截 Pod 的建立請求，如果該 Pod 對應的 UpdateMode 不是 Off，則它會用

Recommender 推薦的值改寫 Pod 中對應的 Spec 內容。在目前的版本中，Pod 不必透過 VPA 的存取控制「修正」就能被正常排程，但在未來的版本中可能考慮增加強制性要求，比如某種 Pod 必須要經過 VPA 的修正才能被排程，如果該 Pod 沒有定義對應的 VerticalPodAutoscaler，則 VPA Admission Controller 可以拒絕該 Pod 的建立請求。

VPA 與 HPA 是否可能共同作用在同一個 Pod 上？從理論上來說，的確存在這種可能性，比如：CPU 密集的負載（Pod）可以透過 CPU 使用率實現水平擴充，同時透過 VPA 縮減記憶體使用量；I/O 密集的負載（Pod）可以以 I/O 輸送量為基礎實現水平擴充，同時透過 VPA 縮減記憶體和 CPU 使用量。

但是，實際應用是很複雜的，因為 Pod 副本數量的變動不僅影響到瓶頸資源的使用情況，也影響到非瓶頸資源的使用情況，其中有一定的因果耦合關係。此外，VPA 目前的設計實現沒有考慮到多副本的影響，在未來擴充後有可能達到 HPA 與 VPA 雙劍合璧的新境界。

12.3.2 安裝 Vertical Pod Autoscaler

在安裝 Autoscaler 前要先啟動 Metrics Server，首先使用 Git 獲取 Autoscaler 的原始程式：

```
$ git clone https://github.com/kubernetes/autoscaler.git
```

下載結束之後，執行如下指令稿啟動 VPA：

```
$ autoscaler/vertical-pod-autoscaler/hack/vpa-up.sh
customresourcedefinition.apiextensions.k8s.io/verticalpodautoscalers.
autoscaling.k8s.io created
customresourcedefinition.apiextensions.k8s.io/verticalpodautoscalercheckpoi
nts.autoscaling.k8s.io created
clusterrole.rbac.authorization.k8s.io/system:metrics-reader created
......
```

可以看到，在安裝過程中生成了常見的 Deployment、Secret、Service 及 RBAC 內容，還生成了兩個 CRD，接下來會用新生成的 CRD 設置 Pod 的垂直容量調整。

12.3.3　為 Pod 設置垂直容量調整

在下載的 Git 程式中包含一個子目錄 example，可以使用其中的 redis.yaml 來嘗試使用 VPA 功能。

查看其中的 redis.yaml 檔案，可以看到 VPA 的定義：

```
$ cat autoscaler/vertical-pod-autoscaler/examples/redis.yaml
apiVersion: autoscaling.k8s.io/v1
kind: VerticalPodAutoscaler
metadata:
  name: redis-vpa
spec:
  targetRef:
    apiVersion: apps/v1
    kind:       Deployment
    name:       redis-master
```

該定義非常簡短：對名稱為 redis-master 的 Deployment 進行自動垂直容量調整。

透過 kubectl 將測試檔案提交到叢集上執行：

```
$ kubectl apply -f autoscaler/vertical-pod-autoscaler/examples/redis.yaml
verticalpodautoscaler.autoscaling.k8s.io/redis-vpa created
deployment.apps/redis-master created
```

在建立結束之後，VPA 會監控資源狀況，大約 5min 後重新獲取 VPA 物件的內容：

```
$ kubectl describe vpa redis-vpa
Name:         redis-vpa
Namespace:    kube-system
......
Spec:
  Target Ref:
    API Version: apps/v1
    Kind:        Deployment
    Name:        redis-master
Status:
  Conditions:
    Status:                True
    Type:                  RecommendationProvided
```

```
Recommendation:
  Container Recommendations:
    Container Name:  master
......
    Target:
      Cpu:      25m
      Memory:   262144k
......
```

可以看到，在 VPA 物件中已經有了新的推薦設置。接下來查看 Redis 的 Pod 資源請求：

```
$ kubectl describe po redis-master-679887b5c9-nb72t
......
  Requests:
    cpu:       25m
    memory:    262144k
......
```

不難看出，Pod 的資源狀況和 Deployment 中的原始定義已經不同，和 VPA 中的推薦數量一致。

12.3.4 注意事項

注意事項如下。

- VPA 對 Pod 的更新會造成 Pod 的重新建立和排程。
- 對於不受控制器支配的 Pod，VPA 僅能在其建立時提供支援。
- VPA 的存取控制器是一個 Webhook，可能會和其他同類 Webhook 存在衝突，從而導致無法正確執行。
- VPA 能夠辨識多數記憶體不足的問題，但並非全部。
- 尚未在大規模叢集上測試 VPA 的性能。
- 如果多個 VPA 物件都符合同一個 Pod，則會造成不可預知的後果。
- VPA 目前不會設置 limits 欄位的內容。

12.4 Kubernetes 生態系統與演進路線

Kubernetes 的快速演進大大推進了雲端運算技術的發展，伴隨著雲端原生計算基金會 CNCF 的誕生、雲端原生開放原始碼專案的孵化，逐漸演化成一個完整的雲端原生技術生態系統。本節對 Kubernetes 與 CNCF 的關係、Kubernetes 演進路線和 Kubernetes 開發模式進行介紹。

12.4.1 Kubernetes 與 CNCF

雲端原生計算的特點是使用開放原始碼軟體技術堆疊，將應用程式以微服務的形式進行發佈和部署，並動態編排這些微服務，最佳化資源使用率，幫助軟體開發人員更快地建構出色的產品，進而提升業務服務的快速迭代與創新價值。

Kubernetes 作為 CNCF 的第一個開放原始碼專案，其智慧的服務排程能力可以讓開發人員在建構雲端原生應用時更加關注業務程式而非繁瑣的運行維護操作，Kubernetes 可以在本地或雲端執行，讓使用者不再擔心基礎設施被供應商或雲端提供商綁定。

圍繞 Kubernetes，CNCF 設計了雲端原生技術的全景圖，從雲端原生的層次結構和不同的功能維度上舉出了雲端原生技術系統的全貌，幫助使用者在不同的層面選擇適合的軟體和工具進行支援。隨著越來越多的開放原始碼專案在 CNCF 畢業，雲端原生技術的生態系統日趨完善，使用者可以選擇的工具也越來越豐富。經過了從 2014 年開放原始碼至今的快速發展，Kubernetes 已經成為整個雲端原生系統的基石，在雲端原生技術全景圖中，可以看到 Kubernetes 處於編排管理工具的核心位置，相當於雲端原生技術系統中作業系統的角色。

同時，CNCF 為雲端原生技術如何在生產環境中實踐提供了循序漸進的路線圖，如圖 12.7 所示。

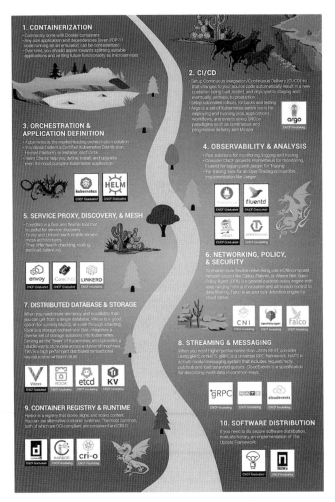

▲ 圖 12.7 CNCF 雲端原生技術路線圖

在 CNCF 於 2020 年年初發佈的全球雲端原生調查報告中，84% 的受訪者在生產環境中使用容器，容器在生產環境中的使用已成為常態，並且在很大程度上改變了以雲端為基礎的基礎架構。同時，第三次雲端原生應用調查報備顯示：49% 的受訪者在生產環境中使用容器，另有 32% 計畫這樣做，與一年前相比，這是一個顯著的增長；同時，72% 的受訪者已經在生產環境中使用 Kubernetes，大大高於一年前的 40%。圖 12.8 顯示了大規模生產環境中 Kubernetes 叢集數量逐年增長的趨勢。

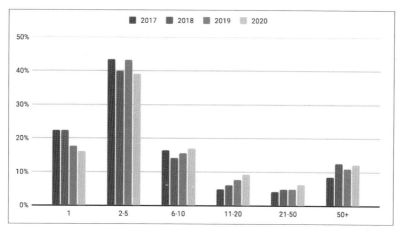

▲ 圖 12.8 Kubernetes 叢集數量逐年增長的趨勢

12.4.2 Kubernetes 的演進路線

1. Kubernetes 與 CNCF 的容器標準化之路

在 CNCF 的生態中，圍繞著 Kubernetes 的一個重要目標是制定容器世界的標準。迄今為止，已經在容器執行時期、容器網路介面、容器儲存介面三個方面制定了標準的介面規範。

■ CRI（Container Runtime Interface）容器執行時期介面。容器執行時期（Container Runtime）是 Kubernetes 的基石，而 Docker 是我們最熟悉的容器執行環境。CNCF 第一個標準化的符合 OCI 規範的核心容器執行時期是 Containerd，其來源於 Docker 在 2017 年的捐贈產物，關於CRI 的詳細說明請參考 2.7 節的說明。

■ CNI（Container Network Interface）容器網路介面。網路提供商以 CNI介面規範為基礎提供容器網路的實現，可以支援各種豐富的容器網路管理功能，開放原始碼的實現包括 Flannel、Calico、Open vSwitch等，關於 CNI 的詳細說明請參考 7.6 節的說明。

■ CSI（Container Storage Interface）容器儲存介面。Kubernetes 在 1.9版本中首次引入 CSI 儲存外掛程式，並在隨後的 1.10 版本中預設啟用。CSI 用於在 Kubernetes 與第三方儲存系統間建立一套標準的儲存呼叫介面，並將位於 Kubernetes 系統內部的儲存卷冊相關的程式剝離出來，從而簡化核心程式並提升系統的安全性，同時借助 CSI 介面和外掛程式機制，實現各類豐富的儲存卷冊的支援，贏得更多儲存廠商的跟進。Kubernetes 在 1.12 版本中又進一步實現了儲存卷冊的快照（VolumeSnapshot）這一高級特性。

- API 標準介面。我們再看一個 Kubernetes 標準化的例子，API Server 之前的介面就是普通的 RESTful 介面，透過支援 Swagger 1.2 自動生成各種語言的用戶端，方便開發者呼叫 Kubernetes 的 API。從 Kubernetes 1.4 版本開始，API Server 對程式進行了重構，引入了 Open API 規範，之後的 Kubernetes 1.5 版本能極佳地支援由 Kubernetes 原始程式自動生成其他語言的用戶端程式。這種改動升級對於 Kubernetes 的發展、壯大很重要，它遵循了業界的標準，更容易對接第三方資源和系統，從而進一步擴大 Kubernetes 的影響力。

2. Kubernetes 安全機制的演進之路

除了標準化，Kubernetes 的另一個演進目標就是提升系統的安全性。自 1.3 版本開始，Kubernetes 都在加強系統的安全性，如下所述。

- 1.3 版本：引入了 Network Policy，Network Policy 提供了以策略為基礎的網路控制，用於隔離應用並減少攻擊面，屬於重要的基礎設施方面的安全保證。

- 1.4 版本：開始提供 Pod 安全性原則功能，這是容器安全的重要基礎。

- 1.5 版本：首次引入了以角色為基礎的存取控制 RBAC（Role-Based Access Control）安全機制，RBAC 後來成為 Kubernetes API 預設的安全機制，此外增加了對 kubelet API 存取的認證 / 授權機制。

- 1.6 版本：升級 RBAC 安全機制至 Beta 版本，透過嚴格限定系統元件的預設角色，增強了安全保護。

- 1.7 版本：新增節點授權器 Node Authorizer 和存取控制外掛程式來限制 kubelet 對節點、Pod 和其物件的存取，確保 kubelet 具有正確操作所需的最小許可權集，即只能操作自身節點上的 Pod 實例及其他相關資源。在網路安全方面，Network Policy API 也升至穩定版本。此外，在稽核日誌方面也增強了訂製化和可擴充性，有助於管理員發現運行維護過程中可能存在的安全問題。

■ 1.8 版本：以角色為基礎的存取控制 RBAC 功能正式升級至 v1 穩定版本，高級稽核功能則升級至 Beta 版本。

■ 1.10 版本開始：增加 External Credential Providers，透過呼叫外部外掛程式（Credential Plugin）來獲取使用者的存取憑證，用來支援不在 Kubernetes 中內建的認證協定，如 LDAP、oAuth2、SAML 等。此特性主要為了公有雲端服務商而增加。1.11 版本繼續改進；1.20 版本引入了配套的 kubelet image credential provider，用於動態獲取鏡像倉庫的存取憑證。

■ 1.14 版本：由於允許未經身份驗證的存取，所以 Discovery API 被從 RBAC 基礎架構中刪除，以提高隱私和安全性。

■ 1.19 版本：seccomp 機制更新到 GA 階段。

3. Kubernetes 擴充功能的演進之路

在 Kubernetes 的快速發展演進過程中，隨著功能的不斷增加，必然帶來程式的極速膨脹，因此不斷剝離一些核心程式並配合外掛程式機制，實現核心的穩定性並具備很強的週邊功能的擴充能力，也是 Kubernetes 的重要演進方向。除了 CRI、CNI、CSI 等可擴充介面，還包括 API 資源的擴充、雲端廠商控制器的擴充等。

■ Kubernetes 從 1.7 版本開始引入擴充 API 資源的能力，使得開發人員在不修改 Kubernetes 核心程式的前提下可以對 Kubernetes API 進行擴充，仍然使用 Kubernetes 的語法對新增的 API 進行操作。Kubernetes 提供了兩種機制供使用者擴充 API：①使用 CRD（Custom Resource Definition）自訂資源機制，使用者只需定義 CRD，並且提供一個 CRD 控制器，就能透過 Kubernetes 的 API 管理自訂資源物件；②使用 API

聚合機制,使用者透過編寫和擴充 API Server,就可以對資源進行更細粒度的控制。

■ 最早的時候,為了跟公有雲廠商對接,Kubernetes 在程式中內建了 Cloud Provider 介面,雲端廠商需要實現自己的 Cloud Provider。Kubernetes 核心函數庫內建了很多主流雲端廠商的實現,包括 AWS、GCE、Azure 等,因為由不同的廠商參與開發,所以這些不同廠商提交的程式品質也影響到 Kuberntes 的核心程式品質,同時對 Kubernetes 的迭代和版本發佈產生一定程度的影響。因此,在 Kubernetes 1.6 版本中引入了 Cloud Controller Manager(CCM),目的就是最終替代 Cloud Provider,將服務提供者的專用程式抽象到獨立的 cloud-controller-manager 二進位程式中,cloud-controller-manager 使得雲端供應商的程式和 Kubernetes 的程式可以各自獨立演化。在後續的版本中,特定於雲端供應商的程式將由雲端供應商自行維護,並在執行 Kubernetes 時連結到 cloud-controller-manager。

4. Kubernetes 自動化運行維護能力的演進之路

在 Kubernetes 的快速發展演進過程中,架構和運行維護自動化、高級別的架構和運行維護自動化能力也是其堅持的核心目標,這也是 Kubernetes 最強的一面,同時是吸引許多 IT 人士的核心特性之一。最早的 ReplicaController/Deployment 其實就是 Kubernetes 運行維護自動化能力的第一次對外展示,因為具備應用全生命週期自我自動修復的能力,所以這個特性成為 Kubernetes 最早的亮點之一。再後來,HPA 水平自動伸縮功能和叢集資源自動容量調整(Cluster Autoscaler)再次突破了我們所能想到的自動運行維護的上限。接下來,與 HPA 互補的 VPA(Pod 垂直自動伸縮)功能又將叢集運行維護自動化的水準提升到一個新的高度。我們看到,從 Deployment 到 HPA 再到 VPA 的發展演進,是沿著 Pod 自動容量調整的彈性運算能力的路線一步步演進、完整的,這也是超大規模叢集的 Kubernetes 的核心競爭力的重要表現,未來會不斷完善。

除了高級別的架構和運行維護自動化能力,Kubernetes 在常規的運行維護自動化方面也絲毫沒有放鬆，它在不斷提升、演進。我們以最常見的叢集部署、停機檢修、升級擴充這些常規運行維護工作為例來看看 Kubernetes 是怎麼不斷演進的。

（1）在叢集部署方面，Kubernetes 很早就開始研發一鍵式部署工具 —— kubeadm，kubeadm 可謂 Kubernetes 歷史上最久的元件之一，它於 Kubernetes 1.4 版本面世，直到 Kubernetes 1.13 版本時才達到 GA 階段。正是有了 kubeadm，Kubernetes 的安裝才變得更加標準化，並大大簡化了大規模叢集的部署工作量。不過在叢集部署方面還會有另一個繁瑣並耗費很多人工的地方，這就是每個節點上 kubelet 的證書製作。Kubernetes 1.4 版本引入了一個用於從叢集級憑證授權（CA）請求證書的 API，可以方便地給各個節點上的 kubelet 處理程序提供 TLS 用戶端證書，但每個節點上的 kubelet 處理程序在安裝部署時仍需管理員手工建立並提供證書。Kubernetes 在後續的版本中又實現了 kubelet TLS Bootstrap 這個新特性，基本解決了這個問題。

（2）在停機檢修和升級擴充方面，Kubernetes 先後實現了輪流升級、節點驅逐、污點標記等配套運行維護工具，努力實現業務零中斷的自動運行維護操作。

此外，儲存資源的運行維護自動化也是 Kubernetes 演進的一大方向。以 PVC 和 StorageClass 為核心的動態供給 PV 機制（Dynamic Provisioning）在很大程度上解決了傳統方式下儲存與架構分離的矛盾，自動建立了合適的 PV 並將其綁定到 PVC 上，擁有完整的 PV 回收機制，全程無須專業的儲存管理人員，極大提升了系統架構的完整性。

12.4.3 Kubernetes 的開發模式

最後，我們來說說 Kubernetes 的開發模式。Kubernetes 社區是以 SIG（Special Interest Group，特別興趣小組）和工作群組的形式組織起來的，目前已經成立的 SIG 小組有 30 個，涵蓋了安全、自動容量調整、巨量資料、AWS 雲端、文件、網路、儲存、排程、UI、Windows 容器等各方面，為完善 Kubernetes 的功能群策群力並共同開發。

Kubernetes 的每個功能模組都由一個特別興趣小組負責開發和維護,如圖
12.9 所示。

title	linkTitle	description	weight	type	aliases		slug
Community Groups	Community Groups	A list of our community groups: Special Interest Groups, Working Groups, User Groups and Committees.	99	docs	/groups	/sigs	community-groups

Most community activity is organized into Special Interest Groups (SIGs), time bounded Working Groups, and the community meeting.

SIGs follow these guidelines although each of these groups may operate a little differently depending on their needs and workflow.

Each group's material is in its subdirectory in this project.

When the need arises, a new SIG can be created

Master SIG List

Name	Label	Chairs	Contact	Meetings
API Machinery	api-machinery	* David Eads, Red Hat * Federico Bongiovanni, Google	* Slack * Mailing List	* Kubebuilder and Controller Runtime Meeting: Thursdays at 09:00 PT (Pacific Time) (biweekly) * Regular SIG Meeting: Wednesdays at 11:00 PT (Pacific Time) (biweekly)
Apps	apps	* Janet Kuo, Google * Kenneth Owens, Brex * Matt Farina, Rancher Labs * Adnan Abdulhussein, Brex	* Slack * Mailing List	* Regular SIG Meeting: Mondays at 9:00 PT (Pacific Time) (biweekly)
Architecture	architecture	* Derek Carr, Red Hat * Davanum Srinivas, VMware * John Belamaric, Google	* Slack * Mailing List	* Enhancements Subproject Meeting: Tuesdays at 8:30 PT (Pacific Time) (biweekly) * Production Readiness Office Hours: Wednesdays at 12:00 PT (Pacific Time) (biweekly) * Regular SIG Meeting: Thursdays at 19:00 UTC (biweekly) * code organization Office Hours: Thursdays at 14:00 PT (Pacific Time) (biweekly) * conformance office Hours: Tuesdays at 19:00 UTC (biweekly)
Auth	auth	* Mo Khan, VMware * Mike Danese, Google * Tim Allclair, Apple	* Slack * Mailing List	* Regular SIG Meeting: Wednesdays at 11:00 PT (Pacific Time) (biweekly)
Autoscaling	autoscaling	* Guy Templeton, Skyscanner * Marcin Wielgus, Google	* Slack * Mailing List	* Regular SIG Meeting: Mondays at 16:00 Poland (weekly)

▲ 圖 12.9 特別興趣小組

有興趣、有能力的讀者可以申請加入感興趣的 SIG 小組,並透過 Slack 聊
天頻道與來自世界各地的開發組成員開展技術探討和解決問題。同時,可
以參加 SIG 小組的周例會,共同參與一個功能模組的開發工作。

Kubernetes 核心服務設定詳解

2.1 節對 Kubernetes 各服務啟動處理程序的關鍵設定參數進行了簡要說明，實際上 Kubernetes 的每個服務都提供了許多可設定的參數。這些參數包括安全性、性能最佳化及功能擴充（Plugin）等各方面。全面理解和掌握這些參數的含義和設定，對 Kubernetes 的生產部署及日常運行維護都有很大幫助。

每個服務的可用參數都可以透過執行 cmd --help 命令查看，其中 cmd 為具體的服務啟動命令，例如 kube-apiserver、kube-controller-manager、kube-scheduler、kubelet、kube-proxy 等。另外，可以透過在命令的設定檔（例如 /etc/kubernetes/kubelet 等）中增加「-- 參數名稱 = 參數取值」敘述來完成對某個參數的設定。

本節將對 Kubernetes 所有服務的參數進行全面介紹，為了方便學習和查閱，對每個服務的參數都用一個小節進行詳細說明。

A.1 公共設定參數

公共設定參數適用於所有服務，如表 A.1 所示的參數可用於 kube-apiserver、kube-controller-manager、kube-scheduler、kubelet、kube-proxy。本節對這些參數進行統一說明，不再在每個服務的參數清單中列出。

表 A.1　公共設定參數表

參數名稱和類型	說　明
--add-dir-header	設置為 true 表示將原始程式碼所在目錄的名稱輸出到日誌中
--alsologtostderr	設置為 true 表示將日誌同時輸出到檔案和 stderr 中
-h, --help	查看參數列表的說明資訊
--log-backtrace-at traceLocation	記錄日誌每到「file: 行號」時列印一次 stack trace，預設值為 0
--log-dir string	設置記錄檔的保存目錄
--log-file string	設置記錄檔的名稱
--log-file-max-size uint	設置記錄檔的最大體積，單位為 MB，設置為 0 表示無限制，預設值為 1800MB
--log-flush-frequency duration	設置 flush 記錄檔的時間間隔，預設值為 5s
--logtostderr	設置為 true 表示將日誌輸出到 stderr，不輸出到記錄檔
--skip-headers	設置為 true 表示在日誌資訊中不顯示 header prefix 資訊
--skip-log-headers	設置為 true 表示在日誌資訊中不顯示 header 資訊
--stderrthreshold severity	將該 threshold 等級之上的日誌輸出到 stderr，預設值為 2
-v, --v Level	設置日誌等級
--version version[=true]	設置為 true 表示顯示版本資訊然後退出
--vmodule moduleSpec	設置以 glog 模組為基礎的詳細日誌等級，格式為 pattern=N，以逗點分隔

A.2 kube-apiserver 啟動參數

對 kube-apiserver 啟動參數的詳細說明如表 A.2 所示。

表 A.2 對 kube-apiserver 啟動參數的詳細說明

參數名稱和類型	說　明
[通用參數]	
--advertise-address ip	用於廣播自己的 IP 位址給叢集的所有成員,在不指定該位址時將使用 --bind-address 定義的 IP 位址,如果未指定 --bind-address,則將使用宿主機預設網路卡(network interface)的 IP 位址
--cloud-provider-gce-l7lb-src-cidrs cidrs	GCE 防火牆上開放的負載平衡器來源 IP CIDR 列表,預設值為 130.211.0.0/22、35.191.0.0/16
--cors-allowed-origins strings	CORS(跨域資源分享)設置允許存取的來源域列表,以逗點分隔,並可使用正規表示法符合子網。如果不指定,則表示不啟用 CORS
--default-not-ready-toleration-seconds int	等待 notReady:NoExecute 的 toleration 秒數,預設值為 300。預設會給所有未設置 toleration 的 Pod 增加該設置
--default-unreachable-toleration-seconds int	等待 unreachable:NoExecute 的 toleration 秒數,預設值為 300。預設會給所有未設置 toleration 的 Pod 增加該設置
--enable-priority-and-fairness	設置為 true 並且啟用 APIPriorityAndFairness 特性開關時,將啟用一個增強的以優先順序和公平演算法為基礎的佇列和分發機制來替換 max-in-flight 處理機制,預設值為 true
--external-hostname string	設置 Master 的對外主機名稱或域名,例如用於 Swagger API 文件或用於 OpenID 發現的主機名稱或域名
--feature-gates mapStringBool	特性開關組,每個開關都以 key=value 形式表示,可以單獨啟用或禁用某種特性。可以設置的特性開關包括: APIListChunking=true|false (BETA - default=true) APIPriorityAndFairness=true|false (ALPHA - default=false)
--feature-gates mapStringBool	APIResponseCompression=true|false (BETA - default=true) AllAlpha=true|false (ALPHA - default=false) AllBeta=true|false (BETA - default=false) AllowInsecureBackendProxy=true|false (BETA - default=true)

參數名稱和類型	說　明
	AnyVolumeDataSource=true|false (ALPHA - default=false)
	AppArmor=true|false (BETA - default=true)
	BalanceAttachedNodeVolumes=true|false (ALPHA - default=false)
	BoundServiceAccountTokenVolume=true|false (ALPHA - default=false)
	CPUManager=true|false (BETA - default=true)
	CRIContainerLogRotation=true|false (BETA - default=true)
	CSIInlineVolume=true|false (BETA - default=true)
	CSIMigration=true|false (BETA - default=true)
	CSIMigrationAWS=true|false (BETA - default=false)
	CSIMigrationAWSComplete=true|false (ALPHA - default=false)
	CSIMigrationAzureDisk=true|false (BETA - default=false)
	CSIMigrationAzureDiskComplete=true|false (ALPHA - default=false)
	CSIMigrationAzureFile=true|false (ALPHA - default=false)
	CSIMigrationAzureFileComplete=true|false (ALPHA - default=false)
	CSIMigrationGCE=true|false (BETA - default=false)
	CSIMigrationGCEComplete=true|false (ALPHA - default=false)
	CSIMigrationOpenStack=true|false (BETA - default=false)
	CSIMigrationOpenStackComplete=true|false (ALPHA - default=false)
	CSIMigrationvSphere=true|false (BETA - default=false)
	CSIMigrationvSphereComplete=true|false (BETA - default=false)
	CSIStorageCapacity=true|false (ALPHA - default=false)
	CSIVolumeFSGroupPolicy=true|false (ALPHA - default=false)
	ConfigurableFSGroupPolicy=true|false (ALPHA - default=false)
	CustomCPUCFSQuotaPeriod=true|false (ALPHA - default=false)
	DefaultPodTopologySpread=true|false (ALPHA - default=false)
	DevicePlugins=true|false (BETA - default=true)

參數名稱和類型	說　明
--feature-gates mapStringBool	DisableAcceleratorUsageMetrics=true|false (ALPHA - default=false) DynamicKubeletConfig=true|false (BETA - default=true) EndpointSlice=true|false (BETA - default=true) EndpointSliceProxying=true|false (BETA - default=true) EphemeralContainers=true|false (ALPHA - default=false) ExpandCSIVolumes=true|false (BETA - default=true) ExpandInUsePersistentVolumes=true|false (BETA - default=true) ExpandPersistentVolumes=true|false (BETA - default=true) ExperimentalHostUserNamespaceDefaulting=true|false (BETA - default=false) GenericEphemeralVolume=true|false (ALPHA - default=false) HPAScaleToZero=true|false (ALPHA - default=false) HugePageStorageMediumSize=true|false (BETA - default=true) HyperVContainer=true|false (ALPHA - default=false) IPv6DualStack=true|false (ALPHA - default=false) ImmutableEphemeralVolumes=true|false (BETA - default=true) KubeletPodResources=true|false (BETA - default=true) LegacyNodeRoleBehavior=true|false (BETA - default=true) LocalStorageCapacityIsolation=true|false (BETA - default=true) LocalStorageCapacityIsolationFSQuotaMonitoring=true|false (ALPHA - default=false) NodeDisruptionExclusion=true|false (BETA - default=true) NonPreemptingPriority=true|false (BETA - default=true) PodDisruptionBudget=true|false (BETA - default=true) PodOverhead=true|false (BETA - default=true) ProcMountType=true|false (ALPHA - default=false) QOSReserved=true|false (ALPHA - default=false) RemainingItemCount=true|false (BETA - default=true) RemoveSelfLink=true|false (ALPHA - default=false) RotateKubeletServerCertificate=true|false (BETA - default=true) RunAsGroup=true|false (BETA - default=true) RuntimeClass=true|false (BETA - default=true)

參數名稱和類型	說　明
--feature-gates mapStringBool	SCTPSupport=true|false (BETA - default=true) SelectorIndex=true|false (BETA - default=true) ServerSideApply=true|false (BETA - default=true) ServiceAccountIssuerDiscovery=true|false (ALPHA - default=false) ServiceAppProtocol=true|false (BETA - default=true) ServiceNodeExclusion=true|false (BETA - default=true) ServiceTopology=true|false (ALPHA - default=false) SetHostnameAsFQDN=true|false (ALPHA - default=false) StartupProbe=true|false (BETA - default=true) StorageVersionHash=true|false (BETA - default=true) SupportNodePidsLimit=true|false (BETA - default=true) SupportPodPidsLimit=true|false (BETA - default=true) Sysctls=true|false (BETA - default=true) TTLAfterFinished=true|false (ALPHA - default=false) TokenRequest=true|false (BETA - default=true) TokenRequestProjection=true|false (BETA - default=true) TopologyManager=true|false (BETA - default=true) ValidateProxyRedirects=true|false (BETA - default=true) VolumeSnapshotDataSource=true|false (BETA - default=true) WarningHeaders=true|false (BETA - default=true) WinDSR=true|false (ALPHA - default=false) WinOverlay=true|false (ALPHA - default=false) WindowsEndpointSliceProxying=true|false (ALPHA - default=false)
--goaway-chance float	為了防止某個 HTTP/2 用戶端卡住 apiserver，隨機關閉一個連接（GOAWAY），用戶端其他正在進行的請求不受影響，並且會與用戶端重新建立連接，在有負載平衡器的環境中很可能會與另一個 apiserver 實例建立連接。該參數設置關閉連接的比例因數，設置為 0 表示不啟用該特性，最大為 0.02（即 1/50 的請求數量），建議設置為 0.001（即 1/1000 的請求數量）。在只有一個 apiserver 的環境中不應啟用該特性
--livez-grace-period duration	設置 apiserver 的最長啟動時間（秒數），到達該時間後，apiserver 的 /livez 介面才會被設置為 true

參數名稱和類型	說　明
--master-service-namespace string	[已棄用] 設置 Master 服務所在的命名空間，預設值為 default
--max-mutating-requests-inflight int	同時處理的最大突變請求數量，預設值為 200，超過該數量的請求將被拒絕。設置為 0 表示無限制
--max-requests-inflight int	同時處理的非突變的最大請求數量，預設值為 400，超過該數量的請求將被拒絕。設置為 0 表示無限制
--min-request-timeout int	最小請求處理逾時時間，單位為 s，預設值為 1800s，目前僅用於 watch request handler，其將會在該時間值上加一個隨機時間作為請求的逾時時間
--request-timeout duration	請求處理逾時時間，可以被 --min-request-timeout 參數覆蓋，預設值為 1m0s
--shutdown-delay-duration duration	停止服務的延遲時間，在此期間，apiserver 將繼續正常處理請求，介面 /healthz 和 /livez 將返回成功，但是 /readyz 將立即返回失敗。經過該延遲時間之後，apiserver 開始優雅地停止服務。該特性通常用於多個 apiserver 前端負載平衡器停止向某個 apiserver 發送用戶端請求的場景中
[etcd 相關參數]	
--default-watch-cache-size int	設置預設 watch 快取的大小，設置為 0 表示不快取，預設值為 100
--delete-collection-workers int	啟動 DeleteCollection 的工作執行緒數，用於提高清理命名空間的效率，預設值為 1
--enable-garbage-collector	設置為 true 表示啟用垃圾回收器。必須與 kube-controller-manager 的該參數設置為相同的值，預設值為 true
--encryption-provider-config string	在 Etcd 中儲存機密資訊的加密程式的設定檔
--etcd-cafile string	到 Etcd 安全連接使用的 SSL CA 檔案
--etcd-certfile string	到 Etcd 安全連接使用的 SSL 證書檔案
--etcd-compaction-interval duration	壓縮請求的時間間隔，設置為 0 表示不壓縮，預設值為 5m0s
--etcd-count-metric-poll-period duration	按類型查詢 Etcd 中資源數量的時間頻率，預設值為 1m0s

參數名稱和類型	說　明
--etcd-db-metric-poll-interval duration	查詢 Etcd 的請求並更新 metric 指標數值的時間頻率，預設值為 1m0s
--etcd-keyfile string	到 Etcd 安全連接使用的 SSL key 檔案
--etcd-prefix string	在 Etcd 中保存 Kubernetes 叢集資料的根目錄名稱，預設值為 /registry
--etcd-servers strings	以逗點分隔的 Etcd 服務 URL 清單，Etcd 服務以 < 協定 >:// ip:port 格式表示
--etcd-servers-overrides	按資源覆蓋 Etcd 服務的設置，以逗點分隔。單一覆蓋格式為：group/resource #servers，其中 servers 格式為 < 協定 >:// ip:port，以分號分隔
--storage-backend string	設置持久化儲存類型，可選項為 etcd2、etcd3，從 Kubernetes 1.6 版本開始預設值為 etcd3
--storage-media-type	持久化後端儲存的媒體類型。某些資源類型只能使用特定類型的媒體進行保存，將忽略這個參數的設置，預設值為 application/vnd.kubernetes.protobuf
--watch-cache	設置為 true 表示快取 watch 操作的資料，預設值為 true
--watch-cache-sizes strings	設置針對各種資源物件 watch 快取大小的列表，以逗點分隔，每個資源物件的設置格式都為 resource[.grouop]#size，在 --watch-cache 參數為 true 時生效
[安全服務相關參數]	
--bind-address ip	Kubernetes API Server 在本位址的 6443 通訊埠開啟安全的 HTTPS 服務，預設值為 0.0.0.0
--cert-dir string	TLS 證書所在的目錄，預設值為 /var/run/kubernetes。如果設置了 --tls-cert-file 和 --tls-private-key-file，則該設置將被忽略，預設值為 /var/run/kubernetes
--http2-max-streams-per-connection int	伺服器為用戶端提供的 HTTP/2 連接中最大串流（stream）數量限制，設置為 0 表示使用 Golang 的預設值
--permit-port-sharing	設置是否允許多個處理程序共用同一個通訊埠編號，設置為 true 表示使用通訊埠的 SO_REUSEPORT 屬性，預設值為 false
--secure-port int	設置 API Server 使用的 HTTPS 安全模式通訊埠編號，預設值為 6443，不能透過設置為 0 進行關閉

參數名稱和類型	說　明
--tls-cert-file string	包含 x509 證書的檔案路徑，用於 HTTPS 認證，未指定時系統將使用 --cert-dir 指定目錄下的證書檔案
--tls-cipher-suites strings	伺服器端加密演算法清單，以逗點分隔，若不進行設置，則使用 Go cipher suites 的預設列表。可選加密演算法包括： TLS_AES_128_GCM_SHA256 TLS_AES_256_GCM_SHA384 TLS_CHACHA20_POLY1305_SHA256 TLS_ECDHE_ECDSA_WITH_AES_128_CBC_SHA TLS_ECDHE_ECDSA_WITH_AES_128_GCM_SHA256 TLS_ECDHE_ECDSA_WITH_AES_256_CBC_SHA
--tls-cipher-suites strings	TLS_ECDHE_ECDSA_WITH_AES_256_GCM_SHA384 TLS_ECDHE_ECDSA_WITH_CHACHA20_POLY1305 TLS_ECDHE_ECDSA_WITH_CHACHA20_POLY1305_SHA256 TLS_ECDHE_RSA_WITH_3DES_EDE_CBC_SHA TLS_ECDHE_RSA_WITH_AES_128_CBC_SHA TLS_ECDHE_RSA_WITH_AES_128_GCM_SHA256 TLS_ECDHE_RSA_WITH_AES_256_CBC_SHA TLS_ECDHE_RSA_WITH_AES_256_GCM_SHA384 TLS_ECDHE_RSA_WITH_CHACHA20_POLY1305 TLS_ECDHE_RSA_WITH_CHACHA20_POLY1305_SHA256 TLS_RSA_WITH_3DES_EDE_CBC_SHA TLS_RSA_WITH_AES_128_CBC_SHA TLS_RSA_WITH_AES_128_GCM_SHA256 TLS_RSA_WITH_AES_256_CBC_SHA TLS_RSA_WITH_AES_256_GCM_SHA384 不安全的值如下： TLS_ECDHE_ECDSA_WITH_AES_128_CBC_SHA256 TLS_ECDHE_ECDSA_WITH_RC4_128_SHA TLS_ECDHE_RSA_WITH_AES_128_CBC_SHA256 TLS_ECDHE_RSA_WITH_RC4_128_SHA TLS_RSA_WITH_AES_128_CBC_SHA256 TLS_RSA_WITH_RC4_128_SHA
--tls-min-version string	設置支援的最小 TLS 版本編號，可選的版本編號包括 VersionTLS10、VersionTLS11、VersionTLS12 和 VersionTLS13

參數名稱和類型	說　明
--tls-private-key-file string	包含 x509 證書與 tls-cert-file 對應的私密金鑰檔案路徑
--tls-sni-cert-key namedCertKey	x509 證書與私密金鑰檔案路徑對，如果有多對設置，則需要指定多次 --tls-sni-cert-key 參數，預設值為 []。常用設定範例如 "example.key,example.crt" 或 "foo.crt,foo.key:*.foo.com,foo.com" 等
[非安全服務相關參數]	
--address ip	[已棄用] 設置綁定的不安全 IP 位址，建議使用 --bind-address
--insecure-bind-address ip	[已棄用] 非安全監聽 IP 位址，與 --insecure-port 共同使用，設置為 0.0.0.0 或 :: 表示使用全部網路介面，預設值為 127.0.0.1
--insecure-port int	[已棄用] 非安全監聽通訊埠，預設值為 8080。應在防火牆中進行設定，以使外部用戶端不可以透過非安全通訊埠存取 API Server
--port int	[已棄用] 設置綁定的不安全通訊埠編號，建議使用 --secure-port
[稽核相關參數]	
--audit-log-batch-buffer-size int	稽核日誌持久化 Event 的快取大小，僅用於批次模式，預設值為 10000
--audit-log-batch-max-size int	稽核日誌最大批次大小，僅用於批次模式，預設值為 1
--audit-log-batch-max-wait duration	稽核日誌持久化 Event 的最長等待時間，僅用於批次模式
--audit-log-batch-throttle-burst int	稽核日誌批次處理允許的併發最大數量，僅當之前沒有啟用過 ThrottleQPS 時生效，僅用於批次模式
--audit-log-batch-throttle-enable	設置是否啟用批次處理併發處理，僅用於批次模式
--audit-log-batch-throttle-qps float32	設置每秒處理批次的最大值，僅用於批次模式
--audit-log-format string	稽核日誌的記錄格式，可以將其設置為 legacy 或 json，設置為 legacy 表示按每行文本方式記錄日誌；設置為 json 表示使用 JSON 格式進行記錄，預設值為 json

參數名稱和類型	說　明
--audit-log-maxage int	稽核記錄檔保留的最長天數
--audit-log-maxbackup int	稽核記錄檔的個數
--audit-log-maxsize int	稽核記錄檔的單一大小限制，單位 MB，預設值為 100MB
--audit-log-mode string	稽核日誌記錄模式，包括同步模式 blocking 或 blocking-strict 和非同步模式 batch，預設值為 blocking
--audit-log-path string	稽核記錄檔的全路徑
--audit-log-truncate-enabled	設置是否啟用記錄 Event 分批截斷機制
--audit-log-truncate-max-batch-size int	設置每批次最大可保存 Event 的位元組數，超過時自動分成新的批次，預設值為 10485760
--audit-log-truncate-max-event-size int	設置可保存 Event 的最大位元組數，超過時自動移除第 1 個請求和應答，仍然超限時將丟棄該 Event，預設值為 102400
--audit-log-version string	稽核日誌的 API 版本編號，預設值為 audit.k8s.io/v1
--audit-policy-file string	稽核策略設定檔的全路徑
--audit-webhook-batch-buffer-size int	當使用 Webhook 保存稽核日誌時，稽核日誌持久化 Event 的快取大小，僅用於批次模式，預設值為 10000
--audit-webhook-batch-max-size int	當使用 Webhook 保存稽核日誌時，稽核日誌的最大批次大小，僅用於批次模式，預設值為 400
--audit-webhook-batch-max-wait duration	當使用 Webhook 保存稽核日誌時，稽核日誌持久化 Event 的最長等待時間，僅用於批次模式，預設值為 30s
--audit-webhook-batch-throttle-burst int	當使用 Webhook 保存稽核日誌時，稽核日誌批次處理允許的併發最大數量，僅當之前沒有啟用過 ThrottleQPS 時生效，僅用於批次模式，預設值為 15
--audit-webhook-batch-throttle-enable	當使用 Webhook 保存稽核日誌時，設置是否啟用批次處理併發處理，僅用於批次模式，預設值為 true
--audit-webhook-batch-throttle-qps float32	當使用 Webhook 保存稽核日誌時，設置每秒處理批次的最大值，僅用於批次模式，預設值為 10
--audit-webhook-config-file string	當使用 Webhook 保存稽核日誌時 Webhook 設定檔的全路徑，格式為 kubeconfig 格式
--audit-webhook-initial-backoff duration	當使用 Webhook 保存稽核日誌時，對第 1 個失敗請求重試的等待時間，預設值為 10s

參數名稱和類型	說　明
--audit-webhook-mode string	當使用 Webhook 保存稽核日誌時稽核日誌記錄模式，包括同步模式 blocking 或 blocking-strict 和非同步模式 batch，預設值為 batch
--audit-webhook-truncate-enabled	當使用 Webhook 保存稽核日誌時，設置是否啟用記錄 Event 分批截斷機制
--audit-webhook-truncate-max-batch-size int	當使用 Webhook 保存稽核日誌時，設置每批次最大可保存 Event 的位元組數，超過時自動分成新的批次，預設值為 10485760
--audit-webhook-truncate-max-event-size int	當使用 Webhook 保存稽核日誌時，設置可保存 Event 的最大位元組數，超過時自動移除第 1 個請求和應答，仍然超限時將丟棄該 Event，預設值為 102400
--audit-webhook-version string	當使用 Webhook 保存稽核日誌時稽核日誌的 API 版本編號，預設值為 audit.k8s.io/v1
[其他特性參數]	
--contention-profiling	當性能分析功能打開時，設置是否啟用鎖競爭分析功能
--profiling	設置為 true 表示打開性能分析功能，可以透過 <host>:<port>/debug/pprof/ 位址查看程式堆疊、執行緒等系統資訊，預設值為 true
[認證相關參數]	
--anonymous-auth	設置為 true 表示 APIServer 的安全通訊埠可以接收匿名請求，不會被任何 authentication 拒絕的請求將被標記為匿名請求。匿名請求的使用者名稱為 system:anonymous，使用者群組為 system:unauthenticated，預設值為 true
--api-audiences strings	API 識別字清單，服務帳戶權杖身份驗證器將驗證針對 API 使用的權杖是否綁定到設置的至少一個 API 識別字。如果設置了 --service-account-issuer 標示但未設置此標示，則此欄位預設包含頒發者 URL 的單一元素清單
--authentication-token-webhook-cache-ttl duration	將 Webhook Token Authenticator 返回的回應保存在快取內的時間，預設值為 2m0s
--authentication-token-webhook-config-file string	Webhook 相關的設定檔，將用於 Token Authentication

參數名稱和類型	說　明
--authentication-token-webhook-version string	發送給 Webhook 的 TokenReview 資源的 API 版本編號，API 組為 authentication.k8s.io，預設版本編號為 "v1beta1"
--client-ca-file string	如果指定，則該用戶端證書中的 CommonName 名稱將被用於認證
--enable-bootstrap-token-auth	設置在 TLS 認證引導時是否允許使用 kube-system 命名空間中類型為 bootstrap.kubernetes.io/token 的 secret
--oidc-ca-file string	在該檔案內設置鑒權機構，OpenID Server 的證書將被其中一個機構驗證。如果不設置，則將使用主機的 root CA 證書
--oidc-client-id string	OpenID Connect 的用戶端 ID，在設置 oidc-issuer-url 時必須設置這個 ID
--oidc-groups-claim string	訂製的 OpenID Connect 使用者群組宣告的設置，以字串陣列的形式表示，實驗用
--oidc-groups-prefix string	設置 OpenID 使用者群組的首碼
--oidc-issuer-url string	OpenID 發行者的 URL 位址，僅支援 HTTPS scheme，用於驗證 OIDC JSON Web Token
--oidc-required-claim mapStringString	用於描述 ID 權杖所需的宣告，以 key=value 形式表示，設置之後，該宣告必須存在於符合的 ID 權杖中，系統會對此進行驗證。可以重複該參數以設置多個宣告
--oidc-signing-algs strings	設置允許的 JOSE 非對稱簽名演算法清單，以逗點分隔。JWT header 中 alg 的值不在該列表中時將被拒絕。值由 RFC7518 定義，預設值為 [RS256]
--oidc-username-claim string	OpenID claim 的使用者名稱，預設值為 sub，實驗用
--oidc-username-prefix string	設置 OpenID 使用者名稱的首碼，未指定時使用發行方 URL 作為首碼以避免衝突，設置為 '-' 表示不使用首碼
--requestheader-allowed-names strings	允許的用戶端證書中的 common names 列表，透過 header 中由 --requestheader-username- headers 參數指定的欄位獲取。若未設置，則表示經過 --requestheader-client-ca-file 驗證的用戶端證書都會被認可
--requestheader-client-ca-file string	用於驗證用戶端證書的根證書，在信任 --requestheader-username-headers 參數中的使用者名稱之前進行驗證

參數名稱和類型	說　明
--requestheader-extra-headers-prefix strings	待審查請求 header 的首碼清單，建議用 X-Remote-Extra-
--requestheader-group-headers strings	待審查請求 header 的使用者群組的列表，建議用 X-Remote-Group
--requestheader-username-headers strings	待審查請求 header 的使用者名稱的列表，通常用 X-Remote-User
--service-account-extend-token-expiration	設置是否啟用 Service Account 權杖過期時的自動續期功能，這有助於從舊權杖安全過渡到綁定 Service Account 的權杖。如果啟用，則注入的權杖有效期將延長（最長）1 年，以防止在轉換期間出現意外故障，並且忽略 --service-account-max-token- expiration duration 指定的有效期
--service-account-issuer {service-account-issuer}/.well-known/openid-configuration	設置 Service Account 頒發者的識別字。頒發者將在已頒發權杖的 "iss" 欄位中斷言此識別字，以字串或 ULI 格式表示。如果設置的內容不符合 OpenID Discovery 1.0 規範，則 ServiceAccountIssuerDiscovery 特性將保持禁用狀態（即使設置了啟用），建議設置的內容遵循 OpenID 規範。在實踐中要求其為 HTTPS 的 URL 位址，建議該 URL 以路徑 {service-account-issuer}/.well-known/openid-configuration 提供 OpenID Discovery 文件
--service-account-jwks-uri string	設置 Service Account 頒發者的 JWKS URL 位址，僅當啟用 ServiceAccountIssuerDiscovery 特性時生效，並且會覆蓋 /.well-known/openid-configuration 返回的內容
--service-account-key-file stringArray	包含 PEM-encoded x509 RSA 公開金鑰和私密金鑰的檔案路徑，用於驗證 Service Account 的 Token。若不指定，則使用 --tls-private-key-file 指定的檔案。在設置了 --service-account-signing-key 參數時必須設置
--service-account-lookup	設置為 true 時，系統會到 Etcd 驗證 Service Account Token 是否存在，預設值為 true
--service-account-max-token-expiration duration	設置 Service Account 權杖頒發者建立的權杖的最長有效期。如果一個合法 TokenRequest 請求申請的有效期更長，則以該最長有效期為準
--token-auth-file string	用於存取 API Server 安全通訊埠的 Token 認證檔案路徑
[授權相關參數]	

參數名稱和類型	說　明
--authorization-mode string	到 API Server 的安全存取的認證模式清單，以逗點分隔，可選值包括 AlwaysAllow、AlwaysDeny、ABAC、Webhook、RBAC、Node，預設值為 AlwaysAllow
--authorization-policy-file string	當 --authorization-mode 為 ABAC 時使用的 csv 格式的授權設定檔
--authorization-webhook- cache-authorized-ttl duration	將 Webhook Authorizer 返回的已授權回應保存在快取內的時間，預設值為 5m0s
--authorization-webhook- cache-unauthorized-ttl duration	將 Webhook Authorizer 返回的未授權回應保存在快取內的時間，預設值為 30s
--authorization-webhook- config-file string	當 --authorization-mode 設置為 Webhook 時使用的授權設定檔
--authorization-webhook- version string	發送給 Webhook 的 SubjectAccessReview 資源的 API 版本編號，API 組為 authorization.k8s.io，預設版本編號為 "v1beta1"
[雲端服務商相關參數]	
--cloud-config string	雲端服務商的設定檔路徑，若不設定或設置為空字串，則表示不使用雲端服務商的設定檔
--cloud-provider string	雲端服務商的名稱，若不設定或設置為空字串，則表示不使用雲端服務商
[API 相關參數]	
--runtime-config mapStringString	以一組 key=value 的格式設置啟用或禁用某些內建的 API，目前支援的設定如下。 v1=true|false：是否啟用 / 禁用 core API group。 <group>/<version>=true|false：是否啟用或禁用指定的 API 組和版本編號，例如 apps/v1=true。 api/all=true|false：控制 API 的全部版本編號。 api/ga=true|false：控制所有 GA 階段的 API 版本編號，版本編號格式為 v[0-9]+。 api/beta=true|false：控制所有 Beta 階段的 API 版本編號，版本編號格式為 v[0-9]+beta[0-9]+。 api/alpha=true|false：控制所有 Alpha 階段的 API 版本編號，版本編號格式為 v[0-9]+alpha[0-9]+。 api/legacy：已棄用，在未來的版本中會刪除

參數名稱和類型	說　　明
[Egress Selector 相關參數]	
--egress-selector-config-file string	API Server 的 egress selector 設定檔
[存取控制相關參數]	
--admission-control string	[已棄用] 改用 --enable-admission-plugins 或 --disable-admission-plugins 參數 對發送給 API Server 的請求進行存取控制，設定為一個存取控制器的列表，多個存取控制器之間以逗點分隔。多個存取控制器將按順序對發送給 API Server 的請求進行攔截和過濾。可設定的存取控制器包括： AlwaysAdmit、AlwaysDeny、AlwaysPullImages、CertificateApproval、CertificateSigning、CertificateSubjectRestriction、DefaultIngressClass、DefaultStorageClass、DefaultTolerationSeconds、DenyEscalatingExec、DenyExecOnPrivileged、EventRateLimit、ExtendedResourceToleration、ImagePolicyWebhook、LimitPodHardAntiAffinityTopology、LimitRanger、MutatingAdmissionWebhook、NamespaceAutoProvision、NamespaceExists、NamespaceLifecycle、NodeRestriction、OwnerReferencesPermissionEnforcement、PersistentVolumeClaimResize、PersistentVolumeLabel、PodNodeSelector、PodPreset、PodSecurityPolicy、PodTolerationRestriction、Priority、ResourceQuota、RuntimeClass、SecurityContextDeny、ServiceAccount、StorageObjectInUseProtection、TaintNodesByCondition、ValidatingAdmissionWebhook
--admission-control-config-file string	控制規則的設定檔
--disable-admission-plugins strings	設置禁用的存取控制外掛程式列表，不論其是否在預設啟用的外掛程式列表中，以逗點分隔。 系統預設設定的禁用外掛程式清單包括： NamespaceLifecycle、LimitRanger、ServiceAccount、TaintNodesByCondition、Priority、DefaultTolerationSeconds、DefaultStorageClass、StorageObjectInUseProtection、PersistentVolumeClaimResize、RuntimeClass、

參數名稱和類型	說　明
	CertificateApproval、CertificateSigning、CertificateSubjectRestriction、DefaultIngressClass、MutatingAdmissionWebhook、ValidatingAdmissionWebhook、ResourceQuota 可選外掛程式包括：AlwaysAdmit、AlwaysDeny、AlwaysPullImages、CertificateApproval、CertificateSigning、CertificateSubjectRestriction、DefaultIngressClass、DefaultStorageClass、DefaultTolerationSeconds、DenyEscalatingExec、DenyExecOnPrivileged、EventRateLimit、ExtendedResourceToleration、ImagePolicyWebhook、LimitPodHardAntiAffinityTopology、LimitRanger、MutatingAdmissionWebhook、NamespaceAutoProvision、NamespaceExists、
--disable-admission-plugins strings	NamespaceLifecycle、NodeRestriction、OwnerReferencesPermissionEnforcement、PersistentVolumeClaimResize、PersistentVolumeLabel、PodNodeSelector、PodPreset、PodSecurityPolicy、PodTolerationRestriction、Priority、ResourceQuota、RuntimeClass、SecurityContextDeny、ServiceAccount、StorageObjectInUseProtection、TaintNodesByCondition、ValidatingAdmissionWebhook 各外掛程式沒有先後順序關係
--enable-admission-plugins strings	設置啟用的存取控制外掛程式列表，以逗點分隔。 系統預設設定的啟用外掛程式清單包括NamespaceLifecycle、LimitRanger、ServiceAccount、TaintNodesByCondition、Priority、DefaultTolerationSeconds、DefaultStorageClass、StorageObjectInUseProtection、PersistentVolumeClaimResize、RuntimeClass、CertificateApproval、CertificateSigning、CertificateSubjectRestriction、DefaultIngressClass、MutatingAdmissionWebhook、ValidatingAdmissionWebhook、ResourceQuota 可選外掛程式包括：AlwaysAdmit、AlwaysDeny、AlwaysPullImages、CertificateApproval、CertificateSigning、CertificateSubjectRestriction、DefaultIngressClass、DefaultStorageClass、DefaultTolerationSeconds、DenyEscalatingExec、DenyExecOnPrivileged、

參數名稱和類型	說　　明
	EventRateLimit、ExtendedResourceToleration、ImagePolicyWebhook、LimitPodHardAntiAffinityTopology、LimitRanger、MutatingAdmissionWebhook、NamespaceAutoProvision、NamespaceExists、NamespaceLifecycle、NodeRestriction、OwnerReferencesPermissionEnforcement、PersistentVolumeClaimResize、PersistentVolumeLabel、PodNodeSelector、PodPreset、PodSecurityPolicy、PodTolerationRestriction、Priority、ResourceQuota、RuntimeClass、SecurityContextDeny、ServiceAccount、StorageObjectInUseProtection、TaintNodesByCondition、ValidatingAdmissionWebhook 各外掛程式沒有先後順序關係
[Metric 指標相關參數]	
--show-hidden-metrics-for-version string	設定是否需要顯示所隱藏指標的 Kubernetes 舊版本編號，僅當舊版本的小版本編號有意義時生效，格式為 <major>.<minor>，例如 1.16，用於驗證有哪些舊版本的指標在新版本中被棄用
[日誌相關參數]	
--logging-format string	設置記錄檔的記錄格式，可選項包括 "text" 和 "json"，預設值為 "text"，目前 "json" 格式的日誌為 Alpha 階段，如果設置為 "json"，則其他日誌相關參數都無效：--add_dir_header、--alsologtostderr、--log_backtrace_at、--log_dir、--log_file、--log_file_max_size、--logtostderr、--skip_headers、--skip_log_headers、--stderrthreshold、--vmodule、--log-flush-frequency
[其他參數]	
--allow-privileged	設置是否允許容器以特權模式執行，預設值為 false
--apiserver-count int	Master 叢集中的 API Server 數量，預設值為 1，在 Master 部署為多實例高可用叢集模式時進行設定
--enable-aggregator-routing	設置為 true 表示 aggregator 將請求路由到 Endpoint 的 IP 位址，否則路由到服務的 ClusterIP 位址
--endpoint-reconciler-type string	設置 Endpoint 協調器的類型，可選類型包括 master-count、lease、none，預設值為 lease

參數名稱和類型	說　明
--event-ttl duration	Event 事件的保存時間，預設為 1h0m0s
--kubelet-certificate-authority string	用於連接 kubelet 的 CA 證書檔案路徑
--kubelet-client-certificate string	用於連接 kubelet 的用戶端證書檔案路徑
--kubelet-client-key string	用於連接 kubelet 的用戶端私密金鑰檔案路徑
--kubelet-preferred-address-types strings	連接 kubelet 時使用的節點網址類別型（NodeAddress Types），預設值為列表 [Hostname, InternalDNS,InternalIP,ExternalDNS,ExternalIP]，表示可用其中任一網址類別型
--kubelet-timeout int	kubelet 執行操作的逾時時間，預設值為 5s
--kubernetes-service-node-port int	設置 Master 服務是否使用 NodePort 模式，如果設置，則 Master 服務的通訊埠編號將被映射到物理機的通訊埠編號；設置為 0 表示以 ClusterIP 位址的形式啟動 Master 服務
--max-connection-bytes-per-sec int	設置為非 0 的值表示限制每個用戶端連接的頻寬，單位為每秒位元組數，目前僅用於需要長時間執行的請求
--proxy-client-cert-file string	用於在請求期間驗證 aggregator 或 kube-apiserver 身份的用戶端證書檔案路徑。將請求代理到使用者 api-server 並呼叫 Webhook 存取控制外掛程式時，要求此證書在 --requestheader-client-ca-file 指定的檔案中包含來自 CA 的簽名。該 CA 被發佈在 kube-system 命名空間名為 extension-apiserver-authentication 的 ConfigMap 中
--proxy-client-key-file string	用於在請求期間驗證 aggregator 或 kube-apiserver 身份的用戶端私密金鑰檔案路徑
--service-account-signing-key-file string	設置 Service Account 權杖頒發者的當前私密金鑰的檔案路徑。頒發者用該私密金鑰對頒發的 ID 權杖進行簽名。要求啟用 TokenRequest 特性開關
--service-cluster-ip-range ipNet	設置 Service 的 ClusterIP 位址的 CIDR 範圍，例如 169.169.0.0/16，該 IP 位址段不能與物理機所在的網路重合
--service-node-port-range portRange	設置 Service 的 NodePort 通訊埠編號範圍，預設值為 30000 ～ 32767，包括 30000 和 32767

A.3 kube-controller-manager 啟動參數

對 kube-controller-manager 啟動參數的詳細說明如表 A.3 所示。

表 A.3 對 kube-controller-manager 啟動參數的詳細說明

參數名稱和類型	說　明
[偵錯相關參數]	
--contention-profiling	當設置打開性能分析時，設置是否打開鎖競爭分析
--profiling	設置為 true 表示打開性能分析，可以透過 <host>:<port>/ debug/pprof/ 位址查看程式堆疊、執行緒等系統資訊，預設值為 true
[通用參數]	
--allocate-node-cidrs	設置為 true 表示使用雲端服務商為 Pod 分配的 CIDRs，僅用於公有雲
--cidr-allocator-type string	CIDR 分配器的類型，預設值為 RangeAllocator
--cloud-config string	雲端服務商的設定檔路徑，僅用於公有雲
--cloud-provider string	雲端服務商的名稱，僅用於公有雲
--cluster-cidr string	叢集中 Pod 的可用 CIDR 範圍
--cluster-name string	叢集的名稱，預設值為 kubernetes
--configure-cloud-routes	設置雲端服務商是否為 --allocate-node-cidrs 分配的 CIDR 設置路由，預設值為 true
--controller-start-interval duration	啟動各個 controller manager 的時間間隔，預設值為 0s
--controllers strings	設置啟用的 controller 列表，預設值為 "*"，表示啟用所有 controller，foo 表示啟用名為 foo 的 controller，-foo 表示禁用名為 foo 的 controller。 所有 controller 列表包括 attachdetach、bootstrapsigner、cloud-node-lifecycle、
--controllers strings	clusterrole-aggregation、cronjob、csrapproving、csrcleaner、csrsigning、daemonset、deployment、disruption、endpoint、endpointslice、endpointslicemirroring、ephemeral-volume、garbagecollector、horizontalpodautoscaling、job、

參數名稱和類型	說　明
	namespace、nodeipam、nodelifecycle、persistentvolume-binder、persistentvolume-expander、podgc、pv-protection、pvc-protection、replicaset、replicationcontroller、resourcequota、root-ca-cert-publisher、route、service、serviceaccount、serviceaccount-token、statefulset、tokencleaner、ttl、ttl-after-finished。 預設禁用的 controller 包括 bootstrapsigner、tokencleaner
--external-cloud-volume-plugin string	當設置 --cloud-provider 為外部雲端服務商時使用的 Volume 外掛程式
--feature-gates mapStringBool	特性開關組，每個開關都以 key=value 形式表示，可以單獨啟用或禁用某種特性。可以設置的特性開關如下。 APIListChunking=true|false (BETA - default=true) APIPriorityAndFairness=true|false (ALPHA - default=false) APIResponseCompression=true|false (BETA - default=true) AllAlpha=true|false (ALPHA - default=false) AllBeta=true|false (BETA - default=false) AllowInsecureBackendProxy=true|false (BETA - default=true)
--feature-gates mapStringBool	AnyVolumeDataSource=true|false (ALPHA - default=false) AppArmor=true|false (BETA - default=true) BalanceAttachedNodeVolumes=true|false (ALPHA - default=false) BoundServiceAccountTokenVolume=true|false (ALPHA - default=false) CPUManager=true|false (BETA - default=true) CRIContainerLogRotation=true|false (BETA - default=true) CSIInlineVolume=true|false (BETA - default=true) CSIMigration=true|false (BETA - default=true) CSIMigrationAWS=true|false (BETA - default=false) CSIMigrationAWSComplete=true|false (ALPHA - default=false) CSIMigrationAzureDisk=true|false (BETA - default=false) CSIMigrationAzureDiskComplete=true|false (ALPHA - default=false) CSIMigrationAzureFile=true|false (ALPHA - default=false)

參數名稱和類型	說　明
--feature-gates mapStringBool	CSIMigrationAzureFileComplete=true|false (ALPHA - default=false) CSIMigrationGCE=true|false (BETA - default=false) CSIMigrationGCEComplete=true|false (ALPHA - default=false) CSIMigrationOpenStack=true|false (BETA - default=false) CSIMigrationOpenStackComplete=true|false (ALPHA - default=false) CSIMigrationvSphere=true|false (BETA - default=false) CSIMigrationvSphereComplete=true|false (BETA - default=false) CSIStorageCapacity=true|false (ALPHA - default=false) CSIVolumeFSGroupPolicy=true|false (ALPHA - default=false) ConfigurableFSGroupPolicy=true|false (ALPHA - default=false) CustomCPUCFSQuotaPeriod=true|false (ALPHA - default=false) DefaultPodTopologySpread=true|false (ALPHA - default=false) DevicePlugins=true|false (BETA - default=true) DisableAcceleratorUsageMetrics=true|false (ALPHA - default=false) DynamicKubeletConfig=true|false (BETA - default=true) EndpointSlice=true|false (BETA - default=true) EndpointSliceProxying=true|false (BETA - default=true) EphemeralContainers=true|false (ALPHA - default=false) ExpandCSIVolumes=true|false (BETA - default=true) ExpandInUsePersistentVolumes=true|false (BETA - default=true) ExpandPersistentVolumes=true|false (BETA - default=true) ExperimentalHostUserNamespaceDefaulting=true|false (BETA - default=false) GenericEphemeralVolume=true|false (ALPHA - default=false) HPAScaleToZero=true|false (ALPHA - default=false) HugePageStorageMediumSize=true|false (BETA - default=true) HyperVContainer=true|false (ALPHA - default=false) IPv6DualStack=true|false (ALPHA - default=false) ImmutableEphemeralVolumes=true|false (BETA - default=true) KubeletPodResources=true|false (BETA - default=true) LegacyNodeRoleBehavior=true|false (BETA - default=true)

參數名稱和類型	說　明
--feature-gates mapStringBool	LocalStorageCapacityIsolation=true|false (BETA - default=true) LocalStorageCapacityIsolationFSQuotaMonitoring=true|false (ALPHA - default=false) NodeDisruptionExclusion=true|false (BETA - default=true) NonPreemptingPriority=true|false (BETA - default=true) PodDisruptionBudget=true|false (BETA - default=true) PodOverhead=true|false (BETA - default=true) ProcMountType=true|false (ALPHA - default=false) QOSReserved=true|false (ALPHA - default=false) RemainingItemCount=true|false (BETA - default=true) RemoveSelfLink=true|false (ALPHA - default=false) RotateKubeletServerCertificate=true|false (BETA - default=true) RunAsGroup=true|false (BETA - default=true) RuntimeClass=true|false (BETA - default=true) SCTPSupport=true|false (BETA - default=true) SelectorIndex=true|false (BETA - default=true) ServerSideApply=true|false (BETA - default=true) ServiceAccountIssuerDiscovery=true|false (ALPHA - default= false) ServiceAppProtocol=true|false (BETA - default=true) ServiceNodeExclusion=true|false (BETA - default=true) ServiceTopology=true|false (ALPHA - default=false) SetHostnameAsFQDN=true|false (ALPHA - default=false) StartupProbe=true|false (BETA - default=true) StorageVersionHash=true|false (BETA - default=true) SupportNodePidsLimit=true|false (BETA - default=true) SupportPodPidsLimit=true|false (BETA - default=true) Sysctls=true|false (BETA - default=true) TTLAfterFinished=true|false (ALPHA - default=false) TokenRequest=true|false (BETA - default=true) TokenRequestProjection=true|false (BETA - default=true) TopologyManager=true|false (BETA - default=true)
--feature-gates mapStringBool	ValidateProxyRedirects=true|false (BETA - default=true) VolumeSnapshotDataSource=true|false (BETA - default=true) WarningHeaders=true|false (BETA - default=true) WinDSR=true|false (ALPHA - default=false)

A.3 kube-controller-manager 啟動參數

參數名稱和類型	說　明
	WinOverlay=true|false (ALPHA - default=false) WindowsEndpointSliceProxying=true|false (ALPHA - default=false)
--kube-api-burst int32	發送到 API Server 的每秒突發請求量，預設值為 30
--kube-api-content-type string	發送到 API Server 的請求內容類別型，預設值為 application/vnd.kubernetes.protobuf
--kube-api-qps float32	與 API Server 通訊的 QPS 值，預設值為 20
--leader-elect	設置為 true 表示進行 leader 選舉，用於 Master 多實例高可用部署模式下，預設值為 true
--leader-elect-lease-duration duration	leader 選舉過程中非 leader 等待選舉的時間間隔，預設值為 15s，僅當 --leader-elect=true 時生效
--leader-elect-renew-deadline duration	leader 選舉過程中在停止 leading 角色之前再次 renew 的時間間隔，應小於或等於 leader-elect-lease-duration，預設值為 10s，僅當 --leader-elect=true 時生效
--leader-elect-resource-lock endpoints	在 leader 選舉過程中使用哪種資源物件進行鎖定操作，可選值包括 'endpoints'、'configmaps'、'leases'、'endpointsleases' 和 'configmapsleases'，預設值為 "endpointsleases"
--leader-elect-resource-name string	在 leader 選舉過程中用於鎖定的資源物件名稱，預設值為 "kube-controller-manager"
--leader-elect-resource-namespace string	在 leader 選舉過程中用於鎖定的資源物件所在的 namespace 名稱，預設值為 "kube-system"
--leader-elect-retry-period duration	在 leader 選舉過程中獲取 leader 角色和 renew 之間的等待時間，預設值為 2s，僅當 --leader-elect=true 時生效
--min-resync-period duration	最小重新同步的時間間隔，實際重新同步的時間為 MinResyncPeriod 到 2×MinResyncPeriod 之間的一個隨機數，預設值為 12h0m0s
--node-monitor-period duration	NodeController 同步 NodeStatus 的時間間隔，預設值為 5s
--route-reconciliation-period duration	雲端服務商為 Node 建立路由的同步時間間隔，預設值為 10s
--use-service-account-credentials	設置為 true 表示為每個 controller 分別設置 Service Account

參數名稱和類型	說　明
[Service 控制器相關參數]	
--concurrent-service-syncs int32	設置允許的併發同步 Service 物件的數量，值越大表示服務管理的回應越快，但會消耗更多的 CPU 和網路資源，預設值為 1
[安全服務相關參數]	
--bind-address ip	在 HTTPS 安全通訊埠提供服務時監聽的 IP 位址，預設值為 0.0.0.0
--cert-dir string	TLS 證書所在的目錄，如果設置了 --tls-cert-file 和 --tls-private-key-file，則該設置將被忽略
--http2-max-streams-per-connection int	伺服器為用戶端提供的 HTTP/2 連接中的最大串流數量限制，設置為 0 表示使用 Golang 的預設值
--permit-port-sharing	設置是否允許多個處理程序共用同一個通訊埠編號，設置為 true 表示使用通訊埠的 SO_REUSEPORT 屬性，預設值為 false
--secure-port int	設置 HTTPS 安全模式的監聽通訊埠編號，設置為 0 表示不啟用 HTTPS，預設值為 10257
--tls-cert-file string	包含 x509 證書的檔案路徑，用於 HTTPS 認證
--tls-cipher-suites strings	伺服器端加密演算法清單，以逗點分隔。若不設置，則使用 Go cipher suites 的預設列表。可選加密演算法如下。 TLS_AES_128_GCM_SHA256 TLS_AES_256_GCM_SHA384 TLS_CHACHA20_POLY1305_SHA256 TLS_ECDHE_ECDSA_WITH_AES_128_CBC_SHA TLS_ECDHE_ECDSA_WITH_AES_128_GCM_SHA256 TLS_ECDHE_ECDSA_WITH_AES_256_CBC_SHA TLS_ECDHE_ECDSA_WITH_AES_256_GCM_SHA384 TLS_ECDHE_ECDSA_WITH_CHACHA20_POLY1305 TLS_ECDHE_ECDSA_WITH_CHACHA20_POLY1305_SHA256 TLS_ECDHE_RSA_WITH_3DES_EDE_CBC_SHA TLS_ECDHE_RSA_WITH_AES_128_CBC_SHA TLS_ECDHE_RSA_WITH_AES_128_GCM_SHA256 TLS_ECDHE_RSA_WITH_AES_256_CBC_SHA

參數名稱和類型	說　明
	TLS_ECDHE_RSA_WITH_AES_256_GCM_SHA384 TLS_ECDHE_RSA_WITH_CHACHA20_POLY1305 TLS_ECDHE_RSA_WITH_CHACHA20_POLY1305_SHA256
--tls-cipher-suites strings	TLS_RSA_WITH_3DES_EDE_CBC_SHA TLS_RSA_WITH_AES_128_CBC_SHA TLS_RSA_WITH_AES_128_GCM_SHA256 TLS_RSA_WITH_AES_256_CBC_SHA TLS_RSA_WITH_AES_256_GCM_SHA384 不安全的值如下： TLS_ECDHE_ECDSA_WITH_AES_128_CBC_SHA256 TLS_ECDHE_ECDSA_WITH_RC4_128_SHA TLS_ECDHE_RSA_WITH_AES_128_CBC_SHA256 TLS_ECDHE_RSA_WITH_RC4_128_SHA TLS_RSA_WITH_AES_128_CBC_SHA256 TLS_RSA_WITH_RC4_128_SHA
--tls-min-version string	設置支援的最小 TLS 版本編號，可選的版本編號包括 VersionTLS10、VersionTLS11、VersionTLS12、VersionTLS13
--tls-private-key-file string	包含 x509 證書與 tls-cert-file 對應的私密金鑰檔案路徑
--tls-sni-cert-key namedCertKey	x509 證書與私密金鑰檔案路徑，可選設置尾碼為 FQDN（完全限定域名）的域名模式清單，也可能包含首碼萬用字元段。域名部分也允許被設置為 IP 位址，但僅在用戶端請求的 IP 位址能夠存取到 API Server 的 IP 位址時使用。如果未指定域名模式，則直接提取證書名稱，並且具有非萬用字元比對優先於萬用字元比對，顯式域名模式
--tls-sni-cert-key namedCertKey	優先於提取證書名稱的邏輯判斷機制。如果有多對設置，則需要多次指定 --tls-sni-cert-key 參數，例如 "example.key,example.crt" 或 "*.foo.com,foo.com:foo.key,foo.crt"，預設值為 []
[非安全服務相關參數]	
--address ip	[已棄用] 設置綁定的不安全 IP 位址，建議使用 --bind-address
--port int	[已棄用] 設置綁定的不安全通訊埠編號，建議使用 --secure-port

參數名稱和類型	說　明
[認證相關參數]	
--authentication-kubeconfig string	設置允許在 Kubernetes 核心服務中建立 tokenreviews. authentication.k8s.io 資源物件的 kubeconfig 設定檔，是可選設置。設置為空表示將所有的 Token 請求都視為匿名請求，也不會啟用用戶端 CA 認證機制
--authentication-skip-lookup	設置為 true 表示跳過認證，設置為 false 表示使用 --authentication-kubeconfig 參數指定的設定檔尋找叢集中缺少的認證設定
--authentication-token-webhook-cache-ttl duration	對 Webhook 權杖認證服務返回回應進行快取的時間，預設值為 10s
--authentication-tolerate-lookup-failure	設置為 true 表示當查詢叢集內認證缺失的設定失敗時仍然認為合法，注意這樣可能導致認證服務將所有請求都視為匿名
--client-ca-file string	如果指定，則該用戶端證書中的 CommonName 名稱將被用於認證
--requestheader-allowed-names strings	允許的用戶端證書中的 common names 列表，透過 header 中由 --requestheader- username-headers 參數指定的欄位獲取。若未設置，則表示由 --requestheader-client- ca-file 中認定的任意用戶端證書都被允許
--requestheader-client-ca-file string	用於驗證用戶端證書的根證書，在信任 --requestheader-username-headers 參數中的使用者名稱之前進行驗證
--requestheader-extra-headers-prefix strings	待審查請求 header 的首碼清單，建議使用 X-Remote-Extra-，預設值為 [x-remote-extra-]
--requestheader-group-headers strings	待審查請求 header 的使用者群組的列表，建議使用 X-Remote-Group，預設值為 [x-remote-group]
--requestheader-username-headers strings	待審查請求 header 的使用者名稱的列表，通常使用 X-Remote-User，預設值為 [x-remote-user]
[授權相關參數]	
--authorization-always-allow-paths strings	設置無須授權的 HTTP 路徑清單，預設值為 [/healthz]
--authorization-kubeconfig string	設置允許在 Kubernetes 核心服務中建立 subjectaccessreviews. authorization.k8s.io 資源物件的 kubeconfig 設定檔，是可選設置。設置為空表示所有未列入白名單的請求都將被拒絕

參數名稱和類型	說　明
--authorization-webhook-cache-authorized-ttl duration	對 Webhook 授權服務返回的已授權回應進行快取的時間，預設值為 10s
--authorization-webhook-cache-unauthorized-ttl duration	對 Webhook 授權服務返回的未授權回應進行快取的時間，預設值為 10s
[attach/detach 相關參數]	
--attach-detach-reconcile-sync-period duration	Volume 的 attach、detach 等操作的 reconciler 同步等待時間，必須大於 1s，預設值為 1m0s
--disable-attach-detach-reconcile-sync	設置為 true 表示禁用 Volume 的 attach、detach 同步操作
[CSR 簽名控制器相關參數]	
--cluster-signing-cert-file string	PEM-encoded X509 CA 證書檔案，用於 kube-controller-manager 在叢集範圍內頒發證書時使用。如果設置了該參數，則不應再設置其他以 --cluster-signing-* 開頭的參數
--cluster-signing-duration duration	頒發證書的有效期，預設值為 8760h0m0s
--cluster-signing-key-file string	PEM-encoded RSA 或 ECDSA 私密金鑰檔案，用於簽署叢集範圍的證書。如果設置了該參數，則不應再設置其他 --cluster-signing-* 開頭的參數
--cluster-signing-kube-apiserver-client-cert-file string	PEM-encoded X509 CA 證書檔案，用於為 kubernetes.io/kube-apiserver-client 簽發者頒發證書。如果設置了該參數，則不能設置 --cluster-signing-{cert,key}- 參數
--cluster-signing-kube-apiserver-client-key-file string	PEM-encoded RSA 或 ECDSA 私密金鑰檔案，用於簽署為 kubernetes.io/kube-apiserver-client 簽發者頒發的證書。如果設置了該參數，則不能設置 --cluster-signing-{cert,key}- 參數
--cluster-signing-kubelet-client-cert-file string	PEM-encoded X509 CA 證書檔案，用於為 kubernetes.io/kube-apiserver-client-kubelet 簽發者頒發證書。如果設置了該參數，則不能設置 --cluster-signing-{cert,key}- 參數
--cluster-signing-kubelet-client-key-file string	PEM-encoded RSA 或 ECDSA 私密金鑰檔案，用於簽署為 kubernetes.io/kube-apiserver-client-kubelet 簽發者頒發的證書。如果設置了該參數，則不能設置 --cluster-signing-{cert,key}- 參數

參數名稱和類型	說　明
--cluster-signing-kubelet-serving-cert-file string	PEM-encoded X509 CA 證書檔案，用於為 kubernetes.io/kubelet-serving 簽發者頒發證書。如果設置了該參數，則不能設置 --cluster-signing-{cert,key}- 參數
--cluster-signing-kubelet-serving-key-file string	PEM-encoded RSA 或 ECDSA 私密金鑰檔案，用於簽署為 kubernetes.io/kubelet-serving 簽發者頒發的證書。如果設置了該參數，則不能設置 --cluster-signing-{cert,key}- 參數
--cluster-signing-legacy-unknown-cert-file string	PEM-encoded X509 CA 證書檔案，用於為 kubernetes.io/legacy-unknown 簽發者頒發證書。如果設置了該參數，則不能設置 --cluster-signing-{cert,key}- 參數
--cluster-signing-legacy-unknown-key-file string	PEM-encoded RSA 或 ECDSA 私密金鑰檔案，用於簽署為 kubernetes.io/legacy-unknown 簽發者頒發的證書。如果設置了該參數，則不能設置 --cluster-signing-{cert,key}- 參數
[Deployment 控制器相關參數]	
--concurrent-deployment-syncs int32	設置允許的併發同步 Deployment 物件的數量，值越大表示同步 Deployment 的回應越快，但會消耗更多的 CPU 和網路資源，預設值為 5
--deployment-controller-sync-period duration	同步 Deployment 的時間間隔，預設值為 30s
[Statefulset 控制器相關參數]	
--concurrent-statefulset-syncs int32	設置允許的併發同步 Statefulset 物件的數量，值越大表示同步 Statefulset 的回應越快，但會消耗更多的 CPU 和網路資源，預設值為 5
[Endpoint 控制器相關參數]	
--concurrent-endpoint-syncs int32	設置併發執行 Endpoint 同步操作的數量，值越大表示更新 Endpoint 越快，但會消耗更多的 CPU 和網路資源，預設值為 5
--endpoint-updates-batch-period duration	設置批次執行 Endpoint 同步操作的間隔時間，值越大表示更新 Endpoint 的延遲時間更長，但會減少 Endpoint 的更新次數
[Endpointslice 控制器相關參數]	
--concurrent-service-endpoint-syncs int32	設置併發執行 Service 的 Endpoint Slice 同步操作的數量，值越大表示更新 Endpoint Slice 越快，但會消耗更多的 CPU 和網路資源，預設值為 5

參數名稱和類型	說　明
--endpointslice-updates-batch-period duration	設置批次執行 Endpoint Slice 同步操作的間隔時間,值越大表示更新 Endpoint 的延遲時間更長,但會減少 Endpoint 的修改次數
--max-endpoints-per-slice int32	一個 EndpointSlice 分片中的最大 Endpoint 數量,預設值為 100
[Endpointslicemirroring 控制器相關參數]	
--mirroring-concurrent-service-endpoint-syncs int32	設置併發執行 Service 的 Endpoint Slice 鏡像(EndpointSlice Mirroring)操作的數量,值越大表示更新 Endpoint Slice 越快,但會消耗更多的 CPU 和網路資源,預設值為 5
--mirroring-endpointslice-updates-batch-period duration	設置批次執行 Endpoint Slice 鏡像操作的間隔時間,值越大表示更新 Endpoint 的延遲時間更長,但會減少 Endpoint 的修改次數
--mirroring-max-endpoints-per-subset int32	由 EndpointSliceMirroring 控制器設置的一個 EndpointSlice 分片中的最大 Endpoint 鏡像數量,預設值為 100
[GC 控制器相關參數]	
--concurrent-gc-syncs int32	設置併發執行 GC Worker 的數量,預設值為 20
--enable-garbage-collector	設置為 true 表示啟用垃圾回收機制,必須設置為與 kube-apiserver 的 --enable-garbage-collector 參數相同的值,預設值為 true
[HPA 控制器相關參數]	
--horizontal-pod-autoscaler-cpu-initialization-period duration	Pod 啟動之後應跳過的初始 CPU 使用率採樣時間,預設值為 5m0s
--horizontal-pod-autoscaler-downscale-stabilization duration	Pod 自動擴充器在進行縮減操作之前的等待時間,預設值為 5m0s
--horizontal-pod-autoscaler-initial-readiness-delay duration	Pod 啟動之後應跳過的 readiness 檢查時間,預設值為 30s
--horizontal-pod-autoscaler-sync-period duration	Pod 自動擴充器的 Pod 數量的同步時間間隔,預設值為 30s

參數名稱和類型	說　明
--horizontal-pod-autoscaler-tolerance float	Pod 自動擴充器判斷是否需要執行容量調整操作時「期望值 / 實際值」的最小比值，預設值為 0.1
[Namespace 控制器相關參數]	
--concurrent-namespace-syncs int32	設置併發同步命名空間資源物件的數量，值越大表示同步操作越快，但會消耗更多的 CPU 和網路資源，預設值為 2
--namespace-sync-period duration	更新命名空間狀態的同步時間間隔，預設值為 5m0s
[Node IPAM 控制器相關參數]	
--node-cidr-mask-size int32	Node CIDR 子網路遮罩設置，預設值為 IPv4 為 24，IPv6 為 64
--node-cidr-mask-size-ipv4 int32	IPv4 類型的 Node CIDR 子網路遮罩設置，預設值為 24
--node-cidr-mask-size-ipv6 int32	IPv6 類型的 Node CIDR 子網路遮罩設置，預設值為 64
--service-cluster-ip-range string	Service 的 IP 範圍，要求設置 --allocate-node-cidrs=true
[Node Lifecycle 控制器相關參數]	
--enable-taint-manager	測試用，設置為 true 表示啟用 NoExecute Taints，並將在設置了該 taint 的 Node 上驅逐（Evict）所有 not-tolerating 的 Pod，預設值為 true
--large-cluster-size-threshold int32	設置 Node 的數量，用於 NodeController 根據叢集規模是否需要進行 Pod Eviction 的邏輯判斷。設置該值後 --secondary-node-eviction-rate 將會被隱式重置為 0。預設值為 50
--node-eviction-rate float32	在 zone 仍為 healthy 狀態（參考 --unhealthy-zone-threshold 參數定義的健康狀態，zone 指整個叢集）且該 zone 中 Node 失效的情況下，驅逐 Pod 時每秒處理的 Node 數量，預設值為 0.1
--node-monitor-grace-period duration	監控 Node 狀態的時間間隔，預設值為 40s，超過該設置時間後，controller-manager 會把 Node 標記為不可用狀態。此值的設置有這樣的要求：它應該被設置為 kubelet 彙報的 Node 狀態時間間隔（參數 --node-status-update- frequency=10s）的 N 倍，N 為 kubelet 狀態彙報的重試次數

參數名稱和類型	說　明
--node-startup-grace-period duration	Node 啟動的最大允許時間，若超過此時間無回應，則會標記 Node 為不可用狀態（啟動失敗），預設值為 1m0s
--pod-eviction-timeout duration	在失效 Node 上刪除 Pod 的逾時時間，預設值為 5m0s
--secondary-node-eviction-rate float32	在 zone 為 unhealthy 狀態（參考 --unhealthy-zone-threshold 參數定義的健康狀態，zone 指整個叢集），且該 zone 中出現 Node 失效的情況下，驅逐 Pod 時每秒處理的 Node 數量，預設值為 0.01。當設置了 --large-cluster-size-threshold 參數並且叢集 Node 數量少於 --large-cluster-size-threshold 的值時，該參數被隱式重置為 0
--unhealthy-zone-threshold float32	設置在一個 zone 中有多少比例的 Node 失效時將被判斷為 unhealthy，至少有 3 個 Node 失效才能進行判斷，預設值為 0.55
[PV-binder 控制器相關參數]	
--enable-dynamic-provisioning	設置為 true 表示啟用動態 provisioning（需底層儲存驅動支援），預設值為 true
--enable-hostpath-provisioner	設置為 true 表示啟用 hostPath PV provisioning 機制，僅用於測試，不可用於多 Node 的叢集環境
--flex-volume-plugin-dir string	設置 Flex Volume 外掛程式應搜索其他第三方 Volume 外掛程式的目錄名稱，預設值為 "/usr/libexec/kubernetes/kubelet-plugins/volume/exec/"
--pv-recycler-increment-timeout-nfs int32	使用 NFS scrubber 的 Pod 每增加 1Gi 空間時，在 ActiveDeadlineSeconds 上增加的時間，預設值為 30s
--pv-recycler-minimum-timeout-hostpath int32	使用 hostPath recycler 的 Pod 的最小 ActiveDeadlineSeconds 秒數，預設值為 60s。實驗用
--pv-recycler-minimum-timeout-nfs int32	使用 nfs recycler 的 Pod 的最小 ActiveDeadlineSeconds 秒數，預設值為 300s
--pv-recycler-pod-template-filepath-hostpath string	使用 hostPath recycler 的 Pod 的範本檔案全路徑。實驗用
--pv-recycler-pod-template-filepath-nfs string	使用 nfs recycler 的 Pod 的範本檔案全路徑

參數名稱和類型	說　明
--pv-recycler-timeout-increment-hostpath int32	使用 hostPath scrubber 的 Pod 每增加 1Gi 空間在 Active DeadlineSeconds 上增加的時間，預設值為 30s。實驗用
--pvclaimbinder-sync-period duration	同步 PV 和 PVC（容器宣告的 PV）的時間間隔，預設值為 15s
[Pod GC 控制器相關參數]	
--terminated-pod-gc-threshold int32	設置可保存的終止 Pod 的數量，超過該數量時，垃圾回收器將進行刪除操作。設置為小於等於 0 的值表示禁用該功能，預設值為 12500
[ReplicaSet 控制器相關參數]	
--concurrent-replicaset-syncs int32	設置允許的併發同步 ReplicaSet 物件的數量，值越大表示同步操作越快，但會消耗更多的 CPU 和網路資源，預設值為 5
[RC 控制器相關參數]	
--concurrent-rc-syncs int32	併發執行 RC 同步操作的程式碼協同數，值越大表示同步操作越快，但會消耗更多的 CPU 和網路資源，預設值為 5
[ResourceQuota 控制器相關參數]	
--concurrent-resource-quota-syncs int32	設置允許的併發同步 Replication Controller 物件的數量，值越大表示同步操作越快，但會消耗更多的 CPU 和網路資源
--resource-quota-sync-period duration	Resource Quota 使用狀態資訊同步的時間間隔，預設值為 5m0s
[ServiceAccount 控制器相關參數]	
--concurrent-serviceaccount-token-syncs int32	設置允許的併發同步 Service Account Token 物件的數量，值越大表示同步操作越快，但會消耗更多的 CPU 和網路資源，預設值為 1
--root-ca-file string	根 CA 證書檔案路徑，被用於 Service Account 的 Token Secret 中
--service-account-private-key-file string	用於為 Service Account Token 簽名的 PEM-encoded RSA 私密金鑰檔案路徑
[TTL-after-finished 控制器相關參數]	
--concurrent-ttl-after-finished-syncs int32	設置允許的併發同步 TTL-after-finished 控制器 worker 的數量，預設值為 5
[Metric 指標相關參數]	

參數名稱和類型	說　明
--show-hidden-metrics-for-version string	設定是否需要顯示所隱藏指標的 Kubernetes 舊版本編號，僅當舊版本的小版本編號有意義時生效，格式為 <major>.<minor>，例如 1.16，用於驗證哪些舊版本的指標在新版本中被棄用
[日誌相關參數]	
--logging-format string	設置記錄檔的記錄格式，可選項包括 "text" 和 "json"，預設值為 "text"，目前 "json" 格式的日誌為 Alpha 階段，如果將其設置為 "json"，則其他日誌相關參數都無效：--add_dir_header、--alsologtostderr、--log_backtrace_at、--log_dir、--log_file、--log_file_max_size、--logtostderr、--skip_headers、--skip_log_headers、--stderrthreshold、--vmodule、--log-flush-frequency
[其他參數]	
--kubeconfig string	kubeconfig 設定檔路徑，在設定檔中包括 Master 位址資訊及必要的認證資訊
--master string	API Server 的 URL 位址，如果指定，則會覆蓋 kubeconfig 檔案中設置的 master 位址

A.4 kube-scheduler 啟動參數

對 kube-scheduler 啟動參數的詳細說明如表 A.4 所示。

表 A.4　對 kube-scheduler 啟動參數的詳細說明

參數名稱和類型	說　明
[設定相關參數]	
--config string	設定檔的路徑。如果指定，則 --address、--port、--use-legacy-policy-config、--policy-configmap、--policy-config-file、--algorithm-provider 命令列參數會覆蓋在該設定檔中設置的名稱相同參數的值
--master string	API Server 的 URL 位址，如果指定，則會覆蓋在 kubeconfig 檔案中設置的 master 位址
--write-config-to string	如果設置，則表示將設定參數寫入設定檔，然後退出

參數名稱和類型	說　明
[安全服務相關參數]	
--bind-address ip	在 HTTPS 安全通訊埠提供服務時監聽的 IP 位址，預設值為 0.0.0.0
--cert-dir string	TLS 證書所在的目錄，如果設置了 --tls-cert-file 和 --tls-private-key-file，則該設置將被忽略
--http2-max-streams-per-connection int	伺服器為用戶端提供的 HTTP/2 連接中的最大串流數量限制，設置為 0 表示使用 Golang 的預設值
--permit-port-sharing	設置是否允許多個處理程序共用同一個通訊埠編號，設置為 true 表示使用通訊埠的 SO_REUSEPORT 屬性，預設值為 false
--secure-port int	設置 HTTPS 安全模式的監聽通訊埠編號，設置為 0 表示不啟用 HTTPS，預設值為 10259
--tls-cert-file string	包含 x509 證書的檔案路徑，用於 HTTPS 認證
--tls-cipher-suites strings	伺服器端加密演算法清單，以逗點分隔，若不設置，則使用 Go cipher suites 的預設列表。可選加密演算法如下。 TLS_AES_128_GCM_SHA256 TLS_AES_256_GCM_SHA384 TLS_CHACHA20_POLY1305_SHA256 TLS_ECDHE_ECDSA_WITH_AES_128_CBC_SHA TLS_ECDHE_ECDSA_WITH_AES_128_GCM_SHA256 TLS_ECDHE_ECDSA_WITH_AES_256_CBC_SHA TLS_ECDHE_ECDSA_WITH_AES_256_GCM_SHA384 TLS_ECDHE_ECDSA_WITH_CHACHA20_POLY1305 TLS_ECDHE_ECDSA_WITH_CHACHA20_POLY1305_SHA256 TLS_ECDHE_RSA_WITH_3DES_EDE_CBC_SHA TLS_ECDHE_RSA_WITH_AES_128_CBC_SHA TLS_ECDHE_RSA_WITH_AES_128_GCM_SHA256 TLS_ECDHE_RSA_WITH_AES_256_CBC_SHA TLS_ECDHE_RSA_WITH_AES_256_GCM_SHA384 TLS_ECDHE_RSA_WITH_CHACHA20_POLY1305 TLS_ECDHE_RSA_WITH_CHACHA20_POLY1305_SHA256 TLS_RSA_WITH_3DES_EDE_CBC_SHA TLS_RSA_WITH_AES_128_CBC_SHA

參數名稱和類型	說　明
	TLS_RSA_WITH_AES_128_GCM_SHA256 TLS_RSA_WITH_AES_256_CBC_SHA TLS_RSA_WITH_AES_256_GCM_SHA384 不安全的值如下： TLS_ECDHE_ECDSA_WITH_AES_128_CBC_SHA256 TLS_ECDHE_ECDSA_WITH_RC4_128_SHA TLS_ECDHE_RSA_WITH_AES_128_CBC_SHA256
--tls-cipher-suites strings	TLS_ECDHE_RSA_WITH_RC4_128_SHA TLS_RSA_WITH_AES_128_CBC_SHA256 TLS_RSA_WITH_RC4_128_SHA
--tls-min-version string	設置支援的最小 TLS 版本編號，可選的版本編號包括 VersionTLS10、VersionTLS11、VersionTLS12、VersionTLS13
--tls-private-key-file string	包含 x509 證書與 tls-cert-file 對應的私密金鑰檔案路徑
--tls-sni-cert-key namedCertKey	x509 證書與私密金鑰檔案路徑，可選設置尾碼為 FQDN（完全限定域名）的域名模式清單，也可能包含首碼萬用字元段。允許將域名部分設置為 IP 位址，但僅在用戶端請求的 IP 位址能夠存取 API Server 的 IP 位址時允許使用。如果未指定域名模式，則直接提取證書名稱，並且具有非萬用字元比對優先於萬用字元比對，顯式域名模式優先於提取證書名稱的邏輯判斷機制。如果有多對設置，則需要指定多次 --tls-sni-cert-key 參數，例如 "example.key,example.crt" 或 "*.foo.com,foo.com:foo. key,foo.crt"，預設值為 []
[非安全服務相關參數]	
--address ip	[已棄用] 設置綁定的不安全 IP 位址，建議使用 --bind-address
--port int	[已棄用] 設置綁定的不安全通訊埠編號，建議使用 --secure-port
[認證相關參數]	
--authentication-kubeconfig string	設置允許在 Kubernetes 核心服務中建立 tokenreviews. authentication.k8s.io 資源物件的 kubeconfig 設定檔，是可選設置。設置為空表示所有 Token 請求都被視為匿名，也不會啟用用戶端 CA 認證

參數名稱和類型	說　明
--authentication-skip-lookup	設置為 true 表示跳過認證，設置為 false 表示使用 --authentication-kubeconfig 參數指定的設定檔查詢叢集內認證缺失的設定
--authentication-token-webhook-cache-ttl duration	對 Webhook 權杖認證服務返回的回應進行快取的時間，預設值為 10s
--authentication-tolerate-lookup-failure	設置為 true 表示當查詢叢集內認證缺失的設定失敗時仍然認為合法，注意這樣可能導致認證服務將所有請求都視為匿名
--client-ca-file string	如果指定，則該用戶端證書中的 CommonName 名稱將被用於認證
--requestheader-allowed-names strings	允許的用戶端證書中的 common names 列表，透過 header 中由 --requestheader- username-headers 參數指定的欄位獲取。如果未設置，則表示由 --requestheader-client- ca-file 中認定的任意用戶端證書都被允許
--requestheader-client-ca-file string	用於驗證用戶端證書的根證書，在信任 --requestheader-username-headers 參數中的使用者名稱之前進行驗證
--requestheader-extra-headers-prefix strings	待審查請求 header 的首碼清單，建議使用 X-Remote-Extra-，預設值為 [x-remote-extra-]
--requestheader-group-headers strings	待審查請求 header 的使用者群組的列表，建議使用 X-Remote-Group，預設值為 [x-remote-group]
--requestheader-username-headers strings	待審查請求 header 的使用者名稱列表，通常使用 X-Remote-User，預設值為 [x-remote-user]
[授權相關參數]	
--authorization-always-allow-paths strings	設置無須授權的 HTTP 路徑清單，預設值為 [/healthz]
--authorization-kubeconfig string	設置允許在 Kubernetes 核心服務中建立 subjectaccessreviews. authorization.k8s.io 資源物件的 kubeconfig 設定檔，是可選設置。設置為空表示所有未列入白名單的請求都將被拒絕
--authorization-webhook-cache-authorized-ttl duration	對 Webhook 授權服務返回的已授權回應進行快取的時間，預設值為 10s

參數名稱和類型	說　明
--authorization-webhook-cache-unauthorized-ttl duration	對 Webhook 授權服務返回的未授權回應進行快取的時間，預設值為 10s
[已棄用的參數]	
--algorithm-provider string	設置排程演算法，可選項為 ClusterAutoscalerProvider 或 DefaultProvider
--contention-profiling	設置為 true 表示啟用鎖競爭性能資料獲取，當 --profiling=true 時生效
--hard-pod-affinity-symmetric-weight int32	RequiredDuringScheduling 親和性規則是非對稱的，但存在與每個 RequiredDuringScheduling 規則連結的隱式 PreferredDuringScheduling 親和性規則。該參數表示隱式 PreferredDuringScheduling 規則的權重值，值的範圍必須為 0 ～ 100，預設值為 1。該參數已被移至策略設定檔中
--kube-api-burst int32	發送到 API Server 的每秒請求數量，預設值為 100
--kube-api-content-type string	發送到 API Server 的請求內容類別型，預設值為 "application/vnd.kubernetes.protobuf"
--kube-api-qps float32	與 API Server 通訊的 QPS 值，預設值為 50
--kubeconfig string	kubeconfig 設定檔路徑，在設定檔中包括 Master 的位址資訊及必要的認證資訊
--lock-object-name string	在 leader 選舉過程中鎖定資源物件的名稱，預設值為 "kube-scheduler"
--lock-object-namespace string	在 leader 選舉過程中鎖定資源物件所在的命名空間名稱，預設值為 "kube-system"
--policy-config-file string	排程策略（scheduler policy）設定檔的路徑，在未指定 --policy-configmap 或者 --use-legacy-policy-config=true 時使用該設定檔
--policy-configmap string	設置包含排程策略設定資訊的 ConfigMap 名稱，需要先在 Data 元素中定義 key='policy.cfg'，再設置設定內容
--policy-configmap-namespace string	設置包含排程策略設定資訊的 ConfigMap 所在的命名空間名稱，預設值為 "kube-system"
--profiling	打開性能分析，可以透過 <host>:<port>/debug/pprof/ 位址查看堆疊、執行緒等系統執行資訊，預設值為 true

參數名稱和類型	說　明
--scheduler-name string	排程器名稱，用於選擇哪些 Pod 將被該排程器處理，預設值為 "default-scheduler"
--use-legacy-policy-config	設置排程策略設定檔的路徑，將忽略排程策略 ConfigMap 的設置
[Leader 選舉相關參數]	
--leader-elect	設置為 true 表示進行 leader 選舉，用於 Master 多實例高可用部署模式，預設值為 true
--leader-elect-lease-duration duration	leader 選舉過程中非 leader 等待選舉的時間間隔，預設值為 15s，僅當 --leader-elect=true 時生效
--leader-elect-renew-deadline duration	leader 選舉過程中在停止 leading 角色之前再次 renew 的時間間隔，應小於或等於 leader-elect-lease-duration，預設值為 10s，僅當 --leader-elect=true 時生效
--leader-elect-resource-lock endpoints	Leader 選舉過程中將哪種資源物件用於鎖定操作，可選值包 括 'endpoints'、'configmaps'、'leases'、'endpointsleases' 和 'configmapsleases'，預設值為 "endpointsleases"
--leader-elect-resource-name string	在 leader 選舉過程中用於鎖定的資源物件名稱，預設值為 "kube-scheduler"
--leader-elect-resource-namespace string	在 leader 選舉過程中用於鎖定的資源物件所在的 namespace 名稱，預設值為 "kube-system"
--leader-elect-retry-period duration	leader 選舉過程中獲取 leader 角色和 renew 之間的等待時間，預設值為 2s，僅當 --leader-elect=true 時生效
[特性開關相關參數]	
--feature-gates mapStringBool	特性開關組，每個開關都以 key=value 形式表示，可以單獨啟用或禁用某種特性。可以設置的特性開關如下。 APIListChunking=true|false (BETA - default=true) APIPriorityAndFairness=true|false (ALPHA - default=false) APIResponseCompression=true|false (BETA - default=true) AllAlpha=true|false (ALPHA - default=false) AllBeta=true|false (BETA - default=false) AllowInsecureBackendProxy=true|false (BETA - default=true)

參數名稱和類型	說　明
--feature-gates mapStringBool	AnyVolumeDataSource=true|false (ALPHA - default=false) AppArmor=true|false (BETA - default=true) BalanceAttachedNodeVolumes=true|false (ALPHA - default=false) BoundServiceAccountTokenVolume=true|false (ALPHA - default=false) CPUManager=true|false (BETA - default=true) CRIContainerLogRotation=true|false (BETA - default=true) CSIInlineVolume=true|false (BETA - default=true) CSIMigration=true|false (BETA - default=true) CSIMigrationAWS=true|false (BETA - default=false) CSIMigrationAWSComplete=true|false (ALPHA - default=false) CSIMigrationAzureDisk=true|false (BETA - default=false) CSIMigrationAzureDiskComplete=true|false (ALPHA - default=false) CSIMigrationAzureFile=true|false (ALPHA - default=false) CSIMigrationAzureFileComplete=true|false (ALPHA - default=false) CSIMigrationGCE=true|false (BETA - default=false) CSIMigrationGCEComplete=true|false (ALPHA - default=false) CSIMigrationOpenStack=true|false (BETA - default=false) CSIMigrationOpenStackComplete=true|false (ALPHA - default=false) CSIMigrationvSphere=true|false (BETA - default=false) CSIMigrationvSphereComplete=true|false (BETA - default=false) CSIStorageCapacity=true|false (ALPHA - default=false) CSIVolumeFSGroupPolicy=true|false (ALPHA - default=false) ConfigurableFSGroupPolicy=true|false (ALPHA - default=false) CustomCPUCFSQuotaPeriod=true|false (ALPHA - default=false) DefaultPodTopologySpread=true|false (ALPHA - default=false) DevicePlugins=true|false (BETA - default=true) DisableAcceleratorUsageMetrics=true|false (ALPHA - default=false) DynamicKubeletConfig=true|false (BETA - default=true) EndpointSlice=true|false (BETA - default=true) EndpointSliceProxying=true|false (BETA - default=true)

參數名稱和類型	說　明
--feature-gates mapStringBool	EphemeralContainers=true|false (ALPHA - default=false) ExpandCSIVolumes=true|false (BETA - default=true) ExpandInUsePersistentVolumes=true|false (BETA - default=true) ExpandPersistentVolumes=true|false (BETA - default=true) ExperimentalHostUserNamespaceDefaulting=true|false (BETA - default=false) GenericEphemeralVolume=true|false (ALPHA - default=false) HPAScaleToZero=true|false (ALPHA - default=false) HugePageStorageMediumSize=true|false (BETA - default=true) HyperVContainer=true|false (ALPHA - default=false) IPv6DualStack=true|false (ALPHA - default=false) ImmutableEphemeralVolumes=true|false (BETA - default=true) KubeletPodResources=true|false (BETA - default=true) LegacyNodeRoleBehavior=true|false (BETA - default=true) LocalStorageCapacityIsolation=true|false (BETA - default=true) LocalStorageCapacityIsolationFSQuotaMonitoring=true|false (ALPHA - default=false) NodeDisruptionExclusion=true|false (BETA - default=true) NonPreemptingPriority=true|false (BETA - default=true) PodDisruptionBudget=true|false (BETA - default=true) PodOverhead=true|false (BETA - default=true) ProcMountType=true|false (ALPHA - default=false) QOSReserved=true|false (ALPHA - default=false) RemainingItemCount=true|false (BETA - default=true) RemoveSelfLink=true|false (ALPHA - default=false) RotateKubeletServerCertificate=true|false (BETA - default=true) RunAsGroup=true|false (BETA - default=true) RuntimeClass=true|false (BETA - default=true) SCTPSupport=true|false (BETA - default=true) SelectorIndex=true|false (BETA - default=true) ServerSideApply=true|false (BETA - default=true) ServiceAccountIssuerDiscovery=true|false (ALPHA - default=false)

參數名稱和類型	說　明
--feature-gates mapStringBool	ServiceAppProtocol=true|false (BETA - default=true) ServiceNodeExclusion=true|false (BETA - default=true) ServiceTopology=true|false (ALPHA - default=false) SetHostnameAsFQDN=true|false (ALPHA - default=false) StartupProbe=true|false (BETA - default=true) StorageVersionHash=true|false (BETA - default=true) SupportNodePidsLimit=true|false (BETA - default=true) SupportPodPidsLimit=true|false (BETA - default=true) Sysctls=true|false (BETA - default=true) TTLAfterFinished=true|false (ALPHA - default=false) TokenRequest=true|false (BETA - default=true) TokenRequestProjection=true|false (BETA - default=true) TopologyManager=true|false (BETA - default=true) ValidateProxyRedirects=true|false (BETA - default=true) VolumeSnapshotDataSource=true|false (BETA - default=true) WarningHeaders=true|false (BETA - default=true) WinDSR=true|false (ALPHA - default=false) WinOverlay=true|false (ALPHA - default=false) WindowsEndpointSliceProxying=true|false (ALPHA - default=false)
[Metric 指標的相關參數]	
--show-hidden-metrics-for-version string	設定是否需要顯示所隱藏指標的 Kubernetes 舊版本編號，僅當舊版本的小版本編號有意義時生效，格式為 <major>.<minor>，例如 1.16，用於驗證哪些舊版本的指標在新版本中被棄用
[日誌相關參數]	
--logging-format string	設置記錄檔的記錄格式，可選項包括 "text" 和 "json"，預設值為 "text"，目前 "json" 格式的日誌為 Alpha 階段，如果設置為 "json"，則其他日誌相關參數都無效： --add_dir_header、--alsologtostderr、--log_backtrace_at、--log_dir, --log_file、--log_file_max_size、--logtostderr、--skip_headers、--skip_log_headers、--stderrthreshold、--vmodule、--log-flush-frequency

A.5 kubelet 啟動參數

對 kubelet 啟動參數的詳細說明如表 A.5 所示。

表 A.5　對 kubelet 啟動參數的詳細說明

參數名稱和類型	說　明
--address ip	[已棄用] 在 --config 指定的設定檔中進行設置。 綁定主機 IP 位址，預設值為 0.0.0.0，表示使用全部網路介面
--allowed-unsafe-sysctls strings	設置允許的非安全 sysctls 或 sysctl 模式白名單，由於操作的是作業系統，所以需小心控制
--anonymous-auth	[已棄用] 在 --config 指定的設定檔中進行設置。 設置為 true 表示 kubelet server 可以接收匿名請求。不會被任何 authentication 拒絕的請求將被標記為匿名請求。匿名請求的使用者名稱為 system:anonymous，使用者群組為 system:unauthenticated。預設值為 true
--application-metrics-count-limit int	[已棄用] 為每個容器保存的性能指標的最大數量，預設值為 100
-authentication-token-webhook	[已棄用] 在 --config 指定的設定檔中進行設置。 使用 TokenReview API 授權用戶端 Token
--authentication-token-webhook-cache-ttl duration	[已棄用] 在 --config 指定的設定檔中進行設置。 將 Webhook Token Authenticator 返回的回應保存在快取內的時間，預設值為 2m0s
--authorization-mode string	[已棄用] 在 --config 指定的設定檔中進行設置。 到 kubelet server 的安全存取的認證模式，可選值包括：AlwaysAllow、Webhook（ 使 用 SubjectAccessReview API 進行授權），預設值為 AlwaysAllow
--authorization-webhook-cache-authorized-ttl duration	[已棄用] 在 --config 指定的設定檔中進行設置。 Webhook Authorizer 返回「已授權」的應答快取時間，預設值為 5m0s
--authorization-webhook-cache-unauthorized-ttl duration	[已棄用] 在 --config 指定的設定檔中進行設置。 Webhook Authorizer 返回未授權的應答快取時間，預設值為 30s

參數名稱和類型	說　明
--azure-container-registry-config string	Azure 公有雲上鏡像倉庫的設定檔路徑
--boot-id-file string	[已棄用] 以逗點分隔的檔案列表，使用第 1 個存在 book-id 的檔案，預設值為 /proc/sys/ kernel/random/ boot_id
--bootstrap-kubeconfig string	用於獲取 kubelet 用戶端證書的 kubeconfig 設定檔的路徑。如果 --kubeconfig 指定的檔案不存在，則從 API Server 獲取用戶端證書。成功時，將在 --kubeconfig 指定的路徑下生成一個引用用戶端證書和金鑰的 kubeconfig 檔案。用戶端證書和金鑰檔案將被儲存在 --cert-dir 指向的目錄下
--cert-dir string	TLS 證書所在的目錄，預設值為 /var/run/kubernetes。如果設置了 --tls-cert-file 和 --tls-private-key-file，則該設置將被忽略
--cgroup-driver string	[已棄用] 在 --config 指定的設定檔中進行設置。 用於操作本機 cgroup 的驅動模式，支援的選項包括 groupfs 或 systemd，預設值為 cgroupfs
--cgroup-root string	[已棄用] 在 --config 指定的設定檔中進行設置。 為 pods 設置的 root cgroup，如果不設置，則將使用容器執行時期的預設設置，預設值為空字串（表示為兩個單引號 "）
--cgroups-per-qos	[已棄用] 在 --config 指定的設定檔中進行設置。 設置為 true 表示啟用建立 QoS cgroup hierarchy，預設值為 true
--chaos-chance float	隨機產生用戶端錯誤的概率，用於測試，預設值為 0.0，即不產生
--client-ca-file	[已棄用] 在 --config 指定的設定檔中進行設置。 設置用戶端 CA 證書檔案，一旦設置該檔案，則將對所有用戶端請求進行鑒權，驗證用戶端證書的 CommonName 資訊
--cloud-config string	雲端服務商的設定檔路徑
--cloud-provider string	雲端服務商的名稱，預設將自動檢測，設置為空表示無雲端服務商，預設值為 auto-detect

參數名稱和類型	說　明
--cluster-dns strings	[已棄用] 在 --config 指定的設定檔中進行設置。 叢集內 DNS 服務的 IP 位址，以逗點分隔。僅當 Pod 設置了 "dnsPolicy=ClusterFirst" 屬性時可用。注意，所有 DNS 伺服器都必須包含相同的記錄組，否則名字解析可能出錯
--cluster-domain string	[已棄用] 在 --config 指定的設定檔中進行設置。 叢集內 DNS 服務所用的域名
--cni-bin-dir string	[Alpha 版特性] CNI 外掛程式二進位檔案所在的目錄，預設值為 /opt/cni/bin
--cni-conf-dir string	[Alpha 版特性] CNI 外掛程式設定檔所在的目錄，預設值為 /etc/cni/net.d
--config string	kubelet 主設定檔
--container-hints	[已棄用] 容器 hints 檔案所在的全路徑，預設值為 /etc/cadvisor/container_hints.json
--container-log-max-files int32	[Beta 版特性] 設置容器記錄檔的最大數量，必須不少於 2，預設值為 5。此參數只能與 --container-runtime=remote 參數一起使用，應在 --config 指定的設定檔中進行設置
--container-log-max-size string	[Beta 版特性] 設置容器記錄檔的單檔案最大大小，寫滿時將捲動生成新的檔案，預設值為 10MiB。此參數只能與 --container-runtime=remote 參數一起使用，應在 --config 指定的設定檔中進行設置
--container-runtime string	容器類型，目前支援 docker、remote，預設值為 docker
--container-runtime-endpoint string	[實驗性特性] 容器執行時期的遠端服務 endpoint，在 Linux 系統上支援的類型包括 unix socket 和 tcp endpoint，在 Windows 系統上支援的類型包括 npipe 和 tcp endpoint，例如 unix:///var/run/dockershim.sock 和 npipe:////./pipe/dockershim，預設值為 unix:///var/run/dockershim.sock
--containerd string	[已棄用] 設置 containerd 的 Endpoint，預設值為 unix:///var/run/containerd.sock
--contention-profiling	[已棄用] 在 --config 指定的設定檔中進行設置。 當設置打開性能分析時，設置是否打開鎖競爭分析

參數名稱和類型	說　明
--cpu-cfs-quota	[已棄用] 在 --config 指定的設定檔中進行設置。設置為 true 表示啟用 CPU CFS quota，用於設置容器的 CPU 限制，預設值為 true
--cpu-cfs-quota-period duration	[已棄用] 在 --config 指定的設定檔中進行設置。設置 CPU CFS quota 時間 cpu.cfs_period_us，預設使用 Linux Kernel 的系統預設值 100ms
--cpu-manager-policy string	[已棄用] 在 --config 指定的設定檔中進行設置。設置 CPU Manager 策略，可選值包括 none、static，預設值為 none
--cpu-manager-reconcile-period duration	[已棄用] 在 --config 指定的設定檔中進行設置。[Alpha 版特性] 設置 CPU Manager 的調和時間，例如 10s 或 1min，預設值為 NodeStatusUpdateFrequency 的值 10s
--docker string	[已棄用] Docker 服務的 Endpoint 位址，預設值為 unix:///var/run/docker.sock
--docker-endpoint string	[已棄用] Docker 服務的 Endpoint 位址，預設值為 unix:///var/run/docker.sock
--docker-env-metadata-whitelist string	[已棄用] Docker 容器需要使用的環境變數 key 清單，以逗點分隔
--docker-only	[已棄用] 設置為 true 表示僅報告 Docker 容器的統計資訊而不再報告其他統計資訊
--docker-root string	[已棄用] Docker 根目錄的全路徑，預設值為 /var/lib/docker
--docker-tls	[已棄用] 連接 Docker 的 TLS 設置
--docker-tls-ca string	[已棄用] TLS CA 路徑，預設值為 ca.pem
--docker-tls-cert string	[已棄用] 用戶端憑證路徑，預設值為 cert.pem
--docker-tls-key string	[已棄用] 私密金鑰檔案路徑，預設值為 key.pem
--dynamic-config-dir string	設置 kubelet 使用動態設定檔的路徑，需要啟用 DynamicKubeletConfig 特性開關，預設啟用，目前為 Beta 階段
--enable-cadvisor-json-endpoints	[已棄用] 設置是否啟用 cAdvisor 的 json 端點路徑，包括 /spec 和 /stats/*，預設值為 false

參數名稱和類型	說　明
--enable-controller-attach-detach	[已棄用] 在 --config 指定的設定檔中進行設置。 設置為 true 表示啟用 Attach/Detach Controller 進行排程到該 Node 的 Volume 的 attach 與 detach 操作，同時禁用 kubelet 執行 attach、detach 操作，預設值為 true
--enable-debugging-handlers	[已棄用] 在 --config 指定的設定檔中進行設置。 設置為 true 表示提供遠端存取本節點容器的日誌、進入容器執行命令等相關 REST 服務，預設值為 true
--enable-load-reader	[已棄用] 設置為 true 表示啟用 CPU 負載的 reader
--enable-server	啟動 kubelet 上的 HTTP REST Server，此 Server 提供了獲取在本節點上執行的 Pod 清單、Pod 狀態和其他管理監控相關的 REST 介面，預設值為 true
--enforce-node-allocatable strings	[已棄用] 在 --config 指定的設定檔中進行設置。 本 Node 上 kubelet 資源的分配設置，以逗點分隔，可選設定為 'pods'、'system- reserved' 和 'kube-reserved'。在設置 'system-reserved' 和 'kube-reserved' 這兩個值時，要求同時設置 '--system-reserved-cgroup' 和 '--kube-reserved-cgroup' 這兩個參數。預設值為 [pods]
--event-burst int32	[已棄用] 在 --config 指定的設定檔中進行設置。 臨時允許的 Event 記錄突發的最大數量，預設值為 10，當設置 --event-qps>0 時生效
--event-qps int32	[已棄用] 在 --config 指定的設定檔中進行設置。 設置大於 0 的值表示限制每秒能建立的 Event 數量，設置為 0 表示不限制，預設值為 5
--event-storage-age-limit string	[已棄用] 保存 Event 的最大時間。按事件類型以 key=value 的格式表示，以逗點分隔，事件類型包括 creation、oom 等，default 表示所有事件的類型，預設值為 "default=0"
--event-storage-event-limit string	[已棄用] 保存 Event 的最大數量。按事件類型以 key=value 格式表示，以逗點分隔，事件類型包括 creation、oom 等，default 表示所有事件的類型，預設值為 "default=0"

參數名稱和類型	說　明
--eviction-hard mapStringString	[已棄用] 在 --config 指定的設定檔中進行設置。 觸發 Pod Eviction 操作的一組硬門限設置，預設值為 imagefs.available<15%, memory.available<100Mi,nodefs.available<10%,nodefs.inodesFree<5%
--eviction-max-pod-grace-period int32	[已棄用] 在 --config 指定的設定檔中進行設置。 終止 Pod 操作為 Pod 自行停止預留的時間，單位為 s。時間到達時，將觸發 Pod Eviction 操作。預設值為 0，設置為負數表示使用在 Pod 中指定的值
--eviction-minimum-reclaim string	[已棄用] 在 --config 指定的設定檔中進行設置。 當本節點壓力過大時，kubelet 進行 Pod Eviction 操作，進而需要完成資源回收的最小數量的一組設置，例如 imagefs.available=2Gi
--eviction-pressure-transition-period duration	[已棄用] 在 --config 指定的設定檔中進行設置。 kubelet 在觸發 Pod Eviction 操作之前等待的最長時間，預設值為 5m0s
--eviction-soft string	[已棄用] 在 --config 指定的設定檔中進行設置。 觸發 Pod Eviction 操作的一組軟門限設置，與 --grace-period 一起生效，在 Pod 的回應時間超過 grace-period 後觸發，例如 memory.available<1.5Gi
--eviction-soft-grace-period string	[已棄用] 在 --config 指定的設定檔中進行設置。 觸發 Pod Eviction 操作的一組軟門限等待時間設置，例如 memory.available=1m30s
--exit-on-lock-contention	設置為 true 表示當有檔案鎖存在時 kubelet 也可以退出
--experimental-allocatable-ignore-eviction	設置為 true 表示計算 Node Allocatable 時忽略硬門限設置。預設值為 false
--experimental-bootstrap-kubeconfig string	[已棄用] 使用 --bootstrap-kubeconfig 參數
--experimental-check-node-capabilities-before-mount	[實驗性特性] 設置為 true 表示 kubelet 在進行 mount 操作之前對本 Node 上所需的元件（二進位檔案等）進行檢查
--experimental-kernel-memcg-notification	[實驗性特性] 設置為 true 表示 kubelet 將會整合 kernel 的 memcg 通知機制，以判斷是否達到了記憶體 Eviction 門限

參數名稱和類型	說　明
--experimental-mounter-path string	[實驗性特性] mounter 二進位檔案的路徑。設置為空表示使用預設 mount
--fail-swap-on	[已棄用] 在 --config 指定的設定檔中進行設置 設置為 true 表示如果主機啟用了 swap，kubelet 則將無法啟動，預設值為 true
--feature-gates string	[已棄用] 在 --config 指定的設定檔中進行設置。 用於實驗性質的特性開關組，每個開關都以 key=value 形式表示。當前可用開關包括： APIListChunking=true|false (BETA - default=true) APIPriorityAndFairness=true|false (ALPHA - default=false) APIResponseCompression=true|false (BETA - default=true) AllAlpha=true|false (ALPHA - default=false) AllBeta=true|false (BETA - default=false) AllowInsecureBackendProxy=true|false (BETA - default=true) AnyVolumeDataSource=true|false (ALPHA - default=false) AppArmor=true|false (BETA - default=true) BalanceAttachedNodeVolumes=true|false (ALPHA - default=false) BoundServiceAccountTokenVolume=true|false (ALPHA - default=false) CPUManager=true|false (BETA - default=true) CRIContainerLogRotation=true|false (BETA - default=true) CSIInlineVolume=true|false (BETA - default=true) CSIMigration=true|false (BETA - default=true) CSIMigrationAWS=true|false (BETA - default=false) CSIMigrationAWSComplete=true|false (ALPHA - default=false) CSIMigrationAzureDisk=true|false (BETA - default=false) CSIMigrationAzureDiskComplete=true|false (ALPHA - default=false) CSIMigrationAzureFile=true|false (ALPHA - default=false)

參數名稱和類型	說　明
	CSIMigrationAzureFileComplete=true|false (ALPHA - default=false)
	CSIMigrationGCE=true|false (BETA - default=false)
	CSIMigrationGCEComplete=true|false (ALPHA - default=false)
	CSIMigrationOpenStack=true|false (BETA - default=false)
	CSIMigrationOpenStackComplete=true|false (ALPHA - default=false)
	CSIMigrationvSphere=true|false (BETA - default=false)
	CSIMigrationvSphereComplete=true|false (BETA - default=false)
	CSIStorageCapacity=true|false (ALPHA - default=false)
--feature-gates string	CSIVolumeFSGroupPolicy=true|false (ALPHA - default=false)
	ConfigurableFSGroupPolicy=true|false (ALPHA - default=false)
	CustomCPUCFSQuotaPeriod=true|false (ALPHA - default=false)
	DefaultPodTopologySpread=true|false (ALPHA - default=false)
	DevicePlugins=true|false (BETA - default=true)
	DisableAcceleratorUsageMetrics=true|false (ALPHA - default=false)
	DynamicKubeletConfig=true|false (BETA - default=true)
	EndpointSlice=true|false (BETA - default=true)
	EndpointSliceProxying=true|false (BETA - default=true)
	EphemeralContainers=true|false (ALPHA - default=false)
	ExpandCSIVolumes=true|false (BETA - default=true)
	ExpandInUsePersistentVolumes=true|false (BETA - default=true)
	ExpandPersistentVolumes=true|false (BETA - default=true)
	ExperimentalHostUserNamespaceDefaulting=true|false (BETA - default=false)
	GenericEphemeralVolume=true|false (ALPHA - default=false)

參數名稱和類型	說　明
	HPAScaleToZero=true|false (ALPHA - default=false)
	HugePageStorageMediumSize=true|false (BETA - default=true)
	HyperVContainer=true|false (ALPHA - default=false)
	IPv6DualStack=true|false (ALPHA - default=false)
	ImmutableEphemeralVolumes=true|false (BETA - default=true)
	KubeletPodResources=true|false (BETA - default=true)
	LegacyNodeRoleBehavior=true|false (BETA - default=true)
	LocalStorageCapacityIsolation=true|false (BETA - default=true)
	LocalStorageCapacityIsolationFSQuotaMonitoring=true|false (ALPHA - default=false)
	NodeDisruptionExclusion=true|false (BETA - default=true)
	NonPreemptingPriority=true|false (BETA - default=true)
	PodDisruptionBudget=true|false (BETA - default=true)
	PodOverhead=true|false (BETA - default=true)
	ProcMountType=true|false (ALPHA - default=false)
	QOSReserved=true|false (ALPHA - default=false)
--feature-gates string	RemainingItemCount=true|false (BETA - default=true)
	RemoveSelfLink=true|false (ALPHA - default=false)
	RotateKubeletServerCertificate=true|false (BETA - default=true)RunAsGroup=true|false (BETA - default=true)
	RuntimeClass=true|false (BETA - default=true)
	SCTPSupport=true|false (BETA - default=true)
	SelectorIndex=true|false (BETA - default=true)
	ServerSideApply=true|false (BETA - default=true)
	ServiceAccountIssuerDiscovery=true|false (ALPHA - default=false)
	ServiceAppProtocol=true|false (BETA - default=true)
	ServiceNodeExclusion=true|false (BETA - default=true)
	ServiceTopology=true|false (ALPHA - default=false)
	SetHostnameAsFQDN=true|false (ALPHA - default=false)
	StartupProbe=true|false (BETA - default=true)
	StorageVersionHash=true|false (BETA - default=true)

參數名稱和類型	說　明
	SupportNodePidsLimit=true|false (BETA - default=true) SupportPodPidsLimit=true|false (BETA - default=true) Sysctls=true|false (BETA - default=true) TTLAfterFinished=true|false (ALPHA - default=false) TokenRequest=true|false (BETA - default=true) TokenRequestProjection=true|false (BETA - default=true) TopologyManager=true|false (BETA - default=true) ValidateProxyRedirects=true|false (BETA - default=true) VolumeSnapshotDataSource=true|false (BETA - default=true) WarningHeaders=true|false (BETA - default=true) WinDSR=true|false (ALPHA - default=false) WinOverlay=true|false (ALPHA - default=false) WindowsEndpointSliceProxying=true|false (ALPHA - default=false)
--file-check-frequency duration	[已棄用] 在 --config 指定的設定檔中進行設置。 在 File Source 作為 Pod 來源的情況下，kubelet 會定期重新檢查檔案變化的時間間隔，檔案發生變化後，kubelet 重新載入更新的檔案內容，預設值為 20s
--global-housekeeping-interval duration	[已棄用] 全域 housekeeping 的時間間隔，預設值為 1m0s
--hairpin-mode string	[已棄用] 在 --config 指定的設定檔中進行設置。 設置為 hairpin 模式表示 kubelet 設置 hairpin NAT 的模式。該模式允許後端 Endpoint 在存取其本身 Service 時能夠再次轉發回自身。可選項包括 "promiscuous-bridge"、"hairpin-veth" 和 "none"，預設值為 "promiscuous-bridge"
--healthz-bind-address ip	[已棄用] 在 --config 指定的設定檔中進行設置。 healthz 服務監聽的 IP 位址，預設值為 127.0.0.1，設置為 0.0.0.0 表示監聽全部 IP 位址
--healthz-port int32	[已棄用] 在 --config 指定的設定檔中進行設置。 本地 healthz 服務監聽的通訊埠編號，預設值為 10248
--hostname-override string	設置本 Node 在叢集中的主機名稱，不設置時將使用本機 hostname

參數名稱和類型	說　明
--housekeeping-interval duration	對容器進行 housekeeping 操作的時間間隔，預設值為 10s
--http-check-frequency duration	[已棄用] 在 --config 指定的設定檔中進行設置。 在 HTTP URL Source 作為 Pod 來源的情況下，kubelet 定期檢查 URL 返回的內容是否發生變化的時間週期，作用同 file-check-frequency 參數，預設值為 20s
--image-gc-high-threshold int32	[已棄用] 在 --config 指定的設定檔中進行設置。 鏡像垃圾回收上限，磁碟使用空間達到該百分比時，鏡像垃圾回收將持續工作，預設值為 90
--image-gc-low-threshold int32	[已棄用] 在 --config 指定的設定檔中進行設置。 鏡像垃圾回收下限，磁碟使用空間在達到該百分比之前，鏡像垃圾回收將不啟用，預設值為 80
--image-pull-progress-deadline duration	如果在該參數值之前還沒能開始 pull 鏡像的過程，pull 鏡像操作將被取消，預設值為 1m0s
--image-service-endpoint string	[實驗性特性] 遠端鏡像服務的 Endpoint。未設定時使用 --container-runtime- endpoint 的值，在 Linux 系統上支援的類型包括 unix socket 和 tcp endpoint，在 Windows 系統上支援的類型包括 npipe 和 tcp endpoint，例如 unix:///var/run/ dockershim.sock 和 npipe:////./pipe/dockershim
--iptables-drop-bit int32	[已棄用] 在 --config 指定的設定檔中進行設置。 標記資料封包將被丟棄（Drop）的 fwmark 位設置，有效範圍為 [0, 31]，預設值為 15
--iptables-masquerade-bit int32	[已棄用] 在 --config 指定的設定檔中進行設置。 標記資料封包將進行 SNAT 的 fwmark 位設置，有效範圍為 [0, 31]，必須與 kube-proxy 的相關參數設置一致，預設值為 14
--keep-terminated-pod-volumes	[已棄用] 設置為 true 表示在 Pod 被刪除後仍然保留之前 mount 過的 Volume，常用於 Volume 相關問題的查錯
--kernel-memcg-notification	[已棄用] 在 --config 指定的設定檔中進行設置。 設置為 true 表示 kubelet 將整合核心 memcg 通知，以確定是否超過了記憶體逐出設定值而不使用輪詢（polling）機制

參數名稱和類型	說　明
--kube-api-burst int32	[已棄用] 在 --config 指定的設定檔中進行設置。 發送到 API Server 的每秒請求數量，預設值為 10
--kube-api-content-type string	[已棄用] 在 --config 指定的設定檔中進行設置。 發送到 API Server 的請求內容類別型，預設值為 "application/vnd.kubernetes.protobuf"
--kube-api-qps int32	[已棄用] 在 --config 指定的設定檔中進行設置。 與 API Server 通訊的 QPS 值，預設值為 5
--kube-reserved mapStringString	[已棄用] 在 --config 指定的設定檔中進行設置。 Kubernetes 系統預留的資源設定，以一組 ResourceName=ResourceQuantity 格式表示，例如 cpu=200m,memory=500Mi,ephemeral-storage=1Gi。目前僅支援 CPU、記憶體和本地臨時儲存的設置，預設值為 none
--kube-reserved-cgroup string	[已棄用] 在 --config 指定的設定檔中進行設置。 用於管理 Kubernetes 的帶 --kube-reserved 標籤元件的運算資源，設置頂層 cgroup 全路徑名稱，例如 /kube-reserved，預設值為 "（空字串）
--kubeconfig string	kubeconfig 設定檔路徑，在設定檔中包括 Master 位址資訊及必要的認證資訊，預設值為 /var/lib/kubelet/kubeconfig
--kubelet-cgroups string	[已棄用] 在 --config 指定的設定檔中進行設置。 kubelet 執行所在的 cgroups 名稱，可選設定
--lock-file string	[ALPHA 版特性] kubelet 使用的 lock 檔案
--log-cadvisor-usage	[已棄用] 設置為 true 表示將 cAdvisor 容器的使用情況進行日誌記錄
--logging-format string	設置記錄檔的記錄格式，可選項包括 "text" 和 "json"，預設值為 "text"，目前 "json" 格式的日誌為 Alpha 階段，如果將其設置為 "json"，則其他日誌相關參數都無效： --add_dir_header、--alsologtostderr、--log_backtrace_at、--log_dir、--log_file、--log_file_max_size、--logtostderr、--skip_headers、--skip_log_headers、--stderrthreshold、--vmodule、--log-flush-frequency

參數名稱和類型	說　明
--machine-id-file string	[已棄用] 用於尋找 machine-id 的檔案列表，使用找到的第 1 個值，預設值為 "/etc/machine-id,/var/lib/dbus/machine-id"
--make-iptables-util-chains	[已棄用] 在 --config 指定的設定檔中進行設置。 設置為 true 表示 kubelet 將確保 iptables 規則在 Node 上存在，預設值為 true
--manifest-url string	[已棄用] 在 --config 指定的設定檔中進行設置。 為 HTTP URL Source 來源類型時，kubelet 用來獲取 Pod 定義的 URL 位址，此 URL 返回一組 Pod 定義
--manifest-url-header string	[已棄用] 在 --config 指定的設定檔中進行設置。 存取 menifest URL 位址時使用的 HTTP 標頭資訊，以 key:value 格式表示，例如 a:hello,b:again,c:world
--master-service-namespace string	[已棄用] Master 服務的命名空間，預設值為 "default"
--max-open-files int	[已棄用] 在 --config 指定的設定檔中進行設置。 設置 kubelet 能夠打開檔案的最大數量，預設值為 1000000
--max-pods int32	[已棄用] 在 --config 指定的設定檔中進行設置。 設置 kubelet 能夠執行的最大 Pod 數量，預設值為 110
--maximum-dead-containers int32	[已棄用] 使用 --eviction-hard 或 --eviction-soft 參數。 可以保留的已停止容器的最大數量，設置為負數表示禁用該功能
--maximum-dead-containers-per-container int32	[已棄用] 使用 --eviction-hard 或 --eviction-soft 參數。 可以保留的每個已停止容器的最大實例數量，預設值為 1
--minimum-container-ttl-duration duration	[已棄用] 使用 --eviction-hard 或 --eviction-soft 參數。 不再使用的容器被清理之前的最少存活時間，例如 300ms、10s 或 2h45m
--minimum-image-ttl-duration duration	[已棄用] 使用 --eviction-hard 或 --eviction-soft 參數。 不再使用的鏡像被清理之前的最少存活時間，例如 300ms、10s 或 2h45m，超過此存活時間的鏡像被標記為可被 GC 清理，預設值為 2m0s

參數名稱和類型	說　明
--network-plugin string	[Alpha 版特性] 自訂的網路外掛程式的名字，在 Pod 的生命週期中，相關的一些事件會呼叫此網路外掛程式進行處理
--network-plugin-mtu int32	[Alpha 版特性] 傳遞給網路外掛程式的 MTU 值，設置為 0 表示使用 MTU 預設值 1460
--node-ip string	設置本 Node 的 IP 位址，可以設置為 IPv4 或 IPv6 位址
--node-labels mapStringString	[Alpha 版特性] kubelet 註冊本 Node 時設置的 Label，Label 以 key=value 的格式表示，多個 Label 以逗點分隔。命名空間 ubernetes.io 中的 Label 必須以 kubelet.kubernetes.io 或 node.kubernetes.io 為首碼，或者在以下允許的範圍內：beta.kubernetes.io/arch、beta.kubernetes.io/instance-type、beta.kubernetes.io/os、failure-domain.beta.kubernetes.io/region、failure-domain.beta.kubernetes.io/zone、kubernetes.io/arch、kubernetes.io/hostname、kubernetes.io/os、node.kubernetes.io/instance-type、topology.kubernetes.io/region、topology.kubernetes.io/zone
--node-status-max-images int32	[Alpha 版特性] 可以報告的最大鏡像數量，預設值為 50，設置為 -1 表示沒有上限
--node-status-update-frequency duration	[已棄用] 在 --config 指定的設定檔中進行設置。kubelet 向 Master 彙報 Node 狀態的時間間隔，預設值為 10s。 與 controller- manager 的 --node-monitor-grace-period 參數共同起作用
--non-masquerade-cidr string	[已棄用] kubelet 向該 IP 段之外的 IP 位址發送的流量將使用 IP Masquerade 技術，設置為 '0.0.0.0/0' 表示不啟用 Masquerade，預設值為 "10.0.0.0/8"
--oom-score-adj int32	[已棄用] 在 --config 指定的設定檔中進行設置。kubelet 處理程序的 oom_score_adj 參數值，有效範圍為 [-1000, 1000]，預設值為 -999
--pod-cidr string	[已棄用] 在 --config 指定的設定檔中進行設置。用於給 Pod 分配 IP 位址的 CIDR 位址集區，僅在單機模式中使用。在一個叢集中，kubelet 會從 API Server 中獲取 CIDR 設置。對於 IPv6 位址，最大可分配 IP 位址的數量為 65536

參數名稱和類型	說　明
--pod-infra-container-image string	用於 Pod 內網路命名空間共用的基礎 pause 鏡像，預設值為 k8s.gcr.io/pause:3.2
--pod-manifest-path string	[已棄用] 在 --config 指定的設定檔中進行設置。 Pod Manifest 檔案路徑，忽略檔案名稱以 "." 開頭的隱藏檔案
--pod-max-pids int	[已棄用] 在 --config 指定的設定檔中進行設置。 [Alpha 版特性] 設置一個 Pod 內最大的處理程序數量，預設值為 -1
--pods-per-core int32	[已棄用] 在 --config 指定的設定檔中進行設置。 該 kubelet 上每個 core 可執行的 Pod 數量。最大值將被 max-pods 參數限制。預設值為 0 表示不限制
--port int32	[已棄用] 在 --config 指定的設定檔中進行設置。 kubelet 服務監聽的本機通訊埠編號，預設值為 10250
--protect-kernel-defaults	[已棄用] 在 --config 指定的設定檔中進行設置。 設置 kernel tuning 的預設 kubelet 行為。如果 kernel tunables 與 kubelet 預設值不同，kubelet 則將顯示出錯
--provider-id string	設置主機資料庫中標識 Node 的唯一 ID，例如 cloudprovider
--qos-reserved mapStringString	[已棄用] 在 --config 指定的設定檔中進行設置。 [Alpha 版特性] 設置在指定的 QoS 等級預留的 Pod 資源請求，以「資源名稱 = 百分比」的形式進行設置，例如 memory=50%，可以設置多個。要求啟用 QOSReserved 特性開關
--read-only-port int32	[已棄用] 在 --config 指定的設定檔中進行設置。 kubelet 服務監聽的唯讀通訊埠編號，預設值為 10255，設置為 0 表示不啟用
--really-crash-for-testing	設置為 true 表示發生 panics 情況時崩潰，僅用於測試
--redirect-container-streaming	啟用容器串流資料並重定向給 API Server。設置為 false 表示 kubelet 將代理 API Server 和容器執行時期之間的容器串流資料。設置為 true 表示 kubelet 將容器執行時期重定向給 API Server，之後 API Server 可以直接存取容器執行時期。代理模式更安全，但是會浪費一些性能；重定向模式性能更好，但是安全性較低，因為 API Server 和容器執行時期之間的連接可能無法進行身份驗

A.5 kubelet 啟動參數

參數名稱和類型	說　明
	證。該特性將從 Kubernetes 1.20 版本開始棄用，並在 1.22 版本時完全移除
--register-node	將本 Node 註冊到 API Server，預設值為 true
--register-schedulable	[已棄用] 註冊本 Node 為可被排程的，--register-node 為 false 則無效，預設值為 true
--register-with-taints []api.Taint	設置本 Node 的 taints，格式為 <key>=<value>:<effect>，以逗點分隔。當 --register-node=false 時不生效
--registry-burst int32	[已棄用] 在 --config 指定的設定檔中進行設置。最多同時拉取鏡像的數量，預設值為 10
--registry-qps int32	[已棄用] 在 --config 指定的設定檔中進行設置。在 Pod 建立過程中，容器的鏡像可能需要從 Registry 中拉取，由於在拉取鏡像的過程中會消耗大量頻寬，因此可能需要限速，此參數與 --registry-burst 參數一起用來限制每秒拉取多少個鏡像，預設值為 5
--reserved-cpus string	[已棄用] 在 --config 指定的設定檔中進行設置。設置為作業系統和 kubelet 保留的 CPU 資源，設定為以逗點分隔的 CPU 列表或 CPU 範圍，該 CPU 列表將取代 --system-reserved 和 --kube-reserved 中的 CPU 計數
--resolv-conf string	[已棄用] 在 --config 指定的設定檔中進行設置。命名服務設定檔，用於容器內應用的 DNS 解析，預設值為 "/etc/resolv.conf"
--root-dir string	kubelet 資料根目錄，用於保存 Pod 和 Volume 等檔案，預設值為 "/var/lib/kubelet"
--rotate-certificates	[已棄用] 在 --config 指定的設定檔中進行設置。[Beta 版特性] 設置當用戶端證書過期時 kubelet 自動從 kube-apiserver 請求並更新證書
--rotate-server-certificates	[已棄用] 在 --config 指定的設定檔中進行設置。當證書過期時自動從 kube-apiserver 請求並更新證書，要求啟用 RotateKubeletServerCertificate 特性開關，以及對提交的 CertificateSigningRequest 物件進行 approve 操作
--runonce	設置為 true 表示建立完 Pod 之後立即退出 kubelet 處理程序，與 --enable-server 參數互斥

參數名稱和類型	說　明
--runtime-cgroups string	為容器 runtime 設置的 cgroup 名稱，為可選設定
--runtime-request-timeout duration	[已棄用] 在 --config 指定的設定檔中進行設置。 除了長時間執行的 request，對其他 request 的逾時時間設置包括 pull、logs、exec、attach 等操作。當逾時時間到達時，請求會被終止，拋出一個錯誤並重試。預設值為 2m0s
--seccomp-profile-root string	[Alpha 版特性] seccomp 設定檔目錄，預設值為 /var/lib/kubelet/seccomp
--serialize-image-pulls	[已棄用] 在 --config 指定的設定檔中進行設置。 按順序挨個 pull 鏡像。建議 Docker 低於 1.9 版本或使用 Aufs storage backend 時將其設置為 true，詳見 issue #10959，預設值為 true
--storage-driver-buffer-duration duration	[已棄用] 將快取資料寫入後端儲存的時間間隔，預設值為 1m0s
--storage-driver-db string	[已棄用] 後端儲存的資料庫名稱，預設值為 "cadvisor"
--storage-driver-host string	[已棄用] 後端儲存的資料庫連接 URL 位址，預設值為 "localhost:8086"
--storage-driver-password string	[已棄用] 後端儲存的資料庫密碼，預設值為 "root"
--storage-driver-secure	[已棄用] 後端儲存的資料庫是否用安全連接，預設值為 false
--storage-driver-table string	[已棄用] 後端儲存的資料庫表名稱，預設值為 "stats"
--storage-driver-user string	[已棄用] 後端儲存的資料庫使用者名稱，預設值為 "root"
--streaming-connection-idle-timeout duration	[已棄用] 在 --config 指定的設定檔中進行設置。 在容器中執行命令或者進行通訊埠轉發的過程中會產生輸入、輸出串流，這個參數用來控制連接空閒逾時而關閉的時間，如果設置為 5m，則表示在連接超過 5min 沒有輸入、輸出的情況下就被認為是空閒的，會被自動關閉。預設值為 4h0m0s
--sync-frequency duration	[已棄用] 在 --config 指定的設定檔中進行設置。 同步執行過程中容器的設定頻率，預設值為 1m0s

參數名稱和類型	說　明
--system-cgroups string	[已棄用] 在 --config 指定的設定檔中進行設置。 kubelet 為執行非 kernel 處理程序設置的 cgroups 名稱，預設值為 ""
--system-reserved mapStringString	[已棄用] 在 --config 指定的設定檔中進行設置。 系統預留的資源設定，以一組 ResourceName=Resource Quantity 格式表示，例如 cpu=200m、memory=500Mi、ephemeral-storage=1Gi。目前僅支援 CPU、記憶體和本地臨時儲存的設置
--system-reserved-cgroup string	[已棄用] 在 --config 指定的設定檔中進行設置。 用於管理非 Kubernetes 的帶 --system-reserved 標籤元件的運算資源，設置頂層 cgroup 全路徑名稱，例如 /system-reserved，預設值為 "（空字串）
--tls-cert-file string	[已棄用] 在 --config 指定的設定檔中進行設置。 包含 x509 證書的檔案路徑，用於 HTTPS 認證
--tls-cipher-suites strings	[已棄用] 在 --config 指定的設定檔中進行設置。 伺服器端加密演算法清單，以逗點分隔，如果不設置，則使用 Go cipher suites 的預設列表。可選加密演算法如下： TLS_AES_128_GCM_SHA256 TLS_AES_256_GCM_SHA384 TLS_CHACHA20_POLY1305_SHA256 TLS_ECDHE_ECDSA_WITH_AES_128_CBC_SHA TLS_ECDHE_ECDSA_WITH_AES_128_GCM_SHA256 TLS_ECDHE_ECDSA_WITH_AES_256_CBC_SHA TLS_ECDHE_ECDSA_WITH_AES_256_GCM_SHA384 TLS_ECDHE_ECDSA_WITH_CHACHA20_POLY1305 TLS_ECDHE_ECDSA_WITH_CHACHA20_POLY1305_SHA256 TLS_ECDHE_RSA_WITH_3DES_EDE_CBC_SHA TLS_ECDHE_RSA_WITH_AES_128_CBC_SHA TLS_ECDHE_RSA_WITH_AES_128_GCM_SHA256 TLS_ECDHE_RSA_WITH_AES_256_CBC_SHA TLS_ECDHE_RSA_WITH_AES_256_GCM_SHA384 TLS_ECDHE_RSA_WITH_CHACHA20_POLY1305

參數名稱和類型	說　明
--tls-cipher-suites strings	TLS_ECDHE_RSA_WITH_CHACHA20_POLY1305_SHA256 TLS_RSA_WITH_3DES_EDE_CBC_SHA TLS_RSA_WITH_AES_128_CBC_SHA TLS_RSA_WITH_AES_128_GCM_SHA256 TLS_RSA_WITH_AES_256_CBC_SHA TLS_RSA_WITH_AES_256_GCM_SHA384 不安全的值如下： TLS_ECDHE_ECDSA_WITH_AES_128_CBC_SHA256 TLS_ECDHE_ECDSA_WITH_RC4_128_SHA TLS_ECDHE_RSA_WITH_AES_128_CBC_SHA256 TLS_ECDHE_RSA_WITH_RC4_128_SHA TLS_RSA_WITH_AES_128_CBC_SHA256 TLS_RSA_WITH_RC4_128_SHA
--tls-min-version string	[已棄用] 在 --config 指定的設定檔中進行設置。 設置支援的最小 TLS 版本編號，可選的版本編號包括 VersionTLS10、VersionTLS11、VersionTLS12、VersionTLS13
--tls-private-key-file string	[已棄用] 在 --config 指定的設定檔中進行設置。 包含 x509 與 tls-cert-file 對應的私密金鑰檔案路徑
--topology-manager-policy string	[已棄用] 在 --config 指定的設定檔中進行設置。 設置拓撲管理策略，可選項包括 'none'、'best-effort'、'restricted'、'single-numa-node'，預設值為 "none"
--volume-plugin-dir string	[已棄用] 在 --config 指定的設定檔中進行設置。 搜索第三方 Volume 外掛程式的目錄，預設值為 "/usr/libexec/kubernetes/kubelet- plugins/volume/exec/"
--volume-stats-agg-period duration	[已棄用] 在 --config 指定的設定檔中進行設置。 kubelet 計算所有 Pod 和 Volume 的磁碟使用情況聚合值的時間間隔，預設值為 1m0s。設置為 0 表示不啟用該計算功能

A.6 kube-proxy 啟動參數

對 kube-proxy 啟動參數的詳細說明見表 A.6。

表 A.6 對 kube-proxy 啟動參數的詳細說明

參數名稱和類型	說　明
--bind-address ip	kube-proxy 綁定主機的 IP 位址，預設值為 0.0.0.0，表示綁定所有 IP 位址
--bind-address-hard-fail	設置為 true 表示綁定通訊埠編號失敗時 kube-proxy 將視之為啟動失敗且直接退出
--cleanup	設置為 true 表示在清除 iptables 規則和 IPVS 規則後退出
--cluster-cidr string	叢集中 Pod 的 CIDR 位址範圍，用於橋接叢集外部流量到內部。用於公有雲環境
--config string	kube-proxy 的主設定檔
--config-sync-period duration	從 API Server 更新設定的時間間隔，必須大於 0，預設值為 15m0s
--conntrack-max-per-core int32	追蹤每個 CPU core 的 NAT 連接的最大數量（設置為 0 表示無限制，並忽略 conntrack-min 的值），預設值為 32768
--conntrack-min int32	最小 conntrack 項目的分配數量，預設值為 131072
--conntrack-tcp-timeout-close-wait duration	當 TCP 連接處於 CLOSE_WAIT 狀態時的 NAT 逾時時間，預設值為 1h0m0s
--conntrack-tcp-timeout-established	建立 TCP 連接的逾時時間，設置為 0 表示使用當前作業系統設置的值，預設值為 24h0m0s
--detect-local-mode LocalMode	設置檢測本地流量的模式
--feature-gates mapStringBool	特性開關組，每個開關都以 key=value 形式表示，可以單獨啟用或禁用某種特性。可以設置的特性開關如下。 APIListChunking=true|false (BETA - default=true) APIPriorityAndFairness=true|false (ALPHA - default=false) APIResponseCompression=true|false (BETA - default=true) AllAlpha=true|false (ALPHA - default=false) AllBeta=true|false (BETA - default=false) AllowInsecureBackendProxy=true|false (BETA - default=true)

參數名稱和類型	說　明
	AnyVolumeDataSource=true|false (ALPHA - default=false) AppArmor=true|false (BETA - default=true) BalanceAttachedNodeVolumes=true|false (ALPHA - default=false) BoundServiceAccountTokenVolume=true|false (ALPHA - default=false) CPUManager=true|false (BETA - default=true) CRIContainerLogRotation=true|false (BETA - default=true) CSIInlineVolume=true|false (BETA - default=true) CSIMigration=true|false (BETA - default=true) CSIMigrationAWS=true|false (BETA - default=false) CSIMigrationAWSComplete=true|false (ALPHA - default=false) CSIMigrationAzureDisk=true|false (BETA - default=false) CSIMigrationAzureDiskComplete=true|false (ALPHA - default=false) CSIMigrationAzureFile=true|false (ALPHA - default=false) CSIMigrationAzureFileComplete=true|false (ALPHA - default=false) CSIMigrationGCE=true|false (BETA - default=false) CSIMigrationGCEComplete=true|false (ALPHA - default=false) CSIMigrationOpenStack=true|false (BETA - default=false) CSIMigrationOpenStackComplete=true|false (ALPHA - default=false) CSIMigrationvSphere=true|false (BETA - default=false) CSIMigrationvSphereComplete=true|false (BETA - default=false) CSIStorageCapacity=true|false (ALPHA - default=false)
--feature-gates mapStringBool	CSIVolumeFSGroupPolicy=true|false (ALPHA - default=false) ConfigurableFSGroupPolicy=true|false (ALPHA - default=false) CustomCPUCFSQuotaPeriod=true|false (ALPHA - default=false)

參數名稱和類型	說　明
	DefaultPodTopologySpread=true|false (ALPHA - default= false)
	DevicePlugins=true|false (BETA - default=true)
	DisableAcceleratorUsageMetrics=true|false (ALPHA - default=false)
	DynamicKubeletConfig=true|false (BETA - default=true)
	EndpointSlice=true|false (BETA - default=true)
	EndpointSliceProxying=true|false (BETA - default=true)
	EphemeralContainers=true|false (ALPHA - default=false)
	ExpandCSIVolumes=true|false (BETA - default=true)
	ExpandInUsePersistentVolumes=true|false (BETA - default= true)
	ExpandPersistentVolumes=true|false (BETA - default=true)
	ExperimentalHostUserNamespaceDefaulting=true|false (BETA - default=false)
	GenericEphemeralVolume=true|false (ALPHA - default= false)
	HPAScaleToZero=true|false (ALPHA - default=false)
	HugePageStorageMediumSize=true|false (BETA - default= true)
	HyperVContainer=true|false (ALPHA - default=false)
	IPv6DualStack=true|false (ALPHA - default=false)
	ImmutableEphemeralVolumes=true|false (BETA - default= true)
	KubeletPodResources=true|false (BETA - default=true)
	LegacyNodeRoleBehavior=true|false (BETA - default=true)
	LocalStorageCapacityIsolation=true|false (BETA - default= true)
	LocalStorageCapacityIsolationFSQuotaMonitoring=true|fal se (ALPHA - default=false)
	NodeDisruptionExclusion=true|false (BETA - default=true)
	NonPreemptingPriority=true|false (BETA - default=true)
	PodDisruptionBudget=true|false (BETA - default=true)
	PodOverhead=true|false (BETA - default=true)
	ProcMountType=true|false (ALPHA - default=false)

參數名稱和類型	說　明
--feature-gates mapStringBool	QOSReserved=true|false (ALPHA - default=false) RemainingItemCount=true|false (BETA - default=true) RemoveSelfLink=true|false (ALPHA - default=false) RotateKubeletServerCertificate=true|false (BETA - default=true) RunAsGroup=true|false (BETA - default=true) RuntimeClass=true|false (BETA - default=true) SCTPSupport=true|false (BETA - default=true) SelectorIndex=true|false (BETA - default=true) ServerSideApply=true|false (BETA - default=true) ServiceAccountIssuerDiscovery=true|false (ALPHA - default=false) ServiceAppProtocol=true|false (BETA - default=true) ServiceNodeExclusion=true|false (BETA - default=true) ServiceTopology=true|false (ALPHA - default=false) SetHostnameAsFQDN=true|false (ALPHA - default=false) StartupProbe=true|false (BETA - default=true) StorageVersionHash=true|false (BETA - default=true) SupportNodePidsLimit=true|false (BETA - default=true) SupportPodPidsLimit=true|false (BETA - default=true) Sysctls=true|false (BETA - default=true) TTLAfterFinished=true|false (ALPHA - default=false) TokenRequest=true|false (BETA - default=true) TokenRequestProjection=true|false (BETA - default=true) TopologyManager=true|false (BETA - default=true) ValidateProxyRedirects=true|false (BETA - default=true) VolumeSnapshotDataSource=true|false (BETA - default=true) WarningHeaders=true|false (BETA - default=true) WinDSR=true|false (ALPHA - default=false) WinOverlay=true|false (ALPHA - default=false) WindowsEndpointSliceProxying=true|false (ALPHA - default=false)
--healthz-bind-address ip	healthz 服務綁定主機 IP 位址，設置為 0.0.0.0 表示使用所有 IP 位址，預設值為 0.0.0.0:10256

參數名稱和類型	說　明
--healthz-port int32	healthz 服務監聽的主機通訊埠編號，設置為 0 表示不啟用，預設值為 10256
--hostname-override string	設置本 Node 在叢集中的主機名稱，不設置時將使用本機 hostname
--iptables-masquerade-bit int32	標記資料封包將進行 SNAT 的 fwmark 位設置，有效範圍為 [0, 31]，預設值為 14
--iptables-min-sync-period duration	刷新 iptables 規則的最小時間間隔，例如 5s、1m、2h22m，預設值為 1s
--iptables-sync-period duration	刷新 iptables 規則的最大時間間隔，例如 5s、1m、2h22m，必須大於 0，預設值為 30s
--ipvs-exclude-cidrs strings	設置在清除 IPVS 規則時應跳過的 CIDR 列表，以逗點分隔
--ipvs-min-sync-period duration	刷新 IPVS 規則的最小時間間隔，例如 5s、1m、2h22m
--ipvs-scheduler string	設置 IPVS 排程器的類型
--ipvs-strict-arp	是否啟用 strict ARP，設置為 true 的效果為設置核心參數 arp_ignore=1、arp_announce=2
--ipvs-sync-period duration	刷新 IPVS 規則的最大時間間隔，例如 5s、1m、2h22m，必須大於 0，預設值為 30s
--ipvs-tcp-timeout duration	Idle 的 IPVS TCP 連接的逾時時間，例如 5s、1m、2h22m，設置為 0 表示使用當前作業系統設置的值
--ipvs-tcpfin-timeout duration	IPVS TCP 連接收到 FIN 封包之後的逾時時間，例如 5s、1m、2h22m，設置為 0 表示使用當前作業系統設置的值
--ipvs-udp-timeout duration	IPVS UDP 封包的逾時時間，例如 5s、1m、2h22m，設置為 0 表示使用當前作業系統設置的值
--kube-api-burst int32	發送到 API Server 的每秒突發請求數量，預設值為 10
--kube-api-content-type string	發送到 API Server 的請求內容類別型，預設值為 application/vnd.kubernetes.protobuf
--kube-api-qps float32	與 API Server 通訊的 QPS 值，預設值為 5
--kubeconfig string	kubeconfig 設定檔路徑，在設定檔中包括 Master 位址資訊及必要的認證資訊

參數名稱和類型	說　明
--masquerade-all	設置為 true 表示使用純 iptables 代理，所有網路封包都將進行 SNAT 轉換
--master string	API Server 的位址，覆蓋 kubeconfig 檔案中設置的值
--metrics-bind-address ipport	Metrics Server 的監聽位址，將 IP 設置為 0.0.0.0 表示使用所有 IP 位址，預設值為 127.0.0.1:10249
--metrics-port int32	Metrics Server 的監聽通訊埠編號，設置為 0 表示禁用，預設值為 10249
--nodeport-addresses strings	設置 NodePort 可用的 IP 位址範圍，例如 1.2.3.0/24，1.2.3.4/32，預設值為 []，表示使用本機所有 IP 位址
--oom-score-adj int32	kube-proxy 處理程序的 oom_score_adj 參數值，有效範圍為 [-1000,1000]，預設值為 -999
--profiling	設置為 true 表示打開性能分析，可以透過 <host>:<port>/debug/pprof/ 位址查看程式堆疊、執行緒等系統資訊，預設值為 true
--proxy-mode ProxyMode	代理模式，可選項為 userspace、iptables、ipvs，預設值為 iptables，當作業系統 kernel 版本或 iptables 版本不夠新時，將自動降級為 userspace 模式
--proxy-port-range port-range	進行 Service 代理的本地通訊埠編號範圍，格式為 begin-end，含兩端，未指定時採用隨機選擇的系統可用的通訊埠編號
--show-hidden-metrics-for-version string	設定是否需要顯示所隱藏指標的 Kubernetes 舊版本編號，僅當舊版本的小版本編號有意義時生效，格式為 <major>.<minor>，例如 1.16，用於驗證哪些舊版本的指標在新版本中被棄用
--udp-timeout duration	保持空閒 UDP 連接的時間，例如 250ms、2s，必須大於 0，僅當 proxy-mode= userspace 時生效，預設值為 250ms

A.6　kube-proxy 啟動參數